# 數位系統設計－原理、實務與應用

林銘波　編著　陳美圓　校訂

全華圖書股份有限公司

# 序言

所謂的數位系統是指一個處理有限的數字(或數值)資料集合的系統；數位系統設計則是應用交換代數理論來探討此種系統的設計與執行，它也常稱為數位邏輯、交換電路或邏輯電路。數位系統的主要應用包括：數位計算機的設計、數位儀器、數位通信設備、數位控制電路等需要數位電路的場合。

由於超大型積體電路(VLSI)的普及，提供了更多的大型或是超大型邏輯元件，數位系統的設計已經由往日的74系列或是PAL元件為主流的設計方式，演進為一種以大型或是超大型邏輯元件為主的設計風格；74系列或是PAL元件則只當做 "膠合" 邏輯電路使用。目前最常用的數位系統實現方法主要包括：ASIC (application-specific integrated circuit，應用規格IC)、平台系統、現場可規劃元件等三種。ASIC又分成全訂製、邏輯閘陣列、標準元件庫三種；平台系統則是使用單一或多個微控制器系統，結合必要之記憶器與周邊元件完成需要之系統；現場可規劃元件主要包括CPLD (可規劃邏輯元件) 與FPGA (可規劃邏輯閘陣列) 等。

隨著邏輯元件內部功能的增加，目前一個現場可規劃元件已經可以容納過去使用74系列元件組成的整個PCB模組。因此，現在的數位系統設計風格已經由以前的PCB系統設計轉變為ASIC/SoC的設計風格。為了因應這種轉變，使用HDL (hardware description language，硬體描述語言)的設計表示方式已經完全取代了往日的邏輯線路圖。目前兩種最常用的HDL分別為Verilog

HDL 與 VHDL。前者使用類似 C 語言的語法、功能完整、容易學習，而且普遍為工業界採用；後者語法嚴謹、功能強大，但是較不易學習。因此，本書中將使用 Verilog HDL 為例，介紹相關的數位系統模組電路的設計表示方法。

本書將討論數位系統的一些重要理論與設計原理，以適應這種變化及建立讀者一個健全的數位系統設計基礎。為讓讀者能深入的吸收書中所論述的原理，舉凡書中有重要之觀念與原理之處，即輔以適當的實例加以說明。此外，為了幫助讀者自我評量對該小節內容了解的程度，並且提供教師當作隨堂測驗的參考題目，本書中，在每一小節後皆提供了豐富的複習問題。由於有豐富之例題、複習問題與習題，本書除了適合學校教學之外，也極為適合個人自修、從業人員參考，或者準備考試參考之用。

本書自初版以來即深刻的體認到 74 系列元件將逐漸失去其丰采而代之以 PLD、CPLD、FPGA 等元件，因此書中盡量以邏輯元件的設計原理及其組合應用為主，避免過多的 74 系列實際元件之介紹。如今這種事實已經非常明顯的反應在實際的數位系統設計之中。在經過二十年之後，商用的 PLD/CPLD 與 FPGA 等元件之結構不但有相當多的進步與改良，同時在元件的種類上也有更多的變化，所以本版的主要修改部分為更忠實的反應目前的數位系統設計原理與實現技術。

本書一共分成十二章，前面四章主要探討一些基礎上的題材，以當做全書的理論基礎與學習上的基本知識。第 1 章主要討論數位系統中各種常用的數目系統與數碼系統、不同數目系統彼此之間的轉換、補數的觀念與取法、數目的表示方法與算術運算等，以作為全書的基礎。最後則介紹在數位系統中最基本的錯誤偵測與更正碼。

第 2 章介紹交換代數的基本定義、性質，與一些常用的定理。交換代數為數位邏輯電路的理論基礎。為了建立讀者一個清楚而且完整的理論基礎，本書中的題材將以較深入的方式處理。

第 3 章討論一些常用的數位積體電路。欲設計一個性能良好的數位邏輯電路或是數位系統，除了必須熟悉交換代數之外，也必須對所用以執行邏輯函數的邏輯元件之特性、性能、限制有深入的了解，因此本章中將一些常用的數位邏輯族系：TTL、CMOS、ECL，做一個簡要的歸納與介紹。

第4章介紹交換函數的幾種常見的化簡方法：卡諾圖、列表法、變數引入圖法、多輸出函數化簡等。

第5章與第6章討論組合邏輯電路的設計、分析、執行。雖然目前邏輯電路的設計已經由 MSI/SSI 的設計風格轉變為以 LSI 或是 VLSI 為主的 ASIC/SoC 設計策略，一個 ASIC/SoC 的數位系統依然是建構於 MSI/SSI 的電路模組之上，藉著重複應用這些 MSI/SSI 電路模組，完成需要的標的系統。因此，對於一些基本的邏輯電路之設計及其相關問題的了解仍然是必要的。在第5章中除了介紹基本的邏輯電路之設計外，多層邏輯閘電路的化簡與執行，組合邏輯電路中可能發生的邏輯突波之偵測、效應與避免之方法也均有詳細的討論。

第6章討論一些最常用的組合邏輯電路模組之設計原理。這些組合邏輯電路模組包括：解碼器、編碼器、多工器、解多工器、大小比較器、加法器、減法器、乘法器、除法器等。這些組合邏輯電路模組無論是在全訂製、標準元件庫、邏輯閘陣列、現場可規劃元件等技術中的 ASIC/SoC 數位系統設計與執行方法中均扮演一個非常重要的角色。

第7章與第8章討論同步循序邏輯電路的設計、分析與執行。第7章主要討論同步循序邏輯電路的一般設計原理、分析與執行方式，及狀態表的化簡方法與狀態指定。此外，疊接網路的設計、正反器的介穩狀態、時脈歪斜問題、同步器電路等也皆有深入的探討。

第8章主要討論一些常用的同步循序邏輯電路：暫存器與計數器。對於各種類型的計數器之設計及分析方式，在本章之中均有詳細的討論；暫存器部分主要以(資料)暫存器與移位暫存器為主，除了介紹基本原理之外也詳細的討論移位暫存器在資料格式的轉換、序列產生器、CRC 產生器與檢查器上的應用與設計原理。最後，則以時序產生器電路的設計做為結束。

第9章討論非同步循序邏輯電路的一般設計原理、分析與執行方式。本章中主要分成兩部分，前半部以非同步循序邏輯電路的兩種基本電路模式的設計原理、分析與執行為主；後半部則討論非同步循序邏輯電路中的元件延遲效應與狀態指定等問題。元件延遲效應在非同步循序邏輯電路中可能造成邏輯突波及競賽等問題，因而影響電路的正常工作。對於這種效應的各種解決方法,在本章中均有詳細的討論。

第 10 章介紹使用 ASM 圖為主的數位系統設計方法。在本章中,詳細介紹一種常用來設計數位系統的流程圖稱為 ASM 圖與 RTL 語言及它們與邏輯電路之關係,並且探討資料處理單元及控制單元電路的各種設計方法與相關的邏輯電路。在本章中,也詳細列舉三個實例,介紹如何使用 ASM 圖與 RTL 的方式設計實際的數位系統。

第 11 章介紹數位系統的各種實現方法。在本章中,首先簡要的討論各種數位系統實現技術與相關的 CAD 設計流程,然後介紹常用的 PLD 元件:ROM、PAL、PLA、GAL 等。最後一節則介紹 CPLD 與 FPGA 的結構與特性,並且使用 Verilog HDL 的程式為例,說明使用這種現場可規劃元件設計一個 ASIC 的整個流程。

第 12 章也是本書的最後一章。在這一章中,介紹數位系統設計完成之後的最關鍵步驟:測試與其相關的問題。首先,介紹一個邏輯電路中的各種可能的故障類型與故障模式,其次介紹各種測試組合邏輯電路時的輸入信號產生方法,並介紹如何測試一個循序邏輯電路及其困難性,最後則介紹如何將測試的問題考慮在電路的設計之中,以簡化其後的測試程序的進行。

當然,本書的份量實際上超過一個學期的授課範圍,但是教師可以依照學生的程度與允許的授課時數,做一個適當的取捨,以達到學生最大的學習效果為目標。

本書自初版以來,在編寫期間均承蒙國立台灣科技大學電子工程系與研究所提供一個良好的教學與研究環境,使本書之編寫得以順利完成;另外也承蒙 Xilinx 台灣分公司慨允引用相關的資料,本人在此致上衷心的感激。最後,則感謝陳美圓小姐在本書編寫期間的全力協助,使本書能夠順利出版。

林銘波 (M. B. Lin) 於
國立台灣科技大學
電子工程研究所研究室

**學歷：**

國立台灣大學電機工程學研究所碩士

美國馬里蘭大學電機工程研究所博士

主修計算機科學與計算機工程

**研究興趣與專長：**

嵌入式系統設計與應用、VLSI (ASIC/SOC) 系統設計、數位系統設計、計算機演算法、平行計算機結構與演算法

**現職：**

國立台灣科技大學電子工程系暨研究所教授

**著作：**

英文教科書(國外出版，全球發行)：

1. **Ming-Bo Lin**, *Digital System Designs and Practices: Using Verilog HDL and FPGAs,* John Wiley & Sons, 2008. (ISBN: 978-0470823231)

2. **Ming-Bo Lin**, *Introduction to VLSI Systems: A Logic, Circuit, and System Perspective,* CRC Press, 2012. (ISBN: 978-1439868591)

3. **Ming-Bo Lin**, *Digital System Designs and Practices: Using Verilog HDL and FPGAs,* 2nd ed., CreateSpace Independent Publishing Platform, 2015. (ISBN: 978-1514313305)

4. **Ming-Bo Lin**, *An Introduction to Verilog HDL,* CreateSpace Independent Publishing Platform, 2016. (ISBN: 978-1523320974)

5. **Ming-Bo Lin**, *FPGA Systems Design and Practice: Design, Synthesis, Verification, and Prototyping in Verilog HDL,* CreateSpace Independent Publishing Platform, 2016. (ISBN: 978-1530110124)

6. **Ming-Bo Lin**, *Principles and Applications of Microcomputers: 8051 Microcontroller Software, Hardware, and Interfacing,* CreateSpace Independent Publishing Platform, 2016. (ISBN: 978-1537158372)

7. **Ming-Bo Lin**, *Principles and Applications of Microcomputers: 8051 Microcontroller Software, Hardware, and Interfacing,* Vol. I: *8051 Assembly-*

*Language Programming*, CreateSpace Independent Publishing Platform, 2016. (ISBN: 978-1537158402)

8. **Ming-Bo Lin**, *Principles and Applications of Microcomputers: 8051 Microcontroller Software, Hardware, and Interfacing,* Vol. II: *8051 Microcontroller Hardware and Interfacing*, CreateSpace Independent Publishing Platform, 2016. (ISBN: 978-1537158426)

9. **Ming-Bo Lin**, *Digital Logic Design: With An Introduction to Verilog HDL*, CreateSpace Independent Publishing Platform, 2016. (ISBN: 978-1537158365)

中文教科書：

1. **微算機原理與應用：x86/x64微處理器軟體、硬體、界面、系統**，第五版，全華圖書股份有限公司，2012。(ISBN:978-9572186824)

2. **微算機基本原理與應用：MCS-51嵌入式微算機系統軟體與硬體**，第三版，全華圖書股份有限公司，2013。(ISBN: 978-9572191750)

3. **數位系統設計：原理、實務與應用**，第五版，全華圖書股份有限公司，2017。

4. **數位邏輯設計**，第六版，全華圖書股份有限公司，2017。

5. **8051微算機原理與應用**，全華圖書股份有限公司，2012。(ISBN: 978-9572183755)

# 目 錄

# 第十一章 數位系統執行—使用現場可規劃元件                       **791**

## 相關叢書介紹

書號：06149017
書名：數位邏輯設計－使用 VHDL
　　　(第二版)(附範例程式光碟)
編著：劉紹漢
16K/408 頁/420 元

書號：06202007
書名：數位邏輯設計－使用 Verilog
　　　(附範例程式光碟)
編著：劉紹漢
16K/496 頁/550 元

書號：05567047
書名：FPGA/CPLD 數位電路設計
　　　入門與實務應用－使用
　　　Quartus II (第五版)
　　　(附系統.範例光碟)
編著：莊慧仁
16K/420 頁/450 元

書號：03675037
書名：CPLD 數位電路設計－使用
　　　MAX＋Plus II 入門篇(含乙級
　　　數位電子術科解析)(第四版)
　　　(附範例系統光碟)
編著：廖裕評.陸瑞強
16K/448 頁/450 元

書號：06108007
書名：FPGA 數位邏輯設計－使用
　　　Xilinx ISE 發展系統(附程式
　　　範例光碟)
編著：鄭群星
16K/704 頁/580 元

書號：06215007
書名：Altium Designer 電腦輔助電
　　　路設計－拼經濟版
　　　(附系統、範例光碟)
編著：張義和
16K/448 頁/500 元

書號：05727047
書名：系統晶片設計－使用
　　　quartus II(第五版)
　　　(附系統範例光碟)
編著：廖裕評.陸瑞強
16K/696 頁/720 元

◎上列書價若有變動，請
　以最新定價為準。

## 流程圖

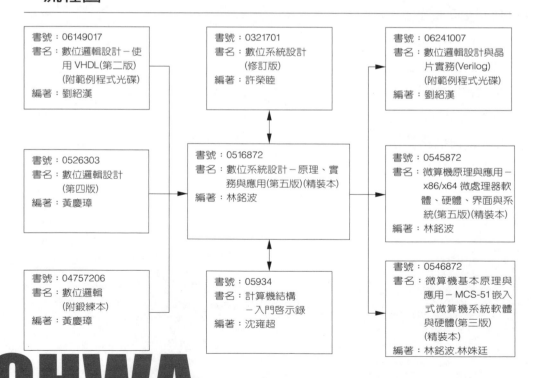

# 1 數目系統與數碼

所謂數位系統 (digital system) 即是處理一個有限的數字 (或數值) 資料集合的系統。在數位系統中，常用的數目系統 (number system) 有十進制 (decimal)、二進制 (binary)、八進制 (octal)、十六進制 (hexadecimal) 等。二進制數目當其使用在數位系統中，用以代表數字性資料或非數字性資料時，則稱為二進制碼 (binary code)。在二進制碼中一般可以分成兩類：一類是用來表示數目性資料的數碼 (numeric code)，例如 BCD 碼 (binary-coded-decimal code)；另一類則是用來表示非數目性資料的文數字碼 (alphanumeric code)，例如 ASCII 碼 (American Standard Code for Information Interchange)。文數字碼的數字本身不具有任何意義，它必須組合成一個集合的關係才具有意義。此外，在數位系統中也常常使用錯誤偵測碼 (error detecting code) 與錯誤更正碼 (error-correcting code) 以增加系統的可靠度 (reliability)，因此它們也將詳細的介紹。

## 1.1 數目基底與補數

在任何數目系統中，當表示一個數目時，都必須明白地或是隱含地指示出該數目系統的基底 b (base)。這裡所謂的基底即是該數目中每一個數字對應的權重或是稱為加權 (weight，也稱為比重)，即一個數目的值可以表示為基底 b 的冪次方之加權和。因此，在本節中將依序討論數目的基本表示方法、不同基底的數目之轉換方法、補數的觀念與取法。最後則以補數的簡單應用：執行減法運算，作為結束。

## 1.1.1 數目的基底

假設在一個數目系統中的基底為 $b$ (稱為 $b$ 進制) 時，則該數目系統中的任何一個正數均可以表示為下列多項式 (稱為多項式表式法，polynomial representation)：

$$N = a_{n-1}b^{n-1} + a_{n-2}b^{n-2} + \cdots + a_0 b^0 + a_{-1}b^{-1} + \cdots + a_{-m}b^{-m}$$
$$= \sum_{i=-m}^{n-1} a_i b^i$$

其中 $b \geq 2$ 為一個正整數，$a$ 也為整數而且它的值介於 0 與 $b-1$ 之間。數列 $(a_{n-1}a_{n-2}\cdots a_0)$ 組成 $N$ 的整數部分；數列 $(a_{-1}a_{-2}\cdots a_{-m})$ 組成 $N$ 的小數部分。整數與小數部分一般以小數點 ("．") 分開。在實際應用中，通常不用上述多項式來代表一個數目，而是以 $a_i$ ($-m \leq i \leq n-1$) 組成的數字串表示 (稱為係數表式法，coefficient representation)：

$$(a_{n-1}a_{n-2}\cdots a_1 a_0 . a_{-1}a_{-2}\cdots a_{-m})_b$$

其中 $a_{-m}$ 稱為最小有效數字 (least significant digit，LSD)；數字 $a_{n-1}$ 稱為最大有效數字 (most significant digit，MSD)。在二進制中的每一個數字稱為一個位元 (bit)，其英文字 bit 實際上即為二進制數字 (binary digit) 的縮寫。

當基底 $b$ 為 2 時，該數目系統稱為二進制；$b$ 為 8 時，稱為八進制；$b$ 為 10 時，稱為十進制；$b$ 為 16 時，稱為十六進制。一個 $b$ 進制中的數目 $N$ 通常以 $N_b$ 表示。任何時候未明顯地表示出該數目的基底時，則視為通用的十進制。

表 1.1-1 中列出數目 0 到 16 在上述各種不同的基底下的數目表示法。由表中所列數字可以得知：在二進制中，只有 0 與 1 兩個數字；在八進制中，有 0、1、2、3、4、5、6、7 等數字；在十六進制中，則有 0、1、2、3、4、5、6、7、8、9、A、B、C、D、E、F 等十六個數字。在十六進制中的數字 A、B、C、D、E、F 等也可以使用小寫的字母 a、b、c、d、e、f 等表示。

上述各種數目系統也稱為權位式數目系統 (positional number system)，因為數目中的每一個數字均依其所在的位置賦予一個固定的加權。例如八進制數目 $4107_8$ 中的數字 4，其加權為 $8^3$；數字 1 的加權為 $8^2$；數字 0 的加權為

**表 1.1-1:** 數目 0 到 16 的各種不同數目基底表示方法

| 十進制 | 二進制 | 八進制 | 十六進制 | 十進制 | 二進制 | 八進制 | 十六進制 |
|--------|--------|--------|----------|--------|--------|--------|----------|
| 0 | 0000 | 0 | 0 | 8 | 1000 | 10 | 8 |
| 1 | 0001 | 1 | 1 | 9 | 1001 | 11 | 9 |
| 2 | 0010 | 2 | 2 | 10 | 1010 | 12 | A (a) |
| 3 | 0011 | 3 | 3 | 11 | 1011 | 13 | B (b) |
| 4 | 0100 | 4 | 4 | 12 | 1100 | 14 | C (c) |
| 5 | 0101 | 5 | 5 | 13 | 1101 | 15 | D (d) |
| 6 | 0110 | 6 | 6 | 14 | 1110 | 16 | E (e) |
| 7 | 0111 | 7 | 7 | 15 | 1111 | 17 | F (f) |

$8^1$；數字 7 的加權為 $8^0$。一般而言，任何一個 $b$ 進制中的數目，其數字 $a_i$ 的加權為 $b^i$。

■ **例題 1.1-1 (數目表示法)**

(a).  $1101_2 = 1 \times 2^3 + 1 \times 2^2 + 0 \times 2^1 + 1 \times 2^0$

(b).  $4347_8 = 4 \times 8^3 + 3 \times 8^2 + 4 \times 8^1 + 7 \times 8^0$

(c).  $1742_{10} = 1 \times 10^3 + 7 \times 10^2 + 4 \times 10^1 + 2 \times 10^0$

(d).  $18AB_{16} = 1 \times 16^3 + 8 \times 16^2 + A \times 16^1 + B \times 16^0$

✔**學習重點**

**1-1.** 試定義 LSD 與 MSD。

**1-2.** 何謂位元與數字？

**1-3.** 何謂權位式數目系統？

**1-4.** 何謂加權、權重，或是比重？

## 1.1.2　數目基底的轉換

　　雖然在數位系統 (計算機系統亦為數位系統的一個實例) 中，最常用的數目系統為二進制。但是，有時為了方便也常常引用其它進制的數目系統，例如人們最熟悉的十進制數目系統。在這種情形下，必須將以十進制表示的數目轉換為二進制數目，以配合數位系統中慣用的二進制數目系統。

在數位系統中，除了十進制外，最常用的數目系統為二進制、八進制、十六進制。由於這些數目系統的基底，它們彼此之間的轉換較為容易。因此基底的轉換可以分成兩類：一類為十進制與 $b\,(b=2^i)$ 進制之間的互換；另一類則是兩個不同的 $b\,(b=2^i)$ 進制之間的互換。前者於本節中討論；後者則請參考第 1.2 節。

**1.1.2.1 b 進制轉換為十進制** 轉換一個 $b$ 進制的數目 $N_b$ 為十進制時，僅需將 $N_b$ 的冪次多項式，以十進制算術做運算即可。下列例題說明如何轉換各種不同基底的數目為其等值的十進制數目。

■ 例題 1.1-2 (基底轉換)

(a). $1101.11_2 = 1 \times 2^3 + 1 \times 2^2 + 1 \times 2^0 + 1 \times 2^{-1} + 1 \times 2^{-2} = 13.75_{10}$

(b). $432.2_8 = 4 \times 8^2 + 3 \times 8^1 + 2 \times 8^0 + 2 \times 8^{-1} = 282.25_{10}$

(c). $1E2C.E_{16} = 1 \times 16^3 + 14 \times 16^2 + 2 \times 16^1 + 12 \times 16^0 + 14 \times 16^{-1} = 7724.875_{10}$

**1.1.2.2 十進制轉換為 b 進制** 在這情況下，以十進制做運算較為方便，其轉換程序可以分成兩部分：整數部分和小數部分。

設 $N_{10}$ 為整數，它在基底 $b$ 上的值為：

$$N_{10} = a_{n-1}b^{n-1} + a_{n-2}b^{n-2} + \cdots + a_1 b^1 + a_0 b^0$$

為求 $a_i\,(i=0,\ldots,n-1)$，將上式除以 $b$ 得

$$\frac{N_{10}}{b} = \underbrace{a_{n-1}b^{n-2} + a_{n-2}b^{n-3} + \cdots + a_1}_{Q_0} + \frac{a_0}{b}$$

因此，$N_{10}$ 的最小有效數字 $a_0$ 等於首次的餘數，其次的數字 $a_1$ 則等於 $Q_0$ 除以 $b$ 的餘數，即

$$\frac{Q_0}{b} = \underbrace{a_{n-1}b^{n-3} + a_{n-2}b^{n-4} + \cdots + a_2}_{Q_1} + \frac{a_1}{b}$$

重複的使用上述之除法運算，直到 $Q_{n-1}$ 等於 0 為止，即可以依序求出 $a_i$。注意：若 $N_{10}$ 為一個有限的數目，則此程序必然會終止。

如果 $N_{10}$ 是個小數，則由對偶程序即可以產生結果。在基底 $b$ 中的值為：

$$N_{10} = a_{-1}b^{-1} + a_{-2}b^{-2} + \cdots + a_{-m}b^{-m}$$

最大有效數字 $a_{-1}$ 可以由上述多項式乘以 $b$ 求得，即

$$b \times N_{10} = a_{-1} + a_{-2}b^{-1} + \cdots + a_{-m}b^{-m+1}$$

假如上式的乘積小於 1，則 $a_{-1}$ 為 0；否則，$a_{-1}$ 就等於乘積的整數部分，其次的數字 $a_{-2}$ 繼續由該乘積的小數部分乘以 $b$ 後，取其整數部分。重覆上述步驟，即可以依序求出 $a_{-3}$、$a_{-4}$、......、$a_{-m}$。注意：這個程序並不一定會終止，因為 $N_{10}$ 在基底 $b$ 中，可能無法以有限的數字表示。

### ✔學習重點

**1-5.** 如何轉換一個十進制的整數為 $b$ 進制的數目？
**1-6.** 如何轉換一個十進制的小數為 $b$ 進制的數目？

## 1.1.3　補數的取法

補數 (complement) 常用於數位系統中，以簡化減法運算。對於任何一個 $b$ 進制中的每一個數目而言，都有兩種基本的補數型式：基底補數 ($b$'s complement) 與基底減一補數 (($b-1$)'s complement)。

**1.1.3.1　基底補數**　對於在 $b$ 進制中的一個 $n$ 位整數的正數 $N_b$ 而言，其基底補數定義為：

$$\overline{N}_b = \begin{cases} b^n - N_b & \text{當 } N_b \neq 0 \\ 0 & \text{當 } N_b = 0 \end{cases}$$

### ■ 例題 1.1-3 (基底補數)

(a). $25250_{10}$ 的 10 補數為 $10^5 - 25250 = 74750$ $(n=5)$

(b). $0.2376_{10}$ 的 10 補數為 $10^1 - 0.2376 = 9.7624$ $(n=1)$

(c). $25.369_{10}$ 的 10 補數為 $10^2 - 25.369 = 74.631$ $(n=2)$

(d). $101100_2$ 的 2 補數為 $2^6 - 101100 = 010100_2$ $(n=6)$

(e). $0.0110_2$ 的 2 補數為 $2^1 - 0.0110 = 1.1010_2$ $(n=1)$

**1.1.3.2 基底減一補數** 對於在 $b$ 進制中的一個 $n$ 位整數與 $m$ 位小數的正數 $N_b$ 而言,其基底減一補數定義為:

$$\overline{N}_{(b-1)} = b^n - b^{-m} - N_b$$

### ■ 例題 1.1-4 (基底減一補數)

(a).  $25250_{10}$ 的 9 補數為 $10^5 - 10^{-0} - 25250 = 74749$  $(n=5, m=0)$

(b).  $0.2376_{10}$ 的 9 補數為 $10^1 - 10^{-4} - 0.2376 = 9.7623$  $(n=1, m=4)$

(c).  $25.369_{10}$ 的 9 補數為 $10^2 - 10^{-3} - 25.369 = 74.630$  $(n=2, m=3)$

(d).  $101100_2$ 的 1 補數為 $2^6 - 2^{-0} - 101100 = 010011_2$  $(n=6, m=0)$

(e).  $0.0110_2$ 的 1 補數為 $2^1 - 2^{-4} - 0.0110 = 1.1001_2$  $(n=1, m=4)$

由上述例題可以得知:十進制數目的 9 補數,可以用 9 減去數目中的每一個數字;二進制的 1 補數更是簡單,只要將數目中的所有 1 位元變為 0,而 0 位元變為 1 即可。

由於基底減一補數的求得較為容易,在需要基底補數的場合,也常常先求取基底減一補數後,將 $b^{-m}$ 加到最小有效數字上而得到基底補數,因為 $(b^n - b^{-m} - N_b) + b^{-m} = b^n - N_b$。在二進制數目系統中,這種做法實際上是將數目中的每一個位元取其補數,即將 0 位元變為 1 位元,而 1 位元變為 0 位元後,將 1 加到最小有效位元 (LSB) 上。下面例題說明此一方法。

### ■ 例題 1.1-5 (由基底減一補數求基底補數)

(a).  $101100_2$ 的 2 補數為 $010011_2 + 000001_2 = 010100_2$,其中 010011 為 101100 的 1 補數而 000001 為 $b^{-0}$。

(b).  $0.0110_2$ 的 2 補數為 $1.1001_2 + 0.0001_2 = 1.1010_2$ 其中 1.1001 為 0.0110 的 1 補數而 0.0001 為 $b^{-4}$。

若將一數取補數 (基底補數或基底減一補數) 之後,再取一次相同的補數,則將恢復原來的數目,即結果和原數相同。因為 $N_b$ 的 $b$ 補數為 $b^n - N_b$,而 $b^n - N_b$ 的 $b$ 補數為 $b^n - (b^n - N_b) = N_b$,所以恢復原數。對於 $(b-1)$ 補數而言,其理由仍然相同 (習題 1-4)。

### ■ 例題 1.1-6 (補數的補數＝原數)

(a). $101100_2$ 的 2 補數為 $010011_2 + 000001_2 = 010100_2$，而 $010100_2$ 的 2 補數為 $101011_2 + 000001_2 = 101100_2$，和原來的數目相同。

(b). $0.0110_2$ 的 1 補數為 $1.1001_2$ 而 $1.1001_2$ 的 1 補數為 $0.0110_2$，和原來的數目相同。

### ✔ 學習重點

**1-7.** 對於一個 $b$ 進制中的每一個數目而言，都有那兩種基本的補數型式？

**1-8.** 試定義基底補數。

**1-9.** 試定義基底減一補數。

**1-10.** 試定義二進制數目系統的 1 補數。

**1-11.** 試定義二進制數目系統的 2 補數。

## 1.1.4　補數的簡單應用—減法

在數位系統中，當使用硬體電路執行減法運算時，一個較方便而且較有效率的方法為使用補數的方式，即先將減數取基底補數後再與被減數相加。若設 $M$ 與 $N$ 分別表示被減數與減數，則使用補數方式的減法運算規則(習題 1-5) 可以描述如下：

### ■ 演算法 1.1-1: 使用補數的減法運算規則

**1.** 將減數 $(N)$ 取基底 $(b)$ 補數後與被減數 $(M)$ 相加；

**2.** 若結果有進位產生時，表示結果大於或是等於 0，忽略此進位，該結果即為 $M - N$ 的結果；否則，沒有進位產生時，表示結果小於 0，將結果取基底 $(b)$ 補數後，即為 $M - N$ 的大小。

下列分別列舉數例說明上述動作。

■ 例題 1.1-7 (使用補數的減法運算)

　　使用補數的方法，計算下列各題：

(a) $918_{10} - 713_{10}$　　　　(b) $713_{10} - 713_{10}$　　　　(c) $218_{10} - 713_{10}$

**解**：將 $713_{10}$ 取 10 補數後得 $287_{10}$，將此數分別與三個被減數相加

(a)　　918
　　+ 287
　　————
　　1205

有進位發生，結
果 = 205

(b)　　713
　　+ 287
　　————
　　1000

有進位發生，結
果 = 0

(c)　　218
　　+ 287
　　————
　　505

沒有進位發生，結
果 = -495

結果 (a) 與 (b) 有進位發生，因此其結果分別為 205 與 0；(c) 沒有進位產生，因此其結果小於 0，將結果 505 取 10 補數後得 495，所以其值為 -495。

■ 例題 1.1-8 (使用補數的減法運算)

　　使用補數的方法，計算下列各題：

(a) $1011_2 - 0110_2$　　　　(b) $0110_2 - 0110_2$　　　　(c) $0011_2 - 0110_2$

**解**：將 $0110_2$ 取 2 補數後得 $1010_2$，將此數分別與三個被減數相加：

(a)　　1011
　　+ 1010
　　————
　　10101

有進位發生，結
果 = 0101 (5)

(b)　　0110
　　+ 1010
　　————
　　10000

有進位發生，結
果 = 0000 (0)

(c)　　0011
　　+ 1010
　　————
　　1101

沒有進位發生，結
果 = 0011 (-3)

結果 (a) 與 (b) 有進位發生，因此其結果分別為 5 與 0；(c) 沒有進位產生，因此其結果小於 0，將結果 $1101_2$ 取 2 補數後得 $0011_2$，所以其值為 -3。

✔學習重點

**1-12.** 試簡述使用補數方式的減法運算規則。

**1-13.** 試使用補數方式的減法運算，計算 $2346_8 - 1723_8$。

**1-14.** 試使用補數方式的減法運算，計算 $234A_{16} - 17FA_{16}$。

# 1.2 未帶號數目系統

在數位系統中，數目的表示方法可以分成未帶號數 (unsigned number) 與帶號數 (signed number) 兩種。未帶號數沒有正數與負數的區別，全部視為正數；帶號數則有正數與負數的區別。但是不論是未帶號數或是帶號數都可以表示為二進制、八進制、十進制，或是十六進制。在本節中，將以未帶號數為例，詳細討論這四種數目系統及其彼此之間的相互轉換。然後使用二進制數目系統，介紹算術運算中的四種基本運算動作：加、減、乘、除。

## 1.2.1 二進制數目系統

在數目系統中，當基底 $b$ 為 2 時，稱為二進制數目系統。在此數目系統中，每一個正數均可以表示為下列多項式：

$$N_2 = a_{n-1}2^{n-1} + \ldots + a_0 2^0 + a_{-1}2^{-1} + \ldots + a_{-m}2^{-m}$$

$$= \sum_{i=-m}^{n-1} a_i 2^i$$

或用數字串表示：

$$(a_{n-1}a_{n-2}\ldots a_0.a_{-1}a_{-2}\ldots a_{-m})_2$$

其中 $a_{n-1}$ 稱為最大有效位元 (most significant bit，MSB)；$a_{-m}$ 稱為最小有效位元 (least significant bit，LSB)。這裡所謂的位元 (bit) 實際上是指二進制的數字 (0 和 1)。位元的英文字 (bit) 其實即為二進制數字 (binary digit) 的縮寫。注意上述多項式或是數字串中的係數 $a_i$ $(-m \le i \le n-1)$ 之值只有 0 和 1 兩種。

**■ 例題 1.2-1 (二進制數目表示法)**

(a).　$1101_2 = 1 \times 2^3 + 1 \times 2^2 + 1 \times 2^0$

(b).　$1011.101_2 = 1 \times 2^3 + 1 \times 2^1 + 1 \times 2^0 + 1 \times 2^{-1} + 1 \times 2^{-3}$

**1.2.1.1　二進制轉換為十進制** 轉換一個二進制數目為十進制的程序相當簡單，只需要將係數 (只有 0 和 1) 為 1 的位元所對應的權重 $(2^i)$ 以十進制的算數運算相加即可。這種轉換程序為第 1.1.2 節中的第一種情形，由 $b$ 進制轉換為十進制。

### ■ 例題 1.2-2 (二進制對十進制的轉換)

轉換 $110101.01101_2$ 為十進制。

**解**：如前所述，將係數為 1 的位元所對應的權重 $(2^i)$ 以十進制的算術運算一一相加後，即為所求。結果如下：

$$110101.01101_2 = 2^5 + 2^4 + 2^2 + 2^0 + 2^{-2} + 2^{-3} + 2^{-5}$$
$$= 32 + 16 + 4 + 1 + 0.25 + 0.125 + 0.03125$$
$$= 53.40625_{10}$$

**1.2.1.2 十進制轉換為二進制** 轉換一個十進制數目為二進制時，當數目較小時，可以依照上述例題的相反次序為之。例如下列例題。

### ■ 例題 1.2-3 (十進制對二進制的轉換)

轉換 $13_{10}$ 為二進制。

**解**：$13_{10} = 8 + 4 + 1 = 2^3 + 2^2 + 0 + 2^0 = 1101_2$

### ■ 例題 1.2-4 (十進制對二進制的轉換)

轉換 $25.375_{10}$ 為二進制。

**解**：結果如下：

$$
\begin{array}{ccccccccccccccc}
25.375_{10} & = & 16 & + & 8 & + & 1 & + & 0.25 & + & 0.125 \\
& = & 2^4 & + & 2^3 & + & 0 & + & 0 & + & 2^0 & + & 0 & + & 2^{-2} & + & 2^{-3} \\
& & \downarrow & & \downarrow & & \downarrow & & \downarrow & & \downarrow & & \downarrow & & \downarrow & & \downarrow \\
& = & 1 & & 1 & & 0 & & 0 & & 1 & . & 0 & & 1 & & 1
\end{array}
$$

因此，$25.375_{10} = 11001.011_2$。

但是當數目較大時，上述方法將顯得笨拙而且不實用，因而需要一個較有系統的方法。一般在轉換一個十進制數目為二進制時，通常使用第 1.1.2

節中的方法，將整數部分與小數部分分開處理：整數部分以 2 連除後取其餘數；小數部分則以 2 連乘後取其整數。整數部分的轉換規則如下：

1. 以 2 連除該整數，取其餘數。

2. 以最後得到的餘數為最大有效位元 (MSB)，並且依照餘數取得的相反次序寫下餘數即為所求。

下列例題將說明此種轉換程序。

■ 例題 1.2-5 (十進制對二進制的轉換)

轉換 $109_{10}$ 為二進制。

**解：**利用上述轉換規則計算如下所示：

$$
\begin{aligned}
109 \div 2 &= 54 \cdots\cdots 1 \quad \leftarrow \text{LSB}\\
54 \div 2 &= 27 \cdots\cdots 0\\
27 \div 2 &= 13 \cdots\cdots 1\\
13 \div 2 &= 6 \ \cdots\cdots 1\\
6 \div 2 &= 3 \ \cdots\cdots 0\\
3 \div 2 &= 1 \ \cdots\cdots 1\\
1 \div 2 &= 0 \ \cdots\cdots 1 \quad \leftarrow \text{MSB}
\end{aligned}
$$

所以 $109_{10} = 1101101_2$。

在上述的轉換過程中，首次得到的餘數為 LSB，而最後得到的餘數為 MSB。

小數部分的轉換規則如下：

1. 以 2 連乘該數的小數部分，取其乘積的整數部分。

2. 以第一次得到的整數為第一位小數，並且依照整數取得的次序寫下整數即為所求。

下列例題將說明此種轉換程序。

■ 例題 1.2-6 (十進制對二進制的轉換)

轉換 $0.78125_{10}$ 為二進制。

**解**：利用上述轉換規則計算如下所示：

$$
\begin{aligned}
0.78125 \times 2 &= 1.56250 = 1 + 0.56250 \\
0.56250 \times 2 &= 1.1250 \phantom{0} = 1 + 0.1250 \\
0.1250 \times 2 &= 0.250 \phantom{00} = 0 + 0.250 \\
0.250 \times 2 &= 0.500 \phantom{00} = 0 + 0.500 \\
0.500 \times 2 &= 1.000 \phantom{00} = 1 + 0.000
\end{aligned}
$$

整數

所以 $0.78125_{10} = 0.11001_2$。

　　小數部分的轉換有時候是個無窮盡的程序，這時候可以依照需要的精確值在適當的位元處終止即可。

■ 例題 1.2-7 (十進制對二進制的轉換)

轉換 $0.43_{10}$ 為二進制。

**解**：利用上述轉換規則計算如下所示：

整數　　　　　　　　　　　　　　　　　整數

$$
\begin{aligned}
0.43 \times 2 &= 0.86 = 0 + 0.86 & 0.88 \times 2 &= 1.76 = 1 + 0.76 \\
0.86 \times 2 &= 1.72 = 1 + 0.72 & 0.76 \times 2 &= 1.52 = 1 + 0.52 \\
0.72 \times 2 &= 1.44 = 1 + 0.44 & 0.52 \times 2 &= 1.04 = 1 + 0.04 \\
0.44 \times 2 &= 0.88 = 0 + 0.88 &
\end{aligned}
$$

由於轉換的程序是個無窮盡的過程，所以將之終止而得 $0.43_{10} = 0.0110111_2$。

■ 例題 1.2-8 (十進制對二進制的轉換)

轉換 $121.34375_{10}$ 為二進制。

**解**：詳細運算過程如下：

整數部分      餘數          小數部分          整數

$121 \div 2 = 60 \cdots 1 \leftarrow \text{LSB}$     $0.34375 \times 2 = 0.6875 = 0 + 0.6875$

$60 \div 2 = 30 \cdots 0$     $0.6875 \times 2 = 1.375 \quad= 1 + 0.375$

$30 \div 2 = 15 \cdots 0$     $0.375 \times 2 = 0.75 \quad= 0 + 0.75$

$15 \div 2 = 7 \cdots 1$     $0.75 \times 2 = 1.50 \quad= 1 + 0.50$

$7 \div 2 = 3 \cdots 1$     $0.5 \times 2 = 1.0 \quad= 1 + 0.0$

$3 \div 2 = 1 \cdots 1$

$1 \div 2 = 0 \cdots 1 \leftarrow \text{MSB}$

所以 $121.34375_{10} = 1111001.01011_2$。

---

### ✔ 學習重點

**1-15.** 試定義 LSB 與 MSB。

**1-16.** 簡述在轉換一個十進制數目為二進制時,整數部分的轉換規則。

**1-17.** 簡述在轉換一個十進制數目為二進制時,小數部分的轉換規則。

---

## 1.2.2 八進制數目系統

在數目系統中,當基底 $b$ 為 8 時,稱為八進制數目系統。在此數目系統中,每一個正數均可以表示為下列多項式:

$$N_8 = a_{n-1}8^{n-1} + \ldots + a_0 8^0 + a_{-1}8^{-1} + \ldots + a_{-m}8^{-m}$$

$$= \sum_{i=-m}^{n-1} a_i 8^i$$

或用數字串表示:

$$(a_{n-1}a_{n-2}\ldots a_0.a_{-1}a_{-2}\ldots a_{-m})_8$$

其中 $a_{n-1}$ 稱為最大有效數字 (most significant digit,MSD);$a_{-m}$ 稱為最小有效數字 (least significant digit,LSD)。$a_i$ $(-m \le i \le n-1)$ 之值可以為 $\{0, 1, 2, 3, 4, 5, 6, 7\}$ 中之任何一個。

■ 例題 **1.2-9** (八進制數目表示法)

(a).　$347_8 = 3 \times 8^2 + 4 \times 8^1 + 7 \times 8^0 \ (= 231_{10})$

(b).　$157.43_8 = 1 \times 8^2 + 5 \times 8^1 + 7 \times 8^0 + 4 \times 8^{-1} + 3 \times 8^{-2} \ (= 111.546875_{10})$

在八進制中，代表數目的符號一共有 8 個，即只使用十進制中的前 8 個符號：0 到 7。表 1.2-1 列出了十進制、二進制、八進制之間的關係。

**表 1.2-1:** 十進制、二進制、八進制之間的關係

| 十進制 | 二進制 | Octal | 十進制 | 二進制 | 八進制 |
|--------|--------|-------|--------|--------|--------|
| 0 | 000 | 0 | 4 | 100 | 4 |
| 1 | 001 | 1 | 5 | 101 | 5 |
| 2 | 010 | 2 | 6 | 110 | 6 |
| 3 | 011 | 3 | 7 | 111 | 7 |

在八進制數目系統中，數目的表示容量遠較二進制為大，即以同樣數目的數字而言，八進制能代表的數目遠較二進制為大。例如數目 $47_{10}$ 在八進制中為 $57_8$ (2 位數)，在二進制中則為 $101111_2$ (6 位數)。若以同樣的 2 位數而言，八進制能表示的數目範圍為 0 到 63 (即 $00_8$ 到 $77_8$)，而二進制只能表示 0 到 3 的數目 (即 $00_2$ 到 $11_2$)。

**1.2.2.1　二進制轉換為八進制**　二進制和八進制之間的轉換相當容易，將一個二進制的數目轉換為八進制時，只需要以小數點為中心，分割成整數與小數兩個部分，其中整數部分以小數點為基準，依序向左每取三個位元為一組，小數部分則以小數點為基準，依序向右每取三個位元為一組，然後參照表 1.2-1 中的關係，即可以求得對應的八進制數目。例如下列例題。

■ 例題 **1.2-10** (二進制轉換為八進制)

轉換 $110101_2$ 為八進制。

**解：**因為 $110101 = 110101. = 65_8$。所以 $110101 = 65_8$。

在整數部分的左邊或是小數部分的右邊均可以依據實際上的需要加上任意個 0 而不會影響該數的大小。例如下列例題。

### ■ 例題 1.2-11 (二進制轉換為八進制)

轉換 $11110010101.01111100110_2$ 為八進制。

**解：** 因為 $11110010101.01111100110_2 = 011\ 110\ 010\ 101.011\ 111\ 001\ 100_2$。由表 1.2-1 查得對應的八進制數目為 $3\ 6\ 2\ 5.3\ 7\ 1\ 4$。所以 $11110010101.01111100110_2 = 3625.3714_8$。

當然在轉換一個二進制數目為八進制時，也可以使用與第 1.1.2 節中所述類似的方法。但是對於一個較大的數目而言，由於在運算過程中所使用的基底為 8 而不是慣用的 10，可能會顯得笨拙而且容易出錯。例如下列例題。

### ■ 例題 1.2-12 (二進制轉換為八進制)

轉換 $110010101.0110_2$ 為八進制。

**解：** (a) 使用第 1.1.2 節的方法 (以八進制的加法做運算)

$$110010101.0110_2 = 1 \times 2^8 + 1 \times 2^7 + 1 \times 2^4 + 1 \times 2^2 + 1 \times 2^0 + 1 \times 2^{-2} + 1 \times 2^{-3}$$
$$= 400_8 + 200_8 + 20_8 + 4_8 + 1_8 + 0.2_8 + 0.1_8$$
$$= 625.3_8$$

(b) 使用本節所述的規則

$$110010101.0110 = 110\ 010\ 101.011\ 000 = 6\ 2\ 5.3$$

所以兩個方法得到相同的結果。

**1.2.2.2 八進制轉換為二進制** 轉換一個八進制數目為二進制時，可以使用第 1.1.2 節中的轉換程序。但是由於八進制和二進制之間數字對應的特殊關係，其轉換程序可以使用一個較簡單的方式達成，即只需要將每一個八進制數字以相當的二進制位元 (參照表 1.2-1) 取代即可。例如下列例題。

### ■ 例題 1.2-13 (八進制轉換為二進制)

轉換 $472_8$ 為二進制。

**解：** 由於 $4\ 7\ 2_8 = 100\ 111\ 010_2$，所以相當的二進制數目為 $100111010$。

■ **例題 1.2-14** (八進制轉換為二進制)

　　轉換 $54.31_8$ 為二進制。

**解**：$5\ 4.3\ 1_8 = 101\ 100.011\ 001_2$

所以相當的二進制數目為 101100.011001。

---

■ **例題 1.2-15** (八進制轉換為二進制)

　　轉換 $273.16_8$ 為二進制。

**解**：$2\ 7\ 3.1\ 6_8 = 010\ 111\ 011.001\ 110_2$

所以相當的二進制數目為 10111011.00111。

---

**1.2.2.3　八進制轉換為十進制** 轉換一個八進制的數目為十進制時，只需要將每一個數字乘以該數字所在位置的加權 $(8^i)$ 後，以十進制的算術運算相加即可。

■ **例題 1.2-16** (八進制轉換為十進制)

　　轉換 $372_8$ 為十進制。

**解**：　結果計算如下：

$$372_8 = 3 \times 8^2 + 7 \times 8^1 + 2 \times 8^0$$
$$= 3 \times 64 + 7 \times 8 + 2 \times 1$$
$$= 250_{10}$$

所以相當的十進制數目為 250。

---

■ **例題 1.2-17** (八進制轉換為十進制)

　　轉換 $24.68_8$ 為十進制。

**解**：結果計算如下：

$$24.68_8 = 2 \times 8^1 + 4 \times 8^0 + 6 \times 8^{-1} + 8 \times 8^{-2}$$
$$= 2 \times 8 + 4 \times 1 + 6 \div 8 + 8 \div 64$$

$$= 20.875_{10}$$

所以相當的十進制數目為 20.875。

---

■ 例題 1.2-18 (八進制轉換為十進制)

　　轉換 $423.15_8$ 為十進制。

**解：**結果計算如下：

$$423.15_8 = 4 \times 8^2 + 2 \times 8^1 + 3 \times 8^0 + 1 \times 8^{-1} + 5 \times 8^{-2}$$

$$= 4 \times 64 + 2 \times 8 + 3 \times 1 + 1 \div 8 + 5 \div 64$$

$$= 275.203125_{10}$$

所以相當的十進制數目為 275.203125。

---

**1.2.2.4　十進制轉換為八進制**　十進制對八進制的轉換方法和十進制對二進制的轉換方法相同，只是現在的除數(或乘數)是 8 而不是 2 (請複習第 1.1.2 節與第 1.2.1 節)。

■ 例題 1.2-19 (十進制轉換為八進制)

　　轉換 $266_{10}$ 為八進制。

**解：**詳細的計算過程如下所示：

$$
\begin{array}{ll}
& \text{餘數} \\
266 \div 8 = 33 & \cdots\cdots 2 \\
33 \div 8 = 4 & \cdots\cdots 1 \\
4 \div 8 = 0 & \cdots\cdots 4
\end{array}
$$

所以相當的八進制數目為 412。

---

■ 例題 **1.2-20** (十進制轉換為八進制)

轉換 $250_{10}$ 為八進制。

**解：**詳細的計算過程如下所示：

$$
\begin{array}{l}
250 \div 8 = 31 \cdots\cdots 2 \\
31 \div 8 = 3 \ \ \cdots\cdots 7 \\
3 \div 8 = 0 \ \ \cdots\cdots 3
\end{array}
$$

餘數

所以相當的八進制數目為 372。

■ 例題 **1.2-21** (十進制轉換為八進制)

轉換 $0.38_{10}$ 為八進制。

**解：**詳細的計算過程如下所示：

整數

$$
\begin{array}{l}
0.38 \times 8 = 3.04 \ = 3 + 0.04 \\
0.04 \times 8 = 0.32 \ = 0 + 0.32 \\
0.32 \times 8 = 2.56 \ = 2 + 0.56 \\
0.56 \times 8 = 4.48 \ = 4 + 0.48
\end{array}
$$

由於該轉換的程序是一個無窮盡的動作，所以將它終止而得到：

$$0.38_{10} = 0.3024_8$$

有時為了方便，在轉換一個十進制數目為八進制時，常先轉換為二進制後，再轉換為八進制。下列例題說明此一轉換程序。

■ 例題 **1.2-22** (十進制轉換為八進制)

轉換 $139.43_{10}$ 為八進制。

**解：**首先轉換 $139.43_{10}$ 為二進制：

整數部分　　　┌── 餘數　　　　　　　　　　小數部分　　　┌── 整數

$139 \div 2 = 69 \cdots\cdots 1$　←── LSB　　　　$0.43 \times 2 = 0.86 \;\; = 0 + 0.86$

$69 \div 2 = 34 \cdots\cdots 1$　　　　　　　　$0.86 \times 2 = 1.72 \;\; = 1 + 0.72$

$34 \div 2 = 17 \cdots\cdots 0$　　　　　　　　$0.72 \times 2 = 1.44 \;\; = 1 + 0.44$

$17 \div 2 = 8 \;\;\cdots\cdots 1$　　　　　　　　$0.44 \times 2 = 0.88 \;\; = 0 + 0.88$

$8 \div 2 = 4 \;\;\cdots\cdots 0$　　　　　　　　$0.88 \times 2 = 1.76 \;\; = 1 + 0.76$

$4 \div 2 = 2 \;\;\cdots\cdots 0$　　　　　　　　$0.76 \times 2 = 1.52 \;\; = 1 + 0.52$

$2 \div 2 = 1 \;\;\cdots\cdots 0$　　　　　　　　$0.52 \times 2 = 1.04 \;\; = 1 + 0.04$

$1 \div 2 = 0 \;\;\cdots\cdots 1$　←── MSB

整數部分相當的二進制數目為 10001011；小數部分是個無窮盡的程序，將之終止而得到 0.0110111。所以 $139.43_{10} = 10001011.0110111_2$。

　　其次，將 $10001011.0110111_2$ 轉換為八進制數目：

$$10001011.0110111_2 = \underbrace{010}\ \underbrace{001}\ \underbrace{011}.\ \underbrace{011}\ \underbrace{011}\ \underbrace{100}$$
$$\downarrow \quad \downarrow \quad \downarrow \quad \downarrow \quad \downarrow \quad \downarrow$$
$$2 \quad\; 1 \quad\; 3. \quad 3 \quad\; 3 \quad\; 4$$

因此 $139.43_{10} = 213.334_8$。

---

### ✔ 學習重點

**1-18.** 在八進制數目系統中，代表數目的符號有那些？

**1-19.** 簡述在轉換一個十進制數目為八進制時，整數部分的轉換規則。

**1-20.** 簡述在轉換一個十進制數目為八進制時，小數部分的轉換規則。

---

## 1.2.3　十六進制數目系統

　　在數目系統中，當基底 $b$ 為 16 時，稱為十六進制數目系統。在此數目系統中，每一個正數均可以表示為下列多項式：

$$N_{16} = a_{n-1}16^{n-1} + \ldots + a_0 16^0 + a_{-1}16^{-1} + \ldots + a_{-m}16^{-m}$$
$$= \sum_{i=-m}^{n-1} a_i 16^i$$

表 1.2-2: 十進制、二進制、十六進制之間的關係

| 十進制 | 二進制 | 十六進制 | 十進制 | 二進制 | 十六進制 |
|---|---|---|---|---|---|
| 0 | 0000 | 0 | 8 | 1000 | 8 |
| 1 | 0001 | 1 | 9 | 1001 | 9 |
| 2 | 0010 | 2 | 10 | 1010 | A (a) |
| 3 | 0011 | 3 | 11 | 1011 | B (b) |
| 4 | 0100 | 4 | 12 | 1100 | C (c) |
| 5 | 0101 | 5 | 13 | 1101 | D (d) |
| 6 | 0110 | 6 | 14 | 1110 | E (e) |
| 7 | 0111 | 7 | 15 | 1111 | F (f) |

或用數字串表示：

$$(a_{n-1}a_{n-2}\ldots a_0.a_{-1}a_{-2}\ldots a_{-m})_{16}$$

其中 $a_{n-1}$ 稱為最大有效數字 (most significant digit，MSD)；$a_{-m}$ 稱為最小有效數字 (least significant digit，LSD)。$a_i$ $(-m \leq i \leq n-1)$ 之值可以為 {0, 1, 2, 3, 4, 5, 6, 7, 8, 9, A, B, C, D, E, F} 中之任何一個，其中 A ～ F 也可以使用小寫的英文字母 a ～ f 取代。

### ■ 例題 1.2-23 (十六進制數目表示法)

(a). $ABCD_{16} = A \times 16^3 + B \times 16^2 + C \times 16^1 + D \times 16^0$

(b). $123F.E3_{16} = 1 \times 16^3 + 2 \times 16^2 + 3 \times 16^1 + F \times 16^0 + E \times 16^{-1} + 3 \times 16^{-2}$

在十六進制中，代表數目的符號一共有十六個，除了十進制中的十個符號之外，又添加了六個：A (a)、B (b)、C (c)、D (d)、E (e)、F (f)。表 1.2-2 列出了十進制、二進制、十六進制之間的關係。

十六進制為電腦中常用的數目系統之一，其數目的表示容量最大。例如同樣使用二位數而言，十六進制所能表示的數目範圍為 0 到 255 (即 $00_{16}$ 到 $FF_{16}$)；十進制為 0 到 99；二進制則只有 0 到 3 (即 $00_2$ 到 $11_2$)。

**1.2.3.1 二進制轉換為十六進制** 轉換一個二進制數目為十六進制的程序相當簡單，只需要將該二進制數目以小數點分開後，分別向左 (整數部分) 及向右 (小數部分) 每四個位元集合成為一組後，再參照表 1.2-2 求取對應的十六進制數字，即可以求得十六進制數目的結果。

■ 例題 **1.2-24** (轉換二進制數目為十六進制)

轉換二進制數目 $10111011001.10110100111_2$ 為十六進制。

**解**：將該二進制數目以小數點分開後，分別向左(整數部分)及向右(小數部分)
每四個位元集合成為一組後，參照表1.2-2 求取對應的十六進制數字，其結果
如下：

$$10111011001.10110100111 = \underbrace{0101}_{5}\ \underbrace{1101}_{D}\ \underbrace{1001}_{9.}\ .\ \underbrace{1011}_{B}\ \underbrace{0100}_{4}\ \underbrace{1110}_{E}$$

所以 $10111011001.10110100111 = 5D9.B4E_{16}$。

**1.2.3.2 十六進制轉換為二進制** 轉換一個十六進制數目為二進制的過程相
當簡單，只需要將該十六進制數目中的每一個數字，以表1.2-2 中對應的4個
二進制位元取代即可，例如下列例題。

■ 例題 **1.2-25** (轉換十六進制數目為二進制)

轉換十六進制數目 $9BD_{16}$ 為二進制。

**解**：將十六進制數目中的每一個數字分別使用對應的二進制數目取代即可，詳
細的動作如下：

$$9BD_{16} = \underbrace{9}_{1001}\ \underbrace{B}_{1011}\ \underbrace{D}_{1101}$$

所以 $9BD_{16} = 100110111101_2$。

■ 例題 **1.2-26** (轉換十六進制數目為二進制)

轉換十六進制數目 $37C.B86_{16}$ 為二進制。

**解**：將十六進制數目中的每一個數字分別使用對應的二進制數目取代即可，詳
細的動作如下：

$$37C.B86_{16} = \underbrace{3}_{0011}\ \underbrace{7}_{0111}\ \underbrace{C.}_{1100.}\ \underbrace{B}_{1011}\ \underbrace{8}_{1000}\ \underbrace{6}_{0110}$$

所以 $37C.B86_{16} = 1101111100.101110000110_2$。

**1.2.3.3 十六進制轉換為十進制** 與轉換一個二進制數目為十進制的程序類似，只需要將十六進制數目中的每一個數字乘上其所對應的權重($16^i$)後，以十進制的算數運算相加即可，例如下面例題。

■ 例題 1.2-27 **(十六進制數目對十進制的轉換)**

轉換 $AED.BF_{16}$ 為十進制。

**解：**如前所述，將係數乘上其所對應的權重($16^i$)，並且以十進制的算數運算求其總合即可，其結果如下：

$$AED.BF_{16} = A \times 16^2 + E \times 16^1 + D \times 16^0 + B \times 16^{-1} + F \times 16^{-2}$$
$$= 10 \times 256 + 14 \times 16 + 13 \times 1 + 11 \times 0.0625 + 15 \times 0.00390625$$
$$= 2797.74609375_{10}$$

**1.2.3.4 十進制轉換為十六進制** 與轉換一個十進制數目為二進制的程序類似，只是現在的除數(或乘數)為 16 而不是 2，例如下列例題。

■ 例題 1.2-28 **(十進制數目對十六進制的轉換)**

轉換 $167.45_{10}$ 為十六進制。

**解：**詳細的計算過程如下：

整數部分 ── 餘數

$167 \div 16 = 10 \cdots\cdots 7 \leftarrow$ LSD
$10 \div 16 = 0 \cdots\cdots 10 \leftarrow$ MSD

$167_{10} = A7_{16}$

小數部分 ── 整數

$0.45 \times 16 = 7.2 = 7 + 0.2$
$0.2 \times 16 = 3.2 = 3 + 0.2$
$0.2 \times 16 = 3.2 = 3 + 0.2$

$0.45_{10} = 0.7\overline{3}_{16}$

所以 $167.45_{10} = A7.7\overline{3}_{16}$。

有時為了方便，在轉換一個十進制數目為十六進制時，常先轉換為二進制數目後，再轉換為十六進制。這種方式雖然較為複雜，但是使用較熟悉的以 2 為除數或乘數的簡單運算，取代了在上述過程中的以 16 為除數或是乘數的繁雜運算。

■ 例題 **1.2-29** (十進制轉換為十六進制)

轉換 $138.35_{10}$ 為十六進制。

**解：**首先轉換 $138.35_{10}$ 為二進制：

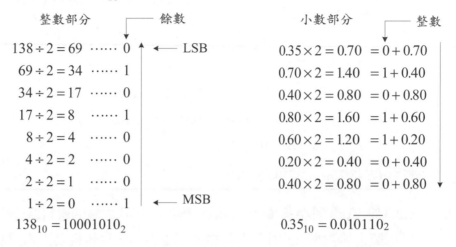

| 整數部分 | 餘數 | | 小數部分 | 整數 |
|---|---|---|---|---|
| $138 \div 2 = 69$ …… 0 | ← LSB | | $0.35 \times 2 = 0.70 = 0 + 0.70$ | |
| $69 \div 2 = 34$ …… 1 | | | $0.70 \times 2 = 1.40 = 1 + 0.40$ | |
| $34 \div 2 = 17$ …… 0 | | | $0.40 \times 2 = 0.80 = 0 + 0.80$ | |
| $17 \div 2 = 8$ …… 1 | | | $0.80 \times 2 = 1.60 = 1 + 0.60$ | |
| $8 \div 2 = 4$ …… 0 | | | $0.60 \times 2 = 1.20 = 1 + 0.20$ | |
| $4 \div 2 = 2$ …… 0 | | | $0.20 \times 2 = 0.40 = 0 + 0.40$ | |
| $2 \div 2 = 1$ …… 0 | | | $0.40 \times 2 = 0.80 = 0 + 0.80$ | |
| $1 \div 2 = 0$ …… 1 | ← MSB | | | |
| $138_{10} = 10001010_2$ | | | $0.35_{10} = 0.01\overline{0110}_2$ | |

整數部分相當的二進制數目為 $10001010_2$；小數部分是個循環的程序，將之終止而得到 $0.01\overline{0110}_2$。所以 $138.35_{10} = 10001010.01\overline{0110}_2$。其次，將 $10001010.01\overline{0110}_2$ 轉換為十六進制數目：

$$10001010.01\overline{0110}_2 = \underbrace{1000}_{8}\ \underbrace{1010}_{A}.\ \underbrace{0101}_{5}\ \underbrace{1001}_{9}\ \underbrace{1001}_{9}$$

因此 $138.35_{10} = 8A.5\overline{9}_{16}$。

**1.2.3.5 十六進制轉換為八進制** 轉換一個十六進制的數目為八進制時，最簡單的方法是先轉換為二進制後，再轉換為八進制。下面兩個例題說明此種轉換程序。

■ 例題 **1.2-30** (十六進制轉換為八進制)

轉換 $AC_{16}$ 為八進制。

**解：**先將 $AC_{16}$ 轉換為二進制數目，再由二進制數目轉換為八進制，其詳細的轉換動作如下：

$$AC_{16} = 1010\ 1100_2 = 010\ 101\ 100_2 = 254_8$$

所以 $AC_{16} = 254_8$。

---

■ 例題 **1.2-31** (十六進制轉換為八進制)

　　轉換 $1E43.75_{16}$ 為八進制。

**解**：先將 $1E43.75_{16}$ 轉換為二進制數目，再由二進制數目轉換為八進制，其詳
細的轉換動作如下：

$$1E43.75_{16} = 0001\ 1110\ 0100\ 0011.0111\ 0101_2$$
$$= 001\ 111\ 001\ 000\ 011.011\ 101\ 010_2$$
$$= 17103.352_8$$

所以 $1E43.75_{16} = 17103.352_8$。

---

**1.2.3.6　八進制轉換為十六進制**　轉換一個八進制的數目為十六進制時，可
以依據上述類似的程序，先轉換為二進制後，再轉換為十六進制。

---

■ 例題 **1.2-32** (八進制轉換為十六進制)

　　轉換 $744_8$ 為十六進制。

**解**：先將 $744_8$ 轉換為二進制數目，再由二進制數目轉換為十六進制，其詳細的
轉換動作如下：

$$744_8 = 111\ 100\ 100_2$$
$$= 0001\ 1110\ 0100_2$$
$$= 1E4_{16}$$

所以 $744_8 = 1E4_{16}$。

---

■ 例題 **1.2-33** (八進制轉換為十六進制)

　　轉換 $7536.152_8$ 為十六進制。

**解**：先將 $7536.152_8$ 轉換為二進制數目，再由二進制數目轉換為十六進制，其
詳細的轉換動作如下：

$$7536.152_8 = 111\ 101\ 011\ 110.001\ 101\ 010_2$$

$$= 1111\ 0101\ 1110.0011\ 0101\ 0000_2$$

$$= F5E.35_{16}$$

所以 $7536.152_8 = F5E.35_{16}$。

✔學習重點

**1-21.** 在十六進制數目系統中，代表數目的符號有那些？

**1-22.** 簡述在轉換一個十進制數目為十六進制時，整數部分的轉換規則。

**1-23.** 簡述在轉換一個十進制數目為十六進制時，小數部分的轉換規則。

## 1.2.4 二進制算術運算

　　所謂的四則運算是指算術中的四個基本運算：加、減、乘、除。基本上，二進制的算術運算和十進制是相同的。唯一的差別是在二進制中，若為加法運算，則逢 2 即需要進位；若為減法運算，則由左邊相鄰的數字借位時，所借的值為 2 而不是 10。下面例題分別說明二進制的加法與減法運算過程。

### ■ 例題 1.2-34 (二進制加法運算)

　　將 $1010_2$ 與 $1110_2$ 相加。

**解**：詳細的計算過程如下：

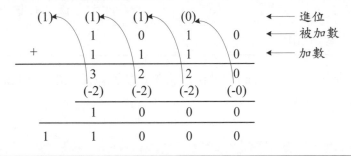

■ 例題 **1.2-35** (二進制減法運算)

將 $1010_2$ 減去 $1110_2$。

**解:** 詳細的計算過程如下:

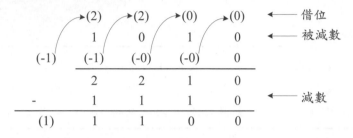

如同十進制一樣,二進制的乘法運算可以視為加法的連續運算。

■ 例題 **1.2-36** (二進制乘法運算)

試求 $1101_2$ 與 $1001_2$ 的乘積。

**解:** 詳細的計算過程如下:

```
              1   1   0   1   ←── 被乘數
          ×   1   0   0   1   ←── 乘數
              1   1   0   1
          0   0   0   0
      0   0   0   0
  +   1   1   0   1
  1   1   1   0   1   0   1   ←── 乘積
```

所以乘積為 $1110101_2$。

如同十進制一樣,二進制的除法運算可以視為減法的連續運算。下面例題說明此種運算過程。

■ 例題 **1.2-37** (二進制除法運算)

試求 $10001111_2$ 除以 $1011_2$ 後的商數。

**解:** 詳細的計算過程如下:

```
                          1 1 0 1      ←── 商數
     除數 ──→ 1 0 1 1 ) 1 0 0 0 1 1 1 1   ←── 被除數
                      − 1 0 1 1
                        1 1 0 1
                      −  1 0 1 1
                           1 0 1 1
                      −    1 0 1 1
                                 0     ←── 餘數
```

所以商數為 $1101_2$ 而餘數為 $0_2$。

---

### ✔學習重點

**1-24.** 試簡述二進制算術運算與十進制算術運算之異同。

**1-25.** 計算 $11011101_2 + 01110011_2$ 的結果。

**1-26.** 計算 $11011101_2 - 10110100_2$ 的結果。

**1-27.** 計算 $11011011_2$ 與 $10010001_2$ 的乘積。

**1-28.** 計算 $11011011_2 \div 1001_2$ 的結果。

## 1.3 帶號數表示法

在數位系統中，帶號數也是一種常用的數目表示方法。因此，在這一節中，將詳細討論三種在數位系統中常用的帶號數表示方法：帶號大小表示法 (sign-magnitude representation)、基底減一補數表示法 ((b-1)'s-complement representation)、基底補數表示法 (b's-complement representation)。這三種表示法在正數時都相同，在負數時則有些微的差異。

### 1.3.1 正數表示法

在數位系統中，一般用來表示帶號數的方法是保留最左端的數字做為正數或是負數的指示之用，稱為符號數字 (sign digit)，在二進制中則常稱為符號位元 (sign bit)。在本書中，將使用表示符號數字或是符號位元。

對於正的定點數 (fixed-point number) 而言，符號數字設定為 0，而其它數字則表示該數的真正大小。若設 $N_b$ 表示在 $b$ 進制中的一個具有 $n$ 位整數(包

括符號數字) 與 $m$ 位小數的數目,則此正數 (即 $N_b > 0$) 可以表示為下列數字串:

$$N_b = (\underline{0}a_{n-2}\cdots a_1a_0.a_{-1}a_{-2}\cdots a_{-m})_b$$

而 $N_b$ 的大小等於

$$|N_b| = \sum_{i=-m}^{n-2} a_ib^i$$

■ 例題1.3-1 (正數表示法)

計算下列各數的值:

(a)  $\underline{0}319_{10}$                                    (b)  $\underline{0}10110.11_2$

(c)  $\underline{0}317_8$                                      (d)  $\underline{0}7EA_{16}$

解:結果如下:

(a)  $\underline{0}319_{10} = +319$                            (b)  $\underline{0}10110.11_2 = +22.75$

(c)  $\underline{0}317_8 = +207$                              (d)  $\underline{0}7EA_{16} = +2026$

✔學習重點

**1-29.** 試定義符號位元與符號數字。

**1-30.** 在帶號數表示方法中,如何表示一個數目是正數或是負數?

## 1.3.2  負數的表示法

負數的表示方法,通常有三種:帶號大小表示法、基底減一補數表示法、基底補數表示法。假設 $\overline{N_b}$ 表示 $N_b$ 的負數。

**1.3.2.1  帶號大小表示法**  在帶號大小表示法中,負數的大小部分和正數相同,唯一不同的是符號數字,即:

$$\overline{N_b} = (\underline{b-1}a_{n-2}\cdots a_1a_0.a_{-1}a_{-2}\cdots a_{-m})_b$$

而 $N_b$ 的大小等於

$$|N_b| = \sum_{i=-m}^{n-2} a_ib^i$$

## ■ 例題 1.3-2 (帶號大小表示法)

(a). $+713_{10}$ 以帶號大小表示時為 $\underline{0}713_{10}$，而 $-713_{10}$ 則為 $\underline{9}713_{10}$，因為 $b=10$ 而 $b-1=9$。

(b). $+1011.011_2$ 以帶號大小表示時為 $\underline{0}1011.011_2$，而 $-1011.011_2$ 則為 $\underline{1}1011.011_2$，因為 $b=2$ 而 $b-1=1$。

(c). $+754_8$ 以帶號大小表示時為 $\underline{0}754_8$，而 $-754_8$ 則為 $\underline{7}754_8$，因為 $b=8$ 而 $b-1=7$。

(d). $+7E5_{16}$ 以帶號大小表示時為 $\underline{0}7E5_{16}$，而 $-7E5_{16}$ 則為 $\underline{F}7E5_{16}$，因為 $b=16$ 而 $b-1=15$。

**1.3.2.2　基底減一補數表示法**　在基底減一補數表示法中，$\overline{N}_b$ (即 $-N_b$) 則直接表示為 $N_b$ 的基底減一補數：

$$\overline{N}_b = b^n - b^{-m} - N_b$$

若表示為數字串則為：

$$\overline{N}_b = (\underline{b-1}\,\overline{a}_{n-2}\overline{a}_{n-3}\cdots\overline{a}_1\overline{a}_0.\overline{a}_{-1}\overline{a}_{-2}\cdots\overline{a}_{-m})_b$$

其中每一個數字 $\overline{a}_i$ 定義為

$$\overline{a}_i = b - 1 - a_i$$

當基底 $b$ 為 2 時，則為 1 補數表示法。

## ■ 例題 1.3-3 (基底減一補數表示法)

(a). $+713_{10}$ 以 9 補數表示時為 $\underline{0}713_{10}$，而 $-713_{10}$ 則為 $\underline{9}286_{10}$，因為 $0713_{10}$ 的 9 補數為 $9286_{10}$。

(b). $+1011.011_2$ 以 1 補數表示時為 $\underline{0}1011.011_2$，而 $-1011.011_2$ 則為 $\underline{1}0100.100_2$，因為 $01011.011_2$ 的 1 補數為 $10100.100_2$。

(c). $+754_8$ 以 7 補數表示時為 $\underline{0}754_8$，而 $-754_8$ 則為 $\underline{7}023_8$，因為 $0754_8$ 的 7 補數為 $7023_8$。

(d). $+7E5_{16}$ 以 15 補數表示時為 $\underline{0}7E5_{16}$，而 $-7E5_{16}$ 則為 $\underline{F}81A_{16}$，因為 $07E5_{16}$ 的 15 補數為 $F81A_{16}$。

**1.3.2.3 基底補數表示法** 在基底補數表示法中，$\overline{N_b}$ (即 $-N_b$) 則直接表示為 $N_b$ 的基底補數，即

$$\overline{N_b} = b^n - N_b$$

當基底 $b$ 為 2 時，則為 2 補數表示法。

■ **例題 1.3-4 (基底補數表示法)**

(a).　$+713_{10}$ 以 10 補數表示時為 $\underline{0}713_{10}$，而 $-713_{10}$ 則為 $\underline{9}287_{10}$，因為 $0713_{10}$ 的 10 補數為 $9287$。

(b).　$+1011.011_2$ 以 2 補數表示時為 $\underline{0}1011.011_2$，而 $-1011.011_2$ 則為 $\underline{1}0100.101_2$，因為 $01011.011_2$ 的 2 補數為 $10100.101_2$。

(c).　$+754_8$ 以 8 補數表示時為 $\underline{0}754_8$，而 $-754_8$ 則為 $\underline{7}024_8$，因為 $0754_8$ 的 8 補數為 $7024_8$。

(d).　$+7E5_{16}$ 以 16 補數表示時為 $\underline{0}7E5_{16}$，而 $-7E5_{16}$ 則為 $\underline{F}81B_{16}$，因為 $07E5_{16}$ 的 16 補數為 $F81B_{16}$。

✔**學習重點**

**1-31.** 試簡述在帶號大小表示法中，如何表示一個負數？

**1-32.** 試簡述在 1 補數表示法中，如何表示一個負數？

**1-33.** 試簡述在 2 補數表示法中，如何表示一個負數？

**1-34.** 試簡述在 9 補數表示法中，如何表示一個負數？

## 1.3.3 帶號數表示範圍

　　表 1.3-1 列出 4 位元二進制帶號數表示法在 0000 與 1111 之間的 16 種不同的組合所代表的十進制數目。對於表中所列的所有定點數而言，除了在帶號大小表示法與 1 補數表示法中的 0 (有 +0 和 -0 的分別) 之外，其餘的每一個數目的表示方法均是唯一的，即每一個定點數只對應一個 4 位元的二進制組合。在 4 位元的二進制帶號數中，最大的正整數為 +7，而最小的負整數為 -7 (在帶號大小表示法與 1 補數表示法中) 或是 -8 (2 補數表示法)。

**表 1.3-1:** 4 位元二進制帶號數表示法

| 十進制 | 帶號大小 | 1 補數 | 2 補數 | 十進制 | 帶號大小 | 1 補數 | 2 補數 |
|---|---|---|---|---|---|---|---|
| +7 | 0111 | 0111 | 0111 | -1 | 1001 | 1110 | 1111 |
| +6 | 0110 | 0110 | 0110 | -2 | 1010 | 1101 | 1110 |
| +5 | 0101 | 0101 | 0101 | -3 | 1011 | 1100 | 1101 |
| +4 | 0100 | 0100 | 0100 | -4 | 1100 | 1011 | 1100 |
| +3 | 0011 | 0011 | 0011 | -5 | 1101 | 1010 | 1011 |
| +2 | 0010 | 0010 | 0010 | -6 | 1110 | 1001 | 1010 |
| +1 | 0001 | 0001 | 0001 | -7 | 1111 | 1000 | 1001 |
| +0 | 0000 | 0000 | 0000 | -8 | (不可能) | (不可能) | 1000 |
| -0 | 1000 | 1111 | 0000 | | | | |

**表 1.3-2:** 三種二進制帶號數表示法的特性

| Decimal | 帶號大小 | 1 補數 | 2 補數 |
|---|---|---|---|
| 正數 | $0xyz$ | $0xyz$ | $0xyz$ |
| 負數 | $1xyz$ | $1\bar{x}\bar{y}\bar{z}$ | $1\bar{x}\bar{y}\bar{z}+1$ |
| 表示範圍 | $-(2^{n-1}-1)$ to $2^{n-1}-1$ | $-(2^{n-1}-1)$ to $2^{n-1}-1$ | $-2^{n-1}$ to $2^{n-1}-1$ |
| 零 (以 4 位元為例) | 0000 (+0) | 0000 (+0) | 0000 (+0) |
| | 1000 (-0) | 1111 (-0) | 0000 (-0) |

　　一般而言，對於一個 $n$ 位元的二進制數目系統的帶號數而言，其所能代表的數目範圍為：

- 帶號大小表示法：$-(2^{n-1}-1)$ 到 $2^{n-1}-1$
- 1 補數表示法：$-(2^{n-1}-1)$ 到 $2^{n-1}-1$
- 2 補數表示法：$-2^{n-1}$ 到 $2^{n-1}-1$

三種二進制帶號數表示法的特性歸納如表 1.3-1 所示。

　　由於在數位系統中最常用的帶號數表示法為 2 補數，因此將 2 補數表示法的重要特性歸納如下：

- 只有一個 0 (即 $000\ldots0_2$)。
- MSB 為符號位元，若數目為正，則 MSB 為 0，否則 MSB 為 1。
- $n$ 位元的 2 補數表示法之表示範圍為 $-2^{n-1}$ 到 $2^{n-1}-1$。
- 一數取 2 補數後再取 2 補數，將恢復為原來的數。

✔學習重點

**1-35.** 在二進制數目系統中，若使用帶號大小表示法，則一個 $n$ 位元的數目
     所能代表的數目範圍為何？

**1-36.** 在二進制數目系統中，若使用 1 補數表示法，則一個 $n$ 位元的數目所能
     代表的數目範圍為何？

**1-37.** 在二進制數目系統中，若使用 2 補數表示法，則一個 $n$ 位元的數目所能
     代表的數目範圍為何？

**1-38.** 簡述 2 補數表示法的重要特性。

## 1.4 帶號數算術運算

　　由於在數位系統中，最常用的數目系統為二進制，因此這小節的討論，
將以二進制算術運算為主。當然類似的規則，可以應用於 $b$ 進制的數目系統
中，即分別將 1 補數與 2 補數視為 $(b\text{-}1)$ 補數與 $b$ 補數 (習題 1-23 與 1-24)。

### 1.4.1 帶號大小表示法

　　設 $A$ 和 $B$ 分別表示兩個帶號大小的數目，$|A|$ 和 $|B|$ 分別表示 $A$ 和 $B$ 的
大小(去除符號位元後)，而 $|\overline{A}|$ 和 $|\overline{B}|$ 則分別為 $|A|$ 和 $|B|$ 的 1 補數。例如：

$$A = 1011(-3) \qquad |A| = 011 \qquad |\overline{A}| = 100$$
$$B = 0101(+5) \qquad |B| = 101 \qquad |\overline{B}| = 010$$

帶號大小數的加法規則為：

**1. A 和 B 同號**

**規則：**當 $A$ 和 $B$ 的符號位元相同時，將 $|A|$ 和 $|B|$ 相加後，結果的符號位元和
$A(B)$ 相同。

■ 例題 1.4-1 (試求下列兩個 4 位元帶號大小數之和)

(a)　　$A = 0100\ (+4)$　　　　(b)　　$|A| = 1010\ (-2)$
　　　　$B = 0010\ (+2)$　　　　　　　$|B| = 1101\ (-5)$

**解：**詳細的計算過程如下：

(a) 　$|A| = 100$
　　$|B| = 010$

$$\begin{array}{rl} 100 & = |A| \\ + 010 & = |B| \\ \hline 110 & = |A| + |B| \end{array}$$

$A + B = 0110$ (+6)

(b) 　$|A| = 010$
　　$|B| = 101$

$$\begin{array}{rl} 010 & = |A| \\ + 101 & = |B| \\ \hline 111 & = |A| + |B| \end{array}$$

$A + B = 1111$ (-7)

當 $|A|$ 和 $|B|$ 兩數相加後，若結果的值超出其所能表示的範圍時，稱為溢位 (overflow)。

## ■ 例題 1.4-2 (試求下列兩個 4 位元帶號大小數之和)

(a) 　$A = 0100$ (+4)　　(b) 　$|A| = 1100$ (−4)
　　$B = 0111$ (+7)　　　　　$|B| = 1110$ (−6)

**解：**詳細的運算過程如下：

(a) 　$|A| = 100$
　　$|B| = 111$

$$\begin{array}{rl} 100 & = |A| \\ + 111 & = |B| \\ \hline 1011 & = |A| + |B| \end{array}$$

溢位 ⤒

$A + B = 1011$ (-3)

(b) 　$|A| = 100$
　　$|B| = 110$

$$\begin{array}{rl} 100 & = |A| \\ + 110 & = |B| \\ \hline 1010 & = |A| + |B| \end{array}$$

溢位 ⤒

$A + B = 1010$ (-2)

(a) 和 (b) 的結果因為有溢位發生，因此不正確。

## 2. A 和 B 異號

**規則：**當 $A$ 和 $B$ 兩數的符號位元不相同時，先將其中一數的大小 ($|A|$ 或 $|B|$) 取 1 補數後，再行相加，這時的結果有兩種情況：

(1) 有進位時 (稱為端迴進位，end-around carry，EAC)，將 EAC 加到結果 (總和) 的最小有效位元上，結果的符號位元和未取補數者相同。

(2) 沒有進位發生時，結果需取 1 補數，而其符號位元和取補數者相同。

為說明上述規則，假設 $A$ 和 $B$ 為兩個 $n$ 位元(整數)的帶號大小數，則 $|A|$ 和 $|B|$ 分別為 $n-1$ 個位元。將 $|A|$ 取 1 補數後，$|\overline{A}|$ 為：

$$|\overline{A}| = 2^{n-1} - |A| - 1$$

設

$$\begin{aligned} M &= |\overline{A}| + |B| \\ &= 2^{n-1} - |A| - 1 + |B| \\ &= 2^{n-1} + |B| - |A| - 1 \end{aligned}$$

現在分成三種情形討論：

(1) $|B|$ 大於 $|A|$

　　$M$ 大於或等於 $2^{n-1}$，因此 $2^{n-1}$ 項自 $M$ 中消失，而產生 EAC，將此 EAC 加到 $M$ 中後，得到

$$M = |B| - |A|$$

因此，$M$(總和)的符號位元將由 $B$ 決定，即和未取補數者相同。

(2) $|A|$ 大於 $|B|$

　　$M$ 小於 $2^{n-1}$，因此沒有 EAC 產生。現在將 $M$ 取 1 補數後，得到

$$\begin{aligned} \overline{M} &= 2^{n-1} - (2^{n-1} + |B| - |A| - 1) - 1 \\ &= |A| - |B| \end{aligned}$$

結果的符號位元由 $A$ 決定，即和取補數者相同。

(3) $|A|$ 等於 $|B|$

　　$M = 2^{n-1} - 1$ (全部為 1)，因為此時沒有 EAC 產生。將 $M$ 取 1 補數後，結果為全部為 0。一般而言，當 $|A|$ 和 $|B|$ 相等，但是符號位元不相同時，其總和為 +0 或是 -0，將由是 $A$ 取補數或是 $B$ 取補數而定。當取補數的數為正數時，結果為 +0，否則為 -0。

■ 例題 1.4-3 (兩個異號的帶號大小數之和)

　　試求下列兩個 4 位元帶號大小數之和：$A = 0111\ (+7)$ 與 $B = 1110\ (-6)$。

**解：**去除符號位元後，得 $|A|=111$ 而 $|B|=110$。

(a) 將 $|B|$ 取 1 補數，即 $|\overline{B}|=001$　　　(b) 將 $|A|$ 取 1 補數，即 $|\overline{A}|=000$

$$
\begin{array}{rl}
111 & =|A| \\
+\,001 & =|\overline{B}| \\
\hline
\text{有EAC}\;1000 & =|A|+|\overline{B}| \\
+\,1 & \\
\hline
0001 & (+1)\ \text{結果}
\end{array}
$$
符號位元和 $A$ 相同

$$
\begin{array}{rl}
000 & =|\overline{A}| \\
+\,110 & =|B| \\
\hline
\text{沒有EAC}\;110 & =|\overline{A}|+|B| \\
\downarrow\downarrow\downarrow & \\
0001 & (+1)\ \text{結果}
\end{array}
$$
沒有 EAC 發生，結果必須取 1 補數，而且符號位元和 $A$ 相同

---

### ■ 例題 1.4-4 (兩個異號的帶號大小數之和)

試求下列兩個 4 位元帶號大小數之和：$A=0111$ 與 $B=1111$。

**解：**去除符號位元後，得 $|A|=111$ 而 $|B|=111$。

(a) 將 $|B|$ 取 1 補數，即 $|\overline{B}|=000$　　(b) 將 $|A|$ 取 1 補數，即 $|\overline{A}|=000$

$$
\begin{array}{rl}
111 & =|A| \\
+\,000 & =|\overline{B}| \\
\hline
\text{沒有EAC}\;111 & =|A|+|\overline{B}| \\
\downarrow\downarrow\downarrow & \\
1000 & (-0)\ \text{結果}
\end{array}
$$
符號位元和 $B$ 相同

$$
\begin{array}{rl}
000 & =|\overline{A}| \\
+\,111 & =|B| \\
\hline
\text{沒有EAC}\;111 & =|\overline{A}|+|B| \\
\downarrow\downarrow\downarrow & \\
0000 & (+0)\ \text{結果}
\end{array}
$$
符號位元和 $A$ 相同

---

### ✔ 學習重點

**1-39.** 在帶號大小表示法的加法運算中，當加數與被加數符號位元相同時的加法規則為何？

**1-40.** 何謂端迴進位？何時會產生端迴進位？當產生端迴進位時，應該如何處理？

**1-41.** 在帶號大小表示法的加法運算中，當加數與被加數符號位元不相同時的加法規則為何？

## 1.4.2　1 補數表示法

　　1 補數的取法相當簡單，但是加法運算卻是相當煩人。1 補數和帶號大小數加法運算的最大差別是在帶號大小數中，加法運算的執行只是針對數的大小而已，符號位元則另外處理；在 1 補數中，符號位元則視為數目的一部分也同樣地參與運算。

　　1 補數的加法規則為：

**1. A 和 B 皆為正數**

**規則：**當 $A$ 和 $B$ 皆為正數時，將兩數相加(包括符號位元和大小)，若結果的符號位元為 1，表示溢位發生，結果錯誤；否則沒有溢位發生，結果正確。

### ■ 例題 1.4-5 (1 補數的加法運算)

　　試求下列兩個 4 位元 1 補數帶號數之和：

(a) $0011 + 0010$　　　　　　　　　　(b) $0110 + 0100$

**解：**詳細的運算步驟如下：

(a)
```
  0011        +3
+ 0010      + +2
───────    ─────
  0101        +5
  ↑
沒有溢位，結果正確
```

(b)
```
  0110        +6
+ 0100      + +4
───────    ─────
  1010       +10
  ↑
溢位發生，結果錯誤
```

**2. A 和 B 皆為負數**

**規則：**兩負數相加，端迴進位 (EAC) 總是會發生，它是由兩個都為 1 的符號位元相加所產生的，EAC 必須加到結果的最小有效位元上：

(1) 若結果的符號位元是 1，該結果正確；

(2) 若結果的符號位元是 0，則有溢位發生，結果錯誤。

　　為說明上述規則，設 $A$ 和 $B$ 為兩個正的 $n$ 位元 1 補數帶號數，由於負數是以 1 補數表示的。因此，

$$|\overline{A}| = 2^n - |A| - 1 \qquad (|\overline{A}| \text{ 為 } |A| \text{ 的 1 補數，即 } -A)$$
$$|\overline{B}| = 2^n - |B| - 1 \qquad (|\overline{A}| \text{ 為 } |B| \text{ 的 1 補數，即 } -B)$$

現在設 $M$ 為 $|\overline{A}|$ 與 $|\overline{B}|$ 之和，即

$$M = |\overline{A}| + |\overline{B}|$$

$$= (2^n - |A| - 1) + (2^n - |B| - 1)$$

$$= 2 \times 2^n - (|A| + |B|) - 2$$

由於 $2 \times 2^n > 2^n$，因此其中一個 $2^n$ 產生端迴進位 (EAC)，將此 EAC 加到 $M$ 的餘數部分 (即 $2^n - (|A| + |B|) - 2$) 後產生：

$$M = 2^n - (|A| + |B|) - 2 + 1 \qquad (1 \text{ 為 EAC})$$

$$= 2^n - (|A| + |B|) - 1$$

$$= (\overline{|A| + |B|}) \qquad\qquad (|A| + |B| \text{ 的 1 補數})$$

若 $|A| + |B|$ 小於或等於 $2^{n-1}$，則最後的結果 $2^n - (|A| + |B|) - 1$ 恰為 $|A| + |B|$ 的 1 補數，因此結果正確。若 $|A| + |B|$ 大於 $2^{n-1}$，則產生溢位，因為此時 $2^n - (|A| + |B|) - 1 < 2^{n-1}$，符號位元為 0。由於兩個負數相加之後，其結果必然是負數，即符號位元必然是 1，若為 0 則表示產生了溢位，結果已經超出了 $n$ 個位元所能表示的範圍。

## ■ 例題 1.4-6 (產生溢位的加法運算)

試求下列兩個 4 位元 1 補數帶號數之和：

(a)　　1101 + 1011　　　　　　　　　　　(b)　　1000 + 1010

**解：**詳細的運算步驟如下：

(a)
```
      1101        -2
    + 1011      + -4
 ─────────    ──────
EAC 11000       -6
    +    ┘→1
 ─────────
      1001   結果正確
```

(b)
```
      1000        -7
    + 1010      + -5
 ─────────    ──────
EAC 10010       -12
    +    ┘→1
 ─────────
      0011
        ↑
  溢位發生，結果錯誤
```

## 3. A 和 B 異號

**規則**：在兩個異號數(即一個正數和一個負數)的加法運算中，當正數的絕對值較大時，有 EAC 發生；負數的絕對值較大時，沒有 EAC 發生。產生的 EAC 必須加到結果的最小有效位元上。在這種情況下，不會產生溢位。

為說明上述規則，設 $A$ 和 $B$ 均為 $n$ 位元的 1 補數帶號數，而且 $A$ 為正數，$B$ 為負數。由於負數是以 1 補數來表示的，因此：

$$|\overline{B}| = 2^n - |B| - 1$$

設 $M$ 為 $|A|$ 與 $|\overline{B}|$ 之和，即

$$M = |A| + |\overline{B}|$$

$$= |A| + 2^n - |B| - 1$$

$$= 2^n + |A| - |B| - 1$$

現在分兩種情形討論

(1) 當 $|A| > |B|$ 時，$M \geq 2^n$，因此產生 EAC，結果為：

$$M = |A| - |B| - 1 + 1 \qquad\qquad (1 \text{ 為 EAC})$$

$$= |A| - |B| > 0 \qquad\qquad (\text{為正數})$$

(2) 當 $|A| \leq |B|$ 時，$M \leq 2^n$，沒有 EAC 產生，結果為 $A + B$ 之和。因為 $2^n + |A| - |B| - 1 = 2^n - (|B| - |A|) - 1$，而 $|B| - |A| > 0$。

## ■ 例題 1.4-7 (兩個異號數的加法運算)

試求下列各組 4 位元 1 補數帶號數之和：

(a) $0100 + 1000$        (b) $0111 + 1100$        (c) $0101 + 1010$

**解**：詳細的運算步驟如下：

(a)
```
     0100        +4
  +  1000        + -7
  ─────────     ─────
    1100        -3
```
沒有 EAC，結果正確

(b)
```
       0111        +7
    +  1100        + -3
    ─────────     ─────
EAC 10011        +4
    + ┌──→1
    ─────────
      0100
        ↑
```
沒有溢位發生，結果正確

(c)
```
     0101        +5
  +  1010        + -5
  ─────────     ─────
    1111         0
```
沒有 EAC，結果正確 (-0)

✔**學習重點**

**1-42.** 試簡述在 1 補數表示法中，當加數與被加數均為正數時的加法規則。

**1-43.** 試簡述在 1 補數表示法中，當加數與被加數均為負數時的加法規則。

**1-44.** 試簡述在 1 補數表示法中，當加數與被加數符號位元不相同時的加法
規則。

## 1.4.3　2 補數表示法

　　雖然 2 補數的取法較 1 補數麻煩，但是 2 補數的加法規則卻較 1 補數或是
帶號大小表示法簡單，同時它的 +0 和 -0 相同，都為 0，所以廣泛地使用於數
位系統中。

　　2 補數的加法規則為：

**1. A 和 B 皆為正數**

**規則：** 當 $A$ 和 $B$ 皆為正數時，其規則和 1 補數完全相同，所以從略。

**2. A 和 B 皆為負數**

**規則：** 兩負數相加時，產生的進位必須摒除 (該進位是由符號位元相加而得)。
檢查結果的符號位元，若為 1 表示結果正確；若為 0 則表示有溢位發生，結
果不正確。

　　為說明上述規則，設 $A$ 和 $B$ 為兩個正的 $n$ 位元 2 補數帶號數，由於負數
是以 2 補數表示的，因此：

$$|\overline{A}| = 2^n - |A| \qquad (|\overline{A}| \text{ 為 } |A| \text{ 的 2 補數，即} -A)$$

$$|\overline{B}| = 2^n - |B| \qquad (|\overline{B}| \text{ 為 } |B| \text{ 的 2 補數，即} -B)$$

現在設 $M$ 為 $|\overline{A}|$ 與 $|\overline{B}|$ 之和，即

$$
\begin{aligned}
M &= |\overline{A}| + |\overline{B}| \\
&= 2^n - |A| + 2^n - |B| \\
&= 2^n + 2^n - (|A| + |B|) \\
&= 2^n - (|A| + |B|) \qquad \text{(其中一個 } 2^n \text{ 產生進位而消掉)}
\end{aligned}
$$

當 $|A|+|B|>2^{n-1}$ 時，$M=2^{n-1}+2^{n-1}-(|A|+|B|)<2^{n-1}$，即符號位元為0，有溢位發生，結果不正確。

## ■ 例題1.4-8 (兩個負數的加法運算)

試求下列各組4位元2補數帶號數之和：

(a) 1101 + 1100                            (b) 1100 + 1001

**解：**詳細的運算步驟如下：

(a)
$$
\begin{array}{r}
1101 \\
+ 1100 \\
\hline
11001 \\
\end{array}
\qquad
\begin{array}{r}
-3 \\
+ -4 \\
\hline
-7 \\
\end{array}
$$
摒除    符號位元為1，
          結果正確

(b)
$$
\begin{array}{r}
1100 \\
+ 1001 \\
\hline
10101 \\
\end{array}
\qquad
\begin{array}{r}
-4 \\
+ -7 \\
\hline
-11 \\
\end{array}
$$
摒除    符號位元為0，表示
          溢位，結果錯誤

### 3. A 和 B 異號

**規則：**兩異號數 (即一個正數和一個負數) 相加時，當正數的絕對值較大時，有進位產生；負數的絕對值較大時，沒有進位產生。產生的進位必須摒除而且在這種情形下不會有溢位產生。

為說明上述規則，設 $A$ 為正數，且其大小為 $|A|$；$B$ 為負數，且其大小為 $|B|$。由於負數是以2補數表示的。因此，

$$|\overline{B}| = 2^n - |B|$$

現在設 $M$ 為 $|A|$ 與 $|\overline{B}|$ 之和，則

$$M = |A| + |\overline{B}|$$
$$= |A| + 2^n - |B|$$
$$= 2^n + |A| - |B|$$

(1)當 $|A|>|B|$ 時，$M>2^n$，有進位產生，忽略此進位後，得到 $|A|-|B|$ 的結果；

(2)當 $|A|<|B|$ 時，$M<2^n$，沒有進位產生；

(3)當 $|A|=|B|$ 時，$M=2^n$ (即進位)，忽略此進位後，得到0的結果。

■ 例題 1.4-9 (兩個異號數的加法運算)

試求下列各組 4 位元 2 補數帶號數之和：

(a) 0111 + 1100                          (b) 0110 + 1001

**解：**詳細的運算步驟如下：

(a)
```
    0111        +7
  + 1100      +  -4
  ───────     ─────
  1 0011        +3
```
↑↑
捨除    符號位元為0，
        結果正確

(b)
```
    0110        +6
  + 1001      +  -7
  ───────     ─────
    1111        -1
```
↑↑
沒有進位   符號位元為1，結果
          正確

若將上列的規則歸納整理後，可以得到下列兩項較簡捷的規則：

1. 將兩數相加；

2. 觀察符號位元的進位輸入和進位輸出狀況，若符號位元同時有 (或是沒有) 進位輸入與輸出，則結果正確，否則有溢位發生，結果錯誤。

■ 例題 1.4-10 (2 補數加法運算綜合例)

試求下列各組 4 位元 2 補數帶號數之和：

(a). 兩正數：0011 + 0100 與 0101 + 0100

(b). 兩負數：1100 + 1111 與 1001 + 1010

(c). 兩異號數：1001 + 0101 與 1100 + 0100

**解：**(a) 兩正數相加

```
    0011        +3              0101        +5
  + 0100      +  +4           + 0100      +  +4
  ───────     ─────           ───────     ─────
    0111        +7            1 001         +9
```

符號位元沒有進位          符號位元只有進位輸入而沒有進
發生，結果正確            位輸出，溢位發生，結果錯誤

(b) 兩負數相加

$$
\begin{array}{ll}
\phantom{+}1100 & -4 \\
+\,1111 & +\ -1 \\
\hline
11011 & -5
\end{array}
\qquad
\begin{array}{ll}
\phantom{+}1001 & -7 \\
+\,1010 & +\ -6 \\
\hline
10011 & -13
\end{array}
$$

符號位元同時有進位輸入與輸  符號位元只有進位輸出而沒有進
出，沒有溢位發生，結果正確   位輸入，溢位發生，結果錯誤

(c) 兩異號數相加

$$
\begin{array}{ll}
\phantom{+}1001 & -7 \\
+\,0101 & +\ +6 \\
\hline
1110 & -2
\end{array}
\qquad
\begin{array}{ll}
\phantom{+}1100 & -4 \\
+\,0100 & +\ +4 \\
\hline
10000 & 0
\end{array}
$$

符號位元沒有進位     符號位元同時有進位輸入與輸
發生，結果正確      出，沒有溢位發生，結果正確

　　2 補數表示法的主要優點是它的加法規則簡單：當兩數相加時，若總和未超出範圍，得到的即是所需要的結果，並不需要其它的額外調整步驟。由於這種特性，它在數位系統中頗受歡迎。

✔學習重點

**1-45.** 試簡述兩數均為正數時的 2 補數加法運算規則。
**1-46.** 試簡述兩數均為負數時的 2 補數加法運算規則。
**1-47.** 試簡述兩數中一個為正數另一個為負數時的 2 補數加法運算規則。

# 1.5 文數字碼與數碼

　　在電腦中常用的碼 (code) 可以分成兩大類：一種為用來表示非數字性資料的碼稱為文數字碼，例如 ASCII 碼；另一種則為用來表示數字性資料的碼稱為數碼 (numeric code)，例如十進制碼 (decimal code) 與格雷碼 (Gray code)。本節中將依序討論這幾種在電腦中常用的文數字碼與數碼。

## 1.5.1 文數字碼

　　在電腦中最常用的文數字碼為一種由美國國家標準協會 (American National Standards Institute) 所訂定的，稱為 ASCII 碼，如表 1.5-1 所示。這種 ASCII

碼使用7個位元代表128個字元(character，或稱符號，symbol)。例如：$1001001_2$ ($49_{16}$) 代表英文字母 "I"；而 $0111100_2$ ($3C_{16}$) 則代表符號 "<"。

ASCII 碼與 CCITT (International Telegraph and Telephone Consultative Committee) 所訂立的 IA5 (International Alphabet Number 5) 相同，並且也由 ISO (International Standards Organization) 採用而稱為 ISO 645。

大致上 ASCII 碼可以分成可列印字元 (printable character) 與不可列印字元 (non-printable character) 兩種。可列印字元為那些可以直接顯示在螢幕上或是直接由列表機列印出來的字元；不可列印字元又稱為控制字元 (control character)，其中每一個字元均有各自的特殊定義。

常用的幾種控制字元類型為：

格式控制字元 (format control character)：BS、LF、CR、SP、DEL、ESC、FF 等。

資訊分離字元 (information separator)：FS、GS、RS、US 等。

傳輸控制字元 (transmission control character)：SOH、STX、ETX、ACK、NAK、SYN 等。

### ■ 例題 1.5-1 (ASCII 碼)

試列出代表字元串 "Digital Design" 的 ASCII 碼。

**解：**由表 1.5-1 查得：

| D | i | g | i | t | a | l | | D | e | s | i | g | n |
|---|---|---|---|---|---|---|---|---|---|---|---|---|---|
| 44 | 69 | 67 | 69 | 74 | 61 | 6C | 20 | 44 | 65 | 73 | 69 | 67 | 6E |

### ✔ 學習重點

**1-48.** ASCII 碼為那些英文字的縮寫？

**1-49.** 在 ASCII 碼中，使用多少個位元定義字元與符號？

**1-50.** 大致上 ASCII 碼可以分成那兩種？

**1-51.** 何謂可列印字元與不可列印字元？

**1-52.** 何謂控制字元？

表 **1.5-1:** ASCII 碼

| 十進制 | 十六進制 | 字元 | 十進制 | 十六進制 | 字元 | 十進制 | 十六進制 | 字元 | 十進制 | 十六進制 | 字元 |
|---|---|---|---|---|---|---|---|---|---|---|---|
| 00 | 00 | NUL | 32 | 20 | SP | 64 | 40 | @ | 96 | 60 | ' |
| 01 | 01 | SOH | 33 | 21 | ! | 65 | 41 | A | 97 | 61 | a |
| 02 | 02 | STX | 34 | 22 | " | 66 | 42 | B | 98 | 62 | b |
| 03 | 03 | ETX | 35 | 23 | # | 67 | 43 | C | 99 | 63 | c |
| 04 | 04 | EOT | 36 | 24 | $ | 68 | 44 | D | 100 | 64 | d |
| 05 | 05 | ENQ | 37 | 25 | % | 69 | 45 | E | 101 | 65 | e |
| 06 | 06 | ACK | 38 | 26 | & | 70 | 46 | F | 102 | 66 | f |
| 07 | 07 | BEL | 39 | 27 | ' | 71 | 47 | G | 103 | 67 | g |
| 08 | 08 | BS | 40 | 28 | ( | 72 | 48 | H | 104 | 68 | h |
| 09 | 09 | HT | 41 | 29 | ) | 73 | 49 | I | 105 | 69 | i |
| 10 | 0A | LF | 42 | 2A | * | 74 | 4A | J | 106 | 6A | j |
| 11 | 0B | VT | 43 | 2B | + | 75 | 4B | K | 107 | 6B | k |
| 12 | 0C | FF | 44 | 2C | , | 76 | 4C | L | 108 | 6C | l |
| 13 | 0D | CR | 45 | 2D | - | 77 | 4D | M | 109 | 6D | m |
| 14 | 0E | SO | 46 | 2E | . | 78 | 4E | N | 110 | 6E | n |
| 15 | 0F | SI | 47 | 2F | / | 79 | 4F | O | 111 | 6F | o |
| 16 | 10 | DLE | 48 | 30 | 0 | 80 | 50 | P | 112 | 70 | p |
| 17 | 11 | DC1 | 49 | 31 | 1 | 81 | 51 | Q | 113 | 71 | q |
| 18 | 12 | DC2 | 50 | 32 | 2 | 82 | 52 | R | 114 | 72 | r |
| 19 | 13 | DC3 | 51 | 33 | 3 | 83 | 53 | S | 115 | 73 | s |
| 20 | 14 | DC4 | 52 | 34 | 4 | 84 | 54 | T | 116 | 74 | t |
| 21 | 15 | NAK | 53 | 35 | 5 | 85 | 55 | U | 117 | 75 | u |
| 22 | 16 | SYN | 54 | 36 | 6 | 86 | 56 | V | 118 | 76 | v |
| 23 | 17 | ETB | 55 | 37 | 7 | 87 | 57 | W | 119 | 77 | w |
| 24 | 18 | CAN | 56 | 38 | 8 | 88 | 58 | X | 120 | 78 | x |
| 25 | 19 | EM | 57 | 39 | 9 | 89 | 59 | Y | 121 | 79 | y |
| 26 | 1A | SUB | 58 | 3A | : | 90 | 5A | Z | 122 | 7A | z |
| 27 | 1B | ESC | 59 | 3B | ; | 91 | 5B | [ | 123 | 7B | { |
| 28 | 1C | FS | 60 | 3C | < | 92 | 5C | \ | 124 | 7C | \| |
| 29 | 1D | GS | 61 | 3D | = | 93 | 5D | ] | 125 | 7D | } |
| 30 | 1E | RS | 62 | 3E | > | 94 | 5E | ^ | 126 | 7E | ~ |
| 31 | 1F | US | 63 | 3F | ? | 95 | 5F | _ | 125 | 7F | DEL |

| | | | | | |
|---|---|---|---|---|---|
| ACK: | Acknowledge | EM: | End of medium | NUL: | Null |
| BEL: | Bell | EOT: | End of xmit | RS: | Record separator |
| BS: | Back space | ESC: | Escape | SI: | Shift in |
| CAN: | Cancel | ETB: | End of xmit block | SO: | Shift out |
| CR: | Carriage return | ETX: | End of text | SOH: | Start of heading |
| DC1: | Device control | FF: | Form feed | STX: | Start of text |
| DC2: | Device control | FS: | File separator | SUB: | Substitute |
| DC3: | Device control | GS: | Group separator | SYN: | Synchronous idle |
| DC4: | Device control | HT: | Horizontal tab | US: | Until separator |
| DLE: | Data link escape | LF: | Line feed | VT: | Vertical tab |
| ENQ: | Enquiry | NAK: | Negative acknowledge | | |

## 1.5.2　十進制碼

在數位系統中，最常用來代表數目的方式為使用二進制碼 (binary code)，即二進制數目系統。一個 $n$ 位元的二進制碼可以表示 0 到 $2^n - 1$ 個不同的數目。另外一種常用的數目系統為十進制數目系統，在此數目系統中，一共有十個數字，其中每一個十進制數字通常使用一群二進制數字 (即位元) 表示，這一群位元合稱為一個碼語 (code word)。將表示十進制中的不同數字而且具有共同性質的碼語集合之後，稱為一個十進制碼。由於每一個碼語均由二進制的數字組成，這種十進制碼也常稱為 BCD 碼 (binary-coded-decimal code)。

為了區別十進制數目系統中的每一個數字，至少必須使用 4 個 (注意也可以多於 4 個位元) 二進制的數字 (即位元)。由於四個二進制數字一共有 16 種不同的組合，任取其中的 10 個組合均可以唯一地表示十進制數目系統中的每一個數字，因此總共有 $C(16,10) = 8,008$ 種組合。然而，所選取的十種組合通常必須符合某些特定的性質，例如容易記憶、使用、運算，及與二進制之間的轉換電路簡單，因此只有少數幾種出現在實際的數位系統應用中。

在實際的數位系統中，依據碼語中每一個位元所在的位置是否賦有固定的權重 (或稱比重)，即該位置的比重值，十進制碼又可以分成權位式數碼 (weighted code) 與非權位式數碼 (non-weighted code) 兩種。在權位式數碼中的每一個位元的位置均賦有一個固定的權重；在非權位式數碼中則無。

在權位式數碼中，若設 $w_{n-1}$、...、$w_1$、$w_0$ 分別為碼語中每一個位元的權重，而假設 $x_{n-1}$、...、$x_1$、$x_0$ 分別為碼語中的每一個位元，則其相當的十進制數字值 $= x_{n-1}w_{n-1} + ... + x_1w_1 + x_0w_0$。

常用的數種表示十進制數字的權位式數碼如表 1.5-2 所示，其中 (8 4 2 1) 碼為最常用的一種，它為數位系統中的 4 位元二進制碼中的最前面 10 種組合，也是一般所慣用的 (8 4 2 1) BCD 碼或是簡稱為 BCD 碼。(8 4 2 1) 碼也是所有 $C(16,10) = 8,008$ 種 4 位元的 BCD 碼中的一種，它是一種與 4 位元的二進制碼具有相同權重值的權位式數碼。注意：在 8,008 種 4 位元的 BCD 碼中，大部分均為非權位式數碼。

在表 1.5-2 中的每一種數碼，其每一個碼語所代表的十進制數字恰等於

表 1.5-2: 數種權位式十進制碼

| 十進制數字 | $w_3 \ w_2 \ w_1 \ w_0$ | | | |
| --- | --- | --- | --- | --- |
| | 8 4 2 1 | 8 4 -2 -1 | 2 4 2 1 | 6 4 2 -3 |
| 0 | 0 0 0 0 | 0 0 0 0 | 0 0 0 0 | 0 0 0 0 |
| 1 | 0 0 0 1 | 0 1 1 1 | 0 0 0 1 | 0 1 0 1 |
| 2 | 0 0 1 0 | 0 1 1 0 | 0 0 1 0 | 0 0 1 0 |
| 3 | 0 0 1 1 | 0 1 0 1 | 0 0 1 1 | 1 0 0 1 |
| 4 | 0 1 0 0 | 0 1 0 0 | 0 1 0 0 | 0 1 0 0 |
| 5 | 0 1 0 1 | 1 0 1 1 | 1 0 1 1 | 1 0 1 1 |
| 6 | 0 1 1 0 | 1 0 1 0 | 1 1 0 0 | 0 1 1 0 |
| 7 | 0 1 1 1 | 1 0 0 1 | 1 1 0 1 | 1 1 0 1 |
| 8 | 1 0 0 0 | 1 0 0 0 | 1 1 1 0 | 1 0 1 0 |
| 9 | 1 0 0 1 | 1 1 1 1 | 1 1 1 1 | 1 1 1 1 |

該碼語中位元為 1 的加權之和。例如：十進制數字 5

在 (8, 4, -2, -1) 碼中，代表的碼語為 1011，所以其值為：

$$1 \times 8 + 0 \times 4 + 1 \times (-2) + 1 \times (-1) = 5$$

在 (2, 4, 2, 1) 碼中，代表的碼語為 1011，所以其值為：

$$1 \times 2 + 0 \times 4 + 1 \times (2) + 1 \times (1) = 5$$

在 (6, 4, 2, -3) 碼中，代表的碼語為 1011，所以其值為：

$$1 \times 6 + 0 \times 4 + 1 \times (2) + 1 \times (-3) = 5$$

另外，在 (2, 4, 2, 1) 與 (6, 4, 2, -3) 等數碼中，代表某些十進制數字的碼語並不是唯一的。例如：

在 (2, 4, 2, 1) 碼中，十進制數字 7 可由 1101 與 0111 代表；

在 (6, 4, 2, -3) 碼中，十進制數字 3 可由 1001 與 0111 代表。

但是，在 (8, 4, -2, -1) 數碼中，每一個十進制數字均有一個唯一的碼語。至於表中所採用的碼語，主要在使該數碼能成為自成補數 (self-complementing) 的形式。一般而言，若一個十進制碼，其中每一個碼語 $N$ 的 9 補數，即 $9-N$，可以直接由該碼語 $N$ 的所有位元取補數 (即 0 變為 1 而 1 變為 0) 而獲得時，該數碼稱為自成補數數碼。例如：

在 (8, 4, -2, -1) 碼中，十進制數字 3 的碼語為 0101，而數字 6 為 1010；

在 (2, 4, 2, 1) 碼中，十進制數字 3 的碼語為 0011，而數字 6 為 1100；

在 (6, 4, 2, -3) 碼中，十進制數字 3 的碼語為 1001，而數字 6 為 0110。

表 **1.5-3**: 常用的非權位式十進制碼

| 十進制數字 | 加三碼 | 5 取 2 碼 | 十進制數字 | 加三碼 | 5 取 2 碼 |
|---|---|---|---|---|---|
| 0 | 0011 | 11000 | 5 | 1000 | 01010 |
| 1 | 0100 | 00011 | 6 | 1001 | 01100 |
| 2 | 0101 | 00101 | 7 | 1010 | 10001 |
| 3 | 0110 | 00110 | 8 | 1011 | 10010 |
| 4 | 0111 | 01001 | 9 | 1100 | 10100 |

注意：BCD 碼並不是一種自成補數數碼。一般而言，權位式十進制碼為自成補數數碼的必要條件是其加權的和必須等於 9。讀者可以由表 1.5-2 中得到證實。

■ 例題 **1.5-2** (9 補數)

試由表 1.5-2 求 $57_{10}$ 的 9 補數。為簡單起見，不考慮符號數字。

**解：**詳細的運算結果如下：

(a). BCD 碼：$99_{10} - 57_{10} = 42_{10}$。所以 $57_{10} = 0101\ 0111_{BCD}$，而 $42_{10} = 0100\ 0010_{BCD}$。

(b). (8, 4, -2, -1) 碼：$57_{10} = 1011\ 1001$，將每一個位元取補數 $0100\ 0110 = 42_{10}$。

(c). (2, 4, 2, 1) 碼：$57_{10} = 1011\ 1101$，將每一個位元取補數後得 $0100\ 0010 = 42_{10}$。

(d). (6, 4, 2, -3) 碼：$57_{10} = 1011\ 1101$，將每一個位元取補數後得 $0100\ 0010 = 42_{10}$。

　　與權位式數碼相對應的另一種數碼稱為非權位式數碼，在這種數碼中，每一個十進制數字並不能直接由代表它的碼語中的位元計算出來，因為碼語中的每一個位元並沒有賦予任何固定的加權。

　　常用的非權位式十進制碼例如加三碼 (excess-3 code) 與 5 取 2 碼 (2-out-of-5 code)，如表 1.5-3 所示。由於加三碼的形成是將 BCD 碼中的每一個碼語加上 3 (0011) 而得名。加三碼使用 4 個位元代表數字 0 到 9，當表示兩個數字以上的數目時，必須如同 BCD 碼一樣，每一個數字使用代表該數字的 4 個位元表示，例如 14 必須以 0100 0111 表示。

加三碼也是一種自成補數數碼，因為其所代表的十進制數字的 9 補數可以由該數字的碼語取 1 補數後直接獲得。例如：十進制數字 4 (0111)，其 9 補數為 5 (1000)。一般而言，一個權位式或是非權位式十進制碼為自成補數數碼的必要條件為其代表十進制數字的碼語及其 9 補數的碼語的二進制和必須等於 $1111_2$。

另外一種常用的非權位式十進制碼為 5 取 2 碼，如表 1.5-3 所示。在 5 取 2 碼中，每一個碼語由 5 個位元組成，其中 3 個位元的值為 0，而 2 個位元的值為 1，因而得名。這種數碼通常使用在需要做錯誤偵測 (error detecting) 的場合，有關錯誤偵測的討論請參考第 1.6.1 節。

✔學習重點

**1-53.** 試定義權位式數碼與非權位式數碼。

**1-54.** 試定義 BCD 碼與 (8 4 2 1) BCD 碼。

**1-55.** 試定義自成補數數碼。

**1-56.** 一個數碼是否為自成補數數碼的必要條件是什麼？

**1-57.** 為何加三碼也是一種自成補數數碼？

## 1.5.3 格雷碼

在許多實際的應用上，例如在類比對數位的轉換 (analog-to-digital conversion，ADC) 中，往往需要一種數碼，它的所有連續的碼語之間只有一個位元不同，具有這種性質的數碼稱為循環碼 (cyclic code)。循環碼使用 $n$ 個位元，代表數字 0 到 $2^n - 1$。循環碼的主要特性是其任何兩個相鄰的碼語之間，均只有一個位元不同，例如：1000 (15) 與 1001 (14)，0000 (0) 與 0001 (1)，及 1000 (15) 與 0000 (0)。最常用的一種循環碼稱為格雷碼 (Gray code)。4 位元的格雷碼與二進制碼的關係如表 1.5-4 所示。

由於格雷碼具有循環碼的特性，同時它與二進制碼之間的轉換程序又簡單，因此它在數位系統中，頗受歡迎。它與二進制碼之間的轉換如下。

**1.5.3.1 二進制碼轉換為格雷碼** 若設 $b_{n-1} \cdots b_1 b_0$ 與 $g_{n-1} \cdots g_1 g_0$ 分別表示一個 $n$ 位元的二進制數目 (亦稱為二進制碼語) 與其相對應的格雷碼語，其中註

表 1.5-4: 4 位元的格雷碼與二進制碼的關係

| 十進制數目 | 格雷碼 $g_3g_2g_1g_0$ | 二進制碼 $b_3b_2b_1b_0$ | 十進制數目 | 格雷碼 $g_3g_2g_1g_0$ | 二進制碼 $b_3b_2b_1b_0$ |
|---|---|---|---|---|---|
| 0 | 0000 | 0000 | 8 | 1100 | 1000 |
| 1 | 0001 | 0001 | 9 | 1101 | 1001 |
| 2 | 0011 | 0010 | 10 | 1111 | 1010 |
| 3 | 0010 | 0011 | 11 | 1110 | 1011 |
| 4 | 0110 | 0100 | 12 | 1010 | 1100 |
| 5 | 0111 | 0101 | 13 | 1011 | 1101 |
| 6 | 0101 | 0110 | 14 | 1001 | 1110 |
| 7 | 0100 | 0111 | 15 | 1000 | 1111 |

腳 $n-1$ 與 0 分別表示最大有效位元 (MSB) 與最小有效位元 (LSB) 的位置，則轉換一個二進制碼語為格雷碼語時，格雷碼語中的每一個位元 $g_i$ 可以直接由二進制碼語的相鄰位元執行一個簡單的運算獲得：

$$g_i = b_i \oplus b_{i+1} \qquad 其中\ 0 \le i \le n-2$$

$$g_{n-1} = b_{n-1}$$

其中 $\oplus$ 表示 "互斥或" (exclusive OR，XOR) 運算，即：

$$0 \oplus 0 = 0 \qquad 0 \oplus 1 = 1 \qquad 1 \oplus 0 = 1 \qquad 1 \oplus 1 = 0$$

上述轉換程序可以描述如下：

■ 演算法 1.5-1: 二進制碼對格雷碼的轉換程序

1. 設定輸出的格雷碼語的最大有效位元為輸入的二進制碼語的最大有效位元；

2. 由最大有效位元的次一位元開始，依序計算輸出的格雷碼語中的位元 $g_i = b_i \oplus b_{i+1}$，即輸出的格雷碼語位元值 ($g_i$) 等於目前的二進制碼語位元 ($b_i$) 與其次高位元 ($b_{i+1}$) 值 XOR 的結果；

3. 重複執行上述步驟，直到完成最小有效位元的計算為止。

■ **例題1.5-3** （二進制碼轉換為格雷碼）

　　轉換下列二進制碼語為格雷碼語：

　(a) 101101                                        (b) 101011

**解：**詳細的運算過程如下所示：

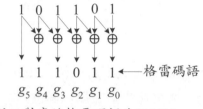

所以對應的格雷碼語為111011。　　　所以對應的格雷碼語為111110。

**1.5.3.2 格雷碼轉換為二進制碼** 轉換格雷碼語為二進制碼語時，可以依據上述相反的程序為之，即：

$$b_{n-1} = g_{n-1}$$

$$b_i = b_{i+1} \oplus g_i \qquad 其中\ 0 \leq i \leq n-2$$

　　上述轉換程序可以描述如下：

■ **演算法1.5-3: 格雷碼對二進制碼的轉換程序**

1. 設定輸出的二進制碼語的最大有效位元為輸入的格雷碼語的最大有效位元；

2. 由最大有效位元的次一位元開始，依序計算輸出的二進制碼語中的位元 $b_i = b_{i+1} \oplus g_i$，即輸出的二進制碼語位元值 $(b_i)$ 等於其次高位元 $(b_{i+1})$ 的值與目前的格雷碼語位元 $(g_i)$ XOR 的結果；

3. 重複執行上述步驟直到完成最小有效位元的計算為止。

　　下列例題說明上述格雷碼對二進制碼的轉換程序。

■ 例題 **1.5-4** (格雷碼轉換為二進制碼)

轉換下列格雷碼語為二進制碼語：

(a) 111011                            (b) 111110

**解**：詳細的運算過程如下所示：

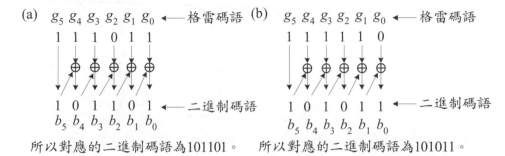

所以對應的二進制碼語為101101。     所以對應的二進制碼語為101011。

上述的轉換程序也可以敘述為：由最大有效位元 (MSB) 開始，依序向較小有效位元的方向進行轉換，若在 $g_i$ 之前的 1 之個數為偶數時，則 $b_i = g_i$；否則，$b_i = g_i'$ (注意：0 個 1 當作為偶數個 1 處理)。

■ 例題 **1.5-5** (格雷碼轉換為二進制碼)

轉換格雷碼語1001011為二進制碼語。

**解**：詳細的運算過程如下所示：

$$g_6 \quad g_5 \quad g_4 \quad g_3 \quad g_2 \quad g_1 \quad g_0 \quad \longleftarrow \text{格雷碼語}$$

$$1 \quad 0 \quad 0 \quad 1 \quad 0 \quad 1 \quad 1$$

$$\downarrow \quad \downarrow \quad \downarrow \quad \downarrow \quad \downarrow \quad \downarrow \quad \downarrow$$

$$1 \rightarrow 1 \rightarrow 1 \rightarrow 0 \rightarrow 0 \rightarrow 1 \rightarrow 0$$

$$b_6 \quad b_5 \quad b_4 \quad b_3 \quad b_2 \quad b_1 \quad b_0 \quad \longleftarrow \text{二進制碼語}$$

$$\| \quad \| \quad \| \quad \| \quad \| \quad \| \quad \|$$

$$g_6 \quad g_5' \quad g_4' \quad g_3' \quad g_2 \quad g_1 \quad g_0'$$

所以相當的二進制碼語為1110010。

實際上，$n$ 個位元的格雷碼也是反射數碼 (reflected code) 的一種。"反射"的特性，說明 $n$ 個位元的數碼可以藉著第 $n-1$ 個位元的反射特性取得。圖

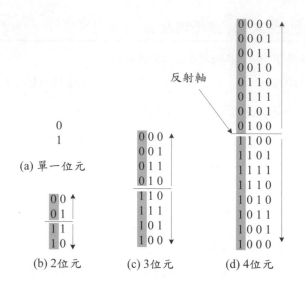

**圖 1.5-1:** 格雷碼的反射特性

1.5-1(a) 為單一位元的格雷碼。兩個位元的格雷碼可以藉著以單一位元的格雷碼的末端為軸，將該位元依此軸反射後，並假設在軸的上方之最大有效位元 (MSB) 為 0，在軸下方為 1，如圖 1.5-1(b) 所示，圖中橫線代表反射軸。3 位元的格雷碼可以依照 2 位元的格雷碼的產生方式取得，以 2 位元格雷碼的末端為反射軸，將該格雷碼反射後，在反射軸的上方之最大有效位元位置填上 0，而軸下方填上 1，如圖 1.5-1(c) 所示。以相同的程序即可以取得 4 位元的格雷碼，如圖 1.5-1(d) 所示。

✔學習重點

**1-58.** 試簡述格雷碼對二進制碼的轉換規則。

**1-59.** 試簡述二進制碼對格雷碼的轉換規則。

**1-60.** 試簡述格雷碼的重要特性。

# 1.6 錯誤偵測與更正碼

　　當在傳送或是儲存資訊時，這些資訊的內容可能由於傳送的距離太長，並且受到雜訊的干擾，而造成錯誤。當然，一旦發生資訊傳輸錯誤時，我們通常迫切地希望它能被偵測出來，甚至可以加以更正。一般而言，若一個數碼只具有偵測錯誤發生與否的能力時，稱為錯誤偵測碼 (error-detecting code)；若一個數碼不但具有偵測錯誤的能力，而且也可以指示出錯誤的位元位置時，則稱為錯誤更正碼 (error-correcting code)。

由於發生單一位元錯誤的概率遠較多個位元同時發生錯誤的概率為多，同時欲偵測或是更正多個位元所需要的硬體成本也較單一位元時為高。因此，本節中的討論，將只限於單一位元的錯誤偵測與更正碼。

## 1.6.1 錯誤偵測碼

前面所討論的二進制碼系統，只用了四個位元，雖然它足以代表十進制的所有數字，但是若在其中的一個碼語之中，有一個位元發生錯誤 (即應為 1 者變為 0，應為 0 者變為 1) 時，該碼語可能轉變為一個不正確但是成立的碼語。例如在 BCD 碼中，若碼語 0111 的最小有效位元發生錯誤，則該碼語變為 0110 (即 6)，仍然為一個成立的碼語，因此無法得知有錯誤發生。但若錯誤是發生在最大有效位元上，則該碼語變為 1111，為一個不成立的碼語，因此可以得知已經發生錯誤。

一般而言，一個錯誤偵測碼的特性是它能夠將任何錯誤的成立碼語轉變為不成立的碼語。為達到此項特性，對於一個 $n$ 位元的數碼而言，至多只能使用其所有 $2^n$ 個可能的碼語的一半，即 $2^{n-1}$ 個碼語，如此才能夠將一個成立的碼語轉變為另一成立的碼語時，至少需要將兩個位元取補數。基於這項限制，在 4 位元的二進制碼中，所有的十六個組合中，只能使用其中八個，不足以代表十進制的十個數字。因此，欲獲得十進制的錯誤偵測碼時，至少需要使用 5 個位元。

目前，較常用的單一位元的錯誤偵測碼為在原有的數碼中加入另外一個位元，這個位元稱為同位位元 (parity bit)。同位位元加入的方式可以依據下列兩種方式之一進行：

1. 偶同位 (even parity)：在一個數碼系統中，若每一個碼語與同位位元中的 1 位元總數為偶數時，稱為偶同位。因此，若一個碼語中 1 的總數為奇數

表 1.6-1: 加入同位位元後的 BCD 碼

| 十進制 數字 | 8 4 2 1 | 奇同位 P 8 4 2 1 | 偶同位 P 8 4 2 1 | 十進制 數字 | 8 4 2 1 | 奇同位 P 8 4 2 1 | 偶同位 P 8 4 2 1 |
|---|---|---|---|---|---|---|---|
| 0 | 0000 | 10000 | 00000 | 5 | 0101 | 10101 | 00101 |
| 1 | 0001 | 00001 | 10001 | 6 | 0110 | 10110 | 00110 |
| 2 | 0010 | 00010 | 10010 | 7 | 0111 | 00111 | 10111 |
| 3 | 0011 | 10011 | 00011 | 8 | 1000 | 01000 | 11000 |
| 4 | 0100 | 00100 | 10100 | 9 | 1001 | 11001 | 01001 |

時,則同位位元設定為 1;否則清除為 0。

2. 奇同位 (odd parity):在一個數碼系統中,若每一個碼語與同位位元中的 1 位元總數為奇數時,稱為奇同位。因此,若一個碼語中 1 的總數為偶數 時,則同位位元設定為 1;否則清除為 0。

加入同位位元後的 BCD 碼如表 1.6-1 所示。

藉著同位位元的加入,使得每一個碼語中的 1 位元數目一致為奇數或是 偶數,因而便於偵錯。例如:在開始傳送一個碼語之前,先以奇同位 (或是 偶同位) 的方式加入一個同位位元,然後該同位位元連同碼語傳送至接收端。 在接收端中,只要檢查該碼語與同位位元中的 1 位元總數是否仍為奇數 (或 是偶數)。若是,則沒有錯誤發生;否則,表示已經發生錯誤。使用同位位元 的錯誤偵測系統方塊圖如圖 1.6-1 所示。當然,在傳送期間若有偶數個位元 發生錯誤,則同位檢查的結果依然正確。此外,一旦發生錯誤時,也無法知 道錯誤的位元所在。

一般而言,同位檢查只能偵測碼語中奇數個位元的錯誤,但是無法指示

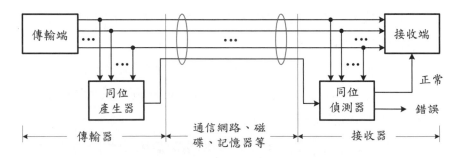

圖 1.6-1: 同位位元傳送系統方塊圖

表 **1.6-2:** BCD 碼的海明碼 (偶同位)

| 十進制<br>數字 | 位置 | 7<br>$m_3$ | 6<br>$m_2$ | 5<br>$m_1$ | 4<br>$p_2$ | 3<br>$m_0$ | 2<br>$p_1$ | 1<br>$p_0$ |
|:---:|:---:|:---:|:---:|:---:|:---:|:---:|:---:|:---:|
| 0 | | 0 | 0 | 0 | 0 | 0 | 0 | 0 |
| 1 | | 1 | 0 | 0 | 1 | 0 | 1 | 1 |
| 2 | | 0 | 1 | 0 | 1 | 0 | 1 | 0 |
| 3 | | 1 | 1 | 0 | 0 | 0 | 0 | 1 |
| 4 | | 0 | 0 | 1 | 1 | 0 | 0 | 1 |
| 5 | | 1 | 0 | 1 | 0 | 0 | 1 | 0 |
| 6 | | 0 | 1 | 1 | 0 | 0 | 1 | 1 |
| 7 | | 1 | 1 | 1 | 1 | 0 | 0 | 0 |
| 8 | | 0 | 0 | 0 | 0 | 1 | 1 | 1 |
| 9 | | 1 | 0 | 0 | 1 | 1 | 0 | 0 |

出錯誤的位元位置，不過由於它只需要一個額外的同位位元，硬體成本相當
低廉，所以廣泛地使用在數位系統 (計算機) 中。

✔ **學習重點**

**1-61.** 試簡述一個數碼欲具有錯誤偵測能力時必須具備的重要特性？

**1-62.** 試定義偶同位與奇同位。

**1-63.** 試簡述同位檢查如何應用於實際的數位系統中。

## 1.6.2　錯誤更正碼

　　最基本的單一位元錯誤更正碼為海明碼 (Hamming code)，其基本原理為
在一個 $m$ 個位元的碼語中，插入 $k$ 個同位檢查位元 $p_{k-1}$、......、$p_1$、$p_0$ 而形成
$(m+k)$ 個位元的碼語。$k$ 個同位檢查位元依序插入第 $2^{k-1}$、......、$4\,(=2^2)$、$2$
$(=2^1)$、$1\,(=2^0)$ 個位置中。例如當 $m=4$ 而 $k=3$ 時，同位檢查位元分別置於
第 4、2、1 個位置內，而其它位置則依序包含原來的碼語位元。在 BCD 碼中
加入偶同位的海明碼如表 1.6-2 所示，其中 $p_2$、$p_1$、$p_0$ 為同位位元，而 $m_3$ 到
$m_0$ 為 BCD 碼中的位元。

　　一般而言，一個 $m$ 位元的碼語，若欲具有偵測與更正單一位元錯誤的能
力時，必須加入 $k$ 個額外的同位檢查位元。由於欲更正一個錯誤的位元時，
必須先知道該位元的位置，而每一個碼語中一共有 $m+k$ 個位元，此外也必

須包括一種都沒有任何位元錯誤發生的情形，因此 $k$ 個同位檢查位元的所有不同的組合方式必須多於 $m+k+1$，即 $m$ 與 $k$ 必須滿足下列不等式：

$$2^k \geq m+k+1$$

在偶同位的 BCD 海明碼中，$p_0$、$p_1$、$p_2$ 分別依據下列規則建立其同位值：

1. $p_0$ 選擇在位置 1、3、5 與 7 建立偶同位；
2. $p_1$ 選選擇在位置 2、3、6 與 7 建立偶同位；
3. $p_2$ 選選擇在位置 4、5、6 與 7 建立偶同位。

例如碼語 0110 (6)，其海明碼的產生程序如下：

| 位置： | 7 | 6 | 5 | 4 | 3 | 2 | 1 |
|---|---|---|---|---|---|---|---|
| | $m_3$ | $m_2$ | $m_1$ | $p_2$ | $m_0$ | $p_1$ | $p_0$ |
| 原來的碼語： | 0 | 1 | 1 | | 0 | | |
| 位置 1、3、5、7 偶同位所以 $p_0 = 1$ | 0 | 1 | 1 | | 0 | | 1 |
| 位置 2、3、6、7 偶同位所以 $p_1 = 1$ | 0 | 1 | 1 | | 0 | 1 | 1 |
| 位置 4、5、6、7 偶同位所以 $p_2 = 0$ | 0 | 1 | 1 | 0 | 0 | 1 | 1 |

結果的海明碼為 0110011。BCD 碼的其它碼語的海明碼可以依據相同的程序產生，如表 1.6-2 所示。

錯誤位元的位置決定與更正方式如下：假設當傳送的碼語為 0110011 而在傳輸過程中，第 4 個位元因為受到雜音的干擾而發生錯誤，致使接收端接收到的碼語為 0111011。在接收端，該錯誤的位元可以藉著三個同位檢查位元 $c_2$、$c_1$、$c_0$ 產生的結果得知，其中 $c_i$ 檢查的位元位置與 $p_i$ 相同，即

| 位置： | 7 | 6 | 5 | 4 | 3 | 2 | 1 |
|---|---|---|---|---|---|---|---|
| | $m_3$ | $m_2$ | $m_1$ | $p_2$ | $m_0$ | $p_1$ | $p_0$ |
| 接收的碼語： | 0 | 1 | 1 | 1 | 0 | 1 | 1 |
| 位置 1、3、5、7 偶同位所以 $c_0 = 0$ | 0 | | 1 | | 0 | | 1 |
| 位置 2、3、6、7 偶同位所以 $c_1 = 0$ | 0 | 1 | | | 0 | 1 | |
| 位置 4、5、6、7 偶同位所以 $c_2 = 1$ | 0 | 1 | 1 | 1 | | | |

**表 1.6-3:** 位置數

| $c_2$ | $c_1$ | $c_0$ | 位元位置 | $c_2$ | $c_1$ | $c_0$ | 位元位置 |
|---|---|---|---|---|---|---|---|
| 0 | 0 | 0 | (位元位置) | 1 | 0 | 0 | 4 |
| 0 | 0 | 1 | 1 | 1 | 0 | 1 | 5 |
| 0 | 1 | 0 | 2 | 1 | 1 | 0 | 6 |
| 0 | 1 | 1 | 3 | 1 | 1 | 1 | 7 |

結果 $(c_2 c_1 c_0) = 100$ 為十進制數目的 4，所以得知第 4 個位元發生錯誤，將其取補數後，即獲得正確的碼語 0110011。

一般而言，同位檢查位元所產生的結果 $c_2 c_1 c_0$ 若不為 0 (為 0 時表示沒有錯誤) 時，其值即代表錯誤的位元位置，因此也常稱為位置數 (position number)，因它直接指示出錯誤的位元位置，如表 1.6-3 所示。事實上，在海明碼中同位位元 $p_{k-1}$、……、$p_1$、$p_0$ 的同位產生組合，即是使其當發生單一位元錯誤時，輸出端的同位檢查位元 $c_{k-1}$、……、$c_1$、$c_0$ 的組合恰好可以表示該位元的位置。例如在二進制碼的碼語 0 到 7 中，MSB 為 1 的有碼語 4 到 7，所以 $p_2$ 的同位產生位元為位元位置 4 到 7；第二個位元為 1 的有碼語 2、3、6、7，所以 $p_1$ 的同位產生位元為位元位置 2、3、6、7；LSB 為 1 的有碼語 1、3、5、7，所以 $p_0$ 的同位產生位元為位元位置 1、3、5、7。

✔學習重點

**1-64.** 試簡述海明碼的基本原理。

**1-65.** 若使用海明碼時，當資訊為 8 個位元時，需要幾個同位檢查位元？

**1-66.** 在使用海明碼時，在 8 個位元的資訊語句中，$k$ 個同位檢查位元依序插入那些位置中？

# 參考資料

1. R. W. Hamming, "Error detecting and error correcting codes," *Bell System Technical Journal,* Vol. 29, pp. 147-160, April 1950.

2. Z. Kohavi, *Switching and Finite Automata Theory,* 2nd ed., New York: McGraw-Hill, 1978.

3. G. Langhole, A. Kandel, and J. L. Mott, *Digital Logic Design,* Dubuque, Iowa: Wm. C. Brown, 1988.

**4.** M. B. Lin, *Digital System Designs and Practices: Using Verilog HDL and FPGAs,* Singapore: John Wiley & Sons, 2008.

**5.** V. P. Nelson, H. T. Nagle, B. D. Carroll, and J. D. Irwin, *Digital Logic Circuit Analysis & Design,* Englewood Cliffs, New Jersey: Prentice-Hall Inc., 1995.

**6.** C. H. Roth, *Fundamentals of Logic Design,* 5th ed., Thomson, Brooks/Cole, 2004.

## 習題

**1-1** 轉換下列各數為十進制：
- (1) $1101.11011_2$
- (2) $111011.101101_2$
- (3) $4765_8$
- (4) $365.734_8$
- (5) $0.7105_8$
- (6) $F23AB_{16}$
- (7) $74A1.C8_{16}$
- (8) $0.FD34_{16}$

**1-2** 試分別求出下列各二進制數目的 1 補數與 2 補數：
- (1) $01101101_2$
- (2) $101011.0101_2$
- (3) $101101101_2$
- (4) $0.10101_2$

**1-3** 試分別求出下列各十進制數目的 9 補數與 10 補數：
- (1) 375
- (2) 3162.23
- (3) 0.1234
- (4) 475.897

**1-4** 試證明將一數取 $(b-1)$ 補數後再取 $(b-1)$ 補數，結果所得的數目和原數相同，即恢復原數。

**1-5** 在使用補數的減法運算中，將減數 $(N)$ 取基底補數後與被減數 $(M)$ 相加。若結果有進位產生時，表示結果大於或是等於 0，忽略此進位，該結果即為 $M-N$ 的結果；否則，沒有進位產生時，表示結果小於 0，將結果取基底補數後，即為 $M-N$ 的大小。試說明上述規則之正確性。

**1-6** 轉換下列各十進制數目為二進制：
- (1) 17
- (2) 231
- (3) 780.75
- (4) 1103.31

**1-7** 以二進制算術運算計算下列各式：

(1) $1110101 + 101101$      (2) $11010 - 1101$

(3) $110101 \times 1011$      (4) $010111101/1001$

**1-8** 轉換下列各二進制數目為八進制：

(1) 110110110      (2) 101101.01101

(3) 10111.0111      (4) 11011001.101101

**1-9** 轉換下列各八進制數目為二進制：

(1) 703      (2) 7071

(3) 74.75      (4) 231.45

**1-10** 轉換下列各十進制數目為八進制：

(1) 4951      (2) 4785.23

(3) 0.789      (4) 31.245

**1-11** 轉換習題 1-9 的各八進制數目為十進制。

**1-12** 轉換下列各二進制數目為十六進制：

(1) 11011101111      (2) 110101011000

(3) 1101101101.11101      (4) 110100101.00101

**1-13** 轉換下列各十六進制數目為二進制：

(1) ABCD      (2) AFED

(3) BCD.03      (4) AEDF.BC

**1-14** 轉換習題 1-9 的各八進制數目為十六進制。

**1-15** 轉換習題 1-10 的各十進制數目為十六進制。

**1-16** 轉換習題 1-13 的各十六進制數目為十進制。

**1-17** 轉換習題 1-13 的各十六進制數目為八進制。

**1-18** 分別以帶號大小、1 補數、2 補數等三種表示法表示下列各數：

(1) $-497_{10}$      (2) $-10111.011_2$

(3) $-6754_8$      (4) $-89AB_{16}$

**1-19** 分別使用 1 補數與 2 補數表示法執行下列各正的二進制數目的減法運算：

(1) $11010 - 1101$　　　　　(2) $11010 - 10000$

(3) $1010.011 - 101.0111$　　(4) $11101.01101 - 1011.01$

**1-20** 使用 2 補數表示法計算下列各小題(假設 8 位元)：

(1) $37 - 45$　　　　　　　(2) $75 - 75$

(3) $49 - 35$　　　　　　　(4) $105 - 96$

**1-21** 使用 2 補數表示法計算下列各小題(假設 8 位元)：

(1) $37 + 45$　　　　　　　(2) $75 + 98$

(3) $47 + 78$　　　　　　　(4) $75 + 23$

**1-22** 使用 2 補數表示法計算下列各小題(假設 8 位元)：

(1) $37 - (-45)$　　　　　　(2) $35 + (-36)$

(3) $-37 - (-45)$　　　　　(4) $(+75) - (-45)$

**1-23** 在基底補數的加法規則中，當兩負數相加時，產生的進位必須摒除(該進位是由符號位元相加而得)。檢查結果的符號位元，若為 $b-1$，表示結果正確；若不為 $b-1$，則表示有溢位發生，結果不正確。試說明上述規則之正確性。

**1-24** 在基底補數的加法規則中，當兩異號數(即一個正數和一個負數)相加時，當正數的絕對值較大時，有進位產生；負數的絕對值較大時，沒有進位產生。產生的進位必須摒除而且在這種情形下不會有溢位產生。試說明上述規則之正確性。

**1-25** 轉換下列各數為 BCD 碼：

(1) $10110111011_2$　　　　(2) $72AF1_{16}$

(3) $1989_{10}$　　　　　　　(4) $3627_8$

**1-26** 試使用下列各加權數碼，列出代表十進制數字的碼語(所建造的數碼須為自成補數數碼)。

(1) (6, 4, 2, -3)　　　　　　(2) (5, 2, 1, 1)

(3) (7, 3, 1, -2)　　　　　　(4) (4, 2, ,2 ,1)

**1-27** 試分別以 (8,4,-2,-1)、(2,4,2,1)、(6,4,2,-3) 等數碼表示下列各十進制數目。

(1) 729                          (2) 931

(3) 635                          (4) 1989

**1-28** 將習題 1-27 的各十進制數目分別以加三碼與循環碼表示。

**1-29** 轉換下列各二進制數目為格雷碼語：
(1) 1011010                      (2) 011011

(3) 10110                        (4) 1110111

**1-30** 轉換下列各格雷碼語為二進制數目：
(1) 1101                         (2) 11010101

(3) 10110                        (4) 010101

**1-31** 將下列各字元串以 ASCII 文數字碼表示：
(1) character                    (2) base-16

(3) 08/20/1989                   (4) switching theory

**1-32** 將 1.5-3 中的加三碼與表 1.5-4 中的循環碼分別加上同位位元，使其分別成為奇同位數碼與偶同位數碼。

**1-33** 為何使用偶同位或是奇同位數碼時，無法偵測偶數個位元的錯誤？

**1-34** 使用加三碼與偶同位，設計一個代表十進制數字的 7 位元錯誤更正碼 (即海明碼)。

**1-35** 下列各訊息係經過表 1.6-2 的海明碼編碼，它們在傳送過程中可能引入某些雜音，因而在每一個碼語中最多可能有一個位元錯誤，試解譯這些訊息。

(1) 100100101110011110010101011001

(2) 100000100010010011000100010010

(3) 010001000010111100010001100

# 2

# 交換代數

在 1854 年時，George Boole 提出了一套解決邏輯問題的系統性方法，這套方法目前稱為布林代數 (Boolean algebra)。到了 1938 年，C. E. Shannon 引進了兩個值的布林代數系統，稱為交換代數 (switching algebra)，並且說明雙穩態電子交換電路的特性可以由此代數系統表示。從此之後，交換代數 (習慣上也稱為布林代數) 即成為所有數位邏輯電路的數學基礎。因此，本章將先定義布林代數系統，並且討論一些常用的性質與定理。然後，以交換代數為主，探討交換函數的性質、各種表示形式與其和數位邏輯電路的關係。

## 2.1 布林代數

布林代數和其它數學系統一樣，是由一組基本的元素集合、一組運算子集合與一些公理 (axiom) 或是公設組成。所謂的公理或是公設是指不用證明的定理或是假設。目前，布林代數有許多種基本定義方式，其中以 1904 年 E. V. Huntington 提出的假設 (稱為 Huntington 假設) 較為普遍。因此，本書將以此假設為布林代數的基本定義。

### 2.1.1 布林代數的公理

布林代數是由一群元素的集合 $B$、兩個二元運算子 (+) 與 (·) 與一個補數運算子 (') 所組成的一個代數結構，同時它滿足下列公理 (axiom，稱為 Huntington 假設)：

## ■ 定義 2.1-1: Huntington 假設 (布林代數公理)

1. 集合 $B$ 至少包含兩個不相等的元素 $x$、$y$，即 $x \neq y$。

2. 封閉性 (closure properties)

   對於任意兩個元素 $x$、$y \in B$ 而言

   (a) $x+y \in B$

   (b) $x \cdot y \in B$

3. 交換律 (commutative laws)

   對於任意兩個元素 $x$、$y \in B$ 而言

   (a) $x+y = y+x$

   (b) $x \cdot y = y \cdot x$

4. 單位元素 (identity elements)

   (a) 對於每一個元素 $x \in B$ 而言，存在一個二元運算子(+)的單位元素 $0$，使得 $x+0 = x$。

   (b) 對於每一個元素 $x \in B$ 而言，存在一個二元運算子($\cdot$)的單位元素 $1$，使得 $x \cdot 1 = x$。

5. 分配律 (distributive laws)

   對於任意三個元素 $x$、$y$、$z \in B$ 而言

   (a) $+$ 對 $\cdot$：$x+(y \cdot z) = (x+y) \cdot (x+z)$

   (b) $\cdot$ 對 $+$：$x \cdot (y+z) = x \cdot y + x \cdot z$

6. 補數元素 (complementation)

   對於每一個元素 $x \in B$ 而言，存在一個元素 $x'$(稱為 $x$ 的補數)，使得

   (a) $x+x' = 1$

   (b) $x \cdot x' = 0$

---

　　上述公理彼此之間都是一致的 (consistent) 而且獨立的 (independent)。換句話說，它們相互之間並沒有矛盾的定義，同時其中的任何一個公理也不能由其它的公理導出或是證明。

　　在布林代數中，計算任何式子時，括弧內部的式子必須先計算，在同一個沒有括弧的式子中，單元運算子(')較($\cdot$)優先，最後則為(+)。即運算子的優先順序如下：( ) (最高)、'、$\cdot$、+ (最低)。

■ **例題 2.1-1 (運算元優先順序)**

(a) $(x+y)'$ 先計算 $x+y$，然後將結果取補數。

(b) $x' \cdot y'$ 先將 $x$ 與 $y$ 取補數後，利用二元運算子 $(\cdot)$，計算其結果。

　　注意：在布林代數的公理中，每一個敘述均可以由交換另一個敘述中的 $(+)$ 與 $(\cdot)$ 和 0 與 1 獲得。讀者不難由上述公理中，獲得証實。因此，得到下列對偶原理 (principle of duality)。

■ **原理 2.1-1: 對偶原理 (The principle of duality)**

　　在布林代數中，將一個成立的敘述當中的二元運算子 $(+)$ 與 $(\cdot)$ 交換，同時 0 與 1 也交換後，得到的敘述也必然是個成立的敘述。即若

$$f(x_{n-1}, \cdots, x_1, x_0, +, \cdot, ', 1, 0)$$

為一個成立的敘述，則

$$f^d(x_{n-1}, \cdots, x_1, x_0, \cdot, +, ', 0, 1)$$

也為一個成立的敘述。

■ **例題 2.1-2 (對偶原理說明例)**

(a) 公理 5(b) 可以由公理 5(a) 得到，反之亦然：

$$x + (y \cdot z) = (x+y) \cdot (x+z) \qquad \text{假設 5(a)}$$
$$\updownarrow \ \ \updownarrow \qquad\quad \updownarrow \ \ \updownarrow \ \ \updownarrow$$
$$x \cdot (y+z) = (x \cdot y) + (x \cdot z) \qquad \text{假設 5(b)}$$

(b) 公理 6(a) 可以由公理 6(b) 得到，反之亦然：

$$x + x' = 1 \qquad \text{假設 6(a)}$$
$$\updownarrow \quad\ \updownarrow$$
$$x \cdot x' = 0 \qquad \text{假設 6(b)}$$

✔學習重點

**2-1.** 試定義封閉性。

**2-2.** 試定義單位元素。

**2-3.** 試定義分配律。

**2-4.** 何謂對偶原理？

## 2.1.2 布林代數基本定理

在本節中，我們將由上述的布林代數公理導出與證明一些常用的定理 (theorem)。

### ■ 定理 2.1-1: 等冪性 (idempotent laws)

對於每一個元素 $x \in B$ 而言：

(a) $x + x = x$ 而且

(b) $x \cdot x = x$

**証明：** (a) $x + x = x$ 的證明如下：

$$
\begin{aligned}
x + x &= (x+x) \cdot 1 & \text{公理 4(b)} \\
&= (x+x) \cdot (x+x') & \text{公理 6(a)} \\
&= x + x \cdot x' & \text{公理 5(a)} \\
&= x + 0 & \text{公理 6(b)} \\
&= x & \text{公理 4(a)}
\end{aligned}
$$

(b) $x \cdot x = x$ 可以由對偶原理得証。

### ■ 定理 2.1-2: 邊界定理 (boundedness theorems)

對於每一個元素 $x \in B$ 而言：

(a) $x + 1 = 1$ 而且

(b) $x \cdot 0 = 0$

**証明：** (a) $x + 1 = 1$ 的證明如下：

$$
\begin{aligned}
x + 1 &= (x + 1) \cdot 1 &\qquad& \text{公理 4(b)} \\
&= (x + 1) \cdot (x + x') &\qquad& \text{公理 6(a)} \\
&= x + 1 \cdot x' &\qquad& \text{公理 5(a)} \\
&= x + x' &\qquad& \text{公理 4(b) 與 3(b)} \\
&= 1 &\qquad& \text{公理 6(a)}
\end{aligned}
$$

(b) $x \cdot 0 = 0$ 可以由對偶原理得証。

---

## ■ 定理 2.1-3: 補數的唯一性 (uniqueness of complement)

在布林代數中，每一個元素 $x \in B$ 的補數 $x'$ 是唯一的。

**証明：** 假設 $x$ 有兩個補數 $y$ 與 $z$，由公理 6(a) 與 6(b) 得

$$
\begin{aligned}
x + y &= 1 &\qquad\qquad x \cdot y &= 0 \\
x + z &= 1 &\qquad\qquad x \cdot z &= 0
\end{aligned}
$$

$$
\begin{aligned}
y &= y + 0 &\qquad z &= z + 0 &\qquad& \text{公理 4(a)} \\
&= y + x \cdot z &\qquad &= z + x \cdot y &\qquad& \text{公理 6(b)} \\
&= (y + x) \cdot (y + z) &\qquad &= (z + x) \cdot (z + y) &\qquad& \text{公理 5(a)} \\
&= (x + y) \cdot (y + z) &\qquad &= (x + z) \cdot (y + z) &\qquad& \text{公理 3(a)} \\
&= 1 \cdot (y + z) &\qquad &= 1 \cdot (y + z) &\qquad& \text{公理 6(a)} \\
&= y + z &\qquad &= y + z &\qquad& \text{公理 3(b) 與 4(b)}
\end{aligned}
$$

所以 $y = y + z = z$，所以 $x$ 的補數是唯一的。

---

## ■ 定理 2.1-4: 補數 (complementation)

在布林代數中，(a) $0' = 1$；而且 (b) $1' = 0$。

**証明：** (a) $0' = 1$

$$
\begin{aligned}
0' &= 0' + 0 &\qquad& \text{公理 4(a)} \\
&= 0 + 0' &\qquad& \text{公理 3(a)}
\end{aligned}
$$

$$= 1 \qquad\qquad 公理 6(a)$$

(b) $1' = 0$，由對偶原理得証。

---

接著，利用補數的唯一性，証明雙重否定 (double negation) 或是稱為累乘性 (involution)，即 $(x')' = x$。

## ■ 定理 2.1-5: 累乘性 (involution)

對於每一個元素 $x \in B$ 而言，$(x')' = x$。

**証明：** 由公理 6(a) 與 6(b) 可以得知

$$x' + (x')' = 1 \qquad\qquad x' + x = 1$$
$$x' \cdot (x')' = 0 \qquad\qquad x' \cdot x = 0$$

所以 $x'$ 的補數有 $(x')'$ 與 $x$ 兩個。但是，由定理 2.1-3 可以得知：$x'$ 的補數是唯一的，因此 $x = (x')'$。

---

## ■ 定理 2.1-6: 吸收律 (absorption laws)

對於任意兩個元素 $x \cdot y \in B$ 而言，則

(a)  $x + x \cdot y = x$ 而且

(b)  $x \cdot (x + y) = x$

**証明：** (a) $x + x \cdot y = x$

$$
\begin{aligned}
x + x \cdot y &= x \cdot 1 + x \cdot y \qquad && 公理 4(b)\\
&= x \cdot (1 + y) \qquad && 公理 5(b)\\
&= x \cdot 1 \qquad && 定理 2.1-2(a)\\
&= x \qquad && 公理 4(b)
\end{aligned}
$$

(b) $x \cdot (x + y) = x$，由對偶原理得證。

---

■ 定理 **2.1-7**：結合律 **(associative laws)**

對於任意三個元素 $x$、$y$、$z \in B$ 而言，則

(a) $x + (y + z) = (x + y) + z$ 而且

(b) $x \cdot (y \cdot z) = (x \cdot y) \cdot z$

**証明**：(a) $x + (y + z) = (x + y) + z$（即結果和運算次序無關）

$$
\begin{aligned}
設\ f &= [(x+y)+z] \cdot [x+(y+z)] \\
&= [(x+y)+z] \cdot x + [(x+y)+z] \cdot (y+z) \\
&= [(x+y) \cdot x + z \cdot x] + [(x+y)+z] \cdot (y+z) \\
&= x + [(x+y)+z] \cdot (y+z) \\
&= x + [(x+y)+z] \cdot y + [(x+y)+z] \cdot z \\
&= x + (y+z)
\end{aligned}
$$

$$
\begin{aligned}
但是\ f &= [(x+y)+z] \cdot [x+(y+z)] \\
&= (x+y) \cdot [x+(y+z)] + z \cdot [x+(y+z)] \\
&= x \cdot [x+(y+z)] + y \cdot [x+(y+z)] + z \\
&= (x+y)+z
\end{aligned}
$$

所以，$x + (y + z) = (x + y) + z$.

(b) $x \cdot (y \cdot z) = (x \cdot y) \cdot z$，由對偶原理得証。

■ 定理 **2.1-8**：笛摩根定理 **(DeMorgan's theorems)**

對於任意兩個元素 $x$、$y \in B$ 而言

(a) $(x + y)' = x' \cdot y'$ 而且

(b) $(x \cdot y)' = x' + y'$

**証明**：(a) $(x + y)' = x' \cdot y'$

$$
\begin{aligned}
(x+y) + (x' \cdot y') &= [(x+y)+x'] \cdot [(x+y)+y'] \\
&= [(x+x')+y] \cdot [x+(y+y')] \\
&= [1+y] \cdot [x+1] \\
&= 1 \cdot 1 = 1
\end{aligned}
$$

$$\text{而} (x+y) \cdot (x' \cdot y') = [x \cdot (x' \cdot y')] + [y \cdot (x' \cdot y')]$$
$$= [(x \cdot x') \cdot y'] + [x' \cdot (y \cdot y')]$$
$$= [0 \cdot y'] + [x' \cdot 0]$$
$$= 0 + 0 = 0$$

所以 $x' \cdot y'$ 為 $(x+y)$ 的補數，但是 $(x+y)'$ 亦為 $(x+y)$ 的補數，然而由定理 2.1-3 可以得知，補數是唯一的。所以

$$(x+y)' = x' \cdot y' \text{ 或是 } x' \cdot y' = (x+y)' \text{。}$$

(b) $(x \cdot y)' = x' + y'$，由對偶原理得證。

　　有了這些定理與布林代數的公理後，我們即可以輕易地轉換一個布林表示式為另一種形式，或是証明兩個布林表示式是相等的。下列將舉一些例子，說明上述定理的簡單應用。

## ■ 例題 2.1-3 (一致定理 (consensus theorems))

　　試證明下列兩個等式：

(a) $x \cdot y + x' \cdot z + y \cdot z = x \cdot y + x' \cdot z$

(b) $(x+y) \cdot (x'+z) \cdot (y+z) = (x+y) \cdot (x'+z)$

**証明：** (a) $x \cdot y + x' \cdot z + y \cdot z = x \cdot y + x' \cdot z$

$$x \cdot y + x' \cdot z + y \cdot z = x \cdot y + x' \cdot z + y \cdot z \cdot 1$$
$$= x \cdot y + x' \cdot z + y \cdot z \cdot (x' + x)$$
$$= x \cdot y + x' \cdot z + y \cdot z \cdot x' + y \cdot z \cdot x$$
$$= x \cdot y (1+z) + x' \cdot z (1+y)$$
$$= x \cdot y + x' \cdot z$$

(b) $(x+y) \cdot (x'+z) \cdot (y+z) = (x+y) \cdot (x'+z)$，由對偶原理得證。

　　上述定理中被消去的 $yz$ (或 $(y+z)$) 項稱為一致項 (consensus term)，其求得法如下：在一對給定的兩個項中，若一個變數以真值形式出現在其中一項而以補數形式出現在另外一項，則一致項為這一對給定的兩個項中去除該變數與其補數之後的 $\cdot$ (或 $+$) 的結果。

## ■ 例題 2.1-4 (布林等式証明)

証明下列各等式：

(a) $x + x' \cdot y = x + y$

(b) $x' \cdot y' \cdot z + y \cdot z + x \cdot y' \cdot z = z$

(c) $y + x \cdot y' + x' \cdot y' + y' \cdot z = 1$

**証明：** (a) $x + x' \cdot y = x + y$

$$x + x' \cdot y = (x + x') \cdot (x + y)$$
$$= 1 \cdot (x + y)$$
$$= x + y$$

(b) $x' \cdot y' \cdot z + y \cdot z + x \cdot y' \cdot z = z$

$$x' \cdot y' \cdot z + y \cdot z + x \cdot y' \cdot z = (x' \cdot y' + y + x \cdot y') \cdot z$$
$$= [(x' + y)(y' + y) + x \cdot y'] \cdot z$$
$$= [(x' + y) \cdot 1 + x \cdot y'] \cdot z$$
$$= (x' + y + x \cdot y') \cdot z$$
$$= [x' + (y + x)(y + y')] \cdot z$$
$$= [x' + (y + x) \cdot 1] \cdot z$$
$$= (x' + y + x) \cdot z$$
$$= [(x' + x) + y] \cdot z$$
$$= (1 + y) \cdot z$$
$$= 1 \cdot z$$
$$= z$$

(c) $y + x \cdot y' + x' \cdot y' + y' \cdot z = 1$

$$y + x \cdot y' + x' \cdot y' + y' \cdot z = (y + x)(y + y') + x' \cdot y' + y' \cdot z$$
$$= (y + x) \cdot 1 + x' \cdot y' + y' \cdot z$$
$$= y + x + x' \cdot y' + y' \cdot z$$
$$= (x + x')(x + y') + (y + y')(y + z)$$
$$= 1 \cdot (x + y') + 1 \cdot (y + z)$$

表 2.1-1: 常用的布林代數等式

| | | | | | | |
|---|---|---|---|---|---|---|
| 1. (a) | $x+0=x$ | 公理 4 | 5. (a) | $x+1=1$ | 定理 2.1-2 |
| (b) | $x \cdot 1 = x$ | | (b) | $x \cdot 0 = 0$ | |
| 2. (a) | $x+y \cdot z = (x+y) \cdot (x+z)$ | 公理 5 | 6. (a) | $x+x \cdot y = x$ | 吸收律 |
| (b) | $x \cdot (y+z) = x \cdot y + x \cdot z$ | | (b) | $x \cdot (x+y) = x$ | |
| 3. (a) | $x+x'=1$ | 公理 6 | 7. (a) | $x+x' \cdot y = x+y$ | |
| (b) | $x \cdot x' = 0$ | | (b) | $x \cdot (x'+y) = x \cdot y$ | |
| 4. (a) | $x+x=x$ | 定理 2.1-1 | 8. (a) | $x \cdot y + x \cdot y' = x$ | 相鄰定理 |
| (b) | $x \cdot x = x$ | | (b) | $(x+y) \cdot (x+y') = x$ | |
| 9. (a) | $x \cdot y + x' \cdot z + y \cdot z = x \cdot y + x' \cdot z$ | | | | 一致性定理 |
| (b) | $(x+y)(x'+z)(y+z) = (x+y)(x'+z)$ | | | | |
| 10. (a) | $(x_1 \cdot x_2 \cdots x_n)' = x_1' + x_2' + \cdots + x_n'$ | | | | DeMorgan 定理 |
| (b) | $(x_1 + x_2 + \cdots + x_n)' = x_1' \cdot x_2' \cdots x_n'$ | | | | |

$$= x+y'+y+z$$
$$= x+(y'+y)+z$$
$$= x+1+z$$
$$= 1$$

現在將布林代數的公理與定理歸納成表2.1-1，其中DeMorgan定理由兩個元素擴充為 $n$ 個元素。讀者不難由擴充上述兩個元素的 DeMorgan 定理的證明方法，証明這個 $n$ 元素的 DeMorgan 定理是成立的。DeMorgan 定理可以使用文字重新敘述為: 任何表式的補數可以由將表式中的每一個變數與元素使用其補數取代，同時將＋與·運算子交換獲得。

✔學習重點

**2-5.** 何謂等冪性？

**2-6.** 在布林代數中，每一個元素 $x$ 的補數 $x'$ 是否唯一？

**2-7.** 何謂累乘性？

**2-8.** 試簡述吸收律的意義。

**2-9.** 試簡述結合律的意義。

**2-10.** 試簡述 DeMorgan 定理的意義。

## 2.1.3 布林代數系統

布林代數並不是唯一的。任何數學系統只要能夠滿足第2.1.1節中的布林代數公理(即 Huntington 假設)，即為一個布林代數。

### ■ 例題 2.1-5 (布林代數系統証明)

設集合$B$是所有能整除30的整數之集合：$B = \{1, 2, 3, 5, 6, 10, 15, 30\}$。同時對任何兩個元素$x$、$y \in B$而言，二元運算子$(\cdot)$與$(+)$定義為：

$$x \cdot y = \gcd(x, y)$$
$$x + y = \operatorname{lcm}(x, y)$$

而單元運算子$(')$定義為：對於每一個元素而言，$x'$為30除以$x$的商，即$30/x$。試證明此數學系統為一個布林代數。

**証明：**欲證明一個數學系統是一個布林代數，必須證明它滿足所有布林代數的公理。因此

(a) 由於集合$B$中一共有八個不相同的元素，所以公理1成立。

(b) 封閉性：對於任意兩元素$x$、$y \in B$而言：

    (1) $x + y \in B$，即$\operatorname{lcm}(x, y) \in B$，例如$\operatorname{lcm}(1, 2) = 2$，$\operatorname{lcm}(2, 3) = 6$，等等。

    (2) $x \cdot y \in B$，即$\gcd(x, y)$，例如$\gcd(1, 2) = 1$，$\gcd(6, 5) = 1$，等等。

讀者可一一列出所有配對的gcd和lcm，證明公理2成立。

(c) 交換律：由gcd和lcm的定義可以得知公理3成立。例如：

$$\gcd(3, 10) = \gcd(10, 3) = 1$$
$$\gcd(5, 15) = \gcd(15, 5) = 5$$
$$\operatorname{lcm}(5, 6) = \operatorname{lcm}(6, 5) = 30$$
$$\operatorname{lcm}(10, 2) = \operatorname{lcm}(2, 10) = 10$$

(d) 單位元素：$+$的單位元素為1；$\cdot$的單位元素為30。因為：

$$\operatorname{lcm}(1, x) = x \text{ 而}$$
$$\gcd(30, x) = x$$

所以公理4成立。

(e) 分配律：由 gcd 和 lcm 的定義可以得知，公理 5 成立。例如：

1. ·對＋分配律

$$5 \cdot (2+15) = \text{gcd}(5, \text{lcm}(2,15))$$
$$= \text{gcd}(5,30)$$
$$= 5$$

$$而\, 5 \cdot 2 + 5 \cdot 15 = \text{lcm}(\text{gcd}(5,2), \text{gcd}(5,15))$$
$$= \text{lcm}(1,5)$$
$$= 5$$

2. ＋對·分配律

$$10 + 15 \cdot 3 = \text{lcm}(10, \text{gcd}(15,3))$$
$$= \text{lcm}(10,3)$$
$$= 30$$

$$而\,(10+15) \cdot (10+3) = \text{gcd}(\text{lcm}(10,15), \text{lcm}(10,3))$$
$$= \text{gcd}(30,30)$$
$$= 30$$

(f) 補數元素：依定義 $x' = 30/x$，所以

| | |
|---|---|
| $1' = 30/1 = 30$ | $6' = 30/6 = 5$ |
| $2' = 30/2 = 15$ | $10' = 30/10 = 3$ |
| $3' = 30/3 = 10$ | $15' = 30/15 = 2$ |
| $5' = 30/5 = 6$ | $30' = 30/30 = 1$ |

因此 $\text{gcd}(x, x') = 1$ 而且 $\text{lcm}(x, x') = 30$。由 (d) 可以得知 1 和 30 分別為＋與·的單位元素，因此公理 6 成立。這個系統滿足了所有布林代數的公理，所以它為一個布林代數系統。

---

由布林代數的公理 1 可以得知：任何布林代數至少必須包含兩個不相等的元素。因此，下列的例題將考慮一個只有兩個元素的數學系統。

## ■ 例題 2.1-6 (兩個值的布林代數系統)

設 $B = \{0,1\}$，而二元運算子 $\cdot$ 與 $+$ 和補數運算子 $'$ 的運算規則分別定義如下：

| $\cdot$ | 0 | 1 |
|---|---|---|
| 0 | 0 | 0 |
| 1 | 0 | 1 |

| $+$ | 0 | 1 |
|---|---|---|
| 0 | 0 | 1 |
| 1 | 1 | 1 |

$0' = 1$
$1' = 0$

則此系統為一布林代數。

**証明：**和前面例題相同，必須證明它滿足所有布林代數的公理。

(a) $B$ 一共有兩個不同的元素 0 與 1，所以公理 1 成立。

(b) 封閉性：因為 $B$ 只有兩個元素 0 與 1，所以

$$0+1=1 \in B \text{；} 1+0=1 \in B \text{；} 0+0=0 \in B \text{；} 1+1=1 \in B$$

$$0 \cdot 1=0 \in B \text{；} 1 \cdot 0=0 \in B \text{；} 0 \cdot 0=0 \in B \text{；} 1 \cdot 1=1 \in B$$

所以公理 2 成立。

(c) 交換律：

$$0+1=1+0$$
$$0 \cdot 1=1 \cdot 0$$

所以公理 3 成立。

(d) 單位元素：$+$ 的單位元素為 0；$\cdot$ 的單位元素為 1，因為

$$x \cdot 1=1 \text{，即 } 0 \cdot 1=0 \text{；} 1 \cdot 1=1$$
$$x+0=x \text{，即 } 0+0=0 \text{；} 1+0=1$$

所以公理 4 成立。

(e) 分配律：下列只證明兩種情形，其餘的由讀者自行證明：

(1) $1+1 \cdot 0=(1+1) \cdot (1+0)$

　　左 $=1+1 \cdot 0=1+0=1$

　　右 $=(1+1) \cdot (1+0)=1 \cdot 1=1$

(2) $0 \cdot (1+0)=0 \cdot 1+0 \cdot 0$

　　左 $=0 \cdot (1+0)=0 \cdot 1=0$

　　右 $=0 \cdot 1+0 \cdot 0=0+0=0$

(f) 補數元素：由定義得 $0'=1$ 而 $1'=0$，所以成立。因此這個系統為一個布林
　　代數。

---

　　上述兩個值的布林代數又稱為交換代數。交換代數為本書的主題，也是
數位邏輯設計的理論基礎。在交換代數中，二元運算子 $+$ 與 $\cdot$ 分別稱為 OR
與 AND，而補數運算子 $'$ 則稱為 NOT。

　　前面兩個例子中的元素個數分別為 8 個與 2 個。讀者也許要問：是否一
個含有任意元素數目的集合，都有可能是一個布林代數？答案是否定的，因
為一個 3 個元素的集合 $B$，就不可能成為布林代數系統。例如下列例題。

### ■ 例題 2.1-7 (B = {0, a, 1} 不是一個布林代數系統)

　　證明三個元素的布林代數 $B=\{0,a,1\}$ 不可能存在。

**証明：**先假設有此布林代數系統存在。因為集合 $B$ 必須包含 $+$ 和 $\cdot$ 兩個二元運
算子的單位元素，假設這些元素為 0 和 1。由定理 2.1-4 知，$0'=1$ 而且 $1'=0$，
並且由定理 2.1-3 可以得知，補數是唯一的，因此 $a$ 的補數不可能是 1 或 0。唯
一的可能是 $a$ 自身互補，即 $a'=a$。由公理 6(b) 得知，$a\cdot a=a\cdot a'=0$，這是不可
能的，因為由等冪性 (定理 2.1-1) 得 $a\cdot a=a$。因此，不可能有三個元素的布林
代數存在。

---

　　一般而言，每一個有限元素的布林代數系統恰只含有 $2^n(n>0)$ 個元素。

## 2.2 交換代數

　　由例題 2.1-6 可以得知，交換代數為一個定義在集合 $B=\{0,1\}$ 上的一個
布林代數系統。因此交換代數本身為一個布林代數，所有布林代數的公理與
由此公理導出的定理在交換代數中依然成立。本節中，將再度地定義交換代
數，然後定義交換函數並討論交換函數的一些性質與交換函數內的一些邏輯
運算子與其相關的性質。

## 2.2.1 基本定義

交換代數的基本假設為每一個交換變數(switching variable) $x$ 均存在兩個值 0 與 1，使得當 $x \neq 0$ 時，$x$ 必為 1，而且當 $x \neq 1$ 時，$x$ 必為 0。這兩個值稱為變數 $x$ 的真值 (truth value)。在實際的邏輯電路中，這兩個值分別表示開關的兩個狀態 "閉合"(on) 與 "開路"(off) 或是兩個不同的電路狀態，每一個電路狀態代表一個特定範圍的電壓值。

有了這個基本假設後，交換代數定義為：

### ■ 定義 2.2-1: 交換代數

交換代數是一個由集合 $B = \{0, 1\}$、兩個二元運算子 AND 與 OR (分別由符號 "·" 與 "+" 表示) 及一個單元運算子 NOT (以符號 "'" 或是 "‾" 表示) 所組成的代數系統，其中 AND、OR、與 NOT 等運算子的定義如下：

| AND 運算子 | | |
|:---:|:---:|:---:|
| · | 0 | 1 |
| 0 | 0 | 0 |
| 1 | 0 | 1 |

| OR 運算子 | | |
|:---:|:---:|:---:|
| + | 0 | 1 |
| 0 | 0 | 1 |
| 1 | 1 | 1 |

NOT 運算子

$0' = 1$

$1' = 0$

由前節例題 2.1-6 可以得知，交換代數為一個兩個值的布林代數，因此前節所討論的所有布林代數的公理與定理在交換代數中，依然適用。

在證明一個交換代數中的等式時，可以與在布林代數中一樣，使用相關的定理，以代數運算的方式求得證明。但是由於在交換代數中，每一個(交換)變數只有 0 與 1 兩個值，因此可以將所有變數值的所有可能的二進制組合列舉成為一個真值表 (truth table) 後，分別計算等式左邊和右邊的值，觀察其結果是否相等。若是則該等式成立，否則該等式不成立。這種方式稱為完全歸納法 (perfect induction)。下列例題說明此種方法的應用。

### ■ 例題 2.2-1 (交換等式證明)

證明下列等式：

$$xy' + y = x + y$$

表 **2.2-1**: 例題 2.2-1 的真值表

| $x$ | $y$ | $y'$ | $xy'$ | $xy'+y$ | $x+y$ |
|-----|-----|------|-------|---------|-------|
| 0 | 0 | 1 | 0 | 0 | 0 |
| 0 | 1 | 0 | 0 | 1 | 1 |
| 1 | 0 | 1 | 1 | 1 | 1 |
| 1 | 1 | 0 | 0 | 1 | 1 |

**証明：** (a) 使用代數運算的方式

$$x \cdot y' + y = xy' + y(x + x')$$
$$= xy' + xy + x'y$$
$$= (xy' + xy) + (x'y + xy)$$
$$= x(y' + y) + y(x' + x)$$
$$= x \cdot 1 + 1 \cdot y = x + y$$

　　(b) 使用完全歸納法如表2.2-1 所示。由於有 $x$ 與 $y$ 兩個變數，並且每一個變數均有 0 與 1 兩個可能的值，因此一共有四種組合：00、01、10、11。其次分別就此四種組合，計算出 $y'$、$xy'$、$xy'+y$ 與 $x+y$。最後比較 $xy'+y$ 與 $x+y$ 的值，由於它們在所有四種可能的組合下，都得到相同的值，所以得證。

　　雖然布林代數(與交換代數)在某些定義上和一般代數相似，但是仍然有相當多的不同。例如公理 5(a) 與 6 (+ 對 · 的分配律與補數定義) 在一般代數上並不成立。反之，在一般代數中，也有些定理在布林代數中是不適用的。例如：加法運算中的消去律 (cancellation law)。在一般代數中，若 $x+y=x+z$，則 $y=z$。但是在布林代數中，則此消去律並不成立。因為若設 $x=1$、$y=0$、$z=1$，則 $x+y=1+0=1$ 而 $x+z=1+1=1$，但是 $y \neq z$。

■ **例題 2.2-2** (修飾消去律)

　　對於任意三個元素 $x$、$y$、$z \in B$ 而言，

(a) 若 $x+y=x+z$ 而且 $x'+y=x'+z$，則 $y=z$

(b) 若 $xy=xz$ 而且 $x'y=x'z$，則 $y=z$

**証明：** (a) 的證明如下：

$$y = y + 0$$

$$= y + (xx')$$

$$= (y + x)(y + x')$$

$$= (x + z)(x' + z) \qquad (因為 x + y = x + z 而且 x' + y = x' + z)$$

$$= z + (xx')$$

$$= z + 0 = z$$

所以得証。(b) 由對偶原理可以得證。

---

✔ 學習重點

**2-11.** 何謂交換變數？

**2-12.** 何謂完全歸納法？

**2-13.** 完全歸納法是否可以應用在任何布林代數系統中？

---

## 2.2.2 交換函數

在定義交換函數 (switching function) 之前，先定義交換表 (示) 式 (switching expression)。所謂的交換表式是由一組 (交換) 變數、常數 0 與 1、二元運算子 AND 與 OR 及補數運算子 NOT 等所組成的表示式。換言之，一個交換表式即是任意地使用下列幾個規則所定義的表示式：

### ■ 定義 2.2-2: 交換表式的定義

(a). 任何 (交換) 變數或常數 0、1 為一個交換表式；

(b). 若 $E_1$ 與 $E_2$ 為交換表式，則 $E_1'$、$E_2'$、$E_1 + E_2$ 與 $E_1 \cdot E_2$ 也為交換表式；

(c). 除了上述規則外，其它方式的 (交換) 變數與常數的組合，都不是交換表式。

---

### ■ 例題 2.2-3 (交換表式例)

依據定義，下列皆為交換表式：

(a) $f_1 = [(xy)' + (x + z)]'$

(b) $f_2 = xy' + xz + yz$

(c) $f_3 = x'y(x + y'z) + x'z$

---

　　真值表提供一個描述交換函數的基本方法。若設 $E(x_{n-1}, \cdots, x_1, x_0)$ 為一個交換表式，則因為 $n$ 個變數中每一個變數 $x_{n-1}$、$\cdots\cdots$、$x_1$、$x_0$，均可以獨立設定為 0 或是 1 的值，因此一共有 $2^n$ 種可能的二進制組合可以決定 $E$ 的值。在決定一個交換表式的值時，只需要將該交換表式中相關的變數值代入該表式中，然後計算其值即可。欲獲得交換函數的真值表時，輸入變數值的所有組合必須一一代入交換表式中，然後計算其值，並表列成表格。

## ■ 例題 2.2-4 (交換表式之值)

　　試計算下列交換表式在所有輸入變數值的二進制組合下的值：

(a) $E(x, y, z) = xy' + xz + y'z$

(b) $F(x, y, z) = xy' + xz + x'y'z$

**解：**由於交換表式 $E$ 一共含有 3 個變數：$x$、$y$、$z$，而每一個變數均可以獨立設定為 0 或是 1 的值，因此一共有 8 種不同的組合。在每一種組合中，$E$ 的值直接由該組合中的 $x$、$y$、$z$ 的值，代入上述表式中求得。例如：當 $x = 0$、$y = 1$、$z = 0$ 時，$E(x, y, z) = 0 \cdot 1' + 0 \cdot 0 + 1' \cdot 0 = 0$；當 $x = 1$、$y = 0$、$z = 1$ 時，$E(x, y, z) = 1 \cdot 0' + 1 \cdot 1 + 0' \cdot 1 = 1$。在其它組合下，$E$ 表式的值可以使用相同的方式計算求得，如表 2.2-2 所示。$F$ 表式的計算方式與 $E$ 相同。

---

表 **2.2-2**: 例題 2.2-4 的真值表

| $x$ | $y$ | $z$ | $E$ | $F$ |
|-----|-----|-----|-----|-----|
| 0 | 0 | 0 | 0 | 0 |
| 0 | 0 | 1 | 1 | 1 |
| 0 | 1 | 0 | 0 | 0 |
| 0 | 1 | 1 | 0 | 0 |
| 1 | 0 | 0 | 1 | 1 |
| 1 | 0 | 1 | 1 | 1 |
| 1 | 1 | 0 | 0 | 0 |
| 1 | 1 | 1 | 1 | 1 |

　　由表 2.2-2 可以得知：在三個變數 $x$、$y$、$z$ 的所有可能的二進制組合下，交換表式 $E$ 和 $F$ 擁有相同的值。因此，不同的交換表式，其真值表可能是相同的。事實上，當兩個交換表式相等時，其真值表即相同。

　　現在定義交換函數。所謂的交換函數即是一個交換表式在其變數值的所有可能的二進制組合下，所擁有的值，即 $f: B^n \to B$。換句話說，一個交換函數 $f(x_{n-1}, \cdots, x_1, x_0)$ 即為由其 $2^n$ 個變數值的二進制組合對應到 $\{0, 1\}$ 的一個關係。這個對應關係，通常使用真值表描述。注意：雖然一個交換函數有許多表示方式，但是一個真值表只能定義一個交換函數。因此，若有許多個交換函數都擁有相同的真值表時，這些交換函數皆相等。

■ 例題 2.2-5 (交換函數與真值表)

　　下列三個交換函數都定義相同的真值表，即它們的函數值除了在 $(0, 1, 0)$、$(1, 0, 1)$、$(1, 1, 0)$ 與 $(1, 1, 1)$ 等組合為 1 外，其餘組合均為 0：

$$f(x, y, z) = x'yz' + xy'z + xyz' + xyz$$
$$g(x, y, z) = xy + yz' + xz$$
$$h(x, y, z) = yz' + xz$$

　　其次定義交換函數的補數函數 (complement function) 與兩個交換函數的和函數 (sum function) 與積函數 (product function)。設 $f(x_{n-1}, \cdots, x_1, x_0)$ 為一個 $n$ 個變數的交換函數，則其補數函數 $f'(x_{n-1}, \cdots, x_1, x_0)$ 定義為當 $f$ 值為 0 時，$f'$ 為 1，當 $f$ 為 1 時，$f'$ 為 0。兩個交換函數 $f(x_{n-1}, \cdots, x_1, x_0)$ 與 $g(x_{n-1}, \cdots, x_1, x_0)$ 的和 (sum，即 OR) 定義為當函數 $f$ 或是 $g$ 的值為 1 時，值為 1，否則為 0；$f$ 與 $g$ 的積 (product，即 AND) 定義為當兩個函數 $f$ 與 $g$ 的值皆為 1 時才為 1，否則為 0。在真值表中，$f'$ 由將 $f$ 的值取補數 (NOT) 後獲得；$f + g$ 由 $f$ 與 $g$ 的值經由 OR 運算後取得；$f \cdot g$ 由 $f$ 與 $g$ 的值經 AND 運算後取得。

■ 例題 2.2-6 (交換函數的補數、積與和函數)

　　兩個交換函數 $f(x, y, z)$ 與 $g(x, y, z)$ 的真值表如表 2.2-3 所示。依據上述定義，可以分別求得 $f'$、$f + g$ 與 $f \cdot g$ 等函數。結果的函數值亦列於該真值表中。

表 2.2-3: 交換函數的補數、積與和函數

| x | y | z | $f$ | $g$ | 補數 $f'$ | 和函數 $f+g$ | 積函數 $f \cdot g$ |
|---|---|---|---|---|---|---|---|
| 0 | 0 | 0 | 0 | 1 | 1 | 1 | 0 |
| 0 | 0 | 1 | 1 | 0 | 0 | 1 | 0 |
| 0 | 1 | 0 | 0 | 0 | 1 | 0 | 0 |
| 0 | 1 | 1 | 0 | 0 | 1 | 0 | 0 |
| 1 | 0 | 0 | 1 | 1 | 0 | 1 | 1 |
| 1 | 0 | 1 | 1 | 1 | 0 | 1 | 1 |
| 1 | 1 | 0 | 0 | 0 | 1 | 0 | 0 |
| 1 | 1 | 1 | 0 | 1 | 1 | 1 | 0 |

一個交換函數 $f$ 的補數函數 $f'$ 除了可以由真值表直接獲得外,也可以由 DeMorgan 定理使用代數運算的方式獲得。兩個交換函數的積與和函數,可以直接將其交換表式執行積與和的運算求得。

### ■ 例題 2.2-7 (補數函數)

求下列交換函數的補數函數:

(a) $f(x,y,z) = x'y'z + x'yz'$

(b) $f(x,y,z) = (x'+y')(x'z+yz')$

**解:** (a) 利用 DeMorgan 定理

$$f'(x,y,z) = (x'y'z + x'yz')'$$
$$= (x'y'z)'(x'yz')'$$
$$= (x+y+z')(x+y'+z)$$

(b) 和 (a) 一樣,利用 DeMorgan 定理

$$f'(x,y,z) = [(x'+y')(x'z+yz')]'$$
$$= (x'+y')' + (x'z+yz')'$$
$$= xy + (x'z)'(yz')'$$
$$= xy + (x+z')(y'+z)$$
$$= xy + xy' + xz + y'z'$$
$$= x + y'z'$$

另外一種求取補數函數的方式為：先求 $f$ 函數的對偶函數，然後將 $f^d$ 中的每一個變數取補數。注意：依據對偶原理，交換函數 $f$ 的對偶函數 $f^d$ 是將 $f$ 中的 AND 與 OR 運算子交換，並且將常數 0 與 1 交換而獲得的。

### ■ 例題 2.2-8 (補數函數)

求下列各交換函數的補數函數：

(a) $f(x,y,z) = x'y'z + x'yz'$

(b) $f(x,y,z) = (x'+y')(x'z+yz')$

**解：** 先求交換函數 $f$ 的對偶函數 $f^d$，然後將 $f^d$ 中的每一個變數取補數。

(a) $(x,y,z) = (x'+y'+z)(x'+y+z')$

　　所以 $f'(x,y,z) = (x',y',z') = (x+y+z')(x+y'+z)$

(b) $(x,y,z) = x'y' + (x'+z)(y+z')$

　　所以 $f'(x,y,z) = (x',y',z') = xy + (x+z')(y'+z) = x + y'z'$

結果與例題 2.2-7 相同。

---

### ✔ 學習重點

**2-14.** 試定義交換表式。

**2-15.** 試定義交換函數。

**2-16.** 試定義兩個交換函數的積函數與和函數。

**2-17.** 如何求取一個交換函數的補數函數？

---

### 2.2.3 邏輯運算子

依據交換代數的定義，AND 與 OR 為兩個基本的二元運算子，即它們均為具有兩個輸入變數的運算子。但是由於 AND 與 OR 兩個運算子具有交換律：

$$x + y = y + x \text{ 而且}$$

$$x \cdot y = y \cdot x$$

表 2.2-4: 三個變數的 AND 與 OR 運算子真值表

| | | | 3-變數 AND | 3-變數 OR |
|---|---|---|---|---|
| $x$ | $y$ | $z$ | $x \cdot y \cdot z$ | $x+y+z$ |
| 0 | 0 | 0 | 0 | 0 |
| 0 | 0 | 1 | 0 | 1 |
| 0 | 1 | 0 | 0 | 1 |
| 0 | 1 | 1 | 0 | 1 |
| 1 | 0 | 0 | 0 | 1 |
| 1 | 0 | 1 | 0 | 1 |
| 1 | 1 | 0 | 0 | 1 |
| 1 | 1 | 1 | 1 | 1 |

與結合律

$$x+(y+z) = (x+y)+z = x+y+z \text{ 而且}$$

$$x \cdot (y \cdot z) = (x \cdot y) \cdot z = x \cdot y \cdot z$$

的性質，因此這兩個運算子可以擴展為任意數目的變數。表 2.2-4 列出在三個變數之下，AND 與 OR 運算子的真值表。注意在表 2.2-4 中，實際上是將兩個真值表合併成為一個。

在交換代數中，另外一些常用的二元運算子為：NAND (not AND)、NOR (not OR)、XOR (exclusive OR)、XNOR (exclusive NOR 或 equivalence) 等。這些運算子的真值表如表 2.2-5 所示。

表 2.2-5: NAND、NOR、XOR、XNOR 運算子真值表

| $x$ | $y$ | NAND $(x \cdot y)'$ | NOR $(x+y)'$ | XOR $x \oplus y$ | XNOR $x \odot y$ |
|---|---|---|---|---|---|
| 0 | 0 | 1 | 1 | 0 | 1 |
| 0 | 1 | 1 | 0 | 1 | 0 |
| 1 | 0 | 1 | 0 | 1 | 0 |
| 1 | 1 | 0 | 0 | 0 | 1 |

注意在表 2.2-5中，將四個運算子的真值表合併成為一個。基本上，這些運算子並不是最基本的，因為它們可以由 AND、OR、NOT 等組成。即

NAND：$x \uparrow y = (x \cdot y)'$

NOR：$x \downarrow y = (x+y)'$

表 **2.2-6:** 三個變數的 NAND 與 NOR 運算子真值表

| $x$ | $y$ | $z$ | NAND $(x \cdot y \cdot z)'$ | NOR $(x+y+z)'$ |
|-----|-----|-----|------------------------------|-----------------|
| 0 | 0 | 0 | 1 | 1 |
| 0 | 0 | 1 | 1 | 0 |
| 0 | 1 | 0 | 1 | 0 |
| 0 | 1 | 1 | 1 | 0 |
| 1 | 0 | 0 | 1 | 0 |
| 1 | 0 | 1 | 1 | 0 |
| 1 | 1 | 0 | 1 | 0 |
| 1 | 1 | 1 | 0 | 0 |

XOR：$x \oplus y = x'y + xy'$

XNOR：$x \odot y = xy + x'y'$

NAND 與 NOR 兩個運算子雖然具有交換律，但是並不具有結合律，即對 NAND 而言：

$$[(x \uparrow y) \uparrow z] \neq [x \uparrow (y \uparrow z)]$$

對 NOR 而言：

$$[(x \downarrow y) \downarrow z] \neq [x \downarrow (y \downarrow z)]$$

讀者可以使用完全歸納法或是 DeMorgan 定理證明。因此嚴格地說，它們並不能擴展至較多數目的變數。但是若將 NAND 視為先執行 AND 運算再執行 NOT 運算，即當作 not-AND 運算，而將 NOR 視為先執行 OR 運算再執行 NOT 運算，即當作 not-OR 運算，則它們也可以擴展至任何數目的變數：

$(x_1 \cdot x_2 \cdot \ldots \cdot x_n)'$　　　　(NAND)

而　$(x_1 + x_2 + \ldots + x_n)'$　　　　(NOR)

三個變數的 NAND 與 NOR 運算子的真值表如表 2.2-6 所示。

XOR (以 $\oplus$ 表示) 與 XNOR (以 $\odot$ 表示) 為二元運算子而且皆具有交換律與結合律 (可以由完全歸納法證明)，即

交換律：$x \oplus y = y \oplus x$；$x \odot y = y \odot x$

結合律：$(x \oplus y) \oplus z = x \oplus (y \oplus z) = x \oplus y \oplus z$

$(x \odot y) \odot z = x \odot (y \odot z) = x \odot y \odot z$

因此可以擴展至任何數目的變數。下列兩個例題分別以完全歸納法的方式導出 XOR 與 XNOR 兩個運算子擴展至三個變數與四個變數的情形。

■ 例題 2.2-9 (三個變數的 **XOR** 與 **XNOR** 運算子)

試以完全歸納法導出 XOR 與 XNOR 兩個運算子在三個變數下的真值表。

**解：**如表 2.2-7 所示。注意：在三個變數下，$x \oplus y \oplus z$ 與 $x \odot y \odot z$ 兩個運算子具有相同的值。

表 2.2-7: 三個變數的 XOR 與 XNOR 真值表

| | | | 2-變數 XOR | 3-變數 XOR | 2-變數 XNOR | 3-變數 XNOR |
|---|---|---|---|---|---|---|
| $x$ | $y$ | $z$ | $x \oplus y$ | $x \oplus y \oplus z$ | $x \odot y$ | $x \odot y \odot z$ |
| 0 | 0 | 0 | 0 | 0 | 1 | 0 |
| 0 | 0 | 1 | 0 | 1 | 1 | 1 |
| 0 | 1 | 0 | 1 | 1 | 0 | 1 |
| 0 | 1 | 1 | 1 | 0 | 0 | 0 |
| 1 | 0 | 0 | 1 | 1 | 0 | 1 |
| 1 | 0 | 1 | 1 | 0 | 0 | 0 |
| 1 | 1 | 0 | 0 | 0 | 1 | 0 |
| 1 | 1 | 1 | 0 | 1 | 1 | 1 |

■ 例題 2.2-10 (四個變數的 **XOR** 與 **XNOR** 真值表)

試以完全歸納法導出 XOR 與 XNOR 兩個運算子在四個變數下的真值表。

**解：**如表 2.2-8 所示。注意：在四個變數下，$w \oplus x \oplus y \oplus z$ 與 $w \odot x \odot y \odot z$ 兩個運算子具有互為補數的值。

　　基本上，$x \oplus y$ 表示當 $x$ 與 $y$ 不相等時，其值為 1，即 $\oplus$ (XOR) 運算子為奇數函數。對奇數函數而言，當有奇數個變數的值為 1 時，其值才為 1，否則值為 0。$x \odot y$ 表示當 $x$ 與 $y$ 相等時，其值為 1，即 $\odot$ (XNOR) 運算子為偶數函數。對偶數函數而言，當有偶數個變數值為 0 時，其值才為 1，否則為 0。因此，在三個變數的真值表中，XOR 與 XNOR 的函數值相同；在四個變數的真值表中，XOR 與 XNOR 的函數值則互為補數。一般而言，當變數的個數

**表 2.2-8:** 四個變數的 XOR 與 XNOR 運算子的真值表

| | | | | XOR | | | XOR | | |
|---|---|---|---|---|---|---|---|---|---|
| $w$ | $x$ | $y$ | $z$ | $w \oplus y$ | $(w \oplus x) \oplus y$ | $(w \oplus x \oplus y) \oplus z$ | $w \odot x$ | $(w \odot x) \odot y$ | $(w \odot x \odot y) \odot z$ |
| 0 | 0 | 0 | 0 | 0 | 0 | 0 | 1 | 0 | 1 |
| 0 | 0 | 0 | 1 | 0 | 0 | 1 | 1 | 0 | 0 |
| 0 | 0 | 1 | 0 | 0 | 1 | 1 | 1 | 1 | 0 |
| 0 | 0 | 1 | 1 | 0 | 1 | 0 | 1 | 1 | 1 |
| 0 | 1 | 0 | 0 | 1 | 1 | 1 | 0 | 1 | 0 |
| 0 | 1 | 0 | 1 | 1 | 1 | 0 | 0 | 1 | 1 |
| 0 | 1 | 1 | 0 | 1 | 0 | 0 | 0 | 0 | 1 |
| 0 | 1 | 1 | 1 | 1 | 0 | 1 | 0 | 0 | 0 |
| 1 | 0 | 0 | 0 | 1 | 1 | 1 | 0 | 1 | 0 |
| 1 | 0 | 0 | 1 | 1 | 1 | 0 | 0 | 1 | 1 |
| 1 | 0 | 1 | 0 | 1 | 0 | 0 | 0 | 0 | 1 |
| 1 | 0 | 1 | 1 | 1 | 0 | 1 | 0 | 0 | 0 |
| 1 | 1 | 0 | 0 | 0 | 0 | 0 | 1 | 0 | 1 |
| 1 | 1 | 0 | 1 | 0 | 0 | 1 | 1 | 0 | 0 |
| 1 | 1 | 1 | 0 | 0 | 1 | 1 | 1 | 1 | 0 |
| 1 | 1 | 1 | 1 | 0 | 1 | 0 | 1 | 1 | 1 |

為奇數時，XOR 與 XNOR 的函數值相等；當變數的個數為偶數時，XOR 與 XNOR 的函數值則互為補數。

✔學習重點

**2-18.** 在下列四個運算子：AND、OR、NAND、NOR 中，那些具有交換律與結合律？

**2-19.** XOR 與 XNOR 兩個運算子是否具有交換律與結合律？

**2-20.** 在奇數個變數下，XOR 與 XNOR 的函數值是相等或是互為補數？

**2-21.** 在偶數個變數下，XOR 與 XNOR 的函數值是相等或是互為補數？

## 2.2.4 函數完全運算集合

　　若任意一個交換函數都可以由一個集合內的運算子表示時，該集合稱為函數完全 (運算)(functionally complete 或 universal) 集合。由於交換函數是由 AND、OR、NOT 等運算子形成的，因此 {AND, OR, NOT} 為一個函數完全 (運算) 集合。但是依據 DeMorgan 定理，$x + y = (x' \cdot y')'$，即 AND 與 NOT 等運算子組合後，可以取代 OR 運算子，因此 {AND, NOT} 也為函數完全 (運算)

集合。同樣地，$x \cdot y = (x' + y')'$，即 OR 與 NOT 等運算子組合後，也可以取代 AND 運算子，因此 {OR, NOT} 也為函數完全 (運算) 集合。

　　證明一個運算子的集合是一個函數完全 (運算) 集合的一般方法為：証明只使用該集合內的運算子，即可以產生一個已知為函數完全 (運算) 集合內的每一個運算子，例如集合 {AND, NOT} 或是 {OR, NOT}。函數完全 (運算) 集合有很多，並且有可能只包含一個運算子，例如 {NOR} 與 {NAND} 兩個集合。

■ 例題 2.2-11 (函數完全 (運算) 集合)

　　證明 {NOR} 與 {NAND} 為函數完全運算集合。

**證明**：(a) 因為 NOR 集合可以產生函數完全運算集合 {OR, NOT} 內的每一個運算子，即

$$(x + x)' = x' \qquad \text{(NOT)}$$

$$[(x + y)']' = x + y \qquad \text{(OR)}$$

所以 NOR 為一個函數完全運算集合。

　　(b) 因為 NAND 集合可以產生函數完全運算集合 {AND, NOT} 內的每一個運算子，即

$$(x \cdot x)' = x' \qquad \text{(NOT)}$$

$$[(x \cdot y)']' = x \cdot y \qquad \text{(AND)}$$

所以 NAND 為一個函數完全運算集合。

　　決定一個給定的運算子集合是否為函數完全運算集合的一般程序如下：

(a). 考慮 NOT 運算子是否可以由該集合實現。若可以，則進行下一步驟；否則，該集合不是函數完全運算集合。

(b). 使用 NOT 運算子與該集合，決定是否 AND 或 OR 可以被實現。若可以，則該集合為函數完全運算集合；否則，不是。

當然若一個運算子集合可以執行 NOR 或 NAND 運算，則它為一個函數完全運算集合。下列例題說明若適當的定義一個交換函數，則該交換函數也可以形成一個函數完全運算集合。

■ 例題 **2.2-12 (**函數完全運算集合**)**

　　證明下列集合為函數完全運算集合：

(a) 集合 $\{f\}$ 而 $f(x,y,z) = xy'z + x'z'$

(b) 集合 $\{f,0\}$ 而 $f(x,y) = x' + y$

(c) 集合 $\{f,1,0\}$ 而 $f(x,y,z) = x'y + xz$

**證明：**詳細如下：

(a) 欲證明 $\{f\}$ 而 $f(x,y,z) = xy'z + x'z'$ 為函數完全運算集合，可以證明 $f$ 可以執行 NOR 運算子的運算。即

$$f(x,y,y) = xy'y + x'y'$$
$$= x'y' = (x+y)' \qquad \text{(NOR)}$$

所以得證。

(b) 欲證明 $\{f,0\}$ 而 $f(x,y) = x' + y$ 為函數完全運算集合，可以證明 $f$ 可以執行 NOT 與 OR 運算子的運算。即

$$f(x,0) = x' \qquad \text{(NOT)}$$
$$f(x',y) = x + y \qquad \text{(OR)}$$

所以得証。

(c) 欲證明 $\{f,1,0\}$ 而 $f(x,y,z) = x'y + xz$ 為函數完全運算集合，可以證明 $f$ 可以執行 NOT 與 AND 運算子的運算。即

$$f(x,1,0) = x' + 0 = x' \qquad \text{(NOT)}$$
$$f(x,0,z) = xz \qquad \text{(AND)}$$

所以得證。

---

　　最後值得一提的是 XOR 與 XNOR 兩個集合並不是函數完全運算集合，但是 {XOR, OR, 1} 與 {XNOR, OR, 0} 等集合則是 (習題 2-15)。

✔ **學習重點**

---

**2-22.** 試定義函數完全運算集合。

**2-23.** 為何 {AND, OR, NOT} 為一個函數完全運算集合？

**2-24.** 如何證明一個運算子的集合為一個函數完全運算集合？

---

## 2.3 交換函數標準式

　　前面已經討論過如何使用真值表表示一個交換函數，同時也討論到可能有多個交換函數對應到同一個真值表上。在這一節中，將探討如何由真值表獲得對應的交換函數，並且也討論以何種形式表示時，可以從真值表中獲得唯一的交換函數表示式。

### 2.3.1 最小項與最大項

　　在交換代數中，當多個變數以 AND 運算子組合而成的項 (term)，稱為乘積項 (product term)，例如：$xy$、$xy'$、$x'y$、$x'y'$、……等。同樣地，以 OR 運算子組合而成的項，則稱為和項 (sum term)，例如：$(x+y)$、$(x'+y)$、……等。在一個乘積項或是和項中，每一個變數都有可能以補數或是非補數的形式出現。因此，為了討論方便，現在定義字母變數 (literal) 為一個補數或是非補數形式的變數。例如：$x$ 與 $x'$ 為相同的一個變數，但是不同的兩個字母變數。

　　一個交換函數可以有許多不同的交換表 (示) 式。在這一些不同的交換表式中，若一個交換表式只是由乘積項 OR 所組成時，稱為 SOP (sum of products) 形式；若只是由和項 AND 所組成時，稱為 POS (product of sums) 形式。例如：

$$f(x,y,z) = xy + yz + xz \qquad \text{(SOP 形式)}$$

與

$$f(x,y,z) = (x+y')(x+z)(y+z') \qquad \text{(POS 形式)}$$

　　當然，SOP 形式與 POS 形式可以互換。將一個 POS 形式的交換表式，使用布林代數中的分配律運算後，即可以得到對應的 SOP 形式；同樣地，重覆地使用分配律運算後，一個 SOP 形式的交換表式也可以表示為 POS 的形式。注意：一個交換函數可能有多個不同 SOP 與 POS 形式的交換表式。

### ■ 例題 2.3-1 (SOP 與 POS 形式互換)

(a) 將 $f(x,y,z) = xy + y'z + xz$ 表示為 POS 形式。

(b) 將 $f(x,y,z) = (x+y')(x+z)(y+z')$ 表示為 SOP 形式。

表 **2.3-1:** 三個變數的所有最小項與最大項.

| 十進制 | $x$ | $y$ | $z$ | 最小項 | | 最大項 | |
|---|---|---|---|---|---|---|---|
| 0 | 0 | 0 | 0 | $x'y'z'$ | $(m_0)$ | $x+y+z$ | $(M_0)$ |
| 1 | 0 | 0 | 1 | $x'y'z$ | $(m_1)$ | $x+y+z'$ | $(M_1)$ |
| 2 | 0 | 1 | 0 | $x'yz'$ | $(m_2)$ | $x+y'+z$ | $(M_2)$ |
| 3 | 0 | 1 | 1 | $x'yz$ | $(m_3)$ | $x+y'+z'$ | $(M_3)$ |
| 4 | 1 | 0 | 0 | $xy'z'$ | $(m_4)$ | $x'+y+z$ | $(M_4)$ |
| 5 | 1 | 0 | 1 | $xy'z$ | $(m_5)$ | $x'+y+z'$ | $(M_5)$ |
| 6 | 1 | 1 | 0 | $xyz'$ | $(m_6)$ | $x'+y'+z$ | $(M_6)$ |
| 7 | 1 | 1 | 1 | $xyz$ | $(m_7)$ | $x'+y'+z'$ | $(M_7)$ |

**解:** (a) 使用分配律: $x+y\cdot z=(x+y)(x+z)$

$$
\begin{aligned}
f(x,y,z) &= xy+y'z+xz \\
&= (xy+y'z+x)(xy+y'z+z) \\
&= (y'z+x)(xy+z) \\
&= (y'+x)(z+x)(x+z)(y+z) \\
&= (x+y')(x+z)(y+z)
\end{aligned}
$$

(b) 使用分配律: $x\cdot(y+z)=xy+xz$

$$
\begin{aligned}
f(x,y,z) &= (x+y')(x+z)y+(x+y')(x+z)z' \\
&= xy(x+y')+yz(x+y')+xz'(x+y')+zz'(x+y') \\
&= xy+xyy'+xyz+y'yz+xz'+xy'z' \\
&= xy+xz'
\end{aligned}
$$

　　一般而言,當一個乘積項包含 $n$ 個不同變數,而每一個變數僅以補數或是非補數形式出現時,稱為 $n$ 個變數的最小項 (minterm);當一個和項包含 $n$ 個不同變數,而每一個變數僅以補數或是非補數形式出現時,稱為 $n$ 個變數的最大項 (maxterm)。最大項與最小項實際上是由真值表中獲得交換函數的主要線索。三個變數 $(x,y,z)$ 的所有最小項與最大項如表 2.3-1 所示。

　　注意在三個變數中的每一個可能的二進制組合,唯一的定義了一個最小項與最大項,反之亦然,即每一個最小項或是最大項只對應於一個二進制組合。再者,由於二進制組合與其等效的十進制表示方法也是 1 對 1 的對應關

係，因此每一個十進制表示與最小項或是最大項的對應關係也是 1 對 1 的，
例如：3 唯一對應到二進制 011，即最小項 $x'yz$ 與最大項 $x+y'+z'$。

一般而言，若有 $n$ 個變數，則一共有 $2^n$ 個不同的二進制組合，因此有
$2^n$ 個最小項與 $2^n$ 個最大項。在由一個二進制組合獲取其對應的最小項時，
可以依照下列簡單的規則：將該二進制組合中，所有對應於位元值為 0 的變
數取其補數形式，所有對應於位元值為 1 的變數取其非補數形式所形成的
乘積項，即為所求的最小項。在求最大項時，可以由最小項取得方式的對偶
程序求得：將二進制組合中所有對應於位元值為 0 的變數取其非補數形式，
所有對應於位元值為 1 的變數取其補數形式所形成的和項，即為所求的最
大項。若以數學方式描述，可以設 $(i)_{10}$ 表示 $n$ 個變數中的第 $i$ 個二進制組合
$(b_{n-1},b_{n-2},\cdots,b_1,b_0)_2$，其中 $i=0,1,\cdots,2^{n-1}$。現在若設 $m_i=x_{n-1}^*\cdots x_1^* x_0^*$ 表
示第 $i$ 個最小項，則

$$x_j^* = x_j' \qquad 若\ b_j = 0$$
$$\quad = x_j \qquad 若\ b_j = 1$$

同樣地，設 $M_i = x_{n-1}^* + \cdots + x_1^* + x_0^*$ 表示第 $i$ 個最大項，則

$$x_j^* = x_j \qquad 若\ b_j = 0$$
$$\quad = x_j' \qquad 若\ b_j = 1$$

■ **例題 2.3-2 (最大項與最小項的形成)**

假設在四個變數中，有一個二進制組合 $(x_3 x_2 x_1 x_0) = 1011_2$，試求該組合
的最小項和最大項。

**解：**由於二進制組合為 1011，即 $(b_3,b_2,b_1,b_0)=(1,0,1,1)$，因此最小項為

$$m_{11} = x_3^* x_2^* x_1^* x_0^*$$
$$\quad = x_3 x_2' x_1 x_0$$

因為除了 $b_2=0$ 外，其餘的均為 1，所以 $x_2^*=x_2'$，其餘的變數均取非補數形式。
最大項為

$$M_{11} = x_3^* + x_2^* + x_1^* + x_0^*$$

$$= x_3' + x_2 + x_1' + x_0'$$

因為除了 $b_2 = 0$ 外，其餘的均為 1，所以除了 $x_2^* = x_2$ 外，其餘的變數均取補數形式。

---

注意任何最小項只在它所對應的二進制組合之下，它的值才為 1，在其它的組合下，它的值均為 0；任何最大項只在它所對應的二進制組合下，它的值才為 0，在其它的組合下，它的值均為 1。因此，對於同一個二進制組合而言，最大項與最小項恰好互成補數，即 $m_i = M_i'$ 或是 $m_i' = M_i$。

### ■ 例題 2.3-3 (最小項與最大項的關係)

試以三個變數 $(x, y, z)$ 的最小項 $m_3$ 與最大項 $M_3$ 為例，證明在同一個二進制組合下的最小項與最大項恰好互成補數，即 $m_3 = M_3'$ 而且 $M_3 = m_3'$。

**解：** $m_3 = x'yz$ 而 $M_3 = x + y' + z'$

$$m_3' = (x'yz)'$$
$$= x + y' + z' = M_3 \qquad \text{(DeMorgan 定理)}$$

同樣地

$$M_3' = (x + y' + z')'$$
$$= x'yz = m_3 \qquad \text{(DeMorgan 定理)}$$

所以得證。

---

在 $n$ 個變數下，最小項與最大項的性質，可以歸納如下：

1. 對於兩個最小項的乘積項而言，

$$m_i m_j = 0 \qquad 若 i \neq j$$
$$= m_i \qquad 若 i = j$$

2. 對於兩個最大項的和項而言，

$$M_i + M_j = 1 \qquad 若 i \neq j$$
$$= M_i \qquad 若 i = j$$

3. 對於每一個 $i$ 而言，$m_i = M_i'$ 而且 $M_i = m_i'$。

✔學習重點

**2-25.** 試定義在交換代數下的和項與乘積項。

**2-26.** 試定義 SOP 交換表式與 POS 交換表式。

**2-27.** 試定義在 $n$ 個變數下的最小項與最大項。

**2-28.** 在 $n$ 個變數下的最小項與最大項之間有何關係？

**2-29.** 試問最小項與乘積項及最大項與和項之間有何關係？

## 2.3.2 標準(表示)式

　　利用上述最小項與最大項的基本觀念即可以輕易地求出一個真值表所對應的交換函數的代數表式。一般而言，有下列兩種方法：

1. 為真值表中所有函數值為 1 的最小項的和；

2. 為真值表中所有函數值為 0 的最大項的乘積。

### ■ 例題2.3-4 (交換函數)

　　試求表 2.3-2 所示真值表，所定義的交換函數的交換表式：

**表 2.3-2:** 例題 2.3-4 的真值表

| 十進制值 | $x$ | $y$ | $z$ | $f$ | 十進制值 | $x$ | $y$ | $z$ | $f$ |
|---|---|---|---|---|---|---|---|---|---|
| 0 | 0 | 0 | 0 | 1 | 4 | 1 | 0 | 0 | 0 |
| 1 | 0 | 0 | 1 | 0 | 5 | 1 | 0 | 1 | 1 |
| 2 | 0 | 1 | 0 | 0 | 6 | 1 | 1 | 0 | 1 |
| 3 | 0 | 1 | 1 | 1 | 7 | 1 | 1 | 1 | 0 |

**解：**(a) 在十進制值為 0、3、5、6 的二進制組合下，$f$ 值為 1，所以

$$f(x,y,z) = m_0 + m_3 + m_5 + m_6$$
$$= x'y'z' + x'yz + xy'z + xyz'$$

(b) 在十進制值為 1、2、4、7 的二進制組合下，$f$ 值為 0，所以

$$f(x,y,z) = M_1 M_2 M_4 M_7$$
$$= (x+y+z')(x+y'+z)(x'+y+z)(x'+y'+z')$$

(c) 事實上 (a) 與 (b) 所獲得的函數是相等的。因為若將 (b) 展開：

$$f(x,y,z) = (x+y+z')(x+y'+z)(x'+y+z)(x'+y'+z')$$
$$= (x+yz+y'z')(x'+yz'+y'z)$$
$$= xyz'+xy'z+x'yz+x'y'z'$$
$$= x'y'z'+x'yz+xy'z+xyz'$$

所以和 (a) 得到的結果相同。

---

　　由於二進制組合、最小項 (或是最大項) 與該二進制組合等效的十進制數目等三者之間的對應是 1 對 1 的關係。因此，在表示一個交換函數時，通常使用另外一種較簡潔的方式 (或稱為速記法，shorthand notation) 為之。例如：在例題 2.3-4 中的函數 $f$ 可以表示為：

$$f(x,y,z) = \Sigma(0,3,5,6)$$

其中 $\Sigma$ 表示邏輯和 (OR) 運算，而括弧中的十進制數目則表示最小項。同樣地，函數 $f$ 也可以表示為：

$$f(x,y,z) = \Pi(1,2,4,7)$$

其中 $\Pi$ 表示邏輯乘積 (AND) 運算，而括弧中的十進制數目則表示最大項。

　　一個交換函數，若是由其真值表中的函數值為 1 的最小項之和 (即 OR 運算子) 組成時，該交換函數的表示式稱為標準積之和 (canonical sum of products) 型式，簡稱為標準 SOP 型式 (canonical SOP form)；一個交換函數，若是由其真值表中的函數值為 0 的最大項之乘積 (即 AND 運算子) 組成時，該交換函數的表示式稱為標準和之積 (canonical product of sums) 型式，簡稱標準 POS 型式 (canonical POS form)。

　　任何交換函數均可以唯一地表示為標準 SOP 或是標準 POS 的型式。在證明這一敘述之前，先看看下列 Shannon 展開 (分解) 定理 [Shannon's expansion (decomposition) theorem]。

■ 定理 2.3-1: Shannon 展開定理

對任何 $n$ 個變數的交換函數 $f(x_{n-1}, \cdots, x_1, x_0)$ 而言，均可以表示為下列兩種形式：

(a) $f(x_{n-1}, \cdots, x_i, \cdots, x_1, x_0) = x_i \cdot f(x_{n-1}, \cdots, 1, \cdots, x_1, x_0) +$
$$x_i' \cdot f(x_{n-1}, \cdots, 0, \cdots, x_1, x_0)$$

(b) $f(x_{n-1}, \cdots, x_i, \cdots, x_1, x_0) = [x_i + f(x_{n-1}, \cdots, 0, \cdots, x_1, x_0)] \cdot$
$$[x_i' + f(x_{n-1}, \cdots, 1, \cdots, x_1, x_0)]$$

**證明：** 利用完全歸納法。

(a) 設 $x_i = 1$ 則 $x_i' = 0$，得到左邊＝右邊。同樣地，設 $x_i = 0$ 則 $x_i' = 1$，得到左邊＝右邊。所以 (a) 成立。

(b) 由對偶原理得證。

■ 例題 2.3-5 (Shannon 展開定理驗證)

試使用下列交換函數，驗證 Shannon 展開定理的正確性：

$$f(x, y, z) = xy + y'z + xz$$

**驗證：** 假設對變數 $x$ 展開

$$\begin{aligned}
f(x, y, z) &= x' f(0, y, z) + x f(1, y, z) \\
&= x'(y'z) + x(y + z + y'z) \\
&= x'y'z + xy + xz
\end{aligned}$$

上述表式可以證明與原來的交換表式 $xy + y'z + xz$ 相等。

現在若對 (a) 中的 $x_{n-1}$ 與 $x_{n-2}$ 應用上述定理展開，則可以得到

$$\begin{aligned}
f(x_{n-1}, x_{n-2}, \cdots, x_1, x_0) = {}& x_{n-1} x_{n-2} \cdot f(1, 1, \cdots, x_1, x_0) + \\
& x_{n-1} x_{n-2}' \cdot f(1, 0, \cdots, x_1, x_0) + \\
& x_{n-1}' x_{n-2} \cdot f(0, 1, \cdots, x_1, x_0) + \\
& x_{n-1}' x_{n-2}' \cdot f(0, 0, \cdots, x_1, x_0)
\end{aligned}$$

將該展開定理應用到每一個變數後，$f(x_{n-1}, x_{n-2}, \cdots, x_1, x_0)$ 可以表示為

$$
\begin{aligned}
f(x_{n-1}, x_{n-2}, \cdots, x_1, x_0) &= x_{n-1}x_{n-2}\cdots x_1 x_0 f(1,1,\cdots,1,1) + \\
&\quad x_{n-1}x_{n-2}\cdots x_1 x_0' f(1,1,\cdots,1,0) + \\
&\quad \cdots + \\
&\quad x_{n-1}' x_{n-2}' \cdots x_1' x_0 f(0,0,\cdots,0,1) + \\
&\quad x_{n-1}' x_{n-2}' \cdots x_1' x_0' f(0,0,\cdots,0,0) \\
&= \sum_{i=0}^{2^n-1} \alpha_i m_i
\end{aligned}
$$

其中 $\alpha_i = f(b_{n-1}, \cdots, b_1, b_0)$ 為交換函數 $f$ 在第 $i$ 個二進制組合下的函數值，而 $m_i = x_{n-1}^* \cdots x_1^* x_0^*$ (其中 $x_j^*$ 可以是 $x_j'$ 或是 $x_j$，由 $b_j$ 的值決定) 定義為第 $i$ 個最小項 (minterm)，因為僅需最少數目的此種乘積項即可令交換函數 $f$ 的值為 1。

同樣地，對 Shannon 展開定理中的 (b) 展開後，可以得到

$$
f(x_{n-1}, x_{n-2}, \cdots, x_1, x_0) = \prod_{i=0}^{2^n-1} (\beta_i + M_i)
$$

其中 $\beta_i = f(b_{n-1}, \cdots, b_1, b_0)$ 為交換函數 $f$ 在第 $i$ 個二進制組合下的函數值 (一般而言，$\alpha_i = \beta_i$，其中 $0 \le i \le 2^n - 1$)，而 $M_i = x_{n-1}^* + \cdots + x_1^* + x_0^*$ 定義為第 $i$ 個最大項 (maxterm)，因為必須最多數目的此種和項方可令交換函數 $f$ 的值為 1。綜合上述結果，得到下列定理：

### ■ 定理 2.3-2: 交換函數標準型式

每一個 $n$ 個變數的交換函數均可以表示為下列兩種標準型式：

(a) 標準 SOP 型式：

$$
f(x_{n-1}, \cdots, x_1, x_0) = \sum_{i=0}^{2^n-1} \alpha_i m_i
$$

(b) 標準 POS 型式：

$$
f(x_{n-1}, \cdots, x_1, x_0) = \prod_{i=0}^{2^n-1} (\beta_i + M_i)
$$

其中 $\alpha_i = \beta_i = f(b_{n-1}, \cdots, b_1, b_0)$。

由上述定理得知：雖然一個交換函數可能有多個不同 SOP 與 POS 形式的交換表式，但是其標準 SOP 型式與標準 POS 型式是唯一的。 定理 2.3-2 的直接應用為求取一個交換函數的標準 SOP 型式或是標準 POS 型式。

■ 例題 2.3-6 (交換函數的標準式)

試利用展開定理(定理2.3-2)，求下列交換函數的標準型式：

$$f(x,y,z) = x'(y'+z)$$

解：(a) 標準 SOP 型式

$$\alpha_0 = f(0,0,0) = 1(1+0) = 1 \qquad \alpha_4 = f(1,0,0) = 0(1+0) = 0$$
$$\alpha_1 = f(0,0,1) = 1(1+1) = 1 \qquad \alpha_5 = f(1,0,1) = 0(1+1) = 0$$
$$\alpha_2 = f(0,1,0) = 1(0+0) = 0 \qquad \alpha_6 = f(1,1,0) = 0(0+0) = 0$$
$$\alpha_3 = f(0,1,1) = 1(0+1) = 1 \qquad \alpha_7 = f(1,1,1) = 0(0+1) = 0$$

所以

$$f(x,y,z) = \sum_{i=0}^{7} \alpha_i m_i = m_0 + m_1 + m_3 = x'y'z' + x'y'z + x'yz$$

(b) 標準 POS 型式 (因為 $\alpha_i = \beta_i$)

$$f(x,y,z) = \prod_{i=0}^{7}(\beta_i + M_i) = M_2 M_4 M_5 M_6 M_7$$
$$= (x+y'+z)(x'+y+z)(x'+y+z')(x'+y'+z)(x'+y'+z')$$

另一個獲得一個交換函數的標準 SOP 型式的方法為先將該交換函數表示為積之和(即 SOP)的形式，然後進行下列程序：

■ 演算法 2.3-1: 由 SOP 形式求取標準 SOP 型式的程序

1. 依序檢查每一個乘積項，若為最小項，則保留它，並繼續檢查下一個乘積項。
2. 對於每一個不是最小項的乘積項，檢查未出現的變數。對於每一個未出現的變數 $x_i$，則乘上 $(x_i + x_i')$。
3. 將所有乘積項展開並消去重覆項，即為所求。

## ■ 例題 2.3-7 (標準 SOP 型式)

將 $f(x,y,z) = x + y'z' + yz$ 表示為標準 SOP 型式。

**解：**

$$f(x,y,z) = x(y+y')(z+z') + (x+x')y'z' + (x+x')yz$$
$$= xyz + xyz' + xy'z + xy'z' + xy'z' + x'y'z' + xyz + x'yz$$
$$= xyz + xyz' + xy'z + xy'z' + x'yz + x'y'z'$$

在此例子中，乘積項 $xyz$ 與 $xy'z'$ 各出現兩次，因此各消去一項而得到最後的結果。

轉換一個交換函數表式為標準 POS 型式時，可以使用展開定理 (定理 2.3-2) 求得，或是由上述程序的對偶程序完成，即先將該交換函數表示為和之積 (POS) 的形式後，進行下列程序：

## ■ 演算法 2.3-3: 由 POS 形式求取標準 POS 型式的程序

1. 依序檢查每一個和項，若為最大項，則保留它，並繼續檢查下一個和項。
2. 對於每一個不是最大項的和項，檢查未出現的變數。對於每一個未出現的變數 $x_i$，則加上 $x_i x_i'$。
3. 利用分配律將所有和項展開，並消去重覆項即為所求。

## ■ 例題 2.3-8 (標準 POS 型式)

將 $f(x,y,z) = x(y'+z')$ 表示為標準 POS 型式。

**解：**

$$f(x,y,z) = x(y'+z')$$
$$= (x+yy'+zz')(xx'+y'+z')$$
$$= (x+y+z)(x+y+z')(x+y'+z)(x+y'+z')(x+y'+z')(x'+y'+z')$$
$$= (x+y+z)(x+y+z')(x+y'+z)(x+y'+z')(x'+y'+z')$$

其中最大項 $(x+y'+z')$ 出現兩次，消去其中一項而得到最後的結果。

### ■ 例題 2.3-9 (標準 SOP 與 POS 型式)

將 $f(x,y,z) = xz' + (x'y' + x'z)'$ 表示為標準 SOP 與 POS 型式。

**解：** (a) 標準 SOP 型式：首先將 $f(x,y,z)$ 表示為 SOP (積之和) 的形式，即

$$f(x,y,z) = xz' + (x'y')'(x'z)'$$
$$= xz' + (x+y)(x+z')$$
$$= x + xz' + xy + yz'$$
$$= x + yz'$$

所以

$$f(x,y,z) = x(y+y')(z+z') + (x+x')yz'$$
$$= xyz + xyz' + xy'z + xy'z' + xyz' + x'yz'$$

(b) 標準 POS 型式：首先將 $f(x,y,z)$ 表示為 POS (和之積) 的形式，即

$$f(x,y,z) = x + yz'$$
$$= (x+y)(x+z')$$

所以

$$f(x,y,z) = (x+y+zz')(x+yy'+z')$$
$$= (x+y+z)(x+y+z')(x+y+z')(x+y'+z')$$
$$= (x+y+z)(x+y+z')(x+y'+z')$$

其中最大項 $(x+y+z')$ 出現兩次，消去其中一項而得到最後的結果。

### ✔學習重點

**2-30.** 試說明 Shannon 展開定理的意義。

**2-31.** 每一個 $n$ 個變數的交換函數都可以表示為那兩種標準型式？

**2-32.** 試簡述由 SOP 形式求取標準 SOP 型式的程序。

**2-33.** 試簡述由 POS 形式求取標準 POS 型式的程序。

## 2.3.3 標準式的互換

任何一個交換函數都可以表示為標準 SOP 與標準 POS 等兩種型式，而且這兩種標準型式可以互相轉換。例如：在例題 2.3-4 中：

$$f(x,y,z) = \Sigma(0,3,5,6)$$

其補數函數 $f'(x,y,z)$ 為

$$f'(x,y,z) = \Sigma(1,2,4,7)$$

若將此補數函數取補數後，並使用 DeMorgan 定理，則得到

$$f(x,y,z) = [\Sigma(1,2,4,7)]' = (m_1 + m_2 + m_4 + m_7)'$$
$$= m_1' m_2' m_4' m_7'$$
$$= M_1 M_2 M_4 M_7$$

因此

$$f(x,y,z) = \Sigma(0,3,5,6) = \Pi(1,2,4,7)$$

上述轉換程序可以定義為：設 $U$ 表示一個交換函數中所有變數的所有組合的等效十進制數目之集合，若 $A$ 表示標準 SOP 型式中的所有十進制數目之集合，則 $U - A$ 為標準 POS 型式中的所有十進制數目之集合，反之亦然。

■ 例題 2.3-10 (標準式互換)

在例題 2.3-4 中，由於交換函數一共有三個變數，所以 $U = \{0,1,2,3,4,5,6,7\}$，而標準 SOP 型式為：

$$f(x,y,z) = \Sigma(0,3,5,6)$$

所以 $A = \{0,3,5,6\}$，$U - A = \{1,2,4,7\}$，因此標準的 POS 型式為：

$$f(x,y,z) = \Pi(1,2,4,7)$$

---

若一個 $n$ 變數的交換函數 $f$ 以標準 SOP 型式表示時，則其補數函數 $f'$ 可以表示為：

$$f' = \left[ \sum_{i=0}^{2^n-1} \alpha_i m_i \right]' = \prod_{i=0}^{2^n-1} (\alpha_i' + m_i') = \prod_{i=0}^{2^n-1} (\alpha_i' + M_i)$$

若該交換函數 $f$ 表示為標準的 POS 型式時,則其補數函數 $f'$ 可以表示為:

$$f' = \left[ \prod_{i=0}^{2^n-1} (\beta_i + M_i) \right]' = \sum_{i=0}^{2^n-1} (\beta_i' M_i') = \sum_{i=0}^{2^n-1} \beta_i' m_i$$

## ■ 例題 2.3-11 (標準表式下的補數函數)

設一個三個變數的交換函數

$$f(x,y,z) = \Sigma(0,2,3,4) = \Pi(1,5,6,7)$$

則 $f'$ 在兩種標準表式下各為何?

**解:** (a) 在標準 SOP 型式中,$\alpha_1 = \alpha_5 = \alpha_6 = \alpha_7 = 0$ 而 $\alpha_0 = \alpha_2 = \alpha_3 = \alpha_4 = 1$

$$\begin{aligned}
f'(x,y,z) &= \prod_{i=0}^{7} (\alpha_i' + M_i) \\
&= (0+M_0)(1+M_1)(0+M_2)(0+M_3)(0+M_4) \\
&\quad (1+M_5)(1+M_6)(1+M_7) \\
&= M_0 M_2 M_3 M_4
\end{aligned}$$

(b) 在標準 POS 型式中,$\beta_1 = \beta_5 = \beta_6 = \beta_7 = 0$ 而 $\beta_0 = \beta_2 = \beta_3 = \beta_4 = 1$

$$\begin{aligned}
f'(x,y,z) &= \sum_{i=0}^{7} (\beta_i' m_i) \\
&= 0 \cdot m_0 + 1 \cdot m_1 + 0 \cdot m_2 + 0 \cdot m_3 + 0 \cdot m_4 + \\
&\quad 1 \cdot m_5 + 1 \cdot m_6 + 1 \cdot m_7 \\
&= m_1 + m_5 + m_6 + m_7
\end{aligned}$$

欲求取一個交換函數 $f$ 的對偶函數 $f^d$ 時,仍然可以分成兩種情況:即當 $f$ 表示為標準 SOP 型式時,對偶函數 $f^d$ 可以使用下式求取:

$$f^d = \left[ \sum_{i=0}^{2^n-1} \alpha_i m_i \right]^d = \prod_{i=0}^{2^n-1} (\alpha_i^d + m_i^d) = \prod_{i=0}^{2^n-1} (\alpha_i' + m_i^d)$$

當 $f$ 表示為標準 POS 型式時,對偶函數 $f^d$ 可以使用下式求取:

$$f^d = \left[ \prod_{i=0}^{2^n-1} (\beta_i + M_i) \right]^d = \sum_{i=0}^{2^n-1} \beta_i^d M_i^d = \sum_{i=0}^{2^n-1} \beta_i' M_i^d$$

■ **例題 2.3-12** (標準表式下的對偶函數)

設一個三個變數的交換函數

$$f(x, y, z) = \Sigma(0, 2, 3, 4) = \Pi(1, 5, 6, 7)$$

則 $f^d$ 在兩種標準表式下各為何？

**解**：(a) 在標準 SOP 型式中，$\alpha_1 = \alpha_5 = \alpha_6 = \alpha_7 = 0$ 而 $\alpha_0 = \alpha_2 = \alpha_3 = \alpha_4 = 1$

$$f^d(x, y, z) = \prod_{i=0}^{7} (\alpha_i' + m_i^d)$$

$$= m_0^d m_2^d m_3^d m_4^d$$

$$= M_7 M_5 M_4 M_3$$

(b) 在標準 POS 型式中，$\beta_1 = \beta_5 = \beta_6 = \beta_7 = 0$ 而 $\beta_0 = \beta_2 = \beta_3 = \beta_4 = 1$

$$f^d(x, y, z) = \sum_{i=0}^{7} \beta_i' M_i^d$$

$$= M_1^d + M_5^d + M_6^d + M_7^d$$

$$= m_6 + m_2 + m_1 + m_0$$

---

由第 2.2.2 節的對偶原理得知：$f^d$ 為將交換函數 $f$ 中的 "+" (OR) 與 "·" (AND) 以及常數 1 與 0 互換。因此，$\alpha_i^d = \alpha_i'$ 而 $\beta_i^d = \beta_i'$。若將所有變數取補數，則 $m_i^d \Rightarrow m_i' = M_i$ 而 $M_i^d \Rightarrow M_i' = m_i$。所以，一個交換函數 $f$ 的補數函數 $f'$ 可以先求得該函數的對偶函數 $f^d$ 後，將對偶函數 $f^d$ 中的所有變數取補數求得，即 $f'(x_{n-1}, \cdots, x_1, x_0) = f^d(x_{n-1}', \cdots, x_1', x_0')$。

■ **例題 2.3-13** ($f'(x_{n-1}, \cdots, x_1, x_0) = f^d(x_{n-1}', \cdots, x_1', x_0')$)

在例題 2.3-11 中，試驗証將 $f^d$ 中所有變數取補數後，可以得到補數函數 $f'$。

**解**：(a) 在標準 SOP 型式中

$$f^d(x, y, z) = M_7 M_5 M_4 M_3$$

$$= (x' + y' + z')(x' + y + z')(x' + y + z)(x + y' + z')$$

將所有變數取補數後

$$f^d(x',y',z') = (x+y+z)(x+y'+z)(x+y'+z')(x'+y+z)$$
$$= M_0 M_2 M_3 M_4 = f'(x,y,z)$$

所以得證。

(b) 在標準 POS 型式中

$$f^d(x,y,z) = m_6 + m_2 + m_1 + m_0$$
$$= xyz' + x'yz' + x'y'z + x'y'z'$$

將所有變數取補數後

$$f^d(x',y',z') = x'y'z + xy'z + xyz' + xyz$$
$$= m_1 + m_5 + m_6 + m_7 = f'(x,y,z)$$

所以得證。

✔學習重點

**2-34.** 試說明標準 POS 型式與標準 SOP 型式的互換程序。
**2-35.** 若一個交換函數 $f$ 表示為標準 SOP 型式時，則其補數函數 $f'$ 如何表示？
**2-36.** 若一個交換函數 $f$ 表示為標準 POS 型式時，則其補數函數 $f'$ 如何表示？
**2-37.** 試簡述求取一個交換函數的補數函數的方法。

## 2.3.4 交換函數性質

　　由前面的討論可以得知：當不考慮最小項與最大項的排列關係時，一個交換函數的標準 SOP 與 POS 型式是唯一的。因為若交換函數 $f$ 有兩種不同的標準 SOP (POS) 型式時，則它們至少有一個最小項(最大項)不同，因而至少有一組二進制組合 $(x_{n-1}, \cdots, x_1 x_0)$ 的值使其中一種型式 $f(x_{n-1}, \cdots, x_1 x_0) = 0$，而另一種型式 $f(x_{n-1}, \cdots, x_1 x_0) = 1$。結果與假設 "兩個不同的標準 SOP (POS) 型式表示相同的交換函數" 互相矛盾。所以對於任意一個交換函數 $f$ 而言，其標準 SOP (或是 POS) 型式是唯一的。據此，兩個相等的交換函數可以定義如下：

　　若兩個交換函數的標準 SOP (或是 POS) 型式相等時，則這兩個交換函數為邏輯相等 (logically equivalent) 或簡稱為相等，反之亦然。

　　對於 $n$ 個變數而言，一共可以組合出 $2^{2^n}$ 個交換函數。因為依據第 2.3.2 節的討論可以得知，任何一個交換函數皆可以表示為下列標準 SOP 的型式：

$$f(x_{n-1}, \cdots, x_1 x_0) = \sum_{i=0}^{2^n-1} \alpha_i m_i$$

$$= \alpha_{2^n-1} m_{2^n-1} + \cdots + \alpha_1 m_1 + \alpha_0 m_0$$

$$= \underbrace{\alpha_{2^n-1} x_{n-1} \cdots x_1 x_0 + \cdots + \alpha_1 x'_{n-1} \cdots x'_1 x_0 + \alpha_0 x'_{n-1} \cdots x'_1 x'_0}_{\text{共有} 2^n \text{ 項}}$$

共有 $2^n$ 項，而每一個最小項的係數可以為 0 或是 1，所以一共有 $2^{2^n}$ 個組合。例如：對於二個變數而言，一共可以組合出 $16 \, (= 2^{2^2})$ 個不同的交換函數；對於四個變數而言，則可以組合出 $2^{2^4} = 2^{16}$ 個交換函數。

■ **例題 2.3-14** (兩個變數的所有交換函數)

　　列出兩個變數的所有交換函數。

**解**：對於兩個變數的交換函數而言，其一般標準 SOP 型式為：

$$f(x, y) = \alpha_3 xy + \alpha_2 xy' + \alpha_1 x'y + \alpha_0 x'y'$$

由於係數 $\alpha_3 \alpha_2 \alpha_1 \alpha_0$ 一共有 16 種不同的組合，因此總共有 16 種不同的交換函數，如表 2.3-3 所示。

✔**學習重點**

**2-38.** 為何一個交換函數的標準 POS 型式與標準 SOP 型式是唯一的？

**2-39.** 試定義兩個邏輯相等 (或簡稱相等) 的交換函數。

## 2.4 交換函數與邏輯電路

　　交換代數的主要應用是它可以作為所有數位系統設計的理論基礎。一個數位系統的各個不同的功能單元 (或是稱模組，module) 都是由交換電路所組

表 2.3-3: 兩個變數的所有交換函數

| $\alpha_3$ | $\alpha_2$ | $\alpha_1$ | $\alpha_0$ | $f(x,y)$ | 函數名稱 | 符號 |
|---|---|---|---|---|---|---|
| 0 | 0 | 0 | 0 | 0 | 常數 0 | |
| 0 | 0 | 0 | 1 | $x'y'$ | NOR | $x \downarrow y$ |
| 0 | 0 | 1 | 0 | $x'y$ | | |
| 0 | 0 | 1 | 1 | $x'$ | NOT | $x'$ |
| 0 | 1 | 0 | 0 | $xy'$ | | |
| 0 | 1 | 0 | 1 | $y'$ | NOT | $y'$ |
| 0 | 1 | 1 | 0 | $x'y + xy'$ | XOR | $x \oplus y$ |
| 0 | 1 | 1 | 1 | $x' + y'$ | NAND | $x \uparrow y$ |
| 1 | 0 | 0 | 0 | $xy$ | AND | $xy$ |
| 1 | 0 | 0 | 1 | $xy + x'y'$ | XNOR | $x \odot y$ |
| 1 | 0 | 1 | 0 | $y$ | | |
| 1 | 0 | 1 | 1 | $x' + y$ | 涵示 (Implication) | $x \rightarrow y$ |
| 1 | 1 | 0 | 0 | $x$ | | |
| 1 | 1 | 0 | 1 | $x + y'$ | 涵示 (Implication) | $y \rightarrow x$ |
| 1 | 1 | 1 | 0 | $x + y$ | OR | $x + y$ |
| 1 | 1 | 1 | 1 | 1 | 常數 1 | |

成的。最基本的交換電路為 AND、OR、NOT 等邏輯閘，複雜的交換電路模組則是由重複的應用這些基本邏輯閘建構而成的，至於如何建構則是本書其後各章的主題。本節中，將介紹一些基本的邏輯閘與簡單的應用。

## 2.4.1 基本邏輯閘

在介紹基本邏輯閘之前，先定義正邏輯系統 (positive logic system) 與負邏輯系統 (negative logic system)。所謂的正邏輯系統是以高電位代表邏輯 1，而低電位代表邏輯 0；負邏輯系統則以低電位代表邏輯 1，而以高電位代表邏輯 0。本書中，為避免讀者混淆不清，只考慮正邏輯系統。

所謂的邏輯閘 (logic gate) 為一個可以執行交換代數中的基本運算子函數 (例如 AND 或是 OR) 或是導出運算子函數 (例如 NAND 或是 NOR) 的電子電路。表 2.4-1 所示為基本的邏輯閘，這些邏輯閘直接執行第 2.2.3 節所述的 AND、OR、NOT、NAND、NOR、XOR 與 XNOR 等邏輯運算子函數。雖然表中只列出兩個邏輯輸入變數的基本閘，但是由第 2.2.3 節的討論可以得知：除了 NOT 閘與 BUF 閘之外，其餘邏輯閘都可以擴充為多個輸入變數。例如：

1. 三個輸入 (變數) 端的 OR 閘：由兩個 2 個輸入端的 OR 閘組成，因為 $x + y +$

表 2.4-1: 基本邏輯閘

| 運算子 | 符號 | 交換表式 | 真值表 |
|--------|------|----------|--------|
| AND | | $f = xy$ | $x$ $y$ $\mid$ $f$ <br> 0 0 $\mid$ 0 <br> 0 1 $\mid$ 0 <br> 1 0 $\mid$ 0 <br> 1 1 $\mid$ 1 |
| OR | | $f = x + y$ | $x$ $y$ $\mid$ $f$ <br> 0 0 $\mid$ 0 <br> 0 1 $\mid$ 1 <br> 1 0 $\mid$ 1 <br> 1 1 $\mid$ 1 |
| NOT | | $f = x'$ | $x$ $\mid$ $f$ <br> 0 $\mid$ 1 <br> 1 $\mid$ 0 |
| BUF | | $f = x$ | $x$ $\mid$ $f$ <br> 0 $\mid$ 0 <br> 1 $\mid$ 1 |
| NAND | | $f = (xy)'$ | $x$ $y$ $\mid$ $f$ <br> 0 0 $\mid$ 1 <br> 0 1 $\mid$ 1 <br> 1 0 $\mid$ 1 <br> 1 1 $\mid$ 0 |
| NOR | | $f = (x + y)'$ | $x$ $y$ $\mid$ $f$ <br> 0 0 $\mid$ 1 <br> 0 1 $\mid$ 0 <br> 1 0 $\mid$ 0 <br> 1 1 $\mid$ 0 |
| XOR | | $f = x \oplus y$ | $x$ $y$ $\mid$ $f$ <br> 0 0 $\mid$ 0 <br> 0 1 $\mid$ 1 <br> 1 0 $\mid$ 1 <br> 1 1 $\mid$ 0 |
| XNOR | | $f = \overline{x \oplus y}$ <br> $= x \odot y$ | $x$ $y$ $\mid$ $f$ <br> 0 0 $\mid$ 1 <br> 0 1 $\mid$ 0 <br> 1 0 $\mid$ 0 <br> 1 1 $\mid$ 1 |

$$z = (x+y) + z$$

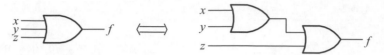

2. 三個輸入 (變數) 端的 AND 閘：由兩個 2 個輸入端的 AND 閘組成，因為
$x \cdot y \cdot z = (x \cdot y) \cdot z$

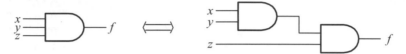

3. 三個輸入 (變數) 端的 XOR 閘：由兩個 2 個輸入端的 XOR 閘組成，因為
$x \oplus y \oplus z = (x \oplus y) \oplus z$

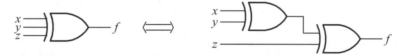

4. 三個輸入 (變數) 端的 XNOR 閘：由兩個 2 個輸入端的 XNOR 閘組成，因為
$x \cdot y \cdot z = (x \cdot y) \cdot z$

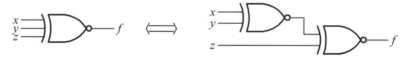

5. 三個輸入 (變數) 端的 NOR 閘：由一個 2 個輸入端的 OR 閘與一個 2 個輸入
端的 NOR 閘組成。注意若使用與組成 3 個輸入端的 OR 閘方式，將兩個 2 個輸
入端 NOR 閘組合後，其結果並不等於一個 3 個輸入端的 NOR 閘，因為 NOR
運算子沒有結合律。

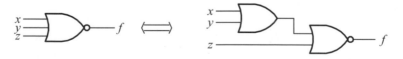

6. 三個輸入 (變數) 端的 NAND 閘：由一個 2 個輸入端的 AND 閘與一個 2 個輸
入端的 NAND 閘組成。和 NOR 閘理由相同，將一個 2 個輸入端的 NAND 閘
的輸出串接至另外一個 2 個輸入端的 NAND 閘後，其結果並不等於一個 3 個
輸入端的 NAND 閘。

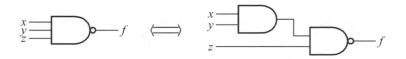

✔學習重點

**2-40.** 試定義邏輯閘。

**2-41.** 為何兩個 2 個輸入端的 NOR 閘不能直接串接而成為一個 3 個輸入端的 NOR 閘？

**2-42.** 為何 3 個輸入端的 NAND 閘不能直接由兩個 2 個輸入端的 NAND 閘串接而成？

## 2.4.2 邏輯閘的基本應用

邏輯閘的基本應用為控制數位信號的流向，或是改變數位信號的性質 (例如取補數)，如圖 2.4-1 所示。將一個或是多個邏輯閘置於兩個數位系統之間，即可以依據控制端的信號，選擇由數位系統 1 送到數位系統 2 的信號的性質，例如：取補數、常數 0、常數 1，或是取真值。

**圖 2.4-1:** 邏輯閘的基本應用

依據上述觀念，我們可以重新解釋表 2.4-1 中的 2 個輸入端的基本邏輯閘的行為為控制閘，下列四種為最常用的方式。其中前面三種為基本邏輯閘；最後一種為基本邏輯閘的組合應用。

1. 控制閘 (controlled gate)

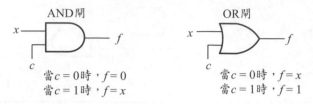

當 $c = 0$ 時，$f = 0$
當 $c = 1$ 時，$f = x$

當 $c = 0$ 時，$f = x$
當 $c = 1$ 時，$f = 1$

2. 反相控制閘 (inverted controlled gate)

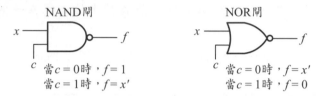

當 $c = 0$ 時，$f = 1$
當 $c = 1$ 時，$f = x'$

當 $c = 0$ 時，$f = x'$
當 $c = 1$ 時，$f = 0$

3. 控制補數閘 (controlled inverter gate)

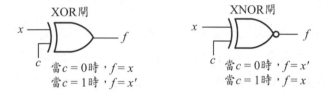

當 $c = 0$ 時，$f = x$
當 $c = 1$ 時，$f = x'$

當 $c = 0$ 時，$f = x'$
當 $c = 1$ 時，$f = x$

4. 真值/補數一 0/1 元件 (truth/complement zero/one element)

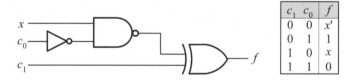

| $c_1$ | $c_0$ | $f$ |
|---|---|---|
| 0 | 0 | $x'$ |
| 0 | 1 | 1 |
| 1 | 0 | $x$ |
| 1 | 1 | 0 |

✔學習重點

**2-43.** 有那兩個基本閘可以當作非反相控制閘使用？

**2-44.** 有那兩個基本閘可以當作反相控制閘使用？

**2-45.** 有那兩個基本閘可以當作控制補數閘使用？

## 2.4.3 交換函數的執行

　　交換代數最重要的應用為設計數位系統。當一個交換函數的運算子由邏輯閘取代後，其結果即為一個邏輯閘電路。使用實際的邏輯元件取代邏輯閘

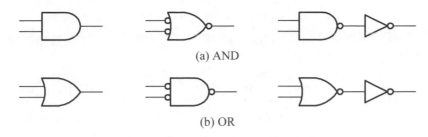

(a) AND

(b) OR

**圖 2.4-2:** AND 與 OR 閘的等效邏輯符號

電路的動作稱為執行 (implementation 或是稱為實現，realization)。一般而言，任何一個交換函數皆可以使用下列兩種方式之一的基本邏輯元件執行：

1. 使用開關 (switch)：早期的開關為繼電器 (relay)，目前則為 CMOS 傳輸閘 (transmission gate) 或是相當的電晶體元件 (例如 MOS 電晶體)。
2. 使用基本邏輯閘：使用 AND、OR 與 NOT 等基本邏輯閘的組合。

依第 2.2.4 節的討論可以得知：NAND 與 NOR 等運算子為函數完全運算，因此其對應的邏輯閘也可以執行任意的交換函數。進而言之，由於 NAND 閘的邏輯函數為 $f(x,y) = (xy)'$，若適當的控制輸入端的變數值，則它可以當作：NOT 閘，即 $f(x,x) = (xx)' = x'$；OR 閘，即 $f(x',y') = (x'y')' = x+y$ (DeMorgan 定理)；AND 閘，即 $f'(x,y) = [(xy)']' = x \cdot y$。因此，AND、OR、NOT 等基本邏輯閘可以只使用 NAND 閘執行。相同的原理可以應用到 NOR 閘。基於上述理由，NAND 閘與 NOR 閘稱為通用邏輯閘 (universal logic gate)。詳細的 NAND 閘與 NOR 閘與基本邏輯閘 AND 閘、OR 閘、NOT 閘的等效邏輯電路如表 2.4-2 所示。

一般而言，若一個邏輯模組在適當地組合之下，可以實現任何交換函數，該邏輯模組稱為通用邏輯模組 (universal logic module，ULM)；換言之，使用一個或是多個該邏輯模組，即可以實現任何函數完全運算集合中的任何運算子。注意一個邏輯閘也是一個邏輯模組。

由表 2.4-2 可知，AND 閘可以由 NAND 閘或是 NOR 閘實現；OR 閘可以由 NOR 閘或是 NAND 閘實現。在實務上，為了方便，AND 閘與 OR 閘通常表示為各種不同的邏輯符號，如圖 2.4-2 所示。

**表 2.4-2:** NAND 與 NOR 閘執行 AND、OR 與 NOT 閘

| 執行方式　基本閘 | NAND閘 | NOR閘 |
|---|---|---|
| NOT | <br>$f = (xx)'= x'$ | <br>$f = (x + x)'= x'$ |
| AND | <br>$f = [(xy)']'= xy$ | <br>$f = [(x + x)'+(y + y)']'= xy$ |
| OR | <br>$f = [(xx)'(yy)']'= x + y$ | <br>$f = [(x + y)']'= x + y$ |

將一個交換函數以基本邏輯閘執行時，只需要將該交換函數中的運算子換以對應的基本邏輯閘即可。

## ■ 例題 2.4-1 (交換函數的執行)

試以基本邏輯閘執行下列交換函數：

(a) $f_1(x,y,z) = xy + xz + y'z$

(b) $f_2(x,y,z) = (x + y)(x' + z)(y + z)$

**解：**將交換函數中的運算子換以對應的邏輯閘後，得到圖 2.4-3 的數位邏輯電路。在圖 2.4-3(a) 中，一共需要一個NOT閘、三個兩輸入AND閘、一個三輸入OR閘。在圖 2.4-3(b) 中，一共需要一個NOT閘、三個兩輸入OR閘、一個三輸入AND閘。

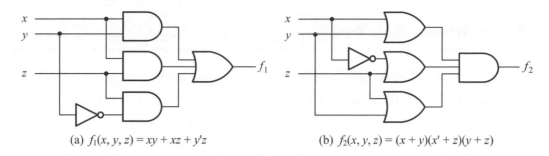

(a) $f_1(x,y,z) = xy + xz + y'z$            (b) $f_2(x,y,z) = (x+y)(x'+z)(y+z)$

圖 **2.4-3:** 例題 2.4-1 的電路

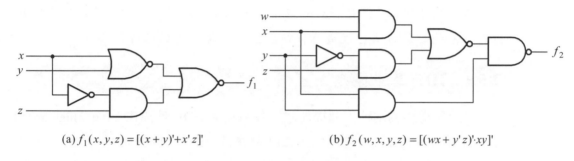

(a) $f_1(x,y,z) = [(x+y)'+x'z]'$         (b) $f_2(w,x,y,z) = [(wx+y'z)'\cdot xy]'$

圖 **2.4-4:** 例題 2.4-2 的電路

## ■ 例題 **2.4-2** (交換函數的執行)

試以基本邏輯閘執行下列交換函數：

(a) $f_1(x,y,z) = [(x+y)' + x'z]'$

(b) $f_2(x,y,z) = [(wx+y'z)'xy]'$

**解：** 將交換函數中的運算子換以對應的邏輯閘後，得到圖 2.4-4 的電路。在圖 2.4-4(a) 中，一共需要一個 NOT 閘、一個兩輸入 AND 閘、二個兩輸入 NOR 閘。在圖 2.4-4(b) 中，一共需要一個 NOT 閘、三個兩輸入 AND 閘、一個兩輸入 NOR 閘、一個兩輸入 NAND 閘。

有關交換函數的其它各種執行方法，請參閱第 5 章與第 6 章。

# 2.5 Verilog HDL 介紹

　　隨著數位系統複雜度的增加，CAD (computer-aided design)已經成為一種取代傳統式邏輯電路圖的一種新型數位系統設計方法。在 CAD 設計方法中，使用硬體描述語言 (hardware description language，HDL) 描述一個數位系統硬體的結構 (structure) 與行為 (behavior)。使用硬體描述語言的優點至少有二：其一為文字敘述的方式可以表示的系統設計的複雜度 (complexity) 遠較使用邏輯電路圖為高；其二為設計的重複使用性 (reusability) 較高。目前使用 HDL 的數位系統設計方法已經成為任何數位系統設計者的必備學養。

## 2.5.1 HDL 基本概念

　　目前最常用的兩種硬體描述語言為 Verilog HDL 與 VHDL (very high-speed integrated circuit HDL)，它們均為 IEEE 標準的 HDL，其中 Verilog HDL 為 IEEE 標準 1364 而 VHDL 為 IEEE 標準 1076。Verilog HDL 語法簡單而且類似於 C 語言，學習容易，並且廣為工業界使用；VHDL 語法較為嚴謹，而且與硬體設計者的習慣較無直接與密切的關連，因而學習較困難，只為少數設計者使用。由於學習 VHDL 遠較 Verilog HDL 為困難，因此也常戲稱 VHDL 為 very hard description language 的縮寫。本書中，將使用 Verilog HDL 為例，介紹數位系統的新型設計表示方法。

　　硬體描述語言為一種類似於高階的程式設計語言，例如 C 語言，但是它著重於描述硬體的結構與行為。硬體描述語言可以表示邏輯方塊圖、交換表式、真值表、複雜的邏輯電路模組。此外，硬體描述語言也可以表示一個數位系統的設計方法與原理的說明 (documentation)。實際上，硬體描述語言可以完全地描述一個數位系統由設計到實現為止的過程中各個階段的資訊，即它可以表示：設計的表示 (design representation)、邏輯模擬與測試 (simulation and testing)、邏輯合成 (logic synthesis)、執行 (implementation) 及說明 (documentation)。

　　隨著數位系統設計的複雜度增加，使用邏輯電路圖的方式，已經無法表示一個數位系統的設計，而且在此種數位系統中，通常希望能夠重複使用已經設計完成的模組，以節省設計的時間，同時可以增加產量。使用硬體描述語言則可以將已經設計完成的模組儲存為程式庫，稱為 IP (intellectual proper-ty)，而後於需要的地方再將之連結到新的設計中。

完成一個數位系統的設計之後，藉著模擬程式 (simulator) 對 HDL 程式的解讀，與產生相關的時序圖輸出，設計者可以預先偵測該設計可能發生的功能錯誤，並據以修改 HDL 程式。在模擬的過程中，必須提供另外一個 HDL 程式稱為測試標竿 (test bench)，以產生被測試模組的輸入信號，以及監視被測試模組的輸出信號。

在完成數位系統的設計與功能驗證之後，其次的動作為進行邏輯合成的程序，以將完成的設計藉著邏輯合成程式的幫助，由 HDL 描述的數位系統模式中，導出對應的邏輯閘元件與相關的連接，稱為 netlist。此 netlist 可以再進一步對應到實際的標的技術之中，例如 FPGA/CPLD、邏輯閘陣列、標準元件庫，合成最後的硬體電路。

綜合上述討論可以得知：使用 HDL 設計一個數位系統的流程為將設計概念使用 HDL 描述後，使用模擬程式與測試標竿進行功能驗證與除錯，然後使用邏輯合成程式將之合成為邏輯閘層次的電路，最後再實際對應到欲執行的硬體元件之中。

#### ✔學習重點

**2-46.** 目前工業界中最常用的兩種硬體描述語言是那兩種？

**2-47.** 模擬程式的主要功能為何？

**2-48.** 使用硬體描述語言設計一個數位系統時的主要流程為何？

### 2.5.2　程式模組基本結構

Verilog HDL 為一種程式語言，它如同其它高階電腦語言一樣，使用一些事先定義的保留字 (keyword) 與語法 (syntax)，而以文字方式描述一個數位系統。在 Verilog HDL 中，一個完整的基本建構方塊稱為模組 (module)，如圖 2.5-1 所示。兩種模組宣告方式的差異僅在於界面埠的宣告方式。每一個模組

```
module 模組名稱(x, y, z, f);  ← 界面埠
// Declaration of interfacing-port signals
input x, y, z;  } 界面埠信號定義
ouput f;        }
// Local declaration
wire a, b, c;  ←— 模組內的信號定義
reg x, y, z;   ←— 模組內的信號定義
/* Module function description */
    模組功能描述的指述
endmodule        表示模組結束的保留字
```

(a) 方式一

```
module 模組名稱(
    input x, y, z,  } 界面埠信號定義
    ouput f         }
    );
// Local declaration
wire a, b, c;  ←— 模組內的信號定義
reg x, y, z;   ←— 模組內的信號定義
/* Module function description */
    模組功能描述的指述
endmodule        表示模組結束的保留字
```

(b) 方式二

**圖 2.5-1:** Verilog HDL 程式模組的基本結構

均為一個獨立的單元，一個模組之中不能包含另外一個模組的宣告，但是可以經由引用 (instantiation) 的方式，容納其它模組以形成階層式的電路結構。

基本上任何一個模組均以保留字 **module** 開始而以保留字 **endmodule** 結束。在保留字 **module** 之後緊接著該模組的名稱與界面埠的信號名稱。一般而言，在Verilog HDL中的模組之界面埠的信號有三種類型：輸入、輸出、雙向，它們分別使用 **input**、**output**、**inout** 等保留字宣告。兩個模組之間的信號傳遞完全由界面埠的信號完成。

## ■ 例題 2.5-1 Verilog HDL 程式例

程式2.5-1為圖2.5-2邏輯電路的Verilog HDL程式。prog251為模組的名稱，$x$、$y$、$z$等信號為模組的輸入信號，使用保留字**input**宣告，而$f$信號為模組的輸出信號，使用保留字**output**宣告。圖2.5-2中的三個內部連接點$a$、$b$、$c$使用保留字**wire**宣告。注意：在**input**與**output**之後的**wire**保留字通常省略。

程式2.5-1 Verilog HDL程式例

```
module prog251 (
       input x, y, z,
       output f);

// local declarations
wire a, b, c;
```

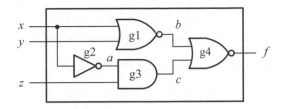

**圖 2.5-2:** 例題 2.5-1 的邏輯電路

```
// code to describe figure 2.5-2.
   nor g1 (b,x,y);
   not g2 (a,x);
   and g3 (c,a,z);
   nor g4 (f,b,c);
endmodule
```

在 Verilog HDL 中的識別語 (identifier) 用以表示一個物件的名稱，因此這些物件可以在程式中被參考引用。識別語由英文字母、數字、底線符號 "_" 與錢號 "$" 等符號組成。任何一個識別語必須以英文字母或是底線符號 "_" 開始，而且大、小寫英文字母視為不同的字母。注意：使用 "$" 開始的識別語保留予系統工作 (system task) 或是系統函式 (system function) 使用；所有保留字均以小寫字母組成。在程式中的 /* 與 */ 符號之間的文字為說明；若使用雙斜線 ("//") 則表示其後到該行結束前的文字為說明。

## 2.5.3 基本邏輯閘電路

在 Verilog HDL 中，有許多方法可以描述一個由基本邏輯閘組成的邏輯電路。在本小節中，先介紹三種最基本的方式：使用基本邏輯閘，使用 **assign** 指述，與使用真值表。

Verilog HDL 提供兩種類型的基本邏輯閘：第一種稱為 and/or 閘，包括 **and**、**or**、**nand**、**nor**、**xor** 與 **xnor** 等六個。這些邏輯閘的引用方式如下：

```
gate_type [instance_name] (out, in{, in});
```

其中 instance_name 為引用名稱，它可以不使用，參數中的第一個為輸出端而其它端點則為輸入端。在大括號 ({$y$}) 內的物件 $y$ 表示可以重複零次、一次或更多次。例如在程式 2.5-1 中的 **nor** g1(b, x, y) 表示 g1 為 **nor** 閘，其中 *b* 為輸出端，而 *x* 與 *y* 為輸入端，如圖 2.5-2 所示。

第二種類型的基本邏輯閘稱為 buf/not 閘，包括 **buf** (緩衝器或稱為非反相閘) 與 **not** 閘兩個及由此衍生出來的四個三態 buf/not 閘。其中三態閘將於第 3.4.3 節中再予介紹。**buf** 與 **not** 閘均具有一個輸入端與一個或是多個輸出端。**buf** 與 **not** 閘的引用方式如下：

```
buf_not [instance_name] (out{, out}, in);
```

其中 instance_name 為引用名稱，它可以不使用，參數中的最後一個端點為輸入端，而其它端點則為輸出端。例如在程式 2.5-1 中的 **not** g2(a, x) 表示 g2 為 not 閘，其中 *a* 為輸出端而 *x* 為輸入端，如圖 2.5-2 所示。

在 Verilog HDL 中，交換表式也可以直接使用以保留字 **assign** 開始的連續指定 (continuous assignment) 指述描述。在 **assign** 連續指定指述中，分別使用符號 &、| 與 ~ 表示邏輯運算子 AND、OR 與 NOT。利用此種描述方式，程式 2.5-1 可以改寫為程式 2.5-2，如例題 2.5-2 所示。

### ■ 例題 2.5-2  assign 連續指定指述使用例

若使用 **assign** 連續指定指述的描述方式，則程式 2.5-1 可以重寫為程式 2.5-2。**assign** 連續指定指述其實是交換表式的一種寫法。

程式 2.5-2  程式 2.5-1 的布林表式
```
module prog252 (
      input x, y, z, output f);

// code to describe figure 2.5-2
   assign f = ~(~(x | y) | ~x & z);
endmodule
```

除了上述的基本邏輯閘電路描述方式之外，Verilog HDL 也提供真值表的描述方法。在這種方式中，使用者可以自行定義需要的基本函數 (primitive) 稱為 UDP (user-defined primitive)。每一個 UDP 只能定義一個交換函數，而且只能為單一位元的輸出信號。如程式 2.5-3 所示，每一個 UDP 必須使用保留

字 **primitive** 與 **endprimitive** 定義為一個模組，並且遵循下列一般規則 (詳細的規則請參考參考資料 [5]) :

■ 演算法 **2.5-1: UDP** 模組定義規則

1. UDP 模組必須使用 **primitive** 與 **endprimitive** 保留字宣告，然後緊接著模組名稱與界面埠信號宣告。

2. 輸入信號的數目沒有限制，它們必須使用 **input** 保留字宣告，並且必須依據在 **table** 中的順序列出。

3. 只能有一個輸出信號，此信號必須使用 **output** 保留字宣告，並且必須列為第一個界面埠中的信號。

4. 真值表必須使用 **table** 與 **endtable** 保留字定義。在真值表的每一個列中，輸入信號依據在界面埠中的順序列出，並以 ":" 結束，然後緊接著列出輸出信號的值。每一個列使用 ";" 結束。

UDP 通常用以定義一些較特殊的數位邏輯電路。下列例題說明如何使用 UDP 重寫程式 2.5-1 的程式。

■ 例題 **2.5-3　UDP** 使用例

程式 2.5-3 為使用 UDP 的方式重新改寫程式 2.5-1 與程式 2.5-2 的交換函數。在 UDP 中，直接將真值表定義於保留字 **table** 與 **endtable** 之間。

程式 2.5-3 UDP(真值表) 程式例

```
// a user defined primitive (UDP)
primitive prog253 (
        output f,
        input x, y, z);

// truth table for f(x, y, z,) = ~(~(x | y) | ~x & z);
table
//  x y z : f
0 0 0 : 0;
0 0 1 : 0;
0 1 0 : 1;
0 1 1 : 0;
1 0 0 : 1;
1 0 1 : 1;
```

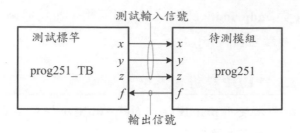

**圖 2.5-3:** 使用測試標竿測試程式 2.5-1

```
1 1 0 : 1;
1 1 1 : 1;
   endtable
endprimitive
```

✔學習重點

**2-49.** Verilog HDL 總共定義了多少個基本邏輯閘？

**2-50.** 在 Verilog HDL 中，如何表示一個邏輯閘電路？

**2-51.** 在 Verilog HDL 中，如何直接表示一個交換表式？

**2-52.** 在 Verilog HDL 中，如何直接表示一個交換函數的真值表？

## 2.5.4 模擬與測試

　　在完成一個數位系統模組的設計，並且表示為 Verilog HDL 程式之後，接著即是進行該模組的功能驗證，以確定是否符合需要的規格。在測試一個 Verilog HDL 程式模組時，必須使用另外一個程式模組，產生待測模組的輸入信號，並且觀察待測模組的輸出信號，如圖 2.5-3 所示。產生待測模組的輸入信號與觀察其輸出信號的模組稱為測試標竿 (test bench)，它通常也是一個 Verilog HDL 程式。

　　在測試標竿的模組宣告中，沒有界面埠的信號宣告，因為它為最高層次的模組，不會被其它模組引用。在程式中，產生待測模組的輸入信號 $x$、$y$、$z$ 時必須使用保留字 **reg** 宣告，而輸出信號則使用保留字 **wire** 宣告。在引用一個模組時，信號傳遞的對應方式有兩種：順序 (位置) 對應 (positional association) 與名稱對應 (named association)。

1. 在順序對應中，引用模組中的界面埠信號順序，即在界面埠信號宣告中的位置，必須與該模組定義時的界面埠信號順序一致。

2. 在名稱對應中，引用模組中的界面埠信號不必與該模組定義時的界面埠信號順序一致，同時也只需要列出欲使用的界面埠信號名稱即可，未使用的面埠信號則不必列出，其一般格式為 $.x(y)$，即 $y$ 對應於界面埠信號 $x$。它為最常用的一種方式。

　　在測試標竿中，通常使用 **initial** 指述設定待測模組的輸入信號。**initial** 指述可以是單一指述或是複合指述，當其由 **begin** 與 **end** 區段組成時為複合指述，否則為單一指述。在複合 **initial** 指述中的各個指述依據所列述的順序執行；所有 **initial** 指述則為同時 (concurrently)(或稱為並行，in parallel) 執行。**initial** 指述只執行一次，並且由模擬時間 0 開始執行。

　　一般在完成需要的執行時間之後，通常使用系統工作 **$finish** 結束整個測試動作。**initial** 指述在測試標竿中的另外一個用途為分別啟動系統工作 **$monitor** 與系統函式 **$time** 以監視、輸出待測模組的輸入與輸出信號值、及記錄各個事件發生的時間。詳細的測試標竿的程式撰寫將於第 5.5 節中再予介紹。

## ■ 例題 2.5-4　測試標竿程式例

　　程式 2.5-4 為前述三個程式的一個測試標竿程式例。編譯器假指令 **timescale** 指定模擬時間的單位為 1 ns 而解析度為 100 ps。程式中的第一個 **initial** 指述為一個複合指數，由 **begin** 與 **end** 區段組成，其中 #10 表示 10 個時間單位，1'b0 與 1'b1 分別表示一個位元寬度的值為 0 與 1，因此在 **initial** 指述中，每個 10 個時間單位產生一組 $x$、$y$、$z$ 的信號，而其值依序由 000 變化到 111。在 80 個時間單位之後，使用系統工作 **$finish** 結束整個測試動作。另一個 **initial** 指述使用系統工作 **$monitor** 監視與輸出待測模組的輸入與輸出信號值，同時使用系統函式 **$time** 記錄各個事件發生的時間。

程式 2.5-4 測試標竿程式例

```
'timescale 1ns / 100ps
module prog251_tb;
// internal signals declarations
```

```verilog
reg x, y, z;
wire f;

// Unit Under Test port map
 prog251 UUT (.x(x),.y(y),.z(z),.f(f));
initial
   begin
        x = 1'b0; y = 1'b0; z = 1'b0;
     #10
        x = 1'b0; y = 1'b0; z = 1'b1;
     #10
        x = 1'b0; y = 1'b1; z = 1'b0;
     #10
        x = 1'b0; y = 1'b1; z = 1'b1;
     #10
        x = 1'b1; y = 1'b0; z = 1'b0;
     #10
        x = 1'b1; y = 1'b0; z = 1'b1;
     #10
        x = 1'b1; y = 1'b1; z = 1'b0;
     #10
        x = 1'b1; y = 1'b1; z = 1'b1;
     #10 $finish;    // terminate the simulation
   end

// monitor the outputs
initial
 $monitor($time, "(x, y, z)= %b %b %b => f = %b ",x,y,z,f);
endmodule
```

程式 2.5-4 執行之後的輸出如下：

```
 0  (x, y, z)= 0 0 0 => f = 0
10  (x, y, z)= 0 0 1 => f = 0
20  (x, y, z)= 0 1 0 => f = 1
30  (x, y, z)= 0 1 1 => f = 0
40  (x, y, z)= 1 0 0 => f = 1
50  (x, y, z)= 1 0 1 => f = 1
60  (x, y, z)= 1 1 0 => f = 1
70  (x, y, z)= 1 1 1 => f = 1
stopped at time: 80 ns
```

上述例題中，使用 1'b0 與 1'b1 分別表示 1 位元的常數 0 與 1。一般而言，欲表示一個 $n$ 位元的常數時，可以使用下列語法：

```
[n]'[base]constant_value
```

其中 base 為常數的數目基底，使用 b (B) 表示二進制，o (O) 表示八進制，d (D) 表示十進制，與 h (H) 表示十六進制。當 *n* 省略時，該常數預設為 32 位元。

## ✔ 學習重點

**2-53.** 在 Verilog HDL 的模組之間，信號傳遞的對應方式有那兩種？

**2-54.** 試定義順序對應與名稱對應兩個名詞。

**2-55.** 試簡述 **initial** 指述的功能與應用。

**2-56.** 試簡述系統工作 **$monitor** 的功能與應用。

**2-57.** 在測試標竿中，通常使用什麼指述設定待測模組的輸入信號？

# 參考資料

1. G. Boole, *An Investigation of the Laws of Thought,* New York: Dover, 1854.

2. E. V. Huntington, "Sets of independent postulates for the algebra of logic," *Trans. American Math. Soc.,* No. 5, pp. 288–309, 1904.

3. Z. Kohavi, *Switching and Finite Automata Theory,* 2nd ed., New York: McGraw-Hill, 1978.

4. G. Langhole, A. Kandel, and J. L. Mott, *Digital Logic Design,* Dubuque, Iowa: Wm. C. Brown, 1988.

5. M. B. Lin, *Digital System Designs and Practices: Using Verilog HDL and FPGAs,* John Wiley & Sons, 2008.

6. M. M. Mano, *Digital Design,* 3rd ed., Upper Saddle River, New Jersey: Pren-tice-Hall, 2002.

7. C. H. Roth, *Fundamentals of Logic Design,* 4th ed., St. Paul, Minn: West Pub-lishing, 1992.

8. C. E. Shannon, "A symbolic analysis of relay and switching circuits," *Trans. AIEE,* No. 57, pp. 713–723, 1938.

# 習題

**2-1** 化簡下列各布林表示式：

(1) $x' + y' + xyz'$

(2) $(x' + xyz') + (x' + xy)(x + x'z)$

(3) $xy + y'z' + wxz'$

**2-2** 證明下列布林等式：

(1) $xy + x'y' + x'yz = xyz' + x'y' + yz$

(2) $xy + x'y' + xy'z = xz + x'y' + xyz'$

**2-3** 證明下列布林等式：

(1) $(x + y)(x + z)(x'y)' = x$

(2) 若 $xy' = 0$，則 $xy = x$。

**2-4** 在布林代數中，證明下列敘述：

$$x + y = y \quad 若且唯若 \quad xy = x$$

**2-5** 使用例題 2.2-2 的修飾消去律，證明定理 2.1-7 的結合律。

**2-6** 若 XOR 運算子定義為 $x \oplus y = xy' + x'y$，則證明 $x \oplus (x + y) = x'y$。

**2-7** 寫出下列敘述的對偶敘述：

(1) $(x' + y')' = xy$

(2) $xy + x'y' + yz = xy + x'y' + x'z$

**2-8** 證明 70 的因數所成的集合：$B = \{1, 2, 5, 7, 10, 14, 35, 70\}$，在下列運算子的定義下，構成一個布林代數系統：對於任何兩個元素：$x$、$y \in B$ 而言

$\quad x \cdot y = \gcd(x, y)$

$x + y = \text{lcm}(x, y)$

而補數運算子 $\{'\}$ 定義為：對於每一個元素 $x \in B$ 而言，$x'$ 為 70 除以 $x$ 的商，即 $70/x$。

**2-9** 若 $A=\{0,1\}$，則 A 的冪集合 $P(A)=\{\phi,\{0\},\{1\},\{0,1\}\}$，在一般集合的交集和聯集運算下，構成一個布林代數系統。

**2-10** 試求下列交換函數的真值表：

(1) $f(x,y,z)=xy+xy'+y'z$

(2) $f(w,x,y,z)=(xy+z)(w+xz)$

**2-11** 證明下列各等式：

(1) $(x\oplus y\oplus z)'=x\oplus y\odot z$

(2) $(x\odot y\odot z)'=x\odot y\oplus z$

**2-12** 試求下列各交換函數的補數函數：

(1) $f(w,x,y,z)=(xy'+w'z)(wx'+yz')$

(2) $f(w,x,y,z)=wx'+y'z'$

(3) $f(w,x,y,z)=x'z+w'xy'+wyz+w'xy$

**2-13** 證明下列各敘述在布林代數中均成立：

(1) $x+x'y=x+y$

(2) 若 $x+y=x+z$ 而且 $x'+y=x'+z$，則 $y=z$。

(3) 若 $x+y=x+z$ 而且 $xy=xz$，則 $y=z$。

**2-14** 下列運算子集合，是否為函數完全運算集合：

(1) $\{f,0\}$ 而 $f(x,y)=x+y'$

(2) $\{f,1\}$ 而 $f(x,y,z)=x'y'+x'z'+y'z'$

**2-15** 證明下列兩個運算子集合為函數完全運算集合：

(1) $\{$XOR, OR, 1$\}$　　　　　　　　(2) $\{$XNOR, OR, 0$\}$

**2-16** 證明下列兩個運算子集合為函數完全運算集合：

(1) $\{f,0,1\}$ 而 $f(x,y,z)=xy+z'$

(2) $\{f,0\}$ 而 $f(w,x,y,z)=(wx+yz')'$

**2-17** 證明下列兩個運算子集合為函數完全運算集合：

(1) $\{f,0\}$ 而 $f(x,y,z) = \Sigma(0,2,4)$

(2) $\{f,0\}$ 而 $f(w,x,y,z) = \Sigma(0,1,2,4,5,6,8,9,10)$

**2-18** 試使用下列各交換函數，驗證 Shannon 展開定理的正確性 (假設每一個交換函數對 $x$ 變數展開)：

(1) $f(x,y,z) = xy + xz + yz$

(2) $f(x,y,z) = xz + xy' + y'z$

(3) $f(w,x,y,z) = xy + x'(y'z + yz')$

(4) $f(w,x,y,z) = xyz + (w+x)(z+y')$

**2-19** 試求下列各交換表式的 SOP 形式：

(1) $(x+y)(x+z')(x+w)(yz'w+x)$

(2) $(w+x'+y)(x'+y+z)(w'+y)$

(3) $(w+x'y+z')(y'z+z'+v)(w+v')(wz+v')$

(4) $(w'+xv')(xv'+z+y)(v+y)$

**2-20** 試求下列各交換表式的 POS 形式：

(1) $wx + y'z'$                   (2) $wx' + wy'z' + wyz$

(4) $w'yz + uv' + xyz$           (4) $wx'z + y'z' + w'z'$

**2-21** 試求下列各交換表式的 SOP 形式：

(1) $(x'+y)(x'+z)(w+y)(w+z)$

(2) $(x+y'+z)(w+x+z)(y'+z)$

**2-22** 試求下列各交換表式的 POS 形式：

(1) $wx'y + z$                    (2) $w + x'y + vz$

(4) $xy'z + vw'x + tvx$

**2-23** 試求下列各交換函數的標準 SOP 型式與標準 POS 型式：

(1) $f(w,x,y,z) = z(w'+x) + xz'$

(2) $f(w,x,y,z) = w'x'z + y'z + wxz' + wx'y$

(3) $f(x, y, z) = (y + xz)(x + yz)$

(4) $f(x, y, z) = x + y'z$

**2-24** 轉換下列各標準 SOP 型式為標準 POS 型式：

(1) $f(w, x, y, z) = \Sigma(1, 2, 4, 6, 11)$

(2) $f(w, x, y, z) = \Sigma(1, 3, 7)$

(3) $f(w, x, y, z) = \Sigma(0, 2, 6, 11, 13, 14)$

(4) $f(w, x, y, z) = \Sigma(0, 3, 6, 7)$

**2-25** 轉換下列各標準 POS 型式為標準 SOP 型式：

(1) $f(x, y, z) = \Pi(1, 4, 5)$

(2) $f(w, x, y, z) = \Pi(0, 3, 5, 7)$

(3) $f(w, x, y, z) = \Pi(1, 2, 5, 7, 11, 13)$

(4) $f(w, x, y, z) = \Pi(1, 3, 6, 9, 14, 15)$

**2-26** 利用 $f^d$ 求下列各交換函數的補數函數：

(1) $f(x, y, z) = (xy + z)(y + xz)$

(2) $f(w, x, y, z) = y'z + wxy' + wxz' + x'z$

(3) $f(w, x, y, z) = (w' + x)z + x'z$

(4) $f(x, y, z) = (x' + z)(y' + z)$

**2-27** 證明 XOR 函數的對偶函數等於其補數函數。

**2-28** 試以基本的 AND、OR、NOT 等邏輯閘執行下列各交換函數：

(1) $f(v, w, x, y, z) = (w + x + z)(v + x + y)(v + z)$

(2) $f(x, y, z) = xz + xy' + y'z$

(3) $f(w, x, y, z) = xy + y(wz' + wz)$

(4) $f(w, x, y, z) = xyz + (x + y)(x + y')$

**2-29** 試分別以下列各指定的方式，執行下列交換函數：

$f(x, y, z) = xy' + xy + y'z$

(1) 使用 AND、OR、NOT 等邏輯閘

(2) 只使用 OR 與 NOT 等邏輯閘

(3) 只使用 AND 與 NOT 等邏輯閘。

**2-30** 試只使用 XOR 閘執行下列交換函數：

$$f(x,y,z) = xyz' + x'y'z' + xy'z + x'yz$$

**2-31** 試只使用 NAND 閘執行下列交換函數：

(1) $f(x,y,z) = (x+z)(y'+z)$

(2) $f(w,x,y,z) = xy' + wx + wyz$

**2-32** 試只使用 NOR 閘執行下列交換函數：

(1) $f(x,y,z) = (x'+z)(y+z)$

(2) $f(w,x,y,z) = (wx + w'y')(xz' + x'z)$

**2-33** 寫出圖 P2.1 所示邏輯電路的 $f(w,x,y,z)$ 的交換表式，並且做化簡：

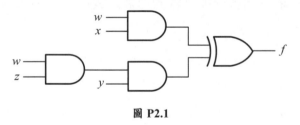

**圖 P2.1**

**2-34** 求出圖 P2.2 所示的邏輯電路之交換函數 $f$ 與 $g$，並且做化簡：

**2-35** 對於圖 P2.3 中的每一個邏輯電路，先求出輸出函數後，設計一個具有相同的輸出函數的較簡單之電路。

**2-36** 試以下列各指定的方式，執行下列交換函數：

$$f(x,y,z) = x'y + x'z + xy'z'$$

(1) 使用 AND、OR、NOT 閘執行，但每一個 AND 閘與 OR 閘均只有兩個輸入端

(2) 只使用兩個輸入的 NOR 閘執行

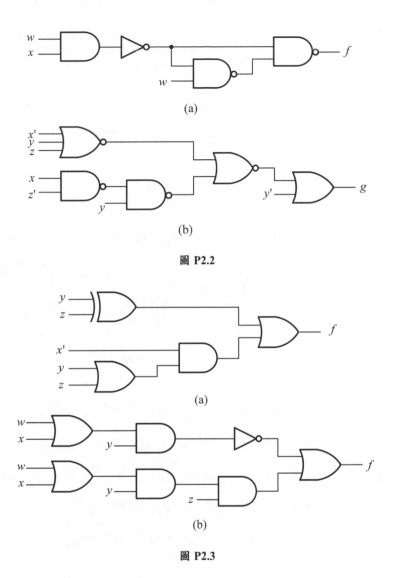

圖 P2.2

圖 P2.3

(3) 只使用兩個輸入的 NAND 閘執行。

2-37 利用 XOR 閘設計下列邏輯電路：

(1) 4 位元二進制數目對格雷碼轉換電路；

(2) 4 位元格雷碼對二進制數目轉換電路。

2-38 假設圖 1.6-1 的同位位元傳送系統中所傳送的資訊為 BCD 碼並且使用奇同位

方式，試利用 XOR 閘設計系統中的同位產生器與同位偵測器等電路。

**2-39** 圖 P2.4 為一個真值/補數 -0/1 元件之邏輯電路，請完成其真直表。

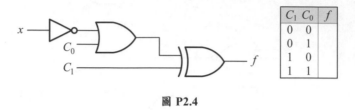

| $C_1$ | $C_0$ | $f$ |
|---|---|---|
| 0 | 0 | |
| 0 | 1 | |
| 1 | 0 | |
| 1 | 1 | |

**圖 P2.4**

**2-40** 圖 P2.5 為一個真值/補數 -0/1 元件之邏輯電路，請完成其真直表。

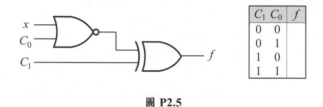

| $C_1$ | $C_0$ | $f$ |
|---|---|---|
| 0 | 0 | |
| 0 | 1 | |
| 1 | 0 | |
| 1 | 1 | |

**圖 P2.5**

**2-41** 參考程式 2.5-1，試撰寫一個 Verilog HDL 程式，描述圖 2.4-2(a) 的邏輯電路。

**2-42** 參考程式 2.5-1，試撰寫一個 Verilog HDL 程式，描述圖 2.4-2(b) 的邏輯電路。

**2-43** 參考程式 2.5-1，試撰寫一個 Verilog HDL 程式，描述圖 2.4-3(b) 的邏輯電路。

**2-44** 參考程式 2.5-4，試撰寫習題 2-41 的測試標竿程式。

**2-45** 參考程式 2.5-4，試撰寫習題 2-42 的測試標竿程式。

**2-46** 參考程式 2.5-4，試撰寫習題 2-43 的測試標竿程式。

# 3

# 數位積體電路

在建立數位邏輯的理論基礎與定義執行交換代數的基本邏輯閘函數之後，本章中將介紹執行這些基本邏輯閘的實際電路。以目前的數位積體電路 (integrated circuit，IC) 的製造技術區分，可以分成雙極性電晶體 (bipolar transistor) 與 MOSFET (metal-oxide semiconductor field-effect transistor) 兩大類。雙極性電晶體的電路又有飽和型與非飽和型兩大類別；MOSFET 包含 $n$ 型與 $p$ 型，兩種類型組合後成為 CMOS (complementary MOS) 的數位邏輯電路。然而，無論是雙極性電晶體或是 CMOS 的數位邏輯電路，均又有許多不同的邏輯系列 (logic seies)。這裡所謂的邏輯系列為一群具有相同的輸入、輸出與內部電路特性，但是執行不同邏輯函數的積體電路。

目前較常用的飽和型邏輯族稱為電晶體-電晶體邏輯 (transistor-transistor logic，TTL)，包含五個系列：74S、74LS、74F、74AS 與 74ALS；非飽和型邏輯族稱為射極耦合邏輯 (emitter-coupled logic，ECL) 有兩個：10 K 與 100 K 系列；CMOS 邏輯族中，則以 CMOS 的 74HC/74HCT、74AC/74ACT、CD4000B 等系列最為常用。

## 3.1 邏輯閘相關參數

在任何一個邏輯族中，反相器 (inverter) 電路 (即 NOT 閘) 是一個最基本的邏輯閘。因此，這一節將以此為出發點，定義一些數位邏輯電路的基本參數並討論一些重要的基本觀念。

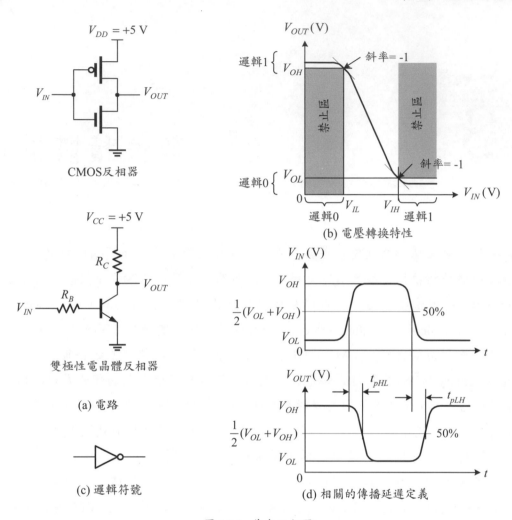

圖 3.1-1: 基本反相器

## 3.1.1 電壓轉換特性

　　最簡單的反相器電路如圖 3.1-1(a) 所示。當輸入電壓為高電位 (邏輯 1) 時，輸出為低電位 (邏輯 0)；當輸入電壓為低電位 (邏輯 0) 時，輸出為高電位 (邏輯 1)。因此在電路上，該電路為一個反相器，在邏輯上則為一個 NOT 閘。圖 3.1-1(b) 為該電路的輸入與輸出電壓轉換特性曲線圖。

　　為了允許在一個邏輯族中的任何邏輯閘電路與其它相同或是不同的邏輯

族中的邏輯閘電路界接使用，任何邏輯族中的每一個邏輯閘電路均有一些定義明確的輸入與輸出的電壓及電流特性參數值。圖 3.1-1(b) 所示為一個典型的反相器電壓轉換特性曲線，其中定義了四個與輸入及輸出端相關的電壓參數：

- $V_{IH(\min)}$ (high-level input voltage)：可被邏輯閘認定為高電位的最小輸入電壓；

- $V_{IL(\max)}$ (low-level input voltage)：可被邏輯閘認定為低電位的最大輸入電壓；

- $V_{OH(\min)}$ (high-level output voltage)：邏輯閘輸出為高電位時，輸出端的最小輸出電壓；

- $V_{OL(\max)}$ (low-level output voltage)：邏輯閘輸出為低電位時，輸出端的最大輸出電壓，

其中 $V_{IH}$ 與 $V_{IL}$ 為輸入端的電壓參數；$V_{OH}$ 與 $V_{OL}$ 則為輸出端的電壓參數。

通常一個 NOT 閘電路必須確保在最壞的情況下，當輸入電壓 $V_{IN}$ 小於或是等於 $V_{IL}$ 時，其輸出為高電位而且電壓值必須大於或是等於 $V_{OH}$；當輸入電壓 $V_{IN}$ 大於或是等於 $V_{IH}$ 時，其輸出為低電位而且電壓值必須小於或是等於 $V_{OL}$。即保證該邏輯閘不會工作在電壓轉換特性曲線的陰影 (禁止) 區內，如圖 3.1-1(b) 所示。

除了四個電壓參數之外，輸入及輸出端的四個電流參數為：

- $I_{IL(\max)}$ (low-level input current)：當輸入端為低電位 (即 $V_{IN} \leq V_{IL}$) 時，該輸入端流出的最大電流值；

- $I_{IH(\max)}$ (high-level input current)：當輸入端為高電位 (即 $V_{IN} \geq V_{IH}$) 時，流入該輸入端的最大電流值；

- $I_{OL(\max)}$ (low-level output current)：當輸出端為低電位 (即 $V_{OUT} \leq V_{OL}$) 時，該輸出端可以吸取的最大電流值；

- $I_{OH(\max)}$ (high-level output current)：當輸出端為高電位 (即 $V_{OUT} \leq V_{OH}$) 時，該輸出端可以提供的最大電流值。

在上述定義中，所有電流均假設為流入一個邏輯閘。因此，當某一個電流實際上是流出該邏輯閘時，則以負值表示，例如 $I_{OH}$ 與 $I_{IL}$。

在廠商的資料手冊上所定義的 $V_{IL}$、$V_{IH}$、$V_{OL}$、$V_{OH}$ 等電壓值是指對應的
輸入與輸出電流值不超過 $I_{IL}$、$I_{IH}$、$I_{OL}$、$I_{OH}$ 等值時的值。例如在圖 3.1-1(a) 的
反相器中,當輸出端為高電位時,其輸出電流 $I_{OUT}$ 小於或是等於 $I_{OH}$ 時,輸
出電壓 $V_{OUT}$ 大於 $V_{OH}$,但是當 $I_{OUT}$ 大於 $I_{OH}$ 時,由於跨於 $R_{OUT}$ (輸出電阻) 上
的壓降增加,$V_{OUT}$ 將小於 $V_{OH}$。一般而言,任何一個邏輯閘當考慮輸出電壓
與輸出電流的關係時,可以將該邏輯閘表示成圖 3.1-2(a) 的等效電路,因此
其輸出電流 $I_{OUT}$ 與輸出電壓 $V_{OUT}$ 的關係將如圖 3.1-2(b) 所示。

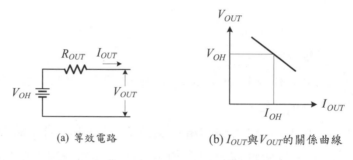

(a) 等效電路        (b) $I_{OUT}$ 與 $V_{OUT}$ 的關係曲線

圖 3.1-2: $I_{OUT}$ 與 $V_{OUT}$ 關係

由於電晶體的頻寬是有限的與電路中不可避免的雜散電容與電阻之影
響,輸入信號與輸出信號之間有一段時間延遲。當輸出信號由高電位下降為
低電位的傳播延遲稱為 $t_{pHL}$,而由低電位上升為高電位時則稱為 $t_{pLH}$,如圖
3.1-1(d) 所示。注意 $t_{pHL}$ 與 $t_{pLH}$ 是以輸入信號與輸出信號的電壓轉態值 (最大
電壓擺動值) 的 50% 為參考點所定義的。將 $t_{pHL}$ 與 $t_{pLH}$ 取算術平均值後,則定
義為該邏輯閘的傳播延遲 (propagation delay) $t_{pd}$,即

$$t_{pd} = \frac{1}{2}(t_{pHL} + t_{pLH}) \circ$$

✔學習重點

**3-1.** 在一個邏輯閘的四個電壓參數中,那兩個屬於輸入端的電壓參數?

**3-2.** 在一個邏輯閘的四個電壓參數中,那兩個屬於輸出端的電壓參數?

**3-3.** 試定義傳播延遲 $t_{pHL}$ 與 $t_{pLH}$。

**3-4.** 試定義一個邏輯閘的傳播延遲 $t_{pd}$。

## 3.1.2 雜音邊界

在實際的數位系統中，雜音(即不想要的信號)總是不可避免的。它可能是由電路內部自己產生的，也可能是由電路外部所產生的(例如電源線)或其它高頻電路的輻射等等。若一個雜音脈波的振幅足夠大時，它可能促使邏輯閘電路發生轉態，因而產生不正常的邏輯值輸出。一般為方便描述一個邏輯閘在低電位與高電位狀態時，所能忍受的雜音量，定義了兩個雜音邊界(noise margin)，如圖 3.1-3 所示。

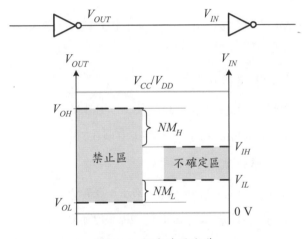

圖 3.1-3: 雜音邊界定義

低電位狀態雜音邊界 (low-level noise margin) $NM_L$ 定義為：

$$NM_L = V_{IL} - V_{OL}$$

而高電位狀態雜音邊界 (high-level noise margin) $NM_H$ 定義為：

$$NM_H = V_{OH} - V_{IH}$$

為能獲得有用的雜音邊界，上述的 $NM_L$ 與 $NM_H$ 都必須大於或是等於 0，即 $V_{IL} \geq V_{OL}$ 而 $V_{OH} \geq V_{IH}$。

低電位雜音邊界 $(NM_L)$ 定義了最大的正雜音脈波量。因為當有一個超過此量的正雜音脈波加到 $V_{OUT}$ 後，將使下一級的輸入電壓 $V_{IN}$ 大於 $V_{IL}$，而產生觸發(若大於 $V_{IH}$)或是進入不確定區(若小於 $V_{IH}$)，如圖 3.1-3 所示。高電位雜音邊界($NM_H$)定義了最大的負雜音脈波量。因為當有一個超過此量的負雜音脈波加到$V_{OUT}$後，將使下一級的輸入電壓$V_{IN}$小於$V_{IH}$，而產生觸發(若小於$V_{IL}$)或是進入不確定區(若大於$V_{IL}$)，如圖 3.1-3 所示。

■ **例題 3.1-1** **(雜音邊界)**

試計算在下列各邏輯族中，當兩個相同的反相器(NOT 閘)串接時，雜音邊界$NM_L$與$NM_H$之值。

(a) 在 TTL 邏輯族(74LS 系列)中，$V_{IL} = 0.8\ \text{V}$；$V_{IH} = 2.0\ \text{V}$；$V_{OL} = 0.5\ \text{V}$；$V_{OH} = 2.7\ \text{V}$

(b) 在 CMOS 邏輯族(74HCT 系列)中，$V_{IL} = 0.8\ \text{V}$；$V_{IH} = 2.0\ \text{V}$；$V_{OL} = 0.1\ \text{V}$；$V_{OH} = 4.4\ \text{V}$

**解：**(a) 在 TTL 邏輯族中：

$$NM_L = V_{IL} - V_{OL} = 0.8 - 0.5 = 0.3\ \text{V}$$

$$NM_H = V_{OH} - V_{IH} = 2.7 - 2.0 = 0.7\ \text{V}$$

(b) 在 CMOS 邏輯族中：

$$NM_L = V_{IL} - V_{OL} = 0.8 - 0.1 = 0.7\ \text{V}$$

$$NM_H = V_{OH} - V_{IH} = 4.4 - 2.0 = 2.4\ \text{V}$$

因此，CMOS 邏輯族(74HCT)的雜音邊界較 TTL 邏輯族(74LS)為佳。

✔ **學習重點**

**3-5.** 試定義雜音邊界：$NM_L$與$NM_H$。

**3-6.** 試解釋雜音邊界：$NM_L$與$NM_H$的物理意義。

## 3.1.3 扇入與扇出

在使用任何一個實際的邏輯閘電路時，有兩個基本的參數必須考慮：扇入(fanin)與扇出(fanout)。扇入為一個邏輯閘電路具有的輸入端數目，此值為固定值，它由該邏輯閘的電路結構決定；扇出則為一個邏輯閘的輸出端在最壞的操作情形之下仍未超出其負載規格時，所能推動(即外接)的其它邏輯

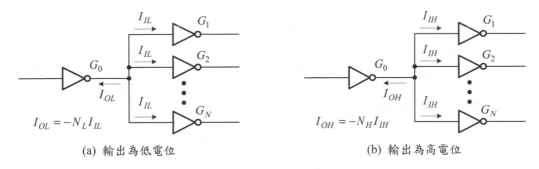

(a) 輸出為低電位　　　　　　　　　　　　(b) 輸出為高電位

**圖 3.1-4:** 扇出定義

閘輸入端的個數。扇出的多寡通常由 $V_{IL}$、$I_{IL}$、$V_{IH}$、$I_{IH}$、$V_{OL}$、$I_{OL}$、$V_{OH}$、$I_{OH}$ 等八個參數所能容忍的量決定。

　　一般為方便討論，定義 $N_L$ 為低電位輸出的扇出數目；$N_H$ 為高電位輸出的扇出數目。低電位輸出的扇出數目 $(N_L)$ 由推動邏輯閘的輸出端在低電位時，能夠吸取的最大電流值 $(I_{OL})$，與負載邏輯閘的輸入端在低電位時，流出該輸入端的最大電流值 $(I_{IL})$ 決定。所有負載邏輯閘的 $I_{IL}$ 總合不能超過推動邏輯閘的 $I_{OL}$。低電位輸出的扇出數目 $(N_L)$ 可以表示為：

$$N_L = -\frac{I_{OL}}{I_{IL}}$$

　　高電位輸出的扇出數目 $(N_H)$ 由推動邏輯閘的輸出端在高電位時，能夠提供的最大電流值 $(I_{OH})$，與負載邏輯閘的輸入端在高電位時，流入該輸入端的最大電流值 $(I_{IH})$ 決定。所有負載邏輯閘的 $I_{IH}$ 總合不能超過推動邏輯閘的 $I_{OH}$。高電位輸出的扇出數目 $(N_H)$ 可以表示為：

$$N_H = -\frac{I_{OH}}{I_{IH}}$$

當 $N_L$ 與 $N_H$ 不相等時，以較小者為電路實際的扇出數，如圖 3.1-4 所示。

### ■ 例題 3.1-2 (相同系列的扇出)

　　試計算在 TTL 邏輯族中，74LS 系列對 74LS 系列的扇出數。其電流特性值分別為：$I_{OL} = 8\text{ mA}$；$I_{OH} = -0.4\text{ mA}$；$I_{IL} = -0.4\text{ mA}$；$I_{IH} = 20\ \mu\text{A}$。

**解：**依據定義

$$N_L = -\frac{I_{OL}}{I_{IL}} = -\frac{8\text{ mA}}{-0.4\text{ mA}} = 20$$

$$N_H = -\frac{I_{OH}}{I_{IH}} = -\frac{-0.4 \text{ mA}}{20 \text{ } \mu\text{A}} = 20$$

由於 $N_L$ 與 $N_H$ 相等，均為20，所以扇出數目為20。

---

### ■ 例題3.1-3 (不同系列的扇出計算)

試求在TTL邏輯族中，一個74LS系列的邏輯閘可以推動幾個74F系列的邏輯閘。74LS 與 74F 兩個系列的電流特性如下：

74LS系列：$I_{OL} = 8 \text{ mA}$；$I_{OH} = -0.4 \text{ mA}$；$I_{IL} = -0.4 \text{ mA}$；$I_{IH} = 20 \text{ } \mu\text{A}$

74F系列：$I_{OL} = 20 \text{ mA}$；$I_{OH} = -1 \text{ mA}$；$I_{IL} = -0.6 \text{ mA}$；$I_{IH} = 20 \text{ } \mu\text{A}$

**解：**請參考圖 3.1-4：

$$N_L = -\frac{I_{OL}}{I_{IL}} = -\frac{8 \text{ mA}}{-0.6 \text{ mA}} = 13.3$$

$$N_H = -\frac{I_{OH}}{I_{IH}} = -\frac{-0.4 \text{ mA}}{20 \text{ } \mu\text{A}} = 20$$

所以扇出數為 $\min(N_L, N_H) = 13$ 個(取整數)。

---

### ✔學習重點

**3-7.** 試定義扇入與扇出。

**3-8.** 一個邏輯閘的實際扇出數目如何決定？

## 3.2 TTL 邏輯族

雖然 TTL(電晶體-電晶體邏輯)邏輯族已經逐漸失去風采，然而由於過去幾十年在數位電路中的歷史地位，TTL 的邏輯特性依然是大多數數位電路所遵循或是必須考慮匹配的要件之一。因此，在本節中我們首先介紹 TTL 邏輯族的電路結構與相關的重要特性。

目前在 TTL 邏輯族中，依然廣為採用的有下列幾種系列：以一般用途的低功率蕭特基箝位電路 (54/74LS 與 54/74ALS) 與高速度需求的蕭特基電路 (54/74S、54/74AS 與 74F) 等較為普遍。在所有 TTL 邏輯閘系列中，以 54 開頭的系列為軍用規格的產品，其工作溫度範圍較廣，由 -55°C 到 +125°C；以 74

開頭的系列為商用規格的產品，其工作溫度範圍只由 0°C 到 70°C。此外，其它電氣特性，大致相同。

## 3.2.1 二極體與電晶體

在早期的雙極性邏輯電路 (bipolar logic) 中，只使用二極體與電阻器組成，稱為二極體邏輯電路 (diode logic)。但是由於此種邏輯電路串接之後，其邏輯值將偏移未串接前的標準值，因此在目前的雙極性邏輯電路中通常在二極體邏輯電路之後，使用電晶體電路放大與恢復信號的邏輯值。這種邏輯電路即為電晶體 - 電晶體邏輯 (transistor-transistor logic，TTL) 電路。在介紹 TTL 邏輯閘電路之前，先介紹二極體的特性與二極體邏輯電路。

**3.2.1.1　二極體與二極體邏輯電路**　一個二極體的物理結構主要由 $p$-型與 $n$-型的半導體材質熔接成一個 $pn$ 接面而成，如圖 3.2-1(a) 所示。在 $p$-型半導體的外部端點稱為陽極 (anode，$A$)，在 $n$-型半導體的外部端點稱為陰極 (cathode，$K$)。

在理想的情況下，只要在二極體的兩端：陽極 ($A$) 端為正而陰極 ($K$) 端為負，加上一個大於 0 V 的電壓，則二極體的陽極 ($A$) 與陰極 ($K$) 之間將導通而成為一個電阻值為 0 Ω 的短路路徑，因此產生一個無限大的電流值，即產生如圖 3.2-1(b) 所示的電壓電流轉換特性。令二極體導通而在陽極 ($A$) 與陰極 ($K$) 之間產生低電阻值路徑的外加電壓稱為二極體的切入電壓 (cut-in voltage，$V_\lambda$)。在理想二極體中，切入電壓的值為 0 V。

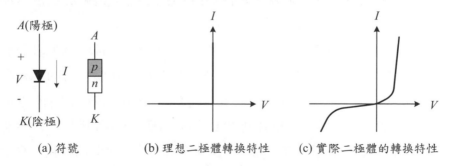

(a) 符號　　　　(b) 理想二極體轉換特性　　　(c) 實際二極體的轉換特性

**圖 3.2-1:** 二極體的符號與轉換特性

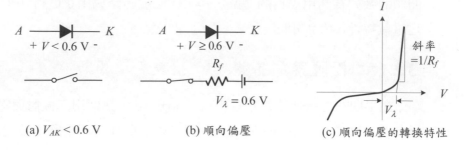

(a) $V_{AK} < 0.6$ V　　　　(b) 順向偏壓　　　　(c) 順向偏壓的轉換特性

**圖 3.2-2:** 實際二極體的電路模式

　　實際上的二極體元件，其電壓電流轉換特性如圖 3.2-1(c) 所示，與圖 3.2-1(b) 的理想二極體的電壓電流轉換特性比較之下，有兩項主要的差異：一為實際二極體元件的切入電壓 $(V_\lambda)$ 值不為 0 V；另一則是當二極體導通時，其陽極 $(A)$ 與陰極 $(K)$ 之間的電阻值不為 0 Ω。在實際的二極體元件中，切入電壓 $(V_\lambda)$ 值一般約為 0.6 V。

　　實際二極體元件的電路模式如圖 3.2-2 所示。當在二極體的兩端加上電壓，若陽極 $(A)$ 端為負而陰極 $(K)$ 端為正時，稱為反向偏壓 (reverse bias)；若陽極 $(A)$ 端為正而陰極 $(K)$ 端為負時，稱為順向偏壓 (forward bi-as)。在反向偏壓或是電壓值小於切入電壓值 (0.6 V) 的順向偏壓下，二極體的陽極 $(A)$ 與陰極 $(K)$ 兩端呈現一個高電阻值的路徑，此時在電路的應用上形同開路，因此使用如圖 3.2-2(a) 所示的開路開關表示。在順向偏壓下，當電壓值大於切入電壓值 (0.6 V) 時，二極體的陽極 $(A)$ 與陰極 $(K)$ 兩端為一個低電阻值的路徑，此時在電路的應用上形同短路，因此使用如圖 3.2-2(b) 所示的閉合開關表示。

　　由於二極體導通時，其陽極 $(A)$ 與陰極 $(K)$ 兩端的電阻值並不為 0 Ω，實際上的大小為電壓電流轉換特性曲線在順向偏壓時的斜率之倒數，如圖 3.2-2(c) 所示，因此在圖 3.2-2(b) 中使用一個電阻值為 $R_f$ 的電阻器表示此電阻。$R_f$ 的值一般在 20 Ω 到 50 Ω 之間。因為流經電阻器 $R_f$ 的電流將在該元件上產生一個電壓降。因此，在其後各節中，我們將使用下列數值：二極體的切入電壓為 0.6 V；導通電壓為 0.7 V；深度導通電壓為 0.8 V。

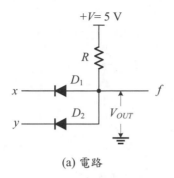

| 輸入 | | 輸出 |
| $x$ | $y$ | $V_{OUT}$ |
| --- | --- | --- |
| $V_{LOW}$ | $V_{LOW}$ | $V_{LOW}$ |
| $V_{LOW}$ | $V_{HIGH}$ | $V_{LOW}$ |
| $V_{HIGH}$ | $V_{LOW}$ | $V_{LOW}$ |
| $V_{HIGH}$ | $V_{HIGH}$ | $V_{HIGH}$ |

(a) 電路　　　　　　　　　(b) 真值表

圖 **3.2-3:** 二極體 AND 閘電路

在實際應用上，當使用二極體元件時，通常必須使用一個適當電阻值的外加電阻器，限制流經該二極體的電流在其所能承受的電流值極限內，以避免該二極體因為過熱而燒燬。

二極體在數位電路中的一個典型應用為如圖 3.2-3 所示，與一個電阻器連接成一個 AND 邏輯閘電路。在此電路中，若假設 $V_{LOW}$ 為 0 V 到 2 V 而 $V_{HIGH}$ 為 3 V 到 5 V，則當輸入端 $x$ 與 $y$ 均為 $V_{HIGH}$ 時，輸出端 $V_{OUT}$ 為 $\max\{V_{HIGH}+0.7, 5\}$ V；當輸入端 $x$ 或是 $y$ 為 $V_{LOW}$ 時，輸出端 $V_{OUT}$ 為 $\min\{V_{LOW}+0.7, 5\}$ V，即為 $V_{LOW}$，因此為一個 AND 閘。

使用二極體與電阻器構成的簡單邏輯閘電路的一個主要缺點為二極體的順向電壓降 (一般約為 0.7 V)，它為切入電壓加上順向電阻 ($R_f$) 上的電壓降，如圖 3.2-2(b) 所示。此電壓值將令邏輯值產生偏移，尤其將此等邏輯閘串接時更是如此，例如在圖 3.2-3(a) 的電路中，雖然定義 $V_{LOW}$ 為 0 V 到 2 V，但是若將一個 1.8 V 的輸入電壓加到輸入端 $x$ 時，其輸出電壓 $V_{OUT}$ 為 1.8 + 0.7 = 2.5 V，為一個不屬於 $V_{LOW}$ 或是 $V_{HIGH}$ 的電壓值。

一種解決上述問題的方法為在輸出端加上電晶體緩衝器，以嚴格限制輸出端 $V_{OUT}$ 的電壓落於正確的 $V_{LOW}$ 或是 $V_{HIGH}$ 的電壓值範圍內，這種電路即是其後廣受歡迎的飽和型邏輯電路：電晶體-電晶體邏輯電路。

**3.2.1.2 電晶體** 電晶體為一個具有三個端點的元件，其基本物理結構如圖 3.2-4 所示，為兩個二極體以背對背方式串接在一起。圖 3.2-4(a) 為 $npn$ 電晶

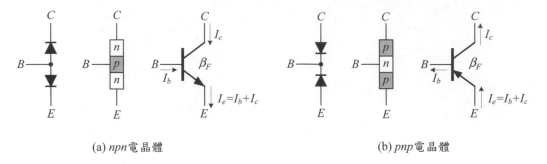

(a) *npn*電晶體                                        (b) *pnp*電晶體

**圖 3.2-4:** 電晶體的結構與符號

體；而圖 3.2-4(b) 為 *pnp* 電晶體。電晶體的三個端點分別稱為集極 (collector，
*C*)、射極 (emitter，*E*) 與基極 (base，*B*)。由於在其後的電路中均使用操作速
度較快的 *npn* 電晶體，因此其後的討論將以此種電晶體為主。

　　依據電晶體中的兩個二極體的接面電壓為順向偏壓或是反向偏壓的組合
關係，電晶體的基本工作模式可以分成三種：截止模式 (cut-off mode)、活動
模式 (active mode) 與飽和模式 (saturation mode)。在截止模式中，電晶體的基
-集接面電壓 ($V_{BC}$) 與基 -射極接面電壓 ($V_{BE}$) 均為反向偏壓；在活動模式中，
電晶體的基-集接面電壓 ($V_{BC}$) 為反向偏壓而基 - 射極接面電壓 ($V_{BE}$) 為順向偏
壓；在飽和模式中，電晶體的基 -集接面電壓 ($V_{BC}$) 與基 - 射極接面電壓 ($V_{BE}$)
均為順向偏壓。

　　在截止模式中，由於電晶體的基 -集接面電壓 ($V_{BC}$) 與基 -射極接面電壓
($V_{BE}$) 均為反向偏壓，因此基極與射極端的二極體及基極與集極端的二極體
均截止，所以基極電流 ($I_b$)、集極電流 ($I_c$) 與射極電流 ($I_e$) 均為 0 mA，如圖
3.2-5(a) 所示。

　　在活動模式中，由於電晶體的基 -射極接面電壓 ($V_{BE}$) 為順向偏壓，而基
-集極接面電壓 ($V_{BC}$) 為反向偏壓，因此在基 -射極的二極體內有一個大電流
流動，此電流流經基 - 射極接面時，一大部分被集極與射極端的高電場吸引
而流到集極端成為集極電流 ($I_c$)，一小部分流經基極端成為基極電流 ($I_b$)。
一般而言，集極電流等於基極電流 ($I_b$) 乘上一個倍數稱為電流增益 (current
gain，$\beta$)，即 $I_c = \beta I_b$；射極電流 ($I_e$) 等於基極電流 ($I_b$) 與集極電流 ($I_c$) 的和，

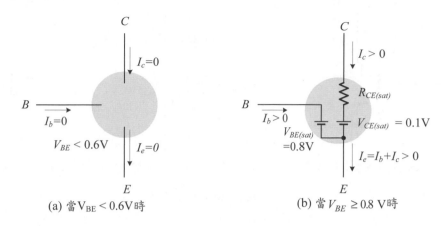

(a) 當$V_{BE}$ < 0.6V時　　　　　　　(b) 當$V_{BE}$ ≥ 0.8 V時

**圖 3.2-5:** 電晶體的開關模式

即 $I_e = I_b + I_c = (\beta + 1)I_b$。

　　在飽和模式中，由於電晶體的基-射極接面電壓($V_{BE}$)與基-集極接面電壓($V_{BC}$)均為順向偏壓。因此，在基-射極的二極體與基-集極的二極體內均有一個大電流流動，此電流促使集極與射極兩個端點間形成一個類似短路的低電阻值路徑，如圖 3.2-5(b) 所示。在飽和模式時，$V_{BE}$ 的值稱為基-射極的飽和電壓($V_{BE(sat)}$)，而 $V_{CE}$ 的值稱為集-射極的飽和電壓($V_{CE(sat)}$)。此時電晶體的集極與射極端的電壓值最小，約為 0.1 V 到 0.3 V 之間，由流經該電晶體的集極電流與集極與射極端的飽和電阻($R_{CE(sat)}$)的值與集極與射極端的飽和電壓($V_{CE(sat)}$)值決定，詳細的電路模式如圖 3.2-5(b) 所示。

　　在數位電路的應用上，電晶體通常工作於截止模式與飽和模式，然而當電晶體由截止模式欲進入飽和模式時，必須經過活動模式，反之亦然。

　　綜合上述討論得知：當使用電晶體為開關元件時，當 $V_{BE}$ 小於基極與射極端的二極體之切入電壓時，該開關元件不導通；當 $V_{BE}$ 等於飽和電壓($V_{BE(sat)}$)時，該開關元件的兩端(即集極與射極端)呈現一個約為 0.1 V 到 0.3 V 之間的電壓值。

　　由於電晶體在進入飽和模式之後，若欲其離開飽和模式回到不導通的狀態，必須花費相當長的時間，移除在飽和模式時儲存於基極與射極端的二極體接合面內的大量電荷，因此在改良型的電晶體-電晶體邏輯電路中，使用

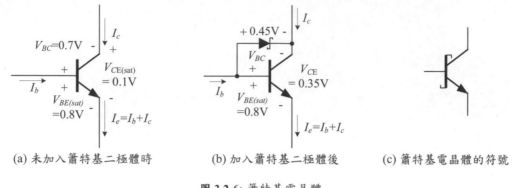

(a) 未加入簫特基二極體時          (b) 加入簫特基二極體後          (c) 簫特基電晶體的符號

圖 **3.2-6:** 簫特基電晶體

如圖 3.2-6(b) 所示的方式，防止電晶體進入飽和模式。此種電晶體稱為簫特基電晶體 (Schottky transistor)。其原理說明如下。

當電晶體的基 -射極電壓由切入電壓逐漸增加到為飽和電壓 $V_{BE(sat)}$ 時，其集 -射極端的電壓由於基 - 集極端的順向偏壓逐漸增加而下降，因而促使基 -集極端的順向偏壓更加增加，最後超過切入電壓而令基 - 集極端的二極體導通，電晶體因而進入飽和模式。

由上述理由可以得知：若希望電晶體在當基 -射極電壓增加時，其基 -集極端電壓 ($V_{BC}$) 不會隨之增加而超過切入電壓的方法，可以如圖 3.2-6(b) 所示方式在基 -集極端並接一個切入電壓小於一般 *pn*- 接面的二極體，稱為簫特基二極體 (Schottky diode)。由於簫特基二極體的切入電壓約為 0.3 V 到 0.5 V，小於一般 *pn*-接面二極體的 0.6 V，當基 - 射極電壓增加時，其基 - 集極端電壓 ($V_{BC}$) 不會隨之增加而被箝位在簫特基二極體的切入電壓 0.3 V 到 0.5 V 上，因此該基 -集極端的二極體不會進入導通狀態，而保持電晶體工作在活動模式。圖 3.2-6(c) 為圖 3.2-6(b) 的電路符號。

✔學習重點

 **3-9.** 試定義二極體的切入電壓。

**3-10.** 圖 3.2-3 所示的二極體 AND 閘電路有何重大缺點？

**3-11.** 電晶體的基本工作模式可以分為那三種？

**3-12.** 何謂簫特基電晶體？

**3-13.** 與一般的電晶體比較之下，簫特基電晶體有何重要特性？

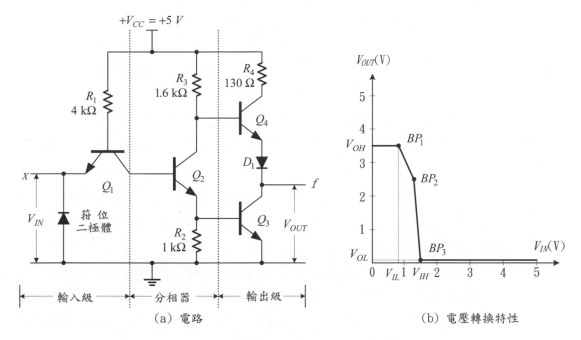

**圖 3.2-7:** 標準 TTL NOT 閘 (74 系列)

## 3.2.2 標準 TTL NOT 閘

標準的 TTL NOT 閘電路與電壓轉換特性曲線如圖 3.2-7(a) 所示。它與其它的基本 TTL 邏輯閘電路一樣可以分成三級：輸入級、分相器 (phase splitter) 與輸出級。圖中輸入端的二極體為箝位二極體，在正常工作時對電路並無影響，其主要作用為防止負雜音脈波 (箝位在 -0.7 V)。電晶體 $Q_1$ 為輸入級，提供必要的邏輯函數；電晶體 $Q_2$ 稱為分相器，因其分別由射極與集極提供兩個相位相反的信號輸出予輸出級；電晶體 $Q_3$ 與 $Q_4$ 組成圖騰柱輸出級電路 (totem-pole output stage)，以提供低阻抗的輸出推動器電路。

電路的工作原理如下：當輸入端 $x$ 為低電位 (即 $V_{IN} = 0.1$ V) 時，電晶體 $Q_1$ 工作在飽和模式，因為此時電晶體 $Q_1$ 的集極電流只為反向 (或是稱為漏電流) 電流，其值相當小，$\beta_F I_{B1} \gg I_{C1}$，因此電晶體 $Q_1$ 在飽和模式。電晶體 $Q_2$ 的基極電壓 $V_{B2} = V_{CE(sat)} + V_{IN} = 0.1 + 0.1 = 0.2$ V $< 1.4$ V，因而電晶體 $Q_2$ 與 $Q_3$ 均截止。所以，當輸入端 $x$ 為低電位時，輸出端 $f$ 為高電位。輸出端 $f$

的電壓 $V_{OUT}$ 為：$V_{OUT} = V_{CC} - 2V_{BE(on)} = 3.6 \text{ V} = V_{OH}$。

當輸入端 $x$ 的電位增加時，電晶體 $Q_1$ 的集級電壓亦隨之增加，即當 $V_{C1} = V_{B2} = 0.7$ V 時，電晶體 $Q_2$ 開始導通，產生特性曲線上的第一個轉折點 (BP1)，如圖 3.2-7(b) 所示。

當輸入端 $x$ 的電位繼續增加時，電晶體 $Q_3$ 開始導通，而發生第二個轉折點 (BP2)。此時電晶體 $Q_2$ 依然工作於活動模式，因此輸出電壓為 $V_{OUT} = V_{C2} - 2V_{BE(on)} = 3.9 - 1.4 = 2.5$ V，因為 $I_{C2} = 0.7$ mA，$V_{C2} = 5 - 0.7 \times 1.6 = 3.9$ V。由於此時電晶體 $Q_2$ 與 $Q_3$ 均導通，而電晶體 $Q_1$ 工作在飽和模式，所以輸入端電壓 $V_{IN}$ 為：$V_{IN} = V_{C1} - V_{CE1(sat)} = 2V_{BE(on)} - V_{CE1(sat)} = 1.4 - 0.1 = 1.3$ V，如圖 3.2-7(b) 所示。

當輸入端 $x$ 的電位繼續增加時，電晶體 $Q_3$ 進入飽和模式，而發生第三個轉折點 (BP3)。此時 $V_{OUT} = V_{CE3(sat)} = 0.1$ V；由於電晶體 $Q_2$ 也進入飽和模式，所以 $V_{C1} = V_{BE2(sat)} + V_{BE3(sat)} = 1.6$ V，$V_{IN} = V_{C1} - V_{CE1(sat)} = 1.6 - 0.1 = 1.5$ V。這時的 $V_{IN}$ 與 $V_{OUT}$ 的值也即是 $V_{IH}$ 與 $V_{OL}$ 的值，如圖 3.2-7(b) 所示。

當 $1.5 \text{ V} < V_{IN} < 2.3$ V 時，電晶體 $Q_1$ 的基極被箝位在：$V_{BC1(on)} + V_{BE2(sat)} + V_{BE3(sat)} = 0.7 + 0.8 + 0.8 = 2.3$ V。注意電晶體 $Q_1$ 工作在反向飽和模式 (reverse saturation mode)。因為電晶體 $Q_1$ 的基 - 射極與基 -集極兩個接面皆為順向偏壓，但是邏輯閘的輸入電流是流向射極。在此模式下，射極與集極的角色互換。

當 $V_{IN} \geq 2.3$ V 時，電晶體 $Q_1$ 將離開反向飽和模式而進入工作在反向活動模式 (reverse active mode)，因為此時基 -集極接面為順向偏壓，而基 -射極接面為反向偏壓。在此模式下，射極與集極的角色互換。

✔ 學習重點

**3-14.** 基本的 TTL 邏輯閘電路可以分成那三級？

**3-15.** 試解釋什麼是電晶體的反向飽和模式？

**3-16.** 試解釋什麼是電晶體的反向活動模式？

**3-17.** 在標準系列 (74) 中，輸出端的二極體 $D_1$ 有何作用？

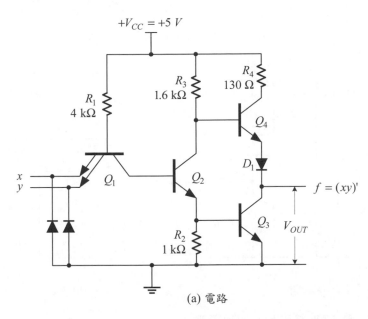

真值表

| 輸入 | | 輸出 |
|---|---|---|
| $x$ | $y$ | $V_{OUT}$ |
| $\leq V_{IL}$ | $\leq V_{IL}$ | $\geq V_{OH}$ |
| $\leq V_{IL}$ | $\geq V_{IH}$ | $\geq V_{OH}$ |
| $\geq V_{IH}$ | $\leq V_{IL}$ | $\geq V_{OH}$ |
| $\geq V_{IH}$ | $\geq V_{IH}$ | $\leq V_{OL}$ |

(a) 電路　　　　　　　　　　　　(b) 真值表

圖 3.2-8: 標準 TTL NAND 邏輯閘

## 3.2.3　TTL 基本邏輯閘

雖然 TTL 邏輯族有各式各樣的邏輯閘電路，包括反相與非反相兩種類型，在本節中我們只考慮 NAND 與 NOR 兩種通用邏輯閘電路。

**3.2.3.1　標準 NAND 邏輯閘**　標準 TTL 的 NAND 邏輯閘電路如圖 3.2-8 所示。基本上，NAND 閘電路和圖 3.2-7(a) 的 NOT 閘相同，只是現在多了一個輸入端 $y$ 而已。其工作原理如下：當輸入端 $x$ 與 $y$ 皆為高電位 ($\geq V_{IH}$) 時，電晶體 $Q_1$ 工作在反向活動模式，而電晶體 $Q_2$ 與 $Q_3$ 皆進入飽和模式，此時 $V_{OUT} = V_{CE3(sat)} = V_{OL}$，即為低電位。

當輸入端 $x$ 或是 $y$ 為低電位 (即 $\leq V_{IL}$) 時，電晶體 $Q_1$ 工作在 (順向) 飽和模式，$V_{C1} = V_{CE1(sat)} + V_{IN} < 2V_{BE(on)}$，所以電晶體 $Q_2$ 與 $Q_3$ 均截止，電晶體 $Q_4$ 與二極體 $D_1$ 導通，$V_{OUT} = V_{CC} - 2V_{BE(on)} = 3.6$ V，即為高電位 ($V_{OH}$)。所以為一個 NAND 邏輯閘電路。

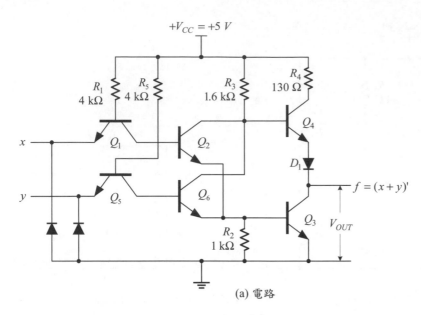

| 真值表 | | |
|---|---|---|
| 輸入 $x$ | 輸入 $y$ | 輸出 $V_{OUT}$ |
| $\leq V_{IL}$ | $\leq V_{IL}$ | $\geq V_{OH}$ |
| $\leq V_{IL}$ | $\geq V_{IH}$ | $\leq V_{OL}$ |
| $\geq V_{IH}$ | $\leq V_{IL}$ | $\leq V_{OL}$ |
| $\geq V_{IH}$ | $\geq V_{IH}$ | $\leq V_{OL}$ |

(a) 電路                                      (b) 真值表

圖 3.2-9: 標準 TTL NOR 邏輯閘

**3.2.3.2  標準 NOR 邏輯閘**  標準 TTL 的 NOR 邏輯閘電路如圖 3.2-9 所示。其動作原理如下：當輸入端 $x$ 與 $y$ 皆為低電位 (即 $\leq V_{IL}$) 時，電晶體 $Q_1$ 與 $Q_5$ 工作在 (順向) 飽和模式，此時 $V_{C1} = V_{CE1(sat)} + V_{IN} < 2V_{BE(on)}$ ，而 $V_{C5} = V_{CE5(sat)} + V_{IN} < 2V_{BE(on)}$，因此電晶體 $Q_2$、$Q_6$、$Q_3$ 均截止，電晶體 $Q_4$ 與二極體 $D_1$ 導通，$V_{OUT} = V_{CC} - 2V_{BE(on)} = 3.6$ V，即為高電位 ($V_{OH}$)。

當輸入端 $x$ (或是 $y$) 為高電位 (即 $\geq V_{IH}$) 時，電晶體 $Q_1$ (或是 $Q_5$) 工作在反向活動模式，因而電晶體 $Q_2$ (或是 $Q_6$) 與電晶體 $Q_3$ 均進入飽和模式，此時 $V_{OUT} = V_{CE3(sat)} = V_{OL}$，即為低電位。因此，該電路為 NOR 邏輯閘。

✔學習重點

**3-18.** 試解釋為何圖 3.2-8 的電路是一個 NAND 閘？

**3-19.** 試解釋為何圖 3.2-9 的電路是一個 NOR 閘？

## 3.2.4 TTL 邏輯族輸出級電路

　　當使用一個邏輯閘電路時，其輸出級電路的結構決定了所能提供的負載電流之能力，因而一般又稱為功率推動器。在實際的 TTL 邏輯族中，除了基本邏輯閘中的圖騰柱輸出級 (totem-pole output stage) 電路之外，尚有兩種不同的輸出級電路：開路集極輸出 (open-collector output，簡稱 OC) 與三態輸出 (tristate output)，以提供不同應用之需要。下列將分別說明這三種輸出級電路的主要特性與基本應用。

**3.2.4.1　圖騰柱輸出級**　如前所述，無論是標準型或是簫特基電晶體的邏輯閘電路，其輸出端基本上是由兩個電晶體 $Q_4$ 與 $Q_3$ 組成，稱為圖騰柱輸出級，如圖 3.2-8 所示。當電晶體 $Q_4$ 導通時，提供負載電容器 $C_L$ 一個大的充電電流，以迅速將輸出端電壓 $V_{OUT}$ 充電至高電位 $V_{OH}$；當電晶體 $Q_3$ 導通時，提供負載電容器 $C_L$ 一個大的放電電流，以迅速將輸出端電壓 $V_{OUT}$ 放電至低電位 $V_{OL}$。

**3.2.4.2　開路集極輸出級**　典型的 TTL 開路集極 (OC) 輸出級電路如圖 3.2-10所示。圖 3.2-10(a) 為低功率簫特基系列 (74LS09) 的電路；圖 3.2-10(b) 為其邏輯符號。在圖 3.2-10(a) 的開路集極 (OC) 輸出級的電路中，輸出級只有一個電晶體 $Q_3$，當其導通時，可以將輸出端 $f$ 的電壓拉到接地電位，但是當電晶體 $Q_3$ 截止時，輸出端 $f$ 將處於一個不確定的電壓值。因此，在使用此種邏輯閘電路時，輸出端 $f$ 必須經由一個提升電阻器 (或稱為負載電阻器) $R_L$ 接至電源 ($V_C$)。當然，此電源 ($V_C$) 並不需要限制在 $V_{CC}$，它通常可以高達 30 V 左右，由實際上的電路需要及輸出電晶體的額定電壓決定。

　　圖 3.2-10 (a) 的電路工作原理如下：當輸入端 $x$ 與 $y$ 皆為高電位 (即 $\geq V_{IH}$) 時，電晶體 $Q_2$ 導通，而電晶體 $Q_6$ 與 $Q_3$ 皆截止，此時輸出端的電壓 $V_{OUT} = V_C$，即為高電位。當輸入端 $x$ 與 $y$ 中至少有一個為低電位 (即 $\leq V_{IL}$) 時，簫特基二極體 $D_1$ 與 $D_2$ 中至少有一個導通，因此電晶體 $Q_2$ 截止，而電晶體 $Q_6$ 與 $Q_3$ 皆導通。此時，輸出端的電壓 $V_{OUT} = V_{CE3(on)} \approx 0.3$ V，即為低電位 ($V_{OL}$)，所以為一個 AND 邏輯閘電路。

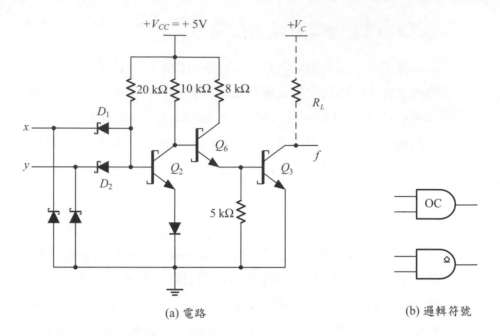

(a) 電路                                                    (b) 邏輯符號

**圖 3.2-10:** 開路集極輸出級電路 (74LS09)

　　開路集極輸出級電路的邏輯閘，有兩項基本應用：其一為用來推動較高電壓的外部負載，例如：繼電器、指示燈泡或其它類型的邏輯電路；其二為可以直接將多個開路集極輸出級電路的邏輯閘之輸出端連接而具有 AND 閘的功能，稱為線接 -AND (wired-AND) 閘，如圖 3.2-11(a) 所示。由於開路集極輸出級電路的邏輯閘電路的功能為一個 AND 閘，因此將兩個相同的邏輯閘線接 -AND 後，其輸出交換函數依然為 AND，即 $f = (wx)(yz) = wxyz$，如圖 3.2-11(b) 所示。

　　在使用 OC 閘時，不管是單獨使用或是線接 -AND 使用，其邏輯閘的輸出端均必須經由一個負載電阻器 $(R_L)$ 連接至電源。電阻器 $R_L$ 的最大值由輸出端需要的傳播延遲決定，其值越大傳播延遲亦越大；電阻器 $R_L$ 的最小值則由邏輯閘的輸出端在低電位時能吸取的最大電流 $I_{OL(\max)}$ 決定，例如在 74LS09 中，$I_{OL(\max)}$ 為 8 mA，因此在 $V_C = 5$ V 下，負載電阻器 $(R_L)$ 的值不能小於 562 $\Omega$，因為 $(V_C - V_{OL(\max)})/I_{OL(\max)} = (5-0.5)/0.8 \text{ mA} = 562 \ \Omega$。

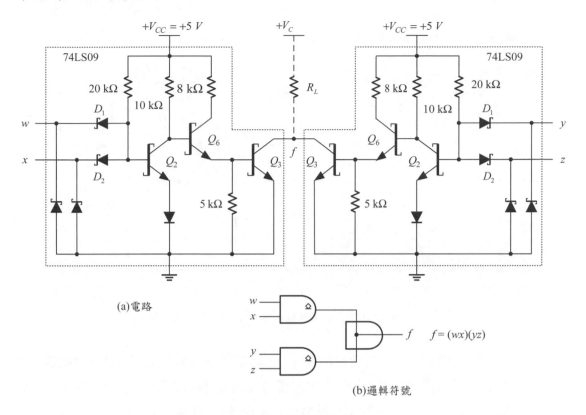

(a)電路

$f = (wx)(yz)$

(b)邏輯符號

**圖 3.2-11:** 線接 AND 閘

**3.2.4.3** 三態輸出級　三態輸出級依然使用圖騰柱輸出級的圖騰柱輸出電路，但是輸出級電路中的兩個電晶體可以同時由一個精心設計的控制電路關閉。如圖 3.2-12 所示，這一種具有三態輸出級的邏輯閘稱為三態輸出邏輯閘 (tristate-output logic gate)。它除了具有正常的高電位 (邏輯 1) 與低電位 (邏輯 0) 輸出外，也具有一個當兩個輸出電晶體 ($Q_{3D}$ 與 $Q_{4D}$) 皆截止時的高阻抗狀態 (high-impedance state) 輸出。

　　基本的三態輸出邏輯閘 (74LS125) 電路如圖 3.2-12 所示，其中陰影部分電路為控制電路，而其餘的電路則組成一個非反相緩衝器電路。在正常工作下，致能輸入端 ($E$) 為低電位 ($\leq V_{IL}$)，在控制電路中的電晶體 $Q_{1C}$ 導通、電晶體 $Q_{2C}$ 截止、電晶體 $Q_{5C}$ 與 $Q_{4C}$ 導通，控制電路中的反相器的輸出端為高電位，因而電晶體 $Q_{7D}$、簫特基二極體 $D_{2D}$ 與 $D_{5D}$ 均截止。

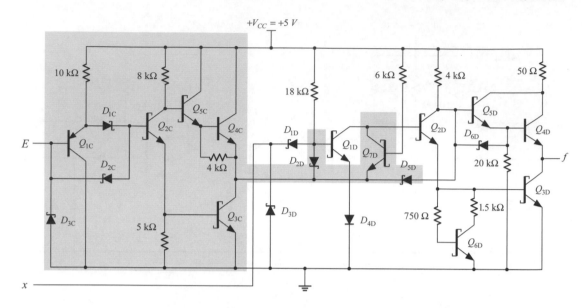

**圖 3.2-12**: 基本三態輸出邏輯閘 (74LS125)

若資料輸入端 $x$ 為低電位 $(\leq V_{IL})$，則簫特基二極體 $D_{1D}$ 導通，電晶體 $Q_{1D}$ 截止，電晶體 $Q_{2D}$ 與 $Q_{6D}$ 經由電晶體 $Q_{7D}$ 的基-集極接面二極體而導通，電晶體 $Q_{3D}$ 也導通，輸出端 $f$ 為低電位 $(V_{OL})$。若資料輸入端 $x$ 為高電位 $(\geq V_{IH})$，則簫特基二極體 $D_{1D}$ 截止，電晶體 $Q_{1D}$ 導通，電晶體 $Q_{2D}$ 與 $Q_{6D}$ 均截止，電晶體 $Q_{4D}$ 與 $Q_{5D}$ 導通，輸出端 $f$ 為高電位 $(V_{OH})$。所以電路為一個非反相緩衝器，即 $f = x$。

當致能輸入端 $(E)$ 為高電位 $(\geq V_{IH})$ 時，在控制電路中的電晶體 $Q_{1C}$ 截止、電晶體 $Q_{2C}$ 導通、電晶體 $Q_{5C}$ 與 $Q_{4C}$ 截止、電晶體 $Q_{3C}$ 導通，控制電路中的反相器的輸出端為低電位，因而電晶體 $Q_{7D}$、二極體 $D_{2D}$ 與 $D_{5D}$ 均導通，結果促使緩衝器中的所有電晶體均截止。因此輸出端 $f$ 為高阻抗狀態。

✔學習重點

**3-20.** 在實際的 TTL 邏輯族中，有那三種輸出級電路結構？

**3-21.** 三態輸出級電路的邏輯閘，有何重要特性？

**3-22.** 為何兩個圖騰柱輸出級電路的邏輯閘輸出端不能直接連接使其具有 AND 功能？

**3-23.** 開路集極輸出級電路的邏輯閘，有那兩項基本應用？

**3-24.** 為何在使用開路集極輸出級的邏輯閘電路時，輸出端 $f$ 必須經由一個提升電阻器 $R_L$ 連接至電源 ($V_C$)？

# 3.3 CMOS 邏輯族

CMOS 邏輯閘的主要優點是當不考慮漏電流造成的功率消耗時，它無論在邏輯 0 或是邏輯 1 時，都不消耗靜態功率，只在轉態期間才消耗功率，因此目前已經成為 VLSI 電路的主流技術，然而它也有商用的邏輯電路。目前最廣泛使用的 CMOS 系列有 74HC/74HCT 與 74AC/74ACT 等。CD4000 系列工作電源電壓範圍 (3 V 至 18 V) 較大，但是平均傳播延遲較長，不適合高速度需求的系統；74HC/74HCT 與 74AC/74ACT 系列除了功能可以直接與 74LS 系列匹配外，其中 74HCT 與 74ACT 等系列的電氣特性亦可以直接與 74LS 系列相匹配。CD4000B 系列又稱為標準型的 CMOS 邏輯閘。

## 3.3.1 基本原理

基本上一個 CMOS 邏輯閘主要由兩種不同的 MOSFET 組成，其中一個為 $n$ 通道 (n-channel) MOSFET，稱為 nMOS 電晶體；另外一個為 $p$ 通道 (p-channel) MOSFET，稱為 pMOS 電晶體。在數位邏輯電路的設計上，這兩個電晶體 (nMOS 與 pMOS) 均可以各自視為一個開關，而每一個邏輯電路則由這些開關適當的串聯、並聯，或是串並聯等組合而成，因此這種邏輯電路也稱為開關邏輯 (switch logic)。

MOSFET 的物理結構與電路符號如圖 3.3-1 所示。圖 3.3-1(a) 為 nMOS 電晶體的物理結構與電路符號；圖 3.3-1(b) 為 pMOS 電晶體的物理結構與電路符號。

基本上，一個 MOSFET 主要由一個導體，早期為鋁 (aluminum) 金屬而目前為多晶矽 (polysilicon)，置於矽半導體之上，而在兩者中間使用一層二氧化矽 (silicon dioxide) 當作絕緣體，如圖 3.3-1 所示。導體部分稱為閘極 (gate)，而矽半導體的兩端分別使用鋁或是銅金屬導體引出，分別稱為源極 (source) 與

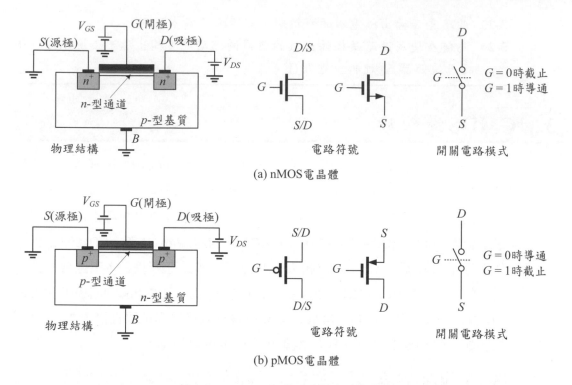

(a) nMOS 電晶體

(b) pMOS 電晶體

圖 **3.3-1:** MOSFET 物理結構與電路符號

吸極 (drain)，其中源極提供載子 (在 nMOS 電晶體中為電子；在 pMOS 電晶體中為電洞)，而吸極則吸收載子。半導體部分也稱為基質 (substrate 或是 bulk)。

在圖 3.3-1(a) 中，當在閘極與源極之間加上一個大於 0 V 的電壓 $V_{GS}$ 時，$p$- 型基質中的電子將因為閘極於基質表面建立的正電場之吸引，逐漸往基質表面集中。然而由於閘極與基質表面之間有一層絕緣體 (二氧化矽)，這些電子無法越過該絕緣體抵達閘極，而累積於基質表面上。若 $V_{GS}$ 的值足夠大時，聚集於基質表面上的電子濃度約略與 $p$-型基值中的電洞濃度相等，而形成一層 $n$-型電子層，稱為 $n$-通道 (channel)，因此連接兩端的源極與吸極，形成一個低電阻值路徑。

在圖 3.3-1(b) 中，由於基質為 $n$-型，因此欲在基質表面上形成一個通道時，必須在閘極與源極之間加上一個小於 0 V 的電壓 $V_{GS}$，以建立一個負電場於基質的表面上，因而吸引 $n$- 型基質中的電洞往基質表面集中。若 $|V_{GS}|$

的值足夠大時，聚集於基質表面上的電洞濃度約略與 $n$-型基值中的電子濃度相等，而形成一層 $p$-型電洞層，稱為 $p$-通道，因此連接兩端的源極與吸極，形成一個低電阻值路徑。

由上述討論可以得知：在 nMOS 電晶體中，欲使其在基質表面上形成一個通道時，加於閘極與源極端的電壓 $V_{GS}$ 的值必須大於一個特定的電壓值，稱為臨界電壓 (threshold voltage) $V_{Tn}$。在目前的次微米製程中，$V_{Tn}$ 約為 0.3 V 到 0.5 V。在 pMOS 電晶體中，欲使其在基質表面上形成一個通道時，加於閘極與源極端的電壓 $V_{GS}$ 的值必須小於臨界電壓 $V_{Tp}$。在目前的次微米製程中，約為 -0.3 V 到 -0.5 V。

nMOS 與 pMOS 電晶體的電路符號亦列於圖 3.3-1 中。由於 MOSFET 電晶體的物理結構為對稱性的結構，電晶體的源極與吸極的角色必須由它們在實際電路中的電壓值的相對大小決定。在 nMOS 電晶體中，電壓值較大者為吸極，較小者為源極，因為電子是由低電位端流向高電位端；在 pMOS 電晶體中，電壓值較小者為吸極，較大者為源極，因為電洞是由高電位端流向低電位端。注意：若將電子與電洞均視為載子 (carrier)，則源極為提供載子的一端，而吸極則為吸收載子的一端。

**3.3.1.1 nMOS 電晶體當作開關元件** MOSFET 在數位邏輯電路的應用上，與電晶體元件相同，可以視為一個簡單的開關元件。當其閘極電壓超過臨界電壓時，該開關導通；當其閘極電壓小於臨界電壓時，該開關截止。下列將進一步討論 MOS 電晶體當作開關元件時，一些重要的電路特性。

圖 3.3-2 所示為 nMOS 電晶體當作開關元件時的詳細動作。在圖 3.3-2(a) 中，當 $V_{IN}$ 為 $V_{DD}$ 而 $V_G$ (在實際應用上，$p$-型基質端通常接於地電位) 也為 $V_{DD}$ 時，位於源極 ($S$) 端的電容器 $C$ (由線路的雜散電容與後級的 nMOS 電晶體之閘極輸入電容組成) 開始充電，即 $V_{OUT}$ 持續上升直到 $V_{OUT} = V_{DD} - V_{Tn}$ 時，因為此時 $V_{GS} = V_G - V_S = V_{DD} - (V_{DD} - V_{Tn}) = V_{Tn}$，nMOS 電晶體截止，不再增加而維持於 $V_{DD} - V_{Tn}$ 的電位，如圖 3.3-2(a) 所示。

圖 3.3-2(b) 所示則為 $V_{IN} = 0$ V 而 $V_G = V_{DD}$ 的情形，此時 $V_{OUT}$ 將由 $V_{DD}$ (假設電容器 $C$ 的初始電壓為 $V_{DD}$) 經由 nMOS 電晶體放電至 0 V 為止，因為 $V_{GS}$

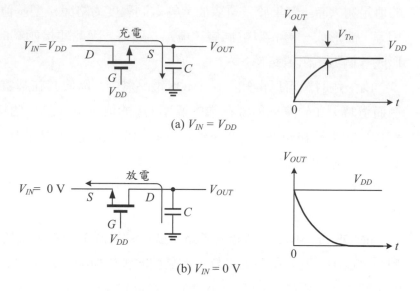

(a) $V_{IN} = V_{DD}$

(b) $V_{IN} = 0$ V

圖 3.3-2: nMOS 電晶體的開關動作

始終維持在 $V_{DD}$ 因而永遠大於 $V_{Tn}$，nMOS 電晶體在整個放電過程中均保持在導通狀態。注意：因為 nMOS 電晶體的對稱性物理結構，其 $D$ 與 $S$ 端必須在加入電壓之後才能確定何者為 $D$ 何者為 $S$。為幫助讀者了解其動作，在圖 3.3-2 中標示了在上述兩種操作情形下的 $D$ 與 $S$ 極。

**3.3.1.2 pMOS 電晶體當作開關元件** 圖 3.3-3 所示為 pMOS 電晶體當作開關元件時的詳細動作。在圖 3.3-3(a) 中，當 $V_{IN}$ 為 $V_{DD}$ 而 $V_G$ (在實際應用上，$n$-型基質端通常接於 $V_{DD}$) 為接地 (即 0 V) 時，位於吸極 ($D$) 端的電容器 $C$ 開始充電，即 $V_{OUT}$ 持續上昇直到 $V_{OUT} = V_{DD}$ 為止，因為 $V_{GS}$ 始終維持在 $-V_{DD}$ 因而永遠小於 $V_{Tp}$，pMOS 電晶體在整個充電過程中均保持在導通狀態。

圖 3.3-3(b) 所示則為 $V_{IN} = 0$ V 而 $V_G = 0$ V 的情形，此時 $V_{OUT}$ 將由 $V_{DD}$ (假設電容器 $C$ 的初始電壓為 $V_{DD}$) 經由 pMOS 電晶體放電至 $|V_{Tp}|$ 為止，因為此時 $V_{GS} = V_G - V_S = 0$ V $- |V_{Tp}| = -|V_{Tp}|$，pMOS 電晶體截止，$V_{OUT}$ 不再下降而維持於 $|V_{Tp}|$ 的電位，如圖 3.3-3(b) 所示。

由以上的討論可以得知：nMOS 電晶體對於 "0" 信號不產生衰減，而對於 "1" 信號則產生一個 $V_{Tn}$ 的衰減；pMOS 電晶體則相反，對 "0" 信號產生一個

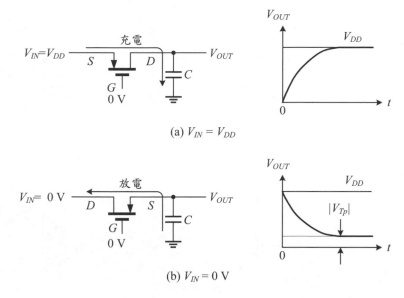

(a) $V_{IN} = V_{DD}$

(b) $V_{IN} = 0$ V

**圖 3.3-3:** pMOS 電晶體的開關動作

$|V_{Tp}|$ 的衰減，而對於 "1" 信號則不產生任何衰減。若將 pMOS 與 nMOS 兩個電晶體並聯在一起則成為 CMOS 傳輸閘 (第 3.3.2 節)，此時對於 "0" 或是 "1" 信號均不產生衰減。

**3.3.1.3  複合開關電路** 在許多應用中，通常需要將兩個或是多個開關以串聯、並聯，或是串並聯方式連接，形成一個複合開關。例如，圖 3.3-4 所示為將兩個開關以串聯方式連接的複合開關。此複合開關使用 $S1$ 與 $S2$ 為控制信號。當兩條控制信號 $S1$ 與 $S2$ 均啟動時，開關打開 (閉合)，否則開關關閉 (開路)。

如前所述，欲啟動 nMOS 開關時，必須在其閘極加上高電位；欲啟動 pMOS 開關時，必須在其閘極加上低電位。因此，圖 3.3-4(a) 的 nMOS 複合開關僅在兩條控制信號 $S1$ 與 $S2$ 均為高電位時才打開 (閉合)，其它控制信號的組合均關閉 (開路)。圖 3.3-4(b) 的 pMOS 複合開關僅在兩條控制信號 $S1$ 與 $S2$ 均為低電位 (通常為地電位) 時才打開 (閉合)，其它控制信號的組合均關閉 (開路)。

圖 3.3-5 所示為將兩個開關以並聯方式連接的複合開關。此複合開關使

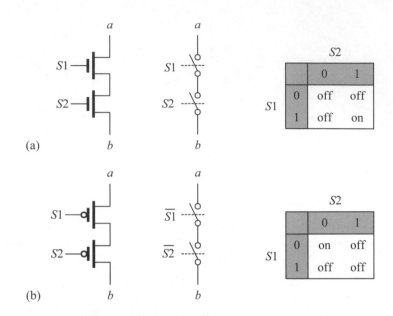

圖 3.3-4: 串聯開關的動作：(a) 使用 nMOS 開關 (b) 使用 pMOS 開關

用 $S1$ 與 $S2$ 為控制信號。當兩條控制信號 $S1$ 與 $S2$ 均不啟動時，開關關閉 (開路)，否則開關打開 (閉合)。

　　圖 3.3-5(a) 的 nMOS 複合開關在控制信號 $S1$ 或是 $S2$ 為高電位時打開 (閉合)，當兩條控制信號均為低電位時為關閉 (開路)。圖 3.3-5(b) 的 pMOS 複合開關在控制信號 $S1$ 或是 $S2$ 均為低電位 (通常為地電位) 時打開 (閉合)，當兩條控制信號均為高電位時為關閉 (開路)。

**3.3.1.4 開 關 邏 輯 電 路 設 計** 在了解 nMOS 與 pMOS 電晶體的開關動作原理之後，接著介紹如何利用這兩種開關元件設計開關邏輯電路。如前所述，一個開關邏輯電路是將開關元件做適當的串聯 (相當於 AND 運算)、並聯 (相當於 OR 運算)，或是串並聯組合而成，但是為了確保結果的開關邏輯電路能正常地操作，它必須符合下列兩項規則：

**規則 1：** 輸出端 $f$ (或是信號匯流點) 必須始終連接在 1 或是 0。

**規則 2：** 輸出端 $f$ (或是信號匯流點) 不能同時連接到 1 與 0。

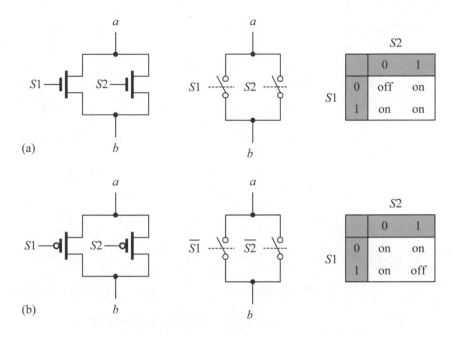

**圖 3.3-5:** 並聯開關的動作：(a) 使用 nMOS 開關 (b) 使用 pMOS 開關

符合上述規則中，最常用的方法為採用 CMOS 電晶體執行的 $f/f'$ 設計，稱為 FCMOS (fully CMOS)，如圖 3.3-6 所示。輸出端的電容 $C$ 表示電路的寄生電容或是負載電容。在此方法中，使用 pMOS 電晶體組成 $f$ 函數的電路，以在當 $f$ 的邏輯值為 1 時，將輸出端 $f$ 提升至 $V_{DD}$ (即邏輯 "1")，因為 pMOS 電晶體對於 "1" 信號不會衰減；使用 nMOS 電晶體組成 $f'$ 函數的電路，以在當 $f'$ 的邏輯值為 1 時，將輸出端 $f$ 拉至 0 V (即邏輯 "0")，因為 nMOS 電晶體對於 "0" 信號不會衰減。

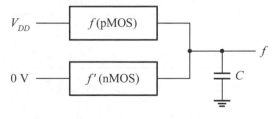

**圖 3.3-6:** $f/f'$ 樣式設計

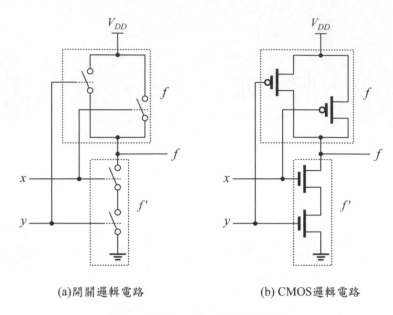

(a)開關邏輯電路          (b) CMOS邏輯電路

**圖 3.3-7:** 例題 3.3-1 的開關邏輯電路

下列兩個例題說明開關邏輯電路的設計方法與其對應的 CMOS 邏輯電路。

### ■ 例題 3.3-1  (NAND 電路)

設計一個開關邏輯電路，執行下列交換函數：

$$f(x,y) = (xy)'$$

**解：** 因為 $f(x,y) = (xy)' = x' + y'$ (DeMorgan 定理)而 $f(x,y) = x \cdot y$，因此 $f(x,y)$ 由兩個 pMOS 電晶體並聯(因它為 OR 運算)實現，而 $f'(x,y)$ 由兩個 nMOS 電晶體串聯(因它為 AND 運算)實現。完整的開關邏輯電路如圖 3.3-7 所示。

### ■ 例題 3.3-2  (AOI 電路)

設計一個開關邏輯電路，執行下列交換函數：

$$f(w,x,y,z) = (wx + yz)'$$

**解：** 使用 DeMorgan 定理，將 $f(w,x,y,z)$ 展開，得到

$$f(w,x,y,z) = (wx + yz)'$$

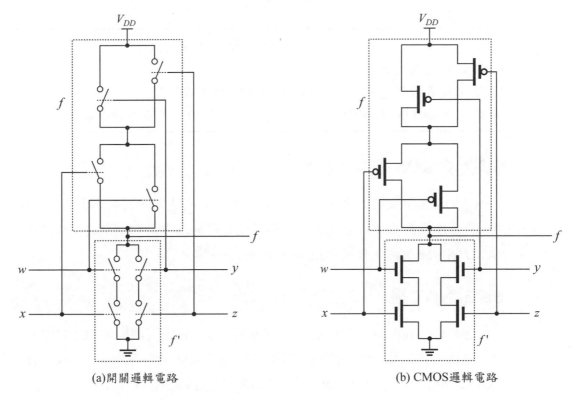

(a)開關邏輯電路　　　　　　(b) CMOS邏輯電路

**圖 3.3-8:** 例題 3.3-2 的開關邏輯電路

$$= (wx)'(yz)'$$
$$= (w'+x')(y'+z')$$

所以 $(w'+x')$ 與 $(y'+z')$ 分別使用兩個 pMOS 電晶體並聯後，再將其結果串聯，如圖 3.3-8 所示。使用 DeMorgan 定理，將 $f'(w,x,y,z)$ 展開，得到

$$f'(w,x,y,z) = wx + yz$$

因此，$wx$ 與 $yz$ 分別使用兩個 nMOS 電晶體串聯後，再將其結果並聯，如圖 3.3-8 所示。

---

在上述兩個例題的開關邏輯電路中，因為 pMOS 電晶體為低電位啟動，因此在函數 $f$ 部分中的補數型字母變數，可以直接接往 pMOS 電晶體的閘極輸入端，而無需額外的反相器。

✔學習重點

**3-25.** 任何一個 CMOS 邏輯閘均由那兩種 MOSFET 組成？

**3-26.** 試定義開關邏輯。

**3-27.** 試定義臨界電壓。它在 MOSFET 中有何重要性？

**3-28.** 使用 nMOS 與 pMOS 電晶體當作開關元件時，其重要特性為何？

## 3.3.2　CMOS 基本邏輯閘

　　CMOS 邏輯族與 TTL 邏輯族一樣，具有一些基本的邏輯閘元件。本節中，將依序介紹 CMOS 邏輯族中，最常見的幾種基本邏輯閘電路：NOT 閘、NAND 閘、NOR 閘、傳輸閘 (transmission gate) 等。

## 3.3.3　NOT 閘

　　基本的 CMOS NOT 閘電路如圖 3.3-9(a) 所示。它由兩個 MOSFET 組成，其中一個為 pMOS 電晶體，當作負載用，另一個為 nMOS 電晶體，當作驅動器。在圖 3.3-9(a) 的電路中，當輸入端 $x$ 的電壓 $(V_{IN})$ 為高電位 $(V_{DD})$ 時，$V_{GS(Mn)} = V_{DD} = 5\,V > V_{Tn}$，nMOS 電晶體 $M_n$ 導通；而 $V_{GS(Mp)} = V_{DD} - V_{DD} = 0\,V > -|V_{Tp}|$，pMOS 電晶體 $M_p$ 截止，輸出端 $f$ 為低電位。

　　當輸入端 $x$ 的電壓 $(V_{IN})$ 為低電位 $(0\,V)$ 時，$V_{GS(Mn)} = 0\,V < V_{Tn}$，nMOS 電晶體 $M_n$ 截止；而 $V_{GS(Mp)} = 0\,V - V_{DD} = -V_{DD} < -|V_{Tp}|$，pMOS 電晶體 $M_p$ 導通，輸出端 $f$ 為高電位。因此為一個 NOT 閘。

　　使用前述的開關邏輯電路的設計方法時，因為 NOT 閘的交換函數為 $f(x) = x'$，而 $f'(x) = x$，所以依據例題 3.3-1 所述的方式，得到圖 3.3-9(a) 的電路，即一個 pMOS 電晶體與一個 nMOS 電晶體直接串接而成。

　　CMOS 邏輯族的 NOT 閘之輸入輸出電壓轉換特性曲線如圖 3.3-9(b) 所示，其四個電壓位準參數值通常為電源電壓 $V_{DD}$ 的函數，即

$V_{OH(\min)}$：$V_{DD} - 0.1\,V$；

$V_{IH(\min)}$：$0.7V_{DD}$；

$V_{IL(\max)}$：$0.3V_{DD}$；

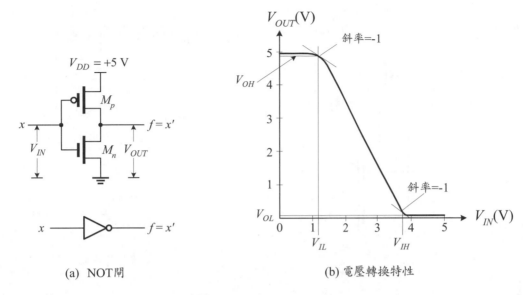

(a) NOT閘　　　　　　　　　　　　(b) 電壓轉換特性

圖 **3.3-9:** CMOS NOT 閘與電壓轉換特性

$V_{OL(\max)}$：地電位 $+ 0.1$ V。

**3.3.3.1　NAND 閘**　由於兩個輸入端的NAND閘的交換函數為 $f(x,y) = (xy)' = x' + y'$ 而 $f'(x,y) = xy$，所以 $f(x,y)$ 為 OR 運算，使用兩個 pMOS 電晶體並聯，而 $f'(x,y)$ 為 AND 運算，使用兩個 nMOS 電晶體串聯，完整的開關邏輯電路如圖 3.3-10(a) 所示。圖 3.3-10(b) 為真值表；圖 3.3-10(c) 為邏輯符號。

　　以電路的觀點而言，圖 3.3-10(a) 的電路的工作原理如下：當輸入端 $x$ 與 $y$ 均為高電位 ($\geq V_{IH}$) 時，兩個 nMOS 電晶體 $M_{n1}$ 與 $M_{n2}$ 均導通，而兩個 pMOS 電晶體 $M_{p1}$ 與 $M_{p2}$ 均截止，輸出端 $f$ 為低電位 ($\leq V_{OL}$)；當輸入端 $x$ 與 $y$ 中至少有一個為低電位 ($\leq V_{IL}$) 時，兩個 nMOS 電晶體 $M_{n1}$ 與 $M_{n2}$ 中至少有一個截止，而兩個 pMOS 電晶體 $M_{p1}$ 與 $M_{p2}$ 中至少有一個導通，因此輸出端 $f$ 為高電位 ($\geq V_{OH}$)，所以為一個 NAND 閘。

**3.3.3.2　NOR 閘**　由於兩個輸入端的 NOR 閘的交換函數為 $f(x,y) = (x+y)' = x'y'$ 而 $f'(x,y) = x + y$，所以 $f(x,y)$ 為 AND 運算，使用兩個 pMOS 電晶體串聯，而 $f'(x,y)$ 為 OR 運算，使用兩個 nMOS 電晶體並聯，完整的開關邏輯電路如圖 3.3-11(a) 所示。圖 3.3-11(b) 為真值表；圖 3.3-11(c) 為邏輯符號。

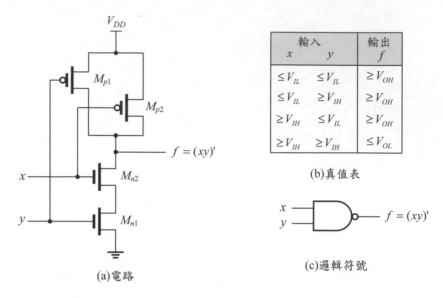

| 輸入 | | 輸出 |
|:---:|:---:|:---:|
| $x$ | $y$ | $f$ |
| $\leq V_{IL}$ | $\leq V_{IL}$ | $\geq V_{OH}$ |
| $\leq V_{IL}$ | $\geq V_{IH}$ | $\geq V_{OH}$ |
| $\geq V_{IH}$ | $\leq V_{IL}$ | $\geq V_{OH}$ |
| $\geq V_{IH}$ | $\geq V_{IH}$ | $\leq V_{OL}$ |

(b)真值表

(a)電路

(c)邏輯符號

圖 3.3-10: 基本 CMOS 兩個輸入端的 NAND 閘

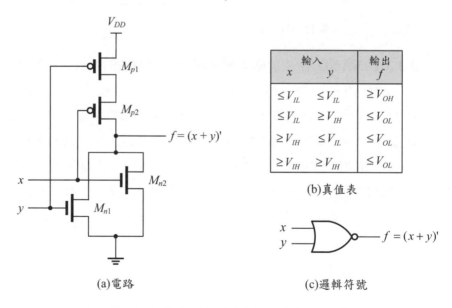

| 輸入 | | 輸出 |
|:---:|:---:|:---:|
| $x$ | $y$ | $f$ |
| $\leq V_{IL}$ | $\leq V_{IL}$ | $\geq V_{OH}$ |
| $\leq V_{IL}$ | $\geq V_{IH}$ | $\leq V_{OL}$ |
| $\geq V_{IH}$ | $\leq V_{IL}$ | $\leq V_{OL}$ |
| $\geq V_{IH}$ | $\geq V_{IH}$ | $\leq V_{OL}$ |

(b)真值表

(a)電路

(c)邏輯符號

圖 3.3-11: 基本 CMOS 兩個輸入端的 NOR 閘

以電路的觀點而言，圖 3.3-11(a) 的電路的工作原理如下：在圖 3.3-11(a)
的電路中，當輸入端 $x$ 與 $y$ 均為低電位 ($\leq V_{IL}$) 時，兩個 nMOS 電晶體 $M_{n1}$ 與

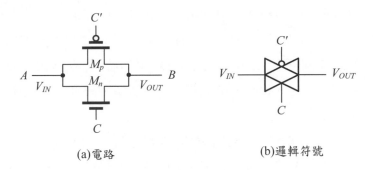

(a)電路　　　　　　　　　　(b)邏輯符號

**圖 3.3-12:** CMOS 傳輸閘

$M_{n2}$ 均截止，而兩個 pMOS 電晶體 $M_{p1}$ 與 $M_{p2}$ 均導通，輸出端 $f$ 為高電位
($\geq V_{OH}$)；當輸入端 $x$ 與 $y$ 中至少有一個為高電位 ($\geq V_{IH}$) 時，兩個 nMOS 電晶
體 $M_{n1}$ 與 $M_{n2}$ 中至少有一個導通，而兩個 pMOS 電晶體 $M_{p1}$ 與 $M_{p2}$ 中至少有
一個截止，因此輸出端 $f$ 為低電位 ($\leq V_{OL}$)，所以為一個 NOR 閘。

**3.3.3.3　傳輸閘**　由前面的討論得知：nMOS 電晶體與 pMOS 電晶體單獨使用
為開關元件以傳遞邏輯信號時，都不是一個完美的元件，因為 nMOS 電晶體
對於 "0" 信號不產生衰減，但是對於 "1" 信號則產生一個的衰減；pMOS 電晶
體則相反，對於 "0" 信號產生一個 $|V_{Tp}|$ 的衰減，而對於 "1" 信號則不產生任
何衰減。若將這兩種不同類型的電晶體並聯在一起，截長補短，則成為一個
理想的開關元件，稱為 CMOS 傳輸閘 (TG)。

　　CMOS 傳輸閘 (TG) 的電路與邏輯符號如圖 3.3-12 所示。由圖 3.3-12(a) 的
電路可以得知：一個 CMOS 傳輸閘是由一個 nMOS 電晶體與一個 pMOS 電晶
體並聯而成，而以閘極為控制端 ($C$)。

　　圖 3.3-12(a) 的電路工作原理如下：當閘極輸入端 $C$ 的電壓為 $V_{DD}$ 時，$V_{Gn} =$
$V_{DD}$ 而 $V_{Gp} = 0$ V，此時若輸入端 $A$ 的電壓值 $V_A$ 為 $V_{DD}$，則 nMOS 電晶體 $M_n$ 導
通，輸出端 $B$ 的電壓開始上升，其情形如同圖 3.3-2(a)；pMOS 電晶體 $M_p$ 也
導通，其情形如同圖 3.3-3(a)。雖然 nMOS 電晶體 $M_n$ 在輸出端 $B$ 的電壓上升
到 $V_{DD} - V_{Tn}$ 時截止，但是 pMOS 電晶體 $M_p$ 依然繼續導通，直到輸出端 $B$ 的
電壓上升到 $V_{DD}$ 為止，因此 $B = A = V_{DD}$。

　　當閘極輸入端 $C$ 的電壓為 $V_{DD}$ 時，$V_{Gn} = V_{DD}$ 而 $V_{Gp} = 0$ V，此時若輸入端

$A$ 的電壓值 $V_A$ 為 0 V，則 nMOS 電晶體 $M_n$ 導通，若輸出端 $B$ 的電壓值不為 0 V，則其電壓開始下降，其情形如同圖 3.3-2(b)；pMOS 電晶體 $M_p$ 也導通，其情形如同圖 3.3-3(b)。雖然 pMOS 電晶體 $M_p$ 在輸出端 $B$ 的電壓下降到 $|V_{Tp}|$ 時截止。但是，nMOS 電晶體 $M_n$ 依然繼續導通，直到輸出端 $B$ 的電壓下降到 0 V 為止，因此 $B = A = 0$ V。

當閘極輸入端 $C$ 的電壓為 0 V 時，$V_{Gn} = 0$ V 而 $V_{Gp} = V_{DD}$，此時若輸入端 $A$ 的電壓值 $V_A$ 為 $V_{DD}$，則 $V_{GSn} = 0$ V $- V_B = 0$ V $- 0$ V $= 0$ V $< V_{Tn}$。所以 nMOS 電晶體 $M_n$ 截止，而 $V_{GSp} = V_{Gp} - V_A = V_{DD} - V_{DD} = 0$ V $> -|V_{Tp}|$，pMOS 電晶體 $M_p$ 也截止。當輸入端 $A$ 的電壓值 $V_A$ 為 0 V 時，$V_{GSn} = 0$ V $- 0$ V $= 0$ V $< V_{Tn}$。所以，nMOS 電晶體 $M_n$ 截止，而 $V_{GSp} = V_{Gp} - V_A = V_{DD} - 0$ V $= V_{DD} > -|V_{Tp}|$，pMOS 電晶體 $M_p$ 也截止。因此，在 $C = 0$ V 時，nMOS 電晶體 $M_n$ 與 pMOS 電晶體 $M_p$ 均截止，因而沒有信號傳輸存在。

由於 CMOS 傳輸閘在 $C = V_{DD}$ 時，相當於一個低電阻的類比開關 (analog switch)，因此它常做為數位或是類比開關使用。此外，它也常與其它數位電路結合，以形成其它各式各樣的功能，例如 $D$ 型正反器、多工器、解多工器等。

✔**學習重點**

**3-29.** 為何 nMOS 電晶體與 pMOS 電晶體都不是一個完美的開關元件？

**3-30.** nMOS 與 pMOS 電晶體的吸極與源極如何區分？

**3-31.** CMOS 傳輸閘由那兩種電路元件組成？

**3-32.** 為何 CMOS 傳輸閘是一個理想的開關元件？

## 3.3.4　CMOS 邏輯族輸出級電路

當使用一個邏輯閘電路時，其輸出級電路的結構決定了所能提供的負載電流之能力，因而一般又稱為功率推動器。在 CMOS 邏輯族中，除了前面基本邏輯閘中的圖騰柱輸出級 (totem-pole output stage) 外，尚有兩種不同的輸出級電路：開路吸極輸出 (open-drain output，簡稱 OD) 與三態輸出 (tri-state

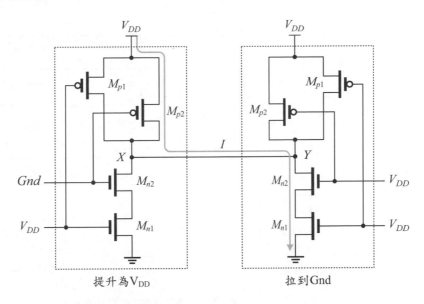

**圖 3.3-13**: 兩個圖騰柱輸出級的 NAND 閘直接連接的情形

output)，以提供不同應用之需要。下列將分別說明這三種輸出級電路的主要
特性與基本應用。

**3.3.4.1　圖騰柱輸出級**　在 CMOS 邏輯族中的基本邏輯閘的輸出端基本上是
由兩個 MOS 電晶體 $M_p$ 與 $M_n$ 組成，稱為圖騰柱輸出級，如圖 3.3-9 所示。當
pMOS 電晶體 $M_p$ 導通時，提供負載電容器 $C_L$ 一個大的充電電流，以迅速將
輸出端電壓 $V_{OUT}$ 充電至高電位 $V_{OH}$；當 nMOS 電晶體 $M_n$ 導通時，提供負載
電容器 $C_L$ 一個大的放電電流，以迅速將輸出端電壓 $V_{OUT}$ 放電至低電位 $V_{OL}$。
　　兩個圖騰柱輸出級的邏輯閘並不能直接連接使其具有 AND 閘的功能，因
為若如此連接，則如圖 3.3-13 所示，當其中一個輸出為高電位 (例如 $X$)，而
另外一個為低電位 (例如 $Y$) 時，將有一個穩定的電流 ($I$) 經過兩個邏輯閘的
輸出級由電源 ($V_{DD}$) 抵達接地端，此電流大小為：

$$I = \frac{V_{DD}}{R_{p(on)} + R_{n(on)}} \approx 20 \text{ mA (HC 或是 HCT 系列)}$$

為一個相當大的電流。

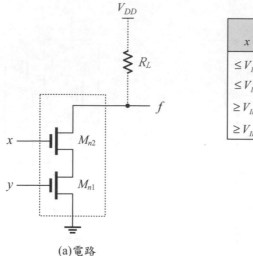

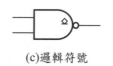

| 輸入 | | 電晶體 | | 輸出 |
|---|---|---|---|---|
| $x$ | $y$ | $M_{n1}$ | $M_{n2}$ | $f$ |
| $\leq V_{IL}$ | $\leq V_{IL}$ | 截止 | 截止 | 開路 |
| $\leq V_{IL}$ | $\geq V_{IH}$ | 截止 | 導通 | 開路 |
| $\geq V_{IH}$ | $\leq V_{IL}$ | 導通 | 截止 | 開路 |
| $\geq V_{IH}$ | $\geq V_{IH}$ | 導通 | 導通 | $\leq V_{OL}$ |

(b)功能表

(a)電路                                              (c)邏輯符號

**圖 3.3-14:** 開路吸極 (輸出級電路)

**3.3.4.2 開路吸極輸出級** 典型的 CMOS 開路吸極 (OD) 輸出級電路如圖 3.3-14(a) 所示；圖 3.3-14(b) 為電路的功能表；圖 3.3-14(c) 為其邏輯符號。在圖 3.3-14 的開路吸極 (OD) 輸出級的電路中，輸出級為兩個 nMOS 電晶體 $M_{n1}$ 與 $M_{n2}$。當其均導通時，可以將輸出端 $f$ 的電壓拉到接地電位，但是當其中有一個或是兩個均截止時，輸出端 $f$ 將處於一個不確定的電壓值。因此，在使用此種邏輯閘電路時，輸出端 $f$ 必須經由一個提升電阻器 (或稱為負載電阻器)$R_L$ 接至電源 ($V_D$)。雖然電源 $V_D$ 通常為 $V_{DD}$，但是它並不需要限制為 $V_{DD}$ 的大小，其實際上的值由電路的需要及輸出電晶體的額定電壓決定。

　　圖 3.3-14(a) 的電路工作原理如下：當輸入端 $x$ 與 $y$ 皆為高電位 (即 $\geq V_{IH}$) 時，nMOS 電晶體 $M_{n1}$ 與 $M_{n2}$ 均導通，輸出端的電壓 $V_{OUT}$ 為低電位 ($V_{OL}$)。當有一個或是兩個輸入端為低電位 (即 $\leq V_{IL}$) 時，nMOS 電晶體 $M_{n1}$ 與 $M_{n2}$ 中至少有一個為截止，所以輸出端在未接提升電阻器時為開路，但是若接有提升電阻器時為 $V_{DD}$，則為高電位，所以為一個 NAND 邏輯閘電路。

　　由於使用外加的提升電阻器，開路吸極輸出級電路的邏輯閘，其傳播延遲 $t_{pLH}$ 較長。但是，在數位系統設計中，至少有下列兩項基本應用：其一為用來推動較高電壓的外部負載，例如：繼電器、指示燈泡或其它類型的邏輯

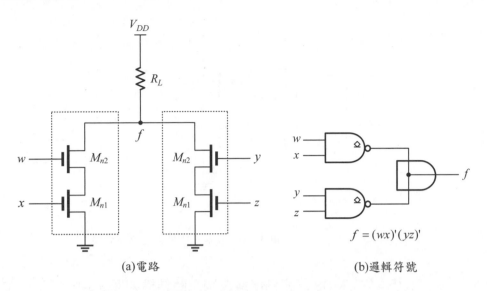

(a)電路　　　　　　　　　　　　(b)邏輯符號

$$f = (wx)'(yz)'$$

圖 3.3-15: 線接 AND 邏輯電路

電路；其二為可以直接將多個開路吸極輸出級電路的邏輯閘之輸出端連接
而具有 AND 閘的功能，稱為線接 -AND(wired-AND) 閘，如圖 3.3-15(a) 所示。
由於開路吸極輸出級電路的邏輯閘電路的功能為一個 NAND 閘，因此將兩
個相同的邏輯閘線接 -AND 後，其輸出交換函數為 AOI (AND-OR-Inverter) 函
數，即 $f = (wx)'(yz)' = [(wx) + (yz)]'$，如圖 3.3-15(b) 所示。

　　在使用 OD 閘時，不管是單獨使用或是線接 -AND 使用，其邏輯閘的輸
出端均必須經由一個負載電阻器 ($R_L$) 連接至電源。電阻器 $R_L$ 的最大值由輸
出端需要的傳播延遲 ($t_{pLH}$) 決定，其值越大傳播延遲亦越大；電阻器 $R_L$ 的最
小值則由邏輯閘的輸出端在低電位時能吸取的最大電流 $I_{OL(max)}$ 決定，例如
在 74HCT 中，$I_{OL(max)}$ 為 4 mA，因此在 $V_C = 5$ V 下，負載電阻器 ($R_L$) 的值不
能小於 1.125 kΩ。

**3.3.4.3　三態輸出級**　在 CMOS 邏輯閘電路中，除了基本邏輯閘電路的圖騰
柱輸出級與開路吸極輸出級兩種輸出級電路之外，尚有一種具有三種輸出狀
態的輸出級電路，稱為三態輸出級，如圖 3.3-16 所示。這種邏輯閘的輸出端
電壓除了高電位與低電位兩種電壓值外，也具有一種兩個輸出電晶體皆截止
時的高阻抗狀態 (high-impedance state)。

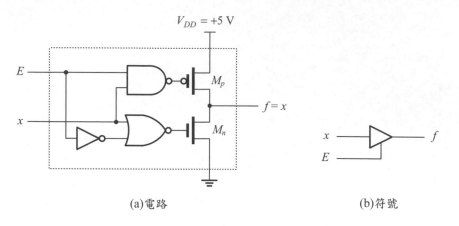

(a)電路　　　　　　　　　　　　　　(b)符號

**圖 3.3-16:** 基本三態輸出邏輯閘電路

　　基本的 CMOS 三態輸出邏輯閘電路結構如圖 3.3-16 所示。在正常工作下，致能輸入端 $(E)$ 為高電位 $(\geq V_{IH})$，pMOS 電晶體 $M_p$ 與 nMOS 電晶體 $M_n$ 的閘極輸入端的電壓值由資料輸入端 $x$ 的值決定。當資料輸入端 $x$ 的值為高電位 $(\geq V_{IH})$ 時，NOR 閘的輸出端為低電位 $(V_{OL})$，所以 nMOS 電晶體 $M_n$ 截止；NAND 閘的輸出端亦為低電位 $(V_{OL})$，所以 pMOS 電晶體 $M_p$ 導通，因而輸出端電壓為高電位 $(V_{OH})$，即 $f = x$。當資料輸入端 $x$ 的值為低電位 $(\leq V_{IL})$ 時，NOR 閘的輸出端為高電位 $(V_{OH})$，所以 nMOS 電晶體 $M_n$ 導通；NAND 閘的輸出端亦為高電位 $(V_{OH})$，所以 pMOS 電晶體 $M_p$ 截止，因而輸出端電壓為低電位 $(\leq V_{OL})$，即 $f = x$。

　　當致能輸入端 $(E)$ 為低電位 $(\leq V_{IL})$ 時，NOR 閘的輸出端永遠為低電位 $(V_{OL})$，而 NAND 閘的輸出端永遠為高電位 $(V_{OH})$，所以 nMOS 電晶體 $M_n$ 與 pMOS 電晶體 $M_p$ 永遠截止，與資料輸入端 $x$ 的值無關，因此輸出端 $f$ 為高阻抗狀態。

✔學習重點

**3-33.** 為何不能直接將兩個基本的 CMOS 邏輯閘的輸出端連接使用？

**3-34.** 在使用 OD 閘時，提升電阻器 $(R_L)$ 的最小電阻值如何決定？

**3-35.** 在三態邏輯閘中，輸出端的狀態有那三種？

**3-36.** 在邏輯電路中的高阻抗狀態是什麼意義？

# 3.4 界面問題

　　任何一個邏輯電路皆不能單獨操作，它必須與其它相同或是不相同邏輯
系列的邏輯電路，或是與其它電子元件(例如 LED)界接使用。因此，在本節
中，我們將依序考慮一些與邏輯電路相關的界面問題。

## 3.4.1 基本觀念

　　基本的界面電路如圖 3.4-1 所示。在圖中假設一個推動閘 (driving gate) 同
時推動 $N$ 個負載閘 (load gate)，為確保電路能正常工作，推動閘與負載閘之
間的電流與電壓的位準必須同時滿足下列四個條件：

推動閘　　　　　負載閘

1. $-I_{OH}$ $\geq$ $NI_{IH}$ $\left.\right\}$ 電流條件
2. $I_{OL}$ $\geq$ $-NI_{IL}$
3. $V_{OL}$ $\leq$ $V_{IL}$ $\left.\right\}$ 電壓條件
4. $V_{OH}$ $\geq$ $V_{IH}$

其中 1 與 2 為電流位準條件，而 3 與 4 為電壓位準條件。當電流條件無法滿
足時，通常在推動閘與負載間之間加上緩衝閘 (buffer)；當電壓條件無法滿足
時，則在推動閘與負載間之間加上電壓位準移位器 (voltage level shifter)，或
是在推動閘的輸出端加上提昇電阻器。

✔學習重點

**3-37.** 在界接兩個邏輯電路時，若電流條件無法滿足則通常如何處理？
**3-38.** 在界接兩個邏輯電路時，若電壓條件無法滿足則通常如何處理？

## 3.4.2 開路集(吸)極輸出級電路

　　如前所述，在使用 OC (OD) 閘時，不管是單獨使用或是線接 -AND 使用，
OC (OD) 閘的輸出端均必須經由一個負載電阻器 ($R_L$)(或是稱為提升電阻器
$R_{UP}$)連接至電源。負載電阻器 $R_L$ 的數值通常由許多因素決定，例如：線接
OC (OD) 閘的數目、扇出數目、需要的雜音邊界、傳播延遲等。

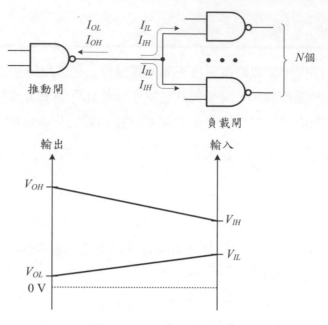

圖 3.4-1: 界面基本問題定義

　　負載電阻器 $R_L$ 的電阻值的決定方法如下：當 OC (OD) 閘輸出端的電壓 $V_{OUT}$ 為高電位時，負載電阻器 $R_L$ 必須提供足夠的負載電流 $(nI_{IH})$ 與 OC 閘的截止電流 (即輸出端的漏電流) $(mI_{off})$，其中 $n$ 為負載邏輯閘的輸入端數目，而 $m$ 為並接的 OC (OD) 邏輯閘數目，即

$$R_{L(\max)} = \frac{V_{CC} - V_{OH}}{mI_{off} + nI_{IH}}$$

其中 $V_{OH} = V_{IH(\min)} + NM_H$ (期待的雜音邊界)，在 TTL 邏輯族中 $V_{OH} = 2.0 + 0.4 = 2.4$ V。

　　在輸出端的電壓 $V_{OUT}$ 為低電位時，流入 OC (OD) 邏輯閘輸出端的電流為所有負載電流 $I_{IL}$ 與流經負載電阻器 $R_L$ 的電流和。在最壞的情況下，只有一個 OC (OD) 邏輯閘的輸出端為低電位 (其理由將於後面說明)，流經負載電阻器 $R_L$ 的電流必須限制，以避免流經 OC (OD) 邏輯閘輸出端的電流超過 $I_{OL(\max)}$。所以 $R_{L(\min)}$ 為：

$$R_{L(\min)} = \frac{V_{CC} - V_{OL}}{I_{OL} + nI_{IL}}$$

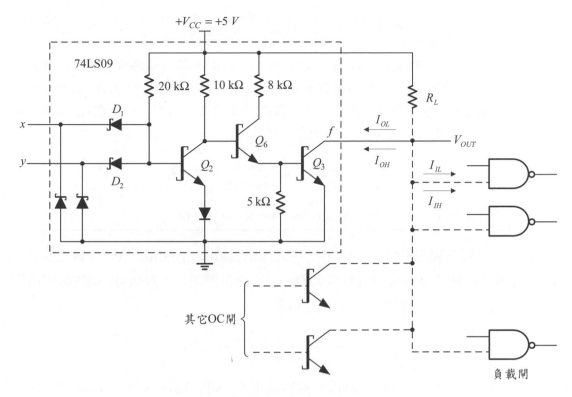

**圖 3.4-2:** TTL 線接 AND 閘

即負載電阻器 $R_L$ 的電阻值必須選在 $R_{L(\min)}$ 與 $R_{L(\max)}$ 之間。

　　下列將分別使用 TTL 與 CMOS 系列邏輯閘為例，說明負載電阻器 $R_L$ 的電阻值決定方法。

### ■ 例題 3.4-1 ($R_L$ 值的決定 — TTL 邏輯族)

　　若在圖 3.4-2 的電路中，有兩個相同的 OC 型 AND 閘 (74LS09) 線接在一起，同時推動五個 74LS00 負載，則負載電阻器 $R_L$ 的值應為多少？

**解:** 當輸出端的電壓 $V_{OUT}$ 為高電位時，負載電阻器 $R_L$ 必須提供足夠的負載電流 $(nI_{IH})$ 與 OC 閘的截止電流 $(mI_{off})$，因此

$$R_{L(\max)} = \frac{V_{CC} - V_{OH}}{mI_{off} + nI_{IH}} = \frac{5 - 2.4}{2 \times 0.1 + 5 \times 0.02} = 8.67 \text{ k}\Omega$$

其中 $V_{OH} = V_{IH(\min)} + NM_H$ (期待的雜音邊界) $= 2.0 + 0.4 = 2.4$ V；$I_{IH} = 20\ \mu A$、$I_{off} = 100\ \mu A$ (max)。

當輸出端的電壓 $V_{OUT}$ 為低電位時，流入 OC 閘輸出端的電流為所有負載電流 $I_{IL}$ 與流經電阻器 $R_L$ 的電流和。在最壞的情況下，只有一個 OC 閘的輸出端為低電位(為何？)，此時流經電阻器 $R_L$ 的電流必須限制，以避免流經該 OC 閘輸出端的電流超過 $I_{OL}$。所以 $R_{L(\min)}$ 為：

$$R_{L(\min)} = \frac{V_{CC} - V_{OL(\max)}}{I_{OL} + nI_{IL}} = \frac{5 - 0.4}{8 + 5(-0.4)} = 767\ \Omega$$

即電阻器 $R_L$ 的電阻值必須選在 767 Ω 與 8.67 kΩ 之間。

---

現在說明在例題 3.4-1 中，決定電阻器 $R_{L(\min)}$ 的電阻值時，假定只有一個 OC 閘的輸出端為低電位的原因。假設在例題中，兩個 OC 閘的輸出端均為低電位，則電阻器 $R_L$ 的電阻值為

$$R_L = \frac{V_{CC} - V_{OL(\max)}}{2I_{OL} + nI_{IL}} = \frac{5 - 0.4}{2 \times 8 + 5(-0.4)} = 329\ \Omega$$

現在若只有一個 OC 閘的輸出端為低電位，則流經該 OC 閘輸出端的電流 $I_C$ 為：

$$I_C = \frac{V_{CC} - V_{OL(\max)}}{R_L} - nI_{IL}$$

$$= \frac{5 - 0.4}{329} - 5(-0.4) = 15.98\ \text{mA} > I_{OL(\max)}$$

結果 $V_{OL}$ 必定昇高而大於 $V_{OL(\max)}$。因此，在決定負載電阻器 $R_{L(\min)}$ 的電阻值時，必須假定只有一個 OC 閘的輸出端為低電位。

### ■ 例題 3.4-2 ($R_L$ 值的決定 — CMOS 邏輯族)

若在圖 3.4-3 的電路中，有兩個相同的 OD 型 NAND 閘 (74HCT09) 線接在一起，同時推動四個 74LS00 負載，則負載電阻器 $R_L$ 的值應為多少？

**解：**當輸出端的電壓 $V_{OUT}$ 為高電位時，負載電阻器 $R_L$ 必須提供足夠的負載電流 $(nI_{IH})$ 與 OD 閘的截止電流 $(mI_{off})$，因此

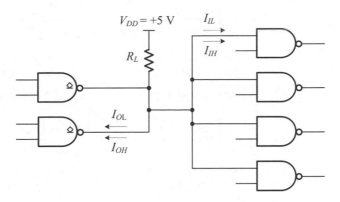

圖 **3.4-3:** CMOS 線接 AND 閘

$$R_{L(\max)} = \frac{V_{CC} - V_{OH}}{m I_{off} + n I_{IH}}$$

$$= \frac{5 - 2.4}{2 \times 0.005 + 4 \times 0.02} = 28.8 \text{ k}\Omega$$

其中 $V_{OH} = V_{IH(\min)} + NM_H$ (期待的雜音邊界) $= 2.0 + 0.4 = 2.4$ V；$I_{IH} = 20\mu$A、$I_{off} = 5\mu$A (max)。

　　當輸出端電壓 $V_{OUT}$ 為低電位時，流入 OD 閘輸出端的電流為所有負載電流 $I_{IL}$ 與流經負載電阻器 $R_L$ 的電流和，因此流經負載電阻器 $R_L$ 的電流必須限制，以避免流入 OD 閘輸出端的電流超過 $I_{OL}$。在最壞的情況下，假設只有一個 OD 閘的輸出端為低電位，所以 $R_L(\min)$ 為：

$$R_{L(\min)} = \frac{V_{CC} - V_{OL(\max)}}{I_{OL} + n I_{IL}}$$

$$= \frac{5 - 0.4}{4 + 4(-0.4)} = 2.08 \text{ } k\Omega$$

即負載電阻器 $R_L$ 的電阻值必須選在 2.08 k$\Omega$ 與 28.8 k$\Omega$ 之間。

✔學習重點

**3-39.** 提升電阻器 ($R_L$) 的電阻值通常由那些因素決定？

**3-40.** 為何在決定 $R_{L(\min)}$ 時必須假定只有一個 OC(OD) 邏輯閘的輸出端為低電位？

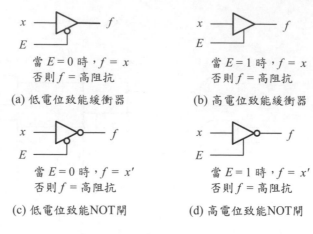

當 $E = 0$ 時，$f = x$
否則 $f$ = 高阻抗

(a) 低電位致能緩衝器

當 $E = 1$ 時，$f = x$
否則 $f$ = 高阻抗

(b) 高電位致能緩衝器

當 $E = 0$ 時，$f = x'$
否則 $f$ = 高阻抗

(c) 低電位致能NOT閘

當 $E = 1$ 時，$f = x'$
否則 $f$ = 高阻抗

(d) 高電位致能NOT閘

**圖 3.4-4:** 三態反相器與緩衝器

## 3.4.3 三態緩衝閘類型與應用

　　三態邏輯閘通常有兩種類型：反相緩衝器 (NOT閘) 與非反相緩衝閘。控制端也有兩種型式：高電位致能 (enable，或稱啟動 active) 與低電位致能。因此組合後，一共有四種類型，如圖 3.4-4 所示。圖 3.4-4(a) 所示電路為一個低電位致能的緩衝器，當致能 ($E$) 輸入端為邏輯0時，輸出端 $f$ 的值與輸入端 $x$ 相同；當致能 ($E$) 輸入端為邏輯1時，輸出端 $f$ 為高阻抗狀態。圖 3.4-4(b) 所示電路為一個高電位致能的緩衝器，當致能 ($E$) 輸入端為邏輯1時，輸出端 $f$ 的值與輸入端 $x$ 相同；當致能 ($E$) 輸入端為邏輯0時，輸出端 $f$ 為高阻抗狀態。

　　圖 3.4-4(c) 所示電路為一個低電位致能的反相緩衝器 (NOT閘)，當致能 ($E$) 輸入端為邏輯0時，輸出端 $f$ 的值為輸入端 $x$ 的反相值 (即 $x'$)；當致能 ($E$) 輸入端為邏輯1時，輸出端 $f$ 為高阻抗狀態。圖 3.4-4(d) 所示電路為一個高電位致能的反相緩衝器，當致能 ($E$) 輸入端為邏輯1時，輸出端 $f$ 的值為輸入端 $x$ 的反相值 (即 $x'$)；當致能 ($E$) 輸入端為邏輯0時，輸出端 $f$ 為高阻抗狀態。

　　三態邏輯閘一般使用在匯流排系統中，匯流排為一組同時連接多個推動器 (driver) 與接收器 (receiver) 的導線 (wire)。例如圖 3.4-5(a) 為一個雙向匯流排控制電路，它可以選擇資料的流向，即當 $D = 0$ 時，資料由輸入端 $A$ 流至

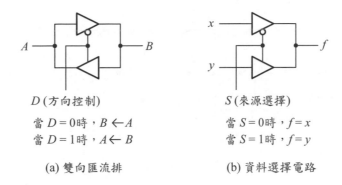

$D$ (方向控制)　　　　　　　　　　$S$ (來源選擇)

當 $D=0$ 時，$B \leftarrow A$　　　　　　當 $S=0$ 時，$f=x$

當 $D=1$ 時，$A \leftarrow B$　　　　　　當 $S=1$ 時，$f=y$

(a) 雙向匯流排　　　　　　　　　　(b) 資料選擇電路

圖 3.4-5: 三態邏輯閘的簡單應用

輸出端 $B$，而當 $D=1$ 時，資料由輸入端 $B$ 流至輸出端 $A$；圖 3.4-5(b) 則為一個匯流排系統，它可以將來自兩個不同地方 ($x$ 與 $y$) 的資料分別送至同一輸出端 $f$ 上，即當 $S=0$ 時，輸出端 $f=x$，而當 $S=1$ 時，輸出端 $f=y$。

✔學習重點

**3-41.** 三態邏輯閘有那些類型？

**3-42.** 三態邏輯閘的控制端信號有那些類型？

### 3.4.4 TTL 與 CMOS 界接

由於 TTL 邏輯族在數位電路中的傳統性地位，因此在任何數位邏輯電路中，當其考慮與其它外界電路界接時，通常以考慮與 TTL 邏輯族之間的界接為限，即其 I/O 電路均設計成與 TTL 邏輯族相匹配的電壓及電流位準。

在實際應用中，由於市面上可以使用的邏輯電路種類相當多，以 TTL 邏輯族而言有 74S、74LS、74F、74AS 與 74ALS 等系列，以 CMOS 邏輯族而言，則較常用者有 74HC/74HCT 與 74AC/74ACT 系列。除了 74HCT 與 74LS 及 74ACT 與 74ALS 等可以直接匹配之外，其它系列彼此之間在界接使用時，由於它們彼此之間的電壓與電流特性不完全相同，因此必須仔細考慮相關的電壓與電流位準的匹配問題。本節中將以 74HC 與 74LS 系列的界接問題為例，討論不同族的邏輯電路在界接使用時應該考慮及解決的問題。

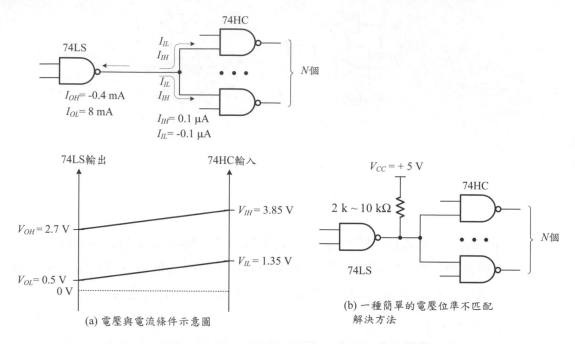

**圖 3.4-6:** 一個 74LS 邏輯閘推動 N 個 74HC 系列邏輯閘

**3.4.4.1 LS-TTL 推動 74HC 系列邏輯閘**  圖3.4-6(a)所示電路為 74LS 系列邏輯閘推動 $N$ 個 74HC 系列邏輯閘的情形。為確保電路能正常地工作，第 3.4.1 節中所討論的四個條件必須同時滿足，即：

1. $0.4 \text{ mA} \geq N \times 0.1 \ \mu\text{A}$      因此 $N = 4000$

2. $8 \text{ mA} \geq N \times 0.1 \ \mu\text{A}$      因此 $N = 8000$

3. $0.5 \text{ V} \leq 1.35 \text{ V}$

4. $2.7 \text{ V} \geq 3.85 \text{ V}$ (不成立)

除了 $V_{OH} \geq V_{IH}$ 的條件無法滿足外，其它條件均可以滿足。解決 $V_{OH}$ 不大於 $V_{IH}$ 的一個最簡單的方法為：在 LS-TTL 邏輯閘的輸出端加上一個 $2 \sim 10$ k$\Omega$ 的提昇電阻器，如圖 3.4-6(b) 所示，或是使用開路集極輸出級的邏輯閘。

**■ 例題 3.4-3 (提昇電阻器)**

(a). 計算圖 3.4-6(b) 中的提昇電阻器 $R$ 的最小電阻值。

(b). 若每一個 CMOS 邏輯閘的輸入電容為 10 pF，計算在提昇電阻器 $R$ 的電阻值為 10 kΩ 與最小電阻值下的提昇電路時間常數。

**解：** (a) 提昇電阻器 $R$ 的最小電阻值為

$$R_{(\min)} = \frac{V_{CC} - V_{OL}}{I_{OL}}$$

$$= \frac{(5 - 0.5)\ \text{V}}{8\ \text{mA}} = 563\ \Omega$$

其中 $V_{OL} = 0.5$ V；$I_{OL} = 8$ mA。

(b) 當 $R = 10$ kΩ，提昇電路的時間常數為

$$RC = 10\ \text{k}\Omega \times 10\ \text{pF} = 100\ \text{ns}$$

當 $R = 563\ \Omega$ 時，提昇電路的時間常數下降為

$$RC = 563\ \Omega \times 10\ \text{pF} = 5.63\ \text{ns}$$

一般而言，使用最小電阻值的提昇電阻器只在需要較快的工作速度的場合，其它場合中，使用 2 kΩ ～ 10 kΩ 電阻值的提昇電阻器已經很足夠。

---

**3.4.4.2　74HC 推動 LS-TTL 系列邏輯閘**　圖 3.4-7 所示電路為 74HC 系列邏輯閘推動 $N$ 個 74LS 系列邏輯閘的情形。和前面的情形一樣，所有電流與電壓位準條件都必須同時滿足，電路才能正常的工作。依圖中數據可以得知，電壓位準條件均可以滿足，但是電流位準條件是否能夠滿足，則由扇出能力 $N$ 值決定，依據扇出的定義：

$$N_L = -\frac{I_{OL}}{I_{IL}} = -\frac{4.0\ \text{mA}}{-0.4\ \text{mA}} = 10$$

而

$$N_H = -\frac{I_{OH}}{I_{IH}} = -\frac{4.0\ \text{mA}}{-20\ \mu\text{A}} = 200$$

所以 $N = \min\{N_L, N_H\} = 10$，即一個 74HC 系列的邏輯閘可以推動十個 74LS 系列的邏輯閘。

✔ **學習重點**

**3-43.** 74HC 系列的邏輯閘是否可以直接推動 74LS 系列的邏輯閘？

**3-44.** 74LS 系列的邏輯閘是否可以直接推動 74HC 系列的邏輯閘？

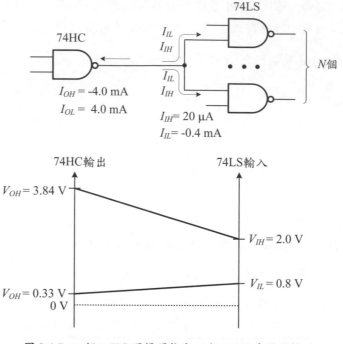

圖 3.4-7: 一個 74HC 邏輯閘推動 N 個 74LS 系列邏輯閘

## 3.4.5　推動 LED 元件

在數位電路中，LED 元件為一個相當普遍使用的顯示元件。此元件基本
上為一個二極體，當有一個足夠大的電流 (約 10 mA 到 20 mA) 流經其間時，
LED 即產生足夠的亮光。

典型的 LED 推動電路如圖 3.4-8 所示，推動邏輯閘可以是開路集 (吸) 極
輸出級的電路或是圖騰柱輸出級的電路，但是不管使用那一種型式的邏輯閘
電路，LED 元件與電源或是接地之間都必須加上一個限流電阻器 $R$，以限制
流經 LED 元件的電流在其安全值範圍內。

限流電阻器 $R$ 的電阻值由下列參數決定：流經 LED 元件的電流、LED 元
件導通時兩端的電壓降、推動邏輯閘的輸出端電壓。如前所述，若希望一個
LED 元件產生滿意的亮度時，需要有 10 mA 的電流流經其間，而此時 LED 元
件稱為在導通狀態，其兩端的電壓降稱為順向偏壓 $(V_{LED(on)})$，其電壓值約為

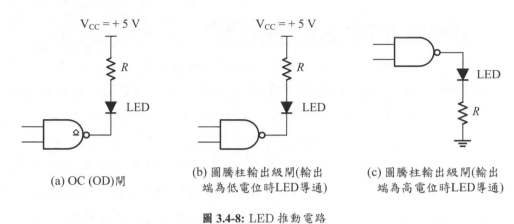

(a) OC (OD)閘

(b) 圖騰柱輸出級閘(輸出
端為低電位時LED導通)

(c) 圖騰柱輸出級閘(輸出
端為高電位時LED導通)

圖 **3.4-8:** LED 推動電路

1.5 V。

■ 例題 **3.4-4 (**限流電阻器 **R** 的電阻值**)**

　　若使用 74ACT 系列的 OD 閘，計算在圖 3.4-8(a) 中的限流電阻器 $R$ 的電阻值。

**解：**在 74ACT 系列中，其 $I_{OL(\max)} = 24$ mA，而 $V_{OL(\max)} = 0.37$ V。由於 $I_{OL(\max)}$ 大於 10 mA，所以可以推動 LED 元件。限流電阻器 $R$ 的電阻值的計算如下：

$$R = \frac{V_{CC} - V_{OL(\max)} - V_{LED(on)}}{I_{LED(on)}} = \frac{5 - 0.37 - 1.5}{10} = 313 \ \Omega$$

假設電源電壓為 5 V。

✔ 學習重點

**3-45.** LED 元件導通時，其端點電壓 $(V_{LED(on)})$ 為多少 V？

**3-46.** 欲使 LED 元件導通而產生足夠的亮光，流經其間的電流必須為多少 mA？

**3-47.** 若將例題 3.4-4 中的電阻器 $R$ 使用一個電阻值大於 313 Ω 的電阻器取代，則可能產生何種結果？

## 3.4.6 LV-CMOS 邏輯電路與界面

近年來由於 VLSI 製程技術的精進，MOS 電晶體元件的大小已經由以往的數個微米 ($\mu$m) 下降到目前的 15 奈米 (nm) 左右。伴隨而來的是 IC 積集密度與操作頻率的大幅提升，晶片的功率消耗 $PD$ ($= C_L V_{DD}^2 f$) 也將隨之升高。若欲維持僅使用散熱片與風扇即可以移除晶片所產生的熱時，晶片的功率消耗必須限定在一個額定的範圍內。如前所述，CMOS 邏輯電路的功率消耗與 $V_{DD}^2$ 成正比，因此降低電源電壓值能有效地降低晶片的功率消耗。另外一個降低電路的電源電壓值的重要因素為：當 MOS 電晶體元件的大小下降之後，其閘極與基質之間的絕緣體 SiO$_2$) 的厚度也隨之減小，因此閘極的操作電壓必須依比率的方式降低，以避免閘極與基質之間的電場強度超出絕緣體 (SiO$_2$) 的最大電場強度，因而造成絕緣體 (SiO$_2$) 的穿透。

為了因應 IC 製造技術的演進，JEDEC (Joint Electron Device Engineering Council，一個 IC 工業標準組織) 確定了五種新型的 CMOS 邏輯電路標準電源電壓：3.3 V $\pm$ 0.3 V、2.5 V $\pm$ 0.2 V、1.8 V $\pm$ 0.15 V、1.5 V $\pm$ 0.1 V、1.2 $\pm$ 0.1 V 等。其中 3.3 V 的電源電壓有兩種規格：

- LVCMOS (low-voltage CMOS)：提供 CMOS 類型的負載邏輯電路的應用環境，因此負載電流相當小 (在 100 $\mu$A 以內)，其 $V_{OL}$ 為 0.2 V 而 $V_{OH}$ 為 3.1 V；
- LVTTL (low-voltage TTL)：提供 TTL 類型的負載邏輯電路的應用環境，其 $V_{OL}$ 為 0.4 V 而 $V_{IH}$ 為 2.4 V。

在這些標準的電源電壓值之下，輸入與輸出的邏輯位準如表 3.4-1 所示。

目前許多 ASIC (application-specific IC) 或是微處理器也使用與上述相同的電源電壓標準，為了降低整個 IC 的功率消耗與能夠與先前的 5-V 標準 CMOS 或是 TTL 邏輯電路相容，這些 IC 通常使用兩種電源電壓：2.5 V 與 3.3 V，其中 2.5 V 提供內部核心電路使用，而 3.3 V 則提供與外部邏輯電路界接的 I/O 電路使用。

**表 3.4-1:** 各種不同電源電壓位準的邏輯族之邏輯位準比較

|  | 5-V CMOS | 5-V TTL | 3.3-V LVTTL | 2.5-V CMOS | 1.8-V CMOS | 1.5-V CMOS | 1.2-V CMOS |
|---|---|---|---|---|---|---|---|
| $V_{CC}$ | 5.0 V | 5.0 V | 3.3 V | 2.5 V | 1.80 V | 1.50 V | 1.20 V |
| $V_{OH}$ | 4.44 V | 2.4 V | 2.4 V | 2.0 V | 1.35 V | 1.15 V | 0.84 V |
| $V_{IH}$ | 3.5 V | 2.0 V | 2.0 V | 1.7 V | 1.17 V | 0.975 V | 0.78 V |
| $V_{th}$ | 2.5 V | 1.5 V | 1.5 V | 1.2 V | 0.90 V | 0.75 V | 0.60 V |
| $V_{OL}$ | 0.5 V | 0.4 V | 0.4 V | 0.4 V | 0.45 V | 0.35 V | 0.36 V |
| $V_{IL}$ | 1.5 V | 0.8 V | 0.8 V | 0.7 V | 0.63 V | 0.525 V | 0.42 V |

## 3.4.7　5-V 相容輸入

　　雖然由表 3.4-1 得知：3.3-V LVTTL 的邏輯位準與 5-V TTL 的邏輯電路相同，但是當一個工作於 5 V 的邏輯閘推動一個工作於 3.3 V 的邏輯閘時，可能無法正確地工作。其原因說明如下：在圖 3.4-9(a) 所示的電路中，輸入端的二極體 $D_1$ 與 $D_2$ 的主要功能為保護輸入端的 nMOS 與 pMOS 電晶體的閘極，以避免由於輸入端感應的高電壓的靜電打穿閘極與基質之間的絕緣體。

　　由電路的分析得知：輸入端的電壓因為二極體 $D_1$ 與 $D_2$ 的箝位作用而介於 $-0.7$ V 與 $+0.7 + V_{DD}$ 之間。因此，當輸入端的電壓 $V_{IN}$ 為 5-V CMOS 邏輯閘的高電位輸出 ($V_{OH} \geq 4.44$ V) 時，二極體 $D_1$ 導通，輸入端與電源端形成一個低電阻值路徑。

　　圖 3.4-9(b) 所示的電路為 5-V 相容的輸入，在這電路中省略了二極體 $D_1$，

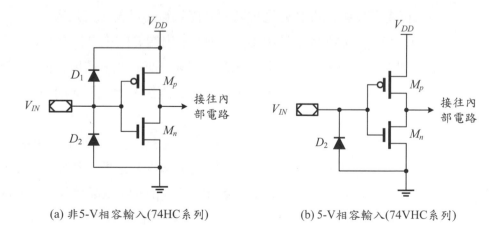

(a) 非5-V相容輸入(74HC系列)　　　　　　　(b) 5-V相容輸入(74VHC系列)

**圖 3.4-9:** CMOS 邏輯電路輸入級電路結構

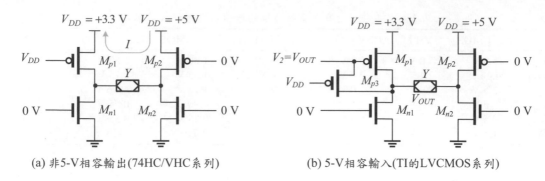

(a) 非5-V相容輸出(74HC/VHC系列)          (b) 5-V相容輸入(TI的LVCMOS系列)

**圖 3.4-10:** CMOS 邏輯電路輸出級電路結構

而二極體 $D_2$ 依然作為負電壓的箝位保護。當然輸入端的 nMOS 與 pMOS 電晶體的閘極與基質之間的絕緣體之絕緣強度也必須大於 5 V。

在商用的 3.3-V LVTTL 數位 IC 中，當它可以直接由標準的 5-V CMOS 邏輯閘推動時，稱為 5-V 相容輸入 (tolerant input)。這項特性通常會在規格資料中敘明。

## 3.4.8 5-V 相容輸出

當兩個分別工作於 3.3-V 與 5-V 的三態邏輯電路的輸出端並接在一起時，5-V 相容輸出 (tolerant output) 也是一個重要的特性。圖 3.4-10(a) 為標準的 CMOS 邏輯閘的三態輸出級電路，其中 nMOS 電晶體 $M_{n1}$ 與 pMOS 電晶體 $M_{p1}$ 在未考慮輸出端 $Y$ 的電位時應該處於截止狀態，但是圖中的 nMOS 電晶體 $M_{n2}$ 截止而 pMOS 電晶體 $M_{p2}$ 導通，輸出端 $Y$ 的電壓值為 5 V，因而 pMOS 電晶體 $M_{p1}$ 因其閘極電壓值為 3.3 V < 5.0 V 而導通，結果經由兩個 pMOS 電晶體 $M_{p1}$ 與 $M_{p2}$ 產生一個低電阻值路徑於兩個電源之間，而有一個穩定的電流 $I$ 流動。

圖 3.4-10(b) 為一個 5-V 相容的輸出級電路，其中使用一個 pMOS 電晶體 $M_{p3}$ 並接在 pMOS 電晶體 $M_{p1}$ 的閘極與輸出端 $Y$ 之間。當輸出端 $Y$ 的電壓值為 5 V 時，pMOS 電晶體 $M_{p3}$ 將導通，而將 pMOS 電晶體 $M_{p1}$ 的閘極電壓提升為 5 V，因此 pMOS 電晶體 $M_{p1}$ 依然維持在截止狀態。

在商用的 3.3-V LVTTL 數位 IC 中，當其輸出端可以直接與標準的 5-V

CMOS 邏輯閘連接在一起時，稱為 5-V 相容輸出。

### 3.4.9 2.5-V 與 1.8-V 邏輯電路

由表 3.4-1 可以得知：在 3.3 V、2.5 V、1.8 V 等三個標準的電源電壓值之下，輸入與輸出的邏輯位準並不相容，因此它們彼此之間的界接使用必須使用特殊的位準轉換電路完成。在目前許多 2.5 V 或是 1.8 V 的商用 ASIC 中，通常其 I/O 電路均內含此種位準轉換電路，以提供一個 3.3 V 相容的輸入與輸出的邏輯位準。

✔學習重點

**3-48.** 試解釋圖 3.4-9(a) 的電路，當 $V_{DD} = 3.3$ V 而輸入端的電壓為 5-V CMOS 的邏輯閘的輸出時，可能發生的問題？

**3-49.** 試定義 5-V 相容輸入與 5-V 相容輸出。

**3-50.** 試解釋圖 3.4-10(a) 所示電路可能發生的問題？

**3-51.** 為何圖 3.4-10(b) 所示的電路可以解決圖 3.4-10(a) 中的問題？

## 3.5 ECL 邏輯族

ECL 邏輯族為目前速度最快的標準數位 IC，其典型的邏輯閘傳播延遲為 1 ns 而時脈頻率可以高達 1 GHz。在 ECL 中，有兩種系列，即 10K 系列與 100K 系列。前者在使用上較普遍，但後者由於電路設計上的改進，具有較優良的電壓轉換特性。

### 3.5.1 射極耦合邏輯閘電路

基本的射極耦合邏輯閘電路如圖 3.5-1 所示，它主要分成兩部分：電流開關 (current switch) 與電壓位準移位電路 (voltage level shifter)，前者提供邏輯電路的功能，而後者將電流開關輸出的邏輯電壓值調整為一個適當的邏輯電壓位準，以提供一個足夠的雜音邊界。

設輸入端的電壓參數：$V_{IL} = 3.5$ V 而 $V_{IH} = 3.9$ V；輸出端的電壓參數：$V_{OL} = 3.0$ V 而 $V_{OH} = 4.3$ V。當輸入端 $x$ 與 $y$ 的電壓值均小於 3.5 V 時，電晶體

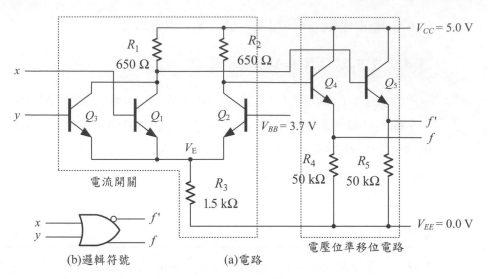

圖 **3.5-1**: 基本射極耦合邏輯閘電路

$Q_1$ 與 $Q_3$ 均截止，而電晶體 $Q_2$ 導通，輸出端 $f$ 的電壓值為 3.0 V，輸出端 $f'$ 的電壓值為 4.3 V。當輸入端 $x$ 或是 $y$ 的電壓值均大於 3.9 V 時，電晶體 $Q_1$ 或是 $Q_3$ 導通，而電晶體 $Q_2$ 截止，輸出端 $f$ 的電壓值為 4.3 V，輸出端 $f'$ 的電壓值為 3.0 V。所以輸出端 $f$ 為 OR 函數，而輸出端 $f'$ 為 NOR 函數。注意：輸出端 $f$ 與 $f'$ 的電壓值永遠是互補的值。

在圖 3.5-1 所示的電路中，輸出端狀態的取出方式有兩種：其一為直接以輸出端 $f$ 或是 $f'$ 的絕對電壓值當作輸出端的狀態，當值為 4.3 V 時為邏輯 1，當值為 3.0 V 時為邏輯 0；其二為使用差動輸出 (differential output) 的方式，當 $f$ 的電壓值大於 $f'$ 時為邏輯 1，當 $f$ 的電壓值小於 $f'$ 時為邏輯 0。此種差動信號的觀念亦可以使用於輸入端，稱為差動輸入 (differential input)，以使整個邏輯電路均使用差動信號，而不是絕對電壓值的信號。

使用差動信號的好處有二：其一為具有較佳的雜訊免疫力，因為雜訊電壓通常是以共模訊號的方式同時出現於差動放大器的輸入端，因而同時影響到兩個輸出端的電壓值，所以當邏輯值是由兩個輸出端的電壓相對值決定時，將較不受雜訊電壓的影響；其二為邏輯值的轉態時序是由輸出端的電壓相對值決定，而不是由一個容易受到溫度或是元件特性影響的臨限電壓值決

定，因此具有較低的信號歪斜現象。基於這兩項主要的特點，大多數的高頻
電路的數位信號傳遞方式通常使用差動信號方式的射極耦合邏輯電路。

✔ 學習重點

**3-52.** 試定義差動輸入與差動輸出。
**3-53.** 試解釋為何差動信號方式通常使用於高頻電路中？

# 3.6　Verilog HD

　　本節中將介紹 Verilog HDL 如何描述在邏輯電路中除了基本邏輯閘之外
的一些與電路相關的特殊特性：開關邏輯元件、三態邏輯閘、線接邏輯等。

## 3.6.1　開關邏輯元件

　　由於 CMOS 技術已經成為目前 VLSI 的主流，在 Verilog HDL 中也定義了
開關邏輯的基本元件，因此可以執行開關邏輯電路的設計與模擬。Verilog
HDL 中的 MOS 開關元件為：**nmos** 與 **pmos** 兩個元件，其引用方式如下：

```
nmos [instance_name](out, in, control);
pmos [instance_name](out, in, control);
```

由於開關元件為 Verilog 的基本函數，因此元件的引用名稱 instance_name 可
以使用也可以不使用。

　　CMOS 開關元件為 **cmos**，其引用方式如下：

```
cmos [instance_name](out, in, ngate, pgate);
```

元件的引用名稱 instance_name 也可以不使用。**cmos** 開關元件也可以使用
**nmos** 與 **pmos** 元件組合來模擬。

　　上述三種開關元件的主要特性是其信號傳遞方向是由吸極到源極或是由
源極到吸極，在某些應用中，也需要一種可以雙向傳送信號的開關元件，稱
為雙向開關 (bidirectional switch)。在 Verilog HDL 中，有三個雙向開關元件：
**tran** (永遠啟動)、**tranif0** (低電位啟動)、**tranif1** (高電位啟動)。其中 **tranif0** 與
**tranif1** 的意義分別為 **tran** if 0 與 1，即當控制信號端分別為 0 與 1 時，其功能
為 **tran**，否則為高阻抗。它們的其引用方式如下：

```
tran    [instance_name](inout1, inout2);
tranif0 [instance_name](inout1, inout2, control);
tranif1 [instance_name](inout1, inout2, control);
```

在使用開關元件設計與描述一個邏輯閘電路時，除了上述的開關元件之外，也必須加入電源與接地信號，這兩種信號源分別使用保留字：**supply1** 與 **supply0** 宣告。

■ **例題3.6-1 (開關元件使用例)**

使用開關邏輯元件描述圖 3.3-10(a) 的 CMOS NAND 邏輯閘。

**解：**完整的程式如程式 3.6-1 所示。兩個 nMOS 電晶體的連接點必須使用保留字 **wire** 宣告為一個 net，稱為 $a$，兩個 nMOS 電晶體才能完成連接。

程式3.6-1  圖 3.3-10(a) 的 Verilog HDL 程式
```
// CMOS NAND gate -- figure 3.3-7(a)
module prog361 (
      input x, y,
      output f );
// internal declaration
supply1  vdd;
supply0  gnd;
wire     a;        // terminal between two nMOS
// the NAND-gate body
   pmos p1 (f, vdd, y); // source connected to vdd
   pmos p2 (f, vdd, x); // parallel connection
   nmos n1 (a, gnd, y); // serial connection
   nmos n2 (f,   a, x); // source connected to ground
endmodule
```

## 3.6.2 三態邏輯閘

在 Verilog HDL 中相當於圖 3.4-4 所示的四種三態反相器與緩衝器的基本函數分別為：**bufif0** (低電位致能緩衝器)、**bufif1** (高電位致能緩衝器)、**notif0** (低電位致能反相器)、**notif1** (高電位致能反相器)。其中 **bufif0/bufif1** 的意義為 **buf** if 0/ 1，即當控制信號端為 0/1 時，其功能為 **buf**，否則為高阻抗；**notif0/notif1** 的意義為 **not** if 0/1，即當控制信號端為 0/1 時，其功能為反相 **buf** (即 **not**)，否則為高阻抗。它們的引用方式如下：

```
     tri_buf_not [instance_name] (out, in, control);
```

其中 `tri_buf_not` 表示上述四種基本函數 {**bufif0**, **bufif1**, **notif0**, **notif1**} 的名稱，`instance_name` 為引用名稱，它可以不使用。

　　當有多個三態邏輯閘的輸出端連接在一起時，必須使用保留字 **tri** (tristate) 宣告該輸出端有多個信號驅動來源。

### ■ 例題 3.6-2 (三態邏輯閘應用例)

　　使用三態邏輯閘描述圖 3.4-5(b) 的資料選擇電路。

**解：**完整的程式如程式 3.6-2 所示。輸出端 *f* 除了宣告為 **output** 外也必須宣告為 **tri**，表示它受到多個信號源驅動。

程式 3.6-2　圖 3.4-5(b) 的資料選擇電路

```verilog
// a 2-to-1 data selector -- figure 3.4-5(b)
module prog362 (
      input x, y, s,
      output tri f);

// the body of the data selector
   bufif0 b1 (f, x, s); // enable if s = 0
   bufif1 b2 (f, y, s); // enable if s = 1
endmodule
```

## 3.6.3　線接邏輯

　　在實際的線接 AND 邏輯電路中，若有一個輸出級的值為 0，則該電路的輸出即為 0；在實際的線接 OR 邏輯電路中，若有一個輸出級的值為 1，則該電路的輸出即為 1。在 Verilog HDL 中，使用保留字 **wand** 與 **wor** 描述線接 AND 與線接 OR 邏輯電路。由於在這種電路中，邏輯閘的輸出級電路的輸出電壓值可能是 0 V、$V_{DD}$，或是一個不確定的值，因此在 Verilog HDL 中使用如表 3.6-1 所示的四個值 {0, 1, $x$, $z$} 的邏輯系統，以描述此種特殊的邏輯電路，其中 $x$ 表示未知值 (unknown)，而 $z$ 表示高阻抗。

　　在 Verilog HDL 中通常使用 net 表示邏輯電路的一個連接點，但是 net 並不是一個保留字。在邏輯電路中，若一個 net 是由許有信號來源驅動時，必須

表 3.6-1: wand/triand 與 wor/trior 的真值表

| triand/ wand | 0 | 1 | $x$ | $z$ | trior/ wor | 0 | 1 | $x$ | $z$ |
|---|---|---|---|---|---|---|---|---|---|
| 0 | 0 | 0 | 0 | 0 | 0 | 0 | 1 | $x$ | 0 |
| 1 | 0 | 1 | $x$ | 1 | 1 | 1 | 1 | 1 | 1 |
| $x$ | 0 | $x$ | $x$ | $x$ | $x$ | $x$ | 1 | $x$ | $x$ |
| $z$ | 0 | 1 | $x$ | $z$ | $z$ | 0 | 1 | $x$ | $z$ |

使用保留字 **tri**、**triand**、**trior**、**wand** 、**wor** 等宣告，而不能使用保留字 **wire** 宣告，否則將造成錯誤的結果。

■ 例題 3.6-3 (WAND 使用例)

使用描述圖 3.3-15(b) 的邏輯電路電路。

**解：**完整的程式如程式 3.6-3 所示。輸出端 $f$ 除了宣告為 **output** 外也必須宣告為 **wand**，表示它為線接 AND 邏輯。

程式 3.6-3　圖 3.3-15(b) 的 Verilog HDL 程式

```
// a wired-AND logic gate-- figure 3.3-13
module prog363 (
      input w, x, y, z,
      output wand f);

// the wired-AND logic gate
   nand n1 (f, w, x);
   nand n2 (f, y, z);
endmodule
```

✔ 學習重點

**3-54.** 在 Verilog HDL 中，MOS 與 CMOS 開關邏輯元件各有那些？

**3-55.** 撰寫一個 Verilog HDL 模組，描述圖 3.3-11 的 NOR 邏輯閘。

**3-56.** 在 Verilog HDL 中，有那幾個三態邏輯閘？

**3-57.** 撰寫一個 Verilog HDL 模組，描述圖 3.4-5 的雙向匯流排。

**3-58.** 在 Verilog HDL 中，如何描述線接 AND 與線接 OR 邏輯電路？

# 參考資料

1. K. G. Gopalan, *Introduction to Digital Microelectronic Circuits,* Chicago: IRWIN, 1996.

2. D. A. Hodges and H. G. Jackson, *Analysis and Design of Digital Integrated Circuits,* 2nd ed., New-York: McGraw-Hill, 1988.

3. M. B. Lin, *Digital System Designs and Practices: Using Verilog HDL and FPGAs,* John Wiley & Sons, 2008.

4. M. B. Lin, *Introduction to VLSI Systems: A Logic, Circuit, and System Perspective,* CRC Press, 2012.

5. Motorola, *MECL Integrated Circuits,* Motorola Inc., Phoenix, Ariz., 1978.

6. Texas Instrument, *The TTL Data Book,* Texas Instrument Inc., Dallas, Texas, 1986.

7. D. Schilling and C. Belove, *Electronic Circuits: Discrete and Integrated Circuits,* 2nd ed., New-York: McGraw-Hill, 1979.

8. J. F. Wakerly, *Digital Design: Principles and Practices,* 3rd ed., Upper Saddle River, New Jersey: Prentice-Hall, 2000.

# 習題

**3-1** 74HC 系列的典型電壓轉換特性值為：$V_{OH} = 4.4$ V；$V_{OL} = 0.1$ V；$V_{IH} = 3.85$ V；$V_{IL} = 1.35$ V，則當兩個相同的反相器串接時，其 $NM_L$ 與 $NM_H$ 分別為多少？

**3-2** 計算圖 3.2-7(a) 的 NOT 閘電路的雜音邊界。

**3-3** 將圖 3.2-7(a) 的 NOT 閘電路中的各個電阻器的電阻值分別改為下列數值：$R_1 = 40\ k\Omega$，$R_2 = 12\ k\Omega$，$R_3 = 20\ k\Omega$，而 $R_4 = 500\ \Omega$。

(1) 試繪出電壓轉換特性，並求出各個轉折點的電壓值。

(2) 計算其雜音邊界。

**3-4** 若某一個 TTL 邏輯閘的規格如下：在 $V_{OL} \leq 0.4$ V 時，其 $I_{OL(\max)} = 12$ mA 而在 $V_{OH} \geq 2.4$ V 時，$I_{OH(\max)} = -6$ mA；在 $V_{IN} = 2.4$ V 時，$I_{IH(\max)} = 100\ \mu A$ 而在 $V_{IN} = 0.4$ V 時，$I_{IL(\max)} = -0.8$ mA，則該邏輯閘在低電位與高電位狀態下的扇出數各為多少？

**3-5** 圖 P3.1 為一個積體電路中的反相器電路，試使用下列資料：$V_{BE(on)} = 0.7 \, \text{V}$，$V_{BE(sat)} = 0.8 \, \text{V}$，$V_{CE(sat)} = 0.1 \, \text{V}$，$\beta_F = 20$，而 $\beta_R = 0.2$。

(1) 求出該電路的電壓轉換特性，並求出各個轉折點的電壓值。

(2) 計算在 $NM_L = NM_H$ 的扇出數。

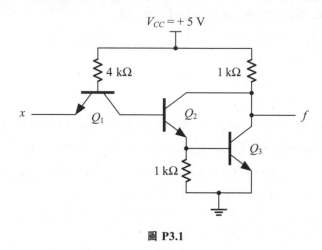

**圖 P3.1**

**3-6** 圖 P3.2 的電路為一個線接 -AND 電路，試求其輸出函數的交換表式，並利用 DeMorgan 定理轉換為 AND 形式。

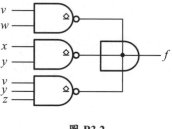

**圖 P3.2**

**3-7** 下面為有關於 CMOS 邏輯閘的問題：

(1) 繪出一個 3 個輸入端的 NAND 閘。

(2) 繪出一個 3 個輸入端的 NOR 閘。

**3-8** 下面為有關於 CMOS 邏輯閘的問題：

(1) 繪出一個 2 個輸入端的 AND 閘。

(2) 繪出一個 2 個輸入端的 OR 閘。

**3-9** 使用 CMOS 電路，設計圖 P3.3 中的邏輯閘：

(1) 求出圖 P3.3(a) 的 AOI21 的交換函數，並執行該邏輯閘。

(2) 求出圖 P3.3(b) 的 AOI22 的交換函數，並執行該邏輯閘。

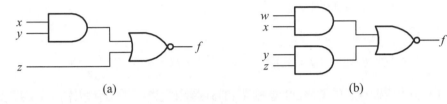

(a)　　　　　　　　　　　　　　　　　　　(b)

**圖 P3.3**

**3-10** 使用 CMOS 電路，設計圖 P3.4 中的邏輯閘：

(1) 求出圖 P3.4(a) 的 OAI21 的交換函數，並執行該邏輯閘。

(2) 求出圖 P3.4(b) 的 OAI22 的交換函數，並執行該邏輯閘。

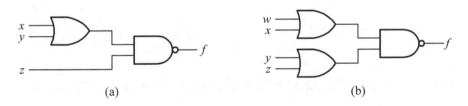

(a)　　　　　　　　　　　　　　　　　　　(b)

**圖 P3.4**

**3-11** 使用 CMOS 電路，設計與執行下列各交換函數：

(1) $f(w,x,y,z) = (wxyz)'$

(2) $f(w,x,y,z) = (w+x+y+z)'$

(3) $f(w,x,y,z) = [(w+x)(y+z)]'$

(4) $f(w,x,y,z) = (wxy+z)'$

**3-12** 使用 CMOS 電路，設計與執行下列各交換函數：

(1) $f(w,x,y,z) = [(w+x)y+wx]'$

(2) $f(w,x,y,z) = [(wx+y)z]'$

(3) $f(w,x,y,z) = (wx+yz)'$

(4) $f(w,x,y,z) = [(w+x)y+x(y+z)]'$

**3-13** 使用多個 CMOS 電路組合，設計與執行下列各交換函數：

(1) $f(x,y) = xy'+x'y$

(2) $f(x,y) = xy+x'y'$

(3) $f(x,y,z) = xy'z'+x'y'z+x'yz'+xyz$

**3-14** 分析圖 P3.5 的 CMOS 傳輸閘 (TG) 邏輯電路，寫出輸出 $f$ 的交換表式。

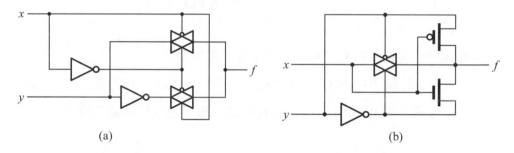

(a)                                            (b)

**圖 P3.5**

**3-15** 分析圖 P3.6 的 CMOS 傳輸閘邏輯電路，寫出輸出 $f$ 的交換表式。

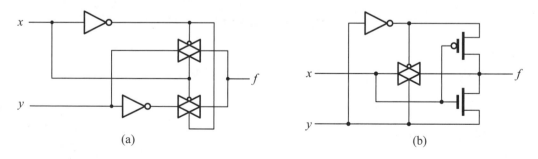

(a)                                            (b)

**圖 P3.6**

**3-16** 分析圖 P3.7 的 CMOS 傳輸閘邏輯電路，寫出輸出 $f_1$ 與 $f_2$ 的交換表式。

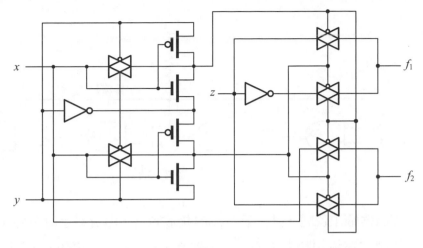

圖 P3.7

**3-17** 使用 CMOS 傳輸閘，設計與實現下列各交換函數電路 (假設輸出端不使用反相器)：

(1) $f(x,y,z) = xy + x'y' + xy'z'$

(2) $f(x,y,z) = xyz' + xy'z + x'yz$

(3) $f(w,x,y,z) = \Sigma(0,2,4,6,8,10,12,14)$

(4) $f(w,x,y,z) = \Sigma(1,3,5,7,9,11,13,15)$

**3-18** 簡答下列各題：

(1) 為何在設計數位系統時，不會將所有反耦合電容器置於 PCB (printed-circuit board) 中的同一個角落？

(2) 為何一個 CMOS 邏輯閘當其負載邏輯閘亦為 CMOS 電路時，其扇出數目不受推動閘的 DC 特性限制？

(3) 為何在三態輸出級邏輯閘的電路設計上，均將其關閉的時間設計成較開啟的時間為快？

**3-19** 圖 P3.8 所示為一個開路集極輸出級的邏輯閘電路用以推動一個共用的匯流排，試解釋其動作原理。

**3-20** 在某一個數位系統中，每一個電路模組均使用一個 74LS125 的三態輸出級的

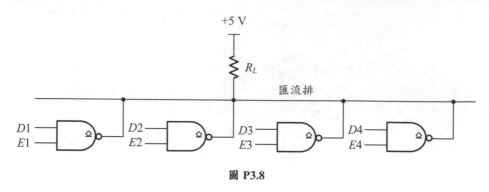

圖 P3.8

緩衝器輸出資料,與一個74LS04接收資料。由資料手冊中得知當 74LS125 致
能時的電流規格為: $I_{OL(\max)} = 24$ mA、$I_{OH(\max)} = -2.6$ mA、$I_{IH(\max)} = 20$ $\mu$A、
$I_{IL(\max)} = -20$ $\mu$A,輸出端的漏電流 $I_{OL(leakage)}$ 在高電位時為 20 $\mu$A,在低電
位時為 -20 $\mu$A。試問最多可以有多少個電路模組連接成為一個匯流排系統?

**3-21** 圖 P3.9 為 ECL 的線接 -OR 電路,試求其各輸出交換函數 $f$ 的交換表式。

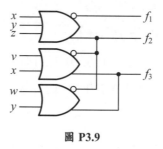

圖 P3.9

**3-22** 參考程式 3.6-1,試撰寫一個 Verilog HDL 程式,描述圖 3.3-11(a) 的邏輯電路。

**3-23** 參考程式 3.6-2,試撰寫一個 Verilog HDL 程式,描述圖 3.4-5(b) 的邏輯電路。

**3-24** 試撰寫一個 Verilog HDL 程式,描述圖 3.3-16(a) 的邏輯電路。

**3-25** 使用 MOS 開關元件,撰寫一個 Verilog HDL 程式,描述 CMOS 傳輸閘。

# 4 交換函數化簡

雖然標準 SOP 與 POS 型式可以唯一的表示一個交換函數，但是使用標準型式執行一個交換函數通常不是最經濟與實用的方式。因為以標準型式 (SOP 或是 POS) 執行時，執行每一個 (乘積項或和) 項之邏輯閘的扇入數目恰好與該交換函數的交換變數的數目相同，但是實際上的邏輯閘的扇入能力是有限制的，因而不切合實際的情況。其次，若一個交換函數能夠以較少的乘積項或是和項表示時，執行該交換函數所需要的邏輯閘數目將較少，因而成本較低。所以一般在執行一個交換函數之前，皆先依據一些準則 (在第 4.1.1 節中介紹) 加以簡化。本章中將討論下列幾種常用的化簡方法： (l) 卡諾圖 (Karnaugh map) 法；(2) 列表法 (tabular method)；(3) 變數引入圖 (variable-entered map) 法；與 (4) 多輸出交換函數化簡 (multiple-output minimization)。

## 4.1 基本概念

在設計數位電路 (或系統) 時，電路的成本通常由交換函數的表示形式與使用的邏輯元件決定。例如使用基本邏輯閘執行一個交換函數時，該交換函數最好能以最少數目的變數與乘積項 (或和項) 表示，以減少使用的邏輯閘數目和邏輯閘的扇入數目。如第 3.1.3 節所定義，扇入數目是指一個邏輯閘所能外加的獨立輸入端的數目。若是使用多工器 (第 6.3.3 節) 執行時，則交換函數最好表示為標準 SOP 型式。因此，在設計一個交換函數的邏輯電路時，該交換函數是否需要化簡，完全由執行該交換函數的邏輯元件決定 (邏輯電路的設計與執行，請參閱第 5 章與第 6 章)。

## 4.1.1　簡化準則

所謂的簡化(minimization)即是將一個交換函數 $f(x_{n-1}, \cdots, x_1, x_0)$ 表示為符合某些簡化準則 (minimality criteria) 之下的另外一個在邏輯值上等效的交換函數 $g(x_{n-1}, \cdots, x_1, x_0)$。一般常用的簡化準則如下：

### ■ 定義 4.1-1: 簡化準則

1. 出現的字母變數數目最少；
2. 在 SOP (或是 POS) 表式中，出現的字母變數數目最少；
3. 在 SOP(或是 POS) 表式中，乘積項(或是和項)的數目最少(假設沒有其它具有相同數目的乘積項(或是和項)但具有較少數目的字母變數的表式存在)。

在本章中，將以第三個準則為所有簡化方法的標準。

為說明第三個準則的詳細意義，假設交換函數 $f(x_{n-1}, \cdots, x_1, x_0)$ 表示為 SOP 型式，並且設 $q_f$ 表示交換函數 $f$ 的字母變數數目，$p_f$ 表示交換函數 $f$ 中的乘積項數目。對於交換函數 $f$ 的兩個不同的表示式 $f$ 與 $g$ 而言，當 $q_g \leq q_f$ 而且 $p_g \leq p_f$ 時，若沒有其它和 $f$ 等效的較簡表示式，則 $g$ 為最簡表式(minimal expression)。

### ■ 例題 4.1-1 (簡化準則)

在下列兩個 $f(w,x,y,z) = \Sigma(2,6,7,13,15)$, 的交換表式中，試依上述簡化準則，說明 $g$ 較 $f$ 為簡化。

$$f(w,x,y,z) = w'x'yz' + w'xyz' + w'xyz + wxy'z + wxyz$$
$$g(w,x,y,z) = w'yz' + w'xy + wxz$$

**解**：因為 $q_f = 20$ 而 $p_f = 5$，但是 $q_g = 9$ 而 $p_g = 3$，所以 $q_f > q_g$ 而且 $p_f > p_g$，即 $g$ 較 $f$ 為簡化。

✔學習重點

**4-1.** 一般常用的簡化準則有那些？

**4-2.** 試定義一個交換函數的最簡表式。

## 4.1.2 代數運算化簡法

一般而言，任何一個交換函數都可以藉著代數(指交換代數)運算而重覆地使用下列定理：邏輯相鄰定理($xy + xy' = x$)、等冪性($x + x = x$)、一致性定理($xy + x'z + yz = xy + x'z$)等(表 2.1-1)，獲得最簡表式。

## ■ 例題 4.1-2 (最簡表式)

試求下列交換函數的最簡 SOP 表式

$$f(x, y, z) = \Sigma(0, 2, 3, 4, 5, 7)$$

**解：** $f(x, y, z)$ 可以表示為

$$f(x, y, z) = \Sigma(0, 2, 3, 4, 5, 7)$$

$$= \underbrace{x'y'z'}_{\downarrow} + \underbrace{x'yz'}_{\downarrow} + \underbrace{x'yz}_{\downarrow} + \underbrace{xy'z'}_{\downarrow} + \underbrace{xy'z}_{\downarrow} + \underbrace{xyz}_{\downarrow}$$
$$\quad\quad m_0 \quad\quad m_2 \quad\quad m_3 \quad\quad m_4 \quad\quad m_5 \quad\quad m_7$$

現在分三種情況討論

(1)將 $m_0$ 與 $m_7$，加入 $f(x, y, z)$ 後

$$f(x, y, z) = \Sigma(0, 2, 3, 4, 5, 7)$$

$$= \underbrace{x'y'z'}_{\downarrow} + \underbrace{x'yz'}_{\downarrow} + \underbrace{x'y'z'}_{\downarrow} + \underbrace{xy'z'}_{\downarrow} + \underbrace{x'yz}_{\downarrow} + \underbrace{xyz}_{\downarrow} + \underbrace{xy'z}_{\downarrow} + \underbrace{xyz}_{\downarrow}$$
$$\quad m_0 \quad\quad m_2 \quad\quad m_0 \quad\quad m_4 \quad\quad m_3 \quad\quad m_7 \quad\quad m_5 \quad\quad m_7$$

將 $m_0$ 與 $m_2$、$m_0$ 與 $m_4$、$m_3$ 與 $m_7$、$m_5$ 與 $m_7$ 組合後得到：

$$f(x, y, z) = x'z'(y' + y) + (x' + x)y'z' + (x' + x)yz + xz(y' + y)$$
$$= x'z' + y'z' + yz + xz$$

(2)將 $m_0$ 與 $m_2$、$m_4$ 與 $m_5$、與 $m_3$ 與 $m_7$ 組合後得到：

$$f(x,y,z) = x'z'(y'+y) + xy'(z'+z) + (x'+x)yz$$
$$= x'z' + xy' + yz$$

(3)將 $m_0$ 與 $m_4$、$m_2$ 與 $m_3$、與 $m_5$ 與 $m_7$ 組合後得到：

$$f(x,y,z) = (x'+x)y'z' + x'y(z'+z) + x(y'+y)z$$
$$= y'z' + x'y + xz$$

因此 $f(x,y,z)$ 經由不同的乘積項組合後，得到不同的結果。即

$$f(x,y,z) = x'z' + y'z' + yz + xz$$
$$= x'z' + xy' + yz$$
$$= y'z' + x'y + xz$$

這些表式皆為 $f(x,y,z)$ 的不重覆(irredundant，或irreducible expression)表式，但是只有最後兩個為最簡式。

　　一般而言，當一個SOP表式(或是POS表式)中，將任何一個字母變數或乘積項(或和項) 刪除後，結果表示式的邏輯值即改變時，該 SOP (或是 POS)表式稱為不重覆表式。由前面例題可以得知：一個不重覆表式不一定是最簡式，而且最簡表式也不一定是唯一的，但是最簡式必定是不重覆表式。

　　若在一個交換函數的表式中，有四個最小項中除了兩個變數不同外，所有變數均相同，而且這四個最小項恰好為這兩個變數的四種不同的組合時，這四個最小項可以合併成一項並且消去該兩個變數。

### ■ 例題 4.1-3 (四個相鄰的最小項)

　　化簡下列交換函數：

(a) $f_1(w,x,y,z) = \Sigma(0,1,4,5)$

(b) $f_2(w,x,y,z) = \Sigma(0,4,8,12)$

**解：**(a) $f_1(w,x,y,z)$ 的化簡如下：

$$f_1(w,x,y,z) = \Sigma(0,1,4,5)$$
$$= w'x'y'z' + w'x'y'z + w'xy'z' + w'xy'z$$

$$= w'y'(x'z' + x'z + xz' + xz)$$
$$= w'y'A$$

而

$$A = x'z' + x'z + xz' + xz$$
$$= (x'z' + x'z) + (xz' + xz)$$
$$= x'(z' + z) + x(z' + z)$$
$$= x' + x = 1$$

所以，$f_1(w,x,y,z) = w'y'$。

(b)$f_2(w,x,y,z)$ 的化簡如下：

$$f_2(w,x,y,z) = \Sigma(0,4,8,12)$$
$$= w'x'y'z' + w'xy'z' + wx'y'z' + wxy'z'$$
$$= (w'x' + w'x + wx' + wx)y'z'$$
$$= Ay'z'$$

而

$$A = w'x' + w'x + wx' + wx$$
$$= (w'x' + w'x+) + (wx' + wx)$$
$$= w'(x' + x) + w(x' + x)$$
$$= w' + w = 1$$

所以，$f_2(w,x,y,z) = y'z'$。

---

若在一個交換函數的表式中，有八個最小項除了三個變數不同外，所有變數均相同，而且這八個最小項恰好為這三個變數的八種不同的組合時，這八個最小項可以合併成一項，並且消去該三個變數。

■ 例題 4.1-4 (八個相鄰的最小項)

化簡下列交換函數：

(a) $f_1(w,x,y,z) = \Sigma(1,3,5,7,9,11,13,15)$

(b) $f_2(w,x,y,z) = \Sigma(4,5,6,7,12,13,14,15)$

**解**：(a) $f_1(w,x,y,z)$ 的化簡如下：

$$f_1(w,x,y,z) = \Sigma(1,3,5,7,9,11,13,15)$$
$$= w'x'y'z + w'x'yz + w'xy'z + w'xyz + wx'y'z + wx'yz + wxy'z + wxyz$$
$$= (w'x'y' + w'x'y + w'xy' + w'xy + wx'y' + wx'y + wxy' + wxy)z$$
$$= [(w'x'y' + w'xy' + wx'y' + wxy') + (w'x'y + w'xy + wx'y + wxy)]z$$
$$= [(w'x' + w'x + wx' + wx)y' + (w'x' + w'x + wx' + wx)y]z$$
$$= (y' + y)z = z$$

所以 $f_1(w,x,y,z) = z$。

(b) $f_2(w,x,y,z)$ 的化簡如下：

$$f_2(w,x,y,z) = \Sigma(4,5,6,7,12,13,14,15)$$
$$= w'xy'z' + w'xy'z + w'xyz' + w'xyz + wxy'z' + wxy'z + wxyz' + wxyz$$
$$= (w'y'z' + w'y'z + w'yz' + w'yz + wy'z' + wy'z + wyz' + wyz)x$$
$$= [w'(y'z' + y'z + yz' + yz) + w(y'z' + y'z + yz' + yz)]x$$
$$= (w' + w)x = x$$

所以 $f_2(w,x,y,z) = x$。

---

　　一般而言，在 $n$ 個變數的交換函數表式中，若有 $2^m$ 個最小項中，除了 $m$ 個變數不同外，所有其它變數均相同，而且這 $2^m$ 個最小項恰好為這 $m$ 個變數的所有不同的組合時，這些 $2^m$ 個最小項可以合併成一個具有 $(n-m)$ 個字母變數的乘積項 (product term)。

　　雖然，任何交換函數表式都可以藉著布林 (交換) 代數定理加以簡化，但是由前面的三個例題可以得知：

1. 當變數的數目或是最小項的數目增加時，應用布林 (交換) 代數定理化簡一個交換表式時，困難度隨之增加；
2. 在應用布林代數的運算過程中，沒有特定的規則可以遵循；
3. 無法明確地得知是否已經獲得最簡式 (例如例題 4.1-2)。

因此，在其次各節中將介紹兩種較有系統的化簡方法：卡諾圖法 (Karnaugh map) 與列表法 (tabular method)。

✔學習重點

**4-3.** 試定義不重覆表式。

**4-4.** 試說明不重覆表式與最簡表式的關係。

# 4.2 卡諾圖化簡法

　　卡諾圖其實是一個交換函數真值表的一種圖形表示方法。利用這種圖形表示方法，每一個最小項與其相鄰的最小項，即可以輕易地呈現在相鄰的幾何位置上。這裡所謂的相鄰 (adjacent) 意即兩個最小項僅有一個字母變數不同。當然，利用卡諾圖化簡一個交換表式時，所用的基本原理依然是 $Ax + Ax' = A$ (相鄰定理)。此外，卡諾圖和真值表一樣，原則上可以應用到任意個變數的交換函數中，但是由於多維的幾何圖形很難在平面上展現，一般卡諾圖只應用在六個變數以下的場合。

## 4.2.1 卡諾圖

　　每一個 $n$ 個變數的卡諾圖都是由 $2^n$ 個格子(cell) 組合而成，其中每一個格子恰好表示 $n$ 個變數中一個可能的組合 (即最小項或是最大項)。同時，所有最小項(最大項) 與其所有相鄰的最小項(最大項) 在圖形中的排列方式，恰好在相鄰的格子上。因此，利用一些基本的圖形，即可以獲得交換函數的最簡式。

　　交換函數與卡諾圖的對應關係如下：若一個交換函數 $f$ 表示為標準 SOP型式時，將所有最小項與卡諾圖上對應的格子設定為 1，而卡諾圖上剩餘的格子則全部設定為 0；若一個交換函數 $f$ 表示為標準 POS 型式時，將所有最大項與卡諾圖上對應的格子設定為 0，而卡諾圖上剩餘的格子則全部設定為 1。

　　在卡諾圖中，值為 1 的格子，稱為 1-格子 (1-cell)；值為 0 的格子，稱為 0-格子 (0-cell)。兩個格子若其對應的二進制組合恰好只有一個位元的值不相同時，稱為相鄰 (adjacency)。當兩個 1-格子 (0- 格子) 相鄰時，表示對應的最小項(最大項) 之間有一個變數是重覆的，可以消去。當四個 1-格子 (0-格子)

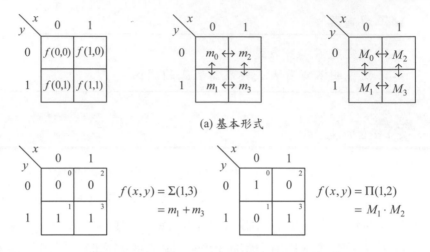

(a) 基本形式

$f(x,y) = \Sigma(1,3)$
$= m_1 + m_3$

$f(x,y) = \Pi(1,2)$
$= M_1 \cdot M_2$

(b)  交換函數與卡諾圖的對應例

**圖 4.2-1:** 兩個變數的卡諾圖

相鄰時，表示每一個 1-格子 (0-格子) 均與其它兩個 1-格子 (0-格子) 相鄰，其對應的最小項 (最大項) 之間有兩個變數是多餘的，可以消去。一般而言，當 $2^m$ 個 1-格子 (0-格子) 相鄰時，表示每一個 1- 格子 (0-格子) 均與 $m$ 個 1-格子 (0-格子) 相鄰，對應的最小項 (最大項) 之間有 $m$ 個變數是多餘的，可以消去。因此，化簡成一個 $n-m$ 個變數的乘積項 (和項)。

**4.2.1.1  兩個變數卡諾圖** 兩個變數的卡諾圖如圖 4.2-1 所示。由於有兩個交換變數，所以一共有四個最小項與四個最大項，這些最小項與最大項在卡諾圖中的對應格子如圖 4.2-1(a) 所示。圖 4.2-1(b) 說明一個交換函數如何與卡諾圖對應。在兩個變數的卡諾圖中，每一個最小項 (最大項) 都與另外兩個最小項 (最大項) 相鄰，如圖 4.2-1(a) 中的 "↔" 所示。表 4.2-1 列出兩個變數下，所有最小項 (最大項) 及與其相鄰的所有最小項 (最大項)。

**4.2.1.2  三個變數卡諾圖** 三個變數的卡諾圖如圖 4.2-2 所示。由於有三個交換變數，所以一共有八種不同的組合，即一共有八個最小項與八個最大項。這些最小項與最大項在卡諾圖中的對應格子加圖 4.2-2(a) 所示。圖 4.2-2(b) 說明一個交換函數如何與卡諾圖對應。在三個變數的卡諾圖中，每一個最小項

**表 4.2-1:** 兩個變數卡諾圖的相鄰性

| 最小項 | 相鄰的最小項 | 最大項 | 相鄰的最大項 |
| --- | --- | --- | --- |
| $m_0$ | $m_1, m_2$ | $M_0$ | $M_1, M_2$ |
| $m_1$ | $m_0, m_3$ | $M_1$ | $M_0, M_3$ |
| $m_2$ | $m_0, m_3$ | $M_2$ | $M_0, M_3$ |
| $m_3$ | $m_1, m_2$ | $M_3$ | $M_1, M_2$ |

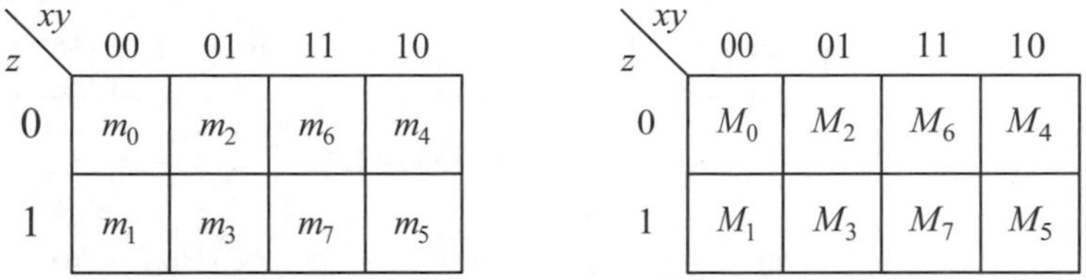

(a) 基本形式

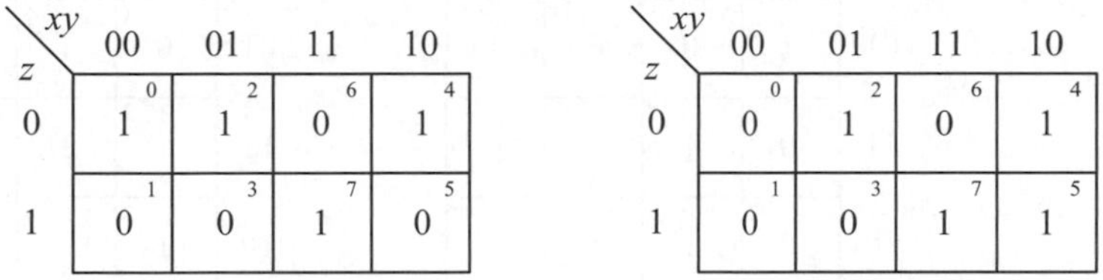

$$f(x, y, z) = \Sigma(0,2,4,7)$$
$$= m_0 + m_2 + m_4 + m_7$$

$$f(x, y, z) = \Pi(0,1,3,6)$$
$$= M_0 \cdot M_1 \cdot M_3 \cdot M_6$$

(b)　交換函數與卡諾圖的對應例

**圖 4.2-2:** 三個變數的卡諾圖

(最大項) 都與另外三個最小項 (最大項) 相鄰。表 4.2-2 列出三個變數下，所有最小項 (最大項) 及與其相鄰的所有最小項 (最大項)。

**表 4.2-2:** 三個變數卡諾圖的相鄰性

| 最小項 | 相鄰的最小項 | 最大項 | 相鄰的最大項 |
| --- | --- | --- | --- |
| $m_0$ | $m_1, m_2, m_4$ | $M_0$ | $M_1, M_2, M_4$ |
| $m_1$ | $m_0, m_3, m_5$ | $M_1$ | $M_0, M_3, M_5$ |
| $m_2$ | $m_0, m_3, m_6$ | $M_2$ | $M_0, M_3, M_6$ |
| $m_3$ | $m_1, m_2, m_7$ | $M_3$ | $M_1, M_2, M_7$ |
| $m_4$ | $m_0, m_5, m_6$ | $M_4$ | $M_0, M_5, M_6$ |
| $m_5$ | $m_1, m_4, m_7$ | $M_5$ | $M_1, M_4, M_7$ |
| $m_6$ | $m_2, m_4, m_7$ | $M_6$ | $M_2, M_4, M_7$ |
| $m_7$ | $m_3, m_5, m_6$ | $M_7$ | $M_3, M_5, M_6$ |

| wx<br>yz | 00 | 01 | 11 | 10 |
|---|---|---|---|---|
| 00 | $m_0$ | $m_4$ | $m_{12}$ | $m_8$ |
| 01 | $m_1$ | $m_5$ | $m_{13}$ | $m_9$ |
| 11 | $m_3$ | $m_7$ | $m_{15}$ | $m_{11}$ |
| 10 | $m_2$ | $m_6$ | $m_{14}$ | $m_{10}$ |

| wx<br>yz | 00 | 01 | 11 | 10 |
|---|---|---|---|---|
| 00 | $M_0$ | $M_4$ | $M_{12}$ | $M_8$ |
| 01 | $M_1$ | $M_5$ | $M_{13}$ | $M_9$ |
| 11 | $M_3$ | $M_7$ | $M_{15}$ | $M_{11}$ |
| 10 | $M_2$ | $M_6$ | $M_{14}$ | $M_{10}$ |

(a) 基本形式

| wx<br>yz | 00 | 01 | 11 | 10 |
|---|---|---|---|---|
| 00 | 0 (0) | 0 (4) | 1 (12) | 0 (8) |
| 01 | 1 (1) | 0 (5) | 1 (13) | 1 (9) |
| 11 | 0 (3) | 1 (7) | 1 (15) | 0 (11) |
| 10 | 0 (2) | 1 (6) | 1 (14) | 0 (10) |

| wx<br>yz | 00 | 01 | 11 | 10 |
|---|---|---|---|---|
| 00 | 1 (0) | 0 (4) | 0 (12) | 0 (8) |
| 01 | 0 (1) | 1 (5) | 1 (13) | 1 (9) |
| 11 | 1 (3) | 1 (7) | 0 (15) | 1 (11) |
| 10 | 1 (2) | 0 (6) | 1 (14) | 1 (10) |

$f(w,x,y,z) = \Sigma(1,6,7,9,12,14,15)$
$= m_1 + m_6 + m_7 + m_9 + m_{12} + m_{14} + m_{15}$

$f(w,x,y,z) = \Pi(1,4,6,8,12,15)$
$= M_1 \cdot M_4 \cdot M_6 \cdot M_8 \cdot M_{12} \cdot M_{15}$

(b) 交換函數與卡諾圖的對應例

**圖 4.2-3:** 四個變數的卡諾圖

### 4.2.1.3 四個變數卡諾圖

四個變數的卡諾圖如圖 4.2-3 所示。由於有四個交換變數，所以一共有十六種不同的組合，即一共有十六個最小項與十六個最大項。這些最小項與最大項在卡諾圖中的對應格子如圖 4.2-3(a) 所示。圖 4.2-3(b) 說明一個交換函數如何與卡諾圖對應。在四個變數的卡諾圖中，每一個最小項 (最大項) 都與另外四個最小項 (最大項) 相鄰。一般而言，在一個 $n$ 個變數的卡諾圖中，每一個最小項 (最大項) 恰好與 $n$ 個其它的最小項 (最大項) 相鄰。

### 4.2.1.4 交換函數的補數函數、和與積函數

如前所述，由真值表求取一個交換函數 $f$ 的補數函數時，僅需將真值表中的函數值取補數即可。由真值表求

取兩個交換函數 $f$ 與 $g$ 的和函數與積函數時，只需要將交換函數 $f$ 與 $g$ 的真值表中的值分別做 OR 與 AND 運算即可。因此，若交換函數 $f_1(x_{n-1}, \cdots, x_1, x_0)$ 與 $f_2(x_{n-1}, \cdots, x_1, x_0)$ 分別表示為：

$$f_1 = \sum_{i=0}^{2^n-1} \alpha_i m_i \qquad 與 f_2 = \sum_{i=0}^{2^n-1} \beta_i m_i$$

則 $f_1$ 與 $f_2$ 的和函數為：

$$f_1 + f_2 = \sum_{i=0}^{2^n-1} (\alpha_i + \beta_i) m_i$$

而 $f_1$ 與 $f_2$ 的積函數為：

$$f_1 \cdot f_2 = \sum_{i=0}^{2^n-1} (\alpha_i \cdot \beta_i) m_i \qquad (因為當 i \neq j 時，m_i \cdot m_j = 0)$$

下列例題說明兩個交換函數的和函數與積函數。

■ 例題 4.2-1 (交換函數的和與積)

試求下列兩個交換函數的和與積函數：

$$f_1(w,x,y,z) = \Sigma(0,5,9,11,14) 而$$
$$f_2(w,x,y,z) = \Sigma(0,3,9,10,11,13,14)$$

**解：**因為 $\alpha_0 = \alpha_5 = \alpha_9 = \alpha_{11} = \alpha_{14} = 1$，其它的 $\alpha_i$ 均為 0，而 $\beta_0 = \beta_3 = \beta_9 = \beta_{10} = \beta_{11} = \beta_{13} = \beta_{14} = 1$，其它的 $\beta_i$ 均為 0。所以 $f_1$ 與 $f_2$ 的和函數 $f_1 + f_2$ 為：

$$f_1 + f_2 = \sum_{i=0}^{15} (\alpha_i + \beta_i) m_i$$
$$= m_0 + m_3 + m_5 + m_9 + m_{10} + m_{11} + m_{13} + m_{14}$$

$f_1$ 與 $f_2$ 的積函數 $f_1 \cdot f_2$ 為：

$$f_1 \cdot f_2 = \sum_{i=0}^{15} (\alpha_i \cdot \beta_i) m_i$$
$$= m_0 + m_9 + m_{11} + m_{14}$$

當變數數目少於六時，交換函數 $f$ 的補數函數及兩個交換函數 $f$ 與 $g$ 的和函數與積函數也可以使用卡諾圖表示。在求交換函數 $f$ 的補數函數時，僅需將卡諾圖中的1-格子以0-格子而0-格子以1-格子取代即可。在求兩個交換函數 $f_1(x_{n-1}, \cdots, x_1, x_0)$ 與 $f_2(x_{n-1}, \cdots, x_1, x_0)$ 的和函數時，將所有卡諾圖中的格子之值OR後，即為所求的和函數 $f_1 + f_2$；求兩個交換函數 $f_1$ 與 $f_2$ 的積函數時，則將卡諾圖中的所有格子之值 AND 後，即為所求的積函數 $f_1 \cdot f_2$。

### ■ 例題 4.2-2 (以卡諾圖表示兩個函數的和與積)

將例題4.2-1 中的 $f_1(w, x, y, z)$ 與 $f_2(w, x, y, z)$ 的兩個交換函數的和與積函數分別以卡諾圖表示。

**解：**求兩個交換函數 $f_1$ 與 $f_2$ 的和函數時，將所有卡諾圖中的格子之值求其OR的結果後，即為所求的和函數 $f_1 + f_2$，如圖 4.2-4(a) 所示。求兩個交換函數 $f_1$ 與 $f_2$ 的積函數時，則將卡諾圖中的所有格子之值 AND 後，即為所求的積函數 $f_1 \cdot f_2$，如圖 4.2-4 (b) 所示。

### ✔ 學習重點

**4-5.** 試定義 0-格子、1-格子、相鄰格子。

**4-6.** 在卡諾圖中，當有 $2^m$ 個 1-格子 (0-格子) 相鄰時，可以消去幾個變數？

**4-7.** 如何使用卡諾圖，求取兩個交換函數的和函數？

**4-8.** 如何使用卡諾圖，求取兩個交換函數的積函數？

## 4.2.2 卡諾圖化簡程序

一旦將一個交換函數 $f$ 對應到卡諾圖後，即可以依照卡諾圖的幾何排列方式，合併所有相鄰的最小項(最大項)。一般而言，若將所有 $2^m$ 個相鄰(即每一個格子均與 $m$ 個格子相鄰)的格子組合後，即可以消去 $m$ 個變數，化簡成一個 $n - m$ 個變數的乘積項(和項)。這些可以組合為一項(乘積項或是和項)的 $2^m$ 個格子稱為格子群 (cluster，或 subcube)。

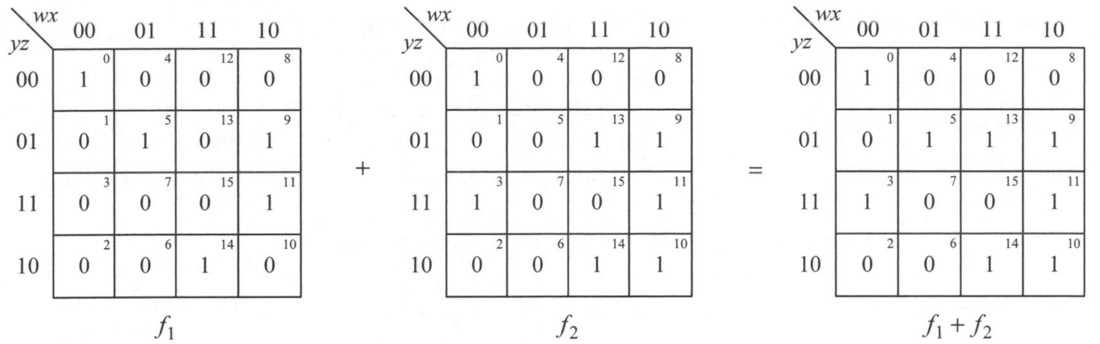

$f_1$

| yz \ wx | 00 | 01 | 11 | 10 |
|---|---|---|---|---|
| 00 | 1 | 0 | 0 | 0 |
| 01 | 0 | 1 | 0 | 1 |
| 11 | 0 | 0 | 0 | 1 |
| 10 | 0 | 0 | 1 | 0 |

$+$

$f_2$

| yz \ wx | 00 | 01 | 11 | 10 |
|---|---|---|---|---|
| 00 | 1 | 0 | 0 | 0 |
| 01 | 0 | 0 | 0 | 1 |
| 11 | 1 | 0 | 0 | 1 |
| 10 | 0 | 0 | 1 | 1 |

$=$

$f_1 + f_2$

| yz \ wx | 00 | 01 | 11 | 10 |
|---|---|---|---|---|
| 00 | 1 | 0 | 0 | 0 |
| 01 | 0 | 1 | 1 | 1 |
| 11 | 1 | 0 | 0 | 1 |
| 10 | 0 | 0 | 1 | 1 |

(a) $f_1$ 與 $f_2$ 的和函數 ($f_1 + f_2$)

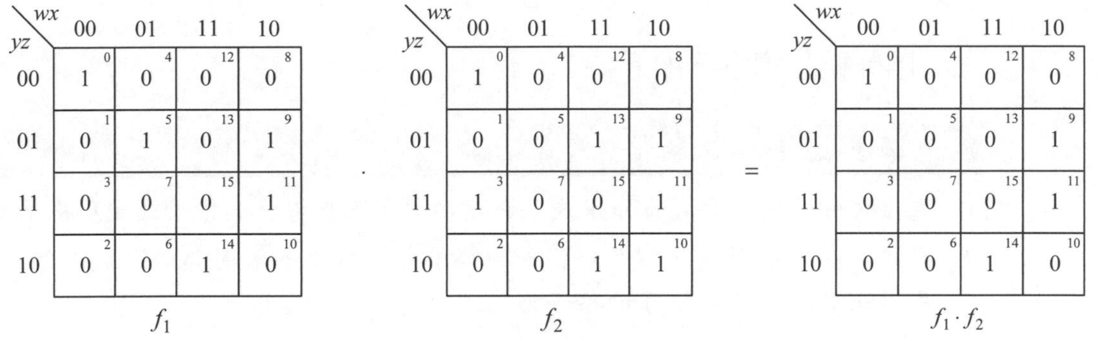

$f_1$

| yz \ wx | 00 | 01 | 11 | 10 |
|---|---|---|---|---|
| 00 | 1 | 0 | 0 | 0 |
| 01 | 0 | 1 | 0 | 1 |
| 11 | 0 | 0 | 0 | 1 |
| 10 | 0 | 0 | 1 | 0 |

$\cdot$

$f_2$

| yz \ wx | 00 | 01 | 11 | 10 |
|---|---|---|---|---|
| 00 | 1 | 0 | 0 | 0 |
| 01 | 0 | 0 | 0 | 1 |
| 11 | 1 | 0 | 0 | 1 |
| 10 | 0 | 0 | 1 | 1 |

$=$

$f_1 \cdot f_2$

| yz \ wx | 00 | 01 | 11 | 10 |
|---|---|---|---|---|
| 00 | 1 | 0 | 0 | 0 |
| 01 | 0 | 0 | 0 | 1 |
| 11 | 0 | 0 | 0 | 1 |
| 10 | 0 | 0 | 1 | 0 |

(b) $f_1$ 與 $f_2$ 的積函數 ($f_1 \cdot f_2$)

**圖 4.2-4:** 例題 4.2-2 的卡諾圖

## ■ 例題 4.2-3 (格子群)

試說明當將所有 $2^m$ 個相鄰的格子合併後，可以消去 $m$ 個變數。

**解：** 設 $f(w,x,y,z) = \Sigma(2,3,4,5,12,13,14)$ 而其卡諾圖如圖 4.2-5 所示。格子群 $A$ 共有 2 項，即 $2^m = 2$，所以 $m = 1$，每一個格子均有一個格子與之相鄰，它可消去一個變數：$z$。格子群 $B$ 共有 4 項，即 $2^m = 4 = 2^2$，所以 $m = 2$，每一個格子均與其它兩個格子相鄰，可消去兩個變數：$w$ 與 $z$。格子群 $C$ 則和 $A$ 類似，消去一個變數：$y$。

在上述例題中，最小項 $m_{12}$ 重覆使用了兩次，這是因為在交換代數中，等冪性 $(x + x = x)$ 定理存在的關係。一般而言，在卡諾圖中，任何格子均可以依據實際上的需要，重覆地使用以形成需要的格子群。

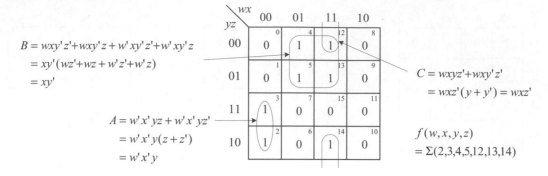

**圖 4.2-5:** 例題 4.2-3 的卡諾圖

卡諾圖的化簡程序如下:

## ■ 演算法 4.2-1: 卡諾圖化簡程序

1. 依據欲形成的最簡式為 SOP 或是 POS 形式,選擇考慮 1-格子或是 0-格子。

2. 圈起所有只能形成一個單一格子的格子群,然後繼續圈起能形成兩個但是不能形成較多個格子的格子群。

3. 接著圈起能組成四個但是不能形成較多個格子的格子群,然後圈起能形成八個但是不能形成較多個格子的格子群等,依此類推。

4. 在形成最簡表式時,在每一個格子至少皆被一個格子群包含的前提下,儘量選取最大的格子群而且格子群的數目最少,將這些格子群集合後,即為所求的最簡式。

下列舉數例說明上述的化簡程序。

## ■ 例題 4.2-4 (卡諾圖化簡)

試求下列交換函數的最簡表式:

$$f_1(x,y,z) = \Sigma(1,3,4,5)$$
$$f_2(x,y,z) = \Sigma(2,3,6,7)$$

**解:**交換函數與的卡諾圖與化簡程序說明如圖 4.2-6 所示。在圖 4.2-6(a) 中,最小項 $m_1$ 與 $m_3$ 相鄰,消去 $y$ 而合併成一項 $x'z$;最小項 $m_4$ 與 $m_5$ 相鄰,消去 $z$ 而

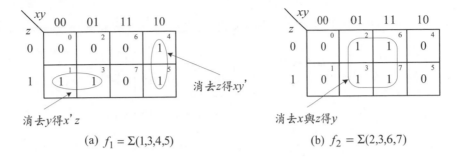

(a) $f_1 = \Sigma(1,3,4,5)$  (b) $f_2 = \Sigma(2,3,6,7)$

**圖 4.2-6:** 例題 4.2-4 的卡諾圖

合併成一項 $xy'$。在圖 4.2-6(b) 中，四個最小項 $m_2$、$m_3$、$m_6$、$m_7$ 相鄰，可以消去 $x$ 與 $z$ 而合併成一項 $y$。交換函數 $f_1$ 與 $f_2$ 的最簡式分別為：

$$f_1(x,y,z) = x'z + xy'$$
$$f_2(x,y,z) = y$$

---

## ■ 例題 4.2-5 (卡諾圖化簡)

試求下列交換函數的最簡表式：

$$f(x,y,z) = \Sigma(0,2,4,5,6)$$

**解：** 交換函數 $f$ 的卡諾圖如圖 4.2-7 所示。由圖可以得知：最小項 $m_4$ 與 $m_5$ 相鄰，消去 $z$ 而合併成一項 $xy'$；四個最小項 $m_0$、$m_2$、$m_4$、$m_6$ 相鄰，可以消去 $x$ 與 $y$ 而合併成一項 $z'$。所以交換函數 $f$ 的最簡式

$$f(x,y,z) = xy' + z'$$

---

## ■ 例題 4.2-6 (卡諾圖化簡)

試求下列交換函數的最簡表式

$$f(w,x,y,z) = \Sigma(2,5,6,7,10,11,13,15)$$

**解：** 交換函數 $f$ 的卡諾圖如圖 4.2-8 所示。在圖 4.2-8(a) 中，四個最小項 $m_5$、$m_7$、$m_{13}$、$m_{15}$ 相鄰，可以消去 $w$ 與 $y$ 而合併成一項 $xz$；最小項 $m_2$ 與 $m_{10}$ 相鄰，消

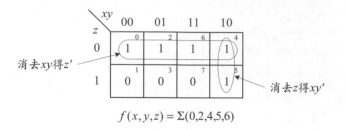

$$f(x,y,z) = \Sigma(0,2,4,5,6)$$

**圖 4.2-7:** 例題 4.2-5 的卡諾圖

去 $w$ 而合併成一項 $x'yz'$；$m_6$ 與 $m_7$ 相鄰，消去 $z$ 而合併成一項 $w'xy$；$m_{11}$ 與 $m_{15}$ 相鄰，消去 $x$ 而合併成一項 $wyz$。注意：$m_2$ 與 $m_6$、$m_{10}$ 與 $m_{11}$ 均為相鄰對，但是這些最小項因為都已經包含於其它合併項中，因此它們不需要再進行合併。綜合化簡的結果，得到簡化後的交換表式為：

$$f = w'xy + x'yz' + wyz + xz$$

在圖 4.2-8(b) 中，四個最小項 $m_5$、$m_7$、$m_{13}$、$m_{15}$ 相鄰，可以消去 $w$ 與 $y$ 而合併成一項 $xz$；最小項 $m_2$ 與 $m_6$ 相鄰，消去 $x$ 而合併成一項 $w'yz'$；$m_{10}$ 與 $m_{11}$ 相鄰，消去 $z$ 而合併成一項 $wx'y$。綜合化簡的結果，得到簡化後的交換表式為：

$$f = wx'y + w'yz' + xz$$

注意：圖 4.2-8(a) 的結果並不是最簡式，但是一個不重覆表式；圖 4.2-8(b) 的結果則為最簡式，亦是一個不重覆表式。

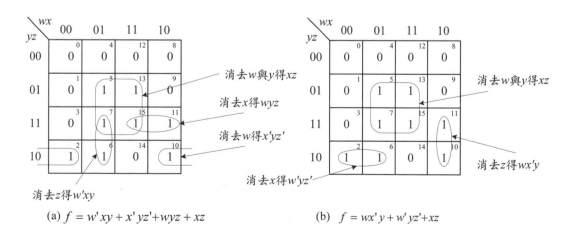

(a) $f = w'xy + x'yz' + wyz + xz$          (b) $f = wx'y + w'yz' + xz$

**圖 4.2-8:** 例題 4.2-6 的卡諾圖

### ■ 例題 4.2-7 (卡諾圖化簡)

試求下列交換函數的最簡表式

$$f(w,x,y,z) = \Sigma(0,2,4,5,6,7,9,11)$$

**解：** 交換函數 $f$ 的卡諾圖與化簡程序說明如圖 4.2-9 所示。其最簡式為

$$f(w,x,y,z) = wx'z + w'x + w'z'$$

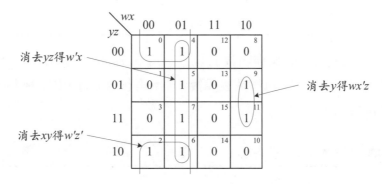

**圖 4.2-9:** 例題 4.2-7 的卡諾圖

### ✔ 學習重點

**4-9.** 試簡述卡諾圖的化簡程序。

**4-10.** 試說明格子群的意義。

## 4.2.3 最簡交換函數與最簡式

假設兩個交換函數 $f(x_{n-1}, \cdots, x_1, x_0)$ 與 $g(x_{n-1}, \cdots, x_1, x_0)$，若當 $g$ 的值為 1 時，$f$ 的值也必然為 1 時，稱為 $f$ 包含 $g$，記為 $f \supseteq g$。因此，若 $f$ 包含 $g$ 時，當交換函數 $g$ 在真值表中的值為 1 的每一個組合下，交換函數 $f$ 的值也必然為 1。若交換函數 $f$ 包含 $g$，同時交換函數 $g$ 也包含 $f$，則稱交換函數 $f$ 與 $g$ 相等 (或是等效)，記為 $f = g$。

設 $f(x_{n-1}, \cdots, x_1, x_0)$ 為一個 $n$ 個變數的交換函數，而 $p(x_{n-1}, \cdots, x_1, x_0)$ 為一個字母變數的乘積項。若 $f$ 包含 $p$，則稱 $p$ 隱含 $f$ 或是稱 $p$ 為 $f$ 的一個隱含項 (implicant)，記為 $p \to f$。

■ 例題 4.2-8 (隱含項)

設 $p = wxy'$，而 $f(w,x,y,z) = wx + yz$，則 $p$ 為 $f$ 的一個隱含項。因為

$$f(w,x,y,z) = wx + yz$$
$$= wx(y + y') + yz$$
$$= wxy + wxy' + yz$$
$$= wxy + p + yz$$

$f$ 包含 $p$，所以 $p$ 為 $f$ 的一個隱含項。

設 $p$ 為一個交換函數 $f(x_{n-1}, \cdots, x_1, x_0)$ 的乘積項，而且 $f$ 包含 $p$。若當 $p$ 中的任何一個字母變數去掉後，$f$ 不再包含 $p$ 時，則 $p$ 稱為 $f$ 的質隱項 (prime implicant)。

■ 例題 4.2-9 (質隱項)

若交換函數 $f(x,y,z) = x'y + xz + y'z'$，則 $x'y$ 為 $f(x,y,z)$ 的一個質隱項。因為乘積項 $x'y$，若去掉 $x'$ 或是 $y$，則結果將不再為 $f$ 所包含，所以 $x'y$ 為 $f$ 的質隱項。同樣地，$xz$ 與 $y'z'$ 兩個乘積項也皆為 $f$ 的質隱項。

依據前述的定義可以得知：在卡諾圖上，任何格子群均為交換函數 $f$ 的隱含項；任何不被其它較大的格子群所包含的格子群則為交換函數 $f$ 的質隱項。

■ 例題 4.2-10 (卡諾圖上的隱含項與質隱項)

在圖 4.2-10 的卡諾圖中，那些格子群為隱含項，那些為質隱項？

**解：**在圖 4.2-10 的卡諾圖中，所有圈起來的格子群，均形成隱含項；除了格子群 $C$ 與 $E$ 外，其它格子群均形成質隱項。即

隱含項 $= \{wxy, xz, wxz, w'xy', w'xz, w'yz\}$

而

質隱項 $= \{wxy, xz, w'xy', w'yz\}$

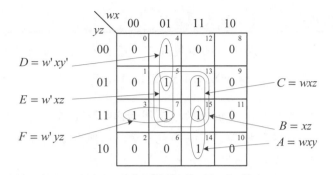

**圖 4.2-10**: 例題 4.2-10 的卡諾圖

　　一般而言,一個交換函數 $f$ 的任何最簡 SOP 表式,均為該交換函數 $f$ 的質隱項之和。因為若不如此,則可以設 $f = p + r$,其中 $p$ 為一個不是質隱項的乘積項,而 $r$ 為 $f$ 的其它乘積項。由於 $f$ 包含 $p$ (或是 $p$ 隱含 $f$),而 $p$ 不是質隱項,它可以去掉一個字母變數而得到一個新的乘積項 $g$。因此,$f$ 得到一個具有相同的乘積項數目但是字母變數較少的表式,這和原先假設 ($f$ 為最簡式) 矛盾。

　　此外,任何一個 $n$ 個變數的交換函數 $f(x_{n-1}, \cdots, x_1, x_0)$ 也都可以等效地表示為該交換函數的所有質隱項之和。因為若設 $g$ 為交換函數 $f$ 的最簡式,而 $h$ 為交換函數 $f$ 中所有未包含於 $g$ 的質隱項之和。由於最簡式均為質隱項之和,所以 $g$ 為質隱項之和。此外,因為 $h \to f$ (即 $f$ 包含 $h$),所以 $f = g + h$,其中 $g + h$ 為所有質隱項之和。

　　交換函數 $f$ 的所有質隱項之和稱為 $f$ 的完全和 (complete sum)。對於每一個交換函數 $f$ 而言,其完全和是唯一的。由前述討論可以得知:一個交換函數的最簡式是由質隱項組成的,至於需要選取那些質隱項才可以完全表示交換函數 $f$ 呢? 在回答這問題之前,先定義必要質隱項 (essential prime implicant)。

　　所謂必要質隱項是指一個質隱項若其所包含的最小項中,至少有一個未被其它質隱項所包含時稱之。由於交換函數中的每一個最小項都必須包含於最簡式中,所以所有必要質隱項皆必須包含於最簡式中。

■ 例題 4.2-11 (必要質隱項)

指出下列交換函數的質隱項中，有那些是必要質隱項?

$$f(w,x,y,z) = \Sigma(4,5,8,12,13,14,15)$$

**解：**交換函數 $f(w,x,y,z)$ 的卡諾圖如圖 4.2-11 所示。由於三個質隱項中均至少有一個最小項未被其它質隱項包含，所以所有質隱項都為必要質隱項，即必要質隱項的集合為 $\{xy', wx, wy'z'\}$。

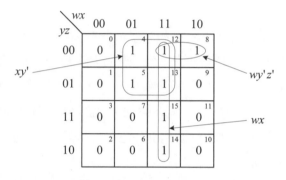

**圖 4.2-11:** 例題 4.2-11 的卡諾圖

■ 例題 4.2-12 (必要質隱項)

指出下列交換函數的質隱項中，有那些是必要的?

$$f(w,x,y,z) = \Sigma(3,7,11,12,13,15)$$

**解：**交換函數的卡諾圖如圖 4.2-12 所示。在所有質隱項的集合 $\{yz, wxz, wxy'\}$ 中，除了 $wxz$ 外，均為必要質隱項。$wxz$ 不是必要質隱項的原因是它的兩個最小項均分別被其它兩個質隱項包含。

　　雖然所有必要質隱項皆必須包含於最簡式中，但是所有必要質隱項之和，往往不能包含一個交換函數的所有最小項。

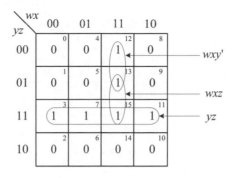

**圖 4.2-12:** 例題 4.2-12 的卡諾圖

■ **例題 4.2-13 (最簡式)**

試求下列交換函數的最簡式：

$$f(w,x,y,z) = \Sigma(7,8,12,13,15)$$

**解：** 交換函數 $f$ 的卡諾圖如圖 4.2-13 所示。兩個必要質隱項為 $wy'z'$ 與 $xyz$。選取這兩個必要質隱項後，留下最小項 $m_{13}$ 未被包含，因此交換函數 $f$ 的最簡式 (有兩個) 為：

$$f(w,x,y,z) = wy'z' + xyz + \begin{cases} wxz \\ wxy' \end{cases} \quad (\text{二者擇一})$$

其中 $wxz$ 與 $wxy'$ 為包含最小項 $m_{13}$ 的質隱項。

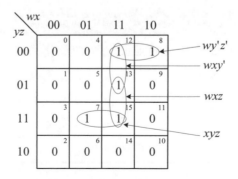

**圖 4.2-13:** 例題 4.2-13 的卡諾圖

當然，並不是所有交換函數均含有必要質隱項，例如下列例題中的交換函數。

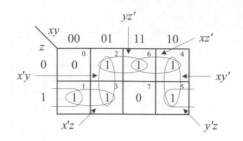

**圖 4.2-14:** 例題 4.2-14 的卡諾圖

---

■ 例題 **4.2-14** (沒有必要質隱項的交換函數)

  試求下列交換函數的最簡式：

$$f(x,y,z) = \Sigma(1,2,3,4,5,6)$$

**解：**交換函數 $f$ 的卡諾圖如圖 4.2-14 所示。由於每一個最小項均被兩個質隱項包含，所以沒有必要質隱項。這類型的卡諾圖稱為循環質隱項圖 (cyclic prime-implicant map)。兩個最簡式分別為：

$$f(x,y,z) = xz' + x'y + y'z$$
$$= yz' + xy' + x'z$$

---

  總之，獲得一個交換函數 $f$ 的最簡 SOP 表式的程序可以歸納如下：

■ 演算法 **4.2-3:** 最簡 **SOP** 表式的求取程序

1. 決定所有必要質隱項並且包含在最簡式中；
2. 由質隱項集合中刪除所有被必要質隱項包含的最小項；
3. 若步驟 1 得到的結果能包含交換函數 $f$ 的所有最小項，該結果即為最簡式，否則適當地選取質隱項，以使交換函數 $f$ 的所有最小項皆能完全被包含，並且質隱項的數目為最少。

---

  步驟 3 通常不是容易解決的。在列表法一節中，將討論一種有系統的方法—質隱項表 (prime implicant chart)，以幫助選取適當的質隱項。

■ 例題 **4.2-15** (最簡式)

試求下列交換函數的最簡式：

$$f(w,x,y,z) = \Sigma(5,7,8,9,10,13,14,15)$$

**解：** 首先求出交換函數 $f$ 的所有質隱項，如圖 4.2-15 所示。

質隱項 $= \{xz, wx'y', wy'z, wyz', wx'z', wxy\}$ 而

必要質隱項 $= \{xz\}$

在選取必要質隱項 $xz$ 後，只剩下最小項 $m_8$、$m_9$、$m_{10}$、$m_{14}$ 未被包含，所以若選取質隱項 $wx'y'$ 與 $wyz'$，則所有最小項均已經被包含，所以最簡式為：

$$f(w,x,y,z) = xz + w'x'y' + wyz'$$

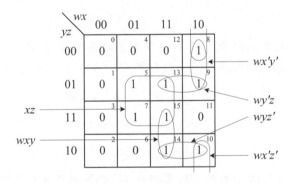

**圖 4.2-15:** 例題 4.2-15 的卡諾圖

✔ 學習重點

**4-11.** 試定義隱含項與質隱項。

**4-12.** 試簡述最簡 SOP 表式與質隱項的關係。

**4-13.** 試定義完全和。對於每一個交換函數 $f$ 而言，其完全和是否只有一個？

**4-14.** 試定義必要質隱項。

**4-15.** 試簡述最簡 SOP 表式的求取程序。

## 4.2.4 最簡 POS 表式

　　到目前為止，所有交換函數均以 SOP 形式的最簡式表示，但是對於某些交換函數而言，若表示為 POS 形式的最簡式時，執行該交換函數時所需要的邏輯閘數目將較少，因而較經濟。例如下列例題中的交換函數。

## ■ 例題 4.2-16 (最簡 POS 表式)

　　試求下列交換函數的最簡 POS 表式：

$$f(w,x,y,z) = \Sigma(5,6,7,9,10,11,13,14,15)$$

**解：**交換函數 $f$ 的卡諾圖與所有質隱項如圖 4.2-16 所示。因為四個質隱項均為必要質隱項，所以交換函數 $f$ 的最簡 SOP 表式為：

$$f(w,x,y,z) = xz + xy + wz + wy$$

執行上述交換函數一共需要四個 2 個輸入端的 AND 閘與一個 4 個輸入端的 OR 閘，如圖 4.2-17(a) 所示。若利用分配律，將 $f$ 的最簡式表為 POS 形式，即

$$f(w,x,y,z) = (xz + xy) + (wz + wy)$$
$$= x(y+z) + w(y+z)$$
$$= (x+w)(y+z)$$

則執行該交換函數時，只需要兩個 2 個輸入端的 OR 閘與一個 2 個輸入端的 AND 閘，如圖 4.2-17(b) 所示。因此，交換函數 $f$ 以最簡 POS 表式執行時，較為經濟。

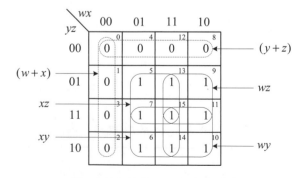

**圖 4.2-16:** 例題 4.2-16 的卡諾圖

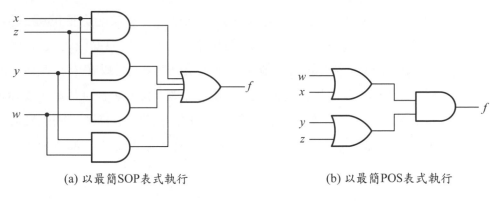

(a) 以最簡SOP表式執行　　　　　　(b) 以最簡POS表式執行

圖 **4.2-17:** 例題 4.2-16 的交換函數的兩種執行方式

　　獲得一個交換函數的最簡 POS 表式，也可以直接由卡諾圖中讀取。其程序和讀取最簡 SOP 表式的方式是對偶的，即此時所觀察的是 0-格子而不是 1-格子。例如在圖 4.2-16 中，當讀取 0-格子所形成的質隱項時，可以得到下列最簡的 POS 表式：

$$f(w,x,y,z) = (w+x)(y+z)$$

　　一般而言，並沒有一個已知的方法可以判斷以何種方式執行時，較為經濟。因此，設計者必須仔細觀察甚至導出兩種形式的最簡式後，選擇其中較經濟的一種執行。

✔**學習重點**

**4-16.** 是否使用最簡 POS 表式執行時需要的邏輯閘數目都較少？

**4-17.** 試簡述由卡諾圖中讀取最簡 POS 表式的方法。

## 4.2.5 未完全指定交換函數

　　前面各節所討論的交換函數，在輸入變數的所有可能的二進制值組合下，其值均肯定的為 0 或是 1，這種交換函數稱為完全指定交換函數 (completely specified switching function)。在某些交換函數中，有些輸入組合因為某種原因，可能永遠不會發生，或是即使發生了但是交換函數的值可以為 0 或是 1，這種交換函數稱為未完全指定交換函數 (incompletely specified switching function)。不可能發生或是發生了也不會影響交換函數值的輸入變數組合，稱為不在意項(don't care term)。這種不在意項可以幫助簡化交換函數的表式。

因為不在意項的函數值可以為 1 或是為 0，所以在卡諾圖中，所有不在意項的格子(最小項或是最大項)均以 $\phi$ (為 0 與 1 重疊的結果，表示其值可以為 1 或是 0) 表示。至於該格子是當做 0-格子或是 1-格子，則由實際上在求最簡式時的需要而定。注意：只有由不在意項形成的格子群不能形成一個質隱項。

■ 例題 4.2-17 (不在意項)

試求下列交換函數的最簡式：

$$f(w,x,y,z) = \Sigma(1,3,7,8,9,12,13,15) + \Sigma_\phi(4,5,10,11,14)$$

**解：**交換函數 $f$ 的卡諾圖如圖 4.2-18 所示。為求取較簡單的表示式，將 $\phi_5, \phi_{10}, \phi_{11}$, 與 $\phi_{14}$ 等四個不在意項均設定為 1，因此最簡式為：

$$f(w,x,y,z) = w+z$$

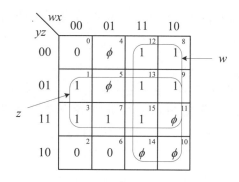

**圖 4.2-18:** 例題 4.2-17 的卡諾圖

■ 例題 4.2-18 (不在意項)

試求下列交換函數的最簡式：

$$f(w,x,y,z) = \Pi(1,2,3,4,9) + \Pi_\phi(10,11,12,13,14,15)$$

**解：**交換函數 $f$ 的卡諾圖如圖 4.2-19 所示。將不在意項 $\phi_{10}, \phi_{11}$, 與 $\phi_{12}$ 等設定為 0 後，得到最簡式：

$$f(w,x,y,z) = (x+y')(x+z')(x'+y+z)$$

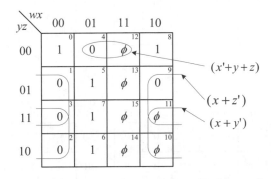

圖 **4.2-19:** 例題 4.2-18 的卡諾圖

✔學習重點

**4-18.** 何謂完全指定交換函數與未完全指定交換函數？

**4-19.** 試簡述什麼是不在意項。它在交換函數的化簡程序中有何作用？

## 4.2.6 五個變數卡諾圖

　　一般而言，卡諾圖除了可以用來化簡三個或是四個變數的交換函數外，也可以化簡較多變數數目的交換函數。不過，當變數的數目超過六個以上時，卡諾圖變為立體圖形，因而很難處理。

　　五個變數的卡諾圖如圖 4.2-20 所示。由於有五個交換變數，所以一共有 32 個不同的組合，即一共有 32 個最小項與 32 個最大項。這些最小項與最大項在卡諾圖中的對應格子如圖 4.2-20(a) 所示。圖 4.2-20(b) 說明一個交換函數如何與卡諾圖對應。在五個變數的卡諾圖中，每一個最小項 (最大項) 都與另外五個最小項 (最大項) 相鄰。注意：五個變數的卡諾圖可以視為兩個四個變數的卡諾圖並列而成，其中一個為 $v=0$，另一個為 $v=1$。在 $v=0$ (或是 $v=1$)

**$v=0$ / $v=1$（最小項位置）**

| $yz$ \ $wx$ | 00 | 01 | 11 | 10 | 00 | 01 | 11 | 10 |
|---|---|---|---|---|---|---|---|---|
| 00 | $m_0$ | $m_4$ | $m_{12}$ | $m_8$ | $m_{16}$ | $m_{20}$ | $m_{28}$ | $m_{24}$ |
| 01 | $m_1$ | $m_5$ | $m_{13}$ | $m_9$ | $m_{17}$ | $m_{21}$ | $m_{29}$ | $m_{25}$ |
| 11 | $m_3$ | $m_7$ | $m_{15}$ | $m_{11}$ | $m_{19}$ | $m_{23}$ | $m_{31}$ | $m_{27}$ |
| 10 | $m_2$ | $m_6$ | $m_{14}$ | $m_{10}$ | $m_{18}$ | $m_{22}$ | $m_{30}$ | $m_{26}$ |

**$v=0$ / $v=1$（最大項位置）**

| $yz$ \ $wx$ | 00 | 01 | 11 | 10 | 00 | 01 | 11 | 10 |
|---|---|---|---|---|---|---|---|---|
| 00 | $M_0$ | $M_4$ | $M_{12}$ | $M_8$ | $M_{16}$ | $M_{20}$ | $M_{28}$ | $M_{24}$ |
| 01 | $M_1$ | $M_5$ | $M_{13}$ | $M_9$ | $M_{17}$ | $M_{21}$ | $M_{29}$ | $M_{25}$ |
| 11 | $M_3$ | $M_7$ | $M_{15}$ | $M_{11}$ | $M_{19}$ | $M_{23}$ | $M_{31}$ | $M_{27}$ |
| 10 | $M_2$ | $M_6$ | $M_{14}$ | $M_{10}$ | $M_{18}$ | $M_{22}$ | $M_{30}$ | $M_{26}$ |

(a) 基本形式

**$v=0$ / $v=1$**

| $yz$ \ $wx$ | 00 | 01 | 11 | 10 | 00 | 01 | 11 | 10 |
|---|---|---|---|---|---|---|---|---|
| 00 | 1 | 1 | 0 | 0 | 1 | 1 | 0 | 0 |
| 01 | 0 | 0 | 0 | 0 | 0 | 1 | 0 | 0 |
| 11 | 0 | 0 | 1 | 0 | 1 | 0 | 1 | 0 |
| 10 | 1 | 1 | 0 | 0 | 0 | 0 | 0 | 0 |

$f(v,w,x,y,z) = \Sigma(0,2,4,6,10,15,16,19,20,21,31)$
$= m_0 + m_2 + m_4 + m_6 + m_{10} + m_{15} + m_{16} + m_{19} + m_{20} + m_{21} + m_{31}$

**$v=0$ / $v=1$**

| $yz$ \ $wx$ | 00 | 01 | 11 | 10 | 00 | 01 | 11 | 10 |
|---|---|---|---|---|---|---|---|---|
| 00 | 1 | 1 | 1 | 1 | 1 | 0 | 0 | 1 |
| 01 | 0 | 1 | 1 | 0 | 0 | 1 | 1 | 1 |
| 11 | 0 | 1 | 1 | 1 | 1 | 1 | 1 | 1 |
| 10 | 1 | 1 | 0 | 1 | 0 | 1 | 0 | 1 |

$f(v,w,x,y,z) = \Pi(1,3,7,9,14,17,18,20,28,30)$
$= M_1 \cdot M_3 \cdot M_7 \cdot M_9 \cdot M_{14} \cdot M_{17} \cdot M_{18} \cdot M_{20} \cdot M_{28} \cdot M_{30}$

(b) 交換函數與卡諾圖的對應例

圖 4.2-20: 五個變數的卡諾圖

中的卡諾圖，每一格子除了和其它四個格子相鄰外，也和 $v=1$（或是 $v=0$）中對應的格子相鄰，因而每一個格子都與其它五個格子相鄰。

■ 例題 4.2-19 (五個變數的卡諾圖)

試求下列交換函數的最簡式：

$$f(v,w,x,y,z) = \Sigma(0,3,4,5,11,12,13,15,19,20,21,27,28,29,31)$$

**解：** 交換函數 $f$ 的卡諾圖與化簡程序如圖 4.2-21 所示。最小項 $m_3$ 與 $m_{11}$ 相鄰而且和 $m_{19}$ 與 $m_{27}$ 相鄰，消去 $v$ 與 $w$ 而合併成一項 $x'yz$；最小項 $m_{11}$ 與 $m_{15}$ 相鄰而且和 $m_{27}$ 與 $m_{31}$ 相鄰，消去 $v$ 與 $x$ 而合併成一項 $wyz$；最小項 $m_{13}$ 與 $m_{15}$ 相鄰而且和 $m_{29}$ 與 $m_{31}$ 相鄰，消去 $v$ 與 $y$ 而合併成一項 $wxz$；最小項 $m_4$、$m_5$、$m_{12}$、

$m_{13}$ 相鄰而且和 $m_{20}$、$m_{21}$、$m_{28}$、$m_{29}$ 相鄰,消去 $v$、$w$、$z$ 而合併成一項 $xy'$。最小項 $m_0$ 與 $m_4$ 相鄰,可以消去 $x$ 而合併成一項 $v'w'y'z'$。其最簡式為

$$f(v,w,x,y,z) = xy' + v'w'y'z' + x'yz + \begin{cases} wxz \\ wyz \end{cases} \text{(二者擇一)}$$

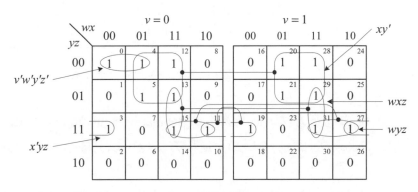

圖 **4.2-21**: 例題 4.2-19 的卡諾圖

■ 例題 **4.2-20** (五個變數的卡諾圖)

試求下列交換函數的最簡式

$$f(v,w,x,y,z) = \Sigma(0,1,4,5,12,15,16,17,21,25,27,30,31) +$$
$$\Sigma_\phi(6,7,9,11,13,14,18,19,20,28,29)$$

**解**:交換函數 $f$ 的卡諾圖如圖 4.2-22 所示。交換函數 $f$ 的最簡式為:

$$f(v,w,x,y,z) = wx + wz + w'y'$$

# 4.3 列表法

卡諾圖化簡法的主要缺點有二:1. 所有質隱項都是以幾何圖形的基本標型 (pattern) 做判斷而求得的;2. 卡諾圖只適用在六個變數以下的情形,因為當變數的數目多於六個時,卡諾圖無法在平面上呈現,而無法使用基本標型化簡。為了克服這些缺點,在 1950 年代由 Quine 與 McCluskey 等人提出了

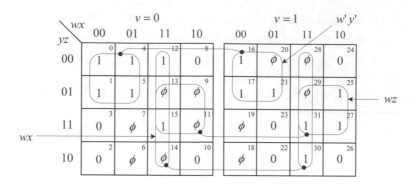

**圖 4.2-22:** 例題 4.2-20 的卡諾圖

一種新的化簡方法，稱為列表法 (tabular or tabulation method)，或稱為 Quine-McCluskey 法 (簡稱 QM 法)。這種方法也可以寫成計算機程式，由計算機執行。

　　無論是卡諾圖法或是列表法，在化簡一個交換函數時大致上都分成兩個步驟：首先找出交換函數中的所有質隱項的集合，然後由質隱項集合中找出一組能包含原來的交換函數的最小質隱項子集合，此子集合即為最簡式。

　　欲由所有質隱項集合中找出最簡式的最小子集合的兩個常用方法為：Petrick 方法與探索法 (heuristic method)。Petrick 方法為一個可以由所有質隱項集合中找出一個交換函數最簡式的系統性方法。探索法則重複性的使用一些簡化質隱項表的規則，以簡化質隱項表的大小，然後由此簡化質隱項表中獲取最簡式。

## 4.3.1 列表法的質隱項求取程序

　　使用列表法求取一個交換函數的質隱項集合時，交換函數中的所有乘積項 $(p)$ 均以二進制組合的方式表示，即

$$p = b_{n-1} \ldots b_i \ldots b_1 b_0$$

而 $b_i$ 的值可以為 1、0 或是 -，由 $b_i$ 所對應的交數變數是 $x_i$、$x_i'$ 或是未出現 (即該變數已經由於組合的關係而消去) 決定。兩個乘積項 $p$ 與 $q$ 可以組合成一項，而消去一個變數的條件為所有 "-" 的位元位置必須相同，而且只有一個

位元位置的值不同 (即一個為 0 而另外一個為 1)。假設 $p$ 與 $q$ 分別為：

$$p = b_{n-1} \ldots b_{i+1} b_i b_{i-1} \ldots b_1 b_0$$

與

$$q = b_{n-1} \ldots b_{i+1} b_i' b_{i-1} \ldots b_1 b_0$$

其中 $b_j$，當 $j \neq i$ 時，$b_j \in \{0, 1, -\}$，而 $b_i \in \{0, 1\}$，$p$ 與 $q$ 組合成一項後得到：

$$(p, q) = b_{n-1} \ldots b_{i+1} - b_{i-1} \ldots b_1 b_0$$

$b_i$ 的位元位置設定為 "-"，因為 $b_i$ 與 $b_i'$ (所對應的變數 $(x_i + x_i' = 1)$ 組合後已經消去。在這種情況下，$p$ 與 $q$ 稱為可合併項。

有了上述定義後，列表法的質隱項求取程序可以描述如下：

## ■ 演算法 4.3-1: 列表法的質隱項求取程序

1. 將所有最小項分成數個組，在同一組中的最小項當以二進制表示時，其中 1 的個數 (稱為指標，index) 皆相同，並且將這些組按照指標的次序 (由小而大) 依序排列。

2. 依序比較指標值為 $i$ 與指標值為 $i+1$ $(i = 0, 1, 2, \ldots)$ 中各項，將所有可合併項合併成一項，並將合併過的最小項加上檢查符號 ($\sqrt{}$)，重覆此步驟，直到所有最小項都檢查過為止。注意：在此步驟中指標值為 $i$ 與 $i+1$ 所組合的合併項歸納為同一組，其指標值為 $i$。

3. 在步驟 2 所得到的合併項中，若有兩個合併項可以再度地合併時，即將它們合併，並加上檢查符號 ($\sqrt{}$)。這一步驟繼續進行，直到沒有其它合併項可以合併時為止。

4. 上列步驟中所有未加上檢查符號的最小項或是合併項的集合，即為該交換函數的質隱項集合。(由質隱項集合中，選取一組可以包含所有最小項的最小質隱項子集合，即為該交換函數的最簡式。)

## ■ 例題 4.3-1 (列表法求質隱項集合)

試求下列交換函數的質隱項集合：

$$f(x, y, z) = \Sigma(0, 1, 2, 4, 5, 7)$$

**解：**詳細步驟如下：

**步驟 1**

| 指標 | 十進制 | 二進制 $x\,y\,z$ |
|---|---|---|
| 0 | 0 | 0 0 0 √ |
| 1 | 1 | 0 0 1 √ |
|  | 2 | 0 1 0 √ |
|  | 4 | 1 0 0 √ |
| 2 | 5 | 1 0 1 √ |
| 3 | 7 | 1 1 1 √ |

**步驟 2**

| 指標 | 十進制 | 二進制 $x\,y\,z$ |
|---|---|---|
| 0 | (0,1) | 0 0 - √ |
|  | (0,2) | 0 - 0 ← |
|  | (0,4) | - 0 0 √ |
| 1 | (1,5) | - 0 1 √ |
|  | (4,5) | 1 0 - √ |
| 2 | (5,7) | 1 - 1 ← |

**步驟 3**

| 指標 | 十進制 | 二進制 $x\,y\,z$ |
|---|---|---|
| 0 | (0,1,4,5) | - 0 - ← |

**圖 4.3-1:** 例題 4.3-1 的詳細化簡過程

步驟 1： 將指標值相同的最小項依序歸納成一組，並依指標值大小排列如圖 4.3-1 所示。這裡所謂的指標值為當最小項表示為二進制時，其中值為 1 的位元個數。例如 $0 = 000_2$，指標值為 0；$2 = 010_2$，指標值為 1。

步驟 2： 合併指標值為 $i$ 與 $i+1$ 的各組中的可合併項，例如 (0, 1) 合併後得到 (00-)，因其最小有效位元的值分別為 0 與 1，消去該位元而置上 "-"。

步驟 3： 合併步驟 2 所得結果中指標值為 $i$ 與 $i+1$ 的各組中的可合併項，其中 (0,1) = (00-) 而 (4, 5) = (10-)，除了最大有效位元的值不同之外，其餘兩個位元的值均相同，所以可以消去最大有效位元而得到 (-0-)。因為沒有其它可合併項可以再合併，化簡程序終止。

步驟 4： 在上述步驟中所有未加上檢查符號(√)的最小項或是合併項(在圖中以 ← 標示)即為交換函數 $f$ 的質隱項集合，即

$$P = \{y', xz, x'z'\}$$

---

### ■例題 4.3-2 (列表法求質隱項集合)

試求下列交換函數的質隱項集合：

$$f(w,x,y,z) = \Sigma(0,1,2,5,7,8,9,10,15)$$

**解：**詳細步驟如下：

步驟 1： 將指標值相同的最小項依序歸納成一組，並依指標值大小排列如圖 4.3-2 所示。

步驟 2： 合併指標值為 $i$ 與 $i+1$ 的各組中的可合併項，例如 (0, 1) 合併後得到 (000-)，因其最小有效位元的值分別為 0 與 1，消去該位元而填上 "-"。

**步驟 1**

| 指標 | 十進制 | 二進制<br>$w\ x\ y\ z$ |
|---|---|---|
| 0 | 0 | 0 0 0 0 √ |
| 1 | 1 | 0 0 0 1 √ |
| | 2 | 0 0 1 0 √ |
| | 8 | 1 0 0 0 √ |
| 2 | 5 | 0 1 0 1 √ |
| | 9 | 1 0 0 1 √ |
| | 10 | 1 0 1 0 √ |
| 3 | 7 | 0 1 1 1 √ |
| 4 | 15 | 1 1 1 1 √ |

**步驟 2**

| 指標 | 十進制 | 二進制<br>$w\ x\ y\ z$ |
|---|---|---|
| 0 | (0,1) | 0 0 0 - √ |
| | (0,2) | 0 0 - 0 √ |
| | (0,8) | - 0 0 0 √ |
| 1 | (1,5) | 0 - 0 1 ← |
| | (1,9) | - 0 0 1 √ |
| | (2,10) | - 0 1 0 √ |
| | (8,9) | 1 0 0 - √ |
| | (8,10) | 1 0 - 0 √ |
| 2 | (5,7) | 0 1 - 1 ← |
| 3 | (7,15) | - 1 1 1 ← |

**步驟 3**

| 指標 | 十進制 | 二進制<br>$w\ x\ y\ z$ |
|---|---|---|
| 0 | (0,2,8,10) | - 0 - 0 ← |
| | (0,1,8,9) | - 0 0 - ← |

圖 **4.3-2:** 例題 4.3-2 的詳細化簡過程

步驟 3： 合併步驟 2 所得結果中指標值為 $i$ 與 $i+1$ 各組中的可合併項，其中 $(0, 2) = (00\text{-}0)$ 而 $(8, 10) = (10\text{-}0)$，除了最大有效位元的值不同之外，其餘三個位元的值均相同，所以可以消去最大有效位元而得到 $(\text{-}0\text{-}0)$。另外兩個可合併項為 $(0, 1) = (000\text{-})$ 與 $(8, 9) = (100\text{-})$，將它們合併後得到 $(\text{-}00\text{-})$。

步驟 4： 在上述步驟中所有未加上檢查符號 ($\sqrt{}$) 的最小項或是合併項 (在圖中以 ← 標示) 即為交換函數 $f$ 的質隱項集合，即

$$P = \{w'y'z, w'xz, xyz, x'z', x'y'\}$$

---

✔**學習重點**

**4-20.** 何謂可合併項？試定義之。

**4-21.** 試簡述列表法的的質隱項求取程序。

---

## 4.3.2 質隱項與最簡式

在找出交換函數的所有質隱項後，其次是求取該函數的最簡式，即由質隱項集合中，選出一組能包含原來交換函數中的所有最小項的質隱項子集合。在列表法中，最簡式的求得通常由一個系統性的方法稱為質隱項表 (prime implicant chart) 決定。所謂的質隱項表是一個表示一個交換函數中質隱項與最小項之間的包含關係的表格方法。

　　質隱項表的建立方法如下：在表格最上方由左而右依序寫下交換函數 $f$
的所有最小項；在表格最左邊則由上至下依序寫下該交換函數中所有最小項
經過化簡後得到的所有質隱項。在每一個質隱項所在的那一列位置上，依序
將該質隱項所包含的最小項位置上加上記號 ("×")。若一個最小項僅被一個
質隱項包含時，將記號 ("×") 加註一個圓圈 ("⊗")。注意在質隱項表中，若一
個最小項只被一個質隱項包含時，該質隱項即為必要質隱項，必須包含於交
換函數 $f$ 的最簡式中。

　　使用質隱項表求取最簡式的程序如下：

### ■ 演算法 4.3-3: 由質隱項表求取最簡式的程序

1. 找出必要質隱項：選取一個必要質隱項後，將該必要質隱項所包含的所
   有最小項上方皆加上檢查符號 ($\sqrt{}$)，表示它們已經被此必要質隱項包含。
2. 找出能包含那些尚未加上檢查符號 ($\sqrt{}$) 的最小項的質隱項子集合，直到
   所有最小項皆被加上檢查符號 ($\sqrt{}$) 為止。

### ■ 例題 4.3-3 (例題 4.3-1 的最簡式)

　　試以質隱項表求出例題 4.3-1 中交換函數的最簡式。

**解：** 例題 4.3-1 的交換函數 $f$ 的質隱項表如圖 4.3-3 所示，由於最小項 $m_1$、$m_2$、
$m_4$、$m_7$ 均各只被一個質隱項所包含，這些質隱項均為必要質隱項。在選出所
有必要質隱項後，交換函數 $f$ 的所有最小項都已經被包含，因此交換函數 $f$ 的
最簡式為

$$f(x, y, z) = y' + x'z' + xz$$

### ■ 例題 4.3-4 (例題 4.3-2 的最簡式)

　　試以質隱項表求出例題 4.3-2 中的交換函數之最簡式。

**解：** 例題 4.3-2 的交換函數 $f$ 的質隱項表如圖 4.3-4 所示，由於最小項 $m_2$、$m_9$、
$m_{10}$、$m_{15}$ 均各只被一個質隱項所包含，這些質隱項為必要質隱項。在選出所
有必要質隱項後，交換函數 $f$ 只剩最小項 $m_5$ 未被包含，而能包含它的質隱項

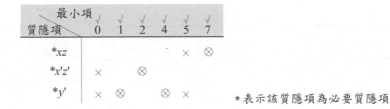

圖 **4.3-3**: 例題 4.3-3 的質隱項表

有兩個 $w'y'z$ 與 $w'xz$。因為這兩個質隱項均為三個字母變數，所以任選一個均可以與必要質隱項組成最簡式。因此其最簡式為：

$$f(w,x,y,z) = x'y' + x'z' + xyz + \begin{cases} w'y'z \\ w'xz \end{cases} \quad (\text{二者擇一})$$

| 最小項<br>質隱項 | 0 √ | 1 √ | 2 √ | 5 √ | 7 √ | 8 √ | 9 √ | 10 √ | 15 √ |
|---|---|---|---|---|---|---|---|---|---|
| *x'y' | × | × | | | | × | ⊗ | | |
| *x'z' | × | | ⊗ | | | × | | ⊗ | |
| *xyz | | | | | × | | | | ⊗ |
| w'y'z | | × | × | | | | | | |
| w'xz | | | | × | × | | | | |

＊表示該質隱項為必要質隱項

圖 **4.3-4**: 例題 4.3-4 的質隱項表

現在另舉一綜合例，說明上述化簡步驟與最簡式的決定。

## ■ 例題 4.3-5 (綜合例)

試以列表法求出下列交換函數的最簡式：

$$f(w,x,y,z) = \Sigma(1,2,3,4,5,12,13)$$

**解：**詳細步驟如下：

步驟1： 將指標值相同的最小項依序歸納成一組，並依指標值大小排列如圖 4.3-5 所示。

步驟1

| 指標 | 十進制 | 二進制 w x y z |
|---|---|---|
| 1 | 1 | 0 0 0 1　√ |
|  | 2 | 0 0 1 0　√ |
|  | 4 | 0 1 0 0　√ |
| 2 | 3 | 0 0 1 1　√ |
|  | 5 | 0 1 0 1　√ |
|  | 12 | 1 1 0 0　√ |
| 3 | 13 | 1 1 0 1　√ |

步驟2

| 指標 | 十進制 | 二進制 w x y z |
|---|---|---|
| 1 | (1,3) | 0 0 - 1　D |
|  | (1,5) | 0 - 0 1　C |
|  | (2,3) | 0 0 1 -　B |
|  | (4,5) | 0 1 0 -　√ |
|  | (4,12) | - 1 0 0　√ |
| 2 | (5,13) | - 1 0 1　√ |
|  | (12,13) | 1 1 0 -　√ |

步驟3

| 指標 | 十進制 | 二進制 w x y z |
|---|---|---|
| 1 | (4,5,12,13) | - 1 0 -　A |

質隱項表

| 質隱項 \ 最小項 | 1 | 2 | 3 | 4 | 5 | 12 | 13 |
|---|---|---|---|---|---|---|---|
| *A=xy' |  |  |  | ⊗ | × | ⊗ | ⊗ |
| *B=w'x'y |  | ⊗ | × |  |  |  |  |
| C=w'y'z | × |  |  |  | × |  |  |
| D=w'x'z | × |  | × |  |  |  |  |

圖 4.3-5: 例題 4.3-5 的詳細化簡過程

步驟2：　合併指標值為 $i$ 與 $i+1$ 的各組中的可合併項，例如將 (1, 3) 合併後得到 (00-1)，因其第二個有效位元的值分別為 0 與 1，因此該位元消去而填上 "-"。

步驟3：　合併步驟 2 所得結果中指標值為 $i$ 與 $i+1$ 各組中的可合併項，其中 (4, 5) = (010-) 而 (12, 13) = (110-)，除了最大有效位元的值不同之外，其餘三個位元的值均相同，所以可以消去最大有效位元而得到 (-10-)。因為沒有其它可合併項可以再合併，化簡程序終止。

步驟4：　在上述步驟中所有未加上檢查符號 ($\sqrt{}$) 的最小項或是合併項 (在圖中以大寫英文字母 $A$ 到 $D$ 標示) 即為交換函數 $f$ 的質隱項集合，即

$$P = \{xy', w'x'y, w'y'z, w'x'z\}$$

交換函數 $f$ 的質隱項表如圖 4.3-5 所示，由於最小項 $m_2$、$m_4$、$m_{12}$、$m_{13}$ 均各只被一個質隱項所包含，這些質隱項為必要質隱項。在選出所有必要質隱項後，交換函數 $f$ 只剩最小項 $m_1$ 未被包含，而能包含它的質隱項有兩個 $w'y'z$ 與 $w'x'z$。因為這兩個質隱項均為三個字母變數，任選一個均可以與必要質隱項組成交換函數 $f$ 的最簡式。所以，交換函數 $f$ 的最簡式為：

$$f(w,x,y,z) = xy' + w'x'y + \begin{cases} w'y'z \\ w'x'z \end{cases} \quad (\text{二者擇一})$$

　　對於未完全指定交換函數(即交換函數中含有不在意項)的化簡程序和使用卡諾圖時類似。在列表法中，所有不在意項均加入化簡程序中，以求得最簡單的質隱項，但是在建立質隱項表時，它們並不需要出現在表中，因為不在意項並未指定交換函數的值。下面例題說明如何求得未完全指定交換函數的最簡式。

■ 例題 4.3-6 (未完全指定交換函數)

　　試求下列未完全指定交換函數的最簡式：

$$f(w,x,y,z) = \Sigma(2,5,6,8,15) + \Sigma_\phi(0,7,9,12,13)$$

**解：**詳細的化簡過程如圖 4.3-6 所示。由於在求質隱項時，所有不在意項均必須參與，即假設它們的值均為 1，所以相當於對下列交換函數求取質隱項：

$$f(w,x,y,z) = \Sigma(0,2,5,6,7,8,9,12,13,15)$$

依據列表法的化簡程序化簡之後，得到下列質隱項集合：

$$P = \{xz, wy', w'xy, w'yz', x'y'z', w'x'z'\}$$

交換函數 $f$ 的質隱項表如圖 4.3-6 (注意不在意項不需要列入質隱項表中)所示，其中最小項 $m_5$ 與 $m_{15}$ 僅由質隱項 $A$ 所包含，因此 $A$ 為必要質隱項。不過由表中可以得知：質隱項 $D$ 同時包含最小項 $m_2$ 與 $m_6$，在選取質隱項 $D$ 之後，只剩最小項 $m_8$ 未被包含，它可以由質隱項 $B$ 與 $E$ 包含，但是 $E$ 較 $B$ 複雜，所以選取 $B$。交換函數 $f$ 的最簡式為

$$f(w,x,y,z) = A + B + D = xz + wy' + w'yz'$$

　　下一小節中，將提出一些有系統的方法，以解決在由上述質隱項表或是由一個較複雜的質隱項表中選取最簡式時所遭遇的困難。

✔ 學習重點

**4-22.** 何謂質隱項表？試定義之。

**4-23.** 試簡述質隱項與最簡式的關係。

**4-24.** 試簡述使用質隱項表求取最簡式的程序。

**4-25.** 為何在建立質隱項表時，不在意項並不需要出現在表中？

步驟 1

| 指標 | 十進制 | 二進制 $w\ x\ y\ z$ |
|---|---|---|
| 0 | 0 | 0 0 0 0 √ |
| 1 | 2 | 0 0 1 0 √ |
|  | 8 | 1 0 0 0 √ |
| 2 | 5 | 0 1 0 1 √ |
|  | 6 | 0 1 1 0 √ |
|  | 9 | 1 0 0 1 √ |
|  | 12 | 1 1 0 0 √ |
| 3 | 7 | 0 1 1 1 √ |
|  | 13 | 1 1 0 1 √ |
| 4 | 15 | 1 1 1 1 √ |

步驟 2

| 指標 | 十進制 | 二進制 $w\ x\ y\ z$ |
|---|---|---|
| 0 | (0,2) | 0 0 - 0 F |
|  | (0,8) | - 0 0 0 E |
| 1 | (2,6) | 0 - 1 0 D |
|  | (8,9) | 1 0 0 - √ |
|  | (8,12) | 1 - 0 0 √ |
| 2 | (5,7) | 0 1 - 1 √ |
|  | (5,13) | - 1 0 1 √ |
|  | (6,7) | 0 1 1 - C |
|  | (9,13) | 1 - 0 1 √ |
|  | (12,13) | 1 1 0 - √ |
| 3 | (7,15) | - 1 1 1 √ |
|  | (13,15) | 1 1 - 1 √ |

步驟 3

| 指標 | 十進制 | 二進制 $w\ x\ y\ z$ |
|---|---|---|
| 1 | (8,9,12,13) | 1 - 0 - B |
| 2 | (5,7,13,15) | - 1 - 1 A |

質隱項表

| 質隱項 \ 最小項 | 2 | 5 √ | 6 | 8 | 15 √ |
|---|---|---|---|---|---|
| *A=xz | | ⊗ | | | ⊗ |
| B=wy' | | | | × | |
| C=w'xy | | | × | | |
| D=w'yz' | × | | | | |
| E=x'y'z' | | | | × | |
| F=w'x'z' | × | | | | |

圖 4.3-6: 例題 4.3-6 的詳細化簡過程

## 4.3.3 最簡式求取方法

在使用卡諾圖法或是列表法求出交換函數中的所有質隱項的集合後，接著即是由此質隱項集合中找出一組能包含原來的交換函數的最小質隱項子集合，該子集合即為最簡式。

本節中，將介紹兩種由質隱項的集合中求取最小質隱項子集合的方法：Petrick 方法與探索法 (heuristics)。前者為一個系統性的方法，它可以由質隱項表中求出交換函數的所有最簡式；後者則重複性的使用一些簡化質隱項表的規則，以簡化質隱項表的大小，然後由此簡化質隱項表中獲取最簡式。

**4.3.3.1 Petrick 方法** Petrick 方法為一個由質隱項表中，求得交換函數的所有最簡式的較有系統的方法。其原理為包含一個最小項的質隱項可以視為一個交換變數，當其被選取時值為 1，不被選取時值為 0。依據此原理，在質隱項表中的每一個最小項行中，可以求取包含該最小項的所有質隱項之和 (OR) 項，此和項表示該最小項可以由一個或是多個質隱項所包含。由於每一個最小項均必須包含於最簡式中，因此質隱項函數 (prime implicant function) $p$ 定義為包含每一個最小項行的質隱項 OR 後的和項之積 (AND)，其結果為一個

POS 交換表式。一旦定義了質隱項函數 $p$ 之後，使用 Petrick 方法的最簡式求取程序可以歸納如下：

■ **演算法 4.3-5: 使用 Petrick 方法的最簡式求取程序**

1. 寫出 $p$ 交換表式：$p$ 表式等於包含每一個最小項行的質隱項 OR 後的和項之積，其結果為一個 POS 交換表式。
2. 使用分配律將 $p$ 交換表式展開並且表示為 SOP 形式，並使用累乘性與吸收律化簡該 SOP 表式。結果的 SOP 表式中的每一個乘積項代表一個不重覆表式。
3. 由 2 得到的 SOP 表式中，依據 4.1.1 節所述的簡化準則，選出一個質隱項數目最少，而且在每一個質隱項中字母變數最少的乘積項，即為所求的最簡式。

■ **例題 4.3-7 (Petrick 方法求取最簡式)**

試利用 Petrick 方法，求取例題 4.3-5 中交換函數 $f$ 的最簡式。

**解：**由例題 4.3-5 的質隱項表得到：

$$p = (C+D)B(B+D)A(A+C)AA$$
$$= AB(C+D)(B+D)(A+C)$$
$$= AB(BC+D)(A+C)$$
$$= (ABC+ABD)(A+C)$$
$$= ABC+ABD+ABCD$$
$$= ABC+ABD$$

一共有兩個乘積項，而且含有相同的質隱項 $A$ 與 $B$。質隱項 $C$ 與 $D$ 皆為三個字母變數，因此這兩項分別與質隱項 $A$ 與 $B$ 組合後均為交換函數 $f$ 的最簡式：

$$f(w,x,y,z) = A+B+C = xy'+w'x'y+w'y'z \text{ 或}$$
$$= A+B+D = xy'+w'x'y+w'x'z$$

和例題 4.3-5 得到的結果相同。

■ 例題 4.3-8 (Petrick 方法求取最簡式)

　　試利用 Petrick 方法，求取例題 4.3-6 中交換函數 $f$ 的最簡式。

**解：**由例題 4.3-6 的質隱項表得到：

$$p = (D+F)A(C+D)(B+E)A$$
$$= A(D+F)(C+D)(B+E)$$
$$= A(D+CF)(B+E)$$
$$= A(BD+BCF+DE+CEF)$$
$$= ABD+ADE+ABCF+ACEF$$

因此一共有四個乘積項，其中質隱項數目最少的為前面兩個，但是在這兩個乘積項中，只有第一項 $ABD$ 的字母變數最少，因此交換函數 $f$ 的最簡式為

$$f(w,x,y,z) = A+B+D = xz+wy'+w'yz'$$

和例題 4.3-6 得到的結果相同。

---

**4.3.3.2 探索法** 雖然 Petrick 方法可以求出一個交換函數 $f$ 的所有最簡式，然而其運算過程相當複雜。在實際設計一個邏輯電路時，通常不需要求出交換函數 $f$ 的所有最簡式。在這種情況下，可以利用一些方法簡化一個複雜的質隱項表，然後由其中選取一個最簡式執行需要的邏輯電路。

　　探索法為一個重複地使用一些簡化質隱項表的規則：消去被包含列 (covered row) 與消去包含行 (covering column)，以簡化質隱項表的大小，然後由此簡化質隱項表中獲取最簡式。

　　在一個質隱項表中，若一個列 (即質隱項) $p_j$ 所包含的最小項均被另一個列 $p_i$ 所包含時，稱為 $p_i$ 包含 $p_j$。若 $p_i$ 包含 $p_j$ 而且 $p_i$ 的字母變數數目並不較 $p_j$ 為多時，可以消去 $p_j$，而該質隱項表中至少仍然保留一個最簡式。

■ 例題 4.3-9 (質隱項表的簡化)

　　以消去被包含列的方法，簡化例題 4.3-6 的質隱項表，並求其最簡式。

**解：**例題 4.3-6 的質隱項表如圖 4.3-7(a) 所示。其中 $A$ 為必要質隱項，質隱項 $C$ 與 $F$ 被 $D$ 所包含而質隱項 $E$ 與 $B$ 所包含，所以這三個列可以消去而得到圖

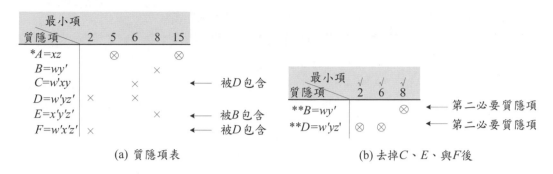

圖 4.3-7: 例題 4.3-9 的詳細步驟

4.3-7(b)的簡化質隱項表。在圖 4.3-7(b)的簡化質隱項表中，質隱項 $B$ 與 $D$ 為必要質隱項，選出 $B$ 與 $D$ 後，連同必要質隱項 $A$，即為交換函數 $f$ 的最簡式

$$f(w,x,y,z) = A + B + D = xz + wy' + w'yz'$$

和例題 4.3-6 得到的結果相同。

　　在質隱項表中，若一個行 $c_j$ 中的每一個出現記號 ($\times$) 的地方，$c_i$ 也均有此記號 ($\times$) 時，稱為 $c_i$ 包含 $c_j$。若 $c_i$ 包含 $c_j$，則可以消去 $c_i$，而不會影響最簡式的求得。事實上，消去包含別行的一行，並不會影響原來交換函數中的所有最簡式的求得，因為最簡式中的質隱項依然留於被包含的行中。注意：當消去一列時，是消去被包含的列；當消去一行時，是消去包含的行。

　　在實際簡化一個質隱項表時，常常需要重覆地使用消去被包含列與消去包含行的步驟。因此探索法的最簡式求取程序可以歸納如下：

### ■ 演算法 4.3-7: 使用探索法的最簡式求取程序

1. 找出必要質隱項：由質隱項表中找出必要質隱項，將它們列入最簡式的集合中，並將必要質隱項及它所包含的最小項自質隱項表中移除。

2. 簡化質隱項表：使用消去被包含列與消去包含行的規則，簡化 1 所得到的簡化質隱項表。

3. 重複執行上述步驟，直到簡化的質隱項表為空態為止。注意在簡化的質隱項表中的第二、第三等必要質隱項依序標示為 **、*** 等。

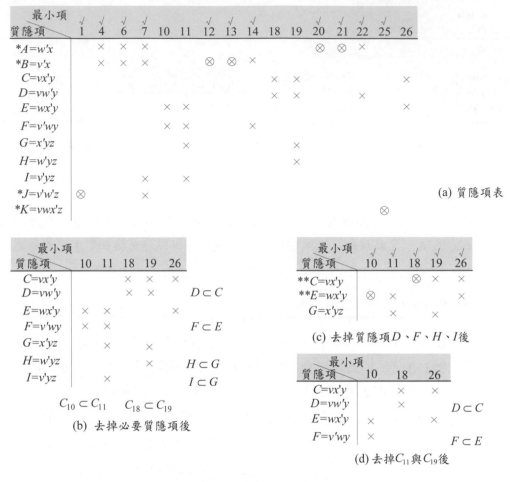

(a) 質隱項表

(b) 去掉必要質隱項後

(c) 去掉質隱項 $D$、$F$、$H$、$I$ 後

(d) 去掉 $C_{11}$ 與 $C_{19}$ 後

**圖 4.3-8:** 例題 4.3-10 的詳細步驟

■ 例題 4.3-10 (質隱項表的簡化)

試求下列交換函數的最簡式：

$$f(v,w,x,y,z) = \Sigma(1,4,6,7,10,11,12,13,14,18,19,20,21,22,25,26)$$
$$+ \Sigma_\phi(3,5,15,23,27)$$

**解：** 交換函數 $f$ 的質隱項表如圖 4.3-8(a) 所示。其中質隱項 $A$、$B$、$J$、$K$ 等為必要質隱項，在選取這些必要質隱項後，質隱項表簡化如圖 4.3-8(b) 所示。在圖 4.3-8(b) 的簡化質隱項表中，質隱項 $D$ 與 $F$ 分別包含於質隱項 $C$ 與 $E$ 中，而質隱項 $H$ 與 $I$ 則皆包含於質隱項 $G$，它們均可以去掉，而得到圖 4.3-8(c) 的簡化

質隱項表，在選取必要質隱項 $C$ 與 $E$ 後，交換函數 $f$ 的所有最小項均已經被包含，因此交換函數 $f$ 的最簡式為

$$f(v,w,x,y,z) = A+B+J+K+C+E$$
$$= w'x+v'x+v'w'z+vwx'z+vx'y+wx'y$$

在圖 4.3-8(b) 的簡化質隱項表中，行 $c_{10}$ 與 $c_{18}$ 分別包含於行 $c_{11}$ 與 $c_{19}$，因此去掉行 $c_{11}$ 與 $c_{19}$ 後得到圖 4.3-8(d) 的簡化質隱項表。接著因為質隱項 $D$、$F$ 分別包含於質隱項 $C$、$E$，所以將其去掉後，只剩下兩個必要質隱項 $C$ 與 $E$，與其它必要質隱項組合後得到與使用圖 4.3-8(c) 求得的結果相同。

---

有些質隱項表除了沒有必要質隱項外，也沒有被包含列與包含行存在，這種質隱項表稱為循環質隱項表 (cyclic prime implicant chart)。在這種情況下有兩種方法可以解決：一個是利用前面提到的 Petrick 方法；另一個則是使用分歧法 (branching method)，自質隱項表中，隨意地選取一個字母變數數目最少的質隱項，打破其循環性，然後使用前述的簡化方法，求得該交換函數的最簡式。

### ■ 例題 4.3-11 (循環質隱項表)

試求下列交換函數的最簡式：

$$f(w,x,y,z) = \Sigma(1,3,4,5,10,11,12,14)$$

**解：** 利用卡諾圖或是列表法化簡後，得到八個質隱項，所以質隱項表如圖 4.3-9(a) 所示。由於沒有必要質隱項，也沒有被包含列與包含行存在，因此為一個循環質隱項表，所以利用分歧法解決。因為所有質隱項均包含三個字母變數，所以隨便選取一項為必要質隱項，假設選取 $A$ (標示為 *)，則其簡化後的質隱項表如圖 4.3-9(b) 所示。

在圖 4.3-9(b) 的簡化質隱項表中，質隱項 $B$ 與 $H$ 分別為質隱項 $C$ 與 $G$ 所包含，所以它們可以去掉，而得到圖 4.3-9(c) 的簡化質隱項表。在圖 4.3-9(c) 的簡化質隱項表中，質隱項 $C$ 與 $G$ 為第二必要質隱項 (標示為 **)，在選取 $C$ 與 $G$ 後的質隱項如圖 4.3-9(d) 所示。在圖 4.3-9(d) 的簡化質隱項表中，質隱項 $D$ 與 $F$ 均為質隱項 $E$ 所包含，它們可以去掉。質隱項 $E$ 成為第三必要質隱項 (標示為

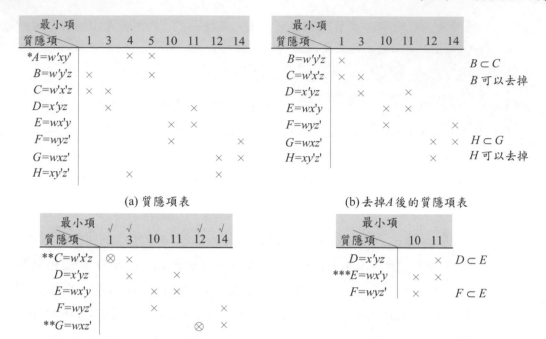

(a) 質隱項表　　　　　　　　　　(b) 去掉 A 後的質隱項表

(c) 去掉 B 與 H 後的質隱項表　　　　　(d) 去掉 C 與 G 後的質隱項表

圖 4.3-9: 例題 4.3-11 的詳細步驟

***)。所以交換函數 f 的最簡式為：

$$f(w,x,y,z) = A+C+G+E$$
$$= w'xy' + w'x'z + wxz' + wx'y$$

當然，最初假定的必要質隱項不同時，所得到的最簡式也可能不同。因此，若希望求取所有可能的最簡式時，必須使用 Petrick 方法 (留做習題)。

將循環質隱項表的可能性納入考慮之後，使用探索法的交換函數最簡式求取程序可以修改為下列演算法：

### ■ 演算法 4.3-9: 使用探索法的最簡式求取程序

1. 找出必要質隱項：由質隱項表中找出必要質隱項，將它們列入最簡式的集合中，並將必要質隱項及它所包含的最小項自質隱項表中移除。

2. 循環質隱項表：若為循環質隱項表，則隨意地選取一個字母變數數目最少的質隱項，以打破其循環性，直到簡化的質隱項表不再具有循環性或是已經成為空態時為止。

3. 簡化質隱項表：使用消去被包含列與消去包含行的規則，簡化 1 與 2 所得到的簡化質隱項表。

4. 重複執行上述步驟，直到簡化的質隱項表為空態為止。

---

### ✔學習重點

**4-26.** 何謂 Petrick 方法？試解釋之。

**4-27.** 何謂探索法？試解釋之。

**4-28.** 試簡述 Petrick 方法求取最簡式的程序。

**4-29.** 試簡述探索法求取最簡式的程序。

**4-30.** 何謂循環質隱項表？如何由此種質隱項表中求取最簡式？

---

## 4.4　變數引入圖與餘式圖

本節中，我們介紹兩個與卡諾圖息息相關的其它方法：變數引入圖 (variable-entered map) 與餘式圖 (residue maps)。變數引入圖為卡諾圖的一種變形，它允許交換變數或是交換表式進入卡諾圖的格子中。餘式圖也是卡諾圖的一種變形，利用它可以求取一個交換函數在某些選定變數之組合下的餘式。

### 4.4.1　變數引入圖

當一個卡諾圖中的格子的值不是常數 0 或是 1，而是一個外部變數或是交換表式時，稱為變數引入圖。外部變數或是交換表式則稱為引入圖變數 (map-entered variable)。變數引入圖通常有兩種功用：

1. 在某些應用中，直接將一個外部變數或是交換表式填入卡諾圖中時較填入常數 0 或是 1 為方便。

2. 可以降低使用的卡諾圖實際大小。例如可以使用四個變數的卡諾圖化簡五個或是六個變數的交換函數。

在利用變數引入圖法化簡一個交換函數時，通常依照下列步驟完成：

## ■ 演算法 4.4-1: 變數引入圖法化簡程序

1. 將所有外部變數視為0，求出結果的最簡式。
2. 取一個外部字母變數(注意 $x$ 與 $x'$ 當作兩個不同的字母變數)或是交換表式(若有時)，並將其它外部字母變數或是交換表式(若有時)設定為0，而所有1-格子當作不在意項($\phi$)，求出結果的最簡式。重覆上述步驟，直到所有外部字母變數或是交換表式(若有時)皆處理過為止。
3. 將步驟1與2所得到的最簡式OR後，即為所求。

## ■ 例題 4.4-1 (變數引入圖法)

試求圖4.4-1 的變數引入圖的最簡式。

| z \ xy | 00 | 01 | 11 | 10 |
|---|---|---|---|---|
| 0 | (0) $B'$ | (2) 0 | (6) 0 | (4) $A$ |
| 1 | (1) 1 | (3) $B$ | (7) $\phi$ | (5) 1 |

**圖 4.4-1:** 例題4.4-1 的變數引入圖

**解：**依據上述化簡步驟並且參考圖4.4-2，得知：

步驟1： 將所有外部字母變數設定為0，因此只有最小項 $m_1$ 與 $m_5$ 的值為1，化簡後得 $y'z$；

步驟2： 因為有三個字母變數：$A$、$B$、$B'$，它們必須各別處理，所以此步驟分成三個小步驟：

步驟2(a)： 考慮字母變數 $A$，將其它所有外部字母變數的值設定為0，字母變數 $A$ 的值設定為1，最小項 $m_1$ 與 $m_5$ 的值設定為 $\phi$，化簡之後得到 $xy'$，與字母變數 $A$ AND後得到 $Axy'$。

步驟2(b)： 考慮字母變數 $B$，將其它所有外部字母變數的值設定為0，字母變數 $B$ 的值設定為1，最小項 $m_1$ 與 $m_5$ 的值設定為 $\phi$，化簡之後得到 $z$，與字母變數 $B$ AND後得到 $Bz$。

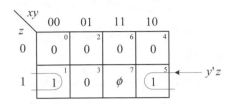
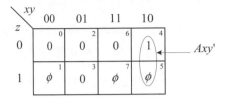

步驟1：所有外部字母變數設定為0

$y'z$

步驟2(a)：考慮外部字母變數$A$

$Axy'$

步驟2(b)：考慮外部字母變數$B$

$Bz$

步驟2(c)：考慮外部字母變數$B'$

$B'x'y'$

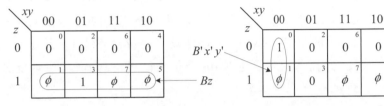

**圖 4.4-2:** 例題 4.4-1 的詳細步驟

步驟2(c)：　考慮字母變數$B'$，將其它所有外部字母變數的值設定為0，字母變數$B'$的值設定為1，最小項$m_1$與$m_5$的值設定為$\phi$，化簡之後得到$x'y'$，與字母變數$B'$ AND 後得到$B'x'y'$。

步驟3：　將上述步驟所得到的結果OR後，得到最簡式為：

$$f = y'z + Axy' + Bz + B'x'y'$$

## ■ 例題 4.4-2 (變數引入圖)

試求圖 4.4-3 的變數引入圖的最簡式。

| $z$ \ $xy$ | 00 | 01 | 11 | 10 |
|---|---|---|---|---|
| 0 | $v$ | 0 | 1 | $v'$ |
| 1 | 0 | $w+v$ | $\phi$ | 1 |

**圖 4.4-3:** 例題 4.4-2 的變數引入圖

**解：** 依據上述化簡步驟可以得知：

步驟1：　將所有外部字母變數設定為0，因此只有最小項$m_5$與$m_6$的值為1，與
　　　　　不在意項$m_7$合併化簡後得到$xy+xz$；

步驟2：　因為有兩個字母變數：$v$、$v'$與一個交換表式$w+v$，它們必須各別處
　　　　　理，所以此步驟分成三個小步驟：

　　步驟2(a)：　考慮字母變數$v$，將其它所有外部字母變數及一個交換表式$w+$
　　　　　　　　$v$的值設定為0，字母變數$v$的值設定為1，最小$m_5$與$m_6$的值設定為
　　　　　　　　$\phi$，化簡之後得到$x'y'z'$，與字母變數$v$ AND後得到$vx'y'z'$。

　　步驟2(b)：　考慮字母變數$v'$，將其它所有外部字母變數及一個交換表式
　　　　　　　　$w+v$的值設定為0，字母變數$v'$的值設定為1，最小項$m_5$與$m_6$的值
　　　　　　　　設定為$\phi$，與不在意項$m_7$合併化簡後得到$x$，與字母變數$v'$ AND後得
　　　　　　　　到$v'x$。

　　步驟2(c)：　考慮交換表式$w+v$，將其它所有外部字母變數的值設定為0，
　　　　　　　　交換表式$w+v$的值設定為1，最小項$m_5$與$m_6$的值設定為$\phi$，與不在意
　　　　　　　　項$m_7$合併化簡之後得到$yz$，與交換表式$w+v$ AND後得到$(w+v)yz$。

步驟3：　將上述步驟所得到的結果OR後，得到最簡式為：

$$f = xy+xz+vx'y'z'+v'x+(v+w)yz$$

---

　　　變數引入圖的另外一個功用為降低卡諾圖的大小(即維度)以化簡較多變
數的交換函數，因此它也常稱為 RDM (reduced-dimension map)。

■ 例題 4.4-3 (變數引入圖法)

　　　試用三個變數的卡諾圖，求下列交換函數的最簡式：

$$f(w,x,y,z) = w'x'y+w'xy+w'xy'z+wxyz+(wx'y)$$

其中 $(wx'y)$ 為不在意項。

**解：** 因為交換函數 $f$ 中，$z$ 只出現在兩個乘積項中，因此以 $z$ 為外部變數而得
到圖 4.4-4(a) 的變數引入圖。化簡之後，得到最簡式：

$$f(w,x,y,z) = w'y+yz+w'xz$$

圖 4.4-4(b) 為交換函數 $f$ 的卡諾圖，化簡後得到與圖 4.4-4(a) 相同的結果。

---

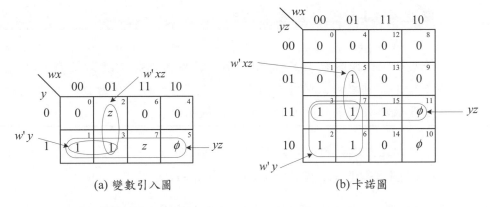

圖 4.4-4: 例題 4.4-3 的變數引入圖

## 4.4.2　交換函數的餘式

一般而言，對應於一個 $m$ 個變數引入圖的交換函數 $f$ 可以表示為：

$$f(x_{n-1}, \ldots, x_1, x_0) = \sum_{i=0}^{2^m-1} E_i m_i$$

其中 $E_i$ 為 $(x_{n-1}, \ldots, x_m)$ 的交換函數，而 $m_i$ 為在 $m$ 個變數中的第 $i$ 個最小項，即交換函數 $f$ 只在 $E_i$ 與 $m_i$ 同時為 1 時才為 1。若 $n=m$，則 $E_i$ 的值不是 0 就是 1，因而該變數引入圖退化為 $n$ 個變數的卡諾圖。但是由 Shannon 展開定理可以得知：交換函數 $f(x_{n-1}, \ldots, x_m, x_{m-1}, \ldots, x_1, x_0)$ 可以對 $(x_{m-1}, \ldots, x_1, x_0)$ 等 $m$ 個變數展開，即

$$f(x_{n-1}, \ldots, x_m, x_{m-1}, \ldots, x_1, x_0) = x_{m-1} \ldots x_1 x_0 f(x_{n-1}, \ldots, x_m, 1, \ldots, 1, 1) +$$

$$\ldots +$$

$$x'_{m-1} \ldots x'_1 x_0 f(x_{n-1}, \ldots, x_m, 0, \ldots, 0, 1) +$$

$$x'_{m-1} \ldots x'_1 x'_0 f(x_{n-1}, \ldots, x_m, 0, \ldots, 0, 0) +$$

$$= \sum_{i=0}^{2^m-1} m_i R_i$$

其中 $R_i$ 為交換函數 $f$ 在 $(x_{m-1}, \ldots, x_1, x_0)$ 等變數的第 $i$ 個組合下的值，這個值通常為 $(x_{n-1}, \ldots, x_{m+1}, x_m)$ 等 $n-m$ 個變數的函數，即 $R_i = E_i$。為方便討論，現在定義一個交換函數的餘式 (residue) 為：

## ■ 定義 4.4-1: 交換函數的餘式

設 $X = \{x_{n-1}, x_{n-2}, \cdots, x_1, x_0\}$ 而且 $Y = \{y_{m-1}, y_{m-2}, \cdots, y_1, y_0\}$ 為 $X$ 的一個子集合，交換函數 $f(X)$ 的餘式 $f_Y(X)$ 定義為將交換函數 $f(X)$ 中，所有對應於 $Y$ 中非補數形式的字母變數均設定為 1，而所有對應於 $Y$ 中補數形式的字母變數均設定為 0 後，所得到的交換函數。

因此上述討論中的 $R_i$ 即為交換函數 $f(x_{n-1}, \ldots, x_1, x_0)$ 在 $(x_{m-1}, \ldots, x_1, x_0)$ 等 $m$ 個變數的第 $i$ 個二進制組合下的餘式。

## ■ 例題 4.4-4 (交換函數的餘式)

試求下列交換函數在 $ux'z$，與 $vy'z'$ 下的餘式：

$$f(u, v, w, x, y, z) = uvw + x'y'z'$$

**解：**(a) 欲求在 $ux'z$ 下的餘式，設 $u = 1$、$x = 0$、$z = 1$ 得

$$f_{ux'z} = (1, v, w, 0, y, 1) = 1 \cdot v \cdot w + 0' \cdot y' \cdot 1' = v \cdot w$$

(b) 欲求在 $vy'z'$ 下的餘式，設 $v = 1$、$y = 0$、$z = 0$ 得

$$f_{vy'z'}(u, 1, w, x, 0, 0) = u \cdot 1 \cdot w + x' \cdot 0' \cdot 0' = u \cdot w + x'$$

## ■ 例題 4.4-5 (交換函數的餘式)

試求下列交換函數在 $(w, x, y)$ 三個變數的所有八個可能的組合下的餘式：

$$f(w, x, y, z) = w'x'y + w'xy + w'xy'z + wxyz + (wx'y)$$

其中 $(wx'y)$ 為不在意項。

**解：**依照上述例題的方法，設定適當的字母變數值後，可以得到下列各個餘數：

$$f_{w'x'y'}(0, 0, 0, z) = 0 \quad (m_0) \qquad f_{wx'y'}(1, 0, 0, z) = 0 \quad (m_4)$$
$$f_{w'x'y}(0, 0, 1, z) = 1 \quad (m_1) \qquad f_{wx'y}(1, 0, 1, z) = \phi \quad (m_5)$$
$$f_{w'xy'}(0, 1, 0, z) = z \quad (m_2) \qquad f_{wxy'}(1, 1, 0, z) = 0 \quad (m_6)$$
$$f_{w'xy}(0, 1, 1, z) = 1 \quad (m_3) \qquad f_{wxy}(1, 1, 1, z) = z \quad (m_7)$$

在計算餘式時，不在意項的值仍須保持為 $\phi$。所以

$$f(w, x, y, z) = \sum_{i=0}^{7} m_i R_i$$

$$= 0 \cdot m_0 + 1 \cdot m_1 + z \cdot m_2 + 1 \cdot m_3 + 0 \cdot m_4 + \phi \cdot m_5 + 0 \cdot m_6 + z \cdot m_7$$

得到圖 4.4-4(a) 的變數引入圖。

---

**4.4.2.1　餘式圖** 在計算一個交換函數的餘式時，除了直接使用代數運算方式計算交換函數的值之外，也可以使用一種類似卡諾圖的圖形方式，稱為餘式圖 (residue map)。對於一個 $n$ 個變數的交換函數 $f(x_{n-1}, \ldots, x_1, x_0)$ 而言，它在 $m$ 個變數 $(x_{m-1}, \ldots, x_1, x_0)$ 下的餘式圖，一共有 $2^m$ 行與 $2^{n-m}$ 列，其中每一行相當於變數 $(x_{m-1}, \ldots, x_1, x_0)$ 的一個二進制組合，而每一個列則相當於變數 $(x_{n-1}, \ldots, x_{m+1}, x_m)$ 的一個二進制組合，行與列的交點則置入相當於 $n$ 個變數 $(x_{n-1}, \ldots, x_1, x_0)$ 的二進制組合的等效十進制數目值，如圖 4.4-5(a) 所示。注意 $2^{n-m}$ 列的二進制組合通常以格雷碼方式排列，以方便求餘式時的化簡。

欲求一個交換函數 在變數 下的各個二進制組合的餘式時，將該交換函數 $f$ 中，所有為 1 的最小項依序以加上圓圈的方式，標示在餘式圖中對應的行與列的交點(即相當的十進制數目)上，並將所有不在意項也以加上星號的方式，標示在圖中，然後使用類似卡諾圖的方法求取每一行的最簡式，該最簡式即為在該行的二進制組合下的餘式。圖 4.2-20(b) 為兩個餘式圖的實例。

---

**■ 演算法 4.4-3: 餘式圖求餘式程序**

---

1. 由左而右依序檢查餘式圖中的每一行。若一行中所有格子均未加圈，則該行的餘式為 0；若一行中至少有一個格子加圈，而其餘格子亦加圈或是加星號，則該行的餘式為 1。

2. 若一行中所有格子均加星號，則該行的餘式為 $\phi$。

3. 若一行中僅有部分格子加圈，則該行的餘式為變數 (不屬於 $Y$ 集合的變數) 的函數。在該行中的星號格子可以用來幫助化簡。

---

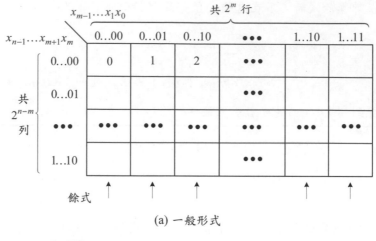

(a) 一般形式

| xyz w | 000 | 001 | 010 | 011 | 100 | 101 | 110 | 111 |
|---|---|---|---|---|---|---|---|---|
| 0 | ⓪ | ① | 2 | ③ | 4 | ⑤ | ⑥ | 7 |
| 1 | 8 | 9 | ⑩ | 11 | 12 | 13 | ⑭ | 15 |

$$f(w,x,y,z) = \Sigma(0,1,3,5,6,10,14)$$

| xyz vw | 000 | 001 | 010 | 011 | 100 | 101 | 110 | 111 |
|---|---|---|---|---|---|---|---|---|
| 00 | 0 | ① | 2 | 3 | 4 | 5 | 6 | 7 |
| 01 | 8 | ⑨ | 10 | ⑪ | 12 | ⑬ | 14 | 15 |
| 11 | 24 | ㉕ | ㉖ | ㉗ | 28 | 29 | 30 | 31 |
| 10 | 16 | 17* | 18 | 19* | 20 | 21 | 22 | 23 |

$$f(w,x,y,z) = \Sigma(1,9,11,13,25,26,27) + \Sigma_{\phi}(17,19)$$

(b) 兩個餘式圖實例

**圖 4.4-5:** 餘式圖的一般形式與實例

---

## ■ 例題 4.4-6 (餘式圖的使用)

　　試用餘式圖的方法，求取例題4.4-5的交換函數在 $(w,x,y)$ 三個變數下的所有可能的二進制組合的餘式。

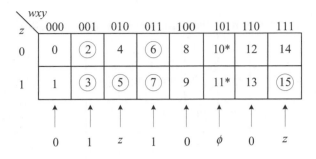

**圖 4.4-6:** 例題 4.4-6 的餘式圖

**解：** 交換函數 $f$ 可以表示為

$$f(w,x,y,z) = w'x'y + w'xy + w'xy'z + wxyz + (wx'y)$$
$$= w'x'y(z+z') + w'xy(z+z') + w'xy'z + wxyz + [wx'y(z+z')]$$
$$= \Sigma(2,3,5,6,7,15) + \Sigma_\phi(10,11)$$

其餘式圖與餘式如圖 4.4-6 所示。結果與例題 4.4-5 相同。

　　有了餘式圖後，就可以利用變數引入圖做較多變數數目的交換函數化簡。然而所得到的結果可能不是最簡式，因為某些最小 (大) 項與最小 (大) 項的相鄰關係已在求餘式時被消除 (習題 4-31)。儘管如此，對於使用多工器或是相似電路實現交換函數 (第 6.3.3 節) 時，餘式圖仍不失為一個有用的方法。下列兩個例題其化簡的結果恰好為最簡式。

### ■ 例題 4.4-7 (交換函數化簡)

　　利用三個變數的變數引入圖，化簡例題 4.2-19 中的五個變數的交換函數。

**解：** 假設提出兩個變數 $v$ 與 $w$ 當作外部變數，接著利用餘式圖求出交換函數在變數 $(x,y,z)$ 上的各個餘式，然後建立變數引入圖，如圖 4.4-7 所示。最後由變數引入圖求得下列簡化交換表式 (恰好亦為最簡式)：

$$f(v,w,x,y,z) = xy' + v'w'y'z' + x'yz + \begin{cases} wyz \\ wxz \end{cases} \quad (二者擇一)$$

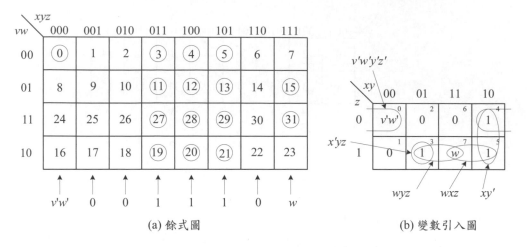

(a) 餘式圖　　　　　　　　　　(b) 變數引入圖

**圖 4.4-7:** 例題 4.4-7 的餘式圖與變數引入圖

　　利用餘式圖求取餘式時，若同一行中有指定項與不在意項同時並存時，不在意項應做適當的指定為 0 或是 1 後，再求取餘式。

### ■ 例題 4.4-8 (含有不在意項的餘式圖)

　　利用三個變數的變數引入圖，化簡例題 4.2-20 中的五個變數的交換函數。

**解：**首先利用餘式圖求出交換函數 $f(v, w, x, y, z)$ 在變數 $(x, y, z)$ 上的各個餘式，然後建立變數引入圖，如圖 4.4-8(b) 所示。在此例題中，假設所有不在意項均設定為 1。最後由變數引入圖求得下列簡化交換表式(恰好亦為最簡式)：

$$f(v, w, x, y, z) = wx + wz + w'y' + (xy' + y'z)$$

其中 $xy'$ 與 $y'z$ 兩項已經分別由 $wx$ 及 $wz$ 所包含，因此不必列入簡化表式中。

### ✔學習重點

**4-31.** 何謂變數引入圖？

**4-32.** 試簡述變數引入圖的化簡程序。

**4-33.** 何謂一個交換函數的餘式？試定義之。

**4-34.** 試簡述餘式圖的意義與其在交換函數化簡上的應用。

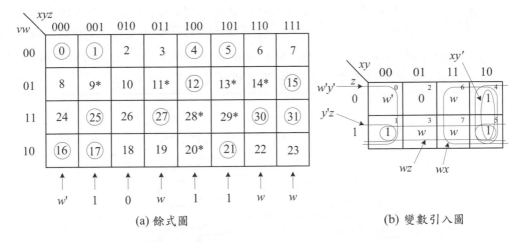

(a) 餘式圖　　　　　　　　　　　　　　　(b) 變數引入圖

**圖 4.4-8:** 例題 4.4-8 的餘式圖與變數引入圖

# 4.5 多輸出交換函數的化簡

所謂的多輸出交換函數 (multiple-output switching function) 是指兩個或是兩個以上的交換函數，其函數值係由同一組中的 $n$ 個輸入變數共同決定。相對應於多輸出交換函數的邏輯電路，則稱之為多輸出 (multiple-output) 邏輯電路。

## 4.5.1 基本概念

對於多輸出交換函數而言，當然每一個輸出交換函數可以各別化簡，然後各自執行該交換函數。這個方法雖然很簡單，但是通常不是最經濟的執行方法，例如下列例題。

### ■ 例題 4.5-1 (多輸出邏輯電路)

考慮下列多輸出邏輯電路：

$$f_1(x,y,z) = \Sigma(1,3,7)$$
$$f_2(x,y,z) = \Sigma(3,6,7)$$

**解：**交換函數 $f_1$ 與 $f_2$ 的卡諾圖與邏輯電路如圖 4.5-1 所示。當 $f_1$ 與 $f_2$ 各自執行時，一共需要四個 2 個輸入端的 AND 閘與兩個 2 個輸入端的 OR 閘，但是若以多輸出邏輯電路的方式執行，則只需要三個 2 個輸入端的 AND 閘與兩個 2 個輸入端的 OR 閘，因為其中的質隱項 $yz$ 可以共用。

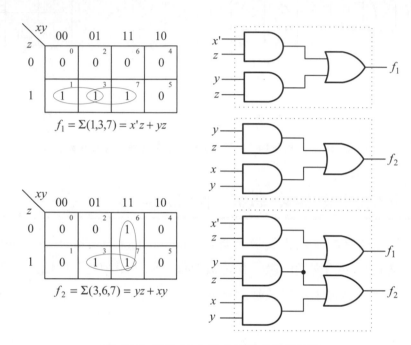

$$f_1 = \Sigma(1,3,7) = x'z + yz$$

$$f_2 = \Sigma(3,6,7) = yz + xy$$

圖 **4.5-1:** 例題 4.5-1 的卡諾圖與邏輯電路

　　一般而言，在多輸出邏輯電路中，可能無法像例題 4.5-1 一樣，很明顯地得到共用項 $yz$。這時候可以使用交換函數乘積的觀念去尋找可能的共用項。下列例題說明此種觀念。

■ 例題 **4.5-2** (共用項)

　　試執行下列多輸出交換函數：

$$f_1(x,y,z) = \Sigma(2,4,6,7)$$

$$f_2(x,y,z) = \Sigma(4,7)$$

**解：**交換函數 $f_1$ 與 $f_2$ 的卡諾圖與邏輯電路如圖 4.5-2 所示。若 $f_1$ 與 $f_2$ 各自化簡時，分別得到 $f_1$ 與 $f_2$ 的最簡式：

$$f_1(x,y,z) = xy + yz' + xz'$$
$$f_2(x,y,z) = xy'z' + xyz$$

執行時一共需要五個 AND 閘與兩個 OR 閘。若以多輸出邏輯電路執行時，首先必須先尋找交換函數 $f_1$ 與 $f_2$ 的共用項，將交換函數 $f_1$ 與 $f_2$ AND 後，得到圖 4.5-2(c) 的卡諾圖。因此交換函數 $f_1$ 與 $f_2$ 的共用項為：

$$xy'z' + xyz = f_2(x,y,z)$$

此時交換函數 $f_1$ 的最小項 $m_4$ 與 $m_7$ 由於已經被共用項包含，因此

$$f_1(x,y,z) = yz' + xy'z' + xyz$$

執行時只需要三個 AND 閘與兩個 OR 閘，如圖 4.5-2(d) 所示。

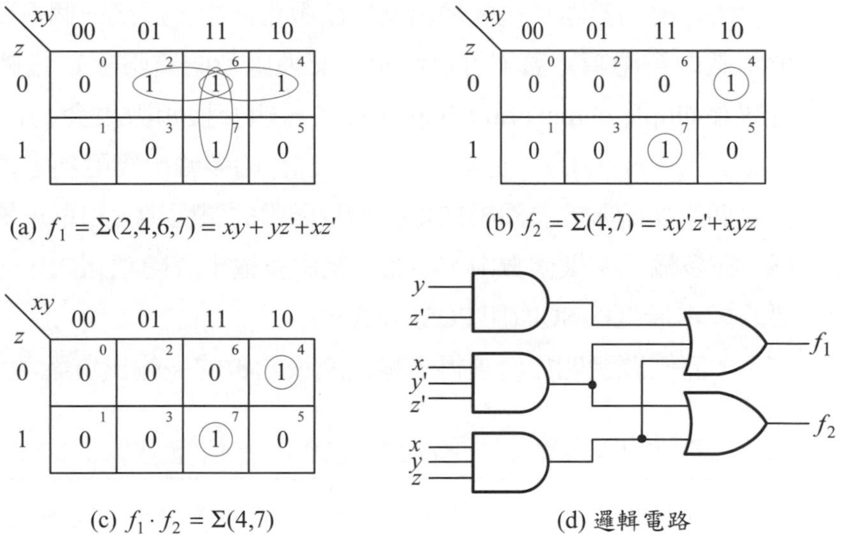

(a) $f_1 = \Sigma(2,4,6,7) = xy + yz' + xz'$

(b) $f_2 = \Sigma(4,7) = xy'z' + xyz$

(c) $f_1 \cdot f_2 = \Sigma(4,7)$

(d) 邏輯電路

**圖 4.5-2:** 例題 4.5-2 的卡諾圖與邏輯電路

✔**學習重點**

**4-35.** 試定義多輸出交換函數與多輸出邏輯電路。

**4-36.** 何謂共用項？試解釋之。

**4-37.** 共用項在多輸出邏輯電路的執行中扮演何種角色？

**4-38.** 試簡述如何由卡諾圖中，求取兩個交換函數中的共用項。

## 4.5.2 多輸出交換函數的化簡

　　一般而言，在化簡多輸出交換函數時，大致上分成兩個步驟：首先求出各個交換函數的質隱項，然後再找尋交換函數之間的共用項。交換函數彼此之間的共用項其實就是積函數的質隱項。若設 $f_1$ 與 $f_2$ 分別為 $n$ 個變數的交換函數，則其積函數 $f_1 \cdot f_2$ 定義為：

$$f_1 \cdot f_2 = \begin{cases} 0 & \text{當 } f_1 \text{ 與 } f_2 \text{ 均} = 0 \\ 1 & \text{當 } f_1 \text{ 與 } f_2 \text{ 均} = 1 \\ \phi & \text{當 } f_1 \text{ 與 } f_2 \text{ 皆為 } \phi \text{ 時或者其中一個為 1 另外一個為 0} \end{cases}$$

當變數數目在四個以下時，積函數可以由卡諾圖求出 (例題 4.5-2)。

　　積函數的質隱項在多輸出交換函數化簡中，扮演一個重要的角色。利用積函數的質隱項定義，可以將單一交換函數的質隱項定義擴大為多輸出質隱項 (multiple-output prime implicant)：一組交換函數集合 $\{f_1(x_{n-1} \ldots, x_1, x_0), f_2(x_{n-1} \ldots, x_1, x_0), \ldots, f_m(x_{n-1} \ldots, x_1, x_0)\}$ 的多輸出質隱項定義為該集合中任何一個交換函數的質隱項或是任何積函數的質隱項。和單一輸出交換函數相同，在多輸出交換函數中，存在一組由多輸出質隱項組成，而且執行時所需要的成本最低的 SOP (與 POS) 表式。

　　下面例題說明如何求得多輸出交換函數的多輸出質隱項集合。

### ■ 例題 4.5-3 (多輸出交換函數化簡 — 卡諾圖法)

利用卡諾圖，求取下列多輸出交換函數的多輸出質隱項集合：

$$f_1(w, x, y, z) = \Sigma(2, 3, 5, 7, 8, 9, 10, 11, 13, 15)$$
$$f_2(w, x, y, z) = \Sigma((2, 3, 5, 6, 7, 10, 11, 14, 15)$$
$$f_3(w, x, y, z) = \Sigma((6, 7, 8, 9, 13, 14, 15)$$

**解：**首先求交換函數 $f_1$、$f_2$ 與 $f_3$ 的質隱項，如圖 4.5-3 所示。然後再求積函數 $f_1 \cdot f_2$、$f_1 \cdot f_3$、$f_2 \cdot f_3$、$f_1 \cdot f_2 \cdot f_3$ 等的質隱項，如圖 4.5-3 所示。上述所有求得的

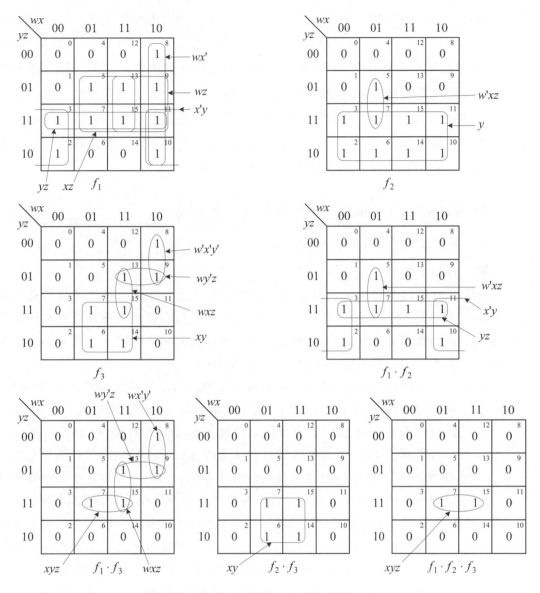

**圖 4.5-3:** 例題 4.5-3 的卡諾圖

質隱項集合後，即為多輸出質隱項集合：

$$P = \{y, wz, xy, xz, yz, wx', x'y, wxz, xyz, wy'z, w'xz, wx'y'\}$$

利用列表法化簡多輸出交換函數時，在化簡過程中每一個表均須加上標

籤 (tag)，以註明該最小項或合併項是屬於那一個交換函數所有。在合併兩個可合併項時，也必須檢查兩個可合併項中的標籤，若其乘積 (AND) 為 0，則該兩個可合併項仍然不可以合併，因為合併後，並不屬於任何一個交換函數或是積函數。合併項的標籤值為原來兩個被合併的最小項或是合併項的標籤值的乘積(即 AND 後的結果)。被合併的最小項或是合併項的標籤值若和合併項的標籤值相同時，可以加上檢查符號 ($\sqrt{}$)，否則不能。現在舉一實例，說明如何利用列表法化簡多輸出交換函數系統。

■ 例題 4.5-4 (多輸出交換函數化簡 — 列表法)

試以列表法重做例題 4.5-3。

**解：**詳細步驟如下：

步驟1： 將指標值相同的最小項依序歸納成一組，並且依據指標值的大小排列如圖 4.5-4 所示。此外，加入標籤一欄以指示該最小項是屬於那一個交換函數所有，例如最小項 $m_2$ 屬於交換函數 $f_1$ 與 $f_2$ 所有，但是並不出現在 $f_3$ 中，因此標籤 $(f_1 f_2 f_3)$ 的值設定為 (110)。

步驟2： 合併指標值為 $i$ 與 $i+1$ 的各組中標籤值的交集不為 (000) 的可合併項，例如 (2, 3) 合併後得到 (001-)，因其最小有效位元的值分別為 0 與 1，因此該位元消去而填上 "-"，合併後的標籤值為 (110) ∩ (110) = (110)；(2, 6) 合併後得到 (0-10)，因其第二個有效位元的值分別為 0 與 1，因此該位元消去而填上 "-"，合併後的標籤值為 (110) ∩ (011) = (010)。其它可合併項可以依據相同的程序完成合併，合併所有可能的合併項後如圖 4.5-4 所示。

步驟3： 合併步驟2所得結果中指標值為 $i$ 與 $i+1$ 的各組中的可合併項，例如 (2, 3) = (001-) 而 (6, 7) = (011-)，除了第二個有效位元的值不同之外，其餘三個位元的值均相同，所以可以消去第二個有效位元而得到 (0-1-)，合併後的標籤值為 (110) ∩ (011) = (010)。其它可合併項可以依據相同的程序完成合併，合併所有可能的合併項後如圖 4.5-4 所示。

步驟4： 合併步驟3所得結果中指標值為 $i$ 與 $i+1$ 的各組中的可合併項，其中 (2, 3, 6, 7) = (0-1-) 而 (10,11,14,15) = (1-1-)，除了最大有效位元的值不同之外，其餘兩個位元的值均相同，所以可以消去最大有效位元而得到 (- - 1 -)；(2, 3, 10, 11) 與 (6, 7, 14, 15) 合併後與上述相同。因為沒有其它可合併項可以再合併，化簡程序終止。

步驟 1

| 指標 | 十進制 | 二進制 w x y z | 標籤 $f_1\,f_2\,f_3$ |
|---|---|---|---|
| 1 | 2 | 0 0 1 0 | 1 1 0 √ |
|   | 8 | 1 0 0 0 | 1 0 1 √ |
| 2 | 3 | 0 0 1 1 | 1 1 0 √ |
|   | 5 | 0 1 0 1 | 1 1 0 √ |
|   | 6 | 0 1 1 0 | 0 1 1 √ |
|   | 9 | 1 0 0 1 | 1 0 1 √ |
|   | 10 | 1 0 1 0 | 1 1 0 √ |
| 3 | 7 | 0 1 1 1 | 1 1 1 √ |
|   | 11 | 1 0 1 1 | 1 1 0 √ |
|   | 13 | 1 1 0 1 | 1 0 1 √ |
|   | 14 | 1 1 1 0 | 0 1 1 √ |
| 4 | 15 | 1 1 1 1 | 1 1 1 √ |

步驟 2

| 指標 | 十進制 | 二進制 w x y z | 標籤 $f_1\,f_2\,f_3$ |
|---|---|---|---|
| 1 | (2,3) | 0 0 1 - | 1 1 0 √ |
|   | (2,6) | 0 - 1 0 | 0 1 0 √ |
|   | (2,10) | - 0 1 0 | 1 1 0 √ |
|   | (8,9) | 1 0 0 - | 1 0 1 L |
|   | (8,10) | 1 0 - 0 | 1 0 0 √ |
| 2 | (3,7) | 0 - 1 1 | 1 1 0 √ |
|   | (3,11) | - 0 1 1 | 1 1 0 √ |
|   | (5,7) | 0 1 - 1 | 1 1 0 K |
|   | (5,13) | - 1 0 1 | 1 0 0 √ |
|   | (6,7) | 0 1 1 - | 0 1 1 √ |
|   | (6,14) | - 1 1 0 | 0 1 1 √ |
|   | (9,11) | 1 0 - 1 | 1 0 0 √ |
|   | (9,13) | 1 - 0 1 | 1 0 1 J |
|   | (10,11) | 1 0 1 - | 1 1 0 √ |
|   | (10,14) | 1 - 1 0 | 0 1 0 √ |
| 3 | (7,15) | - 1 1 1 | 1 1 1 I |
|   | (11,15) | 1 - 1 1 | 1 1 0 √ |
|   | (13,15) | 1 1 - 1 | 1 0 1 H |
|   | (14,15) | 1 1 1 - | 0 1 1 √ |

步驟 3

| 指標 | 十進制 | 二進制 w x y z | 標籤 $f_1\,f_2\,f_3$ |
|---|---|---|---|
| 1 | (2,3,6,7) | 0 - 1 - | 0 1 0 √ |
|   | (2,3,10,11) | - 0 1 - | 1 1 0 G |
|   | (2,6,10,14) | - - 1 0 | 0 1 0 √ |
|   | (8,9,10,11) | 1 0 - - | 1 0 0 F |
| 2 | (3,7,11,15) | - - 1 1 | 1 1 0 E |
|   | (5,7,13,15) | - 1 - 1 | 1 0 0 D |
|   | (6,7,14,15) | - 1 1 - | 0 1 1 C |
|   | (9,11,13,15) | 1 - - 1 | 1 0 0 B |
|   | (10,11,14,15) | 1 - 1 - | 0 1 0 √ |

步驟 4

| 指標 | 十進制 | 二進制 w x y z | 標籤 $f_1\,f_2\,f_3$ |
|---|---|---|---|
| 1 | (2,3,6,7, 10,11,14,15) | - - 1 - | 0 1 0 A |

**圖 4.5-4:** 例題 44.5-4 的詳細過程

步驟 5： 在上述步驟中所有未加上檢查符號($\sqrt{}$)的最小項或是合併項(在圖中以英文字母標示)即為交換函數 $f$ 的質隱項集合，即

$$P = \{y, wz, xy, xz, yz, wx', x'y, wxz, xyz, wy'z, w'xz, wx'y'\}$$

在求出多輸出質隱項集合後，接著是利用質隱項表求出一個可以包含所有最小項的最小多輸出質隱項子集合。基本上，多輸出質隱項表和單一交換函數質隱項表類似。在多輸出質隱項表中一共有 $n$ 個區域，每一個區域對應一個輸出交換函數。在化簡時，消去被包含列與消去包含行的方法仍然可以

使用，但是消去包含行必須限制在同一個交換函數內。此外，在每一個多輸出質隱項中也加入兩項成本因素 $c_g$ (邏輯閘數目) 與 $c_i$ (邏輯閘扇入數目)，做為核計該質隱項成本之用。現在舉一個實例說明如何利用多輸出質隱項表選取多輸出交換函數的最簡式。

## ■ 例題 4.5-5 (多輸出交換函數最簡式)

試以多輸出質隱項表求例題 4.5-4 的多輸出交換函數的最簡式。

**解：**例題 4.5-4 (與例題 4.5-3) 的多輸出質隱項表如圖 4.5-5(a) 所示。表中 $c_i$ 的計算如下：以質隱項 $C$ 為例，其 $c_i = 3/4$，表示當 $C$ 被選取時，一共需要佔用 3 或是 4 個邏輯閘輸入端，其中 2 個為該乘積項的兩個輸入端，另外的 1 個或是 2 個則為 $f_2$ 或 $f_3$ 的 OR 閘輸入端，若只有 $f_2$ 或是 $f_3$ 選取 $C$，則 $c_i = 3$，若 $f_2$ 與 $f_3$ 皆選取 $C$，則 $c_i = 4$。其餘各個質隱項中的 $c_i$ 值的計算方式依此類推。$c_g$ 的值表示該質隱項需要的邏輯閘個數，例如質隱項 $A$ 只有一個字母變數，因此不需要邏輯閘，其它的質隱項則皆需要一個邏輯閘，所以它們的 $c_g$ 值均為 1。

在圖 4.5-5(a) 的質隱項表中，質隱項 $C$、$G$、$K$、$L$ 為必要質隱項，將它們包含的最小項由表中去除後，得到 4.5-5(b) 的簡化質隱項表。注意：在此表中，並未移除質隱項 $C$、$G$、$K$、$L$，因為它們仍有可能被其它交換函數選用。因為 $C$、$G$、$K$、$L$ 等為必要質隱項，它們必須包含於最簡式中，因此在圖 4.5-5(b) 的簡化質隱項表中的 $c_g$ 降為為 0，即如果它們再被選用時，並不需要再加入額外的邏輯閘，唯一需要的只是多一個 OR 閘的輸入端而已，所以 $c_i$ 的值為 1。

在圖 4.5-5(b) 的簡化質隱項表中，質隱項 $C$、$F$、$G$、$I$ 等分別為質隱項 $A$、$L$、$A$、$E$ 等所包含，因此它們可以消去，質隱項 $K$ 雖然也被質隱項 $D$ 所包含，但是它的成本較低，所以保留。在消去質隱項 $C$、$F$、$G$、$I$ 後得到圖 4.5-5(c) 的簡化質隱項表，其中 $A$ 與 $L$ 為必要質隱項。選出 $A$ 與 $L$ 後，該簡化質隱項表再度簡化為圖 4.5-5(d) 的簡化質隱項表。由於 $A$ 與 $L$ 沒有再被其它交換函數選用的可能性，所以由表中直接去除。

在圖 4.5-5(d) 的簡化質隱項表中，質隱項 $B$、$E$、$J$ 等分別為質隱項 $D$、$D$、$H$ 等所包含，因此它們可以消去。在消去 $B$、$E$、$J$ 等列後，得到圖 4.5-5(e) 的簡化質隱項表，所以 $H$ 為 $f_3$ 的必要質隱項，在選取 $H$ 後，得到圖 4.5-5(f) 的簡化質隱項表。

## (a) 質隱項表

| 最小項 / 質隱項 | f1 2 | 3 | 5 | 7 | 8 | 9 | 10 | 11 | 13 | 15 | f2 2 | 3 | 5 | 6 | 7 | 10 | 11 | 14 | 15 | f3 6 | 7 | 8 | 9 | 13 | 14 | 15 | $c_g$ | $c_i$ |
|---|---|---|---|---|---|---|---|---|---|---|---|---|---|---|---|---|---|---|---|---|---|---|---|---|---|---|---|---|
| A = y | × | × |  | × |  |  | × | × |  | × | × | × |  | × | × | × | × | × | × | × | × |  |  |  | × | × | 0 | 1 |
| B = wz |  |  |  |  |  | × |  | × | × | × |  |  |  |  |  |  | × |  | × |  |  |  | × | × |  | × | 1 | 3 |
| *C = xy |  |  |  | × |  |  |  |  |  | × |  |  |  | ⊗ | × |  |  | × | × | × | × |  |  |  | × | × | 1 | 3/4 |
| D = xz |  |  | × | × |  |  |  |  | × | × |  |  | × |  | × |  |  |  | × |  | × |  |  | × |  | × | 1 | 3 |
| E = yz |  | × |  | × |  |  |  | × |  | × |  | × |  |  | × |  | × |  | × |  | × |  |  |  |  | × | 1 | 3/4 |
| F = wx' |  |  |  |  | × | × | × | × |  |  |  |  |  |  |  | × | × |  |  |  |  | × | × |  |  |  | 1 | 3 |
| *G = x'y | ⊗ | × |  |  |  |  | × | × |  |  | × | × |  |  |  | × | × |  |  |  |  |  |  |  |  |  | 1 | 3/4 |
| H = wxz |  |  |  |  |  |  |  |  | × | × |  |  |  |  |  |  |  |  | × |  |  |  |  | × |  | × | 1 | 4/5 |
| I = xyz |  |  |  | × |  |  |  |  |  | × |  |  |  |  | × |  |  |  | × |  | × |  |  |  |  | × | 1 | 4/5/6 |
| J = wy'z |  |  |  |  |  | × |  |  | × |  |  |  |  |  |  |  |  |  |  |  |  |  | × |  | × |  | 1 | 4/5 |
| *K = w'xz |  |  | ⊗ | × |  |  |  |  |  |  |  |  | × |  | × |  |  |  |  |  | × |  |  |  |  |  | 1 | 4/5 |
| L = wx'y' |  |  |  |  | × | × |  |  |  |  |  |  |  |  |  |  |  |  |  |  |  | ⊗ | × |  |  |  | 1 | 4/5 |

## (b) 選出必要質隱項後的質隱項表

| 最小項 / 質隱項 | f1 5 | 7 | 8 | 9 | 13 | 15 | f2 2 | 3 | 6 | 10 | 11 | 14 | 15 | f3 13 | $c_g$ | $c_i$ |
|---|---|---|---|---|---|---|---|---|---|---|---|---|---|---|---|---|
| A = y |  | × |  |  |  | × | × | × | × | × | × | × | × |  | 0 | 1 |
| B = wz |  |  |  | × | × | × |  |  |  |  | × |  | × | × | 1 | 3 |
| *C = xy |  | × |  |  |  | × |  |  | × |  |  | × | × |  | 0 | 1 |
| D = xz | × | × |  |  | × | × |  |  |  |  |  |  | × | × | 1 | 3 |
| E = yz |  | × |  |  |  | × |  | × |  |  | × |  | × |  | 1 | 3/4 |
| F = wx' |  |  | × | × |  |  |  |  |  | × | × |  |  |  | 1 | 3 |
| *G = x'y |  |  |  |  |  |  | × | × |  | × | × |  |  |  | 0 | 1 |
| H = wxz |  |  |  |  | × | × |  |  |  |  |  |  | × | × | 1 | 4/5 |
| I = xyz |  | × |  |  |  | × |  |  |  |  |  |  | × |  | 1 | 4/5 |
| J = wy'z |  |  |  | × | × |  |  |  |  |  |  |  |  | × | 1 | 4/5 |
| *K = w'xz | × | × |  |  |  |  |  |  |  |  |  |  |  |  | 0 | 1 |
| *L = wx'y' |  |  | × | × |  |  |  |  |  |  |  |  |  |  | 0 | 1 |

因 C 已被選取，若此時再選用 C，則不須再加入一個邏輯閘，故 $(c_g, c_i)$ 減少為 $(0, 1)$，C、G、K、L 等項的理由相同。

C 包含於 A，且成本相同，去掉 C。

F = L，但是 F 成本較高，所以去掉 F。

G 包含於 A，且成本相同，去掉 G。

I 包含於 E，但是成本較高，去掉 I。

K 包含於 D，但是成本較低，所以保留。

圖 4.5-5: 例題 4.5-5 的簡化質隱項表

| 最小項<br>質隱項 | $f_1$ 5 | 7 | 8 √ | 9 √ | 13 | 15 | $f_2$ 2 √ | 3 √ | 6 √ | 10 √ | 11 √ | 14 √ | 15 | $f_3$ 13 | $c_g$ | $c_i$ |
|---|---|---|---|---|---|---|---|---|---|---|---|---|---|---|---|---|
| **A = y | | | | | | | ⊗ | × | ⊗ | ⊗ | × | ⊗ | × | | 0 | 1 |
| B = wz | | | | × | × | × | | | | | | | | | 1 | 3 |
| D = xz | × | × | | | × | × | | | | | | | | | 1 | 3 |
| E = yz | | × | | | | × | | × | | | × | | × | | 1 | 3/4 |
| H = wxz | | | | | × | × | | | | | | | | × | 1 | 4/5 |
| J = wy'z | | | | × | × | | | | | | | | | × | 1 | 4/5 |
| *K = w'xz | × | × | | | | | | | | | | | | | 0 | 1 |
| **L = wx'y' | | | ⊗ | × | | | | | | | | | | | 0 | 1 |

(c) 去掉 $C$、$F$、$G$、$I$ 後的簡化質隱項表

| 最小項<br>質隱項 | $f_1$ 5 | 7 | 13 | 15 | $f_3$ 13 | $c_g$ | $c_i$ | |
|---|---|---|---|---|---|---|---|---|
| B = wz | | | × | × | | 1 | 3 | $B \subset D$ 且成本相同，消去 $B$ |
| D = xz | × | × | × | × | | 1 | 3 | |
| E = yz | | × | | × | | 1 | 3 | $E \subset D$ 且成本相同，消去 $E$ |
| H = wxz | | | × | × | × | 1 | 4/5 | $J \subset H$ 且成本相同，消去 $J$ |
| J = wy'z | | | × | | × | 1 | 4/5 | |
| K = w'xz | × | × | | | | 0 | 1 | |

(d) 選出必要質隱項 $A$、$L$ 後的簡化質隱項表

| 最小項<br>質隱項 | $f_1$ 5 | 7 √ | 13 √ | 15 | $f_3$ 13 √ | $c_g$ | $c_i$ |
|---|---|---|---|---|---|---|---|
| D = xz | × | × | × | × | | 1 | 3 |
| ***H = wxz | | | × | × | ⊗ | 1 | 4/5 |
| K = w'xz | × | × | | | | 0 | 1 |

| 最小項<br>質隱項 | $f_1$ 5 | 7 | 13 | 15 | $c_g$ | $c_i$ |
|---|---|---|---|---|---|---|
| D = xz | × | × | × | × | 1 | 3 |
| ***H = wxz | | | × | × | 0 | 1 |
| K = w'xz | × | × | | | 0 | 1 |

(e) 去掉 $B$、$E$、$J$ 後的簡化質隱項表　　　　(f) 選出必要質隱項 $H$ 後的簡化質隱項表

**圖 4.5-5:** (續) 例題 4.5-5 的簡化質隱項表

利用 Petrick 方法

$$p = (D+K)(D+H) = D+KH$$

其中質隱項 $D$ 的 $(c_i, c_g) = (1,3)$ 而質隱項 $K$ 與 $H$ 合併後的 $(c_i, c_g) = (0,2)$，所以選擇 $K$ 與 $H$。因此最簡式為

$$f_1(w,x,y,z) = G + L + K + H$$
$$= x'y + wx'y' + w'xz + wxz$$
$$f_2(w,x,y,z) = K + A$$

$$= w'xz + y$$

$$f_3(w, x, y, z) = C + L + H$$

$$= xy + wx'y' + wxz$$

因此一共有六個乘積項與十四個字母變數。注意若以單一輸出交換函數的方式化簡,則得到下列最簡式:

$$f_1(w, x, y, z) = wx' + xz + x'y$$

$$f_2(w, x, y, z) = w'xz + y$$

$$f_3(w, x, y, z) = xy + wx'y' + wxz$$

共需要七個乘積項與十八個字母變數。

---

一般而言,在多輸出交換函數系統中,使用多輸出交換函數的化簡方式可以得到較使用單一輸出交換函數的化簡方式簡單的表式,至少能夠得到與使用單一輸出交換函數的化簡方式相同的結果(習題4-39),但是多輸出交換函數的化簡程序相當複雜,尤其是當輸出交換函數很多時更是困難,甚至使用數位計算機時亦然。因此,實際上在設計多輸出邏輯電路時必須在電路成本與設計時所花費的時間(即代價)上做一取捨。

### ✔學習重點

**4-39.** 試定義多輸出質隱項。

**4-40.** 利用列表法化簡多輸出交換函數時,為何在化簡過程中的每一個表均須加上標籤?

**4-41.** 試定義多輸出質隱項表。

**4-42.** 為何在化簡多輸出質隱項表時,消去包含行必須限制在同一個交換函數內?

---

# 參考資料

1. F. J. Hill and G. R. Peterson, *Introduction to Switching Theory and Logical Design,* 3rd ed., New-York: John Wiley & Sons, 1981.

2. M. Karnaugh, "The map method for synthesis of combinational logic circuits," *Trans. AIEE,* pp. 593–599, No. 11, 1953.

3. Z. Kohavi, *Switching and Finite Automata Theory,* 2nd ed., New-York: McGraw-Hill, 1978.

4. G. Langhole, A. Kandel,and J. L. Mott, *Digital Logic Design,* Dubuque, Iowa: Wm. C. Brown, 1988.

5. E. J. McCluskey, Jr.,"Minimization of Boolean Functions," *The Bell System Technical Journal,* pp. 1417–1444, No. 11, 1956.

6. E. J. McCluskey, Jr., *Logic Design Principles: with Emphasis on Testable Semicustom Circuits,* Englewood Cliffs, New Jersey: Prentice-Hall, 1986.

7. C. H. Roth, *Fundamentals of Logic Design,* 4th ed., St. Paul, Minn West Publishing, 1992.

## 習題

**4-1** 在表 P4.1 的真值表中：

**表 P4.1**

| $x$ | $y$ | $z$ | $f_1$ | $f_2$ |
|-----|-----|-----|-------|-------|
| 0 | 0 | 0 | 1 | 1 |
| 0 | 0 | 1 | 1 | 0 |
| 0 | 1 | 0 | 0 | 0 |
| 0 | 1 | 1 | 0 | 0 |
| 1 | 0 | 0 | 1 | 1 |
| 1 | 0 | 1 | 1 | 0 |
| 1 | 1 | 0 | 0 | 0 |
| 1 | 1 | 1 | 1 | 1 |

(1) 分別求出 $f_1$ 與 $f_2$ 的標準 SOP 與 POS 型式

(2) 分別求出 $f_1$ 與 $f_2$ 的最簡 SOP 表式

(3) 分別求出 $f_1$ 與 $f_2$ 的最簡 POS 表式。

**4-2** 以代數運算的方式，分別求出下列各交換函數的最簡 SOP 表式：

(1) $f(x,y,z) = \Sigma(2,3,6,7)$

(2) $f(w,x,y,z) = \Sigma(7,13,14,15)$

(3) $f(w,x,y,z) = \Sigma(4,6,7,15)$

(4) $f(w,x,y,z) = \Sigma(2,3,12,13,14,15)$

**4-3** 以代數運算的方式，分別求出下列各交換函數的最簡 SOP 表式：

(1) $f(x,y,z) = xy + x'y'z' + x'yz'$

(2) $f(x,y,z) = x'y + yz' + y'z'$

(3) $f(x,y,z) = x'y' + yz + x'yz'$

(4) $f(x,y,z) = xy'z + xyz' + x'yz + xyz$

**4-4** 以代數運算的方式，分別求出下列各交換函數的最簡 SOP 表式：

(1) $f(w,x,y,z) = z(w'+x) + x'(y+wz)$

(2) $f(w,x,y,z) = w'xy' + w'y'z + wxy'z' + xyz'$

(3) $f(w,x,y,z) = x'z + w(x'y+xy') + w'xy'$

**4-5** 以代數運算的方式，分別求出下列各交換函數的最簡 SOP 表式：

(1) $f(v,w,x,y,z) = \Sigma(0,1,4,5,16,17,21,25,29)$

(2) $f(v,w,x,y,z) = wyz + w'x'y + xyz + v'w'xz + v'w'x + w'x'y'z'$

(3) $f(v,w,x,y,z) = v'w'xz' + v'w'x'y' + w'y'z' + w'xy' + xyz' + wyz'$

**4-6** 使用一致性定理，分別求出下列各交換函數的最簡表式：

(1) $f(w,x,y,z) = x'y + yz + xz + xy' + y'z'$

(2) $f(w,x,y,z) = (x'+y+z)(w'+y+z)(w+x'+z)$

(3) $f(w,x,y,z) = wy'z + wxz + xyz + w'xy + w'yz'$

**4-7** 在下列交換函數中，試求出三種具有九個(或更少)字母變數的 SOP 表式：

$f(w,x,y,z) = w'x'z' + wx'yz' + w'xz + wx'y'z'$

**4-8** 畫出下列各交換函數的卡諾圖：

(1) $(x,y,z) = \Sigma(1,4,6,7)$

(2) $(x,y) = \Sigma(0,2)$

(3) $(w,x,y,z) = \Sigma(0,2,5,6,9,11,15)$

(4) $(w,x,,y,z) = \Pi(4,6,10,11,12,13,15)$

**4-9** 使用卡諾圖，求出下列兩個交換函數 $f$ 與 $g$ 的和函數 $(f+g)$ 與積函數 $(f \cdot g)$：

$f(w,x,y,z) = wxy' + y'z + x'yz' + w'yz'$

$$g(w,x,y,z) = (w'+y+z')(x'+y'+z)(w+x+y'+z')$$

**4-10** 使用卡諾圖，求出下列兩個交換函數 $f$ 與 $g$ 的和函數 $(f+g)$ 與積函數 $(f \cdot g)$ 的最簡 SOP 表式：

$$f(w,x,y,z) = \Sigma(0,1,6,7,9,12,14,15)$$

$$g(w,x,y,z) = \Sigma(1,3,4,5,7,9,11,13,15)$$

**4-11** 使用卡諾圖，化簡下列各交換函數：

(1) $f(x,y,z) = \Sigma(0,2,3)$

(2) $f(x,y,z) = \Sigma(4,5,6,7)$

(3) $f(x,y,z) = \Pi(0,1,2,3)$

(4) $f(x,y,z) = \Pi(1,2,3,6)$

**4-12** 使用卡諾圖，化簡下列各交換函數：

(1) $f(x,y,z) = m_1 + m_3 + m_4 + m_6$

(2) $f(x,y,z) = \Sigma(1,4,5,7)$

(3) $f(x,y,z) = M_1 \cdot M_6$

(4) $f(x,y,z) = \Pi(1,3,4,7)$

**4-13** 畫出下列各交換函數的卡諾圖：

(1) $f(w,x,y,z) = w'yz + xy'z' + xz + w'z'$

(2) $f(w,x,y,z) = wyz + w'x + z'$

(3) $f(w,x,y,z) = (w'+y+z')(w+x'+y)(x+y')(y'+z')$

**4-14** 使用卡諾圖，分別求出下列交換函數的最簡 SOP 與 POS 表式：

$$f(w,x,y,z) = x'y' + w'xz + wxyz' + x'y$$

**4-15** 使用卡諾圖，分別求出下列各交換函數的最簡 SOP 表式：

(1) $f(w,x,y,z) = \Sigma(0,1,2,4,6,7,8,9,13,15)$

(2) $f(w,x,y,z) = \Sigma(0,1,2,5,8,10,11,12,14,15)$

(3) $f(w,x,y,z) = \Sigma(7,13,14,15)$

(4) $f(w,x,y,z) = \Sigma(2,3,4,5,6,7,10,11,12)$

**4-16** 使用卡諾圖，化簡下列各交換函數，並指出所有質隱項與必要質隱項，然後求出各交換函數的所有最簡 SOP 表式：

(1) $f(x,y,z) = \Sigma(0,2,4,5,6)$

(2) $f(x,y,z) = \Sigma(3,4,6,7)$

(3) $f(w,x,y,z) = \Sigma(1,3,4,5,7,8,9,11,15)$

(4) $f(w,x,y,z) = \Sigma(2,6,7,8,10)$

**4-17** 使用卡諾圖，分別求出下列各交換函數的最簡 SOP 表式：

(1) $f(v,w,x,y,z) = \Sigma(0,1,4,5,16,17,21,25,29)$

(2) $f(v,w,x,y,z) = \Sigma(0,2,4,6,9,11,13,15,17,21,25,27,29,31)$

(3) $f(v,w,x,y,z) = \Pi(5,7,13,15,29,31)$

(4) $f(v,w,x,y,z) = \Pi(9,11,13,15,21,23,24,31)$

**4-18** 使用卡諾圖，化簡下列交換函數，指出所有質隱項與必要質隱項，並求出最簡的 SOP 表式：

$f(v,w,x,y,z) = \Sigma(0,3,4,5,6,7,8,12,13,14,16,21,23,24,29,31)$

**4-19** 試求下列各交換函數的最簡 SOP 表式：

(1) $f(x,y,z) = \Sigma(0,2,3,4,5,7)$

(2) $f(w,x,y,z) = \Sigma(0,4,5,7,8,9,13,15)$

**4-20** 使用卡諾圖，化簡下列交換函數，指出所有質隱項與必要質隱項，並求出最簡的 POS 表式：

$f(v,w,x,y,z) = \Pi(3,6,7,8,9,10,18,20,21,22,23,25,26,28,29,30)$

**4-21** 使用卡諾圖，分別求出下列各交換函數的最簡 SOP 表式：

(1) $f(w,x,y,z) = \Sigma(1,4,5,6,13,14,15) + \Sigma_\phi(8,9)$

(2) $f(w,x,y,z) = \Sigma(2,4,6,10) + \Sigma_\phi(1,3,5,7,8,9,12,13)$

(3) $f(w,x,y,z) = \Sigma(0,3,6,9) + \Sigma_\phi(10,11,12,13,14,15)$

(4) $f(w,x,y,z) = \Sigma(2,3,7,11,13) + \Sigma_\phi(1,10,15)$

**4-22** 使用卡諾圖，分別求出下列各交換函數的最簡 POS 表式：

(1) $f(w,x,y,z) = \Pi(1,5,6,12,13,14) + \Pi_\phi(2,4)$

(2) $f(w,x,y,z) = \Pi(0,1,4,6,7,11,15) + \Pi_\phi(5,9,10,14)$

(3) $f(w,x,y,z) = \Pi(2,3,7,10,11) + \Pi_\phi(1,5,14,15)$

(4) $f(w,x,y,z) = \Pi(0,1,4,7,13) + \Pi_\phi(5,8,14,15)$

**4-23** 使用列表法，求出下列各交換函數的最簡 SOP 表式：

(1) $f(w,x,y,z) = \Sigma(1,2,3,4,5,6,7,10,12,13) + \Sigma_\phi(8,9,15)$

(2) $f(u,,v,w,x,y,z) = \Sigma(1,2,3,16,17,18,19,26,32,39,48,63) + \Sigma_\phi(15,28,29,30)$

**4-24** 使用列表法，求出下列各交換函數的最簡 SOP 表式：

(1) $f(t,u,v,w,x,y,z) = \Sigma(20,28,52,60)$

(2) $f(t,u,v,w,x,y,z) = \Sigma(20,28,38,39,52,60,102,103,127)$

(3) $f(u,v,w,x,y,z) = \Sigma(6,9,13,18,19,25,29,45,57) + \Sigma_\phi(27,41,67)$

**4-25** 設 $g(x,y,z) = y'z' + yz$ 而 $h(x,y,z) = x'yz' + y'z$。若 $g = f'$ 而 $h = fs'$，則交換函數 $f$ 與 $s$ 的最簡 SOP 表式分別為何？

**4-26** 設 $f(w,x,y,z) = \Sigma(1,5,9,10,15) + \Sigma_\phi(4,6,8)$ 而 $g(w,x,y,z) = \Sigma(0,2,3,4,7,15) + \Sigma_\phi(9,14)$，則

(1) $f$ 與 $g$ 的積函數之最簡 SOP 表式為何？

(2) $f$ 與 $g$ 的和函數之最簡 SOP 表式為何？

**4-27** 使用卡諾圖，求出下列交換函數的最簡 SOP 表式：

$f(v,w,x,y,z) = \Sigma(0,2,7,8,10,12,13,14,16,18,19,29,30) + \Sigma_\phi(4,6,9,11,21)$

**4-28** 若一個邏輯電路的輸出函數為：

$f(w,x,y,z) = y'z' + w'xz + wx'yz'$

而且已知該電路的輸入組合 $w = z = 1$ 永遠不會發生，試求一個較簡單的 $f$ 表式。

**4-29** 使用列表法，求出下列各交換函數的所有質隱項：

(1) $f(w,x,y,z)=\Sigma(1,5,7,9,11,12,14,15)$

(2) $f(w,x,y,z)=\Sigma(0,1,3,5,7,8,10,14,15)$

**4-30** 使用質隱項表，求出習題 4-29 中各交換函數的所有最簡 SOP 表式。

**4-31** 使用分歧法，求出下列交換函數的一個最簡 SOP 表式：

$f(v,w,x,y,z)=\Sigma(0,4,12,16,19,24,27,28,29,31)$

並將結果與使用三個變數 ($x$, $y$, 及 $z$) 的變數引入圖及餘式的方法比較。

**4-32** 分別使用列表法、Petrick 方法、探索法，求出下列各個交換函數的最簡 SOP 表式：

(1) $f(w,x,y,z)=\Sigma(0,1,3,6,7,14,15)$

(2) $f(w,x,y,z)=\Sigma(2,6,7,8,13)+\Sigma_{\phi}(0,5,9,12,15)$

**4-33** 試求圖 P4.1 中各變數引入圖所代表的交換函數之最簡 SOP 表式。

| $z$ \ $xy$ | 00 | 01 | 11 | 10 |
|---|---|---|---|---|
| 0 | 1 (0) | $AB$ (2) | 1 (6) | $AB$ (4) |
| 1 | $B'$ (1) | 0 (3) | $C$ (7) | 0 (5) |

$f_1$

| $z$ \ $xy$ | 00 | 01 | 11 | 10 |
|---|---|---|---|---|
| 0 | $w+v$ (0) | $v'$ (2) | 1 (6) | 1 (4) |
| 1 | $w$ (1) | 0 (3) | $v$ (7) | 0 (5) |

$f_2$

**圖 P4.1**

**4-34** 利用三個變數的變數引入圖，化簡下列各交換函數：

(1) $f(w,x,y,z)=\Sigma(1,3,6,7,11,12,13,15)$

(2) $f(w,x,y,z)=\Sigma(0,2,3,6,7)+\Sigma_{\phi}(5,8,10,11,15)$

(3) $f(v,w,x,y,z)=\Sigma(0,3,5,7,10,15,16,18,24,29,31)+\Sigma_{\phi}(2,8,13,21,23,26)$

**4-35** 使用卡諾圖，求出下列多輸出交換函數的最簡 SOP 表式：

$(w,x,y,z)=\Sigma(0,2,5,6,13)$

$(w,x,y,z)=\Sigma(0,8,12)$

$(w, x, y, z) = \Sigma(0, 5, 11, 13, 15)$

**4-36** 利用列表法，分別求出下列各多輸出交換函數的最簡 SOP 表式：

(1)　　$f_1(x, y, z) = \Sigma(0, 3, 4, 6)$

　　　　$f_2(x, y, z) = \Sigma(0, 3, 5, 7)$

　　　　$f_3(x, y, z) = \Sigma(0, 4, , 6, 7)$

(2)　$f_1(w, x, y, z) = \Sigma(0, 4)$

　　　$f_2(w, x, y, z) = \Sigma(0, 2, 5, 6, 13)$

　　　$f_3(w, x, y, z) = \Sigma(0, 5, 11, 13, 15)$

**4-37** 利用列表法，求出下列多輸出交換函數的最簡 SOP 表式：

$f_1(w, x, y, z) = \Sigma(2, 3, 7, 10, 11, 14) + \Sigma_\phi(1, 5, 15)$

$f_2(w, x, y, z) = \Sigma(0, 1, 5, 7, 13, 14) + \Sigma_\phi(4, 8, 15)$

**4-38** 利用列表法 (或卡諾圖)，求出下列多輸出交換函數的最簡 SOP 表式：

$f_1(w, x, y, z) = \Sigma(1, 4, 5, 7, 13) + \Sigma_\phi(3, 6)$

$f_2(w, x, y, z) = \Sigma(3, 4, 9, 13, 15) + \Sigma_\phi(11, 14)$

$f_3(w, x, y, z) = \Sigma(3, 5, 7) + \Sigma_\phi(6)$

**4-39** 在下列多輸出交換函數中：

$f_1(w, x, y, z) = \Sigma(5, 6, 7, 8, 9) + \Sigma_\phi(10, 11, 12, 13, 14, 15)$

$f_2(w, x, y, z) = \Sigma(1, 2, 3, 4, 9) + \Sigma_\phi(10, 11, 12, 13, 14, 15)$

$f_3(w, x, y, z) = \Sigma(0, 3, 4, 7, 8) + \Sigma_\phi(10, 11, 12, 13, 14, 15)$

$f_4(w, x, y, z) = \Sigma(0, 2, 4, 6, 8) + \Sigma_\phi(10, 11, 12, 13, 14, 15)$

(1) 利用多輸出交換函數的化簡方法，求出上述交換函數的最簡 SOP 表式。

(2) 利用單一輸出交換函數的化簡方法 (即每一個交換函數均各別化簡)，求出上述交換函數的最簡 SOP 表式。

(3) 比較在執行 (1) 與 (2) 所的結果時所需的成本。

# 5 邏輯閘層次電路設計

**數**位系統通常由兩種基本邏輯電路組成：組合邏輯(combinational logic)與循序邏輯(sequential logic)電路。前者的輸出只由目前的外部輸入變數決定；後者的輸出則由目前的輸入變數與先前的輸出交換函數的值共同決定。本章和下一章將依序討論組合邏輯電路的設計、分析與各種執行方法；第7章到第9章則依序討論循序邏輯電路的設計、分析與各種執行方法和一些相關的問題。無論是組合邏輯電路或是循序邏輯電路都是由基本邏輯閘電路組成。因此，本章中將依序考慮組合邏輯電路的設計與分析、兩層與多層邏輯閘電路的設計、組合邏輯電路的時序分析、邏輯突波(logic hazard)的偵測、如何設計一個沒有邏輯突波的組合邏輯電路等。

## 5.1 組合邏輯電路設計與分析

組合邏輯電路的設計與分析是兩個相反的程序。前者是將每一個輸出交換函數轉換為邏輯電路；後者則是由一個已知的組合邏輯電路依照設計時的相反程序，找出輸出與輸入變數的函數關係。在描述一個組合邏輯電路時，通常有下列兩種方式：功能描述(functional description)與結構描述(structural description)。功能描述也稱為行為描述(behavioral description)，它只定義出輸出與輸入變數的函數關係，而未指出詳細的邏輯電路的連接情形；結構描述則詳細地列出邏輯電路的內部連接關係，即各個邏輯閘之間的輸入端與輸出端的實際連接情形。因此，上述所謂的設計即是將功能描述轉換為結構描述，而分析則是將結構描述轉換為功能描述。

**圖 5.1-1:** 組合邏輯基本電路

## 5.1.1 組合邏輯電路設計

組合邏輯的基本電路如圖 5.1-1 所示，其中 $(x_{n-1}, \ldots, x_1, x_0)$ 為 $n$ 個輸入變數，而 $f_m(x_{n-1}, \ldots, x_1, x_0)$、$\ldots$、$f_1(x_{n-1}, \ldots, x_1, x_0)$ 為 $m$ 個輸出交換函數。每一個輸出交換函數均只為輸入變數 $(x_{n-1}, \ldots, x_1, x_0)$ 的函數。一般所謂的組合邏輯電路設計其實就是以最低的成本，包括硬體成本、設計人力成本與維護成本，執行每一個輸出交換函數。

組合邏輯電路的設計步驟通常由文字的規格描述開始，而最後以實際的邏輯電路結束。整個設計過程可以描述如下：

### ■ 演算法 5.1-1: 組合邏輯電路的設計程序

1. 設計規格的描述 (即輸出交換函數與輸入變數關係的文字描述)；
2. 由設計規格導出輸出交換函數的真值表 (或是交換表式)；
3. 簡化所有輸出交換函數；
4. 畫出組合邏輯電路 (即執行輸出交換函數)。

現在舉一些實例，說明組合邏輯電路的設計程序。

### ■ 例題 5.1-1 (警鈴電路)

某一個警鈴系統，其鈴聲會響的條件為當警鈴開關 ON，而且房門未關時，或者在下午 5:30 分以後，而且窗戶未關妥時。試設計此一組合邏輯控制電路。

**解：**假設

$f$ = 鈴聲會響　　　　$W$ = 窗戶關妥
$S$ = 警鈴開關 ON　　$T$ = 下午 5:30 分以後
$D$ = 房門關妥

上述變數值表示當該變數所代表的狀態成立時為1，否則為0。依據題意得

$$f = SD' + TW'$$

執行 $f$ 的邏輯電路如圖 5.1-2 所示。

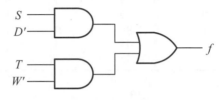

圖 **5.1-2:** 例題 5.1-1 的電路

有些問題必須先依據題意，列出真值表後，再由真值表導出輸出交換函數，例如下列例題。

## ■ 例題 **5.1-2** (投票表決機)

在某一個商業團體中，其各個股東所擁有的股份分配如下：

A 擁有 45%　　　C 擁有 15%

B 擁有 30%　　　D 擁有 10%

每一位股東的投票表決權相當於其所擁有的股份。今在每一位股東的會議桌上皆設置一個按鈕(即開關)，以選擇對一個提案的"通過"(邏輯值為1)或是"否決"(邏輯值為0)。當所有股票分配額的總和超過半數(50%)時，即表示該提案通過，同時點亮一個指示燈。試設計此一控制電路。

**解：**假設"否決"以邏輯0代表，"通過"以邏輯1代表。依據題意，一共有四個輸入變數 $A$、$B$、$C$、$D$ 及一個輸出交換函數 $L$。當贊成者的股票分配總額超過50%時，$L$ 的輸出為1，否則為0。依據 $A$、$B$、$C$、$D$ 等四個輸入變數的組合與其相當的股票分配額，得到 $L$ 的真值表如表 5.1-1 所示。利用圖 5.1-3(a) 的卡諾圖化簡後，得到 $L$ 的最簡式為

$$L = BCD + AB + AC + AD$$
$$= BCD + A(B + C + D)$$

執行 $L$ 輸出交換函數的邏輯電路如圖 5.1-3(b) 所示。

表 **5.1-1:** 例題 5.1-2 的真值表

| A (45%) | B (30%) | C (15%) | D (10%) | L | % | A (45%) | B (30%) | C (15%) | D (10%) | L | % |
|---|---|---|---|---|---|---|---|---|---|---|---|
| 0 | 0 | 0 | 0 | 0 | 0 | 1 | 0 | 0 | 0 | 0 | 45 |
| 0 | 0 | 0 | 1 | 0 | 10 | 1 | 0 | 0 | 1 | 1 | 55 |
| 0 | 0 | 1 | 0 | 0 | 15 | 1 | 0 | 1 | 0 | 1 | 60 |
| 0 | 0 | 1 | 1 | 0 | 25 | 1 | 0 | 1 | 1 | 1 | 70 |
| 0 | 1 | 0 | 0 | 0 | 30 | 1 | 1 | 0 | 0 | 1 | 75 |
| 0 | 1 | 0 | 1 | 0 | 40 | 1 | 1 | 0 | 1 | 1 | 85 |
| 0 | 1 | 1 | 0 | 0 | 45 | 1 | 1 | 1 | 0 | 1 | 90 |
| 0 | 1 | 1 | 1 | 1 | 55 | 1 | 1 | 1 | 1 | 1 | 100 |

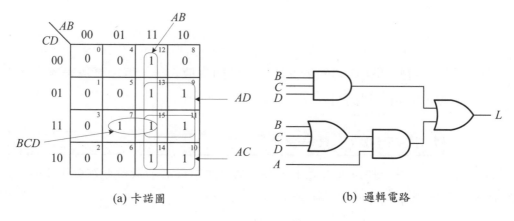

(a) 卡諾圖                              (b) 邏輯電路

圖 **5.1-3:** 例題 5.1-2 的卡諾圖與邏輯電路

　　有些問題則在同一組輸入變數下，需要多個輸出交換函數，即為一個多輸出交換函數系統。例如下列兩個例題。

### ■ 例題 **5.1-3** (全加器電路)

　　全加器 (full adder) 是一個每次都能夠執行三個位元相加的組合邏輯電路，它具有三個輸入端與兩個輸出端，如下圖所示：

試設計此一電路。

**解：**依據二進制加法運算規則，全加器的真值表如表 5.1-2 所示。由圖 5.1-4(a)

**表 5.1-2:** 例題 5.1-3 的真值表

| $x$ | $y$ | $C_{in}$ | $S$ | $C_{out}$ |
|-----|-----|----------|-----|-----------|
| 0 | 0 | 0 | 0 | 0 |
| 0 | 0 | 1 | 1 | 0 |
| 0 | 1 | 0 | 1 | 0 |
| 0 | 1 | 1 | 0 | 1 |
| 1 | 0 | 0 | 1 | 0 |
| 1 | 0 | 1 | 0 | 1 |
| 1 | 1 | 0 | 0 | 1 |
| 1 | 1 | 1 | 1 | 1 |

的卡諾圖化簡後，分別得到 $S$ 與 $C_{out}$ 的最簡式為：

$$S = x'yC_{in} + xy'C_{in} + x'y'C_{in} + xyC_{in}$$
$$= (x'y + xy')C_{in} + (x'y' + xy)C_{in}$$
$$= (x \oplus y)C_{in} + (x \oplus y)'C_{in}$$
$$= x \oplus y \oplus C_{in}$$
$$C_{out} = xy + xC_{in} + yC_{in}$$

執行 $S$ 與 $C_{out}$ 兩個輸出交換函數的邏輯電路如圖 5.1-4(b) 所示。

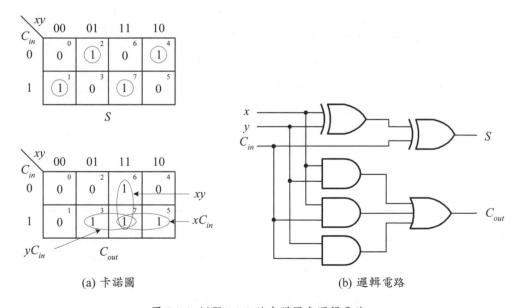

(a) 卡諾圖　　　　　　　　　　(b) 邏輯電路

**圖 5.1-4:** 例題 5.1-3 的卡諾圖與邏輯電路

**表 5.1-3:** 例題 5.1-4 的真值表

| 輸入 BCD 碼 | | | | 輸出加三碼 | | | |
|---|---|---|---|---|---|---|---|
| $w$ | $x$ | $y$ | $z$ | $D$ | $C$ | $B$ | $A$ |
| 0 | 0 | 0 | 0 | 0 | 0 | 1 | 1 |
| 0 | 0 | 0 | 1 | 0 | 1 | 0 | 0 |
| 0 | 0 | 1 | 0 | 0 | 1 | 0 | 1 |
| 0 | 0 | 1 | 1 | 0 | 1 | 1 | 0 |
| 0 | 1 | 0 | 0 | 0 | 1 | 1 | 1 |
| 0 | 1 | 0 | 1 | 1 | 0 | 0 | 0 |
| 0 | 1 | 1 | 0 | 1 | 0 | 0 | 1 |
| 0 | 1 | 1 | 1 | 1 | 0 | 1 | 0 |
| 1 | 0 | 0 | 0 | 1 | 0 | 1 | 1 |
| 1 | 0 | 0 | 1 | 1 | 1 | 0 | 0 |

## ■ 例題 5.1-4 (數碼轉換電路)

設計一個組合邏輯電路，轉換一個BCD碼為加三碼。

**解：** 加三碼與BCD碼的關係如表5.1-3所示。這個電路為一個多輸出邏輯電路，但是為了簡單起見，將四個輸出交換函數 $D$、$C$、$B$ 與 $A$，當作獨立的單一輸出交換函數，利用圖5.1-5的卡諾圖化簡後得到下列最簡式：

$$D(w,x,y,z) = xz + xy + w$$
$$= x(y+z) + w$$
$$C(w,x,y,z) = x'z + x'y + xy'z'$$
$$= x'(y+z) + x(y'z')$$
$$= x'(y+z) + x(y+z)'$$
$$B(w,x,y,z) = yz + y'z'$$
$$= yz + (y+z)'$$
$$A(w,x,y,z) = z'$$

執行上述四個輸出交換函數的邏輯電路如圖5.1-6所示。

## ✔ 學習重點

**5-1.** 試簡述功能描述與結構描述的區別。

**5-2.** 試簡述組合邏輯電路設計的含意。

**5-3.** 試簡述組合邏輯電路的設計程序。

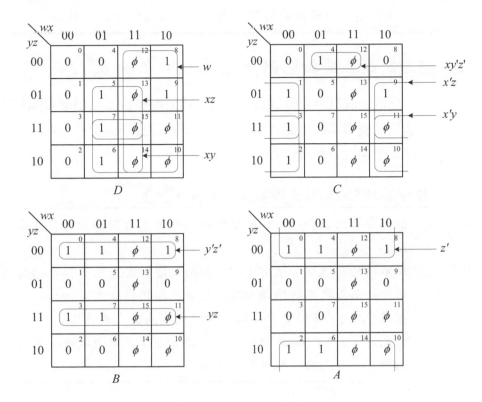

**圖 5.1-5:** 例題 5.1-4 的卡諾圖

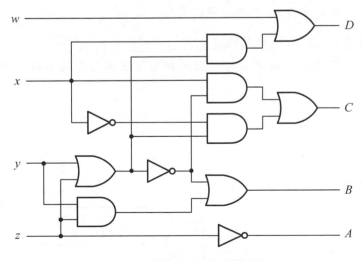

**圖 5.1-6:** 例題 5.1-4 的邏輯電路

**5-4.** 試簡述組合邏輯電路設計與組合邏輯電路分析的區別。

## 5.1.2 組合邏輯電路分析

　　分析一個組合邏輯電路的方法是連續地標示每一個邏輯閘的輸出端,然後依照該邏輯閘的功能與輸入變數,導出輸出端的交換函數。一般而言,組合邏輯電路的分析程序如下:

### ■ 演算法 5.1-3: 組合邏輯電路的分析程序

1. 標示所有只為(外部)輸入變數的函數的邏輯閘輸出端,並導出其交換表式;

2. 以不同的符號標示所有為(外部)輸入變數或是先前標示過的邏輯閘輸出的交換函數之邏輯閘輸出端,並導出其交換表式;

3. 重覆步驟2,直到導出電路的輸出交換函數表式為止;

4. 將先前定義的交換函數依序代入輸出交換函數表式中,直到該輸出交換函數表式只為輸入變數的函數為止。

### ■ 例題 5.1-5 (組合邏輯電路分析)

　　試分析圖 5.1-7 組合邏輯電路。

**解:** 將每一個邏輯閘的輸出端依序標示為 $a$、$b$、$c$、$d$、$e$、$f$、$g$,如圖 5.1-7 所示。其次依序計算出每一個邏輯閘輸出端的交換函數,並且表示為輸入變數

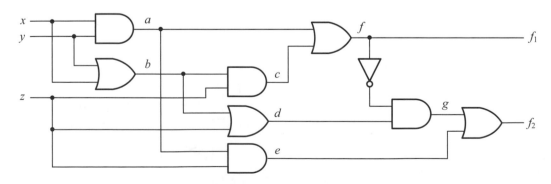

**圖 5.1-7:** 例題 5.1-5 的電路

$x$、$y$、$z$ 等的交換函數。即

$$a = xy \qquad\qquad b = x+y$$
$$c = b \cdot z = z(x+y) \qquad\qquad d = b+z = z+(x+y)$$
$$e = a \cdot z = xyz \qquad\qquad f = a+c = xy+z(x+y)$$
$$g = f'd = [xy+z(x+y)]'(z+x+y)$$
$$f_1 = f = xy+z(x+y)$$
$$f_2 = g+e$$
$$= [xy+z(x+y)]'(z+x+y)+xyz$$
$$= (xy)'[z(x+y)]'(z+x+y)+xyz$$
$$= (x'+y')(z'+x')(z'+y')(z+x+y)+xyz$$
$$= xy'z'+x'yz'+x'y'z+xyz$$

所以由例題 5.1-3 可以得知，圖 5.1-7 的電路為全加器，其中 $f_1$ 為 $C_{out}$ 而 $f_2$ 為 $S$。相關的真值表如表 5.1-2 所示。

---

## ■ 例題 5.1-6 (組合邏輯電路分析)

試分析圖 5.1-8 的組合邏輯電路。

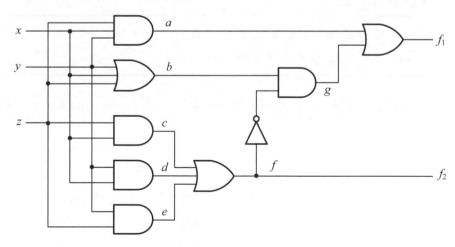

**圖 5.1-8:** 例題 5.1-6 的電路

**解：**將每一個邏輯閘的輸出端依序標示為 $a$、$b$、$c$、$d$、$e$、$f$、$g$，如圖 5.1-8 所示。其次，依序計算每一個邏輯閘輸出端的交換函數，並且表示為輸入變數 $x$、$y$、$z$ 的函數。即

$$a = xyz \qquad\qquad b = x+y+z$$

$$c = xz \qquad\qquad d = xy$$

$$e = yz \qquad\qquad f = c+d+e = xz+xy+yz$$

$$g = bf'$$
$$\quad = (x+y+z)(xz+xy+yz)'$$
$$\quad = (x+y+z)(xz)'(xy)'(yz)'$$
$$\quad = (x+y+z)(x'+z')(x'+y')(y'+z')$$
$$\quad = (x+y+z)(x'y'+y'z'+x'z')$$
$$\quad = xy'z'+x'yz'+x'y'z$$

$$f_1 = a+g = xyz+xy'z'+x'yz'+x'y'z$$

$$f_2 = f = xz+xy+yz$$

所以圖 5.1-8 的電路仍然為一個全加器電路，其中 $f_1$ 為 $S$ 而 $f_2$ 為 $C_{out}$。

---

✔**學習重點**

---

**5-5.** 試簡述分析一個組合邏輯電路的方法。

**5-6.** 試簡述組合邏輯電路的分析程序。

---

## 5.1.3 組合邏輯電路的執行

在完成一個組合邏輯電路的設計之後，其次的工作為使用實際的邏輯電路元件執行(或是稱為實現)該組合邏輯電路。

目前可以用來執行一個組合邏輯電路或是循序邏輯電路的元件，若依據元件的包裝密度來區分，有下列四種：

1. 小型積體電路 (small-scale integration，SSI)：每一個晶片或是包裝中含有的邏輯閘數目少於 10 個的 IC。典型的元件為 AND、OR、NOT、NAND、

NOR、XOR 等基本邏輯閘電路。這類 IC 的製造技術為 CMOS、ECL 與 TTL。

2. 中型積體電路 (medium-scale integration，MSI)：每一個晶片或是包裝中含有的邏輯閘數目介於 10 與 100 之間的 IC。典型的 IC 晶片為加法器 (adder)、多工器 (multiplexer，MUX)、計數器 (counter) 等電路。這類 IC 的製造技術為 CMOS、ECL、TTL 等。

3. 大型積體電路 (large-scale integration，LSI)：每一個晶片中含有的邏輯閘數目介於 100 與 1000 之間的 IC。典型的 IC 晶片為記憶器、微處理器與周邊裝置 (peripherals)。這類 IC 的製造技術為 CMOS 或是 BiCMOS。

4. 超大型積體電路 (very large-scale integration，VLSI)：每一個晶片中含有的邏輯閘數目在 1000 個以上的 IC。典型的 IC 晶片為微處理器、微算機、大的計算機組件等。這類 IC 的主要製造技術為 CMOS 或是 BiCMOS。

若以 IC 晶片的規格定義方式區分，則可以分為下列三類：

1. 標準規格 IC(standard IC 或稱 catalog IC)：這類 IC 的規格由 IC 製造商依據實際上的可能應用需求，預先定義，並具以設計及生產相關的 IC 元件供使用者使用。例如 74xx 系列中的 SSI 與 MSI 等屬之。

2. 應用規格 IC (application specific IC，簡稱 ASIC) 或是稱為 user specific IC (USIC)：這類 IC 的規格由系統設計者依據實際上的應用系統需求，定義符合該需求的特定規格，並且完成的設計必須由 IC 製程工廠製造其雛型或是最終產品。常用的實現方式有全訂製 (full custom)、標準元件庫 (standard-cell library) 與邏輯閘陣列 (gate array) (第 11 章)。

3. 現場可規劃元件 (field-programmable devices)：此類元件可以由使用者直接在現場或實驗室定義其最終規格，包括可規劃邏輯元件 (programmable logic device，PLD) 與現場可規劃邏輯閘陣列 (field programmable gate array，FPGA) 等。它們的結構與應用將於第 11 章中詳細介紹。

在設計一個數位電路 (或是系統) 時，應儘量使用具有較大功能的 IC，以減少 IC 元件的數目，因而可以減少外加接線數目、降低成本與增加可靠度。例如一個 MSI 晶片通常可以取代數個 SSI 晶片，而能執行相同的功能。因此

在設計一個數位系統時，應該儘可能的使用 VLSI、LSI 或是 MSI 電路，而 SSI
電路則只用來當做這些電路之間的界面或是 "膠合" 邏輯 (glue logic) 電路。

✔學習重點

**5-7.** 若依據元件的包裝密度來區分，邏輯電路元件可以分成那四種？

**5-8.** 試定義小型積體電路 (SSI) 與中型積體電路 (MSI)。

**5-9.** 試定義大型積體電路 (LSI) 與超大型積體電路 (VLSI)。

**5-10.** 若依據元件的規格定義方式區分，邏輯電路元件可以分成那三種？

## 5.2　邏輯閘層次組合邏輯電路

　　利用基本邏輯閘執行一個交換函數時，通常先將欲執行的交換函數依據
第 4 章的化簡方法，化簡成最簡的 SOP 或是 POS 形式後，使用基本邏輯閘
(AND、OR、NOR、NAND、NOT) 執行。本節中，將討論如何使用兩層邏輯閘
電路 (two-level logic gate circuit) 與多層邏輯閘電路 (multilevel logic gate circuit)
執行一個交換函數。

### 5.2.1　兩層邏輯閘電路

　　執行一個交換函數的最簡單之組合邏輯電路為兩層的邏輯閘電路，其基
本形式為 AND-OR (即 SOP 表式的形式) 與 OR-AND (即 POS 表式的形式)。但
是除了 AND 與 OR 邏輯閘外，NAND 與 NOR 兩個邏輯閘也常用來執行交換
函數。因此，對於兩層邏輯閘電路的執行方式而言，由於第一層與第二層的
邏輯閘電路均有四種邏輯閘，AND、OR、NAND、NOR 可以選用，這四種邏
輯閘一共有十六種不同的組合，如表 5.2-1 所示。其中有八種組合退化成單
一運算，不足以執行任何交換函數，未退化的八種組合依其性質可以分成兩
組：對應於 SOP 形式的 AND-OR 組與對應於 POS 形式的 OR-AND 組。

　　在 AND-OR 一組中，一共有 AND-OR、NAND-NAND、OR-NAND、NOR-
OR 等四種不同的形式；在 OR-AND 一組中，一共有 OR-AND、NOR-NOR、
AND-NOR、NAND-AND 等四種不同的形式。在同一組中，四種不同的形式
可以直接依據下列順序轉換：

**表 5.2-1:** 兩層邏輯閘電路的十六種組合

| 組合方式 | 執行的函數 | 組合方式 | 執行的函數 |
|---|---|---|---|
| AND-AND | AND* | NAND-AND | AND-OR-INVERT |
| AND-OR | AND-OR | NAND-OR | NAND* |
| AND-NAND | NAND* | NAND-NAND | AND-OR |
| AND-NOR | AND-OR-INVERT | NAND-NOR | AND* |
| OR-AND | OR-AND | NOR-AND | NOR* |
| OR-OR | OR* | NOR-OR | OR-AND-INVERT |
| OR-NAND | OR-AND-INVERT | NOR-NAND | OR* |
| OR-NOR | NOR* | NOR-NOR | OR-AND |

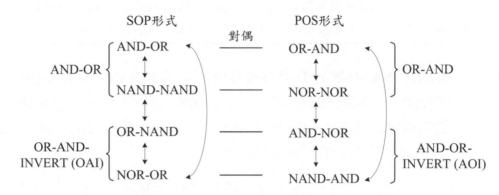

不同組之間的轉換通常是回到原來的真值表或是 SOP (或是 POS) 表式，然後轉換為 POS (或是 SOP) 表式，再轉換為需要的形式。注意兩組表式中水平位置對應的兩種形式，互為對偶關係。

## ■ 例題 5.2-1 (交換函數的八種兩層邏輯閘電路形式)

將下列交換函數的最簡式表示為兩層邏輯閘電路的八種形式：

$$f(w,x,y,z) = \Sigma(3,5,8,10,12,14,15) + \Sigma_\phi(4,9,11,13)$$

**解：** 利用卡諾圖或是列表法化簡後得到交換函數 $f$ 的最簡 SOP 表式為：

$$
\begin{aligned}
f &= w + xy' + x'yz & \text{(AND-OR)(最簡 SOP 表式)} \\
&= [w'(xy')'(x'yz)']' & \text{(NAND-NAND)} \\
&= [w'(x'+y)(x+y'+z')]' & \text{(OR-NAND)} \\
&= w + (x'+y)' + (x+y'+z')' & \text{(NOR-OR)}
\end{aligned}
$$

交換函數 $f$ 的最簡 POS 表式為

$$f = (w+x+y)(w+x'+y')(w+y'+z) \qquad \text{(OR-AND)}(\text{最簡 POS 表式})$$
$$= [(w+x+y)'+(w+x'+y')'+(w+y'+z)']' \qquad \text{(NOR-NOR)}$$
$$= (w'x'y'+w'xy+w'yz')' \qquad \text{(AND-NOR)}$$
$$= (w'x'y')'(w'xy)'(w'yz')' \qquad \text{(NAND-AND)}$$

注意上述最簡 POS 表式可以由卡諾圖直接求得，或是利用分配律對最簡 SOP 表式運算後，使用一致性定理，消去重覆項 $(w+x+z)$ 求得。其它各種形式的表式則分別使用 DeMorgan 定理對最簡 SOP 表式與最簡 POS 表式運算求得。交換函數 $f$ 的八種表式的邏輯閘電路如圖 5.2-1 所示。

**5.2.1.1 NAND-NAND 兩層邏輯閘電路** 由於 NAND 與 NOR 邏輯閘為通用邏輯閘，每個邏輯族系均有此類型邏輯閘。因此，常常將一個兩層 AND-OR 邏輯閘電路轉換為一個只由 NAND 閘或是 NOR 閘組成的電路。一般而言，最簡 SOP 表式具有下列基本表式：

$$f(x_{n-1},\ldots,x_1,x_0) = l_1+l_2+\ldots+l_m+P_1+P_2+\ldots+P_k \ (\text{AND-OR 電路})$$

其中 $l_i$ 為 $m$ 個字母變數，而 $P_i$ 為 $k$ 個乘積項。依據 DeMorgan 定理，上式可以表示為：

$$f(x_{n-1},\ldots,x_1,x_0) = (l_1' \cdot l_2' \cdot \ldots \cdot l_m' \cdot P_1' \cdot P_2' \cdot \ldots \cdot P_k')' \ (\text{NAND-NAND 電路})$$

因此可以只使用 NAND 邏輯閘執行，上述的轉換如圖 5.2-2 所示。

**■ 例題 5.2-2 (NAND 閘執行組合邏輯電路)**

試以兩層的 NAND 閘執行下列交換函數的最簡式

$$f(w,x,y,z) = \Sigma(0,1,2,3,7,8,9,10,11,12)$$

**解：**依圖 5.2-3(a) 的卡諾圖化簡後得到交換函數 $f$ 的最簡式為

$$f(w,x,y,z) = x'+wy'z'+w'yz$$
$$= [(x')'(wy'z')'(w'yz)']'$$

依據圖 5.2-2 的轉換關係轉換後，得到圖 5.2-3(c) 的 NAND-NAND 電路。

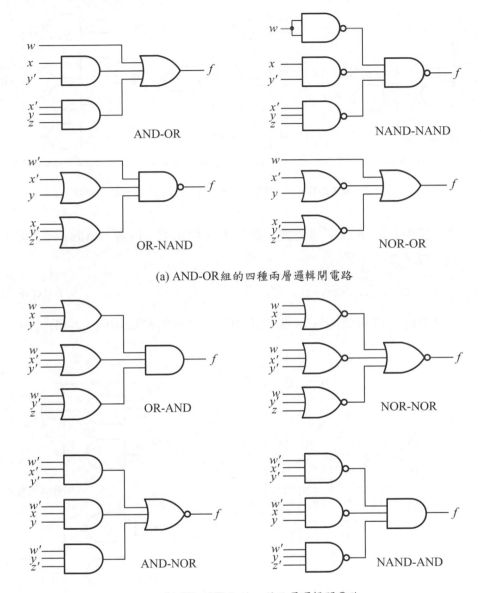

(a) AND-OR組的四種兩層邏輯閘電路

(b) OR-AND組的四種兩層邏輯閘電路

**圖 5.2-1:** 例題 5.2-1 的八種兩層邏輯閘電路

**5.2.1.2 NOR-NOR 兩層邏輯閘電路** 欲只使用NOR閘執行一個交換函數的最簡式時，通常將最簡式表示為 POS 的形式：

$$f(x_{n-1}, \ldots, x_1, x_0) = (l_1 \cdot l_2 \cdot \ldots \cdot l_m) \cdot (S_1 \cdot S_2 \cdot \ldots \cdot S_k) \quad \text{(OR-AND 電路)}$$

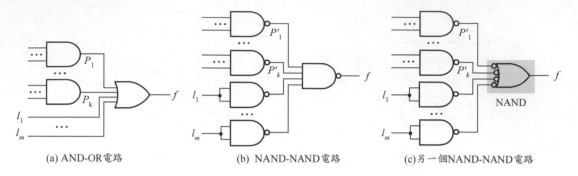

(a) AND-OR電路          (b) NAND-NAND電路          (c)另一個NAND-NAND電路

**圖 5.2-2:** AND-OR 電路對 NAND-NAND 電路的轉換

其中 $l_i$ 為 $m$ 個字母變數，而 $S_i$ 為 $k$ 個和項。依據 DeMorgan 定理，上式可以表示為：

$$f(x_{n-1}, \ldots, x_1, x_0) = (l'_1 + l'_2 + \ldots + l'_m + S'_1 + S'_2 + \ldots + S'_k)' \text{ (NOR-NOR 電路)}$$

因此可以只使用 NOR 邏輯閘執行，上述的轉換如圖 5.2-4 所示。

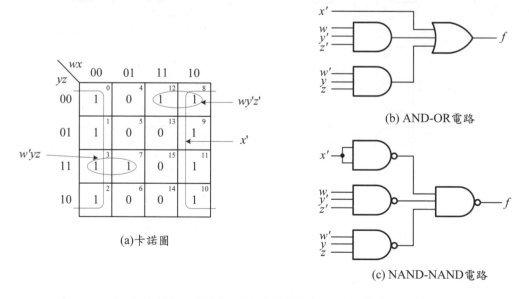

(a)卡諾圖

(b) AND-OR電路

(c) NAND-NAND電路

**圖 5.2-3:** 例題 5.2-2 的卡諾圖與邏輯電路

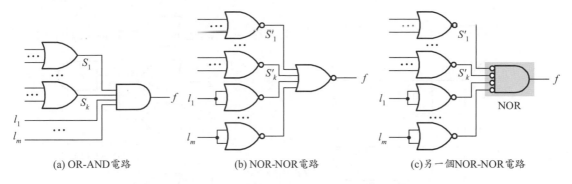

(a) OR-AND電路　　　　(b) NOR-NOR電路　　　　(c) 另一個NOR-NOR 電路

**圖 5.2-4:** OR-AND 電路對 NOR-NOR 電路的轉換

■ 例題 **5.2-3 (NOR** 閘執行組合邏輯電路**)**

　　試以兩層的 NOR 閘執行下列交換函數的最簡式：

$$f(w,x,y,z) = \Pi(0,1,4,5,7,8,9,10,11,15)$$

**解：** 依據圖 5.2-5(a) 的卡諾圖化簡後得到 $f$ 的最簡 POS 表式為

$$f(w,x,y,z) = (w+y)(w'+x)(x'+y'+z')$$
$$= [(w+y)' + (w'+x)' + (x'+y'+z')']'$$

執行上式的 NOR-NOR 電路如圖 5.2-5(c) 所示。

✔ 學習重點

**5-11.** 那一種兩層邏輯閘電路直接對應於 SOP 表式？

**5-12.** 那一種兩層邏輯閘電路直接對應於 POS 表式？

**5-13.** NAND-NAND 兩層邏輯閘電路對應於 SOP 表式或是 POS 表式？

**5-14.** NOR-NOR 兩層邏輯閘電路對應於 SOP 表式或是 POS 表式？

**5-15.** 為何 OR-AND 邏輯閘電路可以使用 NOR-NOR 邏輯閘電路取代？

## 5.2.2　多層邏輯閘電路

　　如前所述，任何一個交換函數都可以表示為 SOP 或是 POS 形式，然後以兩層的邏輯閘電路執行 (若需要的補數形式之字母變數亦可以當作輸入時)。

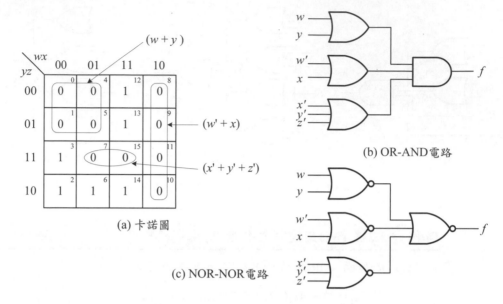

(a) 卡諾圖

(b) OR-AND 電路

(c) NOR-NOR 電路

圖 **5.2-5**: 例題 5.2-3 的卡諾圖與邏輯電路

若邏輯閘的扇入數目沒有上限,而且每一個邏輯閘的傳播延遲都與該邏輯閘的扇入數目無關時,則任何交換函數均可以使用兩層邏輯閘電路執行,而且其傳播延遲在所有執行方式中為最小。

在實際的邏輯電路元件中,每一個邏輯閘電路對於輸入信號的傳遞都有一段傳播延遲,而且邏輯閘的扇入數目都有一個固定的數目,並且一個扇入數目超過某一個數目(例如8)的邏輯閘,其傳播延遲將較使用多層的邏輯閘組成的相同功能的邏輯閘電路為長。因此,在執行一個交換函數時,若希望使用固定扇入數目的邏輯閘,及欲獲得較小的傳播延遲,則通常需要將該交換函數分解為多層邏輯閘電路。

**5.2.2.1  多層邏輯閘電路的需要**  分解一個交換函數為一個多層邏輯閘電路表式的主要考慮為:

1.  傳播延遲的縮短:一個多扇入數目的邏輯閘的傳播延遲常常較使用扇入數目較少的邏輯閘所組成的相同功能的多層邏輯閘電路為長。例如74LS133

為一個扇入數目為 13 個的 NAND 閘，其平均傳播延遲：

$$t_{pd} = \frac{1}{2}(t_{pLH} + t_{pHL}) = \frac{1}{2}(10 + 40) = 25 \text{ ns}$$

但若使用 74LS21 (具有兩個 4 輸入端的 AND 閘元件) 與 74LS20 (具有兩個 4 輸入端的 NAND 閘元件) 等組成的兩層邏輯閘電路，則只需要：

$$t_{pd} = \frac{1}{2}(t_{pLH} + t_{pHL})(74\text{LS}21) + \frac{1}{2}(t_{pLH} + t_{pHL})(74\text{LS}20)$$
$$= \frac{1}{2}(8.0 + 10)(74\text{LS}21) + \frac{1}{2}(9.0 + 10)(74\text{LS}20) = 18.5 \text{ ns}$$

小於 74LS133 的 25 ns。

2. 欲使用具有固定扇入數目的邏輯電路元件時：在執行一個交換函數時，若需要的輸入端的數目超過實際上使用的邏輯元件的扇入數目時，必須將該交換表式必須分解成可以置入該邏輯元件的形式，使其能夠使用該邏輯元件的多層邏輯閘電路執行。例如使用 2 個輸入端的基本邏輯閘元件執行一個交換函數時，必須將該交換函數分解成每一個乘積項或是和項最多僅包含兩個字母變數。此外，在 FPGA 或是 PLD/CPLD 邏輯元件 (第 11 章) 中，由於每一個基本建造單元的輸入數目與功能均有某一個程度的限制，因此也常常必須將一個交換函數分解成多層邏輯閘電路後才能夠執行。

■ **例題 5.2-4 (多層邏輯電路執行)**

試以兩個輸入端的 AND 與 OR 閘，執行下列交換函數的最簡式：

$$f(w, x, y, z) = \Sigma(0, 1, 8, 9, 10, 11, 15)$$

**解：**由圖 5.2-6(a) 的卡諾圖得到交換函數 $f$ 的最簡 SOP 表式為

$$
\begin{aligned}
f(w, x, y, z) &= wx' + x'y' + wyz \\
&= w(x' + yz) + x'y' \qquad \text{(一共需要五個邏輯閘)} \\
&= wx' + x'y' + wyz + yy'z \\
&= x'(w + y') + yz(w + y') \\
&= (x' + yz)(w + y') \qquad \text{(只需要四個邏輯閘)}
\end{aligned}
$$

結果的邏輯電路如圖 5.2-6(b) 所示。

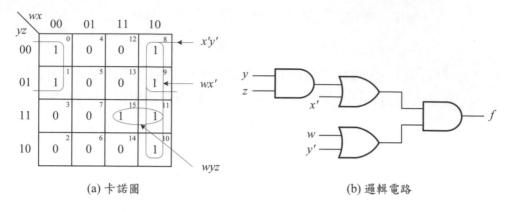

(a) 卡諾圖                                    (b) 邏輯電路

圖 **5.2-6:** 例題 5.2-4 的卡諾圖與邏輯電路

**5.2.2.2  多層 NAND 閘邏輯電路** 在多層邏輯閘電路中，也可以只使用 NAND 閘或是 NOR 閘執行。設計一個多層 NAND 邏輯閘電路的一般程序如下：

■ **演算法 5.2-1: 多層 NAND 邏輯閘電路的設計程序**

1. 求得交換函數的最簡 SOP 表式；
2. 分解該 SOP 表式，以符合最大的邏輯閘扇入數目要求；
3. 以多層 AND 閘與 OR 閘電路執行步驟 2 的 SOP 表式；
4. 將每一個 AND 閘與 OR 閘分別使用等效的 NAND 閘電路 (表 2.4-2) 取代；
5. 消去電路中所有連續的兩個 NOT 閘電路；
6. 結果的電路即為所求。

■ **例題 5.2-5 (多層 NAND 邏輯閘電路)**

試以兩個輸入端的 NAND 閘，執行下列交換函數 $f$ 的最簡式：

$$f(w,x,y,z) = \Sigma(3,5,7,11,13,14,15)$$

**解：**由圖 5.2-7 的卡諾圖得交換函數 $f$ 的最簡 SOP 表式為：

$$f(w,x,y,z) = xz + yz + wxy$$

分解成兩個輸入端的 AND 與 OR 閘的邏輯電路形式後，得到

$$f(w,x,y,z) = y(z+wx) + xz$$

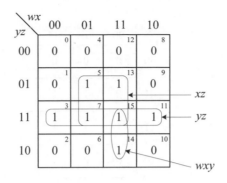

圖 **5.2-7**: 例題 5.2-5 的卡諾圖

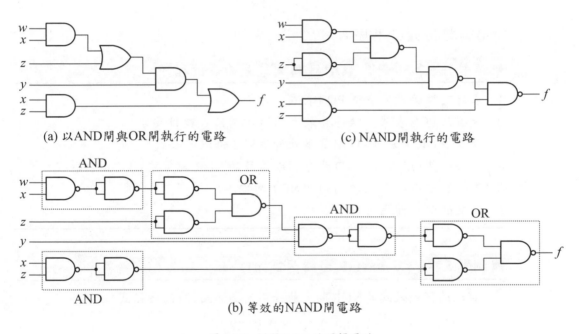

(a) 以AND閘與OR閘執行的電路　　　　　　　(c) NAND閘執行的電路

(b) 等效的NAND閘電路

圖 **5.2-8**: 例題 5.2-5 的邏輯電路

執行交換函數 $f$ 的 AND 與 OR 閘邏輯電路如圖 5.2-8(a) 所示。將 AND 閘與 OR 閘分別以等效的 NAND 閘取代後，得到圖 5.2-8(b) 所示的電路，消去連續的兩個 NOT 閘後，得到最後的 NAND 閘電路，如圖 5.2-8(c) 所示。

---

**5.2.2.3 多層 NOR 閘邏輯電路**　由於 NOR 閘的輸出交換函數為 NAND 閘的對偶函數，因此由設計多層 NAND 閘電路的對偶程序，可以得到下列多層

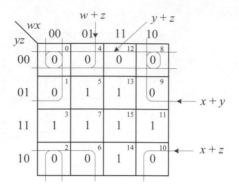

**圖 5.2-9:** 例題 5.2-6 的卡諾圖

NOR 閘電路的設計程序：

## ■ 演算法 5.2-3: 多層 NOR 邏輯閘電路的設計程序

1. 求得交換函數的最簡 POS 表式；
2. 分解該 POS 表式，以符合最大的邏輯閘扇入數目要求；
3. 以多層 OR 閘與 AND 閘電路執行步驟 2 的 POS 表式；
4. 將每一個 OR 閘與 AND 閘分別以等效的 NOR 閘電路 (表 2.4-2) 取代；
5. 消去電路中所有連續的兩個 NOT 閘電路；
6. 結果的電路即為所求。

## ■ 例題 5.2-6 (多層 NOR 邏輯閘電路)

試以兩個輸入端的 NOR 閘，執行下列交換函數 f 的最簡式：

$$f(w,x,y,z) = \Pi(0,1,2,4,6,8,9,10,12)$$

**解**：由圖 5.2-9 的卡諾圖得到交換函數 f 的最簡 POS 表式為：

$$f(w,x,y,z) = (y+z)(x+y)(w+z)(x+z)$$
$$= [(y+z)(x+y)][(w+z)(x+z)]$$

執行交換函數 $f$ 的 OR 與 AND 閘邏輯電路如圖 5.2-10(a) 所示。將 OR 閘與 AND 閘分別以等效的 NOR 閘取代後，得到圖 5.2-10(b) 所示的電路，消去連續的兩個 NOT 閘後，得到最後的 NOR 閘電路，如圖 5.2-10(c) 所示。

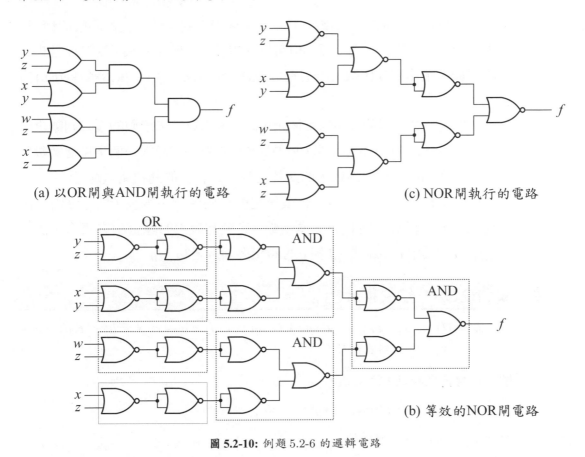

(a) 以OR閘與AND閘執行的電路　　　　(c) NOR閘執行的電路

(b) 等效的NOR閘電路

**圖 5.2-10:** 例題 5.2-6 的邏輯電路

✔**學習重點**

**5-16.** 在何種條件下，兩層邏輯閘電路為最快的交換函數執行方式？

**5-17.** 為何在使用實際的邏輯元件執行一個交換函數時，通常都需要分解該交換函數為多層的邏輯閘電路？

**5-18.** 試簡述多層 NAND 邏輯閘電路的設計程序。

**5-19.** 試簡述多層 NOR 邏輯閘電路的設計程序。

## 5.2.3 核心項多層邏輯閘電路分解

　　前面所討論的多層邏輯閘電路執行方式是使用因式分解的方式，將一個交換表式分解為多個固定字母變數的因式，以符合邏輯閘扇入數目的限制。

這些方法均以單一的交換函數為基礎,並未考慮到多輸出交換函數的情況。在本小節中,我們將討論一種不但可以適用於單一輸出交換函數,而且也可以應用於多輸出交換函數的多層邏輯電路分解方法,稱為核心項 (kernel) 方法。

在化簡多層邏輯閘電路的交換函數時,通常以字母變數的多寡判斷化簡的優劣,因為在 VLSI 電路或是 CPLD/FPGA 電路中,通常一個字母變數數目較多的交換函數需要使用較大的晶片面積或是較多的邏輯閘電路。

在介紹核心項方法之前,必須先定義一些名詞。假設 $f$ 與 $g$ 分別為兩個任意的交換函數,則其商交換函數 $q$ 定義為最大的隱含項之集合,使得 $f = gq + r$,其中 $r$ 為餘式。$f$ 與 $g$ 的商交換函數記為 $f/g$。

### ■ 例題 5.2-7 (商交換函數)

假設 $f(v,w,x,y,z) = wz + xyz + v$、$g(w,x,y) = w + xy$、而 $h(w,x,y) = w + y$,則 $f/g$ 與 $f/h$ 分別為什麼?

**解:** 依據商交換函數之定義

$$f(v,w,x,y,z) = (w + xy)z + v = gq + r$$

因此 $q = z$ 而 $r = v$。同樣地

$$f(v,w,x,y,z) = wz + xyz + v = (w + y)(w + x)z + v = hq + r$$

其中 $q = (w + x)z$ 而 $r = v$。

有了商交換函數之後,按著定義核心項與協同核心項 (cokernel)。假設 $C$ 為一個隱含項的集合,即 $C = \{C_i | 1 \le i \le k, k$ 為某一個正整數$\}$,其中 $C_i$ 為交換函數 $f$ 內的任意兩個或是以上的隱含項之交集。對於每一個 $C_i$ 而言,若商交換函數 $K_i$ 定義為 $f/C_i$,則 $K_i$ 稱為 $f$ 的核心項,而 $C_i$ 則稱為對應的協同核心項。

### ■ 例題 5.2-8 (核心項與協同核心項)

假設交換函數 $f(w,x,y,z) = xz + yz + wxy$,求交換函數 $f$ 相對於字母變數 $x$ 與 $y$ 的核心項與協同核心項。

**解：**依據商交換函數的定義：$f/x = z + wy$ 而 $f/y = z + wx$，因此核心項為 $z + wy$ 與 $z + wx$ 而其對應的協同核心項則分別為 $x$ 與 $y$。

　　求取一個交換函數 $f$ 的核心項與協同核心項的方法通常以列表法為之。依據協同核心項的定義，每一個協同核心項均為交換函數 $f$ 中的兩個或是兩個以上的隱含項之交集，因此我們可以使用列表法，找出 $f$ 中的所有協同核心項後，再求取對應的核心項。

　　使用列表法求取協同核心項的程序如下：

### ■ 演算法 5.2-5：列表法求取協同核心項的程序

1. 首先在橫列與縱行上各別依序列出交換函數 $f$ 的各個字母變數數目大於 1 的隱含項，然後依序求得最大的交集項。
2. 將步驟 1 所得的交集項依照步驟 1 所述的方法再一次求取較小的交集項，直到沒有一個交集項的字母變數數目大於 1 為止。
3. 步驟 1 與 2 所得的交集項 (空集合除外) 即為 $f$ 的所有協同核心項。
4. 將交換函數 $f$ 除以步驟 3 中的各個協同核心項，所得到的商交換函數即為對應的核心項。

　　下列例題說明使用列表法求取協同核心項的方法。

### ■ 例題 5.2-9 (列表法求核心項)

　　利用列表法，求取例題 5.2-8 中交換函數 $f$ 的核心項與協同核心項。

**解：**首先依照前述方法，$f(w, x, y, z) = xz + yz + wxy$ 的各個隱含項為：

|       | $xz$ | $yz$ | $wxy$ |
|-------|------|------|-------|
| $xz$  | *    |      |       |
| $yz$  | $z$  | *    |       |
| $wxy$ | $x$  | $y$  | *     |

所以 $f$ 的協同核心項集合為 $\{x, y, z\}$；而對應的核心項集合為：

$$\{z + wy, z + wx, x + y\}$$

## ■ 例題 5.2-10 (列表法求核心項)

使用列表法，求取下列交換函數的核心項集合與協同核心項集合：

$$f(t,u,v,w,x,y,z) = twy + txy + uwy + uxy + vwy + vxy + z$$

**解：**將各個隱含項表列如下：

|  | *twy* | *txy* | *uwy* | *uxy* | *vwy* | *vxy* |
|---|---|---|---|---|---|---|
| *twy* | * | | | | | |
| *txy* | *ty* | * | | | | |
| *uwy* | *wy* | *y* | * | | | |
| *uxy* | *y* | *xy* | *uy* | * | | |
| *vwy* | *wy* | *y* | *wy* | *y* | * | |
| *vxy* | *y* | *xy* | *y* | *xy* | *vy* | * |

由於所得到的交集項仍然有一部分是兩個字母變數，因此必須再一次求取這些交集項彼此之間的交集項：

|  | *ty* | *uy* | *vy* | *wy* | *xy* |
|---|---|---|---|---|---|
| *ty* | * | | | | |
| *uy* | *y* | * | | | |
| *vy* | *y* | *y* | * | | |
| *wy* | *y* | *y* | *y* | * | |
| *xy* | *y* | *y* | *y* | *y* | * |

因此協同核心項集合為：$\{ty, uy, vy, wy, xy, y\}$，接著求出這些協同核心項對應的核心項：

$$C_1 = ty \qquad\qquad f/C_1 = w + x = K_1$$
$$C_2 = uy \qquad\qquad f/C_2 = w + x = K_1$$
$$C_3 = vy \qquad\qquad f/C_3 = w + x = K_1$$
$$C_4 = wy \qquad\qquad f/C_4 = t + u + v = K_2$$
$$C_5 = xy \qquad\qquad f/C_5 = t + u + v = K_2$$
$$C_6 = y \qquad\qquad f/C_6 = tw + tx + uw + ux + vw + vx$$
$$= t(w+x) + u(w+x) + v(w+x)$$
$$= (w+x)(t+u+v) = K_3$$
$$= K_1 K_2$$

在上述例題中，$K_1$ 與 $K_2$ 並未包含其它核心項，這種除了本身之外並未包含其它核心項的核心項稱為層次 -0 (level 0) 核心項，$K_3$ 則由 $K_1$ 與 $K_2$ 組成，但是因為 $K_1$ 與 $K_2$ 為層次 -0 核心項，因此 $K_3$ 稱為層次 -1 (level 1) 核心項。一般而言，若一個核心項由其它核心項所組成，而這些核心項中最高的層次為 $n-1$，則該核心項稱為層次 -$n$ (level n) 核心項。

有了核心項之後，該交換函數即可以轉換為多層邏輯閘電路。下列例題說明如何應用核心項方法將一個交換函數分解成為一個多層邏輯閘電路。

■ 例題 5.2-11 (多層邏輯閘電路)

使用核心項方法，分解例題 5.2-10 的交換函數 $f$ 為一個多層邏輯閘電路。

**解：**由例題 5.2-10 得到

$$f(t, u, v, w, x, y, z) = K_3 y + z$$
$$= K_1 K_2 y + z$$

字母變數由原來的 19 個簡化為 7 個。本電路一共需要四個 2 個輸入端的 OR 閘與兩個 2 輸入端的 AND 閘，其邏輯電路如圖 5.2-11 所示。

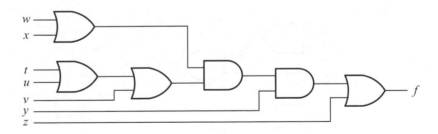

**圖 5.2-11:** 例題 5.2-11 的邏輯電路

■ 例題 5.2-12 (多層邏輯閘電路)

使用核心項方法，分解下列交換函數 $f$ 為一個多層邏輯閘電路：

$$f(t, u, v, w, x, y, z) = stu + stv' + wx' + x'y' + x'z$$

**解：**先使用列表法求取 $f$ 的協同核心項與核心項如下：

|      | $stu$ | $stv'$ | $wx'$ | $x'y'$ | $x'z$ |
|------|-------|--------|-------|--------|-------|
| $stu$   | $*$    |        |       |        |       |
| $stv'$  | $st$   | $*$    |       |        |       |
| $wx'$   | $\phi$ | $\phi$ | $*$   |        |       |
| $x'y'$  | $\phi$ | $\phi$ | $x'$  | $*$    |       |
| $x'z$   | $\phi$ | $\phi$ | $x'$  | $x'$   | $*$   |

所以協同核心項集合：$C = \{st, x'\}$

對應的核心項分別為：

$$C_1 = st \qquad\qquad f/C_1 = u + v' = K_1$$
$$C_2 = x' \qquad\qquad f/C_2 = w + y' + z = K_2$$

核心項集合：

$$K = \{u + v', w + y' + z\}$$

交換函數 $f$ 可以表示為：

$$f = C_1 K_1 + C_2 K_2 = st(u + v') + x'(w + y' + z)$$

其字母變數數目由原來的 12 個簡化為 8 個。對應的多層邏輯閘電路如圖 5.2-12 所示。

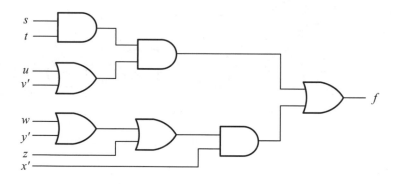

圖 **5.2-12**: 例題 5.2-12 的邏輯電路

　　核心項方法除了分解一個交換函數 $f$ 為多層邏輯閘電路之外，也可以應用於多輸出交換函數的分解。在執行多輸出交換函數時，最主要的目的是找出共用項以降低電路的成本。利用核心項的分解方法也可以達到此一目的。

一般而言，若設 $f$ 與 $g$ 為兩個任意的交換表式，則 $f$ 與 $g$ 有共用項的條件為 $f$ 與 $g$ 的核心項交集必須有不為單一字母變數的交集項出現，例如下列例題。

■ 例題 5.2-13 (多輸出交換函數分解)

分解下列多輸出交換函數為一個多層邏輯閘電路：

$$f_1(t,u,v,w) = tv + tw + uv + uw$$
$$f_2(v,w,x,y) = vxy' + wxy'$$
$$f_3(u,v,w,x,y,z) = uv + uw + z'$$

**解：** 依前述列表法分別求出 $f_1$、$f_2$、$f_3$ 的核心項與協同核心項為：

$f_1$ 的核心項集合 $= \{v+w, t+u\}$ 　　協同核心項集合 $= \{t,u,v,w\}$

$f_2$ 的核心項集合 $= \{v+w\}$ 　　　　　協同核心項集合 $= \{xy'\}$

$f_3$ 的核心項集合 $= \{v+w\}$ 　　　　　協同核心項集合 $= \{u\}$

所以 $f_1$、$f_2$、$f_3$ 的核心項交集為 $v+w$，此即為這三個交換函數的共用項，令 $g = v+w$，則交換函數 $f_1$、$f_2$、$f_3$ 可以表示為：

$$f_1 = g(t+u)$$
$$f_2 = gxy'$$
$$f_3 = gu + z'$$

其字母變數由原來的 19 個簡化為 11 個，對應的邏輯閘電路如圖 5.2-13 所示。

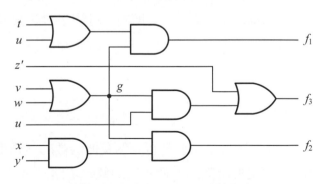

**圖 5.2-13:** 例題 5.2-13 的邏輯電路

當然，上述核心項化簡與分解方法並不能如同第 4 章所討論的兩層邏輯閘電路的化簡方法一樣，得到交換函數的最簡表式，但是通常可以得到較簡單的結果。

✔學習重點

**5-20.** 試定義商交換函數、核心項、協同核心項。

**5-21.** 試定義層次 -0 與層次 -$n$ 核心項。

**5-22.** 試簡述使用列表法求取協同核心項的程序。

**5-23.** 試簡述如何使用核心項方法，分解一組多輸出交換函數為一個多層邏輯閘電路？

# 5.3 組合邏輯電路時序分析

在分析組合邏輯電路的時序時，每一個邏輯閘均當作一個黑盒子 (black box)，即僅考慮邏輯閘的功能與傳播延遲，其內部詳細的電路則不予考慮。當組合邏輯電路的輸入信號改變時，由於電路對於該輸入信號可能有許多具有不同傳播延遲的信號傳遞路徑存在，結果造成暫時性的錯誤信號出現在輸出端，這種現象稱為突波 (hazard)。依據輸出交換函數與邏輯電路的關係可以將突波分為邏輯突波 (logic hazard) 與函數突波 (function hazard) 兩種。但是無論是那一類，突波在邏輯電路中出現的現象又可以分成靜態與動態兩種。不管是那一類的突波，其發生都是暫時性的，因此可以視為邏輯電路的一種暫態響應 (transient response)。本節中，將依序討論突波發生的原因、突波的種類、如何偵測電路是否含有突波，與如何設計無突波 (hazard free) 的邏輯電路。

## 5.3.1 邏輯突波

所謂的邏輯突波是由於執行一個交換函數的邏輯電路所引起的，因此對於執行同一個交換函數的各個不同的邏輯電路而言，有些會產生邏輯突波，而有些則不會。邏輯突波可以分成靜態與動態兩種。

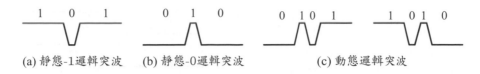

(a) 靜態-1邏輯突波　　(b) 靜態-0邏輯突波　　(c) 動態邏輯突波

**圖 5.3-1:** 邏輯突波的種類

一般而言，若一個邏輯電路當其輸入變數的值改變時，其輸出信號值會暫時離開穩定值 1 而下降為 0 時，該電路稱為含有靜態 -1 邏輯突波 (static-1 logic hazard)。相反地，若輸出信號值暫時離開穩定值 0 而上升為 1 時，該電路稱為含有靜態 -0 邏輯突波 (static-0 logic hazard)，如圖 5.3-1(a) 與 (b) 所示。

另外一種突波發生在當輸出信號值應該由 0 變為 1 或是由 1 變為 0，但是實際上卻改變了三次或是三次以上 (奇數次) 時，稱為動態邏輯突波 (dynamic logic hazard)，如圖 5.3-1(c) 所示。注意在上述三種邏輯突波發生時，電路的穩態值依然是正確的。

**5.3.1.1 靜態邏輯突波** 現在使用在圖 5.3-2(a) 的電路說明靜態邏輯突波發生的原因，假設圖中的每一個邏輯閘的傳播延遲均為 $t_{pd}$，將每一個邏輯閘的傳播延遲列入考慮之後，電路的時序如圖 5.3-2(b) 所示。依據圖中所得到的輸出信號 $f$ 可以得知：在輸入的變數 $y = z = 1$ 的情況下，當變數 $x$ 的信號由 1 變為 0 時，$f$ 會暫時性的輸出 0 一個 $t_{pd}$ 的時間，然後回到穩定值 1。因此，圖 5.3-2(a) 的邏輯電路含有靜態 -1 邏輯突波。

為了解圖 5.3-2(a) 的電路會發生邏輯突波的原因，現在將該電路的卡諾圖列於圖 5.3-3(a)。由圖 5.3-2(b) 的時序得知，靜態 -1 邏輯突波是發生在當變數 $y = z = 1$ 而變數 $x$ 由 1 變為 0 時，即相當於由乘積項 $xy$ 轉移到乘積項 $x'z$。因此，可以得知：當兩個相鄰的 1-格子 (即最小項) 屬於同一個質隱項時，若輸入變數的值在相當於這兩個格子的組合下改變時，都不會引起邏輯突波，例如輸入變數 $xyz$ 的值由 110 變為 111；相反地，當兩個相鄰的 1-格子 (即最小項) 不屬於同一個質隱項時，若輸入變數的值在相當於這兩個 1-格子的組合下改變時，將會引起邏輯突波，例如輸入變數 $xyz$ 的值由 111 變為 011 時。

由上述討論可以得知：靜態邏輯突波發生的原因是因為當輸入變數的值

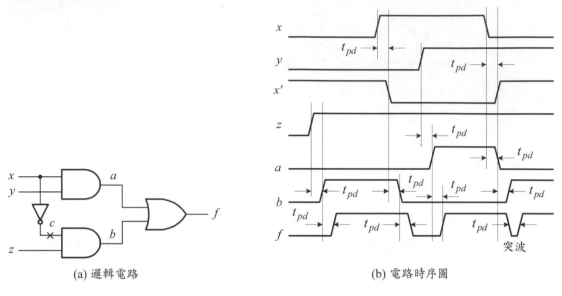

(a) 邏輯電路　　　　　　　　　　　　　(b) 電路時序圖

**圖 5.3-2:** 組合邏輯電路時序分析

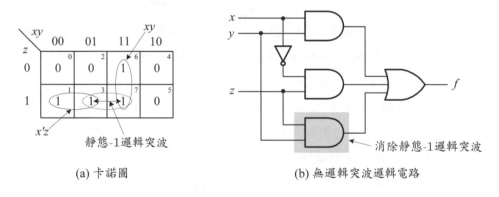

(a) 卡諾圖　　　　　　　　　　　　　(b) 無邏輯突波邏輯電路

**圖 5.3-3:** 邏輯突波的偵測與消除

改變時，由於質隱項更換，因而 AND 閘更換，然而由於傳播延遲的關係，兩個 AND 閘的輸出信號值有一段時間可能同時處於 1 或是 0，因而造成邏輯突波。因此為防止靜態邏輯突波的發生，必須如圖 5.3-3(a) 所示，多加入一個質隱項 $yz$，以使輸入變數 $xyz$ 的值由 111 變為 011 或是由 011 變為 111 時，有一個質隱項可以包含這兩個相鄰的 1-格子的輸入變數的組合值。無邏輯突波的邏輯電路如圖 5.3-3(b) 所示。

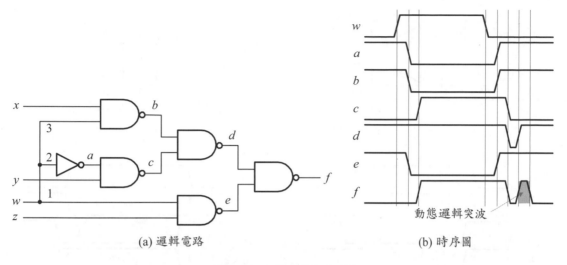

(a) 邏輯電路　　　　　　　　　　(b) 時序圖

**圖 5.3-4:** 動態邏輯突波例

**5.3.1.2　動態邏輯突波**　由於動態邏輯突波至少涉及三次的輸出信號改變，輸入信號至少必須經過三個不同的時間抵達輸出端，即輸入信號與輸出之間至少有兩條(或是更多)不同的路徑。因此，一個沒有靜態邏輯突波的邏輯電路仍然有可能含有動態邏輯突波。

　　圖 5.3-4 為一個具有一個動態邏輯突波的邏輯電路與時序圖。如圖 5.3-4(a)的邏輯電路所示，輸入信號 $w$ 經由三條不同路徑抵達輸出端 $f$。因此，輸入信號 $w$ 可能在三個不同時間抵達輸出端 $f$ 而造成動態邏輯突波。詳細情形可以由圖 5.3-4(b) 說明，當輸入信號 $x$、$y$、$z$ 均為 1，而輸入信號 $w$ 由 1 改變為 0 時，將造成動態邏輯突波。

✔學習重點

**5-24.** 試定義靜態 -0 邏輯突波。

**5-25.** 試定義靜態 -1 邏輯突波。

**5-26.** 試定義動態邏輯突波。

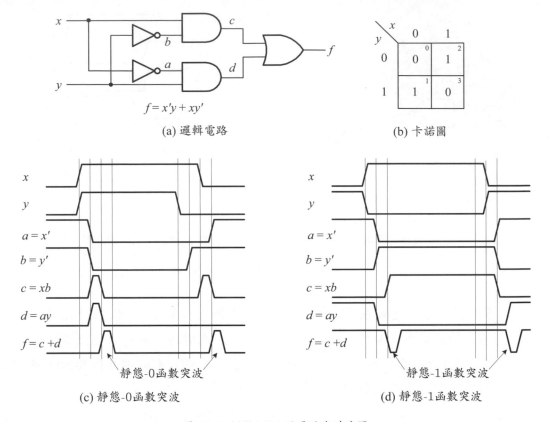

(a) 邏輯電路                                                (b) 卡諾圖

(c) 靜態-0函數突波                                        (d) 靜態-1函數突波

**圖 5.3-5:** 例題 5.3-1 的電路與時序圖

## 5.3.2  函數突波

函數突波是由於交換函數本身所引起的，這類型的突波只出現在當有多個(兩個或以上)輸入信號的值必須同時改變的情況。函數突波也有靜態與動態兩種。由於函數突波是由於交換函數本身所引起的，它和執行該交換函數的邏輯電路無關。下列兩個例題將說明此一事實。

### ■ 例題 5.3-1 (靜態函數突波)

討論圖 5.3-5(a) 所示的邏輯電路的函數突波。

**解：** 圖 5.3-5(b) 列出圖 5.3-5(a) 所示邏輯電路的卡諾圖。若假設圖中每一個邏輯閘的傳播延遲均為 $t_{pd}$，則輸入信號 $x$ (或是 $y$) 與輸出 $f$ 之間最長的路徑為三個

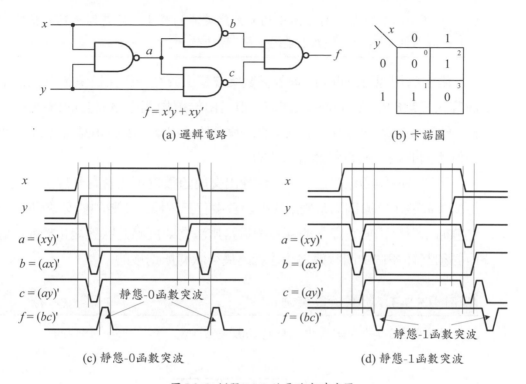

$$f = x'y + xy'$$

(a) 邏輯電路　　　　　　　　　　　　　　(b) 卡諾圖

(c) 靜態-0 函數突波　　　　　　　　　　(d) 靜態-1 函數突波

**圖 5.3-6:** 例題 5.3-2 的電路與時序圖

邏輯閘，因而需要 $3t_{pd}$ 的時間延遲。因此，若輸入信號 $A$ 與 $B$ 在此 $3t_{pd}$ 內改變狀態，均可以視為同時發生。據此，得到圖 5.3-5(c) 與圖 5.3-5(d) 的靜態-0 函數突波與靜態-1 函數突波的時序圖。

下列例題為交換函數 $f = x'y + xy'$ 的另一種執行方式。它依然會發生函數突波。

## ■ 例題 5.3-2 (靜態函數突波)

討論圖 5.3-6(a) 邏輯電路的函數突波。

**解：**圖 5.3-6(b) 為圖 5.3-6(a) 的邏輯電路的卡諾圖。在此例題中，依然假設每一個邏輯閘的傳播延遲均為 $t_{pd}$。由圖 5.3-6(a) 的電路得知，輸入信號 $x$ (或是 $y$) 的最長路徑為三個邏輯閘，即需要 $3t_{pd}$ 的時間，才能由輸入端傳播到輸出端 $f$。因此，當輸入信號 $x$ 與 $y$ 在 $3t_{pd}$ 的時間內發生狀態改變時，即可以認為是同時改變。據此，得到圖 5.3-6(c) 與圖 5.3-6(d) 的時序圖。注意在圖 5.3-6(d) 的時序圖中，$b$ 與 $c$ 兩個信號的時序圖中均有動態突波的發生，這是因為輸入信號 $x$ 與 $y$ 分別由兩個不同的傳輸路徑抵達 $b$ 與 $c$ 端使然。

由上述例題可以得知：靜態函數突波是由於在一個交換函數中，當有兩個輸入變數的值必須同時改變時，但是由於邏輯閘電路固有的傳播延遲特性，輸入變數的狀態改變並無法立即反應於輸出端，因而相當於經過一個輸出值不同的輸入變數狀態所造成的。

除了有靜態函數突波外，一個輸出交換函數也可能含有動態函數突波。這種突波發生的原因為當輸出交換函數中有三個輸入變數的值必須同時改變狀態時，但是由於實際上的邏輯閘電路無法立即反應此狀態變化於輸出端，而必須歷經多個中間狀態之後才抵達最後狀態所造成的。

### ■ 例題 5.3-3 (動態函數突波)

討論圖 5.3-7 的卡諾圖中的動態函數突波。

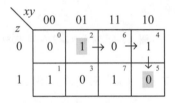

圖 5.3-7: 例題 5.3-3 的卡諾圖

**解：**由 (010) 轉態到 (101) 時，會發生動態函數突波。在這情形下，三個輸入變數 $x$、$y$、$z$ 皆必須改變狀態。除非它們能夠真正地同時改變，並且在相同的時間內抵達輸出端，否則，必然會發生動態函數突波。即

輸入狀態：    010    →    110    →    100    →    101

　　　　　　　↓　　　　　↓　　　　　↓　　　　　↓

輸　　出：    1          0          1          0

所以輸出波形和圖 5.3-1(c) 相同，因而為一個動態函數突波。其它動態函數突波，可以依據類似的方式找出。

✔學習重點

**5-27.** 試定義靜態 -0 函數突波。

**5-28.** 試定義靜態 -1 函數突波。

**5-29.** 試定義動態函數突波。

### 5.3.3 無邏輯突波邏輯電路設計

　　邏輯突波由於它的發生原因與執行交換函數的邏輯電路有關，因此它可以使用延遲元件控制，或是由適當的邏輯電路設計方式消除。由邏輯電路的設計方式，消除邏輯突波的方法為在兩層的 SOP 形式的邏輯電路中，必須同時滿足下列兩個條件：

1. 在兩層的 SOP 邏輯電路中，不能有一個 AND 閘的輸入變數中含有一對互為補數的字母變數。

2. 任何相鄰的最小項都必須至少被一個質隱項包含。

　　下列將舉數個實例說明這個設計方法。

### ■ 例題 5.3-4 (無邏輯突波的邏輯電路設計)

　　設計一個相當於下列交換函數 $f$ 的無邏輯突波的邏輯電路：

$$f(w,x,y,z) = \Sigma(1,5,6,7,9,10,13)$$

**解**：方法一：利用如圖 5.3-8 所示的卡諾圖，化簡後得到：

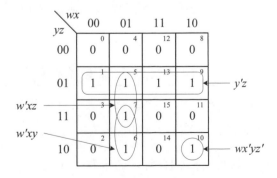

圖 **5.3-8:** 例題 5.3-4 的卡諾圖

**步驟1**

| 指標 | 十進制 | 二進制 w x y z |
|---|---|---|
| 1 | 1 | 0 0 0 1 √ |
| 2 | 5 | 0 1 0 1 √ |
| | 6 | 0 1 1 0 √ |
| | 9 | 1 0 0 1 √ |
| | 10 | 1 0 1 0 D |
| 3 | 7 | 0 1 1 1 √ |
| | 13 | 1 1 0 1 √ |

**步驟2**

| 指標 | 十進制 | 二進制 w x y z |
|---|---|---|
| 1 | (1,5) | 0 - 0 1 √ |
| | (1,9) | - 0 0 1 √ |
| 2 | (5,7) | 0 1 - 1 C |
| | (5,13) | - 1 0 1 √ |
| | (6,7) | 0 1 1 - B |
| | (9,13) | 1 - 0 1 √ |

**步驟3**

| 指標 | 十進制 | 二進制 w x y z |
|---|---|---|
| 1 | (1,5,9,13) | - - 0 1 A |

| | √ | √ | √ | √ | √ | √ | √ |
|---|---|---|---|---|---|---|---|
| 最小項 | 1 | 1 | 5 | 5 | 6 | 9 | |
| 質隱項 | 5 | 9 | 7 | 13 | 7 | 13 | 10 |
| *A = y'z | ⊗ | ⊗ | | ⊗ | | ⊗ | |
| *B = w'xy | | | | | ⊗ | | |
| *C = w'xz | | | ⊗ | | | | |
| *D = wx'yz' | | | | | | | ⊗ |

**圖 5.3-9**：例題 5.3-4 的列表法化簡步驟

$$f(w,x,y,z) = \underbrace{wx'yz' + w'xy + y'z}_{\text{最簡式}} + \underset{\underset{\text{滿足條件2}}{\uparrow}}{w'xz}$$

方法二：利用如圖 5.3-9 所示的列表法，化簡後得到質隱項集合為

$$P = \{y'z, w'xy, w'xz, wx'yz'\}$$

其次，利用無突波質隱項表 (hazard-free prime implicant chart) 求取最簡式。無突波質隱項表和質隱項表的差別在於前者以兩個相鄰的最小項取代原先質隱項表中的最小項的位置，此外所有特性與簡化方法均和質隱項表相同。因此，所有質隱項均為必要質隱項，所以最簡式為：

$$f(w,x,y,z) = wx'yz' + w'xy + y'z + w'xz$$

當然並不是所有質隱項都必須包含於最簡式中，但是若將所有質隱項皆包含於最簡式中，則對應於該最簡式的兩層 SOP 電路必定是一個無邏輯突波的邏輯電路。

### ■ 例題 5.3-5 (無邏輯突波的邏輯電路設計)

設計一個相當於下列交換函數的無邏輯突波的邏輯電路：

$$f(w,x,y,z) = \Sigma(1,2,3,4,5,6,7,9,11,13)$$

**解**：方法一：利用圖 5.3-10 所示的卡諾圖，化簡後得到：

$$f(w,x,y,z) = w'x + w'y + y'z + x'z$$

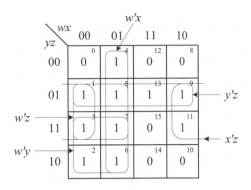

**圖 5.3-10:** 例題 5.3-5 的卡諾圖

方法二：利用圖 5.3-11 所示的列表法，求得的所有質隱項集合為：

$$P = \{w'x, w'y, y'z, x'z, w'z\}$$

經由無突波質隱項表，選取一組包含所有的相鄰的最小項集合後，得到無邏輯突波最簡式為：

$$f(w,x,y,z) = w'x + w'y + y'z + x'z$$

　　利用上述方法化簡得到的最簡 SOP 表式，若直接以兩層的邏輯閘電路執行，則該電路為一個無邏輯突波的邏輯電路。但是，若由於使用的邏輯閘的扇入因素限制而必須分解成多層邏輯閘電路的執行方式時，必須保證在分解過程中依然滿足上述無邏輯突波的條件，否則將引入邏輯突波 (習題 5-43)。

✔ 學習重點

**5-30.** 試簡述由邏輯電路的設計方式，消除邏輯突波的方法。

**5-31.** 試定義無突波質隱項表。

**5-32.** 試簡述如何由無突波質隱項表中，求取無突波邏輯電路的最簡式。

# 5.4 邏輯突波的偵測

　　在第 5.3.3 節中已經介紹如何設計一個無邏輯突波的邏輯閘電路。在本節中，將介紹如何偵測一個組合邏輯電路中是否含有邏輯突波：靜態邏輯突

**步驟1**

| 指標 | 十進制 | 二進制 (w x y z) | |
|---|---|---|---|
| 1 | 1 | 0 0 0 1 | √ |
| | 2 | 0 0 1 0 | √ |
| | 4 | 0 1 0 0 | √ |
| 2 | 3 | 0 0 1 1 | √ |
| | 5 | 0 1 0 1 | √ |
| | 6 | 0 1 1 0 | √ |
| | 9 | 1 0 0 1 | √ |
| 3 | 7 | 0 1 1 1 | √ |
| | 11 | 1 0 1 1 | √ |
| | 13 | 1 1 0 1 | √ |

**步驟2**

| 指標 | 十進制 | 二進制 (w x y z) | |
|---|---|---|---|
| 1 | (1,3) | 0 0 - 1 | √ |
| | (1,5) | 0 - 0 1 | √ |
| | (1,9) | - 0 0 1 | √ |
| | (2,3) | 0 0 1 - | √ |
| | (2,6) | 0 - 1 0 | √ |
| | (4,5) | 0 1 0 - | √ |
| | (4,6) | 0 1 - 0 | √ |
| 2 | (3,7) | 0 - 1 1 | √ |
| | (3,11) | - 0 1 1 | √ |
| | (5,7) | 0 1 - 1 | √ |
| | (5,13) | - 1 0 1 | √ |
| | (6,7) | 0 1 1 - | √ |
| | (9,11) | 1 0 - 1 | √ |
| | (9,13) | 1 - 0 1 | √ |

**步驟3**

| 指標 | 十進制 | 二進制 (w x y z) | |
|---|---|---|---|
| 1 | (1,3,5,7) | 0 - - 1 | E |
| | (1,3,9,11) | - 0 - 1 | D |
| | (1,5,9,13) | - - 0 1 | C |
| | (2,3,6,7) | 0 - 1 - | B |
| | (4,5,6,7) | 0 1 - - | A |

| 最小項→質隱項 | (1,3) | (1,5) | (1,9) | (2,3) | (2,6) | (3,7) | (3,11) | (4,5) | (4,6) | (5,7) | (5,13) | (6,7) | (9,11) | (9,13) |
|---|---|---|---|---|---|---|---|---|---|---|---|---|---|---|
| *A = w'x | | | | | | | | ⊗ | ⊗ | × | | × | | |
| *B = w'y | | | | ⊗ | ⊗ | × | | | | | | × | | |
| *C = y'z | | × | × | | | | | | | | ⊗ | | | ⊗ |
| *D = x'z | × | | × | | | | ⊗ | | | | | | ⊗ | |
| E = w'z | × | × | | | | × | | | | × | | | | |

圖 5.3-11: 例題 5.3-5 的列表法化簡步驟

波與動態邏輯突波。經由詳細的偵測程序的探討過程，本節中也闡述了邏輯突波發生的原因，並且奠立了無邏輯突波邏輯電路設計的理論基礎。

## 5.4.1 靜態邏輯突波的偵測

如前所述，靜態邏輯突波是由於兩個具有相反穩定值的信號 (例如 $x$ 與 $x'$)，在邏輯電路信號狀態[1]改變時，暫時具有相同的值所造成的。因此，這兩個字母變數必須視為兩個不同的變數，而不能當作一個變數的兩個互補字母變數。

---

[1]在本節與下一小節中，將使用狀態一詞代表變數的二進制組合。本節與下一小節的資料主要參考與引用自參考資料 [5] (pp. 84-93)

**5.4.1.1 基本術語定義** 為說明如何偵測一個邏輯電路中是否含有靜態邏輯突波，定義 1-集合為在邏輯電路中的一組符合下列兩個條件的字母變數所組成的集合：

1. 當所有字母變數均為 1 時，該邏輯電路輸出為 1，而且
2. 若去除任何字母變數，則條件 1 不再成立。

　　同樣地，在邏輯電路中的 0-集合定義為一組符合下列兩個條件的字母變數所組成的集合：

1. 當所有字母變數均為 0 時，該邏輯電路輸出為 0，而且
2. 若去除任何字母變數，則條件 1 不再成立。

　　欲求取一個邏輯電路的所有 1-集合與所有 0-集合時，將該邏輯電路執行的交換函數表示為 SOP 形式與 POS 形式，其中每一個乘積項為一個 1-集合而每一個和項為一個 0-集合。不過必須注意在化簡過程中，不能引用補數公理 $x + x' = 1$ 與 $xx' = 0$，因為補數公理會消去可能的 1-集合與 0-集合；但是吸收律 $x + xy = x$ 與 $x(x+y) = x$ 可以使用來消去重覆項 (乘積項與和項)。現在舉一個實例，說明如何求得一個邏輯電路中的所有 1-集合與所有 0-集合。

■ **例題 5.4-1 (1-集合與 0-集合)**

　　試求圖 5.4-1 的邏輯電路的所有 1-集合與 0-集合。

**解：**依據 5.1.2 節的分析程序，得到輸出交換函數的交換表式為：

$$f(w,x,y,z) = (wz + w'x)(w' + z' + y)$$
$$= w'wz + w'x + wyz + w'xy + wz'z + w'xz'$$
$$= w'wz + w'x + wyz + wz'z$$

所以，邏輯電路中的所有 1-集合為：

$$\{w', w, z\}\{w', x\}\{w, y, z\}\{w, z', z\}$$

為求 0-集合，將交換函數 $f$ 表示為 POS 形式：

$$f(w,x,y,z) = (wz + w'x)(w' + z' + y)$$
$$= (w' + w)(w + x)(w' + z)(x + z)(w' + z' + y)$$

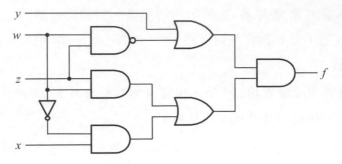

圖 5.4-1: 例題 5.4-1 的電路

所以，邏輯電路中的所有0-集合為

$\{w', w\}\{w, x\}\{w', z\}\{x, z\}\{w', y, z'\}$

---

注意：1-集合與0-集合由交換函數與其實際的邏輯電路決定。因此，對於一個交換函數而言，不同的邏輯電路執行方式，其相關的所有1-集合與所有0-集合也不同。

一個邏輯電路的所有1-集合(或所有0-集合)，可以分成穩定與不穩定1-集合(或0-集合)。其定義如下：在一個1-集合(或0-集合)中，若至少包含一對互為補數的字母變數時，該集合稱為不穩定集合 (unstable set)；否則，稱為穩定集合 (stable set)。

### ■ 例題 5.4-2 (穩定與不穩定集合)

指出例題5.4-1的邏輯電路中的所有穩定與不穩定的1-集合與0-集合。

**解：**依據定義與例題5.4-1的所有1-集合得到：

    穩定1-集合：$\{w', x\}\{w, y, z\}$

    不穩定1-集合：$\{w', w, z\}\{w, z', z\}$

由例題5.4-1的所有0-集合得到：

    穩定0-集合：$\{w, x\}\{w', z\}\{x, z\}\{w', y, z'\}$

    不穩定0-集合：$\{w', w\}$

---

在一個1-集合或是0-集合中，所有相當於一對互為補數的字母變數的變數稱為不穩定變數 (unstable variable)，其它變數則稱為穩定變數 (stable variable)。

■ 例題 5.4-3 (穩定與不穩定變數)

試指出下列所有 1-集合與所有 0-集合中的穩定與不穩定變數：

所有 1-集合：$\{x', x, y\}\{w, x, y\}$

所有 0-集合：$\{y, y'\}\{x, y'\}$

**解：** 在所有 1-集合中：

$\{x', x, y\}$：$x$ 為不穩定變數，而 $y$ 為穩定變數；

$\{w, x, y\}$：$w$、$x$、$y$ 均為穩定變數。

在所有 0-集合中：

$\{y, y'\}$：只有不穩定變數 $y$；

$\{x, y'\}$：$x$ 與 $y$ 均為穩定變數。

---

　　啟動 (active) 的 1-集合 (或 0-集合) 定義為：一個穩定的 1-集合 (或 0-集合)，當在一個輸入狀態下，所有字母變數的值均為 1 (或 0) 時，稱為在該輸入狀態下啟動；一個不穩定的 1-集合 (或 0-集合)，當在一對字母變數的輸入狀態下，所有穩定的字母變數的值均為 1 (或 0) 時，而且所有不穩定的變數在該對輸入的字母變數狀態轉態期間，具有不同的值時，稱為在該對輸入的字母變數狀態下啟動。所有不啟動的集合稱為不啟動集合 (inactive set)。

■ 例題 5.4-4 (啟動與不啟動集合)

(a). 例題 5.4-1 中的所有穩定的 1-集合與所有穩定的 0-集合在 $w = x = y = z = 0$ 的輸入狀態下，有那些是啟動？有那些是不啟動？

(b). 不穩定 1-集合 $\{w, z', z\}$ 在何種輸入狀態下啟動？

**解：** 說明如下：

(a) 在 $w = x = y = z = 0$ 的輸入狀態下，所有穩定的 1-集合均為不啟動，而啟動的穩定 0-集合有 $\{w, x\}$ 與 $\{x, z\}$。

(b) 不穩定 1-集合 $\{w, z', z\}$ 在 $w = 1$ 而 $z$ 狀態改變時啟動，因為此時的兩個輸入狀態分別為 $w = 1$、$z = 0$ 與 $w = 1$、$z = 1$，在這兩個輸入狀態下，穩定的字母變數 $w$ 的值為 1，而不穩定變數 $z$ 分別具有兩個不同的值 0 與 1。

**5.4.1.2 靜態邏輯突波的偵測—使用所有 1-集合** 由於靜態-1 邏輯突波發生的原因為在兩個輸入狀態下具有不同值的字母變數 $x$ 與 $x'$，其中 $x$ 與 $x'$ 在兩個輸入狀態的轉態期間皆為 0，而且電路中沒有不含變數 $x$ 的 1-集合啟動所造成的。因此，在一個邏輯電路中，含有靜態邏輯-1 突波的條件可以描述如下：

1. 有一對輸入狀態，即兩個相鄰的輸入變數的二進制組合，使電路輸出皆為 1，而且

2. 電路中沒有穩定的 1-集合在該對輸入狀態下啟動。

　　下列例題說明如何利用所有 1-集合偵測邏輯電路中存在的靜態-1 邏輯突波。

■ **例題 5.4-5 (靜態-1 邏輯突波)**

　　分析例題 5.4-1 的邏輯電路中的所有靜態-1 邏輯突波。

**解：**由例題 5.4-1 可以得知，其所有 1-集合為：

$\{w', w, z\}\{w', x\}\{w, y, z\}\{w, z', z\}$

由前述討論可以得知：電路含有靜態-1 邏輯突波的條件為必須有使電路輸出皆為 1 的兩個輸入狀態，因此在所有不穩定 1-集合下，皆不可能有此輸入狀態存在。現在考慮的 $\{w, y, z\}$ 與 $\{w', x\}$ 兩個穩定 1-集合，在 $\{w, y, z\}$ 下，欲使輸出為 1，則 $w = y = z = 1$；在 $\{w', x\}$ 下，則 $w = 0$ 而 $x = 1$。因此符合第一個條件。由於沒有一個穩定的 1-集合在這一對輸入狀態下皆使輸出為 1 (即啟動)，所以在 $x = y = z = 1$ 而 $w$ 改變時，產生靜態-1 邏輯突波。

---

　　由於在兩個均使邏輯電路輸出為 0 的輸入狀態的轉態期間，若有一個不穩定 1-集合啟動，將使輸出暫時為 1，因而產生靜態-0 邏輯突波。因此，所有 1-集合也可以用來偵測邏輯電路中的靜態-0 邏輯突波。

　　在一個邏輯電路中，含有靜態-0 邏輯突波的條件為：

1. 有一對輸入狀態，即兩個相鄰的輸入變數的二進制組合，使電路輸出皆為 0，即所有 1-集合皆不啟動，而且

2. 在該對輸入狀態轉態期間，電路中有不穩定 1-集合啟動。

換言之，在所有 1-集合中，若不含有不穩定 1-集合，則沒有靜態 -0 邏輯突波。

由上述靜態 -0 邏輯突波與靜態 -1 邏輯突波的條件可以了解：何以在求所有 1-集合與所有 0-集合時，補數公理不能使用的原因。

■ **例題 5.4-6 (靜態 -0 邏輯突波)**

分析例題 5.4-1 的邏輯電路中的所有靜態 -0 邏輯突波。

**解：**由例題 5.4-1 可以得知，其所有 1-集合為：

$$\{w',w,z\}\{w',x\}\{w,y,z\}\{w,z',z\}$$

由靜態邏輯 0-突波的條件得知：必須有兩個輸入狀態使電路輸出皆為 0，同時在該兩個輸入狀態轉態期間，必須至少有一個不穩定 1-集合啟動，電路才含有靜態 -0 邏輯突波。由於不穩定 1-集合在任何輸入狀態下均為 0，選定一個不穩定 1-集合後，只要再找出其它使所有穩定 1-集合不啟動的輸入變數狀態即可以求得靜態 -0 邏輯突波。因此

(a) 啟動 $\{w,z',z\}$ 時，$w$ 必須為 1。

欲使 $\{w,y,z\}$ 不啟動時，$w$ 或是 $y$ 必須為 0，但若 $w$ 為 0，則 $\{w,z',z\}$ 不可能啟動，所以 $y=0$。

欲使 $\{w',x\}$ 不啟動時，$x$ 可以為 0 或是 1，因為 $w=1$，$w'=0$，所以在 $y=0$、$w=1$、$x=\phi$ 時，當變數 $z$ 狀態改變時，有靜態 -0 邏輯突波存在。

(b) 啟動 $\{w',w,z\}$ 時，$z$ 必須為 1。

欲使 $\{w,y,z\}$ 不啟動時，$y$ 或是 $z$ 必須為 0，但是若 $z$ 為 0，則 $\{w',w,z\}$ 不可能啟動，所以 $y=0$。

欲使 $\{w',x\}$ 不啟動時，$w$ 必須為 1 或是 $x$ 為 0，但是若 $w$ 為 1，則 $\{w',w,z\}$ 不可能啟動，所以 $x=0$。即在 $x=y=0$ 而 $z=1$ 時，當變數 $w$ 狀態改變時，有靜態 -0 邏輯突波存在。

---

上述靜態邏輯突波也可以由交換函數的卡諾圖觀察而得。例如，圖 5.4-2 所示為圖 5.4-1 邏輯電路的卡諾圖，其中箭頭標示靜態 -1 邏輯與靜態 -0 邏輯突波。欲由卡諾圖觀察靜態 -1 邏輯突波時，首先必須將所有穩定的 1-集合 (即隱含項) 標示在卡諾圖中，然後觀察是否有相鄰的最小項對未被隱含項包含。欲由卡諾圖觀察靜態邏輯 -0 突波時，首先必須將所有穩定的 0- 集合 (即隱含項) 標示在卡諾圖中，然後觀察是否有相鄰的最大對未被隱含項包含。

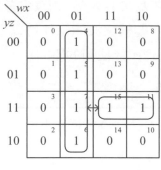

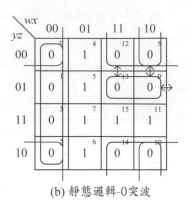

(a) 靜態邏輯-1突波　　　　　　　(b) 靜態邏輯-0突波

**圖 5.4-2:** 圖 5.4-1 所示邏輯電路的靜態邏輯突波與卡諾圖

圖 5.4-2(a) 所示為靜態 -1 邏輯突波，其中最小項對 $m_7$ 與 $m_{15}$ 未被隱含項包含，所以有靜態-1 邏輯突波；圖 5.4-2(b) 所示為靜態 -0 邏輯突波，其中最大項對 $M_1$ 與 $M_9$、$M_8$ 與 $M_9$、$M_{12}$ 與 $M_{13}$ 未被隱含項包含，所以有靜態 -0 邏輯突波。

　　如前所述：所有 1-集合與所有 0-集合由交換函數與其實際的邏輯電路決定。因此，對於一個交換函數而言，不同的邏輯電路執行方式，其相關的所有 1-集合與所有 0-集合也不同；即不同的邏輯電路實現方式，其產生的靜態邏輯突波狀況將不同。下列例題將圖 5.4-1 的邏輯電路實現的交換函數：$f(w,x,y,z)=w'x+wyz$，重新以簡單的邏輯閘實現，然後使用上述方法，重新求其靜態邏輯突波。

## ■ 例題5.4-7 (靜態邏輯突波)

　　分析圖 5.4-3(a) 所示邏輯電路的靜態 -1 邏輯與邏輯 -0 突波。

**解：**圖 5.4-3(a) 所示邏輯電路的交換函數如下：

$$f(w,x,y,z) = wyz + w'x$$

所以所有 1-集合為：$\{w,y,z\}\{w',x\}$

　　兩個相鄰的輸入變數的二進制組合為：$\{w,y,z\}$ 與 $\{w',x\}$。

　　啟動 $\{w,y,z\}$ 時，$w=1$、$y=1$ 而 $z=1$；

　　啟動 $\{w',x\}$ 時，$w=0$ 而 $x=1$；

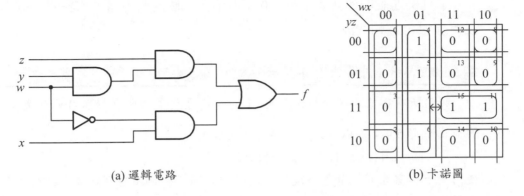

(a) 邏輯電路　　　　　　　　　　　　　　(b) 卡諾圖

**圖 5.4-3:** 例題 5.4-7 的邏輯電路與卡諾圖

因此，在 $y=1$、$x=1$、$z=1$，而 $w$ 狀態改變時，有靜態-1邏輯突波發生。這一情況亦可以由圖 5.4-3(b) 的卡諾圖觀察得到。

　　由於沒有不穩定1-集合存在，因此沒有靜態-0邏輯突波存在。欲由卡諾圖觀察此一現象時，可以先求得圖 5.4-3(a) 所示邏輯電路的所有0-集合：

$$f(w,x,y,z) = wyz + w'x$$
$$= (wyz + w')(wyz + x)$$
$$= (w+w')(w'+y)(w'+z)(w+x)(x+y)(x+z)$$

因此，所有0-集合為：$\{w,w'\}\{w',y\}\{w',z\}\{w,x\}\{x,y\}\{x,z\}$。由於所有0-格子的所有質隱項均包含於所有0-集合中，因此沒有靜態-0邏輯突波存在，如圖 5.4-3(b) 的卡諾圖所示。

---

**5.4.1.3 靜態邏輯突波的偵測 — 使用所有0-集合** 利用對偶原理，兩種靜態邏輯突波也可以使用所有0-集合偵測。一個邏輯電路中，含有靜態-1邏輯突波的條件為：

1. 有一對輸入狀態，即兩個相鄰的輸入變數的二進制組合，使電路輸出皆為 1，即所有0-集合皆不啟動，而且

2. 在該對輸入狀態轉態期間，電路中有不穩定0-集合啟動。

換言之，在所有0-集合中，若不含有不穩定0-集合，則沒有靜態-1邏輯突波。

下列例題說明如何使用所有 0-集合偵測一個邏輯電路中的靜態 -1 邏輯突波與靜態 -0 邏輯突波。

## ■ 例題 5.4-8 (利用所有 0-集合重做例題 5.4-5)

利用所有 0-集合，分析例題 5.4-1 的邏輯電路中的所有靜態 -1 邏輯突波。

**解：** 由例題 5.4-1 可以得知，其所有 0-集合為：

$$\{w',w\}\{w,x\}\{w',z\}\{x,z\}\{w',y,z'\}$$

使用所有 0-集合求取靜態 -1 邏輯突波時，必須使一個不穩定 0-集合啟動，而所有穩定 0-集合皆不啟動下，才有可能產生靜態 -1 邏輯突波。然而不穩定 0-集合為 $\{w',w\}$，它在 $w$ 狀態改變時必然啟動，欲使所有穩定 0-集合皆不啟動，則：

在 $\{w',y,z'\}$ 中，$y=1$ 或是 $z=0$；

在 $\{w',z\}$ 中，$z=1$；

在 $\{x,z\}$ 中，$x=1$ 或是 $z=1$；

在 $\{w,x\}$ 中，$x=1$。

綜合上述各組的結果，得到當變數 $x=y=z=1$，而 $w$ 狀態改變時，有靜態 -1 邏輯突波產生。

---

一個邏輯電路中含有靜態 -0 邏輯突波的條件為：

1. 有一對輸入狀態，即兩個相鄰的輸入變數的二進制組合，使電路輸出皆為 0，而且

2. 電路中沒有穩定 0-集合在該對輸入狀態下啟動。

## ■ 例題 5.4-9 (利用所有 0-集合重做例題 5.4-6)

利用所有 0-集合，分析例題 5.4-1 的邏輯電路中的所有靜態 -0 邏輯突波。

**解：** 由例題 5.4-1 可以得知，其所有 0-集合為：

$$\{w',w\}\{w,x\}\{w',z\}\{x,z\}\{w',y,z'\}$$

利用所有 0-集合求取可能的靜態 -0 邏輯突波時，並未涉及任何不穩定 0-集合，僅需考慮相鄰的輸入變數的二進制組合對。因此，分成下列三種情形討論：

(1) 首先考慮相鄰的二進制組合對：$\{w',y,z'\}$ 與 $\{w',z\}$：

啟動 $\{w',y,z'\}$ 時，$w=1$、$y=0$、$z=1$

啟動 $\{w',z\}$ 時，$w=1$ 而 $z=0$

而 $\{w,x\}$ 或是 $\{x,z\}$ 不能在這兩種輸入狀態皆啟動，所以 $x=\phi$。由於 $w=1$，$\{w,x\}$ 不啟動，而 $\{x,z\}$ 只在 $x=0$ 時，可能啟動。即在 $w=1$、$y=0$、$x=\phi$，而 $z$ 狀態改變 $(0\leftrightarrow1)$ 時，有靜態 -0 邏輯突波產生。

(2) 其次，考慮相鄰的二進制組合對：$\{w',y,z'\}$ 與 $\{w,x\}$

啟動 $\{w',y,z'\}$ 時，$w=1$、$y=0$、$z=1$；

啟動 $\{w,x\}$ 時，$w=0$、$x=0$；

而此時 $\{w',z\}$ 與 $\{x,z\}$ 均不啟動 (因為 $z=1$)。所以在 $x=y=0$、$z=1$，而 $w$ 狀態改變 $(0\leftrightarrow1)$ 時，有靜態 -0 邏輯突波產生。

(3) 最後，考慮相鄰的二進制組合對：$\{w',z\}$ 與 $\{w,x\}$

啟動 $\{w',z\}$ 時，$w=1$、$z=0$；

啟動 $\{w,x\}$ 時，$w=0$、$x=0$；

而此時 $\{x,z\}$ 亦啟動 (因為 $x=z=0$)。所以沒有靜態 -0 邏輯突波產生。

---

由以上討論可以得知：在偵測電路中的靜態邏輯突波只需要利用所有 1-集合或是所有 0-集合即可，因此在實際上分析邏輯電路的靜態邏輯突波時，只需要求出該邏輯電路的所有 1-集合或是所有 0-集合。至於使用那一個集合較為方便，則由實際的邏輯電路決定。

### ■ 例題 5.4-10 (靜態邏輯突波一綜合例)

分析圖 5.4-4(a) 所示邏輯電路的靜態邏輯突波。

**解：**分析圖 5.4-4(a) 所示的邏輯電路，得到交換函數如下：

$$f(w,x,y,z) = wy+(y'z)(w'x)'$$
$$= wy+(y'z)(w+x')$$
$$= wy+wy'z+x'y'z$$

所以，所有 1-集合為：$\{w,y\}\{w,y',z\}\{x',y',z\}$。首先，使用所有 1-集合，求取該邏輯電路中可能的靜態邏輯 -1 突波。由於有兩對相鄰的二進制組合，因此分成兩種情況討論：

(a) 兩個相鄰的輸入變數的二進制組合對：$\{w,y\}$ 與 $\{w,y',z\}$

啟動 $\{w,y\}$ 時，$w=1$ 而 $y=1$；

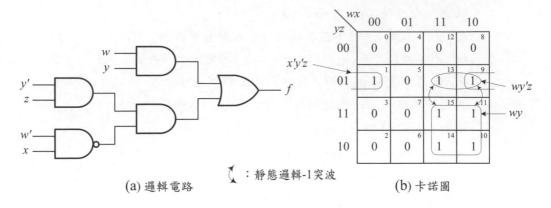

(a) 邏輯電路          ↻ ：靜態邏輯-1突波          (b) 卡諾圖

**圖 5.4-4:** 例題 5.4-10 的邏輯電路與卡諾圖

啟動 $\{w, y', z\}$ 時，$w = 1$、$y = 0$，而 $z = 1$；

而 $\{x', y', z\}$ 只在 $y = 0$ 時，才有可能啟動，所以 $x = \phi$。因此，在 $w = 1$、$x = \phi$、$z = 1$ 而 $y$ 狀態改變時，有靜態-1 邏輯突波發生。

(b) 另一組兩個相鄰的輸入變數二進制組合對：$\{w, y\}$ 與 $\{x', y', z\}$

啟動 $\{w, y\}$ 時，$w = 1$ 而 $y = 1$；

啟動 $\{x', y', z\}$ 時，$x = 0$、$y = 0$、$z = 1$；

而 $\{w, y', z\}$ 只在 $y = 0$ 時啟動。

所以在 $w = z = 1$、$x = 0$ 而 $y$ 狀態改變時有靜態-1 邏輯突波發生。

綜合 (a) 與 (b)，得到在 $w = z = 1$、$x = \phi$ (0 或是 1)，而 $y$ 狀態改變時，有靜態-1 邏輯突波產生(卡諾圖的偵測如圖 5.4-4(b) 所示)。由於沒有不穩定 1-集合存在，因此沒有靜態-0 邏輯突波存在。

✔學習重點

**5-33.** 試定義 1-集合與 0-集合。

**5-34.** 試定義穩定集合與不穩定集合。

**5-35.** 試定義啟動的 1-集合與啟動的 0-集合。

**5-36.** 試簡述如何使用所有 1-集合偵測靜態邏輯突波。

**5-37.** 試簡述如何使用所有 0-集合偵測靜態邏輯突波。

## 5.4.2 動態邏輯突波的偵測

靜態邏輯突波是由於兩個具有互為補數的穩定狀態值的信號，在信號轉態期間暫時擁有相同的值造成的；但若兩個穩定狀態值總是相同的信號，在信號轉態期間暫時擁有不同的值，則產生動態突波。這種情形發生在當某些信號由於邏輯閘扇出的因素，經由兩條(或是更多條)不同的路徑才抵達輸出端時。

### ■ 例題 5.4-11 (扇出路徑)

討論圖 5.4-5 的邏輯電路中的所有可能的扇出路徑。

**解**：$w$ 與 $z$ 均只有一條路徑可以抵達輸出端 $f$。

$x$ 有兩條路徑：$x \to 3 \to 6 \to f$ 與 $x \to 4 \to 7 \to f$，而

$y$ 有三條路徑：$y \to 1 \to 3 \to 6 \to f$、$y \to 1 \to 4 \to 7 \to f$、$y \to 2 \to 5 \to 7 \to f$。

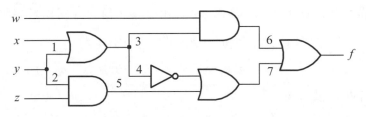

**圖 5.4-5:** 例題 5.4-11 的電路

由於動態邏輯突波與扇出有關，因此將邏輯閘的扇出路徑列入 0-集合與 1-集合中，而分別成為 $S$-集合與 $P$-集合。在求一個邏輯電路的 $P$-集合與 $S$-集合時，必須將每一個邏輯閘的扇出接線，分別標示不同的符號。當一個邏輯電路的每一個離開扇出節點的接線皆標上不同的符號(通常為數字)後，該電路稱為標示邏輯電路圖 (marked logic diagram)。

$P$-集合 ($S$-集合) 的定義與求得方式和 1-集合 (0-集合) 相同，但是必須加入下列兩個條件：

1. 必須使用標示邏輯電路圖；

2. 當一個輸入變數經由多條路徑抵達輸出端時，該變數每次出現時必須指明是由那一條路徑而來的。為保證這項條件能夠滿足，當一個變數每次經過一個有標示的接線時，該標示符號即加入而當做該變數的註標。

■ 例題 5.4-12 (P-集合與 S-集合)

求圖 5.4-6 的邏輯電路的 $P$-集合與 $S$-集合。

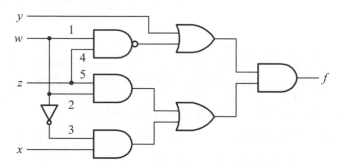

圖 5.4-6: 例題 5.4-12 的電路

**解：**由於 $w$ 分成三條路而 $z$ 分成兩條路，因此分別以數字標示如圖所示。

$$f(w,x,y,z) = (w_1' + y + z_4')(w_2 z_5 + w_3' x)$$
$$= w_1' w_2 z_5 + w_1' w_3' x + w_2 y z_5 + w_3' x y + w_2 z_4' z_5 + w_3' x z_4'$$

所以 $P$-集合為

$$\{w_1', w_2, z_5\}\{w_1', w_3', x\}\{w_2, y, z_5\}\{w_3', x, y\}\{w_2, z_4', z_5\}\{w_3', x, z_4'\}$$

欲求 $S$-集合，將上表示為 POS 形式：

$$f(w,x,y,z) = (w_1' + y + z_4')(w_2 z_5 + w_3' x)$$
$$= (w_1' + y + z_4')(w_2 z_5 + w_3')(w_2 z_5 + x)$$
$$= (w_1' + y + z_4')(w_2 + w_3')(w_3' + z_5)(w_2 + x)(x + z_5)$$

所以 $S$-集合為

$$\{w_1', y, z_4'\}\{w_2, w_3'\}\{w_3', z_5\}\{w_2, x\}\{x, z_5\}$$

一個邏輯電路含有動態邏輯突波的條件為它在一對輸入狀態 $I$ 與 $J$ 的轉態期間 $T$，必須

1. 有不穩定的 $P$-集合(或是 $S$-集合)啟動,此 $P$-集合(或是 $S$-集合)記為 $U$ 而其不穩定變數記為 $x$。

2. 有穩定的 $P$-集合(或是 $S$-集合)在 $I$ 啟動而在 $J$ 不啟動。此 $P$-集合(或是 $S$-集合)記為 $B$。在 $B$ 中,有一個字母變數 $x^*$,其註標和在 $U$ 中的字母變數 $x^*$ 的任何註標皆不相同。

3. 所有其它 $P$-集合(或是 $S$-集合)在 $J$ 時皆不啟動。

4. 所有其它 $P$-集合(或是 $S$-集合)在 $I$ 時不啟動,或是啟動但是必須有一個字母變數 $x^*$ 必須具有一個與在 $U$ 中的字母變數 $x^*$ 的任何註標皆不相同的註標。

因為對於輸入狀態 $J$ 而言,若所有 $P$($S$)-集合皆不啟動,則電路輸出為 0。其次,若在輸入狀態 $I$ 下,將 $U$ 中的字母變數 $x^*$ 都設定為 1,則電路輸出為 1。接著,再將 $U$ 中尚未改變的字母變數 $x^*$ 設定為輸入狀態 $I$ 中的適當值,結果 $U$ 變為不啟動,因而電路輸出為 0。最後,令啟動的 $P$-集合中的字母變數 $x^*$ 為輸入狀態 $I$ 的值,因此輸出為 1。結果產生 0-1-0-1 的輸出,因此為動態邏輯突波。

由於動態邏輯突波可以由 $P$-集合或是 $S$-集合求得,因此若一個邏輯電路含有動態邏輯突波,則它至少必定包含一對不穩定集合,其中一個為 1-集合 ($P$-集合),另一個為 0-集合 ($S$-集合)。同時,這對不穩定集合必定具有共同的不穩定變數,其它同時出現在兩個集合中的字母變數,必定以補數形式出現在一個集合中,而以非補數形式出現在另一個集合中。

動態邏輯突波的偵測程序可以歸納如下:

### ■ 演算法 5.4-1: 動態邏輯突波的偵測程序

1. 選取一個不穩定 $P$-集合 ($S$-集合),令其為 $U$ 而其不穩定變數為 $x$。若沒有不穩定集合,則沒有動態邏輯突波。

2. 選取一個穩定 $P$-集合 ($S$-集合),其字母變數 $x$ 的註標和 $U$ 中的 $x$ 的任何註標皆不相同,令其為 $B$。若無此集合存在,則 $U$ 必須另選一個不穩定 $P$-集合 ($S$-集合)。若沒有適當的 $U$ 與 $B$ 存在,則沒有動態邏輯突波。

3. 指定輸入變數值,使得在 $U$ 與 $B$ 中所有不是 $x$ 的字母變數值皆為 $1$(當使用 $S$-集合時為 $0$)。若無此種可能發生,則 $U$ 與 $B$ 不對應於一個動態邏輯突波。

4. 指定其它輸入變數值,使得所有其它穩定集合皆不啟動或是啟動但是包含一個和 $U$ 中的 $x$ 或是 $x'$ 之註標不同的字母變數 $x$。若無此種可能,則 $U$ 與 $B$ 不對應於一個動態邏輯突波。

下列例題說明上述動態邏輯突波的偵測程序。

### ■ 例題 5.4-13 (動態邏輯突波)

分析例題 5.4-12 的邏輯電路中的動態邏輯突波。

**解:** (a) 使用 $P$-集合,由例題 5.4-12 得知其 $P$-集合為:

$\{w_1', w_2, z_5\}\{w_1', w_3', x\}\{w_2, y, z_5\}\{w_3', x, y\}\{w_2, z_4', z_5\}\{w_3', x, z_4'\}$

1. 有兩個不穩定 $P$-集合 $\{w_1', w_2, z_5\}$ 與 $\{w_2, z_4', z_5\}$,但是並沒有一個穩定 $P$-集合含有字母變數 $z$ 而且其註標不是 $4$ 或 $5$,因此 $\{w_2, z_4', z_5\}$ 不可能組成動態邏輯突波。所以令 $U = \{w_1', w_2, z_5\}$。

2. 有三個穩定 $P$-集合含有一個字母變數 $w$ 而且其註標不是 $1$ 或 $2$,即

$\{w_3', x, y\}$、$\{w_3', x, z_4'\}$、$\{w_1', w_3', x\}$

3. 令 $B = \{w_3', x, y\}$,欲啟動 $B$,則 $y = x = 1$,欲啟動 $U$ 則 $z = 1$,然而在 $x = y = z = 1$ 組合下,無法使 $\{w_2, y, z_5\}$ 不啟動,因此這組 $B$ 與 $U$ 無法組成動態邏輯突波。

   令 $B = \{w_3', x, z_4'\}$,欲啟動 $B$,則 $z = 1$ 而 $z = 0$,欲啟動 $U$,則 $z$ 必須為 $1$,因此 $B$ 與 $U$ 不可能同時啟動,因此這組 $B$ 與 $U$ 也無法組成動態邏輯突波。

   令 $B = \{w_1', w_3', x\}$,欲啟動 $B$ 則 $x = 1$,欲啟動 $U$ 則 $z = 1$。

4. 欲使穩定 $P$-集合:$\{w_2, y, z_5\}$、$\{w_3', x, y\}$、$\{w_3', x, z_4'\}$ 等均不啟動,則 $y = 0$ 而 $z = 1$。

所以,在下列輸入狀態轉態期間,會產生動態邏輯突波:

$x = z = 1$ 與 $y = 0$ 而 $w$ 狀態改變時。

(b) 使用 $S$-集合,由例題 5.4-12 得知其 $S$-集合為:

$\{w_1', y, z_4'\}\{w_2, w_3'\}\{w_3', z_5\}\{w_2, x\}\{x, z_5\}$

1. 只有一個不穩定 $S$-集合 $\{w_2, w_3'\}$，令其為 $U$；

2. 只有一個穩定 $S$-集合含有字母變數 $w$，而且其註標不為2與3，該集合為：$\{w_1', y, z_4'\}$，令其為 $B$。

3. $y$ 與 $z$ 必須分別設定為0與1，以使 $B$ 與 $U$ 中不是字母變數 $w$ 的字母變數均為0，即 $y=0$ 而 $z=1$。結果除了 $\{w_2, x\}$ 外的其它 $S$-集合均不啟動。

4. 設定 $x=1$，以使 $\{w_2, x\}$ 不啟動。

因此，電路在輸入狀態為 $y=0$，$x=z=1$，而 $w$ 狀態改變時，會產生動態邏輯突波。

---

與靜態邏輯突波相同，在求取動態邏輯突波時，只需要有 $P$-集合或是 $S$-集合即可，因此並不需要同時求出邏輯電路中的 $P$-集合與 $S$-集合。

■ 例題5.4-14 (靜態與動態邏輯突波)

分析圖5.3-4(a)的邏輯電路中的靜態與動態邏輯突波。

**解：**(a)首先分析邏輯電路中的靜態邏輯突波

$$f(w, x, y, z) = wx' + w'y' + x'y' + wz + ww'$$

1-集合為：$\{w, x'\}\{w', y'\}\{x', y'\}\{w, z\}\{w, w'\}$

兩個相鄰的輸入變數的二進制組合為：

啟動 $\{w, x'\}$ 則 $w=1$ 而 $x=0$；

啟動 $\{w', y'\}$ 則 $w=0$ 而 $y=0$；

$\{w, z\}$ 只在 $w=1$ 時可能啟動，所以 $z=\phi$，然而在 $x=y=0$ 組合下，無論 $w$ 的值為0或是為1，$\{x', y'\}$ 均啟動，所以在這組合 $(x=y=0$ 而 $z=\phi)$ 下，沒有靜態邏輯突波產生。

另外一組可能產生靜態邏輯突波的兩個相鄰的輸入變數的二進制組合為：

啟動 $\{w', y'\}$ 則 $w=0$ 而 $y=0$；

啟動 $\{w, z\}$ 則 $w=1$ 而 $z=1$；

$\{w, x'\}$ 只在 $w=1$ 時可能啟動，所以 $x=\phi$，然而欲使 $\{x', y'\}$ 在 $w=0$ 與 $w=1$ 時均不啟動，則 $x$ 必須為1。所以在 $x=1$、$y=0$、$z=1$，而 $w$ 狀態改變時，有靜態-1邏輯突波。由於有一個不穩定1-集合 $\{w, w'\}$ 存在，所以靜態-0邏輯突波有可能發生。令所有穩定1-集合均不啟動，則得到：$x=1$、$y=1$、$z=0$，所以在 $x=y=1$、$z=0$ 而 $w$ 狀態改變時，有靜態-0邏輯突波發生。

(b) 其次分析邏輯電路中的動態邏輯突波

$$f(w, x, y, z) = w_1 z + (xw_3)'(w_2'y)'$$
$$= w_1 z + (x' + w_3')(w_2 + y')$$
$$= w_1 z + w_2 x' + w_2 w_3' + w_3' y' + x' y'$$

所以 P-集合為

$$\{w_1, z\}\{w_2, x'\}\{w_2, w_3'\}\{w_3', y'\}\{x', y'\}$$

1. 令 $U = \{w_2, w_3'\}$ ；
2. 令 $B = \{w_1, z\}$ ，所以 $z = 1$ 。
3. 欲使 $\{w_2, x'\}$ 、 $\{x', y'\}$ 、 $\{w_3', y'\}$ 不啟動，則 $x = y = 1$ 。

所以在 $x = y = z = 1$ 而 $w$ 狀態改變時，有動態邏輯突波發生。為驗證此一現象，假設圖中每一個邏輯閘的延遲均為 $t_{pd}$ ，則電路的時序圖如圖 5.3-4(b) 所示。

---

上述的討論為靜態與動態邏輯突波的發生原因與偵測方法。在實際設計一個邏輯電路時，通常希望設計的邏輯電路是一個無邏輯突波的電路。由第 5.4.1 節可以得知：在一個邏輯電路中，含有靜態邏輯 -1 突波的條件為：有一對相鄰的輸入狀態使電路輸出皆為 1 ，而且電路中沒有穩定的 1-集合在該對輸入狀態下啟動。含有靜態 -0 邏輯突波的條件為：有一對輸入狀態使電路輸出皆為 0 ，即所有 1-集合皆不啟動，而且在該對輸入狀態轉態期間，電路中有不穩定 1-集合啟動。另外由第 5.4.2 節得知：一個邏輯電路含有動態突波的條件為它至少必定包含一對不穩定集合。因此，一個無邏輯突波邏輯電路的條件可以歸納如下：

---

### ■ 定義 5.4-1: 無邏輯突波邏輯電路的條件

若一個邏輯電路的所有 1-集合滿足下列兩個條件時，該電路將不含任何靜態或是動態邏輯突波：

1. 對任何使電路輸出為 1 的兩個相鄰的輸入狀態而言，至少有一個 1-集合包含該兩個輸入狀態。(防止靜態邏輯 -1 突波發生)
2. 沒有一個恰好包含一對互為補數的字母變數的 1-集合存在，即沒有不穩定 1-集合存在。(防止靜態 -0 邏輯突波與動態邏輯突波發生)

　　一個滿足上述兩個條件的設計程序為：在兩層的 SOP 電路中，只要沒有一個 AND (NAND) 閘的輸入變數含有一對互為補數的字母變數，即可以滿足第二個條件；第一個條件，則可以由最簡式的求得方式稍加修改而滿足，即任何兩個相鄰的最小項均必須至少被一個質隱項包含 (第 5.3.3 節)。

✔學習重點

**5-38.** 試定義標示邏輯電路圖。

**5-39.** 試定義 $P$-集合與 $S$-集合。

**5-40.** 試簡述動態邏輯突波的偵測程序。

**5-41.** 試解釋無邏輯突波邏輯電路的兩個條件所代表的意義。

# 5.5 Verilog HDL

　　如前所述，在描述一個邏輯電路模組時，可以使用結構描述與行為描述兩種方式。在 Verilog HDL 中，每一個模組的內部動作則可以使用下列四個不同的方式中的任何一個描述：

1. 行為描述 (或稱為演算法描述) (behavioral or algorithmic modeling)：模組的功能直接使用高層次的演算法描述，而不涉及詳細的硬體執行情形。

2. 資料流程描述 (dataflow modeling)：使用資料的流向描述模組的功能，即考慮在兩個暫存器之間的資料流向。

3. 結構描述 (structural modeling)：使用一些交互連接的元件組成，這一些元件可以是引用的模組、UDP、基本邏輯閘，或是基本開關元件。

    (a) 階層式結構層次 (hierarchically structural level)：組合一些引用的模組與基本邏輯閘於同一個模組之中。

    (b) 邏輯閘層次 (gate level)：直接使用基本邏輯閘與使用者定義的基本函數 (UDP) 描述模組的功能。

    (c) 開關層次 (switch level)：直接使用 MOS 與 CMOS 開關元件定義模組的功能，為 Verilog HDL 中最低層次的模組，目前的邏輯合成程式無法合成此一層次的模組電路。

4. 混合模式描述 (mixed modeling)：混合使用上述三種描述方式於同一個模
組中。這一種方式通常使用於描述一個大型的模組。

　　在工業界中，通常使用 RTL 碼 (register-transfer-level code) 表示一個模組
係使用 RTL 元件組成，而使用上述任一種方法描述，但是必須可以為邏輯合
成程式 (logic synthesizer 或 synthesis tools) 接受並合成正確的結果。

## 5.5.1　結構描述

　　在第 2.5.3 節與第 3.6.1 節中，已分別介紹過邏輯閘層次與開關層次的結
構描述，至於階層式結構層次的結構描述將於第 6.7.2 節中討論。由於一般
邏輯合成程式通常不支援開關層次的基本元件，因此，在本小節中，我們將
僅介紹邏輯閘的傳播延遲而不考慮開關元件的傳播延遲。

　　由於實際上的邏輯閘電路均有一個傳播延遲的存在，因此任何硬體描述
語言均必須提供此項能力，以將邏輯閘的傳播延遲提供予模擬程式，使其模
擬的結果更接近真實的邏輯電路。Verilog HDL 的邏輯閘傳播延遲的表示方式
有三種，第一種只使用一個參數，稱為傳播延遲 (prop_delay)，其格式如下：

```
gate_type #(prop_delay) [instance_name](out, in{, in});
buf_not   #(prop_delay) [instance_name](out{, out}, in);
```

若是需要個別描述上升時間 (rise time) 與下降時間 (fall time) 時，則可以使用
下列格式：

```
gate_type #(t_rise, t_fall) [instance_name](out, in{, in});
buf_not   #(t_rise, t_fall) [instance_name](out{, out}, in);
```

當截止時間 (turn-off time) 也需要描述時，可以使用下列格式：

```
tri_buf_not #(t_rise,t_fall,t_off) [instance_name](out, in, control);
```

上述 # 後面的時間為時間單位，其絕對值則必須再由 `timescale 所定義的時間
單位共同決定。注意截止時間 (t_off) 只能使用於描述當三態緩衝閘 (第 3.4.3
節) 的致能控制 (control) 變為不啟動後到輸出端轉變為高阻抗狀態所需的時
間。

　　由於實際上的邏輯電路元件的特性會受到製程參數的變異量的影響，其
傳播延遲的實際值將是一個範圍而不是單一的值。因此，為了描述此種情

形，每一個時間參數均可以表示為 min:typical:max，其中 min 為最小的時間；typical 為典型的時間；max 則為最大的時間。

在模擬時的時間單位由 **'timescale** 決定，**'timescale** 的格式如下：

> **'timescale** t_unit/t_precision;

其中 t_unit 表示時間刻度；t_precision 表示時間解析度 (resolution)。兩者的值為 1、10、100，然後接著時間單位 s、ms、$\mu$s、ns、ps 或是 fs。例如：

> `timesacle 10 ns/ 1 ns;

表示每一個單位時間為 10 ns，而時間單位的解析度為 1 ns。因此若指定邏輯閘的傳播延遲為

> **nand** #10 g1 (f,x,y);

則該邏輯閘傳播延遲的絕對值為 $10 \times 10 = 100$ ns。

■ **例題 5.5-1 (邏輯閘傳播延遲)**

若假設 AND 閘、OR 閘與 NOT 閘的傳播延遲分別為 10 ns、10 ns、5 ns，試使用 Verilog HDL 描述圖 5.3-2(a) 的邏輯電路。

**解：** 完整的程式如程式 5.5-1 所示。

程式 5.5-1　例題 5.5-1 的 Verilog HDL 程式

```
// a gate delay example -- figure 5.3-2(a)
module prog551 (
      input x,y,z,
      output f);
// internal declarations
wire  a,b,c;        // internal nets

// the logic-circuit body
   and  #10 a1 (a, x, y);
   not  #5  n1 (c, x);
   and  #10 a2 (b, c, z);
   or   #10 o2 (f, a, b);
endmodule
```

✔學習重點

**5-42.** 在 Verilog HDL 中，有那幾種抽象的描述層次可以描述一個模組的動作？

**5-43.** 在 Verilog HDL 中，對於邏輯閘的傳播延遲有那幾種描述方式？

**5-44.** 試解釋 'timescale 1 ns/100 ps 的意義。

**5-45.** 何謂三態緩衝閘的截止時間？

## 5.5.2 資料流程描述

　　雖然邏輯閘層次的結構描述方式相當直覺而且簡單，但是它必須詳細地列出每一個邏輯閘與其它邏輯閘之間的連接關係，因此很難使用於設計較複雜的組合邏輯電路。在 Verilog HDL 中，提供了一個使用運算子與資料的流向來描述一個模組的功能，而不必直接引用與連接基本邏輯閘。這種方式稱為資料流程描述，至於其與邏輯閘之間的對應連接關係則由邏輯合成器自動完成。

**5.5.2.1 連續指定指述** 在資料流程描述中的基本指述為使用保留字**assign**開始的連續指定指述(continuous assignment)，以連續的設定一個net的值。**assign**指述的語法為

```
assign [delay3] net_lvalue = expression{,net_lvalue = expression};
```

例如：

```
assign out_z = in_x & in_y;
wire   out_z = in_x & in_y;
```

其中第一個指述為正常的連續指定指述(最常用)，而第二個指述則稱為net宣告指定指述(net declaration assignment)(不建議使用)，其效應與下列兩個指述組合之後相同：

```
wire   out_z ;
assign out_z = in_x & in_y;
```

當然上述指述中也可以加入傳播延遲，例如：

```
assign #3 out_z = in_x & in_y;
wire   #3 out_z = in_x & in_y;
```

**5.5.2.2 運算元** 在資料流程描述中的設計通常直接使用交換表式或是高階的數學式,而不是基本邏輯閘,因此表示式 (expression)、運算子 (operators)、運算元 (operands) 等為資料流程描述中的基本元素。表示式為使用運算子與運算元組成的數學式;運算元則大致上包括兩大類型:

1. net 相關的資料類型:一個 net 表示一條硬體連接線,net 資料類型包括 **wire**、**wand**、**wor**、**tri**、**triand**、**trior**、**tri0**、**tri1**、**trireg**、**supply0**、**supply1** 等。使用時必須依據該 net 的實際情形,宣告一個適當的資料類型。

2. 變數 (variable) 資料類型:一個變數表示一個資料儲存元件,這一組資料類型包括 **reg**、**integer**、**real**、**time**、**realtime** 等。

　　所有結構描述與資料流程描述表式的左邊均須使用 net 的資料類型。在 Verilog HDL 中,當在 net 與 **reg** 資料類型中未宣告位元寬度時,均假設為單一位元;欲宣告為多位元的資料寬度時,可以宣告為向量 (vector)。例如:

```
wire  [3:0] bus;   // 4-bit bus
reg   [7:0] a;     // 8-bit a
```

向量的宣告可以使用 [high:low] 或是 [low:high],但是最左邊的位元都為最大有效位元 (MSB),而最右邊者為最小有效位元 (LSB)。指定單一位元時,使用 [x],例如 $a[4]$ 表示暫存器 $a$ 中的位元 4;指定多個連續位元時,使用 [x:y],例如 $a[7:4]$ 表示暫存器 $a$ 中的位元 7 到 4。

　　一維向量矩陣的宣告方式如下:

```
reg [7:0] ram_a [0:127];  //declare ram_a as a 128* 8 register
```

**5.5.2.3 運算子** 運算子針對運算元做運算後產生結果。Verilog HDL 的運算子相當豐富,如表 5.5-1 所示。這些運算子的功能說明如下:

1. 算術運算子 (arithmetic operator):為一組雙運算元的運算子,提供常用的算術運算,包括加 (+)、減 (-)、乘 (*)、除 (/)、餘數 (%)、指數 (**) 等六個。

2. 位元運算子 (bitwise operator):為一組邏輯運算的運算子,使用位元對位元的方式,計算其結果,包括 and (&)、or (|)、not (negation) (~)、xor (^)、xnor (^~ or ~^) 等五個。

**表 5.5-1:** Verilog HDL 運算子

| 算術運算子 | 位元運算子 | 簡縮運算子 | 關係運算子 |
|---|---|---|---|
| +: 加 (add) | ~: not | &: and | >: 大於 |
| -: 減 (subtract) | &: and | \|: or | <: 小於 |
| *: 乘 (multiply) | \|: or | ~&: nand | >=: 大於或等於 |
| /: 除 (divide) | ^: xor | ~\|: nor | <=: 小於或等於 |
| %: 餘數 (modulus0 | ^~, ~^: xnor | ^: xor | |
| **: 冪次或指數 (power) | | ^~, ~^: xnor | |
| 移位運算子 | 邏輯相等 | 邏輯運算子 | 雜類運算子 |
| <<: 邏輯左移 | ==: 相等 | &&: AND | { , }: 串接 |
| >>: 邏輯右移 | !=: 不相等 | \|\|: OR | {c{expr}}: 複製 c 次 |
| <<<: 算術左移 | Case 相等 | !: NOT | ? : : 條件運算子 |
| >>>: 算術右移 | ===: 相等 | | |
| | !==: 不相等 | | |

3. 簡縮運算子 (reduction operator)：為一組單運算元的運算子，以位元運算的方式，將一個向量資料濃縮為單一位元的結果。簡縮運算子包括 and (&)、or (|)、nand (~&)、nor (~|)、xor (^)、與 xnor (^~ 或 ~^) 等六個。

4. 關係運算子 (relational operator)：當關係運算子使用於一個表式中時，若該表式運算後的結果為真 (true)，則傳回邏輯值 1，否則為假 (false)，傳回邏輯值 0。關係運算子包括大於 (>)、小於 (<)、等於 (==)、不等於 (!=)、大於或是等於 (>=)、小於或是等於 (<=) 等。

5. 移位運算子 (shift operator)：將一個向量資料向左移位或是向右移位一個指定的位元數目，包括邏輯左移 (<<)、邏輯右移 (>>)、算數左移 (<<<)、算數右移 (>>>) 等四個。

6. 相等運算子 (equality operator)：包括邏輯等於 (==)、邏輯不等於 (!=)、case 相等 (===)、case 不相等 (!==) 等四個運算子。

7. 邏輯運算子 (logical operator)：包括 AND (&&)、OR (||)、NOT (!)。

8. 串接 (concatenation)、複製 (replication)、與條件 (conditional) 運算子：串接運算子 "{,}" 提供一個將多個運算元當作一個運算元做運算的方式；複製運算子 "{c{x}}" 提供一個將一個運算元 $x$ 複製需要的常數次數 (c) 的方式；條件運算子 (? :) 為一個具有三個運算元的運算子，其格式如下：

```
condition_expr ? true_expr : false_expr
```

即當 condition_expr 為 1 時執行 true_expr，否則執行 false_expr。事實上，條件運算子為 **if-else** 指述的一種縮寫表示方式。

## ■ 例題 5.5-2 (全加器電路—資料流程描述)

程式 5.5-2 所示為使用連續指述 **assign** 撰寫的全加器電路的 Verilog HDL 程式。比較兩個 **assign** 指述與全加器電路的交換表式，可以得知它們是相等的。

程式 5.5-2　全加器電路—資料流程描述

```verilog
// a data-flow description of a full adder
module prog552 (
        input Cin, x, y,
        output S, Cout);

// the body of a full adder
 assign S = x ^ y ^ Cin;
 assign Cout = x & y | x & Cin | y & Cin;
endmodule
```

## ■ 例題 5.5-3 (偶同位產生器電路—資料流程描述)

由於偶同位的定義為資料位元與同位位元中值為 1 的位元數目必須為偶數，因此當資料位元中值為 1 的位元數目為奇數時，同位位元必須為 1，否則為 0。將所有資料位元取其 XOR 運算之後，其結果即為同位位元的值。利用簡縮運算子的程式如程式 5.5-3 所示。

程式 5.5-3　同位檢查電路—資料流程描述

```verilog
// a data-flow description of an even parity generator
module prog553 (
        input [7:0] x,
        output f);

// compute the even parity of x
    assign f = ^x;
endmodule
```

✔學習重點

**5-46.** 試簡述連續指定指述的動作。

**5-47.** 試解釋 net 宣告指定指述的意義。

**5-48.** 試解釋簡縮運算子的意義。

**5-49.** 試解釋串接運算子的意義。

## 5.5.3 行為描述

　　Verilog HDL 的行為描述方法由一群同時執行的程序區段 (procedural block) 組成，每一個程序區塊則依序由一組指述組成，每一個指述則由識別語與運算子組成，以定義一個特定的動作。

　　Verilog HDL 的兩種程序區段為使用 **initial** 與 **always** 保留字組成的區段，兩者均由模擬時間 0 開始執行。前者在模擬期間只執行一次，它通常用以設定初值，以提供步進式的模擬；後者在模擬期間則重複不斷的執行。**initial** 與 **always** 區段的語法如下：

**always** statement

**initial** statement

　　在 **initial** 與 **always** 區段中的指述，可以是單一指述或是複合指述。若是複合指述，則可以使用保留字 **begin** 與 **end** 群集一組單一指述，稱為循序區段 (sequential block 或稱 **begin-end** 方塊)，或是使用保留字 **fork** 與 **join** 群集一組單一指述，稱為並行區段 (parallel block 或稱 **fork-join** 區段)。在 **begin-end** 區段內的指述依據指述所列述的次序執行。在 **fork-join** 區段內的指述則同時執行。

**5.5.3.1 指定指述** 指定指述用以更新使用變數宣告的變數值，例如 **reg**。它又分成兩種類型：阻隔式指定 (blocking assignment) 與非阻隔式指定 (nonblocking assign-ment)。在循序區段中，前者的指定指述 (使用運算子 "=") 當其執行時，將阻擋其餘指述的執行，即它們完全依據在程式中的先後次序執行；後者的指定指述 (使用運算子 "<=") 當執行時，並不阻擋其它指述的執行。在並行區

段中,則所有阻隔式與非阻隔式指定均同時執行。一般而言,描述一個組合邏輯電路時必須使用阻隔式指定指述,而描述一個循序邏輯電路時必須使用非阻隔式指定指述。

**5.5.3.2　時序控制**　時序控制指述 (timing control statements) 用以協調與控制動作發生的時間。在 Verilog HDL 中有兩種時序控制的方法:延遲時序控制 (delay timing control) 與事件時序控制 (event timing control)。

　　延遲時序控制使用 # 表示動作發生的時間。依據它們出現在程序指述中的位置,延遲時序控制指述可以再細分為常規延遲控制 (regular delay control)、中間指定延遲控制 (intra-assignment delay control)、零延遲控制 (zero delay control) 等三種類型。

1. 常規延遲控制:在一個程序指述的左邊,使用 #delay 指定該指述,在延遲 #delay 時間單位後才執行。

   ```
   [#delay] statement
   ```

   例如:

   ```
   # 10 x = 5;   //在 10 個時間單位後,執行 x = 5;
   ```

2. 中間指定延遲控制:在一個程序指述的指定運算元 (= 或是 <=) 右邊,使用 #delay 指定該指述運算的結果,將延遲 #delay 時間單位後,才執行指定運算元的動作,即將結果存入左邊的變數中。

   ```
   variable_lvalue  = [#delay] expression
   variable_lvalue <= [#delay] expression
   ```

   其中 variable_lvalue 表式變數資料類型。例如:

   ```
   z = #10 x + y; //先計算 x+y 的值,然後經過 10 個時間單位後儲存結果
   ```

3. 零延遲控制:在一個程序指述的左邊,使用 #0 指定該指述,在等到所有相同模擬時間的指述完成之後才執行。例如:

   ```
   initial x = 0;
   initial #0 x = 5; //確保在時間 0 後, x = 5;
   ```

　　事件時序控制控制一個程序指述,僅在指定的事件發生時才被執行。這裡所謂的事件為 net 或是 variable 的值發生變化時稱之。事件時序控制又

再細分為緣觸發時序控制 (edge-triggered timing control) 與位準感測時序控制 (level-sensitive event control) 兩種。

與延遲時序控制相同，緣觸發時序控制可以再細分成兩種類型：

1. 常規事件控制 (regular event control)：程序指述在信號值發生變化或是信號的正緣或是負緣時執行。

```
[event_control] statement
```

例如：

```
@(clock) q = d; //信號值發生變化
@(posedge clock)  output_a <= reg_x; //正緣觸發方式
@(negedge clock)  output_b <= reg_x; //負緣觸發方式
```

2. 中間指定事件控制 (intra-assignment event control)：控制一個運算表式運算的結果，僅在指定的事件發生後，才將結果存入左邊的變數中。

```
variable_lvalue  = [event_control] expression
variable_lvalue <= [event_control] expression
```

例如：

```
z <= @(negedge clock) x + y;
```

即僅在時脈信號 clock 的負緣時，才將 $x+y$ 的結果存入變數 $z$ 中。

在 Verilog HDL 中，另外兩種事件控制為：

1. 事件 or 控制 (event or control)：當多個輸入信號中，任何一個信號值發生變化時，均可以觸發指述的執行。

```
@(reset or clock or data_in) ... // 事件控制OR
@(reset,clock,data_in)...         // 另外一種寫法
@(*) ...                          // 或是 @* ，偷懶的寫法
```

2. 指名事件控制 (named event control)：提供使用者自行宣告一個事件、觸發該事件與認知該事件的機制。

```
event received_data;        // 宣告 received_data 為一個事件類型
always @(posedge clock)
if (last_data_byte) -> received_data; // 觸發 received_data
   always @(received_data) ...        // 認知 received_data
```

位準觸發控制使用 **wait** 保留字，其使用例如下：

**always**
    **wait** (count_enable) #5 count = count+1;

當 count_enable 的值為 1 時，延遲 5 個時間單位後，count 的值增加 1。

**5.5.3.3** 條件指述　最基本的條件指述為 **if/else if** 結構，它允許在程式中依據目前的狀況選取不同的結果，其格式如下：

```
if (condition) true_statement

if (condition) true_statement else false_statement

if (condition1) true_statement1
{else if (condition2) true_statement2 }
[else false_statement]
```

例如：

```
if  (opcode == 12) control = 0;
if (opcode == 12) control = 0;   else (opcode == 13) control = 1;
if (opcode == 12) control = 0;
else if (opcode == 13) control = 1;
else default_statement;
```

    在需要多重選擇的場合中，若使用 **if/else if** 結構的指述，將顯得冗長而笨拙，一個較清楚易懂的方法為使用 **case** 指述，其格式如下：

```
case (case_expr)
   case_item1_expr{,case_item1_expr}: procedural_statement1
   case_item2_expr{,case_item2_expr}: procedural_statement2
      ...
   case_itemn_expr{,case_itemn_expr}: procedural_statementn
                              [default: procedural_statement]
endcase
```

例如：

```
case (mode_control)
   2'd0: y = a+b;
   2'd1: y = a − b;
   2'd2: y = a * b;
   default: $display("Invalid mode control signals");
endcase
```

　　casex 指述為 case 指述的一個變形，它將所有 $x$ 與 $z$ 視為不在意狀況，即它僅比較不是 $x$ 與 $z$ 的位置。在行為描述中，case 與 casex 指述通常用來描述組合邏輯電路的真值表或是循序邏輯電路的功能表。

**5.5.3.4　迴路指述**　在 Verilog HDL 中，有四種迴路指述：while、for、repeat、forever。這些迴路指述只能出現在 initial 與 always 區段指述內；迴路指述也可以包括時序控制的表示式。

1. **while** 迴路：持續執行迴路中的程序指述，直到測試條件不成立為止，若一開始時，條件即不成立，則該指述將不被執行。其格式如下：

   ```
   while (while_condition) statement
   ```

   其詳細動作為只要 while_condition 成立，即執行 statement。

2. **for** 迴路：持續執行迴路中的指述，直到測試條件不成立為止。其格式為：

   ```
   for (for_initial; for_condition; for_update) statement
   ```

   其詳細動作為首先設定 for_initial 初值，然後只要 for_condition 仍舊成立，則持續執行 statement 與更新 for_update 的值。

3. **repeat** 迴路：持續執行迴路中的指述一個預先設定的次數。其格式為：

   ```
   repeat (repeat_times) statement
   ```

   其詳細動作為：重複執行 statement 由 repeat_times 指定的次數。

4. **forever** 迴路：通常與時序控制指述連用，並且持續不斷執行，直到遇到 **$finish** 系統工作為止。其格式為：

   ```
   forever statement
   ```

   其詳細動作為：持續不斷地執行 statement。

### ■ 例題 5.5-4 (計算一個位元組中的 0 位元個數)

　　程式 5.5-4 計算一個位元組中 0 位元的個數。程式使用一個 while 迴路，控制需要執行的次數，並且使用 if 指述檢查位元值與累計 0 位元的數目。一旦抵達最大的迴路數目時，while 迴路即停止執行。位元值的檢查，由一個 integer 變數 $i$ 控制，依序由位元 0 往位元 7 進行。

程式 5.5-4　計算一個位元組中的 0 位元個數

```verilog
// a module to count the number of zeros in a byte
module prog554 (
        input   [7:0] data,
        output reg [3:0] out);
integer i;  // loop counter

// the body of the module
always @(data) begin
   out = 0; i = 0;
   while (i <= 7) begin   // a simple condition
      // may use out = out + ~data[i] instead
      if (data[i] == 0) out = out + 1;
      i = i + 1; end
end
endmodule
```

### ■ 例題 5.5-5 (計算一個位元組中的 0 位元個數)

程式 5.5-5 計算一個位元組中 0 位元的個數。程式使用一個 **for** 迴路，控制需要執行的次數，並且使用 **if** 指述檢查位元值與累計 0 位元的數目。一旦抵達最大的迴路數目時，**for** 迴路即停止執行。位元值的檢查，由一個 **integer** 變數 *i* 控制，依序由位元 0 往位元 7 進行。

程式 5.5-5　計算一個位元組中的 0 位元個數

```verilog
// a module counts the number of zeros in a byte
module prog555 (
        input   [7:0] data,
        output reg [3:0] out);
// the body of the module

integer i;     // loop counter
always @(data) begin
   out = 0;
   for (i = 0; i <= 7; i = i + 1) // a simple condition
      // may use out = out + ~data[i] instead
      if (data[i] == 0) out = out + 1;
end
endmodule
```

✔學習重點

**5-50.** 在 Verilog HDL 中，如何表示一個複合指述？

**5-51.** 使用 **begin/end** 與 **fork/join** 區段表示的複合指述有何差異？

**5-52.** 在 Verilog HDL 中，有那兩種事件時序控制方式？

**5-53.** 在 Verilog HDL 中，有那四種迴路指述？

## 5.5.4 測試標竿程式

　　測試標竿程式為一個混合描述方式的 Verilog HDL 程式，它用來產生測試一個待測模組的輸入激發信號，與監視及分析該待測模組的輸出信號。測試標竿程式通常沒有輸入與輸出信號，其一般形式如下：

　　**'timescale** time_unit/time_precision
　　**module** test_module_name;
　　局部宣告 **reg** 與 **wire** 資料類型的識別語；
　　　　引用待測模組；
　　　　使用 **initial** 與 **always** 指述產生待測模組的激發信號；
　　　　顯示與輸出待測模組的輸出信號；
　　**endmodule**

　　在測試標竿程式中，通常必須使用一些 Verilog HDL 的系統函數與工作 (system function and task)，以監督及顯示待測模組的輸出信號，常用的系統工作包括：

　　**$display** 系統工作顯示變數、字元串或是一個表式的值，其格式為：

　　**$display** (expr1,expr2,expr3…,.,exprn);

其中 expr1,expr2,expr3,….,exprn 可以是變數、字元串或是一個表示式。常用的數目基底為：十進制 (%d 或是%D)、二進制 (%b 或是%B)、十六進制 (%h 或是%H)、字元串 (%s 或是%S)、目前時間格式 (%t 或是%T)。

　　**$monitor** 連續地監視變數的值是否有改變，若有改變則顯示其值，其格式為：

　　**$monitor** (expr1,expr2,expr3…,.,exprn);

其中 expr1,expr2,expr3,···.,exprn 與 **$display** 相同，可以是變數、字元串，或是一個表示式。

在 Verilog HDL 中，有下列三種系統工作可以指示模擬的時間：

**$time**：使用 64 位元的方式，顯示模擬時間。

**$stime**：使用 32 位元的方式，顯示模擬時間。

**$realtime**：使用實數的方式，顯示模擬時間。

欲終止模擬動作的執行，可以使用系統工作 **$finish**，例如：

#1290 **$finish**;

將在時間 1290 個時間單位時，終止模擬動作的執行。

### ■ 例題 5.5-6 (測試標竿程式例)

程式 5.5-5 所示為程式 5.5-3 的測試標竿程式。在此程式中使用一個 **for** 迴路，以連續產生 256 個測試值，當作程式 5.5-3 的輸入參數之用。

程式 5.5-5 測試標竿程式例

```
'timescale 1ns/100ps
module prog553_tb;
// internal signals declarations
reg  [7:0] x;
wire f;
// Unit Under Test port map
   prog553 UUT (.x(x),.f(f));
reg [7:0] i;
initial
   for (i = 0; i <= 255; i = i+1)
      #5 x = i;
initial
   #1290 $finish;
initial
   $monitor($realtime,"ns %h %h ",x,f);
endmodule
```

### ✔ 學習重點

**5-54.** 試簡述測試標竿程式的主要功能何。

**5-55.** 試簡述 **$display** 與 **$monitor** 兩個系統工作的功能與差異。

## 參考資料

**1.** Z. Kohavi, *Switching and Finite Automata Theory,* 2nd ed., New York: McGraw-Hill, 1978.

**2.** G. Langhole, A. Kandel, and J. L. Mott, *Digital Logic Design,* Dubuque, Iowa: Wm. C. Brown, 1988.

**3.** M. B. Lin, *Digital System Designs and Practices: Using Verilog HDL and FPGAs,* Singapore: John Wiley & Sons, 2008.

**4.** E. J. McCluskey, Jr., "Minimization of Boolean Functions," *The Bell System Technical Journal,* pp. 1417–1444, No. 11, 1956.

**5.** E. J. McCluskey, *Logic Design Principles,* Englewood Cliffs, New Jersey: Prentice-Hall, 1986.

**6.** M. M. Mano, *Digital Design,* 3rd ed., Englewood Cliffs, New Jersey: Prentice-Hall, 2002.

**7.** C. H. Roth, *Fundamentals of Logic Design,* 4th ed., St. Paul, Minn.: West Publishing, 1992.

## 習題

**5-1** 某一間教室的電燈分別由三個入口處的開關獨立控制，當改變這些開關的狀態時，均會改變電燈的狀態 (on→off，off→on)。試導出該控制電路的交換表式。

**5-2** 某一個組合邏輯電路具有兩個控制輸入端 $(C_0, C_1)$，兩個資料輸入端 $x$ 與 $y$，一個輸出端 $z$，如圖 P5.1 所示。當 $C_0 = C_1 = 0$ 時，輸出端 $z = 0$；當 $C_0 = C_1 = 1$ 時，輸出 $z = 1$；當 $C_0 = 1$ 而 $C_1 = 0$ 時，輸出端 $z = x$；當 $C_0 = 0$ 而 $C_1 = 1$ 時，輸出端 $z = y$。試導出輸出交換函數 $z$ 的真值表，並求其最簡的 SOP 表式。

**5-3** 某一個組合邏輯電路具有四個輸入端 $(w, x, y, z)$ 與三個輸出端 $(f, g, h)$。其中 $fgh$ 代表一個相當於輸入端的 1 總數的二進制值。例如，當 $wxyz = 0100$ 時，$fgh = 001$；當 $wxyz = 0101$ 時，$fgh = 010$。

(1) 求輸出交換函數 $f$、$g$、$h$ 的最簡 SOP 表式；

(2) 求輸出交換函數 $f$、$g$、$h$ 的最簡 POS 表式。

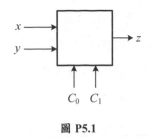

**圖 P5.1**

**5-4** 設計一個組合邏輯電路，將一個3位元的輸入取平方後輸出於輸出端上。

**5-5** 設 $X = x_1 x_0$ 而 $Y = y_1 y_0$ 各為2個位元的二進制數目，設計一個組合邏輯電路，當其輸入端 $X$ 與 $Y$ 的值相等時，其輸出端 $z$ 的值才為1，否則均為0。

**5-6** 設 $X = x_3 x_2 x_1 x_0$ 為一個4位元的二進制數目，其中 $x_0$ 為 LSB，設計一個組合邏輯電路，當輸入端 $X$ 的值大於9時，輸出端 $z$ 的值才為1，否則均為0。

**5-7** 設計一個 $2 \times 2$ 個位元的乘法器電路。輸入的兩個數分別為 $X = x_1 x_0$ 與 $Y = y_1 y_0$，輸出的數為 $Z = z_3 z_2 z_1 z_0$，其中 $x_0$、$y_0$、$z_0$ 為 LSB。

**5-8** 設計一個組合邏輯電路，當其四個輸入端 $(x_3, x_2, x_1, x_0)$ 的值為一個代表十進制數字的加三碼時，輸出端 $z$ 的值才為1，否則均為0。

**5-9** 本習題為多數電路的相關問題。所謂的多數電路 (majority circuit) 為一個具有奇數個輸入端的組合邏輯電路，當其為1的輸入端的數目較為0的輸入端多時，輸出端 $z$ 才為1，否則均為0。

(1) 設計一個具有3個輸入端的多數電路。

(2) 利用上述多數電路，設計一個5個輸入端的多數電路。

**5-10** 本習題為少數電路的相關問題。所謂的少數電路 (minority circuit) 為一個具有奇數個輸入端的組合邏輯電路，當其為1的輸入端的數目較為0的輸入端少時，輸出端 $z$ 才為1，否則均為0。

(1) 設計一個3個輸入端的少數電路。

(2) 證明3個輸入端的少數電路為一個函數完全運算集合電路。

**5-11** 設計下列數碼轉換電路：

(1) 轉換 (8, 4, -2, -1) 碼為 BCD 碼

(2) 轉換 4 位元的二進制數目為格雷碼

(3) 轉換 4 位元的格雷碼為二進制數目。

將每一個輸出函數各別化簡。

**5-12** 設計一個二進制數目對 BCD 碼的轉換電路。假設輸入的二進制數目為 4 位元。

**5-13** 圖 P5.2 為一個具有四個輸入端的組合邏輯電路，其中 $X = x_1 x_0$ 而 $Y = y_1 y_0$，$x_0$ 與 $y_0$ 為 LSB，當 $X$ 與 $Y$ 的乘積大於 2 時，輸出端 $z$ 的值才為 1，否則均為 0。

(1) 求輸出交換函數 z 的最簡 SOP 表式；

(2) 求輸出交換函數 z 的最簡 POS 表式。

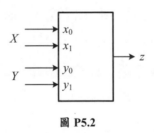

**圖 P5.2**

**5-14** 求圖 P5.3 中各組合邏輯電路的輸出交換函數 $f$。

**5-15** 求圖 P5.4 中各組合邏輯電路的輸出交換函數 $f$。

**5-16** 求出下列各交換函數的八種兩層邏輯閘電路形式：

(1) $f(w,x,y,z) = \Sigma(0,1,2,10,11)$

(2) $f(w,x,y,z) = \Sigma(7,10,11,13,14,15)$

**5-17** 使用 XOR 與 AND 等兩種邏輯閘執行下列交換函數：

$f(w,x,y,z) = \Sigma(5,6,9,10)$

**5-18** 以下列各指定方式，執行交換函數：

$f(w,x,y,z) = \Sigma(0,2,8,9,10,11,14,15)$

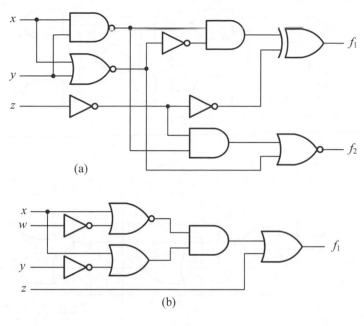

圖 **P5.3**

(1) AND-OR 兩層電路      (2) NAND 閘

(3) OR-AND 兩層電路      (4) NOR 閘

**5-19** 使用 NAND 閘執行下列各交換函數：

(1) $f(x,y,z) = \Sigma(0,2,4,5,6)$

(2) $f(w,x,y,z) = \Sigma(2,3,4,5,6,7,11,14,15)$

**5-20** 使用下列各指定方式，執行交換函數：

$f(w,x,y,z) = \Sigma(1,3,6,7,11,12,13,15)$

(1) AND-NOR 兩層電路      (2) OR-NAND 兩層電路

**5-21** 若定義交換函數 $f(x,y,z) = \Sigma(3,5,6)$ 為一個邏輯閘，稱為 $T$ 邏輯閘，則：

(1) 證明 $\{T,1\}$ 為一個函數完全運算集合。

(2) 使用兩個 $T$ 邏輯閘分別執行下列每一個交換函數：

     (a) $f(w,x,y,z) = \Sigma(0,1,2,4,7,8,9,10,12,15)$

     (b) $f(w,x,y,z) = \Sigma(0,1,2,3,4,6,8,10,13,15)$

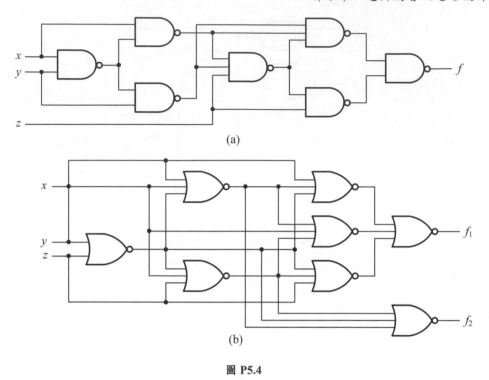

(a)

(b)

圖 P5.4

**5-22** 若定義交換函數 $f(x, y, z) = \Sigma(1, 2, 4)$ 為一個邏輯閘，稱為 $Y$ 邏輯閘，則：

(1) 證明 $\{Y, 1\}$ 為一個函數完全運算集合。

(2) 使用兩個 $Y$ 邏輯閘分別執行下列每一個交換函數：

　　(a)　$f(w, x, y, z) = \Sigma(0, 3, 5, 6, 7, 8, 11, 13, 14, 15)$

　　(b)　$f(w, x, y, z) = \Sigma(0, 1, 6, 7, 10, 11, 12, 13, 14, 15)$

**5-23** 假設交換函數 $f(w, x, y, z) = xy(w + z)$ 定義為一個邏輯閘，稱為 $L$ 邏輯閘。假設輸入信號同時具有補數與非補數兩種形式，試使用三個 $L$ 邏輯閘與一個 OR 閘，執行下列交換函數：

(1) $f(w, x, y, z) = \Sigma(0, 1, 6, 9, 10, 11, 14, 15)$

(2) $f(w, x, y, z) = \Sigma(1, 2, 3, 6, 7, 8, 12, 14)$

**5-24** 設計一個具有四個信號輸入端 $(m_3 m_2 m_1 m_0)$ 與七個信號輸出端 $(m_3 m_2 m_1 p_2 m_0$ $p_1 p_0)$ 的組合邏輯電路，它能接收 BCD 碼的輸入，然後產生對應的海明碼 (表

1.6-2) 輸出。

**5-25** 設計一個海明碼的錯誤偵測與更正電路，它能偵測與更正七個輸入端 $(m_{i3}m_{i2}m_{i1}p_{i2}m_{i0}p_{i1}p_{i0})$ 中任何一個單一位元的錯誤，然後產生正確的碼語於輸出端 $(m_{o3}m_{o2}m_{o1}p_{o2}m_{o0}p_{o1}p_{o0})$。

**5-26** 假設只有非補數形式的字母變數可以當作輸入信號，設計一個只使用一個 NOT 閘與多個 AND 閘或是 OR 閘的邏輯電路，分別執行下列每一個交換函數：

(1) $f(w,x,y,z) = w'x + x'y + xz'$

(2) $f(w,x,y,z) = xy' + x'z + xz'$

**5-27** 設計下列各指定的兩層邏輯閘數碼轉換電路：

(1) 設計一個 BCD 碼對 5 取 2 碼的轉換電路

(2) 設計一個 5 取 2 碼對 BCD 碼的轉換電路。

5 取 2 碼與十進制數字的關係如表 P5.1 所示。

**表 P5.1**

| 十進制 | 5 取 2 碼 | 十進制 | 5 取 2 碼 |
|---|---|---|---|
| 0 | 11000 | 5 | 01010 |
| 1 | 00011 | 6 | 01100 |
| 2 | 00101 | 7 | 10001 |
| 3 | 00110 | 8 | 10010 |
| 4 | 01001 | 9 | 10100 |

**5-28** 設計一個組合邏輯電路，當其四個輸入端所代表的二進制值為一個質數或是 0 時，其輸出端 $z$ 的值才為 1，否則均為 0。試分別使用下列各指定方式，執行此電路：

(1) 使用兩層 NAND 閘電路；

(2) 只使用兩個輸入端的 NAND 閘；

(3) 使用兩層 NOR 閘電路；

(4) 只使用兩個輸入端的 NOR 閘。

**5-29** 分別以下列各指定方式，執行交換函數：

$$f(w,x,y,z) = w'xy' + xz + wy + x'yz'$$

(1) 兩個輸入端的 NAND 閘

(2) 兩個輸入端的 NOR 閘

**5-30** 使用 AND、OR、NOT 等邏輯閘，重新執行圖 P5.5 的邏輯電路。

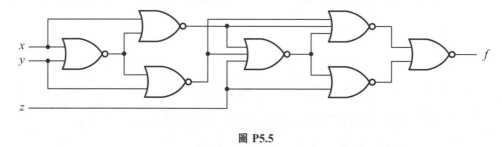

圖 **P5.5**

**5-31** 使用下列各指定方式，重新執行例題 5.1-4 的邏輯電路：

(1) NAND 閘　　　　　　　　　　(2) NOR 閘

**5-32** 使用 NAND 閘，重新執行圖 P5.6 的邏輯電路。

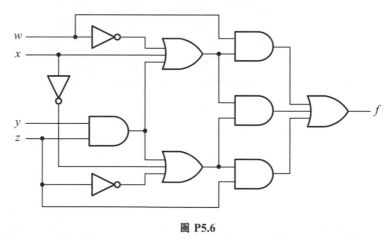

圖 **P5.6**

**5-33** 圖 P5.7 所示為一個隱示閘 (implication gate)，它具有兩個輸入端 $x$ 與 $y$ 與一個
輸出端 $f$。當 $x=1$ 而 $y=0$ 時，輸出端 $f$ 的值才為 0，否則均為 1。

(1) 證明隱示閘為一個函數完全運算集合。

(2) 只使用隱示閘執行交換函數：

$$f(x,y,z) = x'y + xz'$$

假設只有 $x$、$y$、$z$、0、1可以當作輸入端 (四個閘即足夠)。

$$f = x' + y$$

圖 P5.7

**5-34** 只使用兩個輸入端的 NOR 閘，執行下列交換函數：

$$f(w,x,y,z) = w'x'z' + x'y'z'$$

**5-35** 試求交換函數：

$$f(s,t,u,v,w,x,y,z) = tsu + tsv' + wz + x'z + y'z$$

的核心項與協同核心項。

**5-36** 假設交換函數 $f$、$g$、$h$ 分別為：

$$f(v,w,x,y,z) = vy + wxy + z$$

$$g(v,w,x,y,z) = v + wx$$

$$h(v,w,x,y,z) = v + w$$

試求商交換函數 $f/g$ 與 $f/h$。

**5-37** 試求下列交換函數的所有核心項與協同核心項：

(1) $f(t,u,v,w,x,y,z) = twy + txy + uwy + uxy + vwy + vxy + z$

(2) $f(t,u,v,w,x,y,z) = tx + ty + uvx + uwx + uvy + uwy + z$

**5-38** 使用核心項方法，化簡與執行下列多層邏輯閘電路，並計算字母變數的簡化情形：

(1)　　$f_1(v,w,x,y,z) = vx + vy + vz$

　　　　$f_2(v,w,x,y,z) = wx + wy + wz$

(2) $f_1(u,v,w,x,y,z) = uy + uz + vy + vz$

$f_2(u,v,w,x,y,z) = uy + uz + wy + wz$

$f_3(u,v,w,x,y,z) = vy + vz + xy + xz$

**5-39** 使用核心項方法，化簡與執行下列多層邏輯閘電路，並計算字母變數的簡化情形：

(1)   $f_1(v,w,x,y,z) = vw' + v'w$

$f_2(v,w,x,y,z) = wz + v'z + v'xy + wxy$

(2)   $f_1(u,v,w,x,y,z) = v + w$

$f_2(u,v,w,x,y,z) = vx + vy + wx + wy + z$

**5-40** 使用核心項方法，化簡與執行下列多層邏輯閘電路，並計算字母變數的簡化情形：

$f_1(t,u,v,w,x,y,z) = tuvwz + tuvxz + tuvyz$

$f_2(t,u,v,w,x,y,z) = tuvwz + tuwxz + tuwyz$

**5-41** 設計相當於下列各交換函數的無邏輯突波邏輯電路：

(1) $f(w,x,y,z) = x'z' + wy + w'y'(x+z)$

(2) $f(x,y,z) = x'z' + yz + xy'$

(3) $f(w,x,y,z) = \Sigma(5,6,7,8,9,12,13,14)$

(4) $f(w,x,y,z) = \Sigma(1,3,6,7,9,10,11,14)$

**5-42** 設計相當於下列各交換函數的無邏輯突波邏輯電路：

(1) $f(w,x,y,z) = \Sigma(0,3,7,11,12,13,15)$

(2) $f(w,x,y,z) = \Sigma(3,4,5,6,7,10,11,12,14,15)$

**5-43** 參考圖 P5.8 的邏輯電路：

(1) 證明圖 P5.8(a) 與 (b) 為邏輯相等。

(2) 說明圖 P5.8(a) 的邏輯電路不會產生邏輯突波。

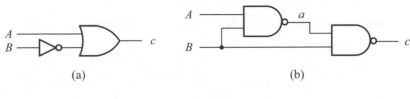

圖 **P5.8**

(3) 試繪出圖 P5.8(b) 的時序圖，說明輸出交換函數 $c$ 在輸入變數 $A$ 的值為 1 而與 $B$ 的值由 0 變為 1 時，將產生靜態 -1 邏輯突波。

**5-44** 重新考慮圖 5.4-4(a) 的邏輯電路：

(1) 求出所有 0-集合；

(2) 使用所有 0-集合，分析該電路的靜態邏輯突波。

**5-45** 下列為有關於圖 P5.9 的邏輯電路的問題：

(1) 求出所有 1-集合與所有 0-集合；

(2) 使用所有 1-集合，分析該電路的靜態邏輯突波。

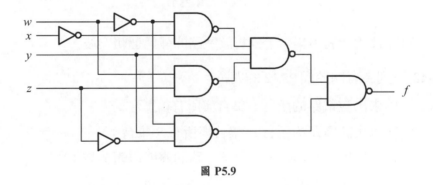

圖 **P5.9**

**5-46** 下列為有關於圖 P5.10 的邏輯電路的問題：

(1) 求出所有 1-集合與所有 0-集合；

(2) 使用所有 1-集合，分析該電路的靜態邏輯突波。

**5-47** 下列為有關於圖 P5.11 的邏輯電路的問題：

(1) 求出所有 1-集合與所有 0-集合；

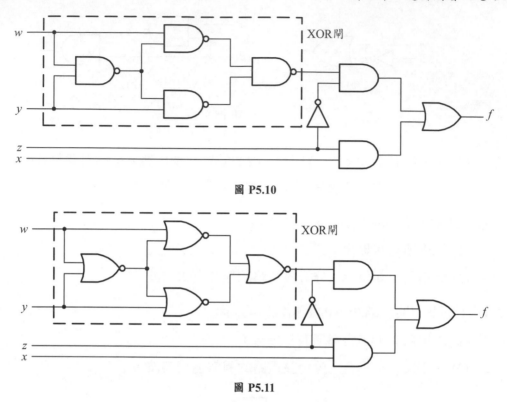

**圖 P5.10**

**圖 P5.11**

(2) 使用所有 1-集合，分析該電路的靜態邏輯突波。

**5-48** 下列為有關於圖 P5.12 的問題：

    (1) 求出該電路的所有 1-集合與所有 0-集合；

    (2) 求出該電路的所有 $P$-集合與所有 $S$-集合；

    (3) 使用所有 0-集合，分析該電路的靜態邏輯突波；

    (4) 使用所有 $S$-集合，分析該電路的動態邏輯突波。

**5-49** 下列為有關於圖 P5.13 的問題：

    (1) 求出該電路的所有 1-集合與所有 0-集合；

    (2) 求出該電路的所有 $P$-集合與所有 $S$-集合；

    (3) 使用所有 1-集合，分析該電路的靜態邏輯突波；

    (4) 使用所有 0-集合，分析該電路的靜態邏輯突波；

    (5) 使用所有 $S$-集合，分析該電路的動態邏輯突波；

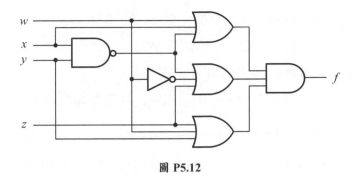

圖 P5.12

(6) 使用所有 $P$-集合，分析該電路的動態邏輯突波。

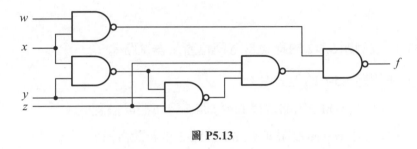

圖 P5.13

**5-50** 下列為有關於圖 P5.14 的問題：

(1) 證明該電路的輸出交換函數為 XOR 閘；

(2) 使用所有 1-集合，分析該電路的靜態邏輯突波；

(3) 求出所有 $P$-集合與所有 $S$-集合；

(4) 使用所有 $S$-集合，分析該電路的動態邏輯突波；

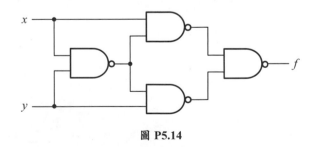

圖 P5.14

**5-51** 將圖 P5.14 中的所有 NAND 閘改為 NOR 閘後：

(1) 證明該電路的輸出交換函數為 XNOR 閘；

(2) 使用所有 1-集合，分析該電路的靜態邏輯突波；

(3) 求出所有 $P$-集合與所有 $S$-集合；

(4) 使用所有 $S$-集合，分析該電路的動態邏輯突波；

**5-52** 參考例題 5.5-1 的程式：

(1) 撰寫一個測試標竿程式，驗證例題 5.5-1的 Verilog HDL 程式。

(2) 撰寫一個 Verilog HDL 程式，描述圖 5.3-3(b) 的邏輯電路；

(3) 使用與例題 5.5-1 的程式相同的測試標竿程式，比較兩個電路的模擬結果。

**5-53** 修改例題 5.5-2 的程式為奇同位產生器電路。

**5-54** 在例題 5.5-6 的程式中：

(1) 使用 **while** 迴路取代 **for** 迴路，重新設計該程式；

(2) 使用 **repeat** 迴路取代 **for** 迴路，重新設計該程式。

# 6

# 組合邏輯電路模組設計

**在**了解如何使用基本邏輯閘執行任意的交換函數之後，本章中將討論一些常用的標準組合邏輯電路模組的功能與設計方法，這些電路模組為設計任何數位系統的基本建構單元。常用的標準組合邏輯電路模組為：解碼器 (decoder) 與編碼器 (encoder)；多工器 (multiplexer，MUX) 與解多工器 (demultiplexer，DeMUX)；比較器 (comparator)；算術運算電路：包括加、減、乘、除等四則運算。

解碼器為一個可以自資料輸入端信號的二進制組合中，識別出特定組合的電路；編碼器則為一個可以依據資料輸入端的信號位置，產生相當的二進制值輸出的電路。多工器為一個能自多個資料輸入來源中選取其中一個的電路；解多工器為一個可以將資料放置於指定標的中的電路。比較器用以比較兩個數目的大小。

## 6.1 解碼器

解碼器是一個常用的組合邏輯電路模組。因此，本小節將依序討論解碼器電路、解碼器的擴充與如何使用解碼器執行交換函數。

### 6.1.1 解碼器電路設計

解碼器是一個具有 $n$ 個資料輸入端，而最多有 $2^n$ 個資料輸出端的組合邏輯電路。其主要特性是在每一個資料輸入端信號的二進制組合中，只有一個資料輸出端啟動，至於其值是為 1 或是 0，由電路的設計方式決定。

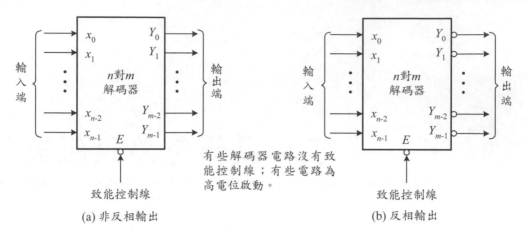

圖 **6.1-1**: 解碼器方塊圖

典型的 $n$ 對 $m$ (或是稱為 $n \times m$) 解碼器方塊圖如圖 6.1-1 所示。圖 6.1-1(a) 的輸出為非反相輸出；圖 6.1-1(b) 的輸出為反相輸出。圖 6.1-1(a) 與 (b) 的解碼器方塊圖中的致能 (enable，$E$) 控制線控制解碼器的動作，當它啟動 (或是稱為致能，即值設定為 0) 時，解碼器正常工作；當它不啟動 (即值設定為 1) 時，解碼器的所有輸出端將固定輸出一個特定的值：低電位、高電位，或是高阻抗，由電路的設計方式決定。上述解碼器電路的致能控制方式為低電位啟動，有些解碼器電路則為高電位啟動的方式。在電路符號的表示方式中，以一個圓圈表示低電位的啟動方式；未加圓圈時則表示為高電位的啟動方式。當然有些解碼器電路並未具有致能 ($E$) 控制輸入線。

當 $n$ 個位元的資料輸入端的所有二進制組合皆使用時，即 $m = 2^n$，稱為完全解碼 (totally decoding)；當 $n$ 個位元的資料輸入端的二進制組合有部分未使用時，即 $m < 2^n$，稱為部分解碼 (partially decoding)。為了能夠唯一的對資料輸入端的二進制資訊做解碼，每一個資料輸出端的交換函數定義為：

$$Y_i = m_i$$

其中 $m_i$ 為 $n$ 個資料輸入端變數的第 $i$ 個最小項。因此，只在相當於 $m_i$ 的二進制組合的資料輸入端變數出現在資料輸入端時，$Y_i$ 的值才為 1；否則為 0。在 $m < 2^n$ 的情況，解碼器只產生 $n$ 個資料輸入端變數中的前面 $m$ 個最小項；在 $m = 2^n$ 時，則產生所有的最小項。

## ■ 例題 6.1-1 (具有致能控制的 2 對 4 解碼器)

一個低電位致能(也稱為啟動)的非反相輸出 2 對 4 解碼器電路為一個具有兩個資料輸入端($x_1$ 與 $x_0$)、四個資料輸出端($Y_3$ 到 $Y_0$)與一個致能控制信號輸入端($E$)的邏輯電路。在致能控制信號($E$)為 0 時，當資料輸入端($x_1$ 與 $x_0$)的信號組合為 $i$ 時，資料輸出端($Y_i$)啟動為 1，否則為 0；在致能控制信號($E$)為 1 時，所有資料輸出端的值均為 0。試設計此電路。

**解：**依據題意，非反相輸出 2 對 4 解碼器電路的方塊圖與功能表分別如圖 6.1-2(a) 與 (b) 所示。利用卡諾圖化簡後，得到：

$$Y_0 = E'x_1'x_0' \qquad\qquad Y_1 = E'x_1'x_0$$
$$Y_2 = E'x_1x_0' \qquad\qquad Y_3 = E'x_1x_0$$

其邏輯電路如圖 6.1-2(c) 所示。

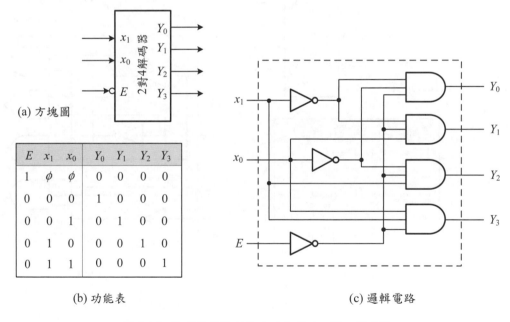

(a) 方塊圖

| $E$ | $x_1$ | $x_0$ | $Y_0$ | $Y_1$ | $Y_2$ | $Y_3$ |
|---|---|---|---|---|---|---|
| 1 | $\phi$ | $\phi$ | 0 | 0 | 0 | 0 |
| 0 | 0 | 0 | 1 | 0 | 0 | 0 |
| 0 | 0 | 1 | 0 | 1 | 0 | 0 |
| 0 | 1 | 0 | 0 | 0 | 1 | 0 |
| 0 | 1 | 1 | 0 | 0 | 0 | 1 |

(b) 功能表　　　　　　　　　　　　　　　　(c) 邏輯電路

**圖 6.1-2:** 具有致能控制的非反相輸出 2 對 4 解碼器

■ 例題6.1-2 (具有致能控制的2對4解碼器)

　　若將例題6.1-1電路的輸出端信號位準更改為：啟動時為0，不啟動時為1。此種電路亦稱為反相輸出2對4解碼器。試設計此電路。

**解**：依據題意，反相輸出2對4解碼器的方塊圖與功能表分別如圖6.1-3(a)與(b)所示。利用卡諾圖化簡得：

$$Y_0' = E'x_1'x_0' \qquad\qquad Y_0 = (E'x_1'x_0')'$$
$$Y_1' = E'x_1'x_0 \qquad\qquad Y_1 = (E'x_1'x_0)'$$
$$Y_2' = E'x_1x_0' \qquad\qquad Y_2 = (E'x_1x_0')'$$
$$Y_3' = E'x_1x_0 \qquad\qquad Y_3 = (E'x_1x_0)'$$

其邏輯電路如圖6.1-3(c)所示。

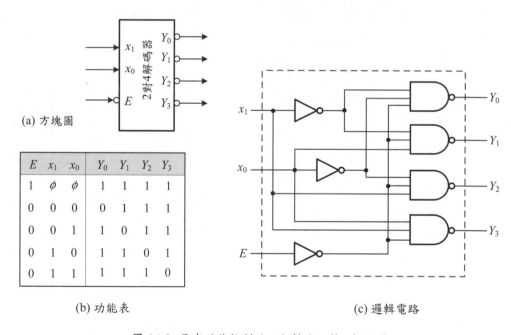

(a) 方塊圖

| $E$ | $x_1$ | $x_0$ | $Y_0$ | $Y_1$ | $Y_2$ | $Y_3$ |
|---|---|---|---|---|---|---|
| 1 | $\phi$ | $\phi$ | 1 | 1 | 1 | 1 |
| 0 | 0 | 0 | 0 | 1 | 1 | 1 |
| 0 | 0 | 1 | 1 | 0 | 1 | 1 |
| 0 | 1 | 0 | 1 | 1 | 0 | 1 |
| 0 | 1 | 1 | 1 | 1 | 1 | 0 |

(b) 功能表

(c) 邏輯電路

**圖 6.1-3:** 具有致能控制的反相輸出2對4解碼器

　　上述兩個例題均為$m = 2^n$的情況。下面例題為$m < 2^n$的解碼器 (BCD解碼器)。其它型式的解碼器電路可以依據相同的方法設計。

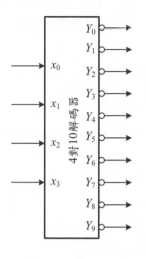

(a) 方塊圖

| $x_3$ | $x_2$ | $x_1$ | $x_0$ | $Y_0$ | $Y_1$ | $Y_2$ | $Y_3$ | $Y_4$ | $Y_5$ | $Y_6$ | $Y_7$ | $Y_8$ | $Y_9$ |
|---|---|---|---|---|---|---|---|---|---|---|---|---|---|
| 0 | 0 | 0 | 0 | 0 | 1 | 1 | 1 | 1 | 1 | 1 | 1 | 1 | 1 |
| 0 | 0 | 0 | 1 | 1 | 0 | 1 | 1 | 1 | 1 | 1 | 1 | 1 | 1 |
| 0 | 0 | 1 | 0 | 1 | 1 | 0 | 1 | 1 | 1 | 1 | 1 | 1 | 1 |
| 0 | 0 | 1 | 1 | 1 | 1 | 1 | 0 | 1 | 1 | 1 | 1 | 1 | 1 |
| 0 | 1 | 0 | 0 | 1 | 1 | 1 | 1 | 0 | 1 | 1 | 1 | 1 | 1 |
| 0 | 1 | 0 | 1 | 1 | 1 | 1 | 1 | 1 | 0 | 1 | 1 | 1 | 1 |
| 0 | 1 | 1 | 0 | 1 | 1 | 1 | 1 | 1 | 1 | 0 | 1 | 1 | 1 |
| 0 | 1 | 1 | 1 | 1 | 1 | 1 | 1 | 1 | 1 | 1 | 0 | 1 | 1 |
| 1 | 0 | 0 | 0 | 1 | 1 | 1 | 1 | 1 | 1 | 1 | 1 | 0 | 1 |
| 1 | 0 | 0 | 1 | 1 | 1 | 1 | 1 | 1 | 1 | 1 | 1 | 1 | 0 |
| 其它組合 | | | | 1 | 1 | 1 | 1 | 1 | 1 | 1 | 1 | 1 | 1 |

(b) 功能表

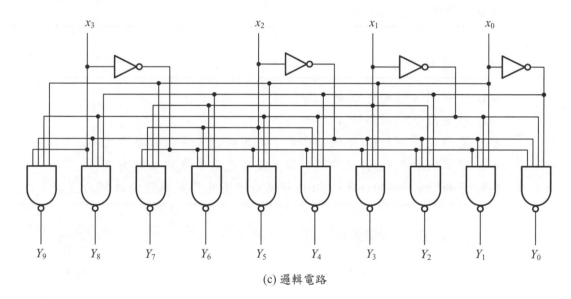

(c) 邏輯電路

**圖 6.1-4:** 反相輸出的 BCD 解碼器

## ■ 例題 6.1-3 (反相輸出的 BCD 解碼器)

一個反相輸出的 BCD 碼解碼器電路為一個具有四個資料輸入端 ($x_3$、$x_2$、$x_1$、$x_0$) 與十個資料輸出端 ($Y_9$ 到 $Y_0$) 的邏輯電路。當資料輸入端 ($x_3$、$x_2$、$x_1$、$x_0$) 的信號組合為 $i$ 時，資料輸出端 ($Y_i$) 啟動為 0，否則為 1。試設計此電路。

**解:** 依據題意,反相輸出的BCD解碼器的方塊圖與功能表分別如圖6.1-4(a)與(b)所示,利用卡諾圖化簡得到:

$$Y_0' = x_3'x_2'x_1'x_0' \qquad\qquad Y_0 = (E'x_3'x_2'x_1'x_0')'$$
$$Y_1' = x_3'x_2'x_1'x_0 \qquad\qquad Y_1 = (x_3'x_2'x_1'x_0)'$$
$$Y_2' = x_3'x_2'x_1x_0' \qquad\qquad Y_2 = (x_3'x_2'x_1x_0')'$$
$$Y_3' = x_3'x_2'x_1x_0 \qquad\qquad Y_3 = (x_3'x_2'x_1x_0)'$$
$$Y_4' = x_3'x_2x_1'x_0' \qquad\qquad Y_4 = (x_3'x_2x_1'x_0')'$$
$$Y_5' = x_3'x_2x_1'x_0 \qquad\qquad Y_5 = (x_3'x_2x_1'x_0)'$$
$$Y_6' = x_3'x_2x_1x_0' \qquad\qquad Y_6 = (x_3'x_2x_1x_0')'$$
$$Y_7' = x_3'x_2x_1x_0 \qquad\qquad Y_7 = (x_3'x_2x_1x_0)'$$
$$Y_8' = x_3x_2'x_1'x_0' \qquad\qquad Y_8 = (x_3x_2'x_1'x_0')'$$
$$Y_9' = x_3x_2'x_1'x_0 \qquad\qquad Y_9 = (x_3x_2'x_1'x_0)'$$

其邏輯電路如圖6.1-4(c)所示。

### ✔學習重點

**6-1.** 何謂完全解碼與部分解碼。

**6-2.** 試定義解碼器與BCD解碼器。

**6-3.** 重新設計例題6.1-1的解碼器,使其成為高電位啟動方式。

**6-4.** 重新設計例題6.1-2的解碼器,使其成為高電位啟動方式。

**6-5.** 重新設計例題6.1-3的BCD解碼器,使其具有低電位啟動的控制方式。

## 6.1.2 解碼器的擴充

在實用上,常常將多個解碼器電路組合,以形成一個較大(即具有較多輸入端數目)的解碼器。在這種組合中,使用的解碼器電路必須為一個完全解碼的電路(即 $m = 2^n$),而且具有致能控制輸入端。

### ■ 例題6.1-4 (解碼器擴充)

利用兩個有致能控制輸入端的2對4解碼器,組成一個3對8解碼器電路。

**解**：如圖 6.1-5 所示，當 $x_2 = 0$ 時，解碼器 $A$ 致能；當 $x_2 = 1$ 時，解碼器 $B$ 致能。但是兩者不能同時致能，所以形成一個 3 對 8 解碼器電路。注意反相器可以視為一個 1 對 2 解碼器。

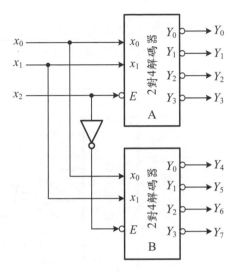

**圖 6.1-5**：兩個 2 對 4 解碼器擴充成為一個 3 對 8 解碼器

✔**學習重點**

**6-6.** 若例題 6.1-4 中的解碼器 $B$ 為高電位啟動方式，則圖 6.1-5 中的反相器是否仍然需要？

**6-7.** 是否可以使用兩個例題 6.1-4 中的 3 對 8 解碼器電路，組成一個 4 對 16 解碼器電路？

## 6.1.3 執行交換函數

由圖 6.1-2 的 2 對 4 解碼器電路可以得知：解碼器電路本身只是一個乘積項(最小項)的產生電路而已，因此欲執行 SOP 型式的交換函數時，必須外加 OR 閘。下列例題說明如何使用解碼器電路與外加的 OR 閘，執行交換函數。

■ 例題 **6.1-5** (使用解碼器執行交換函數)

利用一個 4 對 16 解碼器與一個 OR 閘，執行下列交換函數：

$$f(w,x,y,z) = \Sigma(1,5,9,15)$$

**解：**由於 $f(w,x,y,z)$ 在輸入組合為 1、5、9、15 時為 1，所以將解碼器的資料輸出端 1、5、9 與 15 等連接到 OR 閘的輸入端，得到交換函數 $f(w,x,y,z)$ 的輸出，如圖 6.1-6 所示。

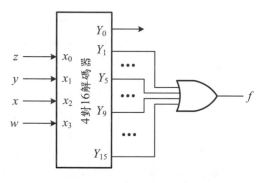

**圖 6.1-6:** 例題 6.1-5 電路

若解碼器的輸出為反相輸出，則依據 DeMorgan 定理，外加的 OR 閘應改為 NAND 閘。下列例題說明這一原理並說明如何使用一個解碼器，執行一個多輸出交換函數。在例題中，首先使用 OR 閘，然後使用 NAND 閘。

■ 例題 **6.1-6** (多輸出交換函數的執行)

利用一個 3 對 8 解碼器與兩個 OR 閘，執行下列兩個交換函數(注意：此電路為全加器)：

$$S(x,y,z) = \Sigma(1,2,4,7)$$
$$C_{out}(x,y,z) = \Sigma(3,5,6,7)$$

**解：**由於解碼器的每一個輸出端都相當於資料輸入端的一個最小項，因此只需要分別使用一個 OR 閘將交換函數 $S$ 與 $C_{out}$ 中的最小項 OR 在一起即可。完整的電路如圖 6.1-7(a) 所示。圖 6.1-7(b) 的電路為使用反相輸出的解碼器與 NAND 閘。

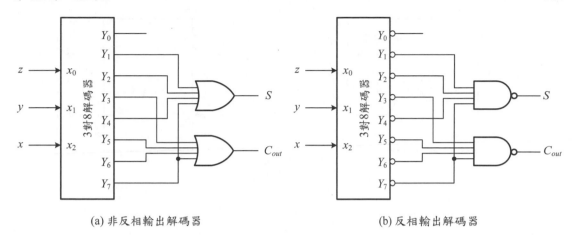

(a) 非反相輸出解碼器　　　　　　　　　　(b) 反相輸出解碼器

**圖 6.1-7:** 例題 6.1-6 的電路

✔ 學習重點

**6-8.** 為何解碼器電路可以執行交換函數？

**6-9.** 欲執行一個 4 個變數的交換函數時，必須使用多少個輸入端的解碼器電路 (外加的 OR 閘假設必須使用)？

**6-10.** 欲執行一個 $n$ 個變數的交換函數時，必須使用何種解碼器電路？

**6-11.** 若使用 BCD 解碼器電路，執行一個 3 個變數的交換函數時，有無何種限制？若執行 4 個變數的交換函數時，又有無何種限制？

# 6.2 編碼器

　　編碼器的動作與解碼器相反，它也是最常用的組合邏輯電路模組之一。解碼器為一個可以自資料輸入端信號的二進制組合中，識別出特定組合的電路；編碼器則為一個可以依據資料輸入端的信號位置，產生相當的二進制值輸出的電路。本小節將依序討論編碼器、優先權編碼器電路、優先權編碼器電路的擴充等。

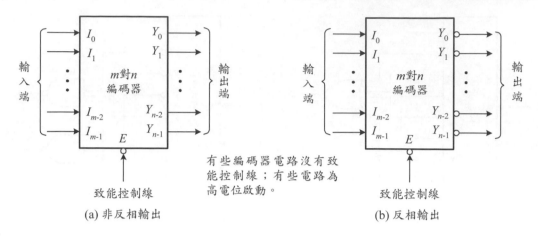

圖 6.2-1: $m$ 對 $n$ 編碼器

## 6.2.1 編碼器(優先權編碼器)電路設計

一般而言,解碼器相當於 AND 的功能,而編碼器則相當於 OR 的作用。即解碼器是將資料輸入端的信號組合分解成多個各別的最小項輸出;編碼器則是將多個資料輸入端的信號 OR 成一個資料輸出端。因此,編碼器與解碼器的動作是相反的。

一個 $m$ 對 $n$ 編碼器為一個具有 $m$ 條資料輸入端與 $n$ 條資料輸出端的邏輯電路,其中 $m \le 2^n$,其邏輯方塊圖如圖 6.2-1 所示。資料輸出端產生 $m$ 條資料輸入端的信號位置的二進制值(二進制碼)。圖 6.2-1(a) 的輸出為非反相輸出;圖 6.2-1(b) 的輸出為反相輸出。圖 6.2-1(a) 與 (b) 的編碼器方塊圖中的致能($E$)控制線控制編碼器的動作,當它啟動(或是稱為致能)(即值設定為 0)時,編碼器正常工作;當它不啟動(即值設定為 1)時,編碼器的所有輸出端將固定輸出一個特定的值:低電位、高電位或是高阻抗,由電路的設計方式決定。上述編碼器電路的致能控制方式為低電位啟動;有些編碼器電路則為高電位啟動的方式。當然有些編碼器電路並未具有致能($E$)控制輸入線。

### ■ 例題 6.2-1 (8 對 3 編碼器)

設計一個 8 對 3 編碼器電路,假設在八個資料輸入端中,每次只有一條啟動為 1。

| $I_0$ | $I_1$ | $I_2$ | $I_3$ | $I_4$ | $I_5$ | $I_6$ | $I_7$ | $Y_2$ | $Y_1$ | $Y_0$ |
|---|---|---|---|---|---|---|---|---|---|---|
| 1 | 0 | 0 | 0 | 0 | 0 | 0 | 0 | 0 | 0 | 0 |
| 0 | 1 | 0 | 0 | 0 | 0 | 0 | 0 | 0 | 0 | 1 |
| 0 | 0 | 1 | 0 | 0 | 0 | 0 | 0 | 0 | 1 | 0 |
| 0 | 0 | 0 | 1 | 0 | 0 | 0 | 0 | 0 | 1 | 1 |
| 0 | 0 | 0 | 0 | 1 | 0 | 0 | 0 | 1 | 0 | 0 |
| 0 | 0 | 0 | 0 | 0 | 1 | 0 | 0 | 1 | 0 | 1 |
| 0 | 0 | 0 | 0 | 0 | 0 | 1 | 0 | 1 | 1 | 0 |
| 0 | 0 | 0 | 0 | 0 | 0 | 0 | 1 | 1 | 1 | 1 |

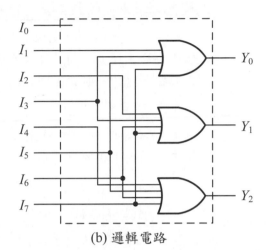

(a) 功能表        (b) 邏輯電路

**圖 6.2-2:** 8 對 3 編碼器

**解：**因為在八個資料輸入端中，每次只有一條啟動 (為 1)，因此其功能表只需要列出八種而非 256 組合，如圖 6.2-2(a) 所示。由此功能表得到：

$$Y_0 = I_1 + I_3 + I_5 + I_7$$
$$Y_1 = I_2 + I_3 + I_6 + I_7$$
$$Y_2 = I_4 + I_5 + I_6 + I_7$$

所以其邏輯電路如圖 6.2-2(b) 所示。

在 (簡單的) 編碼器電路中，每次只允許一條資料輸入端啟動，因為若同時有多條資料輸入端啟動時，編碼器的輸出將無法代表任一條資料輸入端。例如在圖 6.2-2(b) 的編碼器中，若資料輸入端 $I_3$ 與 $I_5$ 同時啟動，則資料輸出端 ($Y_2$、$Y_1$、$Y_0$) 將輸出 111，為一個錯誤的輸出碼。

在實際的數位系統應用中，一般都無法限制每次只允許一條資料輸入端啟動，這時候的解決方法是將所有資料輸入端預先排定一個優先順序，稱為優先權 (priority)。當有多個資料輸入端的信號同時啟動時，只有具有最高優先權的資料輸入端會被認知而編碼，並輸出於資料輸出端上。這種具有資料輸入端優先順序的編碼器稱為優先權編碼器 (priority encoder)。下列例題說明 4 對 2 優先權編碼器電路的設計原理。

## ■ 例題 6.2-2 (4 對 2 優先權編碼器)

設計一個 4 對 2 優先權編碼器，它具有四個資料輸入端 $I_3$、$I_2$、$I_1$、$I_0$ 與三個資料輸出端 $A_1$、$A_0$、$V$。當資料輸入端 $I_i$ 為 1 時，若無其它資料輸入端 $I_j$ 也為 1 而 $j > i$ 時，則資料輸出端 $A_1 A_0 = i$。當任意資料輸入端為 1 時，資料輸出端 $V$ 為 1，否則，$V$ 為 0。

**解：** 依據題意，4 對 2 優先權編碼器的方塊圖與功能表分別如圖 6.2-3(a) 與 (b) 所示。利用卡諾圖化簡得：

$$A_0 = I_3 + I_2' I_1$$
$$A_1 = I_3 + I_2$$
$$V = I_3 + I_2 + I_1 + I_0$$

其邏輯電路如圖 6.2-3(c) 所示。

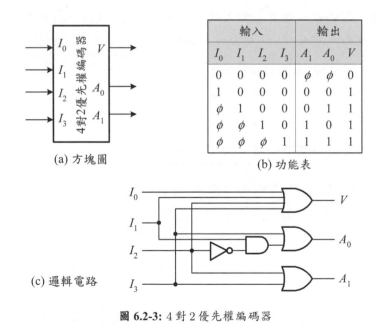

| 輸入 | | | | 輸出 | | |
|---|---|---|---|---|---|---|
| $I_0$ | $I_1$ | $I_2$ | $I_3$ | $A_1$ | $A_0$ | $V$ |
| 0 | 0 | 0 | 0 | $\phi$ | $\phi$ | 0 |
| 1 | 0 | 0 | 0 | 0 | 0 | 1 |
| $\phi$ | 1 | 0 | 0 | 0 | 1 | 1 |
| $\phi$ | $\phi$ | 1 | 0 | 1 | 0 | 1 |
| $\phi$ | $\phi$ | $\phi$ | 1 | 1 | 1 | 1 |

(a) 方塊圖　　　　　　(b) 功能表

(c) 邏輯電路

**圖 6.2-3:** 4 對 2 優先權編碼器

下列例題說明一個典型而常用的 8 對 3 優先權編碼器 (74x148) 電路的設計原理。

## ■ 例題 6.2-3 (8 對 3 優先權編碼器)

設計一個 8 對 3 優先權編碼器，其方塊圖與功能表分別如圖 6.2-4(a) 與 (b) 所示。

**解：** 由圖 6.2-4(b) 的功能表可以得知：當致能控制輸入 ($EI$) 為 1 時，資料輸出端 ($A_2$、$A_1$、$A_0$) 均為 1；當致能控制輸入 ($EI$) 為 0 時，資料輸出端 ($A_2$、$A_1$、$A_0$) 的值由優先權最大的資料輸入端的信號決定，例如當 $I_7$ 與 $I_6$ 的值均為 0 時，資料輸出端的值為 000，當 $I_3$ 與 $I_0$ 的值均為 0 時，資料輸出端的值為 100。

依據功能表，可以直接得到下列輸出交換函數：

$$A_2' = [I_4'I_5I_6I_7 + I_5'I_6I_7 + I_6'I_7 + I_7']EI'$$
$$= [I_4' + I_5' + I_6' + I_7']EI'$$
$$A_1' = [I_2'I_3I_4I_5I_6I_7 + I_3'I_4I_5I_6I_7 + I_6'I_7 + I_7']EI'$$
$$= [I_2'I_4I_5 + I_3'I_4I_5 + I_6' + I_7']EI'$$
$$A_0' = [I_1'I_2I_3I_4I_5I_6I_7 + I_3'I_4I_5I_6I_7 + I_5'I_6I_7 + I_7']EI'$$
$$= [I_1'I_2I_4I_6 + I_3'I_4I_6 + I_5'I_6 + I_7']EI'$$

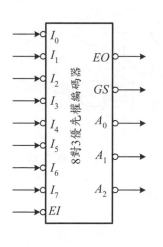

(a) 方塊圖

| 輸入 | | | | | | | | | 輸出 | | | | |
|---|---|---|---|---|---|---|---|---|---|---|---|---|---|
| $EI$ | $I_0$ | $I_1$ | $I_2$ | $I_3$ | $I_4$ | $I_5$ | $I_6$ | $I_7$ | $A_2$ | $A_1$ | $A_0$ | $GS$ | $EO$ |
| 1 | φ | φ | φ | φ | φ | φ | φ | φ | 1 | 1 | 1 | 1 | 1 |
| 0 | 1 | 1 | 1 | 1 | 1 | 1 | 1 | 1 | 1 | 1 | 1 | 1 | 0 |
| 0 | φ | φ | φ | φ | φ | φ | φ | 0 | 0 | 0 | 0 | 0 | 1 |
| 0 | φ | φ | φ | φ | φ | φ | 0 | 1 | 0 | 0 | 1 | 0 | 1 |
| 0 | φ | φ | φ | φ | φ | 0 | 1 | 1 | 0 | 1 | 0 | 0 | 1 |
| 0 | φ | φ | φ | φ | 0 | 1 | 1 | 1 | 0 | 1 | 1 | 0 | 1 |
| 0 | φ | φ | φ | 0 | 1 | 1 | 1 | 1 | 1 | 0 | 0 | 0 | 1 |
| 0 | φ | φ | 0 | 1 | 1 | 1 | 1 | 1 | 1 | 0 | 1 | 0 | 1 |
| 0 | φ | 0 | 1 | 1 | 1 | 1 | 1 | 1 | 1 | 1 | 0 | 0 | 1 |
| 0 | 0 | 1 | 1 | 1 | 1 | 1 | 1 | 1 | 1 | 1 | 1 | 0 | 1 |

(b) 功能表

**圖 6.2-4:** 8 對 3 優先權編碼器 (74x148)

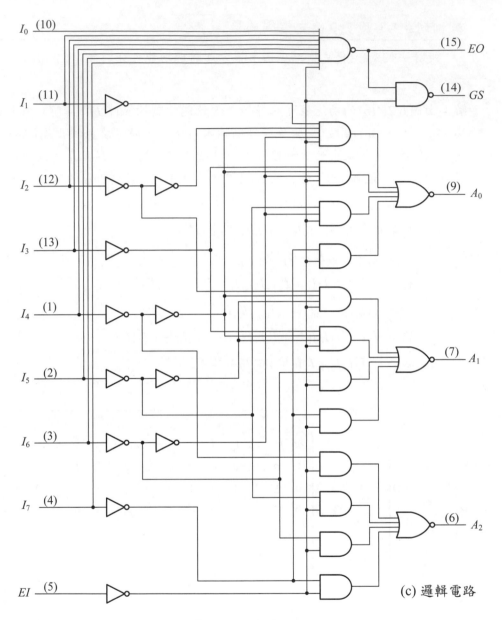

**圖 6.2-4:** (續) 8對3優先權編碼器 (74x148)

所以

$$A_2 = [(I_4' + I_5' + I_6' + I_7')EI']'$$
$$A_1 = [(I_2'I_4I_5 + I_3'I_4I_5 + I_6' + I_7')EI']'$$

$$A_0 = [(I_1' I_2 I_4 I_6 + I_3' I_4 I_6 + I_5' I_6 + I_7') EI']'$$

致能控制輸出端 $EO$ 的值為當所有資料輸入端的值均為 1 (即都不啟動)，而且致能控制輸入端 $(EI)$ 啟動時為 0，否則均為 1；群集選擇 $(GS)$ 輸出端的值為當致能控制輸出端 $EO$ 的值為 0 時，或是當致能控制輸入端 $(EI)$ 不啟動時為 1，否則均為 0。因此其交換表式極易導出，所以省略。完整的邏輯電路如圖 6.2-4(c) 所示。

✔學習重點

**6-12.** 為何使用例題 6.2-1 的 8 對 3 編碼器電路時，必須限制每次只能有一個資料輸入端的信號啟動？

**6-13.** 為何在圖 6.2-3 中的 4 對 2 優先權編碼器中，必須有 $V$ 輸出端？

**6-14.** 在例題 6.2-3 中的優先權編碼器中，致能控制輸出端 $EO$ 與群集選擇 $(GS)$ 輸出端兩條信號線的主要功能為何？

**6-15.** 在例題 6.2-3 中的優先權編碼器中，為何致能控制輸出端 $EO$ 的值在致能控制輸入端 $EI$ 為 0，而沒有任何資料輸入端啟動時，輸出為 0？

## 6.2.2 編碼器的擴充

與解碼器一樣，編碼器 (優先權編碼器) 也可以多個元件組合，以形成一個較多輸入端數目的編碼器電路。下列例題說明如何串接兩個 8 對 3 優先權編碼器為一個 16 對 4 優先權編碼器。

■ 例題 6.2-4 (優先權編碼器擴充)

利用兩個 8 對 3 優先權編碼器 (圖 6.2-4) 電路，設計一個 16 對 4 優先權編碼器。

**解：**結果的邏輯電路如圖 6.2-5 所示。當優先權編碼器 A 有任何資料輸入端啟動時，其 $EO'$ 輸出為 1，因此優先權編碼器 B 不啟動；反之，當優先權編碼器 A 沒有任何資料輸入端啟動時，依據圖 6.2-4(b) 的功能表得知，其 $EO'$ 為 0，因此致能優先權編碼器 B，所以為一個 16 對 4 優先權編碼器電路。

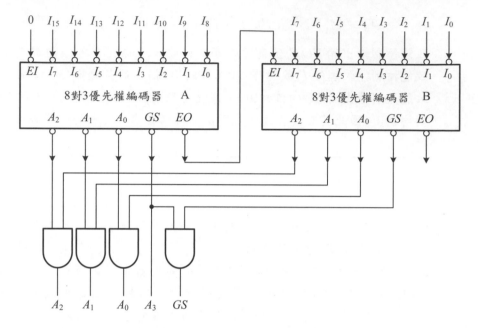

圖 6.2-5: 兩個 8 對 3 優先權編碼器擴充成為一個 16 對 4 優先權編碼器

✔學習重點

**6-16.** 在圖 6.2-5 中的 4 個 AND 閘的功能為何？

**6-17.** 在圖 6.2-5 中，若將優先權編碼器 A 的 $EI'$ 輸入端接於高電位，則電路的功能有何變化？

**6-18.** 是否可以使用兩個圖 6.2-5 的電路擴充為一個具有 32 個輸入端的 32 對 5 優先權編碼器？

## 6.3 多工器

在組合邏輯電路中最常用的電路模組之一為多工器，因為它不但可以當作資料選擇器，同時也可以執行任意交換函數。因此，本節將討論多工器電路的設計與應用。

通道　0

1

2

3

(a) 多工器

傳輸線

同步控制

0　通道

1

2

3

(b) 解多工器

**圖 6.3-1:** 多工器 (4 對 1) 與解多工器 (1 對 4) 的動作

## 6.3.1　多工器電路設計

多工器 (簡稱 MUX) 為一個組合邏輯電路，它能從多個資料輸入端中選取一條資料輸入端，並將其資訊置於單一的資料輸出端上，如圖 6.3-1(a) 所示。它有時也稱為資料選擇器 (data selector)。對於特定資料輸入端的指定由一群來源選擇線 (source selection lines，有時稱為來源位址線，source address) 決定。一般而言，$2^n$ 個資料輸入端必須有 $n$ 條來源選擇線，才能唯一的選取每一條資料輸入端。

典型的 $2^n$ 對 1 (或是稱為 $2^n \times 1$) 多工器的邏輯電路方塊圖如圖 6.3-2 所示。它具有 $n$ 條來源選擇線 $(S_{n-1}, \ldots, S_1, S_0)$，以自 $2^n$ 條資料輸入端 $(I_{2^n-1}, \ldots, I_1, I_0)$ 中，選取任一條。被選取的資料輸入端 $I_i$ 由來源選擇線 $(S_{n-1}, \ldots, S_1, S_0)$ 的二進制組合的等效十進制值 $i$ 決定。例如當選取資料輸入端 $I_i$ 時，其來源選擇線 $(S_{n-1}, \ldots, S_1, S_0)$ 的二進制組合 $(b_{n-1} \ldots b_1 b_0)_2$ 的等效十進制值為 $i$。因此，資料輸入端的位址完全由來源選擇線 $S_{n-1}, \ldots, S_1, S_0$ 決定，其中 $S_{n-1}$ 為 MSB 而 $S_0$ 為 LSB。圖 6.3-2(b) 為一個具有致能 (低電位啟動) 控制的多工器邏輯電路符號。

下列兩個例題分別說明 2 對 1 與 4 對 1 多工器電路的設計方法。

### ■ 例題 6.3-1 (2 對 1 多工器)

2 對 1 多工器為一個具有兩個資料輸入端 $(I_1$ 與 $I_0)$、一個資料輸出端 $(Y)$ 與一個來源選擇線 $(S)$ 的邏輯電路。當來源選擇線 $(S)$ 的值為 0 時，資料輸入端 $I_0$

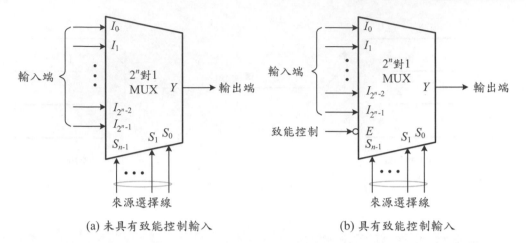

(a) 未具有致能控制輸入                                  (b) 具有致能控制輸入

**圖 6.3-2:** 多工器方塊圖

連接到資料輸出端$(Y)$；當來源選擇線$(S)$的值為1時，資料輸入端$I_1$連接到資料輸出端$(Y)$。試設計此2對1 $(2 \times 1)$多工器電路。

**解：** 依據題意，得到2對1多工器的方塊圖與功能表分別如圖6.3-3(a)與(b)所示。利用變數引入圖化簡得到：

$$Y = S'I_0 + SI_1$$

所以邏輯電路如圖6.3.3(c)所示。

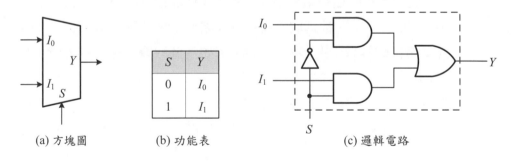

(a) 方塊圖          (b) 功能表                    (c) 邏輯電路

**圖 6.3-3:** 2對1多工器電路

### ■ 例題 6.3-2 (4對1多工器)

4對1多工器為一個具有四個資料輸入端$(I_3$到$I_0)$、一個資料輸出端$(Y)$與兩條來源選擇線$(S_1$與$S_0)$的邏輯電路。當來源選擇線$(S_1S_0)$的值為00時，資

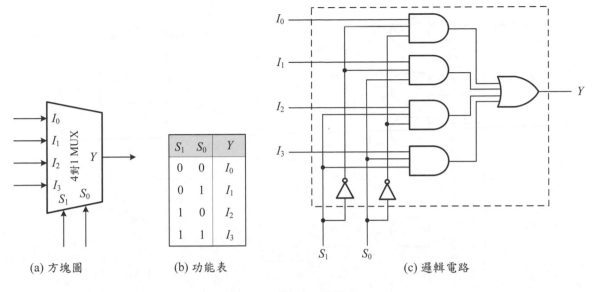

(a) 方塊圖　　　　　(b) 功能表　　　　　　(c) 邏輯電路

圖 **6.3-4:** 4 對 1 多工器電路

料輸入端 $I_0$ 連接到資料輸出端 $(Y)$；當來源選擇線 $(S_1S_0$ 的值為 01 時，資料輸入端 $I_1$ 連接到資料輸出端 $(Y)$；當來源選擇線 $(S_1S_0)$ 的值為 10 時，資料輸入端 $I_2$ 連接到資料輸出端 $(Y)$；當來源選擇線 $(S_1S_0)$ 的值為 11 時，資料輸入端 $I_3$ 連接到資料輸出端 $(Y)$。試設計此 4 對 1 多工器電路。

**解**：4 對 1 多工器的方塊圖與功能表分別如圖 6.3-4(a) 與 (b) 所示。利用變數引入圖化簡得到：

$$Y = S_1'S_0'I_0 + S_1'S_0I_1 + S_1S_0'I_2 + S_1S_0I_3$$

所以邏輯電路如圖 6.3-4(c) 所示。

---

　　在實際應用中，多工器元件的組合方式有兩種：其一為將多個多工器元件並接使用，以構成較大的資料寬度；其二為將多個多工器使用樹狀的方式組合，以形成一個具有較多資料輸入端的多工器電路。前者通常使用在計算機中的資料匯流排 (data bus) 上，因為資料匯流排的寬度通常為 4 條、8 條、16 條，或是 32 條；後者的電路設計方法與應用將於第 6.3.2 節中介紹。

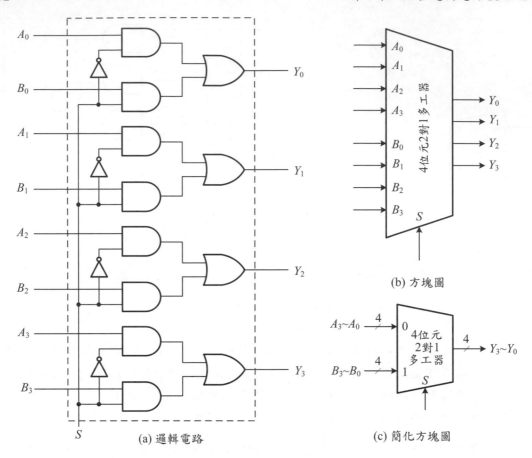

(a) 邏輯電路          (b) 方塊圖          (c) 簡化方塊圖

**圖 6.3-5:** 4位元2對1多工器

---

■ **例題 6.3-3 (4位元2對1多工器)**

利用例題6.3-1的2對1多工器，設計一個4位元2對1多工器。

**解：** 將四個2對1多工器並列在一起，並將其來源選擇線 $S$ 連接在一起即成為一個4位元2對1多工器，如圖6.3-5(a)所示。當來源選擇線 $S$ 值為0時，資料輸入端 $A_3$ 到 $A_0$ 分別連接到資料輸出端 $Y_3$ 到 $Y_0$；當來源選擇線 $S$ 值為1時，資料輸入端 $B_3$ 到 $B_0$ 分別連接到資料輸出端 $Y_3$ 到 $Y_0$。

圖6.3-5(b)所示為一般在邏輯電路中使用的4位元2對1多工器邏輯方塊圖；圖6.3-5(c)為圖6.3-5(b)的簡化方塊圖。

---

與解碼器或是編碼器電路一樣，多工器電路通常也有致能控制線 ($E$)，

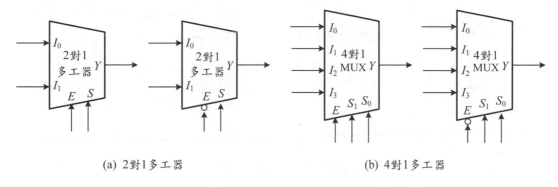

(a) 2對1多工器　　　　　　　　　(b) 4對1多工器

圖 6.3-6: 具有致能控制的多工器

以控制多工器的動作。致能控制線的控制信號也有兩種：高電位與低電位。

　　圖 6.3-6(a) 所示為具有致能控制輸入端的 2 對 1 多工器的邏輯符號，其中一個為高電位啟動方式，另外一個為低電位啟動方式；圖 6.3-6(b) 所示則為具有致能控制輸入端的 4 對 1 多工器的邏輯符號。注意：在高電位啟動的方式中，其致能控制信號輸入端沒有小圓圈，而低電位啟動者則有。在具有致能控制輸入端的多工器中，只有當致能控制線啟動時，該電路才執行多工器的功能，否則其資料輸出端將永遠呈現一個固定的狀態：低電位、高電位，或是高阻抗。

■ 例題 6.3-4 (具有致能控制線的多工器)

　　設計一個具有高電位啟動的 2 對 1 多工器。假設當致能控制不啟動時，多工器的輸出為低電位。

**解：**依據題意，得到圖 6.3-7(a) 與 (b) 所示的方塊圖與功能表。由變數引入圖法化簡得到：

$$Y = ES'I_0 + ESI_1$$

所以邏輯電路如圖 6.3-7(b) 所示。

---

**6.3.1.1 三態緩衝閘與多工器**　由第 3.4.3 節的介紹得知：三態緩衝閘的主要特性為其輸出端的值除了正常的 0 與 1 之外，還有一種類似 "浮接"(floating) 的高阻抗狀態。當一個三態緩衝閘的輸出端處於高阻抗狀態時，其效用為該

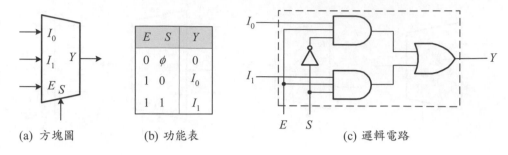

圖 **6.3-7**: 高電位啟動的 2 對 1 多工器

緩衝閘相當於自連接的電路中移開，因而不會影響其它邏輯閘的輸出值。利用此特性，三態緩衝閘與解碼器電路結合之後，也可以設計多工器電路。

　　圖 6.3-8(a) 為一個結合四個三態緩衝閘與一個 2 對 4 解碼器電路的 4 對 1 多工器電路。當解碼器啟動 (即 $E' = 0$) 時，資料輸出端 $(Y)$ 的值將由解碼器的輸出端 $(Y_i)$ 所選取的資料輸入端 $(I_i)$ 決定，若其為 0 則為 0，若其為 1 則為 1。當解碼器不啟動 (即 $E' = 1$) 時，解碼器的所有輸出端的值均為 1，因而所有三態閘均不啟動，其所有輸出端均呈現高阻抗狀態，因此資料輸出端 $(Y)$ 也將呈現高阻抗狀態。

　　圖 6.3-8(b) 與圖 6.3-8(a) 類似也為一個 4 對 1 多工器電路，但是使用 CMOS 傳輸閘取代圖 6.3-8(a) 中的三態邏輯閘。當解碼器啟動 (即 $E' = 0$) 時，資料輸出端 $(Y)$ 的值將由解碼器的輸出端 $(Y_i)$ 所選取的資料輸入端 $(I_i)$ 決定，若其為 0 則為 0，若其為 1 則為 1。當解碼器不啟動 (即 $E' = 1$) 時，解碼器的所有輸出端的值均為 1，因而所有 CMOS 傳輸閘均不啟動，其所有輸出端均呈現高阻抗狀態，因此資料輸出端 $(Y)$ 也將呈現高阻抗狀態。

　　注意：雖然在數位信號的應用上使用三態邏輯閘與使用 CMOS 傳輸閘構成的多工器具有相同的功能，但是讀者必須注意 CMOS 傳輸閘基本上為一個類比開關，當其在導通狀態時，在電源與地電位之間的任何電壓值均可以直接由輸入端傳輸至輸出端。另外值得一提的是：在使用圖 6.3-8 的多工器電路時，必須注意輸出端的高阻抗狀態是否會影響其它電路的正常功能。

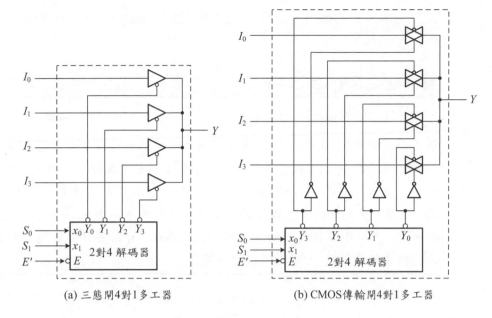

(a) 三態閘4對1多工器　　　　　　　(b) CMOS傳輸閘4對1多工器

圖 6.3-8: 三態緩衝閘與多工器

✔ 學習重點

**6-19.** 在一個 $m$ 個資料輸入端的多工器電路中，一共需要幾條來源選擇線？

**6-20.** 重新設計例題 6.3-1 中的 2 對 1 多工器電路，使其成為高電位啟動方式。

**6-21.** 重新設計例題 6.3-2 中的 4 對 1 多工器電路，使其成為低電位啟動方式。

**6-22.** 試問是否可以使用兩個圖 6.3-8(a) 的 4 對 1 多工器電路擴充為一個 8 對 1 多工器？

**6-23.** 試問是否可以使用兩個圖 6.3-8(b) 的 4 對 1 多工器電路擴充為一個 8 對 1 多工器？

## 6.3.2　多工器的擴充

　　兩個或是多個多工器通常可以組合成一個具有較多資料輸入端的多工器，利用此種方式構成的多工器電路稱為多工器樹 (multiplexer tree)。多工器樹的構成方式，可以使用具有致能資料輸入端的多工器，或是沒有致能資料輸入端的多工器。前者是否僅需要一個解碼器或是也需要一個額外的 OR 閘以組合多工器的輸出,端視多工器是否為三態輸出而定;後者則通常需要使用更多的多工器。

■ 例題 **6.3-5** (多工器樹)

利用兩個例題 6.3-4 的 2 對 1 多工器,設計一個 4 對 1 多工器。

**解:**由於例題 6.3-4 中的 2 對 1 多工器為高電位致能方式,而且當該多工器不啟動時,輸出均為低電位,所以如圖 6.3-9 所示方式組合後,即為一個 4 對 1 多工器。當 $S_1 = 0$ 時,上半部的多工器致能,輸出 $Y$ 為 $I_0$ 或是 $I_1$ 由 $S_0$ 決定;當 $S_1 = 1$ 時,下半部的多工器致能,輸出 $Y$ 為 $I_2$ 或是 $I_3$ 由 $S_0$ 決定。當 $S_1$ 為 0 或是為 1 時,另一個不被致能的多工器輸出均為 0,所以不會影響輸出 $Y$ 的值。因此,圖中的電路為一個 4 對 1 多工器電路。

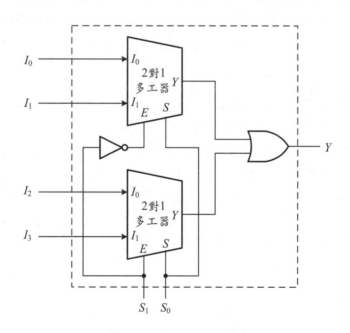

**圖 6.3-9:** 例題 6.3-5 的電路

在例題 6.3-5 中,當構成的 4 對 1 多工器也希望具有致能控制時,有許多方法可以完成。其中較簡單的方法是將資料輸出端的 OR 閘改為一個具有致能控制的 2 對 1 多工器,而其來源選擇輸入端 $S$ 接到 $S_1$。詳細的電路設計,留作習題 (習題 6-12)。

## ■ 例題 6.3-6 (多工器樹)

利用三個不具有致能控制的 2 對 1 多工器,設計一個 4 對 1 多工器。

**解:** 結果的電路如圖 6.3-10 所示。當 $S_1 = 0$ 時,輸出 $Y$ 由上半部的輸入多工器決定,而其為 $I_0$ 或是 $I_1$ 由 $S_0$ 選取;當 $S_1 = 1$ 時,輸出 $Y$ 由下半部的輸入多工器決定,而其為 $I_2$ 或是 $I_3$,則由 $S_0$ 選取。所以為一個 4 對 1 多工器。

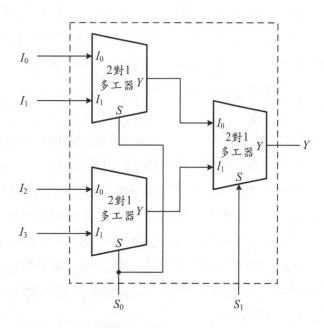

圖 **6.3-10:** 例題 6.3-6 的電路

利用類似的方法,可以將多個多工器依適當的方式,組成一個具有較多資料輸入端的多工器樹。例如將五個 4 對 1 多工器擴充成一個 16 對 1 多工器,兩個 4 對 1 多工器與一個 2 對 1 多工器組成一個 8 對 1 多工器等。由於這些多工器樹的設計方法和上述例題類似,所以不再贅述。

## ✔學習重點

**6-24.** 組成一個 16 對 1 多工器,需要使用多少個 4 對 1 多工器?

**6-25.** 組成一個 64 對 1 多工器,需要使用多少個 2 對 1 多工器?

**6-26.** 組成一個 256 對 1 多工器,需要使用多少個 4 對 1 多工器?

## 6.3.3 執行交換函數

一個 $2^n$ 對 1 多工器具有 $2^n$ 個 AND 個邏輯閘與一個 $2^n$ 個輸入端的 OR 或是 NOR 閘,因此它可以執行一個 $n$ 個變數的交換函數,因為每一個 AND 邏輯閘相當於交換函數中的一個最小項。此外,更多輸入端的多工器亦可以使用較少輸入端的多工器擴充而成,因此,$2^n$ 對 1 多工器為一個通用邏輯模組 (universal logic module,簡稱 ULM),即它可以執行任意的交換函數。

一般而言,一個 $2^n$ 對 1 多工器的輸出交換函數 $(Y)$ 與資料輸入端 $I_i$ 及來源選擇線 $(S_{n-1}, \ldots, S_1, S_0)$ 的二進制組合之關係為:

$$Y = \sum_{i=0}^{2^n-1} I_i m_i$$

其中 $m_i$ 為來源選擇線 $S_{n-1}, \ldots, S_1, S_0$ 等組成的第 $i$ 個最小項。

使用多工器執行交換函數時,可以分成單級多工器與多級多工器電路兩種。單級多工器在使用上較為簡單,而且有系統性的方法可以遵循;多級多工器電路雖然可以使用較少的多工器電路,但是目前並未有較簡單的設計方法可以採用。注意:使用較少資料輸入端的多工器組成的 $2^n$ 對 1 多工器樹,因其功能相當於單一的 $2^n$ 對 1 多工器,因此屬於單級多工器。

使用單級多工器執行一個 $n$ 個變數的交換函數時,通常可以採用下列三種型式的多工器:

1. $2^n$ 對 1 多工器;
2. $2^{n-1}$ 對 1 多工器;
3. $2^{n-m}$ 對 1 多工器。

現在分別討論與舉例說明這三種多工器的執行方法。

**6.3.3.1 $2^n$ 對 1 多工器**　依據第 2.3.2 節的 Shannon 展開定理,對 $n$ 個變數 (這些變數均為多工器的來源選擇線變數) 展開後,得到:

$$f(x_{n-1}, \ldots, x_1, x_0) = x'_{n-1} \ldots x'_1 x'_0 f(0, \ldots, 0, 0) +$$
$$x'_{n-1} \ldots x'_1 x_0 f(0, \ldots, 0, 1) +$$
$$\ldots +$$

$$x_{n-1}\ldots x_1 x_0 f(1,\ldots,1,1)+$$

$$= \sum_{i=0}^{2^n-1} \alpha_i m_i \qquad \text{(標準 SOP 型式)}$$

其中 $m_i$ 為變數 $x_{n-1},\ldots,x_1,x_0$ 的第 $i$ 個最小項；$\alpha_i = f(b_{n-1},\ldots,b_1,b_0)$ 為一個常數 0 或是 1，$i = (b_{n-1},\ldots,b_1,b_0)_2$，即 $i$ 為相當於 $n$ 個變數 $x_{n-1},\ldots,x_1,x_0$ 的二進制組合的十進制值。與 $2^n$ 對 1 多工器的輸出交換函數比較後，得到：

$$I_i = \alpha_i \qquad\qquad (i = 0,1,\ldots,2^n-1)$$

因此 $I_i$ 為一個常數 0 或是 1。換句話說，若欲執行的交換函數 $f$ 的最小項 $m_i$ 的值為 0，則設定多工器的輸入端 $I_i$ 的值為 0，否則設定 $I_i$ 的值為 1。

■ **例題 6.3-7** ($2^n$ 對 1 多工器執行 $n$ 個變數的交換函數)

使用一個 8 對 1 (即 $2^3$ 對 1) 多工器，執行下列交換函數：

$$f(x,y,z) = \Sigma(0,2,3,5,7)$$

**解：** 因為 $f(x,y,z) = m_0 + m_2 + m_3 + m_5 + m_7$，所以

$$\alpha_0 = \alpha_2 = \alpha_3 = \alpha_5 = \alpha_7 = 1 \qquad 而 \qquad \alpha_1 = \alpha_4 = \alpha_6 = 0$$

而 $2^3$ 對 1 多工器的輸出交換函數 $Y$ 為

$$Y = \sum_{i=0}^{7} I_i m_i$$

因此 $I_0 = I_2 = I_3 = I_5 = I_7 = 1$，而 $I_1 = I_4 = I_6 = 0$。結果的邏輯電路如圖 6.3-11 所示。

**6.3.3.2** $2^{n-1}$ **對 1 多工器** 依據 Shannon 展開定理，對 $n-1$ 個變數 (這些變數為多工器的來源選擇線變數) 展開後，得到：

$$f(x_{n-1},\ldots,x_1,x_0) = x'_{n-2}\ldots x'_1 x'_0 f(x_{n-1},0,\ldots,0,0)+$$

$$x'_{n-2}\ldots x'_1 x_0 f(x_{n-1},0,\ldots,0,1)+$$

$$\ldots+$$

$$x_{n-2}\ldots x_1 x_0 f(x_{n-1},1,\ldots,1,1)+$$

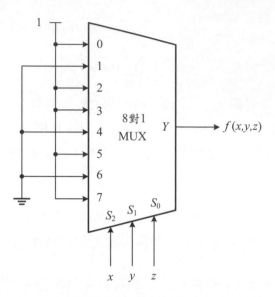

圖 **6.3-11:** 例題 6.3-7 的電路

$$= \sum_{i=0}^{2^{n-1}-1} R_i m_i$$

其中 $m_i$ 為變數 $x_{n-2}, \ldots, x_1, x_0$ 的第 $i$ 個最小項；$R_i$ 則為第 $i$ 個二進制組合下的餘式 (餘式的定義與餘式圖請參閱第 4.4.2 節)。$R_i$ 為 $x_{n-1}$ 的交換函數，即：

$$R_i = f(x_{n-1}, b_{n-2}, \ldots, b_1, b_0) \qquad\qquad i = (b_{n-2}, \ldots, b_1, b_0)_2$$

當然，在對 $n-1$ 個變數展開時，所選取的 $n-1$ 個變數是任意的。與 $2^{n-1}$ 對 1 多工器的輸出交換函數比較後，可以得到：

$$I_i = R_i \qquad\qquad (i = 0, 1, \ldots, 2^{n-1} - 1)$$

因此 $I_i$ 最多僅為變數 $x_{n-1}, \ldots, x_1, x_0$ 中之一個變數的交換函數。

## ■ 例題 6.3-8 ($2^{n-1}$ 對 1 多工器執行 $n$ 個變數的交換函數)

使用一個 4 對 1 (即 $2^{3-1}$ 對 1) 多工器執行下列交換函數：

$$f(x, y, z) = \Sigma(0, 2, 3, 5, 7)$$

**解:** 因為 $f(x, y, z)$ 有三個變數,使用 4 對 1 多工器執行時,只需要兩個來源選擇線變數,所以一共有 $C(3, 2) = 3$ 種展開與執行方式。這些執行方式的餘式圖與邏輯電路如圖 6.3-12 所示。

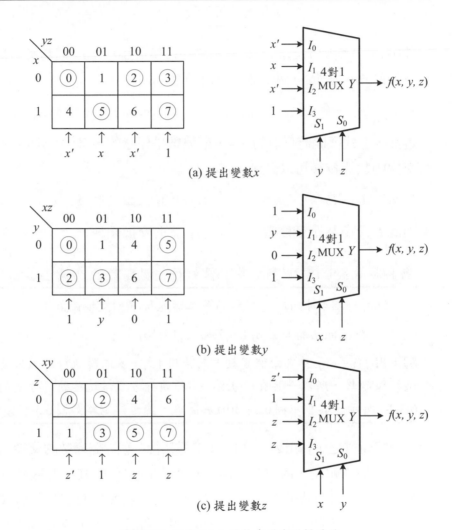

(a) 提出變數 $x$

(b) 提出變數 $y$

(c) 提出變數 $z$

圖 **6.3-12:** 例題 6.3-8 的餘式圖與邏輯電路

**6.3.3.3** $2^{n-m}$ **對 1 多工器** 使用 $2^{n-m}$ 對 1 多工器執行 $n$ 個變數的交換函數時,必須對 $n-m$ 個變數 (這些變數為多工器的來源選擇線變數) 展開,即

$$f(x_{n-1}, \ldots, x_1, x_0) = x'_{n-m-1} \ldots x'_1 x'_0 f(x_{n-1}, \ldots, x_{n-m}, 0, \ldots, 0, 0) +$$

$$x'_{n-m-1}\ldots x'_1 x_0 f(x_{n-1},\ldots,x_{n-m},0,\ldots,0,1)+\ldots+$$

$$x_{n-m-1}\ldots x_1 x_0 f(x_{n-1},\ldots,x_{n-m},1,\ldots,1,1)+$$

$$=\sum_{i=0}^{2^{n-m}-1} R_i m_i$$

其中 $m_i$ 為變數 $x_{n-m-1},\ldots,x_1,x_0$ 的第 $i$ 個最小項；$R_i$ 則為第 $i$ 個二進制組合下的餘式。$R_i$ 為 $m$ 個變數的交換函數，即：

$$R_i = f(x_{n-1},\ldots,x_{n-m},b_{n-m-1},\ldots,b_1,b_0) \quad i=(b_{n-m-1},\ldots,b_1,b_0)_2$$

當然，上式展開時選取的 $n-m$ 個變數是任意的。與 $2^{n-m}$ 對 1 多工器的輸出交換函數比較後可以得到：

$$I_i = R_i \qquad\qquad (i=0,1,\ldots,2^{n-m}-1)$$

因此 $I_i$ 最多為 $m$ 個變數 $x_{n-1},\ldots,x_{n-m}$ 的交換函數。

### ■ 例題 6.3-9 ($2^{n-m}$ 對 1 多工器執行 $n$ 個變數的交換函數)

使用一個 4 對 1 (即 $2^{4-2}$ 對 1) 多工器執行下列交換函數：

$$f(w,x,y,z) = \Sigma(3,4,5,7,9,13,14,15)$$

**解：**因 $f(w,x,y,z)$ 有四個變數，而使用 4 對 1 多工器執行時，只需要兩個來源選擇線變數，所以一共有 $C(4,2)=6$ 種執行方式。這些執行方式的餘式圖如圖 6.3-13 所示。其中以圖 6.3-13(b) 最簡單，其邏輯電路如圖 6.3-13(g) 所示。

總而言之，利用 $2^{n-m}$ 對 1 多工器執行一個 $n$ 個變數的交換函數時，通常需要外加邏輯閘，例如圖 6.3-13 中除了 (b) 之外的其它五種執行方式；利用 $2^{n-1}$ 對 1 多工器時則不必外加邏輯閘，然而必須同時有補數形式與非補數形式的變數，否則可能需要一個 NOT 閘；利用 $2^n$ 對 1 多工器時，則每一個多工器資料輸入端均為常數 0 或是 1 (習題 6-24)。因此一般使用多工器電路執行交換函數時，通常使用 $2^{n-1}$ 對 1 或是 $2^n$ 對 1 多工器的方式。

利用多工器執行交換函數時，目前還沒有一個較簡便的方法可以求出最簡單的執行是使用多少個來源選擇線變數的多工器。因此，欲得到最簡單的多工器電路仍然必須使用餘式圖或是使用解析方式，一一求出各種來源選擇

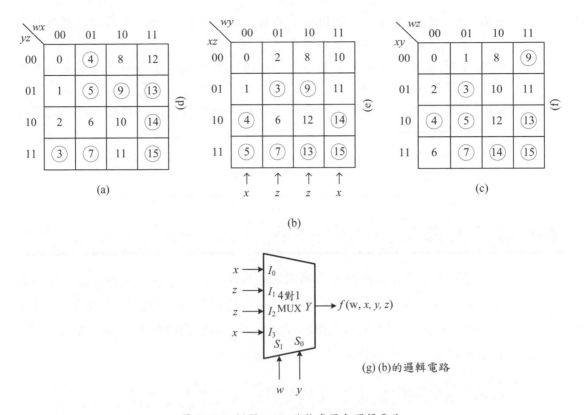

圖 6.3-13: 例題 6.3-9 的餘式圖與邏輯電路

線變數的組合情況，然後找出最簡單的一組執行。當然，讀者必須注意對於 $n$ 個變數的交換函數而言，使用 $n$ 個來源選擇線變數 (即 $2^n$ 對 1) 的多工器必定可以執行該交換函數，這種執行方式為該交換函數最複雜的情況。

　　若使用單級多工器執行一個交換函數時，需要的多工器的資料輸入端數目過多而沒有現成的多工器元件可資使用時，可以將多個多工器元件組成一個較大的多工器樹，然後執行該交換函數。對於某些具有特殊性質的交換函數而言，若仔細分析其最小項彼此之間的關係時，有時候可以得到一個較簡單的多工器電路。習題 6-25 比較使用多工器樹與多級多工器電路的執行方式。

✔學習重點

**6-27.** 為何 $2^n$ 對 1 多工器也稱為通用邏輯模組？

**6-28.** 試簡述 $2^n$ 對 1 多工器的輸出函數 $Y$ 與資料輸入端 $I_i$ 及來源選擇線信號 $S_{n-1},\ldots,S_1,S_0$ 的二進制組合關係。

**6-29.** 當使用 $2^n$ 對 1 多工器執行一個 $n$ 個變數的交換函數時,是否需要外加的邏輯閘?

**6-30.** 當使用 $2^{n-1}$ 對 1 多工器執行一個 $n$ 個變數的交換函數時,是否需要外加的邏輯閘?

**6-31.** 當使用 $2^{n-m}$ 對 1 ($m \neq 1$) 多工器執行一個 $n$ 個變數的交換函數時,是否需要外加的邏輯閘?

## 6.4 解多工器

解多工器也是常用的組合邏輯電路模組之一,它執行與多工器相反的動作,即從單一資料輸入端接收資訊,然後傳送到指定的資料輸出端。本小節中,將依序討論解多工器電路的設計原理、解碼器與解多工器的差異、解多工器的擴充、及如何利用它來執行交換函數。

### 6.4.1 解多工器電路設計

解多工器 (簡稱 DeMUX) 的動作恰好與多工器相反,如圖 6.3-l(b) 所示。解多工器有時也稱為資料分配器 (data distributor)。解多工器是一個具有從單一資料輸入端接收資訊,然後傳送到 $2^n$ 個可能資料輸出端中的一個之組合邏輯電路,其資料輸出端的指定由 $n$ 條標的選擇線 (destination selection lines,或是稱為標的位址線,destination address) 決定。

典型的 1 對 $2^n$ (或是稱為 $1 \times 2^n$) 解多工器的方塊圖如圖 6.4-1 所示。它具有 $n$ 條標的選擇線 $(S_{n-1},\ldots,S_1,S_0)$,以自 $2^n$ 條資料輸出端 $(Y_{2^n-1},\ldots,Y_1,Y_0)$ 中,選取一條以接收資料輸入端的資料。被選取的資料輸出端 $Y_i$ 由標的選擇線的二進制組合的等效十進制值決定。例如當等效十進制值為 $i$ 時,即選取資料輸出端 $Y_i$。因此,資料輸出端的位址完全由標的選擇線 $S_{n-1},\ldots,S_1,S_0$ 決定,其中 $S_{n-1}$ 為 MSB 而 $S_0$ 為 LSB。圖 6.4-1(b) 為一個具有致能 (低電位啟動) 控制的解多工器邏輯電路符號。

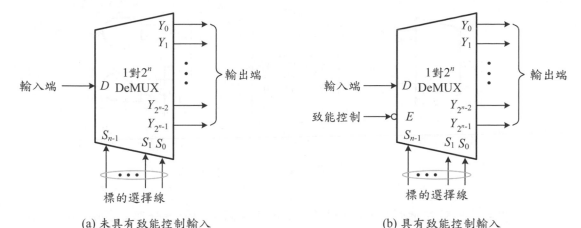

(a) 未具有致能控制輸入          (b) 具有致能控制輸入

圖 6.4-1: 解多工器方塊圖

### ■ 例題6.4-1 (1對2解多工器)

1對2解多工器為一個具有一個資料輸入端($D$)、兩個資料輸出端($Y_0$ 與 $Y_1$) 與一個標的選擇線($S$)的邏輯電路。當標的選擇線($S$)的值為0時,資料輸入端 $D$ 連接到資料輸出端($Y_0$);當標的選擇線($S$)的值為1時,資料輸入端 $D$ 連接到 資料輸出端($Y_1$)。試設計此1對2解多工器電路。

**解:**依據題意,1對2解多工器的方塊圖與功能表分別如圖6.4-2(a)與(b)所示。 利用變數引入圖化簡得:

$$Y_0 = S'D \;;$$

$$Y_1 = SD$$

其邏輯電路如圖6.4-2(c)所示。

### ■ 例題6.4-2 (具有致能控制的1對4解多工器)

一個具有致能控制(低電位啟動)的1對4解多工器為一個具有一個資料輸 入端($D$)、四個資料輸出端($Y_0$ 到 $Y_3$)、兩條標的選擇線($S_1$ 與 $S_0$)與一條致能控 制線($E$)的邏輯電路。當致能控制線($E$)的值為1時,解多工器的四個資料輸出 端均為低電位;當致能控制線($E$)的值為0時,解多工器正常工作,其四個資 料輸出端的值由標的選擇線決定。當標的選擇線($S_1 S_0$)的值為 $i$ 時,資料輸入 端($D$)連接到資料輸出端($Y_i$)。試設計此1對4解多工器電路。

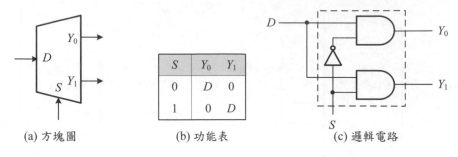

(a) 方塊圖　　　　　　(b) 功能表　　　　　　(c) 邏輯電路

圖 6.4-2: 1 對 2 解多工器

**解**：具有致能控制的 1 對 4 解多工器的方塊圖與功能表分別如圖 6.4-3(a) 與 (b) 所示。利用變數引入圖化簡後得到：

$$Y_0 = E'S_1'S_0'D ; \qquad\qquad Y_1 = E'S_1'S_0 D$$
$$Y_2 = E'S_1 S_0'D ; \qquad\qquad Y_3 = E'S_1 S_0 D$$

其邏輯電路如圖 6.4-3(c) 所示。

其它較多資料輸出端的解多工器，可以使用類似的方法設計。

**6.4.1.1 解碼器與解多工器** 比較圖 6.1-1 與圖 6.4-1 可以得知：解碼器與解多工器的基本差別在於解多工器多了一個資料輸入端 (D)，然而比較兩者的

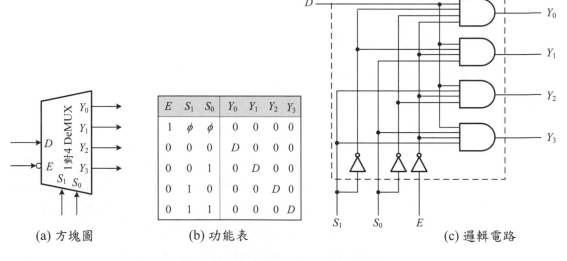

(a) 方塊圖　　　　　(b) 功能表　　　　　(c) 邏輯電路

圖 6.4-3: 具有致能控制的 1 對 4 解多工器

功能表 (例如圖 6.1-2(b) 與圖 6.4-3(b)) 可以得到下列結論：具有致能控制輸入端的解碼器，若將其致能控制輸入端當做資料輸入端，則可以當作解多工器使用；解多工器若將其資料輸入端當作致能控制線，則其等效電路也為一個解碼器。因此由組合邏輯電路的觀點而言，解碼器與解多工器的邏輯功能相同。

**6.4.1.2　三態緩衝閘與解多工器**　與設計多工器電路相同的原理，三態緩衝閘與解碼器電路結合之後，也可以設計解多工器電路。圖 6.4-4(a) 為一個結合四個三態緩衝閘與一個 2 對 4 解碼器電路的 1 對 4 解多工器電路。當解碼器啟動 (即 $E' = 0$) 時，資料輸入端 ($D$) 的信號將傳送至由解碼器的輸出端 ($Y_i$) 所選取的資料輸出端 ($Y_i$) 上。當解碼器不啟動 (即 $E' = 1$) 時，解碼器的所有輸出端的值均為 1，因而所有三態閘均不啟動，其所有輸出端均呈現高阻抗狀態，因此所有資料輸出端 ($Y_i$) 也都呈現高阻抗狀態。

圖 6.4-4(b) 與圖 6.4-4(a) 類似也為一個 1 對 4 解多工器電路，但是使用 CMOS 傳輸閘取代圖 6.4-4(a) 中的三態邏輯閘。當解碼器啟動 (即 $E' = 0$) 時，資料輸入端 ($D$) 的資料將傳送至由解碼器的輸出端 ($Y_i$) 所選取的資料輸出端 ($Y_i$) 上。當解碼器不啟動 (即 $E' = 1$) 時，解碼器的所有輸出端的值均為 1，因而所有 CMOS 傳輸閘均不啟動，其所有輸出端均呈現高阻抗狀態，因此所有資料輸出端 ($Y_i$) 也都呈現高阻抗狀態。

注意：雖然在數位信號的應用上使用三態邏輯閘與使用 CMOS 傳輸閘構成的解多工器具有相同的功能，但是讀者必須注意 CMOS 傳輸閘基本上為一個類比開關，當其在導通狀態時，在電源與地電位之間的任何電壓值均可以直接由輸入端傳輸至輸出端。注意：在使用圖 6.4-4 的解多工器電路時，必須注意輸出端的高阻抗狀態是否會影響其它電路的正常功能。

✔**學習重點**

**6-32.** 在一個 $m$ 個資料輸出端的解多工器電路中，共需要幾條標的選擇線？

**6-33.** 重新設計例題 6.4-1 中的 1 對 2 解多工器電路，使其成為高電位啟動方式。

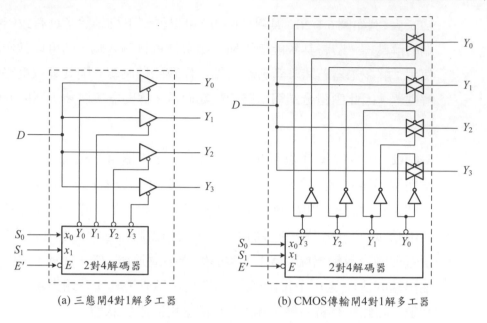

(a) 三態閘 4 對 1 解多工器          (b) CMOS 傳輸閘 4 對 1 解多工器

**圖 6.4-4:** 三態緩衝閘與解多工器

**6-34.** 重新設計例題 6.4-2 中的 1 對 4 解多工器電路，使其成為高電位啟動方式。

**6-35.** 試問是否可以使用兩個圖 6.4-4(a) 的 1 對 4 解多工器電路擴充為一個 1 對 8 解多工器？

**6-36.** 試問是否可以使用兩個圖 6.4-4(b) 的 1 對 4 解多工器電路擴充為一個 1 對 8 解多工器？

## 6.4.2 解多工器的擴充

在實際應用中，也常常將多個具有致能控制的解多工器依適當的方式組合，以形成較多資料輸出端的解多工器樹 (demultiplexer tree)。在建構兩層的解多工器樹時，若使用具有致能控制的解多工器時，需要一個外加的解碼器；若使用未具有致能控制的解多工器時，則需要一個額外的解多工器。

### ■ 例題 6.4-3 (解多工器樹)

利用兩個具有致能控制的 1 對 4 解多工器，設計一個 1 對 8 解多工器電路。

**解**：如圖 6.4-5 所示。當 $S_2 = 0$ 時，上半部的解多工器致能，而下半部的解多工器不啟動，輸出均為 0；當 $S_2 = 1$ 時，則下半部的解多工器致能，而上半部的解多工器不啟動，輸出均為 0，所以為一個 1 對 8 解多工器電路。注意 NOT 閘的功能為一個 1 對 2 解碼器。

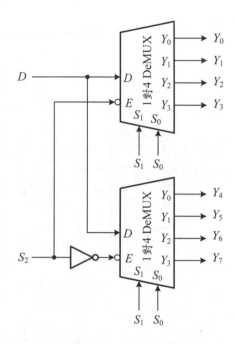

**圖 6.4-5:** 例題 6.4-3 的邏輯電路

■ **例題 6.4-4 (解多工器樹)**

利用五個 1 對 4 解多工器，設計一個 1 對 16 解多工器電路。

**解**：如圖 6.4-6 所示，第一級的解多工器由 $S_3$ 與 $S_2$ 兩個標的選擇線選取資料輸出端，其資料輸出端 $(Y_i)$ 接往第二級的第 $i$ 個解多工器的資料輸入端 $(D)$。第二級的解多工器由 $S_1$ 與 $S_0$ 兩個標的選擇線選取資料輸出端。讀者不難由圖 6.4-6 證明資料輸入端 $(D)$ 的資料可以正確的傳送到由標的選擇線 $(S_3, S_2, S_1, S_0)$ 所選取的資料輸出端 $(Y_i)$ 上，因此為一個 1 對 16 解多工器電路。

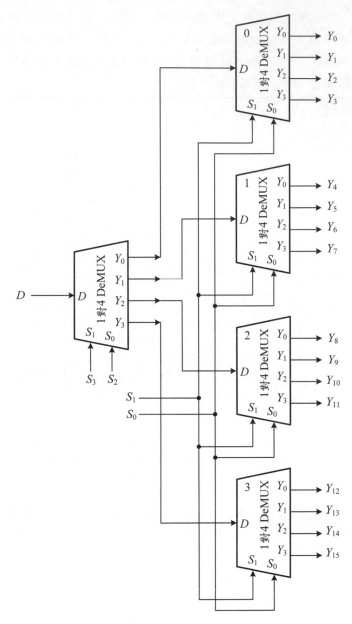

**圖 6.4-6:** 例題 6.4-4 的邏輯電路

---

✔學習重點

6-37. 組成一個 1 對 8 解多工器，需要使用多少個 1 對 2 解多工器？

**6-38.** 組成一個 1 對 32 解多工器,需要使用多少個 1 對 4 解多工器?

**6-39.** 組成一個 1 對 64 解多工器,需要使用多少個 1 對 2 解多工器?

**6-40.** 組成一個 1 對 256 解多工器,需要使用多少個 1 對 4 解多工器?

### 6.4.3 執行交換函數

基本上具有致能控制輸入端的解碼器與解多工器電路是等效的。因此,在執行交換函數時也具有相同的特性:即它們都需要外加的邏輯閘。與解碼器電路一樣,解多工器的每一個資料輸出端也恰好可以執行一個最小項,因此只需要將適當的解多工器資料輸出端連接至一個 OR 閘的輸入端,即可以執行一個需要的交換函數。

**■ 例題 6.4-5 (執行交換函數)**

利用一個 1 對 8 解多工器執行下列交換函數:

$$f(x, y, z) = \Sigma(3, 5, 6, 7)$$

**解:** 如圖 6.4-7 所示。利用一個 4 個輸入端的 OR 閘,將解多工器的資料輸出端 3、5、6、與 7 等 OR 後,即為所求。

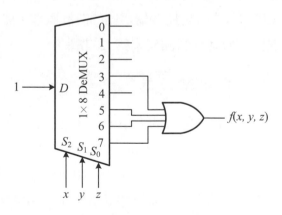

**圖 6.4-7:** 例題 6.4-5 的邏輯電路

使用多工器執行多輸出交換函數時,每一個交換函數必須使用一個多工器(即為單輸出交換函數的執行方式);使用解碼器或是解多工器時,解碼器或是解多工器可以由所有的輸出交換函數共用,每一個輸出交換函數只需要一個 OR 閘(或是 NAND 閘)而已。所以對於一組多輸出的交換函數而言,使用解碼器或是解多工器執行時,通常較使用多工器為經濟。

✔學習重點

**6-41.** 比較使用多工器與解多工器執行交換函數時的差異?

**6-42.** 為何解多工器元件也可以執行交換函數?

**6-43.** 執行一個 $n$ 個變數的交換函數時,需要使用多少個資料輸出端的解多工器與一個 OR 閘?

## 6.5 比較器

除了前面各節所討論的解碼器、編碼器、多工器、解多工器等組合邏輯電路模組之外,在數位系統中用以比較兩個數目大小的大小比較器也是一個常用的組合邏輯電路模組。當一個組合邏輯電路僅能比較兩個數是否相等時,稱為比較器 (comparator) 或是相等偵測器 (equality detector)。當一個組合邏輯電路不但能比較兩個數是否相等而且亦可以指示出兩個數之間的算數關係 (arithmetic relationship) 時,稱為大小比較器 (magnitude comparator)。在本小節中,我們首先討論比較器電路的設計原理,然後敘述大小比較器電路的設計原理與如何將它們擴充成較大的電路。

### 6.5.1 比較器電路設計

一個能夠比較兩個數的大小,並且指示出它們是否相等的邏輯電路,稱為比較器或是相等偵測器。回顧 XNOR 閘的動作為:當其兩個輸入端邏輯值相等時,其輸出值為 1;不相等時,輸出值為 0。因此,一個 $n$ 位元的相等偵測器可以由適當地組合一定數量的 XNOR 閘與 AND 閘而獲得。例如下列例題。

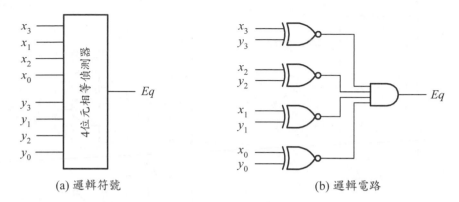

(a) 邏輯符號　　　　　　　　　　　　(b) 邏輯電路

圖 **6.5-1**: 4 位元相等偵測器

■ 例題 **6.5-1** (**n** 位元相等偵測器)

　　如圖 6.5-1 所示為一個 4 位元的相等偵測器，它由四個 XNOR 閘與一個 AND 閘組成。欲建構一個 $n$ 位元的相等偵測器，至少有兩種方法。第一種方法為將 $n$ 個輸入分成 $\lceil \frac{n}{4} \rceil$ 組，然後使用 4 位元的相等偵測器為基本模組，每一組使用一個。最後，使用一個 AND 樹(AND tree)整合各個模組的比較結果。此種方法需要 $n$ XNOR 閘與 $(n-1)$ 2-輸入 AND 閘。結果的相等偵測器一共需要 $(\lceil \log_2(n-1) \rceil + 1)t_{pd}$，其中 $t_{pd}$ 為 XNOR 與 AND 邏輯閘的傳播延遲時間。

　　另外一種方法為使用由 $n$ 個 XNOR 閘與 $n-1$ 個 AND 閘組成的線性結構，以直接比較兩個 $n$ 位元的輸入。然而，此種方法需要 $n$ 級的傳播延遲時間，即 $nt_{pd}$，其中每一級均由 XNOR 閘與 AND 閘組成。因此，在相同的硬體資源下，這種方法需要較長的傳播延遲時間。

## 6.5.2　大小比較器電路設計

　　兩個數目 $A$ 與 $B$ 比較時，有三種結果：$A > B$、$A = B$、$A < B$ 等。一個 $n$ 位元比較器為一個具有比較兩個 $n$ 位元數目的大小，並指示與輸出比較結果：$O_{A>B}$、$O_{A=B}$、$O_{A<B}$ 等的組合邏輯電路。

■ 例題 **6.5-2** (**2** 位元大小比較器電路)

　　設計一個 2 位元比較器，其資料輸入端為 $A_1$、$A_0$ 與 $B_1$、$B_0$，而資料輸出端為 $O_{A>B}$、$O_{A=B}$、與 $O_{A<B}$。

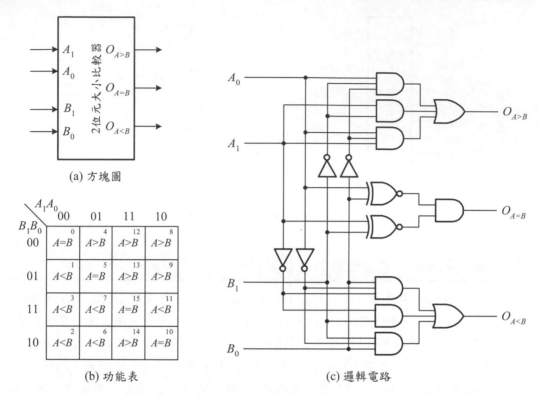

(a) 方塊圖

(b) 功能表

(c) 邏輯電路

**圖 6.5-2:** 例題 6.5-2 的電路

**解：**依據題意，得到 2 位元比較器的方塊圖與卡諾圖 (即真值表) 分別如圖 6.5-2(a) 與 (b) 所示。化簡後得到：

$$O_{A>B} = A_0 B_1' B_0' + A_1 B_1' + A_1 A_0 B_0'$$

$$O_{A=B} = A_1' A_0' B_1' B_0' + A_1' A_0 B_1' B_0 + A_1 A_0 B_1 B_0 + A_1 A_0' B_1 B_0'$$

$$= (A_1' B_1' + A_1 B_1)(A_0' B_0' + A_0 B_0)$$

$$= (A_1 \odot B_1)(A_0 \odot B_0)$$

$$O_{A<B} = A_1' A_0' B_0 + A_1' B_1 + A_0' B_1 B_0$$

其邏輯電路如圖 6.5-2(c) 所示。

在實際應用上，為了讓比較器電路能夠具有擴充能力，一般在設計比較器電路時，通常還包括三個資料輸入端：$I_{A>B}$、$I_{A=B}$、$_{A<B}$，以輸入前一個比較器電路級的比較結果。具有擴充能力的 2 位元大小比較器電路設計留予

讀者當作習題（習題 6-36）。

　　接著以 4 位元比較器電路為例，說明比較器電路的設計方法。若設欲比較的兩個 4 位元的數目分別為 $A = A_3A_2A_1A_0$ 與 $B = A_3A_2A_1A_0$，則在比較 $A$ 與 $B$ 兩個數目的大小時，首先由最大有效位元 ($A_3$ 與 $B_3$) 開始，若 $A_3 \neq B_3$，則 $A$ 與 $B$ 兩個數目的大小已經可以得知，因為當 $A_3$ 為 0 時，$A < B$，當 $A_3$ 為 1 時，$A > B$。但是若 $A_3 = B_3$ 時，則必須繼續比較其次的位元：$A_2$ 與 $B_2$，若此時 $A_2 \neq B_2$，則與比較最大有效位元時相同的理由，$A$ 與 $B$ 兩個數目的大小已經可以得知。如此依序由最大有效位元往低序有效位元一一比較兩個數目 $A$ 與 $B$ 中的對應位元的值，即可以決定兩個數目的相對大小。

　　決定兩個位元是否相等的電路為 XNOR 邏輯閘，因其輸出端的值只在當兩個輸入端 $x$ 與 $y$ 的值相等時為 1，否則為 0；決定一個位元是否大於另一個位元的方法為：若設 $A_3$ 為 0 而 $B_3$ 為 1，則若 $A_3'B_3$ 的值為 1，表示 $A_3 < B_3$，否則表示 $A_3 \geq B_3$。

　　下列例題說明如何使用上述原理，設計一個具有擴充性的 4 位元比較器電路。

### ■ 例題 6.5-3 (4 位元比較器電路設計)

　　設計一個 4 位元比較器，其功能表與方塊圖分別如圖 6.5-3(a) 與 (b) 所示。

**解：**依圖 6.5-3(a) 的功能表得知：

$$O'_{A>B} = A_3'B_3 + (A_3 \odot B_3)A_2'B_2 + (A_3 \odot B_3)(A_2 \odot B_2)A_1'B_1$$
$$+ (A_3 \odot B_3)(A_2 \odot B_2)(A_1 \odot B_1)A_0'B_0$$
$$+ (A_3 \odot B_3)(A_2 \odot B_2)(A_1 \odot B_1)(A_0 \odot B_0)I_{A<B}$$
$$+ (A_3 \odot B_3)(A_2 \odot B_2)(A_1 \odot B_1)(A_0 \odot B_0)I_{A=B}$$

$$O'_{A<B} = A_3B_3' + (A_3 \odot B_3)A_2B_2' + (A_3 \odot B_3)(A_2 \odot B_2)A_1B_1'$$
$$+ (A_3 \odot B_3)(A_2 \odot B_2)(A_1 \odot B_1)A_0B_0'$$
$$+ (A_3 \odot B_3)(A_2 \odot B_2)(A_1 \odot B_1)(A_0 \odot B_0)I_{A>B}$$
$$+ (A_3 \odot B_3)(A_2 \odot B_2)(A_1 \odot B_1)(A_0 \odot B_0)I_{A=B}$$

$$O_{A=B} = (A_3 \odot B_3)(A_2 \odot B_2)(A_1 \odot B_1)(A_0 \odot B_0)I_{A=B}$$

所以其邏輯電路如圖 6.5-3(b) 所示。注意圖中電路，$O'_{A>B}$ 與 $O'_{A<B}$，為兩級的 A-O-I (AND-OR-INVERT) 電路。

---

✔學習重點

**6-44.** 如何使用邏輯電路決定兩個位元的相對大小？

**6-45.** 試設計一個單一位元的比較器電路。

---

## 6.5.3 比較器的擴充

　　由於在實際的數位系統應用中，通常兩個欲比較大小的數目的長度不只為 4 位元，因此必須將多個比較器串接成一個較多位元的比較器電路，以符合實際上的需求。

| 資料輸入 | | | | 串級輸入 | | | 串級輸出 | | |
|---|---|---|---|---|---|---|---|---|---|
| $A_3, B_3$ | $A_2, B_2$ | $A_1, B_1$ | $A_0, B_0$ | $I_{A>B}$ | $I_{A=B}$ | $I_{A<B}$ | $O_{A>B}$ | $O_{A=B}$ | $O_{A<B}$ |
| $A_3>B_3$ | $\phi$ | $\phi$ | $\phi$ | $\phi$ | $\phi$ | $\phi$ | 1 | 0 | 0 |
| $A_3<B_3$ | $\phi$ | $\phi$ | $\phi$ | $\phi$ | $\phi$ | $\phi$ | 0 | 0 | 1 |
| $A_3=B_3$ | $A_2>B_2$ | $\phi$ | $\phi$ | $\phi$ | $\phi$ | $\phi$ | 1 | 0 | 0 |
| $A_3=B_3$ | $A_2<B_2$ | $\phi$ | $\phi$ | $\phi$ | $\phi$ | $\phi$ | 0 | 0 | 1 |
| $A_3=B_3$ | $A_2=B_2$ | $A_1>B_1$ | $\phi$ | $\phi$ | $\phi$ | $\phi$ | 1 | 0 | 0 |
| $A_3=B_3$ | $A_2=B_2$ | $A_1<B_1$ | $\phi$ | $\phi$ | $\phi$ | $\phi$ | 0 | 0 | 1 |
| $A_3=B_3$ | $A_2=B_2$ | $A_1=B_1$ | $A_0>B_0$ | $\phi$ | $\phi$ | $\phi$ | 1 | 0 | 0 |
| $A_3=B_3$ | $A_2=B_2$ | $A_1=B_1$ | $A_0<B_0$ | $\phi$ | $\phi$ | $\phi$ | 0 | 0 | 1 |
| $A_3=B_3$ | $A_2=B_2$ | $A_1=B_1$ | $A_0=B_0$ | 1 | 0 | 0 | 1 | 0 | 0 |
| $A_3=B_3$ | $A_2=B_2$ | $A_1=B_1$ | $A_0=B_0$ | 0 | 0 | 1 | 0 | 0 | 1 |
| $A_3=B_3$ | $A_2=B_2$ | $A_1=B_1$ | $A_0=B_0$ | $\phi$ | 1 | $\phi$ | 0 | 1 | 0 |
| $A_3=B_3$ | $A_2=B_2$ | $A_1=B_1$ | $A_0=B_0$ | 1 | 0 | 1 | 0 | 0 | 0 |
| $A_3=B_3$ | $A_2=B_2$ | $A_1=B_1$ | $A_0=B_0$ | 0 | 0 | 0 | 1 | 0 | 1 |

(a) 功能表

**圖 6.5-3:** 4 位元比較器 (74x85)

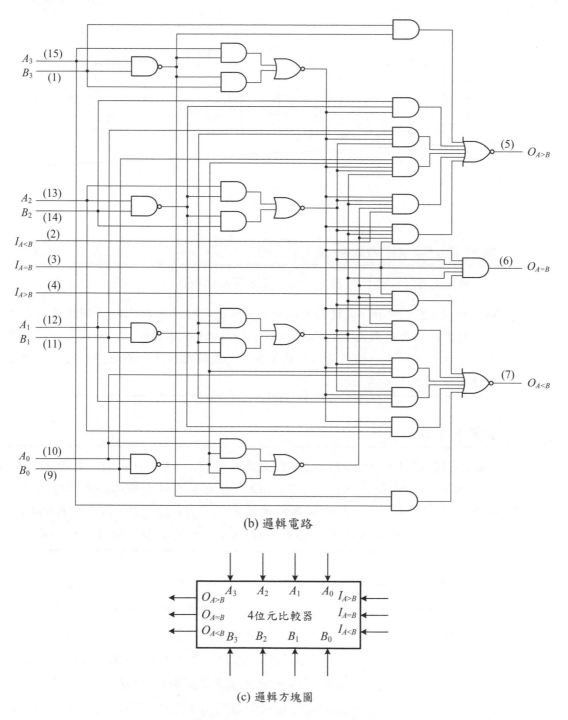

(b) 邏輯電路

(c) 邏輯方塊圖

**圖 6.5-3:** (續) 4 位元比較器 (74x85)

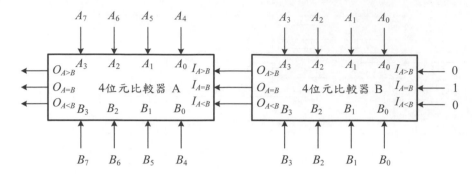

圖 6.5-4: 例題 6.5-4 的電路 (8 位元比較器)

## ■ 例題 6.5-4 (比較器的擴充)

利用兩個 4 位元比較器，設計一個 8 位元比較器。

**解：** 如圖 6.5-4 所示方式連接即為一個 8 位元比較器。在比較兩個數目的大小時，我們是依序由最大有效位元(MSB)開始往低序有效位元一一比較兩個數目中的位元值，一次一個位元。若是相等，則繼續比較下一個低序位元，直到可以決定它們的大小為止。

## ✔ 學習重點

**6-46.** 在圖 6.5-4 中，若將比較器 $B$ 的輸入端 $(I_{A>B}I_{A=B}I_{A<B})$ 設定為 111 時，比較器 A 的輸出端 $(O_{A>B}O_{A=B}O_{A<B})$ 是否可以正確的指示出結果？

**6-47.** 在圖 6.5-4 中，若將比較器 $B$ 的輸入端 $(I_{A>B}I_{A=B}I_{A<B})$ 設定為 000 時，比較器 A 的輸出端 $(O_{A>B}O_{A=B}O_{A<B})$ 是否可以正確的指示出結果？

# 6.6 算術運算電路設計

加法運算為數位系統中最基本的算術運算。若一個數位系統的硬體能夠執行兩個二進制數目的加法，則其它三種基本的算術運算都可以利用此加法運算硬體完成：減法運算可以藉著加法電路將減數的 2 補數加到被減數上完成；乘法運算可以由連續的執行加法運算而得；除法運算則由連續地執行減法運算完成。

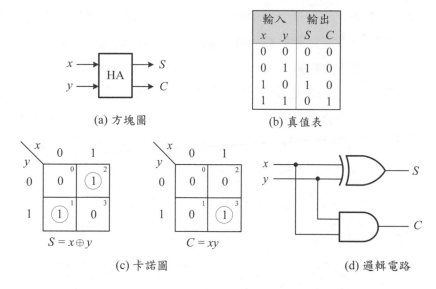

圖 **6.6-1:** 半加器

　　在早期的數位系統中，由於硬體成本較高，因而通常只有加法運算的硬體電路，而其它三種算術運算則由適當地重複使用，或是規劃加法硬體電路的方式完成。目前，由於 VLSI 技術的成熟與高度發展，促使硬體電路成本顯著的下降，在許多實用的數位系統中，上述四種基本的算術運算通常直接使用各別的硬體電路完成，以提高運算速度。因此，在本節中將討論這些基本的算術運算電路。

## 6.6.1 二進制加/減法運算電路

　　加法運算電路為任何算術運算的基本電路，其中可以將兩個單一個位元的數目相加，而產生一個位元的和 (sum) 與一個位元的進位 (carry) 輸出的電路稱為半加器 (half adder，HA)；能夠將三個 (其中兩個為輸入的單一位元數目，而另外一個為前一級的進位輸出) 單一位元的數目相加，而產生一個位元的和與一個位元的進位輸出的電路稱為全加器 (full adder，FA)。半加器電路之所以如此稱呼是因為使用兩個半加器電路可以構成一個全加器電路。

**6.6.1.1** **半加器** 半加器 (HA) 為一個最基本的加法運算電路。由於執行一個完整的加法運算，需要兩個這種電路，因此稱為半加器。如圖 6.6-1(a) 所示，它具有兩個資料輸入端 (加數，addend 與被加數，augend) $x$ 與 $y$ 及兩個資料輸出端 $S$ (和) 與 $C$ (進位輸出)。當兩個資料輸入端皆為 0 時，和與進位均為 0；當只有一個資料輸入端為 1 時，和為 1 而進位為 0；當兩個資料輸入端均為 1 時，和為 0 而進位為 1。這些關係列於圖 6.6-1(b) 的真值表中。利用圖 6.6-1(c) 的卡諾圖，得到 $S$ 與 $C$ 的最簡式分別為：

$$S = xy' + x'y = x \oplus y$$

與

$$C = xy$$

其邏輯電路如圖 6.6-1(d) 所示。

**6.6.1.2** **全加器** 全加器 (FA) 電路的方塊圖如圖 6.6-2(a) 所示。它具有三個資料輸入端 $x$、$y$、$C_{in}$ (加數、被加數、進位輸入) 和兩個資料輸出端 $S$ (和) 與 $C_{out}$ (進位輸出)。其中 $C_{in}$ 為來自前級的進位輸出；$C_{out}$ 為本級產生的進位輸出。全加器的真值表如圖 6.6-2(b) 所示。利用圖 6.6-2(c) 的卡諾圖化簡後，得到 $S$ 與 $C_{out}$ 的最簡式分別為：

$$S = x \oplus y \oplus C_{in} = (x \oplus y) \oplus C_{in}$$

與

$$C_{out} = xy + x'y + xy'C_{in} = xy + C_{in}(x \oplus y)$$

其邏輯電路如圖 6.6-2(d) 所示。

比較圖 6.6-1(d) 與圖 6.6-2(d) 的電路可以得知：全加器電路可以由兩個半加器電路與一個 OR 閘組成。另外值得一提的是圖 6.6-2(d) 的電路只是全加器電路的一種執行方式，其它不同的執行方式請參考第 5.1.1 與第 5.1.2 節。

**6.6.1.3** **並行加法器** 在實際應用上，通常需要一次執行 $n$ 個 ($n$ 值通常為 4、8、16、32、64) 位元的加法運算。這種較多位元的加法運算電路的設計，當然也可以直接列出 $n$ 個位元加法器的真值表，然後設計其邏輯電路。但是這

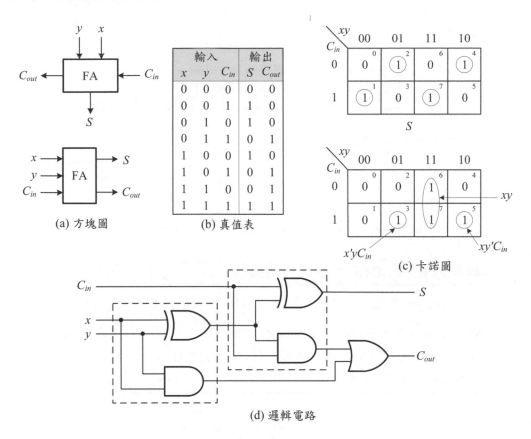

圖 **6.6-2**: 全加器

種方法通常不容易處理，例如對於 4 個位元的加法器電路而言，其真值表一共有 $2^9$ (加數與被加數各為 4 位元及一個進位輸入位元 $C_{in}$) = 512 個組合，其設計程序相當複雜，很難處理。因此，對於一個 $n$ 位元 (並行) 加法器電路的設計而言，一般均採用模組化設計的方式，即設計一個較少位元的加法器電路，然後將其串接以形成需要的位元數。

■ 例題 **6.6-1** (**4 位元並行加法器**)

利用圖 6.6-2 的全加器電路，設計一個 4 位元並行加法器。

**解：**如圖 6.6-3 所示，將較小有效位元的全加器的進位輸出 $(C_{out})$ 串接至次一較大有效位元的全加器的進位輸入 $(C_{in})$，並且將 $C_0$ 設定為 0 即可。

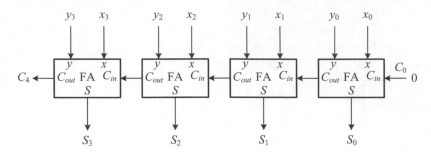

圖 **6.6-3:** 4 位元並行加法器

下面例題說明 4 位元並行加法器的一項簡單應用。

■ 例題 **6.6-2** (BCD 對加三碼的轉換)

利用 4 位元並行加法器，設計一個 BCD 碼對加三碼的轉換電路。

**解：** 因為加三碼是將每一個對應的 BCD 碼加上 0011 而形成的，因此只需要使用一個 4 位元並行加法器，將每一個輸入的 BCD 碼加上 0011 後，即形成對應的加三碼，如圖 6.6-4 所示。

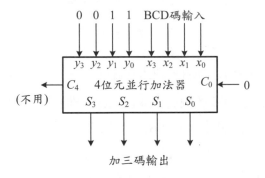

圖 **6.6-4:** 使用 4 位元並行加法器的 BCD 碼對加三碼轉換電路

**6.6.1.4 進位前瞻加法器** 雖然圖 6.6-3 的並行加法器電路一次可以執行 4 個位元的加法運算，但是若考慮到進位的傳播延遲特性，該電路依然一次只能執行一個位元的加法運算。因為在執行加法運算之前，雖然加數與被加數可以同時取得，但是每一個全加器都必須等到前一級的進位產生 (或決定) 之

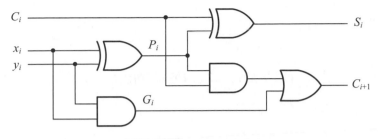

**圖 6.6-5:** 第 $i$ 級全加器電路

後，才能產生與輸出正確的結果，並且將產生的進位輸出到下一級的電路中。這種加法器電路顯然地表現出進位依序傳播的特性，即進位將由最小有效位元 (LSB) 依序傳播到最大有效位元 (MSB) 上，因此稱為漣波進位加法器 (ripple-carry adder，RCA)。

　　一個多位元的漣波進位加法器在完成最後一級 (即整個) 的加法運算前，必須等待一段相當長的進位傳播時間。一個解決的方法是經由進位前瞻 (carry lookahead) 電路，同時產生每一級所需要的進位輸入，因此消除在漣波進位加法器中的進位必須依序傳播的特性。為方便討論，將圖 6.6-2(d) 的全加器電路重新畫於圖 6.6-5 中。

　　進位前瞻電路的基本原理是所有 $n$ 個加法器電路的進位輸入，可以直接由欲相加的兩個 $n$ 位元數目的位元值求出，而不需要依序由 $n$ 個加法器電路的進位輸出電路產生。為說明這項原理，請參考圖 6.6-5 的電路，它為 $n$ 位元並行加法器的第 $i$ 級全加器。圖中第一級的 XOR 閘的輸出端標示為 $P_i$，稱為進位傳播 (carry propagate)，因為它將可能的進位由第 $i$ 級 $(C_i)$ 傳播到第 $i+1$ 級 $(C_{i+1})$；第一級的 AND 閘輸出端標示為 $G_i$，稱為進位產生 (carry generate)，因為當 $x_i$ 與 $y_i$ 皆為 1 時，即產生進位而與進位輸入 $C_i$ 無關。因此

$$P_i = x_i \oplus y_i$$

而

$$G_i = x_i y_i$$

將 $S_i$ 與 $C_{i+1}$ 以 $P_i$ 與 $G_i$ 表示後，得到：

$$S_i = P_i \oplus C_i$$

而

$$C_{i+1} = G_i + P_i C_i$$

利用上式，可以得到每一級的進位輸出：

$$C_1 = G_0 + P_0 C_0$$

$$C_2 = G_1 + P_1 C_1 = G_1 + P_1(G_0 + P_0 C_0) = G_1 + P_1 G_0 + P_1 P_0 C_0$$

$$C_3 = G_2 + P_2 C_2 = G_2 + P_2(G_1 + P_1 G_0 + P_1 P_0 C_0)$$

$$= G_2 + P_2 G_1 + P_2 P_1 G_0 + P_2 P_1 P_0 C_0$$

$$C_4 = G_3 + P_3 C_3 = G_3 + P_3(G_2 + P_2 G_1 + P_2 P_1 G_0 + P_2 P_1 P_0 C_0)$$

$$= G_3 + P_3 G_2 + P_3 P_2 G_1 + P_3 P_2 P_1 G_0 + P_3 P_2 P_1 P_0 C_0$$

因此，所有的進位輸出皆在兩個邏輯閘的傳播延遲後得到，而與級數的多寡無關。產生上述進位輸出的電路稱為進位前瞻產生器 (carry lookahead generator)，如圖 6.6-6 所示。

在產生所有位元需要的進位位元值之後，加法器的總和可以由下列交換表式求得：

$$S_0 = P_0 \oplus C_0$$

$$S_1 = P_1 \oplus C_1$$

$$S_2 = P_2 \oplus C_2$$

$$S_3 = P_2 \oplus C_3$$

利用此電路，可以設計一個 4 位元進位前瞻加法器 (carry lookahead adder，CLA)，如圖 6.6-6 所示。整個進位前瞻加法器分成三級：$PG$ 產生邏輯、進位前瞻產生器、和產生邏輯。$PG$ 產生邏輯中的 XOR 閘產生 $P_i$ 變數，而 AND 閘產生 $G_i$ 變數，產生的 $P_i$ 與 $G_i$ 經過兩級的進位前瞻產生器後，經由第三級的和產生邏輯中的 XOR 閘產生最後的總和。典型的 4 位元進位前瞻加法器為 74LS283。

**6.6.1.5 減法器** 減法器電路可以使用與加法器電路類似的方法設計，即先設計一個單一位元的全減器電路 (習題 6-43 與 6-44)，然後使用多個全減器電

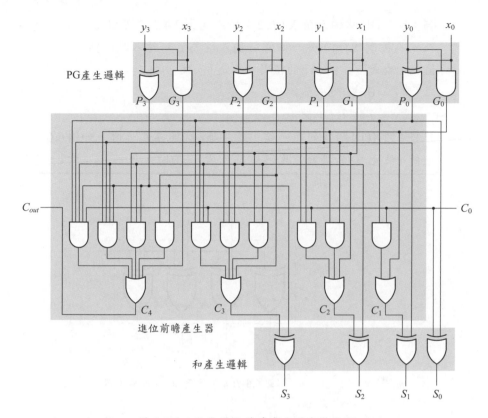

圖 6.6-6: 4 位元進位前瞻產生器與加法器

路組成需要的位元數目之並行減法器。然而在數位系統中,減法運算通常伴隨著加法運算,而不是單獨存在,因此常常希望設計一個電路,不但可以執行加法運算,而且也可以執行減法運算。由第1.1.4節的介紹可以得知:減法運算可以使用2補數的加法運算完成,即當欲計算 $A - B$ 時,可以先將 $B$ 取2補數後,再與 $A$ 相加,而得到希望的結果。

在設計使用2補數方式的減法器電路時,必須有一個2補數產生器,以將減數取2補數。但是,由第1.1.3節得知,一個數的2補數實際上是該數的1補數再加上1,因此只需要設計一個1補數產生器即可。

### ■ 例題 6.6-3 (真值補數產生器)

設計一個4位元的真值/補數產生器電路。

**解：**由 XOR 閘的真值表 (表 2.4-1) 或是第 2.4.2 節可以得知：若以其一個資料輸入端為控制端 $(c)$，另一個資料輸入端為資料輸入端 $(x)$ 時，則資料輸出端 $(f)$ 的值為 $x$ 或是 $x'$，將依 $c$ 的值是 0 或是 1 而定。即：

　　當 $c=0$ 時，$f=x$；

　　當 $c=1$ 時，$f=x'$；

若將 4 個 XOR 閘並列在一起，並且將 $c$ 端連接在一起，如圖 6.6-7 所示，則成為一個 4 位元真值/補數產生器電路。當 $c=0$ 時，$B_i=A_i$；當 $c=1$ 時，$B_i=A_i'$。

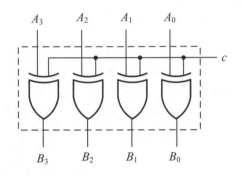

**圖 6.6-7:** 4 位元真值/補數產生器

　　有了真值/補數產生器後，前述的 4 位元加法器 (漣波進位加法器或是進位前瞻加法器) 即可以與之結合成為一個加/減法器電路。

### ■ 例題 6.6-4 (加/減法器電路)

　　利用 4 位元加法器與真值/補數產生器，設計一個 4 位元加/減法器電路。

**解：**完整的電路如圖 6.6-8 所示。當 $S$ 為 1 時，$C_0$ 為 1，而且真值/補數產生器的輸出為減數的 1 補數，因而產生減數的 2 補數，結果的電路執行減法運算；當 $S$ 為 0 時，$C_0$ 為 0，而且真值/補數產生器的輸出為被加數的真值，結果的電路執行加法運算。所以圖 6.6-8 為一個加/減法器電路。

### ✔學習重點

**6-48.** 試定義半加器與全加器。

**6-49.** 試定義漣波進位加法器與進位前瞻加法器。

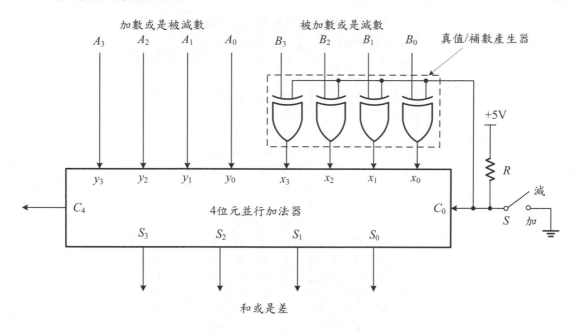

圖 **6.6-8:** 4 位元加/減法器電路

**6-50.** 試定義進位傳播與進位產生。

**6-51.** 進位前瞻加法器主要分成那三級,各有何功能?

**6-52.** 若設一個全加器電路的傳播延遲為 $t_{FA}$,則一個 $n$ 位元的連波進位加法器的傳播延遲為多少個 $t_{FA}$?

**6-53.** 若設一個全加器電路與一個 XOR 閘的傳播延遲分別為為 $t_{FA}$ 與 $t_{XOR}$,則一個 $n$ 位元的連波進位加/減法器的傳播延遲為多少個 $t_{FA}$ 與 $t_{XOR}$?

**6-54.** 在數位系統中,減法運算通常使用何種方式完成?

## 6.6.2 BCD 加/減法運算電路

如同在二進制數目系統中一樣,加法與減法運算也可以直接在十進制數目系統中執行。由於在數位系統中,十進制數目系統中的每一個數字皆使用 BCD 碼表示,因此執行十進制數目的加法與減法運算電路也稱為 BCD 加法器與減法器。另外與在二進制數目系統中一樣,十進制數目的減法運算也可以使用基底補數 (即 10 補數) 的加法運算完成,因此加法與減法運算電路可以合成一個加/減法運算電路。

**表 6.6-1**: 二進制數目與 BCD 碼的關係

| 二進制和 | | | | | BCD和 | | | | | 十進制 |
|:---:|:---:|:---:|:---:|:---:|:---:|:---:|:---:|:---:|:---:|:---:|
| $C_4$ | $S_3$ | $S_2$ | $S_1$ | $S_0$ | $C_4$ | $S_3$ | $S_2$ | $S_1$ | $S_0$ | |
| 0 | 0 | 0 | 0 | 0 | 0 | 0 | 0 | 0 | 0 | 0 |
| 0 | 0 | 0 | 0 | 1 | 0 | 0 | 0 | 0 | 1 | 1 |
| 0 | 0 | 0 | 1 | 0 | 0 | 0 | 0 | 1 | 0 | 2 |
| 0 | 0 | 0 | 1 | 1 | 0 | 0 | 0 | 1 | 1 | 3 |
| 0 | 0 | 1 | 0 | 0 | 0 | 0 | 1 | 0 | 0 | 4 |
| 0 | 0 | 1 | 0 | 1 | 0 | 0 | 1 | 0 | 1 | 5 |
| 0 | 0 | 1 | 1 | 0 | 0 | 0 | 1 | 1 | 0 | 6 |
| 0 | 0 | 1 | 1 | 1 | 0 | 0 | 1 | 1 | 1 | 7 |
| 0 | 1 | 0 | 0 | 0 | 0 | 1 | 0 | 0 | 0 | 8 |
| 0 | 1 | 0 | 0 | 1 | 0 | 1 | 0 | 0 | 1 | 9 |
| 0 | 1 | 0 | 1 | 0 | 1 | 0 | 0 | 0 | 0 | 10 |
| 0 | 1 | 0 | 1 | 1 | 1 | 0 | 0 | 0 | 1 | 11 |
| 0 | 1 | 1 | 0 | 0 | 1 | 0 | 0 | 1 | 0 | 12 |
| 0 | 1 | 1 | 0 | 1 | 1 | 0 | 0 | 1 | 1 | 13 |
| 0 | 1 | 1 | 1 | 0 | 1 | 0 | 1 | 0 | 0 | 14 |
| 0 | 1 | 1 | 1 | 1 | 1 | 0 | 1 | 0 | 1 | 15 |
| 1 | 0 | 0 | 0 | 0 | 1 | 0 | 1 | 1 | 0 | 16 |
| 1 | 0 | 0 | 0 | 1 | 1 | 0 | 1 | 1 | 1 | 17 |
| 1 | 0 | 0 | 1 | 0 | 1 | 1 | 0 | 0 | 0 | 18 |
| 1 | 0 | 0 | 1 | 1 | 1 | 1 | 0 | 0 | 1 | 19 |

化簡後得：$S_3 S_2 + S_3 S_1$ （指向第14列）

$C_4$ （指向第18列）

必須調整（涵蓋 10 至 19 列）

**6.6.2.1 BCD 加法器** BCD 加法器為一個執行十進制算術運算的邏輯電路，它能將兩個 BCD 碼的數目相加後，產生 BCD 碼的結果。在 BCD 碼中，每一個數字均使用四個二進制的位元表示，若以 4 位元的並行加法器執行運算時，因為加法運算的執行是以十六進制進行的，而其數字則以十進制來代表，因此若不加以調整，則其結果將可能不是所期望的 BCD 碼。例如在表 6.6-1 中，當二進制和超過 1000 時，必須加以調整才能成為成立的 BCD 碼。數目在 0 到 19 之間的二進制數目與 BCD 碼的關係列於表 6.6-1 中。

由於 BCD 碼中最大的數字為 9，將兩個 BCD 碼的數字相加後的最大值為 18，若考慮輸入進位 ($C_0$)，則總和的最大值為 19。表 6.6-1 中的第一欄為利用二進制加法器求得的總和。因為在 BCD 碼中，最大的數字為 9，因此當總和超過 9 時，必須加以調整，使其產生進位，並且產生表 6.6-1 中的第二欄

的 BCD 數字。調整的方法相當簡單,簡述如下:

1. 當產生的二進制的總和大於 9 而小於 15 時,將 6 加到此總和上,使其產生進位;

2. 當產生的二進制的總和大於 15 時,表示已經有進位產生,將 6 加到此總和上。

這種調整程序稱為十進制調整 (decimal adjust)。

■ 例題 6.6-5 **(十進制調整)**

　　(a) 為兩數相加,其結果大於 9,但是小於 15,將 6 (0110) 加於總和上後,連同進位為正確的 BCD 結果;(b) 為兩數相加,其結果大於 15,因而產生進位的情形,將 6 (0110) 加到總和後,連同產生的進位為正確的 BCD 結果。

```
(a)    6      0 1 1 0              (b)    9      1 0 0 1
     + 8    + 1 0 0 0                   + 9    + 1 0 0 1
      14      1 1 1 0  >9,無進位        18     1 0 0 1 0  >9,有進位
            + 0 1 1 0  +6                     + 0 1 1 0  +6
            1 0 1 0 0  =14                    1 1 0 0 0  =18
```

　　由表 6.6-1 與例題 6.6-5 可以得知:當二進制的總和產生下列結果時,就必須做十進制調整:

1. 當 $C_4$ 為 1 時,或

2. 當總和 $S_3 S_2 S_1 S_0$ 大於 1001 (9) 時。

因此,若設 $Y$ 為十進制調整電路的致能控制,即當 $Y$ 為 1 時,該電路將 6 (0110) 加到二進制的總和 $S_3 S_2 S_1 S_0$ 內,當 $Y$ 為 0 時,加上 0 (0000),則

$$Y = C_4 + S_3 S_2 + S_3 S_1$$

其中 $S_3 S_2$ 與 $S_3 S_1$ 的取得方式,如表 6.6-1 中的陰影區所示,並經由卡諾圖化簡而得。事實上,$Y$ 也即是 BCD 總和的進位輸出。完整的 BCD 加法器電路如圖 6.6-9 所示。

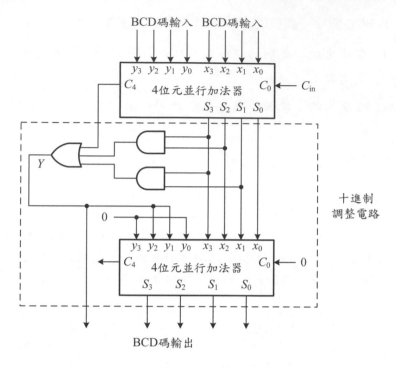

**圖 6.6-9:** 4 位元 BCD 加法器

**6.6.2.2 BCD 減法器** 與二進制減法運算一樣，BCD 的減法運算通常也是將減數取 10 補數後，再加到被減數中完成的。因此，在設計 BCD 減法器之前，必須先設計一個 10 補數產生器。然而，由第 1.1.3 節可以得知：一個數目的 10 補數可以由該數目的 9 補數加 1 得到。因此，只需要設計一個 9 補數產生器即可。

### ■ 例題 6.6-6 (9 補數產生器)

設計一個 9 補數產生器電路。

**解：** 由第 1.1.3 節可以得知：欲求一個數字的 9 補數時，只需要以數目 9 減去該數字即可。例如：2 的 9 補數為 $9-2=7$；3 的 9 補數為 $9-3=6$，依此類推。0 ～9 等十個數字換成 BCD 碼後，與其對應的 9 補數列於圖 6.6-10(a) 中。利用圖 6.6-10(b) 的卡諾圖化簡後得到：

$$Z_3 = A'_3 A'_2 A'_1 ; \qquad Z_2 = A_2 A'_1 + A'_2 A_1 = A_2 \oplus A_1$$
$$Z_1 = A_1 ; \qquad Z_0 = A'_0$$

| BCD碼輸入 | | | | 9補數輸出 | | | |
|---|---|---|---|---|---|---|---|
| $A_3$ | $A_2$ | $A_1$ | $A_0$ | $Z_3$ | $Z_2$ | $Z_1$ | $Z_0$ |
| 0 | 0 | 0 | 0 | 1 | 0 | 0 | 1 |
| 0 | 0 | 0 | 1 | 1 | 0 | 0 | 0 |
| 0 | 0 | 1 | 0 | 0 | 1 | 1 | 1 |
| 0 | 0 | 1 | 1 | 0 | 1 | 1 | 0 |
| 0 | 1 | 0 | 0 | 0 | 1 | 0 | 1 |
| 0 | 1 | 0 | 1 | 0 | 1 | 0 | 0 |
| 0 | 1 | 1 | 0 | 0 | 0 | 1 | 1 |
| 0 | 1 | 1 | 1 | 0 | 0 | 1 | 0 |
| 1 | 0 | 0 | 0 | 0 | 0 | 0 | 1 |
| 1 | 0 | 0 | 1 | 0 | 0 | 0 | 0 |

(a) BCD碼與對應的9補數

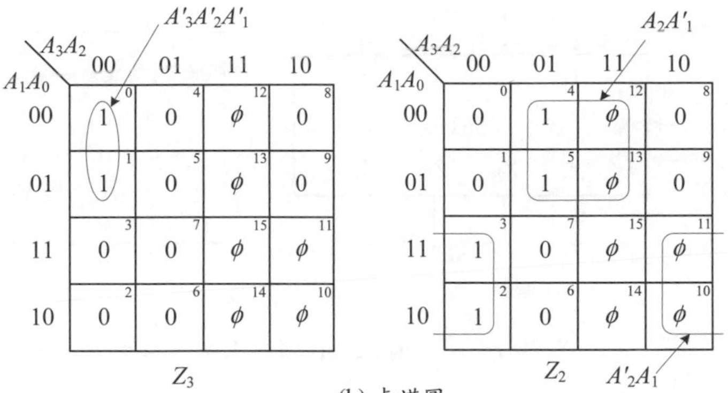

(b) 卡諾圖

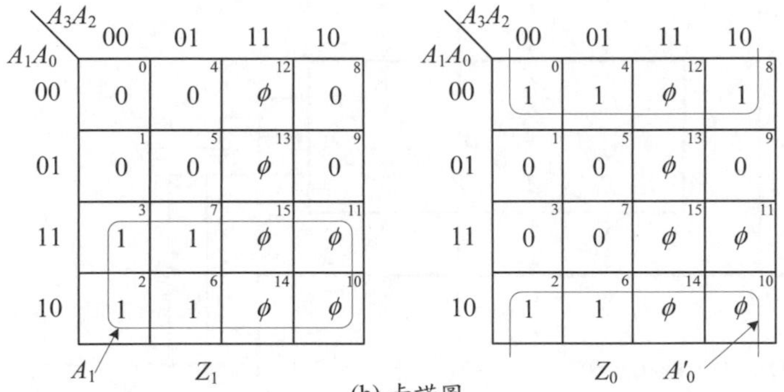

(b) 卡諾圖

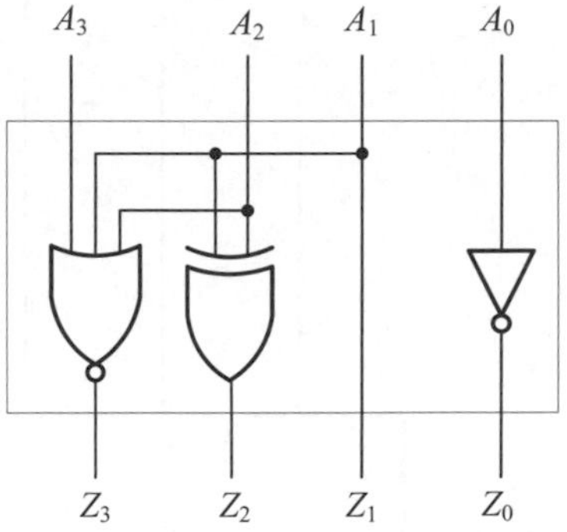

(c) 邏輯電路

圖 **6.6-10:** 例題 6.6-6 的電路

因此完整的電路如圖 6.6-10(c) 所示。

---

商用積體電路 (SSI) 的真值/9 補數產生器 (4561B) 的邏輯符號與功能表分別如圖 6.6-11(a) 與 (b) 所示。將此真值/9 補數產生器電路與前面的 BCD 加法器電路組合之後,就成為一個 BCD 加/減法器電路。

■ 例題 **6.6-7** (BCD 加/減法器電路)

利用圖 6.6-9 的 BCD 加法器與圖 6.6-11 的真值/9 補數產生器,設計一個 BCD 加/減法器電路。

**解:**如圖 6.6-12 所示。當 $S$ 為 0 時,真值/9 補數產生器的輸出數目為輸入數目的真值(未取 9 補數),該電路執行 BCD 加法運算;當 $S$ 為 1 時,真值/9 補數產

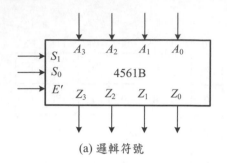

| 輸入 | | | 輸出 | | | | 說明 |
|---|---|---|---|---|---|---|---|
| $E$ | $S_1$ | $S_0$ | $Z_3$ | $Z_2$ | $Z_1$ | $Z_0$ | |
| 1 | $\phi$ | 0 | 1 | 0 | 0 | 1 | 0 輸出 |
| 0 | $\phi$ | 0 | $A_3$ | $A_2$ | $A_1$ | $A_0$ | 真值輸出 |
| 0 | 0 | 1 | $A'_3 A'_2 A'_1$ | $A_1 \oplus A_2$ | $A_1$ | $A'_0$ | 9 補數輸出 |
| 0 | 1 | $\phi$ | $A_3$ | $A_2$ | $A_1$ | $A_0$ | 真值輸出 |

(a) 邏輯符號　　　　　　　　　　　(b) 功能表

**圖 6.6-11:** 商用真值/9 補數產生器 (456IB) 元件

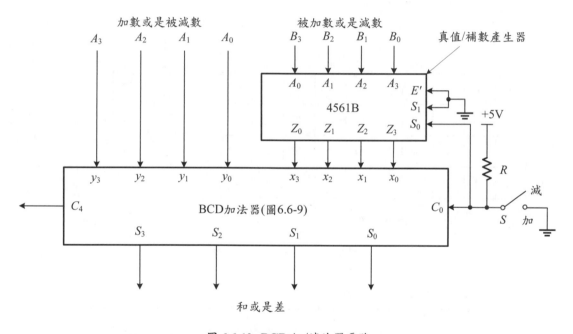

**圖 6.6-12:** BCD 加/減法器電路

生器的輸出數目為輸入數目的 9 補數，加上 $C_0$ 的 1 輸入，構成 10 補數，該電路因而執行 BCD 減法運算。所以為一個 BCD 加/減法運算電路。

---

## ✔學習重點

**6-55.** 試簡述十進制調整的基本方法。

**6-56.** 若設一個全加器電路與一個基本邏輯閘的傳播延遲分別為 $t_{FA}$ 與 $t_{pd}$，則圖 6.6-9 中的加法器電路的傳播延遲為多少個 $t_{FA}$ 與 $t_{pd}$？

**6-57.** 在數位系統中，BCD 的減法運算通常使用何種方式完成？

## 6.6.3 二進制乘法運算電路

因為二進制算術只使用兩個數字 0 與 1，對於一個多位元對單一位元的乘法運算恰好只有兩項規則：

1. 若乘數 (multiplier) 位元為 1，則結果為被乘數 (multiplicand)；
2. 若乘數位元為 0，則結果為 0。

即將乘數的位元與每一個被乘數的位元 AND 後的結果即為乘積 (product)。

利用上述規則，兩個 4 位元數目的乘法運算可以表示如下：

$$
\begin{array}{ccccc}
 & x_3 & x_2 & x_1 & x_0 & = X \ (\text{被乘數}) \\
\times & y_3 & y_2 & y_1 & y_0 & = Y \ (\text{乘數}) \\
\hline
 & x_3y_0 & x_2y_0 & x_1y_0 & x_0y_0 & \\
 & x_3y_1 & x_2y_1 & x_1y_1 & x_0y_1 & \\
 & x_3y_2 & x_2y_2 & x_1y_2 & x_0y_2 & \\
+ & x_3y_3 & x_2y_3 & x_1y_3 & x_0y_3 & \\
\hline
P_6 & P_5 & P_4 & P_3 & P_2 & P_1 & P_0
\end{array}
$$

部分積

乘積

因此，若使用邏輯電路執行時，一共需要十六個 2 個輸入端的 AND 閘與三個 4 位元並行加法器，其完整的電路如圖 6.6-13 所示。

在上述乘法器電路中所使用的 4 位元並行加法器，可以使用一般的漣波進位加法器或是進位前瞻加法器。若使用漣波進位加法器，則完成一個 $n \times n$ 位元的乘法運算，一共需要 $n^2$ 個 AND 閘與 $n(n-1)$ 個全加器 (FA)，其傳播延遲為 $t_{AND} + n(n-1)t_{FA}$，其中 $t_{AND}$ 與 $t_{FA}$ 分別為 AND 閘與全加器的傳播延遲。若假設所有邏輯閘的扇入數目均為 2，並假設這些基本邏輯閘 (AND、OR、XOR) 均具有相同的傳播延遲 $t_{pd}$，則由圖 6.6-2(d) 可以得知：$t_{FA} = 3t_{pd}$，因此圖 6.6-13 所示的 $n \times n$ 位元二進制乘法器電路，一共需要 $t_{pd} + 3n(n-1)t_{pd}$ 的時間，才能夠完成兩個 $n$ 位元的乘法運算。

若圖 6.6-13 中的並行加法器電路使用進位前瞻加法器，則可以加速乘法運算的執行。欲計算使用進位前瞻加法器的 $n \times n$ 位元二進制乘法器電路的

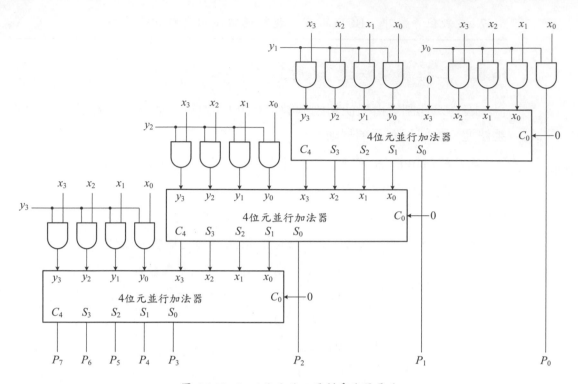

圖 **6.6-13:** $4 \times 4$ 位元的二進制乘法器電路

執行時間，必須先考慮 $n$ 位元的進位前瞻加法器的執行時間。由圖 6.6-5 與
6.6-6 所示的進位前瞻產生器與進位前瞻加法器的電路可以得知：在只使用 2
個輸入端的邏輯閘之限制下，$n$ 位元的進位前瞻產生器需要 $2\lceil \log_2(n+1) \rceil t_{pd}$
的傳播延遲，因為最多的邏輯閘扇入數目為 $(n+1)$ 而且一共有兩個，其中每
一個 (AND 或 OR) 均可以使用樹狀組合的 2 個輸入端的邏輯閘組成。對於一
個 $n+1$ 個輸入端的樹狀邏輯閘電路而言，若其中每一個邏輯閘的扇入數目
均為 2，則一共有 $\lceil \log_2(n+1) \rceil$ 層，其中 $\lceil x \rceil$ 表示大於 $x$ 的最小整數，所以一
共需要 $2\lceil \log_2(n+1) \rceil t_{pd}$ 的時間。因此，一個 $n$ 位元的進位前瞻加法器完成一
次運算所需要的時間為：

$$t_{CLA} = t_{pd} + 2\lceil \log_2(n+1) \rceil t_{pd} + t_{pd}$$
$$= 2t_{pd} + 2\lceil \log_2(n+1) \rceil t_{pd}$$

由圖 6.6-13 的電路可以得知：使用進位前瞻加法器的 $n \times n$ 位元二進制乘法器電路完成一次乘法運算一共需要 $t_{pd} + (n-1)t_{CLA}$，所以一共需要：

$$t_{n \times n} = t_{pd} + (n-1)[2t_{pd} + 2\lceil \log_2(n+1) \rceil t_{pd}]$$

的時間。與使用並行加法器的電路比較之下，有顯著的改善。

上述兩種電路的主要特性為：每一個 $n$ 位元加法器均在完成一個完整的 $n$ 位元加法運算之後，再送往次一級。因此該電路中所有的進位傳播問題也就必需在該級內完全解決。另外一種加速上述乘法運算執行的方法，則是將進位問題留待下一級再予解決。利用這種觀念，除了最後一級之外，所有其它各級均不需要考慮低序位元所產生的進位輸出，因此都只需要一個全加器所需要的傳播延遲即可。

若將 $n$ 個全加器並排在一起，但是並不如同圖 6.6-3 一樣，將低序位元的進位輸出 ($C_{out}$) 接往次高位元的進位資料輸入端 ($C_{in}$)，而是將所有的 $C_{in}$ 也當做另外一個資料輸入端，同時將所有的 $C_{out}$ 也當作另外一個資料輸出端，則所構成的電路稱之為 $n$ 位元進位儲存加法器 (carry-save adder，CSA)，如圖 6.6-14 所示。較正式的定義如下：假設 $X$、$Y$、$Z$ 分別為三個 $n$ 位元的二進制數目並且分別表示為：

$$X = (x_{n-1}x_{n-2} \cdots x_1 x_0)$$

$$Y = (y_{n-1}y_{n-2} \cdots y_1 y_0)$$

$$Z = (z_{n-1}z_{n-2} \cdots z_1 z_0)$$

則 $n$ 位元進位儲存加法器在接受這三個輸入數目之後，產生一個 $n$ 位元的和項 $S = (S_{n-1}S_{n-2} \ldots S_1 S_0)$ 與一個 $n+1$ 位元的進位項 $C = (C_n C_{n-1} \ldots C_1 C_1 0)$，其中 $C_0$ 永遠為 0，並且滿足下式：

$$X + Y + Z = C + S$$

下面例題說明如何使用 8 位元 CSA 將三個 8 位元的輸入數目相加，並且如何由 CSA 的輸出得到真正的結果。

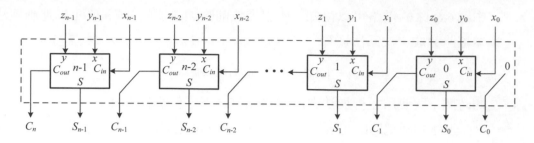

**圖 6.6-14:** $n$ 位元進位儲存加法器

## ■ 例題 6.6-8 (CSA 原理)

若設 $X = 10011010$ (154)、$Y = 01101011$ (107)、$Z = 11011010$ (218)，則使用 CSA，將上述三個數目相加後，分別得到 $S = 00101011$ (43) 與 $C = 110110100$ (436)，將 $S$ 與 $C$ 相加後，得到正確的總和 111011111 (479)。

$$
\begin{aligned}
X &= 1\ 0\ 0\ 1\ 1\ 0\ 1\ 0 \ (154)\\
Y &= 0\ 1\ 1\ 0\ 1\ 0\ 1\ 1 \ (107)\\
+\ Z &= 1\ 1\ 0\ 1\ 1\ 0\ 1\ 0 \ (218)\\
\hline
S &= \quad\ 0\ 0\ 1\ 0\ 1\ 0\ 1\ 1 \ (43) \ (和)\\
+\ C &= 1\ 1\ 0\ 1\ 1\ 0\ 1\ 0\ 0 \ (436) \ (進位)\\
\hline
(=479)\ &\ 1\ 1\ 1\ 0\ 1\ 1\ 1\ 1\ 1 \quad 永遠為 0
\end{aligned}
$$

使用 CSA 電路時，只能將欲相加的輸入數目的個數，由三個減化為兩個，但是並不能真正得到最後的結果。欲得到真正的總和值，仍然需要使用漣波進位加法器或是 CLA。不過利用 CSA 的有用特性，可以降低乘法器電路的傳播延遲。

圖 6.6-15 所示為一個 $4 \times 4$ 位元的 CSA 乘法器電路。這種電路除了最後一級必須使用漣波進位加法器 (或是 CLA) 外，其它每一個方塊均由一個全加器與一個 2 個輸入端的 AND 閘組成，因此相當規則，並且因為排列成一個二維的陣列，又稱為陣列乘法器 (array multiplier)。

由圖 6.6-15 所示的電路可以得知：一個 $n \times n$ 位元的陣列乘法器一共需要 $n^2$ 個 2 個輸入端的 AND 閘與 $n(n+1)$ 個全加器 (假設使用漣波進位加法器) (事實上只需要 $n^2$ 個全加器，習題 6-50)，而其完成一次乘法運算所需要的時

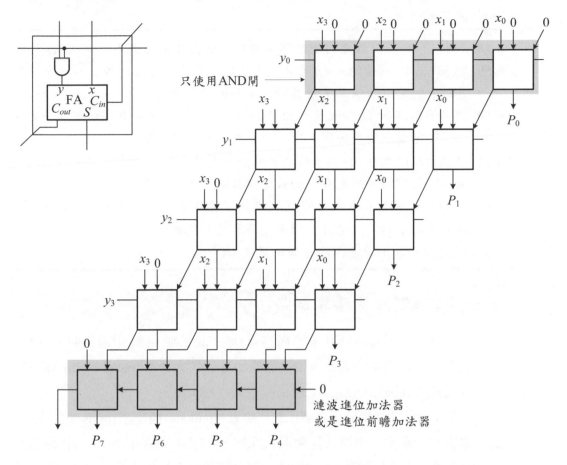

**圖 6.6-15:** $4 \times 4$ 位元陣列乘法器電路

間則為：

$$t_{n \times n} = t_{pd} + nt_{FA} \text{ (CSA 陣列)} + nt_{FA} \text{ (漣波進位加法器)}$$

$$= t_{pd} + 2nt_{FA} = (6n+1)t_{pd}$$

若最後一級使用 CLA 取代漣波進位加法器，則

$$t_{n \times n} = t_{pd} + nt_{FA} + 2t_{pd} + 2\lceil \log_2(n+1) \rceil t_{pd}$$

$$= 3t_{pd} + 3nt_{pd} + +2\lceil \log_2(n+1) \rceil t_{pd}$$

因此，不管使用那一種加法器當作最後一級，與前面兩種乘法器電路比較之下，當 $n$ 值夠大時，陣列乘法器的速度將是這三種電路中最快的。

✔ 學習重點

**6-58.** 任何一個 $n \times n$ 位元的乘法器電路中，至少必須使用多少個 AND 閘？

**6-59.** 在圖 6.6-13 所示的 $n \times n$ 位元的乘法器電路中，若使用連波進位加法器電路，則完成一個乘法運算時，須要耗費多少時間？

**6-60.** 在圖 6.6-13 所示 $n \times n$ 位元的乘法器電路中，若使用進位前瞻加法器電路，則完成一個乘法運算時，須要耗費多少時間？

**6-61.** 在圖 6.6-15 所示的 $n \times n$ 位元的乘法器電路中，若最後一級使用連波進位加法器電路，則完成一個乘法運算時，須要耗費多少時間？

**6-62.** 在圖 6.6-15 所示的 $n \times n$ 位元的乘法器電路中，若最後一級使用進位前瞻加法器電路，則完成一個乘法運算時，須要耗費多少時間？

**6-63.** 試定義 $n$ 位元的進位儲存加法器 (CSA)。

## 6.6.4 二進制除法運算電路

　　除法運算是所有四則基本算術運算 (加、減、乘、除) 中最複雜的運算。在數位系統中最基本的兩種未帶號數除法為恢復式除法 (restoring division) 與非恢復式除法 (nonrestoring division)。

　　一般在做除法運算時，必須比較被除數 (dividend) 與除數 (divisor) 的大小。若被除數大於除數，則將被除數減去除數，並設定商位元為 1；若被除數較小，則直接設定商位元為 0，然後進行下一個位元。在數位系統中，通常將上述被除數與除數的大小比較，直接以減法運算取代，而不使用大小比較器，以方便電路的設計與減少硬體成本。

**6.6.4.1　恢復式除法** 除法運算的基本電路設計方法可以分成兩種：恢復式除法與非恢復式除法。在恢復式除法中，當被除數減去除數後，若結果不小於 0，則設定商位元為 1；否則，當結果小於 0 時，則將除數加回被除數中，以恢復原來的被除數。然後再進行其次位元的試除。恢復式除法運算的詳細程序如下：

## ■ 演算法 6.6-1: 恢復式除法的運算程序

1. 右移除數一個位元位置；

2. 被除數 $(D)$ 減去除數 $(M)$；

3. 檢查結果：若大於 0 或是等於 0，則設定商位元為 1；否則，清除商位元為 0，並將除數加回被除數中；

4. 若已經達到需要的位元，則除法運算已經完成，否則重覆步驟 1 至 4。

為說明恢復式除法規則，假設被除數為 6 位元，而除數為 4 位元，並且假設除數與被除數的最大有效位元均為 0，而減法是以 2 補數的加法完成。

## ■ 例題 6.6-9 (恢復式除法)

試以恢復式除法，計算 $21 \div 6$。

**解：**如圖 6.6-16 所示。首先將除數右移一個位元位置，使其 LSB 與被除數的 MSB 對齊，然後依序執行步驟 1～4 等步驟。最後得到商數 000011 與餘數 0011。由這個例題也可以得知：每次運算所得到的商位元值恰好與被除數減去除數 (以 2 補數加法執行) 時的借位值相同，如圖中圓圈內的數字所示。

**6.6.4.2 非恢復式除法** 在恢復式除法運算中，當 $D - M < 0$ 時，必須將 $M$ (除數) 加回 $D$ (被除數) 中，恢復原來的被除數。因此，完成一個 $n$ 個位元除法運算時，平均需要 $3n/2$ 個加法與減法運算。另外一種較快的除法運算為非恢復式除法。在這種方式中，當 $D - M < 0$ 時，並不再將 $M$ 加回 $D$ 中，而是直接將 $D - M = X$ 的結果左移一個位元 (相當於將 $M$ 右移一個位元) 後，再與 $M$ 相加，其結果與將 $M$ 加回 $X$ 後，再左移一個位元相同。因為若假設 $X = D - M$，當 $X < 0$ 時，在恢復式除法中，必須須將 $M$ 加回 $X$ 中，然後左移一個位元，再減去 $M$，如此得到：$2(X + M) - M = 2X + M$，即先將 $X$ 左移一個位元後，再與 $M$ 相加，所以兩種除法運算的結果相同。但是在非恢復式除法運算中，只需要 $n$ 個加法與減法運算，因此運算速度較快。非恢復式除法運算的詳細程序如下：

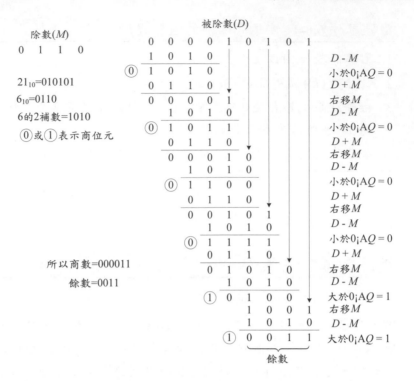

圖 **6.6-16:** 例題 6.6-9 的計算過程

## ■ 演算法 6.6-3: 非恢復式除法運算程序

1. 右移除數一個位元；

2. 被除數 $(D)$ 減去除數 $(M)$(令 $X = D - M$)；

3. 檢查結果 $(X)$：若大於或是等於 0，則設定商位元為 1，右移除數 $(M)$，並由被除數減去除數 $(X = D - M)$，進行步驟 4；否則，清除商位元為 0，右移除數 $(M)$，並將除數加到被除數 $(A = D + M)$；

4. 檢查是否已經達到需要的位元。若是，則進行步驟 5；否則，重覆步驟 3 與 4；

5. 檢查 $X$。若大於 0 或是等於 0，則設定商位元為 1；否則，清除商位元為 0，並將除數加到被除數中，而完成除法運算。

## ■ 例題 6.6-10 (非恢復式除法)

試以非恢復式除法，計算 $21 \div 6$。

**解：** 如圖 6.6-17 所示。首先將除數右移一個位元位置，使其 LSB 與被除數的 MSB 對齊，然後依序執行步驟 2～5 等步驟。最後得到商數 000011 與餘數 0011，和恢復式除法相同，每次運算所得到的商位元值恰好與被除數減去 (或是加上) 除數時的借位 (或是進位) 值相同，如圖中圓圈內的數字所示。

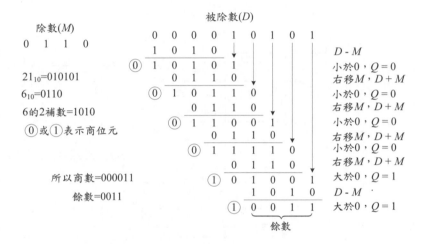

圖 **6.6-17:** 例題 6.6-10 的計算過程

　　執行上述非恢復式除法運算的組合邏輯電路如圖 6.6-18 所示。由於在非恢復式除法運算中，當 $X = D - M$ 大於或是等於 0 (即 MSB = 0) 時，則下一步驟將執行減法運算；當 $X$ 小於 0 (即 MSB = 1) 時，則執行加法運算。因此，若以 4 位元的二進位加/減法器電路，執行所需要的算術運算，則如圖所示，將每一級的 $S_3$ 反相後，用來控制下一級的加/減法運算即可。因為被除數為 6 位元，所以在電路中一共需要六個 4 位元加/減法器，即一共需要執行六次的加法或是減法。圖中最後一級的 4 位元加法器與四個 AND 閘用來執行步驟 5 中可能需要的調整動作，以調整餘數為正確的值，即當最後一次計算 $X = D - M$ 時，若 $X$ 小於 0 時，必須將除數加到被除數中，以獲得一個正確的餘數值。

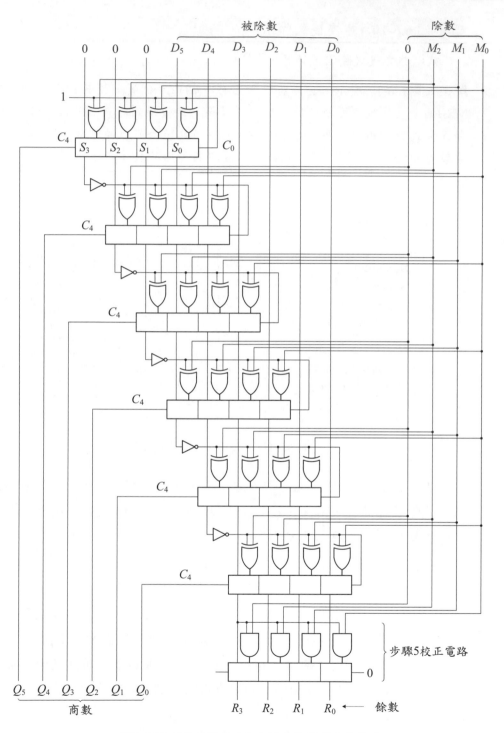

**圖 6.6-18:** 6 位元除以 4 位元的非恢復式除法電路

✔學習重點

**6-64.** 恢復式除法運算與非恢復式除法運算的主要區別是什麼？

**6-65.** 試簡述恢復式除法運算的動作。

**6-66.** 試簡述非恢復式除法運算的動作。

**6-67.** 在恢復式除法運算中，若被除數為 $n$ 個位元，則一共需要執行幾次的加法與減法運算？

**6-68.** 在非恢復式除法運算中，若被除數為 $n$ 個位元，則一共需要執行幾次的加法與減法運算？

## 6.6.5 算術邏輯單元

算術邏輯單元 (arithmetic and Logic Unit，ALU) 為許多數位系統所需要具備的基本功能。基本上，ALU 包括了兩種類型的運算：一類為算術運算 (arithmetic operation)；另一類則為邏輯運算 (logic operation)。最基本的算術運算為加法與減法，較複雜的則有乘法與除法；邏輯運算則為 AND、OR、NOT 或是再包括 XOR 與 XNOR 等。

算術邏輯單元電路的設計方法相當多，最簡單者為將前面各節中的電路並列在一起，然後以多工器選取適當的輸出 (習題 6-52)。由於這種方式在觀念上相當直覺與簡單，所以不再討論。下面將討論一種以並行加法器電路所構成的算術邏輯單元。

由第 6.6.1 節的討論可以得知：全加器的 $S$ 與 $C_{out}$ 等輸出交換函數分別為：

$$S = (x \oplus y) \oplus C_{in}$$

$$c_{out} = xy + (x \oplus y)C_{in}$$

其中 $S$ 隱含了 XOR 與 XNOR 運算，而 $C_{out}$ 則隱含了 OR 與 AND 運算。因此，只要適當地控制進位資料輸入端 $C_{in}$ 的值，即可以由 $S$ 或是 $C_{out}$ 的交換函數中得到適當的邏輯運算。另外由例題 6.6-4 可以得知，在加上 XOR 閘之後，並行加法器電路也可以執行減法運算。因此，若將這些運算以多工器適當的組合，則可以轉換一個 $n$ 位元的並行加法器電路為一個 $n$ 位元的算術邏輯運算單元。

圖 6.6-19 所示為一個使用全加器電路構成的 4 位元算術邏輯運算單元。為說明電路的功能，假設 $S_i$、$C_{in}$、$C_{out}$ 等分別表示第 $i$ 級全加器的和、進位輸入、進位輸出；$x_i$ 與 $y_i$ 分別表示第 $i$ 級全加器的資料輸入。為方便討論，將第 $i$ 級全加器的和與進位輸出重新使用上述符號表示如下：

$$S_i = (x_i \oplus y_i) \oplus C_{in}^i$$
$$C_{out}^i = x_i y_i + (x_i \oplus y_i) C_{in}^i$$

若設 $C_{in}^i = 0$ 則

$$S_i = x_i \oplus y_i \qquad\qquad \text{(XOR 運算)}$$

若設 $C_{in}^i = 1$ 則

$$S_i = x_i \odot y_i \qquad\qquad \text{(XNOR 運算)}$$

若設 $C_{in}^i = 0$ 則

$$C_{out}^i = x_i y_i \qquad\qquad \text{(AND 運算)}$$

若設 $C_{in}^i = 1$ 則

$$C_{out}^i = x_i y_i + x_i' y_i + x_i y_i'$$
$$= x_i + y_i \qquad\qquad \text{(OR 運算)}$$

因此適當地設定 $C_{in}^i$ 的值，並且適當地將 $S_i$ 或是 $C_{out}^i$ 的值導引到端出端，即可以執行所需要的邏輯運算。完整的電路如圖 6.6-19(a) 所示，而對應的功能選擇則表列於圖 6.6-19(b) 中。注意：雖然在此電路中並未明顯地執行 NOT 運算，但是這項功能可以使用 XOR 運算，並將其中一個資料輸入設定為 1 完成。事實上，若適當地設定一個資料輸入端的值，有更多的功能還可以由這個電路完成 (習題 6-52)。

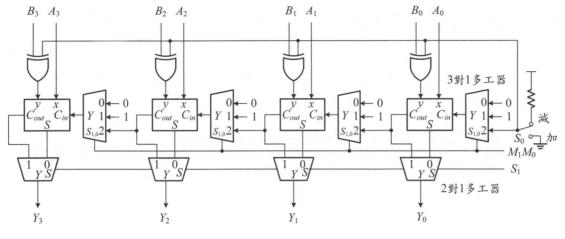

(a) 邏輯電路

| $M_1$ | $M_0$ | $S_1$ | $S_0$ | 功能 | |
|-------|-------|-------|-------|------|---|
| 0 | 0 | 0 | 0 | $Y_i = A_i \oplus B_i$ | (XOR) |
| 0 | 0 | 1 | 0 | $Y_i = A_i B_i$ | (AND) |
| 0 | 1 | 0 | 0 | $Y_i = A_i \odot B_i$ | (XNOR) |
| 0 | 1 | 1 | 0 | $Y_i = A_i + B_i$ | (OR) |
| 1 | $\phi$ | 0 | 0 | $Y = A + B$ | (加法) |
| 1 | $\phi$ | 0 | 1 | $Y = A - B$ | (2補數減法) |

(b) 功能選擇表

(c) 邏輯符號

**圖 6.6-19:** 使用全加器電路構成的算術邏輯單元

✔學習重點

**6-69.** 一般在數位系統中的算術邏輯運算單元(ALU)包括那兩種類型的運算？

**6-70.** 在圖 6.6-19(a) 的電路輸出端中的 2 對 1 多工器的主要功能為何？

**6-71.** 在圖 6.6-19(a) 的電路中，至少有那兩種運算可以執行 NOT 運算？

# 6.7  Verilog HDL

　　本節中將列舉數例說明組合邏輯電路模組的 Verilog HDL 描述方法，並介紹階層式的數位系統設計方法 [4]。最後，則以函數與工作兩個新的語言特性之介紹作為本節的結束。

## 6.7.1 基本組合邏輯電路模組

基本上，組合邏輯電路模組的描述方式可以使用結構描述、資料流程描述、行為描述，或是它們適當的組合來描述。下列例題使用資料流程的方式，描述例題 6.1-1 的解碼器電路。

### ■ 例題 6.7-1 (具有致能控制的 2 對 4 解碼器)

程式 6.7-1 所示為使用連續指述 **assign** 的方式，描述例題 6.1-1 的 2 對 4 解碼器電路。在程式中，將輸入端信號 $x_1$ 與 $x_0$ 宣告為一個 2 個位元寬度的向量 $x$；輸出端信號 $Y_3$ 到 $Y_0$ 宣告為一個 4 個位元寬度的向量 $Y$。在 **assign** 指述中的表式則直接由例題 6.1-1 中得到。

程式 6.7-1 具有致能控制的 2 對 4 解碼器

```
// a data-flow description of figure 6.1-2(c)
// a 2-to-4 decoder with enable control
module decoder_2_to_4 (
       input [1:0] x,
       input E,
       output [3:0] Y);

// the body of the 2-to-4 decoder
   assign Y[0] = ~E & ~x[1] & ~x[0];
   assign Y[1] = ~E & ~x[1] &  x[0];
   assign Y[2] = ~E &  x[1] & ~x[0];
   assign Y[3] = ~E &  x[1] &  x[0];
endmodule
```

下列例題分別使用行為描述與資料流程的方式，描述圖 6.3-3 的 2 對 1 多工器電路。

### ■ 例題 6.7-2 (2 對 1 多工器)

程式 6.7-2 所示為圖 6.3-3 的 2 對 1 多工器的行為描述與資料流程描述程式。前者使用 **always @(I0 or I1 or S)** 指述偵測輸入信號的變化，若有變化，則執行其次的 **if/else** 指述；後者使用 **assign** 指述與 **?:** 運算子。事實上，兩種描述方式具有相同的功能。

程式 6.7-2 2 對 1 多工器的行為描述與資料流程描述

```verilog
// a behavioral description of figure 6.3-3
// a 2-to-1 multiplexer
module mux2x1_behavioral (
      input I0,I1,
      input S,
      output reg Y);

// the body of the 2-to-1 multiplexer
   always @(I0 or I1 or S)
      if(S == 0) Y = I0;
      else Y = I1;
endmodule

// a data-flow description of figure 6.3-3
// a 2-to-1 multiplexer
module mux2x1_dataflow (
      input I0,I1,
      input S,
      output Y);

// the body of the 2-to-1 multiplexer
   assign Y = ~S ? I0 : I1;
endmodule
```

使用行為描述時，組合邏輯電路的真值表可以直接使用一個 **case** 指述描述，例如下列例題使用 **case** 指述描述例題 6.3-2 的 4 對 1 多工器電路。

## ■ 例題 6.7-3 (4 對 1 多工器)

程式 6.7-3 為使用行為描述的方式，描述例題 6.3-2 的 4 對 1 多工器電路。在程式中，使用 **always** 指述，提供連續的執行，並且使用事件 **or** 控制方式，偵測多個輸入信號的信號變化。多工器輸出端的信號路徑選擇，則由 **case** 指述完成。

程式 6.7-3　4 對 1 多工器

```verilog
// a behavioral description of figure 6.3-4(c)
// a 4-to-1 multiplexer
module mux_4_to_1 (
      input I0,I1,I2,I3,
      input [1:0] S,
      output reg Y);
```

```
// the body of the 4-to-1 multiplexer
   always @(I0 or I1 or I2 or I3 or S)
      case (S)
         2'b00: Y =I0;
         2'b01: Y =I1;
         2'b10: Y =I2;
         2'b11: Y =I3;
      endcase
endmodule
```

下列例題使用行為描述的方式，描述一個 3 對 1 多工器電路。

## ■ 例題 6.7-4 (3 對 1 多工器)

程式 6.7-4 為使用行為描述的方式描述一個 3 對 1 多工器電路。在程式中，使用 **always** 指述提供連續的執行，並且使用事件 **or** 控制方式偵測多個輸入信號的信號變化。多工器輸出端的信號路徑選擇則由 **case** 指述完成。注意 **default** 指述在此例題中是必須的。若無此 **default** 指述，邏輯合成器在合成此模組時，將產生一個門閂電路於輸出端。

程式 6.7-4  3 對 1 多工器

```
// a behavioral description of a 3-to-1 multiplexer
module mux_3_to_1 (
       input I0,I1,I2,
       input [1:0] S,
       output reg Y);

// the body of the multiplexer
always @(I0 or I1 or I2 or S)
   case (S)
         2'b00: Y =I0;
         2'b01: Y =I1;
         2'b10: Y =I2;
         default: Y =1'b0;
   endcase
endmodule
```

使用行為描述時，組合邏輯電路的真值表可以直接使用一個 **case** 或是 **casex** 指述描述，例如下列例題使用 **casex** 指述僅比較不是 $x$ 與 $z$ 的位置之特性，描述例題 6.2-2 的 4 對 2 優先權編碼器。

■ 例題 6.7-5 (4 對 2 優先權編碼器)

　　程式 6.7-5 所示為使用 **casex** 指述，描述例題 6.2-2 的 4 對 2 優先權編碼器電路。在 **casex** 指述中，輸入端信號 $I_3$、$I_2$、$I_1$、$I_0$ 串接成為一個 4 個位元的 **casex** 表式；輸出端信號 $A_1$ 到 $A_0$ 則串接成為一個 2 個位元寬度的輸出端信號。在 **casex** 指述中的表式則直接由圖 6.2-3(b) 的功能表中得到。注意由於 **casex** 指述並未完全指定，在此例題中 **default** 指述是必須的。若無此 **default** 指述，邏輯合成器在合成此模組時，將產生一個門閂電路於輸出端。

程式 6.7-5　4 對 2 優先權編碼器

```verilog
// a 4-to-2 priority encoder using a casex statement
module priority_encoder_4to2_casex(
        input   I3, I2, I1, I0,
        output valid,
        output reg A1, A0);

// the body of the 4-to-2 priority encoder
assign valid = I3 | I2 | I1 | I0;
always @(I3 or I2 or I1 or I0)
   casex ({I3, I2, I1, I0})
      4'b1xxx: {A1, A0} = 3;
      4'b01xx: {A1, A0} = 2;
      4'b001x: {A1, A0} = 1;
      4'b0001: {A1, A0} = 0;
      default: {A1, A0} = 2'b00;
   endcase
endmodule
```

■ 例題 6.7-6 (1 對 4 解多工器)

　　程式 6.7-6 為使用行為描述的方式，描述 1 對 4 解多工器電路。在程式中，使用 **always** 指述，提供連續的執行，並且使用事件 **or** 控制方式，偵測多個輸入信號的信號變化。解多工器輸出端的信號路徑選擇，則由 **case** 指述完成。注意在 **case** 指述前必須使用四個指述，分別清除輸出信號為 0，以避免合成程式產生門閂電路。

程式 6.7-6　1 對 4 解多工器

```verilog
// a 1-to-4 demultiplexer using a case statement
module demux_1to4_case
```

```verilog
        (input in,                // input
         input [1:0] select, // destination selection inputs
         output reg y3, y2, y1, y0);  // outputs

// the body of the 1-to-4 demultiplexer
always @(select or in) begin
   y3 = 1'b0; y2 = 1'b0;    // avoid latch inference
   y1 = 1'b0; y0 = 1'b0;
   case (select)
      2'b11: y3 = in;
      2'b10: y2 = in;
      2'b01: y1 = in;
      2'b00: y0 = in;
   endcase
end
endmodule
```

## ■ 例題 6.7-7 (具致能控制的 1 對 4 解多工器)

　　程式 6.7-7 使用 **case** 指述直接描述圖 6.2-3(b) 的優先編碼器的功能表。行為描述的方式描述一個具有致能控制的 1 對 4 多工器電路。在程式中，使用 **always** 指述提供連續的執行，並且使用事件 **or** 控制方式偵測多個輸入信號的信號變化。多工器輸出端的信號路徑選擇則由 **case** 指述完成。

程式 6.7-7　1 對 4 解多工器

```verilog
// a 1-to-4 demultiplexer using a case statement
module demux_1to4_case(
        input      d_in, en_b,   // data and enable inputs
        input      [1:0] select, // destination selection inputs
        output reg y3, y2, y1, y0); // outputs

// the body of the 1-to-4 demultiplexer
always @(en_b or select or d_in)
   if (!en_b) begin
      y3 = 1'b1; y2 = 1'b1;
      y1 = 1'b1; y0 = 1'b1; end
   else begin
      y3 = 1'b0; y2 = 1'b0; // to avoid latch inference
      y1 = 1'b0; y0 = 1'b0;
   case (select)
      2'b11: y3 = d_in;
      2'b10: y2 = d_in;
```

```
        2'b01: y1 = d_in;
        2'b00: y0 = d_in;
    endcase
end
endmodule
```

　　下列例題使用資料流程的方式，描述例題 6.5-3 的 4 位元大小比較器電路。

### ■ 例題 6.7-8 (4 位元大小比較器)

　　程式 6.7-8 說明如何使用關係運算子與邏輯運算子的組合，描述例題 6.5-3 的 4 位元大小比較器電路。

程式 6.7-8　4 位元大小比較器

```verilog
// a data-flow description of a 4-bit comparator -- figure 6.5-3
module comparator_4b_dataflow (
        input [3:0] A, B,
        input IALTB, IAEQB, IAGTB,
        output OAGTB, OAEQB, OALTB);

// the body of the 4-bit comparator
    assign OALTB = (A < B) || (A == B) && IALTB; // <
    assign OAGTB = (A > B) || (A == B) && IAGTB; // >
    assign OAEQB = (A == B) && IAEQB;            // =
endmodule
```

## 6.7.2 階層式設計概念

　　階層式設計或是稱為模組化設計為任何數位系統的基本設計方法，它的主要精神為將標的數位系統依其功能分割成為數個功能較小的模組，每一個模組再依序細分為功能更小的模組，直到模組可以處理或是實現為止。例如一個 4 位元的並行加法器電路可以分為四個全加器電路，而每一個全加器電路則又由兩個半加器電路與一個 OR 閘組成，如圖 6.7-1 所示。下列例題使用 4 位元的並行加法器電路說明階層式設計的基本概念。

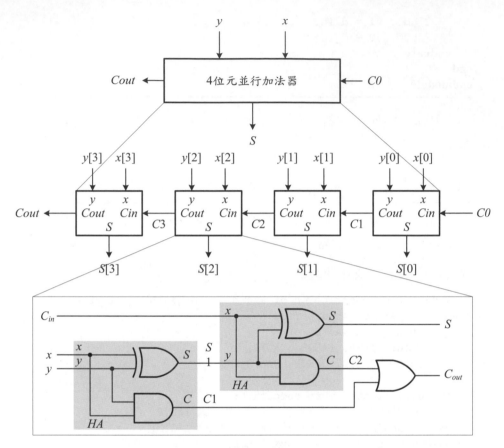

圖 6.7-1: 階層式設計概念

## ■ 例題6.7-9 (4位元並行加法器)

程式6.7-9說明使用結構描述的方式，一個4位元的並行加法器電路如何由四個全加器電路組成，而每一個全加器電路則又由兩個半加器電路與一個OR閘組成，其詳細的階層結構如圖6.7-1所示。

程式6.7-9 4位元並行加法器

```
// a gate-level hierarchical description of 4-bit adder
// a gate-level description of half adder
module half_adder (
      input  x, y,
      output S, C);
// the body of the half adder
   xor (S, x, y);
```

```
        and (C, x, y);
endmodule

// a gate-level description of a full adder
module full_adder (
        input  x, y, Cin,
        output S, Cout);
wire    S1, C1, C2;  // outputs of both half adders
// the body of the full adder
// instantiate two half adders
   half_adder ha_1 (x, y, S1, C1);
   half_adder ha_2 (Cin, S1, S, C2);
   or (Cout,C1,C2);
endmodule

// a gate-level description of 4-bit adder
module adder_4bits (
        input  [3:0] x, y,
        input  C0,
        output [3:0] S,
        output Cout);
wire    C1,C2,C3; // Intermediate carries
// the body of the 4-bit adder
// instantiate four full adders
   full_adder fa_1 (x[0], y[0], C0, S[0], C1);
   full_adder fa_2 (x[1], y[1], C1, S[1], C2);
   full_adder fa_3 (x[2], y[2], C2, S[2], C3);
   full_adder fa_4 (x[3], y[3], C3, S[3], Cout);
endmodule
```

## 6.7.3 函數與工作

　　在行為描述中，通常在程式中的許多地方都需要重複的執行一段相同的功能，即該段功能應該能夠形成一個例行工作 (routine)，而後於需要之處再予呼叫使用該例行工作，而不是插入該段功能的程式。在 Verilog HDL 中，提供了函數 (function) 與工作 (task) 兩種例行工作，供使用者定義與包裝一段程式碼，以方便將一個大的行為描述程式分割成為一些較小而可讀性較高的小程式。

　　工作為一個同時具有輸入與輸出，但是不傳回任何值的例行工作，它可以呼叫其它工作或是函數；函數為一個可以使用於任何表式中的例行工作，它至少必須有一個輸入、沒有輸出,但是傳回一個單一值,它可以呼叫其它函數,但是不能呼叫工作。函數使用保留字 **function** 與 **endfunction** 定義;工作使用保留字 **task** 與 **endtask** 定義。

函數只能用以描述組合邏輯電路,它不能包含任何延遲、事件,或是時序控制指述;工作可以包含延遲、事件,或是時序控制指述。函數與工作皆只能包含行為描述指述,而且不能包含 **always** 或是 **initial** 指述,因為它們必須在 **always** 或是 **initial** 區塊內使用,而 **always** 或是 **initial** 區塊內不能再包含其它 **always** 或是 **initial** 區塊。

### ■ 例題 6.7-10 (function 的使用例)

程式 6.7-10 為使用函數的方式,先定義一個全加器電路的函數,然後使用 **assign** 指述呼叫該函數,完成圖 6.6-3 所示的 4 位元並行加法器電路。

程式 6.7-10 function 的使用例

```verilog
// a data-flow description of 4-bit adder -- figure 6.6-3
// to illustrate the use of a function
module parallel_adder_4b (
      input  [3:0] x, y,
      input  C0,
      output [3:0] S,
      output Cout );

wire   C1,C2,C3; // intermediate carries
// the body of the 4-bit adder body
// invoke four full-adder functions
   assign {C1, S[0]} = full_adder(x[0], y[0], C0);
   assign {C2, S[1]} = full_adder(x[1], y[1], C1);
   assign {C3, S[2]} = full_adder(x[2], y[2], C2);
   assign {Cout, S[3]} = full_adder(x[3], y[3], C3);

 // define a full-adder function
function [1:0] full_adder(input a, b, c0);
  // the body of the function
   full_adder = a + b + c0;
endfunction
endmodule
```

## ■ 例題 6.7-11 (task 的使用例)

　　程式6.7-11為使用函數的方式，先定義一個全加器電路的工作，然後使用 **always** 指述呼叫該工作，完成圖6.6-3所示的4位元並行加法器電路。

程式6.7-11 task 的使用例

```
// a data-flow description of a 4-bit adder -- figure 6.6-3
// to illustrate the use of a task
module parallel_adder_4bt (
        input  [3:0] x, y,
        input  C0,
        output reg [3:0] S,
        output reg Cout);
reg    C1,C2,C3; // intermediate carries
// the body of the 4-bit adder
    always @(x or y or C0) begin
        full_adder(C1, S[0], x[0], y[0], C0);
        full_adder(C2, S[1], x[1], y[1], C1);
        full_adder(C3, S[2], x[2], y[2], C2);
        full_adder(Cout, S[3], x[3], y[3], C3);
    end

// define a full-adder task
task full_adder(output Co, S, input a, b, c0);
    // the body of the task
    {Co,S} = a + b + c0;
endtask
endmodule
```

### ✔ 學習重點

**6-72.** 何謂函數與工作。

**6-73.** 函數與工作的定義中是否可以使用 **always** 或是 **initial** 指述？

**6-74.** 使用指定指述取代例題6.7-10中的 **assign** 指定指述。

**6-75.** 比較函數與工作的特性差異。

# 參考資料

**1.** K. Hwang, *Computer Arithmetic Principles, Architecture, and Design,* New-York: John Wiley & Sons,1979.

2. Z. Kohavi, *Switching and Finite Automata Theory,* 2nd ed., New York: McGraw-Hill, 1978.

3. G. Langholz, A. Kandel, and J. L. Mott, *Digital Logic Design,* Dubuque, Iowa: Wm C. Brown Publishers, 1988.

4. M. B. Lin, *Digital System Designs and Practices: Using Verilog HDL and FPGAs,* John Wiley & Sons, 2008.

5. M. B. Lin, *Introduction to VLSI Systems: A Logic, Circuit, and System Perspective,* CRC Press, 2012.

6. Ming-Bo Lin, *An Introduction to Verilog HDL,* CreateSpace Independent Publishing Platform, 2016. (ISBN: 978-1523320974)

7. M. M. Mano, *Digital Design,* 3rd ed., Englewood Cliffs, New Jersey: Prentice-Hall, 2002.

8. C. H. Roth, *Fundamentals of Logic Design,* 3rd ed., St. Paul, Minn: West Publishing, 1992.

## 習題

**6-1** 依下列指定方式，設計一個具有致能控制(低電位啟動)的 3 對 8 解碼器電路：

(1) 非反相輸出　　　　　　　　　(2) 反相輸出

**6-2** 使用下列指定執行方式，設計一個具有致能控制的 2 對 4 解碼器電路：

(1) NAND 閘　　　　　　　　　(2) NOR 閘

**6-3** 使用例題 6.1-3 的反相輸出 BCD 解碼器電路與兩個 NAND 閘，執行下列多輸出交換函數：

(1) $f_1(w, x, y, z) = \Sigma(1, 2, 4)$

(2) $f_2(w, x, y, z) = \Sigma(4, 6, 7, 9)$

**6-4** 使用例題 6.1-3 的反相輸出 BCD 解碼器電路與四個 NAND 閘，設計與執行 BCD 對加三碼轉換電路。

**6-5** 使用兩個具有致能控制的 3 對 8 解碼器，設計一個 4 對 16 解碼器電路。

**6-6** 使用五個具有致能控制的 2 對 4 解碼器，設計一個 4 對 16 解碼器電路。

**6-7** 使用四個具有致能控制的 3 對 8 解碼器與一個 2 對 4 解碼器,設計一個 5 對 32 解碼器電路。

**6-8** 使用一個解碼器與外加邏輯閘,執行下列多輸出交換函數:

$$f_1(x, y, z) = x'y' + xyz'$$

$$f_2(x, y, z) = x + y'$$

$$f_3(x, y, z) = \Sigma(0, 2, 4, 7)$$

**6-9** 修改例題 6.2-2 的 4 對 2 優先權編碼器,使其具有一條低電位啟動的致能輸入端 ($E'$),以控制編碼器的動作,而且也必須包括一條輸入資料成立 ($V$) 輸出端,以指示至少有一條資料輸入端啟動。

(1) 繪出該編碼器的邏輯方塊圖,寫出功能表,與繪出邏輯電路。

(2) 使用兩個 4 對 2 優先權編碼器,建構一個 8 對 3 優先權編碼器。繪出其邏輯電路 (提示:需要外加基本邏輯閘)。

**6-10** 設計一個具有致能控制線的 4 對 1 多工器。假設當致能控制不啟動時,多工器的輸出為高電位,而且致能控制為低電位啟動。

**6-11** 若在習題 6-10 中,當致能控制不啟動時,輸出為高阻抗狀態,則電路該如何設計。

**6-12** 修改例題 6.3-5 的 4 對 1 多工器,使其具有致能控制。假設致能控制為高電位啟動,而多工器不被致能時輸出為高電位。

**6-13** 利用兩個 4 對 1 多工器與一個 2 對 1 多工器,組成一個 8 對 1 多工器。

**6-14** 利用五個 4 對 1 多工器設計一個 16 對 1 多工器。

**6-15** 以下列指定方式,設計一個 32 對 1 多工器:

(1) 五個 8 對 1 多工器。

(2) 兩個具有致能控制的 16 對 1 多工器。

(3) 兩個 16 對 1 多工器與一個 2 對 1 多工器。

(4) 兩個 16 對 1 多工器與一個 4 對 1 多工器。

**6-16** 只利用兩個 2 對 1 多工器，設計一個 3 對 1 多工器。

**6-17** 證明下列各電路均為一個函數完全運算電路。

(1) 2 對 1 多工器

(2) 4 對 1 多工器

**6-18** 使用多工器執行全加器電路。

**6-19** 使用一個 8 對 1 多工器執行交換函數：

$$f(w, x, y, z) = \Sigma(0, 1, 3, 4, 9, 15)$$

假設來源選擇線變數 $(S_2, S_1, S_0)$ 依下列方式指定：

(1) $(w, x, y)$　　　　　　　　(2) $(w, x, z)$

(3) $(x, y, z)$　　　　　　　　(4) $(w, y, z)$

**6-20** 使用下列指定電路，執行交換函數：

$$f(w, x, y, z) = \Sigma(2, 7, 9, 10, 11, 12, 14, 15)$$

(1) 8 對 1 多工器　　　　　(2) 4 對 1 多工器

**6-21** 使用 4 對 1 多工器執行下列各交換函數：

(1) $f(v, w, x, y, z) = vwx'y + wx'yz + wxy'z + v'wxy'$

(2) $f(v, w, x, y, z) = \Sigma(1, 2, 3, 4, 5, 6, 7, 10, 14, 20, 22, 28)$

(3) $f(w, x, y, z) = \Sigma(0, 1, 3, 4, 8, 11)$

**6-22** 使用 (三個) 4 對 1 多工器，執行下列多輸出交換函數：

$$f_1(x, y, z) = \Sigma(0, 2, 6)$$

$$f_2(x, y, z) = x' + y$$

$$f_3(x, y, z) = \Sigma(0, 1, 6, 7)$$

**6-23** 使用 8 對 1 多工器，執行下列多輸出交換函數：

$$f_1(w, x, y, z) = \Sigma(1, 2, 4, 5, 10, 12, 14)$$

$$f_2(w, x, y, z) = \Sigma(3, 4, 5, 6, 9, 10, 11)$$

$$f_3(w, x, y, z) = \Sigma(2, 3, 4, 10, 11, 12, 15)$$

**6-24** 分別使用16對1多工器、8對1多工器、4對1多工器，執行下列交換函數：

$$f(v,w,x,y,z) = \Sigma(1,3,5,7,10,11,14,15,20,21,22,23,25,27,29,31)$$

**6-25** 利用多級的4對1多工器電路，執行下列交換函數：

$$f(v,w,x,y,z) = \Sigma(0,3,5,6,9,10,12,15,17,18,20,23,24,27,29,30)$$

**6-26** 使用一個2對1多工器與一個4對1多工器，分別執行下列每一個交換函數 (提示：第一級使用4對1多工器)：

(1) $f(w,x,y,z) = \Sigma(2,3,4,6,7,10,11,15)$

(2) $f(w,x,y,z) = \Sigma(2,5,7,12,14) + \Sigma_\phi(6,9,10,13,15)$

**6-27** 使用一個2對1多工器與一個4對1多工器，分別執行下列每一個交換函數 (提示：第一級使用2對1多工器)：

(1) $f(w,x,y,z) = \Sigma(0,2,3,6,7,12,13,14,15)$

(2) $f(w,x,y,z) = \Sigma(1,3,5,9,11,12) + \Sigma_\phi(4,6,8,13,14)$

**6-28** 最多使用兩個4對1多工器，分別執行下列每一個交換函數：

(1) $f(w,x,y,z) = \Sigma(3,4,6,7,8,10,11,15)$

(2) $f(w,x,y,z) = \Sigma(2,3,4,9,14,15) + \Sigma_\phi(1,5,8,12,13)$

**6-29** 最多使用兩個4對1多工器與兩個NOT閘，分別執行下列每一個交換函數：

(1) $f(v,w,x,y,z) = \Sigma(0,3,5,6,9,10,12,15,17,18,20,23,24,27,29,30)$

(2) $f(v,w,x,y,z) = \Sigma(1,2,4,7,9,10,12,15,16,19,21,22,24,27,29,30)$

**6-30** 設計一個具有致能控制(低電位啟動)的1對8解多工器電路。當解多工器不啟動時，其所有輸出均為高電位。

**6-31** 利用兩個具有致能控制(低電位啟動)的1對8解多工器電路，設計一個1對16解多工器電路。

**6-32** 利用1對4解多工器電路，設計下列各種指定資料輸出端數目的解多工器樹電路時，各需要多少個電路：

(1) 1 對 32 解多工器　　　　　　(2) 1 對 64 解多工器

(3) 1 對 128 解多工器　　　　　 (4) 1 對 256 解多工器

**6-33** 利用一個 1 對 8 解多工器電路與兩個 OR 閘，執行全加器電路。

**6-34** 利用 4 位元比較器電路，設計下列電路：

(1) 16 位元比較器　　　　　　　(2) 20 位元比較器

(3) 24 位元比較器　　　　　　　(4) 32 位元比較器

**6-35** 此習題考慮 1 位元大小比較器的設計與實現。試回答下列各問題：

(1) 列出用以比較兩個單位元未帶號數數目 $A$ 與 $B$ 的 1 位元大小比較器之真值表。簡化輸出交換函數，$O_{A>B}$、$O_{A=B}$、$O_{A<B}$，並繪出此 1 位元大小比較器的邏輯電路。

(2) 修改上述 1 位元大小比較器，使成為可以串接的模組。

(3) 串接兩個可串接 1 位元大小比較器成為一個 2 位元大小比較器。

**6-36** 參考例題 6.5-2 的 2 位元大小比較器電路，回答下列問題：

(1) 修改該 2 位元大小比較器電路，使其具有串接之能力。

(2) 使用修改後的 2 位元大小比較器電路，設計一個 4 位元大小比較器電路。

**6-37** 下列為半加器的相關問題：

(1) 證明半加器電路為一個函數完全運算電路。

(2) 使用三個半加器電路，執行下列四個交換函數：

$$f_1(x, y, z) = x \oplus y \oplus z$$

$$f_2(x, y, z) = x'yz + xy'z$$

$$f_3(x, y, z) = xyz' + (x' + y')z$$

$$f_4(x, y, z) = xyz$$

**6-38** 下列為有關於半加器電路的執行方式：

(1) 假設只有非補數形式的輸入變數，試只用一個 NOT 閘、一個 2 個輸入端的 OR 閘、兩個 2 個輸入端的 AND 閘，執行該半加器電路。

(2) 與(1)同樣的假設下,執行一個半加器電路最多只需要五個NAND閘,試
　　設計該電路。

(3) 使用NOR閘重做(2)。

**6-39** 參考圖 P6.1 回答下列問題:

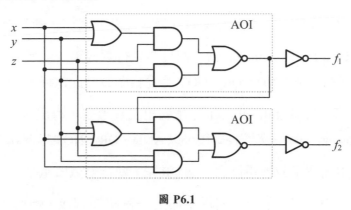

**圖 P6.1**

(1) 分析電路並列出 $f_1$ 與 $f_2$ 的交換表示式。

(2) 使用最多為兩個輸入端的邏輯閘之多層邏輯電路,重新實現 $f_1$ 與 $f_2$ 的交
　　換表示式。

(3) 比較上述兩者之邏輯閘數目。

**6-40** 參考圖 P6.2 回答下列問題:

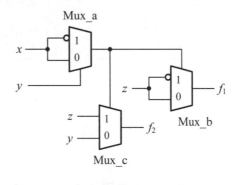

**圖 P6.2**

(1) 分析電路並列出 $f_1$ 與 $f_2$ 的交換表示式。

(2) 使用最多為兩個輸入端的邏輯閘之多層邏輯電路，重新實現 $f_1$ 與 $f_2$ 的交換表示式。

(3) 比較上述兩者之邏輯閘數目。

**6-41** 利用 4 位元並行加法器，設計一個 16 位元並行加法器電路。

**6-42** 利用 4 位元並行加法器與 NOT 閘，設計一個加三碼對 BCD 碼的轉換電路。

**6-43** 半減器 (half subtractor) 為一個具有執行兩個單一位元減法運算的組合邏輯電路。試使用 AND、OR、NOT 等邏輯閘設計此電路。

**6-44** 定義全減器 (full subtractor) 並列出其真值表，導出差 (difference，D) 與借位 (borrow，B) 的交換表式後，以 AND、OR、NOT 等邏輯閘執行。

**6-45** 使用兩個半減器電路與一個 OR 閘，執行全減器電路。

**6-46** 說明如何將一個全加器電路加上一個 NOT 閘後，轉換為一個全減器電路。

**6-47** 設計一個十進制算術運算單元，它具有兩個 BCD 數字的資料輸入端 $X(= x_3x_2x_1x_0)$ 與 $Y(= y_3y_2y_1y_0)$、兩個功能選擇輸入 $m_1m_0$、一組資料輸出端 $S(= S_3S_2S_1S_0)$ 及進位輸出端 $C_4$。算術運算單元的功能如表 P6.1 所示。試使用圖 6.6-11 的真值/9 補數產生器與 BCD 加法器執行此電路。

表 **P6.1**

| $m_1$ | $m_0$ | 輸出 ($S$) |
|---|---|---|
| 0 | 0 | $X+Y$ 的 9 補數 |
| 0 | 1 | $X+Y$ |
| 1 | 0 | $X+Y$ 的 10 補數 |
| 1 | 1 | $X+1\,(X$ 加 1$)$ |

**6-48** 依據圖 6.6-11(b) 的功能表，設計該真值/9 補數產生器電路。

**6-49** 使用 12 個 AND 閘與兩個 4 位元並聯加法器電路，設計一個 4 位元乘以 3 位元的乘法器電路。

**6-50** 圖 6.6-15 的陣列乘法器一共使用了 $4\times4$ 個 AND 閘與 $4\times5$ 個全加器。若仔細觀察可以得知，第一列的全加器均有兩個資料輸入為 0，因此它們實際上並不需要。請修改電路結構將這些不必要的全加器去掉，並將該陣列乘法器擴

充為 $n \times n$ 位元。估計修改後的 $n \times n$ 位元陣列乘法器的傳播延遲與所需要的 AND 閘及全加器數目。

**6-51** 使用四個 AND 閘、OR 閘、NOT 閘和圖 6.6-8 的 4 位元加/減法器電路，設計一個 4 位元的算術邏輯單元 (提示：使用多工器適當的選取資料輸入與輸出)。

**6-52** 本習題為一個與算術運算相關的問題：

(1) 分析圖 P6.3 所示的電路，並將結果填入真值表中。

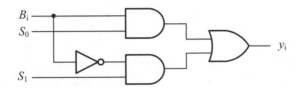

| $S_1$ | $S_0$ | $y_i$ |
|-------|-------|-------|
| 0     | 0     |       |
| 0     | 1     |       |
| 1     | 0     |       |
| 1     | 1     |       |

圖 **P6.3**

(2) 使用四個圖 P6.3 的電路與圖 6.6-3 所示的 4 位元並行加法器，設計一個 4 位元算術運算電路執行下列功能：

| $S_1$ | $S_0$ | $C_{in}=0$ | $C_{in}=1$ |
|-------|-------|------------|------------|
| 0     | 0     | $S=A$      | $S=A+1$    |
| 0     | 1     | $S=A+B$    | $S=A+B+1$  |
| 1     | 0     | $S=A+\bar{B}$ | $S=A+\bar{B}+1$ (減法) |
| 1     | 1     | $S=A-1$    | $S=A$      |

**6-53** 撰寫一個 Verilog HDL 程式，描述圖 6.3-5 的 4 位元 2 對 1 多工器電路。

**6-54** 撰寫一個 Verilog HDL 程式，描述圖 6.3-8 的 CMOS 4 對 1 多工器電路。

**6-55** 進位前瞻加法器的相關問題：

(1) 撰寫一個資料流程的 Verilog HDL 程式，描述圖 6.6-6 的 4 位元進位前瞻加法器。

(2) 撰寫上述電路的測試標竿程式。

(3) 擴充上述電路為 16 位元的加法器電路。

**6-56** 撰寫一個 Verilog HDL 程式，描述圖 6.6-9 的 4 位元 BCD 加法器。

**6-57** 撰寫一個 Verilog HDL 程式，描述圖 6.6-13 的 $4 \times 4$ 位元二進制乘法器電路。

**6-58** 算術邏輯運算單元的相關問題：

(1) 撰寫一個 Verilog HDL 程式，描述圖 6.6-19 的 4 位元算術邏輯運算單元。
假設先描述一個位元的電路，然後暫擴充為 4 位元。

(2) 撰寫上述電路的測試標竿程式。

(3) 擴充上述電路為 16 位元的算術邏輯運算單元。

# 7 同步循序邏輯電路

在組合邏輯電路中，電路的輸出值只由目前的輸入信號(變數)決定；在循序邏輯電路中，電路的輸出值除了由目前的輸入信號(變數)決定外，也與先前的電路輸出值有關。即組合邏輯電路為一個無記憶性電路 (memoryless circuit)，而循序邏輯電路則為一個有記憶性的電路。換句話說，一個具有記憶性的電路稱為循序邏輯電路。依據在循序邏輯電路中，信號的時序關係，它又可以分成同步循序邏輯電路 (synchronous sequential circuit) 與非同步循序邏輯電路 (asynchronous sequential circuit) 兩種。前者通常使用一個獨立的時脈信號 (clock) 以同時改變內部記憶元件的狀態；後者則沒有時脈信號。本章與下一章將詳細地討論同步循序邏輯電路的設計、分析與其相關的一些重要問題(例如：狀態的簡化與指定)；非同步循序邏輯電路的設計與分析則留待第 9 章，再予討論。

## 7.1 循序邏輯電路概論

雖然在實際的循序邏輯電路設計與應用中，可以分成同步與非同步兩種電路類型，然而這兩種循序邏輯電路卻也有其共通的特性：它們均可以使用有限狀態機 (finite state machine，FSM) 的數學模式描述。本節中，將依序討論循序邏輯電路的基本數學模式、表示方法、記憶器元件與其它相關問題。

## 7.1.1　基本電路模式

循序邏輯電路也簡稱序向邏輯電路為一個具有記憶元件的邏輯電路，其基本數學模式可以使用有限狀態機 (FSM) 表示：

### ■ 定義 7.1-1: 有限狀態機 (FSM)

任何循序邏輯電路可以定義為一個具有五個元素的集合 $M = (\Sigma, Q, S, \delta, \lambda)$，其中：

$\Sigma$：有限而且非空的輸入符號 (input symbol) 集合；

$Q$：有限而且非空的輸出符號 (output symbol) 集合；

$S$：有限而且非空的狀態 (state) 集合；

$\delta$：轉態函數 (transition function)，即；$\delta: \Sigma \times S \to S$

$\lambda$：輸出函數 (output function)，它有兩種類型：

$\quad\quad \lambda: \Sigma \times S \to Q \quad\quad$ Mealy 機 (Mealy machine)

$\quad\quad \lambda: S \to Q \quad\quad\quad\quad$ Moore 機 (Moore machine)

在 $\Sigma$ 與 $Q$ 定義中所稱的每一個符號 (symbol) 分別相當於輸入變數 $(x_0, \cdots, x_{l-1})$ 與輸出變數的 $(z_0, \cdots, z_{m-1})$ 的一個二進制組合；在 $S$ 定義中所稱的每一個狀態則相當於狀態變數 $(y_0, \cdots, y_{k-1})$ 的一個二進制組合。

---

若設 $\sigma(t)$、$q(t)$、$z(t)$ 分別表示在時間為 $t$ 時的輸入符號、狀態、輸出符號，其中 $t = 0, 1, 2, \ldots$，則下一狀態 $q(t+1)$ 可以表示為：

$$q(t+1) = \delta(q(t), \sigma(t))$$

輸出符號 (也稱為輸出函數) 可以表示為

$$z(t+1) = \lambda(q(t), \sigma(t)) \quad\quad \text{(Mealy 機)}$$
$$z(t+1) = \lambda(q(t)) \quad\quad\quad \text{(Moore 機)}$$

注意在上述定義中，當輸出 (符號) 不但和目前狀態有關，而且也和輸入 (符號) 相關時，該循序邏輯電路稱為 Mealy 機；當一個循序邏輯電路中的輸出 (符號) 只與目前狀態有關，即只為目前狀態的函數時，稱為 Moore 機。在理論上，Mealy 機與 Moore 機是等效的，即它們具有相同的功能，而且可以互相轉換；在實用上，選擇 Mealy 機或 Moore 機，則依實際的問題而定。

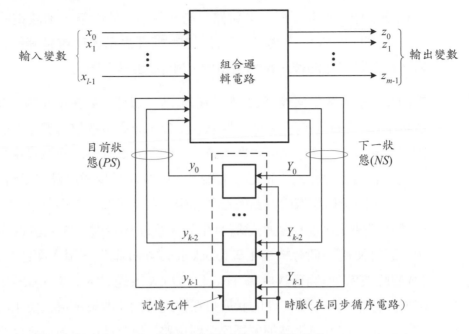

**圖 7.1-1:** 循序邏輯電路基本模式

**7.1.1.1 循序邏輯電路的電路模式** 目前將 FSM 的數學模式應用於循序邏輯電路的設計程序中的一個常用的標準邏輯電路模型稱為 Huffman 模型，如圖 7.1-1 所示。它由 $l$ 個獨立的輸入變數(簡稱為輸入)、$m$ 個輸出變數(簡稱為輸出)與 $k$ 個記憶元件組成。記憶元件的輸出組合 $(y_0, \cdots, y_{k-1})$ 稱為該循序邏輯電路的目前狀態 (present state，PS)，而其輸入組合 $(Y_0, \cdots, Y_{k-1})$ 稱為下一狀態 (next state，NS)。輸入變數的每一個二進制組合稱為一個輸入符號；輸出變數的每一個二進制組合稱為一個輸出符號；目前狀態與輸入(變數)組合後，決定電路的輸出變數的值與下一狀態。電路由目前狀態轉移到下一狀態的動作稱為轉態 (state transition)。

　　循序邏輯電路的設計實際上即是由輸出符號集合 $Q$ 與輸入符號集合 $\Sigma$ 的對應關係，決定集合 $M = (\Sigma, Q, S, \delta, \lambda)$ 中的 $S$、$\delta$、$\lambda$ 等三個元素。由電路設計的觀點而言，各自相當於決定記憶元件的數目、轉態函數、輸出函數。

　　由於每一個記憶元件儲存一個狀態變數 (state variable) 的值，而且有 0 與 1 兩種不同的值。因此，具有 $k$ 個記憶元件的循序邏輯電路，最多將有 $2^k$ 個不同的狀態。換句話說,若電路具有 $r$ 個不同的狀態,則該電路至少需要 $2^k > r$,即 $k \geq \lceil \log_2 r \rceil$ 個記憶元件,其中 $\lceil x \rceil$ 表示大於或是等於 $x$ 的最小整數。在有限狀態的循序邏輯電路中,$k$ 的值也是有限的。

**7.1.1.2 同步與非同步循序邏輯電路** 若一個循序邏輯電路的行為可以由一些特定(或是固定)時間時的信號狀態決定,而與這些信號發生的先後順序無關時,稱為同步循序邏輯電路;若一個循序邏輯電路的行為是由輸入信號的變化與其發生變化的先後順序有關時,稱為非同步循序邏輯電路。

　　為使同步循序邏輯電路的行為僅由一些特定時間(即時脈信號發生)時的信號狀態決定,而與這些信號發生的先後順序無關,在同步循序邏輯電路中,通常使用一個時脈產生器 (clock generator) 產生一個週期性(或是非週期性)的脈波系列(簡稱為時脈,clock,以 *CK* 或是 *CLK* (*clk*)、*CP* 表示),加到記憶元件中,使記憶元件的狀態只在特定時間才改變。這種使用時脈信號驅動記憶元件使其發生轉態的循序邏輯電路,稱為時脈驅動同步循序邏輯電路 (clocked synchronous sequential circuit)。目前絕大部分的同步循序邏輯電路均使用時脈驅動的方式,因此時脈驅動同步循序邏輯電路通常直接稱為同步循序邏輯電路。

　　在非同步循序邏輯電路中,電路的行為只受輸入(變數)改變的次序的影響,而且可以在任何時刻發生。在這種電路中所用的記憶元件通常為延遲元件,因而當電路的輸入變數的值改變時,內部立即發生轉態。由於電路中沒有時序裝置可以同步電路的狀態改變,非同步循序邏輯電路能否正確的工作完全由輸入變數值的改變順序決定。使非同步循序邏輯電路正確工作的最簡單的方法是限制輸入變數的改變方式,一次只允許一個而且連續的改變,必須等待電路穩定之後才發生。非同步循序邏輯電路的詳細設計、分析與相關問題等將留待第 9 章再予討論。

✔**學習重點**

---

**7-1.** 試定義 Huffman 模式。

**7-2.** 試定義輸入符號與輸出符號。

**7-3.** 試定義同步循序邏輯電路與非同步循序邏輯電路。

**7-4.** 以 FSM 的觀點，循序邏輯電路的設計實際上是定義那些函數？

**7-5.** 試定義 Mealy 機與 Moore 機。

**7-6.** Mealy 機與 Moore 機在實際應用上有何差異？。

## 7.1.2 循序邏輯電路表示方式

循序邏輯電路的表示方法有：邏輯方程式 (即交換函數)、狀態圖 (state diagram)、狀態表 (state table)、時序序列 (timing sequences)、時序圖 (timing diagrams)。為方便討論，本節中將以 Mealy 機為主。

**7.1.2.1 邏輯方程式** 依據前一小節的定義：一個循序邏輯電路的行為可以完全由輸出函數與轉態函數決定。因此，利用這兩個交換函數，可以描述任何一個循序邏輯電路。

### ■ 例題 7.1-1 (邏輯方程式)

假設一個同步循序邏輯電路具有一個輸入端 $x$ 與一個輸出端 $z$，當此電路每次偵測到輸入序列為 0101 時，輸出端 $z$ 即輸出一個值為 1 的脈波，否則輸出端 $z$ 的輸出值為 0。

**解：**依題意可以得知：輸入與輸出均只有兩個符號：0 與 1。若設

$A$ = 初始狀態； $\qquad$ $B$ = 已經認知 0

$C$ = 已經認知 "01"； $\qquad$ $D$ = 已經認知 "010"

則該循序邏輯電路可以使用 $M = (\Sigma, Q, S, \delta, \lambda)$ 描述如下：

$\Sigma = \{0,1\}$，$Q = \{0,1\}$，$S = \{A, B, C, D\}$

而 $\delta$ 與 $\lambda$ 兩個函數分別定義如下：

$$\delta(A,0) = B \qquad \delta(B,0) = B \qquad \delta(C,0) = D \qquad \delta(D,0) = B$$
$$\delta(A,1) = A \qquad \delta(B,1) = C \qquad \delta(C,1) = A \qquad \delta(D,1) = C$$
$$\lambda(A,0) = 0 \qquad \lambda(B,0) = 0 \qquad \lambda(C,0) = 0 \qquad \lambda(D,0) = 0$$
$$\lambda(A,1) = 0 \qquad \lambda(B,1) = 0 \qquad \lambda(C,1) = 0 \qquad \lambda(D,1) = 1$$

**7.1.2.2 狀態圖** 利用邏輯方程式描述一個循序邏輯電路時,並不容易了解該電路的行為。因此,這種表示方式通常只止於理論上的探討,並不適合做循序邏輯電路的設計或是分析。在實用上,一個循序邏輯電路的行為通常使用圖形或是表格的方式表示。當然,無論使用圖形或是表格的方式,其所擁有的資料仍然和使用邏輯方程式一樣。

圖形的表示方式稱為狀態圖。在 Mealy 機狀態圖中,每一個頂點 (vertex) 代表循序邏輯電路中的一個狀態;每一個有向分支 (directed branch) 代表狀態轉移;頂點圓圈內的符號代表該狀態的名字;有向分支上的標記 $x/z$ 則分別代表對應的輸入符號 ($x$) 與輸出符號 ($z$)。在 Moore 機狀態圖中,每一個頂點使用 $Q/z$ 表示,分別表示該循序邏輯電路中的一個狀態 ($Q$) 與在該狀態下的輸出符號 ($z$);每一個有向分支代表狀態轉移,其標記 $x$ 則代表對應的輸入符號 ($x$)。

■ **例題 7.1-2 (狀態圖)**

以狀態圖表示例題 7.1-1 的循序邏輯電路。

**解:**如圖 7.1-2 所示。狀態 $A$ 為初始狀態;狀態 $B$ 為已經認知 0;狀態 $C$ 為已經認知 "01";狀態 $D$ 為已經認知 "010"。為說明圖 7.1-2 的狀態圖,可以表示例題 7.1-1 的循序邏輯電路,假設輸入信號序列為 0101001,則狀態轉移與輸出的值分別如下:

輸入: 0 1 0 1 0 0 1
狀態: $A$ $B$ $C$ $D$ $C$ $D$ $B$ $C$
輸出: 0 0 0 1 0 0 0

在狀態 $A$ 時,若輸入為 0,則轉移到狀態 $B$,而輸出為 0;在狀態 $B$ 時,若輸入為 1,則轉移到狀態 $C$,而輸出為 0;在狀態 $C$ 時,若輸入為 0,則轉態到狀態 $D$,而輸出為 0。一旦在狀態 $D$ 時,表示已經認知了 "010" 的輸入序列。在此狀態下,若輸入為 0,則回到狀態 $B$ (即只認知 0),但是若輸入為 1,則已經偵測到 0101 的輸入序列,所以輸出為 1。因此,當輸入序列 0101 加到狀態 $A$ 時,輸出序列為 0001,而且最後的狀態為 $C$。

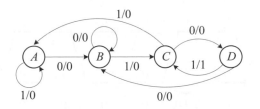

**圖 7.1-2:** 例題 7.1-2 的狀態圖

　　一般而言，一個循序邏輯電路在加入一個輸入序列之前的狀態稱為*初始狀態* (initial state)；在加入該輸入序列之後的狀態稱為*終止狀態* (final state)。例如在例題 7.1-2 中，未加入輸入序列 0101001 的初始狀態為 $A$，而加入該序列之後的終止狀態為 $C$。

**7.1.2.3 狀態表**　一種與狀態圖相對應的循序邏輯電路表示法為狀態表。在狀態表中，每一個列相當於循序邏輯電路的一個狀態，而每一個行相當於一個(外部)輸入變數的組合。行與列交點的位置則填入在該列所代表的目前狀態在該行相對應的輸入符號的下一狀態與輸出函數。

### ■ 例題 7.1-3 (狀態表)

　　圖 7.1-3 所示為例題 7.1-2 的狀態圖所對應的狀態表。由於狀態表為狀態圖的另外一種表示方法，兩種方式所代表的資料完全一樣。相關的說明請參考例題 7.1-2。

| PS | $x$ NS, z 0 | 1 |
|----|------|-----|
| $A$ | $B,0$ | $A,0$ |
| $B$ | $B,0$ | $C,0$ |
| $C$ | $D,0$ | $A,0$ |
| $D$ | $B,0$ | $C,1$ |

PS：目前狀態
NS：下一狀態
$x$：輸入變數
$z$：輸出變數

**圖 7.1-3:** 例題 7.1-3 的狀態表

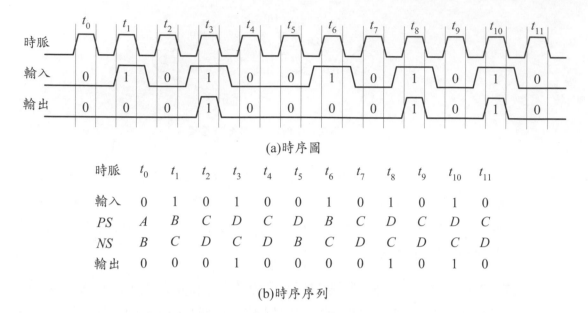

(a)時序圖

| 時脈 | $t_0$ | $t_1$ | $t_2$ | $t_3$ | $t_4$ | $t_5$ | $t_6$ | $t_7$ | $t_8$ | $t_9$ | $t_{10}$ | $t_{11}$ |
|---|---|---|---|---|---|---|---|---|---|---|---|---|
| 輸入 | 0 | 1 | 0 | 1 | 0 | 0 | 1 | 0 | 1 | 0 | 1 | 0 |
| PS | A | B | C | D | C | D | B | C | D | C | D | C |
| NS | B | C | D | C | D | B | C | D | C | D | C | D |
| 輸出 | 0 | 0 | 0 | 1 | 0 | 0 | 0 | 0 | 1 | 0 | 1 | 0 |

(b)時序序列

**圖 7.1-4:** 例題 7.1-4 的時序圖與時序序列

**7.1.2.4 時序圖與時序序列** 描述一個循序邏輯電路動作的方法，除了前面介紹的三種之外，也可以使用時序圖，或是時序序列的方式。在時序圖或是時序序列的方式中，電路的輸出符號與輸入符號的關係皆表示為時間的函數。

■ **例題 7.1-4 (時序圖與時序序列)**

圖 7.1-4 所示為將輸入序列 010100101010 加入例題 7.1-1 的循序邏輯電路中之後的時序圖與時序序列。加入輸入序列 010100101010 後，產生輸出序列：
000100001010

一般而言，時序圖與時序序列兩種方法並不是很實用，因為一個循序邏輯電路的可能輸入序列相當多，因而無法完全描述該循序邏輯電路的行為。但是，若希望強調一個循序邏輯電路工作時的時序問題，或是希望得知該循序邏輯電路的輸出符號與輸入序列的對應關係時，這兩種方法則有相當大的幫助。

| PS | $x$ | NS, z 0 | 1 |
|----|-----|---------|---|
| A | | B,1 | C,0 |
| B | | D,1 | B,1 |
| C | | A,0 | C,0 |
| D | | B,1 | D,1 |

| PS | $x$ | NS 0 | 1 | z |
|----|-----|------|---|---|
| A | | B | C | 0 |
| B | | D | B | 1 |
| C | | A | C | 0 |
| D | | B | D | 1 |

(a) Mealy機                                    (b) Moore機

**圖 7.1-5:** Mealy 機與 Moore 機狀態表

**7.1.2.5 Mealy 機與 Moore 機** 如前所述,同步循序邏輯電路可以分成 Mealy 機與 Moore 機兩種基本模式。它們之間的主要差別在於輸出信號的產生方式不相同,在 Mealy 機中,輸出變數的值由目前狀態與輸入 (變數) 共同決定;在 Moore 機中,輸出變數的值只由目前狀態決定。

由於 Mealy 機中輸出信號由輸入信號與目前狀態共同決定,因此每當輸入信號改變時,輸出信號即有可能發生改變,即不受時脈信號同步。此外,也有可能暫時性的輸出一個不想要的脈波於輸出信號端。若希望輸出信號的值能夠與時脈信號同步,則輸入信號必須與時脈信號同步。在 Moore 機中,由於輸出信號只由目前狀態(即正反器的輸出值)決定,因此隨時能夠由時脈信號同步。圖 7.1-5(a) 與圖 7.1-5(b) 分別為 Mealy 機與 Moore 機的狀態表。

✔學習重點

**7-7.** 一個循序邏輯電路的行為有那些方法可以描述?

**7-8.** 一個循序邏輯電路的行為可以由那兩個函數完全決定?

**7-9.** 試定義狀態圖與狀態表。

**7-10.** 何時才會使用時序圖或是時序序列描述一個循序邏輯電路的行為?

## 7.1.3 記憶元件

由圖 7.1-1 所示的 Huffman 模式可以得知:一個循序邏輯電路實際上由兩部分組成:組合邏輯電路與記憶元件,其中記憶元件提供一個回授 (feedback) 信號,並且與目前的輸入信號共同決定輸出函數與下一狀態的值。因此,記

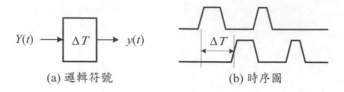

(a) 邏輯符號　　　　　　　　　(b) 時序圖

圖 7.1-6: 延遲元件

憶元件為循序邏輯電路中一個不可或缺的部分。本節中，將討論在循序邏輯
電路中常用的記憶元件。在非同步循序邏輯電路中，常用的記憶元件為延
遲元件 (delay element) 與各種類型的門閂 (latch) 電路；在同步循序邏輯電路
中，則為各種類型的正反器 (flip-flop) 電路。門閂電路也常用以構成正反器電
路，包括緣觸發正反器 (edge-triggered flip-flop) 及主從式正反器 (master-slave
flip-flop) 電路。

**7.1.3.1 延遲元件** 在非同步循序邏輯電路中，常用的記憶元件為延遲元件
與 $SR$ 門閂 (SR latch)。基本的延遲元件符號與時序圖如圖 7.1-6 所示，其輸出
$y$ 與輸入 $Y$ 的關係可以由下列方程式表示：

$$y(t + \Delta T) = Y(t)$$

　　延遲元件具有記憶功能的原因是信號經由輸入端抵達輸出端時必須經歷
一段時間 $\Delta T$。這種延遲元件的觀念在分析非同步循序邏輯電路時，將扮演
一個相當重要的角色。在實際的電路設計中，除了欲解決某些問題外，通常
並不需要刻意地在電路中加入一個延遲元件，因為電路的組合邏輯部分已經
提供了足夠的延遲。

**7.1.3.2 雙穩態電路** 在非同步循序邏輯電路中，另外一種常用的記憶元件
為 $SR$ 門閂。在討論這種電路之前，先觀察圖 7.1-7 的兩種不同的 NOT 閘電路
組態。在圖 7.1-7(a) 中，將兩個或是偶數個 NOT 閘串接；在圖 7.1-7(b) 中，則
將奇數個 NOT 閘串接。不管是那一種組態，均將最後一級的輸出連接到第一
級的輸入，形成一個回授路徑。結果圖 7.1-7(a) 的電路為一個雙穩態 (bistable)
(即具有兩個穩定狀態：0 與 1) 電路，因為雖然經過了兩個 NOT 閘的延遲，$A$
與 $C$ 兩點的信號狀態依然保持在相同的極性上。圖 7.1-7(b) 的電路為為一個

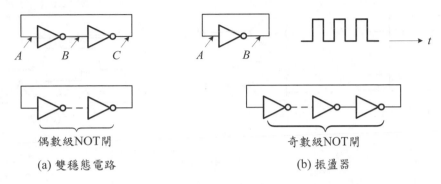

(a) 雙穩態電路          (b) 振盪器

**圖 7.1-7:** 雙穩態與振盪器電路

振盪器（oscillator 或稱非穩態，astable）電路，因為當 $A$ 端下降為 0 時，經過 NOT 閘延遲後，$B$ 端上升為 1，然而由於 $B$ 端與 $A$ 端連接在一起，因此這個 1 的信號送回 $A$ 端，再經過 NOT 閘延遲後，$B$ 端下降為 0，而 $A$ 端也下降為 0，如此交替的產生一連串的 0 與 1 信號，所以為一個振盪器電路。

**7.1.3.3 SR 門閂** 利用的 NOT 閘構成的雙穩態電路，外界並無法改變其狀態。因此，在實用上改用 NOR 閘或是 NAND 閘等反相控制閘 (第 2.4.2 節) 取代雙穩態電路中的兩個反相器，如圖 7.1-8 所示。當兩個反相器均由 NOR 閘取代後的雙穩態電路，稱為 NOR 閘 $SR$ 門閂電路 (NOR-based $SR$ latch)；當兩個反相器均由 NAND 閘取代後的雙穩態電路，稱為 NAND 閘 $SR$ 門閂電路 (NAND-based $SR$ latch)。一般而言，一個具有設定 (set，$S$) 與清除 (reset，$R$)

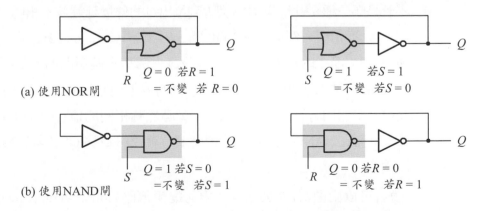

(a) 使用 NOR 閘

(b) 使用 NAND 閘

**圖 7.1-8:** 使用 NOR 與 NAND 控制閘改變雙穩態電路的狀態

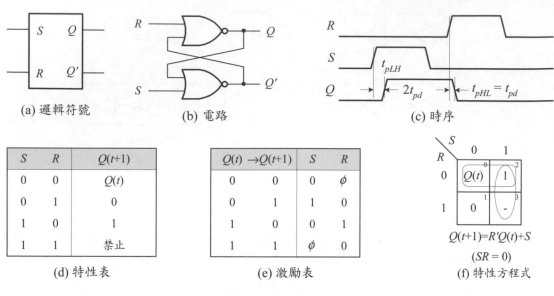

(a) 邏輯符號　　　(b) 電路　　　(c) 時序

| S | R | Q(t+1) |
|---|---|--------|
| 0 | 0 | Q(t) |
| 0 | 1 | 0 |
| 1 | 0 | 1 |
| 1 | 1 | 禁止 |

(d) 特性表

| Q(t) →Q(t+1) | S | R |
|---|---|---|
| 0　　0 | 0 | $\phi$ |
| 0　　1 | 1 | 0 |
| 1　　0 | 0 | 1 |
| 1　　1 | $\phi$ | 0 |

(e) 激勵表

$$Q(t+1)=R'Q(t)+S$$
$$(SR = 0)$$

(f) 特性方程式

圖 7.1-9: NOR 閘 $SR$ 門閂

兩個控制輸入端的雙穩態電路，稱為 $SR$ 門閂。因此圖 7.1-9 與 7.1-10 中的兩種電路均為 $SR$ 門閂。注意

1. 在 NOR 閘 $SR$ 門閂與 NAND 閘 $SR$ 門閂電路中的 $R$ (reset) 與 $S$ (set) 輸入端位於不同的位置。

2. 它們的啟動位準也不同，在 NOR 閘 $SR$ 門閂中為高電位，在 NAND 閘 $SR$ 門閂電路中為低電位。

3. 不管是哪一種 $SR$ 門閂，由 $S$ 與 $R$ 到輸出 $Q$ 的傳播延遲並不相同，意即 $t_{pHL}$ 與 $t_{pLH}$ 不相同。例如，在 NOR 閘 $SR$ 門閂中，$t_{pLH} = 2t_{pd}$ 而 $t_{pHL} = t_{pd}$。與第 5.3.1 節中的邏輯閘相同，假設每一個基本邏輯閘的傳播延遲為 $t_{pd}$。

4. 在 NOR 閘 $SR$ 門閂中，$R$ 與 $S$ 不能同時為 1，而在 NAND 閘 $SR$ 門閂中，$R$ 與 $S$ 不能同時為 0，否則，$Q$ 與 $Q'$ 必然為相同的值(在 NOR 閘 $SR$ 門閂中為 0 而在 NAND 閘 $SR$ 門閂中為 1)，導致與 $Q$ 與 $Q'$ 必須為相反值的假設衝突。

讀者可以由圖 7.1-9 與 7.1-10 中的邏輯電路獲得其特性表 (characteristic table，一種濃縮的真值表)，由此特性表可以求得電路的特性函數 (characteristic

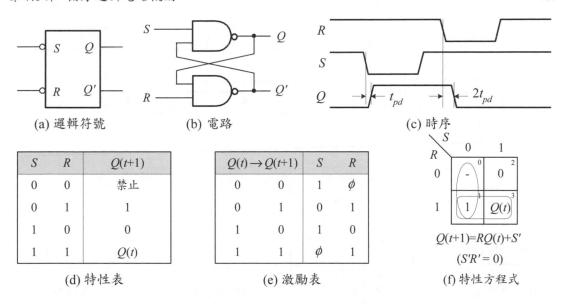

(a) 邏輯符號　　　　(b) 電路　　　　　　　　(c) 時序

| $S$ | $R$ | $Q(t+1)$ |
|-----|-----|----------|
| 0 | 0 | 禁止 |
| 0 | 1 | 1 |
| 1 | 0 | 0 |
| 1 | 1 | $Q(t)$ |

(d) 特性表

| $Q(t) \rightarrow Q(t+1)$ | $S$ | $R$ |
|---------------------------|-----|-----|
| 0　0 | 1 | $\phi$ |
| 0　1 | 0 | 1 |
| 1　0 | 1 | 0 |
| 1　1 | $\phi$ | 1 |

(e) 激勵表

$$Q(t+1) = RQ(t) + S'$$
$$(S'R' = 0)$$

(f) 特性方程式

圖 **7.1-10:** NAND 閘 $SR$ 門閂

function)

$$Q(t+1) = R'Q(t) + S \qquad (SR = 0) \text{ — NOR 閘電路}$$

$$Q(t+1) = RQ(t) + S' \qquad (S+R = 1) \text{ — NAND 閘電路}$$

其中 $Q(t)$ 為目前狀態而 $Q(t+1)$ 表示 $SR$ 門閂在其任一個輸入端 ($S$ 或 $R$) 信號改變一小段時間 ($t_{pLH}$ 或是 $t_{pHL}$) 之後的狀態。注意：在記憶器元件 (門閂或是正反器) 中，當外加信號加入之前，其輸出狀態 $Q(t)$ 稱為目前狀態 (present state)，在該記憶器元件對於輸入信號反應之後的輸出狀態 $Q(t+1)$ 稱為下一狀態 (next state)。圖 7.1-9 與 7.1-10 中的激勵表 (excitation table) 為特性表的另外一種表示方式，它先假設需要的輸出端值，再由特性表求出必須加到資料輸入端 $S$ 與 $R$ 的值。

**7.1.3.4 JK 門閂**　$JK$ 門閂 (JK latch) 解決了 NOR 閘的 $SR$ 門閂電路中，輸入端 $S$ 與 $R$ 的值不能同時為 1 的缺點，如圖 7.1-11 所示。它除了在 $J = K = 1$ 時，將輸出端 $Q$ 的值取補數外，在其餘的 $J$ 與 $K$ 組合下，動作與 NOR 閘的 $SR$ 門閂相同，如圖 7.1-11(d) 的特性表所示。其使用 $SR$ 門閂實現的邏輯電路如圖 7.1-11(a) 所示。$JK$ 門閂的時序圖、邏輯符號、激勵表分別如圖 7.1-11(b)、

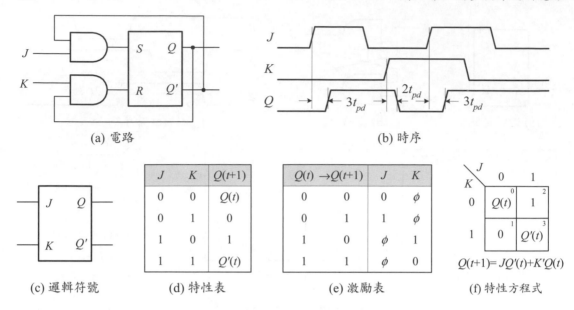

(a) 電路                                              (b) 時序

(c) 邏輯符號                (d) 特性表                (e) 激勵表                (f) 特性方程式

圖 **7.1-11:** $JK$ 門閂

(c)、(e) 所示。由圖 7.1-11(d) 的特性表可以求得 $JK$ 門閂的特性函數

$$Q(t+1) = JQ'(t) + K'Q(t)$$

其中 $Q(t)$ 為目前狀態而 $Q(t+1)$ 表示 $JK$ 門閂在其任一個輸入端 ($J$ 或 $K$) 信號改變一小段時間之後的狀態 (習題 7-3)。

**7.1.3.5  D 型門閂**  第三種常用的門閂電路為 $D$ 型門閂 (data latch)，如圖 7.1-12 所示。它與 $SR$ 門閂的主要區別在於它只有一個輸入端。一般而言，$D$ 型門閂電路可以由 $SR$ 門閂電路依圖 7.1-12(a) 所示方式連接，以強制 $SR$ 門閂的輸入端 $S$ 與 $R$ 在任何時候均互為補數。圖 7.1-12(b)、(c)、(d)、(e) 分別為 $D$ 型門閂的時序圖、邏輯符號、特性表、激勵表。由特性表可以求得 $D$ 型門閂的特性函數

$$Q(t+1) = D$$

其中 $Q(t)$ 為目前狀態而 $Q(t+1)$ 表示 $D$ 型門閂在其輸入端 ($D$) 信號改變一小段時間之後的狀態。

在上述三種門閂電路中，每當輸入信號改變時，在經歷一段由該電路輸

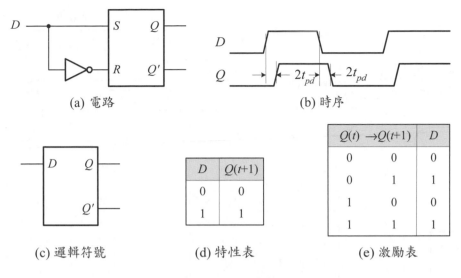

(a) 電路        (b) 時序

(c) 邏輯符號       (d) 特性表       (e) 激勵表

**圖 7.1-12:** $D$ 型門閂

入端到輸出端的傳播延遲 ($t_{pd}$) 後,輸出端即反應新的輸入值,這種特性稱為穿透性 (transparent property)。對於所有的門閂電路而言,皆具有這種穿透性。因此門閂電路可以定義為:一個具有穿透性且能接受外部輸入信號的雙穩態電路。

在實際應用上,通常需要控制基本門閂電路的穿透性期間。此時,可以使用一個外加控制輸入端 ($G$) 與兩個 AND 邏輯閘來控制輸入資料是否允許進入基本門閂電路。當控制輸入端 ($G$) 啟動時,門閂電路將接收外部輸入資料而具有穿透性,因此其輸出將依輸入資料而改變;當控制輸入端 ($G$) 不啟動時,門閂電路與外部資料隔絕而持住在當控制輸入端 ($G$) 由啟動轉為不啟動時的輸入資料值,意即它將在控制輸入端 ($G$) 負緣時取樣輸入資料,並且呈現於其輸出端。工作於此方式的門閂電路稱為閘控門閂 (gated latch)。接著,我們將一一介紹上述基本門閂電路的閘控版本。

**7.1.3.6 閘控 SR 門閂** 圖 7.1-9 的 NOR 閘 $SR$ 門閂可以藉著在其前加入兩個 AND 閘,修改成為一個閘控 $SR$ 門閂 (gated SR latch),如圖 7.1-13(a) 所示。當控制輸入端 $G$ 為 1 時,允許 $S$ 與 $R$ 的輸入信號進入 NOR 閘 $SR$ 門閂中,而改變 NOR 閘 $SR$ 門閂的狀態;當控制輸入端 $G$ 為 0 時,NOR 閘 $SR$ 門閂的狀態

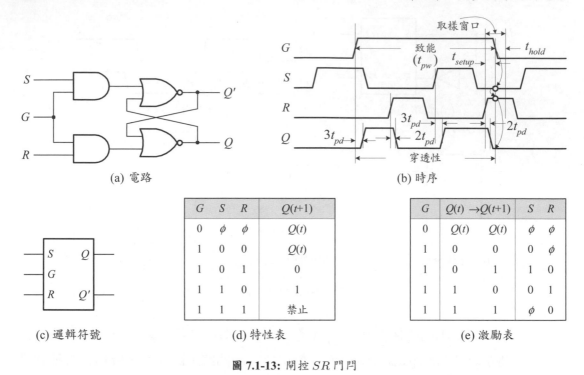

(a) 電路　　　　　　　　　　(b) 時序

(c) 邏輯符號

| G | S | R | Q(t+1) |
|---|---|---|--------|
| 0 | $\phi$ | $\phi$ | Q(t) |
| 1 | 0 | 0 | Q(t) |
| 1 | 0 | 1 | 0 |
| 1 | 1 | 0 | 1 |
| 1 | 1 | 1 | 禁止 |

(d) 特性表

| G | Q(t) $\to$ Q(t+1) | | S | R |
|---|------|------|---|---|
| 0 | Q(t) | Q(t) | $\phi$ | $\phi$ |
| 1 | 0 | 0 | 0 | $\phi$ |
| 1 | 0 | 1 | 1 | 0 |
| 1 | 1 | 0 | 0 | 1 |
| 1 | 1 | 1 | $\phi$ | 0 |

(e) 激勵表

**圖 7.1-13:** 閘控 $SR$ 門閂

不受 $S$ 與 $R$ 輸入信號的影響,而維持不變。換言之,它鎖住控制輸入端 $G$ 由啟動變為不啟動時的輸入資料值。圖 7.1-13(b)、(c)、(d)、(e) 分別閘控 $SR$ 門閂的時序圖、邏輯符號、特性表、激勵表。由特性表可以求得閘控 $SR$ 門閂的特性函數:

$$Q(t+1) = G'Q(t) + G[R'Q(t) + S] \qquad (SR = 0) \text{ — NOR 閘電路}$$

$$Q(t+1) = G'Q(t) + G[RQ(t) + S'] \qquad (S'R' = 0) \text{ — NAND 閘電路}$$

其中 $Q(t)$ 為目前狀態而 $Q(t+1)$ 表示閘控 $SR$ 門閂在其任一個輸入端($S$、$R$、$G$) 信號改變一小段時間之後的狀態。

　　為了確保閘控 $SR$ 門閂能正確地工作,必須仔細地控制輸入信號的相對時序。如圖 7.1-13(b) 所示,在控制輸入端 $G$ 變為不啟動前,$S$ 與 $R$ 的信號必須先穩定一段時間,稱為設定時間 (setup time,$t_{setup}$);而於控制輸入端 $G$ 變為不啟動後,$S$ 與 $R$ 的信號仍須維持一段穩定的時間,稱為持住時間 (hold time,$t_{hold}$)。設定時間 ($t_{setup}$) 與持住時間 ($t_{hold}$) 的和稱為取樣窗口 (sampling

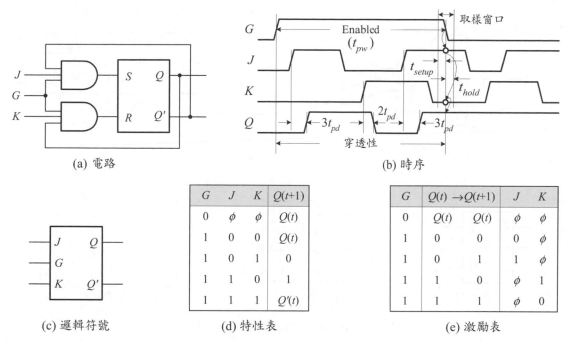

(a) 電路　　　　　　　　　　　　　　　　　(b) 時序

<table>
<tr><th>G</th><th>J</th><th>K</th><th>Q(t+1)</th></tr>
<tr><td>0</td><td>$\phi$</td><td>$\phi$</td><td>Q(t)</td></tr>
<tr><td>1</td><td>0</td><td>0</td><td>Q(t)</td></tr>
<tr><td>1</td><td>0</td><td>1</td><td>0</td></tr>
<tr><td>1</td><td>1</td><td>0</td><td>1</td></tr>
<tr><td>1</td><td>1</td><td>1</td><td>Q'(t)</td></tr>
</table>

<table>
<tr><th>G</th><th colspan="2">$Q(t) \to Q(t+1)$</th><th>J</th><th>K</th></tr>
<tr><td>0</td><td>Q(t)</td><td>Q(t)</td><td>$\phi$</td><td>$\phi$</td></tr>
<tr><td>1</td><td>0</td><td>0</td><td>0</td><td>$\phi$</td></tr>
<tr><td>1</td><td>0</td><td>1</td><td>1</td><td>$\phi$</td></tr>
<tr><td>1</td><td>1</td><td>0</td><td>$\phi$</td><td>1</td></tr>
<tr><td>1</td><td>1</td><td>1</td><td>$\phi$</td><td>0</td></tr>
</table>

(c) 邏輯符號　　　　　　　(d) 特性表　　　　　　　(e) 激勵表

**圖 7.1-14:** 閘控 $JK$ 門閂

window)。上述時序限制 (timing constraint) 同樣地適用於其次將介紹的其它兩種閘控門閂：閘控 $JK$ 門閂與閘控 $D$ 型門閂。

**7.1.3.7　閘控 JK 門閂**　如同 $SR$ 門閂，$JK$ 門閂亦可以於 $JK$ 輸入端加入 AND 控制閘，以控制進入 $J$ 與 $K$ 輸入端的信號，而成為一個閘控 $JK$ 門閂 (gated JK latch)。使用 $SR$ 門閂實現的閘控 $JK$ 門閂如圖 7.1-14(a) 所示。當控制輸入端 $G$ 為 1 時，允許 $J$ 與 $K$ 的輸入信號進入後級的 $SR$ 門閂中，而改變 $SR$ 門閂的狀態；當控制輸入端 $G$ 為 0 時，$SR$ 門閂的狀態不受 $J$ 與 $K$ 輸入信號的影響。閘控 $JK$ 門閂的時序圖、邏輯符號、特性表、激勵表分別如圖 7.1-14(b)、(c)、(d)、(e) 所示。由圖 7.1-14(d) 的特性表可以求得閘控 $JK$ 門閂的特性函數

$$Q(t+1) = G'Q(t) + G[JQ'(t) + K'Q(t)]$$

其中 $Q(t)$ 為目前狀態而 $Q(t+1)$ 表示閘控 $JK$ 門閂在其任一輸入端 ($J$、$K$、$G$) 信號改變一小段時間之後的狀態 (習題 7-4)。

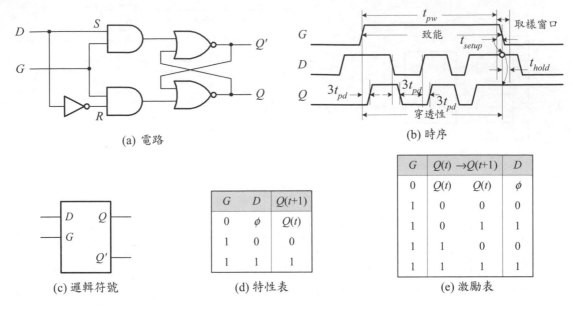

圖 7.1-15: 閘控 $D$ 型門閂

**7.1.3.8 閘控 D 型門閂** 依據圖 7.1-12(b) 所示方式，閘控 $D$ 型門閂 (gated data latch) 可以經由外加一個 NOT 閘於閘控 $SR$ 門閂的輸入端而完成，以強制閘控 $SR$ 門閂的 $S$ 與 $R$ 輸入端的資料在閘控輸入信號 ($G$) 啟動時永遠為互補，如圖 7.1-15(a) 所示。閘控 $D$ 型門閂的時序圖、邏輯符號、特性表、激勵表分別如圖 7.1-15(b)、(c)、(d)、(e) 所示。由特性表可以求得閘控 $D$ 型門閂的特性函數

$$Q(t+1) = G'Q(t) + GD$$

其中 $Q(t)$ 為目前狀態而 $Q(t+1)$ 表示閘控 $D$ 型門閂在其任一輸入端 ($D$ 或 $G$) 信號改變一小段時間之後的狀態。

**7.1.3.9 正反器** 如圖 7.1-13(b)、7.1-14(b)、7.1-15(b) 所示，若控制輸入端 $G$ 啟動的期間恰好等於設定時間，則該門閂電路的穿透性質可以消除，否則電路仍保持有穿透性質。因此，經由適當地控制閘控門閂的閘控輸入端 $G$ 與資料輸入端 (例如 $S$ 及 $R$) 信號的相對時序，可以消除閘控門閂電路特有的穿透性。然而這種嚴格限制控制輸入 ($G$) 的脈波寬度 ($t_{pw}$)，以消除穿透性的方

法，在實用上很難實現，因為設定與清除門閂電路的延遲時間並不相同，即可以設定門閂電路的時脈信號未必可以清除門閂電路，反之亦然。不過，組合兩個相同類型但是具有相反控制極性的閘控門閂電路，卻是可以建構一個不具有穿透性的雙穩態電路。這種雙穩態電路稱為正反器 (flip-flop)，意即一個不具有穿透性的且能接受輸入信號的雙穩態電路。

正反器為一個具有外部存取能力而且沒有穿透性的雙穩態電路。目前，大多數商用的元件採用的兩種電路設計方法為：

1. 主從式正反器；

2. 緣觸發正反器

其中主從式正反器通常使用於 CMOS 邏輯族系的電路設計中，而緣觸發正反器則較多使用於 TTL 邏輯族系的電路設計中。這兩種正反器電路的設計方法均屬於非同步循序邏輯電路的範疇，因此將於第 9 章再予討論。

在非同步循序邏輯電路中所用的記憶元件為延遲元件或是門閂電路；在同步循序邏輯電路中則使用正反器。一般常用的正反器有 $SR$ 正反器 ($SR$ flip-flop)、$JK$ 正反器 ($JK$ flip-flop)、$D$ 型正反器 ($D$ flip-flop)、$T$ 型正反器 ($T$ flip-flop) 等，其中 $JK$ 與 $D$ 型兩種正反器較具代表性，而且有商用 MSI 元件。下面將扼要討論這些正反器。

**7.1.3.10 SR 正反器** $SR$ 正反器的邏輯符號如圖 7.1-16(a) 所示。與 $SR$ 門閂電路一樣，輸入端 $S$ 與 $R$ 用來決定正反器的狀態，但是必須由時脈 (clock，CK) 同步。在時脈的正緣時，若 $S$ 輸入端啟動 (即加入高電位)，正反器的輸出端 $Q$ 將上升為高電位 (1)；若 $R$ 輸入端啟動，則正反器的輸出端 $Q$ 將下降為低電位 (0)。注意：$R$ 和 $S$ 輸入端不能同時啟動 (即 $S(t)R(t) = 0$)。

$SR$ 正反器的狀態圖如圖 7.1-16(d) 所示；其時序圖、特性表、激勵表分別如圖 7.1-16(b)、(c)、(e) 所示。利用變數引入圖對特性表化簡後，得到 $SR$ 正反器的特性函數

$$Q(t+1) = S + R'Q(t) \qquad (SR = 0)$$

其中 $Q(t)$ 為目前狀態而 $Q(t+1)$ 表示 $SR$ 正反器在其啟動的時脈信號緣一小段時間之後的狀態。

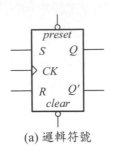

(a) 邏輯符號

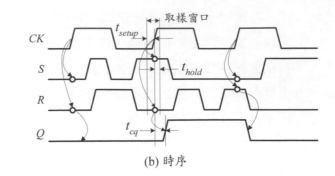

(b) 時序

| S | R | Q(t+1) |
|---|---|--------|
| 0 | 0 | Q(t) |
| 0 | 1 | 0 |
| 1 | 0 | 1 |
| 1 | 1 | 禁止 |

(c) 特性表

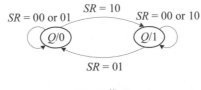

(d) 狀態圖

| $Q(t) \to Q(t+1)$ | S | R |
|---|---|---|
| 0   0 | 0 | $\phi$ |
| 0   1 | 1 | 0 |
| 1   0 | 0 | 1 |
| 1   1 | $\phi$ | 0 |

(e) 激勵表

圖 7.1-16: $SR$ 正反器

　　一個實用的 $SR$ 正反器通常有另外兩個輔助的輸入端：預置 (preset) 與清除 (clear)。由於這兩個輸入端不受時脈的控制，因此也常稱為非同步預置與清除，而且通常為低電位啟動。當預置端啟動時，正反器的輸出立即上升為 1 態；當清除端啟動時，正反器的輸出立即下降 0 態。若預置與清除兩個輸入端不使用時，必須接於高電位。

　　比較圖 7.1-16 與圖 7.1-13 可知，正反器僅在時脈信號 $CK$ 的正緣時捕捉輸入資料，然後維持該資料於輸出端一個時脈週期，直到下一個時脈信號 $CK$ 的正緣才再度捕捉輸入資料。閘控門閂在控制輸入端 $G$ 為高電位時，則持續地捕捉與輸出輸入資料，然後在控制輸入端 $G$ 的負緣時捕捉此時的輸入資料，並且在控制輸入端 $G$ 的低電位期間，維持該資料不變並且輸出於輸出端。此外，相同類型的正反器與門閂電路具有相同的特性方程式，但是它們的解釋稍有不同。例如在 NOR 閘 $SR$ 門閂電路中，$Q(t+1)$ 表示該門閂電路在輸入信號改變後一小段時間的狀態，而在 $SR$ 正反器中，則表示在啟動的時脈緣後的一小段時間的狀態。

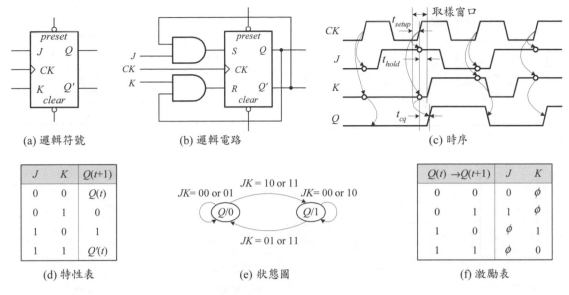

(a) 邏輯符號　　　　　　(b) 邏輯電路　　　　　　(c) 時序

| $J$ | $K$ | $Q(t+1)$ |
|-----|-----|----------|
| 0 | 0 | $Q(t)$ |
| 0 | 1 | 0 |
| 1 | 0 | 1 |
| 1 | 1 | $Q'(t)$ |

(d) 特性表

(e) 狀態圖

| $Q(t) \rightarrow Q(t+1)$ | | $J$ | $K$ |
|-----|-----|-----|-----|
| 0 | 0 | 0 | $\phi$ |
| 0 | 1 | 1 | $\phi$ |
| 1 | 0 | $\phi$ | 1 |
| 1 | 1 | $\phi$ | 0 |

(f) 激勵表

**圖 7.1-17:** $JK$ 正反器

**7.1.3.11　JK 正反器**　$JK$ 正反器的邏輯符號如圖 7.1-17(a) 所示。基本上在 $JK = 0$ 時，$JK$ 正反器的動作和 $SR$ 正反器相同，但是在 $J = K = 1$ 時，正反器將輸出端 $Q$ 的值取補數，如圖 7.1-17(c) 的時序圖所示。圖 7.1-17(b) 為利用 $SR$ 正反器執行的 $JK$ 正反器；圖 7.1-17(d)、(e)、(f) 分別為 $JK$ 正反器的特性表、狀態圖、激勵表。利用變數引入圖對特性表化簡後，得到 $JK$ 正反器的特性函數

$$Q(t+1) = JQ'(t) + K'Q(t)$$

其中 $Q(t)$ 為目前狀態而 $Q(t+1)$ 表示 $JK$ 正反器在其啟動的時脈信號緣一小段時間之後的狀態。

　　與 $SR$ 正反器一樣，$JK$ 正反器也有預置與清除兩個非同步控制輸入端。

**7.1.3.12　D 型正反器**　$D$ 型正反器的邏輯符號如圖 7.1-18(c) 所示，它僅具有一個資料輸入端 $(D)$，時脈將資料輸入端的資料取樣後存於正反器中，並呈現在輸出端，如圖 7.1-18(b) 的時序圖所示。圖 7.1-18(a) 為利用 $SR$ 正反器執行的 $D$ 型正反器；圖 7.1-18(d)、(e)、(f) 分別為 $D$ 型正反器的特性表、狀態

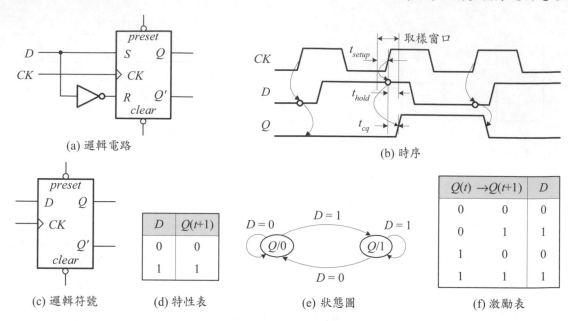

(a) 邏輯電路　　　　　　　　　　　　　　　　　(b) 時序

(c) 邏輯符號　　　(d) 特性表　　　　　(e) 狀態圖　　　　　(f) 激勵表

**圖 7.1-18:** $D$ 型正反器

圖、激勵表。利用卡諾圖對特性表化簡後得到 $D$ 型正反器的特性函數：

$$Q(t+1) = D$$

其中 $Q(t)$ 為目前狀態而 $Q(t+1)$ 表示 $D$ 型正反器在其啟動的時脈信號緣一小段時間之後的狀態。

與 $SR$ 正反器一樣，$D$ 型正反器也有預置與清除兩個非同步控制輸入端。

值得注意的是 $D$ 型正反器並不像其它類型正反器一樣，可以由資料輸入端的組合，讓輸出端持住現有的資料。相反地，$D$ 型正反器在每一個時脈的正緣時，均取樣其輸入端的資料，並且反應新值於其輸出端。若希望一個 $D$ 型正反器保持其輸出端現有資料不變，而不管其輸入端資料是否改變時，下列為兩種常用的方式：

1. 時脈致能 (clock enable，$CE$) 方法

2. 載入控制 (load control，$L$) 方法

　　在時脈致能方法中，使用一個外加邏輯閘暫停輸入該 $D$ 型正反器的時脈，如圖 7.1-19(a) 所示。這種 $D$ 型正反器稱為稱為時脈致能 $D$ 型正反器。此

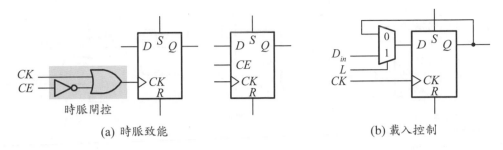

圖 **7.1-19:** $D$ 型正反器的資料載入控制

種方式的缺點為加入的邏輯閘之傳播延遲，可能造成該正反器與系統之間的時脈不同步。不過，若能精心地設計時脈致能電路，並且將其嵌入 $D$ 型正反器的電路中，以降低其傳播延遲的效應，則不失為一種成本較低的方法。這種 $D$ 型正反器通常使用於 FPGA 與 CPLD 的裝置中。

　　在載入控制方法中，如圖 7.1-19(b) 所示，外加一個 2 對 1 多工器於該正反器的 $D$ 輸入端，以選擇取樣資料的來源。這種 $D$ 型正反器稱為載入控制 $D$ 型正反器。當載入 $(L)$ 控制為 0 時，$D$ 型正反器在每一個時脈正緣時，均取樣自己的輸出端資料，因此維持現有資料不變；當載入 $(L)$ 控制為 1 時，$D$ 型正反器則取樣其外部輸入端 $(D)$ 資料，因此可以更新其輸出端資料。載入控制 $D$ 型正反器的特性函數

$$Q(t+1) = D = Q(t) \cdot L' + D_{in} \cdot L$$

其中 $Q(t)$ 為目前狀態而 $Q(t+1)$ 表示載入控制 $D$ 型正反器在其啟動的時脈信號緣一小段時間之後的狀態。

**7.1.3.13 T 型正反器**　$T$ 型正反器的邏輯符號如圖 7.1-20(d) 所示，它只有一個輸入端 $(T)$。當 $T$ 輸入端為 1 時，每當時脈正緣時，其輸出端 $Q$ 的值即取其補數，如圖 7.1-20(c) 的時序圖所示，因此稱為補數型正反器 (toggle flip-flop)。圖 7.1-20(a) 與 (b) 分別為利用 $JK$ 正反器與 $D$ 型正反器執行的 $T$ 型正反器；圖 7.1-20(e)、(f)、(g) 分別為 $T$ 型正反器的特性表、狀態圖、激勵表；由圖 7.1-20(e) 的特性表，得到 $T$ 型正反器的特性函數

$$Q(t+1) = T'Q(t) + TQ'(t) = T \oplus Q(t)$$

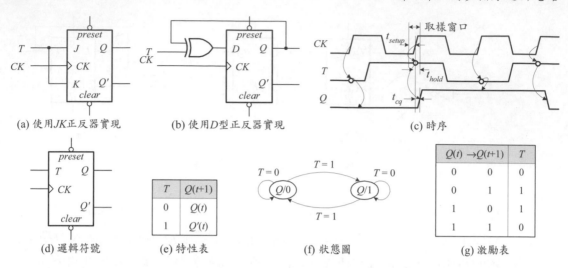

(a) 使用JK正反器實現　　(b) 使用D型正反器實現　　(c) 時序

(d) 邏輯符號　　(e) 特性表　　(f) 狀態圖　　(g) 激勵表

**圖 7.1-20:** $T$ 型正反器

其中 $Q(t)$ 為目前狀態而 $Q(t+1)$ 表示 $T$ 型正反器在其啟動的時脈信號緣一小段時間之後的狀態。

$T$ 型正反器也有預置與清除兩個非同步控制輸入端。

另外一種常用的 $T$ 型正反器如圖 7.1-21(a) 所示，稱為非閘控 $T$ 型正反器 (non-gated T flip-flop)，因為它沒有閘控輸入端。圖 7.1-21(b) 與圖 7.1-21(c) 分

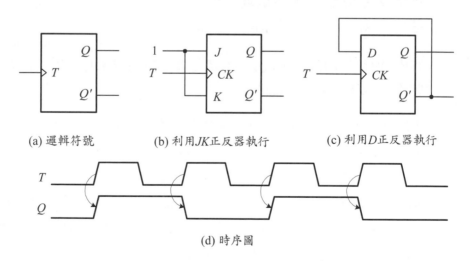

(a) 邏輯符號　　(b) 利用JK正反器執行　　(c) 利用D正反器執行

(d) 時序圖

**圖 7.1-21:** 非閘控 $T$ 型正反器

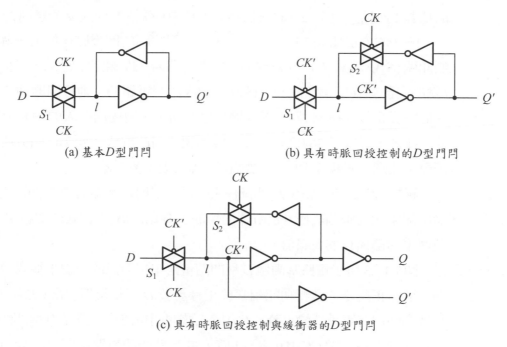

(a) 基本 $D$ 型門閂　　　　　　　　(b) 具有時脈回授控制的 $D$ 型門閂

(c) 具有時脈回授控制與緩衝器的 $D$ 型門閂

**圖 7.1-22:** CMOS 門閂電路

別為利用 $JK$ 正反器與 $D$ 型正反器執行的非閘控 $T$ 型正反器；圖 7.1-21(d) 則
為其動作的時序圖,每當 $T$ 輸入端由低電位 (0) 上升為高電位 (1) 時,輸出端
$Q$ 的值即改變狀態一次,因此輸出端 ($Q$) 的信號頻率為輸入端 ($T$) 信號頻率
的一半,即除以 2。

**7.1.3.14　CMOS 門閂與正反器**　最簡單的 CMOS $D$ 型門閂電路 [5] 為如圖
7.1-22 所示,將兩個反相器串接形成一個迴路,但是為了能夠將外部資料饋
入門閂電路之中,圖中使用了一個 CMOS 傳輸閘當作開關 ($S_1$) 以控制輸入資
料 ($D$) 的加入與否。由第 3.3.1 節的討論可以得知:在開關邏輯電路中,信號
匯流點的信號必須隨時符合規則 1 與規則 2。因此,若希望圖中的輸出端 $Q'$
能夠得到一個正確的輸出值,則加到 $l$ 點的信號必須能隨時符合規則 1 與規
則 2。但是由圖 7.1-22(a) 的電路可以得知:當輸出端 $Q'$ 的值為 0 時,若此時
欲加到門閂電路的輸入資料 ($D$) 的值為 0,則 0 (外部輸入值) 與 $l$ (內部儲存
值) 兩個不同的信號將同時出現在 $l$ 點,另外一種相同的情形為當輸出端 $Q'$

的值為 1 而輸入資料 (D) 的值也為 1 時，這兩種情形均違反了規則 2。

　　解決的方法如圖 7.1-22(b) 所示，在 D 型門閂的回授路徑加上一個時脈控制開關 ($S_2$)，當輸入資料 D 欲加入門閂電路時，即關閉開關 $S_2$，以移除加到 $l$ 點的內部儲存值；當輸入資料 D 不加入門閂電路時，則打開開關 $S_2$，以將 Q 信號反相後回授到 $l$ 點，形成雙穩態電路，保留先前存入的輸入資料 D 的值。如此，每次 $l$ 點均只有一種信號出現，因此解決了圖 7.1-22(a) 所遭遇的困難。注意：開關 $S_1$ 與 $S_2$ 其實組成一個 2 對 1 多工器。

　　圖 7.1-22(c) 所示電路為具有時脈回授控制與緩衝器的 D 型門閂電路。在輸出端中加入兩個緩衝 (反相) 器的目的為避免由於輸出端的大電容性負載，破壞了內部儲存的資料值。

　　圖 7.1-23 所示電路為兩個 D 型門閂電路串接而成的一個主從式 D 型正反器，這種正反器的邏輯功能相當於正緣觸發 D 型正反器。當 CK 為 0 時，主 D 型門閂電路將外部輸入資料 (D) 閘入該門閂電路中，而從 D 型門閂電路則持住先前的值；當 CK 由 0 變為 1 時，主 D 型門閂電路則停止取樣而將此時的輸入資料 (D) 的值持住在該門閂電路中，同時從 D 型門閂電路將此資料閘入，並且置於該門閂電路的資料輸出端 Q 與 Q'。由於此時外部輸入資料已經被隔離，因此不會影響資料輸出端的值，即沒有穿透現象，因此為一個正反器。又由於資料輸出端的值實際上是當 CK 由 0 變為 1 時的輸入資料端 D 的取樣值，所以為一個正緣觸發的 D 型正反器。

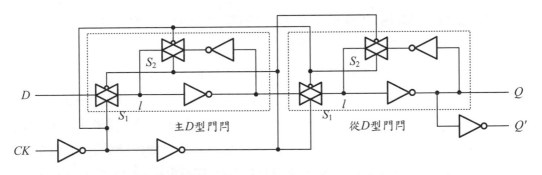

**圖 7.1-23:** CMOS 正緣觸發 D 型正反器電路

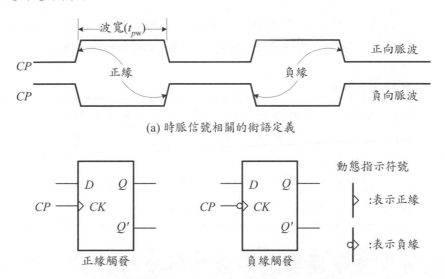

(a) 時脈信號相關的術語定義

動態指示符號

▷｜：表示正緣

○｜：表示負緣

(b) 各種觸發方式的正反器符號(以 $D$ 型正反器為例)

**圖 7.1-24:** 時脈信號術語與正反器觸發方式符號

**7.1.3.15 脈波相關術語定義**　在數位系統中，常常需要使用時脈信號驅動正反器，以令系統執行需要的功能。因此，必須對這些時脈信號給予較正式的定義。所謂脈波 (pulse) 為一種由一個初始的位準偏移到另一個位準，並且在經過一段有限的時間之後，又回復到初始位準的電流或是電壓波形。脈波又可以分成正向脈波 (positive-going pulse) 與負向脈波 (negative-going pulse) 兩種。正向脈波定義為一種由低位準開始上升到高位準，然後又回到低位準的脈波，如圖 7.1-24(a) 所示；負向脈波則定義為一種由高位準開始下降到低位準，然後又回到高位準的脈波，如圖 7.1-24(a) 所示。圖中也標示兩種脈波相關的正緣 (positive edge) 或是稱為前緣 (leading edge) 與負緣 (negative edge) 或是稱為後緣 (trailing edge) 的位置。所謂的正緣即是由低位準上升到高位準的轉態；而負緣則是由高位準下降到低位準的轉態。圖 7.1-24(b) 則為各種觸發方式的正反器符號。

　　脈波又分成週期性脈波 (periodic pulse) 與非週期性脈波 (aperiodic pulse) 兩種。若一個脈波在每隔一個固定的時間間隔 (稱為週期 (period，$T$) 之後，又重覆該脈波時稱為週期性脈波，否則為非週期性脈波。依據此定義，時脈為一個週期性脈波。脈波啟動的時間稱為脈波的波寬 (pulse width，$t_{pw}$ )，如圖 7.1-24(a) 所示。週期性脈波的頻率 $f$ 則為週期 $T$ 的倒數，即 $f = 1/T$。

✔ 學習重點

**7-11.** 在非同步循序邏輯電路中常用的記憶元件有那些？

**7-12.** 在同步循序邏輯電路中常用的記憶元件有那些？

**7-13.** 試定義門閂電路與正反器。

**7-14.** 為何在正反器電路中的預置與清除輸入端稱為非同步控制輸入端？

**7-15.** 為何 $T$ 型正反器又稱為補數型正反器？

# 7.2 同步循序邏輯電路設計與分析

同步循序邏輯電路的設計與分析為兩個相反的程序。由第 7.1.1 節中的 Huffman 模式可以得知：在設計一個同步循序邏輯電路時，其實即是由電路的行為描述導出轉態函數 (transition function) 與輸出函數 (output function)；而分析一個同步循序邏輯電路時，則由電路的轉態函數與輸出函數導出電路的行為描述。本節中，將依序討論同步循序邏輯電路的設計方法、由特性函數求激勵函數、疊接網路 (iterative network) 的設計、狀態指定 (state assignment)、同步循序邏輯電路的分析。疊接網路基本上為組合邏輯電路，然而其設計原理與循序邏輯電路相同，因此一般均列入循序邏輯電路設計中。

## 7.2.1 同步循序邏輯電路設計

同步循序邏輯電路的設計方法通常使用圖 7.1-1 所示的 Huffman 模式。本節中，將列舉數例說明如何以此模式為基礎設計需要的同步循序邏輯電路。所有的同步循序邏輯電路均假設為時脈驅動的方式，即使用一個時脈信號同步改變所有正反器的狀態。

基本上，同步循序邏輯電路的設計問題即是由問題的描述求出 Moore 機或是 Mealy 機的狀態圖或是狀態表，然後求出對應的轉態函數與輸出函數。一般而言，同步循序邏輯電路的設計程序如下：

## ■ 演算法 7.2-1: 同步循序邏輯電路的設計程序

1. 狀態圖 (或是狀態表)：由問題定義導出狀態圖 (或是狀態表)，此步驟為整個設計程序中最困難的部分。

2. 狀態化簡：消去狀態表中多餘的狀態 (詳見第 7.4 節)。

3. 狀態指定：將一個狀態指定為一個記憶元件的輸出組合。一般常用的狀態指定方式為二進碼或是格雷碼 (詳見第 7.2.4 節)。

4. 轉態表 (transition table) 與輸出表 (output table)：依序將步驟 3 的狀態指定一一取代步驟 1 的狀態表中的每一個代表狀態的符號後，得到的結果稱為轉態表；輸出表則是相當於每一個下一狀態 (Mealy 機) 的輸出值或是在每一個狀態 (Moore 機) 時的輸出值。

5. 激勵表 (excitation table)：選擇正反器 (記憶器元件) 並由正反器的激勵表，將轉態表中每一個由目前狀態轉移到下一狀態時，需要的正反器之輸入值一一代入後所得到的結果稱為激勵表。

6. 求出激勵與輸出函數，並繪出邏輯電路。使用卡諾圖化簡激勵表與步驟 4 的輸出表後，分別得到正反器的激勵函數及同步循序邏輯電路的輸出函數。

現在舉數個實例說明這些設計步驟。

## ■ 例題 7.2-1 (序列 0101 偵測電路)

設計一個具有一個輸入端 $x$ 與一個輸出端 $z$ 的序列偵測電路。當它每次偵測到輸入端的序列為 0101 時，即產生 1 的輸出於輸出端 $z$，否則產生 0 的輸出。

**解：**詳細步驟如下：

步驟 1：　導出狀態圖，此步驟為整個設計程序中最困難的部分。假設

　　　　　狀態 $A$ = 初始狀態狀態　　　　　$B$ = 已經認知 0

　　　　　狀態 $C$ = 已經認知 01　　　　　　$D$ = 已經認知 010

　　　　　狀態 $E$ = 已經認知 0101　　　　　$F$ = 已經認知 01010

則依據題意得到圖 7.2-1(a) 所示的狀態圖。

步驟 2：　轉換狀態圖為狀態表，如圖 7.2-1(b) 所示。由於目前狀態 $D$ 與 $F$ 兩列完全相同，消去 $F$ 並將表中所有 $F$ 改為 $D$。接著目前狀態 $C$ 與 $E$ 兩列完全

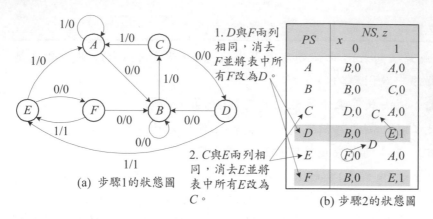

1. $D$ 與 $F$ 兩列相同，消去 $F$ 並將表中所有 $F$ 改為 $D$。

2. $C$ 與 $E$ 兩列相同，消去 $E$ 並將表中所有 $E$ 改為 $C$。

(a) 步驟1的狀態圖

(b) 步驟2的狀態圖

(c) 簡化後的狀態圖

| PS $y_1y_2$ | x NS$(Y_1Y_2)$ 0 | 1 | x z 0 | 1 |
|---|---|---|---|---|
| $A(00)$ | 01 | 00 | 0 | 0 |
| $B(01)$ | 01 | 11 | 0 | 0 |
| $C(11)$ | 10 | 00 | 0 | 0 |
| $D(10)$ | 01 | 11 | 0 | 1 |

狀態指定　轉態表　輸出表

(d) 狀態指定、轉態表、與輸出表

D型正反器激勵表

| $Q(t) \to Q(t+1)$ | $D$ |
|---|---|
| 0　　0 | 0 |
| 0　　1 | 1 |
| 1　　0 | 0 |
| 1　　1 | 1 |

| $y_1y_2$ | x $D_1D_2$ 0 | 1 | x z 0 | 1 |
|---|---|---|---|---|
| 00 | 01 | 00 | 0 | 0 |
| 01 | 01 | 11 | 0 | 0 |
| 11 | 10 | 00 | 0 | 0 |
| 10 | 01 | 11 | 0 | 1 |

激勵表

(e) 激勵表與輸出表

**圖 7.2-1:** 例題 7.2-1 步驟 1 與步驟 2 的狀態圖與狀態表

相同，消去 $E$ 並將表中所有 $E$ 改為 $C$。結果的最簡狀態表為四個狀態，如圖 7.2-1(c) 所示，其對應的狀態圖如圖 7.1-2 所示。

步驟3：　假設使用下列狀態指定：

$$A = 00 \qquad B = 01 \qquad C = 11 \qquad D = 10$$

步驟4：　導出轉態表與輸出表，結果的轉態表與輸出表如圖 7.2-1(d) 所示。

步驟5：　由於有四個狀態，所以需要 $k = \lceil \log_2 4 \rceil = 2$ 個正反器。假設使用 D 型正反器，由圖 7.1-18(f) 的 D 型正反器激勵表得到激勵表，如圖 7.2-1(e) 所示，它與圖 7.2-1(d) 的轉態表相同。

步驟6：　利用圖 7.2-2(a) 的卡諾圖化簡後，分別得到 D 型正反器的激勵函數與電路的輸出函數：

$$D_1 = x'y_1y_2 + xy_1'y_2 + xy_1y_2'$$
$$D_2 = y_1y_2' + x'y_1' + y_1'y_2$$

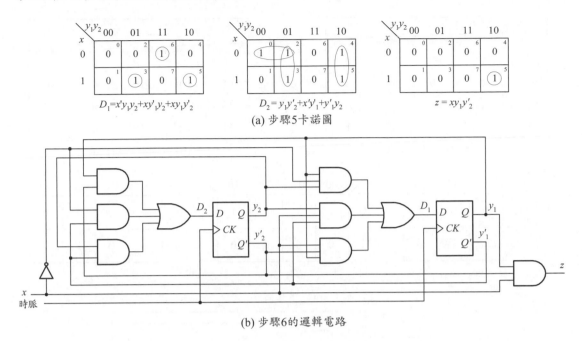

(a) 步驟5卡諾圖

$D_1 = x'y_1y_2 + xy'_1y_2 + xy_1y'_2$

$D_2 = y_1y'_2 + x'y'_1 + y'_1y_2$

$z = xy_1y'_2$

(b) 步驟6的邏輯電路

圖 **7.2-2**: 例題 7.2-1 步驟 5 的卡諾圖與步驟 6 的邏輯電路

$$z = xy_1y'_2$$

執行激勵函數與輸出函數的邏輯電路如圖 7.2-2(b) 所示。

在上述例題中的狀態指定為使用格雷碼的方式,其它編碼方式亦可以使用。一般而言,使用不同的狀態指定將產生不同的激勵與輸出函數,因此影響到最後的邏輯電路的複雜度,即電路的成本,例如下列例題。較詳細的狀態指定方式的討論,請參閱第 7.2.4 節。

### ■ 例題 **7.2-2** (例題 **7.2-1** 的另一種狀態指定)

以下列狀態指定,重做例題 7.2-1 的步驟 4 到步驟 6:

$$A = 00 \qquad B = 01 \qquad C = 10 \qquad D = 11$$

**解:** 詳細的步驟 4 到 6 如下:

步驟 4: 轉態表與輸出表如圖 7.2-3(a) 所示。

步驟 5: 由於仍然使用 $D$ 型正反器,所以激勵表與轉態表相同,如圖圖 7.2-3(b) 所示。

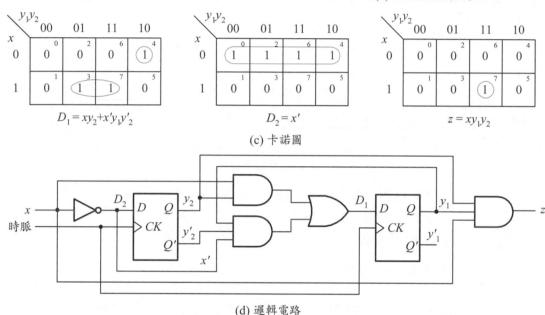

圖 7.2-3: 例題 7.2-2 的轉態表、激勵表、輸出表、卡諾圖與邏輯電路

步驟6:  利用圖 7.2-3(c) 的卡諾圖化簡後，得到 $D$ 型正反器的激勵與輸出函數
分別為：

$$D_1 = xy_2 + x'y_1y_2'$$

$$D_2 = x'$$

$$z = xy_1y_2'$$

邏輯電路如圖 7.2-3(d) 所示。顯然地，這種狀態指定得到的邏輯電路較使
用例題7.2-1的狀態指定方式簡單。

同步循序邏輯電路的組合邏輯部分除了使用基本邏輯閘執行之外，也可

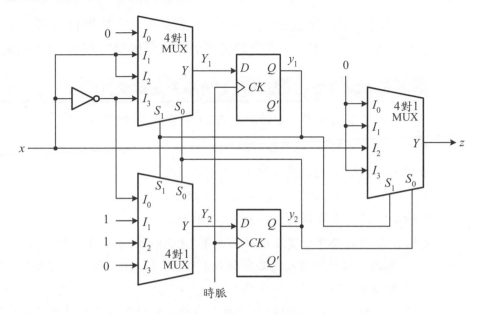

圖 **7.2-4:** 例題 7.2-3 邏輯電路

以使用多工器電路執行。使用多工器執行時，正反器的輸出值直接當作多工器的來源選擇信號，因此多工器的輸入端為目前狀態，而其輸入端的值為下一狀態的值。下列例題說明此種執行方式。

### ■ 例題 **7.2-3** (使用多工器與 **D** 型正反器執行同步循序邏輯電路)

利用三個 4 對 1 多工器與兩個 D 型正反器，執行例題 7.2-1 的循序邏輯電路。

**解：**由於使用多工器執行交換函數時，是直接執行交換函數中的最小項，所以直接由圖 7.2-1(d) 的轉態表與輸出表直接得到圖 7.2-4 所示的邏輯電路。

___

使用多工器執行時，邏輯電路的複雜度只與狀態數目的多寡有關，而和狀態指定的方式無關。讀者請自行執行例題 7.2-2 的狀態指定方式，然後比較兩個邏輯電路的複雜度。

使用 D 型正反器為記憶元件時，同步循序邏輯電路的激勵表與轉態表相同，因此設計程序較為簡單。此外，大部分類型的 PLD/CPLD 與 FPGA 元件所提供的正反器也均為 D 型正反器。因此，在同步循序邏輯電路的設計中，

通常使用 $D$ 型正反器當做記憶元件。當然,其它類型($T$ 型或 $JK$ 正反器)的正反器亦可以使用。下列例題使用 $T$ 型正反器執行例題 7.2-1 的邏輯電路。

## ■ 例題 7.2-4 (使用 T 型正反器的循序邏輯電路)

使用 $T$ 型正反器,重做例題 7.2-1 的步驟 3 到步驟 6。

**解:** 詳細的步驟 4 到 6 如下:

步驟 3: 假設下列狀態指定:

$$A = 00 \qquad B = 01 \qquad C = 11 \qquad D = 10$$

步驟 4: 轉態表與輸出表如圖 7.2-1(d) 所示。

步驟 5: 因為使用 $T$ 型正反器,由圖 7.1-20(f) 的激勵表得知:當其輸出端有狀態改變時,$T$ 輸入端必須加入 1,否則加入 0。因此,得到圖 7.2-5(a) 的激勵表。

步驟 6: 利用圖 7.2-5(b) 的卡諾圖化簡後,分別得到最簡單的激勵與輸出函數:

$$T_1 = xy_2 + x'y_1y_2'$$

$$T_2 = y_1 + x'y_2'$$

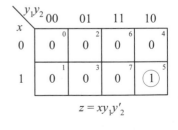

**轉態表**

| PS $y_1y_2$ | $x$ NS$(Y_1Y_2)$ 0 | 1 | $x$ $z$ 0 | 1 |
|---|---|---|---|---|
| $A(00)$ | 01 | 00 | 0 | 0 |
| $B(01)$ | 01 | 11 | 0 | 0 |
| $C(11)$ | 10 | 00 | 0 | 0 |
| $D(10)$ | 01 | 11 | 0 | 1 |

**$T$ 型正反器激勵表**

| $Q(t) \rightarrow Q(t+1)$ | $T$ |
|---|---|
| 0        0 | 0 |
| 0        1 | 1 |
| 1        0 | 1 |
| 1        1 | 0 |

**激勵表**

| $y_1y_2$ | $x$ $T_1T_2$ 0 | 1 | $x$ $z$ 0 | 1 |
|---|---|---|---|---|
| 00 | 01 | 00 | 0 | 0 |
| 01 | 00 | 10 | 0 | 0 |
| 11 | 01 | 11 | 0 | 0 |
| 10 | 11 | 01 | 0 | 1 |

(a) 激勵表與輸出表

$$T_1 = xy_2 + x'y_1y_2'$$

$$T_2 = x'y_2' + y_1$$

$$z = xy_1y_2'$$

(b) 卡諾圖

**圖 7.2-5:** 例題 7.2-4 的激勵表、卡諾圖與邏輯電路

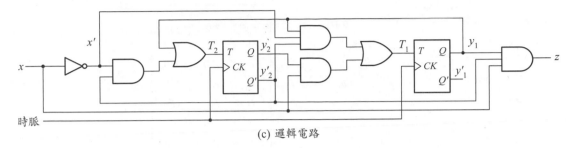

(c) 邏輯電路

**圖 7.2-5:** (續) 例題 7.2-4 的激勵表、卡諾圖與邏輯電路

$$z = xy_1y_2'$$

邏輯電路如圖 7.2-5(c) 所示。

---

### ■ 例題 7.2-5 (同位產生器──使用 JK 正反器)

設計一個偶同位產生器電路，它具有一個輸入端 $x$ 與一個輸出端 $z$，當由 $x$ 端連續接收三個位元的資料後，若這些位元的 1 總數為奇數，則電路產生 1 的輸出值於輸出端 $z$，否則產生 0 的輸出。

**解：** 詳細步驟如下：

步驟 1 與 2：　依據題意，可以得到圖 7.2-6(a) 的狀態圖並轉換為圖 7.2-6(b) 的狀態表，因為沒有多餘的狀態可以消去，該狀態表為最簡單的狀態表。

步驟 3 與 4：　假設使用下列狀態指定：

$$A = 000 \qquad B = 010 \qquad C = 011 \qquad D = 010$$
$$E = 111 \qquad F = 100 \qquad G = 101$$

得到圖 7.2-6(c) 的轉態表與輸出表。

步驟 5：　假設使用 $JK$ 正反器。由於有七個狀態，所以需要 $\lceil \log_2 7 \rceil = 3$ 個正反器。由轉態表與圖 7.1-17(e) 的 $JK$ 正反器激勵表，得到圖 7.2-6(d) 的激勵表。

步驟 6：　利用圖 7.2-7 的卡諾圖化簡後，得到正反器的激勵函數與輸出函數：

$$J_1 = y_2 \qquad\qquad\qquad K_1 = y_2'$$
$$J_2 = y_1' \qquad\qquad\qquad K_2 = y_1$$
$$J_3 = xy_2 + xy_1' = x(y_1' + y_2) \qquad K_3 = x + y_2'$$
$$z = y_2'y_3$$

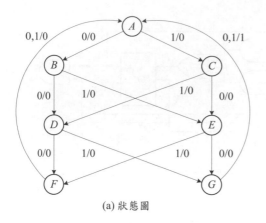

(a) 狀態圖

| PS | x | NS, z | |
|---|---|---|---|
| | | 0 | 1 |
| A | | B,0 | C,0 |
| B | | D,0 | E,0 |
| C | | E,0 | D,0 |
| D | | F,0 | G,0 |
| E | | G,0 | F,0 |
| F | | A,0 | A,0 |
| G | | A,1 | A,1 |

(b) 狀態表

| PS $y_1y_2y_3$ | $x\ NS(Y_1Y_2Y_3)$ 0 | 1 | $x$ $z$ 0 | 1 |
|---|---|---|---|---|
| A(000) | 010 | 011 | 0 | 0 |
| B(010) | 110 | 111 | 0 | 0 |
| C(011) | 111 | 110 | 0 | 0 |
| D(110) | 100 | 101 | 0 | 0 |
| E(111) | 101 | 100 | 0 | 0 |
| F(100) | 000 | 000 | 0 | 0 |
| G(101) | 000 | 000 | 1 | 1 |

(c) 轉態表與輸出表

| PS | | | $x=0$ | | | | | | $x=1$ | | | | | |
|---|---|---|---|---|---|---|---|---|---|---|---|---|---|---|
| $y_1$ | $y_2$ | $y_3$ | $J_1$ | $K_1$ | $J_2$ | $K_2$ | $J_3$ | $K_3$ | $J_1$ | $K_1$ | $J_2$ | $K_2$ | $J_3$ | $K_3$ |
| 0 | 0 | 0 | 0 | $\phi$ | 1 | $\phi$ | 0 | $\phi$ | 0 | $\phi$ | 1 | $\phi$ | 1 | $\phi$ |
| 0 | 1 | 0 | 1 | $\phi$ | $\phi$ | 0 | 0 | $\phi$ | 1 | $\phi$ | $\phi$ | 0 | 1 | $\phi$ |
| 0 | 1 | 1 | 1 | $\phi$ | $\phi$ | 0 | $\phi$ | 0 | 1 | $\phi$ | $\phi$ | 0 | $\phi$ | 1 |
| 1 | 1 | 0 | $\phi$ | 0 | $\phi$ | 1 | 0 | $\phi$ | $\phi$ | 0 | $\phi$ | 1 | 1 | $\phi$ |
| 1 | 1 | 1 | $\phi$ | 0 | $\phi$ | 1 | $\phi$ | 0 | $\phi$ | 0 | $\phi$ | 1 | $\phi$ | 1 |
| 1 | 0 | 0 | $\phi$ | 1 | 0 | $\phi$ | 0 | $\phi$ | $\phi$ | 1 | 0 | $\phi$ | 0 | $\phi$ |
| 1 | 0 | 1 | $\phi$ | 1 | 0 | $\phi$ | $\phi$ | 1 | $\phi$ | 1 | 0 | $\phi$ | $\phi$ | 1 |

(d) 激勵表與輸出表

圖 7.2-6：例題 7.2-5 的狀態圖與狀態表

完整的邏輯電路如圖 7.2-8 所示。

在上述例題中只有七個狀態，因此有一個二進制組合 (狀態指定 = 001) 並未使用，稱為未使用狀態 (unused state)。在設計一個同步循序邏輯電路時，對於未使用狀態的處理方式，通常由實際上的應用需要決定，但是下列兩種為一般的處理方法：

1. 最小的危險性：將未使用狀態均導引到初始狀態、閒置狀態，或是其它安全狀態，因此當電路工作異常而進入這些未使用狀態時，電路依然維持在一個 "失誤安全"(fail safety) 的情況，而不會造成系統或是人員的安全問題。請參考第 8.1.3 節。

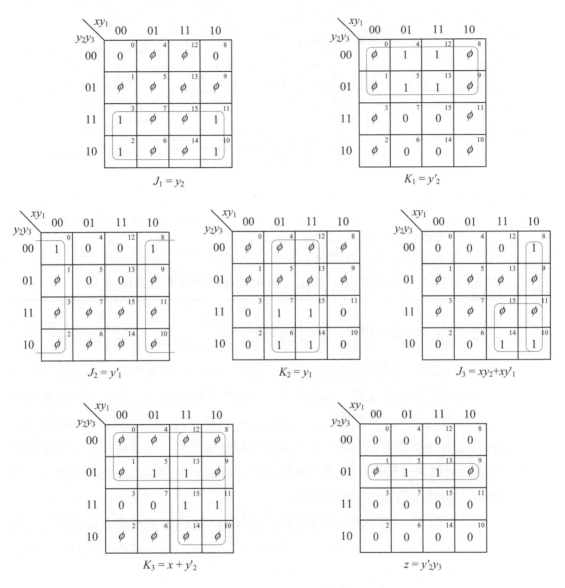

**圖 7.2-7:** 例題 7.2-5 的卡諾圖

2. 最小的電路成本：假設電路永遠不會進入未使用狀態，因此在轉態表與激勵表中這些未使用狀態的下一狀態項目均可以當作 "不在意" 項 (don't-care term) 處理，例如例題 7.2-5 的電路，以降低電路的複雜度與成本。

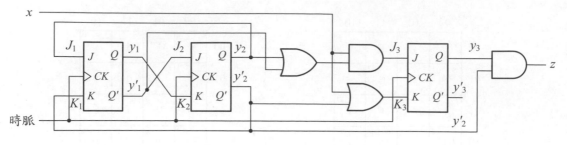

**圖 7.2-8:** 例題 7.2-5 的邏輯電路

✔學習重點

**7-16.** 試定義激勵函數與激勵表。

**7-17.** 試定義轉態表與狀態指定。

**7-18.** 試簡述對於狀態表中未使用的狀態的兩種常用的處理方法。

## 7.2.2  由特性函數求激勵函數

在同步循序邏輯電路的設計中,正反器的激勵函數也可以由轉態表與該正反器的特性函數求得。事實上,利用特性函數求取正反器的激勵函數與使用激勵表的方式是一樣的,兩者都必須使用轉態表,然而前者使用代數運算的方法由轉態表與正反器的特性函數求取激勵函數,而後者使用表格運算的方式,將轉態表使用正反器的激勵表取代後成為循序邏輯電路的激勵表,再使用卡諾圖化簡而得到激勵函數。

一般而言,利用特性函數求取正反器的激勵函數較使用激勵表的方式沒有系統而且困難。然而,熟悉此項技巧將有助於同步循序邏輯電路的分析工作,因此本節中將列舉數例說明如何由正反器的特性函數求取激勵函數的基本方法。

**7.2.2.1** *D* 型正反器  將同步循序邏輯電路設計程序中的步驟 4 所得到的轉態表,利用卡諾圖化簡後得到的下一狀態函數 $Y(t+1)$,即為 $D$ 型正反器的激勵函數,因為由第 7.1.3 節可以得知:$D$ 型正反器的特性函數為:

$$Q(t+1) = D$$

所以 $D = Y(t+1)$。

**7.2.2.2** $T$ 型正反器　將同步循序邏輯電路設計程序中的步驟 4 所得到的轉態表，利用卡諾圖化簡後得到的下一狀態函數 $Y(t+1)$，表示為 $T$ 型正反器的特性函數的形式：

$$Q(t+1) = T'Q(t) + TQ'(t) = T \oplus Q(t)$$

即

$$Y(t+1) = T \oplus y$$

然而由上式並不容易求得 $T$ 型正反器輸入端 $T$ 的激勵函數，但是若將兩邊均 XOR $y$ 後，則可以得到需要的 $T$：

$$T = Y(t+1) \oplus y$$

---

■ 例題 **7.2-6** (激勵函數—$T$ 型正反器)

在例題 7.2-4 中，將步驟 4 得到的轉態表使用卡諾圖化簡後得到：

$$Y_1(t+1) = x'y_1y_2 + xy_1'y_2 + xy_1y_2'$$
$$Y_2(t+1) = y_1y_2' + x'y_1' + y_1'y_2$$

所以

$$
\begin{aligned}
T_1 &= Y_1(t+1) \oplus y_1 \\
&= (x'y_1y_2 + xy_1'y_2 + xy_1y_2') \oplus y_1 \\
&= xy_1'y_2 + x'y_1y_2' + xy_1y_2 \\
&= xy_2 + x'y_1y_2' \\
T_2 &= Y_2(t+1) \oplus y_2 \\
&= (y_1y_2' + x'y_1' + y_1'y_2) \oplus y_2 \\
&= x'y_1'y_2' + y_1y_2' + y_1y_2 \\
&= y_1 + x'y_2'
\end{aligned}
$$

結果與例題 7.2-4 相同。

---

**7.2.2.3** $JK$ 正反器  將同步循序邏輯電路設計程序中的步驟 4 所得到的轉態表,利用卡諾圖化簡後得到的下一狀態函數 $Y(t+1)$,表示為 $JK$ 正反器的特性函數的形式:

$$Q(t+1) = JQ'(t) + K'Q(t)$$

即

$$Y(t+1) = Jy' + K'y$$

因此,可以求出 $JK$ 正反器輸入端 $J$ 與 $K$ 的激勵函數。

■ **例題 7.2-7** (激勵函數 — $JK$ 正反器)

在例題 7.2-5 中,將步驟 4 得到的轉態表使用卡諾圖化簡後得到:

$$Y_1(t+1) = y_2$$
$$Y_2(t+1) = y_1' + y_1'y_2$$
$$Y_3(t+1) = x'y_2y_3 + xy_1'y_3' + xy_2y_3'$$

然而 $JK$ 正反器的特性函數為:

$$Q(t+1) = JQ'(t) + K'Q(t)$$

因此分別將上述三個函數表示為各自正反器輸出端 $y_i$ 的函數後得到:

$$Y_1(t+1) = y_2(y_1 + y_1') = y_2y_1' + y_2y_1$$

所以 $J_1 = y_2$ 而 $K_1 = y_2'$

$$\begin{aligned}Y_2(t+1) &= y_1' + y_1'y_2 \\ &= y_1'(y_2 + y_2') + y_1'y_2 \\ &= y_1'y_2' + y_1'y_2\end{aligned}$$

所以 $J_2 = y_1'$ 而 $K_2 = y_1$

$$\begin{aligned}Y_3(t+1) &= x'y_2y_3 + xy_1'y_3' + xy_2y_3' \\ &= (xy_1' + xy_2)y_3' + x'y_2y_3\end{aligned}$$

所以 $J_3 = xy_1' + xy_2$ 而 $K_3 = x + y_2'$

得到與例題 7.2-5 相同的結果。

✔學習重點

**7-19.** 使用激勵表與特性函數求取正反器的激勵函數時的主要差異為何？

**7-20.** 試簡述使用特性函數求取 $D$ 型正反器的激勵函數的方法。

**7-21.** 試簡述使用特性函數求取 $T$ 型正反器的激勵函數的方法。

**7-22.** 試簡述使用特性函數求取 $JK$ 正反器的激勵函數的方法。

### 7.2.3 疊接網路設計

　　所謂的疊接網路是指一個由一些相同的電路模組串接 (cascade) 而成的數位邏輯電路。最簡單的疊接網路例如第 6.6.1 節中的單一位元的全加器電路或是 4 位元的並行加法器 (圖 6.6-3) 與第 6.5.3 節的 8 位元比較器 (圖 6.5-3)。

　　一個疊接網路可以是一個循序邏輯電路或是組合邏輯電路，其一般形式如圖 7.2-9 所示，其中 $x_{i1}, \cdots, x_{il}$ 稱為電路輸入；$z_{i1}, \cdots, z_{im}$ 稱為電路輸出；$y_{i1}, \cdots, y_{ik}$ 稱為進位輸入 (input carries) 或是輸入狀態變數 (input state variables)；$Y_{i1}, \cdots, Y_{ik}$ 稱為進位輸出 (output carries) 或是輸出狀態變數 (output state variables)。

　　在疊接網路中，每一級的電路模組的動作可以使用與同步循序邏輯電路類似的狀態表 (有時也稱為 cell table 或 state transfer table) 描述。在疊接網路中的狀態表中的目前狀態 (*PS*) 為進位輸入的二進制組合；下一狀態 (*NS*) 為進位

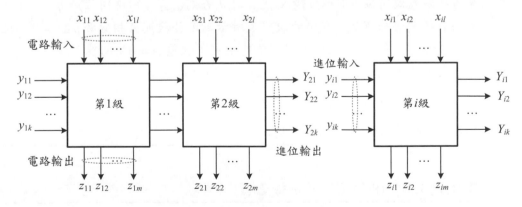

**圖 7.2-9:** 疊接網路的一般邏輯電路形式

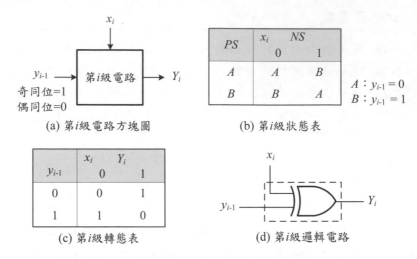

(a) 第$i$級電路方塊圖　　　(b) 第$i$級狀態表

(c) 第$i$級轉態表　　　(d) 第$i$級邏輯電路

圖 7.2-10: 例題 7.2-8 的第 $i$ 級電路

輸出的二進制組合。每一級的電路模組的設計程序則和同步循序邏輯電路類似。下列例題說明如何使用狀態表設計一個疊接網路的電路模組。

## ■ 例題 7.2-8 ($n$ 位元奇同位檢查器)

設計一個$n$位元奇同位檢查器的疊接網路中的一個電路級，假設每一級電路只檢查一個位元。

**解：**依題意得到每一級電路的基本形式如圖 7.2-10(a)所示，若前面第$i-1$級檢查的結果為偶同位，則進位輸入$y_{i-1}=0$，否則$y_{i-1}=1$(奇同位)。$y_{i-1}$、$x_i$、$Y_i$等三者的關係如圖 7.2-10(b) 的狀態表所示。由於狀態 $A$ 相當於$y_{i-1}=0$；狀態 $B$ 相當於$y_{i-1}=1$。因此使用下列狀態指定：狀態 $A=0$；狀態 $B=1$，結果的轉態表如圖 7.2-10(c) 所示。利用卡諾圖化簡後得到：

$$Y_i = x_i y'_{i-1} + x'_i y_{i-1} = x_i \oplus y_{i-1}$$

結果的邏輯電路如圖 7.2-10(d) 所示。

## ■ 例題 7.2-9 (8 位元奇同位檢查器)

利用例題 7.2-8 的奇同位檢查器電路，設計一個8位元的奇同位檢查器。

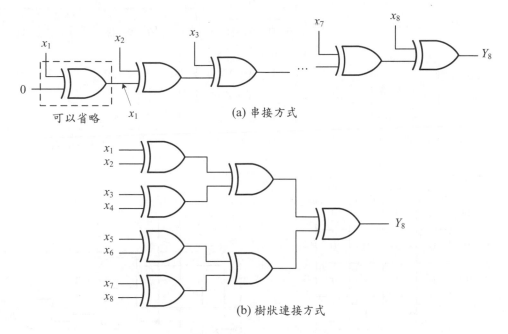

圖 **7.2-11:** 8 位元奇同位檢查器

**解：** 如圖 7.2-11(a) 所示，直接以基本形式的電路執行。若假設每一級電路的傳播延遲為 $t_{pd}$，則電路的傳播延遲 $t_p$ 為

$$t_p = 8t_{pd}$$

但是第 1 級的 $y_0$ 為 0，所以 $Y_1 = x_1$。因此，第 1 級的電路實際上並不需要，可以去掉，結果的 $t_p = 7t_{pd}$。一般而言，$n$ 位元的奇同位檢查器，其 $t_p = (n-1)t_{pd}$。

另外一種可以減小 $t_p$ 的方法為將奇同位檢查器電路以樹狀方式排列，如圖 7.2-11(b) 所示，其中 $t_p = 3t_{pd}$。一般而言，一個樹狀排列方式的 $n$ 位元奇同位檢查器，其 $t_p = \lceil \log_2 n \rceil t_{pd}$。

---

### ■ 例題 **7.2-10** ($n$ 位元比較器)

設計一個 $n$ 位元比較器的疊接接網路中的一個電路級，假設每一級電路只比較一個位元。

**解：** 依據題意，每一級電路的電路方塊圖如圖 7.2-12(a) 所示。若設 $C_i$ 與 $D_i$ 表示到目前的比較結果：$X > Y$、$X = Y$、$X < Y$，若使用圖 7.2-12(b) 的方式編

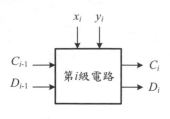

(a) 第 $i$ 級電路方塊圖

| $C_i$ | $D_i$ | 條件 |
|------|------|------|
| 0 | 0 | $X = Y$ |
| 0 | 1 | $X < Y$ |
| 1 | 0 | $X > Y$ |
| 1 | 1 | $X = Y$ |

(b) $C_i$ 與 $D_i$ 的編碼表

| PS $C_{i-1}$ | $D_{i-1}$ | $x_i y_i$<br>00 | 01 | 10 | 11 |
|------|------|------|------|------|------|
| 0 | 0 | $\phi = \phi$ | 01 | 10 | $\phi = \phi$ |
| 0 | 1 | 01 | 01 | 01 | 01 |
| 1 | 0 | 10 | 10 | 10 | 10 |
| 1 | 1 | $\phi = \phi$ | 01 | 10 | $\phi = \phi$ |

(c) 狀態表

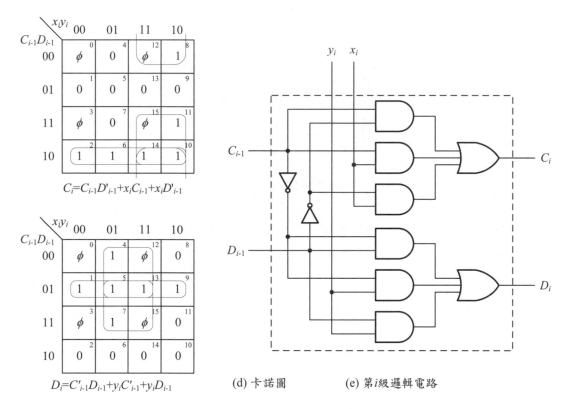

$C_i = C_{i-1}D'_{i-1} + x_iC_{i-1} + x_iD'_{i-1}$

$D_i = C'_{i-1}D_{i-1} + y_iC'_{i-1} + y_iD_{i-1}$

(d) 卡諾圖　　(e) 第 $i$ 級邏輯電路

**圖 7.2-12:** 例題 7.2-10 的設計過程與邏輯電路

碼，則可以得到圖 7.2-12(c) 的狀態表。利用圖 7.2-12(d) 的卡諾圖化簡後，得到 $C_i$ 與 $D_i$ 的最簡式：

$$C_i = C_{i-1}D'_{i-1} + x_iC_{i-1} + x_iD'_{i-1}$$

$$D_i = C'_{i-1}D_{i-1} + y_iC'_{i-1} + y_iD_{i-1}$$

其邏輯電路如圖 7.2-12(e) 所示。

與 $n$ 位元奇同位檢查器電路一樣，使用單一位元的比較器組成一個 $n$ 位元比較器時也有兩種接法：串接方式與樹狀連接方式。例如下列例題。

### ■ 例題 7.2-11 (8 位元比較器)

利用例題 7.2-10 的比較器電路，設計一個 8 位元比較器。

**解：**圖 7.2-13(a) 為直接串接方式；圖 7.2-13(b) 為樹狀連接方式。與奇同位檢查器一樣，兩種連接方式的主要差別在於傳播延遲的長短。若設每一級電路的傳播延遲為 $t_{pd}$，則在串接方式中，總傳播延遲 $t_p$ 為：

$$t_p = (n-1)t_{pd}$$

在樹狀連接方式中，$t_p$ 為

$$t_p = \lceil \log_2 n \rceil t_{pd}$$

因此，使用樹狀連接方式，其 $t_p$ 有顯著地減小。

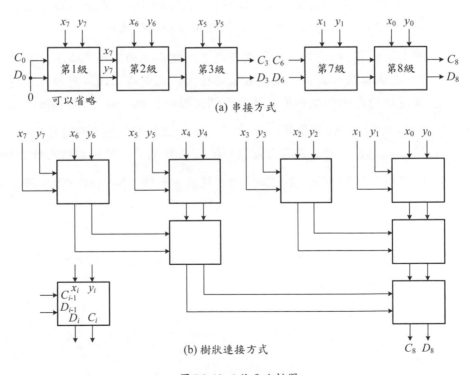

(a) 串接方式

(b) 樹狀連接方式

**圖 7.2-13:** 8 位元比較器

在實用上，當設計 $n$ 位元比較器的疊接網路時，通常增加每一級電路所能處理的位元數目，以降低電路的總傳播延遲。例如商用的 SN74x85 IC 為一個 4 位元比較器 (第 6.5.2 節)，它每次能比較 4 個位元的兩個數目之大小。疊接網路其實就是模組化電路設計觀念的應用，其主要特性為完成的電路具有擴充性，至於每一級電路的複雜度為何，則通常由許多因素決定，例如傳播延遲、電路設計時的困難度。

在理論上，任何可以由同步循序邏輯電路依序產生的有限輸出序列，均可以由一個組合邏輯的疊接網路在空間上同時產生。例如串列加法器 (習題 7-28) 電路的加法運算可以由 $n$ 位元的並行加法器電路完成。下列例題為另一個實例。

## ■ 例題 7.2-12 (序列偵測器)

　　設計一個 $n$ 位元 0101 的序列偵測電路，如圖 7.2-14 所示，當加到第 $i-3$ 級、第 $i-2$ 級、第 $i-1$ 級、第 $i$ 級的輸入序列為 0101，即 $x_{i-3}x_{i-2}x_{i-1}x_i = 0101$ 時，第 $i$ 級的輸出端 $z_i$ 的值為 1，否則輸出端 $z_i$ 的值為 0。

**解：**由於第 $i$ 級電路必須判別前面三級電路的偵測結果：0、01、010，或者是 1，才能由輸入 $x_i$ 決定輸出端 $z_i$ 的值，因此電路必須具有四個狀態。假設每一級電路均有兩個進位輸入端與兩個進位輸出端，如圖 7.2-14(a) 所示。若設：

狀態 $A$ = 初始狀態　　　　　　　狀態 $B$ = 前面電路已經認知 0
狀態 $C$ = 前面電路已經認知 01　　狀態 $D$ = 前面電路已經認知 010

則可以得到和例題 7.2-1 相同的狀態表，如圖 7.2-14(b) 所示。假設使用下列狀態指定：

$$A = 00 \qquad B = 01 \qquad C = 10 \qquad D = 11$$

得到圖 7.2-14(c) 的轉態表與輸出表。利用圖 7.2-14(d) 的卡諾圖化簡後，得到：

$$Y_{i1} = x_i y_{i2} + x_i' y_{i1} y_{i2}'$$
$$Y_{i2} = x_1'$$
$$z = x_i y_{i1} y_{i2}$$

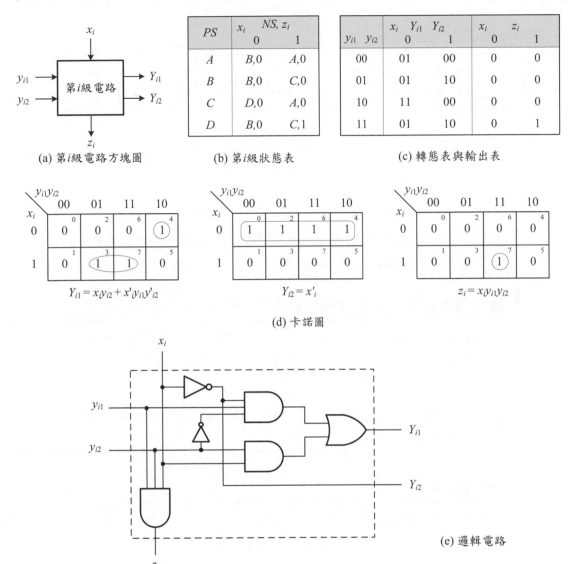

(a) 第 $i$ 級電路方塊圖　　　(b) 第 $i$ 級狀態表　　　(c) 轉態表與輸出表

$$Y_{i1} = x_i y_{i2} + x'_i y_{i1} y'_{i2}$$

$$Y_{i2} = x'_i$$

$$z_i = x_i y_{i1} y_{i2}$$

(d) 卡諾圖

(e) 邏輯電路

**圖 7.2-14:** $n$ 位元 0101 序列偵測電路

其邏輯電路如圖 7.2-14(e) 所示。注意：上述最簡式與例題 7.2-2 相同。一般而言，若同步循序邏輯電路使用 $D$ 型正反器，而且使用相同的狀態指定時，疊接網路的第 $i$ 級電路將和同步循序邏輯電路中的組合邏輯電路部分相同。

　　在同步循序邏輯電路中，資訊是經由記憶元件回授回組合邏輯電路的輸

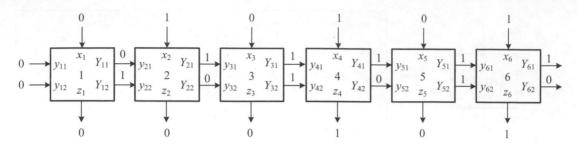

圖 **7.2-15:** 6 位元 0101 序列偵測器

入端；在疊接網路中，則所有計算均同時由許多相同的組合邏輯電路完成。因此使用疊接網路取代同步循序邏輯電路時，疊接網路的電路級數必須等於加到同步循序邏輯電路的序列長度。

### ■ 例題 7.2-13 (6 位元序列偵測器)

利用例題 7.2-12 的電路設計一個 6 位元 0101 序列偵測器，並以下列輸入序列說明電路的輸出序列與每一級的進位輸入與輸出的值：

輸入序列：010101

**解：**如圖 7.2-15 所示。輸出序列為：000101，每一級的進位輸入與進位輸出的值分別標示於圖中。

### ✔學習重點

**7-23.** 試定義疊接網路。

**7-24.** 試定義疊接網路中的電路輸入與電路輸出。

**7-25.** 試定義疊接網路中的輸入狀態變數與輸出狀態變數。

## 7.2.4 狀態指定

在設計一個同步循序邏輯電路時，習慣上使用英文符號代表狀態圖或是狀態表中的狀態。然而，若希望能以邏輯電路執行該狀態圖時，必須使用一個適當的二進碼 (binary code) 取代每一個代表狀態的英文符號，這個程序稱為狀態指定 (state assignment)。

最簡單而且直覺的狀態指定方法為二進碼、格雷碼、$n$ 取 1 碼 (1-out-of-n 或是 one-hot) 等方法，其中二進碼與格雷碼的編碼方式使用最少數目的正反器電路，而 $n$ 取 1 碼的編碼方式則每一個狀態使用一個 $D$ 型正反器。在這些方法中，均依序將狀態表中的狀態使用二進碼、格雷碼、$n$ 取 1 碼的編碼方式取代。例如例題 7.2-1 的狀態指定方式為格雷碼；例題 7.2-2 的狀態指定方式為二進碼。表 7.2-1 列出例題 7.2-1 的三種可能的狀態指定方法。

**表 7.2-1:** 不同的狀態指定

| 狀態 | 二進碼 | 格雷碼 | $n$ 取 1 碼 |
| --- | --- | --- | --- |
| A | 00 | 00 | 1000 |
| B | 01 | 01 | 0100 |
| C | 10 | 11 | 0010 |
| D | 11 | 10 | 0001 |

狀態指定的好壞攸關最後的組合邏輯電路的複雜度，例如下列例題。

### ■ 例題 7.2-14 (狀態指定與電路複雜性)

在圖 7.2-16 的狀態表中，假設使用 $D$ 型正反器時，若使用下列狀態指定：$A=00$、$B=01$、$C=11$，則

$$D_1 = x_1' x_2 y_1' y_2$$
$$D_2 = x_1' x_2' + x_1' y_1' y_2$$

若使用下列狀態指定：$A=00$、$B=01$、$C=10$，則

$$D_1 = x_1' x_2 y_2$$
$$D_2 = x_1' x_2'$$

若使用下列狀態指定：$A=00$、$B=11$、$C=01$，則

$$D_1 = x_1' x_2'$$
$$D_2 = x_1' x_2' + x_1' y_1$$

其中以第 1 種狀態指定得到的組合邏輯電路最複雜；第 3 種次之；第 2 種最簡單。但是若考慮到 $x_1' x_2'$ 項可以由 $D_1$ 與 $D_2$ 共用時，則以第 2 與第 3 種最簡單。

由以上的例題可以得知：適當地選擇狀態指定，可以降低電路的複雜性，因而電路成本。使用 $D$ 型正反器執行的優良狀態指定也必然是使用其它正

| PS | $x_1 x_2$ 00 | NS, z 01 | 10 | 11 |
|---|---|---|---|---|
| $A$ | $B,0$ | $A,0$ | $A,0$ | $A,0$ |
| $B$ | $B,1$ | $C,1$ | $A,0$ | $A,0$ |
| $C$ | $B,0$ | $A,0$ | $A,1$ | $A,1$ |

圖 **7.2-16:** 例題 7.2-14 的狀態表

反器執行的優良狀態指定。然而，對於一個狀態表而言，其可能的狀態指定方式可能相當多。一般而言，若設 $N_{FF}$ 為正反器的數目，$N_s$ 為狀態數目，則

$$2^{N_{FF}-1} < N_s < 2^{N_{FF}}$$

而可能的狀態指定數目為

$$2^{N_{FF}}!/(2^{N_{FF}} - N_s)!$$

但是，這些狀態指定方式對於組合邏輯電路部分的複雜度而言，並不是都不相同。例如，將一組狀態指定中的某一個位元取補數後，雖然得到一組新的狀態指定，但是其結果的交換函數卻是依然具有相同的複雜性，因為其效應相當於只是將該位元對應的狀態變數取補數。同樣地，將狀態指定中的任何兩行交換後，雖然也得到一組新的狀態指定，但是其結果的交換函數也只是相當於將兩個狀態變數交換而已，因而對電路的複雜性沒有影響。考慮這些因素之後，可能的狀態指定的數目減為

$$(2^{N_{FF}} - 1)!/[(2^{N_{FF}} - N_s)! N_{FF}!]$$

在 $N_{FF} = 2$ 而 $N_s = 4$ 時，可能的狀態指定數目為 3，但是當 $N_{FF} = 3$ 而 $N_s = 5$ 時，可能的狀態指定數目則劇增到 140。因此，在 4 個狀態以上的情形，無法如例題 7.2-14 一樣，將所有可能的狀態指定一一代入，求出下一狀態的激勵函數後，選取最簡單的一組來執行。

下面將討論一些簡單的規則，以幫助選取一組較好的狀態指定，但是讀者必須注意：這些規則並不能適用於所有問題，而且也不能保證得到的結果一定是最簡單的電路。

若兩個狀態的狀態指定只有一個變數值不同時，稱為相鄰 (adjacency)。有了這個定義之後，選取狀態指定的規則如下：

**規則 1：**　對於某一個輸入符號而言，具有相同的下一狀態之狀態，應該使用相鄰的狀態指定。

**規則 2：**　同一個狀態的所有下一狀態，應該使用相鄰的狀態指定。

**規則 3：**　對於某一個輸入符號而言，具有相同輸出值的狀態，應該使用相鄰的狀態指定。

**規則 4：**　對於在狀態表中出現最多的下一狀態，應該使用全部為 0 的狀態指定。

其中規則 1 與 2 可以將狀態表的下一狀態中的 1 置於卡諾圖中的相鄰位置上，規則 3 則將輸出表中的 1 置於相鄰的位置上，因此電路可能簡化。規則 4 在實際應用中，通常不需要；相反地，則是將電路的初始狀態指定為全部為 0 的狀態指定，因此可以簡化電路的初值設定電路。

在實際應用上述狀態指定規則時，首先寫下各個規則所需要的相鄰狀態指定的狀態集合，然後藉著卡諾圖的幫助，儘量滿足這些相鄰的狀態指定。一般而言，規則 1 與出現次數最多的相鄰狀態必須先滿足，同時先使用 1 數目較少的卡諾圖格子。在單一輸出函數的同步循序邏輯電路中，規則 3 的優先順序較規則 1 與 2 為低；在多輸出函數的同步循序邏輯電路中，則規則 3 可以考慮使用較高的優先順序，以得到較簡單的輸出邏輯電路。

### ■ 例題 7.2-15 (狀態指定)

在圖 7.2-1(c) 的狀態表中，依據前述的規則，得到下列各個需要做相鄰的狀態指定的狀態集合：

規則 1：　$\{(ABD),(AC),(BD)\}$
規則 2：　$\{(AB),(BC),(AD)\}$
規則 3：　$\{(BD),(AC)\}$
規則 4：　出現最多的下一狀態 $B$

由規則 1 與 2 得知：$(BD)$ 出現三次，$(AB)$ 與 $(AC)$ 均出現兩次，所以這些狀態優先考慮，其可能的狀態指定如圖 7.2-17(a) 所示，在這些狀態指定下，規則 1

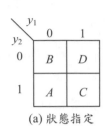

| $y_1y_2$ | $x$ | $Y_1Y_2$ | $x$ | $z$ |
|---|---|---|---|---|
| | 0 | 1 | 0 | 1 |
| 01 | 00 | 01 | 0 | 0 |
| 00 | 00 | 11 | 0 | 0 |
| 11 | 10 | 01 | 0 | 0 |
| 10 | 00 | 11 | 0 | 1 |

(a) 狀態指定　　　　　　　　　(b) 轉態表與輸出表

**圖 7.2-17:** 例題 9.2-5 的狀態指定、轉態表與輸出表

與規則 2 中的狀態集合除了 $(AD)$ 與 $(BC)$ 外均滿足,規則 3 的狀態集合則均滿足。另外,出現最多的狀態為 $B$,所以 $B$ 指定為 00。結果的轉態表與輸出表如圖 7.2-17(b) 所示。結果的下一狀態函數為:

$$Y_1 = x'y_1y_2 + xy_2'$$

$$Y_2 = x$$

而輸出函數為:

$$z = xy_1y_2'$$

比例題 7.2-1 得到的結果簡單,但是與例題 7.2-2 的結果相當。

## ■ 例題 7.2-16 (狀態指定)

在圖 7.2-18(a) 的狀態表中,依據前述的規則,得到下列各個需要做相鄰的狀態指定的狀態集合:

規則 1: $\{(ABD),(CE),(AD),(BCF)\}$

規則 2: $\{(CE),(AE),(AB),(AD),(BF)\}$

規則 3: $\{(ABCEF),(ACEF),(BD)\}$

規則 4: 出現最多的下一狀態 $A$ 與 $E$。

由規則 1 與 2 可以得知:$(CE)$、$(BF)$、$(AB)$ 等均出現兩次,而 $(AD)$ 出現三次,所以這些狀態優先考慮,其可能的狀態指定如圖 7.2-18(b) 所示,在這些狀態指定下,規則 1 與規則 2 中的狀態集合除了 $(BD)$ 與 $(CF)$ 外均滿足。另外,出現最多的狀態為 $A$ 與 $E$,而 $A$ 又為初始狀態,所以 $A$ 的狀態指定為 000。

| PS | $x$ | NS, z | |
|---|---|---|---|
| | | 0 | 1 |
| $A$ | | $E,0$ | $C,1$ |
| $B$ | | $E,0$ | $A,0$ |
| $C$ | | $B,0$ | $A,1$ |
| $D$ | | $E,1$ | $C,0$ |
| $E$ | | $B,0$ | $F,1$ |
| $F$ | | $D,0$ | $A,1$ |

(a) 狀態表

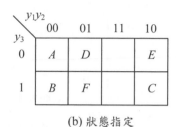

(b) 狀態指定

圖 7.2-18: 例題 7.2-16 的狀態圖與狀態指定

## ■ 例題 7.2-17 (狀態指定)

在圖 7.2-19(a) 的狀態表中,依據前述的規則,得到下列各個需要做相鄰的狀態指定的狀態集合:

規則 1: {(ABD),(ACE)}

規則 2: {(BC),(BD),(CE),(AB),(AC)}

規則 3: {(ABD),(CE),(ACE),(BD)}

規則 4: 出現最多的下一狀態為 B 與 C

由規則 2 與 2 可以得知:(AB)、(AC)、(BD)、(CE) 等均出現兩次,所以這些狀態優先考慮,其可能的狀態指定如圖 7.2-19(b) 所示。在這種狀態指定下,規則 1 與規則 2 中的狀態集合除了 (AD) 與 (AC) 外均滿足,另外出現最多的狀態為 B 與 C,所以(隨意)假設 B 的狀態指定為 000。

## ✔ 學習重點

**7-26.** 試定義狀態指定。

**7-27.** 狀態指定的主要目的為何?

**7-28.** 試簡述選取狀態指定的四個規則。

| $PS$ | $x$ | $NS, z$ | |
|------|-----|---------|---|
|  |  | 0 | 1 |
| $A$ | | $B,0$ | $C,1$ |
| $B$ | | $B,0$ | $D,0$ |
| $C$ | | $E,1$ | $C,1$ |
| $D$ | | $B,0$ | $A,0$ |
| $E$ | | $A,1$ | $C,1$ |

(a) 狀態表

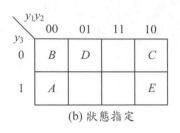

(b) 狀態指定

圖 **7.2-19:** 例題 7.2-17 的狀態圖與狀態指定

## 7.2.5 同步循序邏輯電路分析

設計問題是由問題的行為描述求出 Mealy 機或 Moore 機的狀態圖或是狀態表，然後求出對應的轉態函數與輸出函數，最後繪出邏輯電路；分析問題是由邏輯電路求出相關的轉態函數與輸出函數，然後求出 Mealy 機或是 Moore 機的狀態圖或是狀態表，最後描述問題的行為。因此，同步循序邏輯電路的分析程序如下：

### ■ 演算法 7.2-3: 同步循序邏輯電路的分析程序

1. 由邏輯電路圖導出記憶元件的激勵函數與輸出函數。
2. 求出激勵表。
3. 求出轉態表與輸出表 (轉態表可以直接由正反器的激勵函數與特性函數求得) 。
4. 狀態指定：將轉態表中每一個目前狀態均指定一個唯一的英文符號，並將每一個下一狀態均使用適當的英文字母 (目前狀態) 取代。
5. 導出狀態表與狀態圖。

現在舉一些實例說明同步循序邏輯電路的分析步驟。

### ■ 例題 7.2-18 (同步循序邏輯電路分析—$SR$ 正反器)

分析圖 7.2-20 的同步循序邏輯電路。

**解：**詳細的分析步驟如下：

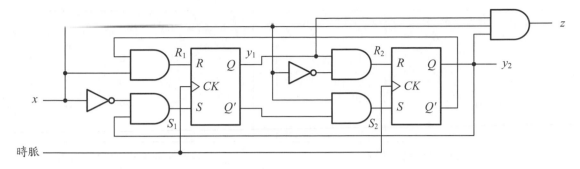

圖 **7.2-20**: 例題7.2-18 的邏輯電路

步驟1：　電路的激勵函數與輸出函數為：

$$S_1 = x'y_2 \qquad\qquad R_1 = xy_2'$$
$$S_2 = xy_1' \qquad\qquad R_2 = x'y_1$$
$$z = xy_1y_2$$

步驟2：　由步驟1的激勵函數可以得到圖7.2-21(a)的激勵表。

步驟3：　利用 $SR$ 正反器的激勵表(圖7.1-16(d))與步驟1的輸出函數，得到圖 7.2-21(b)的轉態表與輸出表。

步驟4：　假設使用下列狀態指定：

$$A = 00 \qquad B = 01 \qquad C = 10 \qquad D = 11$$

步驟5：　電路的狀態表與狀態圖分別如圖7.2-21(c)與(d)所示。

---

在分析程序中的步驟2可以由記憶元件(正反器)的特性函數取代，並且與步驟1的激勵函數組合後，直接求出步驟3的轉態表與輸出表，然後進行其它步驟。例如下列例題。

### ■ 例題 **7.2-19** (同步循序邏輯電路分析 — $JK$ 正反器)

分析圖7.2-22 的同步循序邏輯電路。

**解：**詳細的分析步驟如下：

步驟1：　電路的激勵函數與輸出函數分別為：

$$J_1 = x \qquad\qquad K_1 = x'$$
$$J_2 = y_1 \qquad\qquad K_2 = y_1'$$
$$z = x'y_1 + y_1'y_2 + xy_2'$$

| PS<br>$y_1$ $y_2$ | $x=0$<br>$S_1$ $R_1$ | <br>$S_2$ $R_2$ | $x=1$<br>$S_1$ $R_1$ | <br>$S_2$ $R_2$ |
|---|---|---|---|---|
| 0  0 | 0  0 | 0  0 | 0  1 | 1  0 |
| 0  1 | 1  0 | 0  0 | 0  0 | 1  0 |
| 1  0 | 0  0 | 0  1 | 0  1 | 0  0 |
| 1  1 | 1  0 | 0  1 | 0  0 | 0  0 |

(a) 步驟2的激勵表

| PS<br>$y_1$ $y_2$ | $x$<br>$Y_1$ $Y_2$<br>0 | <br><br>1 | $x$ $z$<br>0 | <br>1 |
|---|---|---|---|---|
| 0  0 | 0  0 | 0  1 | 0 | 0 |
| 0  1 | 1  1 | 0  1 | 0 | 0 |
| 1  0 | 1  0 | 0  0 | 0 | 0 |
| 1  1 | 1  0 | 1  1 | 0 | 1 |

(b) 步驟3的轉態表與輸出表

| PS | $x$ | NS, z<br>0 | <br>1 |
|---|---|---|---|
| $A$ | | $A,0$ | $B,0$ |
| $B$ | | $D,0$ | $B,0$ |
| $C$ | | $C,0$ | $A,0$ |
| $D$ | | $C,0$ | $D,1$ |

(c) 步驟5的狀態表

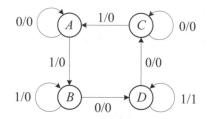

(d) 步驟5的狀態圖

圖 **7.2-21**: 例題 7.2-18 的分析過程與結果

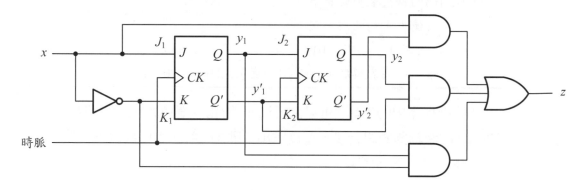

圖 **7.2-22**: 例題 7.2-19 的邏輯電路

步驟2與3：　利用 $JK$ 正反器的特性函數：

$$Q(t+1) = JQ'(t) + K'Q(t)$$

與步驟1的激勵函數，求得正反器的下一狀態函數：

$$Y_1(t+1) = J_1 y_1'(t) + K_1' y_1(t) = xy_1' + xy_1 = x$$
$$Y_2(t+1) = J_2 y_2'(t) + K_2' y_2(t) = y_1 y_2' + y_1 y_2 = y_1$$

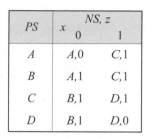

| $PS$ $y_1$ $y_2$ | $x$ $Y_1$ $Y_2$ 0 | 1 | $x$ $z$ 0 | 1 |
|---|---|---|---|---|
| 0　0 | 0　0 | 1　0 | 0 | 1 |
| 0　1 | 0　0 | 1　0 | 1 | 1 |
| 1　0 | 0　1 | 1　1 | 1 | 1 |
| 1　1 | 0　1 | 1　1 | 1 | 0 |

| $PS$ | $x$ $NS, z$ 0 | 1 |
|---|---|---|
| $A$ | $A,0$ | $C,1$ |
| $B$ | $A,1$ | $C,1$ |
| $C$ | $B,1$ | $D,1$ |
| $D$ | $B,1$ | $D,0$ |

(a) 步驟3的轉態表與輸出表　　　　　　　(b) 步驟5的狀態表

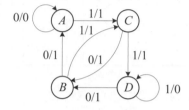

(c) 步驟5的狀態圖

**圖 7.2-23:** 例題 7.2-19 的分析過程與結果

所以電路的轉態表與輸出表如圖 7.2-23(a) 所示。

步驟4：　假設使用下列狀態指定：

$$A = 00 \qquad B = 01 \qquad C = 10 \qquad D = 11$$

步驟5：　電路的狀態表與狀態圖分別如圖 7.2-23(b) 與 (c) 所示。

## ■ 例題 7.2-20 (同步循序邏輯電路分析—$D$ 型正反器)

分析圖 7.2-24 的同步循序邏輯電路。

**解：**詳細的分析步驟如下：

步驟1：　電路的激勵函數與輸出函數分別為：

$$D_1 = x'y_1 + xy_2 \qquad\qquad\qquad D_2 = x'y_2 + xy_1'$$
$$z = xy_1 y_2'$$

步驟2與3：　利用 $D$ 型正反器的特性函數：

$$Q(t+1) = D$$

與步驟1的激勵函數，求得正反器的下一狀態函數：

$$Y_1(t+1) = D_1 = x'y_1 + xy_2$$

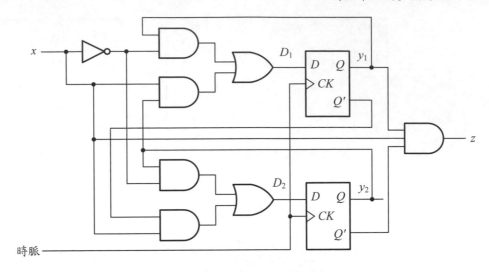

圖 **7.2-24**: 例題7.2-20 的邏輯電路

$$Y_2(t+1) = D_2 = x'y_2 + xy_1'$$

所以電路的轉態表與輸出表如圖7.2-25(a)所示。

步驟4： 假設使用下列狀態指定：

| PS | | $x$ | $Y_1\ Y_2$ | | $x$ | $z$ |
|---|---|---|---|---|---|---|
| $y_1$ | $y_2$ | 0 | | 1 | 0 | 1 |
| 0 | 0 | 0　0 | | 0　1 | 0 | 0 |
| 0 | 1 | 0　1 | | 1　1 | 0 | 0 |
| 1 | 0 | 1　0 | | 0　0 | 0 | 1 |
| 1 | 1 | 1　1 | | 1　0 | 0 | 0 |

(a)步驟3的轉態表與輸出表

| PS | $x$ | NS, z | |
|---|---|---|---|
| | | 0 | 1 |
| A | | A,0 | B,0 |
| B | | B,0 | D,0 |
| C | | C,0 | A,1 |
| D | | D,0 | C,0 |

(b)步驟5的狀態表

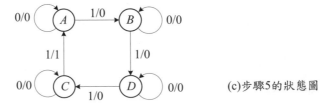

(c)步驟5的狀態圖

圖 **7.2-25**: 例題7.2-20 的分析過程與結果

$$A = 00 \qquad B = 01 \qquad C = 10 \qquad D = 11$$

步驟 5：　電路的狀態表與狀態圖分別如圖 7.2-25(b) 與 (c) 所示。

---

✔**學習重點**

**7-29.** 試簡述同步循序邏輯電路設計與分析的差異。

**7-30.** 試簡述同步循序邏輯電路分析的目的。

**7-31.** 試簡述同步循序邏輯電路的分析程序。

---

# 7.3 時序限制與相關問題

　　在同步循序邏輯電路中，時脈週期與循序邏輯電路是否能在正常的操作下達到系統所需求的性能有著密切的關係。因此，在本節中，我們將考慮時脈週期的限制、介穩狀態 (metastable state)、同步失敗 (synchronization failure)、時脈歪斜 (clock skew) 等重要相關問題。

## 7.3.1 時脈週期限制

　　典型的數位信號波形，可以分成單一位元信號與匯流排信號兩種，分別如圖 7.3-1(a) 與 (b) 所示。前者由於只有單一個位元，因此可以明確地定義信號的電壓位準；後者由於有多個位元的信號匯整於相同的圖形中，因此無法明確地定義每一條信號線的電壓位準，只能使用如圖 7.3-1(b) 所示的方式，表示該匯流排的信號何時改變，其信號值為穩定值、未穩定值，或是浮接 (即高阻抗)。

　　在數位信號中，由於電路中固有的電阻值與電容值所造成的效應稱為 $RC$ 效應，當一個信號的電壓位準由低電位上升為高電位時，或是由高電位下降為低電位時，都必須經歷一段時間，分別稱為上升時間 (rise time) 與下降時間 (fall time)，如圖 7.3-1(a) 所示。上升時間 $(t_r)$ 定義為信號電壓由最大擺動值的 10% 上升到最大擺動值的 90% 所需要的時間；下降時間 $(t_f)$ 定義為信號電壓由最大擺動值的 90% 下降到最大擺動值的 10% 所需要的時間。

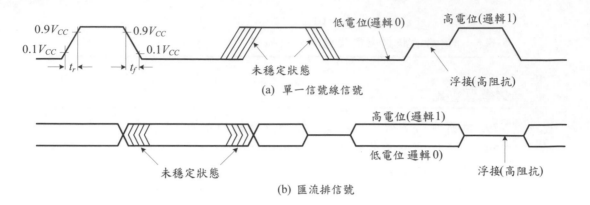

(a) 單一信號線信號

(b) 匯流排信號

圖 7.3-1: 常用的數位信號波形

　　由於任何數位系統的結構均由一些相互連接的組合邏輯電路與正反器組合而成，當組合邏輯電路完成動作之後，其結果必須存入正反器中，以備其次的動作之執行。將組合邏輯電路的輸出或是另一個正反器的輸出值，存入正反器的方法，為使用如圖 7.3-2(a) 的方式，使用一個取樣脈波或是時脈信號加於正反器的時脈輸入端 (CK)。正反器在時脈的正緣或是負緣時，將取樣資料輸入端 (D) 的資料，存入內部門閂中。負緣取樣的正反器，其時脈輸入端前使用一個小圓圈表示，而正緣取樣的正反器則無。

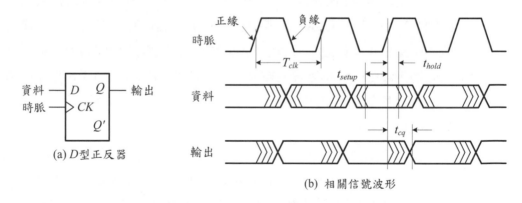

(a) D 型正反器

(b) 相關信號波形

圖 7.3-2: D 型正反器取樣與相關的時序

　　為使正反器能正確的取樣資料輸入端 (D) 的資料，並將之存入內部門閂中，在取樣發生時，資料輸入端 (D) 的資料必須已經保持在穩定的值一段時間，稱為設定時間 (set up time，$t_{setup}$)，在取樣之後，資料輸入端 ($D$) 的資料必須繼續保持在穩定的值一段時間，稱為持住時間 (hold time，$t_{hold}$)。輸出端 ($Q$) 在由取樣點開始算起，經過一段稱為時脈到輸出端 (clock to $Q$) 的傳播延遲 ($t_{cq}$) 之後，即為穩定的值。上述各個時間的相對關係如圖 7.3-2(b) 所示。

在一個同步循序邏輯電路中，時脈週期 ($T_{clk}$) 由下列因素決定：正反器元件的設定時間 ($t_{setup}$)、時脈到輸出端的傳播延遲 ($t_{cq}$) 與兩個正反器之間的組合邏輯電路的傳播延遲 ($t_{pd}$)，如圖 7.3-3 所示。因此，

$$T_{clk} \geq t_{cq} + t_{setup} + t_{pd}$$

即時脈週期 ($T_{clk}$) 必須大於正反器元件的設定時間 ($t_{setup}$)、時脈到輸出端的傳播延遲 ($t_{cq}$) 與兩個正反器之間的組合邏輯電路的傳播延遲 ($t_{pd}$) 等時間的總合。

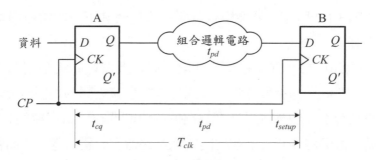

圖 **7.3-3:** 時脈週期限制

✔學習重點

**7-32.** 試定義上升時間 ($t_r$) 與下降時間 ($t_f$)。

**7-33.** 試定義時脈到輸出端的傳播延遲 ($t_{cq}$)。

**7-34.** 在一個同步循序邏輯電路中，時脈信號的最大頻率如何決定？

**7-35.** 試簡述使用正反器時，有那三個時序限制必須滿足？

## 7.3.2 介穩狀態與同步失敗

在第 7.1.3 節曾介紹過雙穩態電路有兩個穩定狀態，然而一個雙穩態電路的實際電壓轉換特性將如圖 7.3-4(b) 所示，存在一個介於兩個穩定狀態之

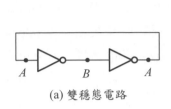
(a) 雙穩態電路

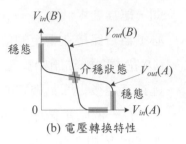
(b) 電壓轉換特性

圖 7.3-4: 雙穩態電路

間的狀態稱為介穩狀態 (metastable state)。在數位系統中，介穩狀態是一個不正常的工作狀態，因此必須極力的避免一個雙穩態電路或是其衍生的電路 (即正反器) 停留於此狀態下，因為若停留於此狀態則其輸出的值處於禁止區而不為 0 也不為 1，因而位於被推動級輸入信號值的 0 與 1 之間的不確定區，如圖 3.1-3 所示，結果極有可能也將促使其下一級電路獲取一個不正確的輸入值。

如第 7.3.1 節所述：若欲使一個正反器電路或是閂門電路能夠正常地工作，則輸入信號與時脈信號或是控制信號之間的相對時序必須正確，即它們必須符合正反器或是閂門電路的設定時間 ($t_{setup}$) 與持住時間 ($t_{hold}$) 的時序限制，否則將令正反器或是閂門電路停留在介穩狀態上，而輸出一個不確定的信號值。

在同步循序邏輯電路中，若輸入的信號也是由同步循序邏輯電路產生，則只要適當地控制時脈信號的週期 ($T_{clk}$)，即可以令每一個輸入到正反器輸入端的信號均符合其需要的設定時間與持住時間而正確地操作。但是若輸入的信號是一個外來的非同步信號，則由於該信號可以在任何時間轉態，當它由正反器取樣時，無法確保永遠滿足正反器所需要的設定時間與持住時間兩項限制，因而可能造成該正反器的輸出端停留在介穩狀態而輸出一個不確定的信號值。

圖 7.3-5說明介穩狀態與其對後級正反器的影響。一般而言，一個同步器 (synchronizer) 為一個取樣非同步輸入信號而產生同步的輸出信號的電路。當一個數位系統在使用一個同步器的輸出值時，若該同步器依然處在介穩狀態

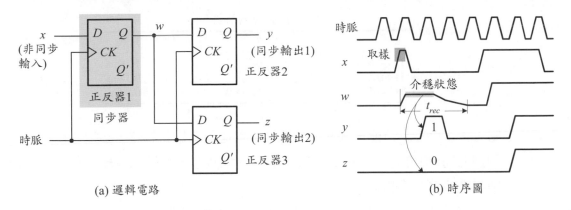

(a) 邏輯電路　　　　　　　　　　　　　　　　(b) 時序圖

圖 **7.3-5:** 介穩狀態與同步失敗

時稱為同步失敗 (synchronization failure)。典型的同步器如圖 7.3-5(a) 中的正反器 1。

　　圖 7.3-5(b) 說明正反器 2 與正反器 3 在當正反器 1 進入介穩狀態期間取樣其輸出值所造成的結果。當非同步輸入信號 ($x$) 未能同時滿足正反器 1 的設定時間 ($t_{setup}$) 與持住時間 ($t_{hold}$) 的時序限制時，該正反器即有可能造成同步失敗，即產生不確定值的輸出，如圖 7.3-5(b) 的時序圖所示。輸出的不確定值 ($w$) 將由正反器 2 與 3 同時取樣而可能產生不同的輸出值，例如正反器 2 輸出為 1，而正反器 3 輸出為 0，因此同一個輸入信號值造成兩個不同的認知結果。

　　由於電路中的 $RC$ 特性及雙穩態電路的正回授效應，一個正反器電路在進入介穩狀態之後，該正反器的輸出值並不會一直停留在不確定值；相反地，它將隨時間以指數函數的方式增加或是衰減，直到抵達電源電壓值或是地電位為止 [5]。這一段時間稱為介穩狀態恢復時間 (metastability recovery time，$t_{rec}$)。對於一個同步循序邏輯電路而言，若其時脈週期為 $T_{clk}$，則允許的介穩狀態恢復時間為：$t_{rec} = T_{clk} - t_{setup} - t_{pd}$，其中 $t_{setup}$ 為緊接於同步器之後的正反器之設定時間。

　　總而言之，當所有信號均能與時脈信號同步的數位系統系統中，必須使用符合正反器時序限制的輸入信號，以防止正反器進入介穩狀態；當必須取樣外部的非同步信號時，因為無法確保該輸入信號永遠符合正反器的時序限

表 **7.3-1**: 74 系列的 $T_0$ 與 $\tau$

| 元件 | $T_0$ | $\tau$ |
|------|-------|--------|
| TI 74LSxx | 6.7 s | 1.28 ns |
| TI 74ASxx | 6.5 $\mu$s | 0.34 ns |
| TI 74ALSxx | 12.5 ms | 0.87 ns |

制,該正反器有可能進入介穩狀態。一旦進入介穩狀態時,必須等待一段足夠長的時間 (即 $t_{rec}$) 讓正反器自行離開介穩狀態,然後再取樣其輸出值,否則將造成同步失敗。

經過長久的研究,$t_{rec}$ 可以表示為下列指數函數:

$$MTBF(t_{rec}) = \frac{1}{T_0 fa} \exp(\frac{t_{rec}}{\tau})$$

其中 $MTBF(t_{rec})$ (mean time between failures) 為兩個同步失敗的平均時間間隔。當在時脈正緣後,若介穩狀態持續的時間大於允許的 $t_{rec}$,則同步失敗即告發生;$MTBF(t_{rec})$ 與時脈頻率 $f$ 及非同步輸入信號變化率 $a$ 有關;$T_0$ 與 $\tau$ 為兩個與正反器電路特性相關的常數。典型的 74 系列的 $T_0$ 與 $\tau$ 之值如表 7.3-1 所示。

其次,使用兩個數值例說明 $MTBF(t_{rec})$ 的計算與時脈頻率對 $MTBF(t_{rec})$ 的影響。

### ■ 例題 7.3-1 (MTBF($t_{rec}$) 的計算)

假設時脈頻率 $f$ 為 10 MHz,同步器電路使用 74LS74 D 型正反器,請計算在非同步輸入信號的變化率 $a$ 為 100,000 次/秒時的 $MTBF$(20 ns) 與 $MTBF$(40 ns)。

**解**:由表 7.3-1 得知:74LS74 的 $T_0$ 與 $\tau$ 之值分別為 6.7 秒與 1.28 ns,因此

$$MTBF(20 \text{ ns}) = \frac{1}{6.7 \times 10 \times 10^6 \times 10^5} \exp(\frac{20}{1.28})$$
$$= 90 \text{ ns} \ (t_{rec} < t_{pd} = 30 \text{ ns})$$

$$MTBF(40 \text{ ns}) = \frac{1}{6.7 \times 10 \times 10^6 \times 10^5} \exp(\frac{40}{1.28}) = 5.56 \text{ s}$$

其它系列的 $MTBF$(20 ns) 與 $MTBF$(40 ns) 可以依據相同的方法計算,其結果列於表 7.3-2 中。

**表 7.3-2:** 例題 7.3-1 的 $MTBF(t_{rec})$ 的值

| 元件 | $MTBF(20\text{ ns})$ | $MTBF(40\text{ ns})$ |
|------|------|------|
| TI 74LSxx | $t_{rec} < t_{pd}$ | 5.56 s |
| TI 74ASxx | $5.41 \times 10^{18}$ s | $1.9 \times 10^{44}$ s |
| TI 74ALSxx | 0.77 s | $7.4 \times 10^9$ s |

## ■ 例題 7.3-2 (時脈頻率對 MTBF($t_{rec}$) 的影響)

由 TI 資料手冊查得 74ALS74 的 $t_{setup} = 10$ ns，試分別計算下列兩種時脈頻率的 $MTBF(t_{rec})$：(1) $f = 20$ MHz；(2) $f = 50$ MHz。假設非同步輸入信號的變化率 $a$ 為 100000 次/秒。

**解：**(1) 在 $f = 20$ MHz 時，$T_{clk} = 50$ ns，所以

$$t_{rec} = T_{clk} - t_{setup} = 50 - 10 = 40 \text{ ns}$$

$$MTBF(40\text{ ns}) = \frac{1}{12.5 \times 10^{-3} \times 20 \times 10^6 \times 10^5} \exp(\frac{40}{0.87})$$

$$= 3.7 \times 10^9 \text{ s （約 117 年）}$$

即兩次介穩狀態發生的平均時間間隔約為 117 年。相當不錯！

(2) 在 $f = 50$ MHz 時，$T_{clk} = 20$ ns，所以

$$t_{rec} = T_{clk} - t_{setup} = 20 - 10 = 10 \text{ ns}$$

$$MTBF(10\text{ ns}) = \frac{1}{12.5 \times 10^{-3} \times 50 \times 10^6 \times 10^5} \exp(\frac{10}{0.87})$$

$$= 1.57 \times 10^{-6} \text{ s}$$

因此在此種工作環境下，產生介穩狀態的機率相當高。為一個相當差的電路設計。

解決 $MTBF(t_{rec})$ 不足的方法有二：一是使用設定時間 $t_{setup}$ 較小的正反器當作同步器的下一級 (例如圖 7.3-5(a) 中的正反器 2 與 3)；二是增加 $T_{clk}$ 的值。前者必須使用較先進的電路設計技術；後者則是降低數位系統的操作速度。

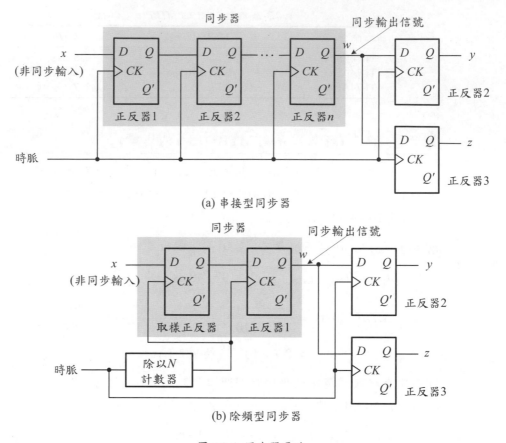

(a) 串接型同步器

(b) 除頻型同步器

**圖 7.3-6:** 同步器電路

**7.3.2.1 同步器設計** 目前兩種常用的同步器電路的設計方式為串接型同步器 (cascaded synchronizer) 與除頻型同步器 (frequency-divided synchronizer)，如圖 7.3-6 所示。

串接型同步器使用 $n$ 個 $D$ 型正反器，串接成為一個 $n$ 級的移位暫存器，如圖 7.3-6(a) 所示。串接型同步器的基本原理為：每一個 $D$ 型正反器取樣一個非同步信號 $(x)$ 或是介穩信號值，而進入介穩狀態的機率均相同。若將 $n$ 個 $D$ 型正反器串接之後，其輸出端停留在介穩狀態的機率將為單級的 $n$ 次方，因此有效地降低發生介穩狀態的機率。若緊接於同步器之後的 $D$ 型正反器之設定時間 $t_{setup}$ 足夠小時，使用兩級的 $D$ 型正反器串接成的同步器，在實用上即已足足有餘了。

除頻型同步器的電路如圖 7.3-6(b) 所示，其基本原理為使用一個除以 $N$ 的計數器將系統時脈除以 $N$ 之後，再加於同步器電路的時脈輸入端，以有效地將 $T_{clk}$ 增加為 $N$ 倍，以增加允許的 $t_{rec} = NT_{clk} - t_{setup}$，即允許的 $t_{rec}$ 約略增加為 $T_{clk}$ 的 $N$ 倍。所以，除了可以顯著地改善 $MTBF(t_{rec})$ 之值外，緊接於同步器之後的正反器，亦可以使用具有較大設定時間 $t_{setup}$ 的正反器。在實際應用上，$N$ 的值通常介於 2 到 3 之間。

### ✔學習重點

**7-36.** 試定義介穩狀態與介穩狀態恢復時間。

**7-37.** 試定義同步失敗與同步器。

**7-38.** 試定義 $MTBF(t_{rec})$。

**7-39.** 為何當取樣一個非同步輸入信號時，有可能造成同步失敗的現象？

## 7.3.3 時脈歪斜效應

在同步循序邏輯電路中，所有正反器皆使用同一個時脈來控制其狀態的改變，在正常的情形下所有時脈信號都在同一個時間抵達正反器的時脈輸入端，但是若某些在時脈產生器與正反器時脈輸入端的路徑上有其它電路或是該路徑的 $RC$ 值夠大時，將使出現在這個正反器時脈輸入端的時脈信號與時脈產生器輸出的時脈信號有延遲的現象，稱為時脈歪斜 (clock skew) 現象，其效應可能使同步循序邏輯電路產生誤動作，而進入一個錯誤的狀態。

在圖 7.3-7(a) 的電路中，若 $CP_B$ 與 $CP$ 的時間差 $(\Delta t)$ 大於正反器 $A$ 的時脈到輸出端的傳播延遲 $(t_{cq})$、組合邏輯電路的傳播延遲 $(t_{pd})$、及正反器 $B$ 設定時間 $(t_{setup})$ 之總合時，即

$$\Delta t \geq t_{cq} + t_{setup} + t_{pd}$$

正反器 $B$ 將取樣到新的資料值，如圖 7.3-7(b) 所示。這種現象稱為時脈歪斜效應 (clock skew effect)。在越高速的數位系統中，時脈歪斜現象與效應將越明顯，因為時脈週期變小，而系統中的連接線的 $RC$ 效應越趨顯著。

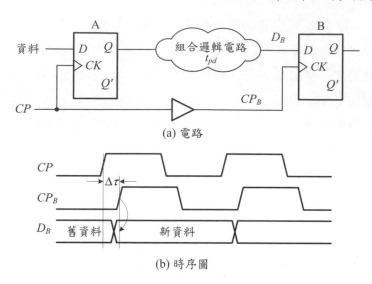

(a) 電路

(b) 時序圖

圖 7.3-7: 時脈歪斜現象與效應

到目前為止，並沒有一個有效的通則可以解決時脈歪斜現象所造成的效應，然而在設計一個高速工作的數位系統時，必須重視時脈歪斜現象與可能產生的效應對系統功能與性能的影響。

✔學習重點

**7-40.** 試定義時脈歪斜現象。

**7-41.** 在數位系統中，時脈歪斜現象可能發生何種效應？

# 7.4 狀態化簡

　　狀態化簡的目的在於移除狀態表中多餘的狀態 (redundant state)，因而減少同步循序邏輯電路中使用的記憶元件的數目，降低電路的複雜性與減低成本。若在一個狀態表中，每一個下一狀態與輸出的值均有明確的定義時，稱為完全指定狀態表 (completely specified state table)；若有部分下一狀態或是輸出的值未明確的定義，則稱為未完全指定狀態表 (incompletely specified state table)。在常用的化簡方法中，$k$-分割 ($k$-partition) 法使用在完全指定的狀態表中，而相容法 (compatibility method) 則可以應用在完全指定或是未完全指定的狀態表中。這兩種方法將在本節中介紹。

## 7.4.1 完全指定狀態表化簡

在完全指定的狀態表中，常用的化簡方法為 $k$-分割法與相容法兩種。本節中先討論 $k$-分割法，而相容法則留待下一小節的未完全指定狀態表的化簡時，再予討論。

在正式討論 $k$-分割法之前，先定義一些名詞。若一個輸入序列 $x$ 使一個狀態表中的狀態 $S_i$ 轉態到 $S_j$ 時，稱 $S_j$ 為 $S_i$ 的 $x$ 後繼狀態 (successor)。輸入序列 $x$ 是由一連串的輸入符號 $x_i$ 組合而成，每一個輸入符號 $x_i$ 為輸入變數 $x_0, \cdots, x_{l-1}$ 的一個二進制值組合。

### ■ 例題 7.4-1 (後繼狀態)

在圖 7.4-1 的狀態圖中，狀態 $A$ 與 $C$ 分別為狀態 $B$ 的 $0$ 與 $1$ 後繼狀態，因為：

$$\delta(B, 0) = A$$
$$\delta(B, 1) = C$$

而狀態 $D$ 為狀態 $A$ 的 $111$ 後繼狀態，因為：

$$\delta(\delta(\delta(A, 1), 1), 1) = \delta(\delta(B, 1), 1) = \delta(C, 1) = D \text{。}$$

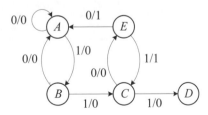

**圖 7.4-1:** 例題 7.4-1 的狀態圖

在一個完全指定的狀態表中，若至少存在一個有限長度的輸入序列，使得當分別以 $S_i$ 與 $S_j$ 為初始狀態時，可以產生兩個不同的輸出序列，則稱 $S_i$

與 $S_j$ 兩個狀態為可區別 (distinguishable) 狀態,若輸入序列的長度為 $k$,則 $(S_i, S_j)$ 稱為 $k$-可區別 ($k$-distinguishable) 狀態。

### ■ 例題 7.4-2 (可區別狀態)

在圖 7.4-2 的狀態表中,$(A, B)$ 為 1-可區別的狀態對,因為 $\lambda(A, 1) = 0$ 而 $\lambda(B, 1) = 1$。$(B, F)$ 為 2-可區別的狀態對,因為加入輸入序列 10 後:

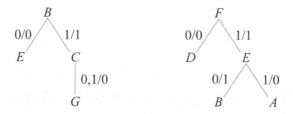

兩者的輸出序列分別為 10 與 11。

| PS | $x$ | NS, z | |
|---|---|---|---|
| | | 0 | 1 |
| A | | G,0 | F,0 |
| B | | E,0 | C,1 |
| C | | G,0 | G,0 |
| D | | A,1 | G,0 |
| E | | B,1 | A,0 |
| F | | D,0 | E,1 |
| G | | H,0 | E,1 |
| H | | C,1 | F,0 |

圖 7.4-2: 例題 7.4-2 的狀態表

兩個不是 $k$-可區別的狀態,稱為 $k$-等效 ($k$-equivalent) 狀態。一般而言,若 $r < k$,則 $k$-等效的狀態必定也是 $r$-等效狀態。有了 $k$-等效的觀念後,一個完全指定的狀態表中的兩個等效狀態 (equivalent state) 可以定義為:在一個完全指定的狀態表中,不管是以 $S_i$ 或是 $S_j$ 為初始狀態,若對於每一個可能的輸入序列 $x$ 而言,皆產生相同的輸出序列時,則 $S_i$ 與 $S_j$ 稱為等效狀態,反之亦然。然而,在實際應用上我們無法將每一種可能的輸入序列一一加以驗證。

因此，一般在求取一個完全指定的狀態表中的等效狀態時，通常使用下列等效的遞迴定義：

在一個完全指定的狀態表中的兩個狀態 $S_i$ 與 $S_j$ 為等效的條件為：對於每一個輸入符號 $x_i$ 而言，下列兩個條件均成立：

1. $S_i$ 與 $S_j$ 均產生相同的輸出值；
2. $S_i$ 與 $S_j$ 的下一狀態也為等效的狀態。

有了這些定義之後，$k$-分割法化簡程序可以描述如下：

---

**■ 演算法 7.4-1: k-分割法化簡程序**

1. 首先將所有狀態均集合成一個區段，稱為 $P_0$。
2. 觀察狀態表，將具有相同輸出組合的狀態歸納為同一個區段，形成 $P_1$。在 $P_1$ 中的每一個區段(子集合)均為 1-等效狀態。
3. 由 $P_k$ 決定 $P_{k+1}$。在 $P_k$ 中相同區段內的狀態，若對於每一個可能的輸入 $x_i$ 而言，其 $x_i$ 後繼狀態也是在 $P_k$ 中的一個相同的區段內時，這些狀態在 $P_{k+1}$ 中仍然置於相同的區段內，否則置於不同的區段中。
4. 重覆步驟3，直到 $P_{k+1} = P_k$ 為止，其中在 $P_k$ 中相同區段內的狀態為等效狀態；不同區段內的狀態為可區別狀態。

---

在進一步說明k-分割法化簡程序前，先考慮狀態等效。狀態等效為等效關係 (記為 "$\equiv$") (equivalence relation) 而具有下列性質：

- 反身性 (Reflexivity)：對任何狀態，$S_i \equiv S_i$。
- 對稱性 (Symmetry)：若 $S_i \equiv S_j$，則 $S_j \equiv S_i$。
- 遞移性 (Transitivity)：若 $S_i \equiv S_j$ 而 $S_j \equiv S_k$，則 $S_i \equiv S_k$。

在等效關係下，一個狀態集合可以分割成等效級 (equivalence class) (或稱等效分割，equivalence partition) 的一組集合，其中每一個等效級相當於簡化狀態表中的一個狀態。

**■ 例題 7.4-3 (k-分割法狀態表化簡)**

利用 $k$-分割法化簡圖 7.4-2 中的狀態表。

**解：**詳細步驟如下：

步驟1：　$P_0 = (ABCDEFGH)$

步驟2：　$P_1 = (AC)(BFG)(DEH)$

步驟3：　$P_2 = (AC)(B)(FG)(DH)(E)$

　　　　因為在 $P_1$ 中，$A$ 與 $C$ 的 0 與 1 後繼狀態 $G$ 與 $(FG)$ 均在相同的區段 $(BFG)$ 內，所以 $A$ 與 $C$ 置於相同的區段內。$B$ 與 $F$ 的 0 與 1 後繼狀態分別為 (DE) 與 (CE)，其中 (CE) 在 $P_1$ 中並不在相同的區段內，所以 $B$ 與 $F$ 為可區別；$F$ 與 $G$ 的 0 與 1 後繼狀態，分別為 $(DH)$ 與 $E$，它們在 $P_1$ 中為相同的區段，所以 $F$ 與 $G$ 置於相同的區段中；依據等效關係的遞移性，並不需要檢查 $B$ 與 $G$ 的等效關係，因為 $B$ 與 $F$ 為可區別而 $F$ 與 $G$ 為等效狀態。$(DEH)$ 三個狀態的討論相同，因而得到 $P_2$。

　　　　由 $P_2$ 求 $P_3$ 的方法和由 $P_1$ 求 $P_2$ 相同，求得的 $P_3$ 為：

$$P_3 = (AC)(B)(FG)(DH)(E) = P_2$$

步驟4：　由於 $P_3 = P_2$，所以化簡程序終止。其中狀態 $A$ 與 $C$、$F$ 與 $G$、$D$ 與 $H$ 等各為等效狀態對，簡化後的狀態表如圖 7.4-3 所示。

| PS | $x$　$\begin{array}{c} NS, z \\ 0 \end{array}$ | 1 |
|----|------|------|
| $A$ | $F,0$ | $F,0$ |
| $B$ | $E,0$ | $A,1$ |
| $D$ | $A,1$ | $F,0$ |
| $E$ | $B,1$ | $A,0$ |
| $F$ | $D,0$ | $E,1$ |

圖 7.4-3: 圖 7.4-2 化簡後的狀態表

　　利用 $k$-分割法化簡的結果是唯一的。因為若不如此，則可以假設存在兩個等效的分割 $P_a$ 與 $P_b$，而且 $P_a \neq P_b$，並且存在兩個狀態 $S_i$ 與 $S_j$，它們在 $P_a$ 中處於同一個區段內，而在 $P_b$ 中則分別處於不同的兩個區段內。由於在 $P_b$ 中，$S_i$ 與 $S_j$ 處於不同的兩個區段中，因此至少必定存在一個輸入序列可以區別 $S_i$ 與 $S_j$，結果 $S_i$ 與 $S_j$ 在 $P_a$ 中不可能處於同一個區段內，與假設矛盾。

　　在一個狀態表中，若兩個狀態 $S_i$ 與 $S_j$ 為可區別的狀態，則它們可以由一個長度為 $n-1$ 或是更短的輸入序列所區別，其中 $n$ 為狀態數目。這個長度也即是在化簡程序中的步驟 3 所需要執行的最多次數。

### ■ 例題 7.4-4 ($k$-分割法狀態表化簡)

利用 k-分割法化簡圖 7.4-4 的狀態表。

**解：**利用 $k$-分割法化簡程序得到：

1. $P_0 = (ABCDE)$
2. $P_1 = (ABCD)(E)$
3. $P_2 = (ABC)(D)(E)$
   $P_3 = (AB)(C)(D)(E)$
   $P_4 = (A)(B)(C)(D)(E)$
   $P_5 = (A)(B)(C)(D)(E)$
4. $P_5 = P_4$，化簡程序終止，步驟 3 總共執行 $n-1$ (即 4) 次。注意在圖 7.4-4 的狀態表中，每一個狀態均可與其它狀態區別。

| $PS$ | $x$　$NS, z$　0 | 1 |
|---|---|---|
| $A$ | $A,0$ | $B,0$ |
| $B$ | $B,0$ | $C,0$ |
| $C$ | $C,0$ | $D,0$ |
| $D$ | $D,0$ | $E,0$ |
| $E$ | $E,0$ | $A,1$ |

圖 **7.4-4:** 例題 7.4-4 的狀態表

如前所述，一個完全指定的狀態表的等效分割 (equivalence partition)(即利用 $k$-分割法化簡後的分割區段) 是唯一的，但是其狀態表的表示方式卻不是唯一的。因為可以將狀態表中的任何兩列交換，或者將任意兩個狀態變數符號交換，而得到不同的狀態表，但是仍然表示相同的同步循序邏輯電路。為避免這種現象發生，一般均將化簡後的最簡狀態表，表示為標準型式 (standard form)。所謂的標準型式即是由狀態表中選取一個狀態 (通常為初始狀態) 並標示為 $A$，然後以第一列開始，由左而右，由上而下 (指 $PS$ 一欄)，依序以英文字母順序標示各個第一次出現的狀態，所形成的狀態表稱之。

| PS | x | NS, z | |
|---|---|---|---|
| | | 0 | 1 |
| A | | F,0 | D,1 |
| B | | G,0 | E,1 |
| C | | G,0 | C,1 |
| D | | A,0 | F,1 |
| E | | B,0 | G,1 |
| F | | D,0 | C,0 |
| G | | E,0 | C,0 |

圖 7.4-5: 例題 7.4-5 的狀態表

## ■ 例題 7.4-5 (標準型式)

利用 $k$-分割法化簡圖 7.4-5 的狀態表，並表示為標準型式。

**解：**利用 $k$-分割法化簡得：

$P_0 = (ABCDEFG)$
$P_1 = (ABCDE)(FG)$
$P_2 = (ABC)(DE)(FG)$
$P_3 = (AB)(DE)(C)(FG)$
$P_4 = (AB)(DE)(C)(FG)$
$P_4 = P_3$，化簡程序終止。

所以最簡狀態表如圖 7.4-6(a) 所示，一共有四個狀態。欲表示為標準型式時，假定 $\alpha$ 為初始狀態，將它標示為 $A$，其下一狀態 $\delta$ 與 $\beta$ 分別標示為 $B$ 與 $C$。接著將 $\delta$ 與 $\beta$ 兩個列依序置於 $A$ 之下，$\delta$ 的下一狀態 $\gamma$ 由於是首次出現，因此標示為 $D$，將 $\gamma$ 一列置於 $C$ 之下，並將所有尚未使用英文字母取代的希臘字母皆以適當的英文字母取代後，得到圖 7.4-6(b) 的標準型式。

✔ 學習重點

**7-42.** 試定義後繼狀態。

**7-43.** 試定義 $k$-可區別狀態與 $k$-等效狀態。

| $PS$ | $x$ $NS, z$ 0 | 1 |
|------|------|------|
| $AB \to \alpha$ | $\delta, 0$ | $\beta, 1$ |
| $DE \to \beta$ | $\alpha, 0$ | $\delta, 1$ |
| $C \to \gamma$ | $\delta, 0$ | $\gamma, 1$ |
| $FG \to \delta$ | $\beta, 0$ | $\gamma, 0$ |

(a) 最簡狀態表

| $PS$ | $x$ $NS, z$ 0 | 1 |
|------|------|------|
| $\alpha \to A$ | $B, 0$ | $C, 1$ |
| $\delta \to B$ | $C, 0$ | $D, 0$ |
| $\beta \to C$ | $A, 0$ | $B, 1$ |
| $\gamma \to D$ | $B, 0$ | $D, 1$ |

(b) 標準型式

**圖 7.4-6:** 例題 7.4-5 的最簡狀態表與標準型式

**7-44.** 試簡述 $k$-分割法化簡程序。

**7-45.** 為何需要將化簡後的最簡狀態表表示為標準型式？

## 7.4.2 未完全指定狀態表化簡

在 $k$-分割法化簡程序中，其目的是尋找狀態表中的所有等效的狀態；在相容法化簡程序中，則是尋找所有相容的狀態。在正式討論相容法化簡程序之前，先定義一些相關的名詞。

首先定義可加入序列 (applicable sequence)。所謂的可加入 (輸入) 序列是指當它加於狀態表中的狀態 $S_i$ 時，在每一個輸入符號 $x_i$ (除了最後一個之外) 加入之後，該狀態表均轉態到一個有指定 (即定義) 的下一狀態上的輸入序列。注意在上述的定義中，並未涉及輸出序列，但是除了輸入序列的最後一個符號之外，所有的下一狀態都必須有指定 (定義)。

### ■ 例題 7.4-6 (可輸入序列)

在圖 7.4-7 的未完全指定狀態表中，對於狀態 $A$ 而言，輸入序列 00101 為不可加入序列，因為：

輸入序列：0　0　1　0　1

狀態：　　$A$　$B$　$D$　-

而輸入序列 0101 為可加入序列，因為：

輸入序列： 0    1    0    1

狀態：         A    B    C    A    -

| PS | $x$ | $NS, z$ | |
|----|-----|---------|---|
|    |     | 0       | 1 |
| A  |     | B,1     | - |
| B  |     | D,1     | C,1 |
| C  |     | A,1     | B,0 |
| D  |     | B,0     | - |

**圖 7.4-7:** 例題 7.4-6 的狀態表

對於一個未完全指定的狀態表中的兩個狀態 $S_i$ 與 $S_j$ 而言，若在每一個可加入的輸入序列中，不管初始狀態是 $S_i$ 或是 $S_j$，其輸出值皆有指定 (即定義) 而且都能產生相同的輸出序列時，狀態 $S_i$ 與 $S_j$ 稱為相容 (compatible) 狀態，記為 $(S_iS_j)$。兩個相容的狀態可以合併成一個狀態。狀態相容為相容關係 (equivalence relation) (記為 "≈")，它滿足下列性質：

- 反身性 (Reflexivity)：對任何狀態，$S_i \approx S_i$。
- 對稱性 (Symmetry)：若 $S_i \approx S_j$，則 $S_j \approx S_i$。

因此，欲驗證一個狀態的集合是否相容，我們需要檢查該集合中的狀態是否成對相容。例如，欲檢查狀態的集合 $(S_i, S_j, S_k)$ 是否相容，我們需要檢查 $S_i \approx S_j$，$S_j \approx S_k$，與 $S_i \approx S_k$。一般而言，若在集合 $(S_i, S_j, S_k, \cdots)$ 中的每一個狀態均與其它狀態相容時，該集合才可以稱為相容，而合併為一個狀態。一般在求取一個未完全指定的狀態表中的相容狀態時，通常採用下列較簡單的方式。

在一個未完全指定的狀態表中的兩個狀態 $S_i$ 與 $S_j$ 為相容的條件為：對於每一個可能的輸入符號 $x_i$ 而言，下列兩個條件均成立：

1. 當 $S_i$ 與 $S_j$ 的輸出值均有指定時，它們均產生相同的輸出值；
2. 當 $S_i$ 與 $S_j$ 的下一狀態有指定時，它們也為相容狀態。

不符合上述兩個條件的兩個狀態稱為不相容 (incompatible) 狀態。

■ 例題 7.4-7 (相容狀態)

在圖 7.4-8 的未完全指定狀態表中，狀態對 $(AB)$、$(BC)$、$(AD)$、$(BD)$ 等均為相容狀態，因為它們均符合相容狀態對的兩個條件，但是 $(AC)$ 和 $(CD)$ 則為不相容狀態對，因為它們在 $x_1 x_2 = 10$ 時，產生不同的輸出值。

| PS | $x_1 x_2$ 00 | NS, z 01 | 10 | 11 |
|----|----|----|----|----|
| $A$ | -,0 | $C$,1 | $D$,1 | - |
| $B$ | $D$,0 | - | - | - |
| $C$ | $B$,0 | $D$,1 | $D$,0 | - |
| $D$ | $A$,- | - | $A$,1 | $B$,0 |

**圖 7.4-8:** 例題 7.4-7 的狀態表

一個相容狀態的集合稱為相容狀態級 (compatibility class)，即在相容狀態級中的任何兩個狀態均相容。換句話說，相容狀態級為建立在相容關係下的一個狀態子集合。對於一個相容狀態級 $C_j$ 而言，若其中每一個狀態均被另一個相容狀態級 $C_i$ 所包含時，稱 $C_i$ 大於或包含 $C_j$，記為 $C_j \subseteq C_i$。最大相容狀態級 (maximal compatible) 也是一個相容狀態級，但是當一個不屬於該集合中的狀態加入之後，它將不再是一個相容狀態級。注意：一個不與其它狀態相容的單一狀態也是一個最大相容狀態級；每一個相容狀態級的子集合也為一個相容狀態級。同樣的，一個不相容狀態的集合稱為不相容狀態級 (incompatibility class)，即在不相容狀態級中的任何兩個狀態均不相容。最大不相容狀態級 (maximal incompatible) 也是一個不相容狀態級，但是當一個不屬於該集合中的狀態加入之後，它將不再是一個不相容狀態級。

一個未完全指定的狀態表的最大相容狀態級的集合 (或最大不相容狀態級) 可以使用下列兩種有系統的方法求取：隱含圖 (implication graph) 也稱為合併圖 (merger graph，或 merger diagram) 與隱含表 (implication table) 也稱為合

併表 (merger table)。下列將使用求取最大相容狀態級的集合為例，依序介紹這兩種方法。

**7.4.2.1　隱含圖**　若設 $S_i$ 與 $S_j$ 的 $x_i$ 後繼狀態分別為 $S_p$ 與 $S_q$，則 $(S_p S_q)$ 稱為被 $(S_i S_j)$ 所隱含；若 $(S_i S_j)$ 為一個相容狀態對，則 $(S_p S_q)$ 稱為一個被隱含 (狀態) 對 (implied pair)。一般而言，若對於一個狀態集合 $P$ 而言，對於某些輸入符號 $x_i$，其 $x_i$ 後繼狀態的集合為 $Q$，則稱 $Q$ 被 $P$ 所隱含。有了這些定義之後，一個 $n$ 個狀態的未完全指定狀態表的隱含圖可以定義為如下的一個無方向性圖 (undirected graph)：

■ 定義 7.4-1: 隱含圖

1. 它由 $n$ 個頂點組成，而每一個頂點相當於狀態表中的一個狀態。
2. 對於下一狀態與輸出值均未衝突的兩個狀態 $S_i$ 與 $S_j$，在其對應的頂點間連一條線。
3. 若 $(S_i S_j)$ 在所有的輸入符號下，其輸出值均未衝突，但是下一狀態不相同時，在其對應的頂點間連一條線，並將被隱含對置於其間，即狀態 $S_i$ 與 $S_j$ 是否相容將由其被隱含的狀態對決定。

■ 例題 7.4-8 (隱含圖)

求出圖 7.4-9(a) 未完全指定狀態表的隱含圖。

**解：**由於狀態 $A$ 與 $B$ 的下一狀態與輸出的值均不相衝突，所以在 $A$ 與 $B$ 的兩個頂點間連一直線，如圖 7.4-9(b) 所示；狀態 $A$ 與 $C$ 在輸入 $x_1 x_2 = 01$ 時，輸出的值分別為 1 與 0，所以它們不可能相容，所以不加上連線；狀態 $A$ 與 $D$，其輸出的值並未衝突，但是其下一狀態並不相同，在每一個不相同的輸入值時的下一狀態對均為其被隱含對，因此如圖 7.4-9(b) 所示，在 $A$ 與 $D$ 的兩個頂點間連一條折線，並將這些被隱含對 $(BC)$ 與 $(CE)$ 置於其間。依此相同的方式將其它所有可能的狀態對皆檢查過後，得到圖 7.4-9(b) 的隱含圖。

　　隱含圖實際上包含了所有可能的狀態對與它們的被隱含對。由於一個狀態對是相容的條件為其被隱含對也必須是相容，所以在隱含圖中未有任何連

| PS | $x_1x_2$<br>00 | NS, z<br>01 | 11 |
|---|---|---|---|
| A | C,0 | E,1 | - |
| B | C,0 | E,- | - |
| C | B,- | C,0 | A,- |
| D | B,0 | C,- | E,- |
| E | - | E,0 | A,- |

(a) 狀態表

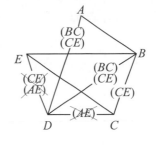

(b) 隱含圖

**圖 7.4-9:** 例題 7.4-8 的狀態表與隱含圖

線的狀態對,均表示它們是不相容狀態。因此,若 $(S_pS_q)$ 表示不相容狀態,則在隱含圖中任何含有 $(S_pS_q)$ 狀態對的折線必須去除,結果其對應的狀態對為不相容狀態。例如在圖 7.4-9(b) 中,因為 $(AE)$ 為不相容狀態,所以在 C 與 D、D 與 E 之間的折線必須去除,結果 $(CD)$ 與 $(DE)$ 為不相容狀態。因此,圖 7.4-9(b) 的隱含圖中,一共有下列六個相容狀態對:

$(AB)(AD)(BC)(BD)(BE)(CE)$

由隱含圖中,求取最大相容狀態級的方法為求取一個最大的完全多邊形 (complete polygon)。所謂的完全多邊形是指一個它的所有 $1/2[n(n-3)]$ 個對角線都存在的多邊形,其中 $n$ 為該多邊形的邊之數目。因為由一個完全多邊形所包含的狀態均成對的相容,因而組成一個相容狀態級。若該多邊形並未由其它較高次的多邊形包含時,則它們組成一個最大相容狀態級。注意:獨立的頂點,即單一狀態,也是一個最大相容狀態級。

## ■ 例題 7.4-9 (最大相容狀態級的集合)

由圖 7.4-9(b) 可以得知:最大的完全多邊形為 $(ABD)$ 與 $(BCE)$ 等兩個三角形,因此它們均為最大相容狀態級的集合。

另外一種求取最大相容狀態級的集合之方法為使用表格的方式,稱為隱含表。

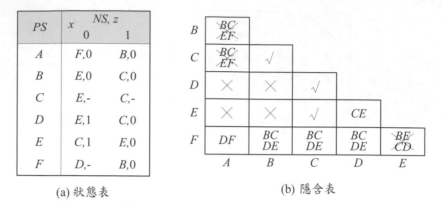

(a) 狀態表　　　　　　　　　　　(b) 隱含表

**圖 7.4-10:** 例題 7.4-10 的狀態表與隱含表

**7.4.2.2 隱含表** 對於狀態數目較多的未完全指定狀態表的化簡，通常採用表格的方式，稱為隱含表，較為方便。在隱含表中，列的抬頭依序標示為狀態表中除了最後一個的所有狀態，行的抬頭依序標示為狀態表中除了第一個的所有狀態。若兩個狀態不相容時，則在其對應的列與行交點的格子中記上 "×" 符號；對於相容的狀態，則記上 "√" 符號；所有被隱含狀態對 $(S_p S_q)$ 則置於對應的格子中。

### ■ 例題 7.4-10 (隱含表)

利用隱含表，求圖 7.4-10(a) 的未完全指定狀態表的所有相容狀態。

**解：** 如圖 7.4-10(b) 所示。由於狀態 $A$ 與 $D$ 在輸入 $x = 0$ 時，產生不同的輸出值，因而為兩個不相容的狀態，所以在 $(AD)$ 的格子中填入 "×"；狀態 $C$ 與 $E$ 為相容的狀態，在 $(CE)$ 格子中填入 "√"；狀態 $A$ 與 $C$ 要相容時，其被隱含對 $BC$ 與 $EF$ 也必須相容，所以在 $(AC)$ 格子中，填入 $BC$、$EF$。依此相同方式，逐一檢查每一個格子後，得到圖 7.4-10(b) 的隱含表。其次，依序檢查每一個格子，以確定它們的相容性，由於 $B$ 與 $E$ 不相容，因而 $E$ 與 $F$ 也不相容，結果 $A$ 與 $B$、$A$ 與 $C$ 也不相容，所以 $(AB)$、$(AC)$、$(EF)$ 的格子皆必須加上 "×"。

一旦求得所有相容狀態，其次是由這些相容狀態中求取最大相容狀態級的集合。由隱含表求取最大相容狀態級的集合的程序如下：

■ **演算法 7.4-3: 由隱含表求取最大相容狀態級的集合之程序**

1. 由隱含表中的最右端的一行開始，依序由右向左進行，直到遇到一個相容狀態對(相容狀態級)為止，列出該行中所有相容狀態對。注意在列出相容狀態對時是列出行與列等抬頭的狀態而非其交點上的被隱含狀態對。

2. 繼續進行下一行，並列出所有相容狀態對(相容狀態級)，合併所有可以和前一行所列出的相容狀態級合併的相容狀態，以形成一個較大的相容狀態級。一般而言，若 $(S_iS_j)$、$(S_iS_k)$、$(S_jS_k)$ 等均為相容狀態對時，才可以合併成一個相容狀態級 $(S_iS_jS_k)$。

3. 重覆步驟 2，直到所有行均考慮過為止。將所有未與其它狀態相容的單一狀態連同上述得到的最大相容狀態級的集合，即為所求的最大相容狀態級的集合。

■ **例題 7.4-11 (最大相容狀態級的集合)**

利用前述程序，求取圖 7.4-10(b)所示隱含表的最大相容狀態級的集合。

**解：** 利用前述的程序，得到下列相容狀態序列：

$E$：不相容

$D$：$(DF)$、$(DE)$

$C$：$(CDE)$、$(CDF)$

$B$：$(BCF)$、$(CDE)$、$(CDF)$

$A$：$(AF)$、$(BCF)$、$(CDE)$、$(CDF)$

在 $E$ 行時，沒有相容狀態對；在 $D$ 行時，$(DE)$ 與 $(DF)$ 均為相容狀態對；在 $C$ 行時，有 $(CD)$、$(CE)$、$(DE)$ 等組成相容狀態 $(CDE)$，而 $(CD)$、$(CF)$、$(DF)$ 等組成相容狀態 $(CDF)$；在 $B$ 行時，$(BC)$、$(BF)$、$(CF)$ 等組成相容狀態 $(BCF)$；在 $A$ 行時，只有 $(AF)$ 相容狀態對。由於沒有未與其它狀態相容的單一狀態存在，因此 $\{(AF),(BCF),(CDE),(CDF)\}$ 為最大相容狀態級的集合。

**7.4.2.3 封閉包含** 在一個未完全指定狀態表中的一個相容狀態級的集合中，對於該集合中所包含的每一個相容狀態對，若其被隱含對也包含在該集合中時，該集合稱為封閉的 (closed)。若一個封閉的相容狀態級的集合包含了狀

態表中的所有狀態，則稱為封閉包含 (closed covering)。注意最大相容狀態級
的集合本身為一個封閉包含。

■ 例題 7.4-12 (封閉包含)

在圖 7.4-9(b) 的隱含圖中，集合 $\{(AB),(BE),(CE)\}$ 與 $\{(AB),(BC),(CE)\}$
為封閉的；而集合 $\{(ABD),(BCE)\}$ 與 $\{(AB),(BC),(BD),(CE)\}$ 為封閉包含。

封閉包含在未完全指定狀態表中的角色和等效分割在完全指定狀態表中
是一樣的，但是封閉包含並不是唯一的。因此，在求出最大相容狀態級的集
合之後，其次的工作便是由最大相容狀態級的集合中，選取一組包含狀態表
中所有狀態的最簡封閉包含 (minimal closed covering) 的集合，即所含有的相
容狀態級的數目最少的封閉包含。

**7.4.2.4 最簡狀態表的狀態數目**　一般而言，若設 $n$ 為狀態表的狀態數目，
$m$ 為最大相容狀態級的數目，而 $q_i$ 為第 $i$ 個最大不相容狀態級的狀態數目，
則化簡後的狀態表，其狀態數目範圍 $k$ 為：

$$\max(q_1, q_2, \cdots, q_i, \cdots) \leq k \leq \min(n, m)$$

使用上述關係求取狀態數目範圍 $k$ 時，必須先求取狀態表的最大不相容
狀態級的集合。最大不相容狀態級的集合之求取程序與最大相容狀態級的集
合相同，唯一不同的是現在必須考慮不相容關係而非相容關係。

■ 例題 7.4-13 (最大不相容狀態級的集合)

圖 7.4-9(b) 隱含圖中的不相容狀態如圖 7.4-11 所示。所以最大不相容狀態
級的集合為：$\{(AE),(AC),(CD),(DE),(B)\}$

■ 例題 7.4-14 (簡化狀態表的狀態數目)

估計例題 7.4-8 的狀態表化簡後，其最簡狀態表可能含有的狀態數目。

**解：** 狀態表中一共有五個狀態，所以 $n=5$；
化簡後一共有兩個最大相容狀態級，所以 $m=2$；

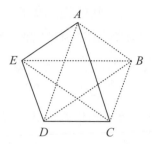

虛線部分為相容狀態；
實線部分為不相容狀態。

**圖 7.4-11:** 例題 7.4-13 的不相容隱含圖

另外由例題 7.4-13 得知，最大不相容狀態級的集合中的最大不相容狀態級的狀態數目分別為 2 與 1，因此最簡狀態表的狀態數目範圍為：

$$\max(2,2,2,2,1) \leq k \leq \min(5,2)$$

所以 $k = 2$，即最簡狀態表為兩個狀態。

---

### ■ 例題 7.4-15 (最簡狀態表)

　　試求例題 7.4-8 的未完全指定狀態表的最簡狀態表。

**解：** 由例題 7.4-12 與例題 7.4-14 可以得知：$\{(ABD),(BCE)\}$ 為封閉包含，而且相當於最簡狀態表中的兩個狀態，因此最簡狀態表如圖 7.4-12 所示。

| PS | $x_1x_2$ | NS, z | |
|---|---|---|---|
| | 00 | 01 | 11 |
| $ABD \rightarrow \alpha$ | $\beta,0$ | $\beta,1$ | $\beta,-$ |
| $BCE \rightarrow \beta$ | $\beta,0$ | $\beta,0$ | $\alpha,-$ |

**圖 7.4-12:** 例題 7.4-15 的狀態表

**7.4.2.5　相容法的化簡程序**　一般而言，未完全指定狀態表的化簡程序較完全指定狀態表複雜，然而其基本原理則是必須由最大相容狀態級的集合中，選取一組符合下列原則的相容狀態級的集合：

1. 完整性 (completeness)：選取的相容狀態級的集合，必須包含原來未完全指定狀態表中的所有狀態。

2. 一致性 (consistency)：選取的相容狀態級的集合必須是封閉的，即所有被隱含的狀態對也必須包含於某些選取的相容狀態級中。

3. 最簡性 (minimality)：在滿足條件 1 與 2 之下，選取的相容狀態級的集合必須是最小。

　有了上述原則與最大相容狀態級的集合之求取方法後，相容法的化簡程序可以歸納如下：

---

**■ 演算法 7.4-5: 相容法的化簡程序**

1. 利用隱含圖 (或是隱含表)，求取最大相容狀態級的集合；

2. 利用隱含圖 (或是另外一個隱含表)，求取最大不相容狀態級的集合；

3. 由步驟 1 與 2，求取最簡狀態表的狀態數目範圍 ($k$)；

4. 由最大相容狀態級的集合中，使用試誤法求取一組符合完整性、一致性、最簡性的封閉包含；

5. 由求取的封閉包含建立最簡狀態表，通常此最簡狀態表也是一個未完全指定狀態表。

---

**7.4.2.6 相容狀態圖**　在求取所有相容狀態之後，接著便是求取一個最簡的封閉包含，以得到最簡狀態表。雖然最簡封閉包含的求得免不了必須使用試誤法，但是若使用相容狀態圖 (compatibility graph) 的幫助，則可以獲得較有系統的方式。

　所謂的相容狀態圖為一個有向性圖 (directed graph)，它的每一個頂點均相當於一個相容狀態對，而且若 $(S_i S_j)$ 隱含 $(S_p S_q)$ 則由頂點 $(S_i S_j)$ 連接一條有向邊到頂點 $(S_p S_q)$。在相容狀態圖中的一個子圖形 (subgraph)，若對於它的每一個頂點而言，所有向外的邊與其終止頂點也都屬於該子圖形時，稱為一個封閉的子圖形。再者，若狀態表中的每一個狀態均至少被一個子圖形中的一個頂點所包含時，該子圖形即為狀態表中的一個封閉包含。

　在實際應用上，可以直接將最大相容狀態級的集合中的每一個最大相容狀態級當作一個頂點，因為該最大相容狀態級中的每一個狀態對均相容。

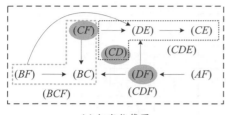
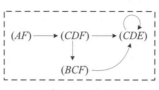

| PS | $x$　$NS, z$ | |
|---|---|---|
| | 0 | 1 |
| $AF \to \alpha$ | $\delta,0$ | $\beta,0$ |
| $BCF \to \beta$ | $\gamma,0$ | $\beta,0$ |
| $CDE \to \gamma$ | $\gamma,1$ | $\gamma,0$ |
| $CDF \to \delta$ | $\gamma,1$ | $\beta,0$ |

(a) 相容狀態圖　　　　　　　　(b) 簡化相容狀態圖　　　　　　(c) 最簡狀態表

**圖 7.4-13:** 例題 7.4-16 的相容狀態圖與最簡狀態表

## ■ 例題 7.4-16 (相容狀態圖)

利用相容狀態圖，求出例題 7.4-10 中的狀態表的最簡狀態表。

**解：**由例題 7.4-11 得知，該狀態表的簡化狀態表最多為四個狀態，至於是否有較少狀態的簡化狀態表存在，可以使用與例題 7.4-11 相同的方法，求出最大不相容狀態級的集合為：

$$\{(ABD),(ABE),(AC),(EF)\}$$

因此其最簡狀態表的狀態數目範圍為：

$$\max(3,3,2,2) \le k \le \min(6,4)$$

所以至少須要 3 個狀態，利用圖 7.4-13(a) 的相容狀態圖或是圖 7.4-13(b) 的簡化相容狀態圖求得的封閉包含為：

$$\{(AF),(BCF),(CDE),(CDF)\}$$

結果的最簡狀態表一共有四個狀態，如圖 7.4-13(c) 所示。

## ■ 例題 7.4-17 (相容法化簡)

使用相容法化簡圖 7.4-14(a) 的未完全指定狀態表。

**解：**隱含表如圖 7.4-14(b) 所示，其最大相容狀態級的集合為：

$$\{(AB),(CE),(BC),(BD),(EF)\}$$

而最大不相容狀態級的集合為：

$$\{(ACDF),(ADE),(BF)\}$$

因此，其最簡狀態表的狀態數目範圍為：

$$\max(4,3,2) \le k \le \min(6,5)$$

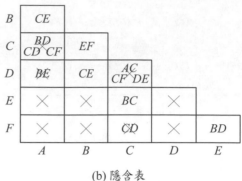

| PS | $x_1x_2$<br>00 | 01 | 11 |
|----|------|------|------|
| A | B,0 | C,0 | D,- |
| B | - | E,0 | - |
| C | D,- | F,- | C,- |
| D | E,0 | C,0 | A,- |
| E | - | F,1 | B,- |
| F | - | -,1 | D,0 |

*(表頭為 NS, z)*

(a) 狀態表                                    (b) 隱含表

**圖 7.4-14:** 例題 7.4-17 的未完全指定狀態表與隱含表

所以，$k$ 為 4 或是 5 個狀態，利用圖 7.4-15(a) 的相容狀態圖求得的封閉包含為：

$$\{(AB),(CE),(BC),(BD),(EF)\}$$

結果的最簡狀態表如圖 7.4-15(b) 所示。

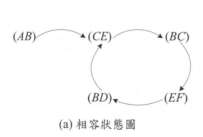

| PS | $x_1x_2$<br>00 | 01 | 11 |
|----|------|------|------|
| A(AB) | A,0 | C,0 | D,0 |
| B(BC) | D,- | E,0 | B,- |
| C(CE) | D,- | E,1 | B,- |
| D(BD) | E,0 | C,0 | A,- |
| E(EF) | - | E,1 | D,0 |

*(表頭為 NS, z)*

(a) 相容狀態圖                                    (b) 最簡狀態表

**圖 7.4-15:** 例題 7.4-17 的相容狀態圖與最簡狀態表

**7.4.2.7  完全指定狀態表**  對於完全指定的狀態表而言，最大相容狀態級的集合即為該狀態表的等效狀態集合，因此相容法也可以化簡完全指定狀態表。

**■ 例題 7.4-18 (完全指定狀態表)**

利用相容法化簡圖 7.4-16(a) 的完全指定狀態表。

| PS | $x$ | NS, z | |
|----|-----|-------|-----|
| | | 0 | 1 |
| $A$ | | $D,0$ | $C,0$ |
| $B$ | | $F,0$ | $A,1$ |
| $C$ | | $D,0$ | $A,0$ |
| $D$ | | $C,0$ | $E,0$ |
| $E$ | | $F,0$ | $C,1$ |
| $F$ | | $E,0$ | $D,1$ |

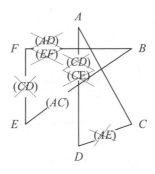

| PS | $x$ | NS, z | |
|----|-----|-------|-----|
| | | 0 | 1 |
| $AC \rightarrow \alpha$ | | $\beta,0$ | $\alpha,0$ |
| $D \rightarrow \beta$ | | $\alpha,0$ | $\gamma,0$ |
| $BE \rightarrow \gamma$ | | $\delta,0$ | $\alpha,1$ |
| $F \rightarrow \delta$ | | $\gamma,0$ | $\beta,1$ |

(a) 狀態表　　　　　　　　(b) 隱含圖　　　　　　　(c) 最簡狀態表

**圖 7.4-16:** 例題 7.4-18 的的狀態表、隱含圖與最簡狀態表

**解：**其隱含圖如圖 7.4-16(b) 所示，最大相容狀態級的集合為：

　　$\{(AC),(BD),(E),(F)\}$

最大不相容狀態級的集合為：

　　$\{(BCEF),(CDEF),(ABEF)\}$

因此，其最簡狀態表的狀態數目範圍為：

$$\max(4,4,4) \leq k \leq \min(6,4)$$

所以，$k$ 為 4 個狀態，最大相容狀態級的集合也是最簡封閉包含。因此，簡化後的最簡狀態表如圖 7.4-16(c) 所示。

---

## ■ 例題 7.4-19 (完全指定狀態表)

利用相容法化簡圖 7.4-17(a) 的完全指定狀態表。

**解：**隱含表如圖 7.4-17(b) 所示，最大相容狀態級的集合為：

　　$\{(AFG),(B),(C),(D),(E)\}$

最大不相容狀態級的集合為：

　　$\{(ABCDE),(BCDEG),(BCDEF)\}$

因此，其最簡狀態表的狀態數目範圍為：

$$\max(5,5,5) \leq k \leq \min(7,5)$$

所以，$k$ 為 5 個狀態，最大相容狀態級的集合也是最簡封閉包含。因此，簡化後的最簡狀態表如圖 7.4-17(c) 所示。

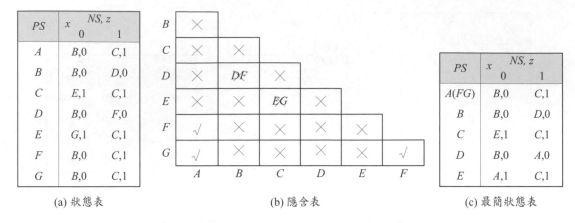

(a) 狀態表　　　　　　　　(b) 隱含表　　　　　　　　(c) 最簡狀態表

**圖 7.4-17:** 例題 7.4-19 的狀態表、隱含表與最簡狀態表

✔學習重點

**7-46.** 試定義可加入序列。

**7-47.** 試定義相容狀態對與被隱含狀態對。

**7-48.** 試簡述相容法化簡程序。

**7-49.** 試定義封閉包含與最簡封閉包含。

**7-50.** 試簡述由最大相容狀態級的集合中,選取最簡封閉包含時的基本原則。

**7-51.** 一個未完全指定狀態表化簡後的最簡狀態表的狀態數目之範圍為何?

**7-52.** 為何相容法也可以化簡完全指定狀態表?

# 7.5 Verilog HDL

本節中,將介紹如何使用 Verilog HDL 描述本章中介紹的各種正反器電路與同步循序邏輯電路。

## 7.5.1 正反器

在同步循序邏輯電路中常用的正反器有 $D$ 型正反器、$T$ 型正反器、$JK$ 正反器等。每一種正反器也都可以有非同步的清除與預置控制信號輸入端。

## ■ 例題 7.5-1 (D 型正反器)

程式 7.5-1 所示為各種 $D$ 型正反器的行為描述程式。由於假設每一個正反器皆是正緣觸發方式，因此使用 **always@(posedge** clk)指述，偵測時脈信號clk的正緣。第一個模組為單純的 $D$ 型正反器；第二個模組為具有非同步清除控制信號輸入端的 $D$ 型正反器；第三個模組為同時具有非同步清除與預置控制信號輸入端的 $D$ 型正反器。如程式中所示，偵測非同步清除與預置控制信號的方式為將該控制信號連同 clk 信號置於 **always** @(...) 指述中。若將清除與預置控制信號置於 **always** @(...) 指述之後，則為同步的控制方式。

程式 7.5-1 $D$ 型正反器

```verilog
// the descriptions of various types of D flip-flop
// a simple D flip-flop
module DFF (output reg Q, input D, clk);
// the body of the D flip-flop
   always @(posedge clk)
      Q <= D;
endmodule

// a D flip-flop with asynchronous clear
module DFF_clr (
      output reg Q,
      input  D, clk, clear_n);
// the body of the D flip-flop
   always @(posedge clk or negedge clear_n)
      if (~clear_n) Q <= 1'b0;
      else Q <= D;
endmodule

// a D flip-flop with asynchronous preset and clear
module DFF_set_clr (
      output reg Q,
      input  D, clk, preset_n, clear_n);
// the body of the D flip-flop
   always @(posedge clk or negedge preset_n or negedge clear_n)
      if (~preset_n) Q <= 1'b1;
      else if (~clear_n) Q <= 1'b0;
            else Q <= D;
endmodule
```

■ 例題 **7.5-2** (T型正反器)

　　程式7.5-2所示為各種 $T$ 型正反器的描述程式。在此程式中，假設 $T$ 型正反器是由 $D$ 型正反器組成的。由圖7.1-20(c)可以得知：$Q(t+1)=Q(t)\oplus T$，因此先計算出 $Q(t+1)$ 後，再引用前述的 $D$ 型正反器即可。

程式7.5-2 $T$ 型正反器

```
// a T flip-flop derived from a D flip-flop
module TFF (output Q, input T, clk, clear_n);
// the body of the T flip-flop
wire    DT;
   assign DT = Q ^ T;
// instantiate a D flip-flop
   DFF_clr TF1 (Q, DT, clk, clear_n);
endmodule

// a T flip-flop with asynchronous preset and clear
module TFF_set_clr (
       output Q,
       input  T, clk, preset_n, clear_n);
// the body of the T flip-flop
wire    DT;
   assign DT = Q ^ T;
// instantiate a D flip-flop
   DFF_set_clr TF1 (Q, DT, clk, preset_n, clear_n);
endmodule
```

■ 例題 **7.5-3** (JK正反器)

　　程式7.5-3所示為各種 $JK$ 正反器的描述程式。在第一個模組中，使用資料流程與結構描述的方式，並且引用前述的 $D$ 型正反器組成。由圖 7.1-17(d)可以得知：$Q(t+1)=JQ'(t)+K'Q(t)$，因此先計算出 $Q(t+1)$ 後，再引用前述的 $D$ 型正反器即可。第二個模組使用 **case** 指述直接執行 $JK$ 正反器的特性表(圖7.1-17(d))。此模組也提供非同步的清除輸入信號端。第三個模組與第一個模組相同使用資料流程與結構描述的方式，並且引用前述的 $D$ 型正反器組成，但是同時提供非同步的清除與預置輸入信號端。

程式7.5-3 $JK$ 正反器

```
// a JK flip-flop derived from a D flip-flop.
```

```verilog
module JKFF (output Q, input J, K, clk);
// the body of the JK flip-flop
wire    JK;
    assign JK = (J & ~Q) | (~K & Q);
// instantiate a D flip-flop
    DFF JKFF1 (Q, JK, clk);
endmodule

// a JK flip-flop with clear
module JKFF_clr (
        output reg Q,
        output Qnot,
        input  J, K, clk, clear_n);
// the body of the JK flip-flop
    assign Qnot = ~Q;  // output both Q and Qnot
    always @(posedge clk or negedge clear_n)
        if (~clear_n) Q <= 1'b0;
        else case ({J,K})
          2'b00: Q <= Q;
          2'b01: Q <= 1'b0;
          2'b10: Q <= 1'b1;
          2'b11: Q <= ~Q;
        endcase
endmodule

// a JK flip-flop with asynchronous preset and clear
module JKFF_set_clr (
        output Q,
        input  J, K, clk, preset_n, clear_n);

// the body of the JK flip-flop
wire    JK;
    assign JK = (J & ~Q) | (~K & Q);
// instantiate a D flip-flop
    DFF_set_clr JKFF1 (Q, JK, clk, preset_n, clear_n);
endmodule
```

## 7.5.2 同步循序邏輯電路

　　對於同步循序邏輯電路的描述方式，可以使用結構描述、資料流程描述、行為描述方式，或是上述描述方式的混合方式。下列例題說明使用結構描述與資料流程混合的方式，描述例題 7.2-1 的 0101 序列偵測電路。

## ■ 例題 7.5-4 (資料流程描述)

程式7.5-4為使用結構描述與資料流程混合的方式,直接描述例題7.2-1的 0101序列偵測電路的邏輯電路,即圖7.2-2(b)。

程式7.5-4 資料流程描述

```verilog
//a mixed-mode description of the 0101 sequence detector--example 7.2-1
module sequence_detector (
        input x, clk, reset_n,
        output z);
// the body of the sequence detector
wire   D1, D2;
wire   y1, y2;

// instantiate D flip-flops
   DFF_clr DFF1 (y1, D1, clk, reset_n);
   DFF_clr DFF2 (y2, D2, clk, reset_n);

// excitation functions of D flip-flops
   assign D1 = ~x & y1 & y2 | x & ~y1 & y2 | x & y1 & ~y2,
          D2 = y1 & ~y2 | ~x & ~y1 | ~y1 & y2;
// the output function
   assign z = x & y1 & ~y2;
endmodule

// a D flip-flop with asynchronous clear
module DFF_clr (output reg Q, input  D, clk, clear_n);
   // the body of the D flip-flop
   always @(posedge clk or negedge clear_n)
      if (~clear_n) Q <= 1'b0;
      else Q <= D;
endmodule
```

## ■ 例題 7.5-5 (邏輯閘層次行為描述)

程式7.5-5為在邏輯閘層次使用行為描述與資料流程混合的方式,直接描述例題7.2-1的0101序列偵測電路的邏輯電路,即圖7.2-2(b)。

程式7.5-5 邏輯閘層次的行為描述

```verilog
// a behavioral description at the gate level of the 0101
// sequence detector -- example 7.2-1
module sequence_detector(
```

```
        input x, clk, reoot_n,
        output z);
// the body of the sequence detector
reg  y1, y2;
// describe the flip-flop y1
always @(posedge clk or negedge reset_n) begin
   if (~reset_n) y1 <= 1'b0;
   else y1 <= ~x & y1 & y2 | x & ~y1 & y2 | x & y1 & ~y2;
end
// describe the flip-flop y2
always @(posedge clk or negedge reset_n) begin
   if (~reset_n) y2 <= 1'b0;
   else y2 <= y1 & ~y2 | ~x & ~y1 | ~y1 & y2;
end
// the output function
   assign z = x & y1 & ~y2;
endmodule
```

在 Verilog HDL 中，描述一個 Mealy 機同步循序邏輯電路的方法為使用行為描述方式。一般而言，在程式中通常使用三個 **always** @(...) 指述同時執行，以改變共同的變數。其中第一個 **always** @(...) 將同步循序邏輯電路重置為初始狀態；第二個 **always** @(...) 指述由目前狀態與輸入信號決定下一狀態函數的值，即決定下一狀態；第三個 **always** @(...) 指述計算輸出函數的值。

## ■ 例題 7.5-6 (Mealy 機同步循序邏輯電路)

程式 7.5-6 所示為例題 7.2-1 的 0101 序列偵測電路的行為描述程式。在此程式中使用 **localparam** 定義狀態的二進制指定值。在 Verilog HDL 中，可以使用 **localparam** 定義在一個模組內使用的常數值。程式中的其它部分只是將圖 7.2-1(c) 的真值表直接使用 **if/else** 指述表示而已，因此不再贅述。

程式 7.5-6 Mealy 機同步循序邏輯電路

```
// a behavioral description of 0101 sequence detector -- example 7.2-1
// a Mealy machine example
module sequence_detector_mealy (
        input  x, clk, reset_n,
        output reg z);
// the body of the sequence detector
reg [1:0] ps, ns;  // present state and next state
localparam A = 2'b00, B = 2'b01, C = 2'b10, D = 2'b11;
```

```
// Part 1: initialize to state A
   always @(posedge clk or negedge reset_n)
       if (~reset_n) ps <= A;
       else ps <= ns;    // update the present state
// Part 2: determine the next state
   always @(ps or x)
       case (ps)
         A: if (x) ns = A; else ns = B;
         B: if (x) ns = C; else ns = B;
         C: if (x) ns = A; else ns = D;
         D: if (x) ns = C; else ns = B;
       endcase
// Part 3: evaluate output function z
   always @(ps or x)
       case (ps)
           A: if (x) z = 1'b0; else z = 1'b0;
           B: if (x) z = 1'b0; else z = 1'b0;
           C: if (x) z = 1'b0; else z = 1'b0;
           D: if (x) z = 1'b1; else z = 1'b0;
       endcase
endmodule
```

### ■ 例題 7.5-7 (Moore 機同步循序邏輯電路)

程式7.5-7所示為圖7.1-5(b)的行為描述程式。程式中的第一部分將同步循序邏輯電路重置為狀態 $A$；程式中的第二部分將圖7.1-5(a)所示的真值表直接使用 if/else 指述表示而已，因此不再贅述。第三部分則表示輸出值，由於在Moore機同步循序邏輯電路中，輸出值只與狀態有關，因此在 always @(...) 指述中，只需要列出 $ps$ 而不需要列出 $x$。

程式7.5-7 Moore機同步循序邏輯電路

```
// a behavioral description of figure 7.1-5(b)
// a Moore machine example
module example_moore (
        input  x, clk, reset_n,
        output reg z);
// local declarations
reg [1:0] ps, ns;  // present state and next state
localparam A = 2'b00, B = 2'b01, C = 2'b10, D = 2'b11;
// Part 1: initialize to state A
   always @(posedge clk or negedge reset_n)
```

```
        if (~reset_n) ps <= A;
        else ps <= ns;   // update the present state
// Part 2: determine the next state
    always @(ps or x)
        case (ps)
           A: if (x) ns = C; else ns = B;
           B: if (x) ns = B; else ns = D;
           C: if (x) ns = C; else ns = A;
           D: if (x) ns = D; else ns = B;
        endcase
// Part 3: evaluate output function z
    always @(ps)
        case (ps)
           A: z = 1'b0;
           B: z = 1'b1;
           C: z = 1'b0;
           D: z = 1'b1;
        endcase
endmodule
```

## ✔學習重點

**7-53.** 在 Verilog HDL 中，通常如何描述一個正反器電路？

**7-54.** 在 Verilog HDL 中，如何描述一個Mealy機同步循序邏輯電路？

**7-55.** 試簡述 **localparam** 的功能。

# 參考資料

1. D. A. Huffman, "The synthesis of sequential switching circuits," *Journal of Franklin Institute,* Vol. 257, pp. 161–190, March 1954.

2. Z. Kohavi, *Switching and Finite Automata Theory,* 2nd ed., New York: McGraw-Hill, 1978.

3. G. Langhole, A. Kandel, and J. L. Mott, *Digital Logic Design,* Dubuque, Iowa: Wm. C. Brown, 1988.

4. M. B. Lin, *Digital System Designs and Practices: Using Verilog HDL and FPGAs,* John Wiley & Sons, 2008.

5. M. B. Lin, *Introduction to VLSI Systems: A Logic, Circuit, and System Perspective,* CRC Press, 2012.

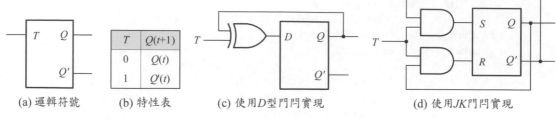

| (a) 邏輯符號 | (b) 特性表 | (c) 使用 D 型門閂實現 | (d) 使用 JK 門閂實現 |

圖 P7.1

6. Ming-Bo Lin, *An Introduction to Verilog HDL,* CreateSpace Independent Publishing Platform, 2016.

7. G. H. Mealy, "A method for synthesizing sequential circuits," *The Bell System Technical Journal,* Vol. 34, pp. 1045–1079, September 1955.

8. E. F. Moore, "Gedanken-experiments on sequential machines," *Automata Studies,* Princeton University Press, pp. 129–153, 1956.

## 習題

**7-1** G 教授定義一個 T 型門閂如圖 P7.1 所示,並且分別使用一個 D 型門閂與一個 XOR 閘以及一個 JK 門閂實現。試回答下列各問題:

(1) 繪一時序圖說明此 T 型門閂電路的穿透性質。

(2) 使用解析方法,證明圖 P7.1(c) 與 (d) 為邏輯相等。

(3) 在實際的數位系統中,使用此 T 型門閂電路時有何困難?

**7-2** 在體認習題 7-1 的困難性後,G 教授修改 T 型門閂為閘控 T 型門閂,如圖 P7.2 所示,並且分別使用一個閘控 D 型門閂與一個 XOR 閘以及一個閘控 JK 門閂實現。試回答下列各問題:

(1) 繪一時序圖說明此閘控 T 型門閂電路的穿透性質。

(2) 使用解析方法,證明圖 P7.2(c) 與 (d) 為邏輯相等。

(3) 在實際的數位系統中,使用此閘控 T 型門閂電路時有何困難?

**7-3** 考慮圖 P7.3 所示兩種 JK 門閂的不同實現方式,回答下列問題:

(1) 使用解析方法,證明這兩種實現方式為邏輯相等。

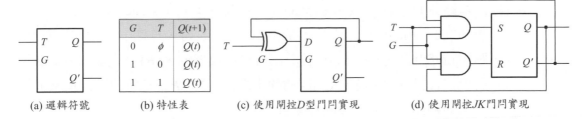

| G | T | Q(t+1) |
|---|---|--------|
| 0 | φ | Q(t) |
| 1 | 0 | Q(t) |
| 1 | 1 | Q'(t) |

(a) 邏輯符號　(b) 特性表　(c) 使用閘控D型閂鎖實現　(d) 使用閘控JK閂鎖實現

圖 **P7.2**

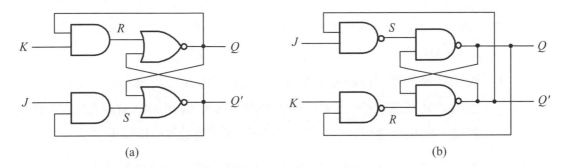

(a)　(b)

圖 **P7.3**: $JK$ 閂鎖 (a) 使用 NOR 閘 $SR$ 閂鎖實現；(b) 使用 NAND 閘 $SR$ 閂鎖實現

(2) 假設每一個邏輯閘的傳播延遲均為 $t_{pd}$，對每一種實現方式繪一時序圖，比較其電路行為。

(3) 說明 $JK$ 閂鎖難以使用於實際的數位系統中之理由。

**7-4** 再考慮圖 P7.3所示兩種 $JK$ 閂鎖的不同實現方式，回答下列問題：

(1) 修改這兩種 $JK$ 閂鎖電路為各自的閘控 $JK$ 閂鎖版本，繪出其邏輯電路。

(2) 使用解析方法，證明這兩種實現方式為邏輯相等。

(3) 假設每一個邏輯閘的傳播延遲均為 $t_{pd}$，對每一種實現方式繪一時序圖，比較其電路行為。

(4) 說明閘控 $JK$ 閂鎖難以使用於實際的數位系統中之理由。

**7-5** 圖 P7.4 所示為將兩個閘控 $SR$ 閂鎖串接而成的的主從式 $SR$ 正反器。試回答下列問題：

(1) 該電路等效為一個負緣觸發 $SR$ 正反器。

(2) 如何修改該電路為一個等效的正緣觸發 $SR$ 正反器。

(3) 該電路具有 "捕捉 1" (ones catching) 與 "捕捉 0" (zeros catching) 之問題。所謂捕捉 1 (捕捉 0) 即是當正反器輸出端為 0 (1) 時，若有一個為 1 的短週期脈波 (即突波) 在 $CP$ 為高電位時出現於正反器的 $S$ ($R$) 輸入端，則此脈波將設定 (清除) 主閘控 $SR$ 門閂的輸出端，而於 $CP$ 為低電位時則反映於正反器的輸出端，促使輸出端變為 1 (0)。

**7-6** G 教授使用與習題 7-5 相同的原理，將兩個閘控 $JK$ 門閂串接，以設計一個主從式 $JK$ 正反器；即他直接將圖 P7.4 中的兩個閘控 $SR$ 門閂，直接使用兩個閘控 NAND 閘 $JK$ 門閂取代。試回答下列問題：

(1) 說明結果的邏輯電路並不能操作為正確的 $JK$ 正反器。

(2) 說明若將兩個閘控 NAND 閘 $JK$ 門閂，使用兩個閘控 NOR 閘 $JK$ 門閂取代後，結果的邏輯電路依然不能操作為正確的 $JK$ 正反器。

**7-7** 圖 P7.5 所示為將兩個閘控 NAND 閘 $SR$ 門閂串接而成的的主從式 $JK$ 正反器。試回答下列問題：

(1) 該電路等效為一個負緣觸發 $JK$ 正反器。

(2) 如何修改該電路為一個等效的正緣觸發 $JK$ 正反器。

(3) 該電路具有捕捉 1 與捕捉 0 之問題。

(4) 使用兩個閘控 NOR 閘 $SR$ 門閂修改該主從式 $JK$ 正反器。

**7-8** 在圖 P7.6 的負緣觸發 $JK$ 正反器的電路中，試繪其時序圖說明若希望該電路能正常的工作，則 $G_1$ 與 $G_4$ 的傳播延遲 $t_g$ 必須大於 $4t_g$ ($G_i, i \neq 1, 4$)。

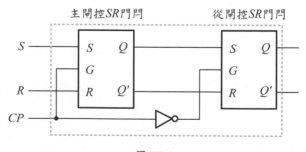

圖 **P7.4**

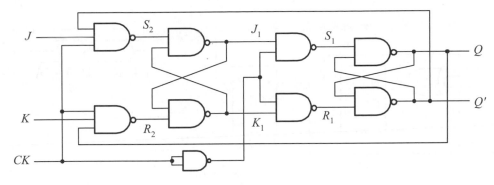

圖 **P7.5**

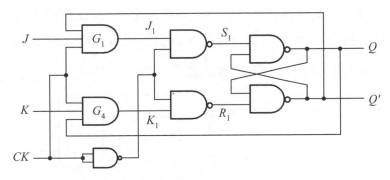

圖 **P7.6**

**7-9** 本習題比較閘控 $T$ 型門閂與 $T$ 型正反器。考慮圖 P7.7 所示的閘控 $T$ 型門閂與 $T$ 型正反器，回答下列各問題：

(1) 假設 XOR 閘的 $t_{pd}$ 為 1 ns，閘控 $T$ 型門閂的 $t_{gq}$ ($G$ 到 $Q$) 與 $t_{dq}$ ($D$ 到 $Q$) 均為 3 ns，$T$ 型正反器的 $t_{cq}$ 為 3 ns，完成圖中右邊的時序圖。

(2) 說明由時序圖中所得到的、觀察到的結果。

**7-10** 主從式 $D$ 型正反器為將兩個閘控 $D$ 型門閂串接而成的的電路。試解釋為何主從式 $D$ 型正反器不會發生捕捉 0 與捕捉 1 之問題。

**7-11** 依據同步循序邏輯電路的設計程序，使用 $T$ 型正反器與外加邏輯閘，分別設計下列各正反器：$SR$ 正反器、$D$ 型正反器、$JK$ 正反器。

**7-12** 依據同步循序邏輯電路的設計程序，使用 $D$ 型正反器與外加邏輯閘，分別設計下列各正反器：$SR$ 正反器、$T$ 型正反器、$JK$ 正反器。

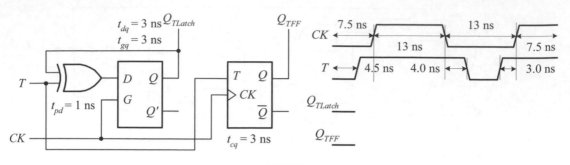

圖 **P7.7**

**7-13** 依據同步循序邏輯電路的設計程序，使用 $JK$ 正反器與外加邏輯閘，分別設
計下列各正反器：$SR$ 正反器、$D$ 型正反器、$T$ 型正反器。

**7-14** 考慮圖 P7.8 所示的正反器電路：

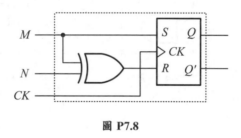

圖 **P7.8**

(1) 求出正反器的特性表。

(2) 求出正反器的特性函數。

(3) 導出正反器的激勵表。

**7-15** 圖 P7.9 所示為 $K$-$G$ 正反器的電路：

(1) 求出正反器的特性表。

(2) 求出正反器的特性函數。

(3) 導出正反器的激勵表。

**7-16** 設計一個清除優先 (reset-dominant) 正反器，其動作與 $SR$ 正反器類似，但允
許 $S=R=1$ 的輸入。在 $S=R=1$ 時，正反器的輸出清除為 0。

(1) 求出正反器的特性表。

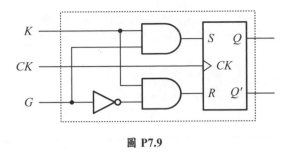

**圖 P7.9**

(2) 求出正反器的特性函數。

(3) 導出正反器的激勵表。

(4) 利用 $SR$ 正反器與外界邏輯閘設計此正反器電路。

**7-17** 將習題 7-16 的正反器改為設定優先 (set-dominant) 後，重做該習題。

**7-18** 參考圖 7.1-23，設計一個具有非同步清除的正向脈波 $D$ 型門閂。當非同步清除輸入端 $CLR$ 的值為 1 時，輸出端 $Q$ 的值即為 0 而與 $CK$ 信號無關。

**7-19** 參考圖 7.1-23，設計一個具有非同步設置的正緣觸發 $D$ 型正反器。當非同步設置輸入 $SET$ 的值為 1 時，輸出端 $Q$ 的值即為 1 而與 $CK$ 信號無關。

**7-20** 參考圖 7.1-23，設計一個具有同步清除的正緣觸發 $D$ 型正反器。當同步清除輸入 $CLR$ 的值為 1 時，輸出端 $Q$ 的值在下一個時脈信號 $CK$ 的正緣時將被清除為 0。

**7-21** 轉換圖 P7.10 中的 Mealy 機為等效的 Moore 機。

| PS | $x_1x_2$ 00 | NS, z 01 | 10 |
|---|---|---|---|
| A | B,0 | C,1 | A,1 |
| B | A,1 | B,0 | C,0 |
| C | C,1 | A,0 | B,1 |

(a)

| PS | $x$ 0 | NS, z 1 |
|---|---|---|
| A | B,1 | C,0 |
| B | D,1 | B,1 |
| C | A,0 | C,0 |
| D | B,1 | D,1 |

(b)

**圖 P7.10**

**7-22** 轉換圖 P7.11 中的 Moore 機為等效的 Mealy 機。

| PS | x  NS 0 | 1 | z |
|----|------|---|---|
| A | D | A | 0 |
| B | C | D | 1 |
| C | A | B | 0 |
| D | B | C | 1 |

(a)

| PS | x  NS 0 | 1 | z |
|----|------|---|---|
| A | B | B | 1 |
| B | D | C | 0 |
| C | A | D | 1 |
| D | C | E | 0 |
| E | D | A | 1 |

(b)

圖 P7.11

**7-23** 設計一個具有一個輸入端 $x$ 與一個輸出端 $z$ 的同步循序邏輯電路,當電路偵測到下列任何一個輸入序列:1101 或 1011 出現時,電路即產生一個 1 的值於輸出端 $z$,然後回到初始狀態上。使用 $JK$ 正反執行此電路。

**7-24** 一個帶號數的 2 補數可以使用下列方式求得:由最小有效位元 (LSB) 開始往最大有效位元 (MSB) 方向進行,保留所遇到的 0 位元與第一個 1 位元,然後將其餘較高有效位元取補數,即為所求。設計一個同步循序邏輯電路,轉換一個串列輸入的序列為 2 補數的序列輸出。假設輸入序列依序由 LSB 開始,其長度為 $n$ 個位元。試使用 $JK$ 正反執行此電路。

**7-25** 將一個未帶號數加 1 的方法如下:由最小有效位元 (LSB) 開始往最大有效位元 (MSB) 方向進行,將遇到的 1 位元與第一個 0 位元取補數,然後保留其餘較高有效位元的值,即為所求。設計一個同步循序邏輯電路,將一個串列輸入的序列加 1 後輸出。假設輸入序列依序由 LSB 開始,其長度為 $n$ 個位元。試使用 $JK$ 正反執行此電路。

**7-26** 將一個未帶號數減 1 的方法如下:由最小有效位元 (LSB) 開始往最大有效位元 (MSB) 方向進行,將遇到的 0 位元與第一個 1 位元取補數,然後保留其餘較高有效位元的值,即為所求。設計一個同步循序邏輯電路,將一個串列輸入的序列減 1 後輸出。假設輸入序列依序由 LSB 開始,其長度為 $n$ 個位元。試使用 $JK$ 正反執行此電路。

**7-27** 設計一個具有一個輸入端 $x$ 與一個輸出端 $z$ 的同步循序邏輯電路，當電路偵測到輸入序列中有 1011 出現時，即產生 1 的值於輸出端 $z$，假設允許重疊序列出現。試使用 $T$ 正反執行此電路。

**7-28** 設計一個串加器電路，電路具有兩個輸入端 $x$ 與 $y$，分別以串列方式而以 LSB 開始依序輸入加數與被加數，輸出端 $z$ 則依序由 LSB 開始輸出兩數相加後的總和。試使用 $D$ 正反執行此電路。

**7-29** 設計一個具有兩個輸入端 $x_1$ 與 $x_2$ 及一個輸出端 $z$ 的 Moore 機同步循序邏輯電路。電路的輸出端 $z$ 保持在一個常數值，直到下列輸入序列發生為止：

(1) 當輸入序列 $x_1x_2 = 00$ 時，輸出端 $z$ 維持其先前的值；
(2) 當輸入序列 $x_1x_2 = 01$ 時，輸出端 $z$ 的值變為 0；
(3) 當輸入序列 $x_1x_2 = 10$ 時，輸出端 $z$ 的值變為 1;
(4) 當輸入序列 $x_1x_2 = 11$ 時，輸出端 $z$ 將其值取補數。

**7-30** 設計一個具有一個輸入端 $x$ 與一個輸出端 $z$ 的同步循序邏輯電路，當電路偵測到輸入序列中的 1 總數為 3 的倍數 (即 0、3、6、...) 時，即輸出一個 1 脈波於輸出端 $z$。

**7-31** 設計一個具有一個輸入端 $x$ 與一個輸出端 $z$ 的同步循序邏輯電路，當電路偵測到輸入序列中的 1 總為 3 的倍數而且 0 的總數為偶數 (不包含 0) 時，即輸出一個 1 脈波於輸出端 $z$。

**7-32** 設計一個具有一個輸入端 $x$ 與一個輸出端 $z$ 的 Moore 機同步循序邏輯電路，當電路偵測到輸入序列為 1011 時，輸出端 $z$ 的值即變為 1，並保持在 1 直到另一個 1011 的輸入序列發生，輸出端 $z$ 的值才變為 0。當第三個 1011 的輸入序列發生時，輸出端 $z$ 的值又變為 1，並保持在 1，等等。

**7-33** 設計一個具有一個輸入端 $x$ 與一個輸出端 $z$ 的同步循序邏輯電路，其輸出函數 $z(t) = x(t-2)$，並且電路最初的兩個輸出為 0。

**7-34** 設計一個 $n$ 級的疊接網路，假設每一級電路只有一個輸入端 $x_i$ 與一個輸出端 $z_i$，當 $x_i \neq x_{i-2}$ 時，輸出 $z_i = 1$，否則為 0。對於最初的兩級電路 (即 $i = 1, 2$)，假設 $x_{-1} = x_0 = 0$。

**7-35** 設計一個 $n$ 級的疊接網路，其中每一級電路的輸出若其前面各級所含有的輸入序列中，0 與 1 的總數均各自為奇數時，$z_i$ 為 1，否則為 0。

**7-36** 分析圖 P7.12 中各個同步循序邏輯電路，分別求出其狀態表與狀態圖。

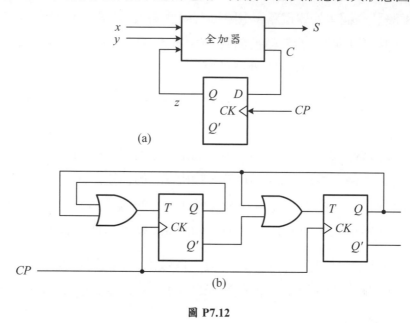

圖 **P7.12**

**7-37** 假設時脈頻率為 20 MHz 而非同步輸入信號變化率 $a$ 為 1 MHz。若正反器的設定時間 $t_{setup}$ 與由時脈到 $Q$ (或 $Q'$) 的傳播延遲 $t_{cq}$ 均為 10 ns。試計算圖 P7.13 的同步器之 *MTBF* 值。

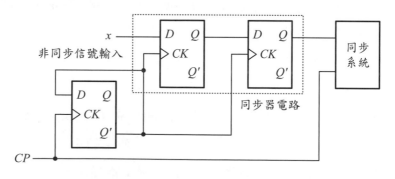

圖 **P7.13**

**7-38** 若不考慮介穩狀態的問題，習題 7-37 的最大時脈頻率可為多少？

**7-39** 若圖 P7.6 的時脈頻率改為 50 MHz，其它數值與習題 7-37 相同，則 *MTBF* 為多少？

**7-40** 化簡圖 P7.14 所示的各個完全指定狀態表。

| PS | x | NS, z<br>0 | 1 |
|----|---|------|------|
| A | | D,1 | E,0 |
| B | | D,0 | E,0 |
| C | | B,1 | E,0 |
| D | | B,0 | F,0 |
| E | | F,1 | C,0 |
| F | | C,0 | B,0 |

(a)

| PS | $x_1 x_2$<br>00 | NS<br>01 | 11 | 10 | z |
|----|------|------|------|------|---|
| A | A | C | E | D | 0 |
| B | D | E | E | A | 0 |
| C | E | A | F | B | 1 |
| D | B | C | C | B | 0 |
| E | C | D | F | A | 1 |
| F | F | B | A | D | 1 |

(b)

圖 **P7.14**

**7-41** 化簡圖 P7.15 所示的各個完全指定狀態表。

| PS | x | NS<br>0 | 1 | z |
|----|---|------|------|---|
| A | | F | D | 0 |
| B | | D | A | 1 |
| C | | H | B | 0 |
| D | | B | C | 1 |
| E | | G | B | 0 |
| F | | A | H | 0 |
| G | | E | C | 0 |
| H | | C | F | 0 |

(a)

| PS | x | NS, z<br>0 | 1 |
|----|---|------|------|
| A | | F,1 | D,1 |
| B | | G,1 | H,1 |
| C | | D,1 | A,0 |
| D | | A,0 | H,1 |
| E | | C,1 | D,1 |
| F | | D,1 | E,0 |
| G | | H,1 | B,0 |
| H | | B,0 | D,1 |
| I | | F,0 | A,0 |

(b)

圖 **P7.15**

**7-42** 化簡圖 P7.16 所示的各個未完全指定狀態表。

| PS | $x_1x_2$ 00 | NS, z 01 | 11 |
|---|---|---|---|
| A | C,0 | E,1 | - |
| B | C,0 | E,- | - |
| C | B,- | C,0 | A,- |
| D | B,0 | C,- | E,- |
| E | - | E,0 | A,- |

(a)

| PS | $x$ 0 | NS, z 1 |
|---|---|---|
| A | - | F,0 |
| B | B,0 | C,0 |
| C | E,0 | A,1 |
| D | B,0 | D,0 |
| E | F,1 | D,0 |
| F | A,0 | - |

(b)

圖 **P7.16**

**7-43** 分別使用 $k$-分割法與相容法化簡圖 P7.17 所示的完全指定狀態表。

| PS | $x$ 0 | NS, z 1 |
|---|---|---|
| A | B,0 | E,0 |
| B | A,1 | C,1 |
| C | B,0 | C,1 |
| D | C,0 | E,0 |
| E | D,1 | A,0 |

(a)

| PS | $x$ 0 | NS, z 1 |
|---|---|---|
| A | D,0 | E,0 |
| B | C,0 | E,1 |
| C | A,1 | D,0 |
| D | B,1 | C,1 |
| E | A,0 | D,1 |
| F | B,1 | C,0 |

(b)

圖 **P7.17**

**7-44** 證明圖 P7.18 所示的各個完全指定狀態表為最簡狀態表。

**7-45** 在圖 P7.16(a) 所示的狀態表中，使用第 7.2.4 節的規則，選擇一組適當的狀態指定後，使用下列指定的方式執行：

(1) 使用 $SR$ 正反器。

(2) 使用 $D$ 型正反器。

| PS | x | NS, z | |
|---|---|---|---|
| | | 0 | 1 |
| A | | B,0 | A,0 |
| B | | C,0 | A,0 |
| C | | E,0 | D,0 |
| D | | B,1 | A,0 |
| E | | E,0 | A,0 |

(a)

| PS | x | NS | | z |
|---|---|---|---|---|
| | | 0 | 1 | |
| A | | B | D | 0 |
| B | | C | F | 0 |
| C | | B | G | 1 |
| D | | B | E | 0 |
| E | | E | E | 0 |
| F | | C | E | 0 |
| G | | B | E | 1 |

(b)

**圖 P7.18**

**7-46** 在圖 P7.16(b) 所示的狀態表中，使用第 7.2.4 節的規則，選擇一組適當的狀態
指定後，使用下列指定的方式執行：

(1) 使用 $JK$ 正反器。

(2) 使用 $T$ 型正反器。

**7-47** 使用隱含表化簡圖 P7.19 的未完全指定狀態表，並求取最大相容狀態級的集
合，然後使用相容狀態圖求取最簡封閉包含與最簡狀態表。

| PS | x | NS, z | |
|---|---|---|---|
| | | 0 | 1 |
| A | | E,0 | B,0 |
| B | | F,0 | A,0 |
| C | | E,- | C,0 |
| D | | F,1 | D,0 |
| E | | C,1 | C,0 |
| F | | D,- | B,0 |

**圖 P7.19**

**7-48** 使用行為描述方式，撰寫一個 Verilog HDL 程式，描述習題 7-14 的正反器電
路。

7-49 使用行為描述方式，撰寫一個 Verilog HDL 程式，描述習題 7-15 的正反器電路。

7-50 使用行為描述方式，撰寫一個 Verilog HDL 程式，描述習題 7-23 的同步循序邏輯電路，並且設計一個測試標竿程式，測試該程式是否正確無誤。

7-51 使用行為描述方式，撰寫一個 Verilog HDL 程式，描述習題 7-24 的同步循序邏輯電路，並且設計一個測試標竿程式，測試該程式是否正確無誤。

7-52 使用行為描述方式，撰寫一個 Verilog HDL 程式，描述習題 7-27 的同步循序邏輯電路，並且設計一個測試標竿程式，測試該程式是否正確無誤。

7-53 使用行為描述方式，撰寫一個 Verilog HDL 程式，描述習題 7-30 的同步循序邏輯電路，並且設計一個測試標竿程式，測試該程式是否正確無誤。

7-54 使用行為描述方式，撰寫一個 Verilog HDL 程式，描述習題 7-31 的同步循序邏輯電路，並且設計一個測試標竿程式，測試該程式是否正確無誤。

7-55 使用行為描述方式，撰寫一個 Verilog HDL 程式，描述習題 7-32 的同步循序邏輯電路，並且設計一個測試標竿程式，測試該程式是否正確無誤。

7-56 使用行為描述方式，撰寫一個 Verilog HDL 程式，描述習題 7-33 的同步循序邏輯電路，並且設計一個測試標竿程式，測試該程式是否正確無誤。

7-57 ($n$ 位元比較器的疊接網路)

　　(1) 使用資料流程描述方式，撰寫一個 Verilog HDL 程式，描述例題 7.2-10 的邏輯電路。

　　(2) 使用結構描述的方式，撰寫一個 Verilog HDL 程式，描述例題 7.2-11 的邏輯電路。

7-58 (序列偵測電路的疊接網路)

　　(1) 使用資料流程描述方式，撰寫一個 Verilog HDL 程式，描述例題 7.2-12 的邏輯電路。

　　(2) 使用結構描述的方式，撰寫一個 Verilog HDL 程式，描述例題 7.2-13 的邏輯電路。

# 8 計數器與暫存器

循序邏輯電路中兩種重要的電路模組：計數器 (counter) 與暫存器 (register)。計數器可以分成同步計數器 (synchronous counter) 與非同步計數器 (asynchronous counter) 兩種，它的主要功能不外乎計數與除頻；暫存器一般可以分成保存資料用的資料暫存器 (data register) 與移位暫存器 (shift register) 兩種。資料暫存器用以儲存資訊。移位暫存器除了做資料格式的轉換外，也可以當做計數器、假亂數序列產生器 (pseudo-random sequence generator，PRSG)、時序產生器 (timing generator) 等用途。時序產生器也是循序邏輯電路中常用的電路模組，其中時脈產生器產生週期性的時脈信號。時序產生器由時脈產生器導出需要的時序控制信號；數位單擊電路 (digital monostable) 則在觸發信號啟動時即產生一個預先設定時距的信號輸出。

## 8.1 計數器設計與分析

計數器為一個可以計數外部事件的循序邏輯電路。計數器為數位系統中應用最廣的循序邏輯電路模組之一。一般的計數器電路均是由一些正反器與一些控制正反器狀態改變用的組合邏輯電路組成。計數器依其正反器是否同時轉態分為同步與非同步兩類。在同步計數器中，所有正反器均在同一個時間改變狀態；在非同步計數器中，則後級的正反器狀態的改變是由前級正反器的輸出所觸發的，因而也常稱為連波計數器 (ripple counter)。一般使正反器同時改變狀態的方法是加入一個共同的時脈以驅動每一個正反器。在某些電路中雖然沒有同步的時脈，但是由於電路設計的因素，每一個正反器

也可以同時改變狀態，因而也為一個同步電路，例如例題 8.1-15 的計數器與
SN74x193 同步正數/倒數計數器。

## 8.1.1 非同步(漣波)計數器設計

　　非同步(漣波)計數器一般均使用非閘控 $T$ 型正反器(第 7.1.3 節)設計。對
於一個除以 $N$ (稱為模 $N$，modulo $N$) 的計數器而言，一共有 $N$ 個狀態，即
$S_0$、$S_1$、...、$S_{N-1}$。為了討論上的方便，現在將計數器分成模 $N = 2^n$ ($n$ 為
正整數) 與模 $N \neq 2^n$ 兩種情形。

**8.1.1.1 模 $N$ ($= 2^n$) 計數器**　由於每一個 $JK$ 正反器當它接成非閘控 $T$ 型正
反器的形式 (即 $J$ 與 $K$ 輸入端保持在高電位) 時，其輸出端 $Q$ 的信號頻率將
等於時脈輸入端的信號頻率除以 2 的值，如圖 7.1-21(d) 所示，因此為一個模
2 計數器電路。對於需要模 $2^n$ 計數器的場合中，只需要將 $n$ 個非閘控 $T$ 型正
反器依序串接即可。

### ■ 例題 8.1-1 (非同步模 $2^3$ 正數計數器)

　　設計一個非同步模 8 正數(或是稱為上數)計數器 (up counter) 電路。

**解：**如圖 8.1-1(a) 所示。將三個 $JK$ 正反器均接成非閘控 $T$ 型正反器，並依序將
每一級的時脈輸入端，接往前級正反器的輸出端 $Q$，如此即成為一個非同步模
8 正數計數器。如圖 8.1-1(b) 的時序圖所示，正反器 1 的輸出 $y_1$ 為輸入信號 $CP$
除以 2 的值；正反器 2 的輸出 $y_2$ 為正反器 1 的輸出 $y_1$ 除以 2 的值；正反器 3 的輸
出為 $y_3$ 為正反器 2 的輸出 $y_2$ 除以 2 的值，即 $y_3$ 為 $CP$ 除以 8 ($= 2^3$) 的值，所以為
一個模 8 計數器。

　　另外，由圖 8.1-1(b) 的時序可以得知：$(y_3y_2y_1)$ 的值依序由 0、1、2、3、4、
5、6、變化到 7，然後回到 0、1、...、6、7，依此循環，所以為一個正數計數
器。綜合上述的討論，可以得知圖 8.1-1(a) 的電路為一個非同步模 8 正數計數
器。

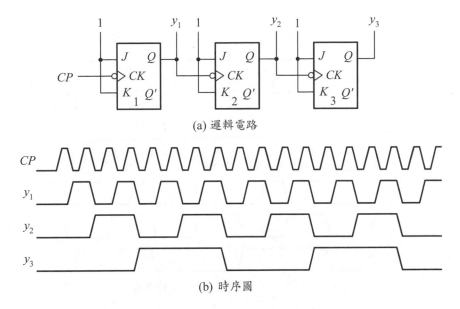

(a) 邏輯電路

(b) 時序圖

**圖 8.1-1:** 非同步模 $2^3$ 正數計數器

■ **例題 8.1-2** (非同步模 $2^3$ 倒數計數器)

設計一個非同步模 8 倒數 (或是稱為下數) 計數器 (down counter) 電路。

**解：**如圖 8.1-2(a) 所示。將三個 $JK$ 正反器如同例題 8.1-1 所示方式，接成非閘控 $T$ 型正反器，但是將每一級的時脈輸入端，接往前級正反器的補數輸出端 $Q'$，如此即構成一個模 8 的非同步倒數計數器。由於三個正反器的時脈輸入端均為負緣觸發的方式，而正反器 2 與 3 的時脈輸入信號分別由 $y_1'$ 與 $y_2'$ 取得，即正反器 2 與 3 等效地由輸出信號 $y_1$ 與 $y_2$ 的正緣所觸發，因此得到圖 8.1-2(b) 的時序圖，所以圖 8.1-2(a) 的電路為一個非同步模 8 倒數計數器。

由上述兩個例題可以得知：當使用負緣觸發的正反器時，若後級的正反器時脈輸入信號是由前級正反器的非補數輸出端 $Q$ 取得時為正數計數器；由前級正反器的補數輸出端 $Q'$ 取得時為倒數計數器。因此，若使用一個 2 對 1 多工器選取非閘控 $T$ 型正反器的時脈輸入信號的觸發來源是 $Q$ 或是 $Q'$ 時，該計數器即為一個正數/倒數計數器 (up/down counter) (習題 8-2)。

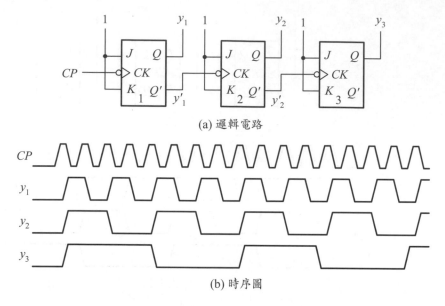

(a) 邏輯電路

(b) 時序圖

圖 8.1-2: 模 $2^3 (= 8)$ 非同步倒數計數器

## ■ 例題 8.1-3 (非同步模 8 正數/倒數計數器)

設計一個非同步模 8 正數/倒數計數器電路。

**解:** 如圖 8.1-3 所示。當 $U/D$ 控制端為 1 時,該電路等效於圖 8.1-1(a) 的電路,為一個正數計數器;當 $U/D$ 控制端為 0 時,該電路等效於圖 8.1-2(a) 的電路,為一個倒數計數器。因此,為一個非同步模 8 正數/倒數計數器。

　　注意在非同步漣波計數器中,正反器的時脈輸入端的觸發方式(正緣或是負緣),輸出信號取出方式($Q$ 或是 $Q'$)與正反器的時脈輸入信號來源(即由前級的 $Q$ 或是 $Q'$ 取得) 等均會影響該計數器的操作模式(正數或是倒數)(習題

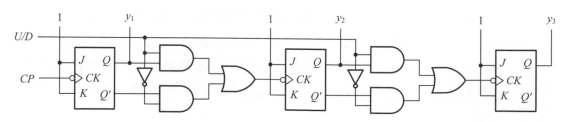

圖 8.1-3: 非同步模 8 正數/倒數計數器

8-2)。

**8.1.1.2 模 $N$ ($\neq 2^n$) 計數器** 由於一般正反器均有兩個非同步輸入端:預置 (preset) 與清除 (clear),可以改變其輸出狀態,因此對於一個非同步模 $N$ ($N \neq 2^n$)計數器而言,有兩種設計方式:使用預置輸入端與使用清除輸入端。

**1. 使用預置輸入端** 使用預置輸入端的設計方式,是使用一個 $n$ 級非同步計數器為基礎。然後使用一個外部的組合邏輯電路,偵測計數器的輸出狀態,當狀態 $S_{N-1}$ 發生時,即產生短暫的輸出信號加於計數器中那些目前的輸出值為 0 的正反器之預置輸入端,設定其輸出值為 1。因此,該計數器在下一個輸入脈波來臨時,將因為計數進位而回到狀態 $S_0$。

使用預置輸入端的非同步模 $N$ ($N \neq 2^n$)計數器的一般設計程序如下:

■ **演算法 8.1-1: 使用預置輸入端的非同步計數器的設計程序**

1. 由方程式 $n = \lceil \log_2 N \rceil$ 決定需要的非閘控 $T$ 型正反器的數目,其中 $\lceil x \rceil$ 表大於或是等於 $x$ 的最小整數;

2. 將 $n$ 個非閘控 $T$ 型正反器連接成 $n$ 級非同步 (連波) 計數器;

3. 求出在狀態 $S_{N-1}$ 下的所有正反器輸出的二進制值;

4. 將在 $S_{N-1}$ 狀態下所有輸出值為 1 的正反器輸出端接至一個 NAND 閘的輸入端,並將輸入脈波 (CP) 輸入端也加到該 NAND 閘的輸入端;

5. 將 NAND 閘的輸出端 $A$ 接到在狀態 $S_{N-1}$ 下所有輸出值為 0 的正反器之預置輸入端。

■ **例題 8.1-4 (非同步模 10 正數計數器)**

使用預置輸入端方式,設計一個非同步模 10 正數計數器電路。

**解:** 詳細步驟如下:

步驟 1: 一共需要 $n = \lceil \log_2 10 \rceil = 4$ 個非閘控 $T$ 型正反器;

步驟 2: 將四個非閘控 $T$ 型正反器接成 4 級的非同步計數器,如圖 8.1-4(a) 所示;

步驟 3: 因為計數器為模 10,其狀態為:0、1、......、8、9、0、1,因此 $S_{N-1} = 9$,其二進制值為 $(y_4y_3y_2y_1) = (1001)$;

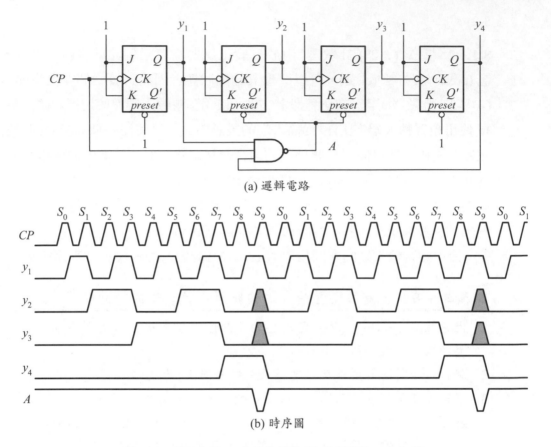

(a) 邏輯電路

(b) 時序圖

**圖 8.1-4:** 非同步模 10 正數計數器 (使用預置輸入端方式)

步驟 4: 將正反器 4 與 1 的輸出端 $y_4$ 與 $y_1$ 及 $CP$ 等信號端接到一個 3 個輸入端的
NAND 閘輸入端,如圖 8.1-4(a) 所示;

步驟 5: 將 NAND 閘的輸出端 $A$ 接至正反器 2 與 3 的預置輸入端,如圖 8.1-4(a)
所示。

由圖 8.1-4(b) 所示的時序圖可以得知:計數器在狀態 $S_9$ 時,將短暫的輸出 (1111),
然後才回到狀態 。

**2. 使用清除輸入端** 與使用預置輸入端的設計方式類似,在這種方式中也是
使用一個 $n$ 級非同步計數器為基礎。然後使用一個外部的組合邏輯電路,偵
測計數器的輸出狀態。當狀態 $S_N$ 發生時,即產生一個短暫的輸出信號加於
計數器中,那些目前的輸出值為 1 的正反器之清除輸入端,清除其狀態,以

強迫該計數器回到狀態 $S_0$。

使用清除輸入端的非同步模 $N$ $(N \neq 2^n)$ 計數器的一般設計程序如下：

## ■ 演算法 8.1-3: 使用清除輸入端非同步計數器的設計程序

1. 由方程式 $n = \lceil \log_2 N \rceil$ 決定需要的非閘控 $T$ 型正反器的數目；
2. 將 $n$ 個非閘控 $T$ 型正反器連接成 $n$ 級非同步 (漣波) 計數器；
3. 求出在狀態 $S_N$ 下的所有正反器輸出的二進制值；
4. 將 $S_N$ 狀態下所有輸出值為 1 的正反器輸出端接至一個 NAND 閘的輸入端；
5. 將 NAND 閘的輸出端 $A$ 接到在狀態 $S_N$ 下所有輸出值為 1 的正反器之清除輸入端。

## ■ 例題 8.1-5 (非同步模 10 正數計數器)

使用清除輸入端方式，設計一個非同步模 10 正數計數器電路。

**解：** 詳細步驟如下：

步驟 1： 一共需要 $n = \lceil \log_2 10 \rceil = 4$ 個非閘控 $T$ 型正反器；

步驟 2： 將四個非閘控 $T$ 型正反器接成 4 級非同步計數器，如圖 8.1-5(a) 所示；

步驟 3： $S_N = 10$，其二進制值為 $(y_3 y_3 y_2 y_1) = (1010)$；

步驟 4： 將正反器 2 與 4 的輸出端 $y_2$ 與 $y_4$ 接到一個 2 個輸入端的 NAND 閘輸入端，如圖 8.1-5(a) 所示；

步驟 5： 將 NAND 閘的輸出端 $A$ 接到正反器 2 與 4 的清除輸入端，如圖 8.1-5(a) 所示。

圖 8.1-5(b) 為其時序圖。注意：在狀態 $S_9$ 之後，正反器 2 與 4 的輸出端 $y_2$ 與 $y_4$ 會有短暫的 1 出現，即產生狀態 $S_{10}$。此外，若 NAND 閘的輸入端連接線之延遲太長，促使清除脈波 $(A)$ 太慢產生，造成輸出端 $y_2$ 的短暫 1 脈波足夠寬時，可能促使其下一級的正反器 3 $(y_3)$ 產生轉態，因而造成計數錯誤。最簡單的解決方法為清除所有正反器為 0，令計數器回到狀態 $S_0$。

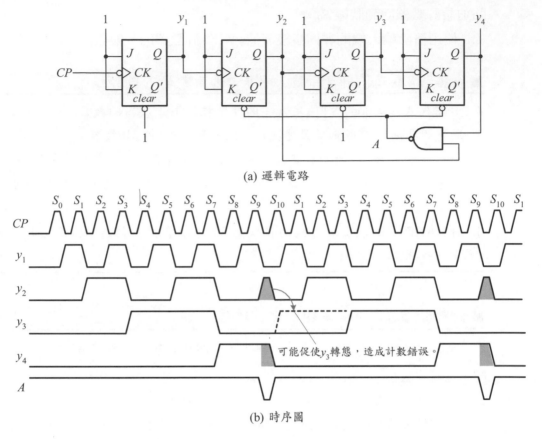

(a) 邏輯電路

(b) 時序圖

**圖 8.1-5:** 非同步模 10 正數計數器 (使用清除輸入端方式)

**8.1.1.3　最大工作頻率限制**　在非同步計數器的電路中，每一個正反器狀態的改變是由其緊臨的前一級的正反器輸出 $Q$ (或是 $Q'$) 所引起的，因此前面 $(n-1)$ 級正反器的傳播延遲 $T_{CP}$ 之效應將累積，而出現在第 $n$ 級正反器的輸出波形上。例如在圖 8.1-2(b) 所示的時序圖中，若以 $CP$ 脈波的負緣為基準點，則經過 $T_{CP}$ 後，正反器 1 的輸出端 $y_1$ 才產生穩定的輸出信號；經過 $2t_{FF}$ 後，正反器 2 的輸出端 $y_2$ 才產生穩定的輸出信號；經過 $3t_{FF}$ 後，正反器 3 的輸出端 $y_3$ 才產生穩定的輸出信號。結果若以一個 AND 閘取出計數器的 $y_3y_2y_1$ (= 111) 的信號時，則如圖 8.1-6 所示，將產生一些額外的錯誤脈波。解決的方法有兩種：第一種方法是加入一個閃脈 (strobe) 控制信號，如圖中時序所示，當閃脈出現時，才取出 $y_3y_2y_1$ 的信號。因此，只要閃脈信號出現在 $3t_{FF}$ 之後

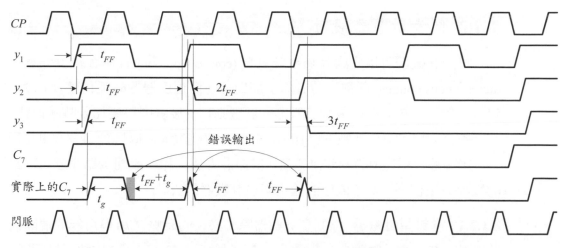

**圖 8.1-6:** 圖 8.1-2(b) 的時序圖加上傳播延遲

與下一個時脈的負緣之前，取出的信號 $C_7$ 即為正確的值。一般而言，具有閃脈控制信號的漣波計數器，其時脈 $(CP)$ 信號的週期必須大於 $nt_{FF} + t_s$，即工作頻率 $f$ 為：

$$f \leq \frac{1}{nt_{FF} + t_s}$$

其中 $n$ 為計數器中的正反器數目；$t_{FF}$ 為正反器的平均傳播延遲；$t_s$ 為閃脈信號的脈波寬度。

　　另一種方法則是使用同步計數器，使每一個正反器均在同一個時間轉態。下一節將介紹同步計器的設計方法。

### ✔學習重點

**8-1.** 試定義同步計數器與非同步計數器。

**8-2.** 何謂漣波計數器？

**8-3.** 使用預置輸入端的非同步模 $N$ $(N \neq 2^n)$ 計數器的設計原理為何？

**8-4.** 使用清除輸入端的非同步模 $N$ $(N \neq 2^n)$ 計數器的設計原理為何？

**8-5.** 具有閃脈控制信號的漣波計數器，其最大工作頻率 $f$ 如何決定？

## 8.1.2　同步計數器設計

同步計數器可以分成控制型計數器 (controlled counter) 與自發型計數器 (autonomous counter) 兩種。前者除了加到每一個正反器的時脈信號 (*CP*) 外，也有一個致能控制端以啟動計數器的計數動作；後者則只要加入時脈信號，該計數器即自動發生計數的動作。它們的計數模數均可以是 $2^n$ 或 $\neq 2^n$ 的值。

無論那一種類型的同步計數器，其設計方法均和一般同步循序邏輯電路的設計方法相同。現在依序討論這兩種計數器的設計。

**8.1.2.1　控制型計數器**　控制型計數器除了必要的時脈 (*CP*) 與可能的清除信號之外，亦包含計數器致能 (enable)、模式控制 (mode control) 信號或是兩者，以致能該計數器的動作或是選擇計數器的計數模式為正數或是倒數。控制型計數器的計數模數可以是 $2^n$ 或是其它 $\neq 2^n$ 的值。

### ■ 例題 8.1-6 (控制型模 8 同步二進制正數計數器)

設計一個模 8 同步二進制正數計數器電路。假設計數器有一個控制輸入端 $x$，當 $x$ 為 0 時，計數器暫停計數的動作，並且維持在目前的狀態上；當 $x$ 為 1 時，計數器正常計數。當計數器計數到 111 時，輸出端 $z$ 輸出一個 1 的脈波，其它狀態下，$z$ 的值均為 0。

**解：**依據題意，得到圖 8.1-7(a) 的狀態圖與圖 8.1-7(b) 的狀態表，由於計數器為二進制，因此使用下列狀態指定：

$$S_0 = 000 \quad S_1 = 001 \quad S_2 = 010 \quad S_3 = 011$$
$$S_4 = 100 \quad S_5 = 101 \quad S_6 = 110 \quad S_7 = 111$$

圖 8.1-7(c) 為其轉態表。若使用 $T$ 型正反器，則得到圖 8.1-7(d) 的激勵表，利用卡諾圖化簡後，得到下列 $T$ 型正反器的激勵與輸出函數：

$$T_1 = x \qquad\qquad T_2 = xy_1$$
$$T_3 = xy_1y_2$$
$$z = xy_1y_2y_3$$

其邏輯電路如圖 8.1-7(e) 所示，這種執行方式稱為並行進位模式 (parallel carry mode)。另一種執行方式稱為連波進位模式 (ripple carry mode)，如圖 8.1-7(f) 所

示,其激勵與輸出函數為:

$$T_1 = x \qquad\qquad T_2 = xy_1 = T_1y_1$$
$$T_3 = xy_1y_2 = T_2y_2$$
$$z = xy_1y_2y_3 = T_3y_3$$

並行進位模式的執行方式,具有較快的操作(工作)頻率,因為每一個時

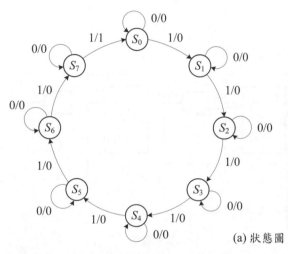

(a) 狀態圖

| PS | $x$ $NS$ 0 | 1 | $x$ $z$ 0 | 1 |
|---|---|---|---|---|
| $S_0$ | $S_0$ | $S_1$ | 0 | 0 |
| $S_1$ | $S_1$ | $S_2$ | 0 | 0 |
| $S_2$ | $S_2$ | $S_3$ | 0 | 0 |
| $S_3$ | $S_3$ | $S_4$ | 0 | 0 |
| $S_4$ | $S_4$ | $S_5$ | 0 | 0 |
| $S_5$ | $S_5$ | $S_6$ | 0 | 0 |
| $S_6$ | $S_6$ | $S_7$ | 0 | 0 |
| $S_7$ | $S_7$ | $S_0$ | 0 | 1 |

(b) 狀態表

| $y_3$ $y_2$ $y_1$ (PS) | $Y_3$ $Y_2$ $Y_1$ ($x=0$) | | | ($x=1$) | | | $z$ ($x=0$) | ($x=1$) |
|---|---|---|---|---|---|---|---|---|
| 0 0 0 | 0 | 0 | 0 | 0 | 0 | 1 | 0 | 0 |
| 0 0 1 | 0 | 0 | 1 | 0 | 1 | 0 | 0 | 0 |
| 0 1 0 | 0 | 1 | 0 | 0 | 1 | 1 | 0 | 0 |
| 0 1 1 | 0 | 1 | 1 | 1 | 0 | 0 | 0 | 0 |
| 1 0 0 | 1 | 0 | 0 | 1 | 0 | 1 | 0 | 0 |
| 1 0 1 | 1 | 0 | 1 | 1 | 1 | 0 | 0 | 0 |
| 1 1 0 | 1 | 1 | 0 | 1 | 1 | 1 | 0 | 0 |
| 1 1 1 | 1 | 1 | 1 | 0 | 0 | 0 | 0 | 1 |

(c) 轉態表與輸出表

| $y_3$ $y_2$ $y_1$ (PS) | $T_3$ $T_2$ $T_1$ ($x=0$) | | | ($x=1$) | | |
|---|---|---|---|---|---|---|
| 0 0 0 | 0 | 0 | 0 | 0 | 0 | 1 |
| 0 0 1 | 0 | 0 | 0 | 0 | 1 | 1 |
| 0 1 0 | 0 | 0 | 0 | 0 | 0 | 1 |
| 0 1 1 | 0 | 0 | 0 | 1 | 1 | 1 |
| 1 0 0 | 0 | 0 | 0 | 0 | 0 | 1 |
| 1 0 1 | 0 | 0 | 0 | 0 | 1 | 1 |
| 1 1 0 | 0 | 0 | 0 | 0 | 0 | 1 |
| 1 1 1 | 0 | 0 | 0 | 1 | 1 | 1 |

(d) 激勵表

圖 8.1-7: 控制型同步模8二進制正數計數器

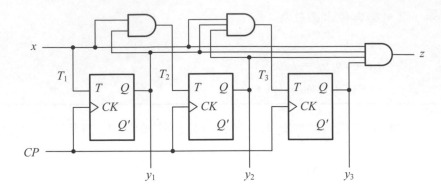

(e) 並行進位模式電路

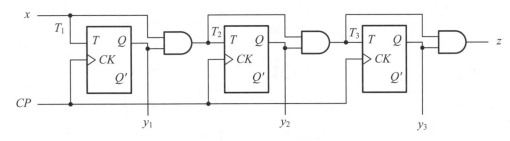

(f) 漣波進位模式電路

圖 8.1-7: (續) 控制型同步模 8 二進制正數計數器

脈週期 $(T_{CP})$ 只要大於 $t_{FF} + t_g$ 即可，其中 $t_g$ 為 AND 閘的傳播延遲，因此

$$f \leq \frac{1}{t_{FF} + t_g}$$

假設 AND 閘的傳播延遲 $(t_g)$ 與扇入無關。缺點則為後級正反器輸入端的 AND 閘需要較多的扇入數目。在漣波進位模式的執行方式中，則每一級正反器輸入端的 AND 閘扇入數目最多只為 2，其缺點則為可以操作的頻率較低，因為時脈週期 $(T_{CP})$ 必須大於 $t_{FF} + (n-1)t_g$，所以

$$f \leq \frac{1}{t_{FF} + (n-1)t_g}$$

■ 例題 8.1-7 (控制型同步模 8 二進制倒數計數器)

　　設計一個同步模 8 二進制倒數計數器電路。假設計數器有一個控制輸入端 $x$，當 $x$ 為 1 時，計數器暫停計數動作，並且維持在目前的狀態上；當 $x$ 為 0 時，

計數器正常計數。當計數器倒數到 000 時，輸出端 $z$ 輸出一個 1 的脈波，其它狀態下，$z$ 的值均為 0。

**解：**依據題意，得到圖 8.1-8(a) 的狀態圖與 8.1-8(b) 的狀態表，由於計數器為二進制，因此使用下列狀態指定：

$$S_0 = 000 \qquad S_1 = 001 \qquad S_2 = 010 \qquad S_3 = 011$$
$$S_4 = 100 \qquad S_5 = 101 \qquad S_6 = 110 \qquad S_7 = 111$$

圖 8.1-8(c) 為其轉態表與輸出表。若使用 $T$ 型正反器，則得到圖 8.1-8(d) 的激勵表。利用卡諾圖化簡後，得到下列 $T$ 型正反器的激勵與輸出函數：

$$T_1 = x' \qquad\qquad\qquad T_2 = x'y_1'$$
$$T_3 = x'y_1'y_2' \qquad\qquad\quad z = x'y_1'y_2'y_3'$$

其邏輯電路如圖 8.1-8(e) 所示。漣波進位模式如圖 8.1-8(f) 所示，其激勵與輸出函數為：

$$T_1 = x' \qquad\qquad\qquad\qquad T_2 = x'y_1' = T_1 y_1'$$
$$T_3 = x'y_1'y_2' = T_2 y_2' \qquad\qquad z = x'y_1'y_2'y_3' = T_3 y_3'$$

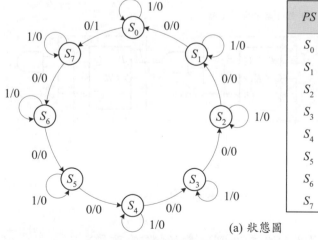

| PS | $x$ NS 0 | 1 | $x$ $z$ 0 | 1 |
|---|---|---|---|---|
| $S_0$ | $S_7$ | $S_0$ | 1 | 0 |
| $S_1$ | $S_0$ | $S_1$ | 0 | 0 |
| $S_2$ | $S_1$ | $S_2$ | 0 | 0 |
| $S_3$ | $S_2$ | $S_3$ | 0 | 0 |
| $S_4$ | $S_3$ | $S_4$ | 0 | 0 |
| $S_5$ | $S_4$ | $S_5$ | 0 | 0 |
| $S_6$ | $S_5$ | $S_6$ | 0 | 0 |
| $S_7$ | $S_6$ | $S_7$ | 0 | 0 |

(a) 狀態圖　　　　　　　　(b) 狀態表

**圖 8.1-8：**控制型同步模 8 二進制倒數計數器

| PS | | | $Y_3$ $Y_2$ $Y_1$ | | | $z$ | |
|---|---|---|---|---|---|---|---|
| $y_3$ | $y_2$ | $y_1$ | $x=0$ | | $x=1$ | $x=0$ | $x=1$ |
| 0 | 0 | 0 | 1 1 1 | | 0 0 0 | 1 | 0 |
| 0 | 0 | 1 | 0 0 0 | | 0 0 1 | 0 | 0 |
| 0 | 1 | 0 | 0 0 1 | | 0 1 0 | 0 | 0 |
| 0 | 1 | 1 | 0 1 0 | | 0 1 1 | 0 | 0 |
| 1 | 0 | 0 | 0 1 1 | | 1 0 0 | 0 | 0 |
| 1 | 0 | 1 | 1 0 0 | | 1 0 1 | 0 | 0 |
| 1 | 1 | 0 | 1 0 1 | | 1 1 0 | 0 | 0 |
| 1 | 1 | 1 | 1 1 0 | | 1 1 1 | 0 | 0 |

| PS | | | $T_3$ $T_2$ $T_1$ | | |
|---|---|---|---|---|---|
| $y_3$ | $y_2$ | $y_1$ | $x=0$ | | $x=1$ |
| 0 | 0 | 0 | 1 1 1 | | 0 0 0 |
| 0 | 0 | 1 | 0 0 1 | | 0 0 0 |
| 0 | 1 | 0 | 0 1 1 | | 0 0 0 |
| 0 | 1 | 1 | 0 0 1 | | 0 0 0 |
| 1 | 0 | 0 | 1 1 1 | | 0 0 0 |
| 1 | 0 | 1 | 0 0 1 | | 0 0 0 |
| 1 | 1 | 0 | 0 1 1 | | 0 0 0 |
| 1 | 1 | 1 | 0 0 1 | | 0 0 0 |

(c) 轉態表與輸出表 　　　　　(d) 激勵表

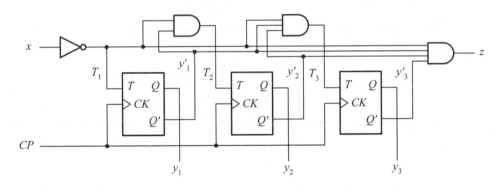

(e) 並行進位模式電路

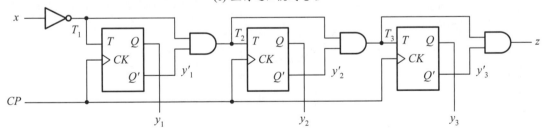

(f) 漣波進位模式電路

圖 8.1-8: (續)控制型同步模 8 二進制倒數計數器

## ■ 例題 8.1-8 (控制型同步模 8 二進制正數/倒數計數器)

設計一個同步模 8 二進制正數/倒數計數器電路。假設計數器有一個控制輸入端 $x$,當 $x$ 為 0 時,計數器執行倒數動作;當 $x$ 為 1 時,計數器執行正數動作。

當計數器倒數到 000 或是正數到 111 時，輸出端 $z$ 輸出一個 1 的脈波，其它狀態下，$z$ 的值均為 0。

**解：**依據題意，得到圖 8.1-9(a) 的狀態圖與 8.1-9(b) 的狀態表，由於計數器為二進制，因此使用下列狀態指定：

$$S_0 = 000 \qquad S_1 = 001 \qquad S_2 = 010 \qquad S_3 = 011$$
$$S_4 = 100 \qquad S_5 = 101 \qquad S_6 = 110 \qquad S_7 = 111$$

圖 8.1-9(c) 為其轉態表與輸出表。若使用 $T$ 型正反器，則得到圖 8.1-9(d) 的激勵表。利用卡諾圖化簡後，得到 $T$ 型正反器的激勵與輸出函數：

$$T_1 = x + x' = 1 \qquad\qquad T_2 = xy_1 + x'y_1'$$
$$T_3 = xy_1y_2 + x'y_1'y_2' \qquad\qquad z = xy_1y_2y_3 + x'y_1'y_2'y_3'$$

所以漣波進位模式的電路如圖 8.1-9(e) 所示。至於並行進位模式的電路，則留予讀者做練習。

---

以上三個例題均為模 $N$ 而 $N = 2^n$，即 $n = 3$ (模 8) 的計數器。對於模 $N$ 而 $N \neq 2^n$ 的計數器而言，其設計方法依然相同，所以不再贅述 (習題 8-4 與 8-5)。

當然，執行一個模 $N$ 的計數器，除了 $T$ 型正反器外，其它型式的正反器：$JK$ 正反器、$SR$ 正反器、$D$ 型正反器，也都可以使用 (習題 8-3)。

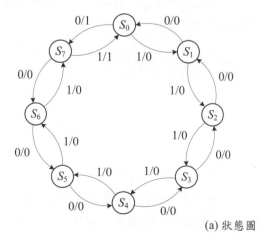

(a) 狀態圖

| PS | $x$ | NS | | $x$ | $z$ | |
|---|---|---|---|---|---|---|
| | | 0 | 1 | | 0 | 1 |
| $S_0$ | | $S_7$ | $S_1$ | | 1 | 0 |
| $S_1$ | | $S_0$ | $S_2$ | | 0 | 0 |
| $S_2$ | | $S_1$ | $S_3$ | | 0 | 0 |
| $S_3$ | | $S_2$ | $S_4$ | | 0 | 0 |
| $S_4$ | | $S_3$ | $S_5$ | | 0 | 0 |
| $S_5$ | | $S_4$ | $S_6$ | | 0 | 0 |
| $S_6$ | | $S_5$ | $S_7$ | | 0 | 0 |
| $S_7$ | | $S_6$ | $S_0$ | | 0 | 1 |

(b) 狀態表

**圖 8.1-9:** 控制型同步模 8 二進制正數/倒數計數器

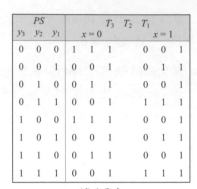

| PS y3 y2 y1 | Y3 Y2 Y1 x=0 | x=1 | z x=0 | x=1 |
|---|---|---|---|---|
| 0 0 0 | 1 1 1 | 0 0 1 | 1 | 0 |
| 0 0 1 | 0 0 0 | 0 1 0 | 0 | 0 |
| 0 1 0 | 0 0 1 | 0 1 1 | 0 | 0 |
| 0 1 1 | 0 1 0 | 1 0 0 | 0 | 0 |
| 1 0 0 | 0 1 1 | 1 0 1 | 0 | 0 |
| 1 0 1 | 1 0 0 | 1 1 0 | 0 | 0 |
| 1 1 0 | 1 0 1 | 1 1 1 | 0 | 0 |
| 1 1 1 | 1 1 0 | 0 0 0 | 0 | 1 |

(c) 轉態表與輸出表

| PS y3 y2 y1 | T3 T2 T1 x=0 | x=1 |
|---|---|---|
| 0 0 0 | 1 1 1 | 0 0 1 |
| 0 0 1 | 0 0 1 | 0 1 1 |
| 0 1 0 | 0 1 1 | 0 0 1 |
| 0 1 1 | 0 0 1 | 1 1 1 |
| 1 0 0 | 1 1 1 | 0 0 1 |
| 1 0 1 | 0 0 1 | 0 1 1 |
| 1 1 0 | 0 1 1 | 0 0 1 |
| 1 1 1 | 0 0 1 | 1 1 1 |

(d) 激勵表

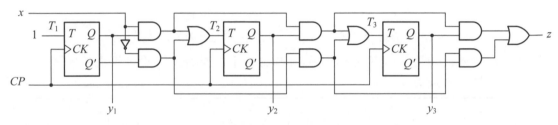

(e) 連波進位模式電路

**圖 8.1-9:** (續) 控制型同步模 8 二進制正數/倒數計數器

**8.1.2.2 自發型計數器** 自發型計數器除了必要的時脈 (CP) 信號之外，並無其它計數器輸入信號。當然，在實際應用電路中，可能會包含一個清除控制輸入，以方便在需要時清除計數器。自發型計數器亦可以設計成正數或是倒數，且其計數模數可以是 $2^n$ 或是其它 $\neq 2^n$ 的值。

### ■ 例題 8.1-9 (自發型同步模 8 二進制正數計數器)

設計一個同步模 8 二進制正數計數器電路。假設在每一個時脈信號的正緣時，計數器即自動往上計數一次，當計數器計數到 111 時，輸出端 z 輸出一個 1 的脈波，其它狀態下，z 的值均為 0。

**解：** 依據題意，得到圖 8.1-10(a) 的狀態圖，由於計數器轉態的發生只由時脈信號驅動，因此得到圖 8.1-10(b) 的狀態表，使用與例題 8.1-6 相同的狀態指定，並且使用 T 型正反器，則得到圖 8.1-10(c) 的轉態表、輸出表、激勵表。利用卡諾圖化簡後，得到下列 $T$ 型正反器的激勵與輸出函數：

$$T_1 = 1 \qquad\qquad T_1 = 1$$
$$T_2 = y_1 \qquad\qquad T_2 = y_1$$
$$T_3 = y_1 y_2 \qquad\qquad T_3 = T_2 y_2$$
$$z = y_1 y_2 y_3 \qquad\qquad z = T_3 y_3$$

所以並行進位與漣波進位兩種模式的計數器電路分別如圖8.1-10(d)與(e)所示。

對於自發型同步模 $2^n$ 二進制計數器而言，若採用漣波進位模式的執行方式，則最大可以工作的頻率為

$$f \leq \frac{1}{t_{FF} + (n-2)t_g}$$

若採用並行進位模式的執行方式，則最大可以工作的頻率為

$$f \leq \frac{1}{t_{FF} + t_g}$$

雖然，一般的計數器其計數的次序大多數是以二進制或是格雷碼的方式遞增或是遞減，但是有時候也需要一種計數器，其計數的方式是一種較特殊的次序。此外，在實際的數位系統應用上也常常需要一種其模數 $N$ 不是 $2^n$ 的計數器。

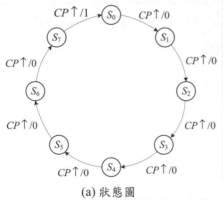

(a) 狀態圖

| PS | NS<br>$CP\uparrow$ | $z$<br>$CP\uparrow$ |
|---|---|---|
| $S_0$ | $S_1$ | 0 |
| $S_1$ | $S_2$ | 0 |
| $S_2$ | $S_3$ | 0 |
| $S_3$ | $S_4$ | 0 |
| $S_4$ | $S_5$ | 0 |
| $S_5$ | $S_6$ | 0 |
| $S_6$ | $S_7$ | 0 |
| $S_7$ | $S_0$ | 1 |

(b) 狀態表

| $y_3$ | $y_2$ | $y_1$ | $Y_3$ | $Y_2$ | $Y_1$<br>$CP\uparrow$ | $z$ | $T_3$ | $T_2$ | $T_1$ |
|---|---|---|---|---|---|---|---|---|---|
| 0 | 0 | 0 | 0 | 0 | 1 | 0 | 0 | 0 | 1 |
| 0 | 0 | 1 | 0 | 1 | 0 | 0 | 0 | 1 | 1 |
| 0 | 1 | 0 | 0 | 1 | 1 | 0 | 0 | 0 | 1 |
| 0 | 1 | 1 | 1 | 0 | 0 | 0 | 1 | 1 | 1 |
| 1 | 0 | 0 | 1 | 0 | 1 | 0 | 0 | 0 | 1 |
| 1 | 0 | 1 | 1 | 1 | 0 | 0 | 0 | 1 | 1 |
| 1 | 1 | 0 | 1 | 1 | 1 | 0 | 0 | 0 | 1 |
| 1 | 1 | 1 | 0 | 0 | 0 | 1 | 1 | 1 | 1 |

(c) 轉態表、輸出表、與激勵表

**圖 8.1-10:** 自發型同步模 8 二進制正數計數器

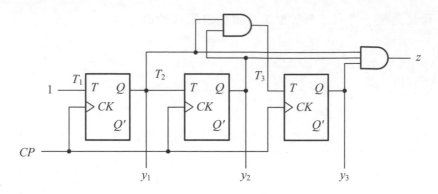

(d) 並行進位模式電路

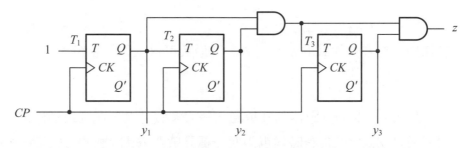

(e) 漣波進位模式電路

**圖 8.1-10:** (續) 自發型同步模 8 二進制正數計數器

## ■ 例題 8.1-10 (自發型同步模 5 計數器 (一))

使用 $JK$ 正反器,設計一個自發型同步模 5 計數器,其計數的次序為:

$$000 \rightarrow 001 \rightarrow 010 \rightarrow 011 \rightarrow 100 \rightarrow 000$$

**解:**依據題意,得到圖 8.1-11(a) 的轉態表與激勵表。利用圖 8.1-11(b) 的卡諾圖化簡後,得到 $JK$ 正反器的激勵函數:

| | | |
|---|---|---|
| $J_1 = y_3'$ | $J_2 = y_1$ | $J_3 = y_1 y_2$ |
| $K_2 = 1$ | $K_2 = y_1$ | $K_3 = 1$ |

其邏輯電路如圖 8.1-11(c) 所示。

| $y_3$ | PS $y_2$ | $y_1$ | $Y_3$ | $Y_2$ | $Y_1$ CP↑ | $J_3$ | $K_3$ | $J_2$ | $K_2$ | $J_1$ | $K_1$ |
|---|---|---|---|---|---|---|---|---|---|---|---|
| 0 | 0 | 0 | 0 | 0 | 1 | 0 | $\phi$ | 0 | $\phi$ | 1 | $\phi$ |
| 0 | 0 | 1 | 0 | 1 | 0 | 0 | $\phi$ | 1 | $\phi$ | $\phi$ | 1 |
| 0 | 1 | 0 | 0 | 1 | 1 | 0 | $\phi$ | $\phi$ | 0 | 1 | $\phi$ |
| 0 | 1 | 1 | 1 | 0 | 0 | 1 | $\phi$ | $\phi$ | 1 | $\phi$ | 1 |
| 1 | 0 | 0 | 0 | 0 | 0 | $\phi$ | 1 | 0 | $\phi$ | 0 | $\phi$ |

轉態表　　　　　　激勵表

(a) 轉態表與激勵表

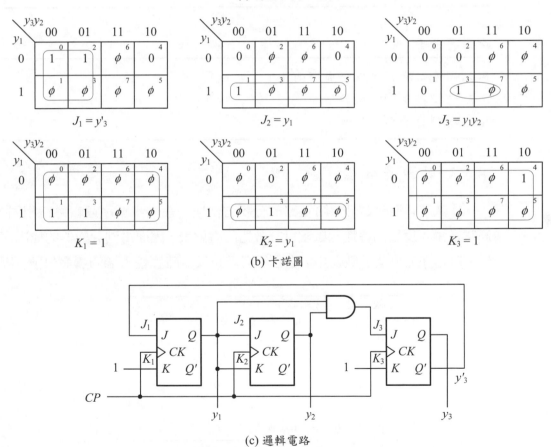

(b) 卡諾圖

(c) 邏輯電路

**圖 8.1-11:** 自發型同步模 5 計數器 (一)

■ 例題 8.1-11 (自發型同步模 5 計數器 (二))

使用 $JK$ 正反器,設計一個自發型同步模 5 計數器,其計數的次序為:

$$000 \rightarrow 011 \rightarrow 111 \rightarrow 110 \rightarrow 101 \rightarrow 000$$

**解:**依據題意,得到圖 8.1-12(a) 的轉態表與激勵表。利用圖 8.1-12(b) 的卡諾圖化簡後,得到 $JK$ 正反器的激勵函數:

| | | |
|---|---|---|
| $J_1 = 1$ | $J_2 = y_1'$ | $J_3 = y_1$ |
| $K_2 = y_3$ | $K_2 = y_1'$ | $K_3 = y_2'$ |

其邏輯電路如圖 8.1-12(c) 所示。

✔ 學習重點

**8-6.** 同步計數器可以分成那兩種?

**8-7.** 何謂控制型計數器?

**8-8.** 何謂自發型計數器?

## 8.1.3 計數器分析

計數器 (同步或非同步) 電路的分析方法與一般同步循序邏輯電路相同,通常是由正反器的特性函數求得計數器的轉態表,因而得到計數器的輸出序列。但是在非同步計數器中,也必須考慮正反器時脈輸入端的觸發信號,因

| $y_3$ | $y_2$ | $y_1$ | $Y_3$ | $Y_2$ | $Y_1$ | $J_3$ | $K_3$ | $J_2$ | $K_2$ | $J_1$ | $K_1$ |
|---|---|---|---|---|---|---|---|---|---|---|---|
| 0 | 0 | 0 | 0 | 1 | 1 | 0 | $\phi$ | 1 | $\phi$ | 1 | $\phi$ |
| 0 | 1 | 1 | 1 | 1 | 1 | 1 | $\phi$ | $\phi$ | 0 | $\phi$ | 0 |
| 1 | 1 | 1 | 1 | 1 | 0 | $\phi$ | 0 | $\phi$ | 0 | $\phi$ | 1 |
| 1 | 1 | 0 | 1 | 0 | 1 | $\phi$ | 0 | $\phi$ | 1 | 1 | $\phi$ |
| 1 | 0 | 1 | 0 | 0 | 0 | $\phi$ | 1 | 0 | $\phi$ | $\phi$ | 1 |

轉態表　　　　激勵表

(a) 轉態表與激勵表

**圖 8.1-12:** 自發型同步模 5 計數器 (二)

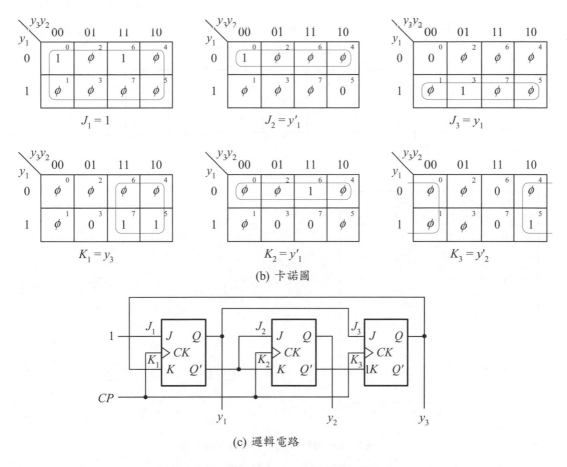

$$J_1 = 1$$

$$J_2 = y'_1$$

$$J_3 = y_1$$

$$K_1 = y_3$$

$$K_2 = y'_1$$

$$K_3 = y'_2$$

(b) 卡諾圖

(c) 邏輯電路

**圖 8.1-12:** (續) 自發型同步模 5 計數器 (二)

為在這種電路中,正反器的時脈輸入信號通常是來自前級正反器的輸出端 $Q$ (第 8.1.1 節)。

■ **例題 8.1-12** (非同步計數器電路分析)

分析圖 8.1-13(a) 的非同步計數器電路。

**解:**因為該計數器電路為非同步 (連波) 計數器,其正反器的時脈輸入是來自外部或是前級正反器的輸出端 $Q$,因此需要將觸發信號列入考慮。使用 $JK$ 正反器的特性函數:

$$Q(t+1) = JQ'(t) + K'Q(t)$$

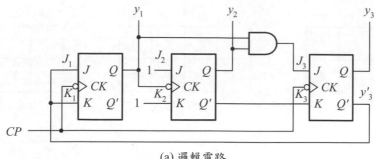

(a) 邏輯電路

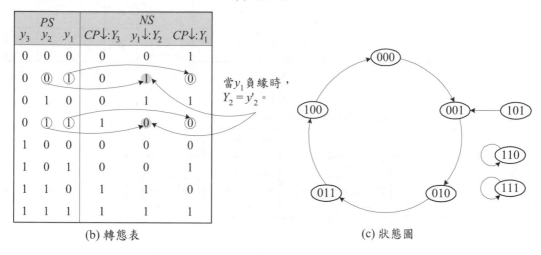

(b) 轉態表　　　　　　　　　　(c) 狀態圖

圖 8.1-13: 例題 8.1-12 的非同步計數器

將每一個 $JK$ 正反器的資料輸入端的交換函數分別代入上述特性函數後得到：

$$CP \downarrow: Y_1(t+1) = y_3'y_1' + y_3y_1 = y_1 \odot y_3 \ (CP\downarrow \text{表示} CP \text{的負緣})$$

$$y_1 \downarrow: Y_2(t+1) = y_2'$$

$$CP \downarrow: Y_3(t+1) = y_1y_2y_3' + y_2y_3$$

依序將 $(y_3y_2y_1)$ 的 8 個二進制值代入上述各式，求出對應的下一狀態值後，得到圖 8.1-13(b) 的轉態表與圖 8.1-13(c) 的狀態圖。注意：$Y_1(t+1)$ 與 $Y_3(t+1)$ 每當時脈信號 $(CP)$ 的負緣時，即更新其值，而 $Y_2(t+1)$ 只當 $JK$ 正反器 1 的輸出端 $y_1$ 的值，由 1 變為 0 時，才更新其值，其它情況則保持不變。

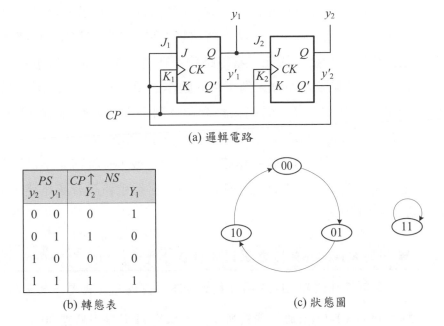

(a) 邏輯電路

| PS | | CP↑ NS | |
|:--:|:--:|:--:|:--:|
| $y_2$ | $y_1$ | $Y_2$ | $Y_1$ |
| 0 | 0 | 0 | 1 |
| 0 | 1 | 1 | 0 |
| 1 | 0 | 0 | 0 |
| 1 | 1 | 1 | 1 |

(b) 轉態表

(c) 狀態圖

**圖 8.1-14:** 例題 8.1-13 的同步計數器

## ■ 例題 8.1-13 (同步計數器電路分析)

分析圖 8.1-14(a) 的同步計數器電路。

**解：**使用 $JK$ 正反器的特性函數：

$$Q(t+1) = JQ'(t) + K'Q(t)$$

將每一個 $JK$ 正反器的資料輸入端的交換函數分別代入上述特性函數後得到：

$$Y_1(t+1) = y_2'y_1' + y_2y_1 = y_1 \odot y_2$$
$$Y_2(t+1) = y_1y_2' + y_1y_2 = y_1$$

依序將 $(y_2y_1)$ 的 4 個二進制值代入上述各式，求出對應的下一狀態值後得到圖 8.1-14(b) 的狀態表與 8.1-14(c) 的狀態圖。

在上述兩個計數器電路中，計數器的狀態除了一個正常的迴圈外，也包括一個或是兩個其它的狀態迴圈。這表示該計數器若是受到電源重置或是雜音的影響，而進入這些沒有用到的狀態迴圈後，該計數器即偏離原先設計的正常動作，而在這些迴圈內循環，無法回到正常的狀態迴圈內。一般而言，

　　當一個同步循序邏輯電路中，有未用到的狀態(變數組合)存在時，即有可能
發生上述現象。解決的方法是將這些未使用的狀態適當的導引到某些在正常
迴圈中的狀態上。因此，當電路停留在這些未用到的狀態時，經過一個(或
是多個)時脈後，即會回到正常的動作迴圈上。若一個同步循序邏輯電路能
夠由任何狀態開始，而最後終究會回到正常的動作迴圈上時稱為自我更正
(self-correcting)或是自我啟動(self-starting)電路。

　　若一個同步循序邏輯電路經過分析之後，發現它並不是一個自我更正的
電路時，為了保證電路能正確地工作，必須重新設計該電路，使其成為自我
更正的電路。

■ **例題 8.1-14** (自我更正同步模 3 計數器)

　　重新設計例題 8.1-13 的計數器電路，使成為自我更正的電路。

**解：**如圖 8.1-15(a) 的狀態圖所示，將狀態 11 引導到狀態 00 上，然後重新設計
該電路。圖 8.1-15(b) 為其轉態表與激勵表，利用圖 8.1-15(c) 的卡諾圖化簡後，
得到 $JK$ 正反器的激勵函數：

$$J_1 = y_2'　　　　　　　　　　　J_2 = y_1$$
$$K_2 = 1　　　　　　　　　　　　K_2 = 1$$

其邏輯電路如圖 8.1-15(d) 所示。

　　前面所討論的計數器電路分析是以解析運算的方式進行的，另一種常用
的方法為採用時序圖的分析。

■ **例題 8.1-15** (計數器電路的時序分析)

　　畫出圖 8.1-16(a) 所示計數器電路的時序圖。假設 AND 閘與正反器的傳播
延遲分別為 $t_g$ 與 $t_{FF}$。

**解：**計數器電路的時序圖如圖 8.1-16(b) 所示，正反器 1 在 $CP$ 負緣後的 $t_g$ 時觸
發，其輸出端 $y_1$ 在 $CP$ 負緣後的 $t_g + t_{FF}$ 時改變狀態；正反器 2 與 3 也都在 $CP$ 負
緣後的 $t_g$ 時觸發，並且其輸出端 $y_2$ 與 $y_3$ 也都在 $CP$ 負緣後的 $t_g + t_{FF}$ 時改變狀
態，即三個正反器都在 $CP$ 負緣後的 $t_g + t_{FF}$ 改變狀態，因此三個正反器同時改

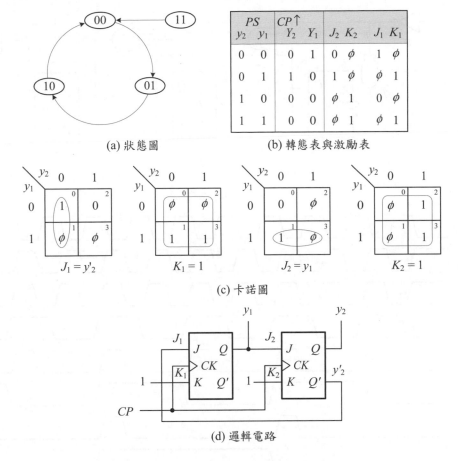

(a) 狀態圖

| $PS$ | | $CP\uparrow$ | | | | | |
|---|---|---|---|---|---|---|---|
| $y_2$ | $y_1$ | $Y_2$ | $Y_1$ | $J_2$ | $K_2$ | $J_1$ | $K_1$ |
| 0 | 0 | 0 | 1 | 0 | $\phi$ | 1 | $\phi$ |
| 0 | 1 | 1 | 0 | 1 | $\phi$ | $\phi$ | 1 |
| 1 | 0 | 0 | 0 | $\phi$ | 1 | 0 | $\phi$ |
| 1 | 1 | 0 | 0 | $\phi$ | 1 | $\phi$ | 1 |

(b) 轉態表與激勵表

$J_1 = y'_2$

$K_1 = 1$

$J_2 = y_1$

$K_2 = 1$

(c) 卡諾圖

(d) 邏輯電路

**圖 8.1-15:** 自我更正同步模 3 計數器

變狀態,而為一個同步電路。另外由圖中時序可以得知,計數器的輸出序列依序為:

$$000 \to 001 \to 010 \to 011 \to 100 \to 101 \to 110 \to 111 \to 000$$

因此為二進制正數計數器,即該電路為一個同步模 8 二進制正數計數器。

上述例題與例題 8.1-1 的電路雖然同樣使用非閘控 $T$ 型正反器,但是由於電路設計的結構不同,而為一個同步計數器(因為正反器均在同一時間改變狀態)。注意例題 8.1-1 的電路為一個非同步計數器。

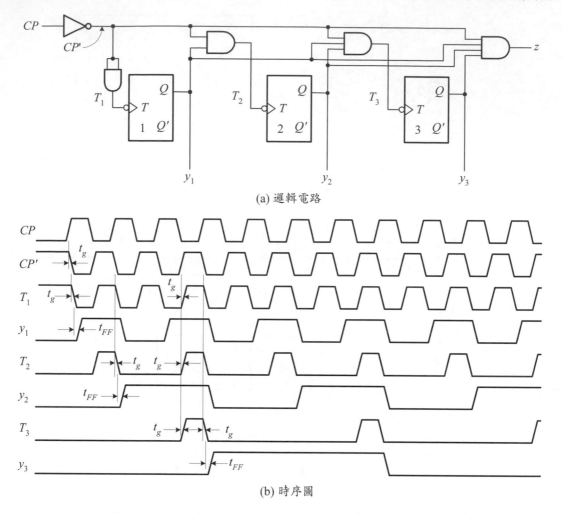

(a) 邏輯電路

(b) 時序圖

**圖 8.1-16:** 例題 8.1-15 的計數器

✔學習重點

**8-9.** 何謂自我更正電路？

**8-10.** 若一個計數器不是自我更正電路，如何使它成為自我更正電路？

## 8.1.4  商用 MSI 計數器

在商用的 MSI 計數器中，較常用的非同步計數器有 SN74x90 (除 2 與除 5)、SN74x92 (除 2 與除 6)、SN74x93 (除 2 與除 8) 等電路。較常用的同步計數器則有下列數種：

1. 可預置 BCD 正數計數器 (SN74x160/74x162)；

2. 可預置 BCD 正數／倒數計數器 (SN74x190/74x192)；

3. 可預置 4 位元二進制正數計數器 (SN74x161/74x163)；

4. 可預置 4 位元二進制正數／倒數計數器 (SN74x191/74x193)。

　　下列將以 SN74x161/x163 與 SN74x191/x193 等 MSI 計數器為例，介紹這些可預置型 IC 計數器的基本特性與應用。

**8.1.4.1　SN74161/163**　SN74x161/x163 MSI 計數器的邏輯電路如圖 8.1-17(a) 所示。SN74x161 與 SN74x163 的唯一差別在於這兩個計數器電路的清除 (clear) 控制方式不同。在 SN74x161 中，清除控制為非同步的方式，但是在 SN74x163 中，則為同步的方式。這兩個計數器都是可預置型的同步模 16 二進制正數計數器，其邏輯符號與狀態圖分別如圖 8.1-17(b) 與 (c) 所示。

　　可預置型計數器的好處是可以設置該計數器的啟始狀態，因此可以隨意地設定其計數的模數 ($N$ 值)。

■ **例題 8.1-16　(SN74x161/x163 應用)**

　　利用 SN74x161/x163，設計一個模 6 計數器，其輸出序列依序為：

$$1010 \rightarrow 1011 \rightarrow 1100 \rightarrow 1101 \rightarrow 1110 \rightarrow 1111 \rightarrow 1010$$

**解**：如圖 8.1-18 所示，將資料輸入端 ($P_D P_C P_B P_A$) 設置為 1010，並將進位輸出端 $C_O$ 經過一個 NOT 閘接到 $PL'$ 輸入端。如此計數器即可以依序由 1010、1011、1100、1101、1110，計數到 1111，然後 $C_O$ 上升為 1，因此將 1010 重新載入計數器中，重新開始另一個循環的計數。

■ **例題 8.1-17　(SN74x163 應用)**

　　利用 SN74x163，設計一個模 10 計數器，其輸出序列依序為：

$$0000 \rightarrow 0001 \rightarrow 0010 \rightarrow \ldots \rightarrow 1000 \rightarrow 1001 \rightarrow 0000$$

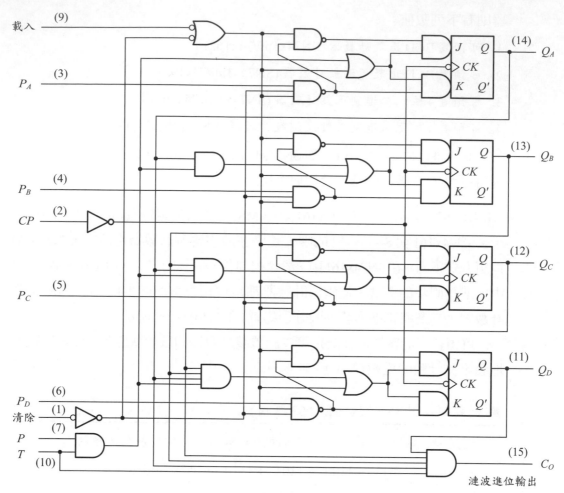

(a) 邏輯電路

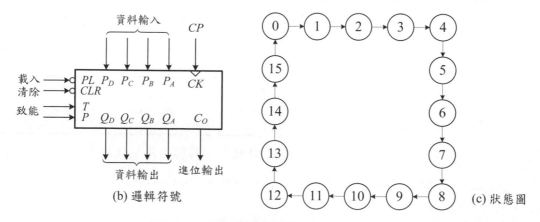

(b) 邏輯符號

(c) 狀態圖

**圖 8.1-17:** 商用 MSI 計數器 (SN74x161/163)

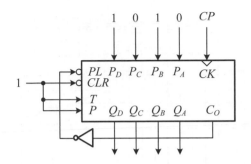

**圖 8.1-18:** 例題 8.1-16 的電路

**解:** 如圖 8.1-19(b) 所示，利用一個 NAND 閘與兩個 NOT 閘解出 1001 的信號後，當做為 $CLR'$ 的控制信號，清除計數器的所有正反器的輸出值為 0，使其回到狀態 0000，如圖 8.1-19(a) 的狀態圖所示。由於 SN74x163 的清除控制信號為同步的方式，所以一旦偵測到 1001 出現時，也必須等到下一個時脈的正緣時，計數器才會回到狀態 0000 上，如圖 8.1-19(a) 的狀態圖所示。

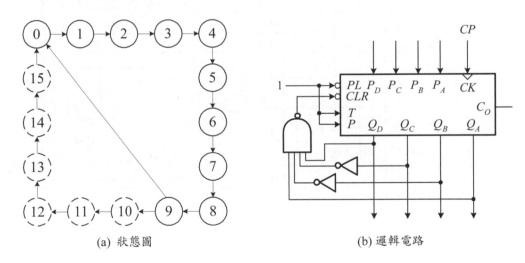

(a) 狀態圖　　　　　　　　　　　　　　(b) 邏輯電路

**圖 8.1-19:** 例題 8.1-17 的計數器

**8.1.4.2　SN74x193**　SN74x193 為一個可預置型 4 位元同步二進制正數/倒數計數器，其邏輯電路如圖 8.1-20(a) 所示，圖 8.1-20(b) 與 (c) 則分別為其邏輯符號與狀態圖。輸入端 $CP_U$ 與 $CP_D$ 分別為正數與倒數的脈波輸入端，在任何時候 $CP_U$ 與 $CP_D$ 只能有一個信號啟動而加入計數脈波，另一個則必須維持

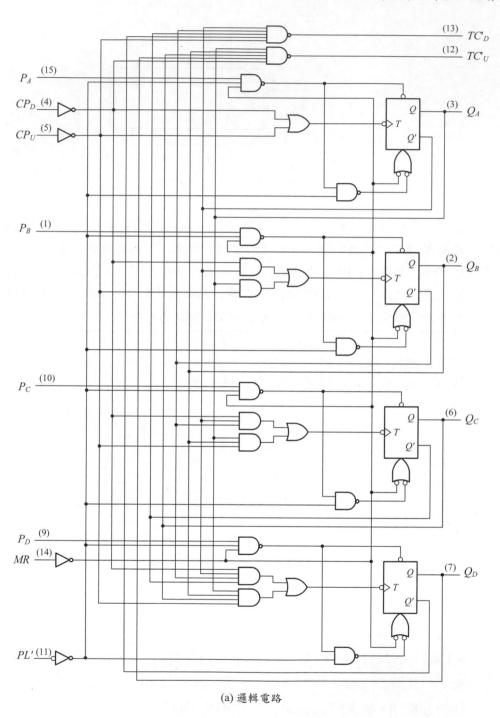

(a) 邏輯電路

圖 **8.1-20:** 商用 MSI 計數器 (SN74x193)

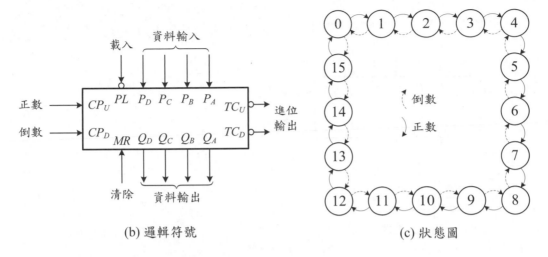

(b) 邏輯符號　　　　　　　　　　　　(c) 狀態圖

**圖 8.1-20:** (續) 商用 MSI 計數器 (SN74x193)

在高電位；$PL'$ 為低電位啟動的並列輸入資料 $(P_D P_C P_B P_A)$ 載入控制端；MR (master reset) 為高電位啟動的非同步清除輸入端；$TC_U$ 與 $TC_D$ 分別為計數器的進位與借位輸出端。

　　每當時脈信號的正緣出現於正數的脈波輸入端 $CP_U$ 時，計數器即上數一次，直到最大的計數量 1111 為止，然後輸出一個負向脈波於進位輸出端 $TC_U$，並回到 0000 繼續計數。每當時脈信號的負緣出現於倒數的脈波輸入端 $CP_D$ 時，計數器即下數一次，直到最大的計數量 0000 為止，然後輸出一個負向脈波於借位輸出端 $TC_D$，並回到 1111 繼續計數。

　　當有一個高電位的信號加於非同步清除輸入端 MR 時，計數器的輸出端即清除為 0000，並且維持於此狀態直到 MR 恢復為低電位為止。

　　若希望預先設定計數器的初始狀態時，可以將資料輸入到並列資料輸入端 $(P_D P_C P_B P_A)$，然後啟動並列輸入資料載入控制信號 $PL'$ 為低電位，將資料載入計數器中。因此，計數器將由此初始狀態往上或是往下計數。注意：當非同步清除輸入端 MR 啟動時，$PL'$ 控制信號將不產生動作。

　　與 SN74x161/x163 一樣，SN74x193 也可以當成各種模數的計數器使用，例如下列例題。

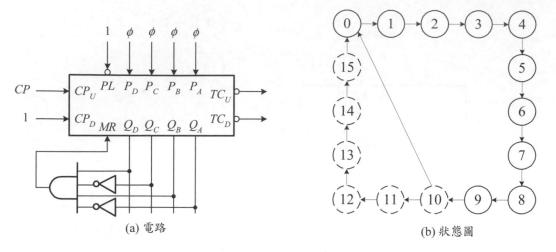

(a) 電路　　　　　　　　　　　　　　　　　(b) 狀態圖

圖 **8.1-21:** 例題 8.1-18 的計數器

■ 例題 **8.1-18 (SN74x193 應用)**

利用 SN74x193，重做例題 8.1-17。

**解：**由於 SN74x193 的 $MR$ 為一個高電位啟動的非同步清除控制信號，所以需要解出的狀態是 10 而不是 9，如圖 8.1-21(b) 所示。如圖 8.1-21(a) 所示方式，使用一個 AND 閘與兩個 NOT 閘，解出 1010 的輸出信號後，直接當做 $MR$ 的控制信號即可。注意：狀態 10 不是一個穩定的狀態，它只存在一段極短的時間。

**8.1.4.3　計數器的串接** 在實際應用中，常常需要將多個計數器電路串接使用，以構成較大模數的計數器電路。

■ 例題 **8.1-19 (模 256 計數器電路)**

利用 SN74x193，設計一個模 256 的正數/倒數計數器電路。

**解：**如圖 8.1-22 所示，將兩個 SN74x193 串接起來即可。計數脈波由右邊的 $CP_U$ 或是 $CP_D$ 輸入端加入，低序端(右邊)計數器產生的進位或是借位脈波則當作高序端(左邊)計數器的計數脈波($CP_U$ 或是 $CP_D$)，即每當低序端(右邊)計數器產生的進位或是借位時，高序端(左邊)計數器即上數或是下數一次，所以為一個模 256 的計數器電路。

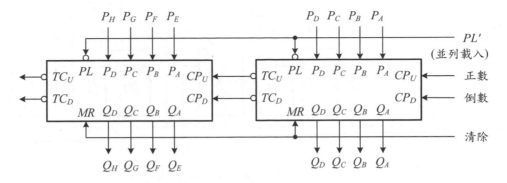

圖 8.1-22: 例題 8.1-19 的計數器電路

✔學習重點

**8-11.** SN74x163 為一個何種功能的計數器？

**8-12.** SN74x193 為一個何種功能的計數器？

**8-13.** 在 SN74x193 中，如何設定計數器的初始狀態？

## 8.2 暫存器與移位暫存器

　　暫存器 (register) 是一群二進位儲存單元的集合，可以用來儲存二進位資料。每一個儲存單元通常為一個正反器，因此可以儲存一個位元的資料。對於一個 $n$ 位元暫存器而言，它一共可以儲存 $n$ 個位元的資料。一個正反器也可以視為一個單一位元的暫存器。

　　移位暫存器 (shift register) 除了可以儲存資料外，也可以將儲存的資料向左或是向右移動一個位元位置。一個 $n$ 位元的移位暫存器是由 $n$ 個正反器 (通常為 $D$ 型正反器) 串接而成，並且以一個共同的時脈來驅動。

### 8.2.1 暫存器

　　最簡單的暫存器如圖 8.2-1 所示，只由一些 $D$ 型正反器組成，並且以一個共同的時脈 ($CP$) 來驅動。在每一個時脈正緣時，$D$ 型正反器將其輸入端 $D$ 的資料取樣後呈現於輸出端 $Q$ 上。這種電路的優點是簡單，缺點則是連續的脈波序列將連續地取樣輸入資料，因而連續地改變正反器輸出端 $Q$ 的值。解

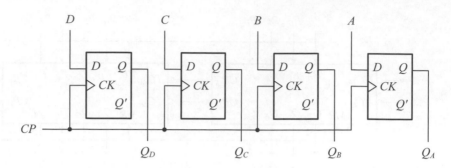

**圖 8.2-1:** 4 位元暫存器

決之道是採用一個載入 (load) 控制，如圖 8.2-2(a) 所示，只在適當 (或是需要) 的時候，才將輸入資料載入正反器中，其它時候則正反器的內容保持不變。

在圖 8.2-2(a) 所示的電路中，所有正反器均接收連續的時脈 $CP$，然而由於所有 $D$ 型正反器的資料輸入端 $D$ 在載入控制為 0 時，都直接連接到它自己的資料輸出端 $Q$，即相當於將自己的輸出值再取樣後，回存到自己的資料輸出端 $Q$ 上。因此，每一個正反器的輸出值仍然維持不變。欲將正反器資料輸入端 $D$ 的資料載入正反器時，載入控制必須啟動為高電位，以選擇 2 對 1 多工器的輸出資料路徑為外部資料輸入 ($D$、$C$、$B$、$A$)，然後在 $CP$ 脈波正緣時將它載入正反器中，如圖 8.2-2(a) 所示。

清除輸入端 (clear) 用來清除正反器的內容為 0。它為一個非同步的控制輸入端，並且為低電位啟動的方式。當它為 0 時，所有正反器均被清除為 0；在正常工作時，它必須維持在 1 電位。為了讓使用此一電路的其它電路只需要提供一個而不是四個邏輯閘負載的推動能力，在圖 8.2-2(a) 所示電路中的載入、$CP$、清除等輸入端上均加上一個緩衝閘。一般而言，在設計一個邏輯電路模組時，通常必須加上適當的緩衝閘，以使該邏輯電路模組的任何輸入端對於它的推動電路而言，只相當於一個邏輯閘的負載。圖 8.2-2(a) 電路的邏輯符號如圖 8.2-2(b) 與 (c) 所示。

✔學習重點

**8-14.** 暫存器與移位暫存器的主要區別為何？

**8-15.** 圖 8.2-1 的暫存器電路有何重大缺點？

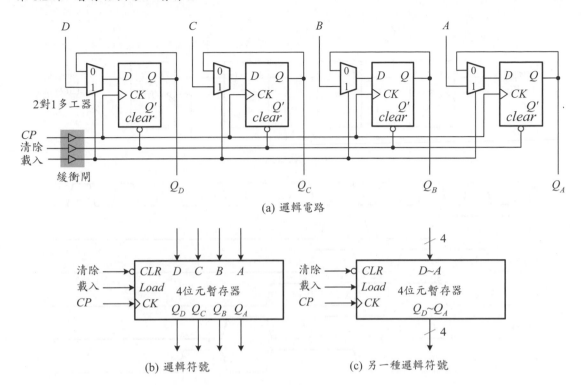

(a) 邏輯電路

(b) 邏輯符號　　　　　　　(c) 另一種邏輯符號

**圖 8.2-2:** 具有載入與清除控制的 4 位元暫存器

**8-16.** 在圖 8.2-2(a) 所示電路中的載入、*CP*、清除等輸入端上均加上一個緩衝閘，其目的何在？

## 8.2.2 移位暫存器

　　最簡單的移位暫存器只由一群 *D* 型正反器串接而成，如圖 8.2-3(a) 所示，而以一個共同的時脈 (*CP*) 驅動所有的正反器。在每一個時脈正緣時，暫存器中的資料向右移動一個位元位置，如圖 8.2-3(b) 的時序圖所示。

　　串列輸入 (serial input，SI) 端決定在移位期間輸入到最左端正反器中的資料；串列輸出 (serial output，SO) 端則是最右端的正反器輸出的資料。

　　與暫存器一樣，移位暫存器通常也需要具有載入並列資料的能力。此外，除了將資料向右移動一個位置之外，在數位系統的應用中，它通常也必須能夠將暫存器中的資料向左移動一個位置。一般而言，若一個移位暫存器

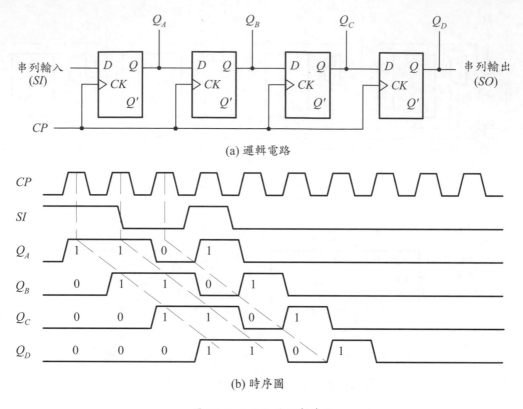

(a) 邏輯電路

(b) 時序圖

圖 **8.2-3:** 4 位元移位暫存器

同時具有載入並列資料的能力與左移和右移的功能時，稱為通用移位暫存器 (universal shift register)。若一個移位暫存器只能做左移或是右移的動作時稱為單向移位暫存器 (unidirectional shift register)；若可以做左移與右移的動作，但是不能同時做左移與右移時，則稱為雙向移位暫存器 (bidirectional shift register)。

典型的通用移位暫存器方塊圖如圖 8.2-4(a) 所示。由於它具有並列輸入與輸出資料的能力，同時又具有左移與右移的功能，因此它可以當作下列四種功能的暫存器使用：

1. 串列輸入並列輸出 (serial-in parallel-out，SIPO) 暫存器；

2. 串列輸入串列輸出 (serial-in serial-out，SISO) 暫存器；

3. 並列輸入串列輸出 (parallel-in serial-out，PISO) 暫存器；

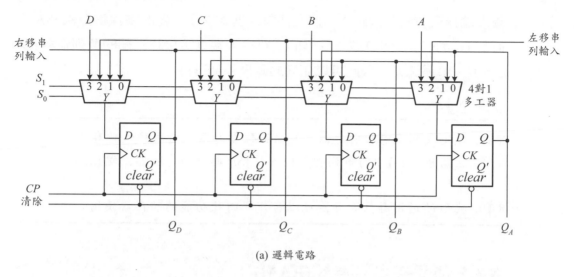

(a) 邏輯電路

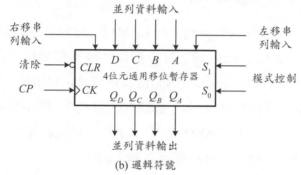

(b) 邏輯符號

| $S_1$ | $S_0$ | 功能 |
|-------|-------|------|
| 0 | 0 | 不變 |
| 0 | 1 | 右移 |
| 1 | 0 | 左移 |
| 1 | 1 | 載入並列資料 |

(c) 功能表

**圖 8.2-4:** 4 位元通用移位暫存器

4. 並列輸入並列輸出 (parallel-in parallel-out，PIPO) 暫存器。

圖 8.2-4(a) 所示的電路的邏輯符號與功能表分別如圖 8.2-4(b) 與 (c) 所示。

　　當多工器的來源選擇線 $S_1 S_0$ 的值為 00 時，由於每一個 $D$ 型正反器的輸出端 $Q$ 均直接接回各自的資料輸入端 $D$，因此暫存器的資料維持不變；當多工器的來源選擇線 $S_1 S_0$ 的值為 01 時，每一個 $D$ 型正反器的輸出端 $Q$ 均直接接往右邊 $D$ 型正反器的資料輸入端 $D$，而最左邊的 $D$ 型正反器的資料輸入端則由右移串列輸入端輸入資料，因此為一個右移暫存器；當多工器的來源選擇線 $S_1 S_0$ 的值為 10 時，每一個 $D$ 型正反器的輸出端 $Q$ 均直接接往左邊 $D$ 型正反器的資料輸入端 $D$，而最右邊的 $D$ 型正反器的資料輸入端則由左移串列輸入端輸入資料，因此為一個左移暫存器；當多工器的來源選擇線 $S_1 S_0$ 的值為 11 時，每一個 $D$ 型正反器的資料輸入端直接接往外部的並列資料 ($D$、$C$、$B$、$A$) 輸入端，因此可以並列的載入外部資料。

✔學習重點

**8-17.** 試定義單向移位暫存器、雙向移位暫存器、通用移位暫存器。

**8-18.** 在圖 8.2-3(a) 中的串列資料輸入端 ($SI$) 與串列資料輸出端 ($SO$) 的功能為何？

**8-19.** 典型的通用移位暫存器可以當作那四種功能的暫存器使用？

## 8.2.3 隨意存取記憶器 (RAM)

　　隨意存取記憶器 (random access memory，RAM) 為一個循序邏輯電路，它由一些基本的記憶器單元 (memory cell，MC) 與位址解碼器組成。在半導體 RAM 中，由邏輯電路的觀點而言，每一個記憶器單元 (MC) 均由一個正反器與一些控制此正反器的資料存取 (access，包括寫入與讀取) 動作的邏輯閘電路組成，如圖 8.2-5(a) 所示，當 $X$ AND $R/W' = 1$ 時，記憶器單元為讀取動作；當 $X$ AND $(R/W')' = 1$ 時，記憶器單元為寫入動作。

　　一般為使記憶器能同時容納更多的位元，均將多個記憶器單元並列，而以共同的 $X$ 與 $R/W'$ 來選擇與控制，以同時存取各個記憶器單元的資料，如圖 8.2-5(c) 所示，當 $X = 1$ 時，四個記憶器單元均被致能，所以在 $R/W'$ 控制下，它們都可以同時存入或是取出四個不同的資料位元 ($D_3 \sim D_0$)。一般而言，當 $n$ 個記憶器單元以上述的方式並列在一起時，稱為一個 $n$ 位元語句。$n$ 的大小 (稱為語句寬度，word width) 隨記憶器類型而定，一般為 $2^m$，而 $m$ 的值通常為 0 或是正整數。

　　圖 8.2-6(a) 為一個典型的 RAM 結構圖，它由一個 4 對 $2^4$ 解碼器與 16 個 4 位元語句的記憶器單元組成。十六個 4 位元語句分別由 4 對 16 解碼器輸入端的位址信號值 ($A_3 \sim A_0$) 選取，被選取的語句可以在 $R/W'$ 控制下，進行資料的存取。圖 8.2-6(b) 為其邏輯符號。

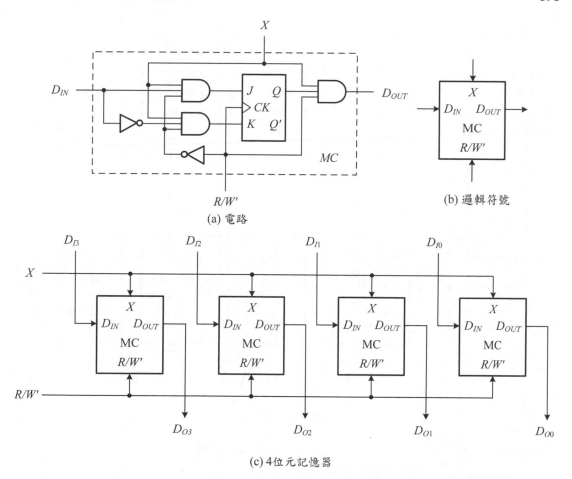

(a) 電路

(b) 邏輯符號

(c) 4 位元記憶器

**圖 8.2-5:** RAM 基本結構

　　由於 RAM 元件也是一個模組化的邏輯電路元件，在實際應用上，通常必須將多個元件並接使用，以擴充語句的位元數目，稱為語句寬度擴充 (word width expansion)，或是將多個元件串接使用，以擴充語句的數目，稱為記憶器容量擴充 (memory capacity expansion)，以符合數位系統實際上的需要。詳細的討論請參考參考資料 [3] 與 [4]。

✔ 學習重點

**8-20.** 試定義語句寬度擴充與記憶器容量擴充。

**8-21.** 為何隨意存取記憶器為一個循序邏輯電路？

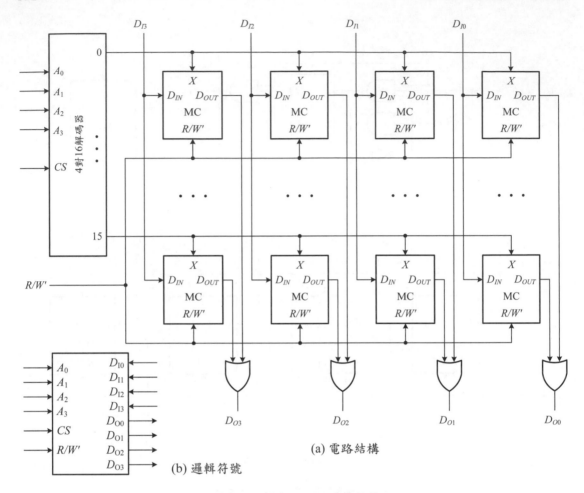

(a) 電路結構

(b) 邏輯符號

**圖 8.2-6:** 典型的 RAM 電路結構

# 8.3 移位暫存器的應用

移位暫存器的應用相當廣泛,最常用的約有下列數種:

1. 資料格式 (data format) 轉換;

2. 序列產生器 (sequence generator);

3. 假亂數序列產生器;

4. CRC (cyclic redundancy check) 產生器/檢查器。

本節中將依序討論這些電路的基本結構與設計原理。

## 8.3.1 資料格式轉換

在大多數的數位系統內，資料的傳送都是並列的方式，但是當該系統欲傳送資料到外部(例如終端機，terminal)時，則必須以串列方式傳送，結果該系統與外部電路之間的通信必須透過一個資料格式的轉換電路，將並列資料轉換為串列資料或是將串列資料轉換為並列資料。前者通常採用 PISO 暫存器，將並列資料載入該暫存器後，再以串列輸出方式取出；後者則採用 SIPO 暫存器，依序載入串列的資料於該暫存器後，再以並列輸出的方式取出資料。

在實際應用中，由於移位暫存器中的暫存器數目 (即長度) 是有限制的，因此必須將資料序列切割成一序列的資料框 (data frame)。每一個資料框當作一個個體，而其長度則等於移位暫存器的長度。在 PISO 的轉換中，每次將一個資料框並列地載入暫存器中，然後串列移出；在 SIPO 的轉換中，則依序將一個資料框的資料串列移入暫存器後，再以並列方式取出。

**8.3.1.1 串列資料轉移** 一般而言，兩個數位系統之間的資料轉移方式，可以分成並列轉移 (parallel transfer) 與串列轉移 (serial transfer) 兩種。前者在一個時脈內，即可以將欲轉移的多個位元資料同時傳送到另一個系統中；後者則以串列的方式，以一個時脈一個位元的方式傳送。以速度而言，並列方式遠較串列方式為快；以成本而言，若考慮長距離的資料傳送，則以串列方式較低。

### ■ 例題 8.3-1 (串列資料轉移)

設計一個串列資料轉移系統，當轉移控制輸入信號($TC$)為高電位期間時，移位暫存器 $A$ 中的資料位元，即依序以串列方式，轉移到移位暫存器 $B$ 中。

**解**：系統方塊圖如圖 8.3-1(a)所示，利用一個OR閘(註：較使用AND閘為佳 [3])由 $TC$ 與系統時脈 $\phi$ 中，產生移位暫存器所需要的移位時脈 $CP$。只要 $TC$ 輸入信號維持在高電位時，移位暫存器 $A$ 中的資料位元，即依序轉移到移位暫存器 $B$ 中，詳細的時序如圖 8.3-1(b) 所示。

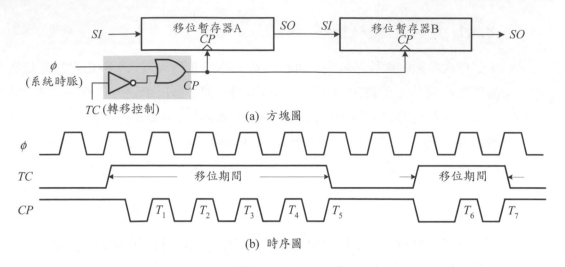

(a) 方塊圖

(b) 時序圖

**圖 8.3-1:** 串列資料轉移

除了直接轉移資料到另外一個移位暫存器之外，兩個移位暫存器中的資料也可能經過運算後，再存入另外一個移位暫存器或是存回原先的暫存器內。

### ■ 例題 8.3-2 (4 位元串列加法器)

利用兩個 4 位元移位暫存器與一個同步循序邏輯電路，設計一個 4 位元串列加法器電路。

**解：**依據題意，得到圖 8.3-2(a) 的電路方塊圖，欲相加的兩個數目分別儲存在移位暫存器 $A$ 與 $B$ 中，並清除同步循序邏輯電路，使其回到初始狀態上，接著依序由兩個移位暫存器中各移出一個位元，經過同步循序邏輯電路運算後，得到的結果再存回移位暫存器 $A$ 中，如此經過 4 個時脈之後，移位暫存器 $A$ 的內容即為兩個數的總和，而 $C_{OUT}$ 為最後的進位輸出。

同步循序邏輯電路的狀態表如圖 8.3-2(b) 所示，其中狀態 $A$ 表示目前的進位輸入為 0，狀態 $B$ 表示目前的進位輸入為 1。轉態表與輸出表如圖 8.3-2(c) 所示。假設使用 $D$ 型正反器，則激勵表與轉態表相同。利用卡諾圖化簡後，得到正反器的激勵與輸出函數為：

$$Y = x_1 x_2 + x_1 y + x_2 y$$
$$z = x_1' x_2' y + x_1' x_2 y' + x_1 x_2' y' + x_1 x_2 y = x_1 \oplus x_2 \oplus y$$

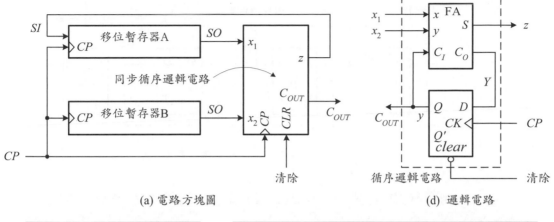

(a) 電路方塊圖　　　　　　　　　　　　　(d) 邏輯電路

| PS | $x_1x_2$ |  | $NS, z$ |  |
|---|---|---|---|---|
|  | 00 | 01 | 11 | 10 |
| A | A,0 | A,1 | B,0 | A,1 |
| B | A,1 | B,0 | B,1 | B,0 |

(b) 同步循序邏輯電路狀態表

| $y$ | $x_1x_2$ |  | $Y$ |  | $x_1x_2$ |  | $z$ |  |
|---|---|---|---|---|---|---|---|---|
|  | 00 | 01 | 11 | 10 | 00 | 01 | 11 | 10 |
| 0 | 0 | 0 | 1 | 0 | 0 | ① | 0 | ① |
| 1 | 0 | 1 | 1 | 1 | ① | 0 | ① | 0 |

(c) 同步循序邏輯電路的轉態表與輸出表

**圖 8.3-2:** 4 位元串列加法電路

因此上述交換函數為全加器電路，其中 $Y$ 相當於 $C_{OUT}$ 而 $z$ 相當於 $S$。所以，直接以全加器與 $D$ 型正反器執行，結果的電路如圖 8.3-2(d) 所示。

---

✔學習重點

**8-22.** 一般而言，兩個數位系統之間的資料轉移方式可以分成那兩種？

**8-23.** 試定義串列轉移與並列轉移。

---

## 8.3.2 序列產生器

　　移位暫存器除了當做資料格式的轉換之外，也常常用來當做序列產生器。所謂的序列產生器是指一個在外加時脈同步下，能夠產生特定 0 與 1 序列的數位系統。這種電路可以當做計數器、時序產生器等。

　　基本的 $n$ 級序列產生器電路的結構如圖 8.3-3 所示，它由 $n$ 個 $D$ 型正反器組成的移位暫存器與一個用來產生該移位暫存器的右移串列輸入信號(即

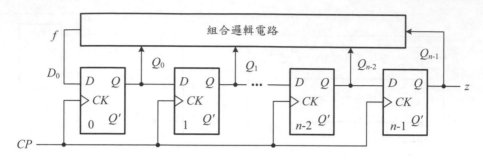

**圖 8.3-3:** $n$ 級序列產生器電路的基本結構

$D_0$)的組合邏輯電路組成。$D_0$ 為 $n$ 個 $D$ 型正反器輸出 ($Q$ 或 $Q'$) 的函數，即

$$D_0 = f(Q_{n-1}, \ldots, Q_1, Q_0)$$

一般而言，一個序列的長度 (length) 定義為該序列在未重覆之前所含有的連續位元之數目。例如：序列 101111010111101… 的長度為 7，而序列 110111011… 的長度為 4。在序列產生器中，若欲產生長度為 $S$ 的序列時，至少必須使用 $n$ 個正反器，其中 $n$ 必須滿足下列條件：

$$S \leq 2^n - 1 \text{。}$$

### ■ 例題 8.3-3 (序列產生器——非週期性序列)

設計一個序列產生器電路，產生下列序列：

1110110010001

其中最左邊的位元為 MSB，而最右邊為 LSB。

**解：** 由於序列長度 $S = 13$，所以至少必須使用四個正反器 (因為 $13 \leq 2^4 - 1$)。若假設移位暫存器的初值 $(wxyz) = 0001$ (因為序列是以 0001 開始)，則得到圖 8.3-4(a) 的 $D_0$ 真值表，利用圖 8.3-4(b) 的卡諾圖化簡後，得到 $D_0$ 的交換函數：

$$D_0 = y + z$$

所以結果的邏輯電路如圖 8.3-4(c) 所示。為使電路能夠產生啟動時的初值 (0001)，如圖所示利用一個啟動控制輸入信號，分別適當的啟動 $D$ 型正反器的清除或是預置輸入端，使其產生需要的初值。

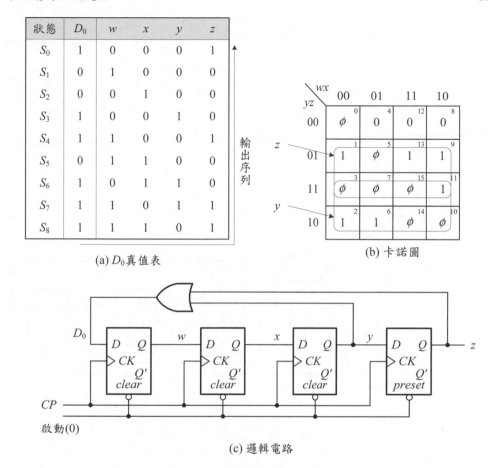

| 狀態 | $D_0$ | $w$ | $x$ | $y$ | $z$ |
|---|---|---|---|---|---|
| $S_0$ | 1 | 0 | 0 | 0 | 1 |
| $S_1$ | 0 | 1 | 0 | 0 | 0 |
| $S_2$ | 0 | 0 | 1 | 0 | 0 |
| $S_3$ | 1 | 0 | 0 | 1 | 0 |
| $S_4$ | 1 | 1 | 0 | 0 | 1 |
| $S_5$ | 0 | 1 | 1 | 0 | 0 |
| $S_6$ | 1 | 0 | 1 | 1 | 0 |
| $S_7$ | 1 | 1 | 0 | 1 | 1 |
| $S_8$ | 1 | 1 | 1 | 0 | 1 |

(a) $D_0$真值表

(b) 卡諾圖

(c) 邏輯電路

**圖 8.3-4:** 例題 8.3-3 的序列產生器

## ■ 例題 8.3-4 (序列產生器—週期性序列)

設計一個序列產生器電路，產生下列週期性序列：

0111101

其中最左邊的位元為 MSB，而最右邊為 LSB。

**解：**序列的長度 $S=7$，所以至少必須使用三個正反器。由於欲產生的序列是由 101 開始，因此若假設移位暫存器的初值為 101，則得到圖 8.3-5(a) 的 $D_0$ 真值表，然而由於在真值表中的 $S_0$ 與 $S_5$ 時，其 $xyz$ 的輸出值相同 (都為 101)，但是必須產生不同的 $D_0$ 值，因此不可能存在如此的組合邏輯電路，$S_2$ 與 $S_3$ 也有類似的情形。

| 狀態 | $D_0$ | $x$ | $y$ | $z$ |
|---|---|---|---|---|
| $S_0$ | 1 | 1 | 0 | 1 |
| $S_1$ | 1 | 1 | 1 | 0 |
| $S_2$ | 1 | 1 | 1 | 1 |
| $S_3$ | 0 | 1 | 1 | 1 |
| $S_4$ | 1 | 0 | 1 | 1 |
| $S_5$ | 0 | 1 | 0 | 1 |
| $S_6$ | 1 | 0 | 1 | 0 |

(a) $D_0$ 真值表 $(n = 3)$

| 狀態 | $D_0$ | $w$ | $x$ | $y$ | $z$ |
|---|---|---|---|---|---|
| $S_0$ | 1 | 1 | 1 | 0 | 1 |
| $S_1$ | 1 | 1 | 1 | 1 | 0 |
| $S_2$ | 0 | 1 | 1 | 1 | 1 |
| $S_3$ | 1 | 0 | 1 | 1 | 1 |
| $S_4$ | 0 | 1 | 0 | 1 | 1 |
| $S_5$ | 1 | 0 | 1 | 0 | 1 |
| $S_6$ | 1 | 1 | 0 | 1 | 0 |
| $S_0$ | 1 | 1 | 1 | 1 | 0 |

(b) $D_0$ 真值表 $(n = 4)$

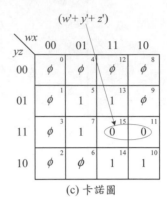

(c) 卡諾圖

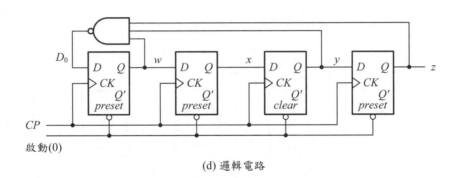

(d) 邏輯電路

**圖 8.3-5:** 例題 8.3-4 的序列產生器

　　解決上述矛盾的方法為增加正反器的數目，如圖 8.3-5(b) 所示的 $D_0$ 真值表為 $n = 4$ 的情況。在這真值表中，只使用了十六個狀態中的七個，但是沒有上述的矛盾現象發生，因此利用四個正反器的移位暫存器，可以產生所需要的序列。經由圖 8.3-5(c) 的卡諾圖化簡後，得到圖 8.3-5(d) 的邏輯電路。

**8.3.2.1　標準環型計數器** 環型計數器 (ring counter) 的兩種基本型式為：標準環型 (standard-ring) 與扭環 (twisted-ring)。模 $n$ 的標準環型計數器需要使用 $n$ 個正反器 (即 $n$ 級) 的移位暫存器；模 $n$ 的扭環計數器需要 $n/2$ 級的移位暫存器。標準環型計數器的特性為每一個時脈期間只有而且必須有一個正反器的輸出值為 1，其設計方式與前面的序列產生器相同。

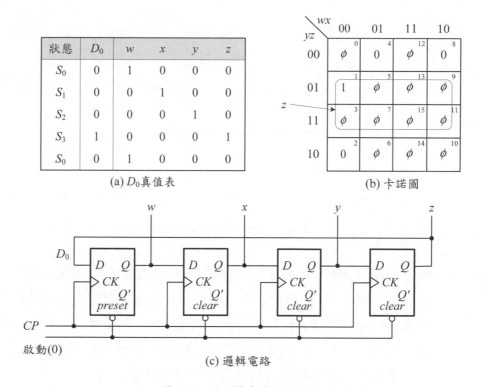

| 狀態 | $D_0$ | $w$ | $x$ | $y$ | $z$ |
|------|-------|-----|-----|-----|-----|
| $S_0$ | 0 | 1 | 0 | 0 | 0 |
| $S_1$ | 0 | 0 | 1 | 0 | 0 |
| $S_2$ | 0 | 0 | 0 | 1 | 0 |
| $S_3$ | 1 | 0 | 0 | 0 | 1 |
| $S_0$ | 0 | 1 | 0 | 0 | 0 |

(a) $D_0$ 真值表

(b) 卡諾圖

(c) 邏輯電路

**圖 8.3-6:** 模 4 標準環型計數器

## ■ 例題 8.3-5 (標準環型計數器)

設計一個模 4 標準環型計數器電路。

**解:** 依據標準環型計數器的定義,每一個時脈期間只有而且必須有一個正反器的輸出值為 1,並且模 4 的電路必須使用 4 級移位暫存器,若假設移位暫存器的初值 $(wxyz) = 1000$,則得到圖 8.3-6(a) 的 $D_0$ 真值表。利用圖 8.3-6(b) 的卡諾圖化簡後,得到 $D_0$ 的交換函數:

$$D_0 = z$$

結果的邏輯電路如圖 8.3-6(c) 所示。

一般而言,模 $n$ 的標準環型計數器具有 n 個成立的狀態與 $2^n - n$ 個不成立的狀態。圖 8.3-7 為圖 8.3-6(c) 的模 4 標準環型計數器的狀態圖。由圖可以得知,除了圖 8.3-7(a) 的成立的計數序列迴圈外,還包括了其它五個不成立

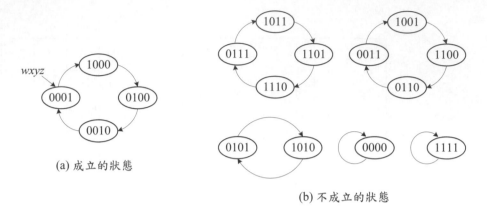

(a) 成立的狀態

(b) 不成立的狀態

**圖 8.3-7**: 圖 8.3-6(c) 模 4 標準環型計數器的狀態圖

的計數序列迴圈,如圖 8.3-7(b) 所示,而且這些不成立的計數序列迴圈均為獨立的迴圈。因此,該計數器電路一旦進入這些迴圈之後,將被鎖住在這些迴圈之內而無法回到正常的計數序列迴圈中。為使電路能成為自我更正的電路,必須加入額外的電路,來導引這些不成立的計數序列迴圈到正常的計數序列迴圈上,常用的方法為使用下列交換函數:

$$D_0 = (w + x + y)'$$

取代原先的 $D_0$。讀者不難由其狀態圖證明該計數器在進入不成立的計數序列後,最多只需要四個時脈的時間,即可以回到正常的計數序列迴圈上 (習題 8-27)。

**8.3.2.2 扭環計數器** 扭環計數器又稱為詹森計數器 (Johnson counter) 或是尾端交換計數器 (switch-tail counter)。典型的 $n$ 級移位暫存器構成的扭環計數器具有 $2n$ 個計數狀態。扭環計數器的設計方法如下列例題所示。

■ **例題 8.3-6 (扭環計數器)**

設計一個模 8 (4 級) 扭環計數器電路,其正反器的輸出值 $w$、$x$、$y$、$z$,如圖 8.3-8(a) 所示。

**解:** 利用圖 8.3-8(b) 的卡諾圖化簡後,得到 $D_0$ 的交換函數為:

$$D_0 = z'$$

結果的邏輯電路如圖 8.3-8(c) 所示。

| 狀態 | $D_0$ | $w$ | $x$ | $y$ | $z$ |
|------|------|----|----|----|----|
| $S_0$ | 1 | 0 | 0 | 0 | 0 |
| $S_1$ | 1 | 1 | 0 | 0 | 0 |
| $S_2$ | 1 | 1 | 1 | 0 | 0 |
| $S_3$ | 1 | 1 | 1 | 1 | 0 |
| $S_4$ | 0 | 1 | 1 | 1 | 1 |
| $S_5$ | 0 | 0 | 1 | 1 | 1 |
| $S_6$ | 0 | 0 | 0 | 1 | 1 |
| $S_7$ | 0 | 0 | 0 | 0 | 1 |
| $S_0$ | 1 | 0 | 0 | 0 | 0 |

(a) $D_0$ 真值表

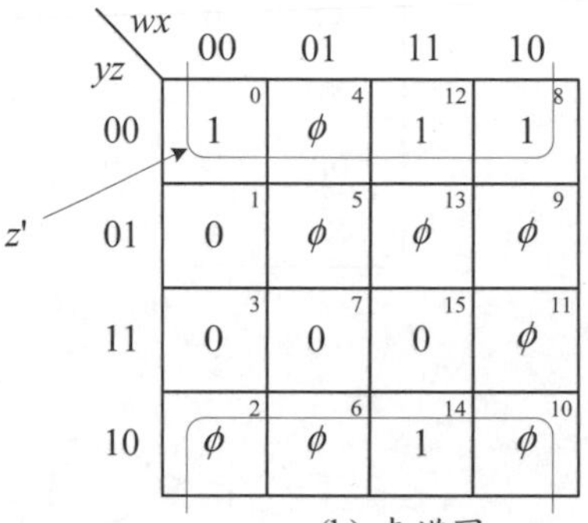

(b) 卡諾圖

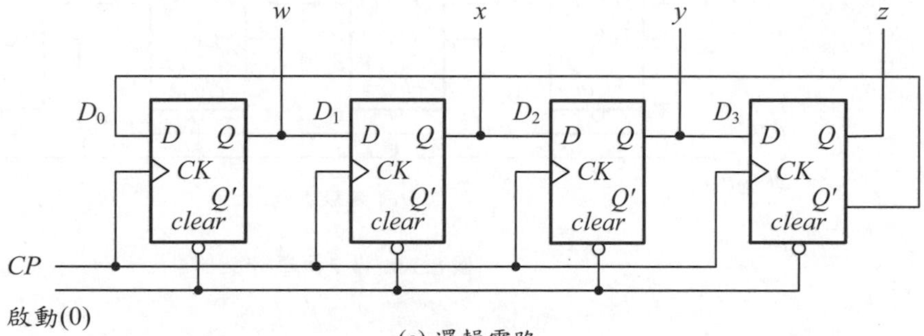

(c) 邏輯電路

**圖 8.3-8:** 模 8 (4 級) 扭環計數器

　　如前所數，一個 $n$ 級的扭環計數器具有 $2n$ 個成立的狀態與 $2^n - 2n$ 個不成立的狀態。與標準環型計數器一樣，扭環計數器也會鎖住在一些不成立的狀態迴圈 (習題 8-28) 上。為了避免這種現象，必須將計數器電路修正為自我更正的電路，常用的方法為將的交換函數改為：

$$D_2 = (w+y)x$$

讀者不難由其狀態圖證明這樣修正後，該扭環計數器為一個自我更正的電路 (習題 8-29)。

| 狀態 | $D_0$ | $w$ | $x$ | $y$ | $z$ |
|---|---|---|---|---|---|
| $S_0$ | 1 | 0 | 0 | 0 | 0 |
| $S_1$ | 1 | 1 | 0 | 0 | 0 |
| $S_2$ | 1 | 1 | 1 | 0 | 0 |
| $S_3$ | 0 | 1 | 1 | 1 | 0 |
| $S_4$ | 0 | 0 | 1 | 1 | 1 |
| $S_5$ | 0 | 0 | 0 | 1 | 1 |
| $S_6$ | 0 | 0 | 0 | 0 | 1 |
| $S_0$ | 1 | 0 | 0 | 0 | 0 |

(a) $D_0$真值表

| $yz$ \ $wx$ | 00 | 01 | 11 | 10 |
|---|---|---|---|---|
| 00 | 1 (0) | $\phi$ (4) | 1 (12) | 1 (8) |
| 01 | 0 (1) | $\phi$ (5) | $\phi$ (13) | $\phi$ (9) |
| 11 | 0 (3) | 0 (7) | $\phi$ (15) | $\phi$ (11) |
| 10 | $\phi$ (2) | $\phi$ (6) | 0 (14) | $\phi$ (10) |

$y'z'$

(b) 卡諾圖

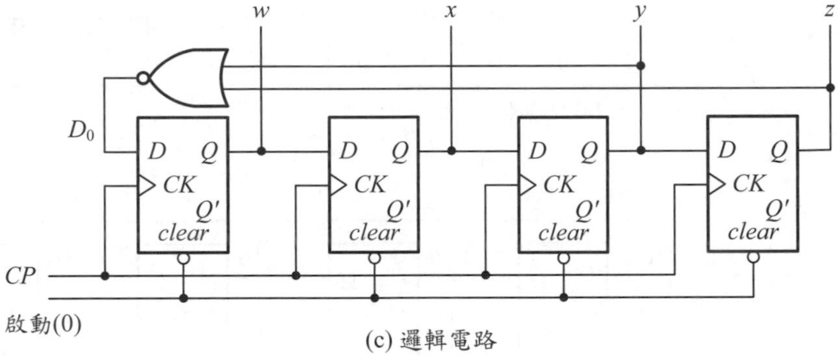


(c) 邏輯電路

**圖 8.3-9:** 模 7 扭環計數器

上述扭環計數器的計數序列為 $2n$ 個 ($n$ 為正反器的數目)，即為模 $2n$ 計數器。在實用上也可以設計一個不是模 $2n$ 的扭環計數器，例如下列例題的模 7 扭環計數器電路。

## ■ 例題 8.3-7 (模 7 扭環計數器)

設計一個模 7 (4 級) 扭環計數器電路，其正反器的輸出如圖 8.3-9(a) 所示。

**解：**利用圖 8.3-9(b) 的卡諾圖化簡後，得到 $D_0$ 的交換函數為：

$$D_0 = y'z' = (y+z)'$$

結果的邏輯電路如圖 8.3-9(c) 所示。

**8.3.2.3 最大長度序列**　一般而言，若序列產生器所產生的序列中，其 0 與 1 的順序是預先設定的，則通常無法產生最大長度為 $S$ 的序列。另一方面，對任何 $n$ 級序列產生器而言，至少可以產生一個最大長度為 $S$ 的序列，即 $S = 2^n - 1$。

■ **例題8.3-8 (最大長度序列)**

設計一個序列產生器電路，產生下列週期性序列：

111101011001000

其中最左邊的位元為 MSB，而最右邊為 LSB。

**解：** 由於 $S = 15$，所以至少必須使用四級的移位暫存器。假設移位暫存器的初值為 1000，則得到圖 8.3-10(a) $D_0$ 的真值表。利用圖 8.3-10(b) 的卡諾圖化簡後，得到 $D_0$ 的交換函數：

$$D_0 = y \oplus z \qquad (即\ D_0 = Q_2 \oplus Q_3)$$

結果的邏輯電路如圖 8.3-10(c) 所示。注意由圖 8.3-10(a) 的 $D_0$ 真值表可以得知，移位暫存器的輸出，除了 0000 之外，每一種狀態均不重覆地經歷過一次，即一共經歷了 15 個狀態 $(S = 2^4 - 1)$，因此產生最大長度的序列。

移位暫存器的初值由啟動控制電路設定，如圖 8.3-10(c) 所示，即當啟動信號為 1 時，四個暫存器的輸出值將非同步的被設定為 1000。

在最大長度的序列產生器中，所有輸出均為 0 的狀態是不允許存在的，因為若如此則該移位暫存器的輸出將持續地維持為 0。為防止序列產生器鎖住在輸出均為 0 的狀態下，圖 8.3-10(c) 的邏輯電路必須稍加修改，利用一個 AND 閘將所有暫存器的輸出端 $Q'$ AND 之後與 $D_0$ OR，然後加於原來的 $D_0$ 輸入端，如圖 8.3-11 所示。此外，若只要產生一個最大長度的序列，而其順序並不重要時，則序列產生器的啟動控制就不再需要了，因為只要序列產生器的輸出不出現全部為 0 的狀態，該電路即依序在該電路的其它狀態中循環，如圖 8.3-11 所示。

設計一個 $n$ 級的最大長度序列產生器的關鍵在於如何找出 $D_0$ 的函數，使得在任何狀態重覆之前，每一個允許的狀態都已經經歷過。一般而言，$D_0$

| 狀態 | $D_0$ | $w$ | $x$ | $y$ | $z$ |
|------|-------|-----|-----|-----|-----|
| $S_0$ | 0 | 1 | 0 | 0 | 0 |
| $S_1$ | 0 | 0 | 1 | 0 | 0 |
| $S_2$ | 1 | 0 | 0 | 1 | 0 |
| $S_3$ | 1 | 1 | 0 | 0 | 1 |
| $S_4$ | 0 | 1 | 1 | 0 | 0 |
| $S_5$ | 1 | 0 | 1 | 1 | 0 |
| $S_6$ | 0 | 1 | 0 | 1 | 1 |
| $S_7$ | 1 | 0 | 1 | 0 | 1 |

| 狀態 | $D_0$ | $w$ | $x$ | $y$ | $z$ |
|------|-------|-----|-----|-----|-----|
| $S_8$ | 1 | 1 | 0 | 1 | 0 |
| $S_9$ | 1 | 1 | 1 | 0 | 1 |
| $S_{10}$ | 1 | 1 | 1 | 1 | 0 |
| $S_{11}$ | 0 | 1 | 1 | 1 | 1 |
| $S_{12}$ | 0 | 0 | 1 | 1 | 1 |
| $S_{13}$ | 0 | 0 | 0 | 1 | 1 |
| $S_{14}$ | 1 | 0 | 0 | 0 | 1 |
| $S_0$ | 0 | 1 | 0 | 0 | 0 |

(a) $D_0$ 真值表

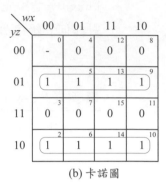

(b) 卡諾圖

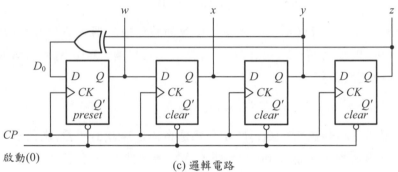

(c) 邏輯電路

**圖 8.3-10:** 例題 8.3-8 的最大長度序列產生器

函數的決定方法不同，得到的最大長度序列也不相同。一旦決定 $D_0$ 函數之後，序列產生器即可以由任何輸出不是均為 0 的狀態啟動，產生需要的最大長度序列。表 8.3-1 列出在 $n=1$ 到 15 時，所有可能的最大長度序列數目，並且列出一種產生最大長度序列的較簡單的 $D_0$ 函數。序列產生器電路的基本結構，請參考圖 8.3-3。

最大長度序列又稱為假亂數序列 (pseudo-random sequence，簡稱 $pr$ 序列) 或假雜音序列 (pseudo-noise sequence)，它具有下列三個性質：

**性質 1：**　任何一個 $pr$ 序列均具有 $2^{n-1}$ 個 1 與 $2^{n-1}-1$ 個 0。

**性質 2：**　任何一個 $pr$ 序列均具有一個 $n$ 個連續的 1 與一個 $n-1$ 個連續的 0。
對於 $(n-1) > r > 0$ 而言，分別有 $e^{\lceil n-(r+2) \rceil}$ 個長度為 $r$ 的連續 1 與 0 存在。例如在例題 8.3-8 的序列中，$n=4$，所以有一個連續的 4 個 1 與一個

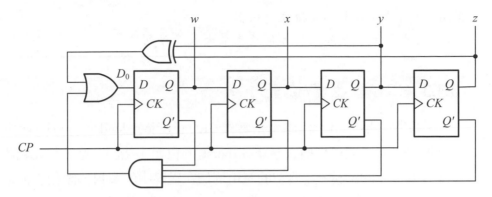

**圖 8.3-11:** 自我更正的 4 級最大長度序列產生器

**表 8.3-1:** 可能的最大長度序列的數目與一種可能的 $D_0$ 函數

| $n$ | 序列數目 | $D_0$ 函數 | $n$ | 序列數目 | $D_0$ 函數 |
|---|---|---|---|---|---|
| 1 | 1 | $Q_0$ | 9 | 24 | $Q_4 \oplus Q_8$ |
| 2 | 1 | $Q_0 \oplus Q_1$ | 10 | 30 | $Q_6 \oplus Q_9$ |
| 3 | 1 | $Q_1 \oplus Q_2$ | 11 | 88 | $Q_8 \oplus Q_{10}$ |
| 4 | 1 | $Q_2 \oplus Q_3$ | 12 | 72 | $Q_1 \oplus Q_9 \oplus Q_{10} \oplus Q_{11}$ |
| 5 | 3 | $Q_2 \oplus Q_4$ | 13 | 315 | $Q_0 \oplus Q_{10} \oplus Q_{11} \oplus Q_{12}$ |
| 6 | 3 | $Q_4 \oplus Q_5$ | 14 | 378 | $Q_1 \oplus Q_{11} \oplus Q_{12} \oplus Q_{13}$ |
| 7 | 9 | $Q_5 \oplus Q_6$ | 15 | 900 | $Q_{13} \oplus Q_{14}$ |
| 8 | 8 | $Q_1 \oplus Q_2 \oplus Q_3 \oplus Q_7$ | | | |

連續的 3 個 0；一個連續的 2 個 0 與一個連續的 2 個 1；兩個單個 1 與兩個單個 0。

**性質 3:**　具有自我關聯 (autocorrelation) 的性質，它可以用來測量一個 $pr$ 序列與其移位後的序列之間的相似性。任何這樣的一對序列，其間必有 $2^{n-1} - 1$ 個位置的位元值相同，$2^{n-1}$ 個位置的位元值不同。例如:

111101011001000　　　　　($pr$ 序列)

11110101100100　　　　　(移位後的 $pr$ 序列)

有 7 個位置的位元值相同，8 個位置的位元值不同。

✔**學習重點**

**8-24.** 試定義序列產生器。

**8-25.** 環型計數器有那兩種基本型式？

**8-26.** 何謂詹森計數器、扭環計數器？

**8-27.** 何謂最大長度序列？如何產生最大長度序列？

## 8.3.3 CRC 產生器/檢查器

　　移位暫存器的另一種應用是當做 CRC (cyclic redundancy code) 產生器與檢查器。CRC 主要用來檢查猝發性 (burst) 的位元串錯誤、單一位元錯誤，或是奇數個位元的錯誤。其典型的應用例如在磁碟中的資料錯誤檢查或是在計算機通信網路中的錯誤檢查。

　　CRC 的主要原理是將欲傳送的資訊位元串 $D(x)$ 除以 $G(x)$ (階次為 $r$ 的多項式) 後得到餘式 $R(x)$，然後將 $D(x) - R(x) = T(x)$ 傳送到接收端，於接收端則將 $T(x)$ 同樣除以 $G(x)$。若得到的餘式為 0，表示傳輸過程中沒有錯誤發生；否則，有錯誤發生。

　　計算餘式的方法如下：

### ■ 演算法 8.3-1: 餘式計算的方法

1. 設 $G(x)$ 為 $r$ 階多項式，在欲傳送資訊 $D(x)$ 的尾端加 $r$ 個 0；
2. 將步驟 1 得到的資訊位元串，除以 $G(x)$ 位元串 (使用 modulo 2 除法)；
3. 將步驟 1 得到的資訊位元串，減去餘式 (使用 modulo 2 減法)，結果即為真正傳送的資訊位元串 $T(x)$。

注意：modulo 2 減法與加法在二進制數目系統中是相同的，其運算和 XOR 閘 ($\oplus$) 相同，即：

$$0 \oplus 0 = 0 \qquad 0 \oplus 1 = 1 \qquad 1 \oplus 0 = 1 \qquad 1 \oplus 1 = 0$$

### ■ 例題 8.3-9 (CRC 餘式的計算)

　　假設 $D(x) = 1101101010$，$G(x) = 10011$ $(x^4 + x + 1)$，則 $T(x) = ?$

**解**：將 $D(x)$ 尾端加上四個 0 後，得到 $T'(x) = 11011010100000$ (因為 $G(x) = x^4 + x + 1$ 為一個 4 階多項式)。$T'(x)$ 除以 $G(x)$ 後，餘式為 0010，所以：

$$T(x) = 11011010100010$$

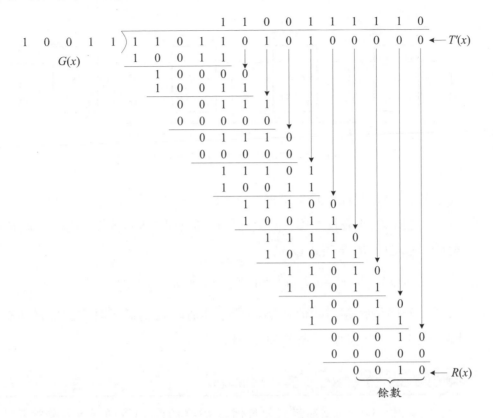

**圖 8.3-12:** 例題 8.3-9 的計算過程

詳細的計算過程如圖 8.3-12 所示。

---

目前較常用的幾種 $G(x)$ 多項式為：

$$CRC-12 = x^{12}+x^{11}+x^3+x^2+x+1$$

$$CRC-16 = x^{16}+x^{15}+x^2+1$$

$$CRC-32 = x^{32}+x^{26}+x^{23}+x^{16}+x^{12}+x^{11}+x^{10}+x^8+x^7$$
$$+x^5+x^4+x^2+x+1$$

$$CRC-CCITT = x^{16}+x^{12}+x^5+1$$

依據統計的結果，若 CRC 的的 $G(x)$ 多項式有 $m\ (=k+1)$ 個位元，則該 CRC 可以偵測所有單一位元、兩個位元的錯誤、所有奇數個位元的錯誤、所有長

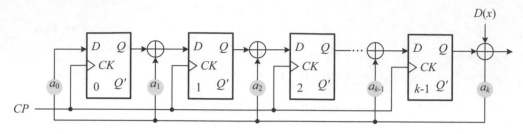

圖 8.3-13: CRC 多項式的電路基本結構

度小於 $m$ 的猝發性位元串錯誤、及大部分長度大於 $m$ 的猝發性位元串錯誤。

在 CRC 的檢查程序中，餘式的計算通常是以移位暫存器與 XOR 閘執行。對於一個 CRC 的多項式 $G(x)$

$$G(x) = a_k x^k + a_{k-1} x^{k-1} + \ldots + a_1 x + a_0$$

而言，若移位暫存器初值皆為 0 (即全部清除為 0) 時，其電路的基本結構如圖 8.3-13 所示，其中 $\oplus$ 表示 XOR 閘。

### ■ 例題 8.3-10 (CRC 檢查電路實現)

試以圖 8.3-13 的電路模式執行例題 8.3-9 的 $G(x)$ 多項式，並驗證其結果。

**解**：因位 $G(x) = x^4 + x + 1 = a_4 x^4 + a_3 x^3 + a_2 x^2 + a_1 x + a_0$，所以 $a_4 = a_1 = a_0 = 1$，$a_3 = a_2 = 0$，結果的電路如圖 8.3-14 所示。

結果的驗證如圖 8.3-15 所示，當 $D(x)$ 的 10 個資料傳送到 $G(x)$ 電路後，留於電路上的值即為餘式。於接收端則將 $T(x)$ 整個位元串 (包括餘式) 送入相同的 $G(x)$ 電路。若得到的餘式為 0，則沒有錯誤發生；否則，有錯誤。

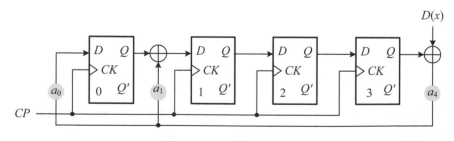

圖 8.3-14: 執行 $G(x) = x^4 + x + 1$ 的 CRC 電路

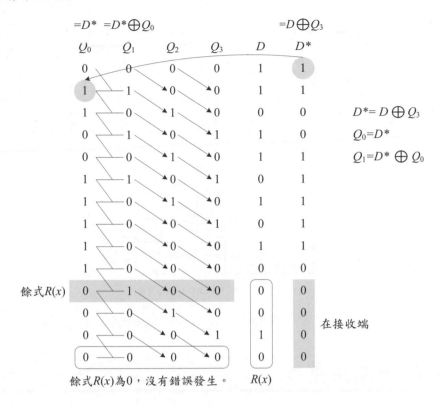

$=D*$ 　$=D*\oplus Q_0$ 　　　　　　　$=D\oplus Q_3$

$D*= D \oplus Q_3$

$Q_0=D*$

$Q_1=D* \oplus Q_0$

餘式 $R(x)$

在接收端

餘式 $R(x)$ 為 0，沒有錯誤發生。　　$R(x)$

**圖 8.3-15:** 例題 8.3-10 的結果驗證

　　　產生 CRC-16 與檢查 CRC-16 的電路，如圖 8.3-16(a) 所示；實際應用時的電路，如圖 8.3-16(b) 所示。在每次開始計算餘式之前，CRC 電路中的正反器輸出端的值必須先清除為 0。在傳送資料位元時，*CWE* (check word enable) 啟動為 1；在傳送餘式 (即檢查語句) 時，*CWE* 清除為 0。讀者可以證明此電路確實能產生 CRC-16 的餘式，並且也可以當作 CRC-16 的檢查電路 (習題 8-30)。

✔學習重點

**8-28.** 何謂 CRC？它的主要應用原理為何？

**8-29.** CRC 的主要用途為何？

**8-30.** 在 CRC-16 中，需要使用多少級的移位暫存器？

**8-31.** 試簡述 CRC 餘式的計算方法？

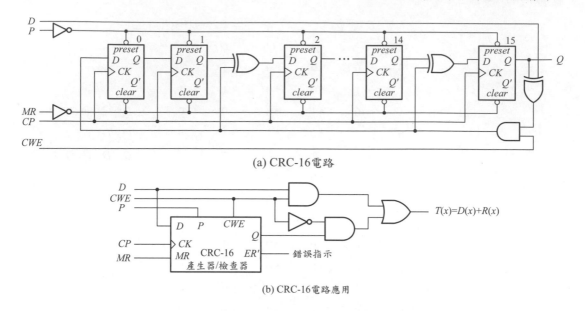

(a) CRC-16電路

(b) CRC-16電路應用

**圖 8.3-16**: CRC-16 的電路與應用

# 8.4 時序產生電路

本節中,將依序討論時脈產生器、時序產生器、數位單擊等電路。時脈產生器產生週期性的時脈信號;時序產生器由時脈產生器導出需要的時序控制信號;數位單擊電路則在觸發信號啟動時,即產生一個預先設定時距的信號輸出。

## 8.4.1 時脈產生器

在數位系統中,常用的時脈產生器大約可以分成兩類:一類是利用石英晶體回授的振盪器電路;另一類則是使用 $RC$ 回授的振盪器電路。前者可以提供穩定的時脈信號;後者則可以依據實際的需要調整其頻率與脈波寬度。

**8.4.1.1 石英晶體回授型振盪器** 典型的石英晶體回授型振盪器電路如圖 8.4-1 所示。圖 8.4-1(a) 為使用 TTL 邏輯閘構成的振盪器電路;圖 8.4-1(b) 則為使用 CMOS 邏輯閘構成的振盪器電路。在圖 8.4-1(a) 中,反相器 $A$ 為一個電流對電壓放大器,其增益為 $A_A = V_{OUT}/I_{in} = -R_1$;反相器 $B$ 和反相器 $A$ 相

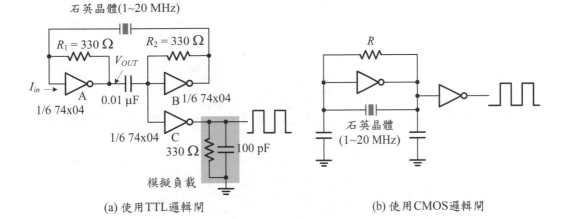

**圖 8.4-1:** 時脈產生器電路 (1 20 MHz)

同，其增益 $A_B = -R_2$，兩個反相器經由 0.01 $\mu$F 的電容耦合後，形成一個提供 360° 相移的複合放大器，其增益為 $A = R_1 R_2$。反相器 $B$ 的部分輸出信號經由石英晶體回授後，回饋到反相器 $A$ 的輸入端。反相器 $A$ 與 $B$ 形成正回授放大器，因此產生振盪，其振盪頻率則由石英晶體的串聯 $RLC$ 等效電路的諧振頻率決定。一般而言，這種時脈產生器電路可以產生 1 到 20 MHz 的時脈信號。

反相器 $C$ 做為輸出緩衝放大器，以提供在保持上昇時間與下降時間皆小於 10 ns 的條件下，能夠推動 330 $\Omega$ 與 100 pF 並聯的負載。

在圖 8.4-1(b) 中石英晶體與 CMOS 反相器組成考畢子振盪器 (Colpitts oscillator) 電路。電路中的電阻器 $R$ 將反相器偏壓在它的電壓轉換曲線的轉態區中的中心點 (圖 3.3-9(b))，使其操作在高增益區，以提供足夠的迴路增益，維繫振盪動作的持續進行。

**8.4.1.2　$RC$ 回授型振盪器**　在數位電路中，最簡單而且常用的 $RC$ 回授型振盪器電路為 555 定時器 (timer) 振盪器。555 定時器電路的基本結構如圖 8.4-2 所示，它由兩個比較器、一個 $SR$ 門閂電路、一個放電電晶體 $Q_1$ 與一個輸出緩衝器組成。若 $V_{CC}$ 使用 +5 V，則此定時器可以與 74xx 系列的 TTL 與 CMOS 邏輯族系電路匹配使用。

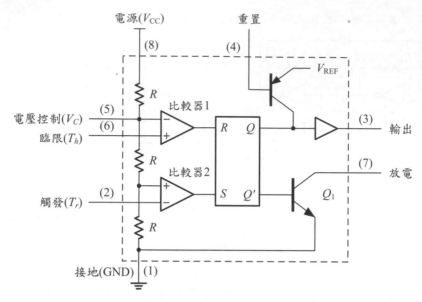

電源($V_{CC}$)　　　　重置

電壓控制($V_C$)　(5)

臨限($T_h$)　(6)

比較器 1

比較器 2

觸發($T_r$)　(2)

接地(GND)　(1)

$V_{REF}$

輸出 (3)

放電 (7)

$Q_1$

**圖 8.4-2:** 555 定時器的基本結構

在 555 定時器的內部有三個電阻值相等的電阻器串聯後，分別提供比較器 1 與 2 的參考電壓，其中比較器 1 的參考電壓為 $+(2/3)V_{CC}$，而比較器 2 的參考電壓為 $+(1/3)V_{CC}$。因此，當比較器 1 的另一個輸入端(稱為臨限 (threshold) 輸入端，$T_h$)的電壓值大於 $+(2/3)V_{CC}$ 時，比較器 1 的輸出端即維持於高電位狀態；當比較器 2 的另一個輸入端(稱為觸發 (trigger) 輸入端，$T_r$)的電壓值小於 $+(1/3)V_{CC}$ 時，比較器 2 的輸出端即維持於高電位狀態。比較器 1 與 2 的輸出信號則分別控制 $SR$ 門閂電路的 $R$ 與 $S$ 輸入端。$SR$ 門閂電路的輸出端 $Q$ 與 $Q'$，則又分別為輸出信號端及控制一個放電電晶體 $Q_1$。

555 定時器的主要應用可以分成兩類：非穩態電路 (astable circuit) 與單擊電路 (monostable circuit)。前者用以產生一連串的週期性脈波輸出；後者則每當觸發信號啟動時，即產生一個預先設定時間寬度的脈波信號輸出。

圖 8.4-3(a) 所示電路為 555 定時器的非穩態電路；圖 8.4-3(b) 為其時序圖。由圖 8.4-2 所示 555 定時器的基本結構可以得知：當 $V_C$ 小於 $(1/3)V_{CC}$ 時，比較器 2 的輸出端為高電位，$SR$ 門閂的輸出端上升為高電位，因此定時器的輸出端為高電位；當電容器 $C$ 經由電阻器 $R_A$ 與 $R_B$ 充電至 $V_C$ 大於 $(2/3)V_{CC}$

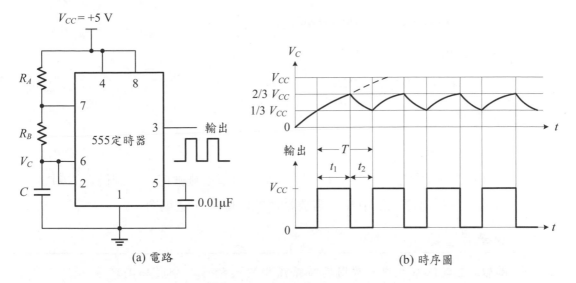

(a) 電路　　　　　　　　　　　　　(b) 時序圖

**圖 8.4-3:** 555 定時器當作非穩態複振器

時，比較器 1 的輸出端為高電位，$SR$ 門閂的輸出端下降為低電位，因此定時器的輸出端下降為低電位，如圖 8.4-3(b) 所示。此時放電電晶體 $Q_1$ 導通，電容器 $C$ 開始經由電阻器 $R_B$ 與電晶體 $Q_1$ 放電，當它放電至 $V_C$ 小於 $(1/3)V_{CC}$ 時，$SR$ 門閂的輸出端又設置為 1，定時器的輸出端又上升為高電位 ($V_{CC}$)，同時放電電晶體 $Q_1$ 截止，電容器 $C$ 停止放電，並且再度由電阻器 $R_A$ 與 $R_B$ 向 $V_{CC}$ 充電，重新開始另一個週期的循環，因此產生一連串的矩形波輸出。

　　輸出波形的週期 $T$ 可以由電容器 $C$ 的充放電時間常數求得。由圖 8.4-3(a) 可以得知：充電時間常數為 $(R_A + R_B)C$，放電時間常數為 $R_B C$。另外由單一時間常數的 $RC$ 電路充、放電方程式：

$$v(t) = V_f + (V_i - V_f)e^{-t/\tau}$$

得到：

$$V_C(t_1) = \frac{2}{3}V_{CC} = V_{CC} + \left(\frac{1}{3}V_{CC} - V_{CC}\right)e^{-t_1/(R_A+R_B)C}$$

$$V_C(t_2) = \frac{1}{3}V_{CC} = 0 + \left(\frac{2}{3}V_{CC} - 0\right)e^{-t_1/R_B C}$$

所以

$$t_1 = (R_A + R_B)C\ln 2 = 0.693(R_A + R_B)C$$

$$t_2 = R_B C \ln 2 = 0.693 R_B C$$

然而週期 $T = t_1 + t_2$，所以

$$T = 0.693(R_A + 2R_B)C$$

而頻率為

$$f = \frac{1}{T} = \frac{1.44}{(R_A + 2R_B)C}$$

　　$RC$ 回授型振盪器的主要缺點為振盪頻率很難維持在一個穩定的頻率上。因此，這種電路只使用在不需要精確的時脈頻率之場合。

✔學習重點

**8-32.** 在數位系統中，常用的時脈產生器大約可以分成那兩類？

**8-33.** 在 555 定時器中，比較器 1 的觸發電壓為多少？

**8-34.** 在 555 定時器中，比較器 2 的觸發電壓為多少？

**8-35.** 在圖 8.4-3(a) 的 555 定時器電路中，輸出信號的頻率為何？

## 8.4.2 時序產生器

　　在許多數位系統中，常常需要產生如圖 8.4-4 所示的時序信號。能夠產生如圖 8.4-4 所示的時序信號之電路稱為時序產生器 (timing sequence generator)。一般用來產生時序信號的電路有下列三種：標準環型計數器、扭環計數器、二進制計數器等。其中第一種不需要外加邏輯閘；後面兩種則必須外加其它邏輯閘。

### ■ 例題 8.4-1 (使用標準環型計數器)

　　利用標準環型計數器，設計一個可以產生圖 8.4-4 時序信號的時序產生器電路。

**解：**結果如圖 8.4-5 所示，利用一個八級的標準環型計數器，並將其初值設定為 10000000，以產生時序脈波 $T_0$。而後每次加入一個時脈時，暫存器即向右移位一次。由於在每一個時脈期間只有一個正反器輸出為 1，因而當時脈連續地加入時，它即產生如圖 8.4-4 所示的時序信號。

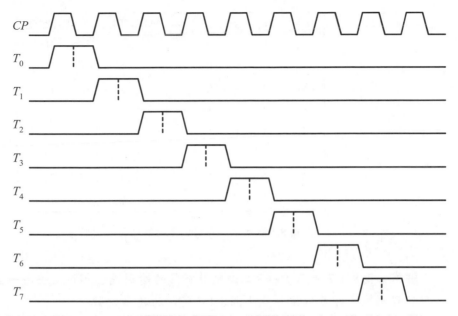

圖 8.4-4: 典型的時序信號

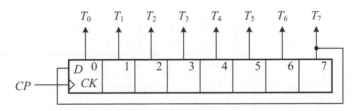

圖 8.4-5: 八級標準環型計數器 (初值為 10000000)

■ 例題 8.4-2 (使用扭環計數器)

使用例題 8.3-6 的四級扭環計數器與八個 2 個輸入端的 AND 閘，設計一個能夠產生圖 8.4-4 所示時序信號的電路。

解：如圖 8.4-6 所示方式，將扭環計數器輸出端的值加以解碼，即可以產生所需要的時序信號。

■ 例題 8.4-3 (使用模 8 二進制計數器與解碼器)

利用一個模 8 二進制計數器與一個 3 對 8 解碼器，設計一個可以產生圖 8.4-4 所示時序信號的電路。

| 狀態 | $w$ | $x$ | $y$ | $z$ | AND閘輸入 | 時序信號 |
|------|-----|-----|-----|-----|-----------|----------|
| $S_0$ | 0 | 0 | 0 | 0 | $w'z'$ | $T_0$ |
| $S_1$ | 1 | 0 | 0 | 0 | $wx'$ | $T_1$ |
| $S_2$ | 1 | 1 | 0 | 0 | $xy'$ | $T_2$ |
| $S_3$ | 1 | 1 | 1 | 0 | $yz'$ | $T_3$ |
| $S_4$ | 1 | 1 | 1 | 1 | $wz$ | $T_4$ |
| $S_5$ | 0 | 1 | 1 | 1 | $w'x$ | $T_5$ |
| $S_6$ | 0 | 0 | 1 | 1 | $x'y$ | $T_6$ |
| $S_7$ | 0 | 0 | 0 | 1 | $y'z$ | $T_7$ |

圖 8.4-6: 四級扭環計數器的解碼輸入與時序信號

**解**：如圖 8.4-7 所示，模 8 二進制計數器的輸出端 $Q_2$ 到 $Q_0$ 經由一個 3 對 8 解碼器解碼後，即可以依序產生圖 8.4-4 所示的時序信號。

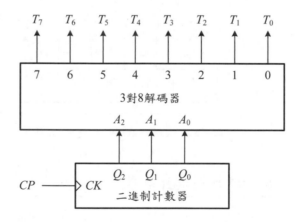

圖 8.4-7: 計數器與解碼器組成的時序產生器電路

✔ 學習重點

**8-36.** 何謂時序產生器？

**8-37.** 一般用來產生時序信號的電路有那些？

### 8.4.3 數位單擊電路

在數位系統中，常常需要產生一個如圖8.4-8(b)所示的單擊時序信號，即每當啟動信號致能時，即產生一個期間為$T$的高電位脈波輸出。這種單擊電路通常為$RC$型電路，其脈波寬度$T$由電路中的$RC$時間常數決定。單擊電路的邏輯符號如圖8.4-8(a)所示。典型的單擊電路如下列兩個例題所示。

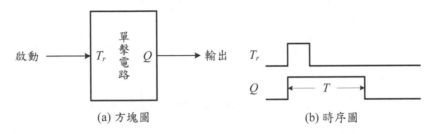

(a) 方塊圖　　　　　　　　　(b) 時序圖

**圖 8.4-8:** 單擊時序信號

---

■ 例題 8.4-4 (SN74123 單擊電路)

利用SN74x123單擊電路，產生一個80 $\mu$s寬度的輸出脈波。

**解：** 如圖8.4-9所示，依據SN74x123的資料可以得知：$T = 0.33RC$，所以若設$C = 0.01\ \mu$F，則$R = 24.242$ k$\Omega$。

---

如前所述，555定時器也可以工作於單擊電路模式。由圖8.4-2的555定時器內部方塊圖可以得知，當一個負向啟動的觸發信號加於觸發輸入端$(T_r)$時，$SR$門閂的輸出端將上升為高電位，因而定時器輸出端為高電位，並且一直維持於此電位直到$SR$門閂被重置為止。然而，欲重置$SR$門閂時，臨限輸入端$T_h$的電壓必須大於$+(2/3)V_{CC}$，因此必須提供一個適當的電路，以提供此電壓重置$SR$門閂。此電路的$RC$時間常數亦決定需要的輸出脈波寬度。

---

■ 例題 8.4-5 (555 定時器單擊電路)

利用555定時器，設計一個能夠產生一個輸出脈波寬度為80 $\mu$s的單擊電路。

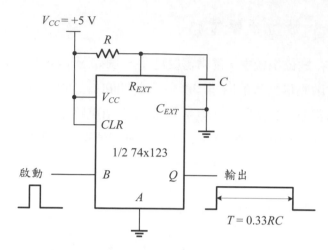

**圖 8.4-9:** SN74x123 單擊電路

**解：**555 定時器的單擊電路如圖 8.4-10(a) 所示。由圖 8.4-2 的 555 定時器內部方塊圖可以得知，當一個負向啟動的觸發信號加於觸發輸入端 $(T_r)$ 時，$SR$ 門閂的輸出端上升為高電位，因而定時器的輸出端為高電位，如圖 8.4-10(b) 所示，此時放電電晶體 $Q_1$ 截止，因此圖 8.4-10(a) 中的電容器 $C$ 經由 $R$ 向 $V_{CC}$ 充電。當其電壓 $V_C$ 大於 $(2/3)V_{CC}$ 時，555 內部的 $SR$ 門閂的輸出端下降為低電位，定時器的輸出端也降為低電位，結束輸出脈波，同時放電電晶體 $Q_1$ 導通，電容器 $C$ 上的電壓迅速下降為 0，恢復原先未觸發前的狀態，所以為一個單擊電路。輸出脈波的寬度 $T$ 可以依據下列方式求得：

$$V_C(T) = \frac{2}{3}V_{CC} = V_{CC} + (0 - V_{CC})e^{-T/RC}$$

所以

$$T = RC\ln 3 = 1.1RC$$

由於 $T = 80\ \mu s$，若設 $C = 0.01\ \mu F$，則 $R = 7.273\ k\Omega$。

---

　　利用 $RC$ 充放電的單擊電路，雖然電路簡單而且有許多現成的 IC 電路可以利用，然而由於其本質上為一個非同步循序邏輯電路，在數位系統中，很難與系統時脈同步。另外一方面由於 $RC$ 數值上很難搭配到一個精確的值，因此很難產生一個精確的時脈寬度。

　　在數位系統中，最常用而且能夠與系統時脈同步的單擊電路為使用計

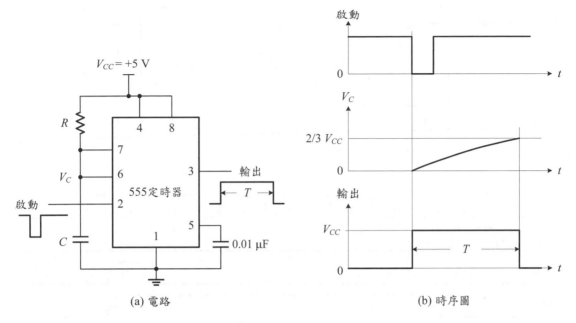

(a) 電路　　　　　　　　　(b) 時序圖

圖 **8.4-10:** 555 定時器單擊電路

數器、控制閘、$JK$ 正反器等組合而成的電路,這種電路稱為數位單擊電路 (digital monostable),以別於 $RC$ 型的電路。

## ■ 例題 8.4-6 (數位單擊電路)

假設系統時脈週期為 $10\ \mu s$,設計一個數位單擊電路以當每次啟動脈波致能時,均產生一個寬度為 $80\ \mu s$ 的脈波輸出。

**解:**由於系統時脈週期為 $10\ \mu s$,而需要的脈波寬度為 $80\ \mu s$,相當於 8 個系統時脈週期。所以如圖 8.4-11(a) 所示,使用一個模 8 二進制計數器,計數所需要的系統時脈數目。在圖 8.4-11(a) 中,當啟動信號啟動時,$JK$ 正反器的輸出將於下一個時脈 ($CP$) 的正緣時上昇為 1,同時致能模 8 計數器。當模 8 計數器計數到 7 時,$JK$ 正反器的 $K$ 輸入端為 1。因此,在下一個時脈的正緣時,輸出下降為 0,而產生一個寬度為 8 個時脈週期的脈波輸出。電路動作的時序如圖 8.4-11(b) 所示。注意:圖 8.4-11(a) 電路中的計數器在啟動信號啟動之前,必須先清除為 0,才能確保該電路的動作正確。

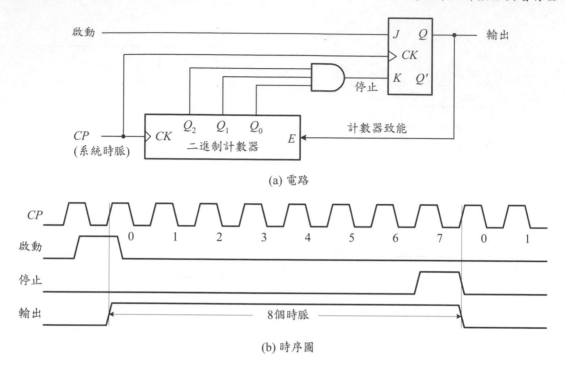

(a) 電路

(b) 時序圖

圖 8.4-11: 數位單擊電路

在上述例題中，電路的觸發方式是不可以重覆觸發的。在實際應用中，若需要可以重覆觸發方式的數位單擊電路時，可以將啟動信號加到計數器的清除輸入端，因此每次啟動信號啟動時，均將計數器重新清除為 0，重新啟動該計數器，達到可以重覆觸發的功能 (習題 8-34)。

✔學習重點

**8-38.** 何謂數位單擊電路？它有何特性？

**8-39.** 如何使圖 8.4-11(a) 的電路成為可以重覆觸發方式的數位單擊電路？

**8-40.** 使用 $RC$ 充放電方式的單擊電路有何缺點？

# 8.5  Verilog HDL

本節中，將介紹如何使用 Verilog HDL 描述計數器電路與移位暫存器電路。在 Verilog HDL 中，計數器與暫存器電路可以使用結構描述或是行為描述的方式表示。使用結構描述的方式時，計數器與暫存器電路直接表示為正反器、邏輯閘、多工器等邏輯元件的連接描述；使用行為描述的方式時，計數器與暫存器電路直接表示為相當於它們功能的運算子所組成的指述。

## 8.5.1 計數器電路

　　如第 8.1 節所述，計數器電路分為漣波計數器與同步計數器兩種。漣波計數器電路通常使用結構描述以保持其結構的完整性。例如下列例題。

### ■ 例題 8.5-1 (例題 8.1-1 的漣波計數器)

　　程式 8.5-1 所示為例題 8.1-1 中的漣波計數器的結構描述方式。在此程式中，假設使用 $D$ 型正反器為最基本的正反器。因此，必須先由此正反器執行一個 $JK$ 正反器，然後再重複引用此正反器，形成最後的漣波計數器。此程式的另外一個目的為再次說明階層式的電路設計方式。

程式 8.5-1　例題 8.1-1 的漣波計數器

```
// a structural description of figure 8.1-1(a) (Example 8.1-1)
// a ripple counter example
module count8_ripple (output y1, y2, y3, input clk, reset_n);
// instantiate three JK flip-flops
   JKFF_clr JKFF1 (y1, 1'b1, 1'b1, ~clk, reset_n);
   JKFF_clr JKFF2 (y2, 1'b1, 1'b1, ~y1, reset_n);
   JKFF_clr JKFF3 (y3, 1'b1, 1'b1, ~y2, reset_n);
endmodule

// a JK flip-flop with asynchronous preset and clear
module JKFF_clr (output Q, input J, K, clk, clear_n);
// the body of the JK flip-flop
wire   JK;
   assign JK = (J & ~Q) | (~K & Q);
// instantiate a D flip-flop
   DFF_clr JK_FF1 (Q, JK, clk, clear_n);
endmodule

// a D flip-flop with asynchronous clear
module DFF_clr (output reg Q, input D, clk, clear_n);
// the body of the D flip-flop
always @(posedge clk or negedge clear_n)
   if (~clear_n) Q <= 1'b0;
```

```
    else  Q <= D;
endmodule
```

　　在同步計數器電路中，通常使用行為描述以保持其程式的簡單、易讀、易懂。例如下列例題。

## ■ 例題 8.5-2 (例題 8.1-8 的同步正數/倒數計數器)

　　程式 8.5-2 所示為例題 8.1-8 的模 8 同步正數/倒數計數器的行為描述程式。在此程式中，假設該計數器具有一個非同步重置($reset\_n$)輸入端，以將計數器的輸出端的值清除為 0。當 $reset\_n$ 輸入信號為 1 時，計數器在時脈信號($clk$)的正緣時將依據輸入信號 $x$ 的值決定執行正數或是倒數的動作。當輸入信號 $x$ 的值為 0 時為倒數，否則為正數。

程式 8.5-2　例題 8.1-8 的同步正數/倒數計數器

```
// an RTL description of a synchronous up/down counter with modulo 8
// Example 8.1-8
// it is an up counter when x =1; otherwise a down counter.
module sync_count_8 (
        input  x, clk, reset_n,
        output reg [2:0] y,
        output z);

// the body of the modulo-8 synchronous up/down counter
    assign z = x & (y == 3'b111) | ~x & (y == 3'b000);
    always @(posedge clk or negedge reset_n)
        if (~reset_n)  y <= 3'b000;
        else if (~x) y <= y - 1;
              else    y <= y + 1;
endmodule
```

　　同步計數器通常也具有並列資料輸入端，以預先設定計數器在一個不為 0 的初始狀態，然後由此狀態開始往上計數。

## ■ 例題 8.5-3 (圖 8.1-17 的同步計數器)

　　程式 8.5-3 所示為圖 8.1-17 的可預置 4 位元正數計數器的行為描述程式。在此程式中，假設該計數器具有一個非同步重置($reset\_n$)輸入端，以將計數器的輸出端的值清除為 0。當 $reset\_n$ 輸入信號為 1 時，計數器在時脈信號($clk$)的正

緣，若計數致能控制輸入端 T 與 P 的值均為 1 時，將由目前的狀態向上計數一
次。目前的狀態由輸入資料 Din 與載入控制輸入 load 決定，當 load 的值為 1 時，
輸入資料 Din 將載入計數器中。由於 load 控制信號為同步的方式，因此將它置
於 **always** @(...) 指述中的 **if/else** 指述內。

程式 8.5-3　圖 8.1-17 的同步計數器

```verilog
// a synchronous up counter with parallel load and
// synchronous reset --- Figure 8.1-17
module  counter_pl (
        input  load, clk, T, P, reset_n,
        input  [3:0] Din,
        output reg [3:0] Dout,
        output co);

// the body of the counter
    assign co = T & Dout[3] & Dout[2] & Dout[1] & Dout[0];
    always @(posedge clk)
        if (~reset_n)   Dout <= 0;
        else if (load) Dout <= Din;
            else if (T & P) Dout <= Dout + 1'b1;
                else        Dout <= Dout;
endmodule
```

■ 例題 8.5-4 (具有同步清除與致能控制的 4 位元二進制計數器)

　　程式 8.5-4 為一個具有同步清除的 4 位元二進制計數器。在此程式中，假
設該計數器具有一個同步重置(reset)輸入端，以將計數器的輸出端的值清除為
0。每當時脈信號 clk 的正緣時，若 reset 輸入信號為 1，則計數器的輸出值清除
為 0；否則，若致能控制輸入 enable 為 1，則計數器將由目前的狀態向上計數一
次。當計數器的值抵達 1111 時，進位輸出 cout 輸出一個寬度為一個時脈週期的
脈波，然後計數器回到 0000，繼續計數。

程式 8.5-4　一個具有同步清除的 4 位元二進制計數器

```verilog
// a 4-bit binary counter with synchronous reset and enable
module binary_counter(
        input  clk, enable, reset,
        output reg [3:0] qout,
        output cout);    // carry output

// the body of the 4-bit binary counter
```

```
always @(posedge clk)
      if (reset)        qout <= 0;
      else if (enable) qout <= qout + 1;
// generate carry output
assign #2 cout = &qout; // why #2 is required ?
endmodule
```

---

## ■ 例題 8.5-5 (具有同步清除的 4 位元二進制正數/倒數計數器)

程式 8.5-5 為一個具有同步清除的 4 位元二進制正數/倒數計數器。在此程式中，假設該計數器具有一個同步重置(*reset*)輸入端，以將計數器的輸出端的值清除為 0。每當時脈信號 *clk* 的正緣時，若 *reset* 輸入信號為 1，則計數器的輸出值清除為 0；否則，若輸入信號 *eup* 為 1，則計數器將由目前的狀態向上計數一次，若輸入信號 *edn* 為 1，則計數器將由目前的狀態向下計數一次。當計數器的值抵達 1111 時，進位輸出 *cout* 輸出一個寬度為一個時脈週期的脈波，然後計數器回到 0000，繼續計數；當計數器的值抵達 0000 時，進位輸出 *bout* 輸出一個寬度為一個時脈週期的脈波，然後計數器回到 1111，繼續計數。

程式 8.5-5 具有同步清除的 4 位元二進制正數/倒數計數器

```
// a 4-bit up/down binary counter with synchronous
// reset and enable control
module up_dn_bin_counter(
      input   clk, reset, eup, edn,
      output reg [3:0] qout,
      output cout, bout);

// the body of the N-bit binary counter
// enable up count (eup) and enable down count (edn)
// cannot be set to one at the same time
   always @(posedge clk)
      if (reset) qout <= 0; // synchronous reset
      else begin
         if (eup) qout <= qout + 1;
         if (edn) qout <= qout - 1;
      end
   assign #1 cout = ( &qout) & eup;  // generate carry out
   assign #1 bout = (~|qout) & edn;  // generate borrow out
endmodule
```

## ■ 例題 8.5-6 (具有同步清除與致能的 4 位元二進制正數/倒數計數器)

程式 8.5-6 為一個具有同步清除與致能的 4 位元二進制正數/倒數計數器。在此程式中，假設該計數器具有一個同步重置 (reset) 輸入端，以將計數器的輸出端的值清除為 0。每當時脈信號 clk 的正緣時，若 reset 輸入信號為 1，則計數器的輸出值清除為 0；否則，若致能控制輸入 enable 為 1，則計數器將由目前的狀態向上或是向下計數一次。若輸入信號 upcnt 為 1，則計數器將由目前的狀態向上計數一次，若輸入信號 upcnt 為 0，則計數器將由目前的狀態向下計數一次。當計數器的值抵達 1111 時，進位輸出 cout 輸出一個寬度為一個時脈週期的脈波，然後計數器回到 0000，繼續計數；當計數器的值抵達 0000 時，進位輸出 bout 輸出一個寬度為一個時脈週期的脈波，然後計數器回到 1111，繼續計數。

程式 8.5-6　具有同步清除與致能的 4 位元二進制正數/倒數計數器

```
// a 4-bit binary up/down counter with synchronous
// reset and enable control
module binary_up_down_counter_reset(
        input   clk, enable, reset, upcnt,
        output reg [3:0] qout,
        output cout, bout);   // carry and borrow outputs

// the body of the 4-bit up/down binary counter
    always @(posedge clk)
        if (reset) qout <= 0;
        else if (enable) begin
            if (upcnt) qout <= qout + 1;
            else       qout <= qout - 1; end
// generate carry and borrow outputs
    assign #2 cout = &qout; // why #2 is required ?
    assign #2 bout = ~|qout;
endmodule
```

## ■ 例題 8.5-7 (具有同步清除的模 R 二進制正數計數器)

程式 8.5-7 所示程式為一個模 R (預設為 10) 的二進制正數計數器的行為描述的 Verilog HDL 程式。雖然在 Verilog HDL 中有一個餘數 (%) 的運算子可資使用，令計數器抵達需要的計數值後回到 0，再繼續往上計數。然而，在實務上均使用一個組合邏輯電路偵測該計數器的輸出，是否已經抵達預設模數的最大值。若是，則強迫計數器在下一個時脈信號來臨時，回到 0。然後，再繼續由此值

往上計數。程式中，假設有一個同步的重置控制信號(*reset*)輸入端，當其值為
1時，將清除計數器輸出端的值為0；當其值為0時，每當時脈信號(*clk*)正緣發
生時，計數器往上計數一次。當計數器的輸出(*qout*)等於9 (=10−1)時，在下
一個時脈信號(*clk*)正緣發生時，計數器將被清除為0。然後，再繼續由此值(0)
往上計數。程式中使用兩個參數$R$與$N$ (=$\lceil \log_2 R \rceil$)，適當地設定其值，其它需
要模數的計數器即可以產生。兩個使用例如下所示：

```
modulo_r_counter #(10, 4) cnt10
                       (clk, reset_in, cout_cnt10, qout_cnt10);
modulo_r_counter #(6, 3) cnt6
                       (clk, reset_in, cout_cnt6, qout_cnt6);
```

其中第一個計數器為模10而第二個計數器為模6。

**程式8.5-7 具有同步清除的模-R二進制正數計數器**

```
// a modulo-R binary counter with synchronous reset
module modulo_r_counter
       #(parameter R = 10,  // default modulus
         parameter N = 4)(   // N = log2 R
         input  clk, reset,
         output cout,       // carry-out
         output reg [N−1:0] qout);

// the body of the modulo-r binary counter
assign cout = (qout == R − 1);
always @(posedge clk)
   if (reset) qout <= 0;
   else if   (cout) qout <= 0;
       else        qout <= qout + 1;
endmodule
```

## 8.5.2 暫存器

　　暫存器也是常用的同步循序邏輯電路模組之一。因此，本小節中將介紹
如何使用Verilog HDL的行為描述方式表示此種電路。

### ■ 例題8.5-8 (圖8.2-1 的暫存器)

　　程式8.5-8所示為圖8.2-1的4位元暫存器的行為描述的Verilog HDL程式。
在此程式中，假設有一個非同步的重置控制信號(*reset_n*)輸入端，當其值為0

時，將清除暫存器輸出端的值為0；當其值為1時，每當時脈信號(*clk*)正緣發生時，暫存器將輸入端(*din*)的資料取樣後儲存於暫存器(*qout*)中。

程式8.5-8　圖8.2-1 的4位元暫存器

```
// a 4-bit data register with asynchronous reset
module register_reset
        (input   clk, reset_n,
         input   [3:0] din,
         output reg [3:0] qout);

// the body of the 4-bit data register
always @(posedge clk or negedge reset_n)
   if (!reset_n) qout <= 4'b0;
   else          qout <= din;
endmodule
```

■ 例題8.5-9 (圖 8.2-2 的暫存器)

　　程式8.5-9所示為圖8.2-2(a)的4位元暫存器的行為描述的Verilog HDL程式。在此程式中，假設有一個非同步的重置控制信號(*reset_n*)輸入端與一個同步的載入控制(*load*)輸入端。當*reset_n*的值為0時，暫存器輸出端(*qout*)的值將被清除為0；當*reset_n*的值為1時，每當時脈信號(*clk*)正緣發生時，若*load*的值為1時，暫存器將取樣輸入端的資料(*din*)後，儲存於暫存器(*qout*)中；否則，若*load*的值為0時，暫存器則儲存其先前載入之值。

程式8.5-9　圖 8.2-2 的4位元暫存器

```
// a 4-bit data register with load control and asynchronous reset
module register_load_reset
        (input   clk, reset_n,
         input   [3:0] din,
         output reg [3:0] qout);

// the body of the 4-bit data register
always @(posedge clk or negedge reset_n)
   if (!reset_n)   qout <= 4'b0;
   else   if (load) qout <= din;
endmodule
```

## 8.5.3 移位暫存器與應用

移位暫存器也是常用的同步循序邏輯電路模組之一。因此,本小節中將介紹如何使用 Verilog HDL 的行為描述方式表示此種電路。此外,也介紹移位暫存器的一種應用:最大長度序列產生器電路的行為描述方式的表示方法。

### ■ 例題 8.5-10 (圖 8.2-4 的通用移位暫存器)

程式 8.5-10 所示為圖 8.2-4 的 4 位元通用移位暫存器的行為描述的 Verilog HDL 程式。在此程式中,假設有一個非同步的重置控制信號 (*reset_n*) 輸入端,當其值為 0 時,將清除暫存器輸出端的值為 0;當其值為 1 時,每當時脈信號 (*clk*) 正緣發生時,暫存器將執行圖 8.2-4(c) 所示的功能。暫存器的功能由 **case** 指述經由模式控制信號 $S1$ 與 $S0$ 決定。

程式 8.5-10  圖 8.2-4 的通用移位暫存器

```
// a behavioral description of the universal shift register
// in Figure 8.2-4
module shift_register (
       input   S1, S0, lsi, rsi, clk, reset_n,
       input   [3:0] Din,
       output reg [3:0] Dout);

// the shift-register body
always @(posedge clk or negedge reset_n)
   if (!reset_n) Dout <= 4'b0000;
   else case ({S1,S0})
      2'b00: Dout <= Dout;            // No change
      2'b01: Dout <= {lsi, Dout[3:1]}; // Shift right
      2'b10: Dout <= {Dout[2:0], rsi}; // Shift left
      2'b11: Dout <= Din;             // Parallel load
   endcase
endmodule
```

### ■ 例題 8.5-11 (圖 8.3-6 模 $n$ 標準環形計數器)

程式 8.5-11 所示為一個基於圖 8.3-6 的模 $n$ 標準環形計數器的行為描述的 Verilog HDL 程式。在此程式中,假設有一個非同步的啟動控制信號 (*start*) 輸入端,當其值為 1 時,將設定暫存器輸出端的值為 $1...0$;當其值為 0 時,每當時脈信號(*clk*)正緣發生時，環形計數器將向右移位其內容一個位元位置。程式中使用一個參數 *N*，適當地設定其值，其它需要模數的計數器即可以產生。

程式8.5-11　圖8.3-6 的模 *n* 標準環形計數器

```verilog
// a ring counter with an initial value
module ring_counter
        #(parameter N = 4)(  // set default size
           input   clk, start,
           output reg [0:N−1] qout);

// the body of the ring counter
always @(posedge clk or posedge start)
  if (start)   qout <= {1'b1,{N−1{1'b0}}};
  else         qout <= {qout[N−1], qout[0:N−2]};
endmodule
```

　　下列例題說明如何描述一個最大長度序列產生器電路。

## ■ 例題8.5-12 (圖8.3-10 的最大長度序列產生器)

　　程式8.5-12所示程式為圖8.3-10 的4位元最大長度序列產生器電路。在此程式中，假設有一個非同步的重置控制信號(*reset_n*)輸入端，當其值為 0 時，將預置暫存器的值為1000；當其值為 1 時，每當時脈信號(*clk*)正緣發生時，暫存器將執行正常序列產生功能，依序產生圖8.3-10(a)所示的輸出值。

程式8.5-12　圖8.3-10 的最大長度序列產生器

```verilog
// a behavioral description of the maximum-length sequence
// generator in Figure 8.3-10
module maximum_length_sequence (
        input   clk, reset_n,
        output reg [0:3] Dout);

// the body of the maximum-length sequence generator
reg     D0;
always @(posedge clk or negedge reset_n)
   if (!reset_n) Dout <= 4'b1000;
   else begin
      D0 <= Dout[2] ^ Dout[3];
      Dout <= {D0, Dout[0:2]};
   end
endmodule
```

# 參考資料

1. G. Langholz, A. Kandel, and J. L. Mott, *Digital Logic Design,* Dubuque, Iowa: Wm C. Brown Publishers, 1988.

2. M. B. Lin, *Digital System Designs and Practices: Using Verilog HDL and FPGAs,* John Wiley & Sons, 2008.

3. M. B. Lin, *Microprocessor Principles and Applications: x86/x64 Family Software, Hardware, Interfacing, and Systems,* 5th ed., Taipei, Taiwan: Chuan Hwa Book Ltd., 2012.

4. M. B. Lin and S. T. Lin, *8051 Microcomputer Principles and Applications,* Taipei, Taiwan: Chuan Hwa Book Ltd., 2013.

5. E. J. McCluskey, *Logic Design Principles: with Emphasis on Testable Semi-custom Circuits,* Englewood Cliffs. New Jersey: Prentice-Hall, 1986.

6. C. H. Roth, *Fundamentals of Logic Design,* 4th ed., St. Paul, Minn.: West Publishing, 1992.

7. Texas Instrument, *The TTL Data Book,* Texas Instrument Inc., Dallas, Texas, 1986.

# 習題

**8-1** 設計下列各指定的計數器電路：

(1) 設計一個非同步模 16 正數計數器。

(2) 設計一個非同步模 16 倒數計數器。

(3) 利用 (1) 與 (2) 設計一個非同步模 16 正數/倒數計數器。

**8-2** 說明在非同步計數器中，正反器的時脈輸入端的觸發方式、輸出信號取出方式、與正反器的時脈輸入信號來源，對計數器操作模式的影響將如表 P8.1 所示。

表 P8.1

| $CK$ | 觸發來源 | 輸出 | 操作模式 | $CK$ | 觸發來源 | 輸出 | 操作模式 |
|------|---------|------|---------|------|---------|------|---------|
| ↓ | $Q$ | $Q$ | 正數 | ↑ | $Q$ | $Q$ | 倒數 |
| ↓ | $Q$ | $Q'$ | 倒數 | ↑ | $Q$ | $Q'$ | 正數 |
| ↓ | $Q'$ | $Q$ | 倒數 | ↑ | $Q'$ | $Q$ | 正數 |
| ↓ | $Q'$ | $Q'$ | 正數 | ↑ | $Q'$ | $Q'$ | 倒數 |

**8-3** 試以下列指定的正反器重做例題 8.1-6。

    (1) $JK$ 正反器                (2) $D$ 型正反器

    (3) $SR$ 正反器

**8-4** 利用 $JK$ 正反器，設計一個控制型同步 BCD 正數/倒數計數器電路。當控制端 $x$ 為 1 時為正數；$x$ 為 0 時為倒數。當計數器正數到 9 或是倒數到 0 時，輸出端 $z$ 輸出一個 1 的脈波，其它狀態，$z$ 的值均為 0。

**8-5** 利用下列指定的正反器，設計一個控制型同步模 6 二進制正數計數器。計數器的輸出序列依序為 $000 \rightarrow 001 \rightarrow 010 \rightarrow 011 \rightarrow 100 \rightarrow 101 \rightarrow 000$。當控制輸入端 $x$ 為 0 時，計數器暫停計數；$x$ 為 1 時，計數器正常計數。

    (1) $JK$ 正反器                (2) $T$ 型正反器

**8-6** 本習題為一個關於設計一個同步模 6 二進制正數計數器的問題，計數器的輸出序列依序為 $000 \rightarrow 001 \rightarrow 010 \rightarrow 011 \rightarrow 100 \rightarrow 101 \rightarrow 000$。回答下列問題：

    (1) 假設計數器為控制型而高電位啟動的控制信號為 $x$，使用 $D$ 型正反器執行此計數器。

    (2) 使用 $JK$ 正反器重做上述控制型計數器，並由 $JK$ 正反器的特性方程式求其激勵函數。

    (3) 假設計數器為自發型，使用 $D$ 型正反器執行此計數器。

    (4) 使用 $JK$ 正反器重做上述自發型計數器，並由 $JK$ 正反器的特性方程式求其激勵函數。

**8-7** 本習題為一個關於設計一個同步模 10 二進制正數計數器的問題，計數器的輸出序列依序為 $0000 \rightarrow 0001 \rightarrow 0010 \rightarrow 0011 \rightarrow 0100 \rightarrow 0101 \rightarrow 0110 \rightarrow 0111 \rightarrow 1000 \rightarrow 1001 \rightarrow 0000$。回答下列問題：

    (1) 假設計數器為控制型而高電位啟動的控制信號為 $x$，使用 $D$ 型正反器執行此計數器。

    (2) 使用 $JK$ 正反器重做上述控制型計數器，並由 $JK$ 正反器的特性方程式求其激勵函數。

    (3) 假設計數器為自發型，使用 $D$ 型正反器執行此計數器。

(4) 使用 $JK$ 正反器重做上述自發型計數器,並由 $JK$ 正反器的特性方程式
求其激勵函數。

**8-8** 設計一個自發型同步模 8 格雷碼正數計數器。計數器的輸出序列依序為 000
→ 001 → 011→ 010 → 110 → 111 → 101 → 100 → 000。分別使用 $JK$ 正反器
與 $T$ 型正反器執行。

**8-9** 設計一個自發型同步模 6 計數器。其輸出序列依序為 000 → 010→ 011 → 110
→ 101 → 100 → 000。分別使用下列指定的正反器執行。

(1) $D$ 型正反器                    (2) $T$ 型正反器

(3) $JK$ 正反器

**8-10** 設計一個自發型同步模 8 格雷碼倒數計數器。計數器的輸出序列依序為 000
→ 100 → 101→ 111 → 110 → 010 → 011 → 001 → 000。分別使用 $JK$ 正反器
與 $D$ 型正反器執行。

**8-11** 依據下列指定的方式,設計一個自發型同步模 16 二進制計數器,其輸出序
列依序為 0000→ 0001 → 0010→ ⋯→ 1111 → 0000。

(1) 第一級 (LSB) 使用 $T$ 型正反器

(2) 第二級使用 $SR$ 正反器

(3) 第三級使用 $D$ 型正反器

(4) 第四級 (MSB) 使用 $JK$ 正反器

**8-12** 分析圖 P8.1 的計數器電路:

(1) 該計數器為同步或是非同步電路?

(2) 計數器的輸出序列為何?

(3) 該計數器是否為一個自我更正計數器?

**8-13** 分析圖 P8.2 的同步計數器電路:

(1) 決定計數器的輸出序列。

(2) 求出計數器的狀態圖並說明是否為一個自我更正電路。

**8-14** 分析圖 P8.3 的計數器電路:

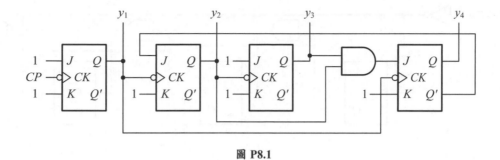

圖 P8.1

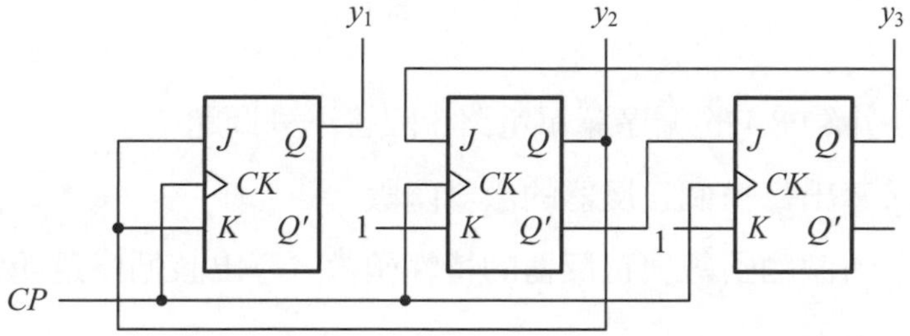

(a)

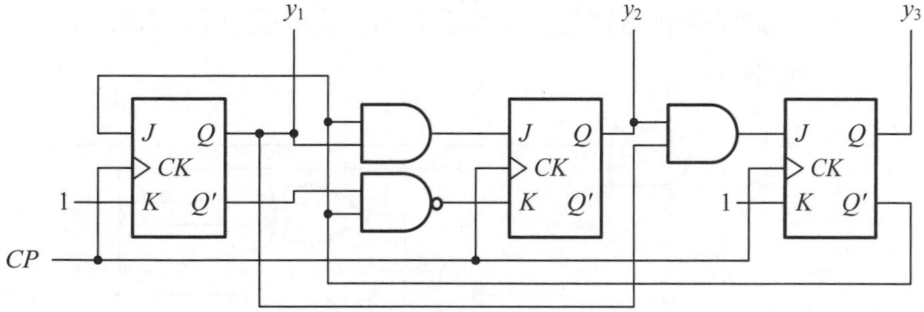

(b)

圖 P8.2

(1) 繪出計數器輸出的時序圖。

(2) 該計數器為同步或是非同步電路？

(3) 決定計數器的輸出序列。

(4) 證明此計數器電路與例題 8.1-15 的電路可以合併成一個正數與倒數計數器。試繪出完整的電路，並說明 CP 信號的控制方式。

(5) 利用上述原理，分析圖 8.1-20 的 SN74x193 同步計數器的動作。假設 AND 閘與正反器的傳播延遲分別為 $t_g$ 與 $t_{FF}$ (請參考例題 8.1-15)。

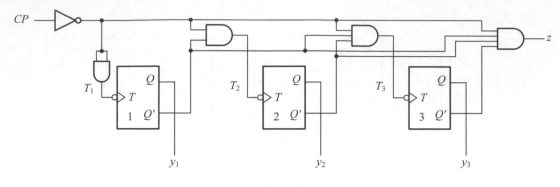

圖 P8.3

8-15 參考圖 P8.4 的循序邏輯電路，回答下列問題：

(1) 導出每一個正反器的激勵函數。

(2) 由激勵函數與正反器的特性函數，導出該循序邏輯電路的轉態函數與轉態表。

(3) 此循序邏輯電路是否為自我啟動？若不是，請修改它使成為自我啟動的電路。

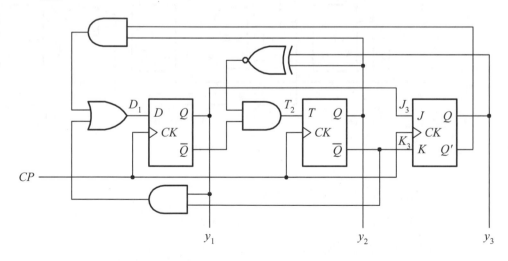

圖 P8.4

8-16 分別利用 SN74x163 與 SN74x193 等 MSI 計數器，設計一個模 6 計數器，其輸出序列依序為 0011 → 0100 → 0101 → 0110 → 0111 → 1000 → 0011 。

**8-17** 利用兩個 SN74x163 與邏輯閘(如果需要)，設計一個模 60 的二進制正數計數器。

**8-18** 利用一個 SN74x163 與一個 4 對 1 多工器和一些基本邏輯閘，設計一個可規劃模數計數器，其輸出序列依序為 0000 → 0001 → 0010 → $\cdots$。計數器的計數模式如下：

(1) 當 $S_1 S_0 = 00$ 時，為模 3；

(2) 當 $S_1 S_0 = 01$ 時，為模 6；

(3) 當 $S_1 S_0 = 10$ 時，為模 9；

(4) 當 $S_1 S_0 = 11$ 時，為模 12。

**8-19** 利用一個 SN74x193，設計一個模 5 倒數計數器，其輸出序列依序為 1011 → 1010 → 1001 → 1000 → 0111 → 1011。

**8-20** 分別使用下列指定方式，設計一個同步計數器，計數的計數序列為 0000、1000、1100、1010、1110、0001、1001、1101、1011、1111、0000、...。

(1) 使用 $SR$ 正反器、AND 閘、OR 閘

(2) 使用 $JK$ 正反器與 NAND 閘

(3) 使用 $D$ 型正反器與 NOR 閘

(4) 使用 $T$ 型正反器、AND 閘、OR 閘。

**8-21** 分析圖 P8.5 所示的計數器電路，並列出其模式控制與狀態表(或狀態圖)。

**8-22** 依據下列所述條件，分析圖 P8.6 所示的計數器電路，指出該計數器為模幾計數器？繪出其狀態圖，並觀察該計數器是否為自我啟動電路？

(1) 方塊 A 為一個二輸入 AND 閘。

(2) 方塊 A 為一個二輸入 OR 閘。

(3) 方塊 A 為一個二輸入 XOR 閘。

(4) 方塊 A 為一個二輸入 XNOR 閘。

**8-23** 利用圖 P8.5(a) 與 (b) 所示的計數器電路，設計下列計數器電路：

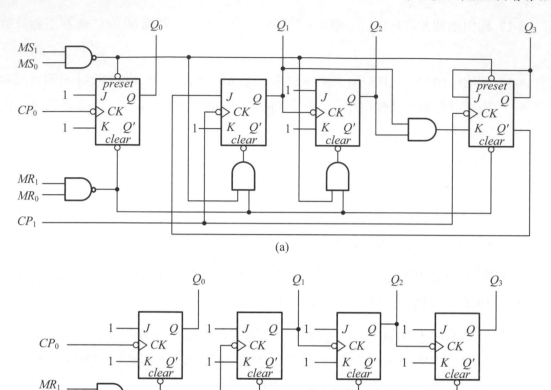

圖 P8.5

| | |
|---|---|
| (1) 模 4 計數器 | (2) 模 10 計數器 |
| (3) 模 16 計數器 | (2) 模 20 計數器 |
| (3) 模 32 計數器 | (2) 模 40 計數器 |

**8-24** 利用下列指定方式，設計一個具有並行載入控制的 4 位元暫存器：

(1) $D$ 型正反器        (2) $JK$ 正反器

**8-25** 分別設計一個序列產生器電路，使用最少數目的正反器，產生下列各個指定的非週期性輸出序列 (最右邊的位元為 LSB)：

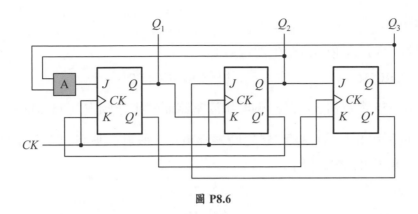

圖 P8.6

(1)　10101101(LSB)　　　　　　(2)　11101011

(3)　1010111011　　　　　　　　(4)　0101001011

**8-26** 分別設計一個序列產生器電路，使用最少數目的正反器，產生下列各個指定的週期性輸出序列(最右邊的位元為 LSB)：

(1)　101101 (LSB)　　　　　　　(2)　101011010

(3)　110101110　　　　　　　　(2)　10111011001

**8-27** 在圖 8.3-6(c) 的模 4 標準環型計數器中，若將 $D_0$ 的函數改為 $(w+x+y)'$，則該電路成為自我更正電路，試繪其狀態圖證明之，並且證明當該計數器一旦進入不成立的計數序列時，最多只需要四個時脈即可以回到正常的計數迴圈上。

**8-28** 繪出圖 8.3-8(c) 的模 8 扭環計數器的狀態圖，證明該電路不是一個自我更正電路。

**8-29** 在圖 8.3-8(c) 的模 8 扭環計數器中，若將 $D_2$ 的函數改為 $(w+y)x$，則該電路為一個自我更正電路，試求出該電路修正後的狀態圖證明之，並且說明當電路一旦進入不成立的計數序列時，最多需要多少個時脈才可以回到正常的計數序列迴圈中。

**8-30** 試說明圖 8.3-16(a) 的電路能產生 CRC-16 的餘式，並且加上適當的邏輯電路後，也可以檢查 CRC-16 的餘式，並且指示是否有錯誤發生。試設計其邏輯電路。

**8-31** 設計下列各 CRC-16 產生器電路：

(1) CRC-16                           (2) CRC-CCITT

**8-32** 利用 555 定時器，設計一個非穩態電路而其工作頻率為 75 kHz。

**8-33** 分別利用 SN74x123 與 555 定時器等電路，設計一個可以產生下列指定脈波寬度輸出的單擊電路：

(1) 20 $\mu$s                         (2) 35 $\mu$s

(3) 1 ms                             (4) 10 ms

**8-34** 修改圖 8.4-11 的數位單擊電路，使成為可重複觸發方式，即在未完成目前的輸出之前可以再被觸發而重新產生預先設定的輸出脈波寬度。

**8-35** 設計一個可規劃數位單擊電路，其輸出脈波的寬度可以由開關選擇性的設定為 1 到 15 個脈波週期的範圍，而且電路必須為可重複觸發的方式。

**8-36** 設計一個時序產生器電路，產生圖 P8.7 所示的各組時序信號，假設這些信號均為週期性信號，其週期分別如圖中所標示。

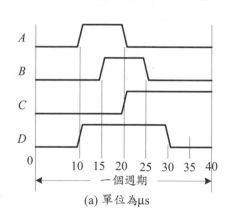

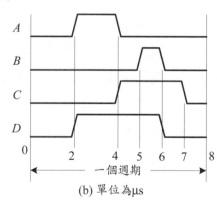

圖 **P8.7**

**8-37** 圖 P8.8(a) 為使用 CMOS NOR 閘組成的單擊電路：

(1) 若 $V_{in}$ 電壓波形如圖 P8.8(b) 所示，試繪出 $V_{o1}$、$V_x$、$V_{o2}$ 的電壓波形。

(2) 求輸出脈波的寬度 (即表為 $R_x$ 與 $C_x$ 的函數)。

(3) 若 $V_{DD} = 5$ V、$V_{TH} = 2.5$ V、$R_x = 10$ kΩ、$C_x = 0.001$ $\mu$F，則輸出脈波寬度為多少 ms？

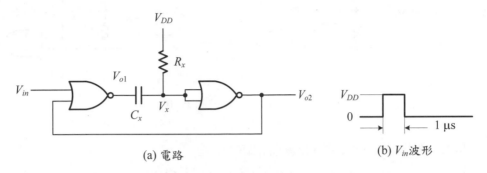

(a) 電路　　　　　　　　　　　　　(b) $V_{in}$ 波形

圖 **P8.8**

**8-38** 圖 P8.9 為使用 CMOS NOR 閘組成的非穩態電路：

(1) 繪出 $V_x$、$V_{o1}$、$V_{o2}$ 的電壓波形。

(2) 求電路的震盪頻率 (即表為 $R_x$ 與 $C_x$ 的函數)。

(3) 若 $V_{DD} = 5$ V、$V_{TH} = 2.5$ V、$R_x = 10$ kΩ、$C_x = 0.001$ $\mu$F，則電路的震盪頻率為多少 Hz？

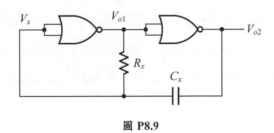

圖 **P8.9**

**8-39** 圖 P8.10 所示為分別使用 NOR 閘與 NAND 閘組成的開關防彈 (switch debouncing) 電路，試解釋其原理。

**8-40** 試寫一個 Verilog HDL 程式，描述例題 8.1-11 的自發型同步模 5 計數器，並且設計一個測試標竿程式，驗證所撰寫的程式正確無誤。

**8-41** 試寫一個 Verilog HDL 程式，描述例題 8.1-13 的自我更正模 3 同步計數器，並且設計一個測試標竿程式，驗證所撰寫的程式正確無誤。

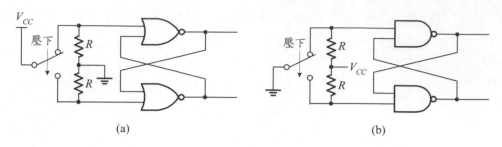

(a)                                                                     (b)

圖 P8.10

**8-42** 考慮例題 8.1-15 的計數器電路：

    (1) 假設 AND 閘與正反器的傳播延遲分別為 2 ns 與 5 ns，試寫一個 Verilog HDL 程式，描述圖 8.1-16(a) 的計數器電路。

    (2) 試寫一個測試標竿程式，測試 (1) 的計數器電路。將得到的時序圖與圖 8.1-16(b) 作一比較。

**8-43** 試寫一個 Verilog HDL 程式，描述例題 8.3-5 的模 4 標準環型計數器，並且設計一個測試標竿程式，驗證所撰寫的程式正確無誤。

**8-44** 試寫一個 Verilog HDL 程式，描述例題 8.3-6 的模 8 扭環 (詹森) 計數器，並且設計一個測試標竿程式，驗證所撰寫的程式正確無誤。

**8-45** 試寫一個 Verilog HDL 程式，描述例題 8.3-7 的模 7 扭環 (詹森) 計數器，並且設計一個測試標竿程式，驗證所撰寫的程式正確無誤。

# 9 非同步循序邏輯設計

在同步循序邏輯電路中，電路內部狀態的改變是由時脈信號所驅動的；在非同步循序邏輯電路中，由於並未使用時脈信號，電路內部狀態的改變則是由輸入信號所引起的。雖然非同步循序邏輯電路的設計遠較同步循序邏輯電路困難，但是在下列場合中，通常必須使用非同步循序邏輯電路：

1. 沒有同步脈波可以使用的場合；
2. 在較大型的同步數位系統中，常常需要其中的一些電路模組工作於非同步的方式，以加快整個系統的動作。
3. 在同步循序邏輯電路中所使用的正反器也是非同步循序邏輯電路。

因此，在本章中，將討論非同步循序邏輯電路的設計、分析與狀態指定等問題。

## 9.1 非同步循序邏輯電路設計與分析

在非同步循序邏輯電路中，常用的電路設計模式有兩種類型：基本模式 (fundamental mode) 與脈波模式 (pulse mode)。前者的輸入信號為位準 (level)；後者為脈波 (pulse)。至於輸出信號為脈波或是位準，則由電路是採用 Mealy 機或是 Moore 機而定。

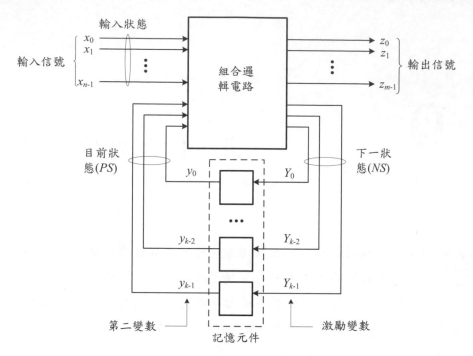

**圖 9.1-1:** 非同步循序邏輯電路基本模式

## 9.1.1 電路基本模式

在同步循序邏輯電路中，內部狀態的改變是由時脈信號所觸發的；在非同步循序邏輯電路中，由於並未使用時脈信號，其內部狀態的改變，則直接由輸入信號的變化所觸發。

非同步循序邏輯電路的基本模式如圖9.1-1所示。基本上，它和同步循序邏輯電路相同，但是沒有時脈信號。組合邏輯電路接收輸入信號$(x_0, x_1, \ldots, x_{n-1})$與目前狀態(即記憶元件的輸出信號$y_0, y_1, \ldots, y_{k-1}$)後，產生輸出信號$(z_0, z_1, \ldots, z_{m-1})$與下一狀態信號$(Y_0, Y_1, \ldots, Y_{k-1})$。記憶元件可以使用延遲元件或是門閂電路(例如$SR$門閂與$D$型門閂)，請參考第7.1.3節。

在非同步循序邏輯電路中，輸入信號$x_0, x_1, \ldots, x_{n-1}$的二進制值的組合通常稱為輸入狀態 (input state)；記憶元件的輸出信號$y_0, y_1, \ldots, y_{k-1}$的二進制值的組合稱為第二狀態 (secondary state)，或是內部狀態 (internal state)。變數

$y_0, y_1, \ldots, y_{k-1}$ 稱為第二或是內部 (secondary or internal) 變數；變數 $Y_0, Y_1, \ldots, Y_{k-1}$ 稱為激勵變數 (excitation variable)。輸入信號 $x_0, x_1, \ldots, x_{n-1}$ 與記憶元件的輸出信號 $y_0, y_1, \ldots, y_{k-1}$ 的二進制值的組合稱為全體狀態 (total state)。

由於電路沒有時脈信號的同步，因此在某一個輸入狀態改變之後，組合邏輯電路產生下一狀態，經過一段時間 $\Delta t$，記憶元件的輸出 $y_i$ 才穩定而等於 $Y_i$，此時電路才進入所謂的穩定狀態 (stable state)。一般而言，在非同步循序邏輯電路中，當 $y_i = Y_i$ 時，其中 $i = 0$、$1$、$\ldots$、$k-1$ 時，電路才稱為在穩定狀態。若希望一個非同步循序邏輯電路的行為是可以預測的，則輸入狀態必須在電路的穩定狀態下才可以改變。

**9.1.1.1 基本模式電路** 若一個非同步循序邏輯電路的輸入信號為位準信號，則稱為基本模式電路。為了確保電路能正常工作，輸入信號必須符合下列基本假設：

1. 每次只有一條輸入線改變狀態。
2. 連續的兩個輸入信號的改變的時間間隔，至少必須等於最慢的記憶元件所需要的轉態時間，即必須在電路的穩定狀態下，輸入信號才能發生改變。

基本模式電路中所用的記憶元件，有延遲元件、直接連接 (即傳播延遲為 0)、門閂電路 (例如 $SR$ 門閂或是 $D$ 型門閂) 等。

**9.1.1.2 脈波模式電路** 若一個非同步循序邏輯電路的輸入信號為脈波信號，則稱為脈波模式電路。為了使電路能正常工作，輸入信號必須符合下列基本假設：

1. 每次只能有一條輸入線產生脈波。因為沒有同步的時脈信號，兩條輸入線同時產生脈波的機率相當小。
2. 兩個脈波發生的時間間隔，至少必須等於最慢的記憶元件所需要的轉態時間。
3. 輸入信號只以非補數形式出現在電路中，因為脈波只有出現與不出現兩種。

此外，輸入脈波的寬度必須滿足下列兩項限制：

1. 脈波寬度必須足夠長，以令記憶元件轉態。

2. 脈波寬度必須足夠短，以在記憶元件轉態之後，即不再存在，因而可以確保每一個輸入脈波只引起一次記憶元件的轉態。

　　脈波模式電路使用門閂(例如 $SR$ 門閂或是 $D$ 型門閂)當做記憶元件，除了上述限制之外，其設計與分析方式與同步循序邏輯電路相同(第 9.1.3 與第 9.1.4 節)。

✔學習重點

**9-1.** 在非同步循序邏輯電路中，常用的電路設計模式有那兩種類型？

**9-2.** 何謂脈波模式電路？

**9-3.** 何謂基本模式電路？

**9-4.** 在基本模式電路中，輸入信號必須符合什麼假設？

## 9.1.2 基本模式電路設計

　　在設計同步循序邏輯電路時，首先由電路的輸出與輸入信號關係，導出狀態圖(或是狀態表)，然後進行其它有系統性的步驟(第 7.2.1 節)；在設計基本模式電路時，則由電路的輸出與輸入信號關係，導出基本流程表 (primitive flow table)，然後進行其它有系統性的步驟。基本流程表相當於同步循序邏輯電路中的狀態表。

**9.1.2.1 基本流程表**　基本流程表和狀態表基本上是相同的，但是前者能反應出基本模式電路的基本假設，其特性為每一個列只有一個穩定狀態。一般而言，基本流程表的建立方法如下：

**■ 演算法 9.1-1: 基本流程表的建立方法**

1. 每一個列表示一個穩定狀態，每一個行代表一個輸入信號的組合。若某一個輸入組合是不允許時，則置入 "-" 符號。

2. 每次輸入信號改變時，即由目前的穩定狀態做水平方向的移動，直到對應的輸入組合所在的行為止。

3. 電路的內部狀態的改變則反應在垂直方向上的移動。

4. 若欲加入一個新的穩定狀態時，在輸入組合對應的行之下，產生一個新
   的列。任何由穩定狀態開始的移動只能由輸入信號引起。

現在舉一個實例說明如何建立基本流程表。

## ■ 例題 9.1-1 (NOR 閘 SR 門閂設計)

利用 NOR 閘，設計一個基本模式電路，其輸出與輸入信號的關係如圖 9.1-2
所示。當輸入端 $S$ 的值為 1 時，輸出端 $Q$ 的值即為 1，並且維持在 1，直到輸入
端 $R$ 的值為 1 時，才下降為 0。在任何時候，輸入端 $S$ 與 $R$ 的值不能同時為 1。

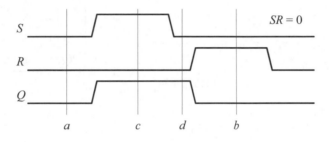

**圖 9.1-2:** 例題 9.1-1 的時序圖

**解：** 在建立基本流程表時，首先必須假定一個初始的穩定狀態，如圖 9.1-3(a)
所示，假定為 $a$。當輸入端 $SR$ 的值由 00 變為 01 時，進入狀態 $b$，經過一段時間
後，電路停留在穩定狀態 $b$。在基本流程表中穩定狀態通常以 ⓧ 表示；非穩定
狀態則以 x 表示。在穩定狀態 $a$ 時，若輸入端 $SR$ 的值由 00 變為 10 時，則電路
將使輸出端 $Q$ 的值為 1，令其進入狀態 $c$；在穩定狀態 $b$ 時，若輸入端 $SR$ 的值變
為 00 時，則輸出端 $Q$ 的值依然為 0，因而回到狀態 $a$。由於輸入端 $SR$ 的值不可
能為 10 (因為輸入端 $SR$ 的值不能同時改變，即由 $01 \rightarrow 10$)，所以在輸入端 $SR$
的值為 10 的行與狀態為 $b$ 的列之交點上置入 "-"。在穩定狀態 $c$ 時，其輸出端 $Q$
的值為 1，若此時輸入端 $SR$ 的值為 00 時，則輸出端 $Q$ 的值依然為 1，因此必須
以另一個穩定狀態 $d$ 表示。由於輸入端 $SR$ 的值不可能為 01 (即由 $10 \rightarrow 01$)，所
以在輸入端 $SR$ 的值為 01 與穩定狀態 $c$ 的交點上，置入 "-"；在穩定狀態 $d$ 時，
若輸入端 $SR$ 的值為 01 時，則輸出端 $Q$ 的值將變為 0，因而回到狀態 $b$，若輸入
端 $SR$ 的值為 10 時，則輸出端 $Q$ 的值依然為 1，因而回到狀態 $c$。完整的基本流
程表如圖 9.1-3(a) 所示；圖 9.1-3(b) 為 Moore 機類型的基本流程表。

SR由00變為01

| PS | SR<br>00 | NS,Q<br>01 | 11 | 10 |
|---|---|---|---|---|
| a | ⓐ,0 | b ,0 | | c, 1 |
| b | a, 0 | ⓑ,0 | | - |
| c | d, 1 | - | - | ⓒ,1 |
| d | ⓓ,1 | b ,0 | | c, 1 |

內部狀態改變

SR的值不能同時改變

SR的值不能同時為1

(a) Mealy機

| PS | SR<br>00 | NS<br>01 | 11 | 10 | Q |
|---|---|---|---|---|---|
| a | ⓐ | b | | c | 0 |
| b | a | ⓑ | - | - | 0 |
| c | d | - | - | ⓒ | 1 |
| d | ⓓ | b | | c | 1 |

(b) Moore機

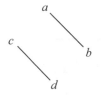

(c) 圖(b)的隱含圖

| PS | SR<br>00 | NS<br>01 | 11 | 10 | Q |
|---|---|---|---|---|---|
| A(ab) | A | A | - | B | 0 |
| B(cd) | B | A | - | B | 1 |

(d) 簡化流程表

| y | SR<br>00 | Y<br>01 | 11 | 10 | Q |
|---|---|---|---|---|---|
| 0 | 0 | 0 | - | 1 | 0 |
| 1 | 1 | 0 | - | 1 | 1 |

(e) 轉態表與輸出表

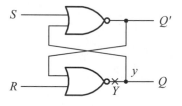

(f) 邏輯電路

**圖 9.1-3:** NOR 閘 SR 門閂

　　利用圖9.1-3(c)的隱含圖化簡後，得到圖9.1-3(d)的簡化流程表(reduced flow table)。由於只有兩個狀態，只需要一個記憶元件即可。若假設第二變數為 $y$，並將狀態 $A$ 與 $B$ 分別指定為0與1後，得到圖9.1-3(e)的轉態表與輸出表。注意輸出端 $Q$ 與狀態 $y$ 的值相同。利用卡諾圖化簡後，得到激勵與輸出函數：

$$Y = SR' + R'y = R'(S+y) = [R+(S+y)']'$$

$$Q = y$$

結果的邏輯電路如圖9.1-3(f)所示。

**9.1.2.2 輸出值的指定** 當 Mealy 機型式的基本模式電路由一個穩定狀態轉態到另一個穩定狀態時，若這兩個穩定狀態的輸出值相同，則在轉態時的輸出值也必須與這些穩定狀態的輸出值相同，否則將造成突波；若兩個穩定狀態的輸出值不相同時,則在轉態時的輸出值通常依照下列方式決定:需要輸出值儘快改變或是儘慢改變。但是,若輸出值改變的相對時序不重要時,則在轉態時的輸出值的選擇,以方便簡化輸出函數為原則。例如在圖 9.1-3(a) 的基本流程表中,由穩定狀態 $a$ 轉態到穩定狀態 $b$ 時,其轉態 $b$ 的輸出值必須指定為 0;由穩定狀態 $c$ 轉態到穩定狀態 $d$ 時,其轉態 $d$ 的輸出值必須指定為 1;由穩定狀態 $a$ 轉態到穩定狀態 $c$ 或是由穩定狀態 $d$ 轉態到穩定狀態 $b$ 時,其輸出值的指定則無關緊要,圖中的指定方式是以簡化輸出函數為原則。

**9.1.2.3 基本模式電路設計程序** 一般而言,基本模式電路的設計程序可以歸納如下:

### ■ 演算法 9.1-3: 基本模式電路的設計程序

1. 基本流程表:依據電路需要的動作描述,建立基本流程表。
2. 簡化流程表:利用隱含圖(或是隱含表)求得簡化流程表。
3. 轉態表與輸出表:做狀態指定並導出轉態表與輸出表。
4. 激勵表:指定記憶元件、導出激勵表。
5. 激勵函數與輸出函數:使用卡諾圖化簡激勵表與輸出表,以求得激勵與輸出函數。
6. 邏輯電路:執行激勵與輸出函數,並繪出邏輯電路。

現在舉一些實例,說明上述設計步驟。

### ■ 例題 9.1-2 (NAND 閘 $SR$ 門閂設計)

利用 NAND 閘,設計一個基本模式電路,其輸出與輸入信號的時序關係,如圖 9.1-4 所示。當輸入端 $S$ 的值為 0 時,輸出端 $Q$ 的值即為 1,並且維持在 1,直到輸入端 $R$ 的值為 0 時,才下降為 0。任何時候,輸入端 $R$ 與 $S$ 的值不能同時為 0。

**解:** 詳細步驟如下:

步驟 1: 依據題意,使用與例題 9.1-1 相似的方法,得到圖 9.1-5(a) 的基本流程表。注意:在此例題中,由於輸入端 $R$ 與 $S$ 的值不能同時為 0,在基本流程表中的 $SR = 00$ 一欄中的下一狀態均為禁止,並且標示為 ”-”。

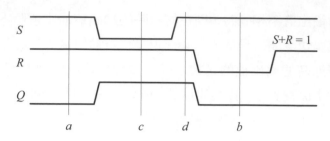

**圖 9.1-4:** 例題 9.1-2 的時序圖

步驟 2：　利用圖 9.1-5(b) 的隱含圖化簡後，得到圖 9.1-5(c) 的簡化流程表。

步驟 3：　使用下列狀態指定：$A = 0$；$B = 1$，得到圖 9.1-5(d) 的轉態表與輸出表。

步驟 4：　假定使用直接連接方式，則激勵表與轉態表相同。

步驟 5：　利用卡諾圖化簡後得到激勵與輸出函數：

$$Y = S' + Ry = S' + [(Ry)']' = [S(Ry)']'$$

$$Q = y$$

步驟 6：　結果的邏輯電路如圖 9.1-5(e) 所示。

---

$SR$ 門閂的兩種電路型式的特性表與激勵表分別如圖 7.1-9 與 7.1-10 所示。其它門閂電路(例如 $D$ 型門閂與 $JK$ 門閂)均可以依照上述討論的方法設計(留做習題)。在非同步循序邏輯電路中，延遲元件與 $SR$ 門閂為最常用的記憶元件。當使用延遲元件為記憶元件時，通常在激勵函數 $Y$ 與第二變數 $y$ 之間直接連接，而並未真正加上延遲元件，因為由第二變數 $y$ 與激勵函數 $Y$ 之間的組合邏輯電路，已經提供了足夠的延遲。下列將以這兩種記憶元件為例，討論一些正反器電路的設計原理。

### ■ 例題 9.1-3 (閘控 D 型門閂設計)

設計一個閘控 $D$ 型門閂電路，電路有兩個輸入端 $D$ 與 $C$ 及一個輸出端 $Q$。當輸入端 $C$ 的值為 1，而且輸入端 $D$ 的值也為 1 時，輸出端 $Q$ 的值為 1；當輸入端 $C$ 的值為 1，而且輸入端 $D$ 的值為 0 時，輸出端 $Q$ 的值為 0；當輸入端 $C$ 的值為 0 時，輸出端 $Q$ 的值維持在 $C = 1$ 時的值。

| PS | SR 00 | NS 01 | 11 | 10 | Q |
|----|----|----|----|----|---|
| a | - | c | ⓐ | b | 0 |
| b | - | - | a | ⓑ | 0 |
| c | - | ⓒ | d | - | 1 |
| d | - | c | ⓓ | b | 1 |

(a) 基本流程表

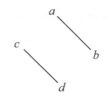

(b) 圖(a)的隱含圖

| PS | SR 00 | NS 01 | 11 | 10 | Q |
|----|----|----|----|----|---|
| A(ab) | - | B | A | A | 0 |
| B(cd) | - | B | B | A | 1 |

(c) 簡化流程表

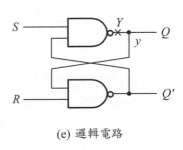

(e) 邏輯電路

| y | SR 00 | Y 01 | 11 | 10 | Q |
|---|----|----|----|----|---|
| 0 | - | 1 | 0 | 0 | 0 |
| 1 | - | 1 | 1 | 0 | 1 |

(d) 轉態表與輸出表

**圖 9.1-5:** NAND 閘 SR 門閂

**解：**依據題意，得到圖 9.1-6(a) 基本流程表，經過圖 9.1-6(b) 的隱含圖化簡後，得到圖 9.1-6(c) 的簡化流程表。若使用下列狀態指定：$A = 0$、$B = 1$，則得到圖 9.1-6(d) 的轉態表與輸出表。若使用直接連接的執行方式，則直接由轉態表與輸出表得到：

$$Y = DC + C'y$$

$$Q = y$$

結果的邏輯電路如圖 9.1-6(e) 所示。

另一種執行方式為使用 $SR$ 門閂。使用 NOR 閘 $SR$ 門閂執行時的激勵表與輸出表如圖 9.1-6(f) 所示。利用卡諾圖化簡後，得到激勵與輸出函數：

$$S = DC \qquad\qquad R = D'C$$

$$Q = y$$

結果的邏輯電路如圖 9.1-6(g) 所示。

閘控 $D$ 型門閂的特性表與激勵表和 $D$ 型正反器相同，如圖 7.1-15 所示。

| PS | CD<br>00 | NS<br>01 | 11 | 10 | Q |
|---|---|---|---|---|---|
| a | ⓐ | b | - | c | 0 |
| b | a | ⓑ | d | - | 0 |
| c | a | - | d | ⓒ | 0 |
| d | - | e | ⓓ | c | 1 |
| e | f | ⓔ | d | - | 1 |
| f | ⓕ | e | - | c | 1 |

(a) 基本流程表

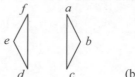

(b) 圖(a)的隱含圖

| PS | CD<br>00 | NS<br>01 | 11 | 10 | Q |
|---|---|---|---|---|---|
| A(abc) | A | A | B | A | 0 |
| B(def) | B | B | B | A | 1 |

(c) 簡化流程表

| y | CD<br>00 | Y<br>01 | 11 | 10 | Q |
|---|---|---|---|---|---|
| 0 | 0 | 0 | 1 | 0 | 0 |
| 1 | 1 | 1 | 1 | 0 | 1 |

(d) 轉態表與輸出表

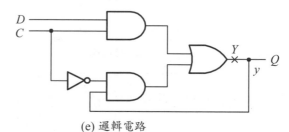

(e) 邏輯電路

| y | CD<br>00 | SR<br>01 | 11 | 10 | Q |
|---|---|---|---|---|---|
| 0 | 0$\phi$ | 0$\phi$ | 10 | 0$\phi$ | 0 |
| 1 | $\phi$0 | $\phi$0 | $\phi$0 | 01 | 1 |

(f) 使用NOR閘$SR$門閂的激勵表與輸出表

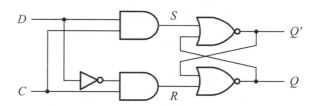

(g) 使用NOR閘$SR$門閂執行的邏輯電路

**圖 9.1-6:** 閘控 $D$ 型門閂

## ■ 例題 9.1-4 (主從式 $D$ 型正反器設計)

利用 NAND 閘 $SR$ 門閂,設計一個主從式 $D$ 型正反器電路。電路具有兩個輸入端 $C$ 與 $D$ 及一對互補的輸出端 $Q$ 與 $Q'$。在輸出端 $Q$ 的值為 0 時,若輸入端 $C$ 與 $D$ 的值一旦皆為 1 之後,只要輸入端 $C$ 的值下降為 0,輸出端 $Q$ 的值即為 1,而與輸入端 D 的值無關;在輸出端 $Q$ 的值為 1 時,若輸入端 $C$ 與 $D'$ 的值一旦皆為 1 之後,只要輸入端 $C$ 的值下降為 0,輸出端 $Q$ 的值即為 0,而與輸入端 $D$ 的值無關。

**解:** 依據題意,得到圖 9.1-7(a) 的基本流程表,經過圖 9.1-7(b) 的隱含圖化簡

| PS | CD NS 00 | 01 | 11 | 10 | Q |
|---|---|---|---|---|---|
| a | ⓐ | b | - | c | 0 |
| b | a | ⓑ | d | - | 0 |
| c | a | - | d | ⓒ | 0 |
| d | - | f | ⓓ | e | 0 |
| e | g | - | d | ⓔ | 0 |
| f | g | ⓕ | h | - | 1 |
| g | ⓖ | f | - | i | 1 |
| h | - | f | ⓗ | i | 1 |
| i | a | - | j | ⓘ | 1 |
| j | - | b | ⓙ | i | 1 |

(a) 基本流程表

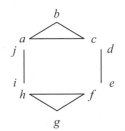

(b) 圖(a)的隱含圖

| PS | CD NS 00 | 01 | 11 | 10 | Q |
|---|---|---|---|---|---|
| A(abc) | A | A | B | A | 0 |
| B(de) | C | C | B | B | 0 |
| C(fgh) | C | C | C | D | 1 |
| D(ij) | A | A | D | D | 1 |

(c) 簡化流程表

| $y_1y_2$ | CD $Y_1Y_2$ 00 | 01 | 11 | 10 | Q |
|---|---|---|---|---|---|
| A(00) | 00 | 00 | 01 | 00 | 0 |
| B(01) | 11 | 11 | 01 | 01 | 0 |
| C(11) | 11 | 11 | 11 | 10 | 1 |
| D(10) | 00 | 00 | 10 | 10 | 1 |

(d) 轉態表與輸出表

| $y_1y_2$ | CD $S_1R_1 S_2R_2$ 00 | 01 | 11 | 10 | Q |
|---|---|---|---|---|---|
| 00 | 1φ1φ | 1φ1φ | 1φ01 | 1φ1φ | 0 |
| 01 | 01φ1 | 01φ1 | 1φφ1 | 1φφ1 | 0 |
| 11 | φ1φ1 | φ1φ1 | φ1φ1 | φ110 | 1 |
| 10 | 101φ | 101φ | φ11φ | φ11φ | 1 |

(e) 使用NAND閘$SR$門閂的激勵表與輸出表

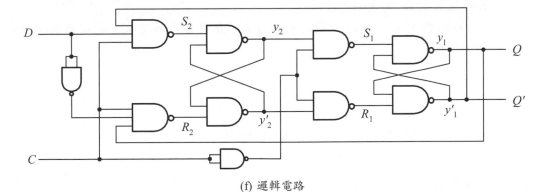

(f) 邏輯電路

**圖 9.1-7:** 主從式 $D$ 型正反器

後得到圖 9.1-7(c) 的簡化流程表，使用下列狀態指定方式：$A = 00$、$B = 01$、$C = 11$、$D = 10$，得到圖 9.1-7(d) 的轉態表與輸出表，圖 9.1-7(e) 為使用 NAND 閘 $SR$ 門閂的激勵表。利用卡諾圖化簡後，得到 $SR$ 門閂的激勵與輸出函數：

$$S_1 = C + y_2' = (C'y_2)' \qquad\qquad R_1 = C + y_2 = (C'y_2')'$$
$$S_2 = C' + D' + y_1 = (CDy_1')' \qquad R_2 = C' + D + y_1' = (CD'y_1)'$$
$$Q = y_1$$

結果的邏輯電路如圖 9.1-7(f) 所示。

---

### ■ 例題 9.1-5 (正緣觸發 D 型正反器設計)

　　正緣觸發的 $D$ 型正反器具有兩個輸入端 $D$ 與 $C$ 及一個輸出端 $Q$。若輸入端 $D$ 的值為 1，而且輸入端 $C$ 的值由 0 變為 1 時，輸出端 $Q$ 的值為 1；若輸入端 $D$ 的值為 0，而且輸入端 $C$ 的值由 0 變為 1 時，輸出端 $Q$ 的值為 0；其它輸入組合，則輸出端 $Q$ 的值保持不變。利用 NAND 閘 $SR$ 門閂設計此一正反器電路。

**解：**依據題意，得到圖 9.1-8(a) 的基本流程表，利用圖 9.1-8(b) 的隱含圖化簡後，得到圖 9.1-8(c) 的簡化流程表。由於輸出端 $Q(t+1)$ 具有三個值：$Q(t)$、0、1。因此，輸出端使用一個 NAND 閘 $SR$ 門閂電路，然後電路輸出 $y_1$ 與 $y_2$ 則直接加於門閂電路的 $S$ 與 $R$ 輸入端，使其產生需要的輸出值，所以使用下列狀態指定：

$$A = 11 \qquad\qquad B = 10 \qquad\qquad C = 01$$

其轉態表如圖 9.1-8(d) 所示。

　　若 $Y_1$ 與 $Y_2$ 使用直接連接的執行方式，則直接由轉態表，利用圖 9.1-8(e) 的卡諾圖化簡後，得到激勵函數：

$$Y_1 = C' + y_1 D' + y_1 y_2' = C' + y_1 (D' + y_2')$$
$$= C' + y_1 (y_2 D)' = \{C[y_1(Dy_2)']'\}'$$
$$Y_2 = C' + y_1' + y_2 D = (Cy_1)' + y_2 D$$
$$= [(Cy_1)(y_2 D)']'$$

結果的邏輯電路如圖 9.1-8(f) 所示。

---

　　一般而言，使用直接連接的執行方式的設計過程較簡單，但是組合邏輯部分的電路較複雜，並且在電路中常常有邏輯突波的問題必須處理；使用門

| $PS$ | $CD$ $NS$ 00 | 01 | 11 | 10 | $Q$ |
|---|---|---|---|---|---|
| $a$ | ⓐ | $b$ | - | $c$ | $Q(t)$ |
| $b$ | $a$ | ⓑ | $d$ | - | $Q(t)$ |
| $c$ | $a$ | - | $f$ | ⓒ | 0 |
| $d$ | - | $b$ | ⓓ | $e$ | 1 |
| $e$ | $a$ | - | $d$ | ⓔ | 1 |
| $f$ | - | $b$ | ⓕ | $c$ | 0 |

(a) 基本流程表

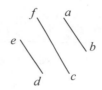

(b) 圖(a)的隱含圖

| $PS$ | $CD$ $NS$ 00 | 01 | 11 | 10 | $Q$ |
|---|---|---|---|---|---|
| $A(ab)$ | $A$ | $A$ | $C$ | $B$ | $Q(t)$ |
| $B(cf)$ | $A$ | $A$ | $B$ | $B$ | 0 |
| $C(de)$ | $A$ | $A$ | $C$ | $C$ | 1 |

(c) 簡化流程表

| $y_1y_2$ | $CD$ $Y_1Y_2$ 00 | 01 | 11 | 10 | $Q$ |
|---|---|---|---|---|---|
| 11 | 11 | 11 | 01 | 10 | $Q(t)$ |
| 10 | 11 | 11 | 10 | 10 | 0 |
| 01 | 11 | 11 | 01 | 01 | 1 |

(d) 轉態表與輸出表

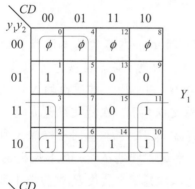

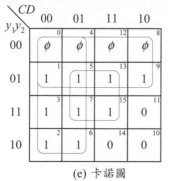

(e) 卡諾圖

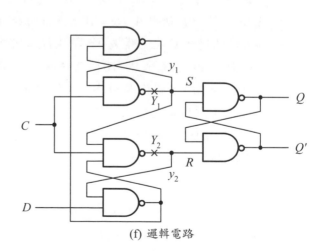

(f) 邏輯電路

**圖 9.1-8:** 正緣觸發 $D$ 型正反器

閂電路的執行方式的設計過程較為複雜，但是組合邏輯部分的電路較簡單，並且可以避免邏輯突波的影響(例題 9.1-3)。

## ■ 例題 9.1-6 (雙向中繼器設計)

設計一個雙向中繼器(bidirectional repeater)電路，它具有兩個輸入端 $A$ 與 $B$ 及兩個輸出端 $A$ 與 $B$ (即 $A$ 與 $B$ 均為雙向信號線)，如圖 9.1-9 所示。電路的動作如下：只在輸入端 $A$ 與 $B$ 的值均為 1 時，信號才可以傳送，而且每次只允許在任一個方向上進行。換句話說，當輸入端 $A$ 與 $B$ 的值均為 1 時，若輸入端 $A$ 的值變為 0，則輸出端 $B$ 的值也變為 0，即信號由輸入端 $A$ 傳送到輸出端 $B$；當輸入端 $A$ 與輸入端 $B$ 的值均為 1 時，若輸入端 $B$ 的值為 0，則輸出端 $A$ 的值也變為 0，即信號由輸入端 $B$ 傳送到輸出端 $A$。

**圖 9.1-9:** 例題 9.1-6 的方塊圖

**解：** 依據題意，假設電路方塊圖如圖 9.1-10(a) 所示。電路的基本流程表如圖 9.1-10(b) 所示，由於電路只在輸入端 $A$ 與 $B$ 的值均為 1 時，信號才可以傳送，所以初始全體狀態為 $(PSA_iB_i) = (a11)$，當 $A_iB_i = 01$ 時，信號由輸入端 $A$ 向輸出端 $B$ 傳送，因此 $A_oB_o = 10$，電路進入穩定狀態 $b$。在穩定狀態 $b$ 時，因 $A_iB_i = 01$ 而其輸出 $A_oB_o = 10$，並且由於 $A_i$ 與 $A_o$ 及 $B_i$ 與 $B_o$ 為同一條線，因此當 $B_o = 0$ 時，$B_i$ 也隨著為 0，即 $A_iB_i = 00$，電路進入狀態 $d$，然後 $A_i$ 恢復為 1，但此時 $B_i$ 由於 $B_o$ 依然為 0 因此也為 0，電路進入狀態 $f$。最後 $B_o$ 恢復為 1 因而 $B_i$ 也恢復為 1，電路順利將 $A$ 的信號傳送到 $B$ 而且回到狀態 $a$。信號由 $B$ 向 $A$ 傳送的情形和上述類似，但在流程表中是沿著狀態 $c$、$e$、$g$，然後回到 $a$。

利用圖 9.1-10(c) 的隱含圖化簡後，得到圖 9.1-10(d) 的簡化流程表。使用如圖 9.1-10(e) 所示方式的狀態指定，並由圖 9.1-10(f) 的卡諾圖化簡後，得到激勵函數：

$$A_0 = Y_1 = y_2' + A_iB_i + B_iy_1$$
$$B_o = Y_2 = y_1' + a_iB_i + A_iy_2$$

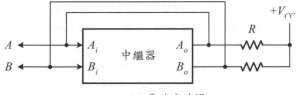

(a) 電路方塊圖

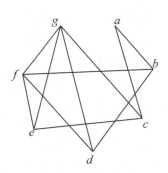

(c) 圖(a)的隱含圖

| PS | $A_iB_i$ 00 | $NS,A_oB_o$ 01 | 11 | 10 |
|---|---|---|---|---|
| a | - | b,10 | Ⓐ,11 | c,01 |
| b | d,10 | Ⓑ,10 | - | - |
| c | e,01 | - | - | Ⓒ,01 |
| d | Ⓓ,10 | - | - | f,10 |
| e | Ⓔ,01 | g,01 | - | - |
| f | - | - | a,11 | Ⓕ,10 |
| g | - | Ⓖ,01 | a,11 | - |

(b) 基本流程表

| PS | $A_iB_i$ 00 | $NS, A_oB_o$ 01 | 11 | 10 |
|---|---|---|---|---|
| A(a) | - | B,10 | A,11 | C,01 |
| B(bdf) | B,10 | B,10 | A,11 | B,10 |
| C(ceg) | C,01 | C,01 | A,11 | C,01 |

(d) 簡化流程表

| $y_1y_2$ | $A_iB_i$ 00 | 01 | 11 | 10 |
|---|---|---|---|---|
| A 11 | - | 10,10 | 11,11 | 01,01 |
| B 10 | 10,10 | 10,10 | 11,11 | 10,10 |
| C 01 | 01,01 | 01,01 | 11,11 | 01,01 |

(e) 轉態表與輸出表

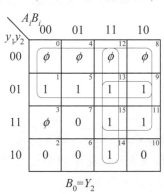

$A_0=Y_1$

(f) 卡諾圖

$B_0=Y_2$

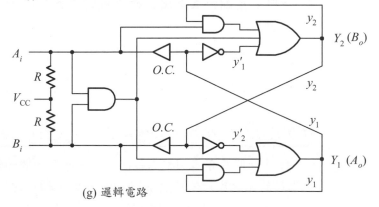

(g) 邏輯電路

**圖 9.1-10:** 雙向中繼器

　　結果的邏輯電路如圖 9.1-10(g) 所示。由於 $A_i$ 與 $B_i$ 未啟動時均維持在高電位，因此 $A_o$ 與 $B_o$ 各別使用一個開路集極 (OC) 緩衝閘經由提升電阻器 $R$ 連接到電源電壓 $+V_{CC}$。

---

### ✔ 學習重點

**9-5.** 何謂基本流程表？它與狀態表有何相異之處？

**9-6.** 試簡述基本流程表的建立方法。

**9-7.** 試簡述基本模式電路的設計程序。

**9-8.** 試簡述當使用 Mealy 機時，輸出值的指定方法。

---

## 9.1.3 脈波模式電路設計

　　脈波模式電路的設計方法與同步循序邏輯電路類似。但是，在脈波電路中沒有時脈信號，輸入脈波每次只有一個啟動，同時只有非補數形式的輸入信號可以使用。脈波模式電路的設計程序如下：

### ■ 演算法 9.1-5: 脈波模式電路的設計程序

1. 導出狀態圖或是狀態表：由問題定義導出狀態圖 (或是狀態表)，此步驟為整個設計程序中最困難的部分。

2. 狀態化簡：消去狀態表中多餘的狀態 (詳見第 7.4 節)。

3. 狀態指定：選擇適當的狀態指定，並產生轉態表與輸出表。

4. 激勵表與輸出表：選擇欲使用的記憶元件 (即門閂電路) 並導出激勵表與輸出表。

5. 激勵函數與輸出函數：化簡激勵表與輸出表，求得激勵與輸出函數。

6. 邏輯電路：執行激勵與輸出函數，並繪出邏輯電路。

---

### ■ 例題 9.1-7 (脈波模式電路設計)

　　設計一個具有三個輸入端 $x_1$、$x_2$、$x_3$ 與一個輸出端 $z$ 的脈波序列偵測電路，當輸入的脈波序列依序為 $x_1$-$x_3$-$x_1$-$x_2$ 時，輸出端 $z$ 輸出一個脈波。

**解：**詳細步驟如下：

步驟1: 由於輸出端的信號與欲偵測序列的最後一個脈波一致,因此為Mealy 機電路。假設狀態$a$為初始狀態;狀態$b$表示已經認知$x_1$脈波;狀態$c$表 示已經認知$x_1$-$x_3$兩個脈波;狀態$d$表示已經認知$x_1$-$x_3$-$x_1$等三個脈波。 當另外一個$x_2$脈波發生時,序列已經完成認知,將輸出端$z$的值設定為 1,電路則回到初始狀態$a$。將每一個狀態上由其它輸入脈波所引起的可 能轉態一一填入圖中之後,該狀態圖即已經完成,如圖9.1-11(a)所示。圖 9.1-11(b)為對應的狀態表。

步驟2: 圖9.1-11(b)的狀態表已經是最簡狀態表。

步驟3: 假定使用下列狀態指定:

$$a = 00 \qquad b = 01 \qquad c = 11 \qquad d = 10$$

得到圖9.1-11(c)的轉態表與輸出表。

步驟4: 在脈波模式電路中通常使用$SR$門閂或是$D$型門閂當作記憶元件。假 設使用NOR閘$SR$門閂,則得到圖9.1-11(d)的激勵表。

步驟5: 在脈波模式電路中,每一個輸入脈波均獨立發生。在求門閂電路的激

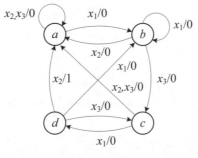

(a) 狀態圖

| PS | $x_1$ | $x_2$ | $x_3$ |
|---|---|---|---|
| | | *NS,z* | |
| $a$ | $b,0$ | $a,0$ | $a,0$ |
| $b$ | $b,0$ | $a,0$ | $c,0$ |
| $c$ | $d,0$ | $a,0$ | $a,0$ |
| $d$ | $b,0$ | $a,1$ | $c,0$ |

(b) 狀態表

| $y_1y_2$ | $x_1$ | $x_2$ | $x_3$ |
|---|---|---|---|
| | | $Y_1Y_2,z$ | |
| 00 | 01,0 | 00,0 | 00,0 |
| 01 | 01,0 | 00,0 | 11,0 |
| 11 | 10,0 | 00,0 | 00,0 |
| 10 | 01,0 | 00,1 | 11,0 |

(c) 轉態表與輸出表

| $y_1y_2$ | $x_1$ | | $x_2$ | | $x_3$ | |
|---|---|---|---|---|---|---|
| | | | $S_1R_1S_2R_2$ | | | |
| 00 | $0\ \phi$ | $1\ 0$ | $0\ \phi$ | $0\ \phi$ | $0\ \phi$ | $0\ \phi$ |
| 01 | $0\ \phi$ | $\phi\ 0$ | $0\ \phi$ | $0\ 1$ | $1\ 0$ | $\phi\ 0$ |
| 11 | $\phi\ 0$ | $0\ 1$ | $0\ 1$ | $0\ 1$ | $0\ 1$ | $0\ 1$ |
| 10 | $0\ 1$ | $1\ 0$ | $0\ 1$ | $0\ \phi$ | $\phi\ 0$ | $1\ 0$ |

(d) 使用NOR閘$SR$門閂的激勵表

**圖 9.1-11:** 例題9.1-7 的脈波序列偵測電路

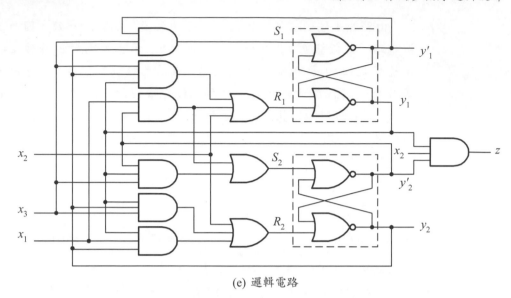

(e) 邏輯電路

**圖 9.1-11:** (續) 例題 9.1-7 的脈波序列偵測電路

勵函數時，必須每一個脈波輸入的行各自化簡，然後再求其總和，因此：

$$S_1 = x_3 y_1' y_2 \qquad\qquad R_1 = x_1 y_2' + x_2 + x_3 y_1 y_2$$
$$S_2 = x_1 y_2' + x_3 y_1 y_2' \qquad\qquad R_2 = x_1 y_1 y_2 + x_2 + x_3 y_1 y_2$$
$$z = x_2 y_1 y_2'$$

步驟 6：　結果的邏輯電路如圖 9.1-11(e) 所示。

---

### ■ 例題 9.1-8 (脈波模式電路設計)

設計一個具有兩個輸入端與 $x_1$ 與 $x_2$ 及一個輸出端 $z$ 的非同步脈波模式電路。當輸出端 $z$ 的值為 0 時，若輸入脈波序列為 $x_1$-$x_1$-$x_2$-$x_2$，則 $z$ 的值由 0 變為 1，並且維持在 1，直到輸入脈波序列 $x_1$-$x_2$ 發生為止。

**解：**依據題意，顯然地輸出信號為位準信號，因此使用 Moore 機電路。假設狀態 $a$ 為初始狀態；狀態 $b$ 為已經認知 $x_1$ 脈波；狀態 $c$ 為已經認知 $x_1$-$x_1$ 脈波；狀態 $d$ 為已經認知 $x_1$-$x_1$-$x_2$ 脈波，狀態 $e$ 為已經認知 $x_1$-$x_1$-$x_2$-$x_2$ 脈波，此時輸出端 $z$ 的值為 1；狀態 $f$ 為當輸出端 $z$ 的值為 1 時，已經認知 $x_1$ 脈波，若在狀態 $f$ 時，只有 $x_1$ 脈波發生，則電路將一直停留在此狀態上，直到 $x_2$ 脈波發生時，電

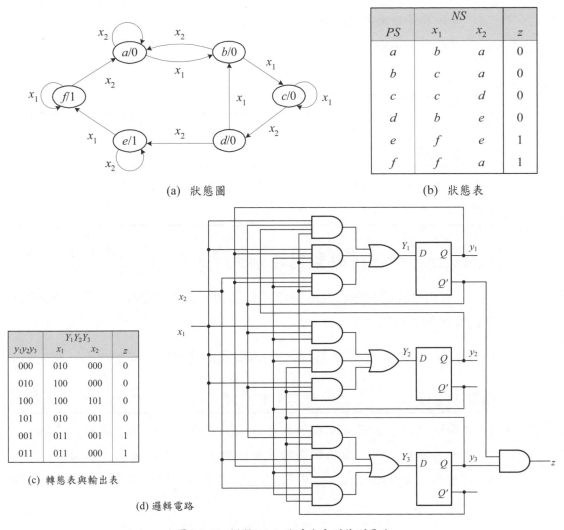

(a) 狀態圖

|  | NS | | z |
|---|---|---|---|
| PS | $x_1$ | $x_2$ | |
| a | b | a | 0 |
| b | c | a | 0 |
| c | c | d | 0 |
| d | b | e | 0 |
| e | f | e | 1 |
| f | f | a | 1 |

(b) 狀態表

| | $Y_1Y_2Y_3$ | | |
|---|---|---|---|
| $y_1y_2y_3$ | $x_1$ | $x_2$ | z |
| 000 | 010 | 000 | 0 |
| 010 | 100 | 000 | 0 |
| 100 | 100 | 101 | 0 |
| 101 | 010 | 001 | 0 |
| 001 | 011 | 001 | 1 |
| 011 | 011 | 000 | 1 |

(c) 轉態表與輸出表

(d) 邏輯電路

**圖 9.1-12:** 例題 9.1-8 的脈波序列偵測電路

路才回到初始狀態 $a$。完整的狀態圖如圖 9.1-12(a) 所示，圖 9.1-12(b) 為其狀態表。利用第 7.2.4 節的狀態指定方法，得到下列狀態指定：

$$a = 000 \qquad b = 010 \qquad c = 100 \qquad d = 101 \qquad e = 001 \qquad f = 011$$

假設電路使用圖 7.1-12 的 $D$ 型門閂當作記憶元件，則其激勵表與轉態表相同。利用卡諾圖化簡後，得到下列 $D$ 型門閂的激勵與輸出函數：

$$Y_1 = x_1 y_1' y_2 y_3' + x_1 y_1 y_2' y_3' + x_2 y_1 y_2' y_3'$$

$$Y_2 = x_1 y_1' y_2' + x_1 y_2' y_3 + x_1 y_1' y_3$$

$$Y_3 = x_1 y_1' y_3 + x_2 y_1 y_2' + x_2 y_2' y_3$$

$$z = y_1' y_3$$

結果的邏輯電路如圖 9.1-12(d) 所示。

✔學習重點

**9-9.** 何謂脈波模式電路？它與同步循序邏輯電路有何相異之處？

**9-10.** 試簡述脈波模式電路的設計程序。

## 9.1.4 非同步循序邏輯電路分析

分析和設計是兩個相反的動作。本節中將依序討論基本模式電路與脈波模式電路的分析方法。

**9.1.4.1 基本模式電路分析** 對於基本模式電路而言，通常遵循下列步驟：

### ■ 演算法 9.1-7: 基本模式電路分析程序

1. 激勵函數與輸出函數：由邏輯電路求出電路的激勵函數與輸出函數。

2. 激勵表與輸出表：由激勵函數求出激勵表，輸出函數求出輸出表。

3. 轉態表：由激勵表求出轉態表(轉態表亦可以直接由激勵函數與特性函數求得)。

4. 穩定狀態：利用 $Y = y$ 指認與圈起轉態表中所有穩定狀態。

5. 狀態指定：將轉態表中每一個列均指定一個唯一的符號。

6. 流程表與狀態圖：由狀態指定後的轉態表求出流程表與狀態圖。

### ■ 例題 9.1-9 (基本模式電路分析)

分析圖 9.1-13(a) 的基本模式電路。

**解：**詳細步驟如下：

步驟1： 由於電路使用延遲元件(實際上為直接連接)當做記憶元件，因此$Y$與$y$的位置分別如圖9.1-13(a)所示。電路的激勵函數與輸出函數分別為：

$$Y = CD + C'y$$

$$z = y$$

步驟2與3： 由於延遲元件的特性函數和$D$型門閂相同，即

$$Q(t+1) = D$$

所以

$$Q(t+1) = Y = CD + C'y$$

因而得到圖9.1-13(b)的轉態表與輸出表。

步驟4： 所有穩定狀態如圖9.1-13(c)所示。

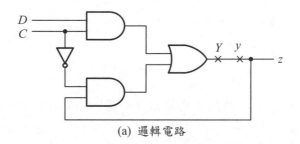

(a) 邏輯電路

| $y$ | $CD$ $Y$ 00 | 01 | 11 | 10 | $z$ |
|---|---|---|---|---|---|
| 0 | 0 | 0 | 1 | 0 | 0 |
| 1 | 1 | 1 | 1 | 0 | 1 |

(b) 轉態表與輸出表

| $y$ | $CD$ $Y$ 00 | 01 | 11 | 10 | $z$ |
|---|---|---|---|---|---|
| 0 | ⓪ | ⓪ | 1 | ⓪ | 0 |
| 1 | ① | ① | ① | 0 | 1 |

(c) 穩定狀態的指定

| $PS$ | $CD$ $NS$ 00 | 01 | 11 | 10 | $z$ |
|---|---|---|---|---|---|
| $A$ | $A$ | $A$ | $B$ | $A$ | 0 |
| $B$ | $B$ | $B$ | $B$ | $A$ | 1 |

(d) 流程表

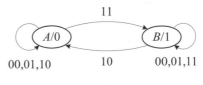

(e) 狀態圖

**圖 9.1-13:** 例題9.1-9 的基本模式電路

步驟 5 與 6：   使用狀態指定 $0 = A$、$1 = B$，分別得到如圖 9.1-13(d) 與 (e) 所示的
             流程表與狀態圖。

---

## ■ 例題 9.1-10 (負緣觸發 JK 正反器)

分析圖 9.1-14(a) 的負緣觸發 $JK$ 正反器電路。

**解**：若希望圖 9.1-14(a) 的電路能正常的工作，則 $G_1$ 與 $G_4$ 的傳播延遲 $t_g$ ($G_1$ 或
是 $G_4$) 必須大於 $4t_g$ ($G_i$，$i \neq 1, 4$)(習題 9-21)。因此，電路包含三個記憶元件，
其激勵變數與第二變數分別如圖 9.1-14(a) 所示。

步驟 1：   電路的激勵與輸出函數為：

$$Y_1 = [(Cy_1 + y_1y_3)'(y_2 + C)]'$$
$$\quad = Cy_1 + y_1y_3 + y_2'C'$$
$$Y_2 = C'y_1 + J'$$
$$Y_3 = C' + y_1' + K'$$
$$z = y_1$$

步驟 2、3、4：   轉態表與輸出表如圖 9.1-14(b) 所示，其中只有四個列有穩定狀
             態。

步驟 5：   假設使用下列狀態指定：

$$001 = A \quad\quad 011 = B \quad\quad 110 = C \quad\quad 111 = D$$

步驟 6：   流程表與狀態圖分別如圖 9.1-14(c) 與 (d) 所示。

---

## ■ 例題 9.1-11 (具有 $SR$ 門閂的基本模式電路分析)

分析圖 9.1-15(a) 的基本模式電路。假設 $SR$ 門閂為 NOR 閘電路。

**解**：詳細步驟如下：

步驟 1：   電路的激勵與輸出函數分別為：

$$S = x_1y' + x_2'y'$$
$$R = x_1'y + x_1'x_2$$
$$z = x_1x_2y$$

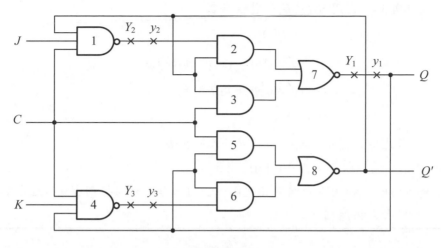

(a) 邏輯電路

(b) 轉態表與輸出表

| $y_1y_2y_3$ | CJK 000 | 001 | 011 | $Y_1Y_2Y_3$ 010 | 100 | 101 | 111 | 110 | Q |
|---|---|---|---|---|---|---|---|---|---|
| 000 | 111 | 111 | 111 | 111 | 011 | 011 | 001 | 001 | 0 |
| 001 | 111 | 111 | 111 | 111 | 011 | 011 | (001) | (001) | 0 |
| 010 | 011 | 011 | 011 | 011 | 011 | 011 | 001 | 001 | 0 |
| 011 | (011) | (011) | (011) | (011) | (011) | (011) | 001 | 001 | 0 |
| 100 | 111 | 111 | 111 | 111 | 111 | 110 | 110 | 111 | 1 |
| 101 | 111 | 111 | 111 | 111 | 111 | 110 | 110 | 111 | 1 |
| 110 | 011 | 011 | 011 | 011 | 111 | (110) | (110) | 111 | 1 |
| 111 | (111) | (111) | (111) | (111) | (111) | 110 | 110 | (111) | 1 |

| PS | CJK $0\phi\phi$ | 100 | NS 101 | 111 | 110 | Q |
|---|---|---|---|---|---|---|
| (001) $A$ | $D$ | $B$ | $B$ | $A$ | $A$ | 0 |
| (011) $B$ | $B$ | $B$ | $B$ | $A$ | $A$ | 0 |
| (110) $C$ | $B$ | $D$ | $C$ | $C$ | $D$ | 1 |
| (111) $D$ | $D$ | $D$ | $C$ | $C$ | $D$ | 1 |

(c) 流程表

(d) 狀態圖

圖 9.1-14: 負緣觸發 $JK$ 正反器

步驟 2 與 3：　利用 $SR$ 門閂的特性函數：

$$
\begin{aligned}
Q(t+1) &= S + R'Q(t)\\
&= x_1y' + x_2'y' + (x_1'y + x_1'x_2)'y\\
&= x_1y' + x_2'y' + x_1y\\
&= x_1 + x_2'y'
\end{aligned}
$$

因此得到圖 9.1-15(b) 的轉態表與輸出表。

步驟 4：　穩定狀態如圖 9.1-15(b) 所示。

步驟 5 與 6：　利用下列狀態指定 $0 = A$、$1 = B$，分別得到圖 9.1-15(c) 與 (d) 的流程表與狀態圖。

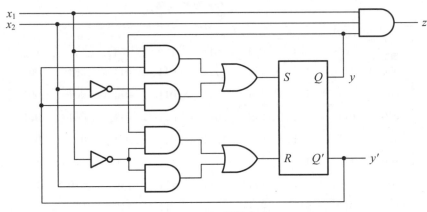

(a) 邏輯電路

| y | $x_1x_2$<br>00 | Y,z<br>01 | 11 | 10 |
|---|---|---|---|---|
| 0 | 1,0 | ⓪,0 | 1,0 | 1,0 |
| 1 | 0,0 | 0,0 | ①,1 | ①,0 |

(b) 轉態表與輸出表

| PS | $x_1x_2$<br>00 | NS,z<br>01 | 11 | 10 |
|---|---|---|---|---|
| A | B,0 | A,0 | B,0 | B,0 |
| B | A,0 | A,0 | B,1 | B,0 |

(c) 流程表

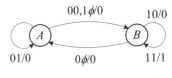

(d) 狀態圖

**圖 9.1-15:** 例題 9.1-11 的基本模式電路

**9.1.4.2 脈波模式電路分析** 對於脈波模式電路而言，其分析方法與同步循序邏輯電路相似。但是，在脈波模式電路中，脈波只有出現與不出現兩種情形。因此，所有含有 $x'$ 的乘積項均不存在，其中 $x$ 為輸入脈波信號。

脈波模式電路的分析程序如下：

---

### ■ 演算法 9.1-9: 脈波模式電路的分析程序

1. 激勵函數與輸出函數：由邏輯電路求出電路的激勵函數與輸出函數。
2. 激勵表與輸出表：由激勵函數求出激勵表，輸出函數求出輸出表。
3. 轉態表：由激勵表求出轉態表(轉態表亦可以直接由激勵函數與特性函數求得)。
4. 狀態指定：將轉態表中每一個列均指定一個唯一的符號。
5. 狀態表與狀態圖：由狀態指定後的轉態表求出狀態表與狀態圖。

---

### ■ 例題 9.1-12 (脈波模式電路分析)

分析圖 9.1-16(a) 的脈波模式電路。電路中使用兩個記憶元件 $SR$ 門閂與 $D$ 型門閂。

**解**：脈波模式電路的分析和同步循序邏輯電路類似，因此：

步驟 1：　電路的激勵與輸出函數為：

$$S = x_1 y_1' y_2$$
$$R = x_1 y_1 y_2 + x_2 y_1 y_2$$
$$D = x_1 y_1'$$
$$z = x_1 y_1 y_2$$

步驟 2 與 3：　利用 NOR 閘 $SR$ 門閂與 $D$ 型門閂的特性函數：

$$Q(t+1) = S + R'Q(t) \qquad \text{(NOR 閘 } SR \text{ 門閂)}$$
$$D(t+1) = D \qquad\qquad \text{(}D \text{型門閂)}$$

得到

$$Y_1 = x_1 y_1' y_2 + (x_1 y_1 y_2 + x_2 y_1 y_2)' y_1$$
$$\quad = x_1 y_1' y_2 + y_1 y_2'$$

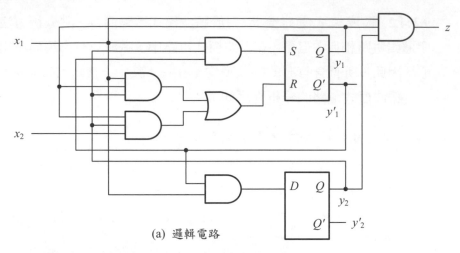

(a) 邏輯電路

| $y_1y_2$ | $Y_1Y_2,z$ | |
| --- | --- | --- |
| | $x_1$ | $x_2$ |
| 00 | 01,0 | 00,0 |
| 01 | 11,0 | 00,0 |
| 11 | 00,1 | 00,0 |
| 10 | 10,0 | 10,0 |

(b) 轉態表與輸出表

| $PS$ | $NS,z$ | |
| --- | --- | --- |
| | $x_1$ | $x_2$ |
| $A$ | $B,0$ | $A,0$ |
| $B$ | $C,0$ | $A,0$ |
| $C$ | $A,1$ | $A,0$ |
| $D$ | $D,0$ | $D,0$ |

(c) 流程表

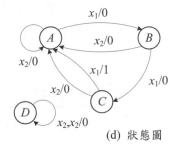

(d) 狀態圖

**圖 9.1-16:** 例題 9.1-12 的脈波模式電路

$$Y_2 = x_1 y_1'$$

所以轉態表與輸出表如圖 9.1-16(b) 所示。注意在脈波模式電路中，脈波只有出現與不出現兩種，因此所有含有 $x_1'$ 與 $x_2'$ 的乘積均不存在。

步驟 4 與 5：　利用下列狀態指定：

$$00 = A \qquad 01 = B \qquad 11 = C \qquad 10 = D$$

得到圖 9.1-16(c) 與 (d) 的流程表與狀態圖。

---

✔ 學習重點

**9-11.** 在分析脈波模式電路時，必須注意什麼？

**9-12.** 試簡述脈波模式電路的分析程序。

---

# 9.2 元件延遲效應與狀態指定

在同步循序邏輯電路中，組合邏輯電路中的邏輯突波並不會影響電路的正常動作，因為電路的狀態改變是由時脈所控制的；在非同步循序邏輯電路中，組合邏輯電路中的邏輯突波則可能將電路帶入一個不正確的穩定狀態。避免這種突波的方法為加入一些額外的邏輯閘(第5.3.1節與第5.3.3節)或是使用 $SR$ 門閂當做記憶元件。

在非同步循序邏輯電路中，第二種可能引起錯誤動作的原因是當兩個(或是以上)的第二(狀態)變數同時改變時，所引起的競賽(race)現象，這種現象通常由適當地選擇第二變數的狀態指定來消除。

除了上述兩種問題之外，非同步循序邏輯電路的另外一個重要問題為基本突波(essential hazard)。基本突波是由於一個信號經過多個具有不同的傳播延遲之路徑所造成的，它無法由外加的邏輯閘消除，必須適當地調整受影響路徑的傳播延遲才能消除。

以上所述的競賽與基本突波等問題只出現在基本模式電路中。至於在脈波模式電路中，由於當脈波不出現時，電路必定在穩定狀態，因此沒有上述競賽與基本突波等問題。

## 9.2.1 邏輯突波

在設計同步循序邏輯電路中的組合邏輯電路時，通常不需要考慮邏輯突波的效應，因為暫時性的錯誤信號並不會影響電路的動作。但是，在非同步循序邏輯電路中，當有一個暫時性的錯誤信號回授至電路輸入端時，可能促使電路進入一個錯誤的穩定狀態。

### ■ 例題 9.2-1 (邏輯突波的效應)

分析圖9.2-1(a)邏輯電路中的靜態邏輯突波，並討論其可能的影響與解決方法。

**解：**利用第5章的邏輯突波分析方法，得知該電路在 $y = D = 1$，而 $C$ 改變時有靜態-1邏輯突波。此突波之效應如下：當電路在全體狀態 $CDy = 111$ 狀態下，

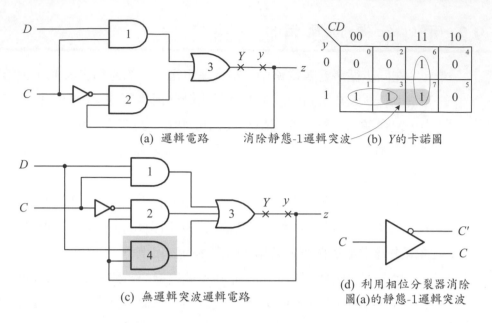

(a) 邏輯電路　　　消除靜態-1邏輯突波　(b) $Y$的卡諾圖

(c) 無邏輯突波邏輯電路

(d) 利用相位分裂器消除圖(a)的靜態-1邏輯突波

**圖 9.2-1:** 例題 9.2-1 的電路

輸入信號 $C$ 由 1 變為 0 時，正常的下一個全體穩定狀態應該為 $CDy = 011$。但是，因為有靜態-1邏輯突波，第二狀態變數 $y$ 將暫時性地下降為 0。若此信號在反相器的輸出端的值變為 1 之前，回授至邏輯閘 2 的輸入端時，邏輯閘 2 的輸出端將維持為 0，而使電路轉態到不正確的全體穩定狀態 010 上。

解決的方法可以如第 5 章所討論的方法，外加一個乘積項 $Dy$，即

$$Y = CD + C'y + Dy$$

其邏輯電路如圖 9.2-1(c) 所示。第二種方法是使用相位分裂器，以同時由輸入信號 $C$ 產生補數與非補數形式的輸出信號 $C$ 與 $C'$，如圖 9.2-1(d) 所示，因此可以消除靜態-1邏輯突波。第三種方法，則是使用 $SR$ 門閂電路執行，如例題 9.1-3 所示。

✔學習重點

**9-13.** 試定義競賽、基本突波。

**9-14.** 為何在脈波模式電路中，沒有競賽與基本突波的問題？

## 9.2.2　競賽與循環

在實際應用上因為無法確保非同步循序邏輯電路中的所有回授路徑對信號的延遲均相同,因此若有兩個或是兩個以上的第二變數必須改變,以使電路發生轉態時,這些第二變數在抵達最後的穩定值之前,必定會先經歷一段不正確的暫時值,然而非同步循序邏輯電路對於這些信號改變的次序是相當敏感的,因此電路可能進入一個不正確的穩定狀態,並且停留在此狀態上。

一般而言,若一個電路在轉態期間,需要同時改變兩個以上的第二變數時,該電路稱為在競賽 (race)。當電路的最後狀態和這些第二變數值的改變次序無關時,該競賽稱為非臨界性競賽 (noncritical race);否則,稱為臨界性競賽 (critical race)。

### ■ 例題 9.2-2 (競賽現象)

考慮圖 9.2-2(a) 的轉態表,指出其中的非臨界性競賽與臨界性競賽。

**解:**臨界性競賽與非臨界性競賽分別以符號 ** 與 * 標示於圖 9.2-2(a) 中。圖 9.2-2(b) 為標示狀態轉移情形的簡易轉態表;圖 9.2-2(c) 與 (d) 分別說明非臨界性競賽與臨界性競賽的狀態轉移。在圖 9.2-2(c) 中,假設電路最初在全體穩定狀態 $(x_1 x_2 y_1 y_2) = 0011$ 上。若輸入狀態 $x_1 x_2$ 由 00 改變為 01 時,由於在輸入 $x_1 x_2 = 01$ 之下的 $Y_1 Y_2 = 00$,而 $y_1 y_2 = 11$,所以兩個第二變數都必須改變,電路進入競賽狀況,此時 $y_1 y_2$ 的改變方式有三種,即

1. $11 \rightarrow 00 \rightarrow 10 \rightarrow \boxed{10}$
2. $11 \rightarrow 01 \rightarrow 00 \rightarrow 10 \rightarrow \boxed{10}$
3. $11 \rightarrow 10 \rightarrow \boxed{10}$

如圖 9.2-2(c) 所示,由於三種方式的最後結果都是進入穩定狀態 10,所以是非臨界性競賽。

在圖 9.2-2(d) 中,假設電路最初在全體穩定狀態 $(x_1 x_2 y_1 y_2) = 0000$ 上,若輸入狀態 $x_1 x_2$ 由 00 改變為 10 時,由於 $y_1 y_2$ 必須由 00 改變為 11,因此其改變方式有三種,即

1. $00 \rightarrow 01 \rightarrow \boxed{01}$
2. $00 \rightarrow 10 \rightarrow 01 \rightarrow \boxed{01}$
3. $00 \rightarrow 11 \rightarrow \boxed{11}$

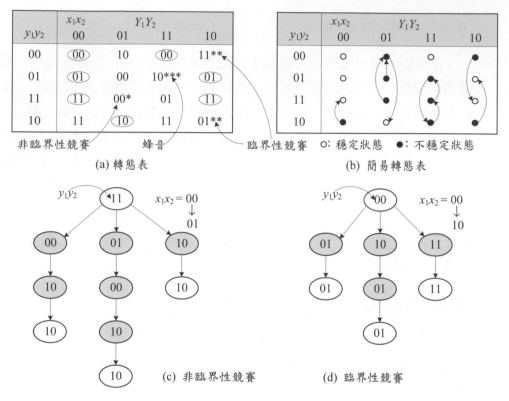

非臨界性競賽　　　　　蜂音　　　　　臨界性競賽　　○: 穩定狀態　●: 不穩定狀態

(a) 轉態表　　　　　　　　　　　　　　　　(b) 簡易轉態表

(c) 非臨界性競賽　　　　　　　(d) 臨界性競賽

**圖 9.2-2:** 例題 9.2-2 的轉態表

注意在第二種方式中，當由 10 轉變為 01 時，再度涉及兩個第二變數同時改變的情形。因此，又有三種和上述類似的改變方式，但是由上述的三種改變方式得知，其結果並不相同，所以為臨界性競賽。

事實上，臨界性競賽只可能發生在流程表中，具有多個穩定狀態的輸入狀態中，對於只具有單一穩定狀態的輸入狀態，則不會發生。臨界性競賽必須避免以確保電路能正常工作。

競賽現象可以藉著導引電路經過一連串的不穩定狀態然後才抵達需要的穩定狀態來避免。一般而言，若一個電路在轉態期間，必須歷經一連串的不穩定的狀態序列時，該電路稱為在循環 (cycle)。當希望電路能正常工作時，電路的循環必須終止在穩定狀態上；若電路的循環無法終止在一個穩定狀態上時，該循環必定會持續不停，直到輸入狀態改變為止，這種無終止的循環

現象稱為蜂音 (buzzer)。因此,當一個狀態指定使電路產生循環時,必須確保每一個循環皆終止在一個穩定狀態上。

■ 例題 **9.2-3** (循環與蜂音)

考慮圖 9.2-2(a) 的轉態表中的循環與蜂音。

**解:** 在圖 9.2-2(a) 的轉態表中,當 $y_1y_2 = 01$ 而 $x_1x_2 = 01$ 時,電路將由不穩定狀態 00 經過 10 後,抵達穩定狀態 10;當 $y_1y_2 = 11$ 而 $x_1x_2 = 01$ 時,電路將由不穩定狀態 00 經過 10 後,抵達穩定狀態 10,其中 $00 \rightarrow 10$ 為一個循環。當 $y_1y_2 = 01$ 而 $x_1x_2 = 11$ 時,電路將在不穩定狀態 10、11、01 中循環,即

$$10 \rightarrow 11 \rightarrow 01 \rightarrow 10 \rightarrow \dots$$

因此為一個蜂音。

清除臨界性競賽的方法通常有下列兩種:一是在組合邏輯電路中加入適當的延遲;另一則是使用適當的狀態指定。事實上,這兩種方法均是使電路中的第二變數每次只有一個改變,至於由那一個第二變數先改變,則依實際的電路而定。

■ 例題 **9.2-4** (加入延遲)

在圖 9.2-3 的轉態表中,當輸入狀態 $x_1x_2 = 11$ 而 $y_1y_2$ 由 11 變為 00 時產生的臨界性競賽,可以在組合邏輯電路中加入適當的延遲以確保 $y_1$ 由 1 變為 0 時總是較 $y_2$ 由 1 變為 0 時為快而消除。因為若如此,則電路將由不穩定狀態 01 抵達穩定狀態 00。若 $y_2$ 先由 1 變為 0,則電路將進入不正確的穩定狀態 10。

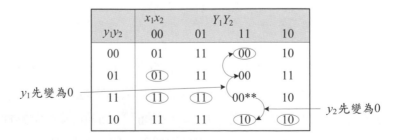

**圖 9.2-3:** 例題 9.2-4 的轉態表

## ■ 例題 9.2-5 (狀態指定)

若將圖 9.2-3 的轉態表重新使用下列狀態指定:

$$00 \to 00 \qquad 01 \to 01 \qquad 10 \to 11 \qquad 11 \to 10$$

則得到圖 9.2-4 的轉態表,在此狀態指定下,電路中並沒有臨界性競賽出現,同時也沒有不想要的循環產生。

| $y_1y_2$ | $x_1x_2$ 00 | 01 | $Y_1Y_2$ 11 | 10 |
|---|---|---|---|---|
| 00 | 01 | 10 | 00 | 11 |
| 01 | 01 | 10 | 00 | 10 |
| 10 | 10 | 10 | 00 | 11 |
| 11 | 10 | 10 | 11 | 11 |

可以使用下列值取代: 10 11

圖 9.2-4: 例題 9.2-5 的轉態表

一般而言,當一個狀態指定所得到的轉態表並未包含臨界性競賽與不想要的循環時,稱為成立狀態指定 (valid assignment)。下一小節中,將討論各種成立狀態指定的方法。

### ✔學習重點

**9-15.** 試定義循環、臨界性競賽、非臨界性競賽。

**9-16.** 試定義蜂音。

**9-17.** 試簡述成立狀態指定。

## 9.2.3 狀態指定

在基本模式電路中,一旦導出簡化流程表之後,接著就是做狀態指定。由前一節的討論可以得知,狀態指定必須適當地選擇,以確保每次狀態改變時,均只改變一個第二變數的值,因而可以消除所有臨界性競賽。當然,為了達到上述目的,可以加入適當的循環,以引導電路終止在需要的穩定狀態上。

目前常用的三種狀態指定方法為：共用列法 (shared-row method)、多重列法 (multiple-row method)、$n$ 取 1 碼法 (one-hot method)。現在分別敘述如下。

**9.2.3.1 共用列法** 在共用列法中，當流程表中有臨界性競賽產生時，則加入另外一個列，以當作涉及臨界性競賽的兩個穩定狀態在轉態時的中間狀態。若希望確保在電路中沒有競賽現象，則相鄰的狀態必須使用相鄰的狀態指定。這裡所謂的相鄰狀態 (adjacent states) 是指只有一個狀態變數值不同的兩個狀態。檢查流程表中所有相鄰狀態的方法，通常採用轉態圖 (transition diagram)。在轉態圖中，每一個頂點代表流程表中的一個穩定狀態，每一個線段連接兩個相鄰狀態，並在每一個線段上註記該相鄰關係是由那一個輸入狀態下所需求的。

■ 例題 9.2-6 (轉態圖)

在圖 9.2-5(a) 所示的流程表中，狀態 $a$ 與 $b$ 在輸入狀態 $x_1x_2 = 00$ 與 11 時必須相鄰，因此將頂點 $a$ 連接到 $b$ 並在其線段上註記 (00) 與 (11)；狀態 $a$ 與 $c$ 在輸入狀態 $x_1x_2 = 01$ 與 11 時必須相鄰，因此將頂點 $a$ 連接到 $c$，並在其線段上註記 (01) 與 (11)；狀態 $b$ 與 $c$ 在輸入狀態 $x_1x_2 = 10$ 時必須相鄰，因此將頂點 $b$ 連接到 $c$，並在其線段上註記 (10)。完整的轉態圖如圖 9.2-5(b) 所示。

| PS | $x_1x_2$ 00 | NS 01 | 11 | 10 |
|----|----|----|----|----|
| $a$ | ⓐ | $c$ | ⓐ | ⓐ |
| $b$ | $a$ | ⓑ | $a$ | ⓑ |
| $c$ | ⓒ | ⓒ | $a$ | $b$ |

(a) 流程表　　　　　　　(b) 轉態圖

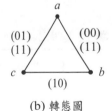

**圖 9.2-5:** 例題 9.2-6 的流程表與轉態圖

利用轉態圖，可以得知那些穩定狀態必須使用相鄰的狀態指定，那些則不必。在轉態圖中，相鄰的兩個頂點必須使用相鄰的狀態指定。

■ 例題 9.2-7 (成立狀態指定)

利用轉態圖，求出圖 9.2-6(a) 所示流程表的成立狀態指定。

**解：** 圖 9.2-6(a) 所示流程表的轉態圖如圖 9.2-6(b) 所示，因此若使用下列狀態指定：

$$a = 00 \qquad b = 01 \qquad c = 10 \qquad d = 11$$

則可以符合轉態圖中所需要的相鄰狀態之所有條件。

| PS | $x_1x_2$ | | NS | |
|---|---|---|---|---|
| | 00 | 01 | 11 | 10 |
| $a$ | $c$ | $a$ | $a$ | $c$ |
| $b$ | $b$ | $b$ | $a$ | $d$ |
| $c$ | $c$ | $d$ | $a$ | $c$ |
| $d$ | $b$ | $d$ | $d$ | $d$ |

(a) 流程表

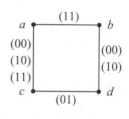

(b) 轉態圖

**圖 9.2-6:** 例題 9.2-7 的流程表與轉態圖

一般而言，若設 $n$ 為流程表中穩定狀態的數目，$S = \lceil \log_2 n \rceil$ 為最少的第二變數的數目，$m$ 為在轉態圖中與一個狀態相鄰的最大狀態數目，則當 $S \geq m$ 時，可以確保有一個最少第二變數數目的成立狀態指定存在。

■ 例題 9.2-8 (例題 9.2-6 的成立狀態指定)

求出例題 9.2-6 的成立狀態指定。

**解：** 因為 $S = \lceil \log_2 3 \rceil = 2$，並且由圖 9.2-5(b) 得知 $m = 2$，所以可以使用最少第二變數數目的狀態指定。若設 $a = 00$、$b = 01$、$c = 11$，則 $(a, b)$ 與 $(b, c)$ 的相鄰條件可以滿足，但是 $(a, c)$ 的相鄰條件並不能滿足。解決的方法有二，如圖 9.2-7 所示。第一種方法為狀態 $c$ 使用兩個狀態指定，即 11 與 10；第二種方法為使用一個不穩定狀態 10，當做狀態 $a$ 與狀態 $c$ 之間的橋樑。讀者不難由圖中驗證這兩種狀態指定方式均為成立狀態指定。

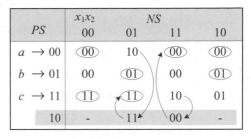

**(a)** 狀態 $c$ 使用兩個狀態指定

| PS | $x_1x_2$ NS 00 | 01 | 11 | 10 |
|---|---|---|---|---|
| $a \to 00$ | (00) | 10 | (00) | (00) |
| $b \to 01$ | 00 | (01) | 00 | (01) |
| $c \to 11$ | (11) | (11) | 10 | 01 |
| $c \to 10$ | (10) | (10) | 00 | 11 |

**(b)** 狀態 $a$ 與 $c$ 共用列 10

| PS | $x_1x_2$ NS 00 | 01 | 11 | 10 |
|---|---|---|---|---|
| $a \to 00$ | (00) | 10 | (00) | (00) |
| $b \to 01$ | 00 | (01) | 00 | (01) |
| $c \to 11$ | (11) | (11) | 10 | 01 |
| 10 | - | 11 | 00 | - |

**圖 9.2-7:** 例題 9.2-8 的狀態指定

當 $S < m$ 時,通常無法使用最少數目的第二變數的狀態指定,例如下列例題,雖然流程表中只有四個狀態,但是必須使用三個狀態變數,才可以獲得成立狀態指定。

### ■ 例題 9.2-9 (需要三個第二變數的狀態指定)

求出圖 9.2-8(a) 所示流程表的成立狀態指定。

**解:** 圖 9.2-8(b) 為其轉態圖,因為狀態 $a$ 與 $d$ 都各別與其它三個狀態相鄰,所以 $m = 3$,而 $S = \lceil \log_2 4 \rceil = 2$,因此 $S < m$,無法使用最少數目的第二變數的狀態指定。解決的方法是增加第二變數的數目為 3,然後使用與例題 9.2-8 類似的方法做狀態指定。若假設 $a = 000$、$b = 001$、$c = 010$、$d = 100$,則狀態 $a$ 與 $b$、$c$、$d$ 等狀態對均相鄰,但是 $(b,d)$ 與 $(c,d)$ 等相鄰條件未能滿足。解決的方法為分別使用不穩定狀態 101 與 110 當做橋樑,如圖 9.2-8(c) 所示,將電路先導引到這些不穩定狀態上,然後再轉態到最後的穩定狀態上。結果的轉態表如圖 9.2-8(d) 所示。

注意當 $S < m$ 時,雖然通常無法使用最少數目的第二變數狀態指定,但是在某些流程表中也有可能找到此種成立的狀態指定。例如下列例題。

### ■ 例題 9.2-10 (在 S < m 下的最少數目的第二變數狀態指定)

求出圖 9.2-9(a) 所示流程表的成立狀態指定。

**解:** 圖 9.2-9(a) 所示流程表的轉態圖如圖 9.2-9(b) 所示。雖然 $m = 3 > S = \lceil \log_2 4 \rceil = 2$,但是由於在輸入狀態 $x_1x_2 = 01$ 與 11 下都各別只有一個穩定狀態,若在這

| PS | $x_1x_2$ 00 | NS 01 | 11 | 10 |
|---|---|---|---|---|
| a | b | (a) | (a) | (a) |
| b | (b) | a | (b) | d |
| c | (c) | a | (c) | a |
| d | c | (d) | a | (d) |

(a) 流程表

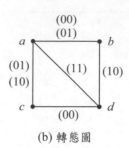

(b) 轉態圖

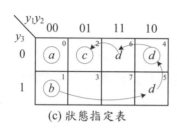

(c) 狀態指定表

| PS | $x_1x_2$ 00 | NS 01 | 11 | 10 |
|---|---|---|---|---|
| a → 000 | 001 | (000) | (000) | (000) |
| b → 001 | (001) | 000 | (001) | 101 |
| 011 | | | | |
| c → 010 | (010) | 000 | (010) | 000 |
| 110 | 010 | | | |
| 111 | | | | |
| 101 | | | | 100 |
| d → 100 | 110 | (100) | 000 | (100) |

(d) 無競賽轉態表

**圖 9.2-8:** 例題 9.2-9 的狀態指定

些輸入狀態下產生競賽現象，依然只是一個非臨界性競賽。所以狀態 $(a, d)$ 的相鄰條件可以去除，結果的一個可能的成立狀態指定如下：

$$a = 00 \qquad b = 01 \qquad c = 10 \qquad d = 11$$

| PS | $x_1x_2$ 00 | NS 01 | 11 | 10 |
|---|---|---|---|---|
| a | b | (a) | d* | (a) |
| b | (b) | a | d | (b) |
| c | (c) | a | d | a |
| d | (d) | a* | (d) | c |

(a) 流程表

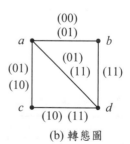

(b) 轉態圖

**圖 9.2-9:** 例題 9.2-10 的流程表與轉態圖

　　一般而言，在流程表中的某一個包含有競賽現象的輸入狀態下，若只有一個穩定狀態，則該競賽為非臨界性競賽，可以不必消除。此外，若在流程表中，當由狀態 $a$ 轉態到狀態 $c$ (即 $a \to c$) 時，雖然涉及臨界性競賽，但是在相同的輸入狀態下，可以找到一個多重的狀態轉移：例如 $a \to b \to c$，並且若 $a$ 與 $c$ 的相鄰條件可以滿足，則此狀態 $b$ 可以由狀態 $c$ 取代，並且可以消除該臨界性競賽，而不影響電路的工作。

### ■ 例題 9.2-11 (臨界性競賽的消除)

　　求出圖 9.2-10(a) 所示流程表的成立狀態指定。

**解**：圖 9.2-10(a) 所示流程表的轉態圖如圖 9.2-10(b) 所示。由於在輸入狀態 $x_1x_2 = 00$ 下只有一個穩定狀態 $a$，因此在此輸入狀態下所需要的相鄰條件可以不考慮。若假設使用下列狀態指定：

$$a = 00 \qquad b = 01 \qquad c = 10 \qquad d = 11$$

則除了 $(a, d)$ 之外，其它所需要的相鄰條件均滿足，如圖 9.2-10(b) 所示。但是由圖 9.2-10(a) 的流程表可以得知：若將全體狀態 $(01a)$ 的下一狀態 $d$ 改為 $c$，則對電路的動作並無影響，但是可以消除 $(a, d)$ 所需要的相鄰條件，因此也消除了該臨界性競賽。

| PS | $x_1x_2$ 00 | NS 01 | 11 | 10 |
|----|----|----|----|----|
| $a$ | $\textcircled{a}$ | $d**$ | $c$ | $b$ |
| $b$ | $a$ | $\textcircled{b}$ | $d$ | $\textcircled{b}$ |
| $c$ | $a$ | $\textcircled{c}$ | $\textcircled{c}$ | $d$ |
| $d$ | $a*$ | $c$ | $\textcircled{d}$ | $\textcircled{d}$ |

(a) 流程表

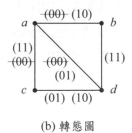

(b) 轉態圖

**圖 9.2-10**: 例題 9.2-11 的流程表與轉態圖

　　總之，在共用列法的狀態指定中，當無法以最少數目的第二變數來滿足所有相鄰條件的需要時，必須增加第二變數的數目，以提供一些可資利用的不穩定狀態 (即共用列)，然後利用這些不穩定狀態做為兩個產生臨界性競賽

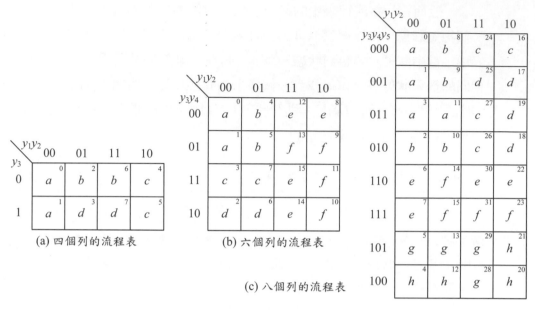

圖 **9.2-11:** 多重列狀態指定

的狀態之間的橋樑，以提供當電路轉態時，每次均只有一個第二變數的值改變，因此消除了臨界性競賽的問題。

**9.2.3.2　多重列法**　在多重列法中，流程表中的每一個列均以兩個或是更多個等效的列所取代，即每一個狀態均以兩個或是更多個等效狀態表示。在這種狀態指定方法中，每一組等效狀態的一個狀態之狀態指定均與其它各組等效狀態中的一個狀態之狀態指定相鄰。因此，藉著建立適當的列對列的狀態轉移，即可以達到無競賽的狀態轉移。

典型的多重列狀態指定方式如圖 9.2-11 所示。一般而言，對於具有 $2^n$ 個列的任何流程表而言，必定可以找到一組最多需要 $2n-1$ 個第二變數的無競賽 (成立) 狀態指定，以導引電路由一個列轉移到任何其它列上；對於只有 $(3/4)2^n$ 列的未完全指定的流程表而言，必定可找到一組最多具有 $2n-2$ 個第二變數的無競賽狀態指定。

**■ 例題9.2-12 (多重列法狀態指定)**

使用多重列法，求出圖 9.2-12(a)所示流程表的成立狀態指定。

| PS | $x_1x_2$ 00 | NS 01 | 11 | 10 |
|---|---|---|---|---|
| a | c | a | a | d |
| b | b | a | d | b |
| c | d | c | a | c |
| d | d | b | d | d |

(a) 流程表

| PS | $x_1x_2$ 00 | NS 01 | 11 | 10 |
|---|---|---|---|---|
| a → 000 | 100 | 000 | 000 | 001 |
| a → 001 | 101 | 001 | 001 | 011 |
| b → 010 | 010 | 000 | 110 | 010 |
| b → 110 | 110 | 010 | 111 | 110 |
| c → 100 | 101 | 100 | 000 | 100 |
| c → 101 | 111 | 101 | 100 | 101 |
| d → 011 | 011 | 111 | 011 | 011 |
| d → 111 | 111 | 110 | 111 | 111 |

(b) 轉態表

圖 **9.2-12:** 例題 9.2-12 的狀態指定

**解:** 由圖 9.2-11(a) 得到圖 9.2-12(b) 的狀態指定與轉態表,其中每一個狀態均使用兩個狀態指定,例如狀態 $a$ 使用 000 與 001 兩個狀態指定,當一個輸入信號變化促使發生狀態轉移時,只要轉移到相同狀態的任何一個狀態指定上即可。例如,當在穩定狀態 $b\,(=110)$ 時,若輸入狀態 $x_1x_2$ 為 01,則電路將先轉移到狀態 010,然後轉移到 000,再終止於狀態 000 上。圖 9.2-11(a) 中的其它狀態轉移方式如圖 9.2-11(b) 中的箭頭所示。

在多重列法中,由於在流程表中的每一個狀態均以一組等效狀態取代,其轉態表中的狀態數目遠較使用共用列法為多,因此電路複雜性較高。

**9.2.3.3 n 取 1 碼法** 在 $n$ 取 1 碼法中,若流程表有 $n$ 個狀態,則使用 $n$ 個第二變數,而每一個狀態均指定一個只有一個位元為 1 的 $n$ 位元向量,即使用 $n$ 取 1 碼。很明顯地,在所有狀態指定方法中,這種方法引入最多的外加列於流程表中,因此電路成本也最高。然而由於狀態指定程序是個有系統性的方法,因此廣受歡迎。與共用列法相同,在這種方法中,也是使用外加列來建立循環以避免臨界性競賽。

$n$ 取 1 碼法的狀態指定程序如下:

## ■ 演算法 9.2-1: n 取 1 碼法的狀態指定程序

1. 每一個狀態均指定一個 $n$ 位元向量 $(e_1, e_2, \ldots, e_n)$，其中 $e_i = y_i$，$1 \leq i \leq n$。每一個 $n$ 位元向量只有一個位元為 1，即

$$q_1 = (1, 0, \ldots, 0)$$

$$q_2 = (0, 1, \ldots, 0)$$

$$\cdots$$

$$q_n = (0, 0, \ldots, 1)$$

2. 若在輸入狀態 $x_1$ 下，電路由狀態 $q_i$ 轉態到 $q_j$，則產生一個 $q_{ij}$ 狀態，$q_{ij}$ 的狀態指定方式如下：若 $k \neq i$ 而且 $k \neq j$ 則 $e_k = 0$；否則 $e_k = 1$（即 $k = i$ 或是 $k = j$）。即相當於使用位元運算的方式，計算 $q_{ij} = q_i \vee q_j$。

3. 對於由 $q_i$ 轉態到 $q_j$ 的輸入狀態 $x_1$ 而言，$\delta(q_{ij}, x_1) = q_j$；對於沒有轉態存在的輸入狀態 $x_2$ 而言，$\delta(q_{ij}, x_2)$ 則未定義。

4. 對於 $q_{ij}$ 的輸出函數，可以設定 $\lambda(q_{ij}, x_1) = \lambda(q_i, x_1)$ 或是 $\lambda(q_{ij}, x_1) = \lambda(q_j, x_1)$；$\lambda(q_{ij}, x_2)$ 則未定義。

## ■ 例題 9.2-13 (n 取 1 碼法的狀態指定)

使用 $n$ 取 1 碼法，求出圖 9.2-12(a) 所示流程表的成立狀態指定。

**解：**詳細步驟如下：

步驟 1：　使用下列狀態指定：

$$a = (0001) \qquad b = (0010) \qquad c = (0100) \qquad d = (1000)$$

步驟 2：　轉態狀態對如下：

$(a, b)$、$(a, c)$、$(a, d)$、$(b, d)$、$(c, d)$

因此需要產生六個新的狀態，其狀態指定如下：

$$(a, b) = (0011) \qquad (a, c) = (0101) \qquad (a, d) = (1001)$$

$$(b, d) = (1010) \qquad (c, d) = (1100)$$

步驟 3：　在輸入狀態 $x_1$ 時，由狀態 $q_i$ 轉態到 $q_j$ 的次序為：

$$q_i \xrightarrow{x_1} q_{ij} \xrightarrow{x_1} q_j$$

| $y_1y_2y_3y_4$ | $x_1x_2$ 00 | 01 | 11 | 10 | |
|---|---|---|---|---|---|
| a　0001 | 0101 | (0001) | (0001) | 1001 | 原 |
| b　0010 | (0010) | 0011 | 1010 | (0010) | 來 |
| c　0100 | 1100 | (0100) | 0101 | (0100) | 狀 |
| d　1000 | (1000) | 1010 | (1000) | (1000) | 態 |
| (a, b)　0011 | - | 0001 | - | - | 新 |
| (a, c)　0101 | 0100 | 1000 | 0001 | - | 加 |
| (a, d)　1001 | - | - | - | 1000 | 入 |
| (b, d)　1010 | - | 0010 | 1000 | - | 的 |
| (c, d)　1100 | 1000 | - | - | - | 態 |

**圖 9.2-13:** 例題 9.2-13 的狀態指定

例如：狀態 $a$ (0001) $\xrightarrow{10}$ 狀態 $(a,d)$ (1001) $\xrightarrow{10}$ 狀態 $d$ (1000)。完整的狀態指定與轉態表如圖 9.2-13 所示。

---

### ✔學習重點

**9-18.** 目前常用的狀態指定方法有那幾種？

**9-19.** 試定義相鄰狀態與轉態圖。

**9-20.** 試簡述共用列法的基本原理。

**9-21.** 試簡述多重列法的基本原理。

**9-22.** 試簡述 $n$ 取 1 碼法的基本原理。

---

## 9.2.4 基本突波

在基本模式電路中，除了組合邏輯電路部分的 (靜態與動態) 邏輯突波外，尚包括另外一種突波，稱為基本突波。基本突波的發生是由於一個輸入信號，經由多個(兩條或是更多條)具有不同傳播延遲的路徑經過非同步循序邏輯電路所造成的。基本突波與邏輯突波的不同在於：一、它只發生在基本模式電路的循序邏輯電路中；二、它不能與邏輯突波一樣，使用額外的重覆邏輯閘或是使用門閂電路當做記憶元件消除，它通常必須適當地控制邏輯閘電路中的傳播延遲才能消除。

## ■ 例題 9.2-14 (基本突波分析)

執行圖 9.2-14(a) 的轉態表，然後討論邏輯閘電路中可能的基本突波。

**解：**利用圖 9.2-14(b) 的卡諾圖化簡後，得到：

$$Y_1 = xy_1 + x'y_2 + y_1y_2$$
$$Y_2 = xy_1' + x'y_2 + y_1'y_2$$

其中轉態函數 $Y_1$ 與 $Y_2$ 中的最後一項 $y_1y_2$ 與 $y_1'y_2$ 用以消除靜態邏輯突波。結果的邏輯電路如圖 9.2-14(c) 所示。

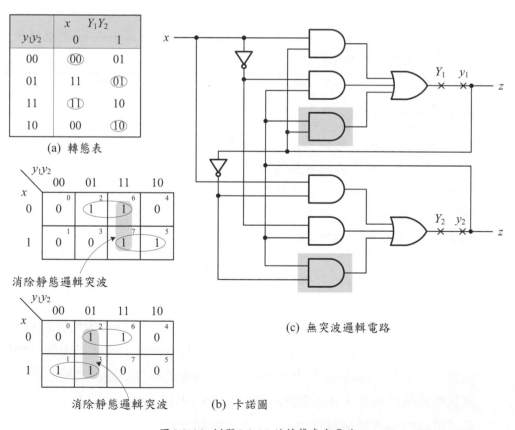

(a) 轉態表

消除靜態邏輯突波

消除靜態邏輯突波    (b) 卡諾圖

(c) 無突波邏輯電路

**圖 9.2-14:** 例題 9.2-14 的轉態表與電路

電路的基本突波分析如下。假設電路的初始狀態 $y_1y_2 = 00$ 而 $x = 0$。若當 $x$ 由 0 改變為 1，而且 $x'$ 也同時由 1 改變為 0 時：

$$Y_1 = 1 \cdot 0 + 0 \cdot 0 + 0 \cdot 0 = 0$$

$$Y_2 = 1 \cdot 1 + 0 \cdot 0 + 1 \cdot 0 = 1$$

電路將抵達正確的穩定狀態 01。但是若當 $x$ 在 $t_1$ 時由 0 改變為 1，但是 $x'$ 卻在 $Y_1$ 與 $Y_2$ 的值已經計算完成之後的 $t_2$ 時，才由 1 改變為 0，則在 $t_1$ 時，由於 $x$ 與 $x'$ 均為 1：

$$Y_1 = 1 \cdot 0 + 1 \cdot 0 + 0 \cdot 0 = 0$$

$$Y_2 = 1 \cdot 1 + 1 \cdot 0 + 1 \cdot 0 = 1$$

這些 $Y_1$ 與 $Y_2$ 的值成為新的 $y_1$ 與 $y_2$，再經由電路回授後，新的 $Y_1$ 與 $Y_2$ 的值為：

$$Y_1 = 1 \cdot 0 + 1 \cdot 1 + 0 \cdot 1 = 1$$

$$Y_2 = 1 \cdot 1 + 1 \cdot 1 + 1 \cdot 1 = 1$$

在 $t_2$ 時，$x'$ 由 1 改變為 0，所以新的 $Y_1$ 與 $Y_2$ 的值為：

$$Y_1 = 1 \cdot 1 + 0 \cdot 1 + 1 \cdot 1 = 1$$

$$Y_2 = 1 \cdot 0 + 0 \cdot 1 + 0 \cdot 1 = 0$$

這些 $Y_1$ 與 $Y_2$ 的值成為新的 $y_1$ 與 $y_2$，再經由電路回授後，新的 $Y_1$ 與 $Y_2$ 的值為：

$$Y_1 = 1 \cdot 1 + 0 \cdot 0 + 1 \cdot 0 = 1$$

$$Y_2 = 1 \cdot 0 + 0 \cdot 0 + 0 \cdot 0 = 0$$

所以電路將抵達一個不正確的穩定狀態 10，如圖 9.2-14(a) 所示。

---

消除基本突波的方法為在第二變數的回授路徑上加上足夠的延遲，以延遲第二變數的改變直到輸入狀態改變完成為止。因此在上述例題中，若欲消除基本突波，必須在 $Y_1$ 與 $y_1$ 及 $Y_2$ 與 $y_2$ 之間加上足夠的傳播延遲 $(\Delta T > t_{pd})$。

一般而言，基本模式電路中是否含有基本突波可以直接由流程表中偵測得到，其方法為：若全體狀態 $(x_iS_j)$ 代表一個基本突波，並且該流程表的最初狀態為 $S_j$，則在經過一次 $x_i$ 的改變與經過三次 $x_i$ 的改變所得到的狀態必定不相同，反之亦然。在實際應用上，可以利用圖 9.2-15 所提供的基本標型

| PS | x NS 0 | 1 |
|---|---|---|
| *a* | ⓐ | *b* |
| *b* | *c* | ⓑ |
| *c* | ⓒ | ⓒ |

(a) 三個狀態

| PS | x NS 0 | 1 |
|---|---|---|
| *a* | ⓐ | *b* |
| *b* | *c* | ⓑ |
| *c* | ⓒ | *d* |
| *d* | - | ⓓ |

(b) 四個狀態

**圖 9.2-15:** 基本突波的基本標型圖

圖，來確認一個基本模式電路是否有基本突波。注意只有具有三個以上狀態的流程表，才有可能含有基本突波。

## ■ 例題 9.2-15 (主從式 SR 正反器的基本突波分析)

分析圖 9.2-16(a) 的 $SR$ 主從式正反器電路，並指出該電路中的基本突波。假設 $SR$ 門閂為 NOR 閘 $SR$ 門閂。

**解：** 利用 NOR 閘 $SR$ 門閂的特性函數：

$$Y = R'(S+y)$$

得到：

$$Y_1 = C'y_1 + R'y_1 + SR'C$$

$$Y_2 = C'y_1 + y_1y_2 + Cy_2$$

因此得到圖 9.2-16(b) 的轉態表與 9.2-16(c) 的流程表。利用圖 9.2-15 的基本模型圖可以得知電路在下列兩個全體狀態下具有基本突波：

(a) 全體狀態：($SR = 10$ⓐ)，而 $C$ 由 0 改變為 1 時；

(b) 全體狀態：($SR = 01$ⓒ)，而 $C$ 由 0 改變為 1 時。

如圖 9.2-16(c) 中箭頭所示。

解決上述基本突波的方法為確保 $C$ 信號經由路徑 AND 閘與 $SR$ 門閂 1 (路徑 1) 所需要的傳播延遲較經由路徑 NOT 閘 (路徑 2) 為長。圖 9.2-17(a) 為利用邏輯電路設計的方式，使得路徑 1 的傳播延遲較路徑 2 為長；圖 9.2-17(b) 所示的方法，則是使用一個兩相不重疊脈波產生器，由輸入脈波 $C$ 產生兩個不重疊的脈波 $C_0$ 與 $C_1$，以供給圖 9.2-16(a) 邏輯電路中所需要的 $C_0$ 與 $C_1$ 信號。當 $C_1$ 為高

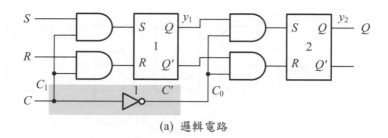

(a) 邏輯電路

| $y_1y_2$ | $C=0$ | | | | $Y_1Y_2$ $C=1$ | | | | $Q$ |
|---|---|---|---|---|---|---|---|---|---|
| | 00 | 01 | 11 | 10 | 00 | 01 | 11 | 10 | |
| 00 | 00 | 00 | 00 | 00 | 00 | 00 | 00 | 10 | 0 |
| 01 | 00 | 00 | 00 | 00 | 01 | 01 | 01 | 11 | 1 |
| 11 | 11 | 11 | 11 | 11 | 11 | 01 | 01 | 11 | 1 |
| 10 | 11 | 11 | 11 | 11 | 10 | 00 | 00 | 10 | 0 |

(b) 轉態表與輸出表

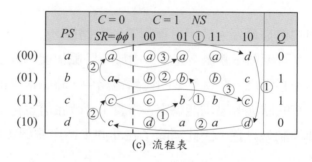

(c) 流程表

**圖 9.2-16:** 例題 9.2-15 的主從式 $SR$ 正反器

電位時，$S$ 與 $R$ 輸入信號經過門閂 1 計算出 $y_1$，而在此期間內因 $C_0$ 為低電位，$y_2$ 保持不變。$C_0$ 與 $C_1$ 有一段期間 $t_0$ 兩者皆保持為低電位，若此時間夠長，則可以確保在 $y_1$ 值穩定之後，再計算 $y_2$ 之值，因此可以消除基本突波。這種方式通常使用在數位 VLSI 的循序邏輯電路中。

　　總之，在基本模式電路中的基本突波是由於一個輸入信號經過兩條或是以上的路徑，其中一條路徑經過循序邏輯電路，另一條路徑只經過組合邏輯電路，而且組合邏輯電路的路徑的傳播延遲較循序邏輯電路的路徑為長所造成的。解決的方法則是在循序邏輯電路的路徑上加上足夠的傳播延遲，使該

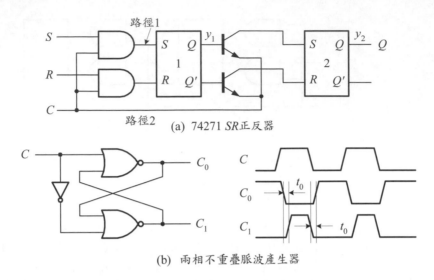

(a) 74271 $SR$ 正反器

(b) 兩相不重疊脈波產生器

**圖 9.2-17:** 例題 9.2-15 中基本突波的解決方法

路徑的傳播延遲大於組合邏輯電路的路徑。

在同步循序邏輯電路中,由於有時脈信號的同步,因此競賽與突波等問題均不必考慮,在這類型的邏輯電路中,時脈信號的週期必須足夠長,以允許所有的狀態改變均能穩定。事實上,時脈信號可以視為加入邏輯電路中的一種控制型延遲,因此消除了在非同步循序邏輯電路中所遭遇的時序問題。

### ✔學習重點

**9-23.** 試簡述基本突波與邏輯突波的相異點。

**9-24.** 幾個狀態以上的流程表才有可能發生基本突波?

**9-25.** 試簡述兩相不重疊脈波產生器電路的主要特性。

## 參考資料

**1.** D. A. Huffman, "The synthesis of sequential switching circuits," *Journal of Franklin Institute,* Vol. 257, pp. 161–190, March 1954.

**2.** Z. Kohavi, *Switching and Finite Automata Theory,* 2nd ed. New York McGraw-Hill, 1978.

**3.** G. Langhole, A. Kandel, and J. L. Mott, *Digital Logic Design,* Dubuque, Iowa: Wm. C. Brown, 1988.

**4.** S. C. Lee, *Digital Circuits and Logic Design,* Englewood Cliffs, New Jersey: Prentice-Hall, 1976.

**5.** M. M. Mano, *Digital Design,* 3rd ed., Englewood Cliffs, New Jersey: Prentice-Hall, 2002.

**6.** E. J. McCluskey, *Logic Design Principles: with Emphasis on Testable Semi-custom Circuits,* Englewood Cliffs. New Jersey: Prentice-Hall, 1986.

**7.** G. H. Mealy, "A method for synthesizing sequential circuits," *The Bell System Technical Journal,* Vol. 34, pp. 1045–1079, September 1955.

**8.** E. F. Moore, "Gedanken-experiments on sequential machines," *Automata Studies,* Princeton University Press, pp. 129–153, 1956.

**9.** C. H. Roth, *Fundamentals of Logic Design,* 4th ed., St. Paul, Minn.: West Publishing, 1992.

# 習題

**9-1** 設計一個主從式 $JK$ 正反器電路。電路具有三個輸入端 $J$、$K$、$C$ 及一對互補的輸出端 $Q$ 與 $Q'$。在輸出端 $Q$ 的值為 0 時，若輸入端 $C$ 與 $J$ 的值一旦皆為 1 之後，只要輸入端 $C$ 的值變為 0，輸出端 $Q$ 的值即為 1 而不管輸入端 $K$ 的值為何；在輸出端 $Q$ 的值為 1 時，若輸入端 $C$ 與 $K$ 的值一旦皆為 1 之後，只要輸入端 $C$ 的值變為 0，輸出 $Q$ 的值即為 0 而不管輸入端 $J$ 的值為何。利用下列指定方式執行此電路：

(1) NAND 閘 $SR$ 門閂　　　　　(2) NOR 閘 $SR$ 門閂

**9-2** 設計一個主從式 $T$ 型正反器電路。電路具有兩個輸入端 $C$ 與 $T$ 及一對互補的輸出端 $Q$ 與 $Q'$。在輸出端 $Q$ 的值為 0 時，若輸入端 $C$ 與 $T$ 的值一旦皆為 1 之後，只要輸入端 $C$ 的值變為 0，輸出端 $Q$ 的值即為 1 而不管輸入端 $T$ 的值為何；在輸出端 $Q$ 的值為 1 時，若輸入端 $C$ 與 $T$ 的值一旦皆為 1 之後，只要輸入端 $C$ 的值變為 0，輸出端 $Q$ 的值即為 0 而不管輸入端 $T$ 的值為何。利用下列指定方式執行此電路：

(1) NAND 閘 $SR$ 門閂　　　　　(2) NOR 閘 $SR$ 門閂

**9-3** 利用 NOR 閘 $SR$ 門閂，重做例題 9.1-5。

**9-4** 設計一個負緣觸發 $D$ 型正反器電路。電路具有兩個輸入端 $D$ 與 $C$ 及一對互補的輸出端 $Q$ 與 $Q'$。當輸入端 $D$ 的值為 1 而且輸入端 $C$ 的值由 1 變為 0 (即負緣) 時，輸出端 $Q$ 的值即為 1；當輸入端 $D$ 的值為 0 而且輸入端 $C$ 的值由 1 變為 0 時，輸出端 $Q$ 的值即 0；其它任何輸入組合，輸出端 $Q$ 的值則保持不變。利用下列指定方式執行此電路：

(1) NOR 閘 $SR$ 門閂        (2) NAND 閘 $SR$ 門閂

**9-5** 設計一個負緣觸發 $T$ 型正反器電路。電路具有兩個輸入端 $T$ 與 $C$ 及一對互補的輸出端 $Q$ 與 $Q'$。當輸入端 $T$ 的值為 1 而且輸入端 $C$ 的值由 1 變為 0 (即負緣) 時，輸出端 $Q$ 即將其值取補數；在其它任何輸入組合下，輸出端 $Q$ 的值則保持不變。利用下列指定方式執行此電路：

(1) NOR 閘 $SR$ 門閂        (2) NAND 閘 $SR$ 門閂

**9-6** 設計一個具有兩個輸入端 $x_1$ 與 $x_2$ 及一個輸出端 $z$ 的非同步循序邏輯電路，輸出端 $z$ 的值只在當 $x_1 = 1$ 而且 $x_2$ 由 0 變為 1 時才由 0 變為 1，而只在當 $x_2 = 1$ 而且 $x_1$ 由 1 變為 0 時才由 1 變為 0。假設 $x_1$ 與 $x_2$ 不會同時改變其值。利用下列指定方式執行此電路：

(1) NOR 閘 $SR$ 門閂        (2) NAND 閘 $SR$ 門閂

**9-7** 設計一個具有兩個輸入端 $x_1$ 與 $x_2$ 及兩個輸出端 $z_1$ 與 $z_2$ 的非同步循序邏輯電路，輸出 $z_i$ $(i = 1, 2)$ 的值只在其對應的 $x_i$ 為最後改變時為 1。

(1) 求出最簡流程表與一個成立狀態指定。

(2) 假設所有輸入均同時具有補數與非補數等形式，試用 NAND 閘執行此電路。

**9-8** 設計一個具有兩個輸入端 $x_1$ 與 $x_2$ 及兩個輸出端 $z_1$ 與 $z_2$ 的非同步循序邏輯電路，電路的動作如下：當 $x_1 x_2 = 00$，輸出 $z_1 z_2 = 00$；當 $x_1 = 1$ 而且 $x_2$ 由 0 變為 1 時，輸出 $z_1 z_2 = 01$；當 $x_2 = 1$ 而且 $x_1$ 由 0 變為 1 時，輸出 $z_1 z_2 = 10$；其它輸入組合，輸出保持不變。

(1) 求出電路的基本流程表與一個成立狀態指定。

(2) 使用 $D$ 型門閂執行此電路。

**9-9** 設計一個具有兩個輸入端 $x_1$ 與 $x_2$ 及一個輸出端 $z$ 的非同步循序邏輯電路。假設最初所有輸入與輸出的值均為 0,當輸入端 $x_1$ 或是 $x_2$ 的值變為 1 時,輸出端 $z$ 的值變為 1,在另外一個輸入端的值也變為 1 時,輸出端 $z$ 的值則變為 0,然後 $z$ 的值保持在 0 直到電路回到最初的狀態為止。

**9-10** 設計一個具有兩個輸入端 $x_1$ 與 $x_2$ 及一個輸出端 $z$ 的非同步循序邏輯電路。假設最初所有輸入與輸出的值均為 0,當輸入端 $x_1$ 的值為 1 而 $x_2$ 的值由 0 變為 1 然後變為 0 時,輸出端 $z$ 變為 1;當輸入端 $x_1$ 的值變為 0 時,輸出端 $z$ 變為 0。

**9-11** 設計一個具有兩個輸入端 $x_1$ 與 $x_2$ 及一個輸出端 $z$ 的非同步循序邏輯電路。假設最初所有輸入與輸出的值均為 0,當輸入端 $x_1$ 的值為 1 而 $x_2$ 的值由 0 變為 1 然後變為 0 時,輸出端 $z$ 變為 1;當輸入端 $x_2$ 的值為 1 而 $x_1$ 的值由 0 變為 1 然後變為 0 時,輸出端 $z$ 變為 0。

**9-12** 設計一個具有兩個輸入端 $x_1$ 與 $x_2$ 及一個輸出端 $z$ 的非同步循序邏輯電路。當在 $x_1x_2$ 為 00 時,任何一個輸入端($x_1$ 或是 $x_2$)的值由 0 變為 1 時,輸出端 $z$ 的值即設定為 1,當 $x_1$ 的值變為 0 時(不管 $x_2$ 的值為 0 或是 1),輸出端 $z$ 的值即清除為 0。利用下列指定方式執行此電路:

(1) $SR$ 門閂　　　　　(2) $D$ 型門閂

**9-13** 設計一個具有兩個輸入端 $CP$ 與 $P$ 及一個輸出端 $z$ 的非同步循序邏輯電路,其時序圖如圖 P9.1 所示。電路在 $P$ 信號產生後輸出第一個 $CP$ 脈波並且在每次 $P$ 信號產生時,只輸出這樣一個脈波。注意 $P$ 的信號是隨意的,但其週期與脈波寬度均長於 $CP$ (時脈)的週期與脈波寬度。

**9-14** 設計一個具有兩個輸入端 $x_1$ 與 $x_2$ 及一個輸出端 $z$ 的非同步循序邏輯電路。當輸出端 $z$ 的值為 0 而輸入端 $x_1$ 與 $x_2$ 的值為 00,若 $x_2$ 先變為 1,然後 $x_1$ 也變為 1 時,輸出端 $z$ 的值變為 1 並且維持在 1。當輸出端 $z$ 的值為 1 而輸入端 $x_1$ 與 $x_2$ 的值為 11 時,若輸入端 $x_1$ 先恢復為 0,接著 $x_2$ 也恢復為 0 時,輸出

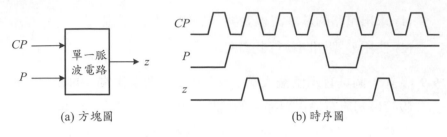

(a) 方塊圖　　　　　　　　　(b) 時序圖

圖 P9.1

端 $z$ 的值才變為 0 並且維持在 0，直到上述輸入信號再度發生為止。

**9-15** 設計一個具有兩個脈波輸入端 $x_1$ 與 $x_2$ 及一個輸出端 $z$ 的脈波序列偵測電路，當輸出端 $z$ 的值為 0 時，若輸入脈波序列依序為 $x_2$-$x_1$-$x_2$ 時，輸出端 $z$ 的值由 0 變為 1，並且維持在 1，直到脈波序列 $x_1$-$x_2$ 發生時為止。試分別使用下列指定方式執行此電路：

(1) $SR$ 閂閂　　　　　　　(2) $D$ 型閂閂

**9-16** 設計一個具三個脈波輸入端 $x_1$、$x_2$、$x_3$ 及一個輸出端 $z$ 的脈波序列偵測電路，當輸入的脈波序列依序為 $x_1$-$x_3$-$x_2$ 時，輸出端 $z$ 輸出一個脈波。試分別使用下列指定方式執行此電路：

(1) $SR$ 閂閂　　　　　　　(2) $D$ 型閂閂

**9-17** 設計一個具有兩個脈波輸入端 $x_1$ 與 $x_2$ 及一個輸出端 $z$ 的非同步循序邏輯電路，當電路偵測到脈波序列 $x_1$-$x_2$-$x_2$ 發生時，輸出端 $z$ 的值變為 1 並且維持在 1，直到 $x_1$ 脈波發生時為止。

**9-18** 分析圖 P9.2 的非同步循序邏輯電路，回答下列各問題：

(1) 由邏輯電路導出激勵函數與輸出函數。

(2) 導出轉態表與輸出表。

(3) 導出流程表與流程圖。

**9-19** 分析圖 P9.3 的非同步循序邏輯電路，回答下列各問題：

(1) 由邏輯電路導出激勵函數與輸出函數。

(2) 導出轉態表與輸出表。

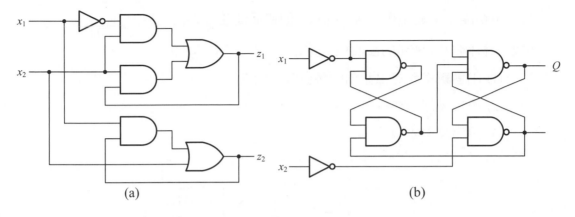

(a)                                   (b)

**圖 P9.2**

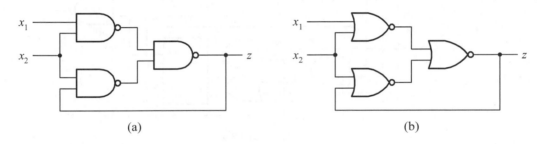

(a)                                   (b)

**圖 P9.3**

(3) 導出流程表與流程圖。

**9-20** 某一個非同步循序邏輯電路具有兩個內部狀態、兩個輸入端 與 $x_1$、$x_2$ 與一個輸出端 $z$，其激勵與輸出函數分別如下：

$$Y_1 = x_1 y_2 + x_1 y_2' + x_2' y_1$$

$$Y_2 = x_2 y_1' + x_1 y_1' y_2 + x_1' y_1$$

$$z = x_2 + x_1 y_1$$

(1) 繪出邏輯電路

(2) 導出轉態表與輸出表

(3) 導出電路的流程表

**9-21** 在圖 9.1-14(a) 的負緣觸發 $JK$ 正反器的電路中，試繪其時序圖說明若希望該電路能正常的工作，則 $G_1$ 與 $G_4$ 的傳播延遲 $t_g$ 必須大於 $4t_g$ $(G_i, i \neq 1, 4)$。

**9-22** 分析圖 P9.4 所示的脈波模式電路，回答下列各問題：

(1) 由邏輯電路導出激勵函數與輸出函數。

(2) 導出轉態表與輸出表。

(3) 導出狀態表與狀態圖。

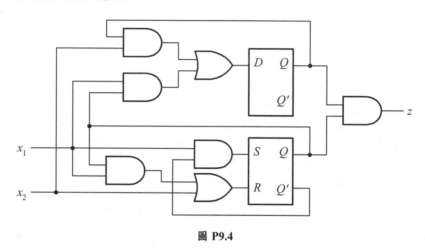

**圖 P9.4**

**9-23** 求出圖 P9.5 中的所有競賽狀況，並指出那些是臨界性競賽與非臨界性競賽，及是否有循環存在。

| $y_1y_2$ | $x_1x_2$ 00 | 01 | 11 | 10 |
|---|---|---|---|---|
| 00 | 10 | ⟨00⟩ | 11 | 10 |
| 01 | ⟨01⟩ | 00 | 10 | 10 |
| 11 | 01 | 00 | ⟨11⟩ | ⟨11⟩ |
| 10 | 11 | 00 | ⟨10⟩ | ⟨10⟩ |

(a)

| $y_1y_2$ | $x_1x_2$ 00 | 01 | 11 | 10 |
|---|---|---|---|---|
| 00 | ⟨00⟩ | 11 | ⟨00⟩ | 11 |
| 01 | 11 | ⟨01⟩ | 11 | 11 |
| 10 | 00 | ⟨10⟩ | 11 | 11 |
| 11 | ⟨11⟩ | ⟨11⟩ | 00 | ⟨11⟩ |

(b)

表頭：$Y_1Y_2$

**圖 P9.5**

**9-24** 利用共用列法，求出圖 P9.6 所示簡化流程表的成立狀態指定。

**9-25** 利用多重列法，求出圖 P9.7 所示簡化流程表的成立狀態指定。

| PS | $x_1x_2$ 00 | 01 | NS 11 | 10 |
|---|---|---|---|---|
| a | ⓐ | b | d | ⓐ |
| b | a | ⓑ | c | a |
| c | d | ⓒ | ⓒ | a |
| d | ⓓ | c | ⓓ | a |

| PS | $x_1x_2$ 00 | 01 | NS 11 | 10 |
|---|---|---|---|---|
| a | ⓐ | c | ⓐ | c |
| b | a | ⓑ | ⓑ | d |
| c | d | ⓒ | b | ⓒ |
| d | ⓓ | b | a | ⓓ |

(a) (b)

圖 P9.6

| PS | $x_1x_2$ 00 | 01 | NS 11 | 10 |
|---|---|---|---|---|
| a | ⓐ | b | d | ⓐ |
| b | c | ⓑ | d | ⓑ |
| c | ⓒ | b | ⓒ | a |
| d | c | ⓓ | ⓓ | a |

| PS | $x_1x_2$ 00 | 01 | NS 11 | 10 |
|---|---|---|---|---|
| a | b | ⓐ | ⓐ | b |
| b | ⓑ | d | c | ⓑ |
| c | ⓒ | a | ⓒ | d |
| d | c | ⓓ | a | ⓓ |

(a) (b)

圖 P9.7

**9-26** 利用 $n$ 取 1 碼法，求出圖 P9.8 所示簡化流程表的成立狀態指定。

| PS | $x_1x_2$ 00 | 01 | NS 11 | 10 |
|---|---|---|---|---|
| a | b | ⓐ | d | ⓐ |
| b | ⓑ | d | ⓑ | a |
| c | ⓒ | a | b | ⓒ |
| d | c | ⓓ | ⓓ | c |

| PS | $x_1x_2$ 00 | 01 | NS 11 | 10 |
|---|---|---|---|---|
| a | ⓐ | ⓐ | b | d |
| b | a | ⓑ | d | c |
| c | a | a | ⓒ | ⓒ |
| d | a | b | ⓓ | ⓓ |

(a) (b)

圖 P9.8

**9-27** 在圖 P9.9 所示的各簡化流程表中，求出使用最少數目的第二變數之成立狀態指定。

**9-28** 分析圖 P9.10 的非同步循序邏輯電路，回答下列各問題：

| PS | $x_1x_2$ NS | | | |
|---|---|---|---|---|
| | 00 | 01 | 11 | 10 |
| a | ⓐ | d | ⓐ | ⓐ |
| b | ⓑ | ⓑ | ⓑ | a |
| c | e | d | ⓒ | f |
| d | b | ⓓ | c | e |
| e | ⓔ | b | a | ⓔ |
| f | a | ⓕ | b | ⓕ |

(a)

| PS | $x_1x_2$ NS | | | |
|---|---|---|---|---|
| | 00 | 01 | 11 | 10 |
| a | ⓐ | d | ⓐ | ⓐ |
| b | a | f | c | ⓑ |
| c | ⓒ | e | ⓒ | a |
| d | c | ⓓ | ⓓ | b |
| e | ⓔ | ⓔ | d | a |
| f | e | ⓕ | a | b |

(b)

圖 P9.9

(1) 由邏輯電路導出激勵函數與輸出函數。

(2) 導出流程表。

(3) 指出電路中可能發生的基本突波與解決方法。

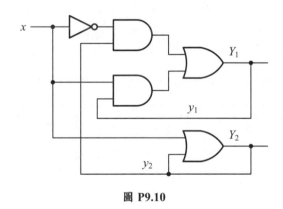

圖 P9.10

**9-29** 指出圖 P9.11 所示的各簡化流程表中，可能的基本突波。

**9-30** 分析圖 9.2-17(b) 所示的兩相不重疊脈波產生器。

**9-31** 分析例題 9.1-4 的主從式 $D$ 型正反器電路的基本突波。

**9-32** 分析例題 9.1-10 的負緣觸發 $JK$ 正反器電路的基本突波。

**9-33** 圖 P9.12 所示為雙緣觸發 (double-edge-triggered，即正緣與負緣均可以令電路轉態) $D$ 型正反器的簡化流程表：

| PS | $x_1x_2$ 00 | 01 | 11 | 10 |
|---|---|---|---|---|
| a | ⓐ | b | - | ⓐ |
| b | ⓑ | ⓑ | c | a |
| c | - | - | ⓒ | d |
| d | b | - | - | ⓓ |

(a)

| PS | $x_1x_2$ 00 | 01 | 11 | 10 |
|---|---|---|---|---|
| a | ⓐ | - | b | ⓐ |
| b | - | c | ⓑ | d |
| c | d | ⓒ | b | - |
| d | ⓓ | - | f | ⓓ |
| e | - | ⓔ | f | ⓔ |
| f | - | c | ⓕ | e |

(b)

圖 **P9.11**

(1) 再化簡此流程表(只需要四個狀態)。

(2) 利用 $D$ 型門閂電路執行此電路。

| PS | $x_1x_2$ 00 | 01 | 11 | 10 |
|---|---|---|---|---|
| a | ⓐ,0 | b,0 | d,0/e,- | c,0 |
| b | a,0 | ⓑ,0 | e,- | c,0/f,- |
| c | a,0 | b,0/g,- | d,0 | ⓒ,0 |
| d | a,0/h,- | g,1 | ⓓ,0 | c,0 |
| e | a,-/h,1 | g,1 | ⓔ,1 | f,1 |
| f | a,0 | b,-/g,1 | e,1 | ⓕ,1 |
| g | h,1 | ⓖ,1 | e,1 | c,-/f,1 |
| h | ⓗ,1 | g,1 | d,-/e,1 | c,- |

圖 **P9.12**

**9-34** 圖 P9.13 所示為雙緣觸發 $JK$ 正反器的簡化流程表：

(1) 再化簡此流程表(只需要四個狀態)。

(2) 利用一個正緣 $JK$ 正反器、一個延遲元件、一個XOR閘執行此電路。

| PS | CJK 000 | 001 | 011 | 010 | NS 110 | 111 | 101 | 100 |
|---|---|---|---|---|---|---|---|---|
| a | ⓐ,0 | ⓐ,0 | b,0 | b,0 | d,0/g,- | d,0/h,- | c,0 | c,0 |
| b | a,0 | a,0 | ⓑ,0 | ⓑ,0 | g,- | h,- | c,0/h,- | c,0/g,- |
| c | a,0 | a,0 | b,0/f,- | b,0/e,- | d,0 | d,0 | ⓒ,0 | ⓒ,0 |
| d | a,0/e,- | a,0/f,- | f,- | e,- | ⓓ,0 | ⓓ,0 | c,0 | c,0 |
| e | ⓔ,1 | f,1 | f,1 | ⓔ,1 | g,1 | d,-/h,1 | c,-/h,1 | g,1 |
| f | e,1 | ⓕ,1 | ⓕ,1 | e,1 | d,-/g,1 | d,- | e,- | c,-/g,1 |
| g | e,1 | a,-/f,1 | b,-/f,1 | e,1 | ⓖ,1 | h,1 | h,1 | ⓖ,1 |
| h | a,- /e,1 | a,- | b,1 | b,-/e,1 | g,1 | ⓗ,1 | ⓗ,1 | g,1 |

圖 P9.13

# 10 數位系統設計—使用ASM圖

到目前為主，所討論的皆以小型的數位系統的設計與分析為主，這種系統的主要特性是其輸入變數與輸出交換函數的數目不多，而且只具有少數幾個狀態。在許多實用的系統中，通常具有大量的輸入變數與輸出交換函數及數量相當可觀的狀態，對於這種大型的數位系統，將很難再以前面各章所討論的方法設計，因為大型數位系統的設計已經變為一種藝術形式，不再是一種可重覆遵循的方法了。

在大型數位系統的設計方法中，最常用的為一種特殊的流程圖 (flow chart) 稱為演算法狀態機 (algorithmic state machine，ASM 圖)，利用它一個數位系統的硬體即可以使用演算法而以較有系統的方式表示。這裏所謂的演算法 (algorithm) 為一種解決問題的方法，它由一些有限數目的步驟組成，以將輸入資料形式轉換為需要的輸出資料形式。ASM 圖除了表示數位系統中輸出資料與輸入資料的關係之外，也表示出循序控制邏輯電路中各個狀態之間的時序關係，及由一個狀態到另一個狀態轉移時可能發生的事件。

本章中將以 ASM 圖的設計方法為主，探討數位系統的設計方法。至於數位系統的各種執行方法將於下一章中再予介紹。

## 10.1 數位系統設計策略

數位系統的設計主要是探討如何使用前面各章中所介紹的組合邏輯電路模組與循序邏輯電路模組建構出符合應用需要的系統；數位系統的執行則是將設計完成的數位系統使用最經濟而且性能符合該系統規格的實際邏輯元

**表 10.1-1:** 數位系統設計層次分類

| 設計層次 | 基本組成元件 |
|---|---|
| 系統層次 | $\mu$P、$\mu$C、ROM、RAM、EEPROM、UART、USB、PPI、定時器、等 |
| RTL 層次 | 暫存器、移位暫存器、計數器、多工器、解多工器、解碼器、編碼器、大小比較器、ALU、等 |
| 邏輯閘層次 | 基本邏輯閘：AND、OR、NOT、NOR、NAND、XOR、XNOR；正反器等 |
| 電路層次 | MOSFET(nMOS 與 pMOS 電晶體)、BJT、MESFET、等 |

件，實際執行該系統的動作。

　　本節中將就目前數位系統的常用設計策略做一概括性的介紹，以讓讀者了解數位系統的各種設計策略、方法，並且提供讀者一些選取執行該系統的邏輯元件時的基本觀念。

## 10.1.1 結構化數位系統設計

　　基本的數位系統設計階層 (design hierarchy) 可以分成：系統層次 (system level)、RTL 層次 (RTL level) 或是暫存器轉移層次 (register transfer level)、邏輯閘層次 (logic gate level)、電路層次 (circuit level) 等四種，如表 10.1-1 所示。

　　最高層次為系統層次，在此層次下的數位系統其資料轉移單位通常為位元組或是一個位元組區段，而操作的時間單位則為 ms (或是 s)。系統層次的邏輯元件一般為微處理器 (microprocessor，$\mu$P) 或是微控制器 (microcontroller，$\mu$C)、ROM、RAM、EPROM、EEPROM (目前大都稱為 Flash memory，快閃記憶器)、週邊裝置界面元件等，如表 10.1-1 所示。

　　在暫存轉移層次 (RTL 層次) 中的資料轉移單位通常為位元或是位元組，而其操作的時間單位為 $10^{-8}$ 到 $10^{-9}$ 秒。在此層次上的基本邏輯元件為暫存器、移位暫存器、計數器等循序邏輯電路模組及多工器/解多工器、編碼器/解碼器、ALU、大小比較器等組合邏輯電路模組，如表 10.1-1 所示。

　　在邏輯閘層次中的資料轉移單位為位元，而其操作的時間單位約為 $10^{-9}$ 到 $10^{-10}$ 秒。在此層次上的基本邏輯元件為基本邏輯閘與正反器，如表 10.1-1 所示。

　　在電路層次中的資料轉移單位為位元，而其操作的時間單位約為 $10^{-10}$

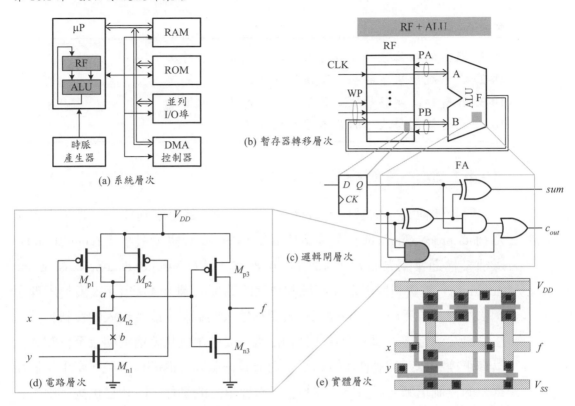

(a) 系統層次

(b) 暫存器轉移層次

(c) 邏輯閘層次

(d) 電路層次

(e) 實體層次

**圖 10.1-1:** 結構化數位系統設計觀念

到 $10^{-12}$ 秒。在此層次上的基本元件為雙極性電晶體 (BJT)、MOSFET (nMOS 與 pMOS 電晶體)、MESFET 等。

　　上述四種層次的觀念示意圖如圖 10.1-1 所示。系統層次的邏輯元件由暫存器轉移層次的基本元件組成；暫存器轉移層次的邏輯元件由邏輯閘層次的基本元件組成；邏輯閘層次的基本邏輯閘則由電路層次中的電晶體組成；實體層次則為電路層次的另外一種表示方式，因此通常不視為另外一個設計層次。整個系統設計觀念形成一個階層式結構 (hierarchical structure)。

　　系統層次的數位系統設計方法不在本書的討論範圍之內 (參考資料 [5] 與 [10])，暫存器轉移層次的設計方法將於本章中介紹，其它兩種層次的數位系統設計方法，則已經分別在前面各章中討論過。

✔學習重點

**10-1.** 基本的數位系統設計層次可以分成那幾種層次？
**10-2.** 在系統層次下的基本邏輯元件是什麼？
**10-3.** 在暫存器轉移層次下的基本邏輯元件是什麼？
**10-4.** 在邏輯閘層次下的基本邏輯元件是什麼？

## 10.1.2 數位系統設計方法

　　對於任何大小的數位系統而言，均可以將其分成兩部分：資料處理單元 (data processing unit，或稱資料路徑，datapath) 與控制單元 (control unit)。這種結構通常稱為控制器-資料處理單元結構 (controller-data-processing-unit structure)，其資料處理單元與控制單元的關係如圖 10.1-2 所示。資料處理單元依據控制單元所給予的控制信號處理輸入的資料，或將輸入的資料直接送往輸出端或是經過運算後才送往輸出端，或是產生狀態信號回授至控制單元以修正控制單元的動作；控制單元則依據一個固定的時序信號，產生系統所需要的控制信號，以引導、控制資料處理單元的動作，同時它也接受由資料處理單元所回授的狀態信號，修正其內部動作，因而改變控制信號。

　　在設計一個數位系統時，通常以由上而下 (top-down) 的設計方法，將系統分成資料處理單元與控制單元兩部分：

1. 資料處理單元部分：能夠包括一組主要元件與資料運算路徑及受控元件需要的控制信號與狀態信號，其中主要元件通常是指暫存器、計數器、

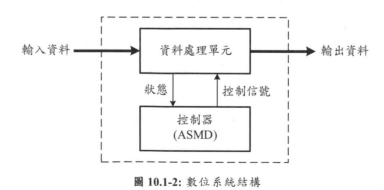

**圖 10.1-2:** 數位系統結構

算術邏輯單元 (ALU)、記憶器等，控制信號則是由控制單元所產生的，而狀態信號則是用來改變控制單元的動作。依據實際上的需要，記憶器可以是下列元件：RAM、CAM、ROM、FIFO (緩衝器)、移位暫存器、暫存器，或是其組合。

2. 控制單元部分：能夠產生一組適當順序的控制信號，以控制資料處理單元執行需要的動作。它為一個由狀態圖或是 ASM 圖描述的循序邏輯電路，而可以使用 PLA 元件、ROM 元件，或是隨機邏輯電路實現。當 ASM 圖用來描述數位系統在控制器 - 資料處理單元結構中的控制器之行為時，該 ASM 圖常稱為 ASMD (ASM with datapath) 圖。

　　一般而言，使用上述結構設計一個數位系統的方法如下：首先，設計與繪出該數位系統的資料處理單元的方塊圖；其次，定義控制單元需要的輸入與輸出信號；最後，建構一個 ASM 圖以測試及產生適當的輸出信號次序。完整的設計實例將於第 10.5 節介紹。ASM 圖將於其次一節介紹；設計資料處理單元與控制單元的硬體電路分別於第 10.3 節與第 10.4 節兩小節討論。

✔學習重點

**10-5.** 任何一個數位系統都可以分成那兩部分？

**10-6.** 資料處理單元的主要功能是什麼？

**10-7.** 控制單元的主要功能是什麼？

# 10.2 ASM 圖

　　ASM 圖與描述軟體流程圖類似，但是 ASM 圖可以描述硬體電路中固有的平行動作 (concurrency)、事件順序 (sequence of events) 與時序 (timing) 特性，而軟體流程圖僅能描述事件順序但不包括時序。ASM 圖可以描述邏輯閘層次的同步與非同步循序邏輯電路或是 RTL 層次的數位系統。ASM 圖的兩個主要特性如下：一、它定義了每一個狀態的動作；二、它清楚地描述狀態與狀態之間的控制流程。在邏輯閘層次上，ASM 圖可以描述同步或是非同步循序邏輯電路的行為；在 RTL 層次上，ASM 圖可以描述數位系統的行為。

　　在邏輯閘層次設計中,非同步循序邏輯電路的狀態轉移係由輸入信號的值改變(稱為事件,event)時所引起的,因此每一個狀態期間 (state time) (即一個狀態的期間) 可能不同,而同步循序邏輯電路的狀態轉移係由一個週期性時脈信號所引起的,因此每一個狀態期間都固定而且相同。

　　在 RTL 層次上,狀態與狀態之間的轉移係使用時脈信號控制。因此,上述兩項特性可以重述為:ASM 圖定義了每一個時脈週期 (即狀態) 的 RTL 動作與清楚地描述時脈 (狀態) 與時脈 (狀態) 之間的控制流程。

　　目前,ASM 圖已經成為一個在 RTL 層次上,設計一個數位系統最常用而有效的系統性方法。因此,本節將詳盡地介紹 ASM 圖與其相關的特性。

## 10.2.1　ASM 圖基本方塊

　　ASM 圖為一種適合於描述數位系統動作的特殊型式之流程圖,其基本組成要素有三種基本方塊:1. 狀態方塊 (state box);2. 判別方塊 (decision box);3. 條件輸出方塊 (conditional output box)。現在分別定義如下:

**10.2.1.1　狀態方塊**　在 ASM 圖中的狀態方塊用來表示循序邏輯電路中的一個狀態,它由一個長方形的狀態方塊表示,如圖 10.2-1 所示。圖形左上方的符號代表該狀態的名稱;右上方的二進碼為該狀態的狀態指定;圖形內則指定在該狀態下所必須產生的輸出或是執行的動作。在 Mealy 機中,狀態方塊中並未指定輸出函數的值;在 Moore 機中,狀態方塊中則指定輸出函數的值。每一個狀態方塊只有一個入口與一個出口。狀態入口路徑來自狀態、判別、條件輸出方塊。狀態出口路徑則可以接往狀態方塊或是判別方塊,但是

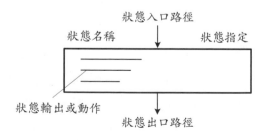

**圖 10.2-1:** ASM 圖的狀態方塊

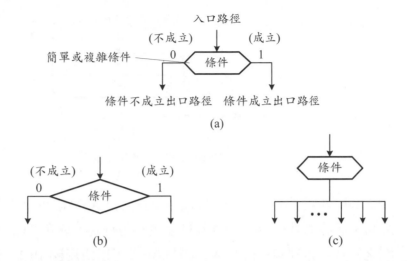

**圖 10.2-2:** ASM 圖的判別方塊：(a) 兩路判別方塊；(b) 另一個兩路判別方塊表示；(c) 多路判別方塊

不可以接往條件輸出方塊。

**10.2.1.2 判別方塊** 判別方塊依據 ASM 圖的輸入信號值，決定其次的狀態轉移與條件輸出。判別方塊使用圖 10.2-2 所示的三種符號之一表示，它用來描述輸入信號對於控制流程的效應。每一個待測條件使用一個判別方塊。等待測試的條件(即輸入信號)置於方塊內，測試條件可以是依據輸入條件計值的單一交換變數或交換表式。當待測條件為一個交換變數時，輸出端的兩條路徑分別代表該條件的成立(1 或真值)與不成立(0 或假值)。判別方塊的入口路徑來自狀態方塊、其它判別方塊，或是不屬於相同判別方塊的條件輸出方塊；出口路徑則可以接往其它判別方塊、條件輸出方塊或是狀態方塊。

**10.2.1.3 條件輸出方塊** 條件輸出方塊描述某些只在特定條件與其相關的狀態啟動時的輸出。條件輸出方塊使用如圖 10.2-3 所示的橢圓形符號表示，它為 ASM 圖中較特殊的一個基本方塊，用以指定循序邏輯電路中的輸出函數的值。條件輸出方塊的輸入必須取自判別方塊的一個輸出，方塊內所指示的輸出或是動作只在該判別方塊中的輸入條件滿足與它所附屬的狀態下才產生或是執行。每一個條件輸出方塊只有一個入口與一個出口。狀態入口路徑來自判別方塊；狀態出口路徑則可以接往其它判別方塊或狀態方塊。

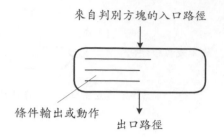

圖 **10.2-3:** ASM 圖的條件輸出方塊

**10.2.1.4 非同步與同步 ASM 圖** 如前所述，ASM 圖可以單獨使用來描述在邏輯閘層次的非同步或是同步循序電路的行為，或在 RTL 層次下的數位系統之行為。非同步與同步 ASM 圖的差異可以使用圖 10.2-4 的時序圖說明。圖 10.2-4(a) 昭示非同步 ASM 圖中狀態與狀態彼此間的時序關係，其中兩個相鄰狀態的時距 (即狀態期間) 由電路的傳播延遲與輸入信號決定。因此，不同狀態可能有不同的狀態期間。相反地，如圖 10.2-4(b) 所示，在同步 ASM 圖中狀態與狀態彼此間的時序關係是由固定週期的時脈信號來定義，因此所有狀態均有一個明確的時距。

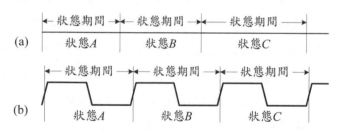

圖 **10.2-4:** (a) 非同步與 (b) 同步 ASM 圖

## 10.2.2 ASM 圖動作類型

ASM 圖可以描述邏輯閘或 RTL 層次的狀態機 (Mealy 或 Moore 機) 或是演算法，因此如圖 10.2-5 所示，ASM 圖的狀態與條件方塊中的動作 (或稱命令，command) 相當分歧，但是可以歸納為下列三種：

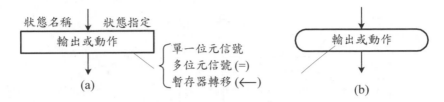

**圖 10.2-5:** ASM 圖的狀態與條件方塊中的三種基本動作

- 單一位元信號：單一位元信號簡稱信號 (signal)，當其出現於狀態方塊或是條件輸出方塊中時，例如 $z$ 與 $z'$ (意為 $z = 0$)，該信號將在該狀態或是條件輸出方塊下啟動，在其它狀態方塊或是條件輸出方塊中未提及該信號時，該信號則為預設值。單一位元信號當其啟動時，其效應立即顯現。在實際應用中，通常只列出啟動的單一位元信號，例如當啟動的信號值為 $z = 1$ 時，僅列出 $z$ 而不列出 $z'$ ($z = 0$)。

- 多位元信號 (=)：當一個多位元信號出現於狀態方塊或是條件輸出方塊中時，使用等號 (=) 指定其值，在其它狀態方塊或是條件輸出方塊中未提及該信號時，該信號則為預設值。等號 (=) 左邊為標的信號，右邊則可以是常數，或是由運算元與運算子組成的表式。如同單一位元信號，多位元信號當其啟動時，其效應立即顯現。在實際應用中，亦常使用多元信號的等號 (=) 表示單一信號的值，例如 $z$ 與 $z = 1$ 互換使用，表示相同的信號值。

- 暫存器資料轉移 (←)：暫存器資料轉移使用 "$A \leftarrow B$" 表示，其中 $A$ 與 $B$ 分別為標的與來源暫存器。一般而言，RTL 表示法的格式為 $A \leftarrow f(.)$，其中 $f(.)$ 表示一個函數，它可以是常數、暫存器，或是由運算元與運算子組成的表式。暫存器資料轉移 (←) 當其啟動時，其效應將延遲到下一狀態時才顯現。

單一位元或多位元信號為組合邏輯信號，其值的效應僅限於該狀態方塊或是條件輸出方塊；暫存器資料轉移則儲存資料於暫存器中，因此其效應將延至下一狀態才顯現，而且該暫存器將持住其資料，直到接收新資料為止。

圖 10.2-6 說明信號與暫存器資料轉移動作之差異。圖 10.2-6(a) 為邏輯電路，而圖 10.2-6(b) 為 ASM 圖。RTL 表式 $B \leftarrow A + 5$ 在進入狀態 $x$ 後開始計算，

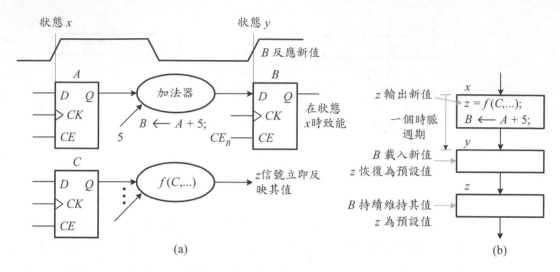

**圖 10.2-6:** 狀態方塊或是條件輸出方塊中的動作類型說明: (a) 邏輯電路; (b) ASM 圖

然後於進入狀態 $y$ 時,其值才載入暫存器 $B$。信號 $z$ 則在進入狀態 $x$ 後開始計算,於組合邏輯電路的延遲之後,即反應其新值。另外,由圖 10.2-6(b) 的 ASM 圖可知:暫存器 $B$ 於狀態 $y$ 載入新值之後,即持續維持此值,直到接收另一個不同的值為止。然而,$z$ 信號的值將於進入狀態 $y$ 後恢復為預設值。在狀態 $z$ 時,因為 $z$ 信號並未被指定新的值,因此輸出其預設值。

## 10.2.3 ASM 區段

　　一般而言,一個 ASM 圖是由許多 ASM 區段 (ASM block) 組合而成。換言之,ASM 區段為 ASM 圖的基本單元。ASM 區段的特性如下:

- 每一個 ASM 區段包含一個狀態方塊與它所附屬的判別方塊及條件輸出方塊組成的串併連網路。

- 每一個 ASM 區段只有一個入口 (entrance) 與一個出口 (exit) 或是由判別方塊結構決定的一個或是多個出口。

- 每一個 ASM 區段描述在一個狀態內執行的所有動作。

- 在進入一個 ASM 區段後,在該 ASM 區段的狀態方塊中的所有輸出或動作均將啟動。

- 在進入一個 ASM 區段後,在該 ASM 區段的條件輸出方塊中的所有輸出或動作若其附屬的條件滿足時均將啟動。
- 在一個 ASM 區段中,狀態方塊為唯一能表示時間的方塊,其餘 (判別與條件輸出) 方塊均假定同時啟動。

當一個 ASM 區段僅有狀態方塊而沒有附屬的判別方塊與條件輸出方塊時,稱為簡單的 ASM 區段 (simple ASM block)。

值得注意的是:在進入一個 ASM 區段時,由狀態時間的觀點而言,判別方塊與條件輸出方塊的次序並不重要,因為所有的條件函數與其附屬的輸出均在該狀態期間內同時計值,與其在該 ASM 區段中的位置無關。

下列例題給予兩個成立的 ASM 圖區段,其中一個使用串列方式測試其條件,另一個則使用並列方式。然而,兩個 ASM 區段是等效的,因為所有條件在 ASM 區段中均同時測試而且等效。

### ■ 例題 10.2-1　成立的 ASM 區段

例如在圖 10.2-7(a) 中的 $x_1$ 與 $x_2$ 的檢查動作,雖然在 ASM 圖中是先檢查 $x_1$,然後檢查 $x_2$,然而實際上它們的動作是同時發生的,因此圖 10.2-7(a) 的 ASM 區段與圖 10.2-7(b) 的 ASM 區段是等效的。兩者皆執行相同的動作。若 $x_1$ 的值為 0,則清除控制變數 $c$ 的值為 0;若 $x_2$ 的值為 1,則設定控制變數 $d$ 的值為 5。另外暫存器 $B$ 的內容無條件地加上 3,而上述動作均在狀態 $A$ 下執行完畢。但是必須注意:若一個 ASM 動作的標的為組合邏輯變數 ($c$ 與 $d$) 時,則立即更新其值,但是若為暫存器 ($B$) 時,則必須等到進入下一個狀態時,方更新其值。

**10.2.3.1　連結路徑**　ASM 圖的明顯特性為其不但表示電路設計的循序行為而且亦提供合成該設計時所需的功能。為了更清楚說明此點,現在定義 ASM 區段的連結路徑 (link path)。在 ASM 區段中,由入口到出口的一條路徑稱為連結路徑。每一條連結路徑相當於一個單一交換表式,它相當於一個條件輸出或是下一狀態函數的完整交換表式的一部份。連結路徑由判別方塊中的條件計值後決定。在連結路徑經過的條件輸出方塊中的輸出將啟動。

ASM 區段中的連結路徑之擷取將扮演著下列角色:

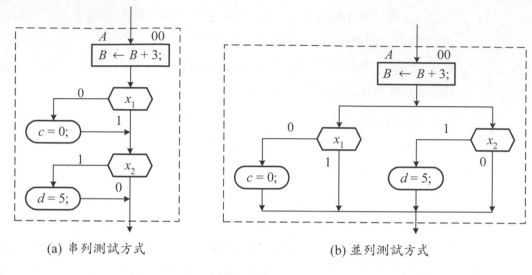

(a) 串列測試方式                          (b) 並列測試方式

圖 **10.2-7:** ASM 區段例

1. 它檢查自狀態方塊中延伸的每一條連結路徑的正確性。
2. 它確認自狀態方塊中延伸的每一條連結路徑的交換表式。
3. 它檢查 ASM 圖中的相同連結路徑或是狀態方塊。
4. 它檢查是否所有出口條件均包含，以避免懸置狀態發生。

## ■ 例題 10.2-2 連結路徑

　　圖 10.2-8 說明如何自 ASM 區段中擷取連結路徑。欲擷取一條連結路徑時，必須記得：無論該連結路徑如何追蹤，在整個狀態期間內，狀態方塊內的輸出將持續啟動。此外，條件輸出將僅在該連結路徑包含該條件輸出方塊時啟動；這些條件輸出在整個狀態期間將維持啟動。基於這兩條規則，由狀態 $A$ 到 $B$、$C$、$D$ 的連結路徑如下：

$$A \rightarrow B : xy'$$
$$A \rightarrow C : xy + x'z'$$
$$A \rightarrow D : x'z$$

　　雖然建構一個 ASM 圖時或多或少是一項藝術，在建構一個 ASM 圖時，下列兩條 wu 規則卻頗有助益：

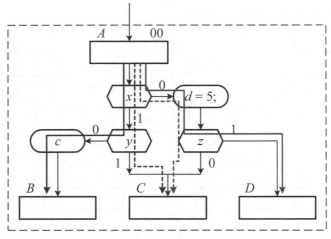

連結路徑：

A→B: $xy'$

A→C: $xy + x'z'$

A→D: $x'z$

**圖 10.2-8:** ASM 連結路徑例

**規則 1：** 任何時候，每一個狀態與其附屬的判別方塊及條件輸出方塊組成的串並連網路，必須唯一地定義其下一個狀態；換句話說，每一個 ASM 區段並不能同時轉移到兩個或是更多個不同的下一狀態。

**規則 2：** 每一個判別方塊及條件輸出方塊組成的串並連網路之路徑出口必須終止於一個下一狀態，即在串並連網路中不能有任何迴路存在。

　　下列例題更進一步說明了上述兩條規則的意涵，它包含兩個事例，其中一個含有未定義的下一狀態，另一個包含未定義的出口(即在判別方塊與條件輸出方塊組成的串並列網路中有迴路存在)。

### ■ 例題 10.2-3　不成立的 ASM 區段

　　圖 10.2-9(a)所示的 ASM 區段不是成立的，因為它沒有唯一的下一狀態。其理由如下：當 $x$ 與 $y$ 皆為 0 時，它的下一狀態將同時是狀態 $B$ 與 $C$，不是唯一的狀態。因此，違反**規則 1**。另外一個不成立的 ASM 區段如圖 10.2-9(b) 所示。在這個 ASM 區段中，有一個迴路在兩個判別方塊與一個條件輸出方塊間形成，即當判別方塊 $x$ 與 $y$ 的值均為 1 而輸出方塊為 $c$ 時，一個迴圈形成。因此，它違反了**規則 2**。

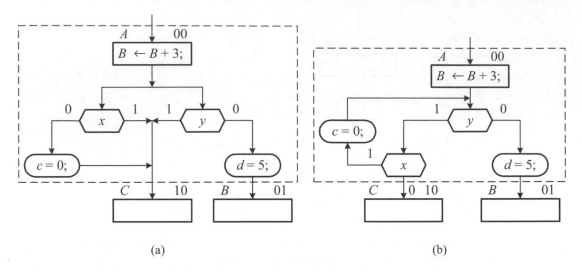

圖 **10.2-9**: 兩個不成立的 ASM 區段：(a) 未定義下一狀態與 (b) 未定義出口路徑

　　在 ASM 區段中，對於每一個成立的輸入變數組合，由其狀態方塊到下一狀態方塊的出口路徑(連結路徑)必須是唯一。

**10.2.3.2　共用判別方塊**　為了簡化 ASM 圖設計，兩個或是多個 ASM 區段可以公用判別方塊或是條件輸出方塊，以避免重複。這種重疊的 ASM 區段並不會造成任何問題，因為依然可以明確地指認與擷取連結路徑。例如在圖 10.2-10 所示的部分 ASM 圖中，判別方塊 $y$ 由狀態方塊 $B$ 與 $C$ 的兩個 ASM 區段共用。相關的連結路徑列於圖中。

**✔ 學習重點**

---

**10-8.** 在任何一個 ASM 圖中，基本的組成要素有那三種方塊？

**10-9.** 試定義 ASM 圖中的狀態方塊。

**10-10.** 試定義 ASM 圖中的判別方塊。

**10-11.** 試定義 ASM 圖中的條件輸出方塊。

**10-12.** 試定義 ASM 圖中的 ASM 區段。

---

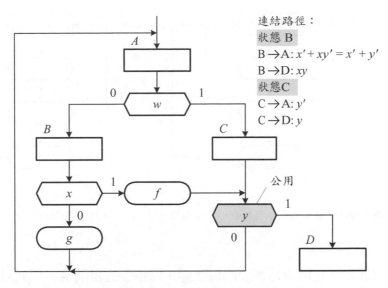

連結路徑：
狀態 B
B→A: $x' + xy' = x' + y'$
B→D: $xy$
狀態 C
C→A: $y'$
C→D: $y$

圖 **10.2-10**: 共用判別方塊的 ASM 圖例

## 10.2.4　ASM 圖

接著，我們說明 ASM 圖的表現應用與一些特性，包括使用 ASM 圖表示組合邏輯、Mealy 機 (Mealy ASM 圖)、Moore 機 (Moore ASM 圖)，ASM 圖與狀態圖的關係，及 ASM 圖的連結。

**10.2.4.1　組合邏輯 ASM 圖**　ASM 圖不但可以表示循序邏輯電路 (或系統)，也可以表示組合邏輯電路。一個單純的組合邏輯電路可以使用一個狀態方塊與需要的、附屬的判別方塊及條件輸出方塊組成的 ASM 圖表示。由於未有狀態變化，該狀態方塊並未有實質意義，但是必須存在。

為了說明組合邏輯 ASM 圖，考慮圖 10.2-11 所示的兩個實例。圖 10.2-11(a) 顯示兩輸入的 AND 閘 ($f(x,y) = xy$) 的 ASM 圖，而圖 10.2-11(b) 為一個交換函數 ($f(x,y,z) = (x+y)z$) 的 ASM 圖。

**10.2.4.2　Mealy ASM 圖**　若一個 ASM 圖的所有輸出值均由條件輸出方塊取得時，該 ASM 圖稱為 Mealy 機 (Mealy machine)。因此，所有三種 ASM 圖的基本方塊都必須使用於此種 ASM 圖中。圖 10.2-12 所示為一個描述 0101 序列偵測器的 Mealy ASM 圖。由於必須記錄到目前為止的子序列 $0 \to 1 \to 0 \to 1$ 接

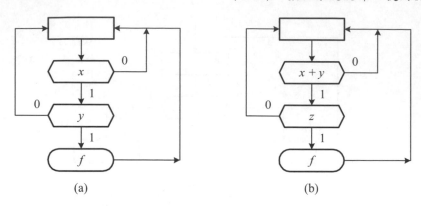

**圖 10.2-11:** 組合邏輯 ASM 圖例：(a) 兩輸入 AND 閘，$f(x,y) = xy$；(b) 交換函數：$f(x,y,z) = (x+y)z$

收狀況，它隱含地需要四個狀態，以指示到目前輸入位元為止的子序列認知狀況。

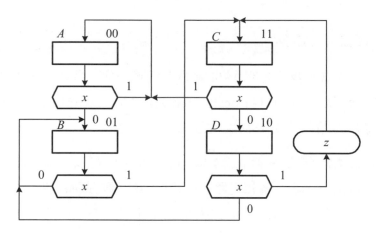

**圖 10.2-12:** 偵測 0101 序列的 Mealy ASM 圖

**10.2.4.3 Moore ASM 圖** 若一個ASM圖的所有輸出值均由狀態方塊取得時，該 ASM 圖稱為 Moore 機 (Moore machine)。因此，在Moore ASM 圖中，只需要狀態與判別方塊，而不需要條件輸出方塊。Moore ASM 圖的實例如圖 10.2-13 所示，它依然描述 0101 序列偵測器。由於必須記錄到目前為止的子序列 $0 \to 1 \to 0 \to 1$ 接收狀況，它隱含地需要四個狀態，以指示到目前輸入位元為止的子序列認知狀況。此外，也需要一個額外的狀態以輸出需要的輸出值。

結果一共需要五個狀態。

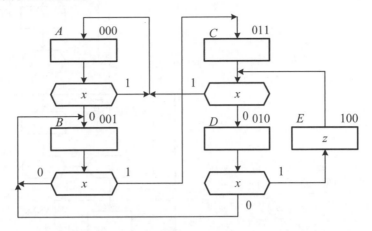

圖 **10.2-13:** 偵測 0101 序列的 Moore ASM 圖

　　Mealy ASM 圖通常需要較 Moore ASM 圖為少的狀態，但是必須小心地設計，以避免在輸入值改變時，產生輸出突波。值得注意的是：ASM 圖的功能遠較 Mealy 機與 Moore 機為強，因為它允許同時在狀態方塊與條件輸出方塊中輸出值，這在 Mealy 機與 Moore 機中是不允許的。

**10.2.4.4　ASM 圖與狀態圖**　基本上，ASM 圖與狀態圖是可以互換的，在 ASM 圖中的一個狀態方塊相當於狀態圖中的一個狀態；判別方塊與條件輸出方塊組合成狀態圖中兩個狀態之間的連線 (edge) 與標記 (label)。若一個 ASM 圖中的所有輸出值的指定均以條件輸出方塊指定，則它相當於 Mealy 機 (循序邏輯) 電路；若一個 ASM 圖中的所有輸出值的指定均以狀態方塊指定，則它相當於 Moore 機 (循序邏輯) 電路。在某些 ASM 圖中，可能同時具有以條件輸出方塊指定的條件性輸出與使用狀態方塊指定的無條件輸出。這時雖然沒有等效的 Moore 機或是 Mealy 機 (循序邏輯) 電路，不過依然可以求出等效的狀態圖。

　　下列兩個例題說明 ASM 圖與狀態圖的等效關係。

■ 例題 **10.2-4** (ASM 圖與狀態圖的等效)

求出圖 10.2-14(a) 所示狀態圖的等效 ASM 圖。

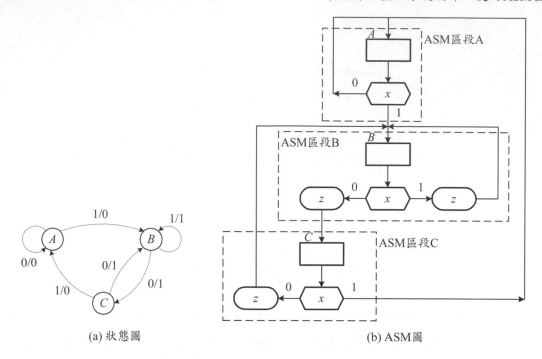

(a) 狀態圖                    (b) ASM圖

圖 **10.2-14:** 例題 10.2-4 的狀態圖與 ASM 圖

**解：** 如圖 10.2-14(b) 所示。在狀態 $A$ 時，當輸入端 $x$ 的值為 0 時，輸出端 $z = 0$，並且維持在狀態 $A$ 上；當輸入端 $x$ 的值為 1 時，輸出端 $z = 0$，而進入狀態 $B$。因此，得到 ASM 區段 A，如圖 10.2-14(b) 所示。使用相同的分析方法，分別得到狀態 $B$ 與 $C$ 的等效 ASM 區段 B 與 C，如圖 10.2-14(b) 所示。因為圖 10.2-14(a) 的狀態圖為 Mealy 機循序邏輯電路，因此對應的 ASM 圖中的狀態方塊中，沒有指定輸出端的值。注意：由於 $z$ 的預設值為 0 且為單一位元信號，因此 $z'$ 並未出現在 ASM 圖中。

### ■ 例題 **10.2-5** (ASM 圖與狀態圖的等效)

求出圖 10.2-15(a) 所示 ASM 圖的等效狀態圖。

**解：** 如圖 10.2-15(b) 所示。在狀態 $A$ 時，輸出端 $Q$ 的值為 0，記為 $Q'$，所以狀態圖中表為 $A/Q'$。若此時輸入端 $CD$ 的值為 0，則電路依然維持在狀態 $A$，否則進入狀態 $B$。在狀態 $B$ 時，輸出端 $Q$ 的值依然為 0，所以在狀態圖中也表示為 $B/Q'$。其它狀態與轉態可以依據上述相同的方式，由圖 10.2-15(a) 直接得到。

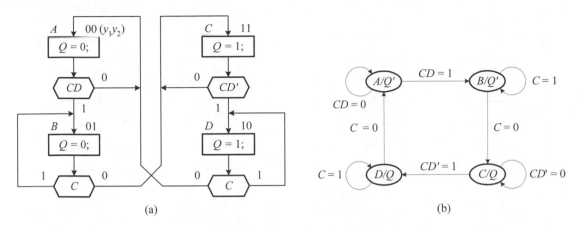

圖 **10.2-15:** 例題 10.2-5 的狀態圖

由於在 ASM 圖中，所有輸出值均由狀態方塊指定，因此為一個 Moore 機循序邏輯電路的狀態圖。

---

**10.2.4.5　ASM 圖的連結**　縱然大部分的數位系統設計，可以完全使用一個 ASM 圖描述，在某些應用中，使用兩個或更多個以某種方式 (通常為交握式機構，handshake mechanism) 連結的 ASM 圖來描述一個完整的系統，可能會更方便或是必須的。基於此種概念，一個大系統的 ASM 圖也可以依階層式方法分割成許多較小的 ASM 圖，然後這些 ASM 圖以一個可以控制的方式連結，然後並行地執行其各自的動作。

兩個 ASM 圖的連結可以藉由將一個 ASM 圖的輸出形成另一個 ASM 圖地控制輸入來完成。如圖 10.2-16 的說明，兩個 ASM 圖的交互動作可以依串列或是並列方式進行。在圖 10.2-16(a) 所示的串列連結 ASM 圖中，B 機器將在狀態 $B1$ 中等待著，直到它自機器 A 中，接收到啟動的 *start* 信號為止，然後進行其它狀態方塊，直至抵達狀態 $Bn$ 為止。在狀態 $Bn$ 時，產生 *done* 信號，促使機器 A 繼續進行其動作。同時，機器 B 回到狀態 $B1$，以等待另一個啟動的 *start* 信號的到來。

兩個 ASM 圖也允許以並列方式連接，以啟動並行的動作。如圖 10.2-16(b) 所示，最簡單的情況為當兩個並行的 ASM 圖一起初始化時，這時可以利用其中一個 ASM 圖的初始狀態，來致能另一個 ASM 圖。

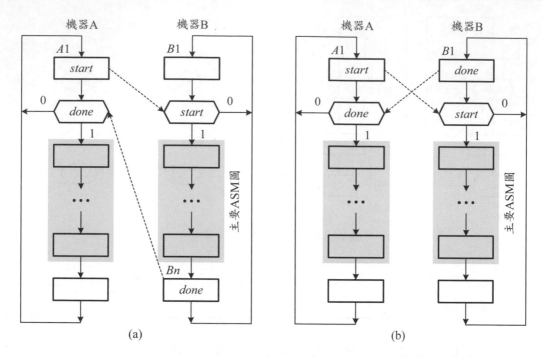

**圖 10.2-16:** ASM 圖連結說明例：(a) 串列連結；(b) 並列連結

　　最簡單的情形為兩個交互動作的 ASM 圖使用相同的時脈，因而其狀態期間相同。當兩個交互動作的 ASM 圖操作於各自的時脈速率，因而不同的狀態期間時，稱為多時脈領域 (multiclock domain，MCD)。在這種情況，兩個 ASM 圖的交互動作變為相當複雜 [6]。

✔**學習重點**

**10-13.** 何種 ASM 圖相當於 Mealy 機循序邏輯電路的狀態圖？

**10-14.** 何種 ASM 圖相當於 Moore 機循序邏輯電路的狀態圖？

**10-15.** 試描述 ASM 圖與狀態圖的互換規則。

## 10.2.5 非同步輸入

　　如前所述，ASM 圖定義狀態與狀態之間的詳細動作，其中每一個狀態延續一個狀態期間。每一個狀態期間再細分為兩個部分：轉態期間 (transition period) 與穩定期間 (stable period)，如圖 10.2-17 所示。輸入信號在轉態期間加入，而輸出信號於穩定期間出現。在非同步 ASM 圖中，狀態期間並不相同；在同步 ASM 圖中，所有狀態期間皆相同。

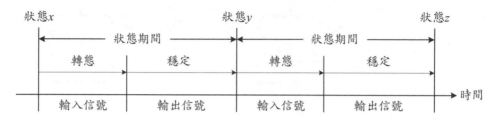

圖 **10.2-17:** ASM 圖時序

　　在非同步 ASM 圖中，狀態轉移係由穩定期間的輸入信號值改變 (即事件) 所引起。因此，狀態期間可能不相同。然而，在同步 ASM 圖中，狀態期間係由時脈信號的週期性信號所定義，每一個狀態期間相當於一個時脈週期。換言之，一但結束一個時脈週期，ASM 圖即終止目前狀態而進入下一狀態，即下一狀態取代目前狀態。例如，在結束狀態 $x$ 時，狀態 $y$ 開始。

　　雖然輸入信號應該在轉態期間加入，在實際應用中，輸入信號常常以一種不可預測的方式而且可能在穩定期間中的任何時間中，加入同步 ASM 圖，即它們以非同步的方式加入 ASM 圖中。這種輸入稱為非同步輸入 (asynchronous inputs)，一般在其名稱殿以星號 (*) 表示，以與同步信號區別。在同步 ASM 圖中，加入非同步輸入信號是一件非常危險的事，因為這可能讓狀態暫存器或資料暫存器進入介穩狀態一段期間 (第 7.3.2 節)，因而導致下列兩種競賽：轉態競賽 (transition race) 與輸出競賽 (output race)。

1. 轉態競賽：意指某些狀態正反器可能改變狀態而另外一些則否。例如，如圖 10.2-18(a) 的說明，若非同步輸入 $x^*$ 變為 1，其下一狀態為 $b$，兩個狀態正反器需要由 00 (狀態 $a$) 變為 11 (狀態 $b$)。然而，若非同步輸入 $x^*$ 並未在轉態期間內變為 1，而是在接近狀態期間尾端的穩定期間才變為 1，則其下一狀態可能是 00、01、10、11，依狀態暫存器如何改變其狀態而定。

2. 輸出競賽：如圖 10.2-18(b) 的說明，無論何時當非同步輸入 $x^*$ 變為 1 時，輸出 $z$ 為 1。但是，若非同步輸入 $x^*$ 並未在轉態期間內變為 1，而是在接

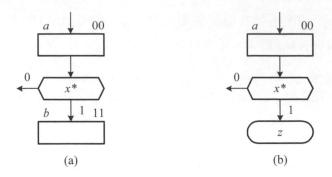

圖 **10.2-18**: (a) 轉態競賽與 (b) 輸出競賽說明例

近狀態期間尾端的穩定期間才變為 1，輸出 $z$ 的脈波寬度可能過於狹窄，以至於無法促使其控制的暫存器(或正反器)改變狀態。

欲解決上述轉態競賽與輸出競賽問題，最好的方法是實際消除(同步)ASM 圖中的非同步輸入信號。具體的做法為使用一個由一級或是兩級移位暫存器構成的同步器，如圖 10.2-19 所示，並使用與該 ASM 圖相同的時脈信號，取樣非同步輸入信號，以確保它們僅在轉態期間改變它們的值。詳細的同步器之設計與特性，請參閱第 7.3.2 節。

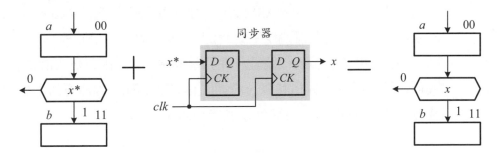

圖 **10.2-19**: 轉換非同步信號為同步信號

## ✔學習重點

**10-16.** 何謂同步 ASM 圖中的非同步輸入信號？

**10-17.** 解釋轉態競賽問題。

**10-18.** 解釋輸出競賽問題。

# 10.3 資料處理單元設計與執行

如前所述，任何數位系統均可以分成資料處理單元與控制單元兩部分，其中資料處理單元的動作 (即運算) 相當於在 ASM 圖中，由狀態方塊與條件輸出方塊內所描述的動作與輸出。一般而言，這些動作與輸出都是由一些交互連接的暫存器與組合邏輯電路組合而成的。這一些暫存器與組合邏輯電路組合後資料的轉移動作，通常使用暫存器轉移語言 (register transfer language，RTL) 描述。使用 RTL 描述的數位系統設計方式，則稱為暫存器轉移層次 (register-transfer level) (RTL 層次)，如第 10.1.1 節所述。

## 10.3.1 RTL 定義

RTL 層次的數位系統模型為一種常用的硬體動作描述方法，其基本意義為任何數位系統均可以視為一群暫存器的組合，而資料的運算則視為兩個暫存器之間的一種資料轉移，並在其轉移的過程中使用適當的組合邏輯電路，改變其資料的性質。

在 RTL 中的一個指述 (statement) 通常由一個控制函數加上一些微動作 (microoperation) 組成。微動作為一種針對暫存器中的資料之運算的動作。這些運算主要包括資料的轉移、算術運算、邏輯運算、移位運算等。這些運算的動作如下：

1. 暫存器之間的資料轉移：當二進制資料由一個暫存器中轉移到另一個暫存器時，該暫存器中的內容不變。

2. 算術運算：對於儲存於暫存器中的資料執行算術運算，例如加、減、乘、除等運算。

3. 邏輯運算：對於儲存在兩個暫存器中的資料，依其對應的各別位元執行 AND、OR、XOR 等邏輯運算。

4. 移位運算：描述移位暫存器的動作，即將暫存器中的資料向右或是向左移動一個數量的位元位置，其動作可以是邏輯移位或是算數移位。

RTL 語言的基本定義如表 10.3-1 所示。

表 10.3-1: RTL 語言的一些基本定義

| 符號 | 意義 | 例子 |
|---|---|---|
| 大寫英文字母 | 表示暫存器名稱，在運算表式中則表暫存器之內容。 | A、B、PC、MAR、MBR |
| $X[a:b]$ | 表示暫存器 $X$ 的部分位元 ($a$ 到 $b$ 等部分) | $A[7:0]$ 與 $PC[15:8]$ |
| 箭頭 ($\leftarrow$) | 表示資料轉移方向 | $A \leftarrow B$; |
| 冒號 (:) | 表示控制指述的終點 | $x:$ 與 $xt+y:$ |
| 分號 (;) | 分開兩個指述 | $A \leftarrow B; C \leftarrow A \times D$; |
| 逗號 (,) | 分開兩個運算指述 | $x: A \leftarrow B, C \leftarrow A+D$; |
| $+, -, \times, /$ | 表示算術的四則運算 | $x: A \leftarrow B \times C, A \leftarrow A+1$; |
| $\wedge, \vee, \oplus,$ ' | 分別表示 AND、OR、XOR、及 NOT 等邏輯運算 | $x: A \leftarrow B \wedge C, A \leftarrow A \vee B$; |
| $R << cnt$ | 邏輯左移暫存器 $R$ 內容 $cnt$ 個位元位置。 | $R \leftarrow R << cnt$; |
| $R >> cnt$ | 邏輯右移暫存器 $R$ 內容 $cnt$ 個位元位置。 | $R \leftarrow R >> cnt$; |
| $R <<< cnt$ | 算數左移暫存器 $R$ 內容 $cnt$ 個位元位置。 | $R \leftarrow R <<< cnt$; |
| $R >>> cnt$ | 算數右移暫存器 $R$ 內容 $cnt$ 個位元位置。 | $R \leftarrow R >>> cnt$; |

　　RTL 指述一般可以分成：條件性指述 (conditional statement) 與無條件性指述 (unconditional statement) 兩種。條件性指述由控制指述與運算指述組成，而以冒號 " ： " 分開，即：

　　控制指述：運算指述　　　(條件性指述格式)
其中控制指述可以是任何成立的交換表式；運算指述以 ";" 結束而可以是簡單的指述或是以 "," 分開簡單指述的複合指述。條件性指述的動作為：當控制指述的值為真 (即 1) 時，才執行它所附屬的運算指述之動作。例如：

$$x_1 + t_x C : A \leftarrow B, C \leftarrow C+4;$$

只在交換表式 $x_1 + t_x C$ 的值為 1 時，才執行運算指述 $A \leftarrow B$，$C \leftarrow C+4$。一般而言，一個指述必須能夠代表一個成立的動作。

　　無條件指述則只要有時脈信號 (*CP*) 的推動，即可以執行運算指述的動作，其格式只有運算指述部分而無控制指述部分，即

　　運算指述　　　(無條件指述格式)
例如：

$$A \leftarrow B, C \leftarrow D+4;$$

運算指述 $A \leftarrow B$ 與 $C \leftarrow D+4$，只要有時脈信號的推動即可以執行。

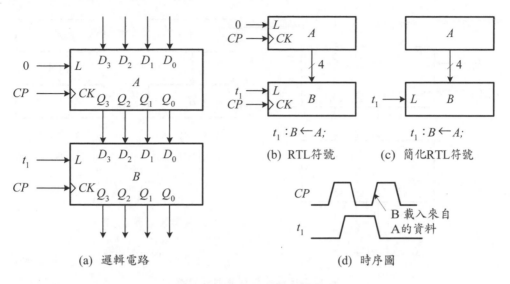

$t_1 : B \leftarrow A;$ 　　　　　　　$t_1 : B \leftarrow A;$

(b) RTL符號　　　(c) 簡化RTL符號

(a) 邏輯電路　　　　　　　(d) 時序圖

圖 **10.3-1:** 條件性並列資料轉移

✔學習重點

**10-19.** RTL 層次模型的基本意義為何？

**10-20.** RTL 指述一般可以分成那兩種？

**10-21.** 試定義條件性指述。

**10-22.** 試定義無條件性指述。

## 10.3.2 暫存器資料轉移

　　兩個暫存器之間的資料轉移方式可以分為：串列轉移 (serial transfer) 與並列轉移 (parallel transfer) 兩種。在串列轉移方式中，每一個時脈期間只轉移一個位元的資料，如圖 8.3-1 所示；在並列轉移方式中，則每一個時脈期間即將所有的資料轉移完畢，如圖 10.3-1 與圖 10.3-2 所示。

　　圖 10.3-1 為條件性資料轉移，即其動作僅在指定的條件滿足時才執行。圖 10.3-1(a) 為邏輯電路而 (b) 與 (c) 分別為為 RTL 與簡化 RTL 符號；圖 10.3-1(d) 為時序圖。它的 RTL 指述為：

　　$t_1 : B[3:0] \leftarrow A[3:0];$

簡記為：

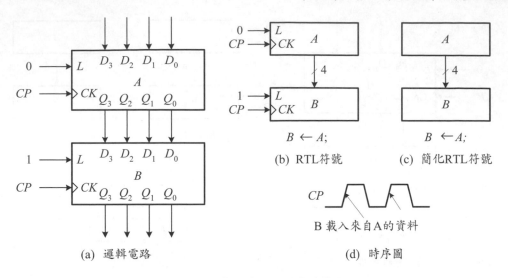

(a) 邏輯電路　　　　(b) RTL符號　　(c) 簡化RTL符號

$B \leftarrow A;$　　$B \leftarrow A;$

(d) 時序圖

B 載入來自A的資料

**圖 10.3-2:** 無條件性並列資料轉移

$t_1 : B \leftarrow A;$

即在 $t_1$ 交換表式控制下，暫存器 $A$ 的內容並列地轉移到暫存器 $B$ 中。

　　無條件的資料轉移動作只需要有時脈信號($CP$)的推動即可以執行，如圖 10.3-2 所示。圖 10.3-2(a) 為邏輯電路而 (b) 與 (c) 分別為為 RTL 與簡化 RTL 符號；圖 10.3-2(d) 為時序圖。它的 RTL 指述為：

$B \leftarrow A;$

暫存器 $A$ 的內容無條件地以並列方式轉移到暫存器 $B$ 中。

**10.3.2.1 多源資料轉移** 在大多數的數位系統中，一個暫存器的資料來源通常不是單一的。由於在數位電路中，一條信號線並不能由兩個或多個信號來源所驅動，必須使用一個特殊的電路自多個信號源中選取一個。例如，將兩個來源暫存器 (source register) $A$ 與 $B$ 的內容分別在控制信號 $t_3$ 與 $t_5$ 的控制下轉移到標的暫存器 (destination register) $C$ 中時，RTL 指述為：

$t_3 : C \leftarrow A;$

$t_5 : C \leftarrow B;$

在 $t_3 = 1$ 時，暫存器 $A$ 的內容轉移到暫存器 $C$ 中，在 $t_5 = 1$ 時，暫存器 $B$ 的內容轉移到暫存器 $C$ 中。由於來源暫存器 $A$ 與 $B$ 共用標的暫存器 $C$，控制

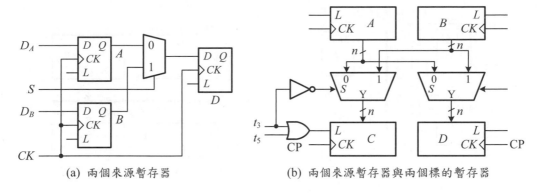

(a) 兩個來源暫存器　　　　　　(b) 兩個來源暫存器與兩個標的暫存器

**圖 10.3-3:** 多工器結構的多源暫存器資料轉移

信號 $t_3$ 與 $t_5$ 不能同時為 1，否則在標的暫存器 $C$ 的輸入端將產生信號衝突的現象。一個解決這種問題的技術稱為分時多工 (time-division multiplexing)，其執行方式一般有兩種：多工器結構 (multiplexer-based structure) (或稱點對點結構，point-to-point structure) 與匯流排結構 (bus–based structure)。

　　典型的多工器結構的暫存器資料轉移電路如圖 10.3-3(a) 所示，其中暫存器 $A$ 與 $B$ 均可以使用分時多工的方式轉移其資料到標的暫存器 $D$。標的暫存器 $D$ 在 2 對 1 多工器的來源選擇輸入 $S$ 為 0 時，接收暫存器 $A$ 的輸出資料，而在 $S$ 為 1 時，接收暫存器 $B$ 的輸出資料。在圖 10.3-3 (b) 中，兩個 $n$ 位元暫存器 $C$ 與 $D$ 均各自有兩個資料來源，即暫存器 $A$ 與 $B$，因此必須各自有一個 $n$ 位元的 2 對 1 多工器，以選取需要的資料來源，例如暫存器 $C$，在 $t_3$ 時，選取暫存器 $A$ 當作資料來源，在 $t_5$ 時，則選取與載入暫存器 $B$ 的資料。

　　多工器結構的最大缺點為當標的暫存器的來源暫存器數目增加時，需要的多工器電路將變得龐大、複雜而且昂貴，因此在數位系統中通常採用另一種執行方式，即匯流排結構。

　　所謂的匯流排為一組當作暫存器資料轉移時共同通路的導線。典型的匯流排資料轉移電路如圖 10.3-4(a) 所示，其中暫存器 $A$ 與 $B$ 的輸出均經由三態緩衝器接往匯流排，暫存器 $D$ 的輸入也接往匯流排。

　　為了避免匯流排上的信號衝突，暫存器 $A$ 與 $B$ 的輸出資料並不能同時送到匯流排。任何時刻，最多僅能有一個輸出端連接到匯流排。為達到此目

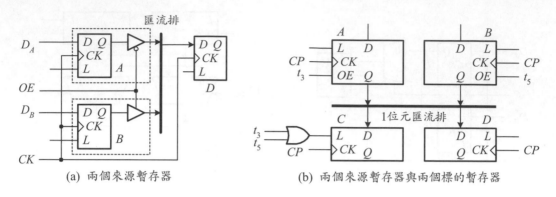

(a) 兩個來源暫存器　　　　　(b) 兩個來源暫存器與兩個標的暫存器

**圖 10.3-4:** 匯流排結構的多源暫存器資料轉移

的，暫存器 $A$ 與 $B$ 的輸出端均必須有一個三態緩衝器，以在不輸出資料到匯流排時，能將其輸出端置於高阻抗狀態，以等效地自匯流排中移除。例如在圖 10.3-4 (a) 中，暫存器 $D$ 在輸出致能 (output enable，$OE$) 為 0 時，接收暫存器 $A$ 的輸出資料，而在 $OE$ 為 1 時，接收暫存器 $B$ 的輸出資料。另一個例子如圖 10.3-4 (b) 所示。在 $t_3$ 時，暫存器 $C$ 的資料來源為暫存器 $A$，在 $t_5$ 時，則為暫存器 $B$。控制信號 $t_3$ 與 $t_5$ 並不能同時為 1。

　　圖 10.3-4 (a) 中的暫存器 $A$ 或 $B$ 與其輸出三態緩衝器可以擴充為 $n$ 位元，成為一個三態輸出的 $n$ 位元暫存器，如圖 10.3-5 所示為 4 位元暫存器。圖 10.3-5 (a) 為邏輯電路而圖 10.3-5 (b) 為邏輯符號。

　　在使用匯流排結構的系統中，一個暫存器通常必須接收與傳送資料到相

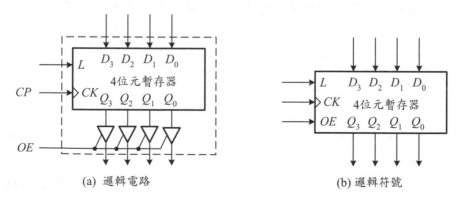

(a) 邏輯電路　　　　　　　　(b) 邏輯符號

**圖 10.3-5:** 具有三態輸出級的 4 位元暫存器

同的匯流排上。為達到此目的，$D$ 型正反器輸入端的 2 對 1 多工器的資料輸入端通常也如同其資料輸出端一樣連接到相同的匯流排上，如圖 10.3-6 (a) 所示。在系統方塊圖中，通常使用圖 10.3-6 (b) 所示的邏輯符號。當載入控制 $L$ 致能時，暫存器自匯流排中載入資料，當 $OE$ 啟動時，暫存器輸出資料於匯流排中。

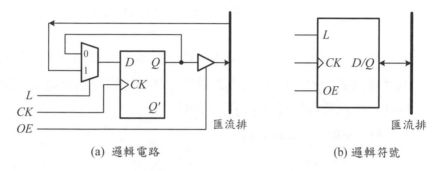

(a) 邏輯電路　　　　　　　　　　　　(b) 邏輯符號

**圖 10.3-6:** 具有三態輸出級的暫存器

✔**學習重點**

**10-23.** 兩個暫存器之間的資料轉移方式可以分成那兩種？

**10-24.** 在多來源資料轉移中，有哪兩結構可以實現分時多工的技術？

**10-25.** 多工器結構的主要缺點為何？

**10-26.** 使用匯流排電路時，每一個連接在匯流排上的元件，其輸出端必須是何種輸出電路級？

## 10.3.3　記憶器資料轉移

　　記憶器與外界溝通的媒體為 *MAR* (memory address register) 與 *MBR* (memory buffer register) 兩個暫存器。*MAR* 為記憶器位址暫存器，持有目前欲讀取 (read，*RD*) 或是寫入 (write，*WR*) 資料的位址；*MBR* 為記憶器緩衝暫存器，當做記憶器讀取資料與寫入資料時，與外界電路之間的緩衝器。記憶器單元的 RTL 模式如圖 10.3-7 所示。

　　讀取動作的 RTL 指述可以表示為：

$RD : MBR \leftarrow \text{Mem}[MAR]$;

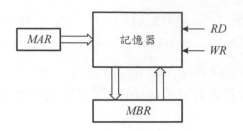

圖 **10.3-7:** 記憶器的 RTL 模型

即在讀取控制信號 $RD$ 的控制下，將記憶器中由 $MAR$ 所指定的記憶器位置之內容轉移到 $MBR$ 中。在大多數場合，都不是只將資料讀到 $MBR$ 中，而是將它讀到外部暫存器 (例如 $A$) 中，因此

　　$RD : MBR \leftarrow \text{Mem}[MAR];$

　　　　$A \leftarrow MBR;$

實際上，$MBR$ 只是暫存性暫存器並非標的暫存器，所以上式可以簡化為：

　　$RD : A \leftarrow \text{Mem}[MAR];$

　　同樣地，寫入資料於記憶器的動作可以表示為：

　　$WR : MBR \leftarrow A;$

　　　　$\text{Mem}[MAR] \leftarrow MBR;$

即在寫入控制信號 $WR$ 的控制下，將暫存器 $A$ 的內容寫入 $MBR$ 中，然後轉移到由 $MAR$ 所指定的記憶器位置中。上式可也以簡化為：

　　$WR : \text{Mem}[MAR] \leftarrow A;$

即在寫入控制信號 $WR$ 的控制下，將暫存器 $A$ 之內容寫入由 $MAR$ 所指定的記憶器位置中。

### ✔學習重點

**10-27.** 在 RTL 模式中，記憶器使用那兩個暫存器與外界溝通？

**10-28.** 試描述記憶器讀取動作的 RTL 指述？

**10-29.** 試描述記憶器寫入動作的 RTL 指述？

## 10.3.4 算術與邏輯運算

依據 RTL 定義，算術與邏輯運算是由一群算術運算子：$+$、$-$、$\times$、$/$ 與邏輯運算子 $'$、$\wedge$、$\vee$、與 $\oplus$ 所組成。例如：

$t_1: A \leftarrow A + B;$　　　　　　　　　　$t_5: A \leftarrow A';$

$t_2: A \leftarrow A - B;$　　　　　　　　　　$t_6: A \leftarrow A \wedge B;$

$t_3: A \leftarrow A \times B;$　　　$t_7: A \leftarrow A \vee B;$

$t_4: A \leftarrow A / B;$　　　$t_8: A \leftarrow A \oplus B;$

在上述各指述中，均在左邊的控制指述成立下，將暫存器 $A$ 與 $B$ 的內容分別執行各種不同的算術與邏輯運算。

算術運算電路之設計已經於第 6.6 節中討論過；邏輯運算電路如圖 10.3-8 所示。邏輯運算電路的應用相當廣泛，但是歸納起來不外乎是依據一個暫存器給定的位元圖案 (bit pattern) 選擇性地設定、清除，或是改變 (取補數) 另外一個暫存器內的位元值。OR 運算通常用來選擇性地設定一個暫存器內的某些位元；AND 運算則選擇性地清除某些位元；XOR 運算則選擇性地將某些位元取補數。

### ■ 例題 10.3-1 (邏輯運算)

設暫存器 $A = 01101010$，而 $B = 10101011$，則在下列各邏輯運算執行後，暫存器 $A$ 的內容為何？

(a) $A \leftarrow A \wedge B;$ (AND)　　　　　　(b) $A \leftarrow A \vee B;$ (OR)

(c) $A \leftarrow A \oplus B;$ (XOR)

**解：** (a) $A \leftarrow A \wedge B;$ (AND)

```
     A  =  0  1  1  0  1  0  1  0
                                        將暫存器A中與這些位
  ∧  B  =  1  0  1  0  1  0  1  1        元對應的位元清除為0
     ─────────────────────────────
     A  =  0  0  1  0  1  0  1  0
```

(b) $A \leftarrow A \vee B;$ (OR)

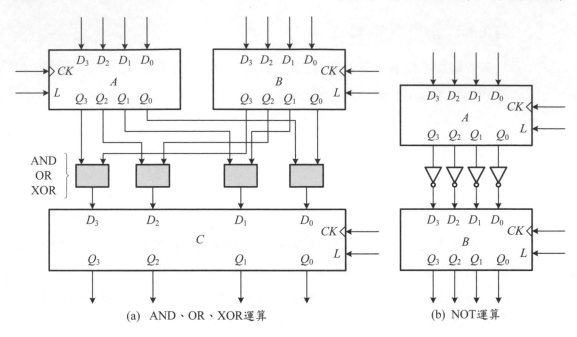

(a)  AND、OR、XOR運算          (b)  NOT運算

圖 **10.3-8:** 邏輯運算電路

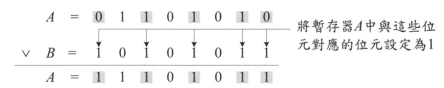

$A$ = 0 1 1 0 1 0 1 0
∨ $B$ = 1 0 1 0 1 0 1 1          將暫存器 $A$ 中與這些位
$A$ = 1 1 1 0 1 0 1 1          元對應的位元設定為1

(c) $A \leftarrow A \oplus B$; (XOR)

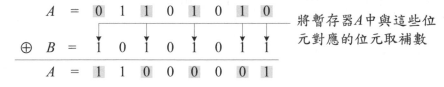

$A$ = 0 1 1 0 1 0 1 0
⊕ $B$ = 1 0 1 0 1 0 1 1          將暫存器 $A$ 中與這些位
$A$ = 1 1 0 0 0 0 0 1          元對應的位元取補數

✔學習重點

**10-30.** 在邏輯運算中，AND 運算的主要功能為何？

**10-31.** 在邏輯運算中，OR 運算的主要功能為何？

**10-32.** 在邏輯運算中，XOR 運算的主要功能為何？

## 10.3.5 移位運算

在數位系統中，移位運算電路為資料處理單元中的一個相當重要的電路模組，其主要應用例如在浮點運算中的小數部分的校正 (alignment)、正規化的運算動作、捨入運算等。

基本上，移位運算可以分成兩大類：單純的移位運算 (shift) 與循環移位 (rotation) 運算。前者又分成算術移位 (arithmetic shift) 運算與邏輯移位 (logical shift) 運算兩種，而且它們各自有向左移位與向右移位兩種，因此一共可以組合成四種不同的動作：

1. 算術右移位 (arithmetic right shift)；

2. 算術左移位 (arithmetic left shift)；

3. 邏輯右移位 (logical right shift)；

4. 邏輯左移位 (logical left shift)。

邏輯移位與算術移位的動作均是將運算元向左或是向右移動一個指定的位元數目，如圖 10.3-9 所示，其主要差異是：在邏輯移位中，其空缺的位元位置 (MSB 或是 LSB) 是填入 0；在算術移位中，其空缺的位元位置在左移時 (為 LSB) 必須填入 0，在右移時 (為 MSB) 必須填入移位前的符號位元的值。因為算術移位通常是以帶號 2 補數的資料表示方式處理其運算元，所以向右移位時必須做符號擴展 (sign extension)，即將符號位元的值擴展至其次的位元，以維持除 2 的特性；向左移位時只需要在最低有效位元 (LSB) 處填入 0，即可以維持乘以 2 的特性。

單一位元的邏輯移位運算的 RTL 指述為：

$$A[n-1:1] \leftarrow A[n-2:0], A[0] \leftarrow 0; \qquad (左移)$$

與

$$A[n-2:0] \leftarrow A[n-1:1], A[n-1] \leftarrow 0; \qquad (右移)$$

單一位元的算術移位運算的 RTL 指述為：

$$A[n-1:1] \leftarrow A[n-2:0], A[0] \leftarrow 0; \qquad (算術左移位)$$

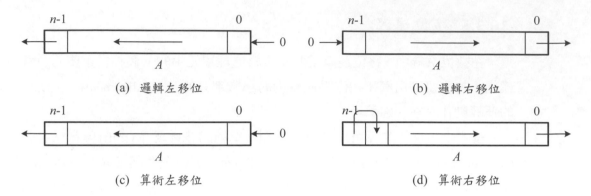

圖 10.3-9: 算術與邏輯移位

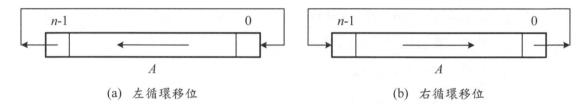

圖 10.3-10: 循環移位的動作

與

$$A[n-2:0] \leftarrow A[n-1:1], A[n-1] \leftarrow A[n-1]; \qquad (算術右移位)$$

　　循環移位也可以分成左循環移位與右循環移位兩種，如圖 10.3-10 所示。邏輯移位與循環移位的動作均是將運算元向左或是向右移動一個指定的位元數目，它們的主要差異是：在邏輯移位中，其空缺的位元位置 (MSB 或是 LSB) 是依序填入 0；在循環移位中，其空缺的位元位置 (MSB 或是 LSB) 則是依序填入被移出的位元。

　　單一位元的循環移位運算的 RTL 指述為：

$$A[n-1:1] \leftarrow A[n-2:0], A[0] \leftarrow A[n-1]; \qquad (左循環移位)$$

與

$$A[n-2:0] \leftarrow A[n-1:1], A[n-1] \leftarrow A[0]; \qquad (右循環移位)$$

　　上述六種運算均牽涉到移位的動作，這種移位動作的執行方式，可以分成循序邏輯電路與組合邏輯電路兩種。循序邏輯電路的執行方式為使用移位暫存器,將欲移位的資料載入移位暫存器中,並將左移與右移串列輸入端填入 0 或是適當的值後,再執行左移或是右移的動作,如圖 8.2-4 所示。

使用組合邏輯電路的執行方式,通常是利用多工器電路,適當地連接其輸入端而完成移位的動作。在這種執行方式中,一種最常用的電路稱為 barrel 移位電路。一般而言,一個 barrel 循環移位電路為一個具有一組資料輸入端 $D = \langle D_{n-1}, D_{n-2}, \ldots, D_0 \rangle$、一組資料輸出端 $Q = \langle Q_{n-1}, Q_{n-2}, \ldots, Q_0 \rangle$ 與一組移位位元數目的選擇輸入端 $S = \langle S_{m-1}, S_{m-2}, \ldots, S_0 \rangle$ 的組合邏輯電路,其中 $m = \log_2 n$。

圖 10.3-11 所示為一個算術或是邏輯左移位的 8 位元的 barrel 移位電路。它由三級的多工器電路組成,第一級多工器電路執行 0 個或是 1 個位元位置的移位動作;第二級多工器電路執行 0 個或是 2 個位元位置的移位動作;第三級多工器電路執行 0 個或是 4 個位元位置的移位動作。利用上述三級的多工器電路對於輸入資料位元的各別移位動作的組合,即可以產生需要數目的位元位置的移動。例如當 $S_2 S_1 S_0 = 000$ 時,每一級多工器電路均未做任何位元位置的移動,因此輸入資料直接接往對應的輸出資料位元;在 $S_2 S_1 S_0 = 101$ 時,第一級多工器電路執行 1 個位元位置的移位動作;第二級多工器電路執行 0 個位元位置的移位動作;第三級多工器電路執行 4 個位元位置的移位動作。結果整個三級多工器電路一共執行 5 個位元位置的移位動作。

✔學習重點

**10-33.** 比較邏輯移位與算術移位兩種動作的主要差異。

**10-34.** 試定義邏輯左移位與邏輯右移位的 RTL 指述。

**10-35.** 試定義算術左移位與算術右移位的 RTL 指述。

**10-36.** 試定義左循環移位與右循環移位的 RTL 指述。

**10-37.** 試簡述 barrel 移位電路的動作。

## 10.3.6 資料處理單元設計

如前所述,資料處理單元具有許多功能,以提供數位系統一個具有彈性 (或可規劃的) 的資料處理電路。這裡的 " 有彈性 " 或 " 可規劃的 " 意為其功能

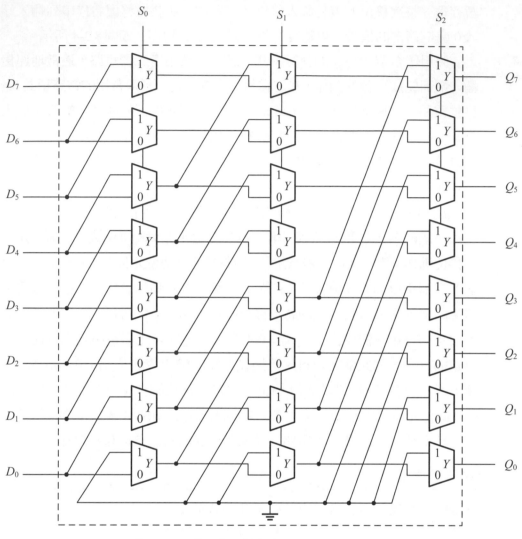

**圖 10.3-11:** 算術與邏輯左移位的 barrel 移位電路

為通用型的而需要的部分可以依據實際上的需求加以選用。在本節中,我們
說明通用型的資料處理單元的設計。

**10.3.6.1  簡單的資料處理單元**  一個簡單的資料處理單元如圖 10.3-12 所示,
它只有兩個暫存器與一個加法器/減法器 (adder/subtractor)。暫存器 $A$ 儲存一
個運算元與加法器/減法器運算後的結果;暫存器 $B$ 儲存另一個運算元。加

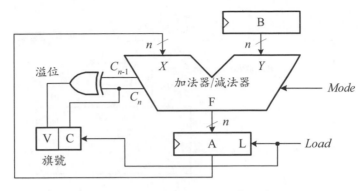

圖 **10.3-12:** 一個簡單的資料處理單元

法器/減法器 (圖 6.6-8) 執行需要的算數運算。以 RTL 表示時，這一個資料處理單元可以執行下列兩個 RTL 指述：

$Load \cdot Mode'$: $A \leftarrow A + B$; (加法)

$Load \cdot Mode$: $A \leftarrow A - B$; (減法)

大多數的數位系統中的資料處理單元通常遠較這個複雜。它們通常需要兩個以上的暫存器以提供運算元與結果的儲存場所，也需要除了加法與減法以外的其它功能，以執行需要的運算。

**10.3.6.2 資料處理單元實例** 資料處理單元通常由暫存器組 (register file) 與功能單元 (function unit) 組成。暫存器組為運算元的儲存場所而功能單元則執行需要的算數、邏輯、移位運算。暫存器組典型為一個快速的記憶器，以允許同時讀取一個或多個語句(暫存器) 及寫入一個或多個語句 [5, 6]。圖 10.3-13 所示為一個典型的多功能資料處理單元。在這裡我們假設暫存器組包含 $2^m$ 個 $n$ 位元暫存器，而且具有一個寫入埠與兩個讀取埠。因此，兩個運算元可以並列地讀取而只有一個結果可以寫入。

其次，我們以實例說明功能單元的設計與如何使用暫存器建構一個需要的組成的暫存器組。

**10.3.6.3 功能單元** 在數位系統 (例如微算機系統) 中的資料處理單元，算數運算係由一個算數單元 (arithmetic unit) 的邏輯電路完成，它也常結合執行邏輯運算的邏輯單元 (logic unit) 成為一個算數邏輯單元 (arithmetic and logic unit,

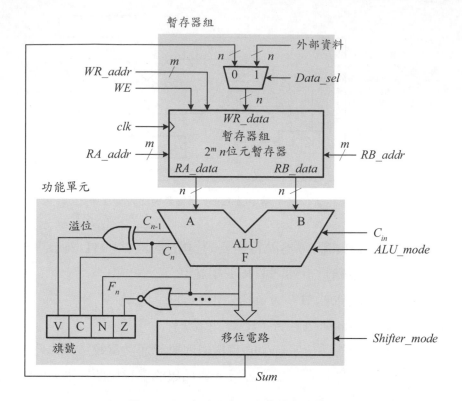

**圖 10.3-13**: 典型的多功能資料處理單元

ALU)。一個典型的 ALU 如圖 10.3-13 所示，其中 ALU 的功能由 *ALU_mode* 選取而移位電路的功能則由 *Shifter_mode* 決定。由於連接於 ALU 的輸出端，移位電路必須包含一個沒有移位的模式，讓 ALU 的輸出可以直接抵達 *Sum* 輸出端。此外，外部資料也可以經由一個由 *Data_sel* 選擇的 $n$ 位元 2 對 1 多工器進入暫存器組。

因為 ALU 的計算結果相當重要，為決定程式中下一個指令的依據，ALU 計算的結果記錄於四個旗號：$N$ (negative)、$Z$ (zero)、$V$ (overflow)、$C$ (carry out)。這些旗號 [5, 10] 的意義如下：

$N$ ( 負數旗號)：當 ALU 的輸出結果為負時，$N$ 旗號設定為 1；否則，N 旗號清除為 0。$N$ 旗號的值永遠等於 ALU 結果的 MSB 值。

$Z$ (零旗號)：當 ALU 的輸出結果為 0 時，$Z$ 旗號設定為 1；否則，$Z$ 旗號清除為 0。

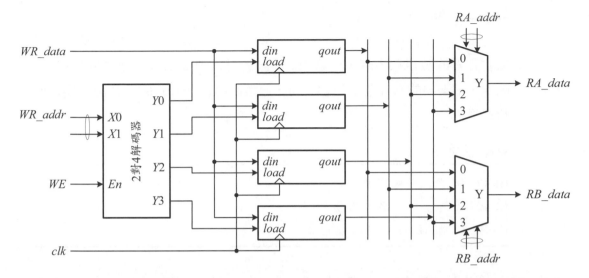

**圖 10.3-14:** 一個具有一個寫入埠與兩個讀取埠的 $n$ 位元四個暫存器組

$V$ (溢位旗號)：當一個 ALU 運算執行後，若結果中 MSB 的進位輸入與進位輸出數目不相等時，$V$ 旗號設定為 1；否則，$V$ 旗號清除為 0。

$C$ (進位旗號)：當一個 ALU 運算執行後，若結果的 MSB (最大有效位元) 有進位輸出或借位輸入則 $C$ 旗號設定為 1；否則，$C$ 旗號清除為 0。

除了加法與減法運算，ALU 通常也包括乘法與除法運算。兩者又有帶號數與未帶號數兩種。此外，亦包括邏輯運算：AND、OR、NOT、XOR。詳細的說明，請參考第 10.3.4 節。

**10.3.6.4　暫存器組**　如圖 10.3-14 所示，欲建構一個具有一個寫入埠與兩個讀取埠的 $n$ 位元四個暫存器的暫存器組時，需要四個具有載入控制的 $n$ 位元暫存器、一個 2 對 4 解碼器與兩個 $n$ 位元 4 對 1 多工器。其中 2 對 4 解碼器接收寫入位址 (WR_addr) 與寫入致能 (WE) 信號，而產生載入致能 (load) 信號，以致能暫存器的載入動作。寫入資料 (WR_data) 則連接到所有四個暫存器的資料輸入端 (din)。

四個暫存器的資料輸出端 (qout) 則經由各自的 $n$ 位元 4 對 1 多工器連接到兩個輸出埠。A 埠使用埠位址 RA_addr，選取需要的暫存器與埠資料 RA_data，輸出暫存器資料；B 埠使用埠位址 RB_addr，選取需要的暫存器與埠資料

*RB_data*，輸出暫存器資料。

　　使用暫存器構成的暫存器組的主要缺點為其輸出端多工器的成本，尤其當暫存器的數目很多時，更是如此。讀者可以由多工器的硬體驗證這一點。因此，當需要的暫存器數目很多時，通常使用特殊形式的快速記憶器以取代暫存器 [5]。

✔學習重點

**10-38.** 何謂資料處理單元？
**10-39.** 如何設計一個暫存器組？
**10-40.** 何謂 ALU？如何設計它？

## 10.4 控制單元設計與執行

　　ASM 圖可以單獨使用以描述邏輯閘層次或 RTL 的循序邏輯電路或是當作數位系統在控制器-資料處理單元結構中的邏輯閘層次控制器。如前所述，當 ASM 圖用來描述數位系統在控制器-資料處理單元結構中的控制器之行為時，該 ASM 圖常稱為 ASMD (ASM with datapath) 圖。

　　無論在邏輯閘層次或是 RTL，ASM 圖都可以直接寫成 Verilog HDL 模組 [6]。在 RTL 的 ASM 圖亦可以轉換為控制器-資料處理單元結構，然後分成控制器 (以 ASMD 圖描述) 與資料處理單元兩部分，再分別寫成 Verilog HDL 模組。資料處理單元由狀態方塊與條件輸出方塊內的運算與輸出組成；控制單元則由判別方塊與狀態方塊中的狀態轉移路徑組成，用以產生資料處理單元，執行運算時所有需要的控制信號。

　　執行邏輯閘層次的 ASM 圖或 ASMD 圖的邏輯電路，常常先產生狀態信號 (state signal) 以指示啟動的狀態。這些狀態信號再與輸入信號結合，以產生需要的輸出信號。產生狀態信號的電路稱為狀態產生器 (state generator)。一般而言，實現邏輯閘層次 ASM 圖或是 ASMD 圖的狀態產生器的方法，可以分成隨機邏輯 (random logic) 與微程式控制 (microprogramming control) 兩類。其次，我們先介紹 ASMD 圖，然後依序討論這兩種實現方法。

## 10.4.1　ASMD 圖

　　ASMD (algorithmic state machine with datapath) 圖實際上為一個用以描述控制器-資料處理單元結構中的控制器之 ASM 圖。因此，它常常與控制器交互稱呼。此外，ASMD 圖可以視為具有下列修飾特性的 ASM 圖：

> 自狀態方塊與條件輸出方塊中移出 RTL 動作，並視需要將這些 RTL 動作置於狀態方塊與條件輸出方塊旁，以說明該等方塊之動作。狀態方塊與條件輸出方塊中，則置入控制由資料處理單元執行的對應 RTL 動作需要的控制信號。

換言之，具有說明的 ASMD 圖分割一個描述複雜數位系統的 ASM 圖為控制器與資料處理單元兩部分，並且清楚地指出其彼此間之關係，其中資料處理單元由用以說明狀態方塊與條件輸出方塊的 RTL 動作構成，而 ASMD 圖本身則為控制器。

　　依據上述的修飾特性，ASMD 圖可以由設計規格直接以一種類似於求得 ASM 圖的三個步驟獲得：

1. 導出與繪出僅具有輸入信號的 ASMD 圖。
2. 使用適當的 RTL 動作註解 ASMD 圖中的狀態方塊與條件輸出方塊。
3. 填入資料處理單元動作的相關控制信號於狀態方塊與條件輸出方塊中。

　　此外，ASMD 圖也可以使用下列三個步驟由 ASM 圖獲得：

1. 自設計規格導出 ASM 圖。
2. 自狀態方塊與條件輸出方塊中移出 RTL 動作，並視需要將這些 RTL 動作置於狀態方塊與條件輸出方塊旁，以說明該等方塊之動作。
3. 將控制資料處理單元動作的相關控制信號填入狀態方塊與條件輸出方塊中。

### ■ 例題 10.4-1　ASMD 圖

　　考慮圖 10.4-1(a) 的 ASM 圖，其中僅包含兩個具有相同標的之 RTL 動作，*timer_load*。將 RTL 動作移出條件輸出方塊，並以組合邏輯信號，*timer_load_set*

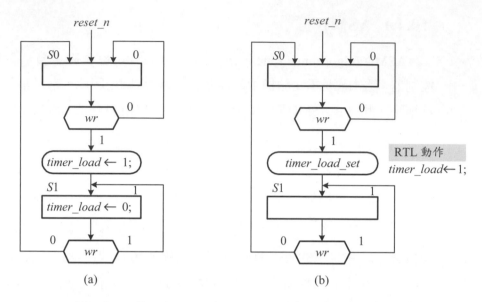

**圖 10.4-1:** 單一時脈脈波產生器：(a) ASM 圖與 (b) ASMD 圖

取代後，可以得到圖 10.4-1(b) 的 ASMD 圖。資料處理單元只有一個 $D$ 型正反器，其中 $D$ 輸入端連接到 *timer_load_set* 信號。

## 10.4.2 隨機邏輯控制單元

　　隨機邏輯方式的控制單元依其狀態編碼的方式，大致上可以分成兩類：傳統式方法與一狀態一正反器 (one flip-flop per state) 法或是稱為 $n$ 取 1 碼 (one-hot method) 法。對於一個 $n$ 個狀態的狀態表而言，在傳統式的方法中只使用 $\lceil \log_2 n \rceil$ 個正反器；在一狀態一正反器的方法中，則使用 $n$ 個正反器。如第 7.2.4 節所示，在編碼方式上，傳統式方法一般均使用二進碼或是格雷碼；在一狀態一正反器的方法中則使用 $n$ 取 1 碼。傳統式方法也稱為順序暫存器與解碼器 (sequence register and decoder) 法，因為在這種方法中均先使用一個同步循序邏輯電路產生目前狀態的碼語，然後使用一個解碼器解出目前狀態。

　　基本上，控制單元其實即是一個同步循序邏輯電路，因此它的電路執行方式與第 7 章介紹的同步循序邏輯電路相同。現在將上述兩種類型合併整理為下列四種執行方法：

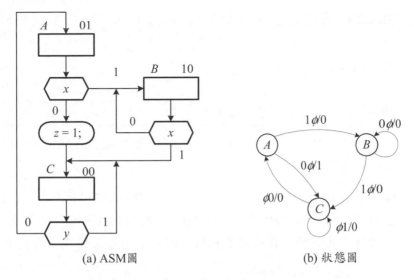

(a) ASM圖　　　　　　　　　　　(b) 狀態圖

**圖 10.4-2:** 控制單元設計例的 ASM 圖與狀態圖

1. 狀態表法；

2. 多工器法；

3. ROM 法 (ROM-based method)(包括 PLA/PAL 方法)；

4. 一狀態一正反器法。

其中前面三種屬於傳統式方法。

　　一般在執行一個 ASM 圖的控制單元時，都假定先產生與輸出每一個狀態的狀態信號，然後由這些信號產生相當於各個狀態下的控制信號。

　　為了其次討論上的方便，假設使用圖 10.4-2(a) 所示的 ASM 圖，其對應的狀態圖如圖 10.4-2(b) 所示。在狀態 $A$ 時，若輸入信號 $x=0$，不管輸入信號 $y$ 的值為 0 或是 1，電路將轉態到狀態 $C$；若輸入信號 $x=1$，將轉態到狀態 $B$。在狀態 $B$ 時，若輸入信號 $x=0$，則不管輸入信號 $y$ 的值為 0 或是 1，電路均維持在狀態 $B$；若輸入信號 $x=1$，則電路轉態到狀態 $C$。在狀態 $C$ 時，只要輸入信號 $y=0$ 時，電路即回到狀態 $A$，而與輸入信號 $x$ 的值無關；若輸入信號 $y$ 的值為 1 時，則維持在狀態 $C$。因此得到圖 10.4-2(b) 的狀態圖。在下列的討論中，假設只設計控制單元電路的狀態產生器，因此未列出輸出部分的電路。事實上，圖 10.4-2 的輸出函數相當簡單：$z = x'y_1'y_2$。

**10.4.2.1 狀態表法** 利用狀態表法的執行方式，首先由 ASM 圖求得對應的狀態表，然後利用循序邏輯電路的各種執行方式執行 (第7章)。下列例題說明使用狀態表的執行方式。

■ **例題 10.4-2 (狀態表法)**

使用狀態表法與 $D$ 型正反器，設計圖 10.4-2(a) 所示 ASM 圖的控制單元電路的狀態產生器。

**解：**由圖 10.4-2(b) 所示的狀態圖得到圖 10.4-3(a) 的狀態表。依據圖中所示的狀態指定：$A = 01$、$B = 10$、$C = 00$，得到圖 10.4-3(b) 的轉態表，由於使用 $D$ 型正反器，其激勵表與轉態表相同，利用卡諾圖化簡後，得到激勵函數：

$$Y_1 = x'y_1 + xy_2$$
$$Y_2 = y'y_1'y_2' = (y + y_1 + y_2)'$$

結果的邏輯電路如圖 10.4-3(c) 所示。

一般而言，利用狀態表的執行方法只能應用在狀態數目極少的情況，當狀態數目很多時，由於狀態指定的問題與化簡上的不容易處理，這種方法將顯得費時而且困難。

**10.4.2.2 多工器法** 在這種執行方法中，每一個 $D$ 型正反器配合一個多工器，每一個正反器的輸出均直接當做多工器的來源選擇變數，多工器的輸出則直接接到正反器的輸入端，因此多工器的來源選擇變數上的值為目前狀態，多工器的輸入端的值為下一狀態。

■ **例題 10.4-3 (多工器法)**

利用多工器法，設計圖 10.4-2(a) 所示 ASM 圖的控制單元電路的狀態產生器。

**解：**這種執行方法中，首先由 ASM 圖中所示的狀態轉移關係建立一個多工器的輸入條件表，如圖 10.4-4(a) 所示。在狀態 01 ($A$) 時，若輸入信號 $x$ 為 0，則轉移到狀態 00 ($C$)；若輸入信號 $x$ 為 1，則轉移到狀態 10 ($B$)，因此得到表中第一部分，多工器 1 (MUX 1) 在輸入端 1 的輸入為輸入信號 $x$，多工器 2 (MUX 2) 則

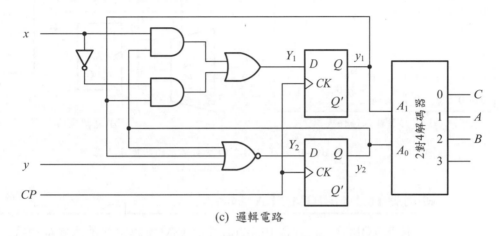

| PS | xy 00 | NS, z 01 | 11 | 10 |
|----|----|----|----|----|
| A | C,1 | C,1 | B,0 | B,0 |
| B | B,0 | B,0 | C,0 | C,0 |
| C | A,0 | C,0 | C,0 | A,0 |

(a) 狀態表

| $y_1y_2$ | xy 00 | $Y_1Y_2$, z 01 | 11 | 10 |
|----|----|----|----|----|
| 01 | 00,1 | 00,1 | 10,0 | 10,0 |
| 10 | 10,0 | 10,0 | 00,0 | 00,0 |
| 00 | 01,0 | 00,0 | 00,0 | 01,0 |

(b) 轉態表與輸出表

(c) 邏輯電路

**圖 10.4-3:** 例題 10.4-2 的控制單元的狀態產生器

為 0。相同的討論，得到表中的其餘兩部分，最後的邏輯電路如圖 10.4-4(b) 所示。若仔細地觀察圖 10.4-4(b) 的邏輯電路可以得知：多工器的輸入端為目前狀態，而其輸入端的信號則為下一狀態。

一般而言，多工器的執行方法較狀態表法有系統而且可讀性較高。多工器的數目與使用的正反器數目相同，即等於 $\lceil \log_2 n \rceil$ ($n$ 為狀態數目)，而其輸入端的數目則等於 $n$。

**10.4.2.3 ROM/PLA 法**　使用 ROM (包括 PLA/PAL) 的方法執行一個 ASM 圖的控制單元時，是以 ROM (或是 PLA/PAL) 執行控制單元中的組合邏輯電路，而其正反器電路則仍然需要使用外加的方式。當然目前有許多 PAL 元件內部已經含有足夠數目的 $D$ 型正反器可資使用。

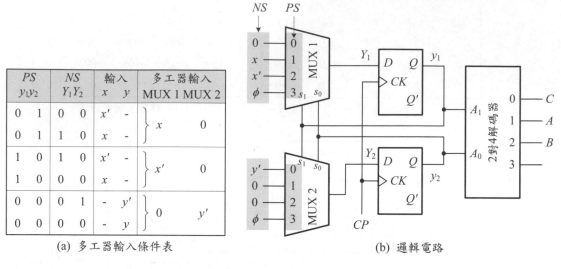

| PS $y_1y_2$ | | NS $Y_1Y_2$ | | 輸入 x　y | | 多工器輸入 MUX 1　MUX 2 | |
|---|---|---|---|---|---|---|---|
| 0 | 1 | 0 | 0 | $x'$ | - | | |
| 0 | 1 | 1 | 0 | $x$ | - | $x$ | 0 |
| 1 | 0 | 1 | 0 | $x'$ | - | | |
| 1 | 0 | 0 | 0 | $x$ | - | $x'$ | 0 |
| 0 | 0 | 0 | 1 | - | $y'$ | | |
| 0 | 0 | 0 | 0 | - | $y$ | 0 | $y'$ |

(a) 多工器輸入條件表　　　　　　　　(b) 邏輯電路

**圖 10.4-4:** 例題 10.4-3 的控制單元的狀態產生器

## ■ 例題 10.4-4 (ROM/PLA 法)

使用 ROM 法,設計圖 10.4-2(a) 所示 ASM 圖的控制單元電路的狀態產生器。

**解:**利用 ROM 法,設計控制單元電路時,首先與狀態表的方法一樣,先由 ASM 圖求得對應的轉態表,然後將該轉態表轉換為 ROM 的真值表即可。 由於圖 10.4-2(a) 的 ASM 圖一共有兩個輸入變數 $x$ 與 $y$ 及三個狀態,所以使用的 ROM 元件一共需要四個輸入端與五個輸出端,其中四個輸入端分別為輸入信號 $x$ 與 $y$、目前狀態 $y_1$ 與 $y_2$,五個輸出端則分別為指示狀態 $A$、$B$、$C$ 的信號輸出端與回授到 $D$ 型正反器輸入端的下一狀態 $Y_1$ 與 $Y_2$。 完整的邏輯電路如圖 10.4-5(a) 所示,由圖 10.4-3(b) 的轉態表得到圖 10.4-5(b) 的 ROM 真值表。

一般而言,在 ROM 的執行方法中,組合邏輯電路部分的電路是採用 ROM 或是 PLA 元件執行,由下列準則決定:若轉態表中的不在意項相當多時,採用 PLA 較為有利;否則應該使用 ROM 較有利。

**10.4.2.4 一狀態一正反器法** 由於任何一個 ASM 圖所描述的數位系統電路,在任何時候都只停留在一個狀態上,因此在一狀態一正反器的方法中,每一個狀態都各別使用一個 $D$ 型正反器,並使用 $n$ 取 1 碼的狀態指定方式,以產

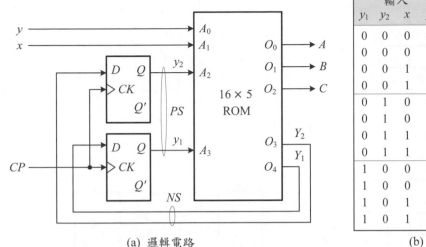

(a) 邏輯電路

(b) ROM真值表

| 輸入 | | | | 輸出 | | | | |
|---|---|---|---|---|---|---|---|---|
| $y_1$ | $y_2$ | $x$ | $y$ | $Y_1$ | $Y_2$ | $C$ | $B$ | $A$ |
| 0 | 0 | 0 | 0 | 0 | 1 | 1 | 0 | 0 |
| 0 | 0 | 0 | 1 | 0 | 0 | 1 | 0 | 0 |
| 0 | 0 | 1 | 0 | 0 | 1 | 1 | 0 | 0 |
| 0 | 0 | 1 | 1 | 0 | 0 | 1 | 0 | 0 |
| 0 | 1 | 0 | 0 | 0 | 0 | 0 | 0 | 1 |
| 0 | 1 | 0 | 1 | 0 | 0 | 0 | 0 | 1 |
| 0 | 1 | 1 | 0 | 1 | 0 | 0 | 0 | 1 |
| 0 | 1 | 1 | 1 | 1 | 0 | 0 | 0 | 1 |
| 1 | 0 | 0 | 0 | 0 | 0 | 0 | 1 | 0 |
| 1 | 0 | 0 | 1 | 1 | 0 | 0 | 1 | 0 |
| 1 | 0 | 1 | 0 | 0 | 0 | 0 | 1 | 0 |
| 1 | 0 | 1 | 1 | 0 | 0 | 0 | 1 | 0 |

**圖 10.4-5:** 例題 10.4-4 的控制單元的狀態產生器

生各自的狀態信號。結果的電路在每一個狀態期間內只有一個正反器的輸出值為1,因此稱為 "one-hot"(單一熱點)。

使用一狀態一正反器的執行方法時,若每一個狀態使用一個 $D$ 型正反器,則控制單元可以直接由ASM圖求取。結果的控制單元電路結構與該ASM圖相同,因為控制單元電路的結構只是ASM圖的控制轉移路徑的映射而已。一般而言,由ASM圖求取對應的控制單元電路的結構時的轉換規則如下:

1. 每一個狀態都需要各別使用一個 $D$ 型正反器,如圖 10.4-6(a) 所示。

2. 在一個狀態方塊的輸入端,若有 $k$ 條線合併在一起,則使用一個 $k$ 個輸入端的OR閘,將這些信號OR後,送至該狀態方塊對應的 $D$ 型正反器輸入端中。例如在圖 10.4-6(b) 中,由狀態 $x$ 與狀態 $y$ 送來的信號與狀態 $A$ 的信號,經由一個3個輸入端的OR閘OR後,送往狀態 $B$ 對應的 $D$ 型正反器輸入端中。

3. 每一個判別方塊使用一個由兩個AND閘與一個NOT閘組成的1對2解多工器,該解多工器的輸出端的值由欲測試的輸入信號 $x$ 決定,如圖 10.4-6(c) 所示。當輸入信號 $x$ 的值為 0 時,狀態 $A$ 的信號值送往不成立的分支上,即狀態 $B$;當輸入信號 $x$ 的值為 1 時,狀態 $A$ 的信號值送往成立的分

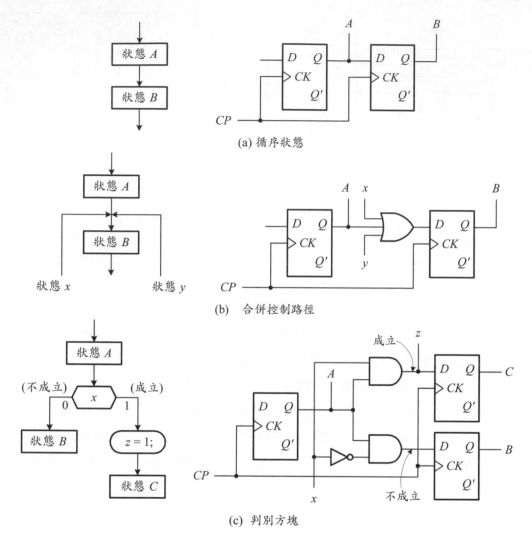

(a) 循序狀態

(b) 合併控制路徑

(c) 判別方塊

**圖 10.4-6:** 一狀態一正反器法控制單元設計

支上,即狀態 $C$。當然輸入信號 $x$ 可以換成一個交換函數 $f(x)$,因此可以測試任何複雜度的輸入條件。

注意:若一個判別方塊的成立與不成立的兩個輸出分支經由條件輸出方塊或直接連接到相同的狀態方塊上,則該判別方塊不屬於控制單元電路中的狀態轉移邏輯電路,因此只需要產生資料處理單元所需要的控制信號即可。

■ 例題 **10.4-5** (一狀態一正反器法)

　　利用一狀態一正反器法，設計圖 10.4-2(a) 所示 ASM 圖的控制單元電路的
狀態產生器。

**解：**在這種設計方法中，每一個狀態使用一個 $D$ 型正反器。每一個 $D$ 型正反器
的輸入值，可以直接由追蹤 ASM 圖中的狀態轉移路徑求得，依據圖 10.4-2(a)
的 ASM 圖，得到下列 $D$ 型正反器的輸入函數：

$$Y_A = Cy'$$
$$Y_B = Ax + Bx'$$
$$Y_C = Ax' + Bx + Cy$$

結果的邏輯電路如圖 10.4-7 所示。注意：在求 $D$ 型正反器的輸入函數時，均以
狀態方塊為起始點，例如狀態 $C$，其轉移來源路徑有三：在狀態 $A$ 時，若輸入
信號 $x$ 為 0 (以 $Ax'$ 表示)；在狀態 $B$ 時，若輸入信號 $x$ 為 1 (以 $Bx$ 表示)；與狀態
$C$ 時，若輸入信號 $y$ 為 1 (以 $Cy$ 表示)，因此 $Y_C$ 為這些路徑函數之和。

　　一狀態一正反器的方法具有容易設計與電路明朗的優點，其缺點則是需
要數目較多的正反器與初始狀態設定電路。此外，若電路發生故障時，可能
造成多個狀態正反器的輸出值同時為 1，而且這種故障很難加以排除，因為
必須同時追蹤相當多的 ASM 圖中的狀態轉移路徑。

　　一般而言，多工器法通常使用在十六個狀態以下的系統中，而一狀態一
正反器法則使用在較大的硬體系統中。

✔學習重點

**10-41.** 控制單元的設計方式可以分成那兩種？

**10-42.** 隨機邏輯方式的控制單元依其狀態編碼的方式，可以分成那兩類？

**10-43.** 為何傳統式的隨機邏輯控制單元電路又稱為順序暫存器與解碼器法？

**10-44.** 試簡述如何由 ASM 圖求取對應的控制單元電路。

**10-45.** 試簡述如何由 ASM 圖求取對應的資料處理單元電路。

**10-46.** 試簡述轉換 ASM 圖為對應的一狀態一正反器方式的控制單元電路之
規則。

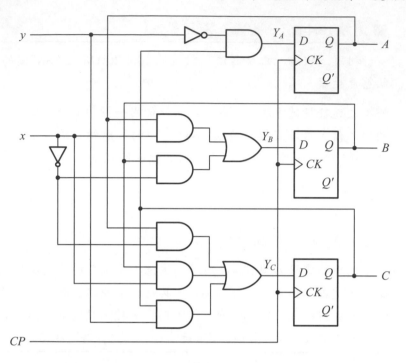

**圖 10.4-7:** 例題 10.4-5 的控制單元電路的狀態產生器

## 10.4.3 微程式控制單元

　　典型的微程式控制單元方塊圖如圖 10.4-8(a) 所示。它由三個主要元件組成：控制記憶器 (control memory，CM)、微程式計數器 (microprogram counter，$\mu$PC)、輸入信號測試電路等。控制記憶器 (CM) 產生所有控制信號、控制記憶器的下一位址 (next address，NA)、輸入信號測試電路的選擇信號 ($k$ 與 TF)。由於 $\mu$PC 與輸入信號測試電路組合後，用以產生 CM 中的下一個輸出控制語句的位址，因此這兩個電路也常合稱為下一位址產生器 (next address generator)。

　　$\mu$PC 用來決定控制記憶器的輸出語句的順序，它通常為一個具有並行資料載入能力的正數計數器。每一個 CM 的輸出語句稱為一個控制語句 (control word) 或是微指令 (microinstruction)，如圖 10.4-8(b) 所示。輸入信號測試電路一般由一個多工器與 XOR 閘組成，多工器的資料輸入端為待測的輸入信號，被選取的輸入信號值用以控制 $\mu$PC 的動作是正數或是載入下一位址 (即分歧，

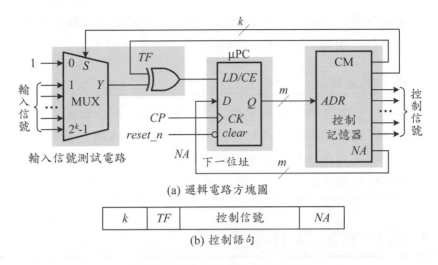

(a) 邏輯電路方塊圖

| $k$ | $TF$ | 控制信號 | $NA$ |
|---|---|---|---|

(b) 控制語句

**圖 10.4-8:** 微程式控制單元方塊圖

branch)。為了也能夠測試補數形式的輸入變數,在多工器的輸出端與 $\mu$PC 的 *LD/CE* 控制輸入端之間加上一個控制型 NOT 閘(即 XOR 閘),而其控制端 *TF* 則取自 CM 的輸出端。當控制信號 *TF* 為 0 時,選取的輸入信號值直接當作 $\mu$PC 的 *LD/CE* (載入/計數致能)輸入端的信號輸入;當控制信號 *TF* 為 1 時,選取的輸入信號值則先取 1 補數 (NOT) 後再加到 $\mu$PC 的 *LD/CE* 的輸入端。

　　輸入信號測試電路的多工器 (MUX) 的輸入端 0 直接接到信號 1。因此,當輸入信號測試電路的選取信號 $k = 0$ 而且控制信號 $TF = 0$ 時,$\mu$PC 載入取自 CM 的輸出端的下一位址;當輸入信號測試電路的選取信號 $k = 0$ 而且控制信號 $TF = 1$ 時,$\mu$PC 上數一次,因而指到 CM 的下一個控制語句。

　　一般而言,由 ASM 圖直接求取 CM 的控制語句時,若 ASM 圖中含有條件輸出方塊則其間的對應關係較為困難,但是若未含有條件輸出方塊時,則其間的對應關係甚為簡單,每一個狀態對應一個控制語句。因此,在實際應用中,通常先將 ASM 圖重新設計,以消除所有條件輸出方塊。消除的方法為將該條件輸出方塊改以狀態方塊取代,即轉換該 ASM 圖為純粹的 Moore 機 ASM 圖。當然這樣取代後,若該條件輸出方塊被執行時,必須多耗費一個時脈週期。

　　與隨機邏輯控制單元比較下,微程式控制單元的執行時間通常較長,但是較具彈性，而且設計上也較簡單，因此在較大的數位系統中，也是一種可行而且常用的方法，相關的應用例請參考第 10.5 節。

## ✔學習重點

**10-47.** 一個微程式控制單元主要是由那三大部分的電路組成？
**10-48.** 試簡述在微程式控制單元中的 $\mu PC$ 電路的主要功能。
**10-49.** 試定義控制語句與微指令。
**10-50.** 為何在設計微程式控制單元時，必須消除 ASM 圖中的條件輸出方塊？

# 10.5 數位系統設計實例

　　ASM 圖的最大優點為它將數位系統的設計方法轉換為硬體演算法的設計。本節中，將以三個具體的實例說明 ASM 圖的完整設計步驟與執行方式。

## 10.5.1　1 位元數目計算電路

　　本節中，先以一個簡單的數位系統設計例，說明如何使用 ASM 圖設計與執行一個數位系統。對於一個數位系統而言，通常會有許多方法可以達到相同的結果，例如下列問題：

　　設計一個電路，計算一個資料語句中含有多少個 1 位元。

此問題的電路設計方式至少有兩種：一為只使用組合邏輯電路直接執行；二為依據第 10.1.2 節所示方式，將其當作一個數位系統，分成資料處理單元與控制單元兩部分，然後使用 ASM 圖的方法設計與執行。本節中，將使用後者的方法，說明上述問題的完整設計步驟與執行方式。

**10.5.1.1　ASM 圖**　若設暫存器 $RA[n-1:0]$ 為 $n$ 位元的資料暫存器，而 $CNT$ 為 1 位元數目計數器，則上述的 1 位元數目計算電路的 ASM 圖如圖 10.5-1(a) 所示。在圖 10.5-1(a) 所示的 ASM 圖中，假設當啟動信號 $start$ 為 1 後，該電路才執行實際的計算動作。當啟動信號 $start$ 為 0 時，該電路持續維持在狀態 $A$，直到啟動信號 $start$ 為 1 後，才將欲計算的資料載入暫存器 $RA$ 內，並清除 1 位元數目計數器 $CNT$ 與完成旗號 $done$ 為 0，然後進入狀態 $B$。

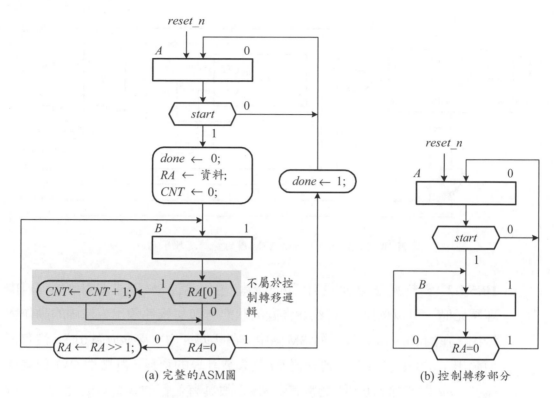

(a) 完整的ASM圖　　　　　　　　　(b) 控制轉移部分

**圖 10.5-1:** 1 位元數目計算電路的 ASM 圖

　　在狀態 B 時，判斷暫存器 RA 的位元 0 (即 RA[0]) 的值是否為 1，若是則計數器 CNT 的內容加 1。然後判斷 RA 的內容是否為 0，若是則設定完成旗號 done 為 1，回到狀態 A，結束整個運算動作；若不為 0，則將暫存器 RA 的內容右移一個位元位置，並回到狀態 B，繼續執行其餘部分的動作，直到 RA 的內容為 0 時為止。注意在系統重置(reset_n)之後，系統進入狀態 A。

　　圖 10.5-1(b)所示為圖 10.5-1(a)ASM圖的控制轉移部分的流程圖。基本上，它由去除相關動作與輸出之後的狀態方塊及判斷方塊組成，但是如圖所示判斷 RA[0] 位元值的判斷方塊並不屬於圖 10.5-1(b) 的控制轉移流程圖的一部分，因為該判斷方塊的兩個出口均進入相同的狀態方塊 B 中，並未改變控制流程。

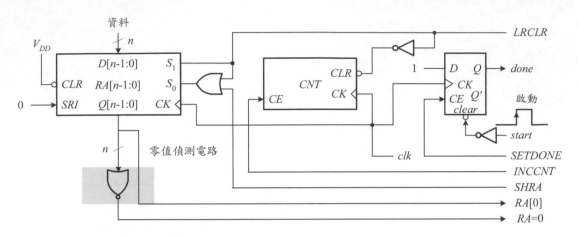

**圖 10.5-2:** 圖 10.5-1 所示 ASM 圖的資料處理單元

**10.5.1.2　資料處理單元設計**　如前所述,由一個 ASM 圖求取對應的資料處理單元時,可以依序檢查該 ASM 圖的狀態方塊與條件輸出方塊內的動作與輸出。在圖 10.5-1(a) 所示的 ASM 圖中,在狀態 *A* 中,當 *start* 為 0 時,沒有任何輸出;當 *start* 為 1 時,暫存器 *RA* 載入欲計算的資料,計數器 *CNT* 與完成旗號 *done* 則清除為 0,因此暫存器 *RA* 必須具有並行載入資料的能力,計數器 *CNT* 則必須具有清除輸入控制端。暫存器 *RA* 的內容在狀態 *B* 時,執行邏輯右移位將其內容向右移位一個位元位置,因此暫存器 *RA* 為一個具有並行載入資料能力的右移暫存器;計數器 *CNT* 在 *RA*[0] 的值為 1 時,上數一次,因此計數器 *CNT* 為一個具有清除輸入控制端的正數計數器;完成旗號 *done* 則為一個具有清除輸入與時脈致能 (*CE*) 控制端的 *D* 型正反器。此外,在狀態 *B* 時,電路中必須有一個零值偵測電路 (NOR 閘),以判斷暫存器 *RA* 的內容是否為 0。當其值為 0 時輸出值為 1,否則輸出值為 0。完整的資料處理單元如圖 10.5-2 所示。

　　假設圖 10.5-2 所示的資料處理單元電路中的移位暫存器 *RA* 假設使用如圖 8.2-4 所示的通用移位暫存器,但是擴充為 *n* 個位元,相關的功能表請參閱圖 8.2-4(c)。由圖 10.5-1(a) 的 ASM 圖可以得知:資料處理單元必須提供三個狀態信號:*done*、*RA*[0] 與 *RA*=0 予控制單元,分別告知電路的動作是否已經完成、*RA*[0] 位元值與暫存器 *RA* 的內容是否為 0;控制單元則產生 *LRCLR*、

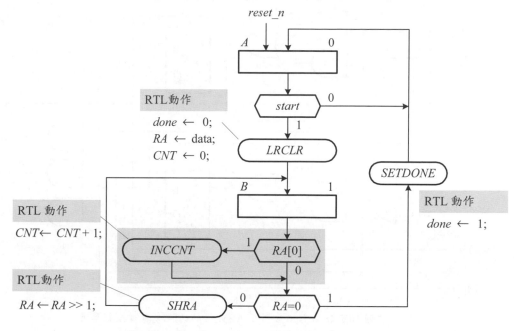

**圖 10.5-3:** 圖 10.5-2 所示資料處理單元的 ASMD 圖

*INCCNT*、*SHRA*、與 *SETDONE* 等四個控制信號予資料處理單元，分別控制其動作：將資料載入暫存器 *RA* 與清除計數器 *CNT* 為 0、致能計數器 *CNT* 正數動作、將暫存器 *RA* 的內容右移一個位元位置、設定完成旗號 (*done*) 正反器。

　　圖 10.5-2 所示的資料處理單元的 ASMD 圖如圖 10.5-3 所示。由狀態 *A* 轉移到狀態 *B* 時，必須將資料載入暫存器 *RA* 與清除計數器 *CNT* 為 0，因此必須產生 *LRCLR* 信號。在狀態 *B* 時，若 *RA*[0] 位元值為 1，則計數器 *CNT* 內容加 1，所以產生 *INCCNT* 信號；若 *RA*=0 信號為 0，則將暫存器 *RA* 的內容右移一個位元位置，因此需要產生 *SHRA* 信號；若 *RA*=0 信號為 1，則設定完成旗號 (*done*) 正反器，因此需要產生 *SETDONE* 信號。

**10.5.1.3　隨機邏輯控制單元設計**　由於一狀態一正反器方式的隨機邏輯控制單元具有系統性的設計優點。因此，在本例中我們採用此種方式。由圖 10.5-3 所示的 ASMD 圖可以得知：整個控制單元電路只有兩個狀態，因此只

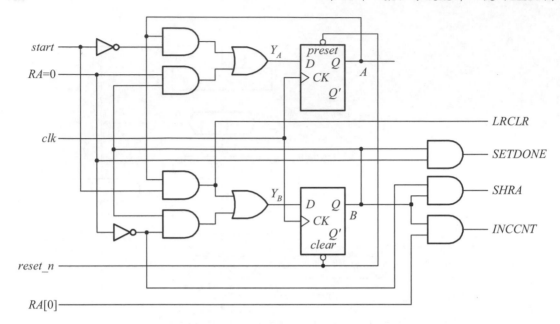

**圖 10.5-4:** 圖 10.5-3 所示 ASM 圖的的隨機邏輯控制單元

需要使用兩個 D 型正反器產生兩個狀態的狀態信號。完整的控制單元電路
如圖 10.5-4 所示。假設在電路重置(*reset_n*)之後，電路停留在狀態 A。

　　由圖 10.5-3 所示的 ASMD 圖可以得知：有兩條路徑通達狀態 A，即在狀
態 A 時，若 *start* = 0 則維持在狀態 A；在狀態 B 時，若 *RA*=0 的值為 1 時，也
將轉移到狀態 A，所以 $Y_A$ 為這兩條路徑 OR 後的結果，如圖 10.5-4 所示。

　　狀態 B 有兩條路徑可以抵達，即在狀態 A 而 *start* = 1 時或是在狀態 B 而
且 *RA*=0 條件不成立時，皆會轉移到狀態 B。結果的控制單元電路如圖 10.5-4
所示。

　　在狀態 A 而 *start* = 1 時，必須輸出控制信號 *LRCLR*。在狀態 B 時，若
*RA*[0] 的值為 1 時，必須輸出控制信號 *INCCNT*；若 *RA*=0 的值為 0，則必須
輸出控制信號 *SHRA*。此外，在狀態 B 時，若 *RA*=0 的條件成立，則必須產生
*SETDONE* 控制信號，以結束整個運算動作，回到狀態 A。

**10.5.1.4 微程式控制單元設計** 由圖 10.5-2 所示的資料處理單元可以得知：
控制單元電路具有三個輸入信號 *start*、*RA*[0]、與 *RA*=0，與四個輸出信號

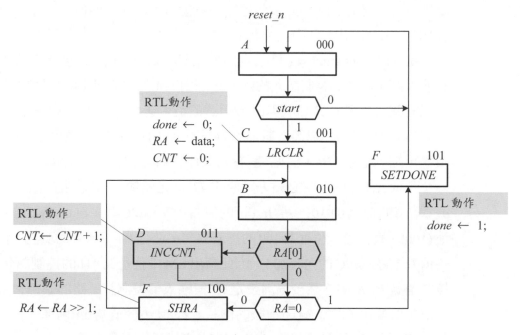

**圖 10.5-5:** 圖 10.5-2 所示資料處理單元的微程式控制單元的 ASMD 圖

*LRCLR*、*INCCNT*、*SHRA*、與 *SETDONE* 等。在圖 10.5-3 所示的 ASMD 圖中除了兩個狀態外，還有四個條件輸出方塊。每一個狀態原則上需要使用一個控制語句，然而條件輸出方塊只在測試的條件成立之下，該方塊內的控制信號才需要產生，因此無法與狀態方塊共用一個語句，必須獨立使用一個語句，結果的控制單元一共需要使用 6 個控制語句，而每一個語句的寬度為 $(4+1+2+3) = 10$ 個位元。修改後的微程式控制單元之 ASMD 圖如圖 10.5-5 所示。

由於一共有三個輸入信號必須測試，因此使用一個 4 對 1 多工器與一個 XOR 閘組成輸入信號測試電路，完整的邏輯電路如圖 10.5-6(a) 所示，其 CM 的真值表如圖 10.5-6(b) 所示。

控制單元電路在重置之後，$\mu$PC 內容清除為 0，因此輸出 CM 中位址為 000 的控制語句，即狀態 *A*，如圖 10.5-6(b) 所示，此時 *TF* 位元與輸入信號測試電路的選擇信號 $(k_1 k_0)$ 的值均為 0，因此輸入信號 *start* 的值直接控制 $\mu$PC 的載入 (*LD*) 與計數致能 (*CE*) 輸入端。當 *start* 的值為 0 時，$\mu$PC 載入自 CM 輸

出的下一位址 (*NA*)，因此依然停留在狀態 *A*；當 *start* 的值為 1 時，$\mu$PC 的內容加 1，因此讀出 CM 中位址為 1 的控制語句，即送出控制信號 *LRCLR*。

在狀態 *A* 而 *start* = 1 時，送出控制信號 *LRCLR* 後，直接進入狀態 *B*。在狀態 *B* 時，其次的控制語句的內容分別由 *RA*[0] 的值與 *RA*=0 信號的值決定，所以此時必須測試 *RA*[0] 與 *RA*=0 信號的值。若 *RA*[0] 的值為 1，則必須送出控制信號 *INCCNT*，以將計數器 *CNT* 內容加 1；若 *RA*=0 信號的值為 0 時，必須送出控制信號 *SHRA*，以將暫存器 *RA* 的內容向右移位一個位元位置。

測試 *RA*[0] 的值時必須分別設定 *TF* 位元與輸入信號測試電路的選擇信號 $(k_1 k_0)$ 的值為 0 與 01。當 *RA*[0] 的值為 0 時，$\mu$PC 載入自 CM 輸出的下一位址 (100)，直接進入位址為 100 的控制語句，進行 *RA*=0 信號的測試；當 *RA*[0] 的值為 1 時，$\mu$PC 的內容加 1，因此讀出 CM 中位址為 011 的控制語句，送出控制信號 *INCCNT*，然後分別設定 *TF* 與輸入信號測試電路的選擇信號 $(k_1 k_0)$ 的值為 1 與 10，進行 *RA*=0 信號的測試。若 *RA*=0 的值為 0，則進入位址為 100 的控制語句；否則，進入位址為 101 的控制語句。

在位址為 100 的控制語句中，測試 *RA*=0 信號的值時，必須分別設定 *TF* 位元與輸入信號測試電路的選擇信號 $(k_1 k_0)$ 的值為 0 與 10。若 *RA*=0 信號的值為 1 時，則 $\mu$PC 的內容加 1，因而讀取 CM 中位址為 101 的控制語句，輸出 *SETDONE* 控制信號，並且分別設定 *TF* 位元與輸入信號測試電路的選擇信號 $(k_1 k_0)$ 的值為 1 與 11，以載入 000 的下一位址於 $\mu$PC 內，令控制單元電路轉態到狀態 *A*；若 *RA*=0 狀態信號的值為 0 時，則 $\mu$PC 直接載入 010 的下一位址，並且送出控制信號 *SHRA*，然後回到狀態 *B*，繼續執行其餘的動作。

## ✔學習重點

**10-51.** 轉換圖 10.5-1(a) 的 ASM 圖為 Moore 機 ASM 圖。

**10-52.** 在圖 10.5-1(a) 的 ASM 圖中使用測試條件 *RA*=0 當作該 ASM 圖的運算動作結束的依據。若不使用此條件，則該 ASM 圖應該如何修改？

**10-53.** 為何在圖 10.5-6的 CM 中一共需要使用六個控制語句？

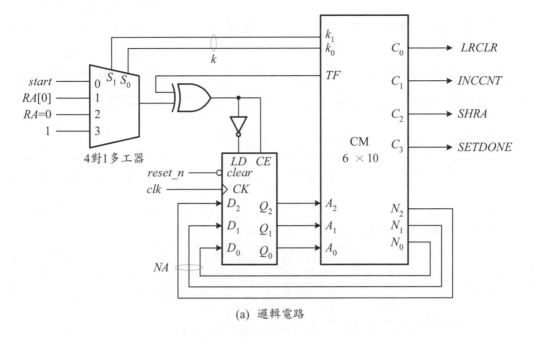

(a) 邏輯電路

| | 位址 | | | 控制信號 | | | | | | | | NA | | |
|---|---|---|---|---|---|---|---|---|---|---|---|---|---|---|
| | $A_2$ | $A_1$ | $A_0$ | $C_0$ | $C_1$ | $C_2$ | $C_3$ | TF | $k_1$ | $k_0$ | $N_2$ | $N_1$ | $N_0$ |
| A | 0 | 0 | 0 | 0 | 0 | 0 | 0 | 0 | 0 | 0 | 0 | 0 | 0 |
| start == 1 | 0 | 0 | 1 | 1 | 0 | 0 | 0 | 0 | 1 | 1 | $\phi$ | $\phi$ | $\phi$ |
| B | 0 | 1 | 0 | 0 | 0 | 0 | 0 | 0 | 0 | 1 | 1 | 0 | 0 |
| RA[0] == 1 | 0 | 1 | 1 | 0 | 1 | 0 | 0 | 1 | 1 | 0 | 1 | 0 | 1 |
| (RA=0) == 0 | 1 | 0 | 0 | 0 | 0 | 1 | 0 | 0 | 1 | 0 | 0 | 1 | 0 |
| (RA=0) == 1 | 1 | 0 | 1 | 0 | 0 | 0 | 1 | 1 | 1 | 1 | 0 | 0 | 0 |

測試RA[0]

測試RA=0

(b) CM真值表

**圖 10.5-6:** 圖 10.5-1 所示 ASM 圖的的微程式控制單元

## 10.5.2 移位相加乘法器

在數位系統中，常用的乘法運算為移位相加。這種運算所用的規則和我們日常生活中的十進制運算相同，但是對於二進制數目而言，這項規則更為簡單。對於一個多位元數被乘數對單位元數乘數的乘法運算中，恰好只有兩項規則：

1. 若乘數位元是 1，則部分積與被乘數相同；

2. 若乘數位元是 0，則部分積為 0。

當乘數也是個多位元的數時，則只要依照上述規則求得對應於每一個位元的部分積後，將所有部分積相加，即可以得到需要的乘積。

### ■ 例題 10.5-1 (移位相加的乘法運算)

假設被乘數 $Y = 1010$ 而乘數 $X = 1101$，試使用移位相加的方式，求其乘積。

**解：** 詳細的計算過程如下：

$$
\begin{array}{cccccccc}
 & & & & 1 & 0 & 1 & 0 & & = & Y(乘數) \\
 & & & \times & 1 & 1 & 0 & 1 & & = & X(被乘數) \\
\hline
0 & 0 & 0 & 0 & 0 & 0 & 0 & 0 & & P_0 = 0 & \text{(部分積)} \\
 & & & & 1 & 0 & 1 & 0 & & & \\
\hline
0 & 0 & 0 & 0 & 1 & 0 & 1 & 0 & & P_1 = P_0 + X_0 Y & \\
 & & & 0 & 0 & 0 & 0 & & & & \\
\hline
0 & 0 & 0 & 0 & 1 & 0 & 1 & 0 & & P_2 = P_1 + 2X_1 Y & \\
 & & 1 & 0 & 1 & 0 & & & & & \\
\hline
0 & 0 & 1 & 1 & 0 & 0 & 1 & 0 & & P_3 = P_2 + 2^2 X_2 Y & \\
 & 1 & 0 & 1 & 0 & & & & & & \\
\hline
1 & 0 & 0 & 0 & 0 & 0 & 1 & 0 & & P_4 = P_3 + 2^3 X_3 Y = P(乘積) & \\
\end{array}
$$

所以 $1010(10) \times 1101(13) = 10000010(130)$。

---

在上述例題中，在步驟 $i+1$ 的部分積，其中 $P_{i+1} \leftarrow P_i + Y_i \cdot 2^i X$ 相當於將乘數 $Y$ 左移 $i$ 個位元位置。在實用上，通常將 $Y$ 固定，而右移部分積。

**10.5.2.1 ASM 圖**　若設暫存器 $RM[n\text{-}1:0]$ 為 $n$ 位元的被乘數暫存器、暫存器 $RQ[n\text{-}1:0]$ 為 $n$ 位元的乘數暫存器、暫存器 $RA[n:0]$ 為 $n+1$ 位元的部分積暫存器、$CNT$ 為計數器，則使用移位相加方式的 $n \times n$ 位元的乘法運算電路的 ASM 圖如圖 10.5-7(a) 所示。

在圖 10.5-7(a) 所示的 ASM 圖中，假設當啟動信號 *start* 為 1 後，乘法運算電路才執行實際的計算動作。當啟動信號 *start* 為 0 時，乘法運算電路持續維持在狀態 $A$，直到啟動信號 *start* 為 1 後，才清除暫存器 $RA$ 與完成旗號 (*done*)

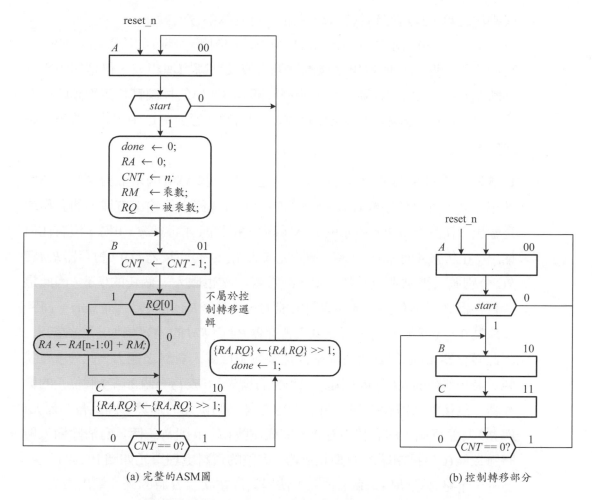

**圖 10.5-7:** 移位相加 $n \times n$ 位元的乘法運算電路的 ASM 圖

正反器的內容為 0，將暫存器 *RM* 與 *RQ* 分別載入被乘數與乘數，而計數器 *CNT* 則載入迴路的次數 $n$。

在狀態 *B* 時，計數器 *CNT* 的內容減 1，然後判斷 *RQ*[0] 位元的值是否為 1。若是則將被乘數暫存器 *RM* 的內容加到部分積暫存器 *RA* 內，並進入狀態 *C*；若 *RQ*[0] 位元的值為 0，則直接進入狀態 *C*。

在狀態 *C* 時，暫存器 *RA* 與 *RQ* 連結成為一個 $2n + 1$ 個位元的暫存器，將其內容右移一個位元位置之後，判斷計數器 *CNT* 的值是否為 0，若是則已經完成整個乘法運算，設定完成旗號 *done* 為 1，並回到狀態 *A*；否則，尚未完成乘法運算，直接回到狀態 $B$，繼續執行其餘部分的動作。

　　圖10.5-7(b)所示為圖10.5-7(a)ASM 圖的控制轉移部分的流程圖。基本上，它由去除相關動作與輸出之後的狀態方塊及判斷方塊組成，但是如圖所示判斷 $RQ[0]$ 位元值的判斷方塊並不屬於圖 10.5-7(b) 的控制轉移流程圖的一部分，因為該判斷方塊的兩個出口均進入相同的狀態方塊 $C$ 中，並未改變控制流程。

**10.5.2.2　資料處理單元設計**　如前所述，由一個 ASM 圖求取對應的資料處理單元時，可以依序檢查該 ASM 圖的狀態方塊與條件輸出方塊內的動作或是輸出。在圖 10.5-7(a) 所示的 ASM 圖中，在狀態 $A$ 而 $start = 0$ 時，沒有任何輸出；在狀態 $A$ 而 $start = 1$ 時，清除完成旗號 (done) 正反器為 0，暫存器 $RM$ 與 $RQ$ 分別載入被乘數與乘數的值，計數器 $CNT$ 也載入一個新的值 $n$，因此這些暫存器必須具有並行載入資料的能力。暫存器 $RA$ 在狀態 $A$ 而 $start = 1$ 時，清除為 0，在狀態 $B$ 時，可能載入暫存器 $RA$ 與 $RM$ 的內容相加之後的結果，因此暫存器 $RA$ 必須具有清除輸入控制與並行載入資料之能力。此外，在狀態 $C$ 時，暫存器 $RA$ 與 $RQ$ 串接 (以 "{}" 符號表示) 成為一個 $2n+1$ 個位元的暫存器，然後執行邏輯右移位將其內容右移一個位元的運算，因此暫存器 $RA$ 與 $RQ$ 為並行載入的右移暫存器。完成旗號 (done) 則為一個具有清除輸入與時脈致能 (CE) 控制端的 $D$ 型正反器。完整的資料處理單元如圖 10.5-8 所示。此外，電路必須使用一個 $n$ 位元加法器執行在狀態 $B$ 時的條件輸出方塊。

　　在圖 10.5-8 所示的資料處理單元電路中的移位暫存器 $RA$ 與 $RQ$ 假設使用如圖 8.2-4 所示的通用移位暫存器，但是分別擴充為 $n+1$ 與 $n$ 個位元，相關的功能表請參閱圖 8.2-4(c)。由圖 10.5-7 所示 ASM 圖可以得知：資料處理單元必須提供三個狀態信號 done、$CNT=0$、$RQ[0]$ 等予控制單元，分別告知電路的動作是否已經完成、計數器 $CNT$ 的內容是否為 0 與 $RQ[0]$ 位元值；控制單元則產生 CLRA、LR、DECCNT、SHRAQ、ADDMA、SETDONE 等六個控制信號予資料處理單元，分別控制其動作：清除暫存器 $RA$ 的內容，載入初值於暫存器 ($RM$、$RQ$、$CNT$)，致能計數器 $CNT$ 倒數動作，將暫存器 $\{RA, RQ\}$ 的內容右移一個位元位置，執行暫存器內容 $RA$ 與 $RM$ 的加法運算，與設定

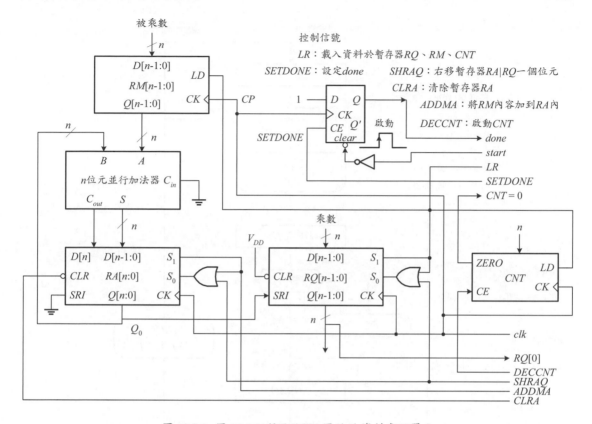

**圖 10.5-8:** 圖 10.5-7 所示 ASM 圖的的資料處理單元

完成旗號正反器等。

　　圖 10.5-8 所示的資料處理單元的 ASMD 圖如圖 10.5-9 所示。由狀態 *A* 轉移到狀態 *B* 時，必須清除暫存器 *RA* 的內容與載入初值於暫存器 (*RM*、*RQ*、*CNT*)，因此必須產生 *CLRA* 與 *LR* 信號。在狀態 *B* 時，必須致能計數器 *CNT* 的倒數動作，所以必須產生 *DECCNT* 信號。在狀態 *C* 時，必須將暫存器 {*RA*, *RQ*} 的內容右移一個位元位置，因此必須產生 *SHRAQ* 信號。若此時計數器 *CNT* 的值為 0，則需要再將暫存器 {*RA*, *RQ*} 的內容右移一個位元位置與設定完成旗號 (*done*) 正反器，因此需要產生 *SHRAQ* 與 *SETDONE* 信號。

**10.5.2.3　隨機邏輯控制單元設計**　由於多工器方式的隨機邏輯控制單元具有系統性的設計優點，因此在本例中我們採用此種方式。由圖 10.5-7 所示的 ASM 圖得知：整個控制單元電路只有三個狀態，因此只各別需要兩個 3 對

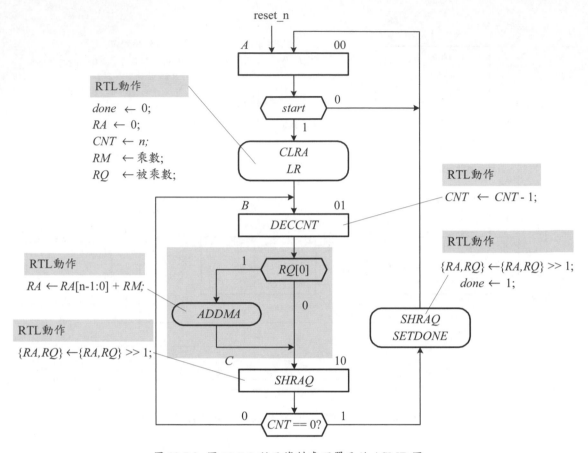

**圖 10.5-9:** 圖 10.5-8 所示資料處理單元的 ASMD 圖

1 多工器與兩個 *D* 型正反器,另外需要一個 2 對 4 解碼器,以解出三個狀態信號,提供產生各個狀態下的相關控制信號之用。完整的控制單元電路如圖 10.5-10(b) 所示。

　　由圖 10.5-7 所示的 ASM 圖可以得到圖 10.5-10(a) 的多工器輸入條件表。為了方便邏輯電路的設計,表中也列出每一個狀態下的輸出控制信號與條件輸出的控制信號。假設在電路重置(*reset_n*)之後,電路停留在狀態 *A*。

　　在狀態 *A* (00) 時,若 *start* = 0 則維持在狀態 *A*,若 *start* = 1 則進入狀態 *B* (01),所以多工器 MUX 1 的輸入為 0,而多工器 MUX 2 的輸入為 *start*;在狀態 *A* 而 *start* = 1 時,產生 *CLRA* 與 *LR* 兩個控制信號,然後進入狀態 *B*。在狀態

第 10.5 節　數位系統設計實例

**761**

| PS | | NS | | 輸入 | | | 多工器輸入 | | 輸出控制信號 |
|---|---|---|---|---|---|---|---|---|---|
| $y_1$ | $y_2$ | $Y_1$ | $Y_2$ | start | $RQ[0]$ | $CNT=0$ | MUX 1 | MUX 2 | |
| 0 | 0 | 0 | 0 | start' | - | - | 0 | start | |
| 0 | 0 | 0 | 1 | start | - | - | | | CLRA, LR |
| 0 | 1 | 1 | 0 | - | $RQ'[0]$ | - | 1 | 0 | DECCNT |
| 0 | 1 | 1 | 0 | - | $RQ[0]$ | - | | | $RQ[0]:ADDMA$ |
| 1 | 0 | 1 | 0 | - | - | $(CNT=0)'$ | $(CNT=0)'$ | 0 | SHRAQ |
| 1 | 0 | 0 | 0 | - | - | $CNT=0$ | | | $CNT=0:SETDONE$ |

(a) 多工器輸入條件表

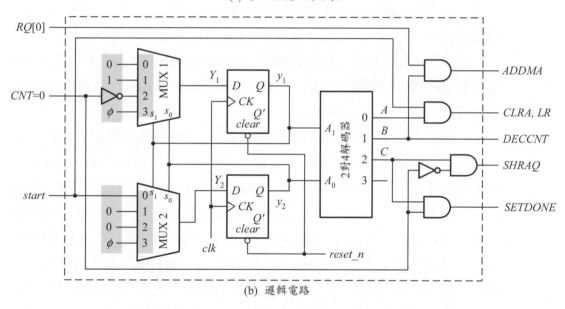

(b) 邏輯電路

**圖 10.5-10:** 圖 10.5-7 所示 ASM 圖的的隨機邏輯控制單元

$B$ 時，不管 $RQ[0]$ 位元的值為 0 或是 1，均進入狀態 $C$ (10)，所以多工器 MUX 1 的輸入為 1，而多工器 MUX 2 的輸入為 0。在狀態 $B$ 時，必須產生 $DECCNT$ 控制信號，但是若 $RQ[0]$ 位元的值為 1 時，也必須產生 $ADDMA$ 控制信號；在狀態 $C$ 時，若 $CNT=0$ 狀態信號的值為 0 時，轉態到狀態 $C$，若 $CNT=0$ 狀態信號的值為 1 時，則轉態到狀態 $A$。在狀態 $C$ 時，當 $CNT=0$ 狀態信號的值為 0 時，產生 $SHRAQ$ 控制信號，當 $CNT=0$ 狀態信號的值為 1 時，產生 $SETDONE$ 控制信號。完整的控制單元電路如圖 10.5-10(b) 所示。

**10.5.2.4　微程式控制單元設計**　由圖 10.5-8 所示的資料處理單元可以得知：控制單元電路具有三個輸入信號 *start*、*RQ*[0]、*CNT*=0 等，與六個輸出信號 *CLRA*、*LR*、*DECCNT*、*ADDMA*、*SHRAQ*、*SETDONE* 等，其中 *CLRA* 與 *LR* 相同的信號，所以總共只有五個輸出信號。在圖 10.5-7 所示的 ASM 圖中除了三個狀態外，還有三個條件輸出方塊，因此一共需要六個控制語句，因為每一個狀態原則上需要使用一個控制語句，然而條件輸出方塊只在測試的條件成立之下，該方塊內的控制信號才需要產生，因此無法與狀態方塊共用一個語句，必須獨立使用一個語句。因此，CM 的語句數目為六個而每一個語句的寬度為 $(5+3+2+1=11)$ 11 個位元，即 CM 的容量為 $6 \times 11$ 個位元。

　　由於一共有三個輸入信號必須測試，因此使用一個 4 對 1 多工器與一個 XOR 閘組成輸入信號測試電路，完整的邏輯電路如圖 10.5-11(a) 所示，其 CM 的真值表如圖 10.5-11(b) 所示。

　　控制單元電路在重置之後，$\mu$PC 內容清除為 0，因此輸出 CM 中位址為 0 的控制語句，即狀態 *A*，如圖 10.5-11(b) 所示，此時 *TF* 位元與輸入信號測試電路的選擇信號 $(k_1 k_0)$ 的值均為 0，因此輸入信號 *start* 的值直接控制 $\mu$PC 的載入 (*LD*) 與計數致能 (*CE*) 輸入端。當 *start* 的值為 0 時，$\mu$PC 載入自 CM 輸出的下一位址 (*NA*)，因此依然停留在狀態 *A*；當 *start* 的值為 1 時，$\mu$PC 的內容加 1，因此讀出 CM 中位址為 001 的控制語句，送出控制信號 *CLRA* 與 *LR*，然後進入狀態 *B*，並輸出 CM 中位址為 2 的控制語句，送出控制信號 *DECCNT*。

　　在狀態 *B* 時，由於其次的控制語句的內容由 *RQ*[0] 位元的值決定，所以此時必須測試 *RQ*[0] 位元的值。測試的方法為分別設定 *TF* 位元與輸入信號測試電路的選擇信號 $(k_1 k_0)$ 的值為 0 與 01，當 *RQ*[0] 位元的值為 0 時，$\mu$PC 載入自 CM 輸出的下一位址 (100)，直接進入狀態 *C*；當 *RQ*[0] 位元的值為 1 時，$\mu$PC 的內容加 1，因此讀出 CM 中位址為 011 的控制語句，送出控制信號 *ADDMA*，然後經由設定 *TF* 位元與輸入信號測試電路的選擇信號 $(k_1 k_0)$ 的值為 0 與 11 使 $\mu$PC 的內容加 1，而進入狀態 *C*。

　　在狀態 *C* 時，送出 *SHRAQ* 控制信號，並且測試 *CNT*=0 輸入信號的值，即分別設定 *TF* 位元與輸入信號測試電路的選擇信號 $(k_1 k_0)$ 的值為 0 與 10，若 *CNT*=0 輸入信號的值為 1 時，則 $\mu$PC 的內容加 1 因而讀取 CM 中位址為 101 的

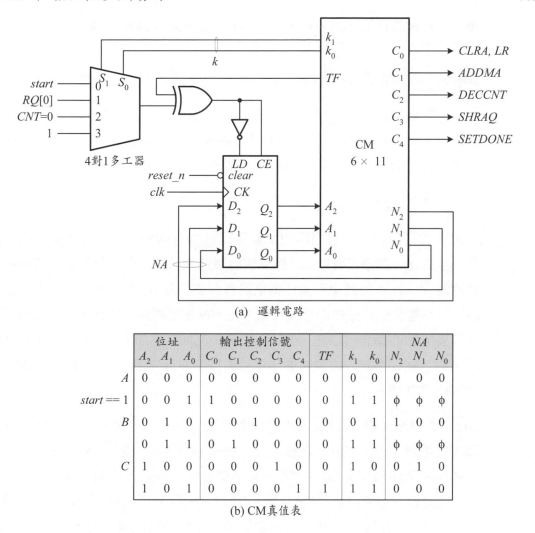

(a) 邏輯電路

|  | 位址 | | | 輸出控制信號 | | | | | TF | $k_1$ | $k_0$ | NA | | |
|---|---|---|---|---|---|---|---|---|---|---|---|---|---|---|
|  | $A_2$ | $A_1$ | $A_0$ | $C_0$ | $C_1$ | $C_2$ | $C_3$ | $C_4$ | TF | $k_1$ | $k_0$ | $N_2$ | $N_1$ | $N_0$ |
| A | 0 | 0 | 0 | 0 | 0 | 0 | 0 | 0 | 0 | 0 | 0 | 0 | 0 | 0 |
| start == 1 | 0 | 0 | 1 | 1 | 0 | 0 | 0 | 0 | 0 | 1 | 1 | φ | φ | φ |
| B | 0 | 1 | 0 | 0 | 0 | 1 | 0 | 0 | 0 | 0 | 1 | 1 | 0 | 0 |
|  | 0 | 1 | 1 | 0 | 1 | 0 | 0 | 0 | 0 | 1 | 1 | φ | φ | φ |
| C | 1 | 0 | 0 | 0 | 0 | 0 | 1 | 0 | 0 | 1 | 0 | 0 | 1 | 0 |
|  | 1 | 0 | 1 | 0 | 0 | 0 | 0 | 1 | 1 | 1 | 1 | 0 | 0 | 0 |

(b) CM真值表

**圖 10.5-11:** 圖 10.5-7 所示 ASM 圖的的微程式控制單元

控制語句，輸出 *SETDONE* 控制信號，並且分別設定 *TF* 位元與輸入信號測試
電路的選擇信號 $(k_1k_0)$ 的值為 1 與 11，以載入 000 的下一位址於 $\mu PC$ 內，令
控制單元電路轉態到狀態 *A*；若 *CNT*=0 輸入信號的值為 0 時，則 $\mu PC$ 直接載
入 010 的下一位址，而回到狀態 *C*，繼續執行其餘的動作。

✔學習重點

**10-54.** 轉換圖 10.5-7(a) 的 ASM 圖為 Moore 機 ASM 圖。

**10-55.** 為何在圖 10.5-11 的 CM 中，一共需要使用六個控制語句？

## 10.5.3 乘積累加電路

在數位信號處理系統中，一個相當常見的電路為乘積累加器 (multiplier and accumulator，MAC)。在此電路中，依序將每一個輸入的數位序列 $x_i$ 乘上一個常數 $a_i$ 後，累加其值，即計算下列數學式：

$$S = \sum_{i=1}^{m} a_i x_i$$

依據上式可以得知，此問題的主要運算電路有兩個：乘法器與加法器。此外，必須有一個迴路計數器，控制整個迴路執行的次數。為了節省運算所需要的時間，在本問題中的乘法器電路假設使用第 6.6.3 節中的陣列乘法器電路，而不是前一小節中的移位相加方式的乘法器電路。因此，每一次的乘法運算與累加的動作可以在一個時脈期間中完成。本節中依然使用第 10.1.2 節所示的方式，將其分成資料處理單元與控制單元兩部分，然後使用 ASM 圖的方法設計與執行。

**10.5.3.1 ASM 圖** 假設輸入的數位序列 $x_i$ 在每一個時脈時由外部電路直接輸入此電路中，而常數 $a_i$ 則儲存於一個 $m$ 個語句的係數 ROM 中，在每一個時脈期間依序自該 ROM 中讀取一個係數 $a_i$，然後執行相關的運算。

若設暫存器 RA 為資料暫存器、指標暫存器 $i$ 為係數 ROM 的位址計數器，而 CNT 為迴路計數器，則上述問題的 ASM 圖如圖 10.5-12(a) 所示。假設當啟動信號 start 為 1 後，該電路才執行實際的計算動作。當啟動信號 start 為 0 時，該電路持續維持在狀態 A，直到啟動信號 start 為 1 後，才清除完成旗號 (done) 正反器、資料暫存器 RA、與指標暫存器 $i$，並設定迴路計數器 CNT 為 $m$，然後進入狀態 B。

在狀態 B 時，執行相乘累加的運算：$RA \leftarrow RA + a_i \times x_i$，將迴路計數器 CNT 的內容減 1，並將指標暫存器 $i$ 的內容加 1 使其指於下一個係數，以提供其次的運算之用。然後判斷迴路計數器 CNT 的內容是否為 0，若是則設定完

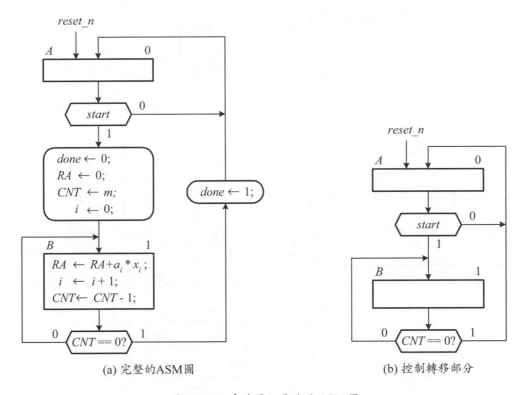

**圖 10.5-12:** 乘積累加電路的 ASM 圖

成旗號 (*done*) 為 1，回到狀態 *A*，結束整個運算動作；若不為 0，則回到狀態 *B*，繼續執行其餘部分的動作，直到迴路計數器 *CNT* 的內容為 0 時為止。

　　圖 10.5-12(b) 所示為圖 10.5-12(a)ASM 圖的控制轉移部分的流程圖。基本上，它由去除相關動作與輸出之後的狀態方塊及判斷方塊組成。

**10.5.3.2　資料處理單元設計**　如前所述，由一個 ASM 圖求取對應的資料處理單元時，可以依序檢查該 ASM 圖的狀態方塊與條件輸出方塊內的動作或是輸出。在圖 10.5-12(a) 所示的 ASM 圖中，一共使用一個資料暫存器 *RA* 與兩個計數器：迴路計數器 *CNT* 與位址計數器 *i*。資料暫存器 *RA* 在狀態 *A* 而 *start* = 1 時清除為 0，在狀態 *B* 中則在入新的值，因此資料暫存器 *RA* 為一個具有清除輸入端的並行資料載入暫存器。迴路計數器 *CNT* 在狀態 *A* 而 *start* = 1 時設定為 *m*，在狀態 *B* 時其內容則減 1，因此迴路計數器 *CNT* 為一個具有

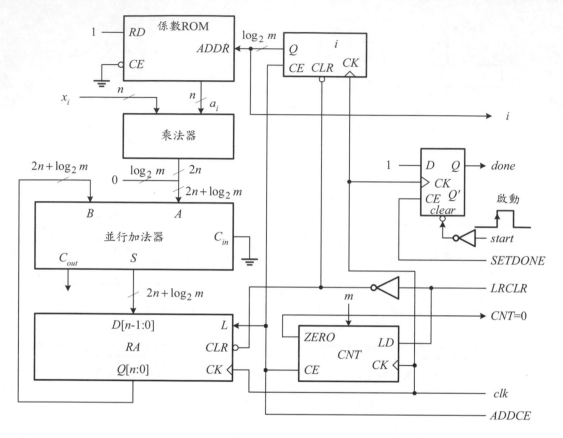

圖 10.5-13: 乘積累加電路的資料處理單元

並行資料載入的倒數計數器。指標暫存器 $i$ 在狀態 $A$ 時而 $start = 1$ 時除為 $0$，在狀態 $B$ 時其內容則加 1，因此指標暫存器 $i$ 為一個具有清除控制輸入端的正數計數器。完成旗號 (*done*) 則為一個具有清除輸入與時脈致能 (*CE*) 控制端的 $D$ 型正反器。完整的資料處理單元如圖 10.5-13 所示。

若設 $a_i$ 與 $x_i$ 均為 $n$ 位元的數目，它們相乘後的乘積為 $2n$ 位元，另外兩個 $n$ 位元的數目相加之後，其總和最多為 $n+1$ 位元，因此將 $m$ 組 $a_i$ 與 $x_i$ 的乘積累加之後，其結果最多為 $2n + \lceil \log_2 m \rceil$。若假設 $m$ 為 2 的冪次方，則 $\lceil \log_2 m \rceil = \log_2 m$。因此，圖 10.5-13 所示的資料處理單元中的並行加法器與資料暫存器 $RA$ 均為 $2n + \log_2 m$ 的位元寬度。

圖 10.5-12(a) 的 ASM 圖可以得知：資料處理單元必須提供兩個狀態信號

：*start* 與 *CNT*=0 予控制單元，分別告知電路是否已經啟動與計數器 *CNT* 的
內容是否為 0；控制單元則產生 *LRCLR*、*ADDCE*、*SETDONE* 等三個控制信
號予資料處理單元，分別控制其動作：清除暫存器 *RA* 與 *i* 的內容並將 *m* 載
入計數器 *CNT* 內，致能計數器 *CNT* 倒數與暫存器 *i* 的正數動作，並將並行加
法器的輸出結果載入暫存器 *RA* 內，及設定完成旗號正反器等。

圖 10.5-13 所示的資料處理單元的 ASMD 圖如圖 10.5-14 所示。由狀態 *A*
轉移到狀態 *B* 時，必須清除暫存器 *RA* 與 *i* 的內容並將 *m* 載入計數器 *CNT* 內，
因此必須產生 *LRCLR* 信號。在狀態 *B* 時，必須致能計數器 *CNT* 的倒數動作
與暫存器 *i* 的正數動作，並將並行加法器的輸出結果載入暫存器 *RA* 內，因此
需要產生 *ADDCE* 信號；若 *CNT*=0 信號的值為 1，則設定完成旗號 (*done*) 正反
器，因此需要產生 *SETDONE* 信號。

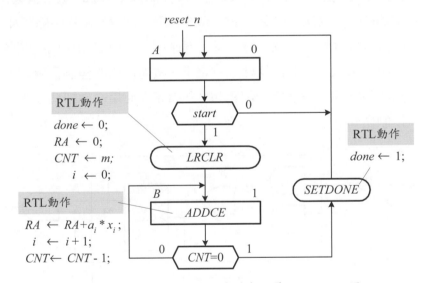

**圖 10.5-14:** 乘積累加電路的資料處理單元之 ASMD 圖

**10.5.3.3　隨機邏輯控制單元設計**　由於一狀態一正反器方式的隨機邏輯控
制單元具有系統性的設計優點，因此在本例中我們採用此種方式。由圖 10.5-
12(a) 所示的 ASM 圖可以得知：整個控制單元電路只有兩個狀態，因此只需
要使用兩個 *D* 型正反器產生兩個狀態的狀態信號。完整的控制單元電路如
圖 10.5-15 所示。假設在電路重置 (*reset_n*) 之後，電路停留在狀態 *A*。

由圖 10.5-12 所示的 ASM 圖可以得知：有兩條路徑通達狀態 $A$，即在狀態 $A$ 時，若 $start = 0$ 則維持在狀態 $A$；在狀態 $B$ 時，若 $CNT=0$ 的值為 1 時，也將轉移到狀態 $A$，所以 $Y_A$ 為這兩條路徑 OR 後的結果，如圖 10.5-15 所示。

狀態 $B$ 有兩條路徑可以抵達，即在狀態 $A$ 而 $start = 1$ 時，或是狀態 $B$ 而且 $CNT=0$ 條件不成立時，皆會轉移到狀態 $B$。結果的控制單元電路如圖 10.5-15 所示。

在狀態 $A$ 而 $start = 1$ 時，必須輸出控制信號 $LRCLR$；在狀態 $B$ 時，必須輸出控制信號 $ADDCE$。在狀態 $B$ 時，若 $CNT=0$ 的條件成立，則必須產生 $SETDONE$ 控制信號，以結束整個運算動作，回到狀態 $A$。

**10.5.3.4 微程式控制單元設計** 由圖 10.5-13 所示的資料處理單元可以得知：控制單元電路具有兩個輸入狀態信號 $start$ 與 $CNT=0$，與三個輸出信號 $LRCLR$、$ADDCE$、$SETDONE$ 等。在圖 10.5-12 所示的 ASM 圖中除了兩個狀態外，還有兩個條件輸出方塊。每一個狀態原則上需要使用一個控制語句，然而條件輸出方塊只在測試的條件成立之下，該方塊內的控制信號才需要產生，因此無法與狀態方塊共用一個語句，必須獨立使用一個語句。所以一共需要四個控制語句。

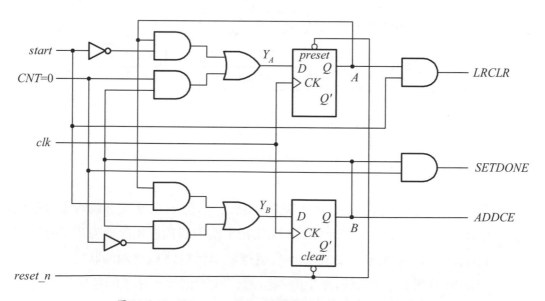

**圖 10.5-15:** 圖 10.5-12 所示 ASM 圖的的隨機邏輯控制單元

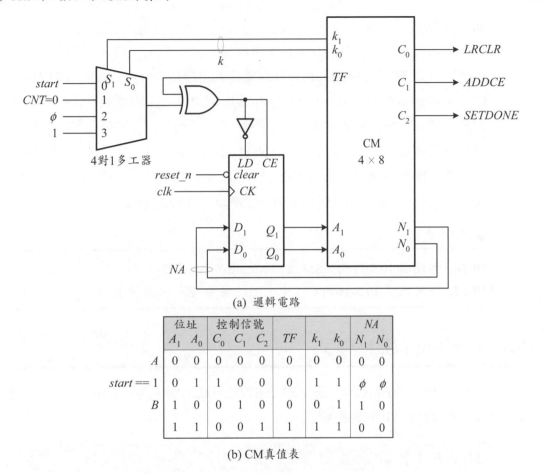

(a) 邏輯電路

| 位址 | | 控制信號 | | | | | | | NA | |
|---|---|---|---|---|---|---|---|---|---|---|
| $A_1$ | $A_0$ | $C_0$ | $C_1$ | $C_2$ | TF | | $k_1$ | $k_0$ | $N_1$ | $N_0$ |
| A | 0 | 0 | 0 | 0 | 0 | 0 | 0 | 0 | 0 | 0 |
| start == 1 | 0 | 1 | 1 | 0 | 0 | 0 | 1 | 1 | $\phi$ | $\phi$ |
| B | 1 | 0 | 0 | 1 | 0 | 0 | 0 | 1 | 1 | 0 |
| | 1 | 1 | 0 | 0 | 1 | 1 | 1 | 1 | 0 | 0 |

(b) CM真值表

**圖 10.5-16:** 圖 10.5-12 所示 ASM 圖的的微程式控制單元

　　由於一共有兩個輸入信號必須測試，因此使用一個4對1多工器與一個 XOR閘組成輸入信號測試電路，完整的邏輯電路如圖10.5-16(a)所示，其CM 的真值表如圖10.5-16(b)所示。

　　控制單元電路在重置之後，$\mu$PC內容清除為0，因此輸出CM中位址為 00的控制語句，即狀態 A，如圖10.5-16(b)所示，此時 TF 位元與輸入信號測試電路的選擇信號 $(k_1 k_0)$ 的值均為0，因此輸入信號 start 的值直接控制 $\mu$PC 的載入 (LD) 與計數致能 (CE) 輸入端。當 start 的值為0時，$\mu$PC 載入自CM輸出的下一位址 (NA)，因此依然停留在狀態 A；當 start 的值為1時，$\mu$PC 的內容加1，因此讀出CM中位址為1的控制語句，送出控制信號 LRCLR，然後

進入狀態 $B$。

在狀態 $B$ 時，送出 *ADDCE* 控制信號，並且測試 *CNT*=0 狀態信號的值，即分別設定 *TF* 位元與輸入信號測試電路的選擇信號 $(k_1 k_0)$ 的值為 0 與 01，若 *CNT*=0 狀態信號的值為 1 時，則 $\mu$PC 的內容加 1，因而讀取 CM 中位址為 11 的控制語句，輸出 *SETDONE* 控制信號，並且分別設定 *TF* 位元與輸入信號測試電路的選擇信號 $(k_1 k_0)$ 的值為 1 與 11，以載入 00 的下一位址於 $\mu$PC 內，令控制單元電路轉態到狀態 $A$；若 *CNT*=0 狀態信號的值為 0 時，則 $\mu$PC 直接載入 10 的下一位址，而回到狀態 $B$，繼續執行其餘的動作。

✔學習重點

**10-56.** 轉換圖 10.5-12的 ASM 圖為 Moore 機 ASM 圖。

**10-57.** 為何在圖 10.5-16的 CM 中，一共需要使用四個控制語句？

# 10.6 Verilog HDL 程式

本節中，將使用前一節中的三個數位系統為例，說明 Verilog HDL 與 ASM 圖/RTL 設計方式的對應關係。

## 10.6.1 1 位元數目計算電路

本節中，將以 1 位元數目計算電路為實例，說明將一個 ASM 圖轉換為 Verilog HDL 程式的方法。一般而言，若一個 ASM 圖中的 RTL 指述中的資料處理相關運算的動作不是很複雜時，可以直接將該 ASM 圖使用 RTL 層次的 Verilog HDL 描述；若是相當複雜時，則可以將之分成資料處理單元與控制單元兩部分，再使用 RTL 層次的 Verilog HDL 描述。

### ■ 例題 10.6-1 (1 位元數目計算電路—RTL 描述)

程式 10.6-1 說明如何使用 Verilog HDL 的 **always** @(...) 指述直接描述一個 ASM 圖的動作。程式中主要使用三個**always** @(...)指述，其中第一個與第二個指述用以執行控制單元的動作，即圖 10.5-1(b)所示的狀態轉移流程；第三個指述則執行相關的資料處理單元的動作。

程式10.6-1　1位元數目計算電路—RTL 描述

```verilog
// an RTL description of ones count --- Figure 10.5-1(a)
module ones_count (
        input   clk, reset_n, start,
        input   [7:0] Din,
        output reg done,
        output reg [3:0] CNT);


// local declarations
reg ps, ns;        // present state and next state
reg [7:0] RA;      // System registers
// state encoding
localparam A = 1'b0, B = 1'b1;
// combinational logic
wire RAEQ0;
   assign RAEQ0 = ~| RA;   // check for zero of RA
// part 1: initialize to state A
   always @(posedge clk or negedge reset_n)
      if (~reset_n) ps <= A;
      else          ps <= ns;    // update the present state
// part 2: determine the next state
   always @(ps or start or RAEQ0)
      case (ps)
         A: if (start) ns = B; else ns = A;
         B: if (RAEQ0) ns = A; else ns = B;
      endcase
// part 3: execute RTL operations
   always @(posedge clk)
      case (ps)
         A: if (start) begin
               done <= 0;
               RA  <= Din;         // load data into RA
               CNT <= 4'b0000; end // clear CNT
         B: begin
            if (RA[0]) CNT <= CNT+1;
            if (~RAEQ0) RA <= RA >>1;
            else   done <= 1;   end
      endcase
endmodule
```

## ■ 例題 10.6-2 (1位元數目計算電路—隨機邏輯控制方式)

程式10.6-2說明如何將一個ASM圖分成資料處理單元與控制單元兩部分，然後使用Verilog HDL描述。程式中主要分成三個部分，其中第一個部分為最上層的模組，引用資料處理單元與控制單元兩個模組以組成1位元數目計算電路模組；第二個部分為相當於圖10.5-2的電路模組；第三部分則直接使用RTL層次寫成的Verilog HDL程式，以產生第二部分中需要的控制信號。

程式10.6-2　1位元數目計算電路—隨機邏輯控制方式

```
// an RTL description of ones count --- Figure 10.5-1(a)
// to illustrate the use of the random-logic control method
module ones_count_dp_and_cu (
       input  clk, reset_n, start,
       input  [7:0] Din,
       output done,  // done flag
       output [3:0] CNT);

// local declarations
wire  LRCLR, SETDONE, INCCNT, SHRA;    // signals to data path
wire  RAb0, RAEQ0;                     // signals to control unit
// instantiate the control unit and data path
ones_count_datapath  dp1 (.clk(clk), .reset_n(reset_n), .start(start),
                  .LRCLR(LRCLR), .SETDONE(SETDONE), .INCCNT(INCCNT),
                  .SHRA(SHRA), .Din(Din), .CNTout(CNT),
                  .done(done), .RAb0(RAb0), .RAEQ0(RAEQ0));
ones_count_control   cu1 (.clk(clk), .reset_n(reset_n), .RAb0(RAb0),
                  .RAEQ0(RAEQ0), .LRCLR(LRCLR), .start(start),
                  .SETDONE(SETDONE), .INCCNT(INCCNT), .SHRA(SHRA));
endmodule

// the data path of ones count--- Figure 10.5-2
module ones_count_datapath (
       input  clk, reset_n, start, SHRA, LRCLR, SETDONE, INCCNT,
       input  [7:0] Din,
       output [3:0] CNTout,
       output done,
       output RAb0, RAEQ0);

// local declarations
wire  S0;
wire  [7:0] Dout;
// combinational logic
   assign
```

```
        S0    = LRCLR | SHRA,    //
        RAb0  = Dout[0],
        RAEQ0 = (Dout == 0);       // check for zero of RA
// instantiate RA, CNT, and gates
shift_register RA  (.clk(clk), .reset_n(reset_n), .S1(LRCLR), .S0(S0),
                    .lsi(1'b0), .rsi(1'b0), .Din(Din), .Dout(Dout));
counter_sync   CNT (.clk(clk), .reset_n(~LRCLR),
                    .ce(INCCNT), .Q(CNTout));
DFF_clr        SDFF(.Q(done), .clk(clk), .SETDONE(SETDONE),
                    .reset_n(~start), .D(1'b1));
endmodule
//
// a behavioral description of the universal shift register
// in Figure 8.2-4
module shift_register (
        input  clk, reset_n, S1, S0, lsi, rsi,
        input  [7:0] Din,
        output reg [7:0] Dout);

// the shift register body
   always @(posedge clk or negedge reset_n)
      if (~reset_n) Dout <= 8'b0000_0000;
      else case ({S1,S0})
         2'b00: Dout <= Dout;              // no change
         2'b01: Dout <= {lsi, Dout[7:1]}; // shift right
         2'b10: Dout <= {Dout[6:0], rsi};  // shift left
         2'b11: Dout <= Din;               // parallel load
      endcase
endmodule

// a synchronous counter with parallel load --- Figure 8.1-17
module counter_sync(
        input  clk, reset_n, ce,
        output reg [3:0] Q);

// the counter body
   always @(posedge clk or negedge reset_n)
      if (~reset_n)  Q <= 4'b0000;
      else if (ce)   Q <= Q+1'b1;
endmodule

// a D flip-flop with asynchronous clear
module DFF_clr (
        output reg Q,
        input  clk, SETDONE, reset_n, D);
```

```verilog
// the body of the D flip-flop
   always @(posedge clk or negedge reset_n)
      if (~reset_n)     Q <= 1'b0;
      else if (SETDONE) Q <= D;
endmodule


// the control unit of ones count
module ones_count_control (
        input  clk, reset_n, start, RAb0, RAEQ0,
        output reg LRCLR, SETDONE, INCCNT, SHRA);

// the body of the control unit
reg ps, ns;  // present state and next state
// state assignment
localparam A = 1'b0, B = 1'b1;
// part 1: initialize to state A
   always @(posedge clk or negedge reset_n)
      if (~reset_n) ps <= A;
      else          ps <= ns;   // update the present state
// part 2: determine the next state
   always @(ps or start or RAEQ0)
      case (ps)
         A: if (start) ns = B; else ns = A;
         B: if (RAEQ0) ns = A; else ns = B;
      endcase
// part 3: generate control signals for the data-path unit
   always @(ps or start or RAb0 or RAEQ0) begin begin
      INCCNT = 1'b0; SETDONE = 1'b0;  SHRA = 1'b0; end
      case (ps)
         A: if (start) LRCLR = 1'b1; else LRCLR = 1'b0;
         B: begin
            LRCLR = 1'b0;
            case ({RAb0, RAEQ0})
               2'b00: begin INCCNT=1'b0; SETDONE=1'b0; SHRA=1'b1; end
               2'b01: begin INCCNT=1'b0; SETDONE=1'b1; SHRA=1'b0; end
               2'b10: begin INCCNT=1'b1; SETDONE=1'b0; SHRA=1'b1; end
               2'b11: begin INCCNT=1'b1; SETDONE=1'b1; SHRA=1'b0; end
            endcase end
      endcase
   end
endmodule
```

## ■ 例題 10.6-3 (1 位元數目計算電路—微程式控制單元電路)

程式 10.6-3 相當於圖 10.5-6 所示的微程式控制單元。其中 4 對 1 多工器、μPC 等部分分別使用行為描述方式寫成；控制記憶器 (CM) 則使用一個函數完成。其餘動作的說明，請參閱第 10.5.1 節。

程式 10.6-3　1 位元數目計算電路—微程式控制單元電路

```verilog
// an RTL description of ones count --- Figure 10.5-1(a)
// to illustrate the use of the microprogramming control method
module ones_count_dp_and_up (
        input   clk, reset_n, start,
        input   [7:0] Din,
        output  done,
        output  [3:0] CNT);

// local declarations
wire   LRCLR, SETDONE, INCCNT, SHRA;   // signals to data path
wire   RAb0, RAEQ0;              // signals to control unit
// instantiate the control unit and the data path
ones_count_datapath  dp1 (.clk(clk), .reset_n(reset_n), .start(start),
                    .SHRA(SHRA), .LRCLR(LRCLR), .SETDONE(SETDONE),
                    .INCCNT(INCCNT), .Din(Din), .CNTout(CNT),
                    .RAb0(RAb0), .RAEQ0(RAEQ0), .done(done));
ones_count_control   cu1 (.clk(clk), .reset_n(reset_n), .RAb0(RAb0),
                    .RAEQ0(RAEQ0), .start(start), .LRCLR(LRCLR),
                    .SETDONE(SETDONE), .INCCNT(INCCNT), .SHRA(SHRA));
endmodule

// the data path of ones count--- Figure 10.5-2
module ones_count_datapath (
        input   clk, reset_n, start, SHRA, LRCLR, SETDONE, INCCNT,
        input   [7:0] Din,
        output  [3:0] CNTout,
        output  done,
        output  RAb0, RAEQ0);

// local declarations
wire   S0;
wire   [7:0] Dout;
// combinational logic
    assign
        S0    = LRCLR | SHRA, //
        RAb0  = Dout[0],
        RAEQ0 = ~|Dout;        // check for zero of RA
```

```verilog
// instantiate the RA, CNT, and gates
shift_register RA  (.clk(clk), .reset_n(reset_n), .S1(LRCLR), .S0(S0),
                    .lsi(1'b0), .rsi(1'b0), .Din(Din), .Dout(Dout));
counter_sync   CNT (.clk(clk), .reset_n(~LRCLR), .ce(INCCNT),
                    .Q(CNTout));
DFF_clr        SDFF(.Q(done), .clk(clk), .SETDONE(SETDONE),
.reset_n(~start), .D(1'b1));
endmodule
//
// a behavioral description of the universal shift register
// in Figure 8.2-4
module shift_register (
       input   clk, reset_n, S1, S0, lsi, rsi,
       input   [7:0] Din,
       output reg [7:0] Dout);

// the shift register body
   always @(posedge clk or negedge reset_n)
      if (~reset_n) Dout <= 8'b0000_0000;
      else case ({S1,S0})
        2'b00: Dout <= Dout;               // no change
        2'b01: Dout <= {lsi, Dout[7:1]}; // shift right
        2'b10: Dout <= {Dout[6:0], rsi}; // shift left
        2'b11: Dout <= Din;               // parallel load
      endcase
endmodule

// a synchronous counter with parallel load --- Figure 8.1-17
module counter_sync(
       input  clk, reset_n, ce,
       output reg [3:0] Q);

// the counter body
   always @(posedge clk or negedge reset_n)
      if (~reset_n)  Q <= 4'b0000;
      else if (ce) Q <= Q+1'b1;
endmodule

// a D flip-flop with asynchronous clear
module DFF_clr (
       output reg Q,
       input  clk, SETDONE, reset_n, D);
// the body of the D flip-flop
   always @(posedge clk or negedge reset_n)
      if (~reset_n)      Q <= 1'b0;
```

```verilog
        else if (SETDONE) Q <= D;
endmodule
//
// the top-level control unit of ones count ---Figure 10.5-1(a)
module ones_count_control (
        input  clk, reset_n, RAb0, RAEQ0, start,
        output LRCLR, SETDONE, INCCNT, SHRA);

// local declarations
wire Y, LD, CE, k1, k0, TF;
wire [9:0] control_word;
wire [2:0] NA, addr;  // next address and current address
// combinational logic
    assign
        {LRCLR,INCCNT,SHRA,SETDONE,TF,k1,k0,NA} = control_word,
        CE = TF ^ Y,
        LD = ~CE;
// a structural description of the control unit
mux_4_to_1     mux4to1 (.S1(k1), .S0(k0), .I3(1'b1), .I2(RAEQ0),
                        .I1(RAb0), .I0(start), .Y(Y));
u_p_counter    upc     (.clk(clk), .clear_n(reset_n), .LD(LD), .CE(CE),
                        .D(NA), .Q(addr));
control_memory cm      (.addr(addr), .control_word(control_word));
endmodule
// a data-flow description of a 4-to-1 multiplexer
module  mux_4_to_1 (
        input  S1, S0, I3, I2, I1, I0,
        output reg Y);

// the body of the 4-to-1 multiplexer
    always @(S1 or S0 or I3 or I2 or I1 or I0)
        case ({S1, S0})
            2'b00: Y = I0;
            2'b01: Y = I1;
            2'b10: Y = I2;
            2'b11: Y = I3;
        endcase
endmodule
//
// a data-flow description of the micro-program counter
module  u_p_counter (
        input  clk, clear_n, LD, CE,
        input  [2:0] D,
        output reg [2:0] Q);
```

```
// the body of the micro-program counter
   always @(posedge clk or negedge clear_n)
      if (~clear_n) Q <= 0;
      else if (CE)  Q <= Q+1;
      else if (LD)  Q <= D;
endmodule

// define a control memory module
module control_memory(
      input   [2:0] addr,
      output reg [9:0] control_word);

// read the content of the control memory
   always @(addr)
      control_word = CM(addr);
// define the CM function
function [9:0] CM (input [2:0] addr);
// define the content of CM
case (addr)
   3'b000:  CM = 10'b0000_0_00_000;
   3'b001:  CM = 10'b1000_0_11_xxx;
   3'b010:  CM = 10'b0000_0_01_100;
   3'b011:  CM = 10'b0100_1_10_101;
   3'b100:  CM = 10'b0010_0_10_010;
   3'b101:  CM = 10'b0001_1_11_000;
   default: CM = 10'b0000_0_00_000;
endcase
endfunction
endmodule
```

## 10.6.2 移位相加乘法器

本節中，將說明移位相加乘法器的 Verilog HDL 程式的設計方法。與例題 10.6-1 一樣，由於本例中的資料處理運算的動作不是很複雜，因此直接將圖 10.5-7(a) 的 ASM 圖，使用 RTL 層次的 Verilog HDL 描述。

### ■ 例題 10.6-4 (移位相加乘法器 —RTL 描述)

程式 10.6-4 為移位相加乘法器的 RTL 描述。程式中主要使用三個 **always** @(...) 指述，其中第一個與第二個指述用以執行控制單元的動作，即圖 10.5-7(b) 所示的狀態轉移流程；第三個指述則執行相關的資料處理單元的動作。

程式 10.6-4　移位相加乘法器 ——RTL 描述

```verilog
//an RTL description of the shift-and-add multiplication--Figure 10.5-5
module shift_and_add_multiplier
        #(parameter n = 8, // No. of bits of multiplier and multiplicand
          parameter m = 4)(// log_2 of (n+1)
          input  clk, reset_n, start,
          input  [n-1:0] multiplier, multiplicand,
          output reg done,    // done flag
          output reg [2*n-1:0] product);

// local declarations
reg [1:0] ps, ns;          // present state and next state
reg [n-1:0] RM, RQ;        // system registers
reg [n:0] RA;
reg [m-1:0] CNT;           // loop counter
// combinational logic
wire CNTEQ0;
    assign CNTEQ0 = (CNT == 0);  // check for zero of CNT
// state encoding
localparam A = 2'b00, B = 2'b01, C = 2'b10;
// part 1: initialize to state A
    always @(posedge clk or negedge reset_n)
        if (~reset_n) ps <= A;
        else          ps <= ns; // update the present state
// part 2: determine the next state
    always @(ps or start or CNTEQ0)
        case (ps)
            A: if (start) ns = B;  else ns = A;
            B: ns = C;
            C: if (CNTEQ0) ns = A; else ns = B;
            default: ns = A; // return to state A
        endcase
// part 3: execute RTL operations
    always @(posedge clk)
        case (ps)
            A: if (start) begin
                RA  <= 0;      // clear partial product
                CNT <= n;      // set loop count to n
                done <= 0;
                 RM  <= multiplicand;
                 RQ  <= multiplier; end
            B: begin
                CNT <= CNT - 1;
                if (RQ[0]) RA <= RA[n-1:0]+RM;   end
            C: begin
```

```
        {RA,RQ} <= {RA,RQ} >> 1;
        if (CNTEQO) begin
            done <= 1;       // finish the operation
            product <= {RA,RQ}>>1; end end
    default: ;               // do nothing
    endcase
endmodule
```

上述例題中的程式使用 **parameter** 分別定義 $m$ 與 $n$ 兩個常數值，令程式
成為一個可以參數化的程式模組，即當欲改變程式中處理資料運算的位元寬
度時，只需要適當的更改參數 $m$ 與 $n$ 的值即可，並不需要更改程式中的其它
指述。

## 10.6.3  乘積累加電路

本節中，將說明乘積累加電路的 Verilog HDL 程式的設計方法。與例題
10.6-1 及 10.6-4 一樣，由於本例中的資料處理運算的動作不是很複雜，因此
直接將圖 10.5-12(a) 的 ASM 圖，使用 RTL 層次的 Verilog HDL 描述。

### ■ 例題 10.6-5 (乘積累加電路—RTL 描述)

程式 10.6-5 為乘積累加電路的 RTL 描述。程式中主要使用三個 **always** @(...)
指述，其中第一個與第二個指述用以執行控制單元的動作，即圖 10.5-12(b) 所
示的狀態轉移流程；第三個指述則執行相關的資料處理單元的動作。電路中的
係數 ROM 則使用一個函數描述。

程式 10.6-5  乘積累加電路—RTL 描述

```
// an RTL description of the multiplication-and-add --- Figure 10.5-9
module multiply_and_add
        #(parameter n = 4, // number of bits of multiplier and multiplicand
        parameter m = 16,// number of iterations
        parameter k = 4)(// log_2(m)
        input  clk, reset_n, start,
        input  [n-1:0] data,
        output reg done,  // done flag
        output reg [k-1:0] i,
        output reg [2*n+k-1:0] RA);

// local declarations
```

```verilog
reg ps, ns;  // present state and next state
reg [k−1:0] CNT;   // loop counter
// combinational logic
wire CNTEQ1;
    assign CNTEQ1 = (CNT == 1);  // check for zero of CNT
// state encoding
localparam A = 1'b0, B = 1'b1;
// part 1: initialize to state A
    always @(posedge clk or negedge reset_n)
        if (~reset_n) ps <= A;
        else          ps <= ns;  // update the present state
// part 2: determine the next state
    always @(ps or start or CNTEQ1)
        case (ps)
            A: if (start)  ns = B; else ns = A;
            B: if (CNTEQ1) ns = A; else ns = B;
        endcase
// part 3: execute RTL operations
    always @(posedge clk)
        case (ps)
            A: if (start) begin
               RA <= 0; // clear partial product
                CNT <= m; // set loop count to m
                done <= 0;
                i  <= 0; end
            B: begin
               RA <= RA+coeff(i) * data;
               i  <= i+1;
               CNT <= CNT − 1;
               if (CNTEQ1) done <= 1;
               end
        endcase
// define the coefficient ROM function
function [n−1:0] coeff(input [k−1:0] addr);
// define the ROM content
    case (addr)
        4'h0: coeff = 4'h5;
        4'h1: coeff = 4'h3;
        4'h2: coeff = 4'h9;
        4'h3: coeff = 4'h3;
        4'h4: coeff = 4'h4;
        4'h5: coeff = 4'h3;
        4'h6: coeff = 4'h5;
        4'h7: coeff = 4'h8;
        4'h8: coeff = 4'h7;
```

```
        4'h9: coeff = 4'h3;
        4'ha: coeff = 4'h4;
        4'hb: coeff = 4'h3;
        4'hc: coeff = 4'h3;
        4'hd: coeff = 4'h2;
        4'he: coeff = 4'h0;
        4'hf: coeff = 4'h1;
    endcase
endfunction
endmodule
```

# 參考資料

1. F. J. Hill and G. R. Peterson, *Computer Aided Logic Design with Emphasis on VLSI,* 4th ed., New York: John Wiley & Sons, 1993.

2. Z. Kohavi, *Switching and Finite Automata Theory,* 2nd ed., New York: McGraw-Hill, 1978.

3. G. Langhole, A. Kandel, and J. L. Mott, *Digital Logic Design,* Dubuque, Iowa: Wm. C. Brown, 1988.

4. M. B. Lin, *Digital System Designs and Practices: Using Verilog HDL and FPGAs,* Singapore: John Wiley & Sons, 2008.

5. M. B. Lin, *Introduction to VLSI Systems: A Logic, Circuit, and System Perspective,* CRC Press, 2012.

6. Ming-Bo Lin, *FPGA Systems Design and Practice: Design, Synthesis, Verification, and Prototyping in Verilog HDL,* CreateSpace Independent Publishing Platform, 2016. (ISBN: 978-1530110124)

7. M. M. Mano, *Digital Design,* 3rd ed., Englewood Cliffs, New Jersey: Prentice-Hall, 2002.

8. C. H. Roth, *Fundamentals of Logic Design,* 4th ed., St. Paul, Minn.: West Publishing, 1992.

9. 林銘波，微算機原理與應用：x86/x64 微處理器軟體、硬體、界面、系統，第五版，全華圖書股份有限公司，2012。

10. 林銘波，微算機基本原理與應用：MCS-51 嵌入式微算機系統軟體與硬體，第三版，全華圖書股份有限公司，2013。

# 習 題

**10-1** 利用 ASM 圖，設計一個 4 位元同步二進制/BCD 正數計數器，當 $M$ 為 1 時，該計數器為二進制計數器，當 $M$ 為 0 時，則為 BCD 計數器。

**10-2** 考慮例題 9.1-4 的主從式 $D$ 型正反器，回答下列問題：

(1) 求出它的 ASM 圖。

(2) 使用控制器-資料處理單元結構與 NAND 閘執行 (1) 的 ASM 圖。

**10-3** 使用循序邏輯的設計程序與 NOR 閘 $SR$ 門閂，執行習題 10-2(1) 的 ASM 圖。

**10-4** 考慮習題 9-2 的主從式 $T$ 型正反器，回答下列問題：

(1) 求出它的 ASM 圖。

(2) 使用控制器-資料處理單元結構與 NAND 閘執行 (1) 的 ASM 圖。

**10-5** 使用循序邏輯的設計程序與 NAND 閘 $SR$ 門閂，執行習題 10-4(1) 的 ASM 圖。

**10-6** 使用循序邏輯的設計程序與 NOR 閘 $SR$ 門閂，執行習題 10-4(1) 的 ASM 圖。

**10-7** 轉換習題 10-4(1) 的 ASM 圖為等效的狀態圖。

**10-8** 使用時序圖，說明圖 P10.1 中兩個 ASM 圖的差別。

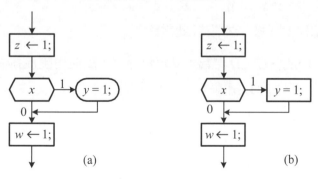

圖 **P10.1**

**10-9** 求出相當於圖 P10.2 中兩個狀態圖的 ASM 圖。

**10-10** 假設 $A$、$B$、$C$ 均為 4 位元暫存器，設計可以執行下列各個 RTL 運算指述的邏輯電路。

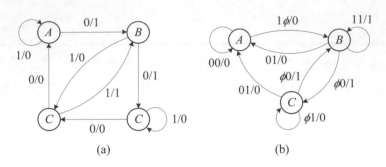

圖 P10.2

(1) AND：$C \longleftarrow A \wedge B$　　　　(2) OR：$C \longleftarrow A \vee B$

(3) XOR：$C \longleftarrow A \oplus B$　　　　(4) NOT：$C \longleftarrow C'$

其中 AND、OR、XOR、NOT 等為控制信號。

**10-11** 假設 $A$ 與 $B$ 均為 4 位元暫存器，$A$ 與 $B$ 之間的資料轉移關係由一個模 4 正數計數器 $C$ 控制，其動作如下：

$C = 0$：$A \longleftarrow B$

$C = 1$：$A \longleftarrow B'$

$C = 2$：$A \longleftarrow A + B$

$C = 3$：$A \longleftarrow 0$

試利用 4 對 1 多工器設計此電路。

**10-12** 假設 $A$、$B$、$C$、$D$ 均為 4 位元暫存器。試使用匯流排結構，設計一個邏輯電路執行下列 RTL 指述：

$t_0$: $B \longleftarrow A$　　　　　　$t_4$: $A \longleftarrow B + C$

$t_1$: $C \longleftarrow A \vee B$　　　　$t_5$: $B \longleftarrow C' \wedge D'$

$t_2$: $D \longleftarrow A \wedge B$　　　　$t_6$: $D \longleftarrow A + C$

$t_3$: $C \longleftarrow A + B$　　　　$t_7$: $B \longleftarrow A' + C$

其中 $t_0 \sim t_7$ 為控制信號，這些信號的時序圖與產生器電路分別如圖 8.4-4 與 8.4-5 所示。

**10-13** 假設 $A$、$B$、$C$ 為 4 位元暫存器，設計一個數位系統執行下列動作：

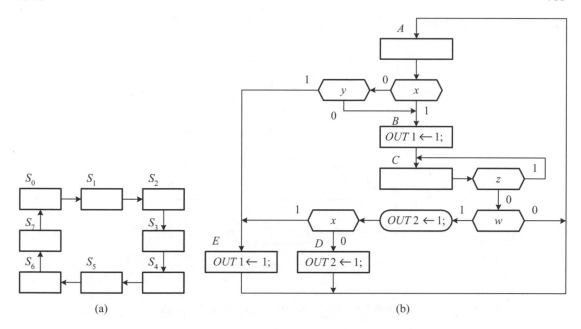

圖 P10.3

(1) 當啟動電路 $(S)$ 致能時，設定 $A$ 與 $B$ 的初值；

(2) 若 $A > B$，則右移暫存器 $A$ 的內容並將結果存入 $C$；

(3) 若 $A = B$，則將暫存器 $A$ 的內容直接轉移到 $C$；

(4) 若 $A < B$，則左移暫存器 $B$ 的內容並將結果存入 $C$。

**10-14** 設計一個二進制乘法運算的數位系統。假設乘法運算的執行是採用連加 (repeated addition) 的方式，例如 $5 \times 3 = 5 + 5 + 5$。

**10-15** 證明兩個 $n$-位元的二進制數目相乘後，其乘積必定少於或是等於 $2n$ 個位元。

**10-16** 使用狀態表法執行圖 P10.3 的 ASM 圖。

**10-17** 使用下列各指定方式，設計圖 P10.4 所示各 ASM 圖的控制單元電路：

　　(1) 狀態表法　　　　　　(2) 一狀態一正反器法

　　(3) 多工器法　　　　　　(4) ROM 法

**10-18** 設計一個邏輯電路，實現下列 RTL 指述：

$$A \longleftarrow B << cnt + C;$$

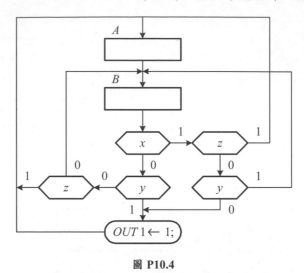

圖 P10.4

(1) 使用 barrel 移位電路，設計與繪出結果的邏輯電路。

(2) 使用移位暫存器與需要的控制電路，設計與繪出結果的邏輯電路。

**10-19** 若設暫存器組包含四個 8 位元暫存器 (R0 到 R3)，且該暫存器組提供兩個讀取埠 (即可以同時讀取任何兩個暫存器的值) 與一個寫入埠 (即每次僅能寫入一個暫存器)，使用此暫存器組，設計一個具有執行下列 RTL 指述能力的資料處理單元：

$$R_i \longleftarrow R_j \pm R_k; \qquad \text{其中 } 0 \le i, j, k \le 3$$

其中 ± 表示加或減的運算，但是任何時候，僅能執行一種。

(1) 使用四個 8 位元暫存器 (R0 到 R3) 與其它邏輯電路實現暫存器組，設計與繪出資料處理單元的邏輯電路。

(2) 假設使用一個具有四個 8 位元語句的雙讀取埠與單一寫入埠的記憶體模組當作暫存器組，設計與繪出資料處理單元的邏輯電路。

**10-20** 設計一個可以計數目前留在房間內的總人數的數位系統。假設該房間只有一個出口與一個入口，出口處與入口處各設有一個光電元件，因此當有一個人由入口處進入該房間時，$x$ 信號即由 1 變為 0，有一個人由出口處離開時，$y$ 信號即由 1 變為 0，而且 $x$ 與 $y$ 均由一個系統時脈所同步，因此其信號啟動時間只有一個時脈期間。若資料處理單元為一個正數/倒數計數器與七段 LED 顯示器,試設計此系統的 ASM 圖。

**10-21** 一個帶號數的 2 補數可以使用下列方式求得:由最小有效位元 (LSB) 開始,往左依序尋找第一個 1 位元,保留所有 0 位元與第一個 1 位元,並將其餘較高有效位元取補數,即為所求。利用 ASM 圖,設計一個 $n$ 位元的串列 2 補數產生器電路,並且使用狀態表法執行。

**10-22** 若一個 $n$ 位元的輸入數目由 LSB 開始以串列方式接收,使用 ASM 圖設計一個邏輯電路,將此數目加上 1。(提示:由 LSB 往 MSB 方向,依序檢查每一個位元,將第一個 0 位元之前的所有位元(含該 0 位元)取補數,然後保留其後各位元值,即為所求。)

**10-23** 若一個 $n$ 位元的輸入數目由 LSB 開始以串列方式接收,使用 ASM 圖設計一個邏輯電路,將此數目減去 1。(提示:由 LSB 往 MSB 方向,依序檢查每一個位元,將第一個 1 位元之前的所有位元(含該 1 位元)取補數,然後保留其後各位元值,即為所求。)

**10-24** 利用 ASM 圖,設計一個 $n$ 位元的串列加法器電路,並且使用狀態表法執行此電路。

**10-25** 利用 ASM 圖,設計一個控制型同步計數器,其輸出序列 (即計數序列) 依序為:

$$1 \longrightarrow 3 \longrightarrow 5 \longrightarrow 7 \longrightarrow 6 \longrightarrow 4 \longrightarrow 2 \longrightarrow 0 \longrightarrow 1 \longrightarrow \ldots$$

利用狀態表法執行。

**10-26** 使用 ASM 圖,設計一個可規劃同步模 $N$ 計數器,該計數器一共有兩個控制輸入端 $C_1$ 與 $C_0$,這些輸入端的值與模 $N$ 的關係如下:

$C_1 C_0 = 00$:模 3

$C_1 C_0 = 01$:模 6

$C_1 C_0 = 10$:模 10

$C_1 C_0 = 11$:模 15

**10-27** 利用 ASM 圖設計一個自動販賣機的控制電路。假設咖啡每杯為 15 元,而該販賣機有兩個投幣口：10 元與 5 元，其中 10 元投幣口只能投入 10 元的硬幣而 5 元投幣口只能投入 5 元的硬幣，此外該販賣機也會自動找零(即 5 元)。試使用多工器法執行此電路。

**10-28** 利用 ASM 圖，設計一個由 $D$ 型正反器組成的 4 位元移位暫存器。移位暫存器的動作分別由 $m_1 m_0$ 信號控制，當 $m_1 m_0 = 00$ 時為並行資料載入；$m_1 m_0 = 01$ 時為向左移位；$m_1 m_0 = 10$ 時為向右移位；$m_1 m_0 = 11$ 時保持資料不變。

**10-29** 利用 ASM 圖與 16 個位元組的 RAM，設計一個 16 個位元組深度的堆疊電路。所謂的堆疊 (stack) 為一個具有單一的資料存取端，其所有的資料存入與取出均由同一個資料存取端完成，而且先存入的資料將較晚取出，即先入後出 (first in last out，FILO) 的電路。

**10-30** 利用 ASM 圖與 16 個位元組的 RAM，設計一個 16 個位元組深度的緩衝器(或是稱佇列 (queue) 電路)。所謂的緩衝器 (buffer) 為一個具有一個資料存入端與一個資料取出端的電路，先存入的資料將較先被取出，即先入先出 (first in first out, FIFO) 的電路。

**10-31** 圖 P10.5 所示為某一個工程師所設計的 1 位元數目計算電路的 ASM 圖，試指出其錯誤並更正之。

**10-32** 設計一個單一時脈週期的脈波產生器，每當輸入端的一個按鍵開關壓下時，不管該開關壓下多久時間，電路只產生一個時脈週期的脈波輸出。

(1) 繪出電路的 ASM 圖；

(2) 使用單級的同步器電路取樣開關信號，使之與時脈信號同步，然後執行 ASM 圖。

**10-33** 使用下列各個指定的方法，重新設計第 10.5.1 節的 1 位元數目計算電路：設計一個電路，計算一個資料語句中含有多少個 1 位元。

(1) 組合邏輯電路

(2) 移位暫存器與累積器

(3) 兩個計數器

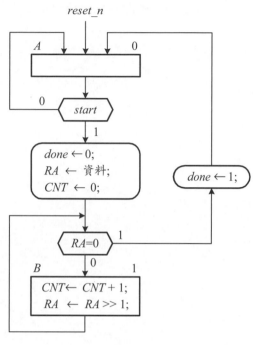

**圖 P10.5**

**10-34** 使用結構描述方式,撰寫一個 Verilog HDL 程式,描述圖 10.5-4 的控制單元
電路。

**10-35** 參考例題 10.6-2,撰寫一個 Verilog HDL 程式,描述圖 10.5-8 的資料處理單元
電路。

**10-36** 使用結構描述方式,撰寫一個 Verilog HDL 程式,描述圖 10.5-10 的控制單元
電路。

**10-37** 參考例題 10.6-3,撰寫一個 Verilog HDL 程式,描述圖 10.5-11 的微程式控制
單元電路。

**10-38** 參考例題 10.6-2,撰寫一個 Verilog HDL 程式,描述圖 10.5-13 的資料處理單
元電路。

**10-39** 使用結構描述方式,撰寫一個 Verilog HDL 程式,描述圖 10.5-15 的控制單元
電路。

# 11 數位系統執行—使用現場可規劃元件

在完成數位系統的設計之後，接著即是選取一個最經濟的而且性能符合該系統規格的實際邏輯元件執行該系統。近年來由於 VLSI (超大型積體電路) 技術的迅速發展，各種不同功能與性能的可規劃元件相繼問世，以提供各種應用領域之需求。目前在數位系統應用中，最常用的執行方法已經不再是往日使用 TTL 邏輯族系的標準元件建構於一個大型 PCB (printed circuit board，印刷電路板) 上的風格，而是使用一些其最後規格可以由設計者依據實際上的需要由設計者定義而於 IC 製程工廠完成的邏輯元件，稱為 ASIC (application-specific IC)，或是由設計者自行於實驗室定義完成的現場可規劃元件。

目前數位系統的執行技術可以分成：ASIC、平台系統 (platform system)、現場可規劃元件 (field-programmable device) 三種。ASIC 分成全訂製 (full custom) IC、標準元件庫 (standard cell)、邏輯閘陣列 (gate array) 等三種，其執行技術必須仰賴 IC 製程工廠的資助，方能完成該 IC 的製造；平台系統則是使用單一或多個微控制器系統，結合必要之記憶器 (memory) 與周邊元件 (peripheral device) 完成需要之系統；現場可規劃元件主要包括 PLD (programmable logic device)、CPLD (complex PLD)、FPGA (field programmable gate array) 等，對於這些元件而言，使用者只需要使用特定的規劃設備，即可以自行完成該 IC 的最後規格定義。

本章中將討論這些元件的特性、結構與應用，並且探討使用這些元件設計數位系統時所需要具備的基本學養 (知識)。

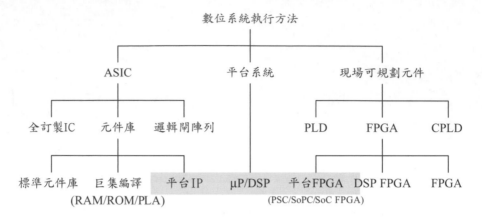

圖 **11.1-1:** 數位系統執行方法

# 11.1 數位系統執行

　　隨著時代的進步與超大型積體電路技術的成熟，數位系統的執行風格已經由往日的 PCB 設計方式，演進為 ASIC 或是現場可規劃元件的設計方法。本節中，將依序介紹目前最常用的幾種數位系統執行方法。這裡所謂的 "執行"(implementation) 一詞也常使用 "實現"(realization) 取代。

## 11.1.1 數位系統執行方法

　　由於 VLSI 技術的進步與成熟，數位系統設計者使用各種不同的執行方法，自行設計與定義需要的 ASIC 元件，以執行其應用領域所需求的數位系統，已經成為一種趨勢。這種設計風格的好處是不但整個系統的硬體體積縮小、功率消耗降低，而且硬體成本也大幅降低。

　　目前執行數位系統的方法如圖 11.1-1 所示，可以分成 ASIC、平台系統、現場可規劃元件等三種。在平台系統中，除了最主要的微處理器之外，還包括系統層次的元件，例如記憶器與周邊元件等。此種設計方法可以由標準 IC 元件 ($\mu$P/DSP) 完成，或是使用元件庫中的平台 IP (intellectual property) 與平台 FPGA 完成。由於計算機 (即可規劃數位系統，programmable digital system) 在這三種平台系統的設計方法中均當作元件使用，因此它們均屬於嵌入式系

統 (embedded system)。此外，平台 IP 與平台 FPGA 兩種方法的標的系統均架構於單一矽晶片中，因而又稱為系統晶片 (system on a chip，SoC)。由於平台 FPGA 是可以規劃的，因而也稱為可規劃系統晶片 (programmable system chip 或是 system on a programmable chip)，簡稱 PSC、SoPC、SoC FPGA。

在 ASIC 的設計與實現方法中，整個 IC 的設計完全由數位系統設計者指定與完成，其重要特性為設計完成之 IC 均必須在製程工廠中完成。ASIC 的設計方法分成三種：全訂製 (full-custom) IC、元件庫 (cell-based design)、邏輯閘陣列 (gate array)。在全訂製 IC 設計中，設計者必須完成整個電路設計，並包括所有相關的光罩佈局設計，然後由製程廠商完成 IC 的製作與封裝。此種設計方式不但耗時，而且成本高，但是其性能最好，因此使用於設計高性能 (high performance) 與高產量 (high volume) 的產品，例如 CPU，記憶器、FPGA 元件。

使用元件庫的設計方式與使用 FPGA 元件相同，即使用高階硬體描述語言 (hardware description language，HDL) 的合成流程 (synthesis flow) 設計，因此可以節省產品開發的時間。但是它與全訂製 IC 的設計方法相同，完成的設計必須由 IC 製程工廠中產生與全訂製 IC 相同的全部光罩 (mask)，以完成雛形產品或是最終產品的製作，因此這一部分必須花費與全訂製 IC 相同的時間與成本。

邏輯閘陣列方法為一種介於全訂製 IC 與元件庫的設計方式的折衷方案。在邏輯閘陣列方法中，IC 製程廠商預先在晶圓 (wafer) 上完成 CMOS 電晶體的製做，只留下最後的電路連接線，由顧客使用與元件庫相同的硬體描述語言的合成流程設計與規劃。由於這些電路連接線必須在 IC 製程工廠中使用光罩完成，因此他們也稱為罩網可規劃邏輯閘陣列 (mask programmable gate array，MPGA)。然而由於僅需要完成最後的電路連接線之製作，邏輯閘陣列產品在製程工廠中需要的製作時間較全訂製 IC 與元件庫 IC 短。因此可以縮短上市的時程 (time to market)。

現場可規劃元件為一種可以在實驗室 (即現場) 設定 (或稱規劃) 元件功能的電路。它主要包括 PLD、CPLD、FPGA 等三種。使用現場可規劃元件的設計方式與使用元件庫相同，亦是使用硬體描述語言的合成流程，因此設計時

間短。此外，完成的設計可以自行製作雛形或是最終產品，並不需要依賴IC
製程工廠的幫助，產品上市的時程遠較 ASIC 為短。

綜合上述討論可知：一個 ASIC 或是現場可規劃元件通常包含數百個以
上的基本電路，因此可以取代數百個以上的 SSI 與 MSI 電路。使用 ASIC 或是
現場可規劃元件除了 PCB 的實際大小可以縮小，功率消耗與整個系統的硬
體成本大幅降低外，由於 IC 元件數目減少，系統的性能與可靠度因而相對
提高。此外，它也增加了同業競爭者抄襲某一個產品的困難度，因此，目前
廣受工業界所採用。

## 11.1.2 ASIC 設計

如前所述，ASIC 設計方法可以分成全訂製 IC、元件庫、邏輯閘陣列三
種。下列依序簡介這三種設計之方法與特性。

**11.1.2.1 全訂製 ASIC 設計**　在全訂製 ASIC 設計方法中，IC 中的每一個電
晶體與其佈局(如圖 10.1-1(d) 與 (e) 所示)均由設計者精心設計，因此該 IC 可
以達到最佳的性能。然而由於使用這種設計方式，其產能在三種 ASIC 設計
方法中最低，而且雛型系統的製作，也必須耗費相當的時日，加上費用相當
高昂。所以目前的數位系統 IC 除了像 CPU 這種需要高性能與其產量可以相
當大的產品，或是記憶器與 FPGA/PLD 等具有相當規則的電路設計與需要高
性能的特性之系統之外，很少使用這種設計方式。目前，對於需要快速雛型
化 (fast prototyping) 的產品開發與設計之應用中，使用標準元件庫、邏輯閘陣
列、現場可規劃元件等設計之方法，遠較全訂製 ASIC 普遍。

總之，VLSI 設計技術與製造工業的快速成長，數位 ASIC 積集密度的快
速成長與電子產品之生命期的急遽縮短，全訂製 IC 的設計方法已經無法滿足
數位 ASIC 的需求。因此，全訂製 ASIC 的設計方法通常使用於設計標準元件
庫中的基本邏輯元件、邏輯閘陣列、現場可規劃元件。然後再藉著使用 HDL
的設計方法，由此標準元件庫、邏輯閘陣列或是現場可規劃元件合成與實現
最後需要的數位系統。

**表 11.1-1**: 代表性的標準元件庫

| 標準巨集電路類型 | 變形 |
|---|---|
| 反相器/緩衝器/三態緩衝器 | |
| NAND/AND 閘 | 2 ～ 8 輸入端 |
| NOR/OR 閘 | 2 ～ 8 輸入端 |
| XOR/XNOR 閘 | 2 ～ 3 輸入端 |
| 多工器/解多工器 | 2 ～ 8 輸入端 (反相/非反相輸出) |
| 編碼器/解碼器 | 4 ～ 16 輸入端 (反相/非反相輸出) |
| 樞密特觸發電路 | 反相/非反相輸出 |
| 門閂電路/暫存器/計數器 | $D/JK$(同步/非同步清除與設定) |
| I/O 墊 (pad) 電路 | 輸入/輸出/三態/雙向 |

**11.1.2.2 標準元件庫 ASIC 設計** 標準元件庫的設計方法主要基於一些事先
定義好的標準巨集電路 (standard cell 或是 standard macro)，然後由這些巨集電
路組成標的數位系統的 ASIC。目前此種電路的主要製造技術為 CMOS 或是
BiCMOS。

典型的標準元件庫的標準巨集電路包括：基本邏輯閘 (NAND、NOR、
XOR、AOI、OAI、反相器、緩衝器)；基本組合邏輯電路模組 (解碼器、編碼
器、同位檢查器、加法器、移位器)；記憶器 (RAM、ROM) 與暫存器；系統
建造單元 (乘法器、微控制器、UART、CPU)。當然並不是每一個標準元件庫
均具有上述標準巨集電路，大部分的標準元件庫均只有基本邏輯閘、基本組
合邏輯電路模組、記憶器、暫存器等標準巨集電路而已。

表 11.1-1 所示為一個代表性的基本標準元件庫。一般而言，在標準元件
庫中的標準巨集電路均依其屬性與複雜度分成數個類組，而每一類組均具有
相同的佈局 (layout) 高度，但是不同的佈局寬度，以容納該類組中不同的元
件功能，因為元件功能不同，其電路複雜度亦不相同。例如 NOT 閘與 2 個輸
入端的 NAND 閘，前者只由兩個 MOS 電晶體組成，而後者則由四個電晶體
組成。設定同一類組的標準巨集電路具有相同的佈局高度的目的，在於簡化
標準巨集電路彼此之間的連接問題，因而使用自動化的 CAD 軟體進行繞線
(routing) 連接標準巨集電路時，可以達到較佳的性能與使用較小的繞線通道
面積。

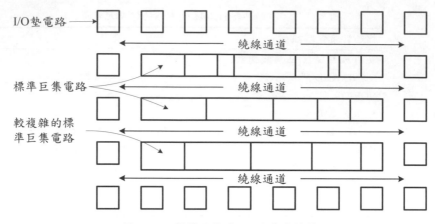

I/O墊電路 →

繞線通道

標準巨集電路

繞線通道

較複雜的標
準巨集電路

繞線通道

繞線通道

圖 11.1-2: 標準元件庫 IC 的基本結構

　　使用標準元件庫設計的 ASIC 之基本結構如圖 11.1-2 所示，由於每一個
類組的標準巨集電路因具有規則的佈局形狀(即長方型)與相同的高度，因此
它們可以如同圖中所示方式緊密地並排在一起，形成一個標準巨集電路列。
兩個標準巨集電路列之間則留下足夠的空間做為連接巨集電路的金屬線通
道，稱為繞線通道。所有的電路連接線均需在這些繞線通道內完成。

　　圖 11.1-3 為一個標準元件庫的設計與佈局。電路的功能為一個主從式 $D$
型正反器，其中使用八個電路佈局相同的 NAND 閘方塊，與兩個電路佈局相
同的 NOT 閘方塊。這些電路均具有相同的高度，因此它們分成兩列並且各
自緊密地排列在一起，而中間則留下一個區域供繞線通道之用。

　　雖然在使用標準元件庫設計一個 ASIC 時，均使用該元件庫所提供的標
準巨集電路，但是每一個標準巨集電路在該 ASIC 晶片中的位置，則由設計
者或是 CAD 軟體決定，即每一個不同規格的 ASIC 晶片，皆有其各自的佈局
方式。因此，由這種方式設計出來的 ASIC 電路，其製造程序中的每一層的
光罩圖形，對於不同規格的 ASIC 而言均不相同，即整個 ASIC 晶片的電路製
造必須等待該 ASIC 的邏輯電路設計完成之後才可以進行。

　　總之，使用標準元件庫的方法設計一個數位系統的 ASIC 時，首先選取
適當的標準元件庫，然後使用 CAD 軟體進行佈局與接線。與全訂製的 ASIC
設計方法比較之下，在標準元件庫的 ASIC 晶片中只有繞線通道寬度可以隨

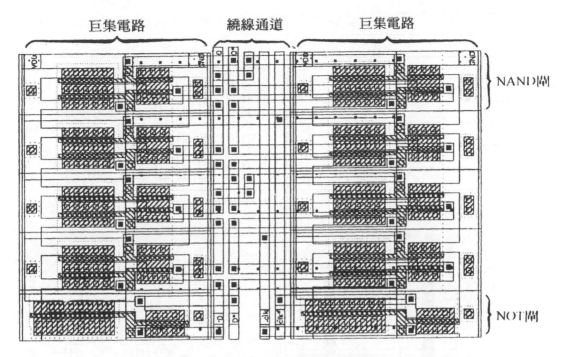

**圖 11.1-3:** 主從式 $D$ 型正反器的標準元件庫佈局圖 (為排版方便，將圖形旋轉 $90°$)

意調整，以容納所需要的接線數目，而且每一個標準巨集電路佔用的面積通常遠大於使用全訂製方法所設計者，因此使用標準元件庫的方式設計完成的 ASIC，其面積較大而且性能較差。然而，由於標準元件庫的方法可以直接嵌入 HDL 的設計流程中，因此可以增加 ASIC 的設計產量。

　　雖然使用標準元件庫的設計方式，其元件規格可以由使用者自行依其需要定義，但是最後的雛型 ASIC 仍然需要由 IC 製程工廠完成，因此在系統設計完成之後，仍然需要等待一段相當長的時間(約二到三個月)，才能拿到第一個雛型 IC，做最後的測試與修改。這對於具有時效性的電子產品而言相當不利！

**11.1.2.3　邏輯閘陣列 ASIC 設計**　邏輯閘陣列又稱為 ULA (uncommitted logic array)，其基本結構為 NOR 閘或是 NAND 閘。目前邏輯閘陣列 IC 的製造技術主要為 CMOS 製程，因其具有高積集密度。圖 11.1-4 為一個典型的 CMOS 邏輯閘陣列 IC 的基本結構，它主要由一些兩個互補對 MOSFET 或是三個互補

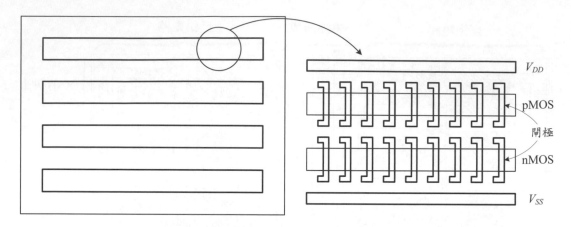

**圖 11.1-4:** 典型的 CMOS 邏輯閘陣列 IC 基本結構

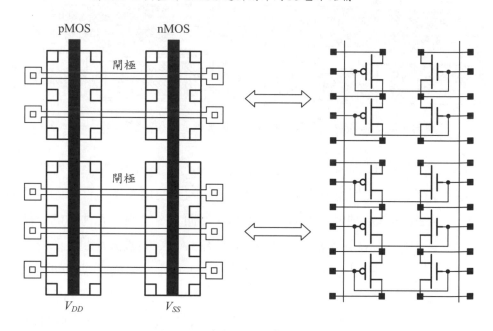

**圖 11.1-5:** 基本元件與其對應的電路

對 MOSFET 組成的基本元件與一些連接通道組成。邏輯閘陣列的基本元件與對應的 CMOS 電晶體電路如圖 11.1-5 所示。

　　由於在 CMOS 邏輯閘 (第 3.3.2 節) 中，所有 pMOS 電晶體的閘極均各自與一個 nMOS 電晶體的閘極連接在一起，以及 MOS (pMOS 或是 nMOS) 電晶體的對稱特性 (即吸極與源極可以互換位置)，基本元件中的 pMOS 電晶體與

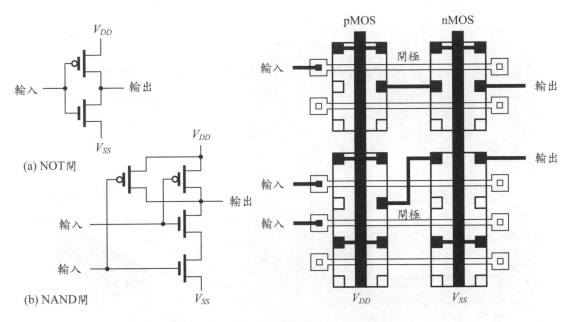

**圖 11.1-6:** 基本邏輯閘與基本元件的連接圖

nMOS 電晶體的閘極均一對一的連接在一起，並且所有 pMOS 電晶體與 nMOS 電晶體均各自疊接在一起。利用基本元件設計邏輯閘電路時，只需要適當地將 pMOS 電晶體或是 nMOS 電晶體的源極或是吸極接到 $V_{DD}$ 或是 $V_{SS}$ (接地) 或者連接在一起即可。

### ■ 例題 11.1-1 (NOT 閘與 NAND 閘)

　　使用圖 11.1-5 的 CMOS 邏輯閘陣列元件，設計一個 NOT 閘與一個兩個輸入端的 NAND 閘電路。

**解：**如圖 11.1-6 所示。讀者可以分別比較左邊的電路與右邊的基本元件連接圖，驗證它們確實是相同的。

　　利用邏輯閘陣列元件設計一個數位系統的 ASIC 時，若每次都需要由最基本的邏輯閘電路 (例如圖 11.1-6) 開始，將相當笨拙而且費時，因此如同標準元件庫一樣，邏輯閘陣列元件供應商通常預先設計好一些常用的巨集電路，以供使用者直接在 CAD 軟體中使用。例如在圖 11.1-7 中，使用了一些巨集電路：4 對 1 多工器、4 位元十進制計數器、$D$ 型正反器、12 位元二進制計

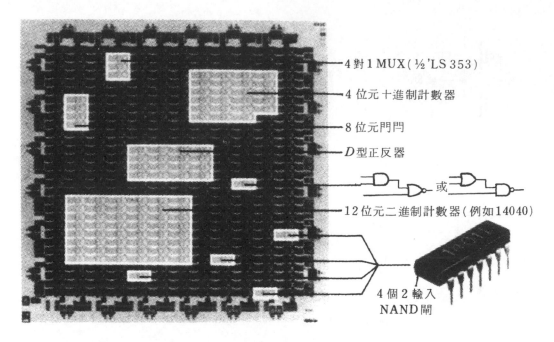

**圖 11.1-7:** 使用巨集電路設計邏輯閘陣列 IC 電路

數器等。當然，這些巨集電路仍然是使用邏輯閘陣列元件中的基本元件設計出來的。

　　使用巨集電路雖然可以加快邏輯電路的設計，但是也常常浪費一些不必要的基本元件，因為在某一個邏輯電路設計中，可能只需要巨集電路中的一小部分功能，然而使用該巨集電路時卻是需要整個巨集電路均安置在 IC 中，因此浪費了該巨集電路中大部分的基本元件，不過可以節省設計的時間。

　　在邏輯閘陣列中所有繞線均需在繞線通道中完成，因此越往元件中央的繞線通道其充滿程度越高，通常在完成所有需要的接線之前，該通道即已經塞滿，因而一個邏輯閘陣列元件的使用率大約只有 70% 到 80% 之間。

　　目前由於 VLSI 技術的進步，多層金屬 (multilayer metal) 連接線的使用已經相當普遍，連接線已經可以跨越電晶體而不再局限於繞線通道之中。事實上，當使用多層金屬連接線時，在邏輯閘陣列中的繞線通道就可以去除，這種沒有繞線通道的邏輯閘陣列元件稱為 SOG (sea of gate)。目前的商用邏輯閘陣列均屬於 SOG 元件。

　　邏輯閘陣列 IC 和全訂製 IC 的不同，在於前者的製造過程中，有大半的製造步驟：製造電晶體或是其它電路的四到六個光罩 (photomask) 步驟是標準的 [4]，與該 IC 的最後規格無關，因此 IC 晶石 (wafer) 可以事先處理，至於決定最後 IC 規格的電路連接光罩與相關的處理步驟，則依實際的 IC 規格 (即最後的應用) 而定，必須各自處理，即邏輯閘陣列 IC 的設計，只需要設計最後的電路連接光罩與相關的處理步驟。相反地，全訂製 IC 則必須依據使用者提供的電路規格，從頭開始設計每一層的光罩與相關的處理步驟。兩者比較之下，邏輯閘陣列 IC 由使用者提供規格到 IC 設計完成，所花的時間較短，因此目前大受工業界的歡迎。

　　與標準元件庫的設計方式比較下，使用邏輯閘陣列方式設計的 ASIC，其每一個單位晶片上所能含有的數位功能較少，但是電路製造上較省時而且成本較低，因為它只需要處理最後的金屬連接層，而不是如同使用標準元件庫或是全訂製 IC 的設計方式，每一層光罩圖形都需要處理。

　　由於全訂製、標準元件庫、邏輯閘陣列等三種 ASIC 設計方式，都必須透過 IC 製程工廠完成最後的 ASIC 成品，因此一個數位系統的 ASIC 由設計到完成雛型晶片的過程，都必須耗費相當的時日。這對於需要快速完成雛型系統的設計而言，相當不利。目前，一種稱為現場可規劃的邏輯元件，廣泛地使用於工業市場中，這種 IC 元件提供了邏輯閘陣列的特性與 PAL (或是 GAL) 的規劃彈性，可以縮短電子產品的雛型系統製作時間，達到快速雛型化的目標，因此廣受歡迎。

## ✔學習重點

**11-1.** 數位系統有那三種執行方法？

**11-2.** 主要的現場可規劃元件有那三種類型？

**11-3.** 比較全訂製 IC 設計與標準元件庫 IC 設計的主要異同？

**11-4.** 比較邏輯閘陣列 IC 設計與標準元件庫 IC 設計的主要異同？

### 11.1.3 現場可規劃元件

現場可規劃元件依其電路的結構可以分成：PLD/CPLD 與 FPGA 兩類。PLD/CPLD 的主要特性為其基本的邏輯電路均為兩層的 AND-OR 結構；FPGA 則主要結合了邏輯閘陣列的特性與 PLD 的可規劃性而成的一種邏輯元件。

PLD 元件的規劃方式有罩網規劃 (mask programming) 與現場規劃 (field programming) 兩種。罩網可規劃元件需要使用者提供規劃圖型 (program 或 interconnection pattern) 予 IC 製造商，以準備光罩製造所需要的 ASIC。一旦製造完成，這些 ASIC 的功能即告固定，不能再改變。現場可規劃元件則由使用者自行利用規劃設備 (programming equipment) 或是稱為規劃器 (programmer) 規劃所需要的規格。有些現場可規劃 IC 可以清除後重新再規劃，有些則不能。只能規劃一次的現場可規劃元件又稱為 OTP (one-time programmable) 元件；可以清除後再重複規劃的元件稱為 EPLD (erasable PLD)。

現場可規劃元件通常使用在數位系統設計的初級階段，以獲得較佳的彈性；罩網可規劃元件則使用在系統設計完成後的大量生產的電路中，以降低成本。

**11.1.3.1　PLD 元件**　由於最早的商用 PLD 元件為使用熔絲 (fuse) 的方式，提供使用者依據實際上的需要，將適當的熔絲 "燒斷"，以定義該元件的功能，因此雖然目前在 PLD 元件中已經使用其它規劃方法取代熔絲的方式，在邏輯的觀點上，依然將 PLD 元件視為一種具有熔絲連接的邏輯閘陣列元件。

在數位系統的電路設計上，PLD 元件可以取代許多個由 SSI 或是 MSI 等元件組成的電路模組，因而可以減少元件彼此之間的連接線數目、PC 板面積、連接器的數目，結果可以大幅降低系統的硬體成本。因此，目前廣泛的應用於數位系統的設計中。

目前商用的 PLD 元件主要有三種：PLA (programmable logic array)、ROM (read only memory)、PAL (programmable array logic) 等。為了討論與實際上設計或是應用上的方便，PLD 元件的結構通常使用圖 11.1-8 所列的簡便符號 (shorthand notation) 表示。由於目前的 PLD 元件的主要製造技術為 CMOS 製程，因此圖中的熔絲在實際的現場可規劃元件中，通常為浮動閘極 (floating

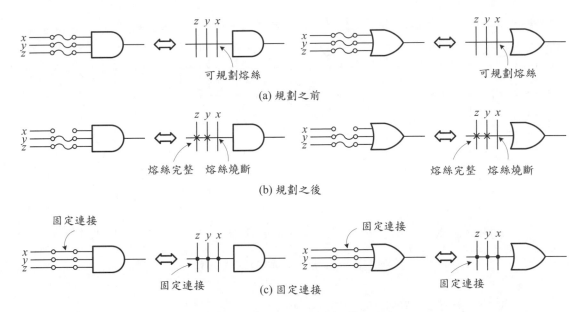

**圖 11.1-8:** AND 閘與 OR 閘的簡便符號

gate) 的 EEPROM 元件或是反熔絲 (anti-fuse) 元件。在罩網可規劃元件中，則直接以 MOS 電晶體的有無，代表熔絲的存在與否。

　　三種 PLD 元件的基本差異在於 AND 閘陣列與 OR 閘陣列的規劃性，如圖 11.1-9 所示。在圖 11.1-9(a) 所示的 ROM 元件中，AND 閘陣列產生了所有輸入變數的最小項，因此不需要規劃，而 OR 閘陣列則為可規劃的，以執行交換函數；在圖 11.1-9(b) 所示的 PLA 元件中，AND 閘與 OR 閘兩個陣列均為可規劃的；在圖 11.1-9(c) 所示的 PAL 元件中，AND 閘陣列可以規劃而 OR 閘陣列則固定，不能規劃。

　　目前已經沒有商用的 PLA 元件，但是 PLA 與 ROM 電路模組通常使用於全訂製的 ASIC 設計之中。PAL 與 ROM 則有商用元件，而且有各種不同的規格。各種 PLD 元件的詳細介紹請參閱第 11.2 節。

**11.1.3.2　CPLD 元件**　由於 PAL 元件的成功應用於數位系統設計中，加上 VLSI 製程的成熟，將多個 PAL 元件製作於同一個晶片上，並且內建適量的可規劃連接線，以取代使用 PCB 板將多個 PAL 元件連接成為一個系統的新型元件，稱為 CPLD。CPLD 與即將介紹的 FPGA 元件已經成為目前數位系統

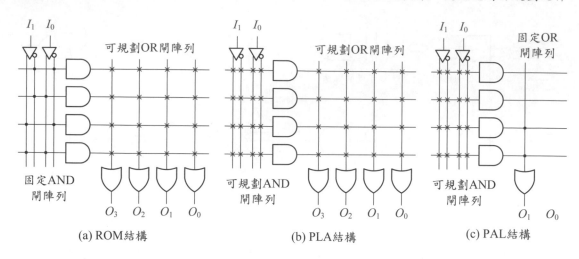

圖 **11.1-9:** 三種 PLD 元件結構的比較

設計中應用最廣的兩種元件。

目前商用的 CPLD 元件的基本結構依其內部 PAL 巨集電路與可規劃連接區的排列方式可以分成圖 11.1-10 所示的兩類。然而無論是那一類，其基本結構依然相同，即都是使用由 PAL 的 AND-OR 邏輯電路結構組成的 PAL 巨集電路 (PAL macro) 與一個或是多個可規劃連接區經由適當地排列組合而成。因此，這類型的現場可規劃元件稱為 CPLD (complex PLD)。商用的 CPLD 元件的詳細結構與應用例將於第 11.3.1 節中再予介紹。

圖 11.1-10(a) 所示為大部分的商用 CPLD 元件的結構，在此種結構中 PAL 巨集電路佈置於元件的兩邊，中間部分則為可規劃連接區；圖 11.1-10(b) 則為另外一種 CPLD 元件的結構，在此結構中 PAL 巨集電路佈置於元件的四邊，中間部分則為可規劃連接區，稱為通用繞線區 (global routing region)。此外，在 I/O 電路與 PAL 巨集電路之間亦有一個輸出繞線區 (output routing region)。

**11.1.3.3 FPGA元件** 基本的FPGA元件的結構由可規劃邏輯模組(programmable logic block，PLB)、可規劃連接區 (programmable interconnect)、輸入/輸出模組 (input/output block，I/OB) 組成。PLB 在 Xilinx 公司的術語中稱為 CLB (configurable logic block)，在 Altera 公司的術語中稱為 LE (logic element)。可規劃邏輯模組 (PLB) 用以執行組合邏輯電路或是循序邏輯電路。

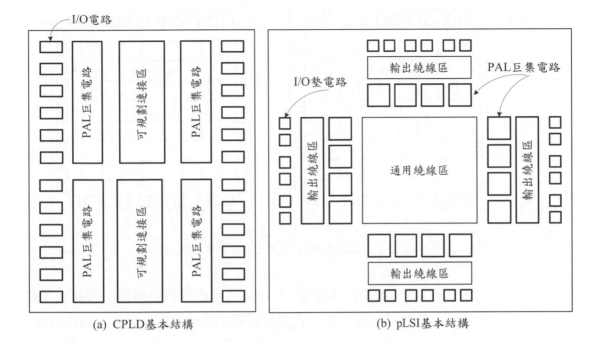

**圖 11.1-10:** CPLD 元件的基本結構

　　依其可規劃邏輯模組 (PLB) 電路在晶片 (或是元件) 上的排列方式，FPGA 的基本結構可以分成：矩陣型 (matrix type) 與列向量型 (row type) 兩種，如圖 11.1-11 所示。前者使用於 Xilinx 與 QuickLogic 等公司的 FPGA 產品中；後者則使用於 Actel 公司的 FPGA 產品中。

　　圖 11.1-11(a) 為矩陣型 FPGA 結構，在這種元件中，所有可規劃邏輯模組排列成一個二維矩陣，因此稱之為矩陣型結構。兩個邏輯模組之間的區域則留予連接線使用，稱為水平繞線通道 (horizontal routing channel) 與垂直繞線通道 (vertical routing channel)。圖 11.1-11(b) 為列向量型 FPGA 結構，在這種元件中所有的可規劃邏輯模組緊密地排列成一列一列的方式，兩個列之間的區域則為連接線規劃區，即繞線通道。

**11.1.3.4　可規劃連接結構 (PLD/CPLD/FPGA)** PLD/CPLD/FPGA 元件的可規劃連接結構大致上可以分成三種：SRAM (static RALM)、EEPROM (目前大都稱為 Flash cell，快閃元件)、反熔絲 (anti-fuse) 等，如圖 11.1-12 所示。

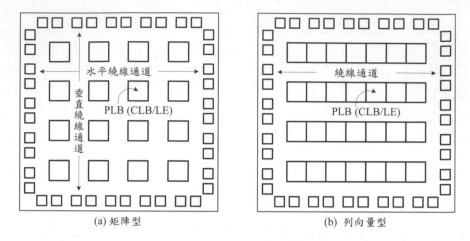

(a) 矩陣型　　　　　　　　　　　　　(b) 列向量型

**圖 11.1-11:** FPGA 元件的基本結構

　　SRAM 的基本結構為一個如圖 7.1-7(a) 所示的雙穩態電路，因此在規劃其值之後，它即維持在該狀態上直到電源被中斷或是寫入另外一個值為止。EEPROM 連接的結構與一般 EEPROM 記憶器所用的浮動閘極電晶體相同，可以經由適當的電壓將它規劃為儲存 1 或是 0 的值。反熔絲又稱為 PLICE (programmable low-impedance circuit element) 為一種在正常情況下為高電阻值 (> 100 MΩ) 的材料，但是在加入適當的規劃電壓之後，它即永遠地改變為低電阻的結構 (200 ～ 500 Ω)。由於它的動作與一般使用於 PLD 中的熔絲 (正常為低電阻狀態，在加入規劃電流之後將被燒斷而成為高電阻狀態) 恰好相反，因此稱為反熔絲。這三種可規劃連接結構的特性比較如表 11.1-2 所示。

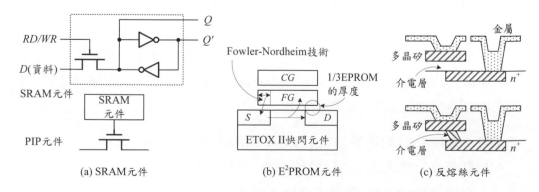

(a) SRAM元件　　　　　(b) E²PROM元件　　　　　(c) 反熔絲元件

**圖 11.1-12:** FPGA 元件的可規劃連接結構

表 11.1-2: 各種可規劃連接結構的特性比較

|  | SRAM | EEPROM | 反熔絲 |
|---|---|---|---|
| 製程技術 | CMOS 次微米 | 標準 2 層多晶矽 | 新型多晶矽 |
| 規劃方法 | 移位暫存器 | FAMOS | 崩潰 |
| 佔用面積 | 非常大 | 大 | 小 |
| 電阻值 | $\approx 2\ k\Omega$ | $\approx 2\ k\Omega$ | $\approx 500\ \Omega$ |
| 電容值 | $\approx 50\ fF$ | $\approx 15\ fF$ | $\approx 5\ fF$ |

## 11.1.4 各種數位系統執行方法比較

一般而言，一個 IC 的製作成本可以分成下列三項：非重複工程成本 (non-recurring engineering cost，NRE)、重複性成本 (recurring cost)、固定成本 (fixed cost) 等。非重複工程成本為設計一個 IC 所需要的工程設計成本與雛型製作成本，這部分費用在一個 IC 產品的生命期中只需要花費一次，然而通常也是最高的部分。重複性成本指該 IC 在製程工廠中製作時所需要的成本，它每次製作時均需要重複花費一次。固定成本則指行銷該 IC 產品時所需要的成本。

對於一個 IC 產品而言，若銷售量越大，則每一個 IC 平均分攤的成本將越低，因為非重複工程成本並不會因產品數量的多寡而改變，而固定成本則大約固定不變，唯一與產量有關的花費則為重複性成本。因此，欲讓使用者可以有廉價的 IC 產品可以使用，該 IC 產品必須具備有足夠的產量，即市場規模必須足夠大。

保證有足夠量的 IC 產品，除了像 CPU (例如 Intel 的各式 CPU) 與 RAM (SRAM 與 SDRAM) 等相當普遍的 IC 之外，另外的產品則為圖 11.1-1 中所述的現場可規劃元件或是平台系統。邏輯閘陣列 (GA) 與現場可規劃元件的 IC 元件最後規格並未事先建立在 IC 中；相反地，他們是由不同市場需求的系統設計者，依其實際上的需要加以確定，因而可以適應各種不同的市場需要，達到足夠的市場規模，降低 IC 元件產品的單價。

圖 11.1-13 所示為使用 GA 與 FPGA 時的成本與產品數量的關係。與邏輯閘陣列元件比較下，雖然 FPGA 具有較容易使用與現場可規劃的優點，但是

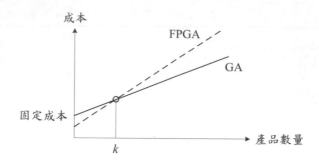

**圖 11.1-13:** 產品數量與成本關係

　　當其產品的數量超過一個定值之後,其成本將較使用邏輯閘陣列 (GA) 元件
為高。因此,當標的產品的數量在 $k$ 點以下時以使用 FPGA 較適宜;在 $k$ 點
以上時,則應考慮使用邏輯閘陣列元件,以降低成本。

　　圖 11.1-14 為各種數位系統執行方法的設計彈性與容易使用性的相對比
較圖。由圖可以得知:較容易使用的元件其設計彈性也就相對的較低,例如
PLD;較不容易使用的元件,其設計彈性也相對的較高,例如:全訂製 IC。

　　由於全訂製的 IC 設計方法之設計彈性與不容易使用的特性,它們通常
只用來設計需要極高性能的 IC 產品,例如 CPU 與其相關的 RAM 等,或是數
量相當多的產品,例如 CPLD/FPGA 元件。依據市場需求的統計,未來的 IC
市場中,全訂製 ASIC 產量將只約佔 25%,而元件庫 IC、邏輯閘陣列 (GA)、
現場可規劃元件將佔有 75%。

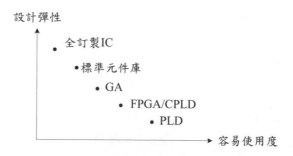

**圖 11.1-14:** 各種數位系統設計方法比較

✔學習重點

**11-5.** 現場可規劃元件依其電路結構，可以分成那兩種主要類型？

**11-6.** 比較 PLD 與 FPGA 兩種元件在電路結構上的主要差異。

**11-7.** 目前有那三種類型的 PLD 元件，它們在電路結構上有何異同？

**11-8.** PLD 與 FPGA 元件的可規劃連接結構主要有那三種？

## 11.1.5 CAD 設計工具

　　由於目前每一個元件庫 IC、邏輯閘陣列 (GA)、現場可規劃元件 IC 的等效邏輯閘數目均在數千個以上，這些 IC 能否成功地應用在某一個數位系統的設計上，完全依賴是否有性能優越的計算機輔助設計軟體。因此，每一個硬體廠商也都提供此類型的軟體，讓系統設計者能夠有效地使用其硬體產品。注意：一個等效邏輯閘相當於一個 2 個輸入端的 CMOS NAND 閘 (圖 3.3-10) 電路，因此相當於 4 個 MOS 電晶體。

　　典型的元件庫 IC、邏輯閘陣列 (GA)、現場可規劃元件設計流程如圖 11.1-15 所示，稱為 HDL 設計流程。此流程大致上可以分成兩部分：與標的元件 (PLD、CPLD/FPGA、GA/標準元件庫) 無關與相關等。前者主要包括設計輸入 (design entry)、設計驗證 (design verification)、功能模擬 (functional simulation) 等三部分；後者則依標的元件的不同而稍有不同。在 PLD 元件中，只需要元件嵌入 (device fitting) 與規劃 (programming) 等步驟；在 CPLD/FPGA 元件中，則大致上可以分成合成 (synthesis)、執行 (implementation)、規劃等三大部分；在 GA/標準元件庫中則大致上可以分成合成與執行兩大部分。

　　設計輸入一般可以使用線路圖、ABEL 程式、Verilog HDL 程式、VHDL 程式。使用線路圖的輸入方式時，一般都需要使用該 CAD 軟體所附屬或是認可的巨集電路，這些巨集電路相當於本書中第 5、6、8 等三章中所介紹的邏輯元件與電路模組。若該 CAD 軟體允許使用者使用不同的設計輸入，則在輸入完成之後，會將這些設計輸入整合成一體，並且表示為內部的資料結構。接著進行設計驗證的工作，以確定使用者的設計輸入是正確的而沒有錯誤發生，例如：地線是否接妥與 Verilog HDL 程式中有無語法錯誤等。

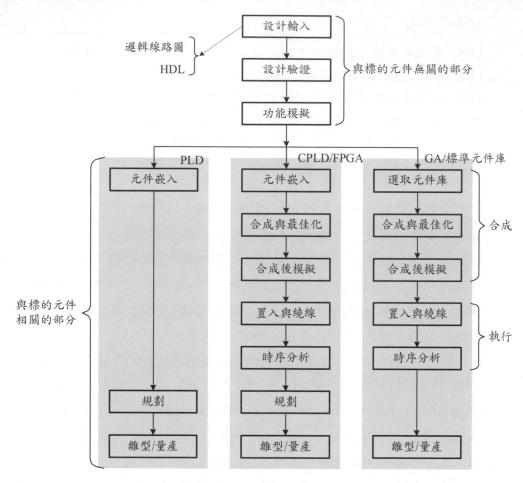

**圖 11.1-15:** 使用 HDL 的設計流程

　　在完成設計驗證的工作之後，可以進行功能模擬，以確定系統的功能與所需要的確實相同。在完成此步驟之後，與標的元件無關的系統設計工作已經完成。

　　在功能模擬的工作完成之後，可以繼續進行與標的元件相關的工作。與標的元件相關的設計工作幾乎都是由 CAD 軟體自動完成的，如圖 11.1-15 所示。對於不同類型的元件，其相關的設計工作也不同。最簡單的元件為 PLD，它只需要元件嵌入與規劃兩個步驟。前者用以選取適當的元件；後者則產生被選取元件的熔絲圖或是 EEPROM (或 Flash) 規劃圖。

在 CPLD/FPGA 與 GA/標準元件庫的設計流程中，接著的工作為接著的工作為合成 (synthesis)、執行 (implementation)、規劃 (programming)。合成與最佳化 (synthesis and optimization) 的工作為在選定標的元件或是標準元件庫之後，利用它們提供的抽象邏輯元件，進行合成與最佳化的工作，以將使用者的設計輸入中的交換函數、狀態圖或是其它邏輯電路化簡到它所認為的最簡狀況，並且轉換為抽象邏輯元件的邏輯電路。

在執行合成與最佳化工作之後，使用者可以經由 CAD 軟體提供的合成後模擬 (post-synthesis simulation) 功能，執行系統的功能模擬以確定該系統在合成之後的功能與所需要的依然相同。在完成此步驟後，接著則是進行置入與繞線 (place and route) 步驟，以將合成後的抽象邏輯電路對應到實際的邏輯元件上。在此步驟中，通常必須將抽象邏輯電路切割成許多 CPLD/FPGA 或是 GA/標準元件庫中的可規劃邏輯模組 (CLB) 或是巨集電路所能執行的小電路，然後分別將它們分配在 CPLD/FPGA 或是 GA/標準元件庫的各個可規劃邏輯模組或是巨集電路上，並建立所有正確的連接線。

由於 CPLD/FPGA 或是 GA/標準元件庫的接腳到接腳的信號傳播延遲與連到這些接腳的內部可規劃邏輯模組彼此間的連接方式有關，因此在置入與繞線的工作完成之後，必須再執行時序分析 (timing analysis) 的工作，以確保最後的電路能操作在所需要的時脈速率上。

使用 GA/標準元件庫方式的 ASIC 設計工作大致上與使用 CPLD/FPGA 相同，但是因為它不是現場可規劃元件，因此不需要規劃這個步驟。此外，在置入與繞線工作完成之後，則直接產生 GA 金屬連接線或是全部的光罩圖形資料，以用來製作該 GA/標準元件庫的 ASIC 的最後電路規格。

最後值得一提的是，在上述的 HDL 方法中，與元件無關的步驟與合成步驟在工業界中，常合稱為前端設計 (front-end design)，而其餘步驟則稱為後端設計 (back-end design)。

### ✔學習重點

**11-9.** 使用 HDL 的設計流程主要可以分成那兩大部分？

**11-10.** 在 HDL 的設計流程中，與標的元件無關的三個主要步驟為何？

**11-11.** 試簡述在 HDL 的設計流程中，與 FPGA 元件相關的步驟之動作。

**11-12.** 一個等效邏輯閘相當於幾個 MOS 電晶體？

# 11.2 可規劃邏輯元件 (PLD)

可規劃邏輯元件 (PLD) 屬於現場可規劃元件的一種。以 IC 包裝密度而言，PLD 元件為 LSI 或是 VLSI。目前常用的三種主要 PLD 元件為：ROM (僅讀記憶器)、PLA (可規劃邏輯陣列)、PAL (可規劃陣列邏輯)。如前所述，這些元件的基本結構均為兩層的 AND-OR 電路，因此可以執行任何交換函數。它們之間的主要差異在於 AND 閘陣列與 OR 閘陣列的規劃性。本節中，將依序討論這些元件的基本結構、特性與如何執行交換函數。

## 11.2.1 ROM 元件

ROM 元件在數位系統中為一個常用的邏輯元件之一。因此，本節中將依序介紹 ROM 電路的基本結構、種類、語句寬度與容量的擴充、及如何執行交換函數等。

**11.2.1.1 ROM 元件的基本結構** 一個 $2^n \times m$ 的 ROM 為一個 LSI 或是 VLSI 元件，它包括一個 $n$ 對 $2^n$ 解碼器與 $m$ 個具有 $2^n$ 個輸入端的可規劃 OR 閘陣列，及 $m$ 個由一個低電位啟動 ($\overline{E}$) 控制的三態輸出緩衝器，如圖 11.2-1 所示。當 $\overline{E}$ 不啟動時，三態輸出緩衝器的輸出端為高阻抗。每一個輸入變數的二進制組合稱為一個位址 (address)。若輸入線 (稱為位址線) 數目為 $n$，則一共有 $2^n$ 個組合。每一個輸出線的組合稱為一個語句 (word)。因為總共有 $2^n$ 個不同的位址，因此一共有 $2^n$ 個輸出語句。一個 ROM 元件所含有的總位元數 (即 $m \times 2^n$) 稱為該 ROM 的容量 (capacity)。ROM 元件的容量大小一般以 $2^n \times m$ 位元的方式表示，例如 $16 \times 4$ 與 $32 \times 8$ 的 ROM 元件等。

**11.2.1.2 ROM 元件的種類** ROM 元件大致上可以分成下列三種：1. 罩網 ROM (mask ROM)，廠商依據使用者所需要的資料設計其儲存單元，而於包裝後即不能改變，這種 ROM 均使用於大量生產的產品中，以降低成本；2. 可

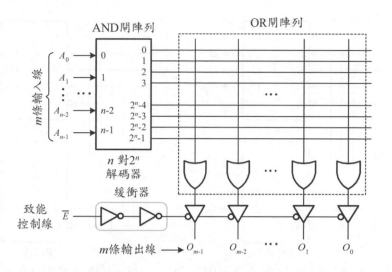

圖 **11.2-1:** ROM 元件的基本結構

規劃 ROM (programmable ROM，簡稱 PROM)，由使用者自行規劃 (即將資料寫入 PROM 元件內)，但是它的內容一經規劃後，即永久固定，所以只能規劃一次；3. 可清除可規劃 ROM (erasable PROM，簡稱 EPROM)，此種 ROM 可以任意地規劃或是清除其內容。依據內容的清除方式又可以分為紫外光清除的 PROM (稱為 UV-EPROM) 與電壓清除的 PROM (electrically erasable PROM，簡稱 EEPROM 或 $E^2$PROM) 兩種。電壓清除的 PROM 目前都稱為快閃記憶器 (Flash memory)，也是最常用的 EEPROM 元件。

　　在任何 ROM 元件中，不管是那一種類型，其所能規劃的電路均只是 OR 閘陣列而已。罩網 ROM (即一般所稱的 ROM) 元件只能在 IC 製程工廠中使用光罩設定其內容。PROM 與 EPROM (或是 EEPROM) 元件的規劃方式為現場規劃，它只需要有 PROM/EPROM 規劃器，即可以自行在實驗室中規劃。目前較新型的快閃記憶器的資料規劃方式，可以如同一般的 SRAM 元件一樣，直接將資料寫入該記憶器元件中，而由元件中的規劃邏輯電路自行完成其次的規劃動作，即它可以直接在 "線路中"(in circuit) 規劃，因此可以不需要再使用 PROM/ EPROM 規劃器。下列的討論將以 ROM 元件代稱這三種元件。

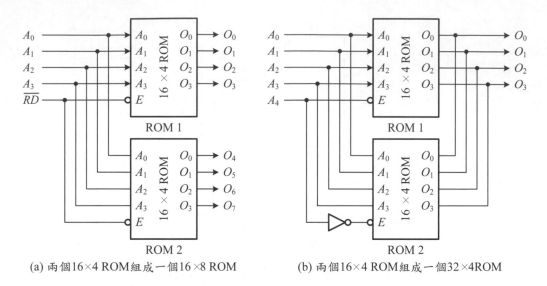

(a) 兩個16×4 ROM組成一個16×8 ROM　　(b) 兩個16×4 ROM組成一個32×4ROM

**圖 11.2-2:** ROM 的語句寬度與容量擴充

**11.2.1.3 ROM 電路的擴充** ROM電路的擴充方式分成語句寬度與語句數目兩種。前者為增加語句的位元數；後者則增加語句的數目。

**■ 例題11.2-1 (語句寬度擴充)**

利用兩個16×4 ROM 電路設計一個16×8的 ROM 電路。

**解:** 如圖 11.2-2(a) 所示,將兩個ROM 電路的所有位址線與致能線並聯,因此任何時候兩個ROM 電路均同時被致能($\overline{RD}=0$)與不被致能($\overline{RD}=1$)。在致能時,兩個ROM 電路均各有一個語句被選取,因此電路的語句長度為兩個ROM 電路的語句長度之和,所以為一個16×8的 ROM 電路。

**■ 例題11.2-2 (語句數目擴充)**

利用兩個16×4的 ROM 電路設計一個32×4的 ROM 電路。

**解:** 如圖 11.2-2(b) 所示方式連接。當 $A_4$ 為 0 時,ROM 1 致能;當 $A_4$ 為 1 時,ROM 2 致能。由於在任何時候ROM 1 與 ROM 2 只有一個致能,未致能的ROM 模組其資料輸出端為高阻抗,所以組合成一個32×4的 ROM 電路。注意:本電路並未有讀取($\overline{RD}$)控制。

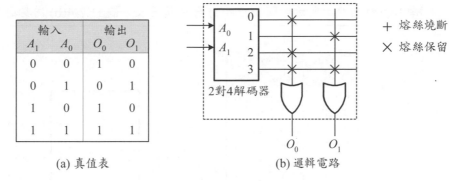

| 輸入 | | 輸出 | |
|:---:|:---:|:---:|:---:|
| $A_1$ | $A_0$ | $O_0$ | $O_1$ |
| 0 | 0 | 1 | 0 |
| 0 | 1 | 0 | 1 |
| 1 | 0 | 1 | 0 |
| 1 | 1 | 1 | 1 |

(a) 真值表　　　　　　　　　(b) 邏輯電路

**圖 11.2-3:** 基本的 ROM 結構

**11.2.1.4　執行交換函數**　交換函數的執行方式有很多，簡單的函數可以由基本邏輯閘、多工器、解碼器、解多工器等完成。較複雜的函數則使用 ROM、PAL、PLA 等元件執行較為經濟，同時速度也較快，因為不需要使用很多 IC 元件，組成一個龐大的多層邏輯閘電路。更複雜的函數 (系統) 則使用 CPLD 或是 FPGA 元件較為經濟，同時速度也較快。

由圖 11.2-1 可以得知：ROM 電路的基本結構為 AND 與 OR 兩個邏輯閘陣列，同時其 AND 閘陣列可以產生所有輸入變數的最小項，即它為一個可以執行標準 SOP 型式的多輸出交換函數的兩層邏輯閘電路。因此，ROM 元件可以執行任意的交換函數。一般而言，利用 ROM 元件執行 $m$ 個 $n$ 個變數的交換函數時，所需要的 ROM 元件容量至少為 $2^n \times m$ 個位元。

ROM 元件的內部 OR 閘規劃圖形 (即儲存的資訊) 可以直接使用真值表表示。圖 11.2-3 說明真值表與 ROM 的規劃情形。因此，一般以 ROM 元件執行一組多輸出交換函數時，通常只需要列出該組多輸出交換函數的真值表即可。這種執行方式也常稱為查表法 (table lookup method)。

## ■ 例題 11.2-3 (使用 ROM 元件執行交換函數)

利用一個 $2^3 \times 3$ 的 ROM 電路執行下列交換函數：

$$f_1(x,y,z) = \Sigma(0,1,5,7)$$
$$f_2(x,y,z) = \Sigma(4,5,6,7)$$
$$f_3(x,y,z) = \Sigma(2,4,6)$$

**解：**如圖 11.2-4 所示，圖 11.2-4(a) 為其真值表；圖 11.2-4(b) 為其邏輯電路。

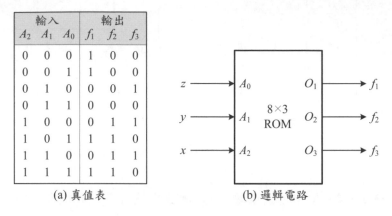

| 輸入 | | | 輸出 | | |
|---|---|---|---|---|---|
| $A_2$ | $A_1$ | $A_0$ | $f_1$ | $f_2$ | $f_3$ |
| 0 | 0 | 0 | 1 | 0 | 0 |
| 0 | 0 | 1 | 1 | 0 | 0 |
| 0 | 1 | 0 | 0 | 0 | 1 |
| 0 | 1 | 1 | 0 | 0 | 0 |
| 1 | 0 | 0 | 0 | 1 | 1 |
| 1 | 0 | 1 | 1 | 1 | 0 |
| 1 | 1 | 0 | 0 | 1 | 1 |
| 1 | 1 | 1 | 1 | 1 | 0 |

(a) 真值表                (b) 邏輯電路

**圖 11.2-4:** 例題 11.2-3 的 ROM 元件執行

　　有時候，若仔細地觀察欲執行的交換函數，通常可以消去一些不必要的輸入變數或是輸出函數，因而可以使用容量較少的 ROM 元件。

### ■ 例題 11.2-4 (使用 ROM 元件執行交換函數)

　　利用 ROM 元件設計一個組合邏輯電路，其輸出端的二進制數目為輸入數目的平方。假設電路的輸入端為 3 個位元。

**解：**電路的真值表如圖 11.2-5(a) 所示。若直接以 ROM 元件執行，一共需要 $8 \times 6 = 48$ 位元的 ROM 元件。然而，若仔細觀察其值表，可以得知 $Y_0$ 與 $z$ 的值相同，而 $Y_1$ 皆為 0，因此只有 $Y_5$ 到 $Y_2$ 等輸出函數必須由 ROM 元件執行，如圖 11.2-5(b) 所示。ROM 元件的容量減為 $8 \times 4 = 32$ 位元，節省了 $(48 - 32)/48 \times 100\% = 33.3\%$。

　　另外一種可以節省 ROM 元件容量的方法為採用多級的 ROM 電路。當然，使用這種執行方式會增加傳播延遲。在設計兩級 (或是多級)ROM 電路時，首先找出一組 $n$ 個變數的集合，使其出現的二進制組合數目少於 $2^{n-1}$。因此，這組變數可以使用 $2^n \times m$ $(m \leq n-1)$ 的 ROM 電路進行編碼。ROM 電路的輸出與其它的輸入變數組合後，則用來選取下一級 ROM 電路的語句，因而組成兩級的 ROM 電路。

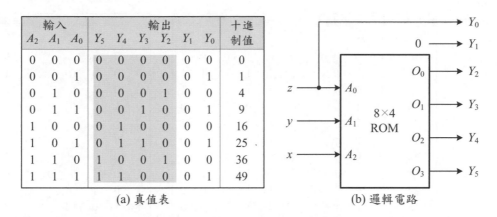

| 輸入 | | | 輸出 | | | | | | 十進制值 |
|:---:|:---:|:---:|:---:|:---:|:---:|:---:|:---:|:---:|:---:|
| $A_2$ | $A_1$ | $A_0$ | $Y_5$ | $Y_4$ | $Y_3$ | $Y_2$ | $Y_1$ | $Y_0$ | |
| 0 | 0 | 0 | 0 | 0 | 0 | 0 | 0 | 0 | 0 |
| 0 | 0 | 1 | 0 | 0 | 0 | 0 | 0 | 1 | 1 |
| 0 | 1 | 0 | 0 | 0 | 0 | 1 | 0 | 0 | 4 |
| 0 | 1 | 1 | 0 | 0 | 1 | 0 | 0 | 1 | 9 |
| 1 | 0 | 0 | 0 | 1 | 0 | 0 | 0 | 0 | 16 |
| 1 | 0 | 1 | 0 | 1 | 1 | 0 | 0 | 1 | 25 |
| 1 | 1 | 0 | 1 | 0 | 0 | 1 | 0 | 0 | 36 |
| 1 | 1 | 1 | 1 | 1 | 0 | 0 | 0 | 1 | 49 |

(a) 真值表　　　　　　　　　(b) 邏輯電路

**圖 11.2-5:** 例題 11.2-4 的 ROM 元件執行

## ■ 例題 11.2-5 (兩級 ROM 電路)

利用兩級ROM電路執行下列交換函數：

$$f_1(u,v,w,x,y,z) = \Sigma(4,5,15,29,42,45,47,53,58,61)$$

$$f_2(u,v,w,x,y,z) = \Sigma(5,20,41,42,47,61)$$

$$f_3(u,v,w,x,y,z) = \Sigma(4,l5,29,42,47,53,63)$$

$$f_4(u,v,w,x,y,z) = \Sigma(4,5,15,29,42)$$

**解：** 為方便起見，圖 11.2-6(a) 的真值表只列出 $f_1$ 到 $f_4$ 所包含的最小項。若直接以 ROM 元件執行，需要的 ROM 元件的容量為 $2^6 \times 4 = 256$ 位元。但是若仔細觀察圖 11.2-6(a) 的其值表，可以得知 $w$、$x$、$y$、$z$ 等四個變數的十六個組合中，只出現了六個，因此可以使用 $16 \times 3$ 的 ROM A 先進行編碼，其真值表如圖 11.2-6(b) 所示。ROM A 的輸出 $z_1$、$z_2$、$z_3$ 和輸入變數 $u$ 與 $v$，接往 ROM B，當作 ROM B 的位址輸入信號。ROM B 的真值表如圖 11.2-6(c) 所示，這裡已經將所有 $w$、$x$、$y$、$z$ 的組合以 $z_1$、$z_2$、$z_3$ 的編碼取代。最後的邏輯電路如圖 11.2-6(d) 所示。利用這種執行方式，所需要的 ROM 元件容量為 $16 \times 3 + 32 \times 4 = 176$ 位元。因此節省了 $(256 - 176)/256 \times 100\% = 31.25\%$。

| 十進制值 | 輸入 | | | | | | 輸出 | | | |
|---|---|---|---|---|---|---|---|---|---|---|
| | $u$ | $v$ | $w$ | $x$ | $y$ | $z$ | $f_1$ | $f_2$ | $f_3$ | $f_4$ |
| 4 | 0 | 0 | 0 | 1 | 0 | 0 | 1 | 0 | 1 | 1 |
| 5 | 0 | 0 | 0 | 1 | 0 | 1 | 1 | 1 | 0 | 1 |
| 15 | 0 | 0 | 1 | 1 | 1 | 1 | 1 | 0 | 1 | 1 |
| 20 | 0 | 1 | 0 | 1 | 0 | 0 | 0 | 1 | 0 | 0 |
| 29 | 0 | 1 | 1 | 1 | 0 | 1 | 1 | 0 | 1 | 1 |
| 41 | 1 | 0 | 1 | 0 | 0 | 1 | 0 | 1 | 0 | 0 |
| 42 | 1 | 0 | 1 | 0 | 1 | 0 | 1 | 1 | 1 | 1 |
| 45 | 1 | 0 | 1 | 1 | 0 | 1 | 0 | 1 | 0 | 0 |
| 47 | 1 | 0 | 1 | 1 | 1 | 1 | 0 | 1 | 0 | 0 |
| 53 | 1 | 1 | 0 | 1 | 0 | 1 | 1 | 0 | 1 | 0 |
| 58 | 1 | 1 | 1 | 0 | 1 | 0 | 1 | 0 | 0 | 0 |
| 61 | 1 | 1 | 1 | 1 | 0 | 1 | 1 | 1 | 0 | 0 |
| 63 | 1 | 1 | 1 | 1 | 1 | 1 | 0 | 0 | 1 | 0 |
| 其它組合 | | | | | | | 0 | 0 | 0 | 0 |

(a) 真值表

| 輸入 | | | | | 輸出 | | | |
|---|---|---|---|---|---|---|---|---|
| $u$ | $v$ | $z_3$ | $z_2$ | $z_1$ | $f_1$ | $f_2$ | $f_3$ | $f_4$ |
| 0 | 0 | 0 | 0 | 0 | 1 | 0 | 1 | 1 |
| 0 | 0 | 0 | 0 | 1 | 1 | 1 | 0 | 1 |
| 0 | 0 | 1 | 0 | 1 | 1 | 0 | 1 | 1 |
| 0 | 1 | 0 | 0 | 0 | 0 | 1 | 0 | 0 |
| 0 | 1 | 1 | 0 | 0 | 1 | 0 | 1 | 1 |
| 1 | 0 | 0 | 1 | 0 | 0 | 1 | 0 | 0 |
| 1 | 0 | 0 | 1 | 1 | 1 | 1 | 1 | 1 |
| 1 | 0 | 1 | 0 | 0 | 0 | 1 | 0 | 0 |
| 1 | 0 | 1 | 0 | 1 | 0 | 1 | 0 | 0 |
| 1 | 1 | 0 | 0 | 1 | 1 | 0 | 1 | 0 |
| 1 | 1 | 0 | 1 | 0 | 1 | 0 | 0 | 0 |
| 1 | 1 | 1 | 0 | 0 | 1 | 1 | 0 | 0 |
| 1 | 1 | 1 | 0 | 1 | 0 | 0 | 1 | 0 |
| $\phi$ | $\phi$ | 1 | 1 | 1 | 0 | 0 | 0 | 0 |
| 其它組合 | | | | | 0 | 0 | 0 | 0 |

(c) ROM B的真值表

| 輸入 | | | | 編碼輸出 | | |
|---|---|---|---|---|---|---|
| $w$ | $x$ | $y$ | $z$ | $z_3$ | $z_2$ | $z_1$ |
| 0 | 1 | 0 | 0 | 0 | 0 | 0 |
| 0 | 1 | 0 | 1 | 0 | 0 | 1 |
| 1 | 0 | 0 | 1 | 0 | 1 | 0 |
| 1 | 0 | 1 | 0 | 0 | 1 | 1 |
| 1 | 1 | 0 | 1 | 1 | 0 | 0 |
| 1 | 1 | 1 | 1 | 1 | 0 | 1 |
| 其它組合 | | | | 1 | 1 | 1 |

(b) ROM A的真值表

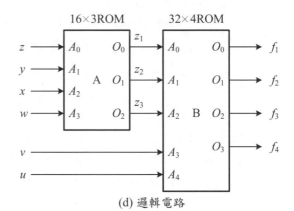

(d) 邏輯電路

**圖 11.2-6:** 例題 11.2-5 的 ROM 元件執行

✔學習重點

**11-13.** 為何 ROM 電路為一個組合邏輯電路,而 RAM 電路為一個循序邏輯電路?

**11-14.** ROM 元件大致上可以分成那三個主要類型?

**11-15.** ROM 電路的基本擴充方式有那兩種?

**11-16.** 在何種條件下可以考慮使用兩級的 ROM 電路執行交換函數?

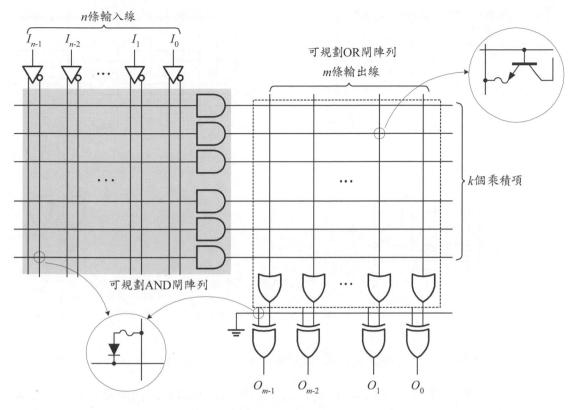

**圖 11.2-7:** $n \times k \times m$ PLA 的基本結構

## 11.2.2 PLA 元件

PLA 電路與 ROM 電路相同，均為兩層的 AND-OR 電路。但是，PLA 電路的 AND 閘陣列並未提供所有輸入變數的完全解碼，因而不能產生輸入交換變數的所有最小項。PLA 電路的 AND 閘陣列為可規劃的，它可以依據實際的需要產生輸入變數的任何乘積項，這些乘積項經由可規劃的 OR 閘陣列連接 (OR) 後，形成了 SOP 表式的基本型式，因此可以執行需要的交換函數。

**11.2.2.1 PLA 電路結構** 典型的 $n \times k \times m$ PLA 電路如圖 11.2-7 所示。它一共具有 $n$ 個輸入端與緩衝器/反相器閘、$k$ 個 AND 閘、$m$ 個 OR 閘、$m$ 個 XOR 閘等。在輸入端與 AND 閘陣列之間一共有 $2n \times k$ 條熔絲；在 AND 閘與 OR 閘陣列之間一共有 $k \times m$ 條熔絲；輸出端的 XOR 閘有 $m$ 條熔絲。輸出端的 XOR

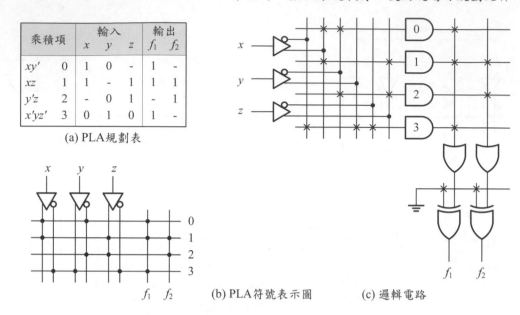

(a) PLA 規劃表

| 乘積項 | | 輸入 | | | 輸出 | |
|---|---|:---:|:---:|:---:|:---:|:---:|
| | | $x$ | $y$ | $z$ | $f_1$ | $f_2$ |
| $xy'$ | 0 | 1 | 0 | - | 1 | - |
| $xz$ | 1 | 1 | - | 1 | 1 | 1 |
| $y'z$ | 2 | - | 0 | 1 | - | 1 |
| $x'yz'$ | 3 | 0 | 1 | 0 | 1 | - |

(b) PLA 符號表示圖　　　(c) 邏輯電路

**圖 11.2-8:** PLA 執行交換函數

閘與熔絲的功能為提供補數 (熔絲燒斷) 或是真值 (熔絲保留) 的輸出值。

**11.2.2.2　執行交換函數**　由於 PLA 電路的所有乘積項的輸出都是經由熔絲連接到輸出端的 OR 閘,因此可以執行多輸出交換函數,即交換函數之間可以共用乘積項。在利用 PLA 電路執行交換函數時,首先利用多輸出交換函數的化簡方法 (第 4.5 節) 求得多輸出函數的最簡式後,再由這些最簡式建立一個指定 PLA 熔絲規劃的規劃表 (programming table)。例如:若函數 $f_1$ 與 $f_2$ 化簡後為:

$$f_1(x, y, z) = xy' + xz + x'yz'$$

$$f_2(x, y, z) = xz + y'z$$

則其規劃表如圖 11.2-8(a) 所示。

　　一般而言,PLA 電路的規劃表可以分成三部分:第一部分為所用的乘積項;第二部分指定輸入端與 AND 閘的熔絲連接 (或是路徑) 情形;第三部分指定 AND 閘與 OR 閘的路徑,如圖 11.2-8(a) 所示。相當於圖 11.2-8(a)PLA 規劃表的 PLA 邏輯電路如圖 11.2-8(c) 所示。圖 11.2-8(b) 所示為 PLA 邏輯電路的

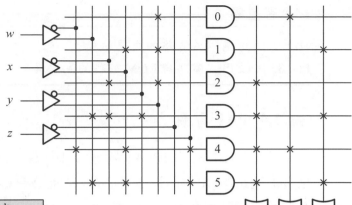

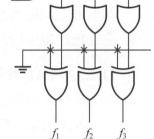

| 乘積項 | | 輸入 | | | | 輸出 | | |
|---|---|---|---|---|---|---|---|---|
| | | $w$ | $x$ | $y$ | $z$ | $f_1$ | $f_2$ | $f_3$ |
| $y$ | 0 | - | - | 1 | - | - | 1 | - |
| $xy$ | 1 | - | 1 | 1 | - | - | - | 1 |
| $x'y$ | 2 | - | 0 | 1 | - | 1 | - | - |
| $wx'y'$ | 3 | 1 | 0 | 0 | - | 1 | - | 1 |
| $w'xz$ | 4 | 0 | 1 | - | 1 | 1 | 1 | - |
| $wxz$ | 5 | 1 | 1 | - | 1 | 1 | - | 1 |

(a) PLA規劃表　　　　　　　　　　　　　(b) 邏輯電路

**圖 11.2-9:** 例題 11.2-6 的 PLA 執行

一種簡化表示方法，稱為符號表示 (symbolic representation)。

## ■ 例題 11.2-6 (使用 PLA 執行交換函數)

利用 PLA 執行例題 4.5-3 多輸出交換函數。

**解：**由例題 4.5-5 化簡的結果得知，其多輸出最簡式為；

$$f_1(w,x,y,z) = x'y + wx'y' + w'xz + wxz$$
$$f_2(w,x,y,z) = w'xz + y$$
$$f_3(w,x,y,z) = xy + wx'y' + wxz$$

所以得到圖 11.2-9(a) 的 PLA 規劃表與圖 11.2-9(b) 的邏輯電路，其符號表示圖留做習題 (習題 11-11)。

**11-17.** 試簡述 PLA 電路的主要結構。

**11-18.** 比較 PLA 電路與 ROM 電路的主要異同。

## 11.2.3　PAL 元件

　　基本上 PAL 電路與 PLA (或是 ROM) 一樣，也是兩層的 AND-OR 電路，但是 PAL 電路的 OR 閘陣列是固定的，因而沒有熔絲，結果沒有乘積項可以由多個輸出函數所共用。PAL 電路的 AND 閘陣列是可以規劃的，因此可以規劃輸出函數中的最小項。

**11.2.3.1　PAL 結構**　典型的 PAL 元件的電路結構如圖 11.2-10 到圖 11.2-13 所示。圖 11.2-10 為兩層 AND-OR 電路型式而圖 11.2-11 為兩層 AND-OR-INVERT (即 AND-NOR) 電路型式。這兩種電路均為組合邏輯電路，但是圖 11.2-11 的 PAL 電路除了第一個與最後一個之外的每一個輸出端均經由一個可規劃路徑回授至輸入端。由於輸出端的接腳同時當作信號輸入端與輸出端，因此輸出端的反相器必須是三態輸出閘 (為何？)。

　　表 11.2-1 列出一些目前較常用的 PAL 元件的特性表，由於 PAL 元件的基本電路結構大致相同，其差異只是它們的 AND 閘輸入端數目、外部輸入端數目、雙向 I/O 數目、輸出暫存器數目與組合邏輯輸出端的數目等不同而已。因此這些特性通常為選用一個 PAL 元件的基本準則。

**表 11.2-1:** 標準 PAL 特性表

| PAL<br>元件 | 包裝接<br>腳數目 | AND 閘輸<br>入端數目 | 外部輸<br>入端數目 | 雙向<br>I/O 數目 | 輸出暫<br>存器數目 | 組合邏輯<br>輸出數目 |
|---|---|---|---|---|---|---|
| PAL16L8 | 20 | 16 | 10 | 6 | 0 | 2 |
| PAL16R4 | 20 | 16 | 8 | 4 | 4 | 0 |
| PAL16R6 | 20 | 16 | 8 | 2 | 6 | 0 |
| PAL16R8 | 20 | 16 | 8 | 0 | 8 | 0 |
| PAL20L8 | 24 | 20 | 14 | 6 | 0 | 2 |
| PAL20R4 | 24 | 20 | 12 | 4 | 4 | 0 |
| PAL20R6 | 24 | 20 | 12 | 2 | 6 | 0 |
| PAL20R8 | 24 | 20 | 12 | 0 | 8 | 0 |

除了組合邏輯電路類型的 PAL 元件之外，也有循序邏輯電路類型的 PAL 元件，如圖 11.2-12 與圖 11.2-13 所示。與圖 11.2-10 或是圖 11.2-11 的組合邏輯類型 PAL 元件比較之下，可以得知其主要差異為在元件的輸出端上增加了四個與八個 $D$ 型正反器，因此可以執行循序邏輯電路。

**11.2.3.2　執行交換函數**　PAL 電路為 PLA 電路的一種特例，其特性為只有 AND 閘陣列可以規劃，而 OR 閘陣列則固定不變，因此 PAL 電路較容易使用，但是較沒有彈性。在設計多輸出交換函數的邏輯電路時，若使用 PLA 電路則可以有多個交換函數共用一個乘積項，但是若使用 PAL 電路則因其 OR 閘陣列固定不能規劃的關係，因而無法共用乘積項。因此，使用 PAL 電路執行多輸出交換函數時，只需要使用單一輸出交換函數化簡程序對每一個交換函數各別化簡後一一執行即可，並不需要使用複雜的多輸出交換函數的化簡程序來化簡。當然，多輸出交換函數的最簡式仍然可以由 PAL 電路執行，不過對於數個交換函數的共用項而言，仍然必須每一個交換函數使用一個 AND 閘。

　　PAL 規劃表與 PLA 電路類似，但是只有 AND 閘陣列的輸入端必須規劃。現在舉一實例說明如何使用 PAL 電路執行交換函數。

■ **例題 11.2-7 (利用 PAL 執行交換函數)**

　　利用 PAL 執行下列多輸出交換函數；

$$f_1(w,x,y,z) = \Sigma(2,12,13)$$
$$f_2(w,x,y,z) = \Sigma(7,8,9,10,11,12,13,14,15)$$
$$f_3(w,x,y,z) = \Sigma(0,2,3,4,5,6,7,8,10,11,15)$$
$$f_4(w,x,y,z) = \Sigma(1,2,8,12,13)$$

**解：**利用單一輸出函數化簡程序，分別對 $f_1$ 到 $f_4$ 四個交換函數化簡後，得到

$$f_1 = wxy' + w'x'yz'$$
$$f_2 = w + xyz$$
$$f_3 = w'x + yz + x'z'$$
$$f_4 = wxy' + w'x'yz' + wy'z' + w'x'y'z$$

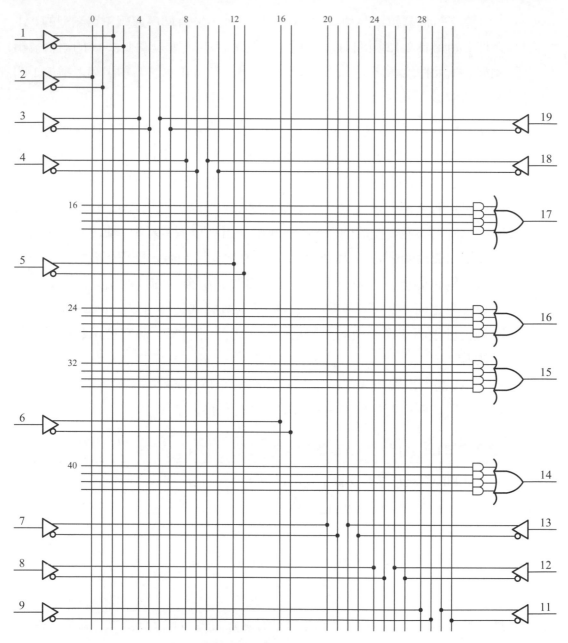

**圖 11.2-10:** PAL14H4 的邏輯電路

其 PAL 規劃表與邏輯電路分別如圖 11.2-14(a) 與 (b) 所示。

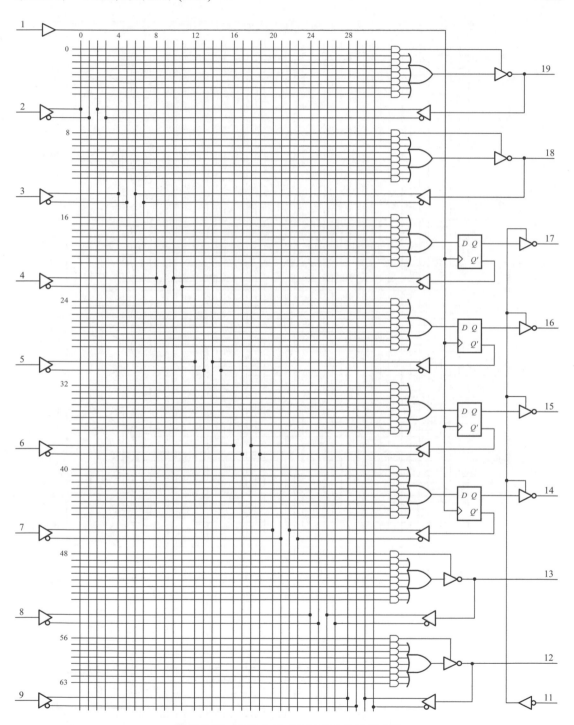

**圖 11.2-11:** 圖 11.2-11 PAL16R4 的邏輯電路

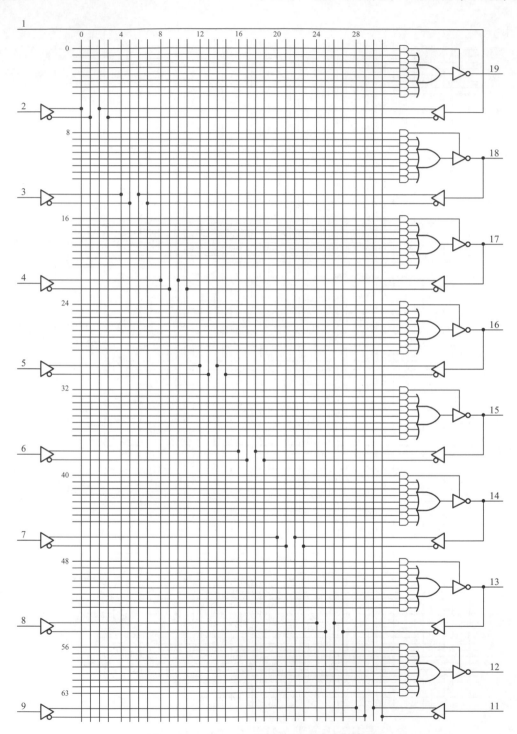

圖 **11.2-12:** 圖 11.2-12 PAL16L8 的邏輯電路

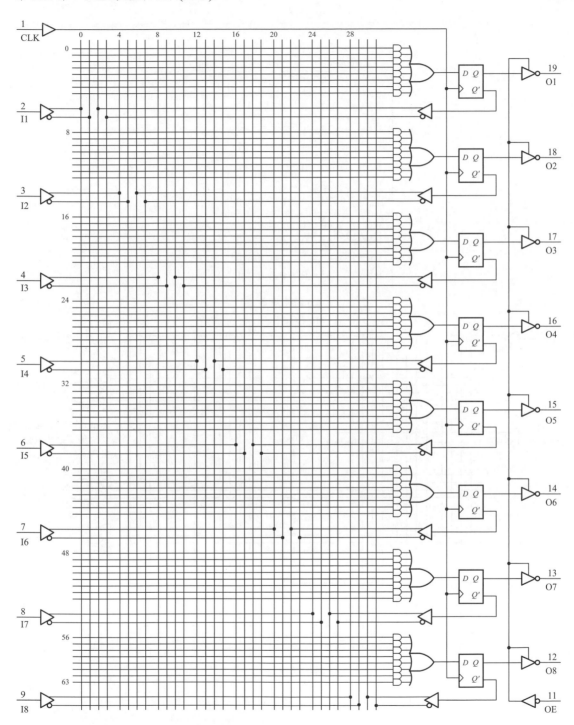

**圖 11.2-13:** 圖 11.2-13 PAL16R8 的邏輯電路

| 乘積項 | | 輸入 | | | | 輸出 |
|---|---|---|---|---|---|---|
| | | $w$ | $x$ | $y$ | $z$ | |
| $wxy'$ | 16 | 1 | 1 | 0 | - | $f_1$ |
| $w'x'yz'$ | 17 | 0 | 0 | 1 | 0 | |
| $w$ | 24 | 1 | - | - | - | $f_2$ |
| $xyz$ | 25 | - | 1 | 1 | 1 | |
| $w'x$ | 32 | 0 | 1 | - | - | $f_3$ |
| $yz$ | 33 | - | - | 1 | 1 | |
| $x'z'$ | 34 | - | 0 | - | 0 | |
| $wxy'$ | 40 | 1 | 1 | 0 | - | $f_4$ |
| $w'x'yz'$ | 41 | 0 | 0 | 1 | 0 | |
| $wy'z'$ | 42 | 1 | - | 0 | 0 | |
| $w'x'y'z$ | 43 | 0 | 0 | 0 | 1 | |

(a) PAL規劃表

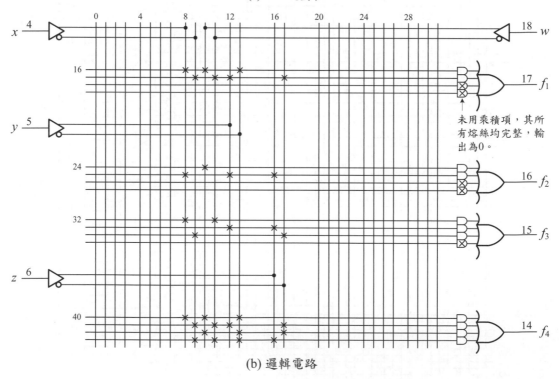

(b) 邏輯電路

**圖 11.2-14:** 例題 11.2-7 的 PAL 執行 (PAL14H4)

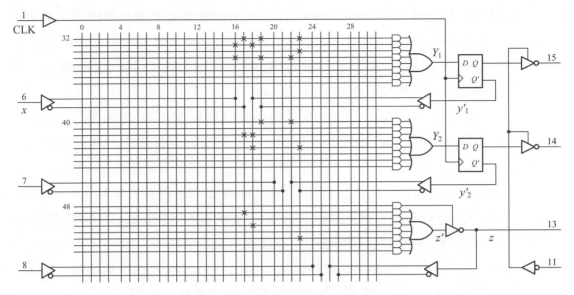

圖 **11.2-15:** 例題 11.2-8 的邏輯電路

## ■ 例題 **11.2-8** (PAL 執行循序邏輯電路)

使用 PAL16R4 重新設計例題 7.2-1 的循序邏輯電路。

**解：**如圖 11.2-15 所示。$Y_1$ 與 $Y_2$ 可以直接執行，但是輸出函數 $z$ 則因為 PAL16R4 的組合邏輯部分為 AND-OR-INVERTER (AOI) 組態，因此將 $z$ 取補數後再執行，即：

$$z' = (xy_1y_2')' = x' + y_1' + y_2$$

結果的邏輯電路如圖 11.2-15 所示。

---

**11.2.3.3　EPLD 與 EEPLD** EPLD 為一種可清除的 PLD 元件，它採用 EPROM 的浮動閘極 FET 取代 PLD 中的熔絲。早期的 EPLD 與 EPROM 一樣，都是使用紫外光清除的方式。目前的 EPLD 元件則幾乎都為電壓清除的方式，稱為 EEPLD (electrically erasable PLD)，例如 Lattice 公司的 GAL (generic array logic) 16V8 與 22V10 兩種工業標準的 PLD 元件。

GAL16V8 元件的基本結構如圖 11.2-16 與圖 11.2-17 所示。其中圖 11.2-16 為等效的組合邏輯電路結構，它與 PAL 16L8 相當；圖 11.2-17 為等效的循序邏輯電路結構，它與 PAL 16R8 相當。若仔細觀察兩個邏輯電路圖中的輸出電路結構，稱為 OLMC (output logic macrocell，輸出邏輯巨集電路)，可以得知 GAL16V8 元件實際上只是將各種 PAL 元件中的輸出邏輯電路合併成一個可規劃的 OLMC 電路而已。

　　圖 11.2-16 與圖 11.2-17 中的虛線部分分別為 GAL 16V8 元件的 OLMC 在組合邏輯與循序邏輯電路時的組態。因此適當地規劃 GAL 元件的 OLMC 電路，該 GAL 元件即可以當作組合邏輯電路或是循序邏輯電路元件使用，並且可以執行各種 PAL 元件的功能，因此 Lattice 公司稱這種元件為 GAL (通用型陣列邏輯)。一般在實際上使用時，組合邏輯電路組態的 GAL 16V8 稱為 PAL 16V8C；循序邏輯電路組態的 GAL 16V8 則稱為 PAL 16V8R。

　　基本上 GAL 22V10 的電路結構與 GAL 16V8 元件相似，只是包含較多的乘積項與 I/O 接腳而已，其基本邏輯方塊圖如圖 11.2-18 所示。GAL 22V10 的 OLMC 電路結構與 GAL 16V8 相同，也有四種電路組態，如圖 11.2-19 所示。當選擇信號 $S_1$ 為高電位 (即 1) 時，OLMC 電路為組合邏輯電路組態，其等效電路與圖 11.2-16 中的 OLMC 相同，如圖 11.2-19(b) 所示，至於輸出端的值為真值輸出或是補數輸出則由選擇信號 $S_0$ 決定，當 $S_0$ 的值為 0 時為補數輸出，否則為真值輸出。當選擇信號 $S_1$ 為低電位 (即 0) 時，OLMC 電路為循序邏輯電路組態，其等效電路與圖 11.2-17 中的 OLMC 相同，如圖 11.2-19(c) 所示，至於輸出端的值為真值輸出或是補數輸出則由選擇信號 $S_0$ 決定，當 $S_0$ 的值為 0 時為補數輸出，否則為真值輸出。

　　一般而言，GAL 22VI0 元件大約可以執行 500 到 800 個邏輯閘數目的邏輯電路。

✔學習重點

**11-19.** 試簡述 PAL 電路的主要結構。

**11-20.** 試簡述 GAL 電路的主要結構。

**11-21.** 試簡述 GAL 16V8 元件中的 OLMC 電路的四種組態。

**11-22.** 比較 PAL 電路與 ROM 電路的主要異同。

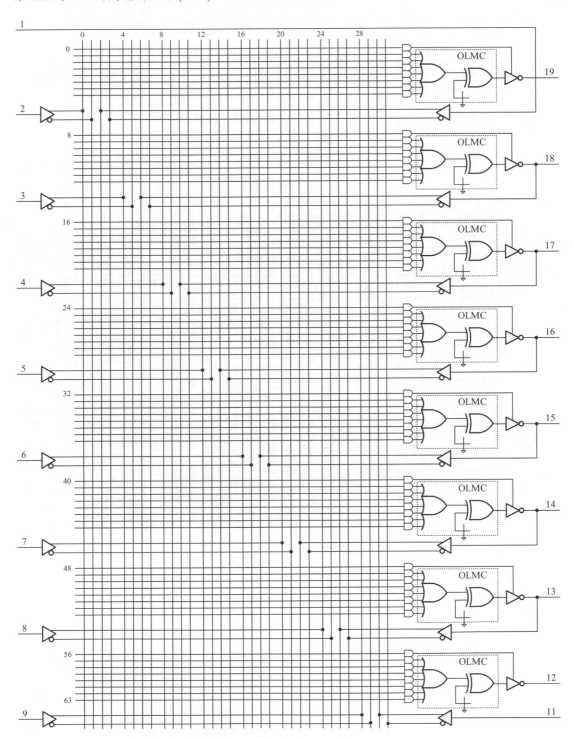

**圖 11.2-16:** GAL16V8C 邏輯電路

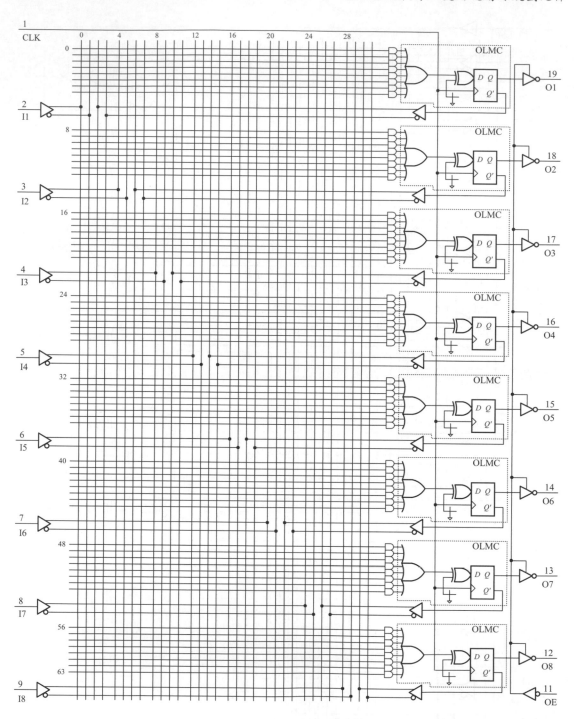

**圖 11.2-17:** GAL16V8R 邏輯電路

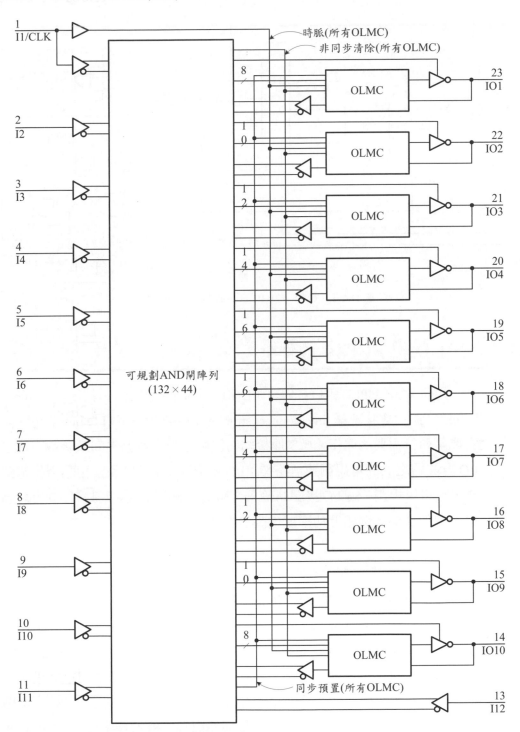

**圖 11.2-18:** GAL22V10 邏輯電路

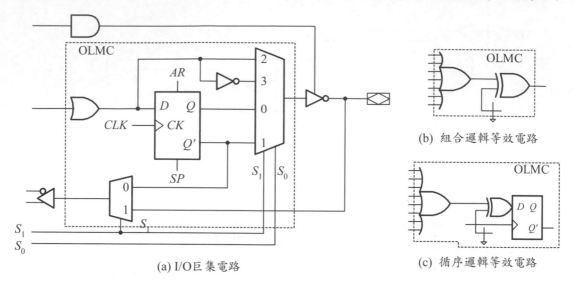

(a) I/O 巨集電路

(b) 組合邏輯等效電路

(c) 循序邏輯等效電路

**圖 11.2-19:** GAL 22V10 元件的 I/O 巨集電路

# 11.3 CPLD 與 FPGA 元件

如前所述，CPLD 與 FPGA 均由三種類型的元件組成：函數方塊區 (function block，FB)、連接結構 (interconnect structure)、I/O 方塊區 (I/O block) 等。函數方塊區執行需要的邏輯函數；連接結構提供函數方塊區之間及函數方塊區與 I/O 方塊區之間的可規劃通信路徑；I/O 方塊區由 I/O 接腳與相關邏輯電路組成，它可以規劃一個 I/O 接腳為輸入、輸出、雙向模式。此外，I/O 方塊區亦提供其他功能，例如低功率或是高速率連接。

## 11.3.1 CPLD 元件

典型的 CPLD 元件的基本電路結構如圖 11.3-1 所示，它主要由三大部分電路：函數方塊區 (function block，FB)、連接結構 (interconnect structure) 、I/O 方塊區 (I/O block) 等組成。函數方塊區包含一些 PAL 巨集電路 (macrocells)。每一個巨集電路可以執行一個 5 到 8 輸入變數的交換函數；連接結構由一個或是多個交換矩陣組成，提供函數方塊區之間及函數方塊區與 I/O 方塊區之間的通信路徑；I/O 方塊區提供輸入端與輸出端信號的緩衝功能。CPLD 元件

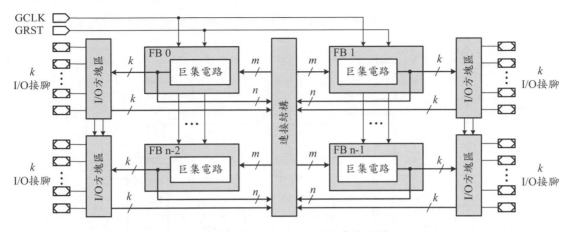

**圖 11.3-1:** 觀念性 CPLD 電路基本結構

的複雜度可以經由增加函數方塊區與 I/O 方塊區的數目，並且適當地擴充連接結構的複雜度而獲得。

**11.3.1.1　函數方塊區 (FB)** 每一個函數方塊區包含一些獨立的巨集電路組成。如圖 11.3-1 所示。每一個函數方塊區 (FB) 由連接結構接受 $m$ 個輸入信號與 $n$ 個輸出信號。經由連接結構，這一些信號亦可以連接到其它巨集電路。簡化的巨集電路結構如圖 11.3-2 所示。每一個巨集電路包含 5 到 8 個乘積項與一個可規劃的 $D/T$ 正反器，因此可以執行一個組合邏輯函數或是循序邏輯函數。這一些乘積項組成一個 AND 閘陣列，可以直接當作 OR 閘與 XOR 閘的一個輸入來源以執行需要的邏輯函數，當作該巨集電路的 $D/T$ 正反器的時脈、時脈致能、設定/清除控制信號，或是當作輸出致能信號以控制該巨集電路所附屬的 I/O 方塊區之輸出緩衝器。巨集電路的輸出信號可以同時當作連接結構與 I/O 方塊區的輸入信號。

　　由於每一個巨集電路均為一個兩層 AND-OR 邏輯結構，它可以實現 SOP 型式的交換函數。乘積項分配器 (product-term allocator) 決定實際的乘積項使用情形。它能接收來自其它巨集電路的乘積項、僅使用基本乘積項，或是分配未使用的乘積項予其它巨集電路。因此，縱然每一個巨集電路僅有少數 (5 到 8 個) 乘積項，它可以由相同函數方塊區中的其它巨集電路借得或是出借乘積項，而獲得需要數目的乘積項。

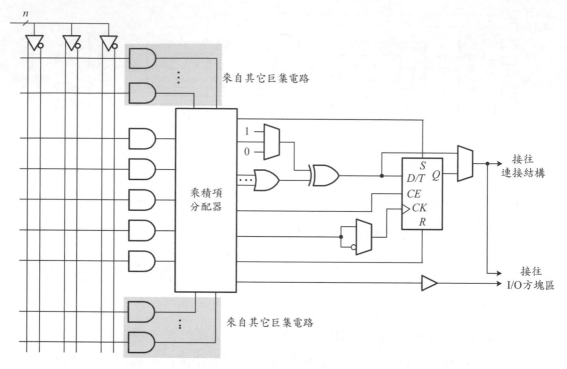

**圖 11.3-2:** 典型 CPLD 的簡化巨集電路結構

　　在每一個巨集電路中的 *D/T* 暫存器，可以規劃為 *D* 型正反器或是 *T* 型正反器，以符合實際之需要。當然暫存器也可以不使用，以執行組合邏輯函數。每一個 *D/T* 暫存器均具有非同步的設定與重置等控制輸入端，以非同步的設定或是清除該暫存器的輸出值。非同步的設定與重置等控制輸入端的信號可以取自通用設定/重置信號 (未標示於圖中) 或是由乘積項產生的設定與重置信號。在剛加入電源時，所有 *D/T* 暫存器的輸出值均設定為使用者預先設定的值，若未設定則清除為 0。*D/T* 暫存器的時脈輸入可以設定為正緣或是負緣觸發方式，時脈信號可以來自通用時脈信號 (未標示於圖中) 或來自乘積項分配器。使用通用時脈信號可以達到較快的時脈對輸出性能，而使用乘積項分配器的時脈信號，則允許 *D/T* 暫存器的時脈信號，由巨集電路或是 I/O 接腳控制。

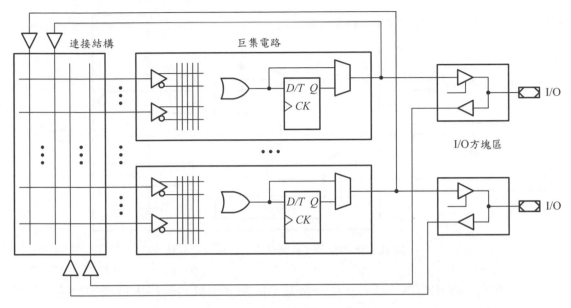

**圖 11.3-3:** 典型 CPLD 的連接結構

**11.3.1.2　連接結構** 典型 CPLD 的連接結構通常為一個可規劃交換矩陣 (programmable switch matrix) 或是多個此種可規劃交換矩陣的組合。使用單一交換矩陣連接巨集電路與 I/O 方塊區的觀念性說明如圖 11.3-3 所示。交換矩陣當作一個連接網路,提供 I/O 方塊區與函數方塊區以及函數方塊區之間的通信路徑。

**11.3.1.3　I/O 方塊區** I/O 方塊區透過連接結構將信號由巨集電路連接到 I/O 接腳或是由 I/O 接腳連接到巨集電路。典型的 I/O 方塊區結構如圖 11.3-4 所示。每一個 I/O 方塊區包括一個輸入緩衝器、輸出推動器、輸出致能選擇多工器、轉移率 (slew-rate) 控制電路、提升電阻器、可規劃接地的控制電路等。

　　為使 CPLD 更具通用性,CPLD 的輸入緩衝器通常提供 5V CMOS、5V TTL、3.3V CMOS、2.5V CMOS 等信號位準的相容能力。為此,輸入緩衝器使用一個內部的 +3.3 V 電源 ($V_{CCINT}$),以提供一個固定電壓值的輸入臨限值與避免該輸入臨限值隨著 I/O 電源電壓 ($V_{CCIO}$) 改變。

　　同樣地,所有 CPLD 輸出推動器都可以輸出與 3.3V CMOS (與 5V TTL 相容)(即當 $V_{CCIO} = 3.3$ V 時) 或是 2.5V CMOS (即當 $V_{CCIO} = 2.5$ V 時) 的邏輯位準

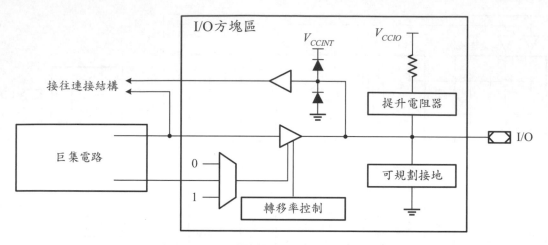

**圖 11.3-4:** 典型 CPLD 的簡化 I/O 方塊區結構

相容的輸出信號。此外,每一個輸出推動器也具有轉移率控制的功能,以控制輸出信號的上升與下降時間。輸出推動器的致能控制有三種選擇:常數 1、常數 0、由巨集電路產生的信號。再者,每一個 I/O 方塊區也提供可規劃接地的功能,以將未使用的 I/O 接腳接地。

✔學習重點

**11-23.** 試簡述 CPLD 元件的基本電路結構。

**11-24.** 試簡述函數方塊區的基本電路結構。

**11-25.** 試簡述巨集電路的基本結構。

**11-26.** 試簡述 CPLD 交換矩陣的基本結構。

**11-27.** 試簡述 I/O 方塊區的基本電路結構。

**11-28.** CPLD 可否執行一個超過 5 個輸入變數的交換函數?

## 11.3.2 FPGA 元件

　　與 CPLD 相似,FPGA 亦是由三種類型的元件組成:函數方塊區 (function block,PLB)、連接結構 (interconnect structure)、I/O 方塊區 (I/O block,IOB) 等,如圖 11.1-11 所示。PLB 提供函數元件以執行需要的邏輯函數;連接結構連接函數方塊區 (PLB) 與 I/O 方塊區 (IOB);I/O 方塊區 (IOB) 提供 I/O 接腳與內部信號的界面。

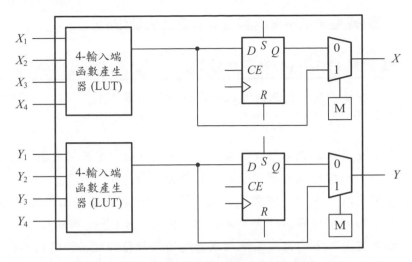

**圖 11.3-5:** 簡化的 PLB 說明典型 PLB 中的重要元件

**11.3.2.1 函數方塊區 (PLB)** 每一個函數方塊區 (PLB) 由一個或是多個 $k$-輸入變數的函數產生器 (function generator，或稱通用邏輯模組，universal logic module) 與一個可規劃輸出級電路組成，其中 $k$ 的值為 3 到 8。具有執行最多為 $k$ 個輸入變數的任意交換函數的邏輯電路，稱為 $k$-輸入變數函數產生器。觀念上，$k$- 輸入變數函數產生器為一個查表 (lookup table，LUT)，可以由 SRAM 元件、Flash 記憶器元件、多工器，或是其它組合邏輯電路實現。可規劃輸出級電路由一些多工器與一個正反器組成。因此，一個 PLB 可以執行一個或是多個組合邏輯或是循序邏輯函數。

　　一個簡化的 PLB 如圖 11.3-5 所示。每一個 PLB 分成兩個群組，每一個群組由一個 4- 輸入函數產生器 (即一個 4-輸入端 LUT) 與一個 $D$ 型正反器組成。4-輸入函數產生器可以執行任何一個最多為 4 個輸入變數的交換函數，與 $D$ 型正反器結合後，它也可以執行循序邏輯電路。$D$ 型正反器為一個通用型正反器，它具有時脈致能控制與非同步清除與設定輸入端。PLB 輸出端的多工器 (由 $M$ 位元設定) 在當該 PLB 用來執行組合邏輯電路時旁路 $D$ 型正反器。

　　$k$-輸入變數函數產生器可以由一個 $2^k \times 1$ RAM 或是 Flash 記憶器，或是一個 $2^k$ 對 1 多工器實現。無論何種實現方式，其重點為將欲執行的交換函數表示為真值表型式，然後儲存該真值表於 RAM/Flash 記憶器內，或是規劃多工器(或是多工器樹)，備妥其次之查表動作。

### ■ 例題 11.3-1 (執行交換函數)

假設希望執行三個變數的多數邏輯函數：

$$f(x, y, z) = xy + yz + xz$$

則上述交換函數必須表示為真值表型式。由於有三個變數，一共有八個不同的組合，相當於這八個組合的函數值依序為：0、0、0、1、0、1、1、1。因此，使用3-輸入端的LUT實現此交換函數時，只需要將函數值儲存於該LUT中即可，如圖11.3-6(a)所示。類似地，使用8對1多工器執行此交換函數時，僅需要設定多工器的每一個輸入為對應的函數值即可，如圖11.3-6(a)所示。使用多工器執行交換函數的較詳細討論，請參閱第6.3.3節。

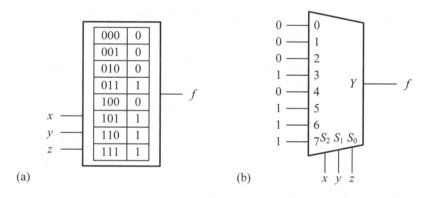

圖 11.3-6: 執行3輸入變數的交換函數：(a) 3輸入 LUT；(b) 8對1多工器

**11.3.2.2 連接結構** 典型FPGA的連接結構如圖11.3-7(a)所示，主要由一些開關矩陣(switch matrix，SM)與一些金屬連接線組成。垂直與水平連接線用來連接兩個開關矩陣。開關矩陣(SM)的結構如圖11.3-7(b)所示，其中每一個連接點(cross point)為一個包含六個nMOS電晶體的開關電路，可以形成在各個方向的完全連接。因此，與SM相交的水平與垂直連接線可以相互連接。例如，若有多重分支需求時，進入SM左邊的信號可以引導至頂端、右邊、底端，或是它們的任意組合。

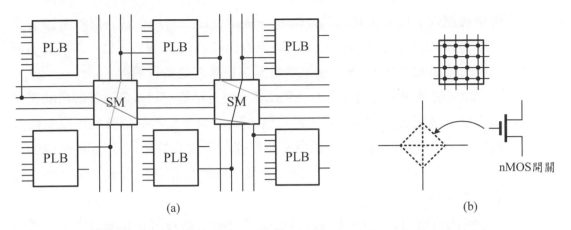

(a)　　　　　　　　　　(b)

nMOS 開關

圖 11.3-7: 典型 FPGA 的可規劃連接結構：(a) 通用連接結構；(b) 開關矩陣

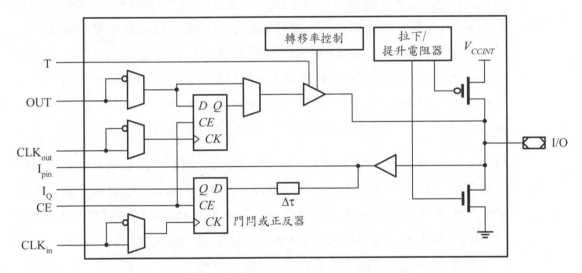

轉移率控制

拉下/
提升電阻器

$V_{CCINT}$

T

OUT

$CLK_{out}$

$I_{pin}$

$I_Q$

CE

$CLK_{in}$

D Q
CE
CK

Q D
CE
CK

$\Delta\tau$

門閂或正反器

I/O

圖 11.3-8: 典型 FPGA 的簡化 I/O 方塊區結構

**11.3.2.3　I/O 方塊區 (IOB)** I/O 方塊區提供外部 I/O 接腳與內部邏輯的界面。每一個 I/O 方塊區控制一個 I/O 接腳，而且可以設定該 I/O 接腳為輸入、輸出，或是雙向信號接腳。為使 FPGA 更具彈性，輸入端通常可以與 TTL 及 3.3-V CMOS 相容，輸出端則提升為 3.3-V 電源電壓。典型 FPGA 的簡化 I/O 方塊區結構如圖 11.3-8 所示，主要由一些多工器、緩衝器、D 型門閂/正反器、D 型正反器組成。

輸出端的 D 型正反器只能當作正反器使用，但是輸入端的 D 型正反器可以規劃成正反器或是門閂電路。兩個 $D$ 型正反器均有其各自的時脈信號 ($CLK_{in}$ 與 $CLK_{out}$) 但是使用相同的時脈致能控制 ($CE$) 輸入。每一個正反器可以經由時脈輸入端的 2 對 1 多工器規劃為正緣或是負緣觸發。

輸入信號連接至輸入端 $D$ 型正反器,該正反器可以規劃為緣觸發的正反器或是位準觸發的門閂電路。進入輸入端 $D$ 型正反器的信號也可以先延遲數個 ns,以補償因為輸入時脈信號的延遲所導致的外部 I/O 接腳所需要的資料持住時間需求。$I_{pin}$ 信號來自 I/O 接腳,而與 $I_Q$ 信號來自輸入端 $D$ 型正反器/門閂的輸出信號。

輸出信號可以由 OUT 端取得或是經由輸出端 $D$ 型正反器取得。除了輸出致能信號 ($T$) 外,轉移率控制電路控制輸出緩衝器的轉移率,即輸出信號的上昇 (rise) 與下降 (fall) 時間。轉移率控制電路的功能為設定輸出緩衝器的電流推動與吸收能力。對於較不重要的信號輸出,一般都設定為較小的電流以降低功率消耗及電源線的轉態突波,對於需要較快速度的輸出信號則設定為較大的電流以提昇工作速度。在使用 FPGA 元件時,一般均將未使用的 I/O 接腳使用提昇/拉下電阻器將其接往電源 ($V_{CC}$) 或是接地端以降低功率消耗。

**11.3.2.4 晶片上記憶器** 在圖 11.3-5 所示的 PLB 電路中的兩個 4-輸入端邏輯函數電路,若是使用兩個 $16 \times 1$ 位元的 RAM 電路執行時,它實際上執行邏輯函數的方法是將邏輯函數的整個真值表存入該 RAM 中,然後使用輸入變數 ($X_i$ 與 $Y_i$,其中 $1 \le i \le 4$) 當作該 RAM 的位址信號,讀出其內容。因此,當 $X$ 與 $Y$ 兩個邏輯函數電路為 RAM 時,只要適當地加入一些控制電路,該 PLB 即可以轉換為一個 RAM 模組使用。

一個使用 RAM 組成的 $m$ 個 $k$ 輸入 LUT 的 PLB,通常可以設定為 $(2^k \times 1)$、$(m \times 2^k \times 1)$、$(2^k \times m)$ 位元的記憶器陣列。例如,當 $m = 2$ 而 $k = 4$ 時,則可能的記憶器陣列為 $16 \times 1$、$32 \times 1$、$16 \times 2$ 位元。將多個這種記憶器模組適當地組合即可以得到需要的記憶器容量 (請參考第 11.2.1 節)。由於 PLB 隱含的分散式特性,這種記憶器稱為分散式記憶器 (distributed memory)。分散式記憶器可以設定為緣觸發 (edge-triggered,synchronous) 或是雙埠 (dual-port) RAM。緣 (正緣或負緣) 觸發 RAM 簡化系統時序而雙埠 RAM 則可以倍增 FIFO 應用

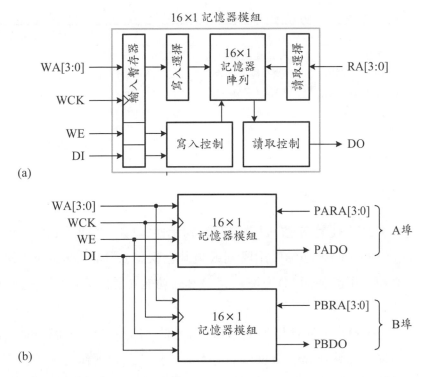

**圖 11.3-9:** $16 \times 1$ RAM 模組概念性方塊圖：(a) 一個同步寫入埠與一個非同步讀取埠與 (b) 一個同步寫入埠與兩個非同步讀取埠

的有效輸出量 (throughput)。值得注意的是當 PLB 使用為分散式記憶體時，它將不再能同時使用為邏輯元件。

　　圖 11.3-9(a) 為一個具有一個同步寫入埠與一個非同步讀取埠的 $16 \times 1$ RAM 模組。在資料寫入期間，所有寫入位址 (*WA*)，寫入致能 (*WE*) 與寫入資料 (*DI*) 接由寫入時脈 (*WCK*) 所控制。換句話說，資料寫入為同步的動作。相對地，讀取動作可以在任何時間進行，並不需要與時脈信號同步，即在加入讀取位址 (*RA*) 的一小段傳播延遲後，輸出資料 (*DO*) 即出現。因此，資料讀取為非同步的動作。

　　當一個 $16 \times 1$ RAM 模組需要具有一個同步寫入埠與兩個非同步讀取埠時，可以使用兩個前述的 $16 \times 1$ RAM 模組組合而成。如圖 11.3-9(b) 所示，將兩個模組中的相同功能的寫入信號連接在一起，因此任何寫入動作均同時寫入兩個模組中相同的位址；讀取信號則各自當作一個讀取埠，因而可以以非

表 11.3-1: FPGA CAD 軟體的巨集電路元件庫

| 軟式巨集電路 | | 硬式巨集電路 | |
|---|---|---|---|
| 邏輯閘/緩衝器 | 同位產生器/檢查器 | 加法器 | 計數器 |
| 正反器/門閂 | 資料/移位暫存器 | 累積器 | RAM |
| 加法器/減法器 | RAM/ROM | 多工器 | 資料/移位暫存器 |
| 大小比較器 | 計數器 | 解碼器 | |
| 編碼器/解碼器 | I/O circuits | 編碼器 | |
| 多工器/解多工器 | | 同位產生器/檢查器 | |

同步方式各自讀取。

**11.3.2.5 設計方法** 與邏輯閘陣列元件一樣，在使用 FPGA 元件設計需要的數位系統時，必須使用廠商或是其它軟體公司提供的 CAD 軟體工具，才能順利的規劃各個 I/O 方塊區與 PLB 的功能並且設定相關的連接結構中的連接線。

　　一般為方便使用者使用 FPGA 元件，所有 CAD 軟體通常均包括有一個巨集電路元件庫 (macro library)，提供一些抽象的邏輯元件予使用者使用。這裡稱為 "抽象" 的理由為由使用者的觀點而言，他們只看到邏輯元件而未看到這些元件與 PLB 之間的實際對應關係。因此，使用者仍然只感覺到在做一般邏輯電路的設計而不是針對一個特定的 FPGA 元件。至於邏輯電路與 FPGA 之間的轉換與對應關係，則由 CAD 軟體自動完成。

　　典型的 FPGA CAD 軟體所提供的巨集電路元件庫之巨集電路的功能大致上與標準元件庫中的巨集電路相同，即本書前面各章節所討論的基本邏輯閘、組合邏輯電路模組、循序邏輯電路模組。這些巨集電路模組包括：軟式巨集電路 (soft macro) 與硬式巨集電路 (hard macro) 等兩類。前者並未包括任何切割 (partition) 與繞線 (routing) 的資料；而後者則包括完整的切割、佈局及繞線的資料。這裡所謂的切割是指將一個大的邏輯電路分割成每一個 PLB 所能容納的小電路；佈局則是指定這些小電路專屬的 PLB；繞線則是完成 PLB 之間的連接線。典型的巨集電路元件庫如表 11.3-1 所示。

　　總之，在使用 FPGA 元件設計需要的數位系統時，必須使用廠商提供的 CAD 軟體與工具，才能順利的規劃各個 I/O 方塊區與 PLB 的功能，並且產生各個 PLB 之間或是與 I/O 接腳之間的連接組合，並將這些規劃與連接組合的資料燒錄在 EPROM/EEPROM 中，然後，由 FPGA 元件提供的特殊電路，在每次當 FPGA 元件加上電源時，自動地由 EPROM/EEPROM 中讀取該 FPGA 的規劃資料，並儲存於內部的規劃記憶元件中，執行所需要的功能。

### ✔ 學習重點

**11-29.** 試簡述 PLB 的基本結構。

**11-30.** 何謂 $k$-輸入變數通用邏輯模組？

**11-31.** 試簡述 FPGA 的連接結構。

**11-32.** 試簡述 FPGA 的開關矩陣 (SM) 結構。

**11-33.** 試簡述 FPGA 元件的 I/O 方塊區的基本結構。

## 11.3.3 FPGA 其它特性

時至今日，許多當代的 FPGA 裝置均嵌入下列特殊應用領域中需要的一些特性：通信 (communication)、數位信號處理 (digital-signal processing)、多媒體 (multimedia)、消費性電子 (consumer electronics) 等。下列扼要地敘述這些特性。

**11.3.3.1 進位鏈與串接鏈** 為了支援高速算數運算，目前的 FPGA 裝置提供專用的資料路徑，稱為進位鏈 (carry chain) 與串接鏈 (cascade chain)，以允許相鄰的 PLB 之間直接連接，無須經由局部連接結構，如圖 11.3-10 所示。進位鏈支援算數功能，例如加法器與計數器；串接鏈執行寬輸入函數，例如相等比較器。

藉著進位鏈，低序位元的進位輸出直接驅動較高序位元，並且直接饋入 LUT 與其次部分的進位鏈，因而允許實現任意寬度(位元數目)的計數器、加法器、比較器。經由串接鏈，相鄰的 LUT 可以並行地計算一個函數的一部份。串接鏈可以使用邏輯 AND 與 OR 連接相鄰 PLB 的輸出。

**11.3.3.2 記憶器區塊** 現代 FPGA 裝置的一個重要特性為其嵌入記憶器區塊 (即硬線的 IP)。記憶器區塊可以實現濾波器延遲線、小量 FIFO (first-in first-out)

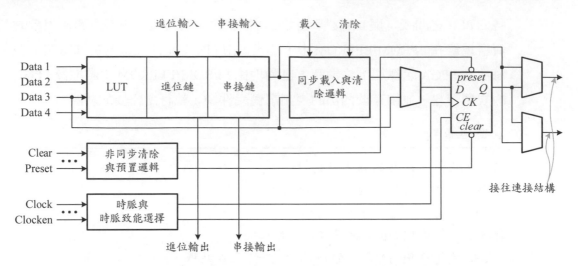

**圖 11.3-10:** 某些 FPGA 裝置中 PLB 的進位鏈與串接鏈

緩衝器、移位暫存器、處理器核心儲存模組、封包緩衝器 (packet buffer)、映像格 (video frame) 緩衝器、雙埠記憶器 (dual-port memory)、一般用途記憶器等。每一個記憶器區塊的語句寬度通常是可變的。例如一個 16k 位元的記憶器區塊，可以組合為 16k × 1、8k × 2、4k × 4、2k × 8 等。為了允許更有彈性的應用，嵌入 FPGA 裝置中的記憶器區塊通常有許多不同的容量。

為了保證需要的記憶器陣列係由嵌入的記憶器區塊實現，通常需要使用 FPGA 製造商提供的巨集電路產生器 (macro generator)，以手動方式產生需要的記憶器模組，而非完全依賴合成程式的能力，自動地合成該記憶器陣列。

**11.3.3.3 DSP 區塊** 為配合消費性產品的應用，現代 FPGA 裝置內嵌許多 DSP 區塊 (硬線的 IP)，其中每一個區塊可以實現下列功能：乘法 (multiplication)、乘加 (multiply-add)、乘累積 (multiply-accumulate，MAC)、動態移位 (dynamic shift)。乘法器的語句寬度通常由 9 位元到 36 位元不等，而且可以操作在完整的暫存器管線 (pipeline) 方式。結合邏輯元件與記憶器區塊，DSP 區塊亦可以組合來實現在 DSP 領域中較複雜的定點數與浮點數算數函數，包括 FIR (finite impulse response) 濾波器、複變數 FIR (complex FIR) 濾波器、IIR (infinite impulse response) 濾波器、FFT (fast Fourier transform) 函數、DCT (discrete cosine transform) 函數等。

**11.3.3.4　時脈網路與 PLL**　階層式時脈電路結構 (hierarchical clock structure) 與多重鎖相迴路 (phase-locked loop，PLL) 通常裝設於高性能的 FPGA 裝置中。階層式時脈電路結構意指在一個裝置中，同時提供許多時脈網路，而這些時脈網路可以組合使用。例如，在一個具有三個時脈網路的時脈結構中：專用通用時脈網路、區域性時脈網路、周邊時脈網路。這些時脈網路可以組合，以提供多至數百個唯一的時脈領域 (clock domain)。現代 FPGA 裝置的另一個特性為提供相當大數量的 PLL。每一個 PLL 甚至可以同時支援多個輸出，其中每一個輸出允許獨立規劃以產生唯一的客製化時脈頻率。

**11.3.3.5　高速傳送接收器**　當代高性能 FPGA 通常裝設有各式各樣的傳送接收器 (transceiver)，以提供各種應用，由低成本消費性產品到高性能網際網路系統。藉著引入適應性等化技術 (adaptive equalization technique)，這類傳送接收器可以達到 30 Gb/s 甚至 100 Gb/s 的性能，因而可以支援各種 I/O 匯流排的需求，例如 PCI (peripheral component interconnect)、PCIe (PCI express)、SATA (serial advanced technology attachment)、USB (universal serial bus) 等。

**11.3.3.6　平台/SoC FPGA**　在許多高邏輯閘容量的 FPGA 中，通常亦嵌入硬線的 (hardwired) CPU 核心，例如 PowerPC 與 ARM Cortex 的處理器，與及各種周邊裝置 (包含 ADC 與 DAC)。這一些 FPGA 裝置稱為平台 (platform)(或 SoC) FPGA，詳細情形請參閱第 11.1.1 節。每一個 CPU 核心允許加入輔助處理單元 (auxiliary processor unit，APU) 以支援硬體加速與及整合式縱橫交換開關 (crossbar switch) 以提供高資料吞吐量。目前，所有具有足夠邏輯閘容量的 FPGA 裝置均允許嵌入軟性 CPU 核心，例如 MicroBlaze、PicoBlaze、NIOS，與及周邊裝置，以適應特定之應用。在這種情形下，即使使用軟性 IP 核心，它們依然稱為平台 FPGA。簡言之，平台 FPGA (SoC FPGA) 意為一個嵌入一個或多個任何形式 (硬線的、硬 IP、軟 IP) CPU 核心與周邊裝置的 FPGA 裝置。

✔**學習重點**

**11-34.** 說明進位與串接鏈的基本結構。.
**11-35.** 分散式記憶器與記憶器區塊的區別為何？

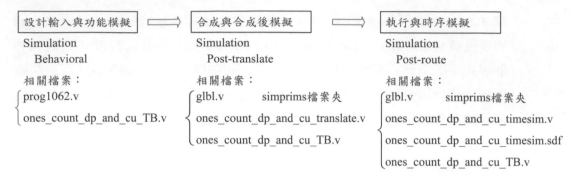

圖 **11.3-11:** 使用 CPLD/FPGA 實現數位系統的設計與實現流程

**11-36.** 何謂平台 FPGA？

**11-37.** 何謂 SoC FPGA？

## 11.3.4 CPLD/FPGA 應用實例

　　本節中，將使用 Xilinx 公司的 Spartan-3 系列 FPGA 元件 (XA3S50) 為例，簡要說明使用 CPLD/FPGA 元件設計與實現一個數位系統的過程，即圖 11.1-15 的流程。較詳細的過程請參閱相關的參考資料 (參考資料 [3] 與 [8])。下列將以 Xilinx 公司的 Integrated System Environment (ISE 或 Vivado) 軟體為例，說明使用 FPGA 元件實現一個數位系統時，由設計到執行的整個流程。

　　CPLD/FPGA 設計流程如圖 11.3-11 所示。在完成一個數位系統的設計之後，可以使用 Verilog HDL 的 CAD 模擬軟體，例如 ISE 的 ISIM (或 ModelSim) 模擬程式，進行語法分析、輸入驗證與功能模擬，此時需要使用的檔案如圖 11.3-11 所示。欲進行功能驗證時，選取 Simulation->Behavioral 選項，此時需要的程式為測試標竿程式 (ones_count_dp_and_cu_TB.v) 與原始程式檔 (prog1062.v)，其模擬後的結果時序圖如圖 11.3-12 所示。

　　在功能驗證無誤之後，其次的工作為進行邏輯合成。使用 ISE 的 XST 邏輯合成程式對 prog1062.v 合成之後，使用 View RTL Schematic 選項，可以觀察到如圖 11.3-13 所示的邏輯電路圖。在此為了節省篇幅，我們只展開其中的控制器單元部分，資料處理單元部分則未展開。欲進行合成之後的模擬工

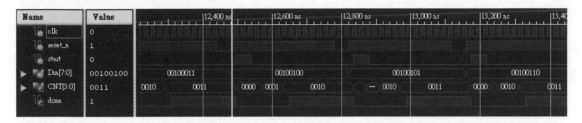

圖 **11.3-12:** 功能模擬時序圖

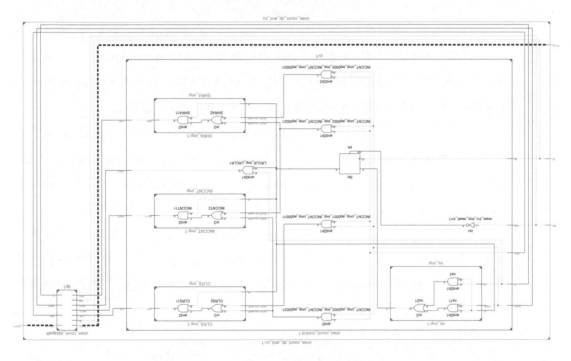

圖 **11.3-13:** 合成後的資料處理單元邏輯電路

作，在 ISE 中選擇 Simulation->Post-Translate 選項，此時需要的檔案為合成後的 netlist 結果 (輸出檔案為 ones_count_dp_and_cu_translate.v 檔)，測試標竿程式 (ones_count_dp_and_cu_TB.v) 與 glib.v 檔。進行模擬之後，若無錯誤發生，可以得到如圖 11.3-14 所示的時序圖。由於邏輯合成只是使用一些抽象的邏輯元件取代原始程式中的指述，因此每一個邏輯元件均未包括傳播延遲的參數。

在邏輯合成與合成後模擬 (post-translate simulation) 驗證無誤之後，其次

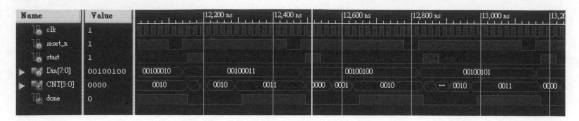

圖 11.3-14: 合成後模擬時序圖

的工作為進行執行(實現)的工作，即將邏輯合成後的 netlist 嵌入選定的 FPGA
元件之中。相關的步驟為對映 (map) 及佈局與繞線 (place and route)。在完成佈
局與繞線之後，若無錯誤，可以使用 Xilinx ISE 中的 View/Edit Routed Design
(FPGA Editor) 選項，觀察到如圖 11.3-15 所示的 FPGA 佈置圖。

　　欲做合成後時序模擬時，在 ISE 中選擇 Simulation->Post-route 選項，此
時需要的檔案為合成後的 netlist 結果 (ones_count_dp_and_cu_timesim.v) 檔，
glib.v 檔，延遲時間定義檔 ones_count_dp_and_cu_timesim.sdf，與測試標竿程
式 (ones_count_dp_and_cu_TB.v)。進行模擬後，若無錯誤發生，可以得到如圖
11.3-16 所示的時序圖。由於執行的動作是實際上將合成後的結果對應到真
正的 FPGA 元件，因此在此步驟中的模擬將包括實際上的傳播延遲參數。比
較圖 11.3-14 與圖 11.3-16後，可以得知：在圖 11.3-16 中確實已經將傳播延遲
參數列入考慮之中。

# 參考資料

1. Lattice Semiconductor Corporation, *Lattice Data Book,* 1994.

2. Lattice Semiconductor Corporation, *ABEL-HDL Reference Manual,* version 7, 1998.

3. M. B. Lin, *Digital System Designs and Practices: Using Verilog HDL and FPGAs,* John Wiley & Sons, 2008.

4. M. B. Lin, *Introduction to VLSI Systems: A Logic, Circuit, and System Perspective,* CRC Press, 2012.

5. Model Technology, *ModelSim SE User's Manuals,* Version 5.5e, 2001.

6. J. F. Wakerly, *Digital Design: Principles and Practices,* 3rd ed., Upper Saddle River, New Jersey: Prentice-Hall, 2000.

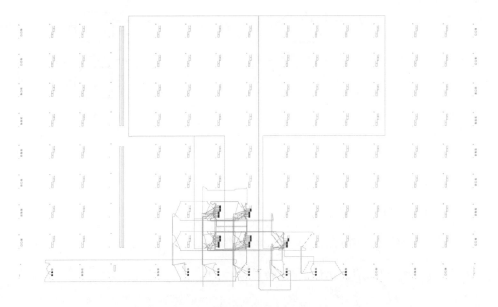

圖 **11.3-15:** 執行後的 FPGA 佈局與繞線圖

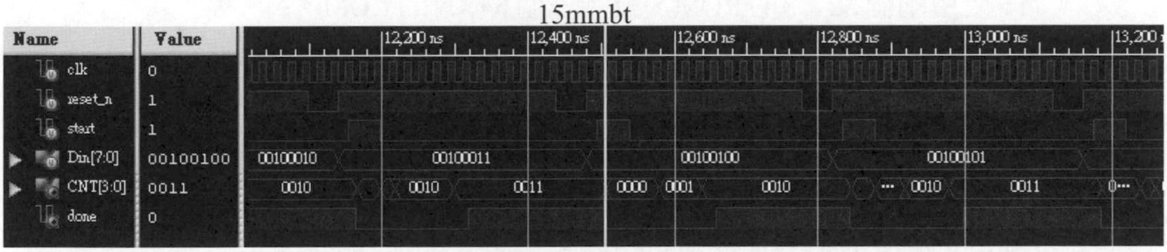

圖 **11.3-16:** 執行後模擬時序圖

7. Xilinx Inc., *The Programmable Logic Data Book,* 2001. (http:// www.xilinx.com)

8. Xilinx Inc., *Software Manual Online,* 2001. (http:// www.xilinx.com)

## 習題

**11-1** 利用圖 11.1-5 所示的邏輯閘陣列 IC 基本結構,設計圖 P11.1 所示的 SR 門閂電路 (有關 SR 門閂電路的討論,請參閱 7.1.3 節):

**11-2** 利用圖 11.1-5 所示的邏輯閘陣列 IC 基本結構,執行下列交換函數:

(1) $f(x,y) = x'y + xy'$

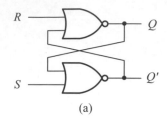 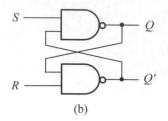

(a)　　　　　　　　　　　　(b)

圖 **P11.1**

(2) $f(x,y) = x'y' + xy$

(3) 全加器電路函數

$$S(x,y,c_{in}) = x \oplus y \oplus C_{in}$$

$$C_{out}(x,y,C_{in}) = xy \oplus (x \oplus y)$$

**11-3** 下列為有關 ROM 擴充的問題：

(1) 使用兩個 $32 \times 8$ 的 ROM，設計一個 $64 \times 8$ 的 ROM。

(2) 使用四個 $16 \times 4$ 的 ROM，設計一個 $32 \times 8$ 的 ROM。

**11-4** 使用 ROM 的執行方式，設計下列各個數碼轉換電路：

(1) 4 位元 BCD 碼對 4 位元格雷碼的轉換。

(2) 4 位元 BCD 碼對加三碼的轉換。

(3) 4 位元二進制數字對 ASCII 碼的轉換。

**11-5** 使用 ROM 執行下列多輸出交換函數：

$$f_1(w,x,y,z) = \Sigma(0,4,10,12,14)$$

$$f_2(w,x,y,z) = \Sigma(0,1,2,4,8,12)$$

$$f_3(w,x,y,z) = \Sigma(4,6,9,11,12)$$

**11-6** 使用 ROM 執行下列多輸出交換函數：

$$f_1(w,x,y,z) = w'y + w'z' + x'y$$

$$f_2(w,x,y,z) = y'z' + wx' + wy'$$

**11-7** 使用 ROM 執行方式，設計一個 $2 \times 2$ 位元的乘法器電路。

**11-8** 使用下列指定的方式，設計一個BCD碼對加3碼的轉換器電路：

(1) PLA (2) PAL

**11-9** 使用PLA與PAL等元件，執行下列多輸出交換函數：

$$f_1(x,y,z) = \Sigma(0,1,3,5,6)$$

$$f_2(x,y,z) = \Sigma(1,2,4,7)$$

$$f_3(x,y,z) = \Sigma(2,3,4,5,6)$$

**11-10** 計算下列各PLA元件內部的熔絲數目：

(1) $8 \times 48 \times 8$ PLA (2) $8 \times 32 \times 4$ PLA

(3) $12 \times 96 \times 8$ PLA (4) $16 \times 48 \times 8$ PLA

**11-11** 畫出例題11.2-6的PLA邏輯電路之符號表示圖。

**11-12** 圖P11.2為一個PLA電路的內部連接圖：

(1) 寫出該PLA電路所執行的多輸出交換函數。

(2) 使用ROM重新執行該PLA電路的功能。

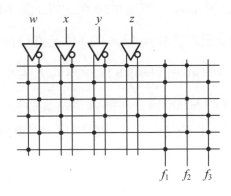

**圖 P11.2**

**11-13** 使用PLA元件執行下列多輸出交換函數：

$$f_1(w,x,y,z) = \Sigma(3,4,9,10,11)$$

$$f_2(w,x,y,z) = \Sigma(0,4,12,13,14)$$

$f_3(w,x,y,z) = \Sigma(0,1,3,4,8,11)$

**11-14** 使用圖 11.2-11 的 PAL16L8 元件，執行下列多輸出交換函數：

$f_1(u,v,w,x,y,z) = \Sigma(0,2,4,6,7,8,10,12,14,15,22,23,30,31)$

$f_2(u,v,w,x,y,z) = \Sigma(0,1,4,5,13,15,20,21,22,23,24,26,28,30,31)$

$f_3(u,v,w,x,y,z) = \Sigma(0,1,4,5,16,17,20,21,37,42,43,46,47,53,58,59,62,63)$

**11-15** 使用圖 11.2-10 的 PAL14H4 元件，執行下列多輸出交換函數：

$f_1(w,x,y,z) = \Sigma(0,1,5,7,10,11,13,15)$

$f_2(w,x,y,z) = \Sigma(0,2,4,5,10,11,13,15)$

$f_3(w,x,y,z) = \Sigma(0,2,3,7,10,11,12,13,14)$

**11-16** 使用圖 11.2-10 的 PAL14H4 元件，設計一個 4 位元 3 對 1 多工器。每一個多工器均具有 3 條資料輸入端；兩條來源選擇線則為四個多工器共用。當選擇線 $S_1S_0 = 00$ 時，選取資料輸入端 0；$S_1S_0 = 01$ 時，選取資料輸入端 1；$S_1S_0 = 10$ 時，選取資料輸入端 2；$S_1S_0 = 11$ 時，所有資料輸出端均為 0。

**11-17** 使用 PAL16L8 重新設計例題 6.2-3 的 8 對 3 優先權編碼器。

**11-18** 使用 PAL16L8 重新設計圖 6.6-6 的 4 位元進位前瞻產生器。

**11-19** 使用 PAL16L8 重新設計例題 6.5-3 的 4 位元大小比較器。

**11-20** 將例題 11.2-8 的 Mealy 機循序邏輯電路改為 Moore 機，然後使用狀態圖的方式，設計 ABEL 程式並且加入測試向量，以模擬測試該程式確實能正確的操作。

**11-21** 利用圖 11.1-5 所示的 CMOS 邏輯閘陣列 IC 基本結構，設計下列各個邏輯閘電路：

(1) 三個輸入端的 NAND 閘　　(2) 三個輸入端的 NOR 閘

(3) 兩個輸入端的 AND 閘　　(4) 兩個輸入端的 OR 閘

**11-22** 若使用圖 11.3-7 的 PLB 執行例題 8.1-15 的計數器電路時，一共需要使用多少個 PLB？

**11-23** 若使用圖 11.3-7 的 PLB 電路設計下列各種加法器電路時,各需要多少個 PLB:

(1) 16 位元漣波進位加法器

(2) 16 位元進位前瞻加法器。

**11-24** 考慮例題 10.6-1 的 Verilog HDL 程式:

(1) 使用 Verilog HDL 模擬程式,執行功能模擬。

(2) 使用邏輯合成程式,執行邏輯合成與合成後模擬。

(3) 使用 CPLD/FPGA 軟體程式,實現並做時序分析。

**11-25** 考慮例題 10.6-3 的 Verilog HDL 程式:

(1) 使用 Verilog HDL 模擬程式,執行功能模擬。

(2) 使用邏輯合成程式,執行邏輯合成與合成後模擬。

(3) 使用 CPLD/FPGA 軟體程式,實現並做時序分析。

**11-26** 考慮例題 10.6-4 的 Verilog HDL 程式:

(1) 使用 Verilog HDL 模擬程式,執行功能模擬。

(2) 使用邏輯合成程式,執行邏輯合成與合成後模擬。

(3) 使用 CPLD/FPGA 軟體程式,實現並做時序分析。

**11-27** 考慮例題 10.6-5 的 Verilog HDL 程式:

(1) 使用 Verilog HDL 模擬程式,執行功能模擬。

(2) 使用邏輯合成程式,執行邏輯合成與合成後模擬。

(3) 使用 CPLD/FPGA 軟體程式,實現並做時序分析。

# 12 測試與可測試電路設計

測試在任何數位邏輯電路元件、PCB板系統，或是數位系統中的整個製造程序中為一個相當重要的步驟，因為經由詳細的測試程序可以驗證該元件、PCB板系統，或是數位系統是否能完全操作在原先設計的功能上。測試的目在於找出電路中的故障 (fault)。所謂的故障為電路中的實體缺陷 (physical defect)，當其表現在電路操作上的不正確功能稱為失誤 (failure)，而其表現於系統的信號時則稱為錯誤 (error)。

欲測試一個邏輯電路中的故障時，必須適當的加入輸入信號，然後觀察其結果並與無故障的輸出值比較，以決定是否有故障發生。本章中，將介紹一個邏輯電路中的各種常見的故障類型與常用的故障模式，其次介紹各種測試組合邏輯電路時的輸入信號產生方法，並介紹如何測試一個循序邏輯電路及其困難性，最後則介紹如何在電路的設計之中也考慮測試的相關問題，以簡化其後的測試程序的進行。

## 12.1 基本觀念

在數位邏輯電路中的故障效應通常表示為故障模式 (fault model)，目前最常用的故障模式為卡住故障 (stuck-at fault)，而在CMOS數位電路中則再加上橋接故障 (bridging fault) 與開路卡住 (stuck-open) 故障兩種。

### 12.1.1 故障模式

所謂的故障模式為一種將系統中的失誤效應使用系統信號的變化的表示方法。目前最常用的故障模式為卡住故障，即電路中的故障均假定為電路中

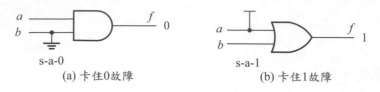

(a) 卡住0故障                          (b) 卡住1故障

**圖 12.1-1:** 卡住故障模式

的一個接線(或是稱為 net)永遠卡住在邏輯 0 (stuck-at-zero，s-a-0)或是卡住在邏輯 1 (stuck-at-one，s-a-1)，即其邏輯值永遠為 0 或是 1。

## ■ 例題 12.1-1 (卡住故障模式例)

圖 12.1-1(a)所示為卡住 0 故障例，由於邏輯閘為 AND 閘，因此當一個輸入端卡住在邏輯 0 時，其輸出端的值將永遠為邏輯 0，而與另一個輸入端的值無關。圖 12.1-1(b)所示為卡住 1 故障例，由於邏輯閘為 OR 閘，因此當一個輸入端卡住在邏輯 1 時，其輸出端的值將永遠為邏輯 1，而與另一個輸入端的值無關。

在圖 12.1-1(a)所示電路中，無論是輸入端 $a$、$b$，或是輸出端 $f$ 卡住在邏輯 0，其輸出端 $f$ 的值均為邏輯 0；在圖 12.1-1(b)所示電路中，無論是輸入端 $a$、$b$，或是輸出端 $f$ 卡住在邏輯 1，其輸出端 $f$ 的值均為邏輯 1。這種無法區別的故障稱為等效故障 (equivalent fault)。

當電路中只有一條接線卡住時稱為單一故障 (single fault)；當電路中同時有多條接線卡住時稱為多重故障 (multiple faults)。對於具有 $n$ 條接線的電路而言，在卡住模式下一共有 $2n$ 個可能的單一故障，但是具有 $3^n - 1$ 個可能的多重故障。當然單一故障也是多重故障的一個特例。在多重故障中，若是所有的故障均為卡住 0 或是卡住 1 但是不能同時為兩種時，稱為單方向性故障 (unidirectional fault)。

由於卡住故障模式相當簡單，而且可以表示電路中相當多的實體缺陷所造成的失誤，例如斷線、二極體的開路、二極體的短路、短路到電源、接地端的接線等。因此，它為目前數位電路中最常用的故障模式。

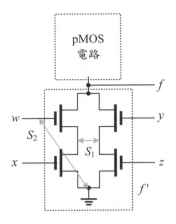

圖 **12.1-2**: 橋接故障說明例

目前在 CMOS 邏輯電路中，另外兩種常見但是無法歸納為上述的卡住故障模式的故障分別稱為橋接故障與開路卡住故障。橋接故障為在電路中有兩條或是以上的信號線非故意性的連接在一起所造成的電路失誤，如圖 12.1-2 所示。若橋接故障 $S_1$ 發生時，在不考慮 pMOS 電晶體電路的作用之下，$f$ 函數將由 $(wx+yz)'$ 轉變為 $[(x+z)(w+y)]'$；若橋接故障 $S_2$ 發生時，相當於 $w$ 輸入端的 nMOS 電晶體將永遠處於截止狀態，因此在不考慮 pMOS 電晶體電路的作用之下，$f$ 函數將由 $(wx+yz)'$ 轉變為 $(yz)'$。因此，橋接故障通常會改變邏輯電路的邏輯函數。

一般而言，橋接故障的效應完全由該邏輯電路的電路技術決定，在 CMOS 電路中，它的效應可以演變為卡住故障或是開路卡住故障，依據實際上發生的位置而定。

開路卡住故障為 CMOS 電路的特性，它與卡住故障的主要差異為當電路發生卡住故障時，該電路依然為組合邏輯電路，但是當電路發生開路卡住故障時，該電路將轉變為循序邏輯電路。

圖 12.1-3 所示為一個兩個輸入端的 NOR 閘電路，但是其中 nMOS 電晶體 $M_{n1}$ 的吸極端發生開路卡住故障。此時，輸出端 $f$ 的函數將由 $(x+y)'$ 轉變為循序邏輯電路函數 $f(t+1) = (x+y)' + x'yf(t)$ (讀者可以直接由圖 12.1-3 求得)。

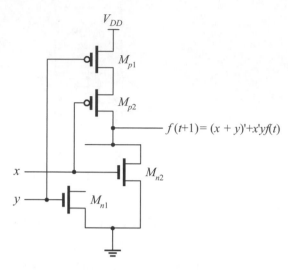

圖 **12.1-3:** 開路卡住故障例

✔學習重點

**12-1.** 何謂故障模式？

**12-2.** 試定義卡住 0 與卡住 1 故障。

**12-3.** 試定義橋接故障與開路卡住故障。

**12-4.** 在卡住故障模式下，一個 $m$ 個輸入端的邏輯閘有多少個可能的單一故障？

## 12.1.2 故障偵測

　　測試 (test) 為指定一個無故障的電路在輸入端加上適當的信號 (稱為激勵信號，stimuli) 後應該產生的輸出響應。故障偵測 (fault detection) 則是一個使用測試以決定一個待測電路是否發生故障的測試程序。故障定位 (fault location) 則是指認故障的位置，該位置可以是精確的位置或是在一個最小可能的範圍內。一般而言，在能夠指定一個故障的位置之前，必須先能夠偵測故障已經發生，因此故障定位通常需要花費較多的資源。

　　數位邏輯電路的測試與故障偵測或是故障定位均是基於圖 12.1-4 所示的基本假設：待測電路為一個黑盒子，但是其執行的邏輯函數甚至邏輯電路為

**圖 12.1-4:** 待測電路的基本模式

已知，所有的激勵信號均必須由輸入信號端輸入，所有的電路響應均必須由輸出信號端取得。欲測試一個故障是否發生時，首先必須由輸入信號端加入適當的信號，以將該故障的接線設定為相反的邏輯值，然後將該接線的邏輯值傳遞到輸出端成為輸出信號，以便觀察與決定是否有故障發生。設定一個接線 (net) 為一個特定的邏輯值的能力稱為控制性 (controllability)；將一個接線 (net) 上的邏輯值傳遞到輸出端，以便觀察的能力稱為觀察性 (observability)。

　　在組合邏輯電路中，對於一個故障而言，若是可以找到一個測試，判別該電路中是否有此故障時，稱為可偵測故障 (detectable fault 或是 testable fault)，否則該故障稱為不可偵測故障 (undetectable fault)。欲令一個組合邏輯電路中的所有卡住故障 (即卡住 0 與卡住 1) 均可以由適當的測試偵測出來時，該組合邏輯電路必須是最簡的電路，即其輸出函數必須是最簡式。

## ■ 例題 12.1-2 (可偵測故障與不可偵測故障)

　　圖 12.1-5 所示為一個具有多餘邏輯閘的邏輯電路，即它不是一個最簡的邏輯電路。依據第 2.4.2 節的控制邏輯閘的基本觀念，欲使 AND 閘的輸出端的值由一個指定的輸入端決定時，該邏輯閘的所有其它輸入端的值均必須設定為 1；欲使 OR 閘的輸出端的值由一個指定的輸入端決定時，該邏輯閘的所有其它輸入端的值均必須設定為 0。因此，接線 $\alpha$ 與 $\beta$ 均可以各自設定為邏輯值 0 或是 1，但是 $\alpha_{s-a-0}$ 與 $\beta_{s-a-0}$ 為不可觀察的故障而 $\alpha_{s-a-1}$ 與 $\beta_{s-a-1}$ 為可觀察的故障 (為何？)，因此，$\alpha_{s-a-0}$ 與 $\beta_{s-a-0}$ 為不可偵測故障，而 $\alpha_{s-a-1}$ 與 $\beta_{s-a-1}$ 為可偵測故障。

　　因此，在待測電路中的一個故障是否為可偵測故障或是不可偵測故障由下列兩個參數決定：控制性與觀察性。

　　事實上，一個組合邏輯電路中的所有卡住故障均為可偵測故障的條件為該組合邏輯電路是一個最簡的邏輯電路，即它不含多餘的邏輯閘。當一個組

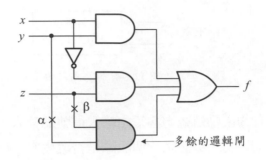

圖 12.1-5: 可偵測故障與不可偵測故障 (圖 5.3-3(b))

合邏輯電路為最簡的邏輯電路時，該邏輯電路中的任何接線因為實體缺陷造成的邏輯故障而發生邏輯值的改變時，將促使該邏輯電路執行的交換函數因之而改變，因此得到與未發生故障時相異的值。

### ✔學習重點

**12-5.** 試定義測試、故障偵測、故障定位。

**12-6.** 試定義可偵測故障與不可偵測故障。

**12-7.** 試定義控制性與觀察性。

**12-8.** 在圖 12.1-5 中，若將多餘的 AND 閘移去之後，該電路一共有多少個可能的單一卡住故障？它們是否均為可偵測故障？

## 12.1.3 測試向量

在測試一個邏輯電路的過程中，通常需要找出一組可以測試出該邏輯電路中所有可能的可偵測故障的最簡輸入信號組合的集合，稱為測試集合 (test set)。測試一個故障時的輸入信號組合稱為該故障的測試向量 (test vector)。若一個測試向量的集合可以完全測試一個邏輯電路中的所有可偵測故障，該集合稱為完全測試集合 (complete test set)。

一個邏輯電路的真值表為該電路的一個完全測試集合，然而對於一個具有 $n$ 個輸入端的組合邏輯電路而言，其真值表將含有 $2^n$ 個輸入信號的組合 (即測試向量)，因此使用真值表的測試方法在實用上通常不可能，或是不符

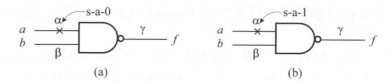

**圖 12.1-6:** 完全測試例

合經濟效益。下列例題說明經由適當的電路分析，一般均可以由邏輯電路中找出一個較真值表為小的完全測試集合，因此可以節省測試的時間與成本。

## ■ 例題 12.1-3 (完全測試集合)

　　圖 12.1-6 所示為一個兩個輸入端的 NAND 閘。欲測試此邏輯閘時，最簡單的方法為將輸入端 $a$ 與 $b$ 的四種組合一一輸入電路中之後，觀察其輸出端的值，然後與真值表比較，以決定該邏輯閘的功能是否正確，即沒有故障發生，因此需要四個測試輸入。現在觀察當輸入端 $a$ 與 $b$ 的值為 11 時，在正常情況下，輸出端 $f$ 的值應該為 0，但是若接線 $\alpha$ 或是 $\beta$ 卡住在邏輯值 0 或是接線 $\gamma$ 卡住在邏輯值 1，則輸出端 $f$ 的值將為 1。當輸入端 $a$ 與 $b$ 的值為 01 時，在正常情況下，輸出端 $f$ 的值應該為 1，但是若接線 $\alpha$ 卡住在邏輯值 1 或是接線 $\gamma$ 卡住在邏輯值 0，則輸出端 $f$ 的值將為 0。當輸入端 $a$ 與 $b$ 的值為 10 時，在正常情況下，輸出端 $f$ 的值應該為 1，但是若接線 $\beta$ 卡住在邏輯值 1 或是接線 $\gamma$ 卡住在邏輯值 0，則輸出端 $f$ 的值將為 0。由於上述三種測試已經完全測試出 NAND 閘的所有可能的故障，因此為一個完全測試集合，即完全測試集合 = {11, 01, 10}。

　　在上述例題中，將輸入端 (變數) 的所有二進制組合當作測試集合的測試方法稱為為徹底測試 (exhaustive test)，它為完全測試的一種。但是一般而言，若能仔細的分析邏輯電路的特性，將可以找出一組遠較真值表為小的完全測試集合。

## ✔ 學習重點

**12-9.** 試定義測試向量、測試集合、完全測試集合。

**12-10.** 試定義徹底測試。

**12-11.** 為何完全測試集合通常較真值表為小？

## 12.1.4 循序邏輯電路的測試困難性

如前所述，循序邏輯電路的行為除了與目前的輸入信號值有關之外，也由先前的輸入信號值決定，因此增加了測試的困難度。在組合邏輯電路中，測試的目的在驗證該邏輯電路是否正確無誤的操作在真值表所規範的功能上；在循序邏輯電路中，測試的目的則在驗證該循序邏輯電路是否正確無誤的操作在狀態圖 (或是狀態表) 所規範的功能上。因此，循序邏輯電路的故障偵測分成兩個主要部分：

1. 將待測的循序邏輯電路的狀態設定或是轉移到一個已知的狀態上；
2. 測試待測的循序邏輯電路的所有狀態轉移動作。

第一部分的動作通常使用歸向序列 (homing sequence) 完成。當一個輸入序列輸入一個循序邏輯電路之後，若該循序邏輯電路的最後狀態可以唯一的由該循序邏輯電路的輸出序列識別時，該輸入序列稱為歸向序列。對於任何一個最簡狀態圖而言，均至少含有一個歸向序列。

### ■ 例題 12.1-4 (歸向序列)

在圖 12.1-7(a) 的狀態表中，假設最初不知在那一狀態，當在輸入端 $x$ 加入一個值為 0 的輸入之後，電路將轉移到狀態 $B$ 或是 $D$。此時若再加入 0 時，電路將轉態到狀態 $B$；若再加入 1 時，電路將轉態到狀態 $A$ 或是 $C$，依據其實際上的輸出值為 0 或是 1 而定。其餘的輸入序列與狀態的轉移情形如圖 12.1-7(b) 所示。

圖 12.1-7(c) 所示為在輸入序列 00、01、11 下的輸出序列與最後狀態。在輸入序列 00 與 01 之下，可以由輸出序列的值，唯一的得知電路的最後狀態，但是在輸入序列 11 之下，當輸出序列的值為 11 時，其最後狀態可能是狀態 $A$ 或是 $C$，即無法確定最後狀態。因此，輸入序列 00 與 01 為歸向序列，而序列 11 不是歸向序列。

欲測試循序邏輯電路的所有狀態轉移動作是否正確，必須能夠將該循序邏輯電路由一個狀態轉移到另外一個狀態。完成此項工作的輸入序列稱為轉

| PS | $x$ | NS, z 0 | 1 |
|---|---|---|---|
| A | | B,0 | A,1 |
| B | | B,0 | A,0 |
| C | | D,0 | C,0 |
| D | | B,0 | C,1 |

(a) 狀態表

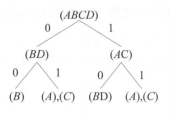

(b) 歸向序列

| 初始狀態 | 輸入序列 00 | | 01 | | 11 | |
|---|---|---|---|---|---|---|
| A | 00 | B | 00 | A | 11 | A |
| B | 00 | B | 00 | A | 01 | A |
| C | 00 | B | 01 | C | 00 | C |
| D | 00 | B | 00 | A | 10 | C |

(c) 輸出序列與最後狀態

**圖 12.1-7:** 循序邏輯電路的測試說明例

移序列 (transfer sequence)。一般而言，一個轉移序列定義為一個可以將一個循序邏輯電路由狀態 $S_i$ 轉移到狀態 $S_j$ 的最短輸入序列。

### ■ 例題 12.1-5 (轉移序列)

在圖 12.1-7(a) 所示的狀態圖中，欲由狀態 $C$ 轉移到 $D$ 時，可以加入 0；欲由狀態 $D$ 轉移到 $B$ 時，可以加入 0；欲由狀態 $C$ 轉移到 $A$ 時，可以加入序列 001。上述輸入序列均為轉移序列。

一個狀態圖稱為強固連接的 (strongly connected) 條件為在狀態圖中的任何兩個狀態之間均存在一個轉移序列，可以將該電路由一個狀態轉移到另外一個狀態上。對於一個強固連接的狀態圖而言，我們均可以加入一個適當的轉移序列，完成需要的狀態轉移。因此，任何一個強固連接的最簡狀態圖均可以使用下列程序，將它轉移到一個已知的狀態上。

### ■ 演算法 12.1-1: 循序邏輯電路初始狀態設定程序

1. 選取適當的歸向序列；
2. 輸入歸向序列，並觀察輸出序列；
3. 由輸出序列決定電路的最後狀態 $S_j$；
4. 若最後狀態是 $S_i$ 而不是需要的狀態 $S_j$，則加入適當的轉移序列，將循序邏輯電路轉移到狀態 $S_j$。

由以上討論可以得知：欲測試一個任意的循序邏輯電路是相當困難的，因為至少無法保證每一個循序邏輯電路的狀態圖均為強固連接的狀態圖，因而無法由一個已知的狀態轉移到任何一個需要測試的狀態上。目前，解決的方法為在循序邏輯電路中加入一些幫助測試用的額外電路，因此可以直接設定該電路在需要的狀態上，詳細的討論請參閱第 12.3.2 節。

#### ✔學習重點

**12-12.** 試定義歸向序列與轉移序列。

**12-13.** 試定義強固連接的狀態圖。

**12-14.** 圖 12.1-7(a) 所示的狀態圖是否為一個強固連接的狀態圖？

## 12.2　自動測試向量產生

如前所述，欲測試一個組合邏輯電路的故障時，必須適當的求出測試向量集合，以降低成本及加速測試的進行。截至目前為止，大部分的測試向量產生方法均是基於下列兩個假設：待測的電路是最簡的電路與單一的卡住故障模式。本節中，將介紹目前最常見的測試向量產生方法：路徑感應法 (path sensitization) 及由其導出的 $D$ 演算法 ($D$ algorithm)。

### 12.2.1　路徑感應法

如前所述，欲測試一個故障是否發生時，首先必須由輸入信號端加入適當的信號，以將該故障的接線設定為相反的邏輯值，然後將該接線的邏輯值傳遞到輸出端成為輸出信號，以便觀察與決定是否有故障發生。路徑感應法即是此項原理的直接應用，其基本程序如下：

#### ■ 演算法 12.2-1: 路徑感應法的基本程序

1. 由待測故障點選定一條連接到輸出端的路徑。

2. 設定待測故障點一個與欲測試的故障值相反的邏輯值，即若欲測試卡住 0 故障時，設定為 1，否則設定為 0。

3. 由待測故障點尋著選定的輸出路徑，依序設定該路徑上的邏輯閘的其餘輸入端的值為一個適當的邏輯值，以將該故障點的邏輯值傳遞到輸出端。

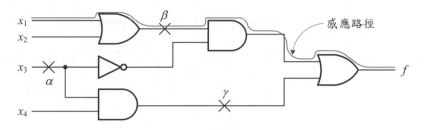

**圖 12.2-1:** 路徑感應法說明例

4. 由待測故障點依序回朔到輸入信號端，並依序設定該路徑上的邏輯閘的其餘輸入端的值為一個適當的邏輯值，以維持該故障點所設定的邏輯值。若能得到一個不相衝突的輸入信號組合，則該組合即為測試向量；否則，另外選取一條路徑，然後回到步驟 2。

---

### ■ 例題 12.2-1 (路徑感應法)

在圖 12.2-1 中，若希望測試接線 $\beta$ 的卡住 0 故障，則隨意地選取一條路徑如圖中所示。將接線 $\beta$ 的邏輯值設定為 1。因此，輸入信號 $x_1$ 或是 $x_2$ 至少必須有一個為 1。欲將接線 $\beta$ 的邏輯值傳遞到輸出端 $f$，則輸入信號 $x_3$ 必須設定為 0，輸入信號 $x_4$ 的值則無關緊要。因此測試向量為 $\{(1, \phi, 0, \phi), (\phi\, 1, 0, \phi)\}$。

---

### ■ 例題 12.2-2 (無法感應的路徑)

在圖 12.2-2 中，若希望測試接線 $h$ 的卡住 0 故障，當選取路徑 1 時，欲將接線 $h$ 的邏輯值設定為 1，輸入信號 $x_2$ 與 $x_3$ 必須設定為 0，但是欲將接線 $h$ 的邏輯值傳遞到輸出端 $f_1$ 時，輸入信號 $x_1$ 與 $x_2$ 必須皆設定為 1，因此得到不一致的輸入信號組合。所以路徑 1 為一條無法感應的路徑。

當選取路徑 2 時，欲將接線 $h$ 的邏輯值設定為 1，輸入信號 $x_2$ 與 $x_3$ 必須皆設定為 0，但是欲將接線 $h$ 的邏輯值傳遞到輸出端 $f_2$ 時，輸入信號 $x_3$ 與 $x_4$ 必須皆設定為 0，結果的測試向量為 $(\phi, 0, 0, 0)$，與輸入信號 $x_1$ 的值無關。

---

在路徑感應法中，若只選取一條路徑時，稱為一維或是單一路徑感應法 (single-path sensitization)；若是選取多條路徑同時做感應時，稱為多維或是多

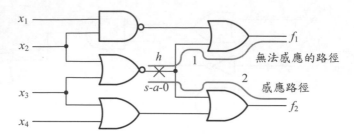

**圖 12.2-2:** 無法感應的路徑

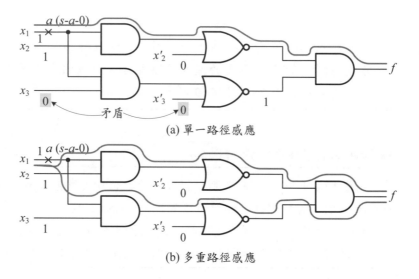

(a) 單一路徑感應

(b) 多重路徑感應

**圖 12.2-3:** 多重路徑感應說明例

重路徑感應法 (multiple path sensitization)。下列例題說明單一路徑感應法的缺點:在某些情況下,它無法產生一個可偵測故障的測試向量。

### ■ 例題 12.2-3 (多重路徑感應法)

在圖 12.2-3(a) 中若希望測試輸入信號端 $a$ 的卡住 0 故障,則如圖中數字所示,輸入信號 $x_3$ 與 $x'_3$ 均必須同時設定為 0,因此為一個矛盾的變數值指定。在圖 12.2-3(b) 中,將輸入信號 $x_1$ 所扇出的相關路徑均同時做感應,因此在希望測試輸入信號端 $a$ 的卡住 0 故障時,輸入信號 $x_3$ 與 $x'_3$ 的值必須分別設定為 1 與 0,如圖中數字所示,為一個一致的變數值指定。

當一個信號分裂成數個信號之後又匯集在同一個邏輯閘電路時，該信號稱為再收斂扇出 (reconvergent fan-out)。一般而言，一個再收斂扇出的信號的卡住故障通常無法使用單一路徑感應法找出一組一致的輸入信號組合，以測試該故障。欲測試此種故障時，必須使用多重路徑感應法，同時對該信號所扇出的所有路徑感應。

## 12.2.2 D 演算法

D 演算法為一個使用多重路徑感應的原理為基礎的計算機演算法。在此演算法中，使用三種基本的運算：基本故障 D 立方體 (primitive D-cube of fault，pdcf)、D 立方體傳遞 (propagation of D cube，pdc)、單一涵蓋 (singular cover，sc)，產生指定故障點的測試向量。對於任何最簡的組合邏輯電路中的單一卡住故障而言，D 演算法均保證至少可以找出一個測試向量。目前此演算法的各種不同的執行方式已經廣泛使用於 CAD 軟體程式中。下列將使用基本邏輯閘為例，說明此演算法的基本動作。

基本故障 D 立方體 (pdcf) 定義各種邏輯閘電路在輸入或是輸出信號端發生卡住故障時的 D 信號值與所需要的輸入信號值。七個基本邏輯閘的 pdcf 如圖 12.2-4所示。D 立方體傳遞 (pdc) 其實是第 2.4.2 節中的控制邏輯閘觀念的另外一種解釋。七個基本邏輯閘的 pdc 如圖 12.2-5 所示，它的意義為若欲將輸入端的 D 信號傳遞到輸出端時，其餘輸入端的信號值的設定。單一涵蓋 (sc) 為真值表的另外一種表示方式，在實用上可以視為一種濃縮的真值表，七個基本邏輯閘的 sc 如圖 12.2-6 所示。

在 D 演算法中的 D 信號基本上與 $\phi$ 信號相同，可以設定為 1 或是 0，但是在整個運算過程中，所有的 D 信號必須設定為相同的值。D 演算法的基本運算步驟與路徑感應法大致上相同，現在列述如下：

### ■ 演算法 12.2-3: D 演算法的基本步驟

1. 路徑感應：選定欲產生測試向量的故障點的 pdcf。
2. D 驅動：使用 pdc 將故障點的 D 信號傳遞到輸出端。

| x | z | 涵蓋的故障 |
|---|---|---|
| 0 | D | x/1, z/0 |
| 1 | D′ | x/0, z/1 |

(a) NOT

| x | y | z | 涵蓋的故障 |
|---|---|---|---|
| 0 | 0 | D′ | z/1 |
| 0 | 1 | D′ | x/1, z/1 |
| 1 | 0 | D′ | y/1, z/1 |
| 1 | 1 | D | x/0, y/0, z/0 |

(b) AND

| x | y | z | 涵蓋的故障 |
|---|---|---|---|
| 0 | 0 | D′ | x/1, y/1, z/1 |
| 0 | 1 | D | x/0, z/0 |
| 1 | 0 | D | y/0, z/0 |
| 1 | 1 | D | z/0 |

(c) OR

| x | y | z | 涵蓋的故障 |
|---|---|---|---|
| 0 | 0 | D | z/0 |
| 0 | 1 | D | x/1, z/0 |
| 1 | 0 | D | y/1, z/0 |
| 1 | 1 | D′ | x/0, y/0, z/1 |

(d) NAND

| x | y | z | 涵蓋的故障 |
|---|---|---|---|
| 0 | 0 | D | x/1, y/1, z/0 |
| 0 | 1 | D′ | x/0, z/1 |
| 1 | 0 | D′ | y/0, z/1 |
| 1 | 1 | D′ | z/1 |

(e) NOR

| x | y | z | 涵蓋的故障 |
|---|---|---|---|
| 0 | 0 | D′ | x/1, y/1, z/1 |
| 0 | 1 | D | x/1, y/0, z/0 |
| 1 | 0 | D | x/0, y/1, z/0 |
| 1 | 1 | D′ | x/0, y/0, z/1 |

(f) XOR

| x | y | z | 涵蓋的故障 |
|---|---|---|---|
| 0 | 0 | D | x/1, y/1, z/0 |
| 0 | 1 | D′ | x/1, y/0, z/1 |
| 1 | 0 | D′ | x/0, y/1, z/1 |
| 1 | 1 | D | x/0, y/0, z/0 |

(g) XNOR

**圖 12.2-4:** 七個基本邏輯閘的 pdcf

| NOT | | AND | | | OR | | | NAND | | | NOR | | | XOR | | | XNOR | | |
|---|---|---|---|---|---|---|---|---|---|---|---|---|---|---|---|---|---|---|---|
| x | z | x | y | z | x | y | z | x | y | z | x | y | z | x | y | z | x | y | z |
| D′ | D | D′ | 1 | D′ | D′ | 0 | D′ | D′ | 1 | D | D | 0 | D′ | D | 0 | D′ | D | 1 | D |
| 1 | D′ | 1 | D′ | D′ | 0 | D′ | D′ | 1 | D′ | D | 0 | D | D′ | 0 | D | D | 1 | D | D |
| D | D′ | D | 1 | D | D | 0 | D | D | 1 | D′ | D | 0 | D′ | D′ | 0 | D′ | D′ | 1 | D′ |
| 1 | D | 1 | D | D | 0 | D | D | 1 | D | D′ | 0 | D | D′ | 0 | D′ | D′ | 1 | D′ | D′ |

**圖 12.2-5:** 七個基本邏輯閘的 pdc

3. 一致性動作：使用 sc 依序由故障點回朔到輸入信號端，計算出一致的輸入信號值，即為測試向量。

　　使用 D 演算法時，必須逐一求出各個接線的測試向量，然後建立一個故障偵測表，再由與使用故障表相同的方式求出一個最簡單的測試向量集合。

| NOT | | AND | | | OR | | | NAND | | | NOR | | | XOR | | | XNOR | | |
|---|---|---|---|---|---|---|---|---|---|---|---|---|---|---|---|---|---|---|---|
| $x$ | $z$ | $x$ | $y$ | $z$ | $x$ | $y$ | $z$ | $x$ | $y$ | $z$ | $x$ | $y$ | $z$ | $x$ | $y$ | $z$ | $x$ | $y$ | $z$ |
| 1 | 0 | 0 | $\phi$ | 0 | 1 | $\phi$ | 1 | 0 | $\phi$ | 1 | 1 | $\phi$ | 0 | 0 | 0 | 0 | 0 | 0 | 1 |
| 0 | 1 | $\phi$ | 0 | 0 | $\phi$ | 1 | 1 | $\phi$ | 0 | 1 | $\phi$ | 1 | 0 | 0 | 1 | 1 | 0 | 1 | 0 |
| | | 1 | 1 | 1 | 0 | 0 | 0 | 1 | 1 | 0 | 0 | 0 | 1 | 1 | 0 | 1 | 1 | 0 | 0 |
| | | | | | | | | | | | | | | 1 | 1 | 0 | 1 | 1 | 1 |

圖 **12.2-6**: 七個基本邏輯閘的 sc

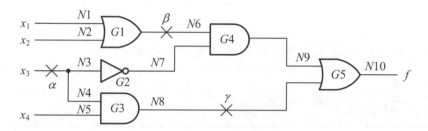

圖 **12.2-7**: D 演算法說明例

## ■ 例題 **12.2-4** (D 演算法)

　　在圖 12.2-7 中，若希望求取接線 $\beta$ 的卡住 0 故障的測試向量時，首先選取適當的 pdcf，由於接線 $\beta$ 邏輯閘 G4 的輸入端，因此選取 AND 閘的 pdcf。接著由圖 12.2-5 中選取適當的 pdc，以將接線 $N9$ 的 D 信號傳遞到輸出端 $N10$ 上，而完成 D 驅動的動作。其次為使用單一涵蓋運算，依序求出輸入端的信號組合。由圖 12.2-6 可以得知：若希望設定接線 $N6$ 為 1，則邏輯閘 G1 的兩個輸入端 $N1$ 與 $N2$ 至少必須有一個設定為 1；若希望設定接線 $N7$ 為 1，則邏輯閘 G2 的輸入端 $N3$ 必須設定為 0；若希望設定接線 $N8$ 為 0，則邏輯閘 G3 的兩個輸入端 $N4$ 與 $N5$ 必須至少有一個設定為 0，因為 $N3$ 已經設定為 0，所以 $N4$ 也為 0。結果的測試向量為 $\{(1, \phi, 0, \phi), (\phi, 1, 0, \phi)\}$。詳細的運算步驟如圖 12.2-8 所示。

## ✔ 學習重點

**12-15.** 試簡述路徑感應法的基本原理。

**12-16.** 單一路徑感應法有何主要缺點？

**12-17.** 試簡述單一路徑感應法與多重路徑感應法的基本差異？

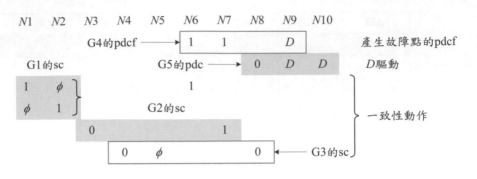

圖 **12.2-8:** 例題 12.2-4 說明圖

**12-18.** 試簡述 $D$ 演算法的基本原理與步驟。

---

# 12.3 可測試電路設計

　　一個故障是否可以偵測完全由該故障所在位置的接線是否具有控制性與觀察性而定。實際上的邏輯電路設計，通常不是最簡的邏輯電路，因此無法保證其中每一個故障皆可以找出測試向量，以測試該故障是否發生。此外，由第 12.1.4 節可以得知：循序邏輯電路的故障測試也是相當困難，因為大部分的循序邏輯電路均無法隨意的將其預設到一個任意的狀態。

　　本節中，將介紹一些可以輔助電路的故障測試的電路設計方法。這種故意加入一些幫助測試用的電路或是修改原來的電路設計，以增加電路的控制性與觀察性，進而簡化測試進行的設計方法，稱為可測試電路設計 (design for testability，DFT)。常用的 DFT 設計方法有 ad hoc 方法、掃描路徑法 (scan path method)、內建自我測試 (built-in self-test，BIST) 等三種。ad hoc 方法必須在邏輯電路的設計過程中，即將測試所需要的外加邏輯電路列入考慮；掃描路徑法與內建自我測試兩種方法，則通常在邏輯電路設計完成之後，依據實際上的需要將測試所需要的外加邏輯電路引入已經設計完成的邏輯電路中，這一些邏輯電路通常由 CAD 軟體自動產生與完成。

## 12.3.1　Ad hoc 方法

Ad hoc 方法其實是 "沒有方法中的方法"，它主要是依據實際上的設計，適當的在電路之中加入一些額外的電路，以增加控制性與觀察性。其一般原則如下：

1. 提供更多的控制點與測試點：控制點用以設定某一個或是一些信號的邏輯值；測試點則是用以觀察電路的信號響應。

2. 使用多工器電路直接將外部的激勵信號引入內部電路與直接將電路內部的信號響應引出，即增加電路的控制點與測試點數目。

3. 切斷回授路徑：使用 AND 閘或是其它適當的邏輯閘切斷回授路徑，即轉換循序邏輯電路為組合邏輯電路，以幫助測試的進行。

4. 使用狀態暫存器減少測試信號所需要的外部 I/O 接腳的數目。

此外，當一個邏輯電路模組的輸入信號變數的數目不多時，徹底測試是一個可行的方式；對於一個輸入信號變數的數目相當多的邏輯電路模組而言，若能適當的將其切割成為數個較小的電路模組，則依然可以使用徹底測試的方法。

### ■ 例題 12.3-1 (徹底測試)

圖 12.3-1 所示為一個 8 位元的計數器電路，它由兩個 4 位元的計數器模組組成，如圖 8.1-22 所示。欲測試此電路是否正常工作，可以使用徹底測試的方式，使其依序由 0 計數到 255，因此一共需要 256 個計數脈波。

欲減少測試所需要的時間，即計數脈波的數目，可以如圖 12.3-1 所示方式，利用兩個多工器切斷兩個 4 位元的計數器模組之間的連接線。當多工器的來源選擇信號 $T/N$ (test/normal) 為 1 時，為測試模式，此時兩個 4 位元的計數器模組各自獨立工作，因此可以各別測試但是可以同時進行，一共需要 16 個計數脈波，另外需要一個脈波測試進位的動作；當多工器的來源選擇信號 $T/N$ 為 0 時，為正常工作模式，兩個 4 位元的計數器模組串接成為一個 8 位元的計數器電路。倒數的動作可以使用類似的方式測試，不再贅述。

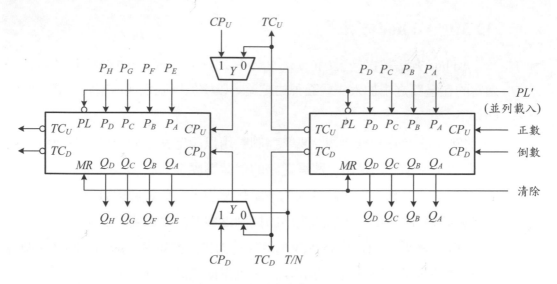

圖 12.3-1: 分割與徹底測試說明例

✔學習重點

**12-19.** 試簡述使用 ad hoc 法的基本原則。

**12-20.** 在何種情況下，可以使用徹底測試方法？

## 12.3.2 掃描路徑法

　　掃描路徑法通常使用於循序邏輯電路中，以直接存取循序邏輯電路中的正反器的值。為了達到此目的，循序邏輯電路中的每一個 D 型正反器的資料輸入端均有一個 2 對 1 多工器，以提供正常與測試兩種操作模式。當其選擇在正常模式時，正反器的資料輸入端直接接往該循序邏輯電路中的組合邏輯電路的資料輸出端，因此執行正常的循序邏輯電路功能；當其選擇在測試模式時，所有 D 型正反器透過多工器的連接而成為一個移位暫存器，因此可以經由外部的資料輸入直接設定每一個 D 型正反器的輸出值，而將循序邏輯電路設定在一個需要的狀態上，或是讀出 D 型正反器的輸出值，以確定循序邏輯電路的狀態。

　　一般而言，使用掃描路徑法執行的同步循序邏輯電路的測試方法可以描述如下：

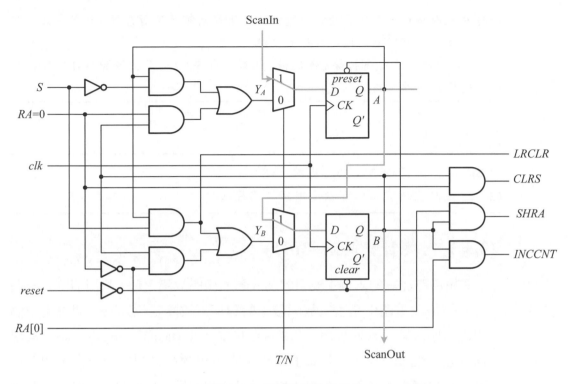

**圖 12.3-2:** 掃描路徑法應用例

1. 設定 $D$ 型正反器為測試模式，因此形成一個移位暫存器，將特定的 0 與 1 序列輸入該暫存器中，然後觀察移出的序列是否為恰為輸入的序列。

2. 可以使用下列兩種方式之一測試：(a). 測試狀態圖的每一個狀態轉移是否正確；(b). 測試組合邏輯部分的電路是否有卡住故障存在。

## ■ 例題 12.3-2 (掃描路徑法應用例)

　　圖 12.3-2 所示的循序邏輯電路為將圖 10.5-4 的邏輯電路中的每一個 $D$ 型正反器均使用一個具有 2 對 1 多工器輸入端的 $D$ 型正反器取代，並將多工器的一個資料輸入端接往一個正反器的資料輸出端 $Q$，構成一個移位暫存器。如圖 12.3-2 所示，當多工器的來源選擇線 $T/N$ 的值為 1 時，所有 $D$ 型正反器經由多工器連接成為一個移位暫存器，其中上方的資料輸入端稱為掃描資料輸入 (ScanIn)，下方的資料輸出端稱為掃描資料輸出 (ScanOut)。在此模式下，藉著移位的動作，可以將任何 $D$ 型正反器的資料輸出端設定在任何需要的邏輯值，

同時也可以將 $D$ 型正反器的資料輸出端的值移出該移位暫存器。因此,每一個 $D$ 型正反器皆有完全的控制性與觀察性。

當多工器的來源選擇線 $T/N$ 的值為 0 時,所有 $D$ 型正反器皆各自工作在其原先的循序邏輯電路的功能。

✔學習重點

**12-21.** 試簡述掃描路徑法的基本原理。

**12-22.** 在何種情況下,可以使用掃描路徑法?

## 12.3.3　內建自我測試 (BIST)

邏輯電路測試的兩個主要目的為故障偵測與故障定位。故障偵測為一個決定一個待測電路中是否有故障發生的程序;故障定位則為一個決定一個待測電路中故障位置的程序。此外,故障涵蓋率 (fault coverage) 一詞也常用以描述在一個測試中,可以偵測出或是定位出故障數目的百分比,即在所有可能的故障中,有多少比率的故障可以偵測或是定位出來。目前已經有相關的商用 CAD 軟體可以分析一個電路中的故障涵蓋率,例如 SCOAP (Sandia controllability observability analysis program)。

圖 12.3-3 所示為數位邏輯電路的測試概念圖。圖 12.3-3(a) 所示為使用自動測試設備 (automatic test equipment,ATE) 的測試連接圖。在大多數的 ATE 中,測試向量通常儲存於記憶器中,而後由設備中的一個微處理器 ($\mu$P) 讀取之後送往待測電路 (CUT),待測電路的響應信號則由 ATE 捕捉之後與儲存於記憶器中的期待的結果比較,若相同表示測試通過,否則該待測電路有故障,因而淘汰。

目前由於積體電路的積集密度急遽增加,待測電路的複雜度已今非昔比,欲減少測試所需要的成本,必須減少使用 ATE 的時間或是直接將測試所需要的電路隱含於邏輯電路之中。將測試所需要的電路直接隱含於邏輯電路之中的設計方式稱為內建自我測試 (BIST),其示意圖如圖 12.3-3(b) 所示。待測電路所需要的測試向量直接由一個電路自動產生,並且直接加入待測電路

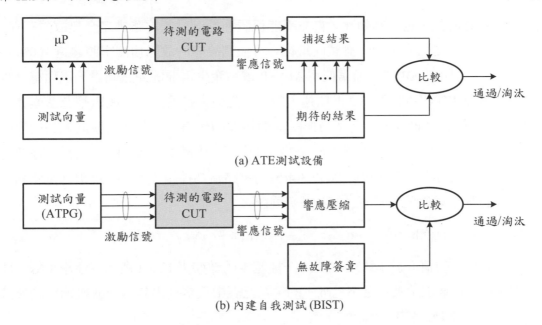

(a) ATE測試設備

(b) 內建自我測試 (BIST)

圖 12.3-3: 數位邏輯電路測試觀念圖

中，待測電路的響應信號則送往一個響應壓縮電路，壓縮成為一個資料量相
當小的結果，再與期待的結果比較，以決定該待測電路是否有故障。由於上
述電路均直接隱含於邏輯電路中，因此它們的電路複雜度必須足夠小，以避
免增加太多硬體成本。目前用以產生測試向量的電路稱為自動測試標型產生
器 (automatic test pattern genera-tor，ATPG)；壓縮待測電路的輸出響應信號的
電路稱為簽章產生器 (signature generator)。

**12.3.3.1 隨機測試與 ATPG** 對於一個複雜度相高的邏輯電路而言，欲產生
測試向量集合必須耗費相當多的時間，而且在內建自我測試中也是不可行
的，因為必須耗費相當多的硬體資源，以儲存測試向量。為了解決此問題，
隨機測試 (random test) 方法於是被提出。

在隨機測試方法中，通常使用一個最大長度序列產生器電路 (第 8.3.2
節)，稱為自發式線性回授移位暫存器 (autonomous linear feedback shift register，
ALFSR) 或是稱為 PRSG (pseudo-random sequence generator)，產生待測電路的
輸入信號。由於並未產生待測電路的輸入變數的所有二進制組合，因此不是

徹底測試，也因為如此，它並不能保證通過測試的電路是完全無故障存在。然而，在加入足夠的測試向量後，可偵測故障的故障偵測率將趨近 100%。

目前在 BIST 中通常使用 ALFSR 電路產生需要的測試向量，這種電路也稱為 ATPG。如第 8.3.3 節所述，用以產生最大長度序列的函數稱為基本函數 (primitive function)。為了方便討論與讀者的參考，現在將兩種最大長度序列產生器電路的基本型式列於圖 12.3-4 中。其中圖 12.3-4(a) 的電路稱為標準型式 (請與圖 8.3-3 比較)；圖 12.3-4(b) 的電路稱為模組化型式。這兩種電路執行的基本函數的一般形式可以表示如下：

$$f(x) = a_k x^k + a_{k-1} x^{k-1} + \ldots + a_1 x + a_0$$

其中 $k$ 的值介於 1 到 32 之間的一種基本函數如表 12.3-1 所示。注意：每一個 $k$ 值的基本函數通常不是唯一的，在此表中只是列出其中一種較簡單的形式而已 (請參考表 8.3-1)。

PRSG 的輸出信號有兩種取出方式：串列輸出與並列輸出。在串列輸出方式中，輸出信號可以取自任何一個 $D$ 型正反器的資料輸出端 $Q$；在並列輸出方式中，輸出信號則同時取自所有或是部分 $D$ 型正反器的資料輸出端 $Q$。

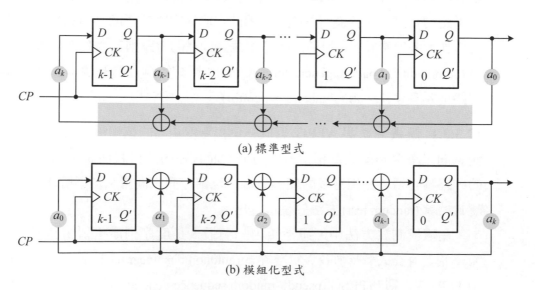

(a) 標準型式

(b) 模組化型式

圖 12.3-4: ALFSR 的兩種執行方式

表 **12.3-1**: 基本的 ALFSR 函數

| $n$ | $f(x)$ | $n$ | $f(x)$ |
|---|---|---|---|
| 1,2,3,4<br>6,7,15,22 | $1+x+x^n$ | 12<br>13 | $1+x+x^4+x^6+x^n$<br>$1+x+x^3+x^4+x^n$ |
| 5,11,21,29 | $1+x^2+x^n$ | 14,16 | $1+x^3+x^4+x^5+x^n$ |
| 10,17,20,<br>25,28,31 | $1+x^3+x^n$ | 19,27<br>24 | $1+x+x^2+x^5+x^n$<br>$1+x+x^2+x^7+x^n$ |
| 9 | $1+x^4+x^n$ | 26 | $1+x+x^2+x^6+x^n$ |
| 23 | $1+x^5+x^n$ | 30 | $1+x+x^2+x^{23}+x^n$ |
| 18 | $1+x^7+x^n$ | 32 | $1+x+x^2+x^{22}+x^n$ |
| 8 | $1+x^2+x^3+x^4+x^n$ | | |

**12.3.3.2　簽章分析**　如圖 12.3-3(b) 所示，在 BIST 電路中必須將待測電路的輸出響應信號壓縮成為一個較小的資料量後，與期待的結果比較，以決定該待測電路是否有故障發生。目前最常用的響應壓縮電路為使用類似 CRC 電路的 $k$ 級線性回授移位暫存器 (linear feedback shift register，LFSR) (請參考第 8.3.2 節)，如圖 12.3-5 所示。圖 12.3-5(a) 為串列輸入簽章暫存器 (serial input signature register，*SISR*)；圖 12.3-5(b) 為多重 (並列) 輸入簽章暫存器 (multiple-input signature register，MISR)。除了資料輸入端之外，其回授函數依然與前述的 ALFSR 相同。

■ **例題 12.3-3 (簽章分析說明例)**

　　圖 12.3-6 說明簽章分析的應用。在圖 12.3-6(a) 中，輸入端的信號 $x$、$y$、$z$ 等由 ALFSR 電路產生，電路的輸出響應則送往一個四級的 *SISR* 電路，壓縮成一個為 4 個位元的簽章值。圖 12.3-6(b) 列出在輸入信號的 6 個組合之下，無故障電路的輸出值與簽章值及接線 $\alpha$ 與 $\beta$ 在卡住 0 與 1 之下的輸出值與簽章值。因此欲測試該電路時，只需要將測試向量依序產生並且加入該電路中，然後將得到的結果與無故障時的簽章值比較即可以得知是否有故障發生。

　　由於在簽章分析中，基本上是將一個較多位元的訊息壓縮成為一個較少位元的訊息 (即簽章)，因此可能產生多個訊息對應到同一個簽章值的情形。一般而言，若訊息的長度為 $m$ 個位元，而簽章產生器電路為 $k$ 級，即簽章為

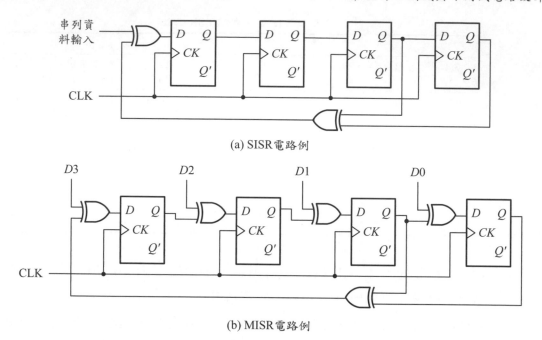

(a) SISR電路例

(b) MISR電路例

圖 **12.3-5:** 簽章產生器電路資料輸入方式

$k$ 位元時，一共有 $2^{m-k}-1$ 個錯誤的訊息，將對應到同一個簽章值上。由於在一個 $m$ 位元的訊息中，除了一種組合為正確的訊息之外，其餘的 $2^m-1$ 個均為錯誤的訊息，因此若假設所有可能的錯誤訊息發生的機率均相等，則一個 $k$ 級的簽章產生器電路無法偵測一個故障發生的機率為：

$$p(M) = \frac{2^{m-k}-1}{2^m-1}$$

當 $m \gg k$ 時，上式將趨近於 $2^{-k}$，即 $p(M) \approx 2^{-k}$。因此，只要簽章產生器電路的級數 $k$ 足夠大，簽章產生器電路對於待測電路中的故障偵測能力將可以趨近於完美。

**12.3.3.3 內建邏輯方塊觀察器** 上述的自動測試向量產生器 (ALFSR) 與簽章產生器電路均使用到暫存器，因此增加邏輯電路的成本。另外，由前述兩種電路的討論可以得知：它們均使用相同的最大長度序列產生器基本函數，因此一個可以減少暫存器使用量的方法為將這兩個電路合併到邏輯電路中的狀態暫存器內。結果的電路稱為內建邏輯方塊觀察器 (built-in logic block

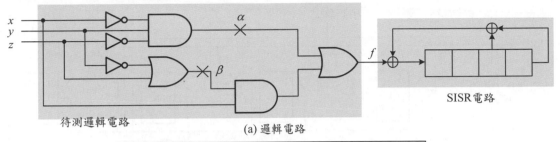

(a) 邏輯電路

| 輸入變數值 | | | 未故障輸出值 | 故障輸出值 | | |
|---|---|---|---|---|---|---|
| $x$ | $y$ | $z$ | $f$ | $f_{\alpha/0}$ | $f_{\beta/1}$ | $f_{\alpha/0}$ 與 $f_{\beta/1}$ |
| 0 | 0 | 0 | 0 | 0 | 0 | 0 |
| 0 | 0 | 1 | 0 | 0 | 0 | 0 |
| 0 | 1 | 0 | 1 | 0 | 1 | 0 |
| 0 | 1 | 1 | 0 | 0 | 0 | 0 |
| 1 | 1 | 0 | 0 | 0 | 1 | 1 |
| 1 | 1 | 1 | 1 | 1 | 1 | 1 |
| | | | 0001 | 1000 | 0101 | 1100 |

(b) 簽章數值例

**圖 12.3-6:** 簽章應用例

observer，BIBLO)。

　　圖 12.3-7(a) 所示為一個典型的 BIBLO 電路，它一共有四種工作模式：當模式選擇信號 $M_1 M_0$ 為 00 時，為掃描模式，提供掃描路徑法的應用；當模式選擇信號 $M_1 M_0$ 為 01 時，為多重輸入的簽章產生器 (MISR)，提供簽章分析的應用；當模式選擇信號 $M_1 M_0$ 為 10 時，清除暫存器的內容為 0；當模式選擇信號 $M_1 M_0$ 為 11 時，為並行載入的暫存器。

　　圖 12.3-7(a) 邏輯電路的功能選擇如圖 12.3-7(b) 所示。圖 12.3-7(c) 則為圖 12.3-7(a) 電路的一個應用例。在正常工作模式下，輸入端的 PRSG 電路經由多工器的隔離而移除，電路中的簽章產生器電路為該電路的狀態暫存器；在測試模式中，組合邏輯電路的輸入信號由一個 PRSG 產生隨機的測試向量，輸出響應信號則送往簽章產生器電路中，執行簽章分析。

✔學習重點

**12-23.** 試簡述隨機測試法的基本意義。

**12-24.** 試簡述自發式線性回授移位暫存器的意義。

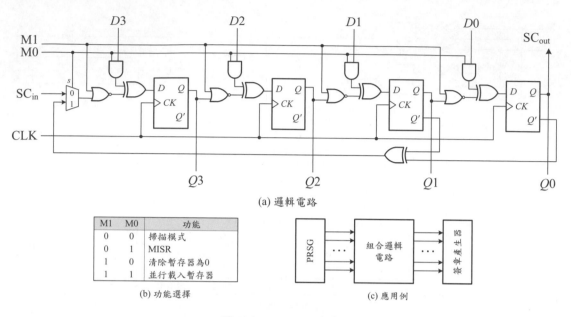

(a) 邏輯電路

| M1 | M0 | 功能 |
|----|----|------|
| 0 | 0 | 掃描模式 |
| 0 | 1 | MISR |
| 1 | 0 | 清除暫存器為0 |
| 1 | 1 | 並行載入暫存器 |

(b) 功能選擇

(c) 應用例

圖 12.3-7: BIBLO 電路例

**12-25.** 試簡述內建邏輯方塊觀察器 (BIBLO) 的設計哲理。

**12-26.** 一個 $k$ 級的簽章產生器無法偵測一個故障發生的機率為多少？

**12-27.** 試簡述 BIST 的基本組成電路模組。

## 12.3.4 邊界掃描標準 — IEEE 1149.1

　　上述的測試方法均只針對於單一 IC 元件而言，對於整個 PCB 的邏輯電路系統的測試而言，其困難度遠較單一 IC 元件為高。因此，為了降低 PCB 系統的測試成本，JTAG (the Joint Test Advisory Group) 於 1988 年發展出一套可測試匯流排規格，並於 1990 年由 IEEE 訂定為標準，稱為 IEEE 1149.1。目前此標準已經成為所有大型 IC 元件所遵循而且必然會提供的標準功能。

　　IEEE 1149.1 的目的為：提供一個 ATE 與 PCB 上的元件之間的一個資料傳送的標準界面、提供測試 PCB 中各個元件之間連接線的方法與提供一個使用測試匯流排信號或是 BIST 硬體找出在一個 PCB 中的故障元件的方法。

　　IEEE 1149.1 的基本原理為將掃描路徑的方法擴充到整個 PCB，為了達到這項功能，每一個 IC 元件內部必須提供一個可測試匯流排界面，如圖 12.3-8

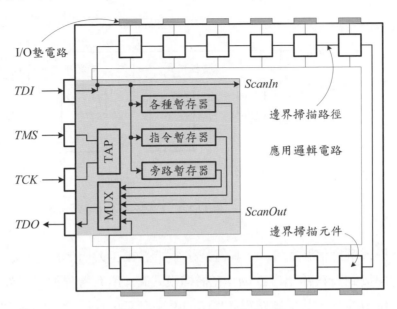

**圖 12.3-8:** IEEE 1149.1 晶片架構

所示。IEEE 1149.1 標準主要包括邊界掃描匯流排 (boundary-scan bus)、邊界掃描元件 (boundary scan cell)、一個邊界掃描測試匯流排電路 (boundary scan test bus circuit) 等三部分。

　　邊界掃描 (BS) 匯流排包括四條信號線：測試時脈 (*TCK*)、測試模式 (*TMS*)、測試資料輸入 (*TDI*)、與測試資料輸出 (*TDO*) 等。測試指令與測試資料由 *TDI* 輸入晶片中；測試結果與狀態資料則由 *TDO* 輸出；測試時需要的時脈信號由 *TCK* 輸入晶片中；邊界掃描測試匯流排電路的控制信號為 *TMS*。

　　邊界掃描元件為掃描路徑法的擴充，它允許測試 PCB 之間元件的連接線、測試外部元件與取樣 IC 元件中的應用邏輯電路的信號。一個可能的邊界掃描元件如圖 12.3-9 所示，它可以當作輸入元件或是輸出元件使用。當作輸入元件時，資料輸入 (*Din*) 連接到元件的輸入墊 (input pad) 上，而資料輸出端 (*Dout*) 則為應用邏輯電路的一個正常的資料輸入端；當作輸出元件時，資料輸入 (*Din*) 為應用邏輯電路的一個正常的資料輸出端，而資料輸出端 (*Dout*) 則連接到元件的輸出墊 (output pad) 上。

　　一般而言，邊界掃描元件通常可以操作於下列各種模式：在正常模式時，

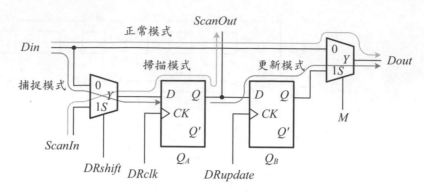

圖 **12.3-9**：邊界掃描元件電路例

模式選擇信號 $M$ 為 0，其信號路徑如圖 12.3-9 中所示，直接由資料輸入端 $Din$
連接到資料輸出端 $Dout$；在掃描模式時，所有邊界掃描元件串接成為一個移
位暫存器，其信號路徑如圖 12.3-9 中所示，直接由掃描資料輸入端 $ScanIn$ 連
接到掃描資料輸出端 $ScanOut$；在捕捉模式時，資料輸入端 $Din$ 的資料將被
取樣而存入暫存器 $Q_A$ 內，其信號路徑如圖 12.3-9 中所示，此時資料輸出端
$Dout$ 的資料可以是 $Din$ 或是暫存器 $Q_B$ 的輸出值，由模式選擇信號 $M$ 決定；
在更新模式時，儲存於暫存器 $Q_A$ 的資料可以轉移到暫存器 $Q_B$ 與資料輸出
端 $Dout$，其信號路徑如圖 12.3-9 中所示。

　　在邊界掃描測試匯流排電路中主要包括一些暫存器與一個測試存取埠
(test access port，TAP) 控制器。TAP 控制器為一個同步的有限狀態機 (FSM) 電
路，它只有一個信號輸入端 $TMS$，它用以控制資料暫存器 ($DR$) 與指令暫存器
($IR$) 的存取動作。資料暫存器 ($DR$) 分散於各個邊界掃描元件中，如圖 12.3-9
所示，它用以設定欲測試的輸入信號及儲存測試後的結果。指令暫存器 ($IR$)
儲存正在執行的指令，它至少必須有兩個位元，以提供 BYPASS、EXTEST、
SAMPLE 等三個指令。一般在執行 IEEE 1149.1 標準時，通常提供下列五個指
令：

1. BYPASS (指令碼為 1...1)：它用以旁路一個晶片中的任何串列資料暫存器，
   即直接經由一個 1 位元的旁路暫存器將 $TDO$ 連接到 $TDI$。
2. EXTEST (指令碼為 0...0)：提供晶片的外部測試功能，以允許測試晶片外

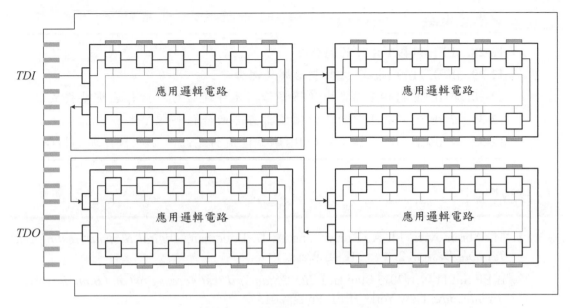

圖 **12.3-10:** 邊界掃描在 PCB 上的應用例

部的電路，即將邊界掃描暫存器中的資料輸出到輸出接腳上。

3. SAMPLE：將晶片中的輸入接腳上的資料取樣後，載入邊界掃描暫存器內。

4. INTEST：由邊界掃描暫存器將測試向量加到內部的應用邏輯電路中，然後捕捉電路的響應並且儲存於邊界掃描暫存器內。

5. RUNBIST：啟動內建自我測試電路的動作。

　　上述指令中的 EXTEST、SAMPLE、INTEST 等三個指令，均使用邊界掃描元件中的暫存器，稱為邊界掃描暫存器 (boundary scan register，*BSR*)，如圖 12.3-9 所示。

　　圖 12.3-10 所示為一個 PCB 中包含四個具有 IEEE 1149.1 標準的元件所組成的系統，其中邊界掃描元件串接成為一個單一掃描路徑，即測試資料輸出端 *TDO* 連接到另外一個元件的測試資料輸入端 *TDI*。結果的電路可以執行：連接線測試、正常的系統資料觀察、每一個元件的測試等功能。

✔ 學習重點

**12-28.** IEEE 1149.1 的目的為何？

**12-29.** IEEE 1149.1 標準主要包括那幾部分？

**12-30.** 在 IEEE 1149.1 標準中的邊界掃描元件通常可以操作在那些模式？

**12-31.** 在 IEEE 1149.1 中的測試匯流排有那四條信號線？

**12-32.** 在 IEEE 1149.1 標準中的 BS 測試匯流排電路，可以執行那些指令？

# 參考資料

1. M. Abramovici, M. A. Breuer, and A. D. Friedman, *Digital Systems Testing and Testable Design,* 2nd ed., IEEE Press, 1996.

2. IEEE Std 1149.1-2013 Standard, *IEEE Standard Test Access Port and Boundary-Scan Architecture,* New York: IEEE Press, 2013.

3. B. W. Johnson, *Design and Analysis of Fault Tolerant Digital Systems,* Reading Massachusetts: Addison-Wesley, 1989.

4. Z. Kohavi, *Switching and Finite Automata Theory,* 2nd ed., New York: McGraw-Hill, 1978.

5. P. K. Lala, *Practical Digital Logic Design and Testing,* Upper Saddle River, New Jersey: Prentice-Hall, 1996.

6. M. B. Lin, *Digital System Designs and Practices: Using Verilog HDL and FPGAs,* Singapore: John Wiley & Sons, 2008.

7. M. B. Lin, *Introduction to VLSI Systems: A Logic, Circuit, and System Perspective,* CRC Press, 2012.

8. V. P. Nelson, H. Troy Nagle, Bill D. Carroll, and J. David Irwin, *Digital Circuit Analysis & Design,* Upper Saddle River, New Jersey: Prentice-Hall, 1995.

# 習題

**12-1** 使用卡住故障模式，回答下列問題：

(1) 試列出兩個輸入端的 NAND 閘的所有等效故障。

(2) 試列出兩個輸入端的 NOR 閘的所有等效故障。

**12-2** 使用卡住故障模式，回答下列問題：

(1) 一個 $m$ 個輸入端的 NAND 閘一共有多少個可區別的卡住故障？

(2) 一個 $m$ 個輸入端的 NOR 閘一共有多少個可區別的卡住故障？

**12-3** 下列為循序邏輯電路測試的相關問題：

(1) 求出圖 7.1-2 的狀態圖的所有歸向序列。

(2) 求出圖 7.1-2 的狀態圖的所有轉移序列。

(3) 圖 7.1-2 的狀態圖是否為一個強固連接的狀態圖？

**12-4** 下列為路徑感應法的相關問題 (圖 P12.1)：

(1) 使用單一路徑感應法，求出接線 $a$ 的卡住 1 故障的測試向量。

(2) 使用多重路徑感應法，求出接線 $a$ 的卡住 1 故障的測試向量。

(3) 使用路徑感應法，求出接線 $b$ 的卡住 0 故障的測試向量。

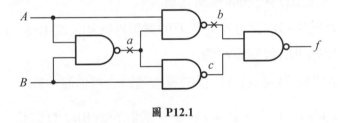

**圖 P12.1**

**12-5** 下列為路徑感應法的相關問題 (圖 P12.2)：

(1) 使用路徑感應法，求出接線 $a$ 的卡住 1 故障的測試向量。

(2) 使用路徑感應法，求出接線 $b$ 的卡住 0 故障的測試向量。

(3) 使用路徑感應法，求出接線 $c$ 的卡住 0 故障的測試向量。

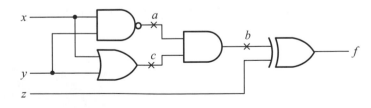

**圖 P12.2**

**12-6** 下列為 $D$ 演算法的相關問題 (圖 12.2-7)：

(1) 使用 $D$ 演算法，求出接線 $\alpha$ 的卡住 1 故障的測試向量。

(2) 使用 $D$ 演算法，求出接線 $\beta$ 的卡住 0 故障的測試向量。

(3) 使用 $D$ 演算法，求出接線 $\gamma$ 的卡住 0 故障的測試向量。

**12-7** 下列為徹底測試的相關問題：

(1) 使用徹底測試方式測試一個 8 位元的漣波進位加法器時，一共需要多少個測試向量？

(2) 參考例題 12.3-1，將上述加法器分割成為兩個 4 位元加法器模組的串接電路，試繪出結果的邏輯電路圖。

(3) 使用徹底測試方式測試 (2) 的加法器時，一共需要多少個測試向量？

**12-8** 下列為掃描路徑法的相關問題：

(1) 將應用掃描路徑法時需要的邏輯電路加入圖 10.5-10 的邏輯電路中，試繪出結果的邏輯電路圖。

(2) 說明如何測試 (1) 所得的邏輯電路的可偵測故障。

**12-9** 若設 $f(x) = 1 + x + x^5 + x^6 + x^8$，設計一個 BILBO 電路，其功能如下：
(1) $m_1m_0 = 00$：ALFSR 模式　　(2) $m_1m_0 = 10$：並行資料載入模式
(3) $m_1m_0 = 01$：掃描模式　　(4) $m_1m_0 = 11$：MISR 模式。

**12-10** 若設 $f(x) = 1 + x^3 + x^{10}$，試設計一個 BILBO 電路，其功能如下：
(1) $m_1m_0 = 00$：ALFSR 模式　　(2) $m_1m_0 = 10$：並行資料載入模式
(3) $m_1m_0 = 01$：掃描模式　　(4) $m_1m_0 = 11$：MISR 模式。

**12-11** 修改圖 12.3-7(a) 的 BILBO 電路，使其具有 SISR 的功能。

國家圖書館出版品預行編目資料

數位系統設計 / 林銘波作. -- 五版. -- 新北市：
　全華圖書, 2017.07
　　面；　公分
　ISBN 978-986-463-595-5(精裝)

1.積體電路 2.系統設計

471.54　　　　　　　　　　　　106011309

# 數位系統設計－原理、實務與應用

作者 / 林銘波

發行人 / 陳本源

執行編輯 / 李孟霞

封面設計 / 楊昭琅

出版者 / 全華圖書股份有限公司

郵政帳號 / 0100836-1 號

印刷者 / 宏懋打字印刷股份有限公司

圖書編號 / 0516872

五版一刷 / 2017 年 08 月

定價 / 新台幣 750 元

ISBN / 978-986-463-595-5(精裝)

全華圖書 / www.chwa.com.tw

全華網路書店 Open Tech / www.opentech.com.tw

若您對書籍內容、排版印刷有任何問題，歡迎來信指導 book@chwa.com.tw

**臺北總公司(北區營業處)**
地址：23671 新北市土城區忠義路 21 號
電話：(02) 2262-5666
傳真：(02) 6637-3695、6637-3696

**南區營業處**
地址：80769 高雄市三民區應安街 12 號
電話：(07) 381-1377
傳真：(07) 862-5562

**中區營業處**
地址：40256 臺中市南區樹義一巷 26 號
電話：(04) 2261-8485
傳真：(04) 3600-9806

親愛的讀者：

感謝您對全華圖書的支持與愛護，雖然我們很慎重的處理每一本書，但恐仍有疏漏之處，若您發現本書有任何錯誤，請填寫於勘誤表內寄回，我們將於再版時修正，您的批評與指教是我們進步的原動力，謝謝！

全華圖書 敬上

| 勘 誤 表 | | | |
|---|---|---|---|
| 書號 | 頁數　行數 | 書名 | 作者 |
| | | 錯誤或不當之詞句 | 建議修改之詞句 |
| | | | |
| | | | |
| | | | |
| | | | |
| | | | |
| | | | |

我有話要說：（其它之批評與建議，如封面、編排、內容、印刷品質等‧‧‧）